Peter Gerigk, Detlef Bruhn, Dietmar Danner,
Leonhard Endruschat, Jürgen Göbert, Heinrich Gross,
Detlef Komoll

Kraftfahrzeugtechnik

Diesem Buch wurden die bei Manuskriptabschluß vorliegenden
neuesten Ausgaben der DIŃ-Normen, VDI-Richtlinien
und sonstigen Bestimmungen zugrunde gelegt.
Verbindlich sind jedoch nur die neuesten Ausgaben der DIN-Normen,
VDI-Richtlinien und sonstigen Bestimmungen selbst.

Die DIN-Normen wurden wiedergegeben mit Erlaubnis des
DIN Deutsches Institut für Normung e.V.
Maßgebend für das Anwenden der Norm ist deren Fassung
mit dem neuesten Ausgabedatum, die bei der
Beuth-Verlag GmbH, Burggrafenstraße 6, 1000 Berlin 30, erhältlich ist.

Dieses Papier wurde
aus chlorfrei gebleichtem
Zellstoff hergestellt

2. Auflage   Druck   5   4

Herstellungsjahr   1994

Alle Drucke dieser Auflage können im Unterricht parallel verwendet werden.

© Westermann Schulbuchverlag GmbH, Braunschweig 1991
Verlagslektorat: Jürgen Diem
Herstellung: westermann druck GmbH, Braunschweig

ISBN 3-14-22 1500-X

wert c_w erfaßt

Der Wagen wird in mehreren Arbeitsstufen lackiert

Roboter schrauben Motor und Getriebe zusammen

...nbau

Nach der Endkontrolle verlassen die Fahrzeuge das Band

Vorwort

Die **Neuauflage** des Lehrbuchs der Kraftfahrzeugtechnik ist für auszubildende Kraftfahrzeugmechaniker und Automobilmechaniker aller Aus-
bildungsjahre konzipiert. Es ist ein **Berufsschul-
buch** für den Teilzeit- und Vollzeitunterricht. Es
kann also auch für den Unterricht im BGJ mit dem
Schwerpunkt Kfz-Technik und in allen vergleich-
baren Ausbildungsmaßnahmen verwendet werden. Weiterhin eignet es sich zur **betrieblichen
Unterweisung** und zum **Selbststudium.** Von Facharbeitern und Meistern kann es als **Nachschlage-
werk** benutzt werden.

Das Lehrbuch ist in die Teile **GRUNDLAGEN
METALLTECHNIK** und **KRAFTFAHRZEUGTECH-
NIK** gegliedert. Aufgrund der **Neuordnung** der
handwerklichen und industriellen Metallberufe
und **neueren Entwicklungen** auf dem Gebiet der
Kraftfahrzeugtechnik wurde die 2. Auflage gegenüber der 1. Auflage wesentlich erweitert.

Im Teil **GRUNDLAGEN METALLTECHNIK** wurden
die Themen **Arbeitsplanung, Maschinen- und Gerätetechnik, Steuerungs-, Regelungs- und Informationstechnik** und **Elektrotechnik** neu aufgenommen.

Der Teil **Kraftfahrzeugtechnik** wurde in den folgenden Kapiteln stark erweitert: Einspritzanlagen
für Ottomotoren, Einspritzanlagen für Dieselmotoren, Automatische Getriebe, Hydraulische
und mechanische Bremsanlagen, Krafträder,
Elektronische Batteriezündanlagen.

Neu aufgenommen wurden die Kapitel **Karosserie, Nutzkraftwagen** und **Elektronische Steue-
rungs- und Regelungssysteme.**

Die Lerninhalte entsprechen dem Rahmenplan
der Kultusministerkonferenz und den Lehrplänen
der Bundesländer.

Die Bauteile des Kraftfahrzeugs werden unter
Einbeziehung der entsprechenden naturwissen-
schaftlichen Grundlagen beschrieben. Es wurde
darauf geachtet, daß immer der Aufbau und
die Wirkungsweise ausführlich erläutert werden.

**Wartungs- und Diagnose-Tabellen, Arbeitshin-
weise** und **Unfallverhütungsvorschriften** ergänzen
die Lerninhalte und sollen gleichzeitig das selb-
ständige **Planen, Durchführen** und **Kontrollieren**
im Arbeitsablauf fördern.

Hinweise für Verbesserungen und Ergänzungen
werden von den Autoren und dem Verlag dankbar
aufgenommen.

Autoren und Verlag   Braunschweig 1991

Inhaltsverzeichnis

Kraftfahrzeugtechnik

Einführung in die Kraftfahrzeugtechnik

Motor

1 | Prüfen

Maße und Formen eines Werkstücks werden nach den Angaben einer technischen Zeichnung gefertigt und geprüft. Das Prüfen kann

- ein nichtmaßliches Prüfen sein, z.B. eine Funktionsprüfung oder das Ermitteln einer bestimmten Eigenschaft, z.B. der Oberflächenbeschaffenheit,

- ein maßliches Prüfen sein, wie das Feststellen einer Größe durch Messen oder Lehren, z.B. Längen- und Winkelmessungen.
Die Prüfmittel sind nach DIN 2257 Meßgeräte und Lehren (Tab. 1). Die Meßgeräte werden unterteilt in Maßverkörperungen und anzeigende Meßgeräte. (**DIN**: Das Zeichen für eine vom **D**eutschen **I**nstitut für **N**ormung e.V. aufgestellte und herausgegebene Norm.)

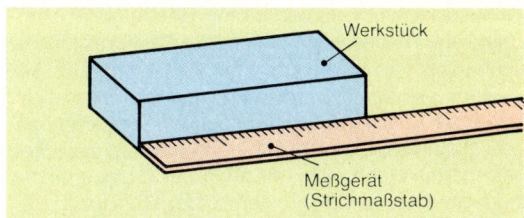

Abb. 1: Längenmessung

Tab. 1: Übersicht der Prüfmittel

Prüfmittel		
Meßgeräte		**Lehren**
Maßverkör- perungen	**Anzeigende Meßgeräte**	
Strich- maßstab	Meßschieber Meßschraube	Grenzlehre (Maßlehre)
Parallel- endmaß	Meßuhr	Gewindelehre (Formlehre)
Winkel- endmaß	Winkelmesser	Winkelendmaß (Formlehre)

1.1 Messen

Messen ist ein maßliches Prüfen. Eine zu messende Größe wird mit einer bekannten Größe eines Meßgerätes verglichen (Abb. 1). Die **Meßgröße** ist eine physikalische Größe, z.B. Länge, Temperatur, elektrischer Widerstand.

> Eine **physikalische Größe** ist das Produkt aus dem Zahlenwert und einer Einheit.
> Physikalische Größe = Zahlenwert mal Einheit
> z.B. Länge s = 1,8 · m

Die Meßgröße wird unmittelbar gemessen, wenn die gesamte Länge des Meßgegenstandes mit der im Meßgerät eingebauten Maßverkörperung verglichen wird. Die Meßgröße wird errechnet (mittelbare Messung, z.B. Kolbeneinbauspiel), nachdem der Unterschied gegenüber einer bekannten Größe gemessen

wurde. Unterschiedsmessung: Durchmesser Zylinder (gemessen) minus Kolbendurchmesser (vorgegeben) gleich Kolbeneinbauspiel.

Maßeinheiten

Die Einheit für die Länge ist das Meter (Einheitenzeichen m). Früher galt das Pariser Urmeter als die Maßverkörperung eines Meters. Das Pariser Urmeter ist ein X-förmiger Stab (Abb. 2) aus 90% Platin und 10% Iridium. Ein Meter, der Abstand zweier Begrenzungsstriche auf dem Urmeter, wurde ursprünglich als der 40 000 000. Teil des durch die Pariser Sternwarte gehenden Erdumfangs festgelegt.

1983 hat die Generalkonferenz für Maß und Gewicht im Rahmen des SI-Systems ein neues Vergleichsmaß für die Längeneinheit Meter beschlossen. (**SI**: Abkürzung von **S**ystème **I**nternational d'Unitès – Internationales Einheiten-System)

> Das **Meter** ist die Länge der Strecke, die einfarbiges Licht während der Zeit von 1/299 792 458 Sekunde im Vakuum durchläuft.
> (Lichtgeschwindigkeit $c = 299\,792\,458$ m/s)

In einigen Ländern ist das Zoll (inch) Längeneinheit. 1 inch = 25,4 mm.
Die Maßeinheiten des Winkels sind:

- Grad (z.B. ein rechter Winkel im Gradmaß 90°),
- Radiant (z.B. ein rechter Winkel im Bogenmaß $\pi/2$ rad),
- Gon (z.B. ein rechter Winkel in Neugrad 100 gon).

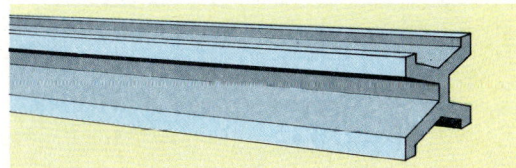

Abb. 2: Urmeter

1.2 Maßtoleranzen

Die in einer technischen Zeichnung angegebenen Maße (Abb. 1a) lassen sich bei der Fertigung eines Werkstücks nicht mit absoluter Genauigkeit erreichen. Übertrieben hohe Genauigkeitsanforderungen sind außerdem unwirtschaftlich. Eine mögliche Abweichung von einem **geforderten Maß** (**Nennmaß** N) sollte die Funktion des Werkstücks nicht beeinflussen. Deshalb werden häufig neben der Angabe des geforderten Nennmaßes N auch die **Grenzabmaße** (zugelassenen Abweichungen) angegeben (Abb. 1b).

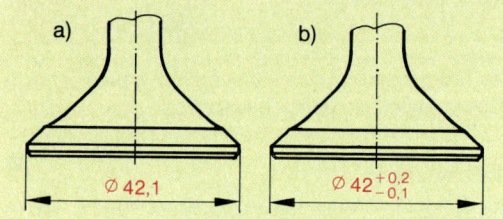

Abb. 1: Maßangaben in einer technischen Zeichnung

Die größte zugelassene Maßabweichung zum Nennmaß wird **oberes Abmaß,** die kleinste zugelassene Maßabweichung **unteres Abmaß** genannt.

Aus Nennmaß und Grenzabmaßen lassen sich **Höchstmaß** (größtes zugel. Maß) und **Mindestmaß** (kleinstes zugel. Maß) ermitteln (Abb. 2).

Der Unterschied zwischen Höchst- und Mindestmaß ist die **Maßtoleranz** T (tolerare, lat.: dulden).

Die Grenzabmaße stehen in etwas kleinerer Schrift hinter dem Nennmaß. Das Abmaß 0 (Null) wird nicht mitgeschrieben. Das obere Abmaß steht ohne Rücksicht auf das Vorzeichen höher ($42^{+0,2}$), das untere Abmaß tiefer als das Nennmaß ($42_{-0,1}$). Bei gleichem oberem und unterem Abmaß steht der Zahlenwert nur einmal mit beiden Vorzeichen ($42 \pm 0,2$).

Beispiel: $110^{+0,2}_{-0,1}$ (Welle)
Nennmaß $N = 110\,\text{mm}$
oberes Abmaß $es = +0,2\,\text{mm}$
unteres Abmaß $ei = +0,1\,\text{mm}$

Maßtoleranz $T = 0,3\,\text{mm}$
Höchstmaß $G_{es} = 110,2\,\text{mm}$
Mindestmaß $G_{ei} = 109,9\,\text{mm}$

1.3 Meßfehler

Jedes Meßergebnis (Istmaß) wird verfälscht durch die **Unvollkommenheit**

- des **Meßgegenstandes** (z.B. rauhe Oberfläche, Werkstück mit Graten, Riefen oder mit Rückständen von Öl, Fett, Staub),
- der **Maßverkörperung** (z.B. Ungenauigkeiten in der Skalenaufteilung),
- des **Meßgerätes** (z.B. Oxidation, mechanischer Verschleiß)

und die **Einflüsse**

- der **Umwelt** (z.B. Temperatur, Luftdruck, Luftfeuchtigkeit),
- des **Beobachters** (z.B. Aufmerksamkeit, Übung, Sehschärfe).

Ein häufig vorkommender Meßfehler ist der Parallaxenfehler (parallaxis, gr.: Abweichung). Der Parallaxenfehler ist ein Längenmeßfehler durch falsche Blickrichtung. Die Blickrichtung während des Ablesens muß daher immer senkrecht auf eine Teilung gerichtet sein (Abb. 3).

Alle Prüfmittel sind empfindlich gegen mechanische Beanspruchung und Temperaturschwankungen. Ein Temperaturunterschied zwischen Prüfmittel und Werkstück muß vermieden werden. Es wurde eine einheitliche **Bezugstemperatur von 20°C** festgesetzt. Bei dieser Temperatur sind die Prüfungen vorzunehmen.

Systematische und zufällige Fehlerquellen können häufig durch einen sorgfältigen Umgang mit den Meßgeräten vermieden werden. Eine **systematische** Fehlerquelle ist z.B. eine Ungenauigkeit in der Skalenteilung. Ein **zufälliger** Fehler ist z.B. ein Grat an der zu messenden Werkstückfläche.

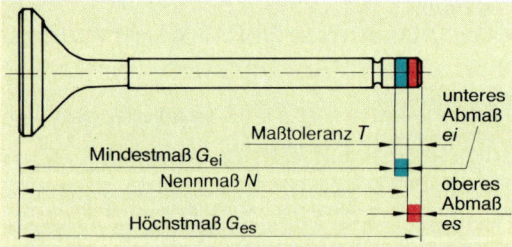

Abb. 2: Maße, Abmaße und Toleranz (Welle)

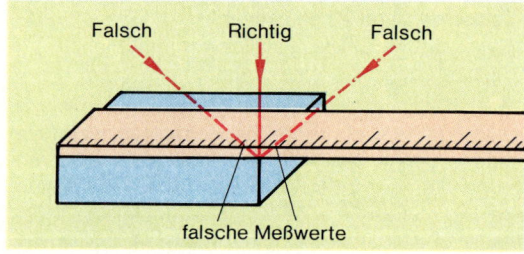

Abb. 3: Meßfehler durch Parallaxe

1.4 Meßgeräte für Längen- und Winkelmessungen

1.4.1 Maßverkörperungen

Maßverkörperungen sind einfache Meßgeräte. Sie verkörpern die Meßgröße durch einen festen Abstand, die Lage der Flächen (z.B. Schablonen) oder den Abstand von Strichen.

Strichmaßstäbe können

- Stahlmaßstäbe,
- Arbeitsmaßstäbe und
- Rollbandmaße sein.

Der **Meßwert** eines Strichmaßstabes wird an einer **Strichskale** direkt abgelesen. Durch den Abstand von Strichen wird die Längeneinheit verkörpert. Der Strichabstand, und damit die Meßgenauigkeit, beträgt meist 1 mm.
Strichmaßstäbe werden aus Metall, Glas, Kunststoff oder Holz hergestellt. Die Wahl des Werkstoffs und die Art der Ausführung richten sich nach der geforderten Genauigkeit und dem Verwendungszweck.
Bei **Endmaßen** wird das Maß durch den Abstand zweier Meßflächen verkörpert (DIN 2062).
Nach DIN 861 werden **Parallelendmaße** in vier Genauigkeitsgrade eingeteilt. Jeder Genauigkeitsgrad enthält eine vorgegebene zulässige Abweichung vom Nennmaß.

1.4.2 Anzeigende Meßgeräte

Anzeigende Meßgeräte zeigen den Meßwert analog (gr.: entsprechend) an einer Strichskale, Markierung oder einem Zeiger an. Digital (lat.: ziffernmäßig) kann der Meßwert durch eine Lichtanzeige in Ziffern sichtbar gemacht werden.

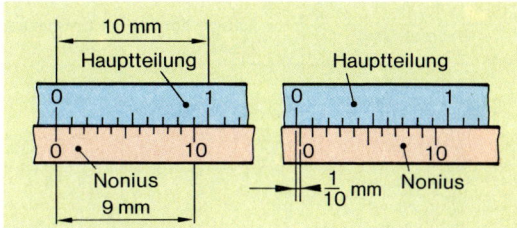

Abb. 5: 1/10-Nonius

Anzeigende Meßgeräte sind:

- Meßschieber,
- Meßschraube,
- Meßuhr und
- Winkelmesser.

Meßschieber

Mit einem **Universalmeßschieber** (DIN 862) können **Außenmessungen** mit den Meßschenkeln (Abb. 4), **Innenmessungen** mit den Kreuzschnäbeln und **Tiefenmessungen** mit der Tiefenmeßstange vorgenommen werden. Auf einer Schiene befinden sich Strichskalen mit Millimeter- und Zolleinteilung **(Hauptteilung).** Der Schieber hat eine Strichskale, den Nonius (benannt nach dem Portugiesen Nunes 1492–1577). Mit Hilfe verschiedener Nonien sind Ablesegenauigkeiten von 1/10, 1/20 oder 1/50 mm möglich. Der Meßschieber mit 1/50 mm Ablesegenauigkeit ist nicht genormt.

> Der **1/10-Nonius** hat 10 gleiche Teile auf einer Länge von 9 mm. Der Abstand von Teilstrich zu Teilstrich beträgt 9/10 mm = 0,9 mm.

Bei geschlossenem Meßschenkel steht der Nullstrich des Nonius genau unter dem Nullstrich der Hauptteilung (Abb. 5). Wird der Meßschieber um 0,1 mm

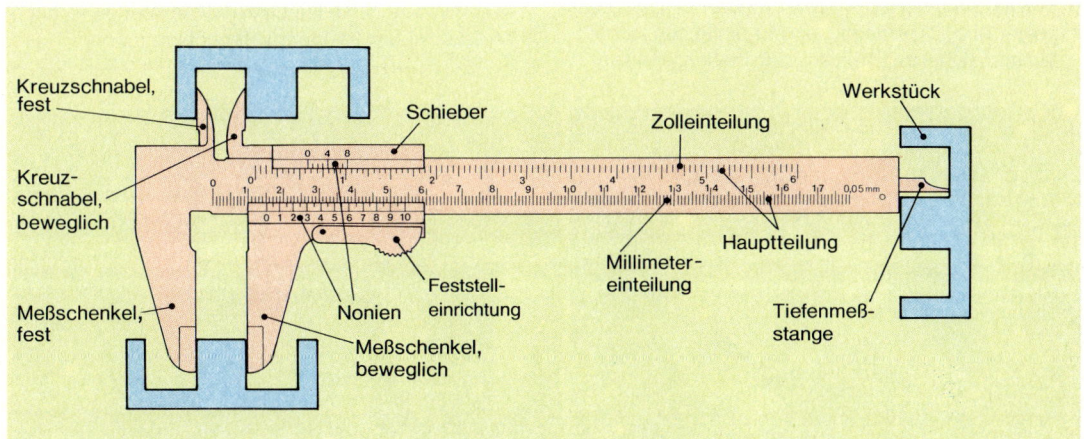

Abb. 4: Universalmeßschieber

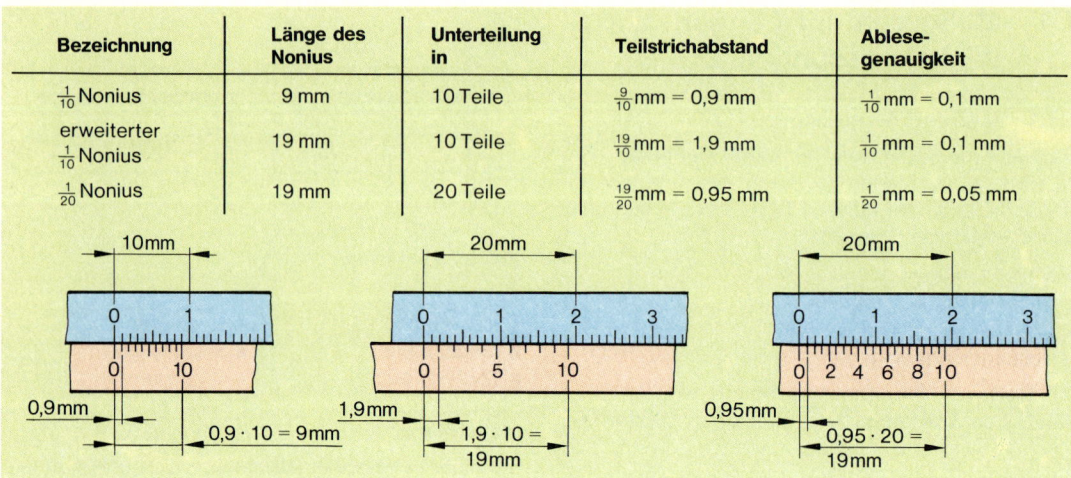

Bezeichnung	Länge des Nonius	Unterteilung in	Teilstrichabstand	Ablese-genauigkeit
$\frac{1}{10}$ Nonius	9 mm	10 Teile	$\frac{9}{10}$ mm = 0,9 mm	$\frac{1}{10}$ mm = 0,1 mm
erweiterter $\frac{1}{10}$ Nonius	19 mm	10 Teile	$\frac{19}{10}$ mm = 1,9 mm	$\frac{1}{10}$ mm = 0,1 mm
$\frac{1}{20}$ Nonius	19 mm	20 Teile	$\frac{19}{20}$ mm = 0,95 mm	$\frac{1}{20}$ mm = 0,05 mm

Abb. 1: Verschiedene Noniusarten

geöffnet, so steht der 1. Teilstrich des Nonius genau unter dem 1. Teilstrich der Hauptteilung. Der Nonius-Nullstrich steht dann 0,1 mm hinter dem Nullstrich der Hauptteilung.

Ablesen des Meßschiebers mit 1/10-Nonius:

- Ganze Millimeter auf der Hauptteilung links vom Nonius-Nullstrich ermitteln,
- den Noniusteilstrich suchen, der mit einem Teilstrich auf der Hauptteilung genau übereinstimmt,
- Anzahl der Noniusstriche (außer den Nullstrich) bis zu den genau gegenüberstehenden Strichen abzählen und mit 0,1 mm multiplizieren,
- die Addition beider Werte ergibt den Meßwert. Durch weitere Noniusarten (Abb. 1) wird die Meßgenauigkeit erhöht. Die Vorgehensweise des Ablesens entspricht der des 1/10-Nonius.
  Uhrmeßschieber oder Meßschieber mit Digitalanzeige (Abb. 2) ermöglichen ein einfaches, schnelles und sicheres Ermitteln der Meßergebnisse.

Meßschraube

Die Meßschraube (DIN 863) hat im Inneren eine Gewindespindel, deren Steigung meist 0,5 mm beträgt (Abb. 3). Nach einer Umdrehung ändert sich der Abstand der Meßflächen um 0,5 mm.
An Meßschrauben sind **zwei Zeiger** und **zwei Skalen** vorhanden (Abb. 3). Eine Skale, die **Hauptteilung,** ist auf der **Skalenhülse** angebracht (volle und halbe Millimeter). Der Zeiger für diese Skale ist die Kante der drehbaren Meßtrommel. Eine zweite Skale ist auf der Meßtrommel angebracht. Der **Zeiger** für diese Skale ist der waagerechte Strich auf der Skalenhülse.

> Eine **Meßschraube** mit einer Meßspindelsteigung von 0,5 mm hat eine Skale mit 50 Teilen auf der Meßtrommel. Nach einer Drehung der Meßtrommel von einem Teilstrich zum nächsten wird die Meßfläche um 0,01 mm verschoben.

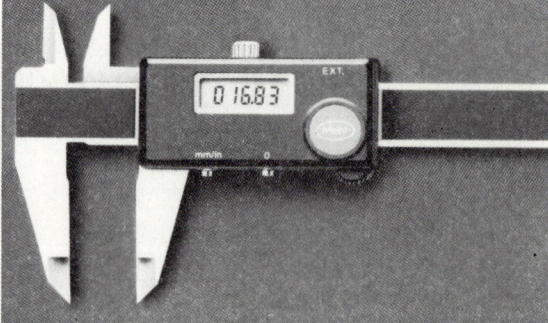

Abb. 2: Meßschieber

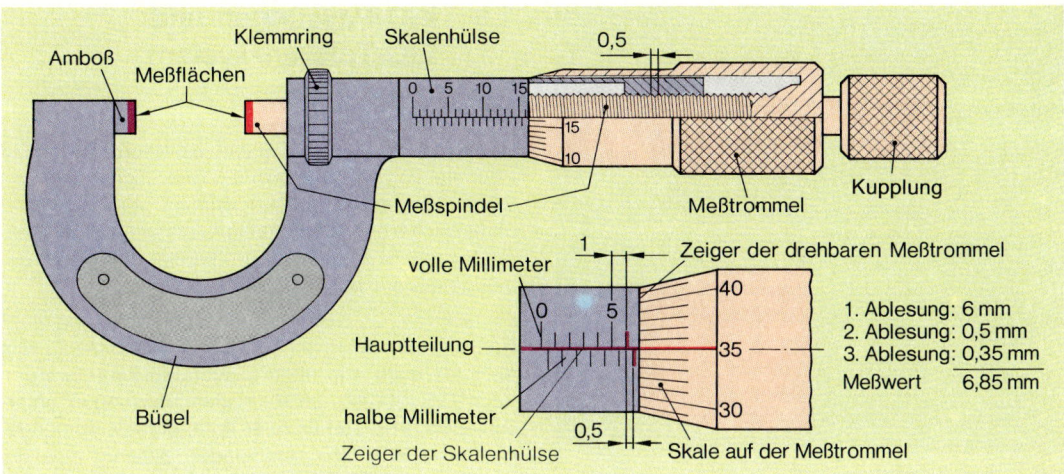

Abb. 3: Bügelmeßschraube, Ablesebeispiel

Ablesen der Meßschraube mit 0,5 mm Steigung:

- Ganze Millimeter auf der oberen Skale der Skalenhülse,
- plus halbe Millimeter auf der unteren Skale der Skalenhülse vor der Meßkante der Meßtrommel,
- plus hundertstel Millimeter auf der Meßtrommel ergeben das Meßergebnis (Abb. 3).

> **Arbeitshinweise:**
>
> Die Meßspindel wird durch Drehen der Meßtrommel bis kurz vor das zu messende Werkstück bewegt. Das Herandrehen der Meßspindel an das Werkstück hat nur mit der **Kupplung** (Ratsche) zu erfolgen. Dadurch wird ein gleichmäßiger Meßdruck gesichert und ein Meßfehler verhindert.

Der Meßbereich einer Meßschraube beträgt jeweils 25 mm. Es gibt Meßschrauben für die Bereiche 0 mm bis 25 mm, 25 mm bis 50 mm usw.

Mit der **Bügelmeßschraube** werden Außenmessungen, mit der **Innenmeßschraube** Innenmessungen und mit der **Tiefenmeßschraube** Tiefenmessungen durchgeführt (Abb. 4). Mit Hilfe einer Digitalanzeige sind Meßergebnisse ohne Ablesefehler möglich.

Meßuhr

Die Meßuhr (DIN 878) wird auch in Verbindung mit Parallelendmaßen eingesetzt (Abb. 5). Es wird der Unterschied von tatsächlichem und gefordertem Werkstückmaß ermittelt. Meßuhren haben eine Meßgenauigkeit von 0,01 mm. Sie werden eingesetzt, um z. B. Zylinder auszumessen und Werkstücke auf Rundlauf zu prüfen (Bremsscheiben).
Eine Feder drückt den Meßbolzen in die Ruhelage. Die Verschiebung des Meßbolzens wird durch Zahnräder auf den Zeiger übertragen. Durch Toleranzmarken können auf dem Zifferblatt die zulässigen Abweichungen vom eingestellten Nennmaß markiert werden.

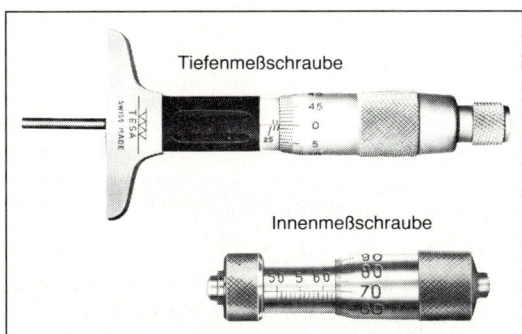

Abb. 4: Meßschrauben

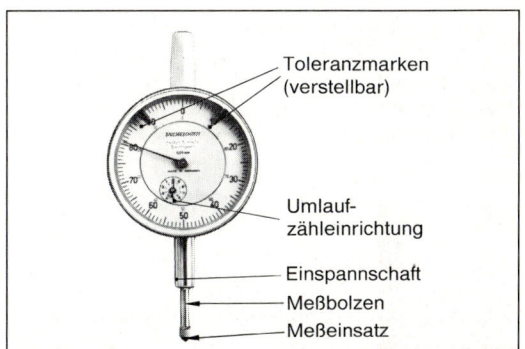

Abb. 5: Meßuhr

Abb. 1: Winkelmesser

1.5 ISO-Passungen und ISO-Toleranzsystem

1.5.1 Passungen

Die Massenproduktion macht es erforderlich, daß Bauteile von Maschinen und Gebrauchsgütern an unterschiedlichen Fertigungsstätten hergestellt und ohne Nacharbeit zusammengebaut werden müssen. Auch Ersatzteile müssen problemlos ohne Nacharbeit eingebaut werden können.

Je nachdem, ob z.B. zwischen einer Welle und einer Bohrung ein Spiel, ein Übermaß oder sowohl das eine als auch das andere auftreten kann, werden nach DIN ISO 286 die folgenden Passungen unterschieden (Abb. 3). Für zwei Teile, die zusammengebaut werden, also zueinander passen müssen, ergibt die Angabe der Grenzabmaße die Passung.

Winkelmessungen

Werden für Winkelmessungen Genauigkeiten von ±1° gefordert, wird mit einem **einfachen Winkelmesser** gemessen (Abb. 1). Bei diesem Winkelmesser ist die Gradeinteilung halbkreisförmig angeordnet. Zum Anlegen an das Werkstück ist ein beweglicher Schenkel mit Zeiger angebracht.

Werden größere Genauigkeiten gefordert, wird ein **Universalwinkelmesser** eingesetzt (Abb. 1).

Taster

Taster sind **Übertragungsmeßgeräte** (Abb. 2). Das Maß eines Werkstücks kann auf ein Meßgerät und umgekehrt übertragen werden. Der Taster selbst zeigt keinen Meßwert an.

Es gibt **Innen- und Außentaster** (Abb. 2). Für besonders feine Einstellungen wird der Federtaster verwendet. Über das Gewinde einer Einstellmutter kann der Meßwert sicherer und genauer abgegriffen werden.

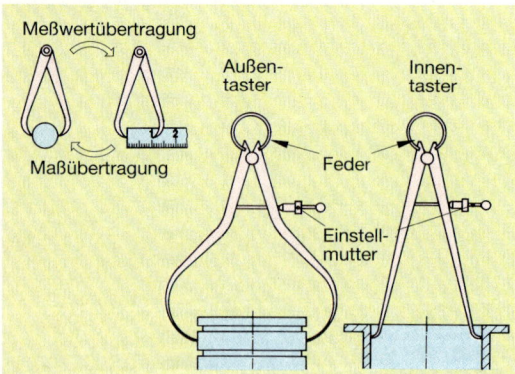

Abb. 2: Verwendung von Tastern

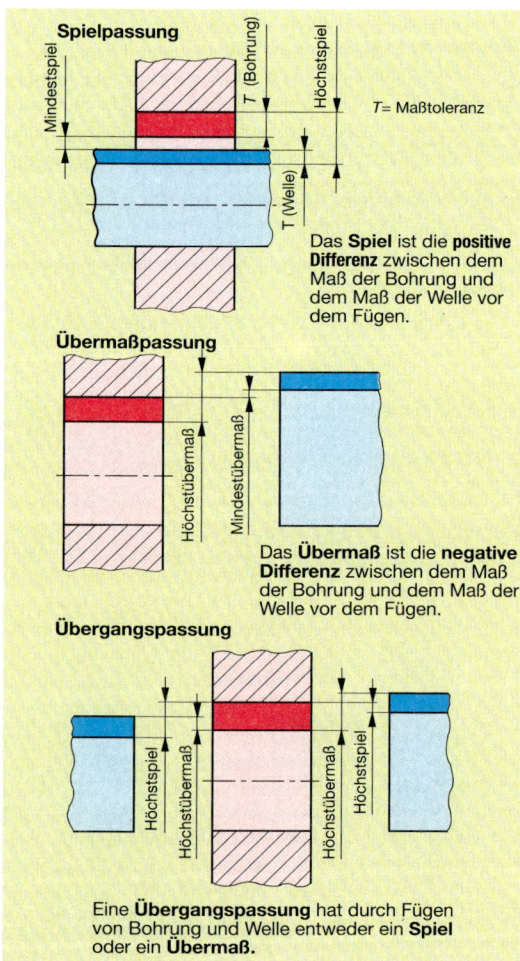

T = Maßtoleranz

Das **Spiel** ist die **positive Differenz** zwischen dem Maß der Bohrung und dem Maß der Welle vor dem Fügen.

Das **Übermaß** ist die **negative Differenz** zwischen dem Maß der Bohrung und dem Maß der Welle vor dem Fügen.

Eine **Übergangspassung** hat durch Fügen von Bohrung und Welle entweder ein **Spiel** oder ein **Übermaß**.

Abb. 3: Passungen

Die Angabe der Abweichungen (Grenzabmaße) kann durch Zahlen oder durch **ISO**-Kurzzeichen (Abb. 4) erfolgen (ISO: **I**nternational **O**rganization for **S**tandardization, engl.: Internationale Organisation für Normung).

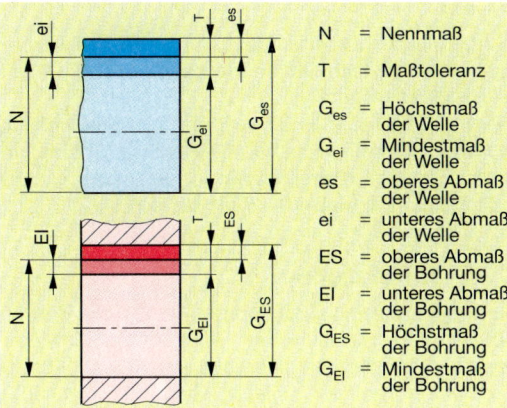

N	= Nennmaß
T	= Maßtoleranz
G_{es}	= Höchstmaß der Welle
G_{ei}	= Mindestmaß der Welle
es	= oberes Abmaß der Welle
ei	= unteres Abmaß der Welle
ES	= oberes Abmaß der Bohrung
EI	= unteres Abmaß der Bohrung
G_{ES}	= Höchstmaß der Bohrung
G_{EI}	= Mindestmaß der Bohrung

Abb. 4: Grenzabmaße

1.5.2 Toleranzsystem

Erfolgt eine zahlenmäßige Angabe der Grenzabmaße (Abb. 5a), so werden die zulässigen Abweichungen vom Nennmaß durch Plus- oder Minuszeichen gekennzeichnet. Um Konstruktion und Fertigung zu vereinfachen, wurden ISO-Toleranz- und ISO-Paßsysteme entwickelt, die durch ISO-Toleranzkurzzeichen ausgedrückt werden (Abb. 5b). Die ISO-Toleranzkurzzeichen stehen hinter dem Nennmaß. Große Buchstaben bezeichnen Grundabmaße der Bohrungen, kleine Buchstaben Grundabmaße der Wellen. Die Bohrungskurzzeichen werden höher, die Wellenkurzzeichen tiefer gesetzt. Die Buchstaben H und h bezeichnen das unmittelbar an der Nullinie anschließende **Toleranzfeld** (Abb. 6). Von hier aus, im Alphabet fortschreitend, ergeben sich in Richtung A (a) größere Spiele, in Richtung z (Z) größere Übermaße.

Die **ISO-Toleranzkurzzeichen,** z. B. $90\frac{H7}{f7}$, enthalten drei Informationen:

- Das Nennmaß (z. B. 90 mm),
- die Größe der Grundabmaße und damit die Lage der Toleranzfelder (Abb. 6) zur Nullinie (Nennmaß) und die Passung (z. B. H, f),
- die Größen der Toleranz, z. B. 7, in Abhängigkeit vom Nennmaß (Toleranzreihe).

Die Zahl im Kurzzeichen kennzeichnet jeweils die Größe der Toleranz. Es gibt zwanzig Toleranzklassen (z. B. h01 bis h18). Mit steigender Zahl nimmt die Größe der Toleranz zu.

Die **Größe** der **Toleranz** ist abhängig von

- der Größe des Nennmaßes und
- der Toleranzklasse.

Die Lage der Toleranzfelder wird bestimmt durch den Verwendungszweck (z. B. Spielpassung). Die Nennmaße sind bis 500 mm in 13 Nennmaßbereiche eingeteilt. Je größer das Nennmaß desto größer wird – bei gleicher Toleranzklasse – die Toleranz und das Grundabmaß.

Beispiel: 10^{H7}: Toleranz 0,025 mm

100^{H7}: Toleranz 0,035 mm

Die Größe der Grundabmaße und Toleranzen in Abhängigkeit von Toleranzklasse und Nennmaß werden in Tabellen erfaßt (Toleranzreihen).

1.5.3 Paßsysteme

Aus wirtschaftlichen Gründen wird bei der Massenfertigung die Zahl der zulässigen Passungen begrenzt. Für die Auswahl einer bestimmten Passung wurde das Paßsystem der „**Einheitswelle**" (**EW**) und das der „**Einheitsbohrung**" (**EB**) eingeführt (Abb. 1, S. 18). Die DIN-Normen empfehlen eines der beiden Paßteile nach dem Toleranzfeld H bzw. h zu fertigen und je nach gewünschter Passung ein Toleranzfeld auszusuchen. Bei Einzelfertigung wird das zweite Teil nach dem zuerst gefertigten „passend" hergestellt.

In ISO-Paßsystemen werden die geforderten Spiele oder Übermaße dadurch erreicht, daß z. B. im

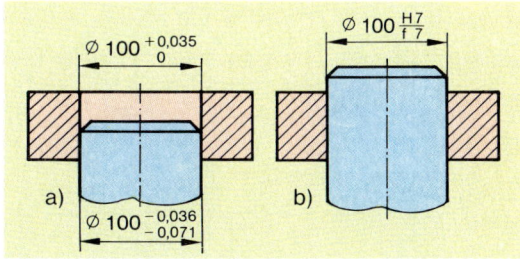

Abb. 5: Angabe der Grenzabmaße

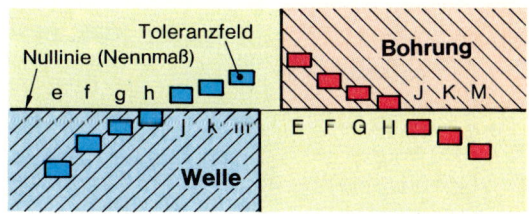

Abb. 6: Lage der Toleranzfelder (Ausschnitt) zur Nullinie

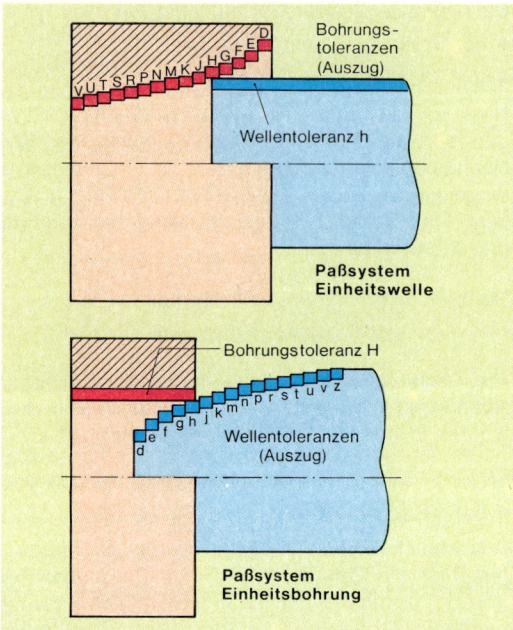

Abb. 1: Paßsysteme

Paßsystem **»Einheitswelle«** einer Bohrung mit verschiedenen Toleranzklassen eine Welle mit einer einzigen Toleranzklasse zugeordnet wird. Das Höchstmaß der Welle G_{es} ist dann gleich dem Nennmaß, das obere Abmaß der Welle $es = 0$ (Null). Im Paßsystem **»Einheitsbohrung«** ist das Mindestmaß der Bohrung G_{EI} gleich dem Nennmaß und das untere Abmaß der Bohrung $EI = 0$ (Null) (Abb. 2).

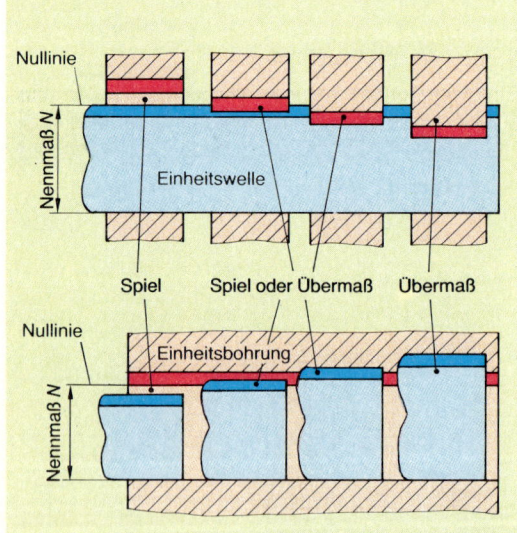

Abb. 2: ISO-Paßsysteme: „Einheitswelle" und „Einheitsbohrung"

1.6 Lehren

Lehren ist ein maßliches Prüfen, ohne den Zahlenwert der Meßgröße zu ermitteln.
Das dazu verwendete Prüfmittel ist die Lehre.

Durch eine Lehre wird das zu prüfende Maß körperlich so dargestellt, daß ein Vergleich mit dem Werkstück leicht möglich ist.
Nach der Art des Prüfvorganges werden einfache Lehren (Normallehren) und **Grenzlehren** unterschieden. Bei den **Normallehren** erfolgt eine weitere Unterteilung in Maß- und Formlehren.

1.6.1 Normallehren

Normallehren sind z. B. Fühlerlehren (Spion), Bohrerschleiflehren, Düsenlehren, Lochlehren, Gewindelehren, Radiuslehren oder das Haarlineal (Abb. 3). Die Fühlerlehre, eine einfache Maßlehre, wird häufig für Prüfarbeiten in der Kraftfahrzeug-Werkstatt eingesetzt. Sie dient z. B. zum Prüfen des Ventilspiels.

1.6.2 Grenzlehren

Mit Grenzlehren werden vorgegebene Toleranzmaße geprüft. Zum Prüfen von Wellen werden **Grenzrachenlehren** (Abb. 4), zum Prüfen von Bohrungen werden **Grenzlehrdorne** eingesetzt. Jede Grenzlehre hat eine Gut- und eine Ausschußseite. Die Ausschußseite der Grenzlehren ist erkennbar durch

- die Beschriftung, das obere Grenzabmaß für den Grenzlehrdorn und das untere Grenzabmaß für die Grenzrachenlehre, steht auf der Ausschußseite,

- eine rote Farbmarkierung,

- abgeschrägte Prüfflächen bei der Rachenlehre, ein verkürzter Meßzapfen am Grenzlehrdorn.

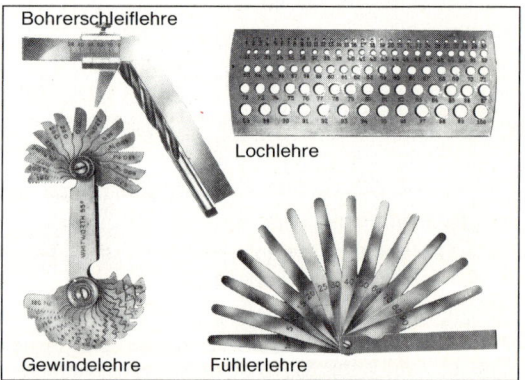

Abb. 3: Normallehren

Die **Grenzlehren** dienen stets der Ermittlung der folgenden Zusammenhänge:

Die Welle oder Bohrung ist:
- kleiner als das Höchstmaß,
- größer als das Mindestmaß.

Eine Welle, die größer als das Höchstmaß ist, kann nachgearbeitet werden. Eine Welle, kleiner als das Mindestmaß, ist Ausschuß.
Eine Bohrung, kleiner als das Mindestmaß, kann nachgearbeitet werden. Eine Bohrung, größer als das Höchstmaß, ist Ausschuß.

Arbeitshinweise:

Die **Grenzrachenlehre** muß mit ihrer Gutseite, dem Höchstmaß, durch ihr Eigengewicht über die Welle gleiten. Die Ausschußseite darf nicht über die Welle gehen.
Der **Grenzlehrdorn** muß mit der Gutseite, dem Mindestmaß, zwanglos durch die Bohrung gleiten. Für die Ausschußseite, das Höchstmaß, muß die Bohrung zu klein sein.

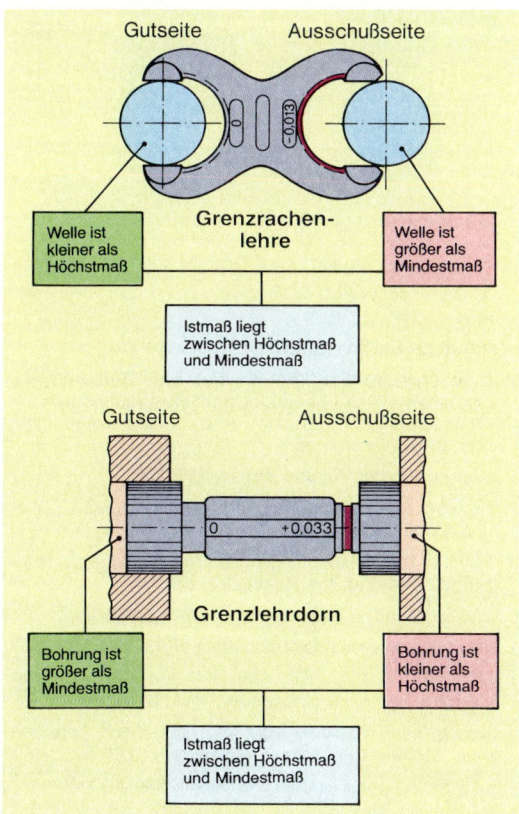

Abb. 4: Grenzlehren

1.7 Anreißen

Soll ein Werkstück durch spanende Fertigungsverfahren bearbeitet werden, so wird es häufig angerissen. Form und Größe, Durchbrüche oder Bohrungen werden nach Angabe der Zeichnung durch Rißlinien und Körner auf dem Werkstück festgelegt (Abb. 5).
Einfache Anrisse von Einzelstücken werden mit Reißnadel, Stahlmaßstab, Anschlagwinkel oder Flachwinkel vorgenommen. Große Werkstücke oder solche mit komplizierten Formen werden auf Anreißplatten mittels Parallelreißer, größere Serien durch den Einsatz von Schablonen angerissen.

1.7.1 Anreißvorgang

Vor dem Anreißen müssen die Werkstückkanten und -flächen, von denen aus angerissen werden soll, vorgearbeitet werden. Ist es nicht möglich, eine Bezugskante oder -fläche zu schaffen, so wird eine **Bezugslinie** angerissen, von der aus die Maße abgetragen werden.
Ist ein Anriß schwer erkennbar, wird ein **farbiger Überzug** (Anreißlack) aufgetragen. Während der Bearbeitung fällt der Anriß immer mehr mit der Bearbeitungskante zusammen. Der Anriß ist nicht mehr deutlich erkennbar. Die Kontrolle wird erschwert. Nach dem Anreißen sollten daher **Kontrollkörner** auf die Rißlinien gesetzt werden (Abb. 5).
Bei genauer Arbeit bleiben die Körner zur Hälfte stehen. Kontrollkörner werden auf geraden Rißlinien, bei Rundungen, Kreuzungsstellen oder Übergängen von Geraden zu Krümmungen gesetzt. Zum Körnen werden Körner nach DIN 7250 verwendet.

1.7.2 Anreißverfahren

Ein Anreißen nach einer Bezugskante oder -linie (Abb. 1, S. 20) erfolgt mit Reißnadel und Spitzzirkel. Die Maße werden von einem Stahlmaß abgegriffen, die Rißlinien an Stahllinealen oder Stahlwinkeln gezogen.

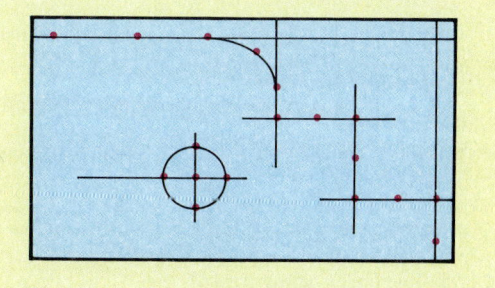

Abb. 5: Kennzeichnung durch Körner

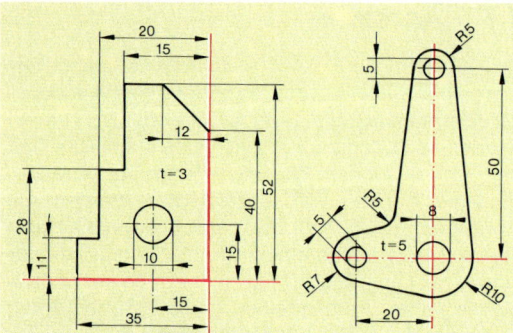

Abb. 1: Anreißverfahren

Spitzzirkel werden zum Anreißen von Kreisen eingesetzt oder um Teilungen auf einer Geraden oder einem Kreisbogen anzubringen.

Mit einem **Zentrierwinkel** oder einer **Zentrierglocke** wird der Mittelpunkt eines kreisrunden Werkstücks ermittelt.

Wird von einer Bezugskante angerissen, so wird das Werkstück auf eine **Anreißplatte** gestellt. Mit einem **Parallelreißer** werden die Maße auf das Werkstück übertragen.

Das **Anreiß-** und **Höhenmeßgerät** dient hauptsächlich zum Messen und Anreißen an Werkzeugmaschinen (Abb. 2).

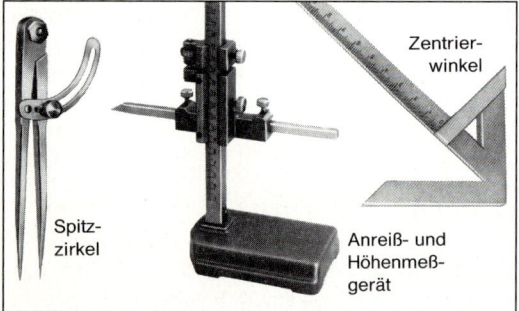

Abb. 2: Anreißwerkzeuge

Aufgaben

1. Nennen Sie Beispiele eines nichtmaßlichen Prüfens.
2. Erklären Sie den Begriff Messen.
3. Warum wird in der Fertigung mit Toleranzen gearbeitet?
4. Berechnen Sie das Höchstmaß, das Mindestmaß und die Toleranz der Maßangabe: $100^{-0,036}_{-0,071}$.
5. Nennen Sie mindestens je zwei Ursachen von systematischen und zufälligen Meßfehlern und begründen Sie diese.
6. Was sind Maßverkörperungen?
7. Nennen Sie mindestens drei anzeigende Meßgeräte.

8. Beschreiben Sie das Ablesen an einem Meßschieber mit 1/10-Nonius.
9. Warum wird mit einem Meßschieber mit 1/10-Nonius eine Meßgenauigkeit von 0,1 mm erreicht?
10. Ermitteln Sie die Meßwerte in Abb. 3.

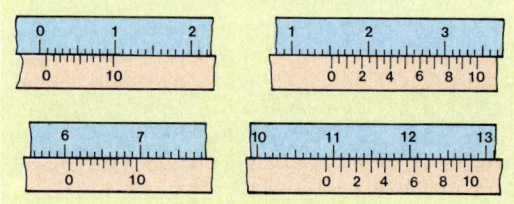

Abb. 3: Ableseübungen am Meßschieber

11. Beschreiben Sie das Ablesen an einer Meßschraube mit einer Steigung von 0,5 mm.
12. Warum kann mit einer Meßschraube eine Meßgenauigkeit von 0,01 mm erzielt werden?
13. Worauf ist während des Messens mit einer Meßschraube besonders zu achten, um genaue Ergebnisse zu erreichen?

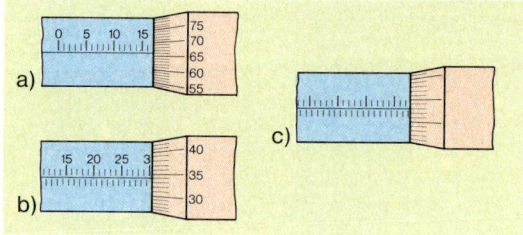

Abb. 4: Ableseübungen an der Meßschraube

14. Beschreiben Sie den Ablesevorgang für den Meßwert 7,6 mm wie in Abb. 3, S. 15.
15. Ermitteln Sie die Meßwerte der in Abb. 4a, b dargestellten Spindelstellungen einer Meßschraube.
16. Eine Meßschraube zeigt den Wert 57,68 mm (Abb. 4c). Skizzieren Sie die Abbildung, und vervollständigen Sie diese durch Eintragen von Zahlen auf der Skalenhülse und der Meßtrommel.
17. Warum werden Taster eingesetzt?
18. Nennen Sie den Unterschied zwischen einem Spiel und einem Übermaß.
19. Welche Toleranzfelder grenzen bei Wellen bzw. Bohrungen direkt an die Nullinie?
20. Was bedeutet das System der Einheitsbohrung?
21. Wodurch unterscheidet sich das Lehren vom Messen?
22. Nennen Sie die Prüfregeln für den Einsatz einer Grenzrachenlehre bzw. eines Grenzlehrdorns.
23. Beschreiben Sie den Anreißvorgang nach Angaben einer technischen Zeichnung.
24. Welche Aufgabe erfüllen Kontrollkörner?
25. Warum werden Bezugskanten und Bezugslinien für das Anreißen gewählt?

2 | Fertigungsverfahren (Übersicht)

Nach DIN 8580 werden die Fertigungsverfahren in 6 Hauptgruppen gegliedert.
Die Grundlage der Einteilung ist der Zusammenhalt.

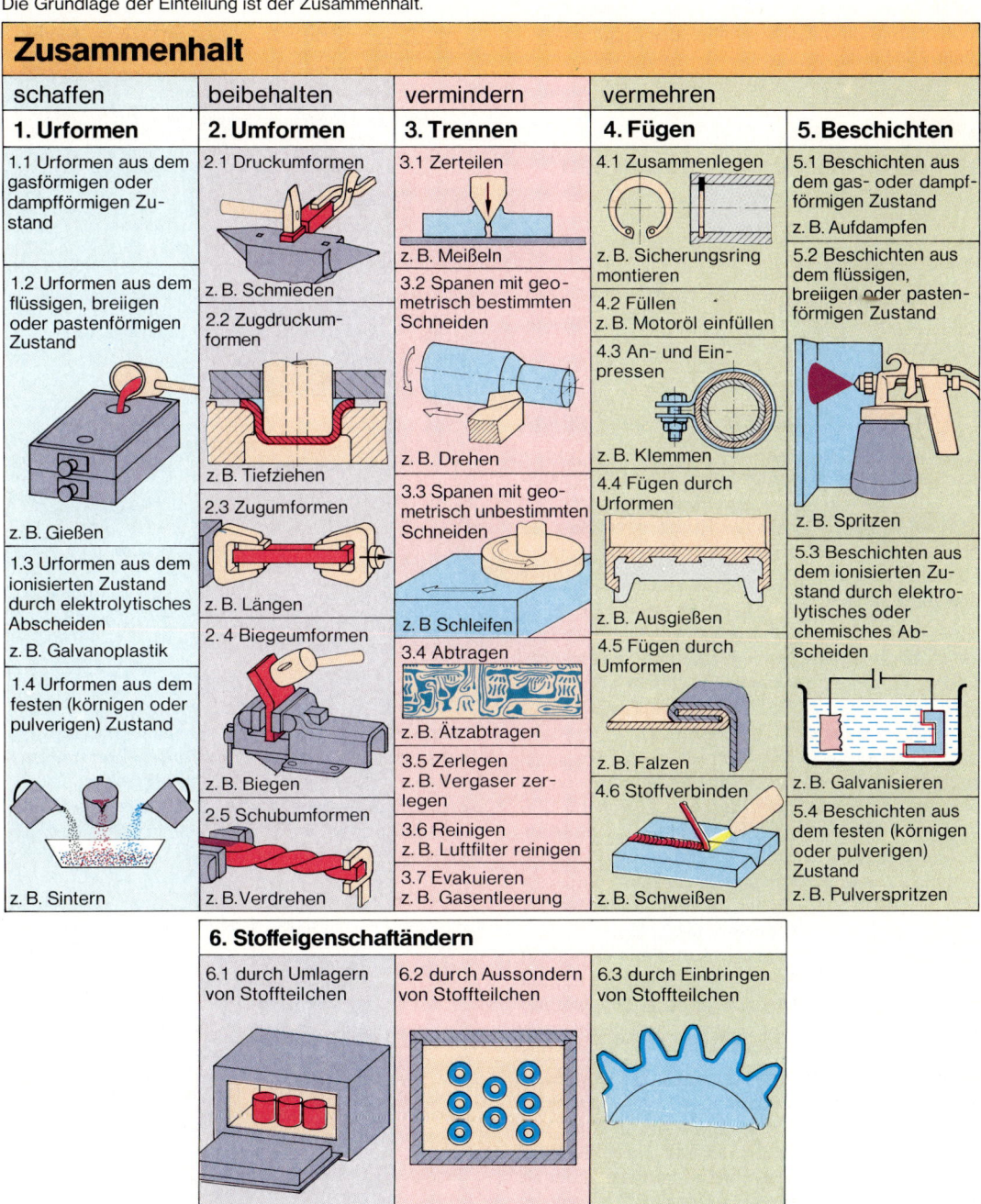

Zusammenhalt

schaffen	beibehalten	vermindern	vermehren	
1. Urformen	**2. Umformen**	**3. Trennen**	**4. Fügen**	**5. Beschichten**
1.1 Urformen aus dem gasförmigen oder dampfförmigen Zustand	2.1 Druckumformen	3.1 Zerteilen	4.1 Zusammenlegen	5.1 Beschichten aus dem gas- oder dampfförmigen Zustand
		z. B. Meißeln		z. B. Aufdampfen
1.2 Urformen aus dem flüssigen, breiigen oder pastenförmigen Zustand	z. B. Schmieden	3.2 Spanen mit geometrisch bestimmten Schneiden	z. B. Sicherungsring montieren	5.2 Beschichten aus dem flüssigen, breiigen oder pastenförmigen Zustand
	2.2 Zugdruckumformen		4.2 Füllen z. B. Motoröl einfüllen	
			4.3 An- und Einpressen	
		z. B. Drehen		
z. B. Gießen	z. B. Tiefziehen	3.3 Spanen mit geometrisch unbestimmten Schneiden	z. B. Klemmen	z. B. Spritzen
1.3 Urformen aus dem ionisierten Zustand durch elektrolytisches Abscheiden	2.3 Zugumformen		4.4 Fügen durch Urformen	5.3 Beschichten aus dem ionisierten Zustand durch elektrolytisches oder chemisches Abscheiden
z. B. Galvanoplastik	z. B. Längen	z. B Schleifen	z. B. Ausgießen	
1.4 Urformen aus dem festen (körnigen oder pulverigen) Zustand	2. 4 Biegeumformen	3.4 Abtragen	4.5 Fügen durch Umformen	
		z. B. Ätzabtragen		
		3.5 Zerlegen z. B. Vergaser zerlegen	z. B. Falzen	z. B. Galvanisieren
	z. B. Biegen	3.6 Reinigen z. B. Luftfilter reinigen	4.6 Stoffverbinden	5.4 Beschichten aus dem festen (körnigen oder pulverigen) Zustand
	2.5 Schubumformen	3.7 Evakuieren z. B. Gasentleerung		
z. B. Sintern	z. B. Verdrehen		z. B. Schweißen	z. B. Pulverspritzen

6. Stoffeigenschaftändern

6.1 durch Umlagern von Stoffteilchen	6.2 durch Aussondern von Stoffteilchen	6.3 durch Einbringen von Stoffteilchen
z. B. Normalglühen	z. B. Tempern	z. B. Nitrieren

③ | Urformen

Urformen ist das Fertigen eines festen Körpers (Werkstücks) aus formlosem Stoff (Schmelze, Pulver, Granulat) durch Schaffen des Zusammenhalts (DIN 8580).

3.1 Urformen von Werkstücken aus Metallen

Das Urformen von Werkstücken aus Metallen geschieht am häufigsten aus

- dem flüssigen Zustand durch Gießen und
- dem festen Zustand durch Pressen oder Pressen mit anschließendem Sintern.

3.1.1 Urformen aus dem flüssigen Zustand (Gießen)

Die Gießverfahren werden nach ihren physikalischen Grundprinzipien in Schwerkraft-, Druck- und Fliehkraftgießen unterteilt. Im Kraftfahrzeugbau hat das Fliehkraftgießen jedoch nur geringe Bedeutung.

Schwerkraftgießen

Zur Herstellung eines Gußwerkstücks wird das flüssige Metall in einen Formhohlraum gegossen (Abb. 1d). Der Formhohlraum entsteht, indem ein Modell des zu fertigenden Werkstücks aus Holz, Metall oder Kunststoff in Formsand eingeformt (Abb. 1c) und danach wieder herausgenommen wird (Abb. 1b). Damit das Modell wieder herausgenommen werden kann, ist der Formkasten, der den Formsand aufnimmt, in einen Ober- und Unterkasten geteilt (Abb. 1c). Zur Herstellung von Hohlräumen im Gußstück werden Kerne aus Formsand in die Form eingelegt (Abb. 1d). Zur Lagerung der Kerne muß das Modell mit Kernmarken versehen sein (Abb. 1b). Nach dem Gießen und Erstarren wird das Werkstück durch Zerstören der Sandform ausgeformt. Einguß und Steiger (Luft- und Metallaustrittsöffnung) werden vor der weiteren Bearbeitung vom Rohgußteil entfernt. Es werden auch nur einmal verwendbare Modelle in einteiligen Formkästen benutzt (verlorene Modelle). Diese Modelle bestehen aus Wachs oder Polystyrolschaumstoff. Wachsmodelle werden vor dem Gießen durch Erwärmen der Form entfernt (ausgeschmolzen). Polystyrolschaumstoffmodelle brauchen vor dem Gießen nicht entfernt zu werden. Sie vergasen während des Gießens.

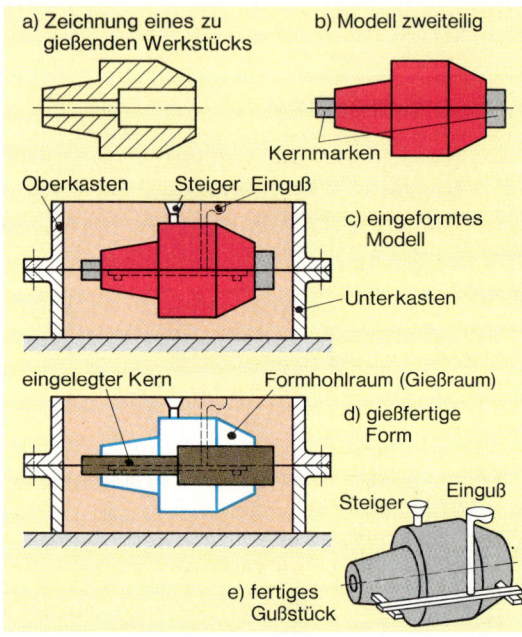

a) Zeichnung eines zu gießenden Werkstücks

b) Modell zweiteilig

Kernmarken

Oberkasten Steiger Einguß

c) eingeformtes Modell

Unterkasten

eingelegter Kern Formhohlraum (Gießraum)

d) gießfertige Form

Steiger Einguß

e) fertiges Gußstück

Abb. 1: Gießen eines Werkstücks

Durch Gießen werden im Kraftfahrzeugbau z.B. Motorblöcke, Kurbelwellen (GGG-60) oder Bremsbackenträger (GTS-45) hergestellt.

Druckgießen

Dieses Verfahren wird zur Massenfertigung von Werkstücken mit sehr komplizierten Formen und geringen Wanddicken, z.B. Vergasergehäuse, angewendet. Das flüssige Metall, z.B. Zink- und Aluminiumlegierungen, wird unter hohem Druck (50 bis 2000 bar) in Dauerformen (Stahlformen) gedrückt.

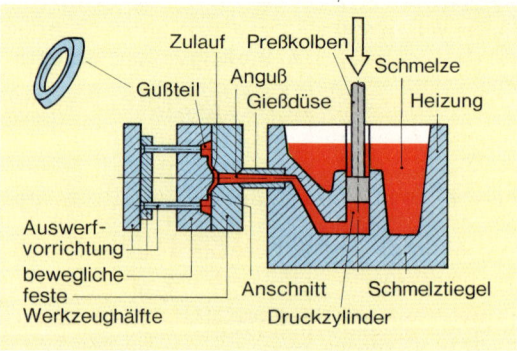

Zulauf Preßkolben
Schmelze
Anguß
Gußteil Gießdüse Heizung

Auswerf-
vorrichtung
bewegliche
feste
Werkzeughälfte Anschnitt Schmelztiegel
Druckzylinder

Abb. 2: Druckgießen nach dem Warmkammerverfahren

Druckgießen erfolgt nach dem Warm- oder Kalt-kammerverfahren. Das Warmkammerverfahren hat im Gegensatz zum Kaltkammerverfahren einen Schmelztiegel, der in direkter Verbindung mit dem Druckzylinder steht (Abb. 2).

3.1.2   Urformen aus dem festen Zustand

Urformen aus dem festen Zustand erfolgt durch **Pressen** (Verdichten) mit anschließendem **Sintern** (»Backverfahren«) oder durch Pressen ohne Sintern. Durch Sintern können Stoffe verbunden werden, die sich nur schwer oder gar nicht legieren lassen. Die Fertigungsstufen für Sinterteile sind (Abb. 3):

- Herstellung des pulverförmigen Zustands der Rohstoffe durch Zerschlagen, Zerstampfen oder Mahlen der Metalle.
- Mischen der pulverförmigen Rohstoffe.
- Pressen des Metallpulvers in entsprechend ge-stalteten Formen. Preßdruck 20 bis 60 bar. Die Höhe des Drucks bestimmt die Dichte bzw. Porö-sität (Größe der Hohlräume) des Werkstücks.
- Sintern bei Temperaturen unterhalb der Schmelz-temperatur der Grundbestandteile unter Schutz-gas. Zeit und Temperatur des Sinterprozesses werden sehr genau gesteuert. Durch die Erwär-mung verbinden sich die Pulverkörner an ihren Randzonen.

Nach dem Sintern sind die Teile meist einbaufertig. Höhere Anforderungen an die Maßgenauigkeit wer-den durch einen anschließenden Kalibriervorgang (Pressen auf Maß) erreicht.
Im Kraftfahrzeug werden folgende Sinterwerkstoffe für die unterschiedlichsten Aufgaben verwendet:

Poröse Sinterwerkstoffe für Filter und Gleitlager. Solche porösen Gleitlagerbuchsen können bis zu 30% ihres Volumens an Schmierstoffen aufnehmen. Erwärmen sich die Lager, so tritt der Schmierstoff aus den Poren und verleiht den Lagern gute Not-laufeigenschaften.

Sinterwerkstoffe für sehr maßgenaue Teile bestehen aus den Grundwerkstoffen Eisen, Gußeisen oder Stahl, zu denen noch Legierungsmetalle hinzukom-men. Sinterteile können auch gehärtet werden. Anwendungsbeispiele: Zahnriemenräder, Zahnrä-der, Nocken, Pumpenräder.

Sinterreibstoffe haben CuSn- oder Graphitbestand-teile.
Anwendungsbeispiele: Lamellen für Kupplungen, Synchronringe.

Ein weiteres Anwendungsgebiet für die Sintertechnik ist die Herstellung von Hartmetallschneiden und oxidkeramischen Schneidstoffen (Kap. 9.11.3).

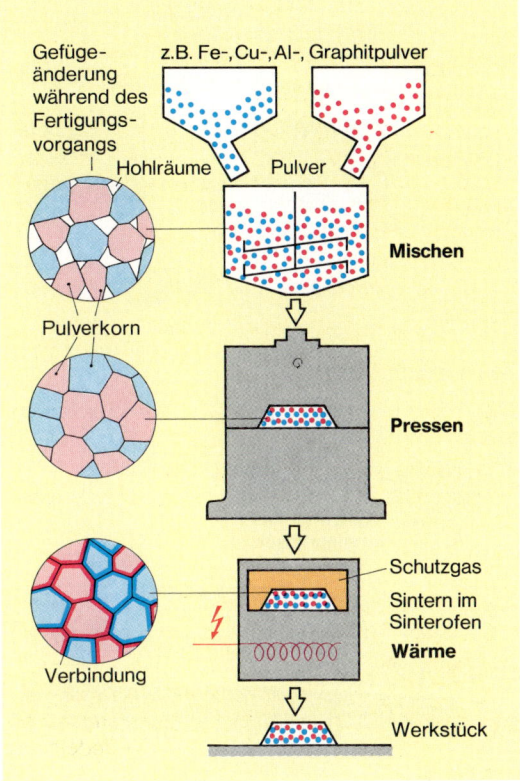

Abb. 3: Herstellung eines Sinterteils

3.2   Urformen von Werkstücken aus Kunststoffen

Ausgangswerkstoff für Kunststoffwerkstücke sind flüssige, pastenartige oder feste Stoffe in verarbei-tungsfertigem Zustand (Formmassen). Diese Form-massen werden von der chemischen Industrie geliefert:

- **Thermoplaste,** meist in Pulverform oder als Gra-nulat.
- **Duroplaste,** flüssig oder als vorgepreßte Rohlinge.

Diese Formmassen werden zur Verbesserung der Eigenschaften (z. B. Festigkeitserhöhung) häufig mit Füll- oder Verstärkerstoffen vermischt. Thermoplaste werden meist in beheizten Spritzeinheiten (Extru-dern) erwärmt und plastifiziert (Kunststoffschmelze). Dadurch ist es möglich, den Kunststoff durch Düsen oder in Formen zu pressen. Nach der Abkühlung sind die Werkstücke aus Thermoplasten bei Raumtem-peratur formstabil. Die wichtigsten Verfahren sind in

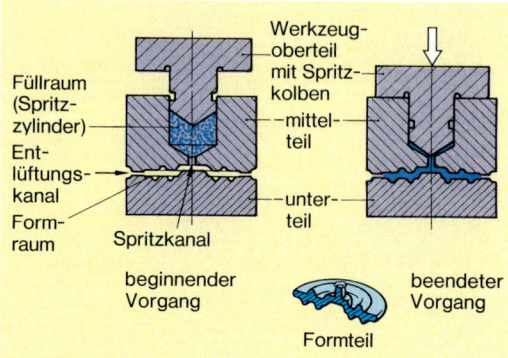

Abb. 1: Spritzpressen

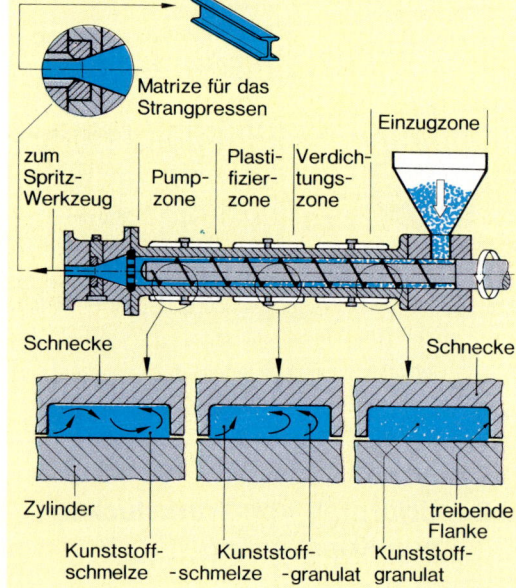

Abb. 2: Extruder und Matrize für das Strangpressen

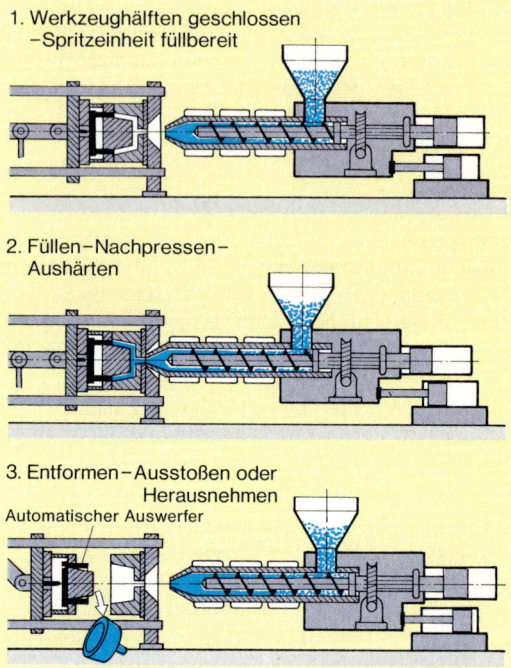

1. Werkzeughälften geschlossen –Spritzeinheit füllbereit

2. Füllen–Nachpressen– Aushärten

3. Entformen–Ausstoßen oder Herausnehmen
Automatischer Auswerfer

Abb. 3: Spritzgießen

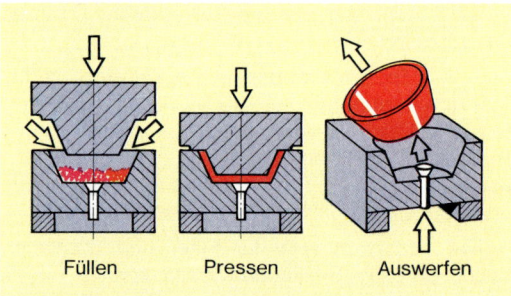

Abb. 4: Formgebung von Duroplasten

den Abb. 1 (Spritzpressen), Abb. 2 (Strangpressen) und Abb. 3 (Spritzgießen) dargestellt.

Duroplaste werden durch einen chemischen Prozeß, das Aushärten (Vernetzung), formstabil. Dieser Prozeß wird mit sogenannten Reaktionsmitteln eingeleitet oder läuft unter Druck und Wärme ab. Es werden unterschieden:

- Kondensationsharze (Aushärtung durch Druck und Wärme)
  und
- Reaktionsharze.

Die Form muß während des Reaktionsprozesses geschlossen bleiben (Abb. 4).

Aufgaben

1. Nennen Sie fünf Urformverfahren.

2. Begründen Sie die Notwendigkeit für eine geteilte Gußform.

3. Was ist ein verlorenes Gußmodell?

4. Welche Aufgabe hat der Steiger in der Gußform?

5. Beschreiben Sie den Unterschied zwischen Schwerkraft- und Druckgießen.

6. Erklären Sie den Sintervorgang.

7. Warum haben Gleitlager aus Sinterwerkstoffen gute Notlaufeigenschaften?

8. Was sind Formmassen?

9. Welche Aufgaben hat ein Extruder?

4 | Umformen

Umformen ist das Fertigen durch plastisches Ändern der Form eines festen Körpers (DIN 8582).

Das Umformen kann in Abhängigkeit von den Werkstoffeigenschaften als Warm- oder Kaltumformen durchgeführt werden.
Die Fertigungsverfahren des Umformens werden unterteilt in:

- Druckumformen (DIN 8583), z.B. Walzen,
- Zugdruckumformen (DIN 8584), z.B. Tiefziehen,
- Biegeumformen (DIN 8586), z.B. Abkanten,
- Zugumformen (DIN 8585), z.B. Strecken,
- Schubumformen (DIN 8587), z.B. Verdrehen.

Richten ist das Anwenden verschiedener Umformverfahren zur Beseitigung ungewollter Verformungen.

4.1 Druckumformen

Druckumformen ist Umformen eines festen Körpers, wobei der plastische Zustand im wesentlichen durch Druckbeanspruchung herbeigeführt wird (DIN 8583).

Die grundlegenden Druckumformverfahren für den Kraftfahrzeugbau sind Schmieden, Walzen und Pressen.

4.1.1 Schmieden

Schmieden ist Druckumformen metallischer Werkstoffe im plastischen Zustand.

Schmiedbar sind alle Metalle, die durch Erwärmung plastisch werden, z.B. Bau- und Werkzeugstähle, Aluminium und Kupfer. Gußeisen mit Kugelgraphit und Temperguß sind nur begrenzt schmiedbar.

Die **Schmiedbarkeit** des Stahls nimmt mit steigendem Kohlenstoffgehalt ab

Die Metalle lassen sich nur in einem bestimmten Temperaturbereich schmieden. Die Anfangs- und die Endtemperatur des Werkstücks können aus den Glühfarben festgestellt werden (Tab. 1).

Tab. 1: Schmiedetemperaturen und Glühfarben

Werkstoff	Schmiedetemperaturbereich in °C		Glühfarben	
	Anfang	Ende	Anfang	Ende
Allgemeiner Baustahl	1250	800	gelbweiß	hellkirschrot
Vergütungsstahl	1050	850	hellgelbrot	hellrot
hochlegierter Werkzeugstahl	1150	900	gelb	gut hellrot

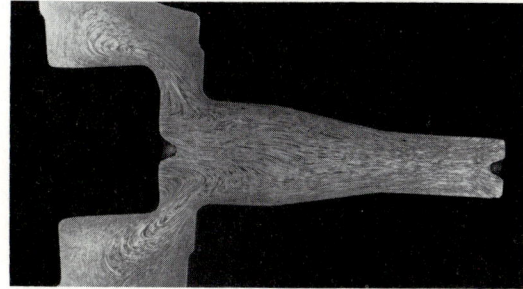

Abb. 5: Faserverlauf eines Schmiedewerkstücks

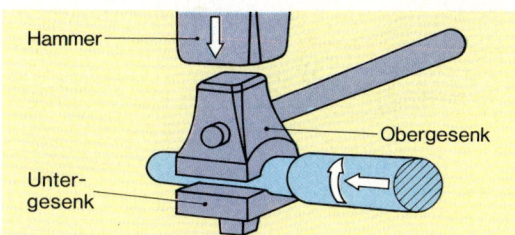

Abb. 6: Gesenkschmieden von Hand

Geschmiedete Werkstücke haben einen nicht unterbrochenen Faserverlauf (Abb. 5) und dadurch eine hohe Dauerfestigkeit. Weiterhin wird durch den Schmiedevorgang das Gefüge verdichtet und damit die Zähigkeit erhöht.

Schmieden von Hand

Das auf Schmiedetemperatur erwärmte Halbzeug oder Werkstück wird mit einer Schmiedezange gehalten und mit unterschiedlichen Hämmern auf dem Amboß bearbeitet. Abb. 1, S. 26 zeigt die wichtigsten allgemeinen Arbeitsgänge des **Freiformschmiedens.** Das **Gesenkschmieden von Hand** geschieht mit einfachen Gesenkformen (Abb. 6).

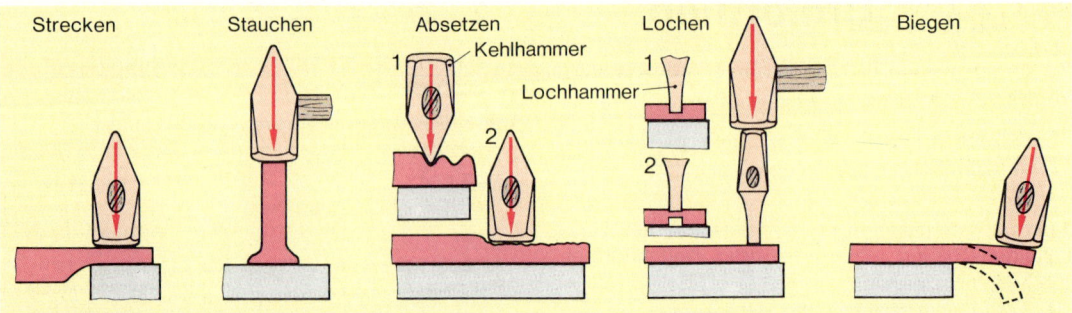

Abb. 1: Freiformschmieden

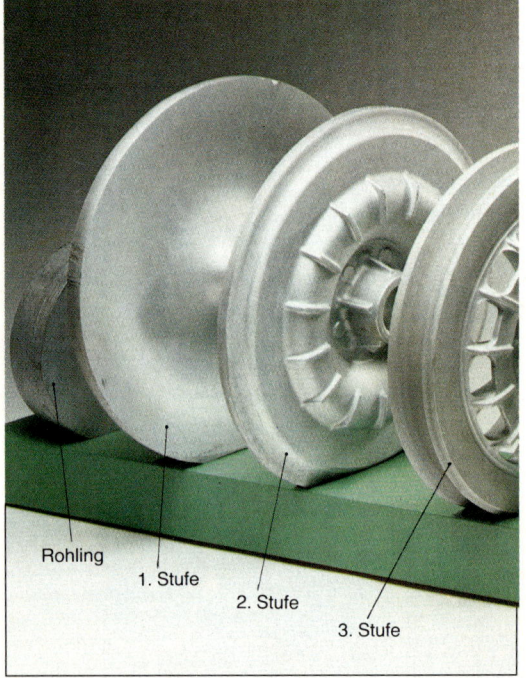

Abb. 2: Herstellungsstufen einer Radfelge

Schmieden mit Maschinen

Für die Einzelfertigung großer Werkstücke, mit Hilfe des **Freiformschmiedens,** werden Fall-, Feder- und Lufthämmer verwendet. In der Massenfertigung, z. B. im Kraftfahrzeugbau, wird meist das **Gesenkschmieden** angewendet. Die entstehenden Werkstücke können mit geringer spanender Bearbeitung fertiggestellt werden.

Abb. 2 gibt die Herstellungsstufen einer im Gesenk geschmiedeten Radfelge wieder.

4.1.2 Walzen

Walzen ist ein stetiges oder schrittweises **Druckumformen** mit einem oder mehreren sich drehenden Werkzeugen (Walzen), ohne oder mit Zusatzwerkzeugen (Stopfen oder Dorne, Stangen, Führungswerkzeuge).

Blockwalzwerke formen vom Stahlwerk hergestellte Rohblöcke über Vorblöcke zu Profilen um. Mit mehreren Durchgängen (Stichen) werden die Erzeugnisse des Blockwalzwerkes auf Form und Maß gewalzt (Abb. 3). Durch den Walzvorgang nimmt die Festigkeit zu, die Dehnung jedoch ab. Es kann warm- und kaltgewalzt werden. Kaltgewalzte Halbzeuge bzw. Werkstücke sind maßgenauer.

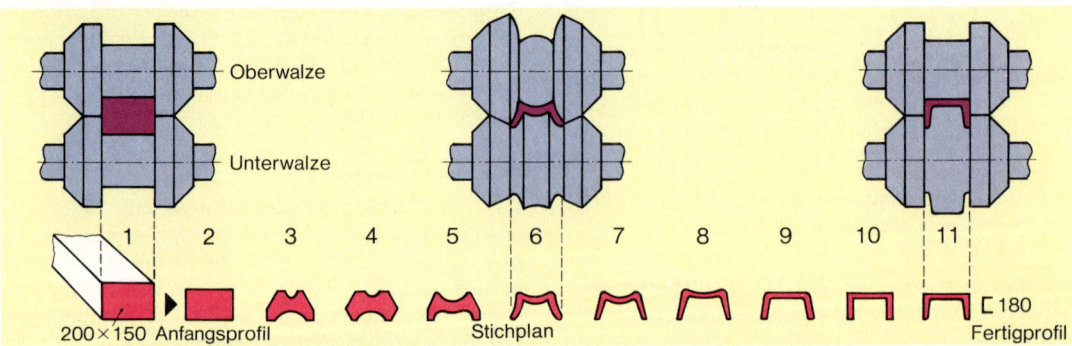

Abb. 3: Herstellung eines U-Profils durch Walzen

4.1.3 Strangpressen

Das Strangpressen wird für die Herstellung von Profilen aus Stahl und NE-Metallen verwendet, die wegen ihrer schwierigen Form nicht gewalzt werden können. Der glühende Block wird durch die Matrize gedrückt (Abb. 4).

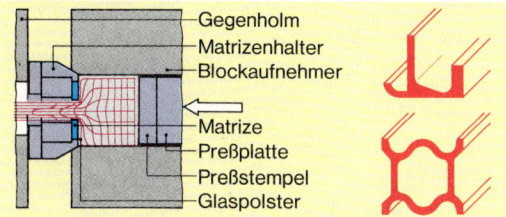

Gegenholm
Matrizenhalter
Blockaufnehmer
Matrize
Preßplatte
Preßstempel
Glaspolster

Abb. 4: Werkstoffbewegung während des Strangpressens und stranggepreßte Profile

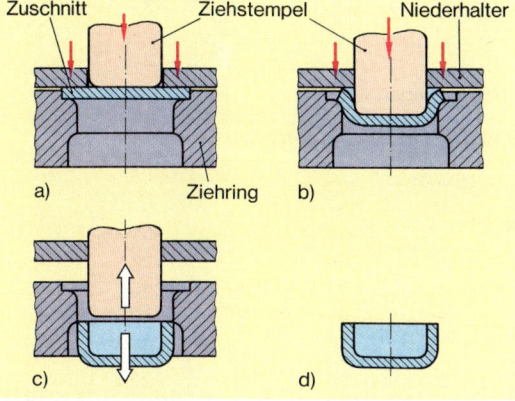

Zuschnitt   Ziehstempel   Niederhalter

a)   Ziehring   b)

c)   d)

Abb. 5: Tiefziehen

4.2 Zugdruckumformen

Das wichtigste Verfahren des Zugdruckumformens ist das **Tiefziehen.**

> **Tiefziehen** ist Umformen eines Blechzuschnitts zu einem Hohlkörper in einem oder mehreren Arbeitsgängen.

Die Abb. 5 zeigt das Tiefziehen in einem Arbeitsgang. Die Reibung zwischen Stempel und Ziehmatrize (Ziehring) und Werkstück muß mit einem geeigneten Schmiermittel verringert werden. Dadurch verlängert sich die **Standzeit** (s. Kap. Trennen) der Werkzeuge. Der Niederhalter verhindert unerwünschte Verformungen des Werkstücks.
Im Kraftfahrzeugbau werden durch Tiefziehen Karosserieteile kostengünstig hergestellt.

4.3 Biegeumformen

> **Biegeumformen** ist das Umformen eines festen Körpers, wobei der plastische Zustand im wesentlichen durch eine Biegebeanspruchung herbeigeführt wird.

4.3.1 Biegevorgang

Durch das Biegen wird der Werkstoff auf der einen Seite **gestreckt** und auf der gegenüberliegenden Seite **gestaucht** (Abb. 6). Dabei werden die Werkstoff-

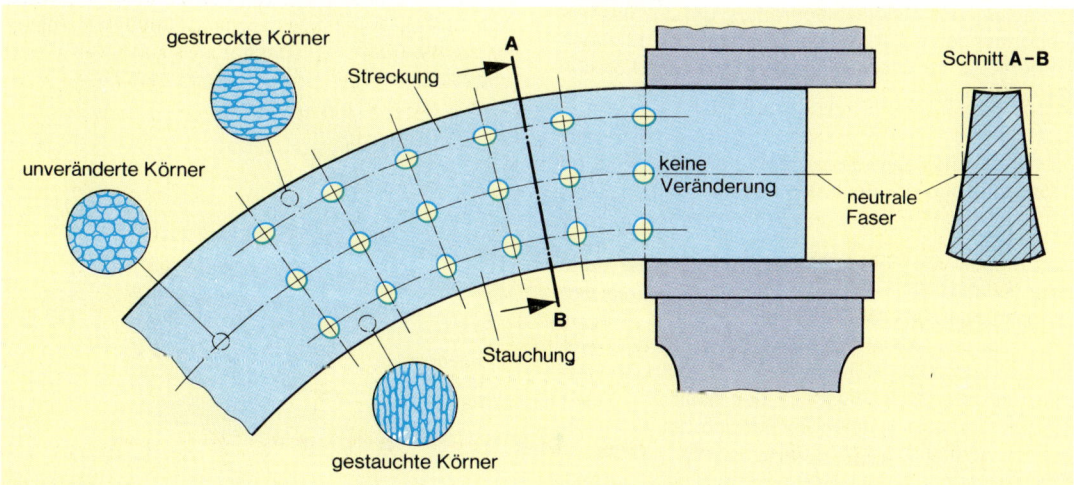

gestreckte Körner

Streckung

A

Schnitt **A – B**

unveränderte Körner

keine
Veränderung

neutrale
Faser

B

Stauchung

gestauchte Körner

Abb. 6: Biegeumformen eines Werkstücks

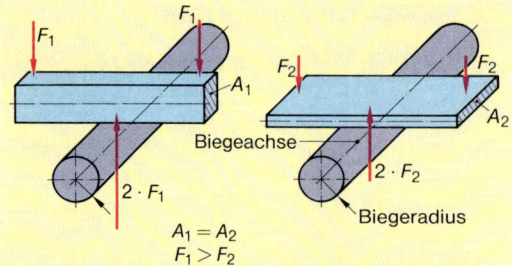

Abb. 1: Biegekraft und Lage der Querschnittsform

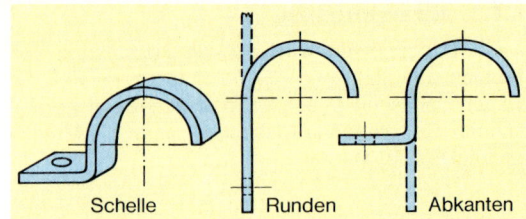

Abb. 2: Runden und Abkanten

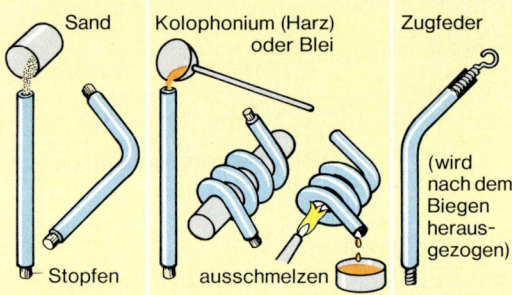

Abb. 3: Biegen von Rohren

körner plastisch verformt, wobei sich auch die Querschnittsform des Werkstücks verändert. In der Nähe der neutralen Faser findet nur eine elastische Verformung statt. Dadurch federt das Werkstück wieder geringfügig zurück. In der **neutralen Faser** wird der Werkstoff weder gestreckt noch gestaucht.

Der Widerstand, den ein Werkstück der Biegeumformkraft entgegensetzt, ist abhängig:

- vom Werkstoff,
- von der Größe und Form des Biegequerschnitts,
- von der Lage der Querschnittsform zur Biegeachse (Abb. 1),
- vom Biegeradius und
- von der Temperatur des Werkstoffs.

4.3.2 Biegeverfahren

Nach der Größe des Biegeradius wird unterschieden:

- Abkanten (kleiner Radius) und
- Runden (großer Radius, Abb. 2).

Das Biegen von Rohren und Blechen erfordert die Einhaltung des Mindestbiegeradius, um unzulässige Verformungen zu vermeiden (Tab. 2). Der Mindestbiegeradius für Bleche beträgt das 1- bis 1,5fache der Blechdicke.

> Die **Ausgangslänge** des zu biegenden Teils ist die Gesamtlänge der **neutralen Faser.**

Das Biegen von Hohlprofilen erfordert immer dann eine Füllung, wenn sich der Querschnitt durch den Biegevorgang unzulässig verändern würde (Abb. 3). Die Füllungen werden nach dem Biegen wieder entfernt. Geschweißte Rohre müssen so gebogen werden, daß die Schweißnaht in der neutralen Faser liegt. Andernfalls könnten im Bereich der Schweißnaht Risse entstehen (Abb. 4).

Risse können auch entstehen, wenn Bleche parallel zum Faserverlauf gebogen werden.

Tab. 2: Mindestbiegeradien von Rohren

Rohr-Ø	Werkstoff			
in mm	St R in mm	Cu R in mm	CuZn-Leg. R in mm	Al R in mm
8	10	10	15	15
10	10	10	15	20
12	15	10	20	20
14	15	15	20	25
15	15	15	20	30
16	15	15	20	30

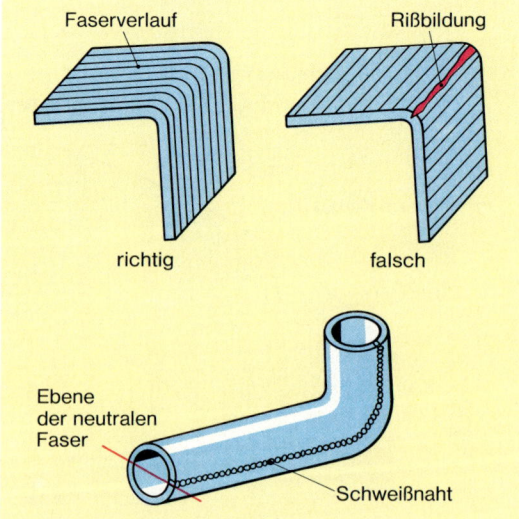

Abb. 4: Vermeidung von Rißbildungen

4.4 Richten

Durch Richten werden ungewollte Verformungen an Werkstücken wieder rückgängig gemacht. Zur Wiederherstellung der Sollform muß der Werkstoff plastisch verformbar sein. Es wird unterschieden:

- Richten durch Biegen (Abb. 5),
- Richten durch Verdrehen (Abb. 5),
- Richten durch Wärmeeinwirkung (Abb. 6).

Das Richten durch Wärmeeinwirkung beruht darauf, daß durch die Volumenvergrößerung der erwärmten Zonen große Druckspannungen entstehen, die schließlich den teigigen Werkstoff zusammenschieben (stauchen). Nach Abkühlung des Werkstücks bleibt die Stauchung erhalten und führt deshalb zur Verkürzung der zuvor erwärmten Seite (Abb. 6).

Verbogene Bleche werden auf der Richtplatte – eine schwere Stahlplatte – gerichtet. Durch Hammerschläge auf die Randzone der Verformung (spiralförmig von innen nach außen) wird diese gestreckt. Dadurch werden die Spannungen in der Verformungszone, und damit die Beule, beseitigt.

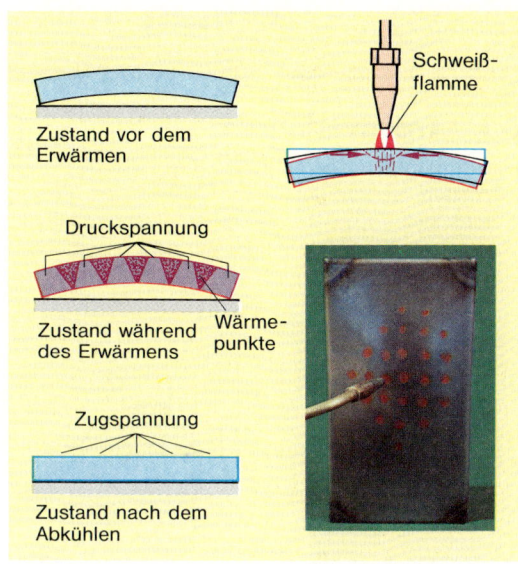

Abb. 6: Richten von Blechen durch Erwärmen

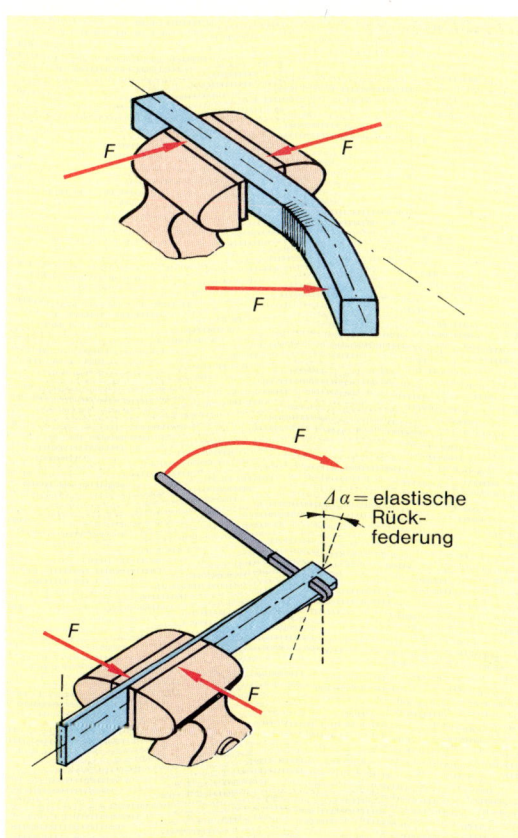

Abb. 5: Richten durch Biegen und Verdrehen

Aufgaben

1. Welche Bedingung muß für das Fertigungsverfahren des Druckumformens erfüllt sein?
2. Welche Vorteile haben geschmiedete Werkstücke gegenüber spanend hergestellten Werkstücken?
3. Wovon hängt die Schmiedbarkeit des Stahls ab?
4. Beschreiben Sie die Herstellung einer Radfelge durch Gesenkschmieden.
5. Erklären Sie den Arbeitsvorgang Strangpressen.
6. Nennen Sie fünf Kraftfahrzeugteile, die üblicherweise durch Tiefziehen hergestellt werden.
7. Beschreiben Sie die Veränderungen der Werkstoffkörner durch Biegen.
8. Berechnen Sie die Länge der neutralen Faser der Schelle in Abb. 7.

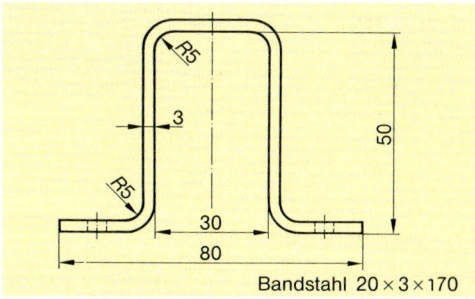

Bandstahl 20 × 3 × 170

Abb. 7. Schelle

9. Warum werden Hohlprofile vor dem Biegen gefüllt?
10. Welche Maßnahmen müssen bei Biegearbeiten zur Vermeidung von Rißbildungen beachtet werden?

5 | Trennen

5.1   Trennverfahren

Trennen ist Fertigen durch Ändern der Form eines festen Körpers, wobei der Zusammenhalt zwischen den Werkstoffteilchen örtlich aufgehoben wird (DIN 8580).

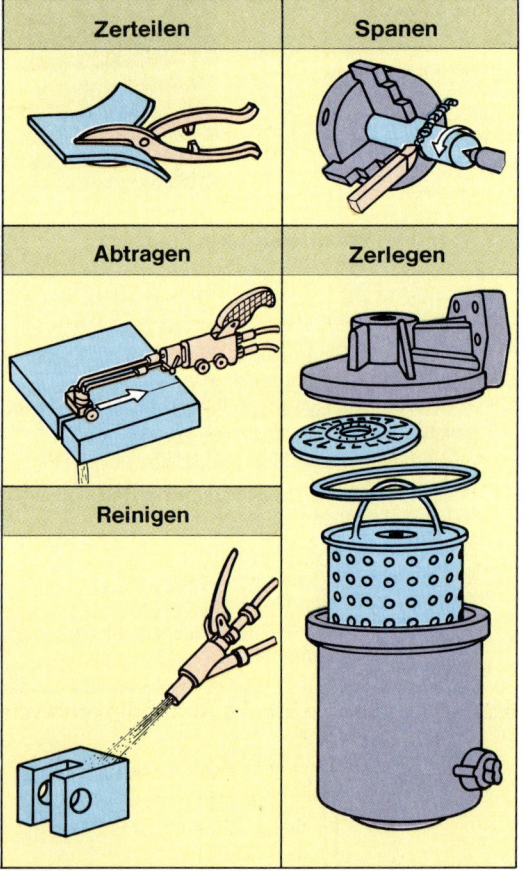

Zerteilen	Spanen
Abtragen	**Zerlegen**
Reinigen	

Abb. 1: Trennverfahren

Zerteilen und Spanen sind die wichtigsten Trennverfahren der Werkstoffbearbeitung.

Zerteilen ist das Abtrennen eines Teils von einem Halbzeug oder Werkstück, ohne daß formloser Werkstoff entsteht.

Spanen ist das Vermindern eines Halbzeuges oder Werkstücks, wobei formlose Werkstoffteilchen (Späne) entstehen.

5.2   Keilförmige Werkzeugschneide

Die Grundform der Werkzeuge für das Zerteilen und Spanen ist die keilförmige Werkzeugschneide. Durch das Eindringen der keilförmigen Schneide wird der Werkstoffzusammenhalt örtlich aufgehoben (Abb. 2).

Der von den Keilflächen eingeschlossene Winkel wird **Keilwinkel** β genannt.

Befindet sich das keilförmige Werkzeug mit dem Werkstück während des Spanens im Eingriff, so entstehen der Spanwinkel γ und der Freiwinkel α (Abb. 3).

Der **Spanwinkel** γ ist der Winkel zwischen der Spanfläche und der Senkrechten zur Schnittfläche.
Der **Freiwinkel** α ist der Winkel zwischen der Freifläche und der Schnittfläche.

Die Summe von Keil-, Span- und Freiwinkel beträgt immer 90°.

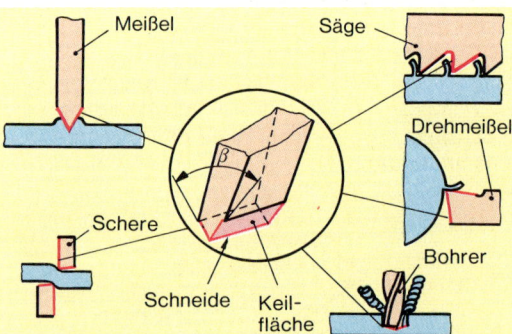

Abb. 2: Werkzeuge mit keilförmiger Schneide

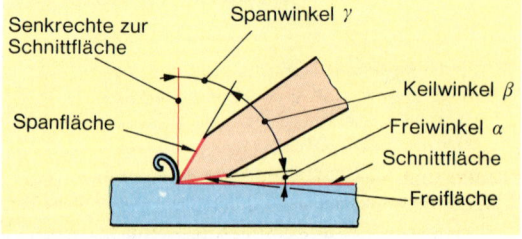

Abb. 3: Winkel am Keil

5.2.1 Kräfte und ihre zeichnerische Darstellung

> Die Einheit der **Kraft** ist das Newton (Einheitenzeichen N).
>
> Die Kraft 1 N bewirkt an der Masse 1 kg in 1 s die Geschwindigkeitszunahme 1 m/s. Das entspricht einer Beschleunigung von 1 m/s² (Abb. 4).
> $$1\,N = 1\,kg \cdot 1\,m/s^2$$

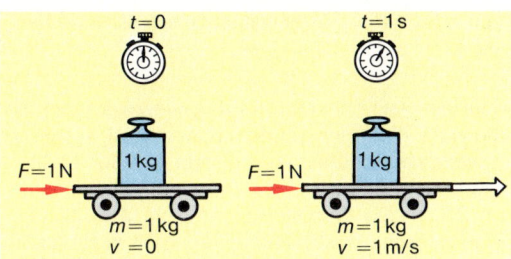

Abb. 4: Ableitung der Einheit Newton

Die Größe einer Kraft, deren Richtung und Angriffspunkt werden durch einen Pfeil dargestellt.

> Die Länge des Pfeils ist ein Maß für die Größe (den Betrag) der **Kraft.** Die Pfeilrichtung entspricht der Kraftrichtung.

Mit Hilfe eines **Kräftemaßstabs** wird die Länge des Pfeils ermittelt. Gilt z. B. 20 N ≙ 1 mm, dann entspricht einer Kraft von 540 N eine Pfeillänge von 27 mm.
Der Kraftpfeil liegt immer auf einer gedachten Linie, der Wirkungslinie. Auf dieser Wirkungslinie kann die Kraft verschoben werden, ohne daß sich ihre Wirkung ändert (Abb. 5).

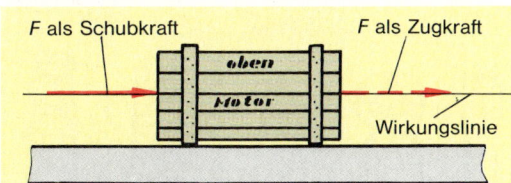

Abb. 5: Wirkungsweise einer Kraft

> Kräfte mit **gleicher Wirkungslinie** werden addiert (Abb 6), indem man ihre Beträge addiert.

> Kräfte mit **verschiedenen Wirkungslinien** und gleichem Angriffspunkt lassen sich geometrisch mit Hilfe eines **Kräfteparallelogramms** addieren.

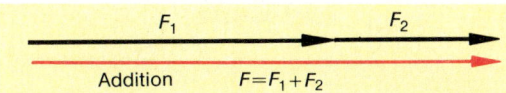

Abb. 6: Addition von Kräften mit gleicher Wirkungslinie

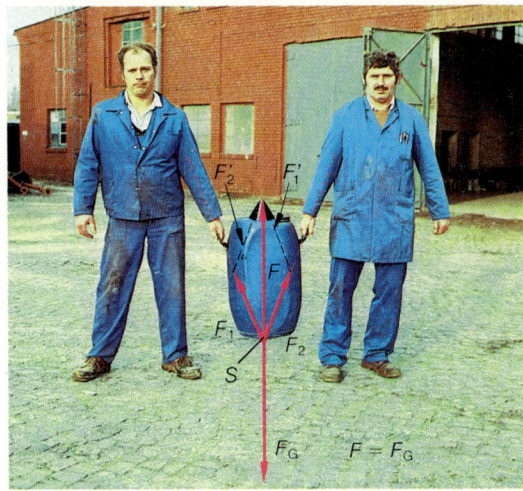

Abb. 7: Addition von Kräften mit verschiedenen Wirkungslinien

Abb. 7 zeigt die Wirkungslinien der Armkräfte beider Männer. Werden diese Armkräfte F_1 und F_2 bis zum Schnittpunkt S der beiden Wirkungslinien verschoben, so ergibt sich durch Parallelverschiebung der beiden Armkräfte bis jeweils zur Pfeilspitze das Kräfteparallelogramm. Die Diagonale vom Schnittpunkt S zur Pfeilspitze von F_1' bzw. F_2' ergibt die Kraft F (geometrische Addition von Kräften). Dieser Kraft entspricht die Gewichtskraft des Kanisters F_G.

5.2.2 Die Trennkräfte in Abhängigkeit vom Keilwinkel β

Die Abb. 1, S. 32 zeigt die Änderung der Keilflächen- bzw. Trennkräfte am Keil bei unterschiedlichem Keilwinkel. Die Ermittlung dieser Kräfte geschieht durch Zerlegung der Hauptkraft. Durch den Endpunkt des Pfeils der Hauptkraft werden die Parallelen zu den Wirkungsrichtungen der Keilflächenkräfte gezogen. Die Längen der Parallelogrammseiten entsprechen den wirkenden Keilflächenkräften. Die Zerlegung der Keilflächenkraft erfolgt in gleicher Weise durch ein Kräfteparallelogramm.

> Je **kleiner der Keilwinkel,** desto **größer ist die Keilflächenkraft** und damit auch die Trennkraft und Eindringtiefe bei gleicher Hauptkraft.

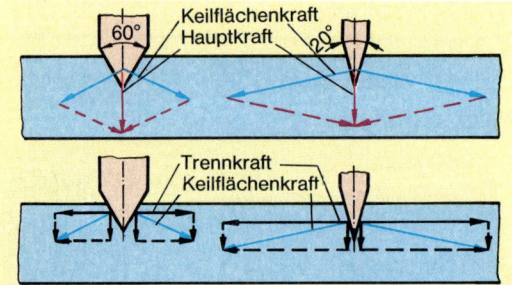

Abb. 1: Trennkräfte in Abhängigkeit vom Keilwinkel

5.2.3 Der Keilwinkel β in Abhängigkeit von der Werkstoffestigkeit

Hochfeste Werkstoffe sind nur mit großer Trennkraft zu bearbeiten. Das ist nicht allein durch einen kleinen Keilwinkel zu erreichen, denn die Schneide würde schnell verschleißen. Der Schneidenverschleiß muß aber innerhalb vertretbarer Grenzen bleiben. Eine hohe Einsatzdauer (Standzeit, s. Kap. 5.4.1) der Schneide läßt sich im wesentlichen nur über einen hinreichend großen Keilwinkel β erreichen (Tab. 1).

> Je größer die **Werkstoffestigkeit** ist, desto größer muß der **Keilwinkel** β sein.

Tab. 1: **Keilwinkel in Abhängigkeit von der Werkstofffestigkeit**

Werkstoff	Keilwinkel β
Aluminium, weiche Al- und Mg-Legierungen	35°…40°
Kupfer, weiche CuSn-Leg.	50°…60°
weicher Stahl, weiches GG, weicher Stahlguß	65°…70°
hochfester Stahl, Hartguß, harte CuZn-Leg., harte CuSn-Leg.	75°…85°

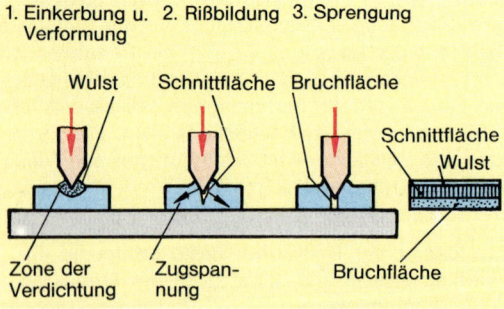

Abb. 2: Keilschneiden

5.3 Zerteilen

Das Zerteilen eines Werkstücks geschieht durch Keilschneiden, Scherschneiden, Reißen oder Brechen (DIN 8588).

5.3.1 Keilschneiden

> Durch **Keilschneiden** werden die Werkstoffteilchen verdrängt. Dadurch entstehen Zugspannungen, die die Werkstoffestigkeit überwinden (Abb. 2).

Dringt der Keil senkrecht in das Werkstück ein, so bilden sich eine Einkerbung und ein Wulst. Während des weiteren Eindringens entsteht vor der Meißelschneide ein Riß. Die Trennkräfte führen schließlich zum Bruch des Werkstücks (Abb. 2). Abb. 3 zeigt einige Keilschneidwerkzeuge, die auch in Kraftfahrzeugbetrieben verwendet werden.

5.3.2 Scherschneiden

> Durch die **Scherkräfte** der Messer wird der Scherwiderstand des Werkstoffs überwunden.

Der Scherschneidvorgang läßt sich in drei Stufen zerlegen (Abb. 4):

● Zuerst entsteht am unteren und oberen Schermesser im Werkstück eine Einkerbung.

● Die Messer dringen weiter in den Werkstoff ein und es kommt zu einem Schneidvorgang, der einen Teil der Werkstoffasern zertrennt.

● Schließlich führen die Scherspannungen zum Bruch des Werkstücks.

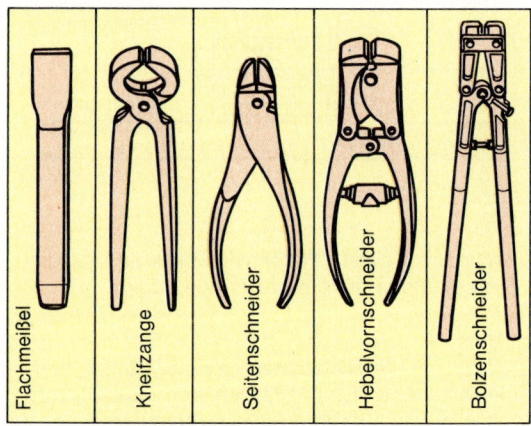

Abb. 3: Keilschneidwerkzeuge

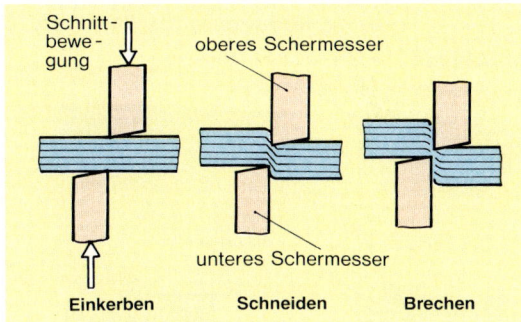

Abb. 4: Scherschneiden

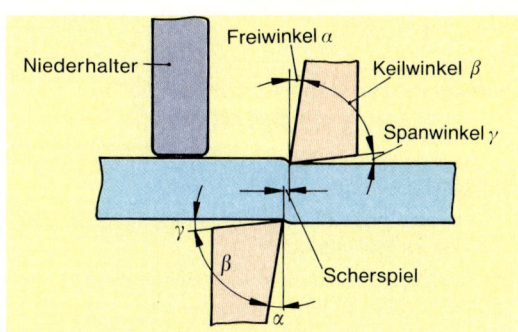

Abb. 5: Winkel an den Schermessern

Abb. 5 zeigt die Winkel an den Schermessern. Der Spanwinkel von etwa 5° erleichtert das Eindringen in den Werkstoff. Der Freiwinkel von 2° bis 3° verringert die Reibung während des Schneidvorgangs. Das Scherspiel soll das vorzeitige Verschleißen der Schermesser verhindern und eine einwandfreie Schnittfläche ermöglichen.

Handhebelscheren und Maschinenscheren haben einen Niederhalter, der das Verdrehen des Bleches verhindert (Abb. 5).

Handscheren dienen zum Trennen von Blechen bis etwa 1 mm Dicke. Sie haben kein Scherspiel. Die Schneiden sind mit einem Hohlschliff versehen und werden ständig an der jeweiligen Schneidstelle durch eine Vorspannkraft aneinander gedrückt (Abb. 6).

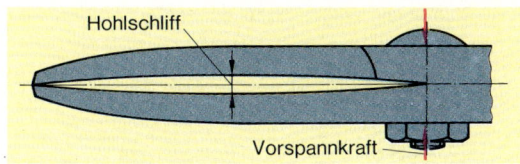

Abb. 6: Hohlschliff und Vorspannkraft

Mit **Knabber-Blechscheren** (Abb. 7) können Karosseriebleche trotz der Wölbungen und Biegungen in beliebiger Form gut geschnitten werden. Sollen Aussparungen geschnitten werden, so ist für den Anfang ein Loch zu bohren.

Abb. 8 zeigt einige weitere für die Karosserieinstandsetzung verwendete Trennwerkzeuge.

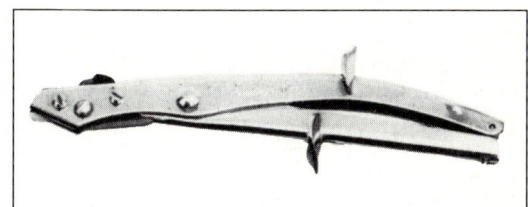

Abb. 7: Knabber-Blechschere

Aufgaben zu 5.1 bis 5.3.2

1. Nennen Sie das gemeinsame Merkmal der Trennverfahren. Geben Sie zwei Beispiele für Trennverfahren.
2. Skizzieren Sie Abb. 3, S. 30 mit größerem Spanwinkel und kleinerem Keilwinkel.
3. Zeichnen Sie die Trennkräfte für einen Meißel mit einem Keilwinkel von 60°. Die Hauptkraft beträgt 800 N.
4. Zeichnen Sie ein Diagramm, das die Abhängigkeit zwischen Keilwinkel und Trennkraft darstellt.
5. Von welchen Einflußgrößen ist die Wahl des Keilwinkels abhängig? Begründen Sie Ihre Aussage.
6. Begründen Sie das Entstehen der drei Teilvorgänge während des Keilschneidens.
7. Begründen Sie die Notwendigkeit eines Niederhalters für das Scherschneiden.
8. Welchen Vorteil haben Knabber-Blechscheren?

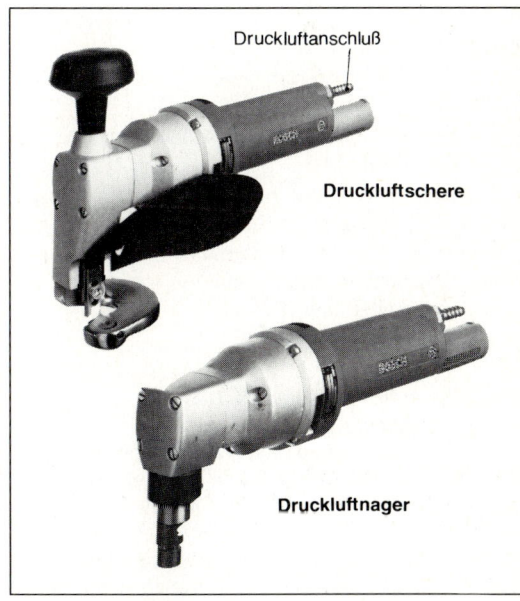

Abb. 8: Druckluftwerkzeuge

5.4 Spanen

> **Spanen** ist das Abtrennen von Stoffteilchen auf mechanischem Wege (DIN 8589).

Die Späne können abgetrennt werden:

- mit geometrisch bestimmter Schneide, z.B. dem Keil eines Meißels oder
- mit geometrisch unbestimmter Schneide, z.B. den Schleifkörnern einer Schleifscheibe.

Tab. 2 zeigt eine Zuordnung verschiedener spanender Fertigungsverfahren.

Tab. 2: Zuordnung einiger spanender Fertigungsverfahren

Spanen mit	
geometrisch bestimmter Schneidenform	geometrisch unbestimmter Schneidenform
Meißeln	Schleifen mit
Sägen	Schleifscheiben
Feilen	und – bändern
Bohren	Läppen
Drehen	Honen
Fräsen	Strahlspanen
Hobeln	z. B. Entgraten mit
Stoßen	Körnern aus Korund

5.4.1 Grundlagen des Spanens

Spanbildung

Die Spanbildung läuft in vier Teilvorgängen ab (Abb. 1).
Sie hängt unter anderem von folgenden Einflußgrößen ab:

- **Werkstoff:** Je spröder der Werkstoff, desto kleiner die Spanelemente.
- **Spanwinkel:** Je größer der Spanwinkel, desto besser der Zusammenhalt der Spanelemente.
- **Schnittiefe:** Je größer die Schnittiefe, desto länger der Verschiebeweg der Spanelemente. Es bildet sich eine rauhe Oberfläche.

Spanarten

Reißspäne entstehen durch die Bearbeitung spröder Werkstoffe (Abb. 2).
Durch die Bearbeitung von Werkstoffen mittlerer Festigkeit, z.B. Stahl, bilden sich **Scherspäne.**
Ein **Fließspan** entsteht durch die Bearbeitung weicher Werkstoffe.
Erwünscht sind kurze Späne, da sie sich ohne Probleme in der Spanwanne (s. Abb. 2, S. 45) sammeln. Lange Späne behindern den Fertigungsablauf.

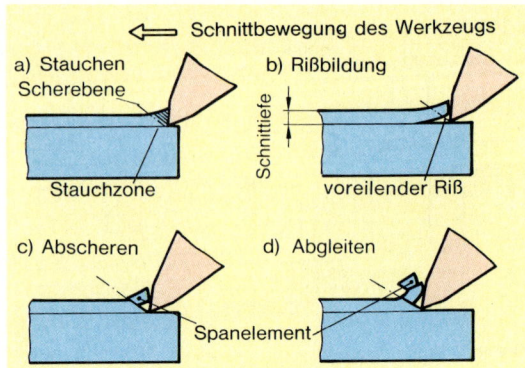

Abb. 1: Spanbildung

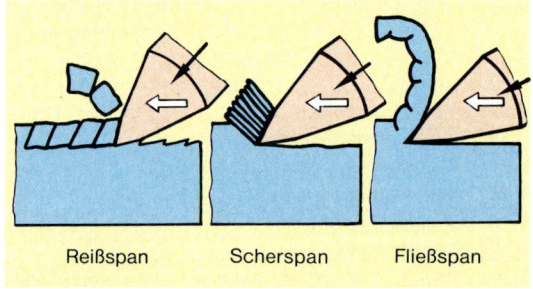

Abb. 2: Spanarten

Standzeit

Während des Spanens entstehen durch Reibung an der Werkzeugschneide Wärme und Verschleiß. Dadurch wird die Werkzeugschneide stumpf.

> Als **Standzeit** (Einsatzdauer) wird die Zeit bezeichnet, die die Werkzeugschneide bis zum notwendigen Nachschleifen im Eingriff ist.

5.4.2 Meißeln

Der Meißel dient nicht nur zum Keilschneiden (s. Kap. 5.3.1), sondern auch zum spanenden Trennen. Beispiele für das Meißeln zeigt Abb. 3.
Span- und Freiwinkel hängen von der Meißelhaltung (Anstellung) und vom Keilwinkel, d.h. vom zu bearbeitenden Werkstoff, ab (Tab. 3).

> **Unfallverhütung**
>
> - Der Meißelkopf darf keinen Grat (Bart) aufweisen.
> - Der Meißel muß schmutz- und ölfrei sein.
> - Der Blick ist auf die Meißelschneide und nicht auf den Meißelkopf zu richten.
> - Hammerstiel auf festen Sitz kontrollieren.

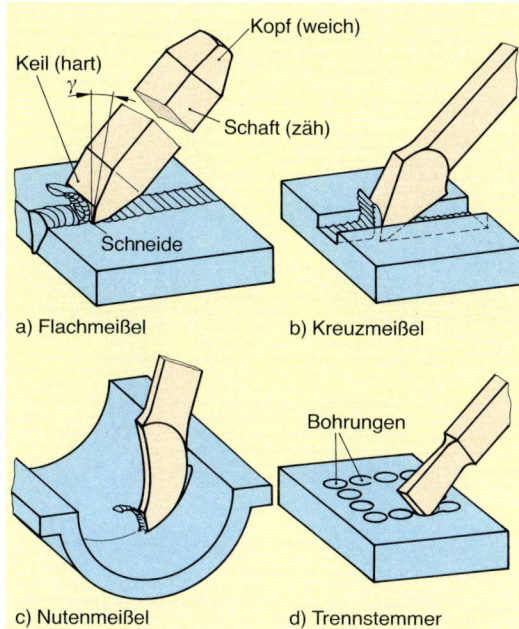

a) Flachmeißel   b) Kreuzmeißel

c) Nutenmeißel   d) Trennstemmer

Abb. 3: Meißelarten und deren Verwendung

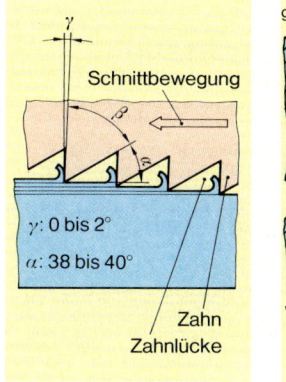

Abb. 4: Sägevorgang

Abb. 5: Freischnitt

Tab. 3: Winkel an der Meißelschneide

Werkstoff	geschliffener Keilwinkel β	angestellter	
		Frei-winkel α	Span-winkel γ
Aluminium	40°	20°	30°
Cu-Zn-Leg.	80°	7°	3°
GG	75°	6°	9°
Baustahl	70°	8°	12°
Kupfer	50°	15°	25°

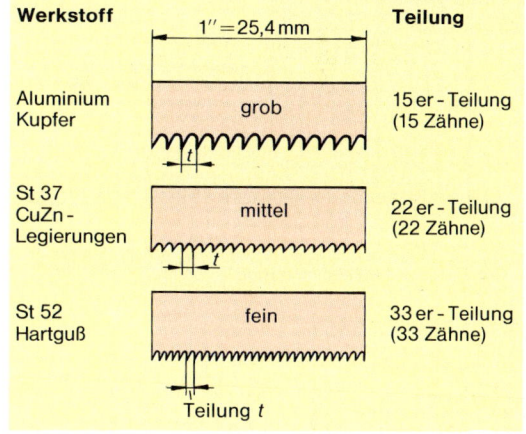

Werkstoff		Teilung
Aluminium Kupfer	grob	15 er - Teilung (15 Zähne)
St 37 CuZn - Legierungen	mittel	22 er - Teilung (22 Zähne)
St 52 Hartguß	fein	33 er - Teilung (33 Zähne)

Abb. 6: Werkstoff und Zahnteilung

5.4.3 Sägen

Das Fertigungsverfahren Sägen wird zum Trennen von Werkstücken und Herstellen von schmalen Einschnitten verwendet.

Wirkungsweise der Säge

Das Sägeblatt besteht aus vielen hintereinanderliegenden schmalen Keilen (Zähnen). Während der Schnittbewegung wird der Werkstoff gleichzeitig in mehreren Schichten zerspant (Abb. 4).
Die Späne sammeln sich in den Zahnlücken und werden in ihnen aus der Schnittfuge herausgeführt. Der Spanwinkel γ beträgt nur 0° bis 2°, da sonst die Eindringtiefe der Zähne zu groß wird.

Zahnteilung

Sägen haben einen Freiwinkel von 38° bis 40°, damit die Zahnlücken ausreichend groß sind. Durch die Wahl der Zahnteilung, d.h. des Zahnabstandes, kann die Größe der Zahnlücken den entstehenden Spanmengen angepaßt werden. Es gibt **grobe, mittlere** und **feine Teilungen** (Abb. 6). Weicher Werkstoff (z.B. Aluminium) bildet große Späne und erfordert große Zahnlücken.
Die Wahl der Sägeblatteilung richtet sich aber nicht nur nach dem Werkstoff, sondern auch nach der Schnittlänge. Kurze Schnittlängen erfordern wegen der Gefahr des »Hakens« feine Sägeblatteilungen.

Freischnitt

Während des Sägens entsteht Reibungswärme, die zur Wärmedehnung des Sägeblattes führt. Durch entsprechende Formgebung der Zahnreihe wird die Schnittfuge breiter als das Sägeblatt (Abb. 5). Das Klemmen des Sägeblattes wird vermieden.
Kreissägeblätter erreichen auch durch Hohlschliff oder eingesetzte Zähne den Freischnitt.

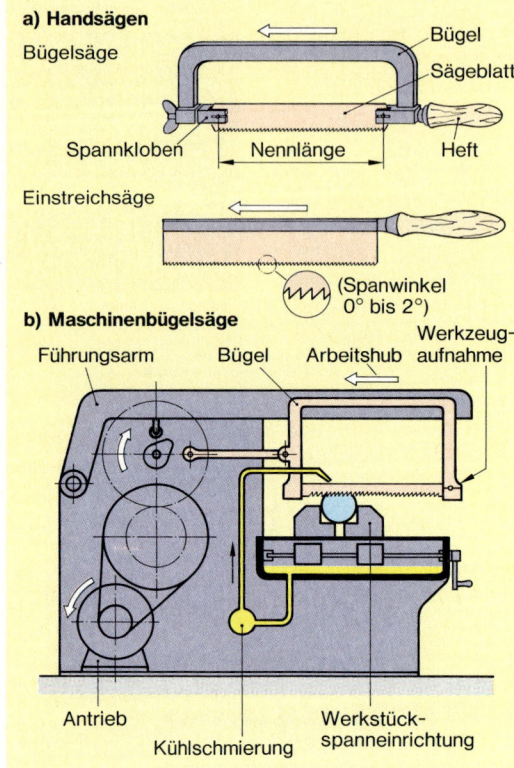

Abb. 1: Arten der Sägen

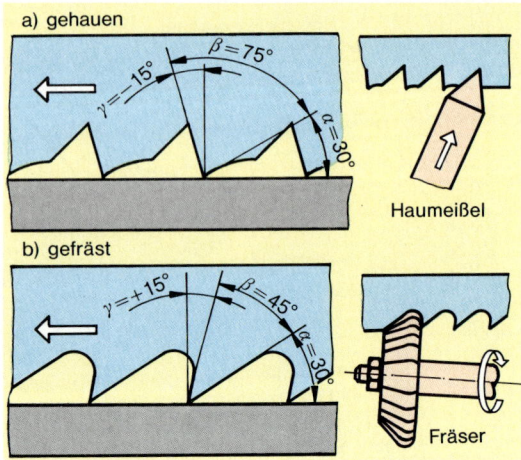

Abb. 3: Gehauene und gefräste Zähne

Arten der Sägen

Es werden Hand- und Maschinensägen unterschieden (Abb. 1). In Bügelsägen kann das Sägeblatt auch waagerecht (quer zur Bügelebene) eingespannt werden. Die Zähne müssen in Schnittrichtung wirken.

5.4.4 Feilen

Das Feilen wird überwiegend für das Entgraten, Anpassen von Formen und Längen sowie Brechen, d.h. Runden von Kanten, angewendet.

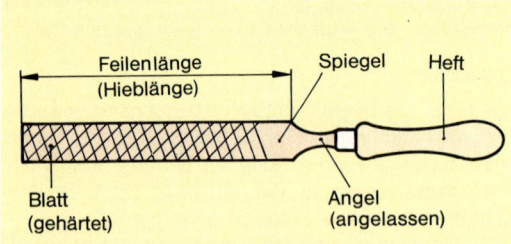

Abb. 2: Benennungen an der Feile

Die Feile (Abb. 2) ist ein vielschneidiges Werkzeug mit geometrisch bestimmten Schneiden. Die einzelnen Schneiden sind aus dem Feilenkörper herausgearbeitet und werden in ihrer Gesamtheit als **Hieb** bezeichnet.

Der Feilenhieb kann entweder durch Hauen oder Fräsen hergestellt werden (Abb. 3).

Mit Hilfe einer Haumaschine werden über die ganze Breite des Feilenblattes durch einen Haumeißel Zahnprofile aufgeworfen. Es entsteht ein **negativer Spanwinkel.** Dadurch hat eine **gehauene Feile schabende Wirkung.**

Nur durch Fräsen können positive Spanwinkel mit schneidender Wirkung erzeugt werden (Abb. 3).

Gefräste Feilen haben schneidende Wirkung.

Hiebart

Einhiebige Feilen haben im gleichen Winkel schräg oder bogenförmig angeordnete Zähne. Sie können mit Spanbrechernuten versehen sein, damit die Späne nicht zu breit werden und besser abfließen können (Abb. 4). Einhiebige Feilen werden zur Bearbeitung von weichen Metallen, z.B. Kupfer und Zinn, sowie Kunststoff und Holz verwendet.

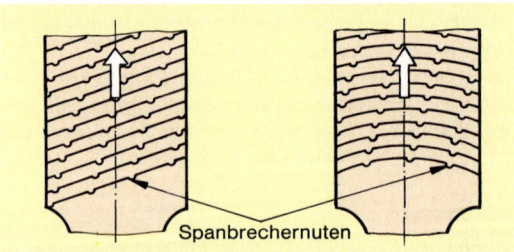

Abb. 4: Einhiebige Feilen

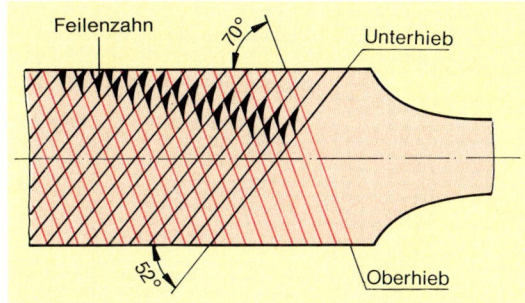

Abb. 5: Kreuzhieb

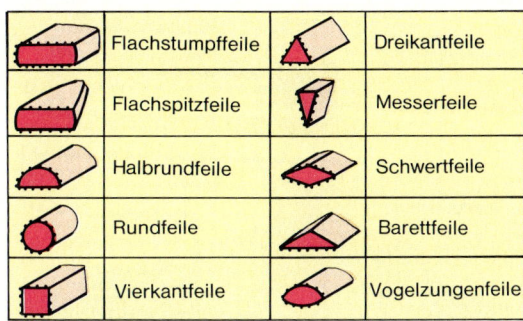

Abb. 6: Feilenformen

Doppel- oder kreuzhiebige Feilen werden zur Bearbeitung fester Werkstoffe, wie z.B. Stahl, verwendet. Feilen mit Doppelhieb entstehen dadurch, daß zuerst ein **Unterhieb** (Abb. 5) und dann in einem anderen Winkel ein **Oberhieb** gehauen wird. Es entstehen kurze und versetzte Feilzähne, die kurze Späne erzeugen und eine starke Riefenbildung verhindern.

Feilenarten und Feilenformen

Feilen werden nicht nur nach der Hiebnummer (Tab. 4), sondern auch nach der Größe und besonders der Querschnittsform unterschieden (Abb. 6). Für feinere Arbeiten gibt es Schlüssel- und Nadelfeilen. Eine verbreitete Art der Maschinenfeilen sind Schaft- bzw. Turbofeilen (Abb. 7). Sie werden durch Druckluft oder Elektromotor über eine biegsame Welle angetrieben und sind dazu geeignet, schwer zugängliche Stellen zu bearbeiten.

Tab. 4: Hiebnummern

Hieb-nummer	Hiebzahl pro cm	Feilen-bezeichnung
0	nicht genormt	Schruppfeile
1	6 bis 17	Bastardfeile
2	9 bis 23	Halbschlichtfeile
3	13 bis 28	Schlichtfeile
4	16 bis 34	Doppelschlichtfeile

Arbeitshinweise

● Oberflächengüte, zu zerspanendes Werkstoffvolumen, Werkstoff und Werkstückform bestimmen die Art der zu verwendenden Feile.

● Auf festen Sitz des Feilenheftes achten: Unfallgefahr.

● Werkstücke kurz und fest einspannen.

● Feilen nur mit der Feilenbürste oder einem Stück Messingblech reinigen.

Abb. 7: Turbofeilen

Aufgaben zu 5.4 bis 5.4.4

1. Worin unterscheidet sich das Spanen vom Zerteilen?

2. Beschreiben Sie die Teilvorgänge der Spanbildung.

3. Erklären Sie den Begriff Standzeit.

4. Nennen Sie die Teile eines Meißels und ihre Eigenschaften.

5. Begründen Sie die vier Maßnahmen zur Unfallverhütung für das Meißeln.

6. Welcher Zusammenhang besteht zwischen dem zu bearbeitenden Werkstoff und der Wahl der Zahnteilung einer Säge?

7. Begründen Sie die Notwendigkeit des Freischnitts. Skizzieren Sie Beispiele.

8. Welche zwei Verfahren zur Herstellung von Feilen gibt es? Nennen Sie die unterschiedlichen Merkmale der Feilenzähne und des Feilvorganges.

9. Begründen Sie die Notwendigkeit der unterschiedlichen Winkel von Unter- und Oberhieb.

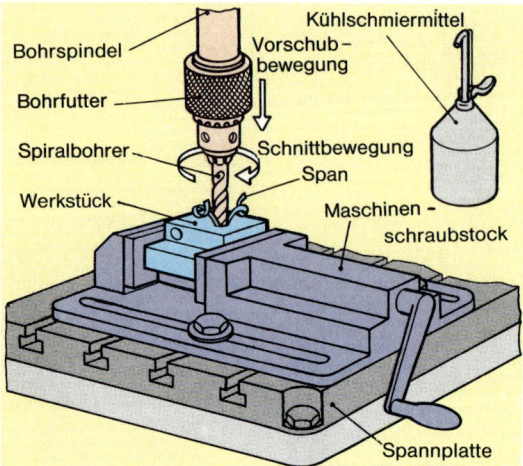

Abb. 1: Bohrvorgang

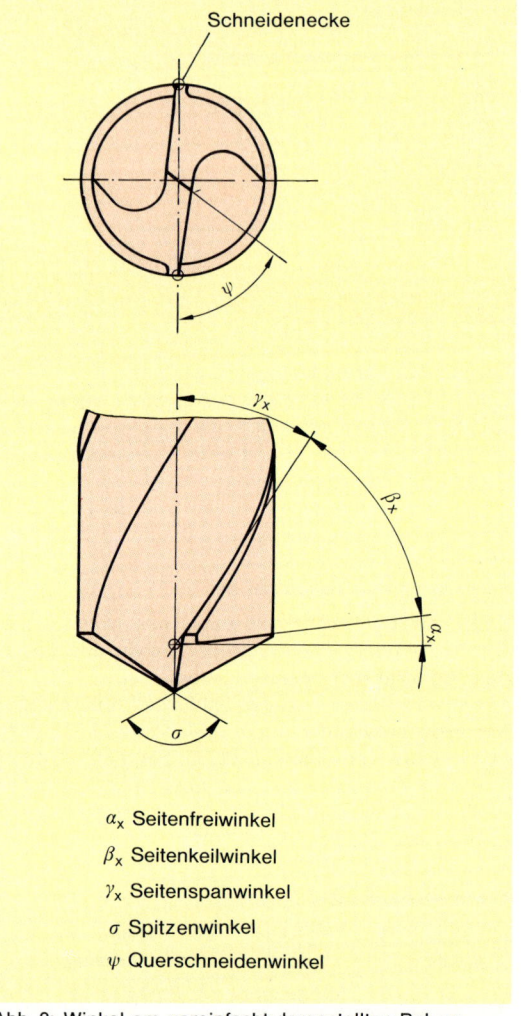

5.4.5 Bohren

Bohren dient der Herstellung von kreisrunden Löchern (Bohrungen). Als Schneidwerkzeug wird der Spiralbohrer verwendet.

Er ist ein zweischneidiges Werkzeug, dessen Schneiden gleichzeitig eine **Schnitt-** und eine **Vorschubbewegung** (Dreh- und Axialbewegung) ausführen (Abb. 1).

Spiralbohrer

Die **Hauptschneiden** des Spiralbohrers (Abb. 2) entstehen im wesentlichen durch das Einfräsen bzw. -schleifen zweier Wendelnuten in einen zylindrischen Grundkörper. Durch Anschleifen des Spitzenwinkels σ und der Freiflächen entstehen die Hauptschneiden und die **Querschneide** mit dem Querschneidenwinkel ψ (psi; gr. kleiner Buchstabe) (Abb. 3).

α_x Seitenfreiwinkel

β_x Seitenkeilwinkel

γ_x Seitenspanwinkel

σ Spitzenwinkel

ψ Querschneidenwinkel

Abb. 3: Winkel am vereinfacht dargestellten Bohrer

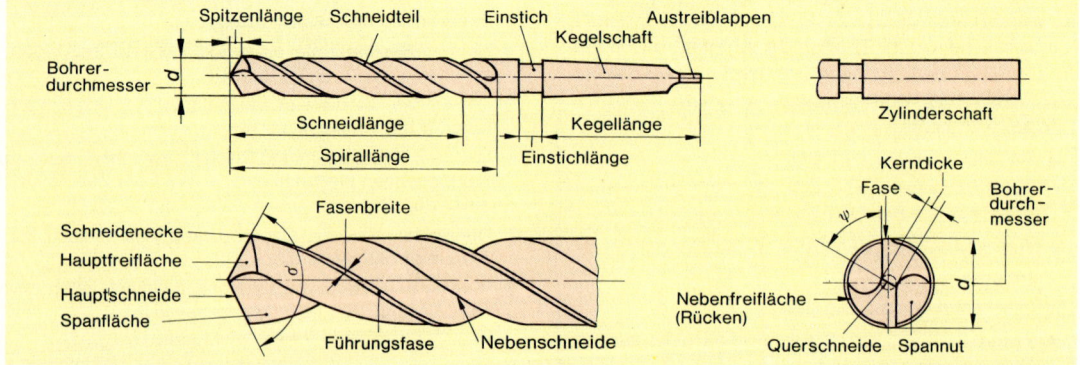

Abb. 2: Bezeichnungen am Spiralbohrer

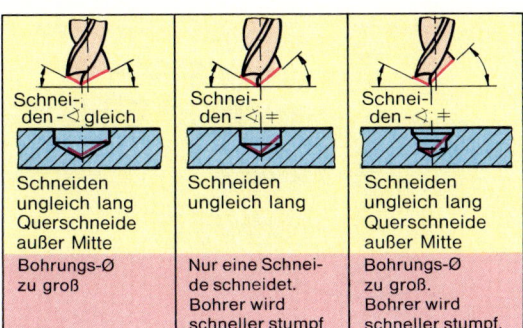

Abb. 4: Fehlerhafte Bohreranschliffe und deren Folgen

Der Seitenfreiwinkel α_x, der Seitenkeilwinkel β_x und der Seitenspanwinkel γ_x werden an der Schneidenecke gemessen.

Durch die Wendelnuten erfolgt der Transport der Späne und die Zuführung des Kühl- und Schmiermittels. Angaben über Verwendung, Spitzenwinkel, Schnittgeschwindigkeit und Kühl- bzw. Schmierstoffe können aus Tabellenbüchern entnommen werden. **Fehlerhaft angeschliffene Bohrer** führen zu größeren Bohrungsdurchmessern oder vorzeitigem Bohrerverschleiß (Abb. 4).

Bohrarbeiten

Die Vorbereitung einer Bohrarbeit erfordert:

- Lesen der Zeichnung,
- Wahl des Bohrwerkzeugs,
- Wahl der Bohrmaschine,
- Bereitstellen der Spannzeuge für das Werkstück,
- Wahl des Kühlmittels und
- Bestimmen der Drehzahl und des Vorschubs.

Die Herstellung von Kegelformen, Bohrungsabsätzen oder besonders großen oder langen Bohrungen erfordert Spezialbohrer (Tab. 5 und Abb. 5). Bohrungen, für die eine geringe Genauigkeit erforderlich ist, werden mit der Handbohrmaschine ausgeführt. Für Bohrarbeiten mit großer Genauigkeit und hoher Zerspanungsleistung werden **Tisch-** und **Säulen-** bzw. **Ständerbohrmaschinen** eingesetzt (Abb. 1, Seite 40).

Bohrer mit Zylinderschaft werden im zentrisch spannenden Dreibackenbohrfutter eingespannt. Große Bohrer haben in der Regel einen kegeligen Schaft (Abb. 2) (Morsekegel bzw. metrischer Kegel, DIN 228). Der Kegel dient der Zentrierung und Kraftübertragung zwischen Maschine und Bohrer durch Kraftschluß. Der Bohrer wird mit Hilfe eines Keils aus der Bohrspindel gelöst. Vor dem Spannen des Bohrwerkzeugs ist das Bohrfutter bzw. die Bohrspindel sorgfältig zu säubern.

Tab. 5: Verwendungszweck der Bohrwerkzeuge

Stiftlochbohrer
Zum Bohren für Kegelstifte (1:50). Kleinen Vorschub wählen.

Zentrierbohrer
Festlegen von Bohrungsmitten bei Bohrvorrichtungen oder Zentrierungen für Wellenmitten und Aufnahmezentrierungen für Exzenterformen.

Stufenbohrer
Herstellung von zylindrischen Bohrungen mit zusätzlichen Formen.

Kreisschneider
Herstellung von Bohrungen bis 300 mm in dünne Bleche.

Tiefbohrköpfe
Herstellung von Bohrungen mit großen Durchmessern und von tiefen Bohrungen.

Bohrstangen
Verwendung auf Waagerechtbohrwerken zur Herstellung fluchtender Bohrungen in Getriebegehäusen (Vorbohren erforderlich).

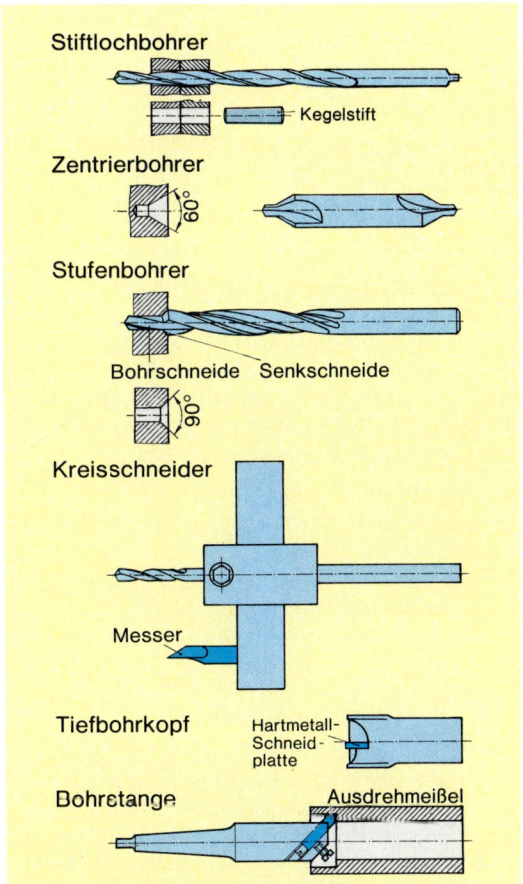

Abb. 5: Verschiedene Bohrwerkzeuge

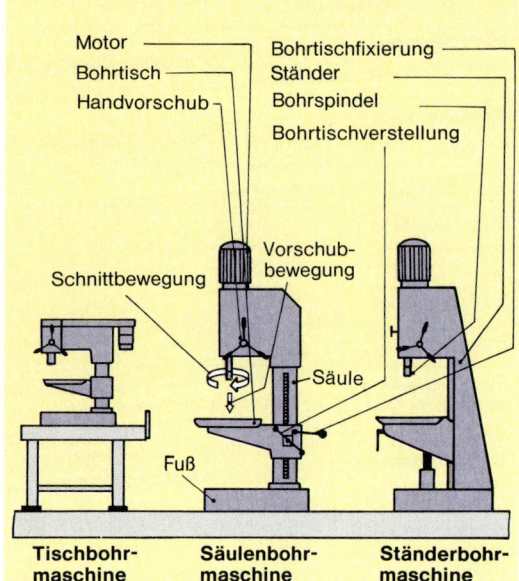

Abb. 1: Arten von Bohrmaschinen

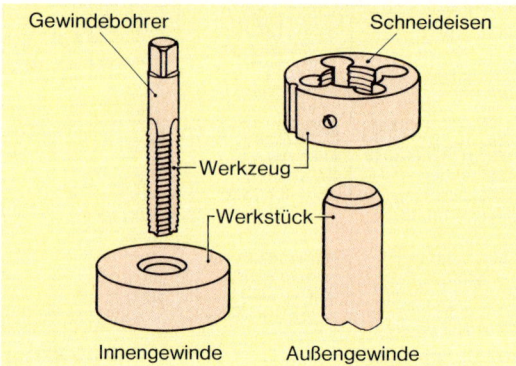

Abb. 2: Herstellen von Innen- und Außengewinde

Um eine genaue Bohrung herstellen zu können und Unfälle zu vermeiden, muß das Werkstück fest eingespannt sein. Dafür eignet sich in vielen Fällen der Maschinenschraubstock (Abb. 1, S. 38), der häufig Prismen zur Aufnahme von runden Werkstücken hat.

Arbeitshinweise

Eine einwandfreie Bohrung entsteht, wenn die folgenden Hinweise beachtet werden:

- Richtiger Anschliff des Bohrers.
- Wahl der Drehzahl und des Vorschubs entsprechend dem Bohrerdurchmesser und dem Werkstoff des Bohrers und Werkstücks.
- Wahl des Kühlmittels.
- Ausreichend große Körnung, damit der Bohrer nicht verläuft.
- Große Bohrungen müssen zur Aufnahme der Querschneide vorgebohrt werden.

5.4.6 Gewindeherstellung

Gewindeschneiden von Hand

Gewinde werden im Bereich der Reparatur und Einzelfertigung zu einem großen Teil durch **Gewindeschneiden von Hand** hergestellt. Für das Schneiden von **Innengewinden** werden Gewindebohrer, für das Schneiden von **Außengewinden** Schneideisen verwendet (Abb. 2).

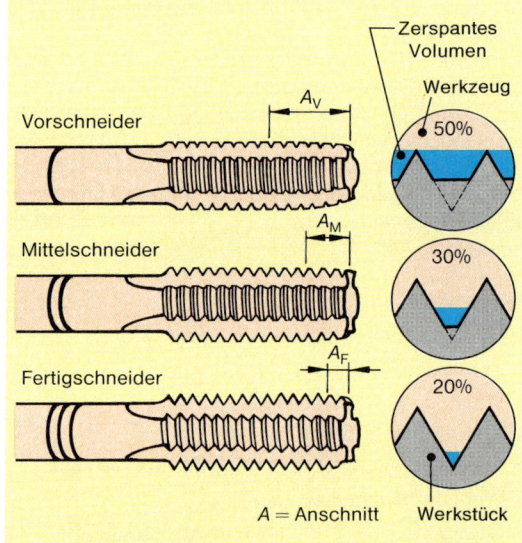

Abb. 3: Handgewindebohrersatz

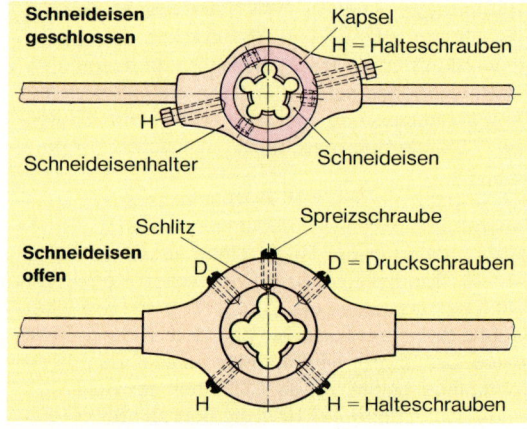

Abb. 4: Schneideisen mit Schneideisenhalter

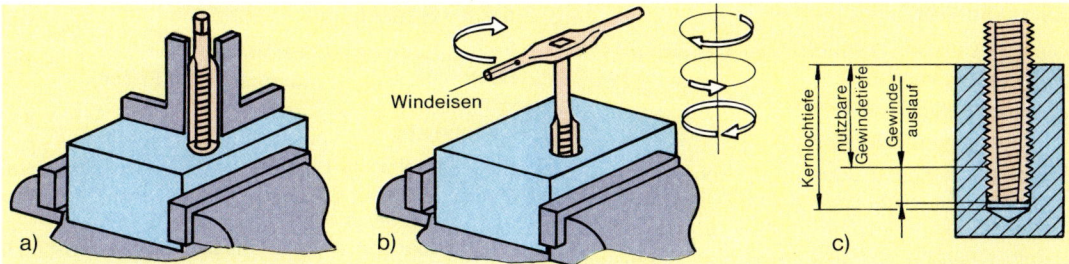

Abb. 5: Arbeitshinweise

Um ein sauberes Gewinde herstellen zu können und eine Überbeanspruchung des **Gewindebohrers** zu vermeiden, wird der Zerspanungsvorgang meist auf drei Gewindebohrer verteilt. Der Fertigschneider (drei Ringe oder auch ohne Ring) hat den kürzesten Anschnitt, da er die kürzeste Führung benötigt (Abb. 3).

Schneideisen werden mit Hilfe eines **Schneideisenhalters** geführt (Abb. 4).

Arbeitshinweise

- Der vorgegebene Kernlochdurchmesser (Innengewinde) oder der Bolzendurchmesser (Außengewinde) sind einzuhalten (Tab. 6).
- Die Kernlochbohrung für Gewindegrundlöcher muß tiefer sein als die nutzbare Gewindetiefe (Abb. 5c).
- Bohrungen ansenken, Bolzen anfasen.
- Vor-, Mittel- und Fertigschneider immer vollständig und in der richtigen Reihenfolge benutzen (Abb. 3 und 6).
- Gewindebohrer immer zentrisch zur Bohrung und in Richtung der Bohrungsachse ansetzen. Windeisen immer senkrecht zur Bolzenachse führen (Abb. 5a, b).
- Die Verwendung des richtigen Schmiermittels erleichtert die Schneidarbeit und erhöht die Standzeit des Werkzeugs (Tab. 7).
- Nach etwa einer halben Umdrehung ist der Span durch Zurückdrehen des Gewindebohrers oder des Schneideisens zu brechen (Abb. 5b).
- Späne während des Arbeitsvorganges mehrmals entfernen.
- Während der Herstellung von Grundlochgewinden mit großer Gewindetiefe ist der Gewindebohrer mehrmals herauszudrehen, um die Späne entfernen zu können.
- Das Gewinde mittels Bolzen bzw. Mutter oder Gewindelehre auf Maß- und Formhaltigkeit prüfen.

Tab. 6: Richtwerte für die Herstellung metrischer ISO-Gewinde

Gewindebezeichnung	Bohrer-Ø für Kernloch des Innengewindes in mm	Bolzen-Ø für Außengewinde in mm
M 4	3,3	3,9
M 5	4,2	4,9
M 6	5,0	5,9
M 8	6,8	7,9
M 10	8,5	9,85
M 12	10,2	11,85
M 16	14,0	15,8

Tab. 7: Schmiermittel für das Gewindeschneiden

Werkstoff	Schmiermittel
Stahl	Schneidöl
Stahlguß, legierte Stähle	Terpentin- oder Schneidöl
Cu-Legierungen	Schneidöl
Aluminium	Petroleum
Gußeisen, Mg-Legierungen	trocken

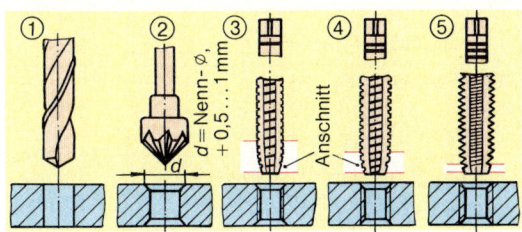

Abb. 6: Arbeitsablauf Gewindeschneiden

Gewindeherstellung mit der Werkzeugmaschine

Gewinde können auf der Drehmaschine gefertigt werden. Mit Hilfe eines Maschinengewindebohrers können auch Innengewinde mit der Bohrmaschine geschnitten werden.

In der Massenfertigung werden genaue Gewinde geschliffen, gefräst oder durch Gewindewirbeln wirtschaftlich hergestellt. Durch Gewindewalzen werden hochfeste Massenteile gefertigt.

5.4.7 Senken

Das Senken ist ein Bohrverfahren, das sich an einen Bohrvorgang anschließt.

Durch Senken ist es möglich:

- Bohrungen zu entgraten,
- Bohrungen keglig oder zylindrisch für die Aufnahme von Niet- oder Schraubenköpfen anzusenken,
- Auflageflächen für Schraubenköpfe herzustellen und
- Bohrungen aufzusenken.

Senker haben in der Regel mehr als zwei Schneiden. Die Arten und deren Verwendung zeigt Tab. 8. Senker werden vorwiegend aus hoch legiertem Stahl gefertigt. Die Schnittgeschwindigkeit wird etwa halb so groß wie für das Bohren gewählt.

5.4.8 Reiben

Reiben ist eine Feinbearbeitung zur Herstellung von Bohrungen mit Paßmaßen (s. Kap. Prüfen).

Reibvorgang

Die aufzureibende Bohrung wird um die **Reibzugabe** kleiner vorgebohrt. Sie beträgt je nach dem Bohrungsdurchmesser 0,2 bis 0,5 mm.

Die Zerspanung wird hauptsächlich vom Anschnitt der Reibahle ausgeführt. Die Führungsfasen glätten die Bohrung (Abb. 1). Sie haben einen negativen Spanwinkel γ. Dadurch erfolgt die Spanabnahme schabend. Die Führungsfasen sind für die Oberflächengüte, Maß- und Formgenauigkeit der Bohrung von entscheidender Bedeutung (Abb. 1).

Tab. 8: Arten und Verwendung von Senkern

Werkzeug	Verwendungszweck
Kegelsenker DIN 334 u. 335	$\varepsilon = 60°$ Entgraten von gebohrten und gegossenen Löchern $\varepsilon = 75°$ Einsenkungen für Senkniete $\varepsilon = 90°$ Einsenkungen für Senkschrauben und von Kernlöchern für Innengewinde $\varepsilon = 120°$ Einsenkungen für Blechniete
Aufbohrer (Spiralsenker) DIN 343 Morsekegelschaft B nach DIN 228	Aufsenken von Bohrungen, insbesondere bei großen Senktiefen
Flachsenker DIN 373	Aufsenken von Bohrungen zur Aufnahme von Schraubenköpfen
Flachsenker DIN 375 Führungszapfen Morsekegelschaft B nach DIN 228 Führungszapfen DIN 1868 $\approx 2°$	Ansenkungen zur Herstellung einer außerhalb der Bohrung liegenden Planfläche
Aufstecksenker DIN 222 Kegel 1 : 30	Verwendung wie Spiralsenker, jedoch für größere Bohrungsdurchmesser

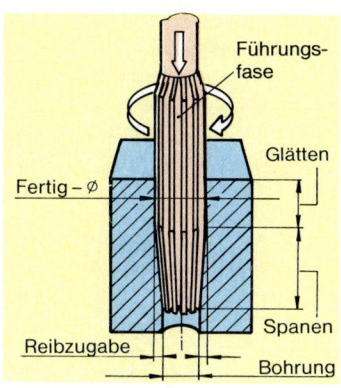

Abb. 1: Reibvorgang

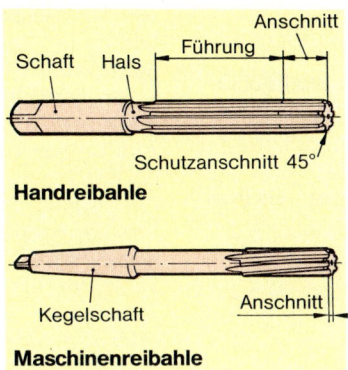

Abb. 2: Reibahlen

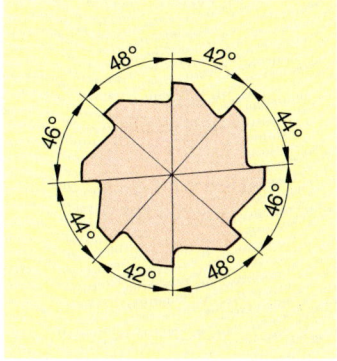

Abb. 3: Zahnteilung bei Reibahlen

Reibahlen

Es wird zwischen **Hand- und Maschinenreibahlen** unterschieden (Abb. 2). Handreibahlen haben einen längeren Anschnitt, wodurch ihre Führung in der Bohrung verbessert wird.

Die Schneidenzahl der Reibahlen ist gerade, die Teilungswinkel sind in ihrer Reihenfolge ungleich (Abb. 3). Dadurch werden Rattermarken weitgehend vermieden. Zwei Schneiden stehen immer gegenüber.

Es gibt geradverzahnte und schraubenförmig verzahnte Reibahlen. Durch die schraubenförmige Anordnung der Schneiden kann die Reibahle während des Aufreibens von Bohrungen mit Längsnut nicht haken (Abb. 4). Die Drallrichtung ist der Drehrichtung entgegengesetzt, damit ein Hineinziehen der Reibahle vermieden wird.

Für Reparatur- und Nacharbeiten werden häufig im Durchmesser **verstellbare Reibahlen** verwendet.

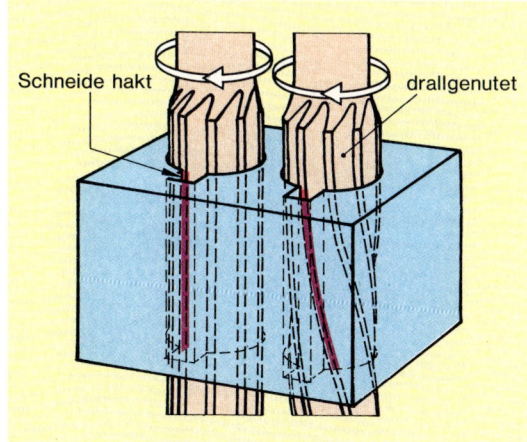

Abb. 4: Aufreiben einer Bohrung mit Nut

Arbeitshinweise

Für einwandfreie Reibarbeiten müssen folgende Hinweise beachtet werden:

- Eine Reibahle darf nie entgegengesetzt zur Schnittbewegung gedreht werden, auch nicht während des Herausdrehens.
- Zur Verringerung der Reibung Schneidöle oder Emulsionen (feinste Verteilung einer Flüssigkeit in einer anderen) benutzen.
- Eine zu große Werkstoffzugabe führt zu unnötigem Werkzeugverschleiß.
- Grundbohrungen werden mit Grundreibahlen (kurzer Anschnitt) aufgerieben.
- Reibahlendrehzahl etwa $\frac{1}{4}$ der entsprechenden Bohrerdrehzahl wählen.

Aufgaben zu 5.4.5 bis 5.4.8

1. Nennen Sie die Bezeichnungen des Spiralbohrers.
2. Wovon ist die Wahl eines Bohrers abhängig?
3. Nennen Sie drei typische Bohrfehler und erläutern Sie, wie diese vermieden werden können.
4. Nennen Sie vier Bohrarbeiten und die zugehörigen Werkzeuge.
5. Warum werden Innengewinde mit einem dreiteiligen Handgewindebohrersatz geschnitten?
6. Nennen Sie die Arbeitsgänge für die Herstellung eines Außengewindes.
7. Nennen Sie für drei Senkerarten spezielle Arbeiten.
8. Wodurch unterscheidet sich Reiben vom Bohren?
9. Welchem Zweck dient die Reibzugabe?
10. Welcher Unterschied besteht zwischen einer Hand- und Maschinenreibahle?
11. Durch welche konstruktiven Merkmale der Reibahle werden Rattermarken vermieden?
12. Für welche Arbeiten werden drallgenutete Reibahlen benötigt?

5.4.9 Drehen

> Durch **Drehen** werden überwiegend Werkstücke mit kreisförmigen oder kreisringförmigen Querschnitten hergestellt.

Grundsätzlich wird zwischen **Langdrehen** und **Plandrehen** unterschieden (Abb. 1).

> Die **Vorschubbewegung** für das Langdrehen ist längs, für das Plandrehen senkrecht zur Werkstückdrehachse gerichtet.

Der Spanquerschnitt *A* ergibt sich aus

- der Schnittiefe *a* (Zustellung) und
- dem Vorschub *s* je Umdrehung (Abb. 1).

> Die **Schnittgeschwindigkeit** ist gleich der Umfangsgeschwindigkeit des Werkstücks an der Wirkstelle.

Die **Wirkstelle** ist eine gemeinsame Stelle, an der Werkzeug und Werkstück zusammenwirken.
Die Schnittbewegung des Langdrehens ist eine **gleichförmige Bewegung.**
Die Schnittbewegung des Plandrehens ist eine **ungleichförmige Bewegung,** da sich die Drehmeißelschneide der Drehachse des Werkstücks nähert und damit die Schnittgeschwindigkeit geringer wird.

Aufbau einer Leit- und Zugspindeldrehmaschine

Die Abb. 2 zeigt eine Leit- und Zugspindeldrehmaschine. Die Hauptbaugruppen sind umrahmt.

Mit dem Hauptgetriebe werden die erforderlichen Drehzahlen der **Arbeitsspindel** geschaltet. Die Arbeitsspindel nimmt mit einem Außengewinde die einstellbaren Spannvorrichtungen (Abb. 5, S. 47) und mit einem genormten Werkzeugkegel die Spitze zum Drehen zwischen Spitzen (Abb. 3, S. 46) oder die Spannzange (Abb. 5, S. 47) auf.
Der Antrieb des Vorschubgetriebes erfolgt direkt über das Hauptgetriebe. Das Vorschubgetriebe treibt wahlweise die Leit- (Gewindeschneiden) oder die Zugspindel (Lang- und Plandrehen) an. Die angetriebene Spindel bewegt über das Schloßkastengetriebe (Abb. 2) den **Bettschlitten.** Über die Zugspindel kann auch der **Querschlitten** (Planschlitten) bewegt werden. Bett- und Querschlitten können auch von Hand bedient werden.
Der Reitstock dient als Aufnahme für die Reitstockspitze zum Drehen zwischen Spitzen. Ferner kann der Reitstock Bohrer, Reibahlen oder Gewindebohrer aufnehmen.

Drehmeißel

Der Drehmeißel hat einen Schaft und einen Schneidenteil. Die Winkel am Drehmeißel (Abb. 1, S. 46) werden wie folgt bezeichnet (DIN 6581):

- Freiwinkel α: Winkel zwischen der Tangente an der Wirkstelle und der Freifläche des Werkzeugs (Abb. 3),
- Keilwinkel β: Winkel zwischen Frei- und Spanfläche an der Hauptschneide,
- Spanwinkel γ: Winkel zwischen der Bezugsebene und der Spanfläche,
- Einstellwinkel $\varkappa$ (kappa; gr. kleiner Buchstabe): Winkel in der Bezugsebene zwischen der Parallelen zur Drehachse und der Hauptschneide,

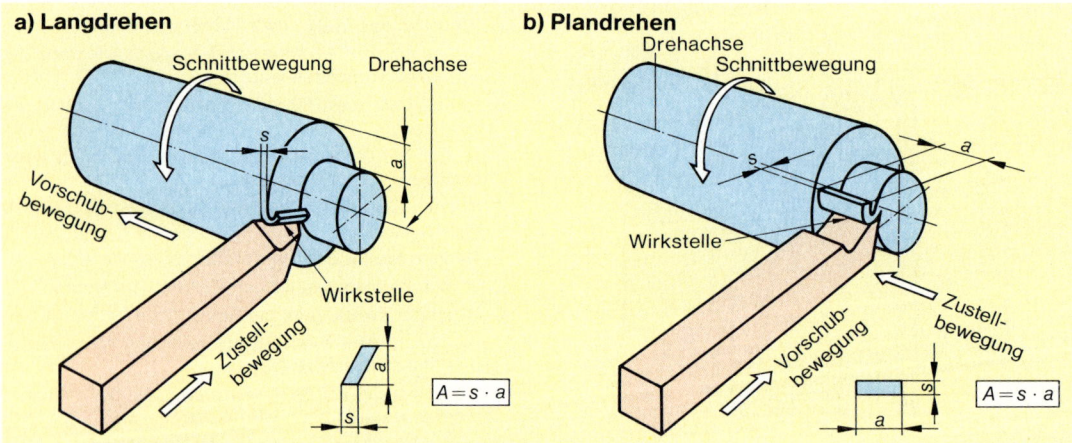

a) Langdrehen   **b) Plandrehen**

Abb. 1: Lang- und Plandrehen

4 5 6 7 8 9 10 11

3

2

1

16

17

18

19

20

21

22

12 13 14 15

1 Motor	12 Handkurbel
2 Hauptgetriebe	für Längszug
3 Wechselrädergetr.	13 Schloßkastengetr.
4 Vorschubgetriebe	14 Schalthebel für
5 Arbeitsspindel	Längs- und Planzug
6 Querschlitten	15 Bettschlitten
7 Werkzeughalter	16 Reitstock
8 Oberschlitten	17 Zahnstange
9 Skalenring	18 Leitspindel
10 Handkurbel für	19 Zugspindel
Planzug	20 Schaltwelle
11 Handkurbel für	21 Hauptschalter
Oberschlitten	22 Spanwanne

Schlitten	Richtung	Bezeichnung
Bettschlitten	parallel zur Drehachse	Längszug
Querschlitten	senkrecht zur Drehachse	Planzug
Oberschlitten	schwenkbar zur Drehachse	Handzug

Abb. 2: Aufbau einer Leit- und Zugspindeldrehmaschine

- Spitzenwinkel ε (epsilon; gr. kleiner Buchstabe): Winkel zwischen Haupt- und Nebenschneide in der Bezugsebene.

Die Span- und Freiwinkel ändern ihre Größe in Abhängigkeit von der Lage der Drehmeißelschneide in bezug zur Drehachse des Werkstücks (Abb. 2, Seite 46).

Liegt die Schneide **über der Drehmitte,** so besteht die Gefahr, daß sich das Werkzeug in das Werkstück hineinzieht. Die Folge ist eine rauhe Oberfläche.

Liegt die Schneide **unter der Drehmitte,** so besteht die Gefahr der Werkzeugzerstörung, da sich die

Kräfte am Werkzeug erhöhen. Nur in der Mittellage arbeitet der Drehmeißel einwandfrei.

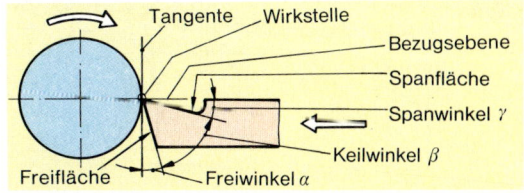

Abb. 3: Schematische Darstellung der Winkel am Drehmeißel für das Einstechen

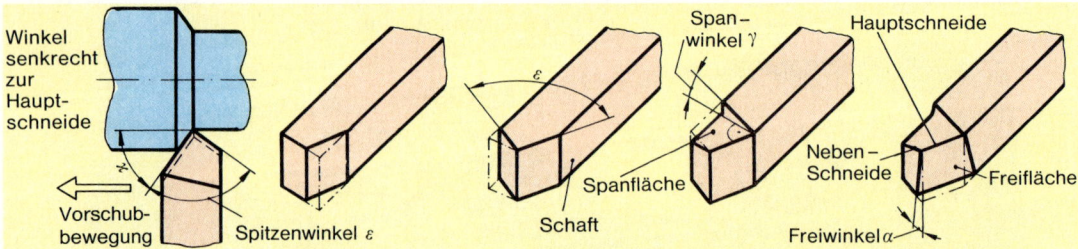

Abb. 1: Schneidenwinkel und Flächen am Drehmeißel

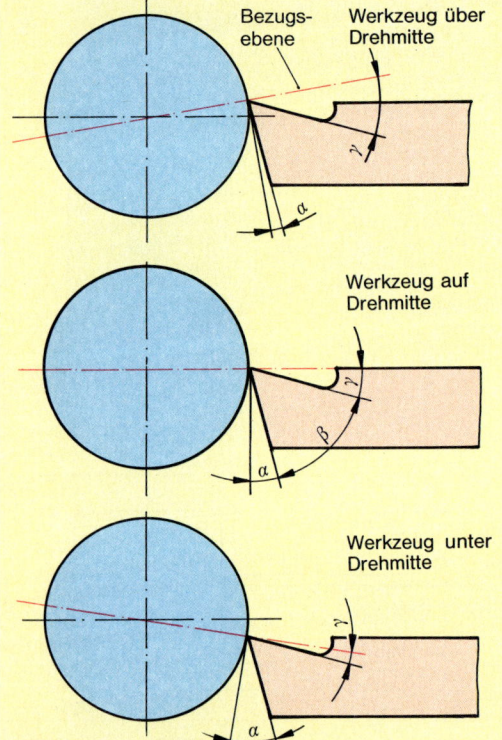

Abb. 2: Einfluß der Drehmeißelhöhe auf Span- und Freiwinkel

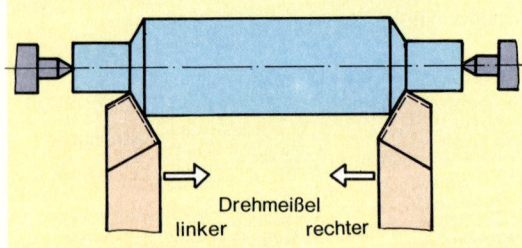

Abb. 3: Verwendung des rechten und linken Drehmeißels beim Langdrehen

Arten der Drehmeißel

Nach der Lage der Hauptschneide werden unterschieden:

- rechte Drehmeißel und
- linke Drehmeißel.

> **Linke Drehmeißel** arbeiten von links nach rechts, **rechte Drehmeißel** arbeiten von rechts nach links (Abb. 3).

Nach der Art der Schneiden- und Schaftwerkstoffe werden unterschieden:

- Drehmeißel aus gleichem Schneiden- und Schaftwerkstoff und
- Drehmeißel mit aufgelöteter oder geklemmter Schneidplatte.

In Abb. 4 sind verschiedene Drehmeißel dargestellt.

Spannen des Werkstücks

Die Abb. 5 zeigt drei Möglichkeiten zum Spannen von Werkstücken.

Führen zwischen Spitzen und das Mitnehmen

Längere Werkstücke werden zwischen der Zentrierspitze der Arbeitsspindel und der des Reitstocks zentrisch geführt. Die Mitnahme geschieht allgemein mit Hilfe eines Mitnehmers (Drehherz) (Abb. 1, S. 70). Für die Herstellung der Zentrierbohrungen werden genormte Zentrierbohrer verwendet (Abb. 5, S. 61).

Sonderdrehmaschinen

In der Kraftfahrzeugreparatur werden folgende Sonderdrehmaschinen verwendet:

- Ventilsitz-Drehmaschine
- Ventilkegel-Drehmaschine
- Bremstrommel-Bremsscheiben-Drehmaschine
- Bremstrommel-Bremsbelag-Drehmaschine

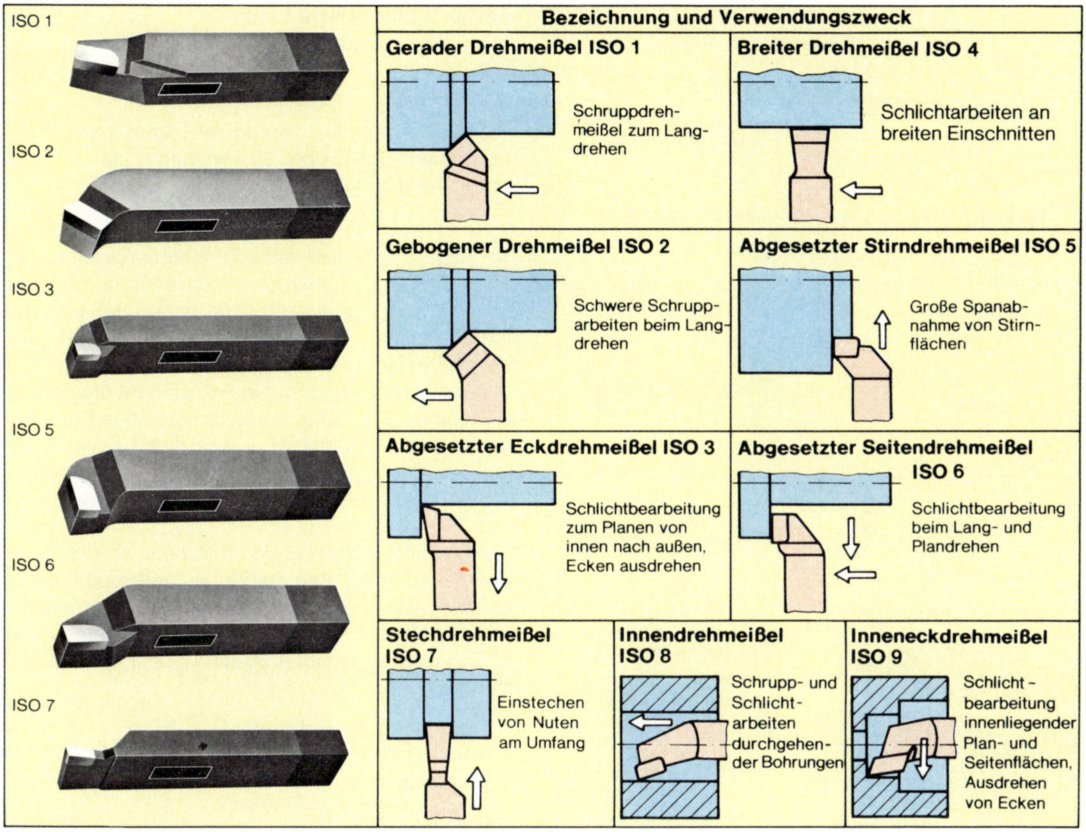

ISO 1	Bezeichnung und Verwendungszweck	
	Gerader Drehmeißel ISO 1	**Breiter Drehmeißel ISO 4**
ISO 2	Schruppdreh-meißel zum Lang-drehen	Schlichtarbeiten an breiten Einschnitten
	Gebogener Drehmeißel ISO 2	**Abgesetzter Stirndrehmeißel ISO 5**
ISO 3	Schwere Schrupp-arbeiten beim Lang-drehen	Große Spanab-nahme von Stirn-flächen
ISO 5	**Abgesetzter Eckdrehmeißel ISO 3**	**Abgesetzter Seitendrehmeißel ISO 6**
ISO 6	Schlichtbearbeitung zum Planen von innen nach außen, Ecken ausdrehen	Schlichtbearbeitung beim Lang- und Plandrehen
ISO 7	**Stechdrehmeißel ISO 7** Einstechen von Nuten am Umfang	**Innendrehmeißel ISO 8** Schrupp- und Schlicht-arbeiten durchgehen-der Bohrungen **Inneneckdrehmeißel ISO 9** Schlicht-bearbeitung innenliegender Plan- und Seitenflächen, Ausdrehen von Ecken

Abb. 4: Drehmeißel und deren Verwendung

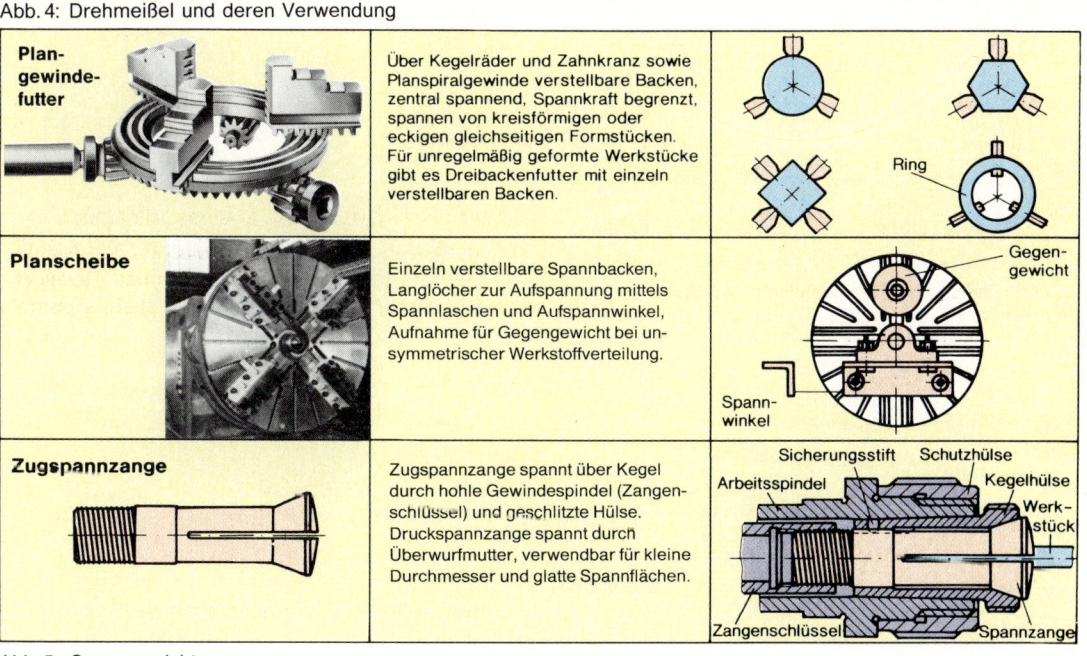

Plan-gewinde-futter	Über Kegelräder und Zahnkranz sowie Planspiralgewinde verstellbare Backen, zentral spannend, Spannkraft begrenzt, spannen von kreisförmigen oder eckigen gleichseitigen Formstücken. Für unregelmäßig geformte Werkstücke gibt es Dreibackenfutter mit einzeln verstellbaren Backen.	Ring
Planscheibe	Einzeln verstellbare Spannbacken, Langlöcher zur Aufspannung mittels Spannlaschen und Aufspannwinkel, Aufnahme für Gegengewicht bei un-symmetrischer Werkstoffverteilung.	Gegen-gewicht, Spann-winkel
Zugspannzange	Zugspannzange spannt über Kegel durch hohle Gewindespindel (Zangen-schlüssel) und geschlitzte Hülse. Druckspannzange spannt durch Überwurfmutter, verwendbar für kleine Durchmesser und glatte Spannflächen.	Sicherungsstift, Schutzhülse, Arbeitsspindel, Kegelhülse, Werk-stück, Zangenschlüssel, Spannzange

Abb. 5: Spannvorrichtungen

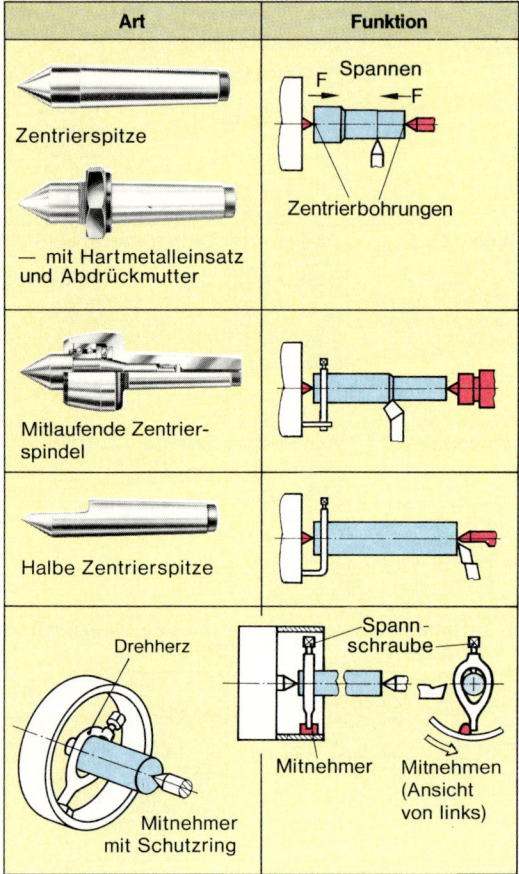

Art	Funktion
Zentrierspitze	Spannen / Zentrierbohrungen
— mit Hartmetalleinsatz und Abdrückmutter	
Mitlaufende Zentrierspindel	
Halbe Zentrierspitze	
Drehherz / Mitnehmer mit Schutzring	Spannschraube / Mitnehmer / Mitnehmen (Ansicht von links)

Abb. 1: Führen und Mitnehmen des Werkstücks

Aufgaben zu 5.4.9

1. Wodurch unterscheidet sich das Lang- vom Plandrehen?
2. Nennen Sie die Aufgaben der Zug- und Leitspindel.
3. Beschreiben Sie die Bewegungsrichtung des Bett- und Querschlittens.
4. Skizzieren Sie einen Drehmeißel ISO 1 am Werkstück. Bezeichnen Sie den Einstell- und Spitzenwinkel.
5. Beschreiben Sie die Auswirkungen der Lage des Drehmeißels über und unter der Drehachse.
6. Welche Drehmeißel eignen sich für das Plandrehen?
7. Welche Teile werden mit einem Drei- und welche mit einem Vierbackenfutter gespannt?
8. Welche Teile erfordern die Planscheibe zum Einspannen?
9. Welche Bedingungen müssen erfüllt sein, damit das Spannen zwischen Spitzen zu genauen zylindrischen Werkstückformen führt?
10. Zeichnen Sie die Schutzhülse aus Abb. 5, S. 47 im Halbschnitt im Maßstab 5 : 1.

5.4.10 Weitere spanende Bearbeitungsverfahren

Fräsen

> Durch das **Fräsen** werden mit geometrisch bestimmten Schneiden überwiegend ebene Flächen hergestellt.

Die Abb. 2 zeigt eine Waagerechtfräsmaschine. Es gibt außerdem Senkrechtfräsmaschinen (Arbeitsspindel senkrecht) und Universalfräsmaschinen (Arbeitsspindel waagerecht und senkrecht). Der Maschinentisch der Waagerechtfräsmaschine führt die Vorschubbewegung, die Frässpindel die Schnittbewegung aus. Sind diese Bewegungen an der Wirkstelle gleichgerichtet, so wird dies als **Gleichlauffräsen** bezeichnet. Sind die Bewegungen entgegengesetzt, so handelt es sich um **Gegenlauffräsen** (Abb. 3).
Das Gleichlauffräsen ergibt eine hohe Oberflächengüte. Es erfordert aber spielfreie Lager und Führungen der Maschine, um Rattermarken zu vermeiden. Gegenlauffräsen kann auf allen Fräsmaschinen ausgeführt werden, ergibt aber eine geringere Oberflächengüte.

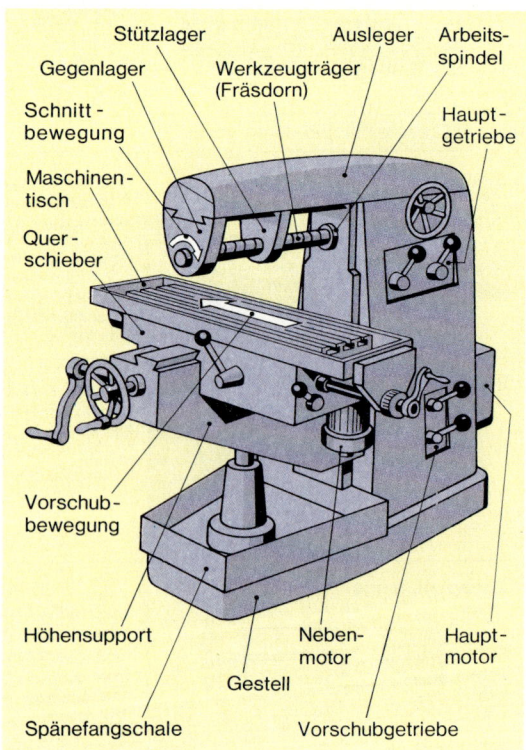

Abb. 2: Waagerechtfräsmaschine

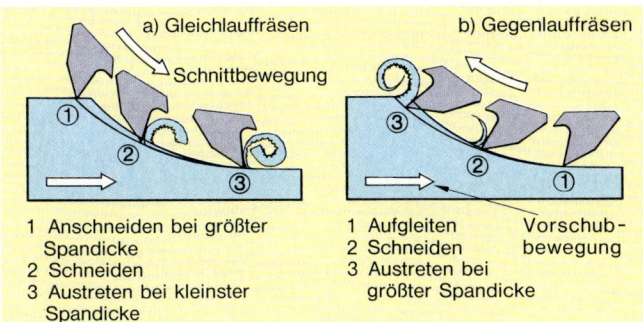

a) Gleichlauffräsen

Schnittbewegung

1 Anschneiden bei größter
  Spandicke
2 Schneiden
3 Austreten bei kleinster
  Spandicke

b) Gegenlauffräsen

1 Aufgleiten
2 Schneiden
3 Austreten bei
  größter Spandicke

Vorschub-
bewegung

Abb. 3: Gleich- und Gegenlauffräsen

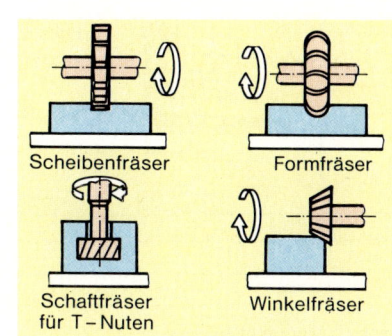

Scheibenfräser   Formfräser

Schaftfräser   Winkelfräser
für T – Nuten

Abb. 4: Besondere Fräserarten

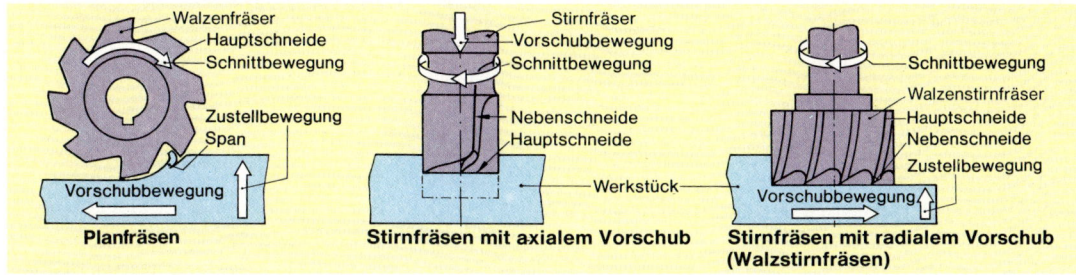

Walzenfräser
Hauptschneide
Schnittbewegung
Zustellbewegung
Span
Vorschubbewegung

Planfräsen

Stirnfräser
Vorschubbewegung
Schnittbewegung
Nebenschneide
Hauptschneide
Werkstück

Stirnfräsen mit axialem Vorschub

Schnittbewegung
Walzenstirnfräser
Hauptschneide
Nebenschneide
Zustellbewegung
Vorschubbewegung

**Stirnfräsen mit radialem Vorschub
(Walzstirnfräsen)**

Abb. 5: Fräserarten und Fräsarbeiten

Fräser sind Werkzeuge mit mehreren Schneiden. Neben den in Abb. 5 dargestellten Fräsern (Walzenfräser, Langlochfräser und Walzenstirnfräser) kommen noch die verschiedensten Fräser für besondere Fräsarbeiten zur Anwendung (Abb. 4).

Hobeln und Stoßen

Durch Hobeln und Stoßen werden Werkstücke mit einschneidigen Werkzeugen bei

- sich wiederholender Schnittbewegung und
- schrittweiser Vorschubbewegung schichtweise spanend bearbeitet.

Der Hauptunterschied zwischen Hobeln und Stoßen liegt in der Ausführung der Schnitt- und Vorschubbewegung:

Hobeln: Werkstück führt Schnittbewegung aus, Werkzeug führt Vorschubbewegung aus (Abb. 6).

Stoßen: Werkzeug führt Schnittbewegung aus, Werkstück führt Vorschubbewegung aus (Abb. 6).

Nach der Schnittbewegung folgt immer der Leerhub (Rücklauf) und darauf die Vorschubbewegung. Die Zustellbewegung wird bei der **Hobel-** und **Waagerechtstoßmaschine** vom Werkzeug und bei der **Senkrechtstoßmaschine** vom Werkstück ausgeführt. Das

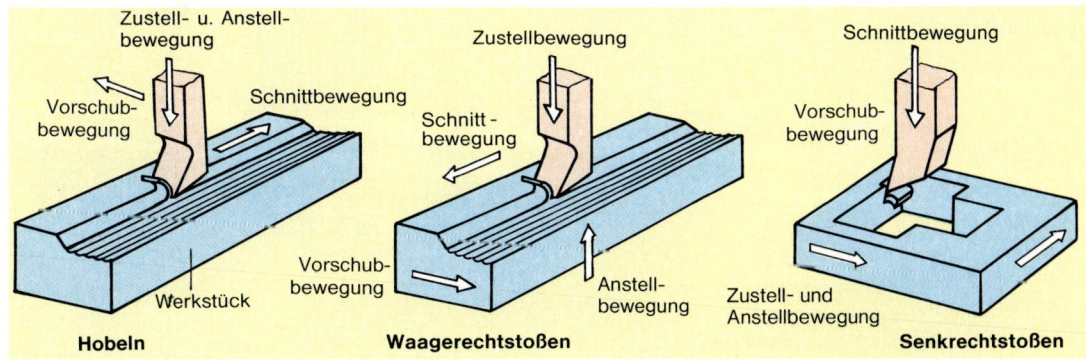

Zustell- u. Anstell-
bewegung
Vorschub-
bewegung
Schnittbewegung
Werkstück

Hobeln

Zustellbewegung
Schnitt-
bewegung
Vorschub-
bewegung
Anstell-
bewegung

Waagerechtstoßen

Schnittbewegung
Vorschub-
bewegung
Zustell- und
Anstellbewegung

Senkrechtstoßen

Abb. 6: Bewegungen an der Hobel- und Stoßmaschine

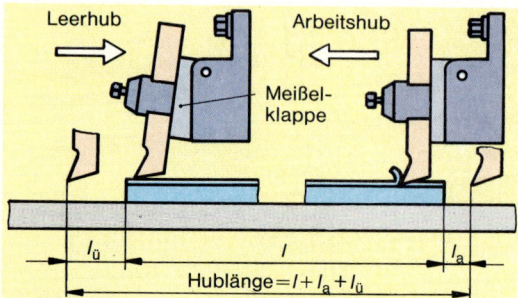

Abb. 1: An- und Überlauf

Stoßen wird für die Bearbeitung kurzer, das Hobeln für die Bearbeitung langer Werkstücke eingesetzt. Der Stoß- bzw. Hobelmeißel ist auf die Meißelklappe gespannt, die sich während des Leerhubs zur Schonung des Meißels abhebt (Abb. 1).
Für die Einstellung des Hubes müssen An- und Überlauf des Werkzeugs berücksichtigt werden (Abb. 1). Das Werkstück muß fest eingespannt werden, da durch den wiederholten plötzlichen Anschnitt jeweils stoßartige Kräfte auftreten.

Schleifen

Die Spanabnahme erfolgt durch **Schleifkörper** (z.B. Schleifscheiben). Die Schleifkörper bestehen aus harten, scharfkantigen Körnern. Sie haben **geometrisch unbestimmte Schneiden** (Abb. 2). Die Schleifkörner werden durch Bindemittel zusammengehalten. Der Widerstand, den die Bindung dem Ausbrechen des Schleifkorns entgegensetzt, wird als **Härte der Schleifscheibe** bezeichnet.

Harte Scheiben haben eine **feste** Bindung, **weiche** Scheiben eine **weniger feste** Bindung.

Da die Körner während der Bearbeitung harter Werkstoffe schneller stumpf werden, sind weiche Bindungen erforderlich, damit die stumpfen Körner eher ausbrechen.

Harte Werkstoffe werden mit **weicher Schleifscheibe, weiche Werkstoffe** werden mit **harter Schleifscheibe** bearbeitet.

Gebräuchliche Schleifmittel zeigt Tab. 9.

Tab. 9: Gebräuchliche Schleifmittel

Korund Al$_2$O$_3$
Zähe Werkstoffe und Werkstoffe über 340 N/mm² Festigkeit, z.B. gehärteter und ungehärteter Stahl, Temperguß, Stahlguß
Siliziumkarbid SiC
Weiche und spröde Werkstoffe bis 340 N/mm² Festigkeit und Hartmetalle, Hartguß z.B. Gußeisen, Cu-Zn-Legierungen, weiche Cu-Sn-Legierungen, Kupfer, Aluminium, Kunstharzstoffe
Diamant
für sehr harte Werkstoffe wie Hartmetalle, Glas
Bornitrid CBN
für Schnellarbeitsstähle, Werkzeugstähle

Honen (Ziehschleifen)

Honen wird vorwiegend zur **Feinstbearbeitung von Bohrungen** (Zylinderlaufbuchsen) und **Wellen** verwendet.

Das Honwerkzeug besteht aus dem Werkzeugkörper und den in ihm gelagerten Honsteinen (Abb. 3). Diese sind leistenförmige Schleifkörper, die in drehender und hin- und hergehender Bewegung bei 0,25 bis 2,5 bar die Oberfläche feinstschleifen.

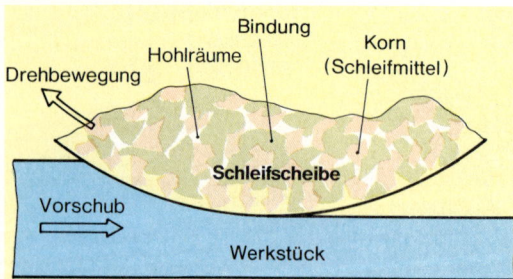

Abb. 2: Aufbau der Schleifscheibe

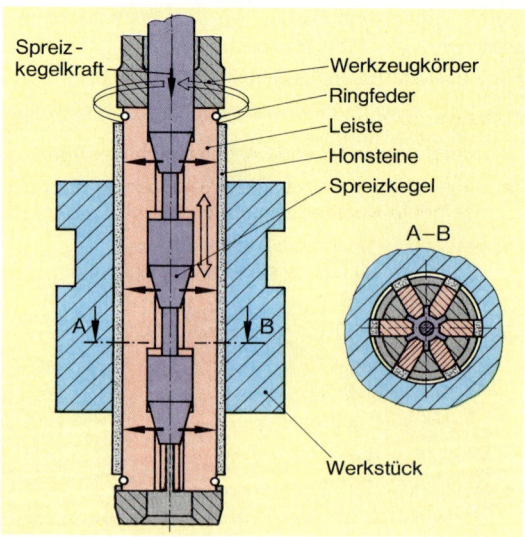

Abb. 3: Honwerkzeug

Läppen

> Läppen ist ein Fertigungsverfahren zur **Feinst-bearbeitung von Werkstückoberflächen.**

Ungebundene Schleifmittel werden in einer Flüssig-keit zwischen Werkstück und Läppwerkzeug ge-bracht (Abb. 4). Das Läppwerkzeug wird unter Druck gegen das Werkstück geführt. Durch die sich ständig ändernde Bewegungsrichtung von Werkstück und Werkzeug und die Schneidwirkung der Schleifkörner wird die Werkstückoberfläche bearbeitet (geläppt), z.B. Wälzkörper für Wälzlager.

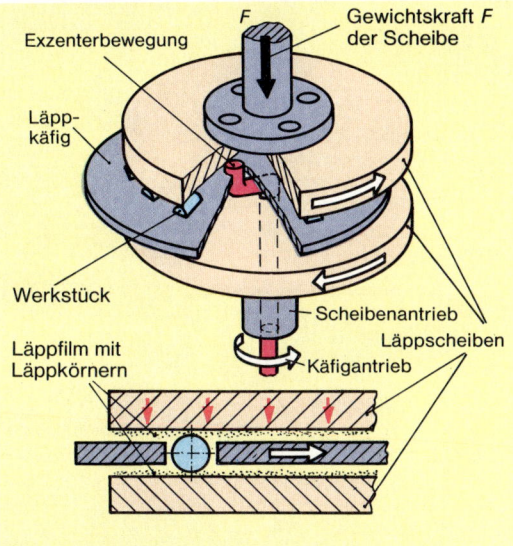

Abb. 4: Läppen

Unfallverhütung

- Immer eng anliegende Arbeitskleidung tragen.
- Lange Haare durch Haarnetz oder andere geeignete Kopfbedeckung schützen.
- Schutzbleche oder -gitter nicht entfernen.
- Nie an sich bewegenden Maschinenteilen oder Werkstücken hantieren.
- Messungen nur an stillstehenden Werkstücken ausführen.
- Späne nicht mit den Händen entfernen; Span-haken oder Besen benutzen.
- Werkstück sorgfältig spannen.
- Elektrische Einrichtungen dürfen nur von qua-lifizierten Facharbeitern gewartet und repariert werden.

5.5 Abtragen

> **Abtragen** ist Fertigen durch Abtrennen von Stoff-teilchen von einem festen Körper auf nicht mechanischem Wege (DIN 8590).

Das Abtragen bezieht sich sowohl auf das Entfernen von Werkstoffschichten als auch auf das Abtrennen von Werkstückteilen. Abtragen wird unterteilt in:

- **Thermisches Abtragen,** z.B. autogenes Brenn-schneiden, Abtragen durch elektrische Funken (Funkenerosion), Abtragen mit dem Lichtbogen.
- **Chemisches Abtragen,** z.B. Ätzabtragen und elek-trochemisches Abtragen.

5.5.1 Autogenes Brennschneiden

Zum Brennschneiden von Eisenwerkstoffen wird ein **Schneidbrenner** (Abb. 5) verwendet. Er erzeugt, ähnlich wie ein Schweißbrenner, mit Hilfe einer Sauerstoff-Azetylen-Vorwärmflamme am zu schnei-denden Werkstoff eine Rotglutzone. Nach Öffnen des Schneidsauerstoffventils trifft der Sauerstoffstrahl auf den vorgewärmten Werkstoff (die Vorwärmzone), und der Eisenwerkstoff verbrennt im reinen Sauer-stoffstrahl. Dieser schleudert gleichzeitig die entste-hende Schlacke aus der Schnittfuge.

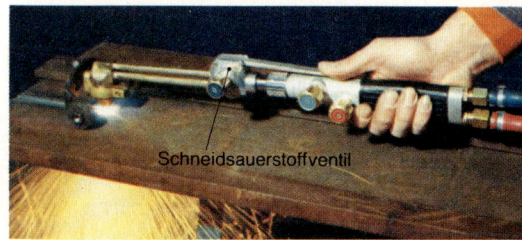

Abb. 5: Schneidbrenner

Aufgaben zu 5.4.10 bis 5.5.1

1. Wodurch unterscheidet sich das Fräsen vom Drehen?
2. Beschreiben Sie die Unterschiede und die Spanbildung für das Gleich- und Gegenlauffräsen.
3. Wodurch unterscheiden sich Stoßen und Hobeln?
4. Warum hat eine Stoß- bzw. Hobelmaschine eine Meißel-klappe?
5. Erläutern Sie den Vorgang des Selbstschärfens einer Schleifscheibe.
6. Für welche Arbeiten wird Schleifen, Honen und Läppen angewendet? Nennen Sie Beispiele.
7. Beschreiben Sie den Aufbau eines Honwerkzeugs.
8. Worin unterscheidet sich das Abtragen vom Spanen?
9. Warum darf nicht an Werkstücken gemessen werden, die sich bewegen?

⑥ | Fügen

Fügen ist das Zusammenbringen oder Verbinden von zwei oder mehreren Werkstücken. Die Werkstücke können geometrisch bestimmte feste Formen haben oder mit Werkstoffen aus formlosen Stoffen zusammengebracht werden (DIN 8593).

Kap. 2 (s. S. 21) zeigt die Hauptgruppen der Fügeverfahren.
Nach den Bewegungsmöglichkeiten der Verbindungen werden unterschieden:
● **feste Verbindung** (z. B. genietete Bremsbeläge),
● **bewegliche Verbindung** (z. B. Gelenke, Scharniere).

Nach der Lösbarkeit der Verbindungen werden unterschieden:
● **lösbare Verbindung** (z. B. Schraubenverbindung),
● **unlösbare Verbindung** (z. B. Nietverbindung).

Eine Verbindung gilt dann als **unlösbar,** wenn sie nur durch Zerstören des Verbindungselementes gelöst werden kann.

Nach dem Wirkprinzip, wie der Zusammenhalt erzeugt wird, werden unterschieden (Tab. 1, Abb. 2):

Tab. 1: Wirkprinzip und Fügeverfahren

Wirkprinzip (Verbindungsart)	Fügeverfahren
Kraftschlüssige Verbindung Es wirken Reibungskräfte zwischen den zu verbindenden Werkstücken.	Verschrauben Warmnieten Verkeilen, Pressen, Schrumpfen
Formschlüssige Verbindung Die Verbindung erfolgt durch das Ineinandergreifen geometrisch bestimmter Formen der Werkstücke.	Kaltnieten Verstiften Paßfedern Bördeln, Falzen
Stoffschlüssige Verbindung Es wirken Molekularkräfte (Adhäsion, Kohäsion) zwischen den zu verbindenden Werkstücken.	Löten Schweißen Kleben Kitten

6.1 Zusammenlegen

Durch **Zusammenlegen** werden formschlüssige, lösbare Verbindungen hergestellt.

6.1.1 Federverbindungen

Federverbindungen dienen z. B. als Mitnehmerverbindungen zwischen Wellen und Zahnrädern, Riemenscheiben oder Kupplungen.
Als Verbindungselemente werden Paßfedern, Gleitfedern oder Scheibenfedern verwendet (Abb. 1).
Die Drehkraftübertragung zwischen Welle und Nabe erfolgt nur über die Seitenflächen der Feder. Da zwischen Nutgrund und Feder stets ein Spiel vorhanden ist, werden die zu verbindenden Werkstücke nicht gegeneinander verspannt. Daher haben Federverbindungen eine gute Rundlaufgenauigkeit.
Müssen Werkstücke gegeneinander verschiebbar sein, werden Gleitfedern verwendet. Scheibenfedern werden in Kegelverbindungen eingebaut. Die Scheibenfeder kann sich in der Wellennut bewegen und sich so der Nutrichtung in der Nabe anpassen.

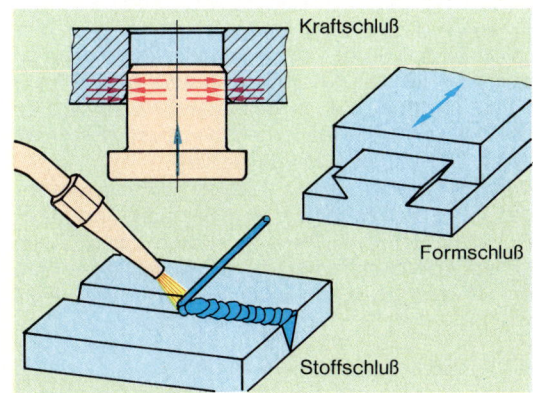
Abb. 2: Wirkprinzipien

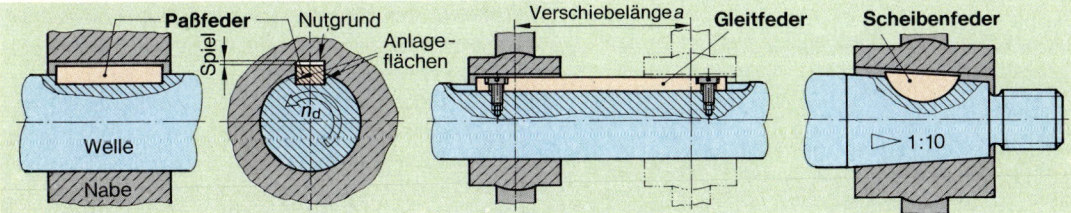
Abb. 1: Federarten

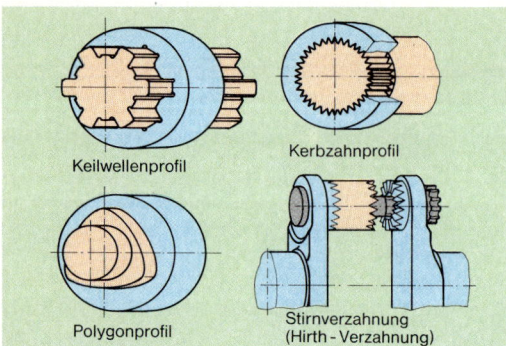

Keilwellenprofil

Kerbzahnprofil

Polygonprofil

Stirnverzahnung
(Hirth - Verzahnung)

Abb. 1: Profilformen

6.1.2 Profilwellen

Durch **Einführen** von Profilwellen in Naben mit glei-chem Gegenprofil werden feste oder längsbewegli-che Mitnehmerverbindungen hergestellt. Die Abb. 1 zeigt gebräuchliche Profilformen.

Die Drehkraft wird gleichmäßig auf den gesamten Umfang verteilt. Daher können große Drehmomente auch in wechselnden Richtungen übertragen wer-den. **Keilwellenprofile** werden hauptsächlich für längsbewegliche Verbindungen (z.B. Gelenkwellen-schiebestücke, Getriebewellen) eingesetzt. **Kerbver-zahnungen** eignen sich gut für feste Verbindungen (z. B. Drehstäbe, Antriebswellen). **Polygonprofile** (polygon, gr.: Vieleck) sind kostengünstig in der Herstellung und unempfindlich gegen **Kerbwirkung.** Kerben entstehen durch mechanische Bearbeitung der Werkstücke (z.B. an Bohrungen, Nuten, Absät-zen, Einstichen). Sie verringern den Querschnitt und damit die Festigkeit der Werkstücke.

Durch **Stirnverzahnungen** (Hirthverzahnungen) wer-den Werkstücke gefügt, deren Fertigung in einem Stück schwierig ist. Sie ermöglichen zudem eine leichte Austauschbarkeit von Verschleißteilen und die Verwendung von Kugellagern an Kurbelwellen.

6.1.3 Sicherungsscheiben und Sicherungsringe

Sicherungsscheiben und Sicherungsringe sind form-schlüssige Verbindungselemente (Abb.2).

Sie begrenzen Längsbewegungen von Wellen und sichern die Lage von Bauteilen.

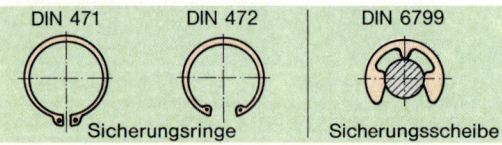

DIN 471   DIN 472   DIN 6799

Sicherungsringe   Sicherungsscheibe

Abb. 2: Sicherungsscheibe und Sicherungsringe

6.2   Schrauben

Durch **Schrauben** werden **lösbare Verbindungen** hergestellt. Die Verbindung erfolgt formschlüssig oder kraft- und formschlüssig.

6.2.1   Grundlagen der Schraubverbindung

Eine Schraubverbindung besteht aus formschlüssig ineinandergreifenden Gewindegängen.

Arten der Schraubverbindungen

Werden die Gewindegänge in eine Bohrung einge-schnitten, entstehen **Innengewinde** (Muttergewinde). Befinden sich die Gewindegänge an der Mantelfläche von Rundteilen, wird dies als **Außengewinde** (Bolzen-gewinde) bezeichnet (Abb.3).

Unmittelbare (direkte) Schraubverbindungen entste-hen, wenn sich die Gewindegänge auf den zu verbindenden Teilen selbst befinden (z.B. Zündker-ze-Zylinderkopf). Bei **mittelbaren (indirekten) Schraubverbindungen** erfolgt die Verbindung durch Schrauben oder durch Schrauben und Muttern (Abb.4).

Abb. 3:
Innen- und
Außengewinde

 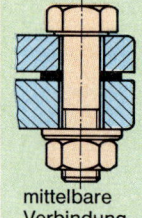

unmittelbare
Verbindung

mittelbare
Verbindung

Abb. 4:
Mittelbare und
unmittelbare
Schraubverbin-
dungen

Gewindesteigung und Schiefe Ebene

Während des Anziehens einer Schraubverbindung wird eine **Arbeit** W_A verrichtet. Sie ergibt sich aus den Größen Anzugs*kraft* F_A und Umfangs*weg* s_U.

Grundgleichung der Arbeit

$$W = F \cdot s$$

W	Arbeit	in Nm
F	Kraft	in N
s	Weg	in m

Durch die Wirkung der Anzugskraft F_A mit dem Hebelarm l wird ein **Drehmoment** M_A erzeugt (Abb. 5).

Grundgleichung des Drehmoments

$$M = F \cdot l$$

M	Drehmoment	in Nm
F	Kraft	in N
l	wirksamer Hebelarm	in m

Durch die Wirkung des Gewindes werden die Anzugskraft F_A und deren Umfangsweg s_U in eine Schraubenkraft F_S und einen Schraubenweg s_S umgewandelt (Abb. 5).

Die Schraubenkraft F_S ist abhängig von

● dem Anzugsdrehmoment M_A,

● der Gewindesteigung P,

● dem Gewindedurchmesser d.

Der Längsweg s_S wird beeinflußt durch

● die Anzahl der Umdrehungen (Drehwinkel) und

● die Gewindesteigung P.

Die **Steigung** P **eines Gewindes** ist gleich dem Weg, den sich die Mutter oder der Bolzen während einer Umdrehung in Längsrichtung bewegt.

Die Wirkung des Gewindes ist mit dem Wirkprinzip an der **Schiefen Ebene** vergleichbar.

Diese ergibt sich, wenn der Verlauf eines Gewindeganges (Schraubenlinie) in der Ebene dargestellt wird (Abb. 6).

Unter Vernachlässigung der Reibung und der Voraussetzung des gleichen Anzugsdrehmomentes M_A (und damit der gleichen Anzugsarbeit W_A) ergeben sich die folgenden Zusammenhänge:

Gewinde-steigung P	Schrauben-kraft F_S	Schrauben-weg s_S
klein	groß	klein
groß	klein	groß

Kraftzerlegung an der Gewindeflanke

An der **Gewindeflanke** kann die Schraubenkraft F_S in zwei Einzelkräfte zerlegt werden (Abb. 7). Die Kraft F_N beeinflußt wesentlich die Reibung zwischen den Gewindeflanken.

$$F_R = F_N \cdot \mu$$

F_R	Reibungskraft in N
F_N	Normalkraft in N
μ	Reibungszahl

In Drehrichtung der Gewindeverbindung wirkt die Kraft F_U. Sie versucht die Gewindegänge gegeneinander zu verdrehen.

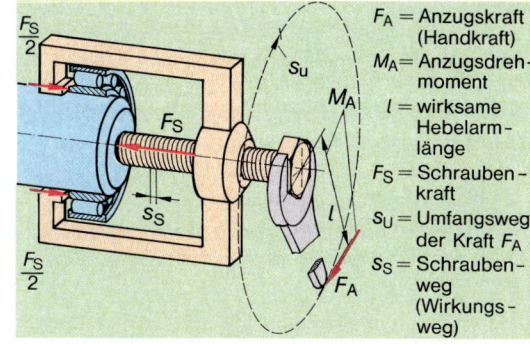

F_A =	Anzugskraft (Handkraft)
M_A =	Anzugsdrehmoment
l =	wirksame Hebelarmlänge
F_S =	Schraubenkraft
s_U =	Umfangsweg der Kraft F_A
s_S =	Schraubenweg (Wirkungsweg)

Abb. 5: Kräfte an der Schraubverbindung

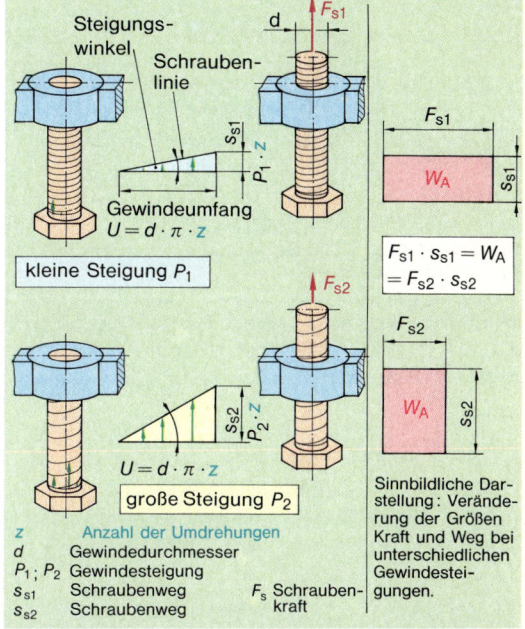

$$U = d \cdot \pi \cdot z$$

$$F_{s1} \cdot s_{s1} = W_A = F_{s2} \cdot s_{s2}$$

Sinnbildliche Darstellung: Veränderung der Größen Kraft und Weg bei unterschiedlichen Gewindesteigungen.

z	Anzahl der Umdrehungen
d	Gewindedurchmesser
P_1; P_2	Gewindesteigung
s_{s1}	Schraubenweg
s_{s2}	Schraubenweg
F_s	Schraubenkraft

Abb. 6: Schraubenkraft in Abhängigkeit von der Gewindesteigung

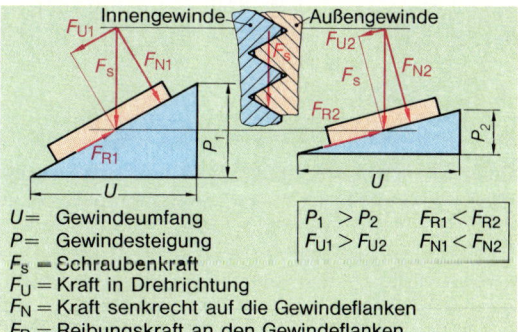

$U =$	Gewindeumfang
$P =$	Gewindesteigung
$F_S =$	Schraubenkraft
$F_U =$	Kraft in Drehrichtung
$F_N =$	Kraft senkrecht auf die Gewindeflanken
$F_R =$	Reibungskraft an den Gewindeflanken

$$P_1 > P_2 \qquad F_{R1} < F_{R2}$$
$$F_{U1} > F_{U2} \qquad F_{N1} < F_{N2}$$

Abb. 7: Kraftzerlegung an der Gewindeflanke

Befestigungsgewinde haben eine große Haftreibung zwischen den Gewindeflanken. Diese verhindert ein selbsttätiges Lösen der Gewindeverbindung. Gewindeverbindungen, deren Bolzen und Mutter sich leicht gegeneinander verdrehen lassen, werden als **Bewegungsgewinde** bezeichnet.

> **Kleine Gewindesteigung** (z.B. Feingewinde) bewirkt **große Haftreibung, große Gewindesteigung** bewirkt **kleine Haftreibung** zwischen den Flanken.

6.2.2 Gewindebezeichnung

Die Kurzbezeichnung für Gewinde enthält Angaben über:

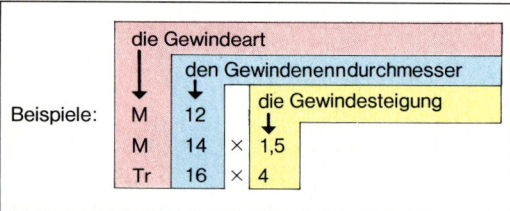

Auf die Angabe der Gewindesteigung wird bei **Regelgewinden** verzichtet. Für diese Gewinde ist in Normblättern zu jedem Gewindenenndurchmesser die Steigung festgelegt.

6.2.3 Gewindearten

Gewinde unterscheiden sich hauptsächlich in

- ihrem Gewindeprofil,
- dem Drehsinn,
- der Gewindesteigung,
- der Gangzahl (Abb. 1).

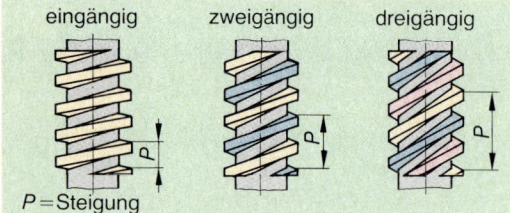

Abb. 1: Eingängiges und mehrgängiges Gewinde

Gewinde werden üblicherweise als **eingängige Rechtsgewinde** hergestellt (Drehrichtung während des Anziehens im Uhrzeigersinn).
Mehrgängige Gewinde ermöglichen eine große Gewindesteigung und werden hauptsächlich als Bewegungsgewinde eingesetzt. Eine Aufstellung unterschiedlicher Gewindearten und deren Verwendung zeigt Tab. 2.

Tab. 2: Gewindearten und Beispiele für ihre Verwendung

Gewindeart Gewindeprofil	Kurz-bezeichnung	Verwendung
Metrisches ISO-Gewinde (Regelgewinde) DIN 13 — 60°	M 10	Verschraubungen
Metrisches Feingewinde DIN 13 — 60°	M 10 × 1	Verschraubungen Justierschrauben
Whitworth-Rohrgewinde DIN 259 — 55°	R $\frac{1}{2}$ Angabe in Inch	dichte Rohrverschraubungen
Trapezgewinde DIN 103 — 30°	Tr 40 × 7	Schraubstock- und Leitspindel Kraftübertragung in zwei Richtungen
Sägengewinde DIN 513 — 3° / 30°	S 40 × 7	Spindelpressen Kraftübertragung in einer Richtung
Rundgewinde DIN 405 — 30°	Rd 30 × $\frac{1}{8}$ (8 Gänge auf 1 Inch)	Kupplungsspindeln (Eisenbahnwaggons)
Elektrogewinde DIN 40400	E 16	Glühlampenfassung Sicherungen

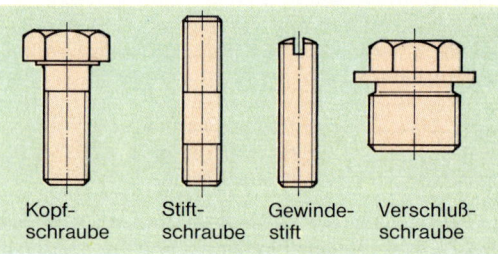

Abb. 2: Grundformen der Schrauben

6.2.4 Schrauben- und Mutternarten

Schrauben lassen sich nach ihrer Grundform unterscheiden (Abb. 2).

Im Kraftfahrzeugbau werden hauptsächlich Kopf-, Stift- und Verschlußschrauben verwendet.

Für die Übertragung großer Drehmomente (vom Werkzeug auf die Schraube) werden Sechskantschrauben (DIN 931, 933) und Zylinderschrauben mit Innensechskant (DIN 912) verwendet. Kopf- und Stiftschrauben können auch als **Paßschrauben** eingesetzt werden (Abb. 3).

Paßschrauben dienen nicht nur als Verbindungselement, sondern fixieren die zu verbindenden Teile in ihrer Lage und übernehmen Scherkräfte.

Zylinderschrauben mit Innensechskant können versenkt eingebaut werden. Sie werden überwiegend dort eingesetzt, wo wenig Platz für Schraubenkopf oder Werkzeug zur Verfügung steht oder die Werkstückoberfläche eben sein soll.

Zylinderschrauben mit Innenvielkant ermöglichen ein häufiges Umsetzen des Anziehwerkzeugs (alle 30°), einen festen Sitz der Schraube auf dem Werkzeug und dadurch leichte Montagearbeiten auch an schwer zugänglichen Stellen. Durch eine geringere Flächenpressung verringert sich der Verschleiß.

Stiftschrauben verbleiben nach dem Lösen der Schraubverbindung mit dem Einschraubende im Werkstück. Dadurch wird das Innengewinde geschützt und die Montage der Bauteile erleichtert.

Die Verbindung dünner Blechteile erfolgt kostengünstig durch **Blechschrauben.** Die Schrauben formen während des Einschraubens in die vorgebohrten Bleche das Muttergewinde, oder es werden vorgestanzte Bleche als Muttergewinde verwendet (Abb. 4).

Bauteile, an denen wechselnde dynamische Beanspruchungen auftreten (Pleuellager, Zylinderkopf), werden durch **Dehnschrauben** verbunden. Ihr Schaft ist auf 0,8 bis 0,9 × Gewindekerndurchmesser verringert, hat eine glatte Oberfläche und der Übergang zum Gewinde ist gerundet. Durch diese Maßnahme wird die Kerbwirkung des Gewindes, und damit die Bruchgefahr, erheblich gemindert. Dehnschrauben müssen mit dem vorgeschriebenen Drehmoment angezogen werden. Das Anzugsmoment ist so bemessen, daß die Schraube in den Bereich der elastischen Verformung gebracht wird (elastische Dehnung). Bedingt durch die Vorspannung und die geringe Kerbwirkung können diese Schrauben hohen dynamischen Belastungen standhalten, sind unempfindlich gegen Wärmedehnung und benötigen keine Schraubensicherungen (Abb. 5).

Im Kraftfahrzeugbau werden hauptsächlich die in Abb. 6 dargestellten Mutternarten verwendet.

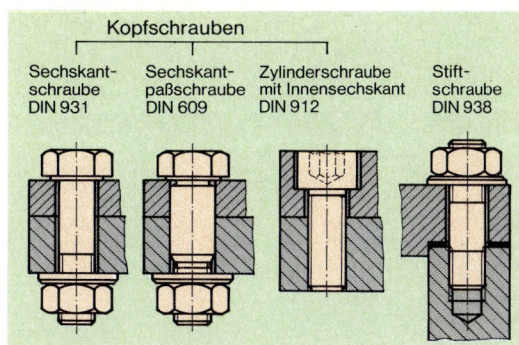

Abb. 3: Kopf- und Stiftschrauben

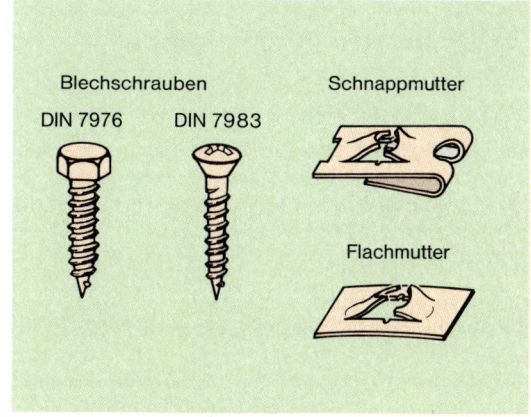

Abb. 4: Blechschrauben und Muttern

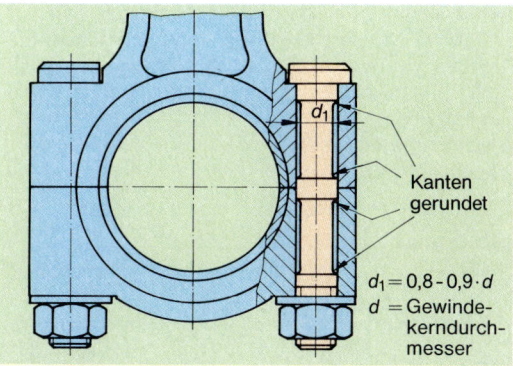

$d_1 = 0,8 - 0,9 \cdot d$
$d =$ Gewindekerndurchmesser

Abb. 5: Dehnschrauben

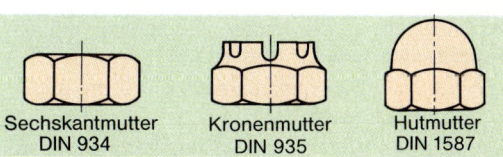

Abb. 6: Mutternarten

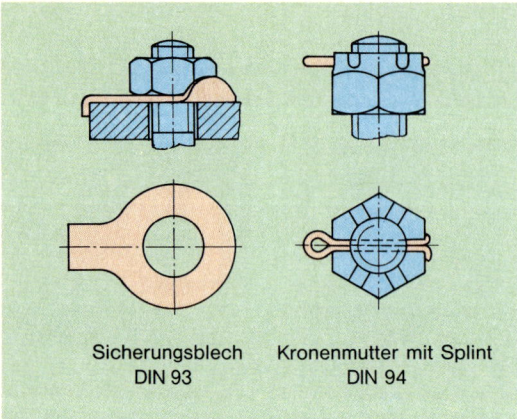

Abb. 1: Formschlüssige Schraubensicherungen

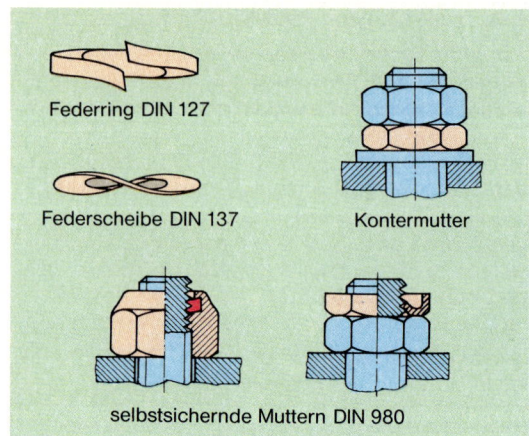

Abb. 2: Kraftschlüssige Schraubensicherungen

6.2.5 Schrauben- und Mutternwerkstoffe

Als Werkstoffe für Schrauben und Muttern werden unlegierte sowie legierte Stähle verwendet.
Die Güte von Schrauben und Muttern wird nach DIN ISO 4759 und DIN 267 bestimmt durch:

- die Ausführung und
- die Festigkeitsklasse des Verbindungselementes.

Die **Ausführung** (Produktklasse) gibt die Toleranzen für die Winkligkeit und Maßgenauigkeit sowie die Qualität der Oberflächen an. Sie wird in die drei Produktklassen A (bisher m für mittel), B (bisher mg für mittelgrob) und C (bisher g für grob) unterteilt.
Die **Festigkeitsklasse** besteht aus zwei Zahlen und muß zusammen mit einem Herstellerzeichen auf Schrauben ab 5 mm Gewindenenndurchmesser angegeben werden. In der Zahlenkombination sind, durch Multiplikatoren verschlüsselt, folgende Angaben enthalten:

- Nennzugfestigkeit R_m,
- Nennstreckgrenze R_{el},
- Streckgrenzenverhältnis $\dfrac{R_{el}}{R_m}$.

Beispiel:

$6 \cdot 8 \cdot 10 = 480\ \dfrac{N}{mm^2} =$ Nennstreckgrenze R_{el}

Festigkeitsklasse: 6.8 $\dfrac{8}{10} = 0{,}8 =$ Streckgrenzenverhältnis $\dfrac{R_{el}}{R_m}$

Festigkeits-|kennzahl

$\bigcirc =$ Multiplikatoren $6 \cdot 100 = 600\ \dfrac{N}{mm^2} =$ Nennzugfestigkeit R_m

Die Bezeichnung der Muttern erfolgt nur mit der **Festigkeitskennzahl** für Muttern mit

- einem Gewindenenndurchmesser > 5 mm und
- einer Festigkeitskennzahl > 8.

Schraube und Mutter einer Schraubverbindung sollen immer die gleiche Festigkeitskennzahl haben.

6.2.6 Schraubensicherungen

Schraubensicherungen haben die Aufgabe, das **selbsttätige Lösen** von Schraubverbindungen zu verhindern. Nach dem Wirkprinzip werden unterschieden:

- formschlüssige Schraubensicherungen (Abb. 1),
- kraftschlüssige Schraubensicherungen (Abb. 2) und
- stoffschlüssige Schraubensicherungen (Kleben).

Aufgaben zu 6.1 bis 6.2

1. Nennen Sie zwei Gewindearten nach ihrem Verwendungszweck.
2. Beschreiben Sie den Unterschied zwischen den Gewindearten und geben Sie Anwendungsbeispiele an.
3. Worin unterscheidet sich eine lösbare von einer unlösbaren Verbindung?
4. Nennen Sie drei unterschiedliche Profilwellen.
5. Beschreiben Sie den Unterschied zwischen einer mittelbaren und einer unmittelbaren Schraubverbindung und geben Sie Anwendungsbeispiele an.
6. Ermitteln Sie zeichnerisch die Kraft an einer Gewindeflanke. Die Schraubenkraft beträgt 600 N und der Steigungswinkel 15°. Berechnen Sie die Reibungskraft F_R ($\mu = 0{,}1$).
7. Skizzieren Sie drei unterschiedliche Gewindeprofile.
8. Woran sind Dehnschrauben äußerlich erkennbar?
9. Welche drei Angaben enthält die Gewindekurzbezeichnung?
10. Auf Schraubenköpfen befinden sich häufig zwei Zahlen. Geben Sie an, welche Angaben daraus ermittelt werden können.
11. Eine Schraube hat eine Nennstreckgrenze von $640\ \dfrac{N}{mm^2}$ und ein Streckgrenzenverhältnis von 0,8. Berechnen Sie die Festigkeitsklasse der Schraube.

6.3 An- und Einpressen

Durch **An- und Einpressen** werden lösbare, kraftschlüssige Verbindungen hergestellt.

6.3.1 Stiftverbindungen

Stiftverbindungen werden durch Verwendung von Zylinder-, Kegel-, Spann- oder Kerbstiften (Abb. 3) hergestellt und dienen:

- als Mitnehmerverbindung zwischen Welle und Nabe,
- als Überlastungsschutz und
- zur Sicherung der Lage verschraubter Teile.

Alle Stifte werden mit Übermaß in die Bohrungen eingepreßt. Die erforderliche Bohrungsqualität richtet sich nach der Stiftart (Abb. 3).

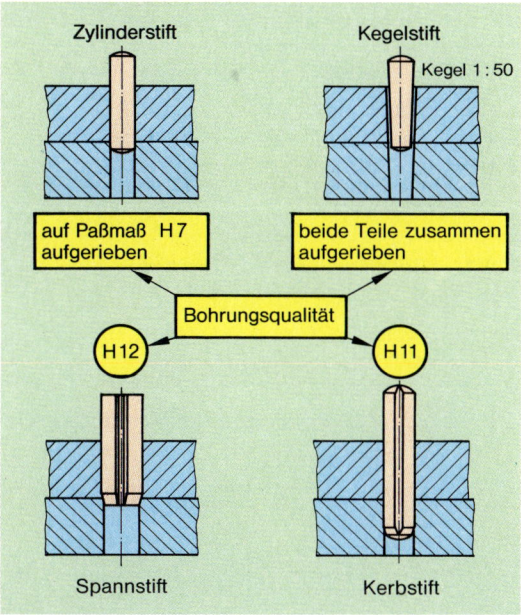

Abb. 3: Stiftarten

6.3.2 Keilverbindungen

Keile (DIN 6886) mit einer Neigung von 1:100 werden zwischen Welle und Nabe eingepreßt (Abb. 4a). Aufgrund der Keilwirkung werden die dem Keil gegenüberliegenden Flächen angepreßt (kraftschlüssige Verbindung). Zusätzliche Sicherungen gegen axiales Verschieben sind nicht erforderlich.

Aufgrund der Keilwirkung werden die Werkstücke aus ihrer Mittelpunktslage gedrückt. Durch Drehbewegung entsteht eine Unwucht. Keilverbindungen sind daher nicht für hohe Drehzahlen geeignet.

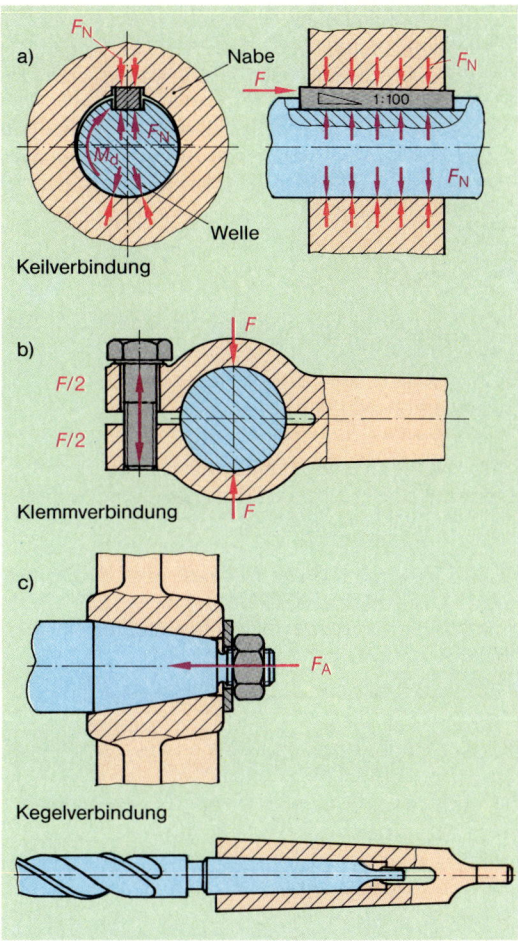

Abb. 4: Verbindungen durch Anpressen

6.3.3 Kegelverbindungen

Kegelverbindungen ermöglichen einen genau zentrischen Sitz zwischen den zu fügenden Werkstücken. Sie lassen sich mit Spezialwerkzeugen (Abzieher) leicht lösen. Der feste Sitz der Verbindung wird beeinflußt durch:

- die Neigung,
- die Größe,
- die Oberflächenbeschaffenheit der Kegelflächen
- sowie durch die wirksame Axialkraft F_A (Abb. 4c).

Diese Kraft wird an Gelenkverbindungen und an Wellenenden meist durch Gewinde erzeugt, an Werkzeugen durch die Vorschubkraft.

Kegelverbindungen dienen als Mitnehmerverbindungen für Kugelgelenke (z. B. Spurstange), Wellenenden (z. B. Steuerräder) oder zum Spannen von Werkzeugen (z. B. Bohrerhülsen).

6.3.4 Klemmverbindungen

Klemmverbindungen eignen sich zum Verbinden von Naben oder Hebeln auf glatten Wellen (Abb. 4 b, S. 59). Die Klemmwirkung wird meist durch eine Schraubverbindung erzeugt. Diese Verbindungen sind kostengünstig herzustellen. Aufgrund der ungleichen Massenverteilung sind sie nicht für höhere Drehzahlen geeignet.

6.3.5 Preßverbindungen

Preßverbindungen entstehen, wenn zwischen den Fügeteilen ein Übermaß vorhanden ist. Es werden unterschieden (Abb. 1):

- Längspreßverbindungen und
- Querpreßverbindungen.

Werden die Bauteile in kaltem Zustand durch eine in Längsrichtung wirkende Kraft ineinandergepreßt, wird dies als **Längspreßverbindung** bezeichnet.

Durch **Aufschrumpfen** eines erwärmten Bauteils (z. B. Zahnkranz auf Schwungrad) oder durch **Ausdehnen** eines unterkühlten Werkstücks (z. B. Ventilsitzring im Zylinderkopf) entstehen **Querpreßverbindungen.**

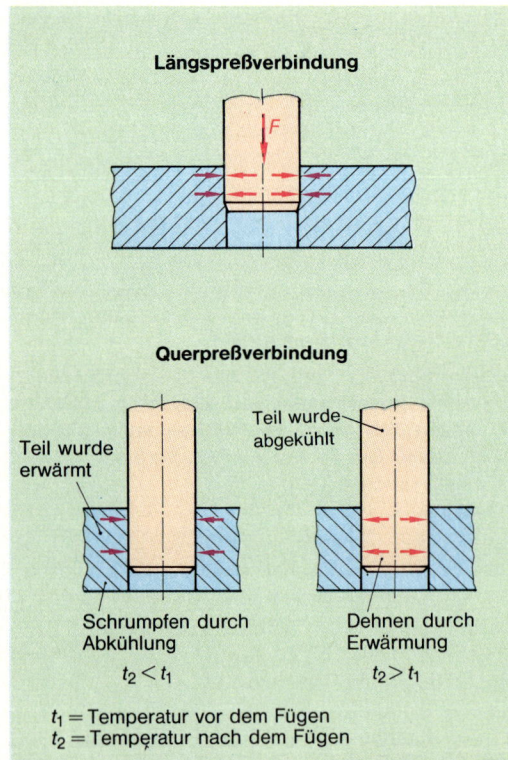

Längspreßverbindung

Querpreßverbindung

Teil wurde erwärmt

Teil wurde abgekühlt

Schrumpfen durch Abkühlung
$t_2 < t_1$

Dehnen durch Erwärmung
$t_2 > t_1$

t_1 = Temperatur vor dem Fügen
t_2 = Temperatur nach dem Fügen

Abb. 1: Preßverbindungen

6.4 Nieten

> Durch das **Nieten** werden **unlösbare** Verbindungen hergestellt. Die Verbindung erfolgt durch **Umformung** des Verbindungselementes (Niet).

Kaltnietverbindungen sind formschlüssige Verbindungen. Werden die Niete unter dem Einfluß von Wärme verformt (Warmnieten), entstehen während des Abkühlens und Schrumpfens Zugspannungen im Niet. Dadurch werden die Bleche aneinandergepreßt, die Verbindung erfolgt dann kraft- und formschlüssig. Es lassen sich feste Verbindungen (Stahlhochbau, Kranbau) sowie feste und dichte Verbindungen (Behälterbau) herstellen.

Vorteile der Nietverbindung:

- kein Verzug der Fügeteile,
- keine Gefügeveränderungen,
- Verbindung unterschiedlicher Werkstoffe möglich,
- Lösen der Verbindung durch Abscheren oder Ausbohren des Nietkopfes möglich.

Nachteile der Nietverbindung:

- für große Nietdurchmesser ungeeignet,
- Schwächung der Fügeteile durch Bohrlöcher,
- nur überlappte Verbindungen möglich.

6.4.1 Nietarten und Nietformen

Niete unterscheiden sich durch:

- die Kopfform,
- die Schaftform (Vollniet, Rohrniet),
- den Nietwerkstoff.

Die Abb. 2 zeigt einige Nietarten und Anwendungsbereiche.

Nietform		Anwendungsbereich
Halbrundniet DIN 660		Stahlbau, Behälterbau, Kesselbau, Leichtmetallbau, Blechschlosserei
Senkniet DIN 661		w. o. jedoch mit glatter Oberfläche
Linsenniet DIN 662		Beschläge, Feinbleche, Pappen, Leder
Riemenniet DIN 675		Leder, Gurte, Riemen
Rohrniet DIN 7340		Brems- und Kupplungsbeläge

Abb. 2: Nietarten und Anwendungsbereiche

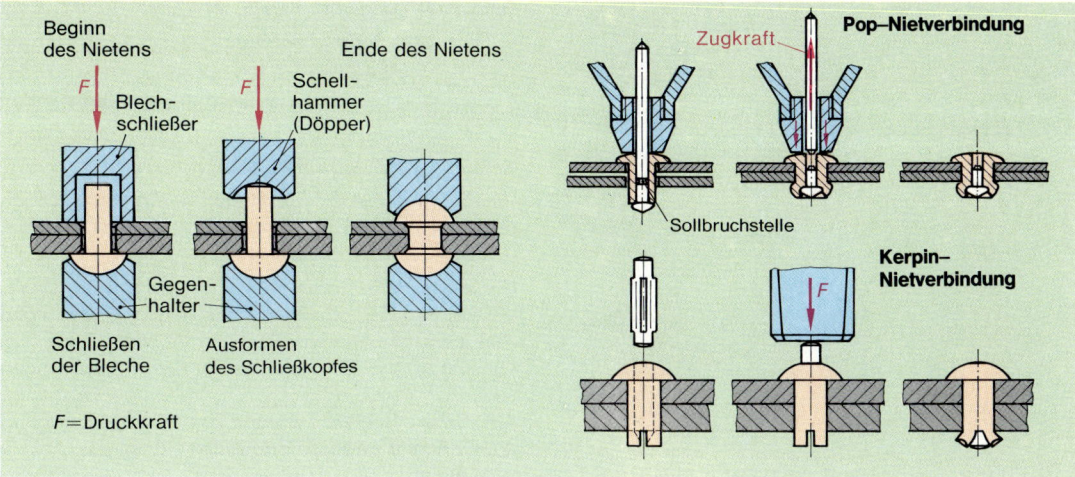

Abb. 3: Nietvorgang, Nietwerkzeuge, Blindnietverbindung

6.4.2　Nietvorgang

Die Wahl des Nietwerkstoffs richtet sich nach dem Werkstoff der zu verbindenden Bauteile. Zur Vermeidung **elektrochemischer Korrosion** (s. Kap. Karosserie) sollen nur gleiche Metalle miteinander verbunden werden.

Eine fachgerechte Nietung erfordert die folgenden Arbeitsgänge:

- Säubern der Bleche, Bohren und Entgraten der Nietlöcher,
- Einsetzen des Niets, Anpressen der Bleche und
- Umformen des Niets durch Stauchen des Nietschafts und Ausformen des Schließkopfes (Abb. 3).

Ist die Nietstelle nur von einer Seite zugänglich, werden **Blindniete** verwendet. Die Abb. 3 zeigt die gebräuchlichsten Blindniete und den Nietvorgang.

Aufgaben zu 6.3 bis 6.4

1. Nennen Sie unterschiedliche Stiftverbindungsarten.
2. Warum sind Keilverbindungen nicht für Bauteile geeignet, die eine hohe Drehzahl haben?
3. Von welchen Größen ist der Sitz einer Kegelverbindung abhängig?
4. Nennen Sie Ursachen und Folgen der Keilwirkung.
5. Welche Nietart erzeugt eine kraft- und formschlüssige Verbindung? Begründen Sie Ihre Angabe.
6. Warum sollen nur gleiche Werkstoffe durch Nieten miteinander verbunden werden?
7. Beschreiben Sie das Herstellen einer Pop-Nietverbindung (Blindnietverbindung).
8. Nennen Sie Anwendungsbeispiele für das Blindnietverfahren.

6.5　Schweißen

Durch **Schweißen** werden **unlösbare, stoffschlüssige** Verbindungen hergestellt. Das Fügen der Werkstücke erfolgt in der Schweißzone unter dem Einfluß von Wärme mit oder ohne

- Zusatzwerkstoff,
- Krafteinwirkung (Schmelzschweißen, Preßschweißen),
- Schweißhilfswerkstoff (Gase, Pulver, Pasten).

6.5.1　Schweißverfahren

Nach der Einsatzhäufigkeit geordnet, werden im Kraftfahrzeugbau die folgenden Metallschweißverfahren angewendet:

- Widerstands-Preßschweißen,
- Lichtbogen-Schutzgasschweißen,
- Autogen-Gasschmelzschweißen,
- Lichtbogen-Handschweißverfahren mit ummantelter Elektrode.

Widerstands-Preßschweißen

Dieses Schweißverfahren ist einfach, schnell und kostengünstig. Für die Dünnblechschweißung werden hauptsächlich **Preß- und Buckelschweißverfahren** angewendet (Abb. 1, S. 62).

Werden statt der stiftförmigen Elektroden Rollen verwendet, entstehen dichte Schweißnähte.

Die Bleche werden unter Krafteinwirkung durch die Elektroden zusammengedrückt. Fließt ein Strom zwischen den Elektroden, erwärmt sich der Werkstoff im Bereich der Elektroden fast bis zum Schmelzpunkt.

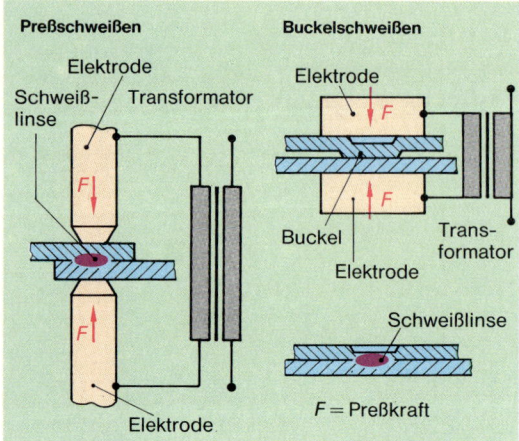

Abb. 1: Preßschweiß- und Buckelschweißverfahren

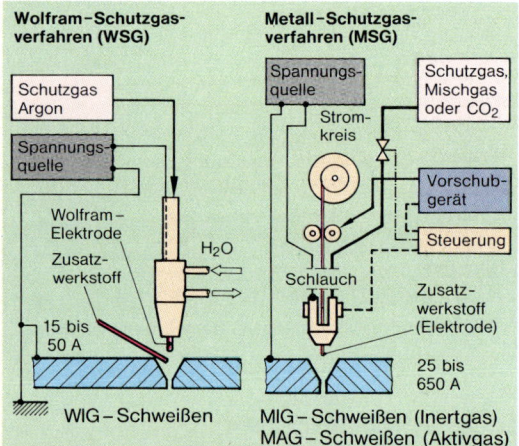

Abb. 2: Schutzgas-Schweißverfahren

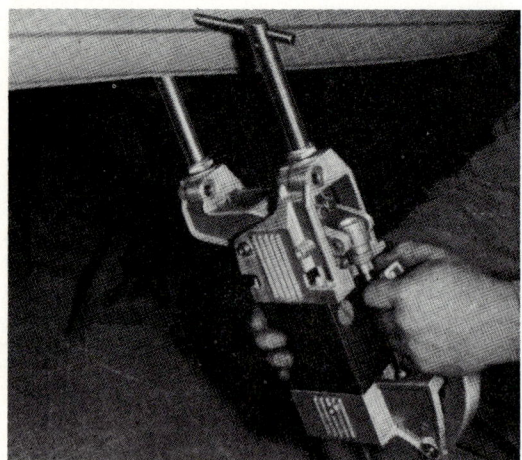

Abb. 3: Tragbare Punktschweißzange

Die Erwärmung wird beeinflußt durch:

- Den Übergangswiderstand zwischen Elektrode und Werkstückoberfläche,
- den elektrischen Widerstand in den Fügeteilen,
- die Stromstärke und
- die Dauer des Stromflusses.

Der Anpreßdruck der Elektroden bewirkt eine Verbindung der Fügeteile im teigigen Zustand und die Bildung einer **Schweißlinse.**

Diese Schweißart bewirkt keinen Verzug der Werkstücke, die Fügeteile müssen jedoch eine hohe Paßgenauigkeit haben. Die Oberflächen müssen frei von chemischen und metallischen Verunreinigungen sein.

Als Schweißgeräte werden im Kraftfahrzeugbau überwiegend tragbare **Punktschweißzangen** (Abb. 3) verwendet.

Lichtbogen-Schutzgasschweißen

Die für das Aufschmelzen der Werkstoffe erforderliche Wärme wird durch einen elektrischen **Lichtbogen** erzeugt.

> Brennt der Lichtbogen zwischen der Werkstück-oberfläche und einer abschmelzenden Elektrode, die gleichzeitig **Zusatzwerkstoff** ist, wird dies als **Metallschutzgasschweißen (MSG)** bezeichnet.
> Brennt der Lichtbogen zwischen der Werkstück-oberfläche und einer nichtabschmelzenden **Wolf-ramelektrode,** wird dies als **Wolframschutzgas-schweißen (WSG)** bezeichnet (Abb. 2).

Schutzgase schirmen das Schmelzbad gegen schädliche Einflüsse aus der Umgebungsluft (z.B. Sauerstoff, Stickstoff) ab.

Als Schutzgase werden **inerte** oder **aktive** Gase verwendet. Inerte Gase (Edelgase, z.B. Helium, Neon, Argon) gehen während des Schmelzvorgangs keine chemische Reaktion ein. Die preiswerteren aktiven Gase (z.B. Kohlendioxid, Mischgase) nehmen durch chemische Reaktion am Schweißvorgang teil. Sie beeinflussen die Lichtbogenform, die Lichtbogenlänge sowie Form und Tiefe des Einbrands. Die Wahl geeigneter Schutzgase wird wesentlich von den zu schweißenden Werkstoffen bestimmt. In Abhängigkeit vom verwendeten Schutzgas werden zwei Metall-Schutzgasschweißverfahren unterschieden:

- **MIG-Verfahren** (Metallinertgas-Schweißverfahren), für Aluminium, Magnesium und hochlegierte Stähle.
- **MAG-Verfahren** (Metallaktivgas-Schweißverfahren), für alle Stahlarten, insbesondere für Dünnbleche.

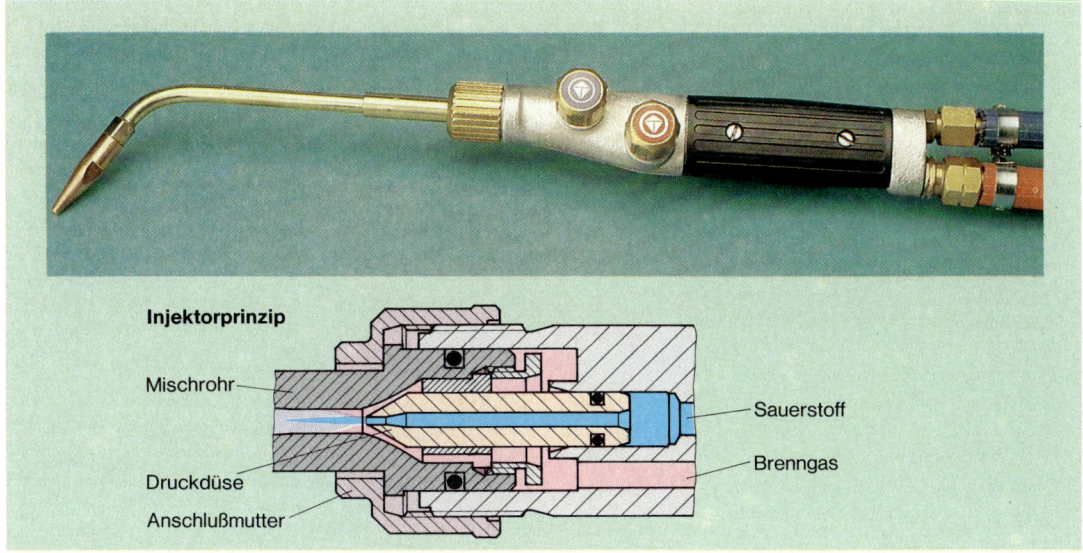

Abb. 4: Saugbrenner (Schweißbrenner)

Das **WIG-Verfahren** ist ein Wolfram-Inertgas-Schweißverfahren mit nicht abschmelzender Elektrode. Es wird hauptsächlich für hochlegierte Stähle, Aluminiumlegierungen und Titanwerkstoffe eingesetzt.
Die Schutzgasschweißungen werden hauptsächlich mit Gleichstrom durchgeführt. Die Elektrode liegt am **wärmeren Pluspol.** Wechselstrom wird nur zum Schweißen von Werkstoffen mit hochfesten Oxidschichten in Verbindung mit dem WIG-Verfahren eingesetzt. Die ständig wechselnde Stromrichtung zerstört die sich bildenden Oxidschichten.

Autogen-Gasschmelzschweißen

Die für das Aufschmelzen der Werkstoffe erforderliche Wärme wird durch eine **Gasflamme** erzeugt. Je nach Nahtart wird dieses Schweißverfahren mit oder ohne Zusatzwerkstoff durchgeführt. Die Flamme entsteht durch Mischen und Zünden eines Sauerstoff-Brenngas-Gemisches in einem **Brenner.**
Als Brenngas wird meist Acetylen (C_2H_2) verwendet. Die Mischung des Brenngases mit dem Sauerstoff erfolgt vorwiegend in **Saugbrennern (Injektorbrenner,** Abb. 4).
Sauerstoff strömt mit Überdruck von etwa 2,5 bar und hoher Geschwindigkeit durch die Druckdüse im Brenner. Durch die hohe Strömungsgeschwindigkeit entsteht in der Brenngasleitung ein Unterdruck (Saugwirkung, Injektorwirkung).
Das mit einem Überdruck von 0,3 bis 0,5 bar herangeführte Brenngas wird angesaugt und verbindet sich im Mischrohr mit dem Sauerstoff. Ventile regeln die

Menge der durchströmenden Gase. Sie sind so einzustellen, daß Brenngas und Sauerstoff im Verhältnis 1:1 gemischt werden. Es stellt sich dann eine **neutrale Flamme** an der Brennerspitze ein.

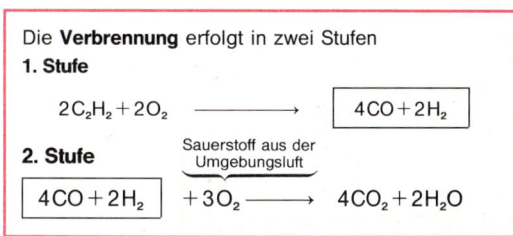

Die **Verbrennung** erfolgt in zwei Stufen
1. Stufe

$$2C_2H_2 + 2O_2 \longrightarrow \boxed{4CO + 2H_2}$$

2. Stufe
Sauerstoff aus der Umgebungsluft

$$\boxed{4CO + 2H_2} + 3O_2 \longrightarrow 4CO_2 + 2H_2O$$

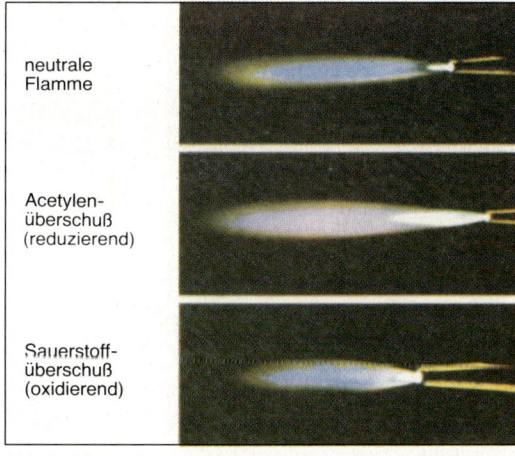

neutrale Flamme

Acetylen-überschuß (reduzierend)

Sauerstoff-überschuß (oxidierend)

Abb. 5: Neutrale, reduzierende und oxidierende Flamme

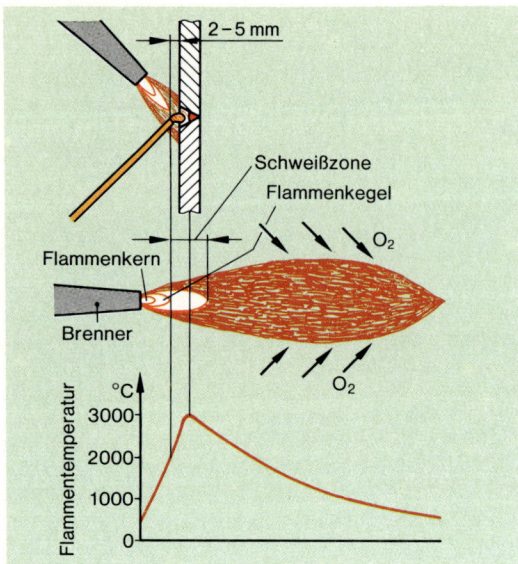

Abb. 1: Flammentemperaturen

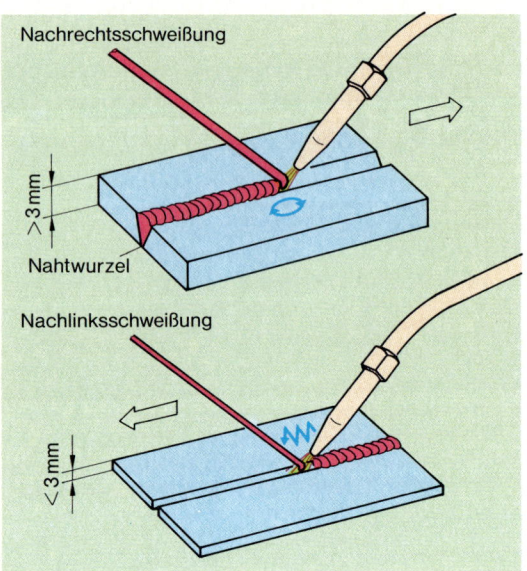

Abb. 2: Schweißrichtungen

Der für die Verbrennung in der 2. Stufe erforderliche Sauerstoff wird der Luft entzogen, die das Schmelzbad umgibt. Dadurch entsteht in diesem Bereich eine sauerstoffarme Zone. Durch diese **reduzierende Wirkung** der Schweißflamme wird das Schweißbad vor Oxidation geschützt.

Sauerstoffüberschuß in der Flamme fördert die Oxidbildung in der Naht, **Acetylenüberschuß** führt zur Aufkohlung. Typische Flammenbilder zeigt Abb. 5, S. 63.

In der Schweißflamme herrschen unterschiedliche Temperaturen (Abb. 1). Der Brenner muß daher stets so gehalten werden, daß die höchste **Flammentemperatur** im Bereich des Schmelzbades liegt.

Nach der Führung des Brenners und des Zusatzwerkstoffs, in bezug zur Schweißnaht, werden unterschieden (Abb. 2):

- **Nachrechtsschweißung:** Der Zusatzwerkstoff folgt dem Brenner. Die Flamme zeigt auf das Schmelzbad und erreicht auch die Nahtwurzel. Geeignet für Blechdicken >3 mm.

- **Nachlinksschweißung:** Der Brenner folgt dem Zusatzwerkstoff. Die Schweißnaht wird gut vorgewärmt. Der Zusatzwerkstoff schützt die Nahtwurzel. Geeignet für Blechdicken <3 mm.

Brenngase und Sauerstoff werden üblicherweise unter Druck in Vorratsbehältern (Gasflaschen) gelagert und über Schlauchleitungen entnommen. Während Sauerstoff gefahrlos mit einem Druck von 200 bar in Stahlflaschen gelagert werden kann, zerfällt das Acetylengas explosionsartig bei einem Druck von etwa 2 bar.

In **Aceton** gelöst, kann Acetylengas unter einem Druck von 15 bar in Gasflaschen gelagert werden. Zur Aufnahme des Acetons sind die Flaschen mit einer porösen Masse gefüllt. In den Porenräumen befindet sich das in Aceton gelöste Acetylengas. In 1 l Aceton können 25 l Acetylengas bei 1 bar gelöst werden.

Um Verwechslungen zu vermeiden, haben Schläuche und Flaschen, je nach Gasart, unterschiedliche Kennfarben und verschiedenartige Anschlüsse (Tab. 3).

Tab. 3: Kennfarben und Schlauchanschlüsse

Gasart	Flasche		Schlauch	
	Farbe	**Anschluß**	**Farbe**	**Anschluß**
Sauer-stoff	blau	R ¾ rechts	blau	A6 × R ¼ rechts
Acetylen	gelb	Bügel-verschluß	rot	A9 × R ³/₈ links
Propan/Butan	rot	W 21.8 × ¹/₁₄ links	orange	A9 × R ³/₈ links
CO_2	grau	1 links	schwarz	A6 × R ¼ rechts

Druckminderer (Abb. 3) werden am Flaschenventil befestigt und haben die Aufgabe, den in der Flasche herrschenden **Vorratsdruck** auf den erforderlichen **Arbeitsdruck** zu mindern (z. B. bei Sauerstoff von 150 bar auf etwa 2,5 bar).

Aus Sicherheitsgründen muß nach jedem Druckminderer eine **Sicherheitsvorlage** angebracht werden, welche ein Zurückströmen der Gase verhindert.

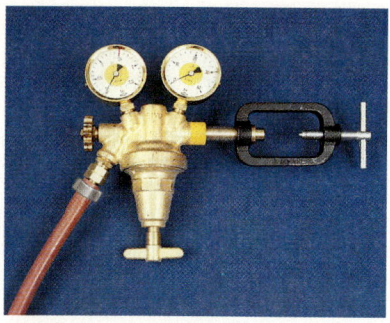

Abb. 3: Druckminderer

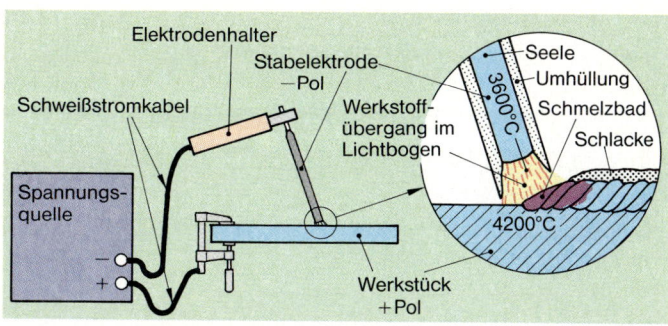

Abb. 4: Lichtbogen-Handschweißverfahren

Lichtbogen-Handschweißverfahren

Das Lichtbogen-Handschweißverfahren mit **ummantelter Elektrode** ist ein **Schutzgas-Schweißverfahren.** Die als Zusatzwerkstoff abschmelzende Elektrode wird von einem Mantel aus mineralischen und organischen Stoffen umschlossen. Diese Stoffe verdampfen während des Abschmelzens der Elektrode und haben die Aufgabe:

- das Schmelzbad (Gasglocke) zu schützen,
- den Lichtbogen zu stabilisieren,
- erwünschte Zusatzstoffe in das Schmelzbad einzubringen und
- die Schweißnaht durch Schlacke abzudecken, um eine zu schnelle Abkühlung zu verhindern.

Der Lichtbogen brennt nach kurzzeitigem Aufsetzen der Elektrode auf das Werkstück (Kurzschluß) mit starker Erwärmung an den Berührungspunkten und sofortigem Abheben der Elektrode. Der Luftspalt zwischen Elektrode und dem Werkstück soll etwa so groß wie der Elektrodendurchmesser sein (Abb. 4). Lichtbogenschweißungen mit ummantelten Elektroden werden überwiegend mit Gleichstrom durchgeführt. Nur für das Schweißen von Aluminium oder Werkstoffen mit widerstandsfähigen Oxidschichten wird Wechselstrom verwendet.

Schweißstromquellen sind der **Gleichstromgenerator (Umformer)** oder **Transformator.**

Die erforderliche Stromstärke richtet sich nach dem Elektrodendrahtdurchmesser und der gewünschten Einbrandtiefe. Als Faustformel gilt:

$d \leq 2,5\,mm \rightarrow I \approx d \cdot 30\,A$
$d \geq 3,0\,mm \rightarrow I \approx d \cdot 40$ bis $50\,A$
d = Elektrodendrahtdurchmesser (Seele)
I = Schweißstromstärke

Durch die Wirkung magnetischer Kraftfelder kann es während des Schweißvorgangs zur **Ablenkung des Lichtbogens kommen (Blaswirkung).** Die Abb. 5 zeigt Ursachen und entsprechende Gegenmaßnahmen.

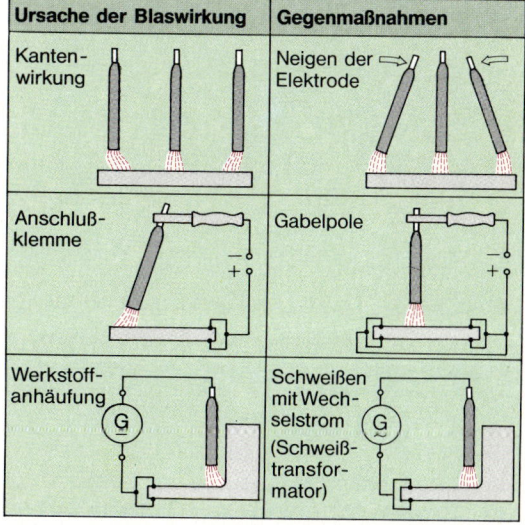

Abb. 5: Ursachen der Blaswirkung, Gegenmaßnahmen

6.5.2 Schweißnahtformen

Die Nahtform einer Schweißverbindung wird beeinflußt durch:

- die Lage der zu verbindenden Teile zueinander,
- die Werkstoffdicke,
- die Werkstoffqualität und
- das Schweißverfahren.

Eine Auswahl gebräuchlicher Nahtformen und deren sinnbildliche Darstellung zeigt Abb. 1.

Unfallverhütung

- Bei allen Schweißarbeiten entsprechende Schutzkleidung tragen (Schürzen, Augenschutz, Handschuhe, feste Schuhe).
- Für gute Belüftung im Bereich der Schweißstelle sorgen.
- Brennbare Gegenstände vor Schweißbeginn entfernen oder abdecken.
- Besondere Unfallverhütungsvorschriften für den Umgang mit Gasflaschen beachten.
- Schadhafte elektrische Leitungen oder Geräte nur von Fachleuten instandsetzen lassen.
- Für das Elektroschweißen in engen, feuchten Räumen isolierende Unterlagen benutzen.

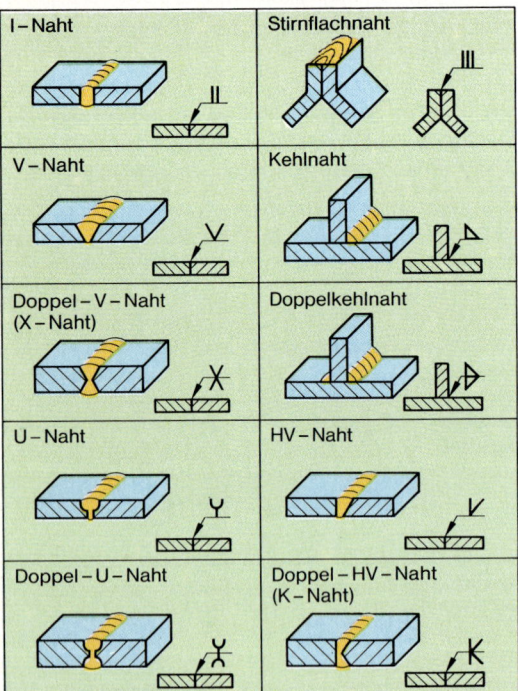

Abb. 1: Schweißnahtarten und deren sinnbildliche Darstellung (Auswahl DIN 1912)

6.6 Löten

Durch **Löten** werden unlösbare, stoffschlüssige Verbindungen zwischen gleichen oder unterschiedlichen Werkstoffen hergestellt. Die Verbindung erfolgt durch einen schmelzenden Zusatzwerkstoff (Lot). Die zu verbindenden Teile bleiben fest.

6.6.1 Lötverfahren

Lötverfahren werden nach den folgenden Merkmalen unterschieden (DIN 8505):

- nach dem oberen Schmelzpunkt der Lote:
  Weichlöten (Schmelzpunkt unter 450°C),
  Hartlöten (Schmelzpunkt über 450°C),
  Hochtemperaturlöten (Schmelzpunkt über 900°C),
- nach der Art der Lötstelle:
  Auftraglöten (Aufzinnen, Beschichten),
  Verbindungslöten (Fugenlöten, Spaltlöten),
  (Abb. 2),
- nach der Art der Oxidbeseitigung,
- nach der Art der Lotzufuhr und
- nach der Art der Fertigung.

6.6.2 Lötvorgang

Im Bereich der Lötnaht müssen die Werkstücke metallisch rein sein und die **Arbeitstemperatur** erreicht haben.

Die Arbeitstemperatur wird durch die Lotart bestimmt. Sie liegt zwischen dem unteren und dem oberen Schmelzpunkt des Lotes. Nur in diesem Bereich kann der geschmolzene Lotwerkstoff die Werkstückoberfläche gut **benetzen**, in die Naht **fließen** und sich mit den Werkstoffen **verbinden.**

Die Bindung zwischen dem Lotwerkstoff und den Oberflächen erfolgt durch:

- Oberflächenbindung (Adhäsion, s. Kap. 6.7.1),
- Legierungsbildung,
- Eindringen des Lotwerkstoffs in die Werkstückoberflächen (diffundieren).

Die Festigkeit der Lötverbindung ist abhängig von:

- der Größe der Lötfläche,
- der Art (Festigkeit) des Lotwerkstoffs und
- der Spaltbreite.

Dünne Nähte (Spaltbreite 0,05 bis 0,2 mm) haben eine hohe Festigkeit. Die hohe Festigkeit ergibt sich aus dem großen Anteil an Legierungsbestandteilen in der Naht, bezogen auf die gesamte Lotmenge.

Durch die **Kapillarwirkung** (kapillar, lat.: haarfein)
wird das Lot gut in die Naht hineingezogen (Abb. 3).
Dünne Spaltbreiten erfordern jedoch eine hohe Paßgenauigkeit der Werkstücke.

6.6.3 Flußmittel

> Eine gute **Bindung** zwischen Grundwerkstoff und
> Lot wird nur erreicht, wenn die Lötflächen vor und
> während des Lötvorgangs oxidfrei sind.

Die Beseitigung vorhandener Oxidschichten erfolgt
durch mechanische Bearbeitung oder durch Flußmittel. Während des Lötvorgangs wird die Bildung neuer
Oxidschichten durch das Flußmittel oder durch das
Schutzgas verhindert.
Die Wahl des **Flußmittels** oder des Schutzgases
richtet sich nach:

- der Arbeitstemperatur,
- dem Lötverfahren,
- der Zusammensetzung der Lotwerkstoffe und
- dem Werkstoff der zu lötenden Bauteile.

Als Flußmittel für das Weichlöten werden Lötwasser
(in Salzsäure aufgelöste Zinkreste), verdünnte Salzsäure, Lötfette oder Kolophonium verwendet. Für
Hartlötungen werden hauptsächlich Borverbindun-
gen als Pasten, Pulver oder Flüssigkeiten eingesetzt.

6.6.4 Lotwerkstoffe

Lote mit einer Schmelztemperatur unter 450°C werden als **Weichlote** bezeichnet. Sie bestehen hauptsächlich aus Blei-Zinnlegierungen. **Hartlote** haben
eine Schmelztemperatur über 450°C. Sie werden als
Kupferlote (mit den Legierungsbestandteilen Sn, Zn,
Ni, P) oder als silberhaltige Hartlote (mit den Legierungsbestandteilen Cd, P, Zn, Sn, Ca) hergestellt.

Tab. 4: Lotwerkstoffe

Bezeichnung		Zusammen-setzung	Verwendung
Weichlote	L-PbSn25Sb	25% Sn; 1,5% Sb Rest Pb	Karosserie- und Kühlerbau
	L-Sn60PbAg	60% Sn; 3,5% Ag Rest Pb	Elektroindustrie (gedruckte Schaltungen)
	L-PbAg5	5% Ag; Rest Pb	Luftfahrt
Hartlote	L-SCu	99,9% Cu	Auflöten von Hartmetall-plättchen
	L-CuZn63	63% Cu; Rest Zn	Fahrradrahmen
	L-Ag55Sn	55% Ag; 22% Cu; 4% Sn; Rest Zn	Edelstahl-bauteile

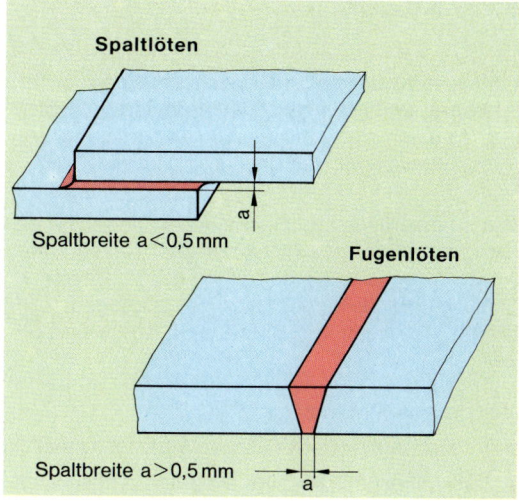

Spaltlöten

Spaltbreite a < 0,5 mm

Fugenlöten

Spaltbreite a > 0,5 mm

Abb. 2: Verbindungslöten

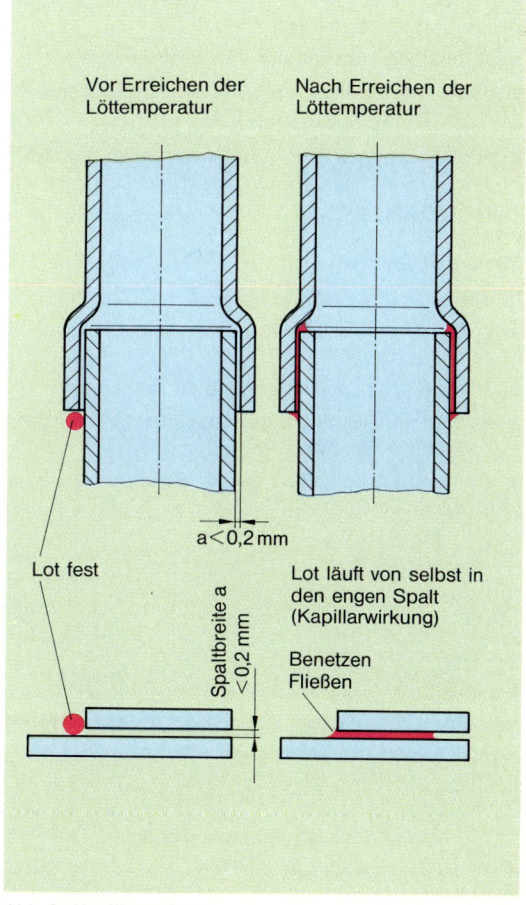

Vor Erreichen der Löttemperatur

Nach Erreichen der Löttemperatur

a < 0,2 mm

Lot fest

Spaltbreite a < 0,2 mm

Lot läuft von selbst in den engen Spalt (Kapillarwirkung)

Benetzen Fließen

Abb. 3: Kapillarwirkung

6.7   Kleben

Klebeverbindungen sind stoffschlüssige, nicht lösbare Verbindungen. Die Verbindung erfolgt durch einen Klebstoff zwischen zwei oder mehreren auch unterschiedlichen Werkstoffen.

Wie in anderen Fertigungsbereichen, findet die Klebetechnik auch im Kraftfahrzeugbau immer mehr Anwendungsbereiche, so z.B. für das Einkleben von Scheiben, Versteifungen oder Verkleidungen sowie für das Aufkleben von Brems- und Kupplungsbelägen.

Vorteile des Klebens:

- Verbindung unterschiedlicher Werkstoffe möglich.
- Gleichmäßige Kräfteverteilung in der Klebenaht.
- Keine Schwächung der zu verbindenden Teile durch Bohrlöcher.
- Keine Gefügeveränderung in der Nahtzone durch den Einfluß von Wärme.
- Verbindung sehr dünner Werkstoffe möglich.
- Glatte Außenflächen bei Blechkonstruktionen.
- Gas- und flüssigkeitsdichte Klebefugen.
- Kostengünstiges Verbindungsverfahren, auch für den Bereich der Reparatur (Blechschäden an Kraftfahrzeugen).

Nachteile des Klebens:

- Geringe Temperaturfestigkeit der Klebenaht.
- Veränderung der Nahtfestigkeit unter dem Einfluß der Alterung.
- Zerstörungsfreie Nahtprüfung kaum möglich.
- Aufwendige Nahtvorbereitung erforderlich (Sauberkeit der Fügeteile, Paßgenauigkeit).
- Klebenaht empfindlich gegen Schälung (Abb. 2), Biegung und Schlag.

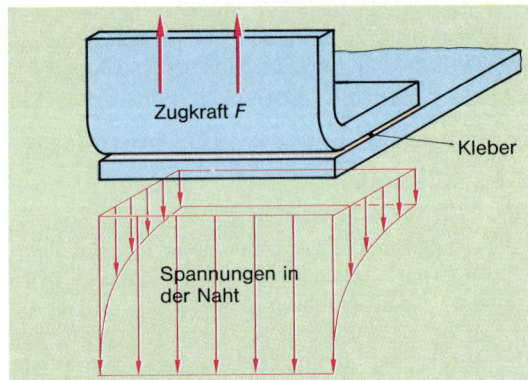

Abb. 2: Schälbeanspruchung einer Klebenaht

6.7.1   Festigkeit der Klebeverbindung

Die Festigkeit von Klebeverbindungen wird von der Oberflächenbeschaffenheit, der Größe und der konstruktiven Gestaltung der Klebeflächen sowie von der Festigkeit und der Haftfähigkeit des Klebers bestimmt.

Die Festigkeit des Klebers wird durch die **Kohäsionskräfte** (cohaerere, lat.: zusammenhängen) beeinflußt. Diese Kräfte entstehen durch die elektrische Anziehung der Moleküle eines Stoffes (z.B. des Klebers). Die Haftfähigkeit des Klebers auf der Oberfläche wird durch die **Adhäsionskräfte** (adhaerere, lat.: aneinanderhaften) beeinflußt. Sie entstehen durch ungleiche Elektronenverteilung zwischen den Molekülen unterschiedlicher Stoffe (z.B. Kleber-Fügeteil, Abb. 1).

Adhäsionskräfte sind groß, wenn die Moleküle dicht beieinanderliegen. Eine Verdopplung des Abstands zwischen den Molekülen bedeutet eine Verringerung der Adhäsionskräfte auf $\frac{1}{128}$. Aus diesem Grund müssen die Oberflächen der Fügeteile frei von Verunreinigungen sein.

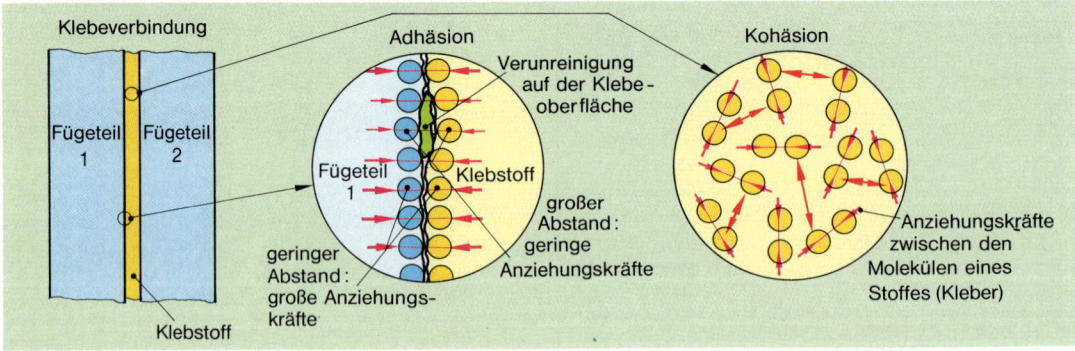

Abb. 1: Adhäsions- und Kohäsionskräfte

6.7.2 Kleberarten

Dauerhafte, feste Klebeverbindungen werden durch Klebstoffe erzielt, die auf der Basis von Kunstharzen (Phenol, Polyurethan, Epoxid) entwickelt wurden.
Diese Kleber erreichen ihre Festigkeit nach der **Aushärtung.** Nach der Art, wie der Aushärtungsvorgang eingeleitet wird, werden unterschieden:

- Lösungsmittelkleber und
- Reaktionskleber.

Lösungsmittelkleber

Lösungsmittelkleber sind natürliche oder künstliche Klebstoffe (Kautschuk, Cellulose, Kunstharze), die in einem organischen Lösungsmittel (z.B. Aceton, Toluol) gelöst sind. Das leichtflüchtige Lösungsmittel verdunstet nach dem Auftrag des Klebers vor dem Zusammenfügen der Fügeteile oder entweicht durch die Klebenaht.

Kontaktkleber sind Lösungsmittelkleber, die erst nach dem völligen Ausdünsten des Lösungsmittels mit kurzem Druck zusammengefügt werden.

Reaktionskleber

Reaktionskleber werden als

- Einkomponentenkleber oder als
- Zweikomponentenkleber hergestellt.

Einkomponentenkleber sind meist duroplastische Kunstharze (Phenolharze, Polyamide), die in dünnflüssiger Form in die Klebefuge gelangen. Die Aushärtung erfolgt durch eine **chemische Reaktion** (Polymerisation, Polykondensation, Polyaddition) unter dem Einfluß von Druck und Wärme.
Die Aushärtung von **Zweikomponentenklebern** erfolgt durch eine chemische Reaktion des Bindeharzes mit einem **Härter.** Bindeharz und Härter müssen vor der Klebung in einem bestimmten Mischungsverhältnis gut vermengt werden. Eine gute Vermengung ist dann erreicht, wenn der Kleber eine einheitliche Farbe hat. Bindeharz und Härter sind meist unterschiedlich eingefärbt.
Der Zeitraum vom Ansetzen des Klebers bis zum Einsetzen der Aushärtung wird als **Topfzeit** oder **offene Zeit** bezeichnet.
Die Aushärtung erfolgt je nach Kleberart unter dem Einfluß von Wärme **(Warmkleber)** oder bei Raumtemperatur **(Kaltkleber).**
Blitz- oder **Sekundenkleber** (Cyanacrylat-Kleber) haben eine besonders kurze Härtezeit. Die Aushärtung erfolgt durch chemische Reaktion des Klebers mit der Luftfeuchtigkeit auf den Fügeflächen.

Schmelzkleber sind Kunstharze mit hohem Schmelzpunkt. Unter dem Einfluß von Wärme wird der Kleber flüssig und mit geeigneten Geräten auf den Klebeflächen aufgebracht. Durch die schnelle Abkühlung in der Klebefuge erstarrt der Kleber.

Aufgaben zu 6.5 bis 6.7

1. Welche Vorteile bieten elektrische Schweißverfahren gegenüber dem Autogen-Gasschmelzschweißen im Bereich der Kraftfahrzeugtechnik?
2. Was bedeuten die Abkürzungen WSG- und MSG-Schweißverfahren? Nennen Sie die wesentlichsten Unterschiede beider Verfahren.
3. Worin besteht der Unterschied zwischen einem inerten und einem aktiven Gas?
4. Beschreiben Sie die Aufgaben des Druckminderers an einer Gasflasche.
5. Warum befindet sich in einer Acetylengasflasche Aceton?
6. Berechnen Sie die Gasmenge, die in den Gasflaschen gespeichert werden kann:
   Sauerstoff-Flasche   Acetylengas-Flasche
   Druck   200 bar   15 bar
   Volumen 40 l 15 l
   Lösungsverhältnis beachten.
7. Beschreiben Sie die Wirkungsweise eines Injektorbrenners.
8. Skizzieren Sie das Mischrohr eines Injektorbrenners.
9. Worin besteht die reduzierende Wirkung der neutralen Schweißflamme?
10. Woran ist zu erkennen, welche Gasart sich in einer Gasflasche befindet?
11. Worin unterscheidet sich der Druckminderer einer Sauerstoffflasche von dem einer Acetylengasflasche?
12. Beschreiben Sie die Blaswirkung eines Lichtbogens. Nennen Sie Möglichkeiten, diese Blaswirkung zu beeinflussen.
13. Begründen Sie die Notwendigkeit von fünf Unfallverhütungsvorschriften für das Schweißen.
14. Was verstehen Sie unter dem Begriff »Arbeitstemperatur« der Lote?
15. Von welchen Einflußgrößen ist die Festigkeit einer Lötverbindung abhängig?
16. Welche Aufgaben haben Flußmittel während des Lötvorgangs?
17. Wann kommt es zu einer Schälbeanspruchung in einer Klebenaht?
18. Erklären Sie den Unterschied zwischen Kohäsionskräften und Adhäsionskräften.
19. Erläutern Sie den Begriff »Topfzeit«.
20. Beschreiben Sie die Auswirkungen der Adhäsions- und der Kohäsionskräfte auf eine Klebenaht.

7 | Stoffeigenschaftändern

Stoffeigenschaftändern ist das Fertigen eines festen Körpers durch Umlagern, Aussondern oder Einbringen von Stoffteilchen (DIN 8580).

In der Kraftfahrzeugtechnik werden überwiegend Eisenwerkstoffe durch folgende Verfahren den Anforderungen angepaßt:

- **Umlagern von Stoffteilchen:** Änderung der Gitterstruktur durch Glühen, Härten und Anlassen (z.B. Härten von Achswellen).
- **Aussondern von Stoffteilchen:** Entkohlen der Werkstücke, um die Schweißbarkeit und Zähigkeit zu verbessern (z.B. Entkohlen von Hebeln und Gehäuseteilen).
- **Einbringen von Stoffteilchen:** Erhöhung des Kohlenstoff- oder Stickstoffgehalts in den Randschichten von Werkstücken durch Aufkohlen oder Nitrieren (z.B. Aufkohlen der Randschichten von Kolbenbolzen, damit sie gehärtet werden können).

Die vorgenannten Verfahren werden auch als **Wärmebehandlungsverfahren** bezeichnet, da sie eine Erwärmung der Werkstoffe erfordern.

Durch die Wärmebehandlung sollen Bearbeitbarkeit, Schweißbarkeit, Festigkeit, Härte oder Zähigkeit der Werkstoffe verbessert werden. Diese Eigenschaften hängen vom Gefügeaufbau, vom Kohlenstoffgehalt und von der Zusammensetzung (Legierungsbestandteilen) der Werkstoffe ab.

7.1 Gefügeaufbau und Zustandsdiagramm von Eisen und Eisenkarbid

7.1.1 Kristalliner Aufbau der Eisenwerkstoffe

Die Atome des reinen Eisens und der Eisen-Kohlenstoffverbindung **Eisenkarbid** (Fe_3C) bilden nach dem Erstarren aus der Schmelze keine amorphen Gebilde. Sie ordnen sich zu einer **Kristallgitterstruktur.**

Die kleinste geometrische Einheit eines metallischen Kristallgitters ist die Gitterzelle. Reines Eisen (Ferrit) bildet kubische Gitterzellen (kubus, gr.-lat.: Würfel).

Die Gitterzelle des **Ferrits** ist **kubisch-raumzentriert,** ein Eisenatom befindet sich in der Würfelmitte (Abb. 1). Durch Erwärmung verändert sich die Gitterzelle, es entsteht das **kubisch-flächenzentrierte** Gitter (Abb. 1).

7.1.2 Entstehung der Gefüge

Während der Abkühlung ist die Temperatur in der Schmelze nicht überall gleich groß. Daher setzt die Kristallbildung an unterschiedlichen Stellen und zu unterschiedlichen Zeitpunkten ein. Die Kristalle können nur so weit wachsen, bis sie an andere anstoßen. Die dabei entstandenen begrenzten Kristalle werden **Körner** genannt. Große Körner bilden sich bei langsamer Abkühlung, kleine Körner bei rascher Abkühlung. Diese Körner können unter dem Mikroskop sichtbar gemacht werden (Schliffbild). Die Anordnung der Kristalle oder Körner mit ihren Korngrenzen wird als **Gefüge** bezeichnet.

Abhängig vom Kohlenstoffgehalt bilden sich Gefüge aus Ferrit und Eisenkarbid. Die Eisenkarbidkristalle werden **Zementit** genannt.

Enthält Stahl weniger als 0,8% C, so zeigen sich im Schliffbild überwiegend Ferritkörner mit streifenartigen Zementit- und Ferritlamellen, die sich an den Korngrenzen bilden (Abb. 2a). Diese Ferrit-Zementitlamellen haben im Schliffbild ein perlmuttähnliches Aussehen und werden daher auch **Perlit** genannt.

Stahl mit etwa 0,8% C zeigt im Schliffbild ein gleichmäßiges Perlitgefüge (Abb. 2b). Dieser Stahl wird als **eutektoider** Stahl bezeichnet (von Eutektikum, gr.: gut schmelzend, gut gebaut).

Stahl mit mehr als 0,8% C zeigt im Schliffbild Perlitkörner mit Zementiträndern (Abb. 2c). Dieser Stahl wird als **übereutektoider** Stahl bezeichnet.

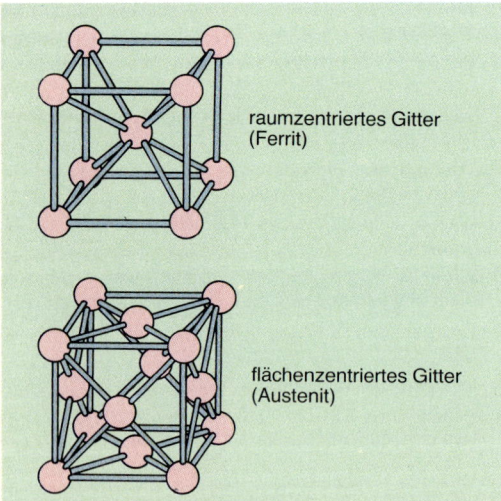

raumzentriertes Gitter (Ferrit)

flächenzentriertes Gitter (Austenit)

Abb. 1: Gitterformen des Eisens

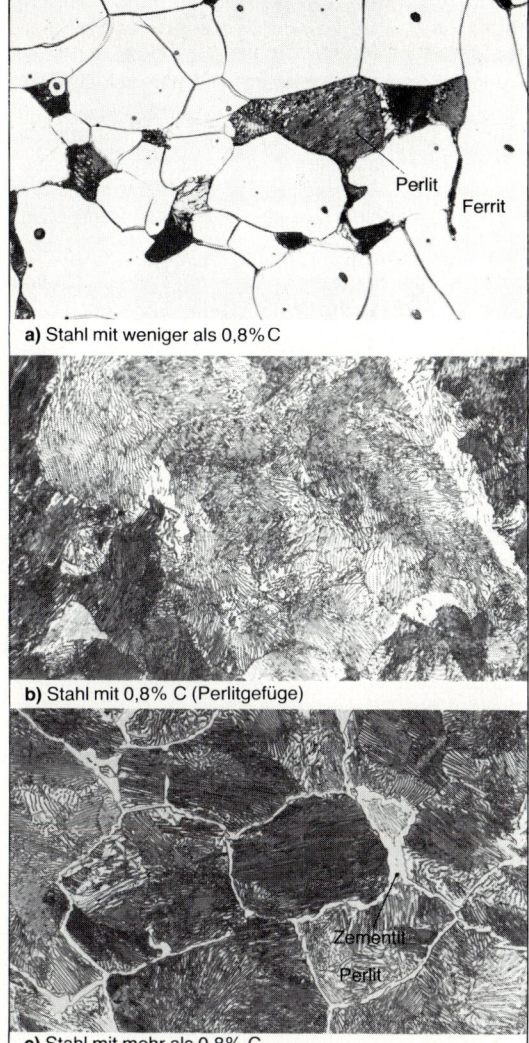

a) Stahl mit weniger als 0,8%C

b) Stahl mit 0,8% C (Perlitgefüge)

c) Stahl mit mehr als 0,8% C

Abb. 2: Schliffbilder verschiedener Gefügearten (500 : 1)

7.1.3 Gitterumwandlung durch Erwärmung und Abkühlung

Die Erwärmung von Stählen auf Temperaturen über 723°C bewirkt eine Änderung der Gitterform. Diese Änderung erfolgt in festem Zustand des Werkstoffs. Das kubisch-raumzentrierte Gitter klappt in ein kubisch-flächenzentriertes Gitter um, das in der Raummitte ein Kohlenstoffatom aufnehmen kann (Abb. 3). Zuerst wird der Perlit umgewandelt, dann der Ferrit bzw. der Zementit. Die entstehenden gemischten Kristalle werden nach dem Entdecker Austen (engl. Metallurg, 1843 bis 1902) **Austenit** genannt.

Die Umwandlungstemperatur, bei der nur noch Austenitgefüge vorliegt, ist vom Kohlenstoffgehalt des Stahls abhängig.

Die Zusammenhänge zeigt das **Eisen-Eisenkarbid-Diagramm** (Abb.1, S.72). Dieses Diagramm ist für die Wärmebehandlung der Stähle maßgebend, da **je nach Kohlenstoffgehalt** unterschiedliche Wärmebehandlungstemperaturen erforderlich sind.

Werden die Stähle erwärmt und dann wieder sehr langsam abgekühlt, entstehen die ursprünglichen Ferrit-Perlit- oder Perlit-Zementit-Gefüge. Der Kohlenstoff kann aus den Raummitten der flächenzentrierten Gitter heraus, und die Gitter klappen in das etwas kleinere, raumzentrierte Gitter um.

Bei sehr schneller Abkühlung (Abschrecken) kann nicht sämtlicher Kohlenstoff das Gitter verlassen. Die Kohlenstoffatome werden zu den Würfelkanten gedrängt, damit das Eisenatom die Raummitte des umklappenden Gitters einnehmen kann. Das Gitter wird verspannt, die Perlitbildung teilweise verhindert. Diese **Verspannung bewirkt eine große Härte.** Die verspannten Gitter ergeben ein Gefüge, das sich im Schliffbild als nadelige Einlagerungen in der Grundmasse (Restaustenit) zeigt (Abb.4). Dieses Gefüge wird nach seinem Entdecker Martens (Leiter des Berliner Materialprüfungsamtes, 1850 bis 1914) als **Martensit** bezeichnet. Stähle mit Martensitgefüge sind sehr hart und spröde.

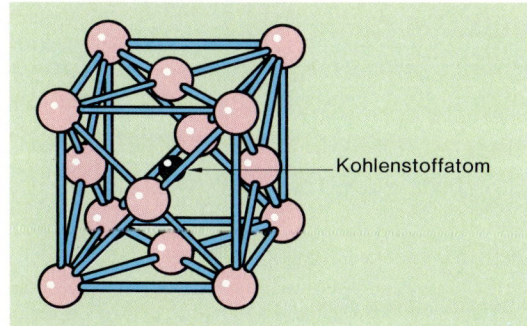

Abb. 3: Austenitgitter

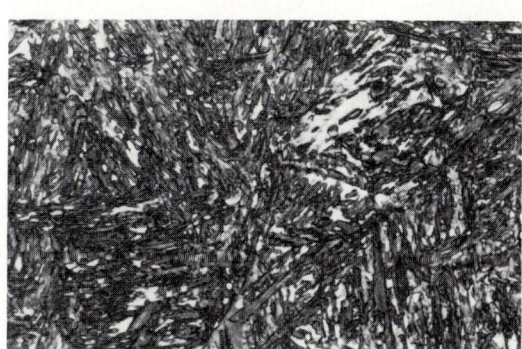

Abb. 4: Martensitgefüge (500:1)

7.2 Wärmebehandlung von Eisenwerkstoffen

Die wichtigsten Wärmebehandlungsverfahren sind:
- Glühen,
- Härten,
- Anlassen,
- Vergüten.

7.2.1 Glühen

> **Glühen** ist das Erwärmen des Werkstücks auf eine bestimmte Temperatur, die eine bestimmte Zeit gehalten werden muß.

Das anschließende Abkühlen muß langsam und am ganzen Werkstück gleichmäßig erfolgen.
Das Erwärmen erfolgt in elektrischen oder gasbeheizten Kammeröfen, in Metall- oder Salzbädern (z. B. Natriumsalzbad).

Wichtige Glühverfahren:
- Weichglühen,
- Normalglühen,
- Spannungsarmglühen,
- Rekristallisationsglühen.

Weichglühen wird angewendet, um harte oder kaltverfestigte Stähle (z. B. durch Walzen) leichter spanabhebend bearbeiten zu können. Dazu wird der Werkstoff oder das vorgefertigte Werkstück auf Temperaturen um 723 °C mehrere Stunden lang erwärmt (Abb. 1). Bei diesen Temperaturen ballen sich die harten Zementitstreifen zu kugelförmigen Gebilden zusammen. Der kugelförmige Zementit setzt den Werkzeugschneiden weniger Widerstand entgegen.

Normalglühen soll ungleichmäßige Gefüge oder zu grobe Körner beseitigen, die durch Walzen, Gießen oder Schmieden entstanden sind. Dazu genügt, je nach C-Gehalt des Stahls, ein kurzzeitiges Erwärmen auf 800 °C bis 1000 °C mit anschließendem Abkühlen an der Luft (Abb. 1). Es entsteht ein feinkörniges, festes Gefüge.

Spannungsarmglühen soll Spannungen im Werkstück verringern, die durch Kaltumformung, Schweißen oder ungleichmäßige Abkühlung entstanden sind. Das Werkstück muß etwa 2 Stunden auf 600 °C bis 650 °C geglüht und gleichmäßig abgekühlt werden (Abb. 1).

Rekristallisationsglühen soll Kaltverfestigungen und Sprödigkeiten abbauen, die durch starke Kaltverformung entstanden sind. Das Werkstück muß 1–2 Stunden bei Temperaturen oberhalb 450 °C geglüht werden.

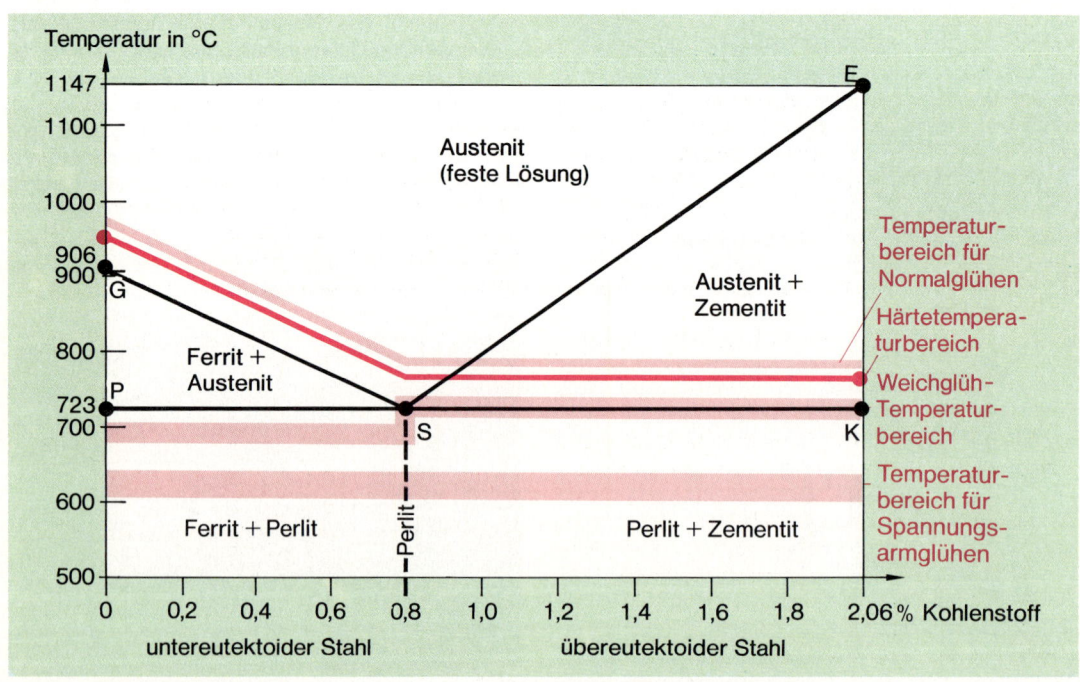

Abb. 1: Eisen-Eisenkarbid-Diagramm mit Kennlinien für die Wärmebehandlung der Stähle

7.2.2 Härten

Das Härten läßt sich unterteilen in:

- Durchhärten durch Gefügeumwandlung,
- Oberflächenhärten mit eigenem Kohlenstoff durch Gefügeumwandlung,
- Oberflächenhärten mit zugeführtem Kohlenstoff (Einsatzhärten) durch Gefügeumwandlung,
- Randschichthärten, wobei in der Werkstoffoberfläche durch zugeführte Stoffe chemische Verbindungen entstehen (z.B. Nitrierhärten).

Durchhärten wird überwiegend für Werkzeuge angewendet. Je nach Kohlenstoffgehalt wird das Werkzeug erst langsam vorgewärmt, um Bearbeitungsspannungen zu beseitigen, und dann schnell auf Härtetemperatur gebracht (Abb. 1).

Das anschließende schnelle Abkühlen (Abschrekken) verhindert die Rückbildung des Austenits in Perlit und Zementit. Es entsteht ein nadeliges Martensitgefüge großer Härte und Festigkeit. Die Martensitbildung läßt die Werkzeuge sehr spröde werden. Daher ist meist ein nachfolgendes **Anlassen** erforderlich.

Zu schnelles Abkühlen kann zu Härterissen führen, die das Werkzeug unbrauchbar machen. Zu langsames Abkühlen verhindert die Martensitbildung. Je nach Abkühlungsmittel werden die Stähle, entsprechend ihrem Kohlenstoffgehalt und den Legierungsbestandteilen, in **Wasser-, Öl-** und **Lufthärter** unterschieden.

Oberflächenhärten mit eigenem Kohlenstoff erfordert Stähle mit mindestens 0,5% C. Wird die Werkstückoberfläche kurzzeitig auf Härtetemperatur erwärmt und dann abgeschreckt, so kann sich nur in der Oberflächenschicht Martensit bilden. Der Kern des Werkstücks bleibt weich und zäh. Die Tiefe der gehärteten Schicht hängt von dem Kohlenstoffgehalt, der Erwärmungszeit und der Abkühlungsgeschwindigkeit ab. Langes Erwärmen und hoher Kohlenstoffgehalt ergeben bei schneller Abkühlung große Schichttiefen.

Das Erwärmen der Werkstücke kann durch Gas oder elektrischen Strom (**Induktionshärten,** Abb. 2) erfolgen.

Oberflächenhärten mit zugeführtem Kohlenstoff (Einsatzhärten) wird für kohlenstoffarme Stähle (weniger als 0,2% C) angewendet.

Dazu werden die zu härtenden Teile zuerst in kohlenstoffabgebenden Mitteln (kohlenstoffreiches Gas, Holzkohle) geglüht. Die Glühtemperatur liegt bei etwa 900°C, die Glühdauer beträgt bis zu 10 Stunden. Alle Stellen, die nicht mit Kohlenstoff angereichert (aufgekohlt) werden sollen, sind zuvor mit einer gasdichten Paste zu bedecken (an Nockenwellen

Abb. 2: Induktionshärten einer Achswelle

werden z.B. nur die Lagerstellen und Laufbahnen aufgekohlt).

Das Kohlenstoffgas läßt Kohlenstoffatome in die Randschichten eindringen (diffundieren). Es entsteht eine aufgekohlte Randschicht mit bis zu 0,8% C. Die Tiefe der Schicht (0,2 bis 0,8 mm) hängt von der Glühdauer ab.

Das Härten der aufgekohlten Teile erfolgt durch Abschrecken in Abkühlungsmitteln.

Nitrierhärten ist ein Randschichthärten. In den Randschichten der Werkstücke entstehen durch Stickstoffanreicherung chemische Verbindungen, die als **Nitride** bezeichnet werden. Nitride sind sehr hart.

Das Nitrieren (Abb. 3) erfolgt in stickstoffreichen Gasen (Ammoniakgas) oder cyanhaltigen Salzbädern (sehr giftig!). Die Temperaturen liegen zwischen 500°C und 570°C. In Salzbädern beträgt die Nitrierdauer bis zu 2 Stunden, in Gasen sind bis zu 100 Stunden erforderlich. Es bildet sich eine sehr harte, aber auch sehr dünne Randschicht.

Die Werkstücke müssen nicht abgeschreckt werden. Sie verziehen sich daher auch nicht und können vor dem Nitrieren fertigbearbeitet sein.

Nitriergehärtete Teile bleiben auch noch bei hohen Temperaturen verschleißfest (z.B. Laufbuchsen, Ventile, Nockenwellen, Zahnräder, Kolbenbolzen).

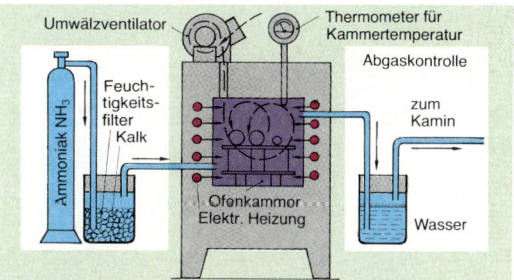

Abb. 3: Schematische Darstellung einer Nitrieranlage

7.2.3 Anlassen

> **Anlassen** ist ein Wiedererwärmen gehärteter Werkzeuge oder Werkstücke mit nachfolgendem Abkühlen, um die Sprödigkeit zu mindern.

Das gehärtete Werkzeug wird auf Anlaßtemperatur (100 bis 400 °C) erwärmt und anschließend in Wasser oder Öl abgeschreckt.
Die vorgeschriebene Temperatur läßt sich durch Beobachtung der **Anlaßfarben** (Abb. 2) auf dem blanken Werkstück einhalten. Durch das Anlassen wird die Sprödigkeit (sog. Glashärte) verringert, die Zähigkeit nimmt zu.

7.2.4 Vergüten

> **Vergüten** ist ein Härten mit nachfolgendem Anlassen zur Steigerung der Festigkeit und Zähigkeit.

Die Anlaßtemperaturen des Vergütens sind etwas höher als die des Anlassens. Es entsteht ein sehr gleichmäßiges, feinkörniges Gefüge (Abb. 1).
Durch Vergüten kann z. B. die Zugfestigkeit von Ck60, die unbehandelt etwa 700 N/mm² beträgt, auf 800 N/mm² gesteigert werden.
Vergütet werden Maschinenteile, die hohen, wechselnden Zug-, Druck- und Biegebeanspruchungen ausgesetzt sind (z. B. Kurbelwellen, Achsschenkel, Pleuelstangen).

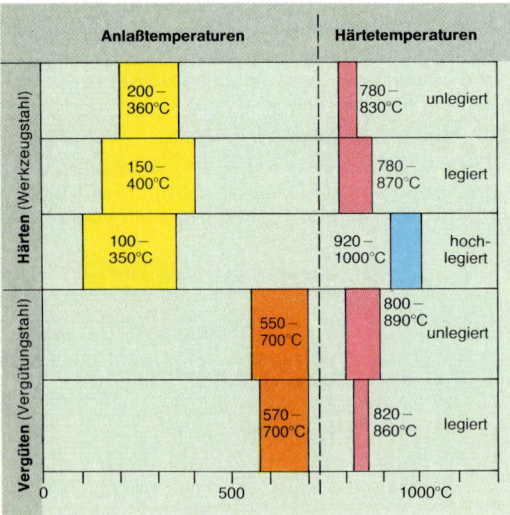

Abb. 1: Härte- und Anlaßtemperaturen für das Stoffeigenschaftändern von Stahl

	Werkzeuge	Farbenbezeichnung		T in °C
sehr hart	Reibahlen	Weißgelb		200
	Reißnadeln	Strohgelb		220
	Meßzeuge	Goldgelb		230
	Gewinde-schneid-werkzeuge	Gelbbraun		240
hart	Senker	Braunrot		250
	Hämmer	Rot		260
	Spiralbohrer			
	Meißel	Purpurrot		270
zähhart	Stemmeisen	Violett		280
	Körner	Dunkelblau		290
	Durchschläge			
	Äxte	Kornblumen-blau		300
	Schrauben-dreher	Hellblau		320

Hochlegierte Stähle lassen diese Anlaßfarben erst bei höheren Temperaturen auftreten.

Abb. 2: Zusammenstellung der Anlaßfarben

Aufgaben

1. Beschreiben Sie die Entstehung der Kristalle.
2. Skizzieren Sie die Gefügebilder der Abb. 2, S. 71.
3. Welcher Vorgang vollzieht sich im Kristallgitter von Stahl mit 0,8 % C während der Erwärmung auf 740 °C?
4. Nennen Sie Wärmebehandlungsverfahren von Stählen und ihre wesentlichen Unterschiede.
5. Beschreiben Sie die Vorgehensweise für das richtige Härten eines Schraubendrehers.
6. Welchen Einfluß hat die Abkühlungsgeschwindigkeit bei einer Wärmebehandlung?
7. Welche Vorgänge im Kristallgitter bewirken die durch Abschrecken auftretende Härte kohlenstoffreicher Stähle?
8. Beschreiben Sie den Unterschied zwischen Nitrierhärten und Oberflächenhärten.
9. Wozu dienen die Anlaßfarben?
10. Wozu dient das Vergüten?

8 | Arbeitsplanung

Die **betriebliche Planung** ist in mehrere Bereiche gegliedert (Abb. 3). Sind die betrieblichen Ziele (Zielplanung) bestimmt, so wird deren Verwirklichung in der **Arbeitsvorbereitung** festgelegt. Die Arbeitsplanung ist ein Teilbereich der Arbeitsvorbereitung.

> Die **Arbeitsplanung** hat die Aufgabe, systematisch die Mittel (Mittelplanung) und Arbeitsabläufe (Arbeitsablaufplanung) für das zielgerichtete Zusammenwirken der Mittel festzulegen.

Die Durchführung einer Planung erfordert eine **Steuerung** der Arbeit (Abb. 4). Die Steuerung ist das Instrument, mit dem die geplanten Arbeiten veranlaßt und begleitet werden.

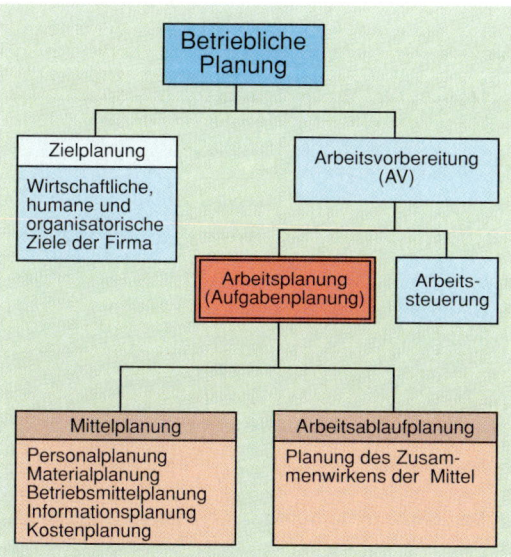

Abb. 3: Planungsbereiche

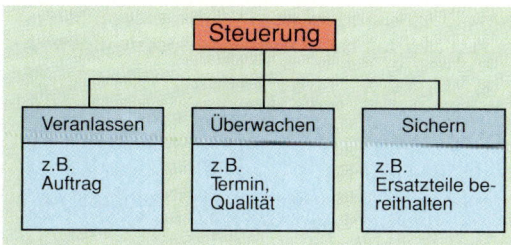

Abb. 4: Steuerung der Arbeit

8.1 Arbeitsablaufplanung

Wenn eine Arbeitsablaufplanung erstellt wird, so muß **gleichzeitig eine Mittelplanung** durchgeführt werden, denn beide Planungsbereiche sind voneinander abhängig.

Die **Personalplanung** ist die Planung von Personalbedarf und die Beobachtung der Personalentwicklung. Dazu gehört auch die Planung des Personaleinsatzes sowie der Schulung und Weiterbildung.

Die **Materialplanung** plant die Mengen, Qualitäten und Arten aller Sachgüter, die im Produktionsprozeß eingesetzt werden. Die Gliederung des Materials im Sinne der Arbeitsablaufplanung zeigt Abb. 1, S. 76. Die Abbildung zeigt außerdem, daß zu dem Begriff »Werkstoff« Unterbegriffe gehören, die gleichzeitig (von links nach rechts) den Fertigungsgang eines Produktes beschreiben.

Die **Betriebsmittelplanung** befaßt sich mit der Auswahl, Beschaffung, Gestaltung und Erhaltung von Maschinen, Werkzeugen, Meßgeräten usw., sowie mit der Auswahl von Fertigungs- und Prüfverfahren. Im weitesten Sinne gehören auch die Gebäude mit allen Anlagen (z. B. Heizung, Stromversorgung) in den Bereich der Betriebsmittelplanung.

Die **Informationsplanung** erstellt vollständige und verständliche Fertigungsunterlagen: Zeichnungen, Montagepläne, Prüfpläne usw.

Die **Kostenplanung** der Arbeitsvorbereitung umfaßt die Kalkulation aller Kostenarten, die für einzelne Arbeitsvorgänge anfallen. Durch Angabe von Lohngruppen und Zeitvorgaben oder Arbeitswerten (AW-Zahlen) in Arbeitsaufträgen sind z. B. Personalkosten erfaßt. Die Kosten der Betriebsmittel können z. B. durch Maschinenstunden ermittelt werden.

> Die **Arbeitsablaufplanung** erstellt Arbeitsanweisungen für den zeitlich geordneten Gebrauch von Materialien, Betriebsmitteln, Informationen und führt eine Kostenbewertung durch.

Die **Arbeitsablaufplanung** ist gegliedert in die

- Vorgangsfolgeplanung,
- Arbeitssystembestimmung (Verfahren),
- Prüfplanung und
- Sollzeitbestimmung.

Für die Arbeitsablaufplanung bzw. **Vorgangsfolgeplanung** gibt es sehr unterschiedliche Darstellungsweisen (Pläne).

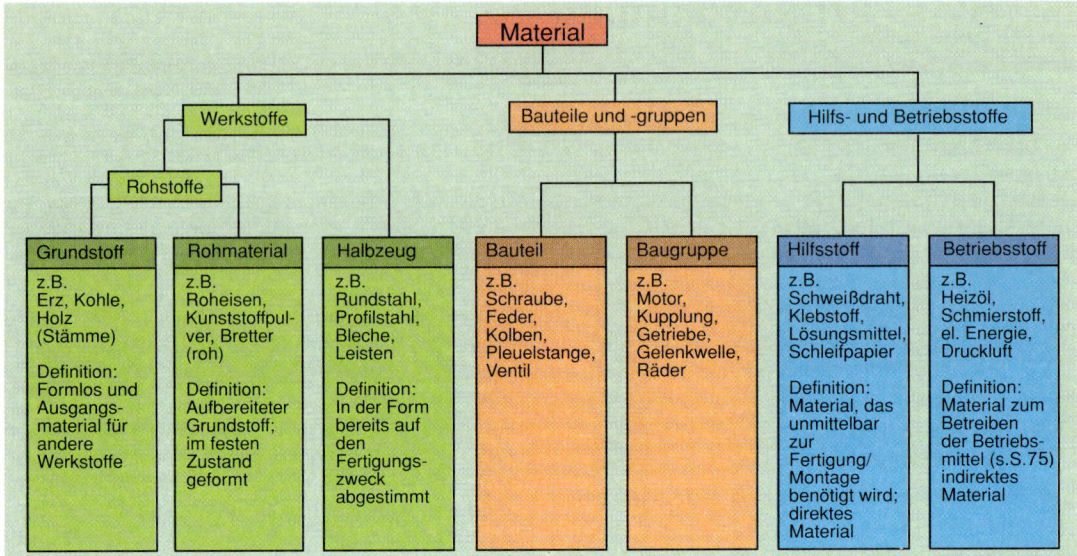

Abb. 1: Unterteilung des Materials

Tab. 1: Arbeitsablaufplanung für den Einbau eines Kolbens

Arbeitsschritte	Werkzeuge	Meßgeräte Lehren	Meßwerte (Sollmaße)	Einbauhinweise
1. Ringstoß der Kolbenringe prüfen	Spannband oder Hand	Fühlerlehre	0,30 - 0,45 mm Verschleißgrenze 1,00 mm	Ring rechtwinklig in die untere Zylinderöffnung etwa 15 mm entfernt vom Zylinderrand einsetzen
2. Kolbenringe in den Kolben einsetzen	Kolbenringzange	———	———	Ringe so versetzen, daß kein Verbindungskanal entsteht. TOP muß zum Kolbenboden zeigen.
3. Höhenspiel der Kolbenringe prüfen	———	Fühlerlehre	0,02 - 0,05 mm Verschleißgrenze 0,15 mm	———
4. Pleuelstange und Kolben- bolzen in den Kolben einsetzen	z.B. Hammer und Durchschlag o.ä.	———	Ø 22 mm Länge 54 mm	Kolbenbolzen einfetten. Sicherungsringe einsetzen.

8.1.1 Arbeitsablaufplanung im Kraftfahrzeug-Reparaturbetrieb

Im Kraftfahrzeug-Reparaturbetrieb ist die **Arbeitsablaufplanung** ein wichtiges Hilfsmittel. Sie gibt die **Reihenfolge** für alle Arbeitsschritte der Instandsetzung an: Fehlersuche, Ausbau, Einbau und Endkontrolle.

Allgemein gilt, daß **vor jeder Ausführung** eines Arbeitsauftrages eine **Vorbereitungsphase** liegt. Aufgrund des Arbeitsablaufplanes ist vor Beginn der eigentlichen Arbeit festzustellen, welche Materialien, Werkzeuge, Prüfmittel und technischen Unterlagen für die Abwicklung des Arbeitsauftrages notwendig sind (Abb. 2).

Es ist üblich, mit einem Materialschein (Abb. 3) die erforderlichen Ersatzteile, Betriebs- und Hilfsstoffe anzufordern.

Im Kraftfahrzeug-Reparaturbetrieb gibt es entsprechend der Haupttätigkeiten Wartung, Diagnose und Reparatur (Demontage/Montage) drei typische **Arbeitsablaufpläne:**

- Wartungspläne (Abb. 4),
- Diagnosepläne (Programmablaufpläne, Abb. 5; Fehlersuchpläne, Abb. 1, S. 78) und
- Demontage- bzw. Montagepläne (Abb. 2, S. 78).

Wie der **Wartungsplan** zeigt, ist zu dessen Erfüllung umfangreiches Material bereitzuhalten. Die Positionen 1, 2, 3, 4, 5 und 8 erfordern Bauteile bzw. Hilfsstoffe (z.B. Motoröl).

Für **Diagnosearbeiten,** die nach bestimmten Arbeitsschritten Entscheidungen verlangen, haben sich u.a. auch sogenannte **Programmablaufpläne** bewährt. Die Arbeitsschritte werden durch Sinnbilder dargestellt. Von großer Bedeutung ist das **Entscheidungsfeld,** von dem bei »ja« oder »nein« ein entsprechender Verzweigungsweg für einen neuen Arbeitsschritt abgeht (Abb. 5).

Bereitstellung von:			
Material	Werkzeugen	Prüfmitteln	Unterlagen
Ersatzteile	Schweiß-gerät	Schweiß-lehre	Zeichnung
Schweiß-draht	Schweiß-zangen	Meß-schieber	Werkstatt-handbuch
Schrauben			Mikrofilm

Abb. 2: Vorbereitungsarbeiten

Materialschein		
Lfd. Nr.	Benennung	Stück/ Menge
1		
2		
3		

Abb. 3: Materialschein

Wartungsplan für ein Kraftfahrzeug mit Dieselmotor			
Pos.	km	km	Wechselintervall (rot) / Prüfintervall (gelb)
1	5.000		Motoröl
2	10.000		Ölfilter
3		20.000	Getriebeöl SAE 80
4	40.000		Luftfilter (bei großem Staubanfall früher)
5	60.000		Kühlflüssigkeit
6		20.000	Ventilspiel
7		10.000	Bremsanlage
8	20.000		Bremsflüssigkeit DOT 3 (Wechsel spätestens jährlich)
9		10.000	Lenkung
10		10.000	Beleuchtung, Warnlichtanlage

Abb. 4: Wartungsplan

Für die Fehlersuche gibt es auch **Fehlersuchpläne** (Abb. 1, 78). Kann ein Fehler viele Ursachen haben, so muß in einer sinnvollen Reihenfolge der Fehler »eingekreist« werden, d.h. **nacheinander** müssen mögliche Fehlerquellen durch Überprüfung gesucht und durch Reparatur bzw. Einstellung schrittweise beseitigt werden.

Demontage- bzw. Montagepläne werden häufig durch Explosionszeichnungen näher erläutert (Abb. 3, S. 78). Die Abb. 2, S. 78 zeigt einen Auszug aus einem Montageplan für den nachträglichen Einbau eines ungeregelten Katalysators. Für diese Pläne ist typisch, daß viele Arbeitsschritte durch Skizzen erläutert und durch genaue **Arbeitshinweise** weiter ergänzt werden. Die Reihenfolge für den Einbau, z. B. eines Kolbens, läßt sich übersichtlich in einer **Tabelle** darstellen, deren Spalten die Angaben in den einzelnen Arbeitsschritten ordnen (Tab. 1). Diese Art der Arbeitsablaufpläne werden auch für Diagnosearbeiten verwendet.

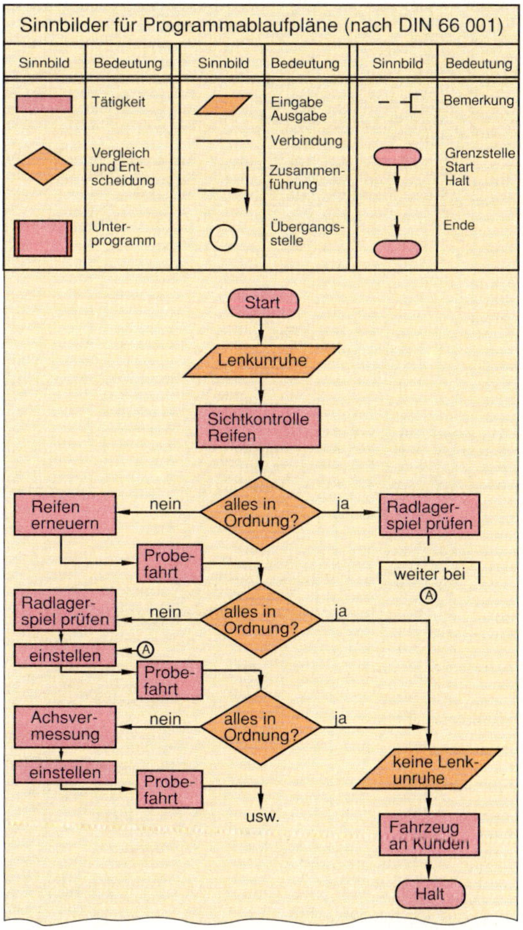

Abb. 5: Programmablaufplan für die Diagnose der Lenkung

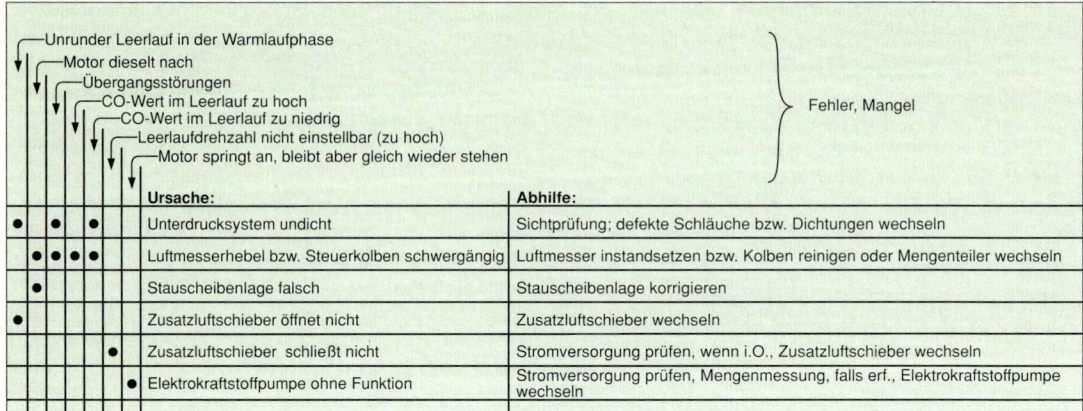

Fehlersuchplan-Symptome:
- Unrunder Leerlauf in der Warmlaufphase
- Motor dieselt nach
- Übergangsstörungen
- CO-Wert im Leerlauf zu hoch
- CO-Wert im Leerlauf zu niedrig
- Leerlaufdrehzahl nicht einstellbar (zu hoch)
- Motor springt an, bleibt aber gleich wieder stehen

} Fehler, Mangel

1	2	3	4	5	6	7	Ursache:	Abhilfe:
●		●	●				Unterdrucksystem undicht	Sichtprüfung; defekte Schläuche bzw. Dichtungen wechseln
	●	●	●	●			Luftmesserhebel bzw. Steuerkolben schwergängig	Luftmesser instandsetzen bzw. Kolben reinigen oder Mengenteiler wechseln
	●						Stauscheibenlage falsch	Stauscheibenlage korrigieren
●							Zusatzluftschieber öffnet nicht	Zusatzluftschieber wechseln
					●		Zusatzluftschieber schließt nicht	Stromversorgung prüfen, wenn i.O., Zusatzluftschieber wechseln
						●	Elektrokraftstoffpumpe ohne Funktion	Stromversorgung prüfen, Mengenmessung, falls erf., Elektrokraftstoffpumpe wechseln

Abb. 1: Fehlersuchplan für eine Kraftstoff-Einspritzanlage (Ausschnitt)

Montage eines ungeregelten Katalysators		
Lfd. Nr.	**Arbeitsschritte, Bauteile, Werkzeuge**	**Arbeitshinweise**
1	Verbrennungsräume, Ventile usw. bleifrei machen.	Vor dem Einbau des Katalysators muß das Fahrzeug mit mindestens 2 Tankfüllungen unverbleitem Kraftstoff gemäß DIN 51607 gefahren worden sein.
2	Reserverad ausbauen.	
3	Fahrzeug anheben.	
4	Vor- und Nachschalldämpfer mit Rohren auf Wiederverwendbarkeit prüfen.	
5	Auspuffanlage ab Auspuffkrümmer demontieren.	Hierzu ggf. Bereiche der Steckverbindungen rotglühend anwärmen.
6	Zusätzliche Auspuffhalterung mit Schutzgasschweißgerät am Unterboden anschweißen. (1) Zusatzhalter (2) Quertraverse vorn (3) Längsholm	Schweißstelle am Unterboden von Farbe reinigen. Fahrtrichtung beachten.
11	Vorschalldämpfer (2) mit Rohren an den Unterbau hängen.	Mittleres Auspuffrohr (1) auf Vorschalldämpfer (2) aufstecken und so drehen, daß sich der Katalysator mit Dichtungen montieren läßt.

Abb. 2: Montageplan

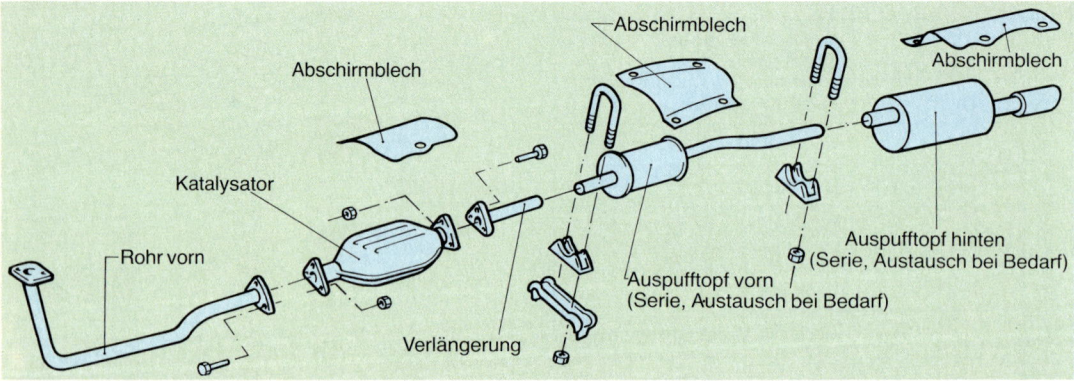

Abb. 3: Explosionszeichnung einer Auspuffanlage

Die Arbeit mit dem Programmablaufplänen, Fehlersuchplänen usw. wird durch Verwendung der **Werkstatthandbücher** unterstützt. **Mikrofilme** ersetzen oft die Werkstatthandbücher. Ihr Vorteil ist die raumsparende Aufbewahrung, einfachere Handhabung mit dem Lesegerät und schnellere Aktualisierung.

Diese Unterlagen enthalten, neben grundlegenden Erläuterungen der Funktionszusammenhänge von Kraftfahrzeug-Baugruppen, **Arbeitsschrittfolgen** für den Aus- und Einbau. Ferner befinden sich dort die für die Reparatur notwendigen technischen Daten der Bauteile, z.B. Kolbendurchmesser und -toleranzen, sowie Betriebswerte und technische Vorschriften.

Betriebswerte sind z.B. Füllmengen und Angaben über die zu verwendende Ölsorte oder Hydraulikflüssigkeit.

Technische Vorschriften werden z.B. durch Drehmomenttabellen sowie Prüf- und Einstellwertetabellen vermittelt.

8.1.2 Arbeitsablaufplanung in der Fertigung

Die Arbeitsablaufplanung in der Fertigung verwendet als wichtigste Planungsunterlage die **Gesamtzeichnung** mit der Stückliste, die Einzelteilzeichnung und den Arbeitsplan.

Die **Stückliste** (Abb. 4) ist eine Auflistung der benannten Einzelteile einer Baugruppe. Aus ihr kann entnommen werden, in welchen Stückzahlen die Teile zu den einzelnen Positionen zu kaufen (z.B. Normteile) oder zu fertigen sind. Die Stückliste (DIN 6771) wird durch Sachnummern, Normkurzbezeichnungen und Bemerkungen ergänzt.

Der **Arbeitsplan** gibt die Reihenfolge an, in der das Werkstück die Fertigungsstationen durchläuft. Abb. 1, S. 80 zeigt den Ausschnitt eines Arbeitsplans nach REFA (Verband für Arbeitsstudien), der bereits auch Angaben über die Kostenstellen und Lohngruppen enthält. **Schnittdaten-Tabellen** oder **-Diagramme** enthalten Angaben z.B. über Drehzahl, Vorschub und Schnittiefe in Abhängigkeit vom Werkstoff.

4	1	Stck.	Buchse	Flach DIN 174 - 25 x 8 x 202	USt 37 - 2
3	1	Stck.	Hebel	Rund DIN 1013 - 40 x 15	USt 37 - 2
2	1	Stck.	Spannklotz	Vierkant DIN 178 - 32 x 50	USt 37 - 2K
1	1	Stck.	Grundplatte	Flach DIN 174 - 80 x 10 x 165	USt 37 - 2K
Pos.	Menge	Einh.	Benennung	Sachnummer/ Norm-Kurzbezeichnung	Bemerkung
1	2	3	4	5	6

Abb. 4: Stückliste

8.2 Arbeitsplanung mit Hilfe des Computers

Mit der **elektronischen Datenverarbeitung** ist es möglich, betriebliche Planungen und Arbeitsabläufe sehr genau und wirtschaftlich zu steuern. Der Computer erstellt, einmal programmiert, die vielfältigsten Planungsunterlagen. Mit der elektronischen Datenverarbeitung werden alle Daten der Unterlagen »verzahnt«. Diese Verzahnung wird **Integration** (integrare, lat.: verbinden) genannt und ist Bestandteil der Bezeichnung für die industrielle Organisation durch Einsatz von Computern: **C**omputer **I**ntegrated **M**anufacturing (computerintegrierte Fertigung, kurz **CIM** genannt).

Die Abb. 5 zeigt, wie die einzelnen EDV-Bereiche miteinander in Verbindung stehen. Die Abkürzungen sind sehr gebräuchlich und bedeuten:

CAD **C**omputer **A**ided **D**esign – die durch EDV unterstützten Tätigkeiten im Rahmen von Entwicklungs- und Konstruktionstätigkeiten.

CAP **C**omputer **A**ided **P**lanning – ist die rechnerunterstützte Planung der Arbeitsvorgänge und der Arbeitsfolgen.

CAM **C**omputer **A**ided **M**anufacturing – die EDV-Unterstützung zur technischen Steuerung und Überwachung der Betriebsmittel, z.B. durch die Steuerung von Werkzeugmaschinen, Robotern sowie Transport-, Lager- und Montagesystemen.

CAQ **C**omputer **A**ided **Q**uality Assurance – die EDV-unterstützte Planung und Durchführung der Qualitätssicherung.

PPS **P**roduktions**p**lanung und -**s**teuerung – ist die EDV-gestützte organisatorische Planung, Steuerung und Überwachung der Produktionsabläufe von der Angebotsbearbeitung bis zum Versand.

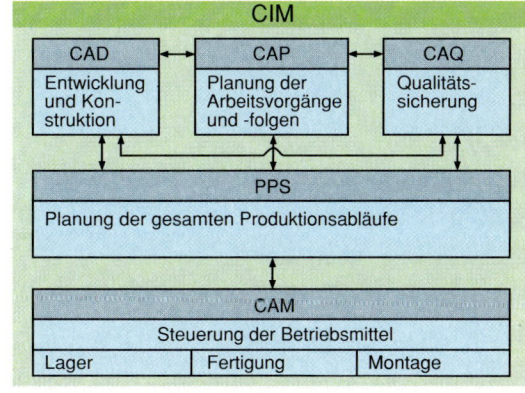

Abb. 5: CIM, computerintegrierte Fertigung

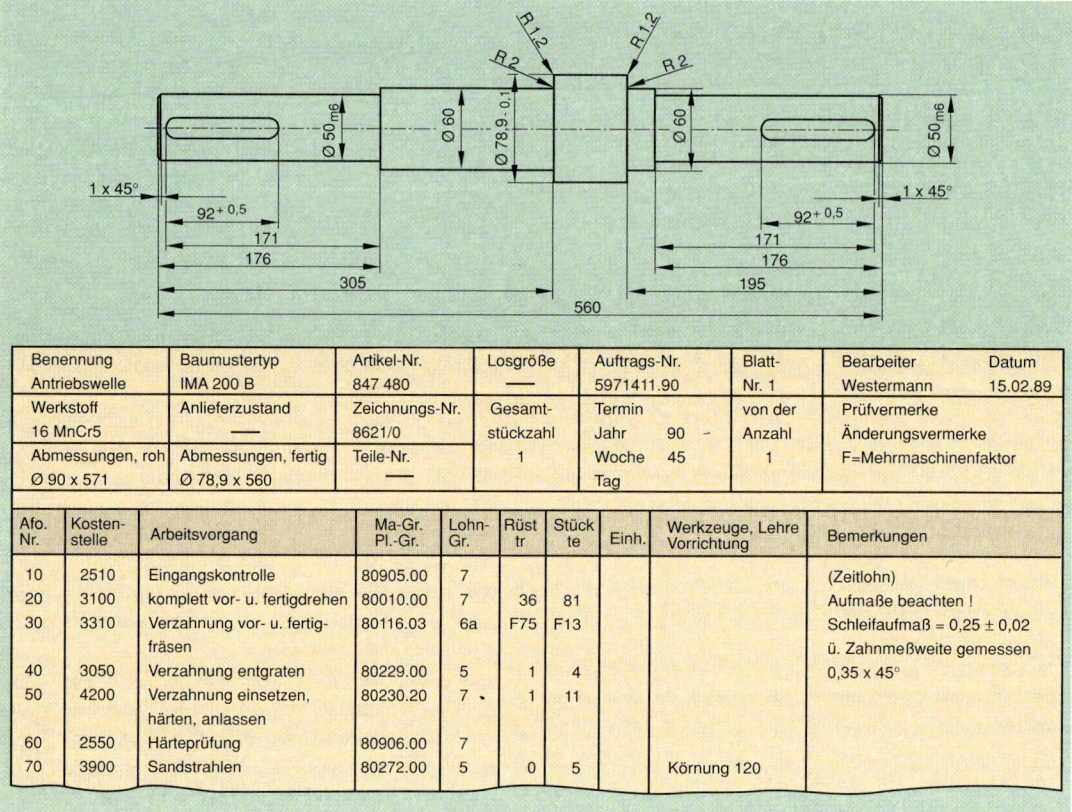

Benennung	Baumustertyp	Artikel-Nr.	Losgröße	Auftrags-Nr.	Blatt-	Bearbeiter	Datum
Antriebswelle	IMA 200 B	847 480	—	5971411.90	Nr. 1	Westermann	15.02.89
Werkstoff	**Anlieferzustand**	**Zeichnungs-Nr.**	**Gesamt-**	**Termin**	**von der**	**Prüfvermerke**	
16 MnCr5	—	8621/0	stückzahl	Jahr 90 –	Anzahl	Änderungsvermerke	
Abmessungen, roh	**Abmessungen, fertig**	**Teile-Nr.**	1	Woche 45	1	F=Mehrmaschinenfaktor	
Ø 90 x 571	Ø 78,9 x 560	—		Tag			

Afo. Nr.	Kosten- stelle	Arbeitsvorgang	Ma-Gr. Pl.-Gr.	Lohn- Gr.	Rüst tr	Stück te	Einh.	Werkzeuge, Lehre Vorrichtung	Bemerkungen
10	2510	Eingangskontrolle	80905.00	7					(Zeitlohn)
20	3100	komplett vor- u. fertigdrehen	80010.00	7	36	81			Aufmaße beachten !
30	3310	Verzahnung vor- u. fertig-fräsen	80116.03	6a	F75	F13			Schleifaufmaß = 0,25 ± 0,02 ü. Zahnmeßweite gemessen
40	3050	Verzahnung entgraten	80229.00	5	1	4			0,35 x 45°
50	4200	Verzahnung einsetzen, härten, anlassen	80230.20	7 ·	1	11			
60	2550	Härteprüfung	80906.00	7					
70	3900	Sandstrahlen	80272.00	5	0	5		Körnung 120	

Abb. 1: Arbeitsplan in der Fertigung

Aufgaben

1. Erklären Sie den Unterschied zwischen Zielplanung und Arbeitsvorbereitung.

2. Definieren Sie den Begriff Arbeitsablaufplanung.

3. Nennen Sie zu jeder der drei Steuerungsaufgaben für die betriebliche Planung ein weiteres Beispiel.

4. Erläutern Sie den Begriff Materialplanung.

5. Ergänzen Sie die Beispiele der Abb. 1, S. 76 mit jeweils zwei weiteren Materialien.

6. In welche Bereiche wird die Vorbereitungsarbeit unterteilt?

7. Nennen Sie vier Arbeitsablaufpläne für Tätigkeiten im Kraftfahrzeug-Reparaturbetrieb.

8. Erläutern Sie den Grundaufbau eines Programmablaufplans.

9. Worin unterscheidet sich ein Programmablaufplan von einem Fehlersuchplan?

10. Welche Zeichnungsart unterstützt die Arbeit mit einem Montageplan?

11. Stellen Sie für den Kolbeneinbau und -ausbau (Tab. 1, S. 76) nach dem Schema von Abb. 2, S. 77 (Vorbereitungsarbeiten) den Werkstoff, die Werkzeuge und die Unterlagen für die Arbeitsschritte 1 bis 3 zusammen.

12. Skizzieren Sie den Materialschein (Abb. 3, S. 77) und füllen Sie ihn entsprechend dem Bedarf nach Aufgabe 11 aus.

13. Entwerfen Sie für den Ausbau einer Zündkerze und die Prüfung des Elektrodenabstandes einen Plan nach dem Schema der Tab. 1, S. 76.

14. Welchen Vorteil hat eine Explosionszeichnung?

15. Erklären Sie den Begriff Stückliste.

16. Nennen Sie die Hauptbestandteile einer Stückliste.

17. Welche Teile einer Stückliste müssen nicht erst angefertigt werden?

18. Nennen Sie einen wichtigen Unterschied zwischen einem Arbeitsablaufplan und einem Arbeitsplan für die Fertigung.

19. Erklären Sie die Abkürzung CIM.

20. Welche Bereiche gehören zur CIM? Nennen Sie die Abkürzungen und englischen Namen der Bereiche.

21. Beschreiben Sie, wie PPS mit anderen Bereichen zusammenwirkt.

22. Mit welchen Planungsbereichen ist CAD integriert?

9 | Werkstoffe und ihre Normung

Die **Rohstoffe** aus der Natur (z.B. Erdöl, Erze und Kohle) werden durch entsprechende Herstellungs- und Weiterbearbeitungsverfahren zu **Werkstoffen** umgewandelt.

9.1 Einteilung der Werkstoffe

Tab. 1 zeigt eine Einteilung der wichtigsten am Kraftfahrzeug verwendeten Werkstoffe.

Tab. 1: Einteilung der wichtigsten Werkstoffe

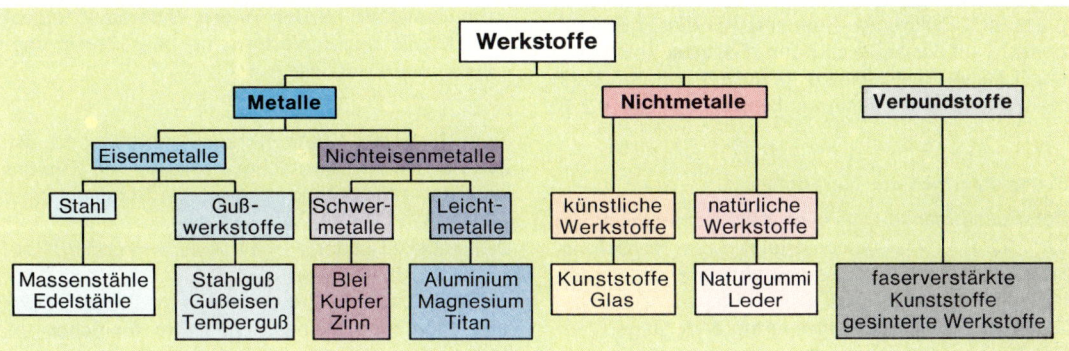

Für die Werkstoffherstellung und Bearbeitung werden **Hilfsstoffe** (z.B. Schmierstoffe, Kühlflüssigkeiten) und **Hilfsmittel** (z.B. Wärmeenergie, elektrische Energie) benötigt.

Tab. 2: Wichtige Werkstoffeigenschaften

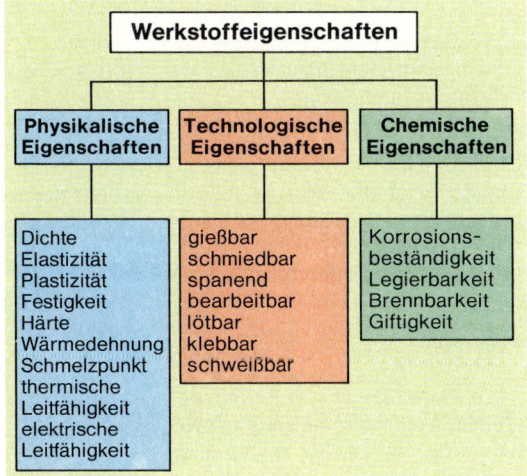

9.2 Eigenschaften der Werkstoffe

Je nach Verwendungszweck und Herstellungsverfahren sind unterschiedliche Werkstoffeigenschaften erforderlich (Tab. 2).

9.2.1 Physikalische Grundlagen

Die Werkstoffeigenschaften sind abhängig vom Aufbau der Atome und der Anordnung der Atome zueinander.

> Grundstoffe **(Elemente)** bestehen aus gleichen Atomen und sind chemisch nicht in andere Stoffe zerlegbar.

Atomaufbau

> **Atome** (atomos, gr.: unteilbar) bestehen aus dem **Atomkern** und den **Elektronen.**

Niels Bohr (dän. Physiker, 1885 bis 1962) entwickelte eine Modellvorstellung, nach der sich die Elektronen auf Kreisbahnen (Atomhülle) um den Kern bewegen (Abb. 1, S. 82).

Der **Atomkern** besteht aus elektrisch positiv geladenen Teilchen, den **Protonen,** und den elektrisch neutralen **Neutronen. Elektronen** sind elektrisch negativ geladene Teilchen. Die Größe der Ladung von Protonen und Elektronen ist gleich. Daher ist das Atom nach außen elektrisch neutral. Die Masse der Protonen und Neutronen ist nahezu gleich. Die Masse der Elektronen ist etwa 1835mal kleiner als die der Protonen oder Neutronen.

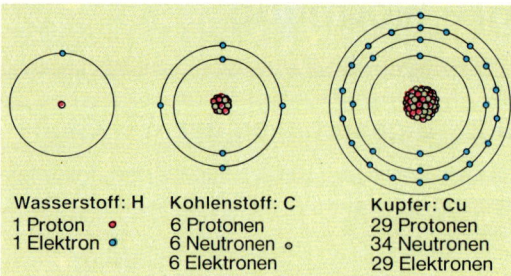

Wasserstoff: H
1 Proton ●
1 Elektron ●

Kohlenstoff: C
6 Protonen ●
6 Neutronen ○
6 Elektronen

Kupfer: Cu
29 Protonen
34 Neutronen
29 Elektronen

Abb. 1: Atommodelle von H, C und Cu

Für die meisten Werkstoffeigenschaften (z.B. elektrische Leitfähigkeit, Korrosionsbeständigkeit) ist die Anzahl der Elektronen auf der äußeren Bahn ausschlaggebend. Die äußere Elektronenbahn enthält maximal 8 Elektronen. Elemente mit dieser Elektronenzahl auf der äußeren Bahn **(Edelgase)** sind sehr stabil. Diese Elektronenanzahl auf der äußeren Bahn wird von allen Elementen angestrebt (s. Kap. 9.2.4).

Zustandsformen der Werkstoffe

Der Zusammenhalt gleicher Werkstoffmoleküle (s. Kap. 9.2.4) untereinander erfolgt durch **Kohäsionskräfte** (cohaerere, lat.: zusammenhängen). Diese Kräfte beeinflussen die Festigkeit, Härte und Zustandsform der Werkstoffe bei Temperaturänderungen.
Der Zusammenhalt kann durch Wärmezufuhr verringert werden. Wärme läßt die Atome und Moleküle eines Körpers in Bewegung geraten. Mit zunehmender Temperatur steigt die Geschwindigkeit der Bewegung.

> Die **Temperatur** ist eine Meßgröße zur Bestimmung des Wärmezustands eines Körpers. Sie wird in Grad Celsius (°C) oder Kelvin (K) gemessen.

Fast alle Werkstoffe (außer z.B. Kunststoffe, Leder) können die drei **Aggregatzustände** (Zustandsformen) fest, flüssig oder gasförmig annehmen.

Feste Stoffe haben eine bestimmte Form und ein bestimmtes Volumen. Die Kohäsionskräfte sind sehr groß.

Flüssige Stoffe lassen sich kaum verdichten und passen sich jeder gegebenen Form an. Die Kohäsionskräfte sind in Flüssigkeiten geringer als in festen Werkstoffen.

Gasförmige Stoffe lassen sich leicht verdichten. Die Moleküle sind in ständiger, regelloser Bewegung. Die Kohäsionskräfte sind vollständig aufgehoben.

9.2.2　Physikalische Eigenschaften

Dichte

> Die **Dichte** eines Werkstoffs ist das Verhältnis der Masse m zum Volumen V.

Das Formelzeichen für die Dichte ist ϱ (rho; gr. kleiner Buchstabe).

$$\varrho = \frac{m}{V}$$

ϱ　Dichte in $\dfrac{g}{cm^3}$; $\dfrac{kg}{dm^3}$
m　Masse in g; kg
V　Volumen in cm³; dm³

Festigkeit

> Die **Festigkeit** ist der innere Widerstand eines Werkstoffs gegen Verformung oder Zerstörung durch äußere Kräfte.

Je nach Art der Krafteinwirkung (Abb. 2) wird nach Zug-, Druck-, Biege-, Scher-, Knick- oder Torsionsfestigkeit (Widerstand gegen Verdrehung) unterschieden.
Die Festigkeit ist das Verhältnis der wirkenden Kraft F zur Querschnittsfläche A.
Formelzeichen für Zug-, Druck- und Biegefestigkeit ist σ (sigma; gr. kleiner Buchstabe), für Scher- und Torsionsfestigkeit τ (tau; gr. kleiner Buchstabe).

$$\sigma = \frac{F}{A} \; ; \quad \tau = \frac{F}{A}$$

σ　Zugfestigkeit in $\dfrac{N}{mm^2}$
F　Kraft in N
A　Fläche in mm²
τ　Scherfestigkeit in $\dfrac{N}{mm^2}$

Elastizität

> Die **Elastizität** ist die Fähigkeit eines Werkstoffs, nach einer Belastung wieder die ursprüngliche Form anzunehmen.

Die Elastizität hängt von den Kohäsionskräften ab. Überschreitet die Belastung die Elastizitätsgrenze (s. Kap. Werkstoffprüfung), so werden die Kohäsionskräfte überwunden. Der Werkstoff erfährt eine bleibende Formänderung (plastische Verformung).

Plastizität

> Die **Plastizität** ist das Formänderungsvermögen eines Werkstoffs unter Krafteinwirkung, ohne daß der Werkstoffzusammenhalt aufgehoben wird.

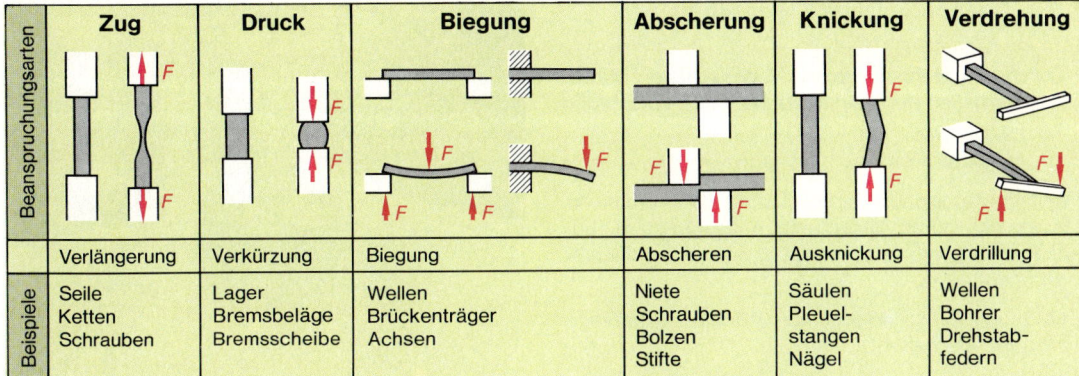

	Zug	Druck	Biegung	Abscherung	Knickung	Verdrehung
Beanspruchungsarten						
	Verlängerung	Verkürzung	Biegung	Abscheren	Ausknickung	Verdrillung
Beispiele	Seile Ketten Schrauben	Lager Bremsbeläge Bremsscheibe	Wellen Brückenträger Achsen	Niete Schrauben Bolzen Stifte	Säulen Pleuel- stangen Nägel	Wellen Bohrer Drehstab- federn

Abb. 2: Krafteinwirkungsarten

Härte

> Die **Härte** ist der Formänderungswiderstand, den ein Werkstoff an seiner Oberfläche gegen das Eindringen eines anderen Körpers entgegensetzt.

Schmelzpunkt

> Der **Schmelzpunkt** ist die Temperatur, bei der ein Werkstoff vom festen in den flüssigen Zustand übergeht.

Durch Wärmezufuhr werden die Moleküle in Bewegung versetzt, bis die Kohäsionskräfte nicht mehr ausreichen, die Moleküle an ihren Plätzen zu halten. Der Werkstoff wird flüssig, der geordnete Aufbau (z.B. von Metallen) ist aufgehoben.
Während des Abkühlens flüssiger Metalle bilden sich regelmäßige Gitterstrukturen (Abb. 3).
Diese Atomanordnung wird als **kristalline Struktur** bezeichnet. Andere Werkstoffe erstarren zu **amorphen** (gr.: formlos, ungeordnet) **Strukturen.**

Wärmedehnung

Durch Wärmezufuhr dehnen sich alle Stoffe bis auf wenige Ausnahmen (z.B. Wasser, das bei 4°C seine größte Dichte hat) nach allen Richtungen aus. Mit Hilfe der **Wärmeausdehnungszahl** α (alpha; gr. kleiner Buchstabe) läßt sich errechnen, um welchen Betrag Δl (Δ, delta; gr. großer Buchstabe; verwendet für Differenz) die Länge l_0 eines bestimmten Körpers bei einer Temperaturerhöhung $\Delta \vartheta$ (theta; gr. kleiner Buchstabe) zunimmt.

$$\Delta l = \alpha \cdot l_0 \cdot \Delta \vartheta$$

Δl Längenänderung in mm; m
l_0 Ausgangslänge in mm; m
$\Delta \vartheta$ Temperaturerhöhung in K
α Wärmeausdehnungszahl in 1/K

Thermische Leitfähigkeit

> Die **thermische Leitfähigkeit** (Wärmeleitfähigkeit) eines Stoffes ist die Eigenschaft, zugeführte Wärme an benachbarte Moleküle weiterzugeben.

Die Molekülbewegung des erwärmten Moleküls überträgt sich auf die benachbarten Moleküle.

Elektrische Leitfähigkeit

> Die **elektrische Leitfähigkeit** ist die Eigenschaft der Werkstoffe, elektrischen Strom gut oder schlecht zu leiten.

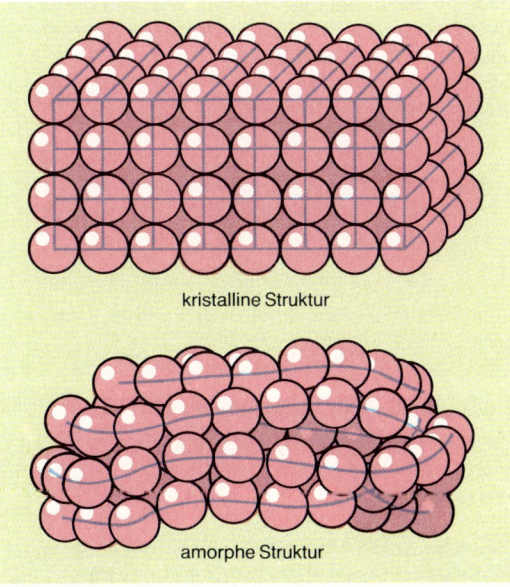

kristalline Struktur

amorphe Struktur

Abb. 3: Modell der kristallinen und amorphen Struktur

9.2.3 Technologische Eigenschaften

> Durch die **technologischen Eigenschaften** wird das Verhalten der Werkstoffe bei ihrer Verarbeitung gekennzeichnet.

Die technologischen Eigenschaften der Werkstoffe lassen sich durch allgemeine Aussagen (z.B. gut spanlos verformbar, schmiedbar, schlecht schweißbar) ausdrücken.

Tab. 3 zeigt einige Werkstoffe und ihre technologischen Eigenschaften.

Tab. 3: Werkstoffe und technologische Eigenschaften

Werkstoff	Technologische Eigenschaften
Kupfer Cu	schlecht gießbar; gut spanlos verformbar durch Walzen, Ziehen oder Biegen; gut lötbar und schweißbar.
Blei Pb	gut gießbar; gut spanlos verformbar durch Walzen, Ziehen oder Biegen; schlecht spanend verformbar.
Aluminium Al	spanend bearbeitbar durch Drehen, Fräsen oder Bohren; gut gießbar; gut spanlos verformbar.

9.2.4 Chemische Grundlagen

Chemische Verbindungen

Atome mit weniger als acht Elektronen auf der äußeren Elektronenbahn gehen mit anderen Atomen Bindungen ein, um fehlende Elektronen zu ergänzen oder überzählige abzugeben.
Bindungen zwischen unterschiedlichen Atomen werden chemische Verbindungen genannt.

> Durch eine **chemische Verbindung** entsteht ein neuer Stoff, der andere Eigenschaften aufweist als die Grundstoffe.

Eine Verbindung von zwei oder mehreren Atomen wird als Molekül bezeichnet.

> **Moleküle** sind die kleinsten Teile einer chemischen Verbindung, die noch alle Eigenschaften der Verbindung haben.

Die Atome oder Moleküle eines Stoffes oder einer chemischen Verbindung werden durch **Kohäsionskräfte** zusammengehalten.

Abb. 1: Korrosion der Federbeinbefestigung an einem Pkw

Stoffgemische

Werden Stoffe miteinander vermischt, ohne daß sie sich chemisch verbinden, entstehen **Gemische** oder **Gemenge.** Diese können durch physikalische Verfahren wieder getrennt werden. Stahl ist ein Gemenge aus Eisen (Fe), Eisenkarbid (Fe_3C) und weiteren Zusatzstoffen.
In der Werkstofftechnik werden Gemenge aus Metallen, die im flüssigen Zustand miteinander gemischt werden, als **Legierungen** bezeichnet.

Oxidation und Reduktion

Verbindet sich ein Stoff mit Sauerstoff (lat., Oxygenium), so wird der Vorgang als **Oxidation** bezeichnet. Die dabei entstandene chemische Verbindung heißt Oxid.
Die Oxidation setzt Wärme frei.
Fast alle metallischen Werkstoffe oxidieren. Dieser Vorgang läuft sehr langsam ab und erfolgt an der Werkstückoberfläche.
Die Zerstörung der Werkstücke durch Oxidation wird auch **Korrosion** genannt (Abb. 1).
Rosten ist die Korrosion eisenhaltiger Werkstoffe.

> **Korrosion** ist die Zerstörung metallischer Werkstoffe durch chemische oder elektrochemische Umgebungseinflüsse.

Wird einer chemischen Verbindung der Sauerstoff unter Wärmezufuhr entzogen, so bezeichnet man diesen Vorgang als **Reduktion** (reducere, lat.: zurückführen).

9.3 Eisen und Stahl

Stahl unterscheidet sich von dem chemischen Element Eisen (Fe) durch Legierungsbestandteile, die seine Eigenschaften (z.B. Härte, Festigkeit und Korrosionsbeständigkeit) erheblich verbessern.

> Als **Stahl** gilt ein Eisenwerkstoff mit meist weniger als 2% Kohlenstoff, der sich umformen läßt.

Eisen mit höherem Kohlenstoffanteil wird als Gußeisen bezeichnet.

9.3.1 Roheisenerzeugung

Eisen kommt in der Natur nicht rein vor. Es wird als Eisenoxid in Form von Eisenerzen abgebaut. Tab. 4 zeigt die wichtigsten Eisenerze, ihre chemische Zusammensetzung und den Eisengehalt.

Tab. 4: Eisenerze

Eisenerz	chemische Bezeichnung	Eisengehalt
Magneteisenstein	Fe_3O_4	60…70%
Roteisenstein	Fe_2O_3	40…60%
Brauneisenstein	$Fe_2O_3 + 3H_2O$	20…45%
Spateisenstein	$FeCO_3$	30…45%

Roheisenerzeugung im Hochofen

Das Roheisen wird aus den Eisenerzen mit Zuschlägen von Kalk und Kies im **Hochofen** (Abb. 2) erschmolzen.
Als Brennstoff dient Koks. Kies und Kalk sollen die erdigen Bestandteile der Erze zu einer gut fließenden Schlacke binden und eine Vermischung der Schlacke mit dem Roheisen verhindern.

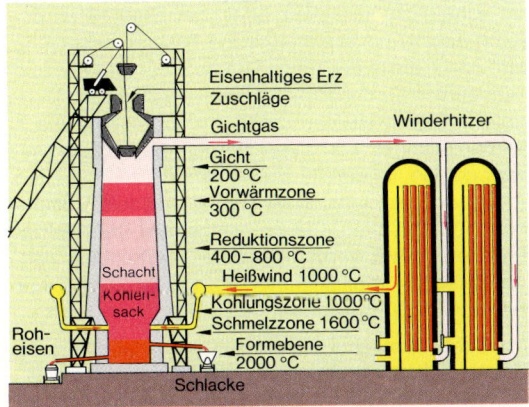

Eisenhaltiges Erz
Zuschläge
Gichtgas
Winderhitzer
Gicht 200 °C
Vorwärmzone 300 °C
Reduktionszone 400–800 °C
Heißwind 1000 °C
Schacht
Kohlensack
Kohlungszone 1000 °C
Schmelzzone 1600 °C
Roheisen
Formebene 2000 °C
Schlacke

Abb. 2: Schematische Darstellung einer Hochofenanlage

Den Eisenerzen wird durch Reduktion der Sauerstoff entzogen, da Sauerstoff den Werkstoff spröde und unbrauchbar macht. Die Reduktion erfolgt im Hochofen durch die Verbindung des Sauerstoffs mit dem Kohlenstoff des Kokses und dem Kohlenmonoxid der Verbrennungsgase. Dabei werden die Erze mit Kohlenstoff angereichert, der zwar die Schmelztemperatur senkt, aber die Schmiedbarkeit des Werkstoffs vermindert.

Hochofenerzeugnisse sind:

- Weißes Roheisen (enthält viel **Mangan** und wenig Silicium), das für die Stahlerzeugung geeignet ist.
- Graues Roheisen (mit hohem **Silicium**gehalt), das nur als Gußwerkstoff einsetzbar ist.
- Hochofenschlacke, für Straßen- und sonstige Bauzwecke.
- Hochofengas (Gichtgas), für die Beheizung der Winderhitzer oder als Brenngas für Verbrennungsmotoren zur Stromerzeugung.

Direktreduktionsverfahren

Direktreduktionsverfahren entziehen den Eisenerzen in festem Zustand den Sauerstoff.
In einem Drehrohrofen oder in einem Schachtofen (Purofer-Verfahren) werden die pulverisierten Erze von erwärmten Reduktionsgasen (CO-Gas oder H_2-Gas) durchblasen.
Im Vergleich zum Hochofen werden kürzere Durchlaufzeiten erreicht. Als Brennstoff wird Erdgas, Erdöl oder Braunkohle verwendet.

9.3.2 Stahlerzeugungsverfahren

Während der Stahlerzeugung wird der zu hohe Kohlenstoffanteil des Roheisens durch Oxidation mit Luftsauerstoff herabgesetzt.
Überwiegend wird der Stahl nach folgenden Verfahren erschmolzen (Abb. 1, S. 86):

- **Sauerstoff-Blasverfahren:** Sauerstoff oder ein Sauerstoff-Kalk-Gemisch wird auf die Oberfläche des flüssigen Roheisens aufgeblasen. Der Sauerstoff verbrennt den Kohlenstoff und andere Beimengungen. Der Kalk bindet Schwefel und Phosphor.
- **Siemens-Martin-Verfahren:** Die Schmelze wird zum »Kochen« gebracht. Dabei verbrennen der Kohlenstoff und die anderen gasförmig gewordenen Verunreinigungen.
- **Elektro-Verfahren:** Die Schmelze wird durch einen Lichtbogen aufgeheizt. Die unerwünschten Roheisenbestandteile verbrennen, und es entsteht ein besonders hochwertiger Stahl.

Alle vorgenannten Verfahren lassen die Wiederverwendung von Stahlschrott zu.

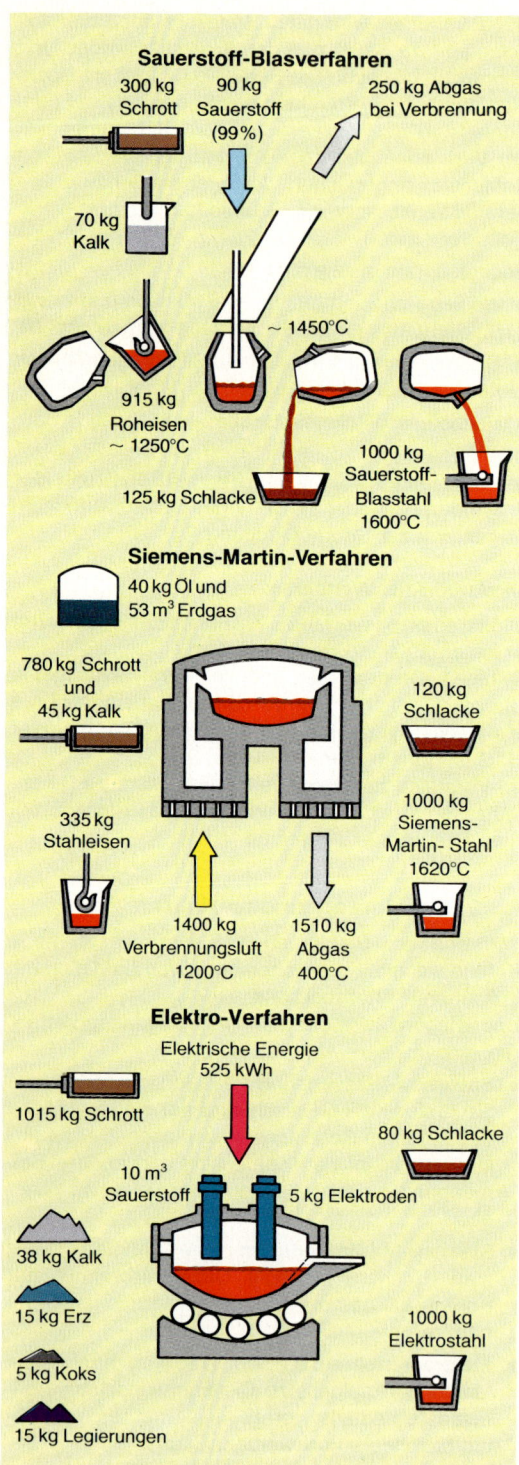

Sauerstoff-Blasverfahren

300 kg Schrott 90 kg Sauerstoff (99%) 250 kg Abgas bei Verbrennung

70 kg Kalk

~ 1450°C

915 kg Roheisen ~ 1250°C

125 kg Schlacke

1000 kg Sauerstoff-Blasstahl 1600°C

Siemens-Martin-Verfahren

40 kg Öl und 53 m³ Erdgas

780 kg Schrott und 45 kg Kalk

120 kg Schlacke

335 kg Stahleisen

1000 kg Siemens-Martin- Stahl 1620°C

1400 kg Verbrennungsluft 1200°C

1510 kg Abgas 400°C

Elektro-Verfahren

Elektrische Energie 525 kWh

1015 kg Schrott

80 kg Schlacke

10 m³ Sauerstoff 5 kg Elektroden

38 kg Kalk

15 kg Erz

1000 kg Elektrostahl

5 kg Koks

15 kg Legierungen

Abb. 1: Stahlerzeugungsverfahren

9.4 Normung der Stahl- und Eisenwerkstoffe

> Die **Normung** ist ein Mittel zur Ordnung und Vereinheitlichung von Werkstoffen, Werkstücken und Fertigprodukten.

Normung ermöglicht Kosteneinsparungen durch Verringerung der Lagerhaltung, Verringerung der Spezialwerkzeuge, kostengünstige Produktion durch hohe Stückzahlen und Austauschbarkeit der Einzelteile.

Deutsche Normen sind Festlegungen, die das Deutsche Institut für Normung e.V. aufgestellt und mit dem Verbandszeichen DIN herausgegeben hat. Sie werden auch kurz **DIN-Normen** genannt.

EURONORMEN werden von der Europäischen Gemeinschaft für Kohle und Stahl (EGKS) herausgegeben. Die Inhalte der EURONORMEN werden in den entsprechenden DIN-Normen berücksichtigt.

ISO-Normen werden von der Internationalen Normungsorganisation herausgegeben. Vom Deutschen Institut für Normung e.V. übernommene Normen werden als DIN-ISO-Normen gekennzeichnet.

9.4.1 Werkstoffnormung nach DIN 17 006

DIN 17006 erfaßt alle Eisenwerkstoffe und ihre Legierungen. Die Benennung ist dreiteilig und besteht aus dem Herstellungsteil, dem Zusammensetzungsteil und dem Behandlungsteil (Tab. 5).

Der Herstellungsteil enthält Buchstaben, die den Stahl oder die Gußwerkstoffe nach der Herstellung kennzeichnen (z.B. Y für Sauerstoff-Blasstahl, E für Elektrostahl, R für ruhig vergossene Werkstoffe, G für Gußwerkstoffe).

Der Zusammensetzungsteil enthält Angaben über die Mindestzugfestigkeit oder die chemische Zusammensetzung. Die chemische Zusammensetzung wird durch die chemischen Symbole der Zusätze und Kennzahlen für den Prozentgehalt angegeben. Hochlegierte Stähle werden durch ein vorangestelltes **X** gekennzeichnet. Für diese werden die Legierungsbestandteile in den tatsächlichen Prozentgehalten angegeben. Kohlenstoff wird immer mit dem Multiplikator 100 versehen. Die Prozentgehalte der niedriglegierten Stähle werden mit einer festgelegten Zahl **(Multiplikator)** multipliziert (Tab. 6), damit sich nur ganzzahlige Kennzahlen ergeben.

Der Behandlungsteil enthält Kennbuchstaben für die Eigenschaften, die durch die Weiterverarbeitung erreicht wurden. Kennzahlen geben die erreichte Zugfestigkeit in 10 N/mm² an.

Tab. 5: Beispiele für Werkstoffbenennungen nach DIN 17006

Werkstoff-benennung	Herstellungsteil (Rohteil)	Zusammensetzungsteil (Mittelteil)	Behandlungsteil (Verarbeitungsteil)	Verwendung
R St 50	R: ruhig vergossen	St 50: allgemeiner Baustahl, ohne chem. Angaben Mindestzugfestigkeit 500 $\frac{N}{mm^2}$	ohne Angaben	Zahnräder, Schrauben, Stifte
YC 15	Y: Sauerstoff-Blasstahl	C 15: unlegierter Qualitäts-stahl mit 0,15% C, für Wärmebehandlung geeignet.	ohne Angaben	Nockenwellen, Kolbenbolzen, Zahnräder
18 CrNi 8	ohne Angaben	18 CrNi: niedriglegierter Stahl mit 0,18% C, 2% Cr und Anteilen von Nickel	ohne Angaben	Kegelräder, Tellerräder, Zahnräder
34 CrMo 4 V 100	ohne Angaben	34 CrMo 4: niedriglegierter Stahl mit 0,34% C, 1,0% Cr, Anteilen von Mo	V 100: Zugfestigkeit durch Vergüten 1000 $\frac{N}{mm^2}$	Kurbelwellen, Pleuelstangen, Vorderachsen
X 45 CrSi 9	ohne Angaben	X 45 CrSi 9: hochlegierter Stahl mit 0,45% C, 9% Cr, Anteilen von Si	ohne Angaben	Auslaßventile

Unlegierte Stähle sind Stähle, die nicht mehr als 0,5% Si, 0,8% Mn, 0,1% Al, 0,1% Ti oder 0,25% Cu enthalten, oder wenn sonstige Bestandteile nicht absichtlich beigegeben wurden.

Niedriglegierte Stähle sind Stähle mit weniger als 5% Legierungsbestandteilen.

Hochlegierte Stähle sind Stähle mit Legierungs-bestandteilen über 5%. Kohlenstoff wird dabei nicht berücksichtigt. Der Kohlenstoff rechnet nicht zu den Legierungselementen.

Tab. 6: Multiplikatoren einiger Legierungselemente

Multiplikator		
4	10	100
Chrom Cr	Aluminium Al	Kohlenstoff C
Kobalt Co	Kupfer Cu	Phosphor P
Mangan Mn	Molybdän Mo	Schwefel S
Nickel Ni	Tantal Ta	Stickstoff N
Silicium Si	Titan Ti	
Wolfram W	Vanadium V	

9.4.2 Werkstoffnummern nach DIN 17 007

Für die Zwecke der Datenverarbeitung eignet sich ein Nummernsystem zur Normung von Werkstoffen aller Art.

Die Werkstoffnummern sind siebenstellig. Sie bestehen aus:

X XXXX XX

- Werkstoff-Hauptgruppe
- Sortennummer
- Anhängezahlen

Die Tab. 7 enthält die Ziffern der Werkstoff-Hauptgruppen.

Tab. 7: Ziffern der Werkstoff-Hauptgruppen

0	Roheisen und Eisenlegierungen
1	Stahl
2	Schwermetalle (außer Eisen)
3	Leichtmetalle
4...8	Nichtmetallische Werkstoffe
9	Werkstoffe für Versuchszwecke, Versuchslegierungen, frei für interne Benutzung.

Die Sortennummer besteht aus vier Ziffern. Die ersten beiden Ziffern bezeichnen die Sortenklasse, die Angaben über die chemische Zusammensetzung enthält. Die nachfolgenden Ziffern sind Zählnummern.

Beispiele einiger Sortenklassen der Hauptgruppe 1 zeigt Tab. 8.

Tab. 8: Beispiele einiger Sortenklassen

01...02	Allgemeine Baustähle unter 0,3% C-Gehalt
03...07	unlegierte Qualitätsstähle
08...09	legierte Qualitätsstähle
11...12	Baustähle ⎱ unlegierte Edelstähle
15...18	Werkzeugstähle ⎰
20...28	Werkzeugstähle ⎱ legierte Edelstähle
50...84	Baustähle ⎰

Die Anhängezahlen kennzeichnen das Herstellungsverfahren (1. Anhängezahl) und den Behandlungszustand (2. Anhängezahl).

Die Anhängezahlen können auch entfallen, wenn die Herstellungs- oder Behandlungsverfahren von untergeordneter Bedeutung sind.

So hat z. B. St45 die Werkstoffnummer: 1.0408
Hauptgruppe 1 (Stahl)

Sortenklasse 04 (unlegierter Qualitätsstahl mit weniger als 0,3% C)

Zählnummer 08 (festgelegt für St45)

Anhängezahl entfällt.

9.5　Einteilung der Stähle

Nach DIN 17007 lassen sich die Stähle in zwei Hauptgruppen unterteilen:

- Massen- und Qualitätsstähle,
- Edelstähle.

Die Massen- und Qualitätsstähle werden in folgende Untergruppen eingeteilt:

- **allgemeine Baustähle** (Massenstähle, unlegiert, bis 0,3% C),
- **unlegierte Qualitätsstähle** (C-, P- und S-Gehalt sind Hauptmerkmale),
- **legierte Qualitätsstähle** (hauptsächlich mit Si legierte Stähle).

Die Edelstähle werden in folgende Untergruppen eingeteilt:

- **unlegierte Edelstähle:** Baustähle, Werkzeugstähle, Vergütungsstähle, Einsatzstähle und Federstähle.
- **legierte Edelstähle:** Baustähle, Werkzeugstähle, Vergütungsstähle, Einsatzstähle, Federstähle, Schnellarbeitsstähle, Wälzlagerstähle, nichtrostende Stähle, hitzebeständige Stähle, Hochtemperaturwerkstoffe, Nitrierstähle, Hartlegierungen, Ventilstähle (Abb. 1).

Tab. 9 enthält eine Einteilung wichtiger Stähle, die im Kraftfahrzeugbau verwendet werden.

Tab. 9: Stahlarten und ihre Anwendung im Kraftfahrzeugbau

Bezeichnung nach DIN 17007	Kurzbezeichnung nach DIN 17006 und DIN 17007		Eigenschaften	Verwendung
Allgemeiner Baustahl, beruhigt vergossen, Siemens-Martin-Stahl	R St 42-2	1.0132.6	schweißbar, für Spritzlackierung geeignet, Mindestzugfestigkeit 420 N/mm²	Karosserieteile
unlegierter Qualitätsstahl, kohlenstoffarmer Stahl	6 P 10	1.0744	gut verformbar, 0,06%C, 0,1% P	Schrauben, Muttern, Niete
legierter Qualitätsstahl	60 SiCr 7	1.0961	besonders schwingungsfest, härtbar, 0,6% C, 1,75% Si, etwas Cr	Blattfedern, Schraubenfedern, Tellerfedern
unlegierter Edelstahl, Einsatzstahl mit geringem P- und S-Gehalt	Ck 10	1.1121	durch Wärmebehandlung harte Oberfläche, weicher, zäher Kern, 0,1% C	Lenkungsteile, Wellen, Federbolzen, Zapfen, Gelenke, Hebel
unlegierter Edelstahl, Vergütungsstahl mit geringem P- und S-Gehalt	Ck 60	1.1221	große Festigkeit und Härte, 0,6% C	Achsen, Kurbelwellen, Schrauben, Muttern
legierter Edelstahl, Wälzlagerstahl	105 Cr 4	1.2057	durch Wärmebehandlung sehr hart, verschleißfest, 1,05% C, 1% Cr	Nadeln, Kugeln, Ringe und Rollen für Wälzlager
legierter Edelstahl, Werkzeugstahl	50 CrV 4	1.8159	sehr zäh, verschleißfest, 0,5% C, 1% Cr, etwas V	Schraubenschlüssel

Abb. 1: Ventil aus wärmebeständigem, legiertem Edelstahl

Edelstähle haben gegenüber Qualitätsstählen einen geringeren Phosphor- und Schwefelgehalt und gleichmäßigere Eigenschaften nach einer Wärmebehandlung (z. B. gleichmäßigere Härte). Sie sind weitgehend frei von nichtmetallischen Einschlüssen und haben eine bessere Oberflächenbeschaffenheit.

Die Eigenschaften der Stähle und damit die Anwendungsbereiche werden von den Legierungselementen beeinflußt.

So verringert z. B. ein zunehmender Anteil an Kohlenstoff die Zähigkeit, Formbarkeit und Schweißbarkeit, erschwert die spanende Bearbeitung, steigert aber die Zugfestigkeit und Warmfestigkeit.

Den Einfluß einiger Legierungselemente auf wichtige Stahleigenschaften zeigt Tab. 10.

Tab. 10: Auswirkungen zunehmender Anteile der Legierungselemente auf die Stahleigenschaften

steigende Legierungselemente / Eigenschaften	Nichtmetalle					Metalle					
	C	N	Si	S	P	Cr	Mn	Mo	Ni	V	W
Zugfestigkeit im Walz- und Glühzustand	△	▽	△	○	▽	△	△	△	△	△	△
Zähigkeit	▽	▽	▽	▽	▽	▽	▽	△	△	△	△
Warmfestigkeit	△	▽	○	▽	▽	△	△	△	△	△	△
Warmformbarkeit	▽	▽	▽	▽	▽	○	▽	○	△	○	▽
Kaltformbarkeit	▽	▽	▽	▽	▽	○	○	▽	○	○	▽△
Spanende Bearbeitung	▽	○	▽	△	▽	▽	▽	○	▽	○	○
Korrosionsbeständigkeit	○	▽	△	▽	△	△	△	△	△	△	▽
Schweißbarkeit	▽	○	○	▽	▽	▽	▽	▽	▽	▽	○

△ wirkt sich positiv aus   ▽ wirkt sich negativ aus
○ ohne Auswirkung
▽△ wirkt sich je nach C-Gehalt verschieden aus

9.6 Einteilung der Eisen-Kohlenstoff-Gußwerkstoffe

Die Eisen-Kohlenstoff-Gußwerkstoffe können in folgende Gruppen unterteilt werden:

- **Stahlguß:** in Formen gegossener Stahl, Herstellungskennzeichen: GS (DIN 1681),
- **Gußeisen mit Lamellengraphit:** Herstellungskennzeichen: GG (DIN 1691),
- **Gußeisen mit Kugelgraphit:** Herstellungskennzeichen: GGG (DIN 1693),
- **Weißer Temperguß:** Herstellungskennzeichen: GTW (DIN 1692),
- **Schwarzer Temperguß:** Herstellungskennzeichen: GTS (DIN 1692),
- **Hartguß:** nicht genormte Sondergußart, Herstellungskennzeichen: GH.

Die Herstellung der Gußwerkstoffe erfolgt aus dem grauen Roheisen (Ausnahme Stahlguß), dem Gußbruch und Stahlschrott zugesetzt wird. Die Bestandteile werden in Schachtöfen oder Elektroöfen geschmolzen. Abb. 2 zeigt einen Motorblock aus Gußeisen mit Kugelgraphit (GGG).

Abb. 2: Motorblock für einen 16-Zylinder-V-Motor aus GGG-50

Die Kennzeichnung der Gußwerkstoffe erfolgt nach dem Herstellungskennzeichen (Herstellungsart) und der Zugfestigkeit. Die Zugfestigkeit einiger Gußarten zeigt Tab. 11.

Tab. 11: Zugfestigkeiten einiger Gußwerkstoffe

Gußart	mittlere Zugfestigkeit in N/mm²
Stahlguß	380 bis 700
Temperguß	300 bis 700
Gußeisen mit Kugelgraphit	450 bis 700
Gußeisen mit Lamellengraphit	100 bis 250

Stahlguß

Stahlguß wird am häufigsten aus unlegierten Stahlsorten hergestellt, die in Formen gegossen werden. Stahlguß hat eine höhere Festigkeit als Gußeisen oder Temperguß. Er wird für dünnwandige Formteile verwendet. Für besonders warmfesten Stahlguß werden Anteile von Cr, Mo und V zulegiert.

Gußeisen mit Lamellengraphit

Durch langsame Abkühlung wird der im Guß enthaltene Kohlenstoff (2,5 bis 3,5% C) vollständig als grobverästelte Graphitadern (Abb. 1) zwischen den Eisenkristallen ausgeschieden (Lamellengraphit).

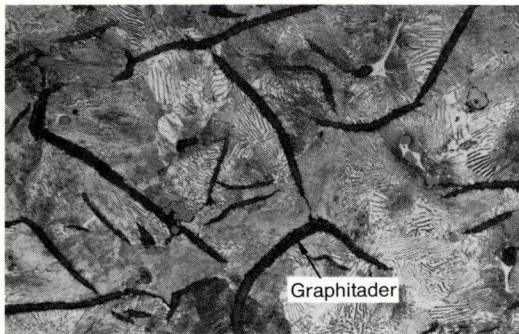

Abb. 1: Lamellengraphit

Die Graphitlamellen wirken bei mechanischer Beanspruchung des Gußeisens wie kleine Kerben und Risse. Daher ist die Festigkeit und Elastizität von Gußeisen sehr gering. Es hat aber gute Gießeigenschaften und läßt sich gut spanend formen.

Gußeisen mit Kugelgraphit

Der Schmelze wird Mg und Ni zugesetzt. Diese Zusätze bewirken, daß sich der Kohlenstoff kugelförmig zwischen den Eisenkristallen ablagert (Abb. 2). Durch die kugelförmigen Einlagerungen entstehen keine Kerbwirkungen. Dadurch hat dieses Gußeisen eine 2- bis 4fach höhere Zugfestigkeit als Gußeisen mit Lamellengraphit.

Weißer Temperguß

Die Gußwerkstücke werden etwa 80 Stunden in sauerstoffreicher Atmosphäre geglüht. Die Temperatur beträgt etwa 1070°C. Dabei wird den äußeren Werkstoffschichten der Kohlenstoff größtenteils entzogen. Die Werkstücke werden weich und zäh. Weißer Temperguß ist schweißbar.

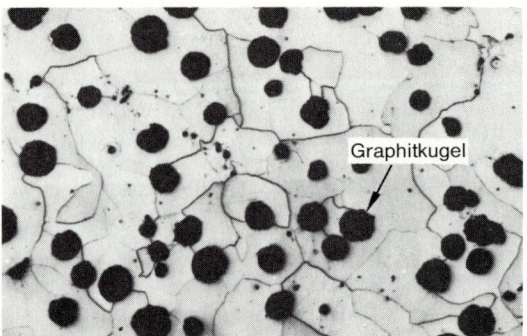

Graphitkugel

Abb. 2: Kugelgraphit

Schwarzer Temperguß

Die Werkstücke werden mehrere Tage unter Luftabschluß geglüht. Die Temperatur beträgt 800°C bis 950°C. Die Eisen-Kohlenstoff-Verbindung (Eisenkarbid) zerfällt, und der Kohlenstoff verteilt sich gleichmäßig in Form rundlicher Temperkohleflokken. Die Dehnung ist gegenüber Gußeisen erheblich größer. Schwarzer Temperguß läßt sich vergüten (Härten mit nachfolgendem Anlassen auf etwa 400°C), oberflächenhärten, löten und bedingt schweißen. Die Schweißstellen sind nicht dauerbelastbar.

Hartguß

Hartguß zeichnet sich durch eine größere Härte aus. Er entsteht durch rasche Abkühlung der Gußform und Verwendung von Roheisen mit hohem Mn-Gehalt (1,5%) und geringem Si-Gehalt.

Tab. 12 enthält Gußwerkstoffe mit Festigkeitsangaben und Verwendungsbeispielen.

Tab. 12: Gußwerkstoffe mit Verwendungsbeispielen

Bezeichnung nach DIN 17006	17007	Zugfestigkeit	Verwendung
Stahlguß GS-45	1.0446	450 N/mm²	Hinterachsgehäuse, Bremstrommeln
Gußeisen mit Lamellengraphit GG-25	0.6025	250 N/mm²	Zylinderblöcke, Gehäuse, Lager
Gußeisen mit Kugelgraphit GGG-60	0.7060	600 N/mm²	Nockenwellen, Bremstrommeln, Kurbelwellen, Getriebegehäuse, Hinterachsen
Weißer Temperguß GTW-40-05	0.8040	400 N/mm²	Bremstrommeln, Hebel, Getriebegehäuse
Schwarzer Temperguß GTS-35-10	0.8135	350 N/mm²	Kupplungen, Bremsbacken, Schwungräder

9.7 Schwermetalle und ihre Legierungen

> **Schwermetalle** sind alle Metalle und Legierungen, deren Dichte über 5 kg/dm³ liegt.

Diese Einteilung ist nicht genormt.

Die Legierungen der Metalle werden in Gußlegierungen und Knetlegierungen unterschieden.

Gußlegierungen werden durch Gießen zu Werkstücken verarbeitet.

Knetlegierungen werden durch spanlose Umformung (z.B. Walzen, Ziehen) zu Blechen, Profilen, Rohren oder Drähten verarbeitet.

9.7.1 Kupfer

Kupfer wird aus kupferhaltigen Erzen (Kupferkies, Kupferglanz) gewonnen.
Reines Kupfer ist sehr weich, zäh, gut legierbar und läßt sich schlecht spanend bearbeiten. Es hat eine gute elektrische Leitfähigkeit, ist gut lötbar und sehr korrosionsbeständig. Die Dichte beträgt 8,9 kg/dm³ und der Schmelzpunkt 1080 °C.
Kupfer ist nach Silber der beste Wärmeleiter.
In reiner Form wird Kupfer hauptsächlich für elektrische Leitungen verwendet. Verunreinigungen setzen die Leitfähigkeit stark herab.
Wegen der guten Wärmeleitfähigkeit wird Kupfer für Wärmeaustauscher, Heiz- und Kühlrohre verwendet.

9.7.2 Kupfer-Zink-Legierungen (Messing)

Gußlegierungen

Die Bezeichnung Messing ist durch die genauere Bezeichnung Kupfer-Zink-Legierung abgelöst worden. Diese Legierungen enthalten mindestens 50% Cu und bis zu 44% Zn. Zink verbessert die Gießfähigkeit, Bleizusätze verbessern die Zerspanbarkeit.
Die Kennzeichnung der Gußlegierungen erfolgt durch den vorangestellten Buchstaben G. Die Ziffern geben den Prozentgehalt des Hauptlegierungszusatzes an.

G-CuZn33Pb ist eine Kupfer-Zink-Gußlegierung, mit 33% Zn, etwa 2% Pb, Rest Cu. Diese Legierung wird für Armaturen und Schneckenräder verwendet.

Knetlegierungen

Knetlegierungen werden für Schrauben, Bänder, Kühler und Lagerbuchsen verwendet.
CuZn37 ist eine Knetlegierung mit 63% Cu und 37% Zn.

Abb. 3: Pleuelbuchsen

9.7.3 Kupfer-Zinn-Legierungen (Bronzen)

Die Bezeichnung Bronze ist durch die genauere Bezeichnung Kupfer-Zinn-Legierung abgelöst worden. Diese Legierungen enthalten mindestens 60% Cu und als Hauptlegierungsbestandteil Sn. Zinn verbessert die Gleiteigenschaften und die Abriebfestigkeit.
CuSn8 ist eine Kupfer-Zinn-Legierung mit 92% Cu und 8% Sn. Sie wird für Siebe, Federn und Membranen verarbeitet.

9.7.4 Kupfer-Blei-Zinn-Legierungen

Kupfer-Blei-Zinn-Legierungen enthalten bis zu 30% Blei und bis zu 10% Zinn. Sie werden zu Lagerteilen vergossen, da sie gute Gleiteigenschaften und Notlaufeigenschaften vereinigen.
Die Kupfer-Blei-Zinn-Legierung **G-CuPb20Sn** enthält 20% Pb, etwa 4% Sn und 76% Cu. Sie wird für hochbeanspruchte Pleuelbuchsen (Abb. 3) benötigt.

9.7.5 Lagermetalle

Gleitlager für Kurbelwellen erfordern Werkstoffe, die hohe Stoßbelastungen bei geringen Schichtdicken aufnehmen können. Diese Anforderungen erfüllen Lagermetalle mit hohem Blei- oder Zinn-Gehalt, etwas Kupfer und Antimon (Sb).
LgSn89 enthält 89% Sn, 7% Sb und 4% Cu. Die Kennzeichnung als spezielles Lagermetall erfolgt durch die Buchstaben Lg.

9.7.6 Weitere Schwermetalle

Tab. 13, S. 92 enthält weitere im Kraftfahrzeugbau eingesetzte Schwermetalle.

Tab. 13: Schwermetalle mit Verwendungsbeispielen

Werkstoff	Dichte	Schmelz-punkt	Eigenschaften	Verwendung
Blei Pb	11,34 kg/dm³	327 °C	weich, biegsam, korrosionsbeständig, sehr giftig!	Batterieplatten, Lagermetalle, Weichlote
Chrom Cr	7,19 kg/dm³	1903 °C	in reinem Zustand weich, gut dehn- und streckbar, mit Verunreinigungen hart und spröde, korrosions-beständig, säurebeständig, polierfähig	Oberflächenschutz für Metallteile, Verschleiß-schutz für Kolbenringe und Zylinderlaufflächen
Silber Ag	10,49 kg/dm³	961 °C	höchste elektrische und thermische Leitfähigkeit aller Metalle, läßt sich gut löten und kaltumformen	Silberlote, Überzüge für elektronische Kontaktteile
Vanadium V	6,1 kg/dm³	1890 °C	in reiner Form weich und dehnbar, sonst hart, temperaturbeständig	Legierungsmetall für Stahl (z.B. Auslaßventile)
Wolfram W	19,3 kg/dm³	3380 °C	höchster Schmelzpunkt der Metalle, säurebeständig, schlecht gießbar, Verarbeitung durch Sintern	Glühlampendrähte, Schweißelektroden, Unterbrecherkontakte
Zink Zn	7,14 kg/dm³	420 °C	gut gießbar, schweiß- und lötbar, gut spanend bearbeitbar, sehr hohe Längenausdehnung bei Erwärmung	Korrosionsschutzschicht für Stahlbleche, Legie-rungsmetall (Messing)
Zinn Sn	7,3 kg/dm³	232 °C	weich, korrosionsbeständig, läßt sich zu dünnen Folien walzen	Zinnlote, Lagermetall

9.8 Leichtmetalle und ihre Legierungen

Im Kraftfahrzeugbau werden überwiegend Leicht-metallegierungen verarbeitet.

9.8.1 Aluminium

Ausgangsstoff für die Herstellung ist das **Bauxit.**
Aluminium ist ein guter Wärme- und Elektrizitäts-leiter. Es ist gut zerspanbar und legierbar. Es hat eine geringe Dichte (2,7 kg/dm³) aber auch eine geringe Zugfestigkeit. Die Zugfestigkeit läßt sich durch Legie-ren erheblich verbessern. Aluminium ist sehr korro-sionsbeständig, da es mit dem Luftsauerstoff eine Oxidhaut bildet, die eine weitere Oxidation verhin-dert. Der Schmelzpunkt beträgt 660 °C.

Aluminiumgußlegierungen

Die Gießeigenschaften von Al werden durch Zusätze von Cu und Si verbessert. Magnesium (Mg) erhöht die Festigkeit und Härte.
Die Gußlegierungen werden für Kolben, Zylinder-köpfe, Ölwannen, Getriebegehäuse, Lüfterflügel (Abb. 1) und Achsbauteile verwendet (z.B. die Druck-gußlegierung GD-AlSi8Cu3 mit 8% Si und 3% Cu).

Aluminiumknetlegierungen

Die Knetlegierungen enthalten im allgemeinen höhe-re Cu-Anteile als die Gußlegierungen. Cu verringert allerdings die Korrosionsbeständigkeit gegenüber reinem Aluminium. Daher ist für einen entsprechen-den Korrosionsschutz zu sorgen.
Knetlegierungen werden für Zahnräder, Pleuelstan-gen, Karosserieteile, Radnaben und Zierleisten ein-gesetzt (z.B. AlCuBiPb mit etwa 5% Cu, etwas Wismut (Bi) und Blei).

9.8.2 Magnesium

Magnesium wird aus den Erzen Magnesit und Dolomit hergestellt. Es ist weich und wenig korro-sionsbeständig. Reines Magnesium ist sehr leicht entflammbar und kann nicht mit Wasser gelöscht werden (nur mit Sand oder dem Pulverlöscher zu löschen).
Durch Legieren mit Al, Zn, Mn oder Zirkon (Zr) wird Magnesium korrosionsbeständig, fest, gut spanend bearbeitbar und schweißbar.

Abb. 1: Lüfterflügel aus Aluminiumdruckguß

Magnesiumgußlegierungen

Magnesiumgußlegierungen werden für Vergaser, Kolben, Getriebe- und Pumpengehäuse verwendet (z.B. G-MgAl9Zn1 mit 9% Al und 1% Zn).

Magnesiumknetlegierungen

Magnesiumknetlegierungen werden für Blechprofile, Verkleidungen, Armaturen, Kraftstoffbehälter, Felgen und Gehäusedeckel eingesetzt (z.B. MgAl8Zn mit 8% Al und etwa 0,6% Zn).

9.8.3 Titan

Titan wird aus Erzen erschmolzen. Die Herstellung ist sehr aufwendig. Titan hat etwa die Festigkeit von Baustahl, jedoch eine geringere Dichte (4,5 kg/dm³) und eine größere Korrosionsbeständigkeit. Der Schmelzpunkt beträgt 1670°C.

Titanlegierungen mit Al und Molybdän (Mo) werden für Achsen und Motorenteile von Sportwagen verwendet.

9.9 Nichtmetallische Werkstoffe

9.9.1 Kunststoffe

Kunststoffe werden durch verschiedene chemische Verfahren überwiegend aus Kohlenstoff (C), Sauerstoff (O), Wasserstoff (H), Stickstoff (N), Schwefel (S) oder Chlor (Cl) hergestellt.

Je nach Ausgangsstoffmischung und Herstellungsverfahren entstehen Kunststoffe mit **langkettigen Molekülen,** die unterschiedlich stark vernetzt sind (Abb. 2). Die Bestandteile und die Herstellung beeinflussen die technologischen und physikalischen Eigenschaften der Kunststoffe.

Kunststoffe verändern ihr mechanisches Verhalten unter dem Einfluß von Wärme. Abhängig von diesem Verhalten werden sie nach DIN 7724 in 4 Hauptgruppen unterteilt:

● **Thermoplaste** werden durch Wärmezufuhr weich und formbar, die Moleküle sind nur wenig vernetzt;

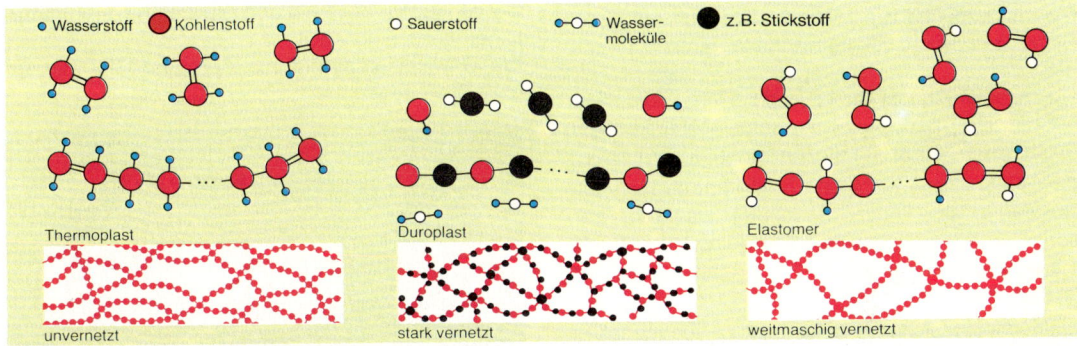

Abb. 2: Vernetzungsarten der Kunststoffe

Tab. 14: Kunststoffe und Verwendungsbeispiele im Kraftfahrzeugbau

Kunststoff	Herstellungsbezeichnung	Eigenschaften	Verwendung
Thermoplast	Polyäthylen	je nach Dichte weich bis hart herstellbar, unzerbrechlich	weich: für Kabelisolierungen, hart: für Scheibenwaschbehälter
	Polystyrol	glasklar, läßt sich einfärben, schwer zerbrechlich, steif	Abdeckungen für Rückleuchten, Blinker, Innenleuchten
	Polyvinylchlorid (PVC)	einfärbbar, weich, dehnbar, chemisch beständig	Polsterbezüge, Fußmatten, Innenverkleidung, Schläuche
	Acrylglas	glasklar, einfärbbar, stoßfest	Verglasungen, Leuchten
Duroplast	Phenolharz	hart, einfärbbar, chemisch beständig	Verteilerkappen, Lenkräder, Gehäuse, Lackgrundstoff
	Aminoplast (Harnstoffharz)	fest, lichtecht, glasklar, schlechter Elektrizitätsleiter	Schalter, Hebel, Gehäuse, Isolierteile, Verbindungsteile
	Schichtpreßstoffe (Kunstharz–Füllstoff)	hohe Zähigkeit, hohe Biegefestigkeit, einfärbbar	Armaturenbrettor, Zahnräder, Lagerbuchsen
Elastomer	Styrol-Butadien (künstlicher Gummi)	unempfindlich gegen Öl und Benzin, abriebfest	Beimischung für Bereifungen

- **Elastomere** nehmen nach der Beanspruchung durch Zugkräfte wieder die ursprüngliche Form ein;
- **Thermoelaste** sind bei Raumtemperatur fest und werden durch Wärmezufuhr elastisch;
- **Duroplaste** sind durch Wärmezufuhr nicht mehr formbar, sie sind ausgehärtet. Die Moleküle sind stark vernetzt.

Die Festigkeit der Kunststoffe kann durch Glasfasern oder Kohlefasern erheblich verbessert werden (s. Kap. 9.10).

Tab. 14, S. 93 enthält die wichtigsten Kunststoffe, die im Kraftfahrzeugbau verwendet werden und ihre Herstellungsbezeichnungen.

9.9.2 Glas

Glas wird aus den Rohstoffen Quarzsand, Soda, Dolomit, Kalk, Kohle und Feldspat erschmolzen. Die warme Glasmasse ist teigig und läßt sich gut umformen (z.B. durch Walzen).
Glas ist hart und druckfest. Es läßt sich nur durch Diamanten oder oxidkeramische Werkstoffe zerspanen.
Für Kraftfahrzeugscheiben sind Sicherheitsgläser erforderlich, die möglichst keine scharfkantigen Splitter ergeben, wenn es zum Bruch kommt.

Einscheibensicherheitsglas erhält durch schnelle Abkühlung eine innere Spannung. Das Glas zerspringt unter Krafteinwirkung in kleine Bruchstücke mit stumpfen Kanten. Die Sicht wird stark behindert (s. Kap. 48.5.3).

Mehrscheibensicherheitsglas besteht aus mehreren Schichten, die durch Zwischenschichten aus Kunststoffolien miteinander verklebt sind (Verbundstoff). Unter Krafteinwirkung entsteht ein spinnennetzartiger Bruch. Die Scheibe zerfällt nicht. Die Sicht bleibt mit Einschränkungen erhalten.

9.9.3 Gummi

Naturgummi wird aus dem milchigen Saft des Gummibaumes hergestellt (Latexmilch). Dazu wird diese Milch **(Kautschuk)** mit Schwefel- und Rußbeimengungen unter Druck erwärmt (vulkanisiert).
Geringe Schwefelbeimengungen (5% bis 20%) ergeben einen weichen Gummi, der für Schläuche und Dichtungen geeignet ist.

Hartgummi erfordert größere Schwefelgehalte (30% bis 50%). Daraus werden Griffe, Lenkräder und Batteriegehäuse hergestellt. Fahrzeugbereifungen bestehen aus Mischungen von Naturgummi und **Kunstgummi.**

9.10 Verbundstoffe

Verbundstoffe sind Stoffe, die durch verschiedene Techniken miteinander verbunden wurden.

9.10.1 Faserverstärkte Kunststoffe

Faserverstärkte Kunststoffe ermöglichen Gewichtsersparnis und sind sehr korrosionsbeständig. Es wird unterschieden in:

- Glasfaserverstärkte Kunststoffe (GFK) und
- kohlenstofffaserverstärkte Kunststoffe (CFK).

Kohlenstofffaserverstärkte Kunststoffe übertreffen die Zugfestigkeit von hochwertigen Stählen. Sie erfordern eine aufwendige Fertigung, sind nur bis etwa 160°C einsetzbar und sehr kostenaufwendig.

Versuchsweise wurden bisher Kolbenbolzen, Ventilfederteller und Pleuelstangen (Abb. 1) aus CFK hergestellt.

Glasfaserverstärkte Kunstoffe weisen nicht die Zugfestigkeit von CFK auf, sind aber kostengünstiger. Sie werden für Karosserien und Ölwannen von Automatikgetrieben eingesetzt.
Die Gewichtsersparnis von CFK und GFK beträgt etwa 50% gegenüber Stahlwerkstoffen.

Abb. 1: Pleuelstange aus CFK

9.10.2 Gesinterte Werkstoffe

Durch Sintern lassen sich Werkstoffe zu Werkstücken verarbeiten oder verbinden, die sonst nur schwer verarbeitbar oder nicht legierbar sind (s. Kap. 3.1.2).
Der Einsatzbereich gesinterter Werkstoffe wird u.a. durch die Dichte bestimmt. Daher werden diese Stoffe nach ihrem Porenraumanteil in Klassen eingeteilt (Tab. 15).
Durch Sintern werden neben porigen Werkstoffen auch Sinterreibstoffe (z.B. Bremsbeläge), Dauermagnetstoffe und äußerst harte Werkstoffe (z.B. Hartmetalle) bzw. oxidkeramische Schneidstoffe hergestellt.

Tab. 15: Dichteklassen der Sinterwerkstoffe

Klasse	Porenraumanteil	Verwendung
Sint-A	bis 60%	Filter
Sint-B	bis 30%	ölgetränkte Gleitlager
Sint-C	bis 20%	Bauteile geringer Festigkeit
Sint-D	bis 15%	Bauteile höherer Festigkeit
Sint-E und F	bis 5%	Bauteile mit hoher und höchster Festigkeit

Tab. 16: Werkzeugstähle

Werkzeugstähle	C-Gehalt in %	Härtetemperatur	Arbeitstemperatur	Verwendung z.B. für
unlegierter Kaltarbeitsstahl	0,5 bis 1,5	760 bis 850°C	bis 200°C	C 75 W 1 Schraubendreher C 105 W 1 Gewindeschneidwerkzeuge C 80 W 2 Meißel, Hämmer
legierter Kaltarbeitsstahl	0,5 bis 2,2	950 bis 1300°C	bis 200°C	115 CrV 3 Spiralbohrer, Gewindebohrer X 210 CrW 3 Räumnadeln, Fräser für Holzbearbeitung
niedrig legierter Warmarbeitsstahl	0,6 bis 1,7	760 bis 900°C	bis 400°C	100 Cr 6 Biegewerkzeuge 120 VW 4 Bohrer, Schneidwerkzeuge
hochlegierter Warmarbeitsstahl	0,3 bis 2,1	950 bis 1300°C	bis 600°C	X 40 CrMoV 51 Druckgußformen X 165 CrMoV 12 Preßmatrizen
SS-Stahl HSS-Stahl	etwa 0,9	1200 bis 1300°C	bis 600°C	S-3-3-2 Reibahlen S-6-5-2 Spiralbohrer, Gewindebohrer S-6-5-2-5 Hochleistungsfräser

9.11 Schneidstoffe

Für die spanende Fertigung werden Schneidstoffe benötigt. Sie sind **hart, verschleißfest** und **warmfest**. Für die Aufnahme der Zerspanungskräfte ist eine **hohe Festigkeit** des Schneidstoffes erforderlich.

Schneidstoffe sind

- gehärteter Stahl,
- Hartmetalle und
- oxidkeramische Werkstoffe.

9.11.1 Werkzeugstähle

Härtbarer Stahl wird Werkzeugstahl genannt (Tab. 16). Er wird zum Bearbeiten metallischer und nichtmetallischer Werkstoffe verwendet. Typisch ist, daß das gesamte Werkzeug, z.B. ein Bohrer, Fräser oder Drehmeißel aus diesem Werkstoff hergestellt werden kann.

Es gibt unlegierte, niedrig- und hochlegierte Werkzeugstähle. Nach ihrer **Warmhärte** (Temperaturfestigkeit) werden sie auch in **Kalt- und Warmarbeitsstähle** unterteilt. Mit Kaltarbeitsstählen darf eine Arbeitstemperatur an der Schneide von 200°C nicht überschritten werden.

Für **unlegierte Werkzeugstähle** ist der Kohlenstoffgehalt wichtig. Er bestimmt die erreichbare Härte, die mit dem Kohlenstoffgehalt zunimmt.

Niedrig legierte Werkzeugstähle sind Warmarbeitsstähle. Der Anteil aller Legierungsbestandteile beträgt maximal 5%.

Hochlegierte Werkzeugstähle können Kalt- und Warmarbeitsstähle sein. Sie haben einen Kohlenstoffgehalt zwischen 0,3 und 2,1%. Der gesamte Legierungsanteil liegt über 5%.

Bestimmte hochlegierte Warmarbeitsstähle werden als **SS-Stähle** (Schnellarbeitsstähle) oder **HSS-Stähle** (Hochleistungs-Schnellarbeitsstähle) bezeichnet. Ihre hohe Warmhärte wird durch Zusätze von Wolfram, Chrom, Vanadium und Molybdän erzielt. Der Kohlenstoffgehalt liegt etwa bei 0,9%. Die Legierungszusätze betragen zwischen 5 und 30%.

Durch das Aufbringen einer Titan-Nitridschicht wird die Standzeit der hochlegierten Stähle noch einmal um etwa das fünffache verlängert.

SS- und HSS-Stähle weichen in der Werkstoffbezeichnung wesentlich von anderen hochlegierten Stählen ab (Tab. 16).

9.11.2 Hartmetalle

Hartmetalle werden aus Titankarbid, Wolframkarbid, Molybdänkarbid und Kobalt (als Bindemittel) durch Sintern hergestellt. Diese gesinterten Werkstoffe sind sehr hart. Es ist möglich, mit ihnen z.B. Hartguß, oberflächengehärtete Werkstücke, hochvergütete Chrom-Nickel-Stähle und sogar Glas, Keramik und Porzellan zu bearbeiten. Bewährt hat sich Hartmetall auch für die Kunststoffbearbeitung.

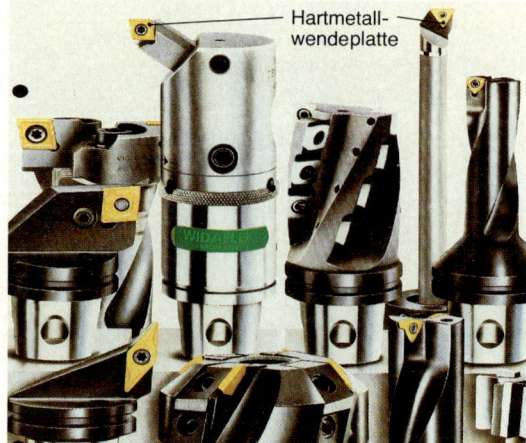

Abb.1: Schneidplättchen

Wegen der großen **Temperaturfestigkeit** (Warm-härte) von Hartmetallen ist es möglich, sehr hohe Schnittgeschwindigkeiten zu erzielen. Hartmetalle können noch mit Arbeitstemperaturen an der Schneide um 1000°C eingesetzt werden. Deshalb werden Schnittgeschwindigkeiten erreicht, die etwa 8mal höher sind als die für Schnellarbeitsstähle (s. S. 95).

Die **Verschleißfestigkeit** von Hartmetallen läßt sich durch Überzüge von Titankarbid oder Titannitrid (etwa 5 µm) um das 2- bis 3fache verbessern. Hartmetalle können nur durch Schleifen oder Funkenerosion (Hochspannungsfunken tragen den Werkstoff ab) bearbeitet werden. Als Plättchen bilden sie z.B. die Schneiden von Drehmeißeln, Säge-blättern, Fräsern und Bohrern (Abb. 1).

9.11.3 Oxidkeramische Werkstoffe

Oxidkeramische Werkstoffe werden durch Sintern aus den Oxiden von Aluminium, Magnesium und Beryllium hergestellt. Diese Keramiken sind sehr hart, verschleißfest und chemisch widerstandsfähig. Im Vergleich zum Hartmetall hat die Schneidkeramik eine höhere Verschleißfestigkeit und Warmhärte. Kurzzeitig kann mit Temperaturen bis zu 1400°C gearbeitet werden. Die Schnittgeschwindigkeit kann noch einmal gegenüber der von Hartmetallen um das 2- bis 6fache gesteigert werden.

Schneidkeramik hat jedoch den **Nachteil,** daß sie äußerst **spröde** ist. Stoßartige Belastungen durch Schnittkraftwechsel und plötzliche Temperaturände-rungen führen zum Ausbrechen der Schneidkanten. Die Werkzeugmaschinen für die Verwendung von Schneidkeramik müssen deshalb sehr starr sein und erschütterungsfrei arbeiten.

Aufgaben

1. Worin unterscheiden sich Werkstoffe und Hilfsstoffe?
2. Beschreiben und skizzieren Sie am Beispiel des C-Atoms den Aufbau der Atome.
3. Worin unterscheiden sich Edelgase von anderen Elementen?
4. Erklären Sie den Begriff Festigkeit.
5. Welche Arten der Festigkeit gibt es?
6. Berechnen Sie die Länge eines Ventils, das um 300°C erwärmt wurde, wenn die Ausgangslänge $l_0 = 120\,mm$ betrug und die Wärmeausdehnungszahl $\alpha = 0,000009\frac{1}{K}$.
7. Welcher Unterschied besteht zwischen Oxidation und Reduktion?
8. Was ist Stahl?
9. Worin unterscheidet sich Stahl vom Eisen?
10. Warum muß Eisenerzen Sauerstoff entzogen werden?
11. Welche hauptsächlichen Stahlgewinnungsverfahren gibt es? Nennen Sie deren Unterschiede.
12. Was bedeutet die Stahlbezeichnung 34 CrMo 4?
13. Zu welcher Hauptgruppe und Sortenklasse gehört der Werkstoff mit der Nummer 1.1203?
14. Worin unterscheiden sich Qualitäts- und Edelstähle?
15. Welche Auswirkungen hat die Zunahme des Kohlen-stoffgehalts auf die Stahleigenschaften?
16. Wofür sind Einsatzstähle geeignet?
17. Beschreiben Sie die Auswirkungen von Kugelgraphit und Lamellengraphit auf die Festigkeit des Gußeisens.
18. Nennen Sie einen Werkstoff für Zylinderblöcke.
19. Nennen Sie Werkstoffe für Gleitlager.
20. Worin unterscheiden sich Leicht- und Schwermetalle?
21. Beschreiben Sie Vor- und Nachteile der Leicht-metalle gegenüber den Schwermetallen.
22. Nennen Sie Einsatzmöglichkeiten für Kunststoffe.
23. Worin unterscheiden sich Thermo- und Duroplaste?
24. Durch welche Maßnahmen lassen sich die Festig-keiten von Kunststoffen verbessern?
25. Beschreiben Sie den Einfluß des Schwefels auf die Eigenschaften von Gummi.
26. Welchen Vorteil bieten faserverstärkte Kunststoffe?
27. Nennen Sie Werkstoffe, die durch Sintern hergestellt werden.
28. Welche Anforderungen werden an Schneidstoffe ge-stellt?
29. Nennen Sie die Arbeitstemperaturen für Kalt- und Warmarbeitsstähle.
30. Woraus bestehen Hartmetalle und wie werden sie hergestellt?
31. Für welche Werkstoffe ist die Bearbeitung mit Hart-metallen besonders geeignet?
32. Welche Warmhärte haben oxidkeramische Werk-stoffe?
33. Welchen Nachteil haben oxidkeramische Schneid-stoffe?

10 | Werkstoffprüfung

Die Werkstoffprüfungen erfolgen im Labor, während der Fertigung und in der Endkontrolle der Fertigteile.

Aufgaben der Werkstoffprüfung:

- Werkstoffeigenschaften bestimmen und somit die Verwendbarkeit der Werkstoffe festlegen.
- Werkstoffehler an fertigen Werkstücken feststellen.
- Bruch- und extreme Verschleißursachen an zerstörten Werkstücken ergründen.
- Hochwertige und teure Werkstoffe durch gleichwertige kostengünstigere und genügend vorhandene auszutauschen.
  Prüfvorgänge und Prüfbedingungen sind jeweils durch DIN- und ISO-Normen festgelegt.

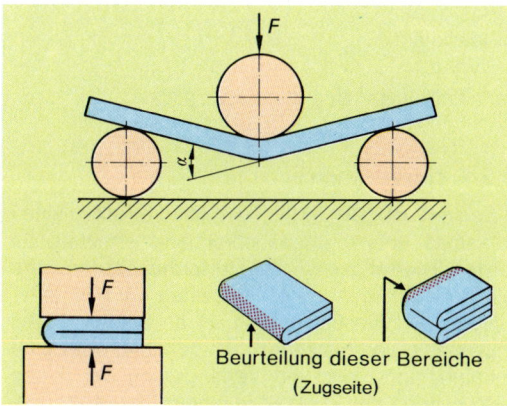

Abb. 1: Faltversuch (DIN 1605)

10.1 Werkstattproben

Die Werkstattprobe soll ohne großen zeitlichen und materiellen Aufwand die Bestätigung bestimmter geforderter Werkstoffeigenschaften ermöglichen.

Die **Sichtprobe** einer unbearbeiteten Oberfläche eines Werkstücks gibt Hinweise über die Herstellungsart (z.B. gegossen, gesintert, gewalzt oder gezogen), die Werkstoffzusammensetzung oder die Legierungsbestandteile.

Während der **Klangprobe** wird das zu prüfende Werkstück freihängend kurz angeschlagen. Harte, fehlerfreie Werkstoffe klingen »hoch«, weiche »tief«. Bei fehlerhaften Werkstoffen (z.B. Risse, Lunker, Gasblasen) entsteht ein unreiner gedämpfter Ton mit dumpfem oder klirrendem Klang.

Durch die **Feilprobe** kann die Oberflächenhärte eines Werkstücks bestimmt werden. Gleiten die Feilzähne über das Werkstück, so ist die Oberfläche gehärtet. Die Werkstoffoberfläche ist weich, wenn eine Spanabnahme erfolgt.

Die **Biegeprobe** dient dem Nachweis des Formänderungsvermögens eines Werkstoffs. Ein extremes Biegen mit einem Biegewinkel von 180° wird Falten genannt (Abb. 1). Eine Probe kann auf einfache Art im Schraubstock oder auf dem Amboß durchgeführt werden. Das Maß für die Biegbarkeit ist der Biegewinkel α, den der Werkstoff durch das Biegen um einen Biegedorn ohne Risse auf der Zugseite ertragen kann.

Eine **Hin- und Herbiegeprobe** wird angewendet, wenn der Werkstoff durch ständige oder häufig wechselnde Biegung beansprucht wird.

Tab. 1: Übersicht der Werkstoff-Prüfverfahren

Werkstoffprüfung				
Werkstattprobe	**zerstörende mech. Werkstoffprüfung**		**zerstörungsfreie Werkstoffprüfung**	**metallographische Gefügeuntersuchung**
Sichtprobe Klangprobe Feilprobe Biegeprobe Hin- und Herbiegeprobe Funkenprobe Bruchprobe u.a.	statisch Zugversuch Druckversuch Biegeversuch Verdrehversuch Scherversuch Loch- und Stanzversuch Faltversuch Tiefziehversuch Härteprüfung Ritzhärteprüfung u.a.	dynamisch Kerbschlagbiegeversuch dynamische Härteprüfung Rücksprunghärtemessung Rückprall-Härteprüfung Dauerschwingversuch u.a.	Farbeindringverf. Magnetpulververf. magnetinduktive Prüfverfahren elektrische Rißtiefenmessung thermoelektrische Verfahren Ultraschall-Prüfung Prüfung mit Röntgen-, Gamma- oder Neutronenstrahlen u.a. Infrarotprüfung	makroskopische Untersuchungen (mit bloßem Auge) mikroskopische Untersuchungen (mit einem Mikroskop) u.a.

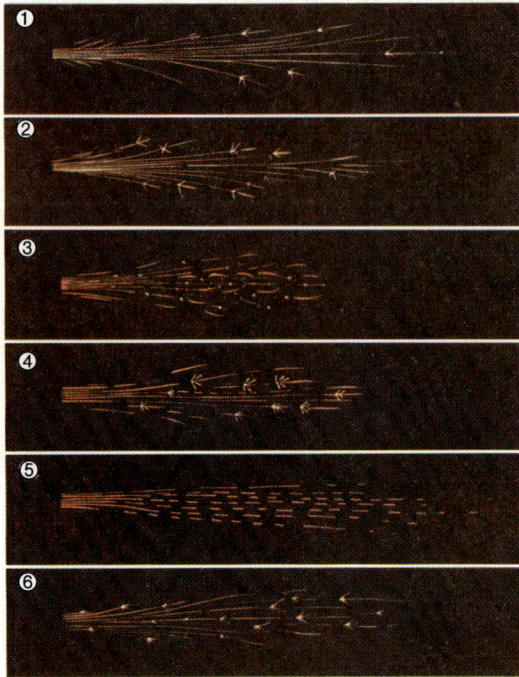

Abb. 1: Funkenbilder verschiedener Stähle

1) Einsatzstahl,   2) Unlegierter Werkzeugstahl,
3) Hochlegierter Werkzeugstahl,   4) und 5) Schnellarbeitsstahl,
6) Nichtrostender Stahl

Die Schleiffunken eines Eisenwerkstoffs **(Funkenprobe)** machen Legierungsbestandteile sichtbar (Abb. 1). Jedes Element im Stahl beeinflußt die Form und das Aussehen des Schleiffunkens. Zur einwandfreien Bestimmung eines Stahls ist eine ausreichende Erfahrung und häufig auch ein entsprechender, in der Zusammensetzung bekannter, Vergleichswerkstoff notwendig. Durch das Schleifen werden kleine Stahlteilchen auf sehr hohe Temperatur gebracht und von dem Grundmetall abgerissen. Die Temperatur bewirkt ein Aufleuchten und ein explosionsartiges Zerplatzen der Teilchen (Abb. 1).

Eine **Bruchprobe** gibt Hinweise über den Gefügeaufbau, die Legierungsbestandteile, die Vorbehandlung sowie die Verteilung eventuell vorhandener Verunreinigungen eines Werkstoffs.

Hat z.B. ein bestimmter Stahl die richtige Durchhärtung, dann hat das Bruchgefüge ein samtartig schimmerndes Aussehen. Bei zu hoher Härtetemperatur glitzert das Bruchgefüge. War die Härtetemperatur zu niedrig, ist das Bruchgefüge grobkörnig.

Häufig wird das Bruchaussehen beurteilt, um die Bruchursache zu ermitteln. Aus der Bruchfläche kann z.B. auf einen Dauerbruch geschlossen werden (Abb. 2). Durch eine andauernde, wechselnde Belastung kann ein Dauerbruch entstehen.

10.2 Zerstörende mechanische Werkstoffprüfung bei zügiger Beanspruchung

Die mechanische Werkstoffprüfung umfaßt die folgenden Aufgabenbereiche:

- Untersuchung der Werkstoffe auf ihre Verwendbarkeit, d.h. Ermittlung von Werkstoffkenngrößen wie Festigkeit, Elastizität oder Härte.
- Bruchursachen zerstörter Bauteile ermitteln.

Die häufigsten Beanspruchungsarten von Bauteilen am Kraftfahrzeug sind Druck, Zug, Biegung, Verdrehung oder Scherung, wobei in den meisten Fällen (z.B. Kurbelwelle, Achsschenkel) eine Überlagerung mehrerer Beanspruchungsarten erfolgt.

Die wichtigsten Eigenschaften der Werkstoffe werden durch folgende Kennwerte ausgedrückt:

- Festigkeit,
- Elastizität,
- Plastizität,
- Härte

(Definition dieser Begriffe s. Kap. 9.2.2).

10.2.1 Zugversuch

Im Zugversuch (DIN 50145) wird das Verhalten eines Werkstoffs unter Zugbeanspruchung ermittelt. Es werden **Zugfestigkeits- und Verformungskennwerte** bestimmt. Ein genormter Probestab wird in einer Universal-Prüfmaschine (Abb. 3) an beiden Seiten eingespannt und bis zum Bruch gedehnt. Über eine Meßeinrichtung wird die Verlängerung der Probe entsprechend der Zugkraft in einem Diagramm aufgezeichnet.

Die Gesamtverlängerung des Probestabes wird mit Δl_t bezeichnet. Δl_t ist der Längenunterschied zwischen der Anfangsmeßlänge l_o und der Meßlänge l_u nach dem Bruch.

$$\Delta l_t = l_u - l_o$$

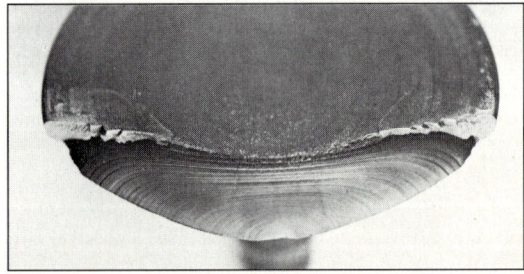

Abb. 2: Aussehen eines Dauerbruchs (Ventilteller)

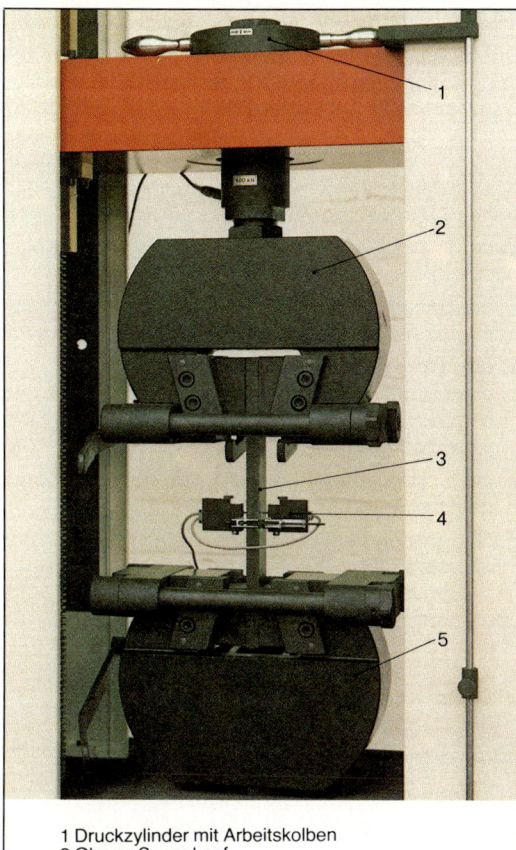

1 Druckzylinder mit Arbeitskolben
2 Oberer Spannkopf
3 Probestab
4 Meßeinrichtung
5 Unterer Spannkopf

Abb. 3: Universal-Prüfmaschine

Wird die Gesamtverlängerung Δl_t des Probestabes über der Zugkraft F aufgezeichnet, entsteht das **Kraft-Verlängerungs-Diagramm** (Abb. 4). Werden die Zugkraft F auf den Anfangsquerschnitt und die Gesamtverlängerung auf die Anfangslänge bei Raumtemperatur bezogen, so entsteht das Spannungs-Dehnungs-Diagramm (Abb 4).

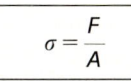

$$\sigma = \frac{F}{A}$$

σ Spannung in N/mm²
F Zugkraft in N
A Anfangsquerschnitt in mm²

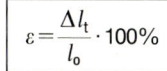

$$\varepsilon = \frac{\Delta l_t}{l_o} \cdot 100\%$$

ε Dehnung in %
Δl_t Längenunterschied in mm
l_o Anfangsmeßlänge in mm
(ε, epsilon; gr. Buchstabe)

Spannungs-Dehnungs-Diagramm

Mit Hilfe des Spannungs-Dehnungs-Diagramms werden wesentliche Eigenschaften eines Werkstoffs ermittelt. Die wichtigsten Punkte im Spannungs-Dehnungs-Diagramm sind:

- Proportionalitätsgrenze P,
- Elastizitätsgrenze E,
- Streck- oder Fließgrenze R,
- Bruchgrenze B,
- Zerreißgrenze Z.

Grundsätzlich ist in einem Spannungs-Dehnungs-Diagramm ein **elastischer** und ein **plastischer Bereich** sichtbar. Im Diagramm eines weichen Stahls (Abb. 4) zeigt sich in dem elastischen Bereich zunächst eine Gerade bis zur **Proportionalitätsgrenze** P, d. h., bis dorthin sind Spannung und Dehnung zueinander proportional (lat.: verhältnisgleich). Wird die Spannung verdoppelt, so verdoppelt sich auch die Dehnung. Fast alle Metalle zeigen eine Proportionalität im Diagramm. Diese Gesetzmäßigkeit entdeckte Robert Hooke (engl. Physiker, 1635 bis 1703) im Jahre 1678. Das nach ihm benannte **Hookesche Gesetz** hat nur Gültigkeit bis zur Proportionalitätsgrenze P. Die Proportionalitätsgrenze fällt oft mit der **Elastizitätsgrenze** E zusammen.

Je steiler der Anstieg der Geraden, d. h., je größer der Winkel α (Abb. 4), desto härter ist der Werkstoff. Wird über die Elastizitätsgrenze hinaus belastet, geht die Gerade des Diagramms in ein leicht gekrümmtes Kurvenstück über, es erfolgt ein unstetiger Übergang. Ein sich wiederholendes Absinken und Ansteigen der Spannung wird während gleichzeitiger großer Dehnung des Probestabes sichtbar. **Die Fließ-** oder **Streckgrenze** R ist erreicht.

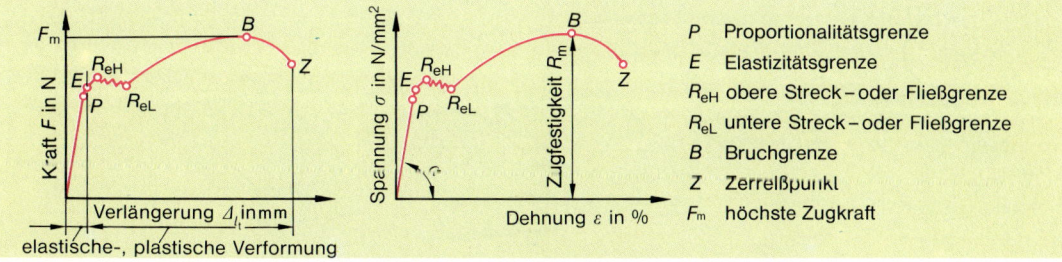

P	Proportionalitätsgrenze
E	Elastizitätsgrenze
R_{eH}	obere Streck – oder Fließgrenze
R_{eL}	untere Streck – oder Fließgrenze
B	Bruchgrenze
Z	Zerreißpunkt
F_m	höchste Zugkraft

Abb. 4: Kraft-Verlängerungs-Diagramm, Spannungs-Dehnungs-Diagramm

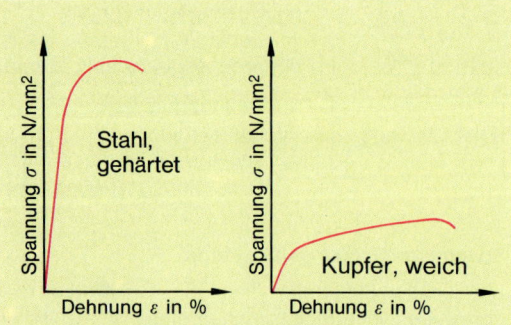

Abb. 1: Spannungs-Dehnungs-Diagramme

> Die **Streckgrenze R** entspricht der Spannung, bei der erstmalig eine merkliche bleibende Dehnung am Probestab auftritt.

Ein weicher Stahl zeigt im Diagramm eine obere Streckgrenze R_{eH} und eine untere R_{eL} (Abb. 4, S. 99). Ist der Fließvorgang beendet, steigt die Kurve weiter an und erreicht bei zähen Werkstoffen einen Höchstwert B, die **Bruchgrenze.** Aus der an diesem Punkt ermittelten **maximalen Zugkraft** F_m wird die **Zugfestigkeit** R_m errechnet.

$$R_m = \frac{F_m}{A}$$

R_m Zugfestigkeit in N/mm²
F_m Maximale Zugkraft in N
A Anfangsquerschnitt in mm²

Ab der Bruchgrenze B erfolgt eine starke örtliche Einschnürung am Probestab. Der Kraftbedarf läßt nach, im Diagramm wird eine starke Krümmung sichtbar. Der Probestab wird im Punkt Z, der **Zerreißgrenze,** zerstört.

Das Diagramm eines Werkstoffs (Abb. 1) ist meist nur durch zwei Bereiche gekennzeichnet, einen elastischen und einen plastischen Bereich. Eine obere und untere Streckgrenze wird nicht sichtbar.

10.2.2 Härteprüfung

Die Härteprüfverfahren sind einfache Prüfungen. Die Werkstoffoberfläche wird nur geringfügig beschädigt. Das Meßprinzip der Härteprüfung ist durch die Definition der Härte (s. Kap. Werkstoffe) bestimmt. Es wird ein Prüf- oder Eindringkörper mit einer bestimmten Kraft in den Werkstoff eingedrückt und der zurückbleibende Eindruck als Maß für die Härte ausgewertet.

In der Praxis werden drei Härteprüfverfahren eingesetzt:

- **die Brinellhärtemessung (HB),** zur Untersuchung ungehärteter Stähle und der Nichteisenwerkstoffe,
- **die Vickershärtemessung (HV),** besonders geeignet für die Prüfung sehr kleiner, sehr harter und sehr dünner Teile sowie für Prüfungen von Härteschichten,
- **die Rockwellhärtemessung (HR),** für die Prüfung gehärteter Stähle.

Bei der **Härteprüfung nach Brinell** (DIN 50351) ist der Prüfkörper eine Stahlkugel (HBS) oder Hartmetallkugel (HBW). Sie hat einen Durchmesser D von 10; 5; 2,5 oder 1 mm. Die Brinellhärte HB wird aus der Prüfkraft und der Eindruckoberfläche errechnet (Abb. 2).

$$HB = \frac{F \cdot 0{,}102}{A}$$

HB Brinellhärte
F Prüfkraft in N
A Eindruckoberfläche in mm²

Härtebezeichnung nach Brinell:

Brinellhärte 200 N/mm² ⎯⎯⎯⎯⎯⎯ 200 HB

Folgende Daten werden im Kurzzeichen nicht angegeben:

- Normkugel 10 mm Durchmesser
- Prüfkraft 29420 N (3000 kg)
- Einwirkdauer der Prüfkraft 10 bis 15 Sekunden.

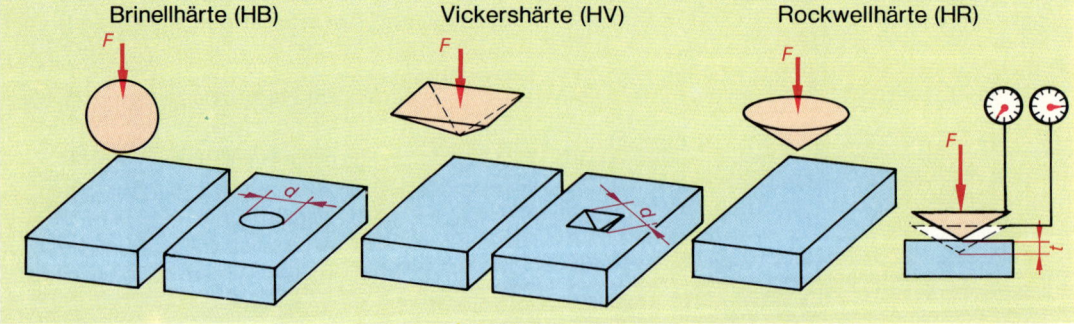

Abb. 2: Härteprüfverfahren

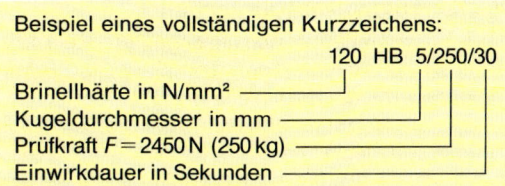

Beispiel eines vollständigen Kurzzeichens:

120 HB 5/250/30

Brinellhärte in N/mm² ⎯⎯⎯⎯⎯⎯⎯⎯
Kugeldurchmesser in mm ⎯⎯⎯⎯⎯⎯
Prüfkraft $F = 2450\,N\ (250\,kg)$ ⎯⎯⎯
Einwirkdauer in Sekunden ⎯⎯⎯⎯⎯⎯

Im Prinzip ist die **Vickers-Härteprüfung** (DIN 50133) die gleiche wie bei Brinell. Der Prüfkörper ist eine regelmäßige vierseitige Pyramide mit einem Flächenwinkel von 136° (Abb. 2). Die Prüfkraft und die Belastungsdauer werden geändert.

Bei der **Härteprüfung nach Rockwell** (DIN 50103) wird zunächst eine Vorlast aufgebracht, um den Einfluß der Oberflächenrauhigkeit auszuschalten und für die Tiefenmessung ein Ausgangsniveau zu schaffen (Abb. 2). Der Eindringkörper kann ein Kegel aus Diamant mit gerundeter Spitze (Kegelwinkel 120°) oder eine Stahlkugel ($d = 1/16$ in.) sein. Der Eindringkörper wird in zwei Stufen in die Probe eingedrückt. Aus der bleibenden Eindrucktiefe wird die Rockwellhärte abgeleitet. Die Härteprüfung nach Rockwell C (Diamantkegel) und B (Stahlkugel) haben die Buchstaben HRC bzw. HRB im Kurzzeichen. Die Meßgenauigkeit ist geringer als bei dem Verfahren von Vickers und Brinell.

10.2.3 Prüfung der Tiefziehfähigkeit

Viele Verformungsteile, besonders im Karosseriebau, bestehen aus Feinblechen unter 3 mm Dicke. Für die Herstellung solcher Blechteile durch Umformen hat das Tiefziehen eine besondere Bedeutung.

In einem **Tiefziehversuch** (Abb. 3) wird z.B. aus einer runden Ronde mittels Tiefziehwerkzeug ein Napf bestimmter Form gezogen. Maximale Ziehkraft und Abrißkraft werden am Gerät abgelesen und daraus die **Tiefziehfähigkeit** in % errechnet.

10.3 Zerstörende mechanische Werkstoffprüfung bei dynamischer Beanspruchung

Mechanische Werkstoffuntersuchungen bei dynamischer Beanspruchung werden dann notwendig, wenn die Bauteile schlagartigen oder wechselnden Krafteinwirkungen im Betrieb (z.B. Radaufhängung, Pleuelstange, Kurbelwelle) ausgesetzt sind.

10.3.1 Dauerschwingversuch

An einzelnen Gefügeteilchen schwingend beanspruchter Bauteile (z.B. Kurbelwelle) treten Spannungsspitzen auf, die zu plastischen Verformungen führen. Diese Verformungen haben eine Zerstörung des Werkstoffgefüges zur Folge und sind Ausgangspunkt von Dauerbrüchen.

Häufige Ursachen von Dauerbrüchen:

- Werkstoffbedingte Ursachen (Fehler im Werkstoffgefüge, Wärmebehandlungsfehler, Oberflächenverletzungen),
- formbedingte Ursachen (Bohrungen, Gewinde, Keilnuten).

Das mechanische Verhalten von Werkstoffen oder Bauteilen bei einer häufig wiederholten oder dauernd schwingenden Beanspruchung wird durch den **Dauerschwingversuch** (DIN 50100) ermittelt. Der Verformungszustand eines Prüfstabes oder Bauteils wird in einer Prüfmaschine durch einen Lastwechsel ständig verändert. Der Werkstoff wird dabei zerstört, der Probestab oder das Bauteil bricht. Der Bruch wird als **Dauerbruch** bezeichnet.

Die **Dauerschwingfestigkeit** ist der größte schwingende Spannungsausschlag, den eine Probe oder ein Bauteil dauernd ohne Bruch und ohne unzulässige Verformung aushält. Die Entstehung des Dauerbruchs ist an der Bruchfläche zu erkennen.

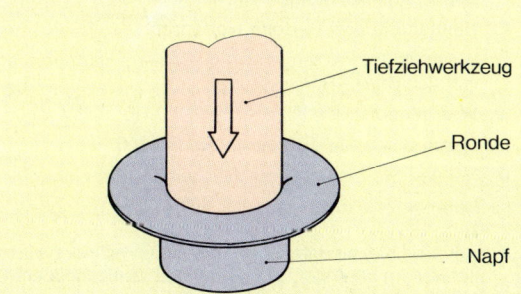

Tiefziehwerkzeug

Ronde

Napf

Abb. 3: Tiefziehversuch, Tiefziehteile am Kraftfahrzeug

10.4 Zerstörungsfreie Werkstoffprüfung

Zerstörungsfreie Werkstoffprüfungen sind Prüfmethoden, die Werkstofffehler sichtbar machen, ohne das fertige Bauteil zu zerstören.

10.4.1 Eindringverfahren

Für das Eindringverfahren wird eine Flüssigkeit eingesetzt, die durch die Kapillarwirkung (s. S. 89) eingesaugt wird und somit Risse und Poren sichtbar macht.

Es werden unterschieden:

- Farbeindringverfahren (Auftragen eines roten Farbstoffs),
- Ölkochverfahren (Prüfkörper in heißes Öl getaucht oder »gekocht«, anschließend mit Kalkmilch bestrichen),
- Fluoreszensverfahren (lat.: aufleuchten; fluoreszierende Eindringflüssigkeiten, Bestrahlung mit ultraviolettem Licht).

10.4.2 Magnetpulververfahren

Mit Hilfe des Magnetpulververfahrens ist es möglich, Risse, Lunker oder Poren an oder dicht unter der Oberfläche magnetischer Werkstoffe zu ermitteln.

Wird ein Werkstück magnetisiert, so verlaufen die Magnetlinien parallel zur Werkstückachse. Durch Luft oder Gaseinschlüsse, Schlacketeilchen oder Risse im Werkstück entsteht an dieser Stelle eine geringere magnetische Durchlässigkeit. Das gleichmäßige Magnetfeld wird gestört. Die örtliche Lage, der Verlauf und die Tiefe des Fehlers sind erkennbar.

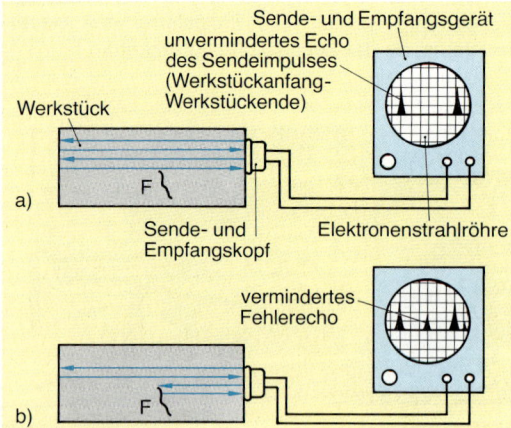

Abb. 1: Impuls-Echo-Verfahren

10.4.3 Prüfung mit Ultraschall

Die zerstörungsfreie Werkstoffprüfung mit Ultraschall ist ein Prüfverfahren, das mit wenig Zeitaufwand die Prüfung vieler Teile gestattet (Serienfertigung) und trotzdem nahezu jeden Fehler eines Fertigteils aufdeckt.

In der zerstörungsfreien Werkstoffprüfung werden Frequenzen (s. Kap. 30.2.1) zwischen 800 kHz und 20 MHz (Ultraschall) eingesetzt.

Ultraschallverfahren sind:

- **Impuls-Echo-Verfahren:** Von einem Schallgeber oder Sender werden Impulse in das Werkstück geschickt, die Hohlräume im Werkstück und das Werkstückende reflektieren die Schallimpulse (Abb. 1).
- **Durchschallungsverfahren:** Der Ultraschall wird auf einer Seite des Prüfkörpers von einem Sender erzeugt und auf der gegenüberliegenden von einem Empfänger aufgenommen. Durch Hohlräume im Werkstück wird die Schallintensität am Empfänger beeinflußt.

Aufgaben

1. Beschreiben Sie die Aufgaben der Werkstoffprüfung.
2. Nennen Sie mindestens fünf Werkstattproben.
3. Welche Vorteile haben die Werkstattproben?
4. Welche Voraussetzungen müssen zur Bestimmung eines Stahls durch eine Funkenprobe gegeben sein?
5. Nennen Sie die Aufgabenbereiche der mechanischen Werkstoffprüfung.
6. Zeichnen Sie ein Spannungs-Dehnungs-Diagramm mit ausgeprägter Streckgrenze, und bezeichnen Sie die wichtigsten Kenngrößen im Diagramm.
7. Durch welche zwei Bereiche ist das Spannungs-Dehnungs-Diagramm eines Werkstoffs gekennzeichnet?
8. Nennen Sie die Definition der Streckgrenze.
9. Welche Information gibt die Steigung der Geraden im Spannungs-Dehnungs-Diagramm?
10. Nennen Sie drei Härteprüfverfahren.
11. Wodurch unterscheidet sich die Vickers-Härteprüfung von der Brinell-Härteprüfung?
12. Was bedeutet das Kurzzeichen 120 HB 5/250/30?
13. Beschreiben Sie die Härteprüfung nach Rockwell.
14. Nennen Sie häufige Ursachen von Dauerbrüchen.
15. Nennen Sie die Definition für die Dauerschwingfestigkeit.
16. Erklären Sie mit Hilfe einer Skizze das Auffinden eines Fehlers im Werkstoff dicht unter der Werkstoffoberfläche durch das Magnetpulververfahren.
17. Nennen Sie zwei Ultraschallverfahren. Beschreiben Sie den Unterschied dieser Verfahren.

11 | Maschinen- und Gerätetechnik

11.1 Maschinen und Geräte als technische Systeme

Technische Systeme sind in ihrer Gesamtfunktion oft schwer zu übersehen und zu verstehen. Nur durch eine **systematische** Behandlung des Aufbaus und der Wirkungsweise eines technischen Systems ist es möglich, komplizierte Zusammenhänge zu erfassen.

Mit den Begriffen und Darstellungsweisen der **Systemtechnik** ist es möglich, für alle technischen Systeme bestimmte Merkmale und Übereinstimmungen zwischen den Systemen zu entwickeln.

Ein technisches System ist z.B. eine Werkzeugmaschine, ein Motor oder ein Kraftfahrzeug.

11.1.1 Systemgrenze, Struktur und Funktion eines Systems

Ein Gesamtsystem besteht aus einer Summe von **Teilsystemen** und deren **Funktionselementen** (Abb. 2). Diese Teilsysteme werden auch **Subsysteme** (sub, lat.: Vorsilbe mit der Bedeutung »unter«) oder Untersysteme genannt.

Auf jeder Stufe der Systemgliederung werden bestimmte Funktionen ausgeführt.

> Die Funktion des Gesamtsystems heißt **Hauptfunktion.**

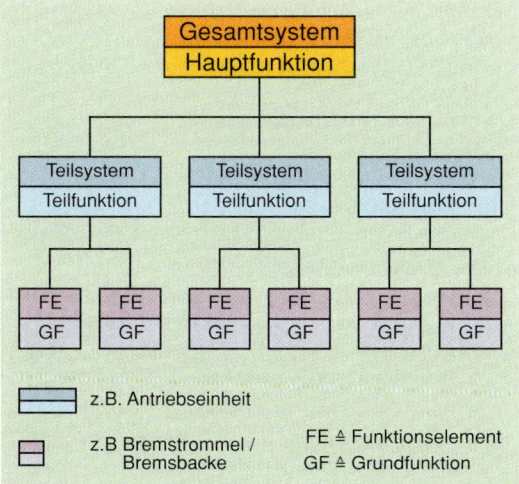

Abb. 2: Gliederung des Gesamtsystems und der Hauptfunktion

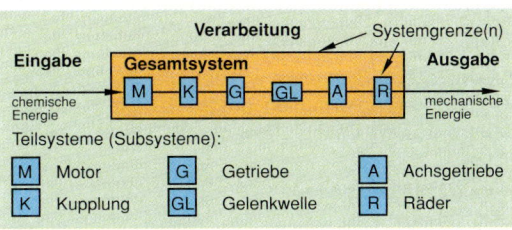

Abb. 3: Systemgrenzen und Teilsysteme des Antriebsstrangs eines Kraftfahrzeugs

Sowohl das Gesamtsystem als auch die Teilsysteme haben Systemgrenzen (Abb. 3).

> Die **Systemgrenze** (gedachte Grenze) trennt ein System von seiner Umgebung ab.

Wird der Antriebsstrang eines Kraftfahrzeugs als Gesamtsystem betrachtet, so sind Kupplung, Getriebe usw. **Teilsysteme** (Abb. 3). Sie haben für die Kraftübertragung bis zu den Rädern ihre abgrenzbaren **Teilfunktionen.**

> Die Anordnung und Verknüpfung der **Teilsysteme** ergibt die Teilsystem- und Teilfunktionsstruktur eines Gesamtsystems.

Jedes Teilsystem kann meist in weitere Elemente zerlegt werden. Doch ist es eher das Ziel der Systembetrachtung, ein technisches System nur soweit zu zerlegen, daß eine **übersichtliche** Darstellung und Untersuchung des betreffenden Gesamtsystems möglich ist.

Jedes System ist gekennzeichnet durch eine **Eingabe** außerhalb seiner Systemgrenze, der **Verarbeitung** innerhalb des Systems und die **Ausgabe** über die Systemgrenze an die Umgebung.

In Abb. 4 ist die Eingabe und Ausgabe für das System Kraftfahrzeug dargestellt.

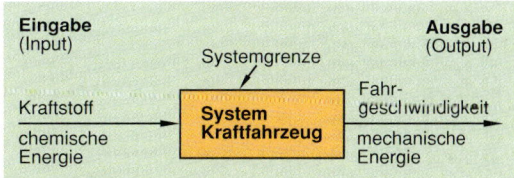

Abb. 4: System Kraftfahrzeug mit Eingabe und Ausgabe

Die **Funktion eines Systems** ergibt sich aus dem Unterschied zwischen den Eingabegrößen (Inputgrößen) und Ausgabegrößen (Outputgrößen). Die Änderung von Größen wird **Umsetzung** genannt.

In technischen Systemen werden die Größen Energie, Stoff und Information umgesetzt. Nach diesen Größen werden deshalb **technische Systeme** unterteilt in

● energieumsetzende,
● stoffumsetzende und
● informationsumsetzende Systeme.

11.1.2 Energieumsetzende Systeme

Zu diesen Systemen gehören

● **Energiemaschinen** (auch Kraftmaschinen genannt), z.B. Ottomotor, Elektromotor und

● **Energieanlagen,** z.B. Heizanlage.

Mit **energieumsetzenden Systemen** wird die **gewünschte Energieform** durch Energieumsatz erzeugt.

So wird in der Kraftmaschine Ottomotor die chemische Energie des Kraftstoffs zunächst in Wärmeenergie und dann in mechanische Energie zum Antrieb eines Fahrzeugs umgewandelt (Abb. 1).

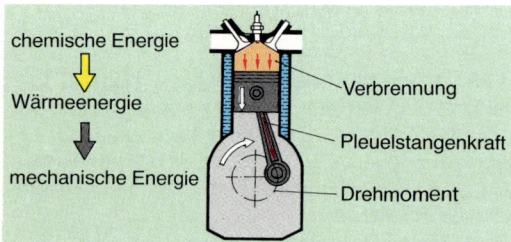

Abb. 1: Energieumsatz im Ottomotor

Energiemaschinen können unterteilt werden in

● Wärmekraftmaschinen,
  wie z.B. Ottomotor, Dieselmotor, Kreiskolbenmotor, Gasturbine und Raketen.

● Windkraftmaschinen,
  wie z.B. windgetriebene Generatoren und Pumpen.

● Wasserkraftmaschinen,
  wie z.B. Wasserturbinen der Wasserkraftwerke.

● Elektrische Maschinen,
  wie z.B. Generatoren, Elektromotoren.

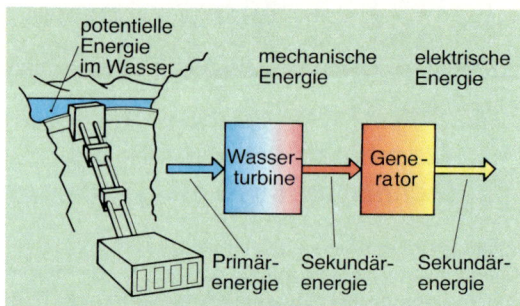

Abb. 2: Primär- und Sekundärenergie

Die in der Natur vorkommende Energie ist die **Primärenergie.** Sie muß meist in besser verwertbare Energieformen umgewandelt werden. Es entsteht **Sekundärenergie.**

Primärenergie ist die in den fossilen **Energieträgern** (fossilis, lat.: ausgegraben) Kohle, Erdöl und Erdgas gebundene chemische Energie, aber auch Kern-, Wind-, Sonnen- und Wasserenergie.

Die Sekundärenergie ist häufig mechanische Energie (z.B. Bewegungsenergie), die sich durch eine weitere Umformung in elektrische Energie besser über große Entfernungen transportieren läßt (Abb2).

11.1.3 Stoffumsetzende Systeme

Zu den stoffumsetzenden Systemen gehören besonders

● **Arbeitsmaschinen zur Formänderung,** z.B. Werkzeugmaschinen (Drehmaschine, Bohr- und Fräsmaschine), Maschinen zum Gießen von Werkstücken usw.

● **Arbeitsmaschinen zur Lageänderung,** d.h. alle Fördermaschinen und -anlagen. Diese Maschinen und Anlagen dienen zum Transport von
  – Stück- und Schüttgut (Gabelstabler, Förderband, Lkw),
  – Flüssigkeiten (Zahnradpumpe) und
  – Gasen (Gebläse und Leitungssysteme).

● **Verfahrenstechnische Anlagen,** z.B. Erdölraffinerien, Hochöfen, Siemens-Martin-Öfen, Farbwerke.

Mit der **Bremstrommeldrehmaschine** wird z.B. die Form der gegossenen Bremstrommel durch **Trennen,** d.h. Ausdrehen, soweit verändert, daß die gewünschten Maße und die geforderten Toleranzen durch Stoffumsetzung erreicht werden (Abb. 3).

Stoffumsetzung umfaßt die Formänderung, den Transport oder die verfahrenstechnische Umwandlung von Stoffen.

Abb. 3: Formänderung durch Werkzeugmaschine

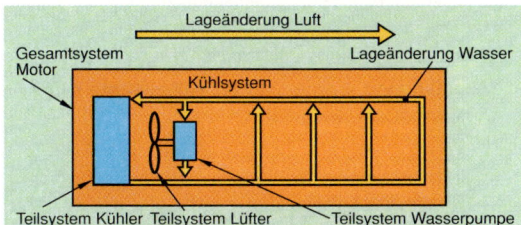

Abb. 4: Stoffumsetzende Systeme

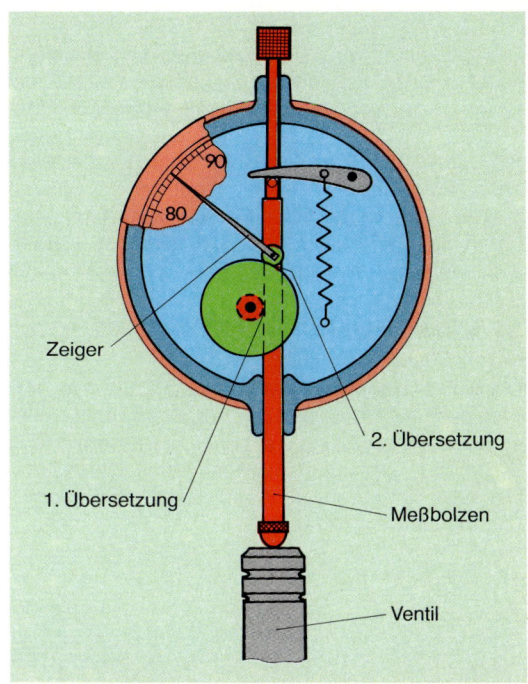

Abb. 5: Meßuhr als informationsumsetzendes System

Das Teilsystem **Wasserpumpe** eines Motors dient dem Zweck der Motorkühlung. Ihre Hauptfunktion ist jedoch der Transport des Kühlmittels, d.h. Stoffumsetzung (Abb. 4).

Das gleiche gilt auch für das **Lüfterflügelsystem,** das die Luft für eine Motorkühlung transportiert bzw. den Transport während der Fahrt unterstützt (Lageänderung).

11.1.4 Informationsumsetzende Systeme

Technik ist ohne Informationsfluß und -austausch nicht realisierbar. Erste **Grundinformationen** kommen immer von den Menschen, die eine Technik entwickeln. Häufig sind diese Grundinformationen nicht ohne weiteres erkennbar.

Abb. 5 zeigt ein Zeigermeßgerät (Meßuhr). Viele **Grundinformationen** sind in diesem Gerät verarbeitet, wie z.B. der Abstand der Skalenstriche und die Übersetzung zwischen Meßbolzen und Zeiger. Mit Hilfe dieser eingegebenen Grundinformationen, die unverändert bleiben, kann die Meßuhr ihre Hauptfunktion der Informationsumsetzung erfüllen.

> **Informationsumsetzung** besteht in der Umwandlung und/oder Weitergabe von Informationsgrößen, z.B. Länge, Spannung.

Informationsumsetzende Systeme werden häufig auch **Geräte** genannt.

Es ist üblich, alle technischen Systeme, mit denen z.B. physikalische Größen gemessen werden können, **Meßgeräte** zu nennen.

Wird ein Ventilhub gemessen, so wird dessen Hubbewegung direkt auf den Meßbolzen übertragen. Am Meßbolzen ist die **Informationseingabe.** Über das System fest eingebauter Grundinformationen (Abmessungen an Zahnstange und Zahnrädern) wird diese Meßbolzenbewegung schließlich an der Meßskale angezeigt. Der Zeiger dient der **Informationsausgabe.**

Das **Eingangssignal** (Hubbewegung) wird im Gerät verarbeitet und als verstärktes Signal ausgegeben. Dieser typische Informationsfluß wird üblicherweise mit »EVA« bezeichnet: **E**ingabe, **V**erarbeitung, **A**usgabe (Abb. 6).

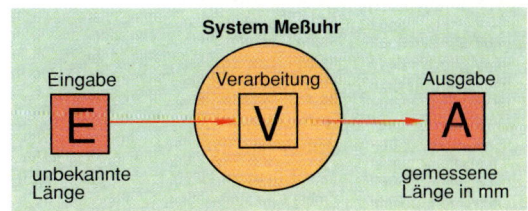

Abb. 6: Informationsfluß

11.1.5 Ottomotor als System

Der Ottomotor wird zur Erzeugung von mechanischer Energie verwendet, um mit dem erzeugten Drehmoment an der Kurbelwelle Fahrzeuge, Maschinen usw. antreiben zu können. Seine **Hauptfunktion** ist der **Energieumsatz.** Dafür ist die wichtigste Eingabegröße die im Kraftstoff gebundene chemische Energie. Diese Energie wird durch Verbrennung in Wärmeenergie und über den Kurbeltrieb weiter in mechanische Energie umgewandelt (Abb. 1, S. 104).

Am **Stoffumsatz** sind hauptsächlich Kraftstoff, Luft, Öl und Wasser beteiligt.

Der **Informationsumsatz** erfaßt Daten, die zum Betrieb des Motors benötigt werden. Dazu gehören besonders Kraftstoff- und Luftmengendaten, aber auch Daten über den Betriebszustand des Ottomotors, wie z.B. Motordrehzahl, Lastzustand, Kühlwasser- und Öltemperatur (Abb. 1).

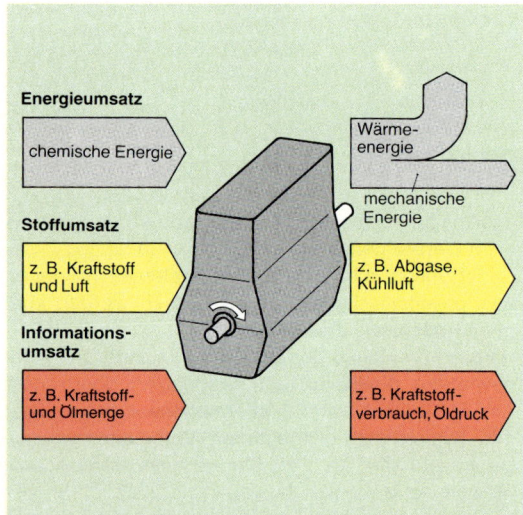

Abb. 1: Umsetzungen im Ottomotor

11.2 Teilfunktionen und Teilsysteme

11.2.1 Teilfunktionen

Jede Maschine (Gesamtsystem) ist für eine bestimmte Aufgabe entwickelt worden. So sollen mit einem Kraftfahrzeug Personen und Güter befördert werden. Diese **Hauptaufgabe** des Gesamtsystems wird auch **Hauptfunktion** genannt. Um diese Hauptfunktion erfüllen zu können, werden von den Teilsystemen (Motor, Getriebe usw.) **Teilfunktionen** ausgeführt (Abb. 2).

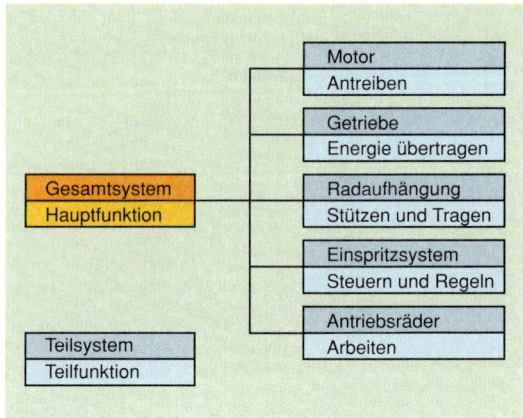

Abb. 2: Teilfunktionen und Teilsysteme des Kraftfahrzeugs

> **Teilfunktionen** werden durch **Teilsysteme** (Funktionseinheiten) ausgeführt.

Energiemaschinen, Werkzeug- und Arbeitsmaschinen und Geräte haben viele, häufig alle der in Abb. 2 aufgeführten Teilfunktionen. Sie sind typisch für technische Systeme.

Teilsysteme werden nach ihrer **Aufgabe** auch **Funktionseinheiten** genannt. So hat jede Maschine folgende Funktionseinheiten:

- Antriebseinheit,
- Energieübertragungseinheit,
- Stütz- und Trageinheit,
- Arbeitseinheit und
- Steuerungs- und Regelungseinheit.

11.2.2 Teilsysteme der Systeme Werkzeugmaschine und Kraftfahrzeug (Vergleich)

Da Werkzeugmaschinen technische Systeme sind, können ihre Teilsysteme (Abb. 3) auch auf andere technische Systeme übertragen werden, so z.B. auch auf das Kraftfahrzeug.

Die in Abb. 3 dargestellte Ständerbohrmaschine hat grundlegende Teilsysteme aller Werkzeugmaschinen.

Antriebseinheit

Die Ständerbohrmaschine hat als Antriebseinheit einen Elektromotor. Er wandelt elektrische Energie in mechanische Energie um.

> Die **Antriebseinheit** wandelt Energie in die erforderliche Form der Antriebsenergie um.

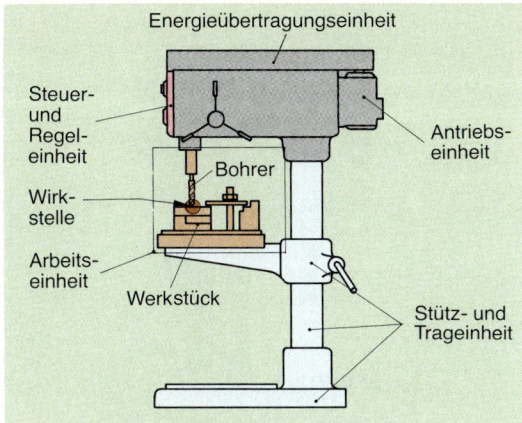

Abb. 3: Ständerbohrmaschine

Im Kraftfahrzeug wird durch die Antriebseinheit Motor chemische Energie in mechanische Energie umgewandelt (Abb. 4, S. 104).

Energieübertragungseinheit

Die Energieübertragungseinheit der Ständerbohrmaschine ist oft ein Riementrieb, kombiniert mit einem Zahnradgetriebe. Die vom Elektromotor abgegebene mechanische Energie wird über Riemen- und Zahnradtrieb an die **Wirkstelle** weitergeleitet. Dort befindet sich das **Wirkpaar Werkzeug und Werkstück** (Abb. 3).

> An der Wirkstelle wird die **Wirkenergie** in nutzbare Arbeit umgewandelt.

Die **Wirkstelle am Kraftfahrzeug** ist die **Berührungsstelle** des **Rades** mit der **Fahrbahn** (Abb. 4). Die Übertragung der mechanischen Energie des Motors erfolgt über den Antriebsstrang (Übertragungseinheit), bestehend aus Kupplung, Getriebe, Gelenkwelle, Achsgetriebe und Antriebswellen. Diese Übertragungseinheit besteht also aus fünf Teilsystemen (Funktionseinheiten).

> Die **Energieübertragungseinheit** leitet die Energie in der geforderten Bewegungsart und -geschwindigkeit zur Wirkstelle.

Die **Energieübertragungseinheit** hat folgende Aufgaben zu erfüllen:
- Wandlung der Bewegungsart und -richtung (Dreh- und Längsbewegung; Umkehr der Bewegungsrichtung: Rückwärts),
- Drehzahlwandlung,
- Drehmomentwandlung und
- Verzweigung der Energie (Hauptantrieb, Nebenantrieb; Schnittbewegung, Vorschubbewegung).

Stütz- und Trageinheit

An Werkzeugmaschinen entstehen Verformungen durch
- Zerspanungskräfte,
- Spannkräfte,
- Reibungskräfte,
- Gewichtskräfte und
- Schwingungen.

Die Formänderungen an der Werkzeugmaschine führen zu Fertigungsungenauigkeiten. Um diese gering zu halten, haben Werkzeugmaschinen einen nahezu starren **Grundkörper.** Er führt und trägt feste und bewegliche Teilsysteme. Abb. 5 gibt einen Überblick zu den Stütz- und Trageinheiten der wichtigsten Werkzeugmaschinen.

> Die **Stütz- und Trageinheit** besteht aus formstabilen Grundeinheiten wie Unterbau, Grundplatte, Bett, Säule, Ständer, Rahmen, selbsttragendem Gerüst, Karosserie.

Am **System Kraftfahrzeug** ist die Stütz- und Trageinheit der Rahmen oder die selbsttragende Karosserie (s. S. 462).

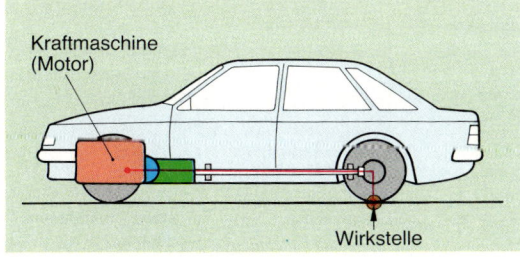

Abb. 4: Wirkstelle am Kraftfahrzeug

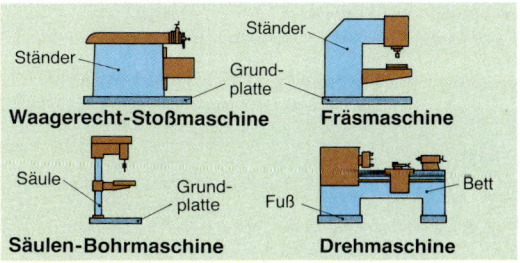

Abb. 5: Stütz- und Trageinheiten

Je größer die Formstabilität der Stütz- und Trageinheit ist, desto größer ist die Fertigungsgenauigkeit bzw. im Falle des Kraftfahrzeugs die Lenkgenauigkeit.

Arbeitseinheit

Die Arbeitseinheit der Werkzeugmaschine dient der Stoffumsetzung, d.h. der **Hauptfunktion.**

> Die Arbeitseinheit ist die **Systemeinheit,** welche die Hauptfunktion unmittelbar erfüllt.

Zur **Arbeitseinheit der Ständerbohrmaschine** gehört die Bohrspindel mit Spannfutter und der Arbeitstisch zur Aufnahme der Werkstückspannvorrichtung, die ein Maschinenschraubstock oder eine besondere Spannvorrichtung ist (Abb. 3, S. 107).

Die **Arbeitseinheit des Kraftfahrzeugs** ist das Teilsystem Rad/Straße. Durch die Drehung der Antriebsräder auf der Straße werden Personen und Güter befördert (Hauptfunktion).

Steuerungs- und Regelungseinheit

Für die Stoffumsetzung an der Werkzeugmaschine sind Steuerungs- und Regelungseinheiten notwendig (Abb. 1), die den **Energiefluß** an der Wirkstelle in der notwendigen Weise

● einschalten oder unterbrechen,
● vermehren oder vermindern.

Häufig ist auch der Mensch in das Steuerungs- und Regelungssystem einbezogen. Er schaltet die Maschine ein und aus oder bringt den Arbeitstisch in die richtige Position, d.h. steuert ihn so, daß z.B. der Bohrer an der gewünschten Stelle das Werkstück bearbeitet.

Es gibt Maschinen, welche die notwendigen Informationen für den gewünschten Stoffumsatz gespeichert haben und sie selbsttätig in der Steuerungs- und Regelungseinheit verarbeiten.

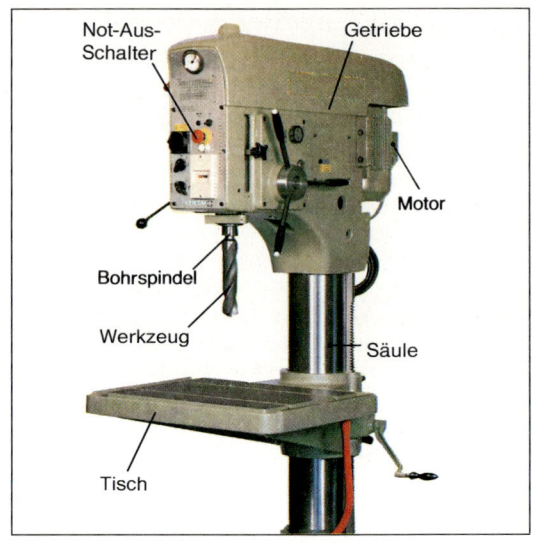

Abb. 1: Steuerungs- und Regelungseinheit einer Ständerbohrmaschine

> Die **Steuerungs- und Regelungseinheit** beeinflußt die Stoff- und Energieumsetzung durch Informationsverarbeitung.

Im **Kraftfahrzeug** sind mehrere Steuerungs- und Regelungseinheiten vorhanden: z.B. Lenk-, Brems- und Einspritzsysteme.

Eine vollständige Gegenüberstellung der Teilfunktionen und Teilsysteme von Werkzeugmaschine und Kraftfahrzeug zeigt Tab. 1.

Tab. 1: Vergleich von Teilfunktionen und Teilsystemen zwischen Werkzeugmaschine und Kraftfahrzeug

Maschine	Teilfunktionen				
	Umwandlung von Energien	Übertragung von Energie	Stützen und Tragen	Arbeiten	Steuern und Regeln
	Teilsysteme				
Werkzeug-maschine	Elektromotor wandelt elektrische Energie in mechanische Energie um.	-Getriebe -Kupplung -Wellen -Spannvorrichtung	-Maschinengestell (Grundplatte, Ständer, Säule) -Führungen (Trag- und Richtführungen)	Stoffumsatz an der Wirkstelle, z.B. Bohren, Drehen, Sägen, Schleifen	-Ein- u. Ausschalter -Steuerhebel für Vorschübe, Drehzahlen -Endschalter, Kurvenscheiben, Nocken -Computer
Kraft-fahrzeug	Verbrennungsmotor wandelt chemische Energie in mechanische Energie um.	-Kupplung -Wechselgetriebe -Gelenkwelle -Achsgetriebe -Antriebswellen -Räder	-Karosserie -Radaufhängung -Federung -Schwingungsdämpfer -Räder	An der Wirkstelle zwischen Rad und Fahrbahn: Relativbewegung Rad/Fahrbahn.	-Lenkung -Gemischaufbereitung -Antiblockiersystem -elektrische Anlage

11.3 Grundfunktionen, Funktionselemente und Funktionseinheiten von Systemen

Teilfunktionen können in **Grundfunktionen** zerlegt werden, bzw. das Zusammenwirken mehrerer Grundfunktionen führt zu einer Teilfunktion.

Die **Teilfunktion** Antreiben einer Ständerbohrmaschine wird durch die Antriebseinheit Elektromotor verwirklicht. Das Antreiben wird durch die Grundfunktionen Koppeln und Unterbrechen (Ein- und Ausschalten) und Wandeln (elektrische Energie in mechanische Energie) realisiert (Abb. 2).

> **Grundfunktionen** technischer Systeme können nicht mehr in weitere Funktionen zerlegt werden.

> **Grundfunktionen** beziehen sich auf den Energie-, Stoff- und Informationsumsatz.

Abb. 3 zeigt einige Grundfunktionen.
Verschiedene Begriffe für Grundfunktionen werden auch für andere Funktionen verwendet, so daß Überschneidungen begrifflicher Inhalte nicht zu vermeiden sind. In der Kraftfahrzeugtechnik wird z. B. ein Getriebe auch Drehmomentwandler genannt, da das Drehmoment durch die Zahnradübersetzungen verkleinert oder vergrößert werden kann. In der Abb. 3 beschreibt aber »Wandeln« eine andere Funktion: Umwandlung einer Energieform in eine andere.

Ein Werkstück kann mit Spanneisen, aber auch mit Spannbacken (Schraubstock) auf dem Maschinentisch befestigt werden (Abb. 1, S. 110). Die Grundfunktion Spannen wird durch unterschiedliche Funktioselemente ausgeführt.

Ein **Kraftfahrzeug** kann mit Trommel- oder Scheibenbremsen abgebremst werden. Die **Grundfunktion** Wandeln wird also durch **unterschiedlich aufgebaute Funktionseinheiten** mit den Funktionselementen Bremstrommel/Bremsbacken bzw. Bremsscheibe/Bremsklotz erfüllt.

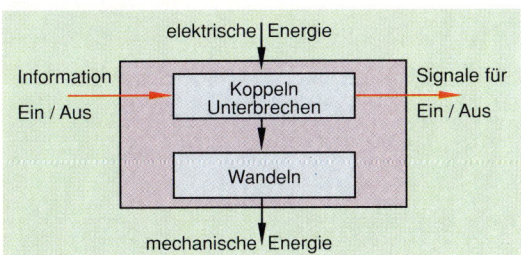

Abb. 2: Grundfunktionen der Teilfunktion Antrieb

Kraftstoff und Luft werden **gemischt** und **geleitet.**

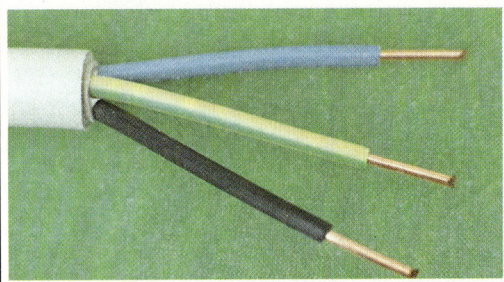

Strom wird **geleitet,** und die Kupferdrähte sind **isoliert.**

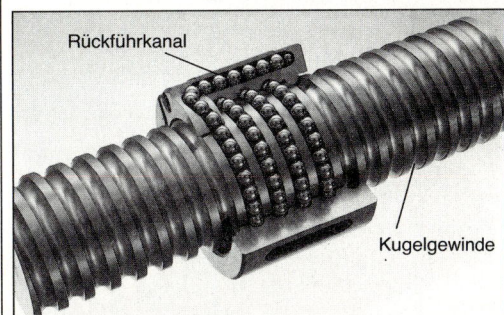

Kugelgewinde **führt** die Kugeln, und Drehbewegung wird in geradlinige Drehbewegung **umgewandelt.**

Luft wird **gespeichert,** und ihr Druck wird **vergrößert.**

Abb. 3: Beispiele für Grundfunktionen

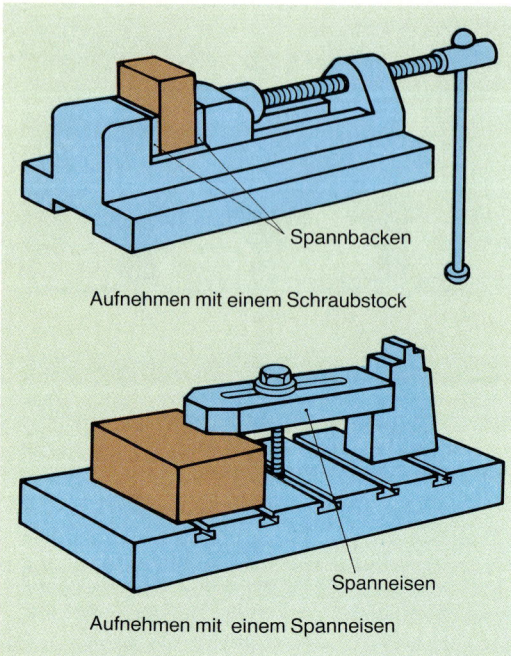

Aufnehmen mit einem Schraubstock

Aufnehmen mit einem Spanneisen

Abb. 1: Grundfunktion Aufnehmen

11.4 Schema zur Analyse technischer Systeme

Technische Systeme können durch Funktions- und/oder System-Schemata untersucht, veranschaulicht und vergleichbar gemacht werden. Dadurch ist es möglich, die Funktionsweise und den Grundaufbau verständlich zu machen.

Es hängt vom Zweck der Analyse ab, welches Schema bevorzugt wird und wie fein die Strukturierung der Funktionen oder Systeme sein soll.

Für die Analyse eines technischen Systems, wie z.B. eines Katalysators, ist es zweckmäßig, einen **»Analyse-Fahrplan«** einzuhalten:

1. Name des Systems?
   Zum Beispiel Dreiwege-Katalysator.

2. Welche **Hauptfunktion(en)** hat das System?
   Stoffumsetzung, d.h. die Schadstoffe der Abgase werden auf dem Weg vom Eingang zum Ausgang des Katalysators durch Stofftransport und -umwandlung gemindert.

3. Wo verläuft die **Systemgrenze?**
   Die Systemgrenze schließt nur den Katalysator ein.

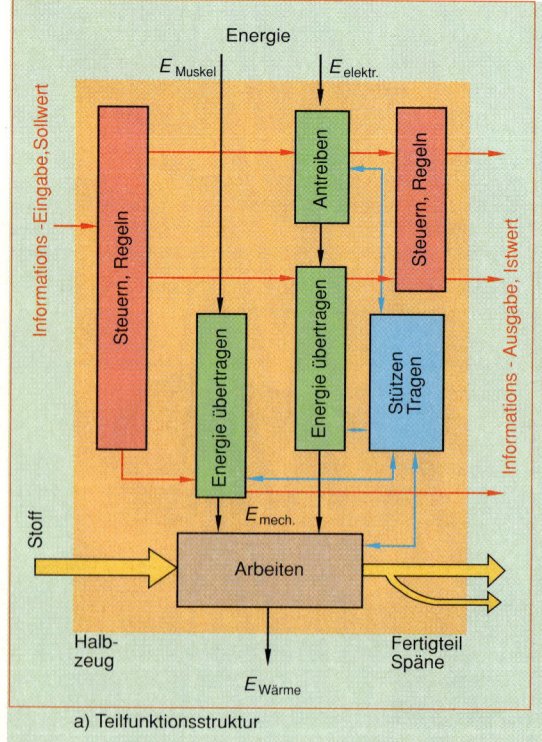

a) Teilfunktionsstruktur

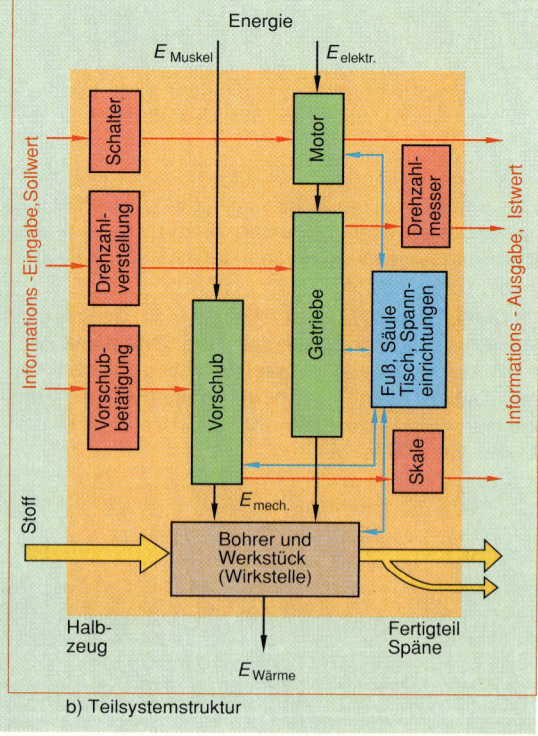

b) Teilsystemstruktur

Abb. 2: Strukturen des Systems Ständerbohrmaschine

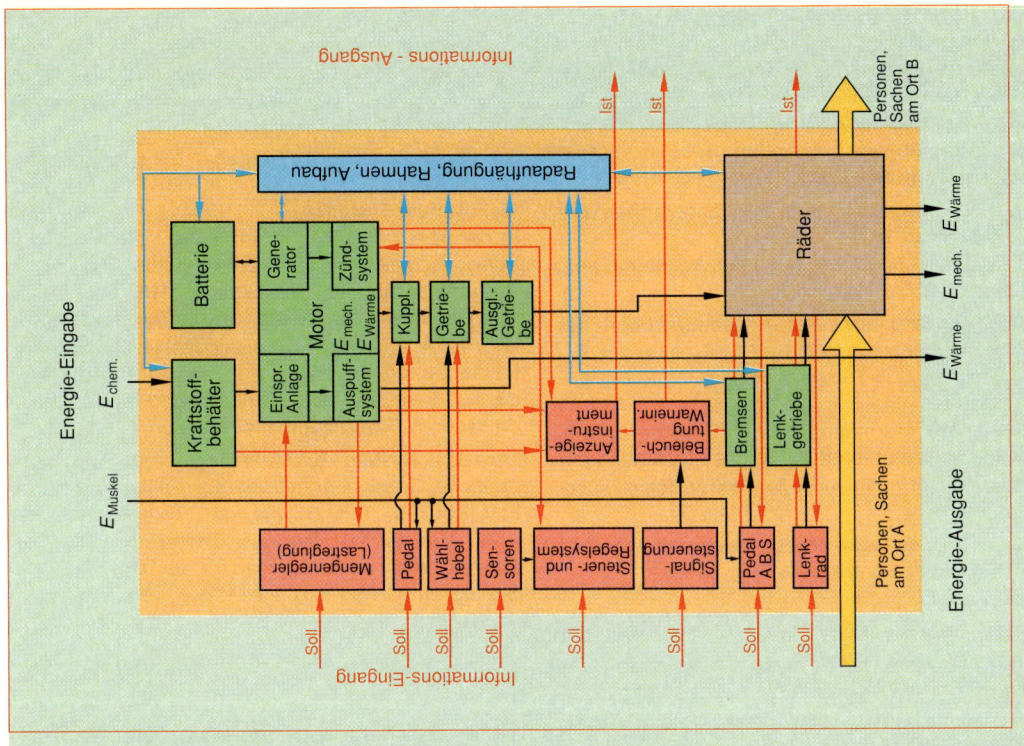

b) Teilsystemstruktur

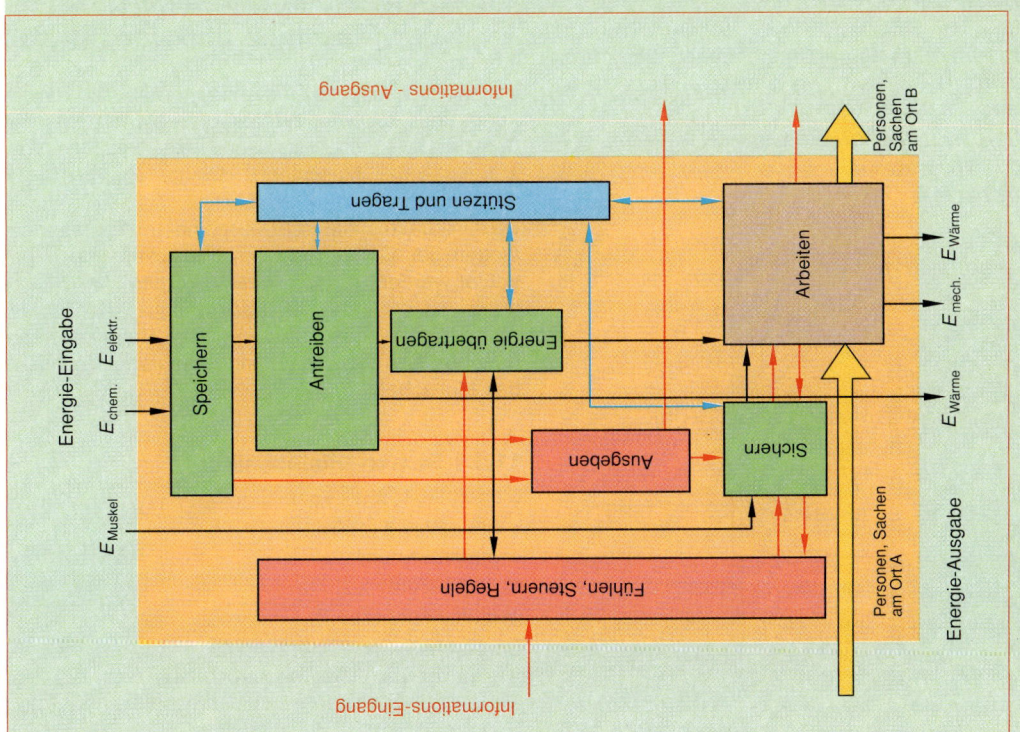

a) Teilfunktionsstruktur

Abb. 3: Strukturen des Systems Kraftfahrzeug

4. a) Welche **Eingangs- und Ausgangsgrößen** hat der **Energieumsatz?**

Am Energie-Eingang ist Bewegungs- und Wärme-energie der Abgase vorhanden. Am Energie-Aus-gang ist verminderte Bewegungs- und Wärme-energie der Abgase vorhanden. Die Restenergie erwärmt den Katalysator.

4. b) Welche **Eingangs- und Ausgangsgrößen** hat der **Stoffumsatz?**

Am Eingang Abgas, am Ausgang Abgas mit ver-mindertem Schadstoffgehalt.

4. c) Welche **Eingangs- und Ausgangsgrößen** hat der **Informationsumsatz?**

Am Eingang Soll-Temperatur, am Ausgang Ist-Temperatur.
Eine weitere Information, die am Eingang zu ver-arbeiten ist, lautet: bleifreie Abgase. Am Ausgang kann die Information »Abgas schadstofffrei« er-halten werden.

5. Welche **Teilfunktionen** ergeben sich und wie sieht die **Teilfunktionsstruktur** aus?
Siehe Abb. 1a.

6. Welche **Teilsysteme** gibt es und wie sieht die **Teilsystemstruktur** aus?
Siehe Abb. 1b.

7. Welche wichtigen **Teilfunktionen** können in **Grund-funktionen** zerlegt werden?
Teilfunktion Stützen: Tragen, Isolieren (Schlag, Wärme). Teilfunktion Arbeiten: Tragen, Sammeln, Verzweigen, Führen (Verbinden – Verbindung lösen), chemisch reagieren.

8. Welche wichtigen **Grundfunktionen** ergänzen die Teilfunktionsstruktur?
Siehe Punkt 7.

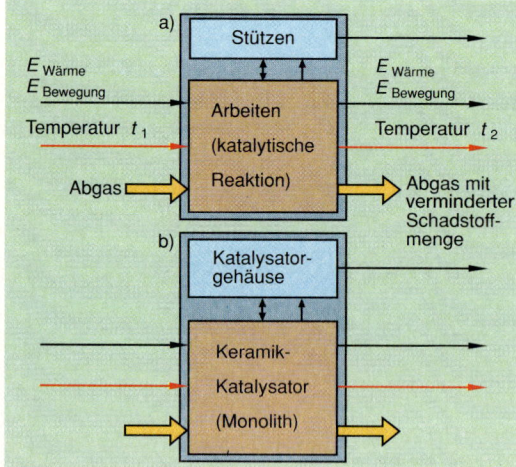

Abb. 1: a) Teilfunktions- und b) Teilsystem-Struktur eines Katalysators

9. Welche **Funktionselemente** können der Teilsy-stemstruktur zugeordnet werden?
Gehäuse: Stahlblechschale, elastische Zwischen-lage. Keramik-Katalysator: Keramikträger, Zwi-schenschicht, Katalysatorschicht.

Die Beantwortung der Fragen 1 bis 6 ergibt meist schon einen guten Einblick in die Struktur eines technischen Systems.
In der Abb. 2, S. 110 wird am System einer Ständer-bohrmaschine gezeigt, wie weit durch Analyse der Teilfunktionsstruktur (Abb. 2a, S. 110) und Teilsy-stemstruktur (Abb. 2b, S. 110) das System erfaßbar ist. Hilfreich für die Erfassung des Gesamtsystems ist die direkte Gegenüberstellung beider Strukturen, da auf diese Weise Teilfunktion und Teilsystem in deutlichem Bezug zueinander stehen.

Für das **System Kraftfahrzeug** ergibt sich eine ähnliche Gegenüberstellung der Teilfunktionsstruk-tur (Abb. 3a, S. 111) und der Teilsystemstruktur (Abb. 3b, S. 111). Da das System Kraftfahrzeug äußerst umfangreich ist, sind für die Darstellung der Strukturen nur die wichtigsten Bereiche ausgewählt worden.

11.5 Schutz des Menschen, der Maschine und der Umwelt

Technische Systeme sind ohne menschliche Einwir-kung und Rückwirkung auf den Menschen nicht denkbar. Das bezieht sich auch auf selbsttätige (voll-automatische) Maschinen, da der Zeitraum der Selbsttätigkeit immer begrenzt ist.
Das Verhältnis Mensch/Maschine muß besonders wegen der **Gefährdung** des Menschen genau be-achtet werden, d.h. die **direkte** körperliche Gefähr-dung und die **indirekte** Gefährdung des Menschen durch Umweltverschmutzung. Der Begriff Gefähr-dung umfaßt physische und psychische Bereiche des Menschen.

11.5.1 Sicherheitstechnik

Sicherheitstechnik kann

● hinweisend (Abb. 2),
● mittelbar oder
● unmittelbar

gestaltet sein (Tab. 2).

Durch Maßnahmen der mittelbaren Sicherheitstech-nik können die Gefahrenquellen zwar nicht beseitigt werden, doch mindern mittelbare Maßnahmen den Gefährdungsgrad, d.h., erhöhen den Schutz des Menschen.

Gebotzeichen	Warnzeichen	Verbotzeichen
Augenschutz tragen!	Feuergefähr- lich!	Feuer, offenes Licht, Rauchen verboten

Abb. 2: Hinweisschilder

Die **Hauptgefährdung** geht vom Energiefluß z. B. an Maschinen und Geräten aus. Es ist möglich, den elektrischen und mechanischen Energiefluß weitgehend abzukapseln (mittelbare Sicherheit), doch kann das an der Wirkstelle, also z. B. am Bohrer einer Bohrmaschine, oft nicht geschehen. Aus diesem Grund erfordert die Arbeit an Maschinen vom Menschen **sicherheitsbewußtes Verhalten.**

Allgemeine Sicherheitsmaßnahmen an Maschinen

m = mittelbar, u = unmittelbar

- Zahnräder und Zugmittel müssen verkleidet sein (m).
- Werkstücke müssen fest gespannt sein (m).
- Schutzbrille bei Funken- und Späneflug tragen (m).
- Personen mit langen Haaren müssen in unmittelbarer Nähe umlaufender Maschinenteile eine Mütze tragen (m).
- Zur Arbeit an Maschinen nur eng anliegende Kleidung verwenden (m).
- Ringe, Armreifen u. ä. dürfen bei der Arbeit an Maschinen nicht getragen werden (m).
- Spannschlüssel immer sofort abziehen (m).
- Hauptschalter aus, wenn Reparaturen an der Maschine ausgeführt werden (u).
- Alle Reparaturen nur von Fachleuten ausführen lassen (m).
- Keine Reinigung an laufenden Maschinen durchführen (u).

11.5.2 Maschinenschutz

Durch eine sorgfältige **Arbeitsorganisation,** die auch die Instandhaltung der Maschinen einschließt, können Gefahrenquellen ausgeschaltet werden.
Die **Instandhaltung** gliedert sich in

- Wartung,
- regelmäßige Inspektion und
- Instandsetzung.

Es ist wichtig, daß für jede Maschine ein **Maschinenhandbuch** vorhanden ist, in dem alle Angaben zur Wartung, Inspektion und Instandsetzung enthalten sind.
Ferner ist die **Bedienungsanleitung** zu beachten. Personal muß sorgfältig eingewiesen werden.

11.5.3 Umweltschutz

Technische Systeme wirken oft schädigend über ihre Systemgrenzen hinweg. Das kann z. B. durch Lärm, Abgase, Staub und chemische Substanzen geschehen (Tab. 3, S. 114).
Staub und Säuredämpfe können Allergien und Hautreizungen hervorrufen. Das Einatmen von Kraftstoff-, Öl- und Lackdämpfen oder Abgasen kann Krebserkrankungen zur Folge haben. Schwermetallhaltiger Dampf und Staub kann über Herz- und Magenbeschwerden bis zum Zahnausfall, zur Knochenschrumpfung und schließlich auch zum Tod führen.
Alleine schon die **Verwendung** von Antriebsenergie führt über die **Gewinnung** dieser Energie zu Umweltbelastungen und Schäden für den Menschen.
Eine Umweltbelastung findet bereits dann statt, wenn unwiederbringliche Vorräte verbraucht werden. Unwiederbringliche Vorräte werden auch Ressourcen genannt (ressource, franz.: Hilfsquelle). Deshalb ist eine wirtschaftliche (ökonomische) Verwendung von Energie und Rohstoffen dringend geboten.

In diesem Zusammenhang ist Recycling (re..., engl.: wieder..., zurück..., neu; cycle, engl.: Kreis, Kreislauf), d. h. die Wiederverwendung von Abfällen durch ihr **Zurückbringen in den Kreislauf** äußerst wichtig. Unwiederbringliche Vorräte werden auf diese Weise nicht unnötig verbraucht.

Tab. 2: Sicherheitstechnische Maßnahmen

Die sicherheitstechnischen Maßnahmen sind		
unmittelbar	mittelbar	hinweisend
z. B. Betreiben elektrischer Geräte mit ungefährlicher Kleinspannung, Geräte ohne scharfe Kanten.	z. B. Schutzhauben von Keilriemen usw., Not-Ausschalter, Lärmdämmung, Schuhe mit Stahlkappe.	z. B. Hinweisschilder (s. Abb. 2).

Tab. 3: Gesundheitsschädliche Stoffe

Gesundheitsschädliche Stoffe	Produkt
Fluor-Chlor-Kohlen-wasserstoffe (FCKW)	Kältemittel Schaumgummi
Quecksilber	Quecksilberdampf-hochdrucklampen, Leuchtstoffröhren, Thermometer
Nickel, Cadmium, Blei (Schwermetalle)	Nickel-Cadmium-Akkus, Blei-Bleioxid-Akkus
Chlor-Wasserstoff durch Verbrennung von PVC	Kunststoffteile aus PVC
Benzol	Kraftstoff

In einem Kraftfahrzeug sind zahlreiche wertvolle Werkstoffe enthalten. Die Hersteller dieser Kraftfahrzeuge sind immer mehr bemüht, diese Werkstoffe (Metalle und Kunststoffe) wieder zurückzugewinnen. Dazu ist es notwendig, die Kraftfahrzeuge in aufwendigen Arbeitsgängen systematisch nach Werkstoffgruppen zu demontieren. Auf Grund solcher neuen Wege ist es möglich, einen hohen Prozentsatz der Werkstoffe wieder an den Anfang des Kreislaufes zu bringen.

Diese Art des gezielten Recyclings wird es aber immer mehr notwendig machen, die Kraftfahrzeuge auch im Blick auf eine automatische Demontage zu konstruieren.

> Für den Umgang mit Rohstoffen bzw. Werkstoffen gilt: **Abfälle vermeiden, vermindern, wieder verwerten.**

Mit dem Abfall **Altöl** muß besonders sorgfältig umgegangen werden. Ein Liter Altöl kann 100 m³ Grundwasser verseuchen. Die illegale Beseitigung (z.B. Altölkanister in die Mülltonne) wird mit Geldbußen bis 100000 DM, die Einleitung ins Trinkwasser mit Gefängnis bis zu fünf Jahren betraft. Geschäfte, die Motoren- und Getriebeöle verkaufen, sind nach bestehenden gesetzlichen Bestimmungen verpflichtet, gebrauchtes Öl (Altöl) in gleicher Menge wieder zurückzunehmen. Alte Ölkanister, die innen noch beträchtliche Mengen Öl an den Wänden und auf dem Boden haben, nehmen die zuständigen kommunalen Entsorgungsbetriebe zurück. Dadurch ist eine sachgerechte Beseitigung dieses umweltschädlichen Mülls gewährleistet.

Durch **umweltbewußtes Verhalten** kann das Leben auf dieser Welt vor Schäden in hohem Maße geschützt werden.

Aufgaben

1. Nennen Sie fünf Beispiele für technische Gesamtsysteme.
2. Nennen Sie drei Teilsysteme des Kraftfahrzeugs.
3. Beschreiben Sie den Begriff Systemgrenze. Geben Sie die Systemgrenze für einen Schraubstock an, der an der Werkbank befestigt ist.
4. Nennen Sie drei Umsatzarten technischer Systeme.
5. Beschreiben Sie den Stoffumsatz einer Wasserpumpe und eines Förderbandes.
6. Welche Systeme führen Teilfunktionen aus (allgemeine Systembezeichnung)?
7. Nennen Sie die typischen Teilfunktionen technischer Systeme.
8. Nennen Sie die Funktionseinheiten einer elektrischen Handbohrmaschine.
9. Welche Aufgabe hat die Energieübertragungseinheit?
10. Nennen Sie den Namen der Stütz- und Trageinheit für die Getriebewellen eines Kraftfahrzeuggetriebes.
11. Welche Funktionseinheit des Kraftfahrzeugs erfüllt die Hauptfunktion?
12. Nennen Sie die Hauptfunktion des Lenksystems und des Bremssystems.
13. Welche Steuerungsaufgaben hat die Steuerungseinheit einer Hebebühne?
14. Nennen Sie zu den Grundfunktionen der Abb. 2, S. 109 jeweils zwei weitere Beispiele.
15. Was haben alle Grundfunktionen gemeinsam?
16. Aus welchen Funktionen wird eine Teilfunktion gebildet?
17. Nennen Sie drei Grundfunktionen, die zur Teilfunktion »Bremsen mit einer Trommelbremse« gehören.
18. Welchen Nutzen hat eine systematische Analyse technischer Systeme?
19. Beschreiben Sie den Unterschied zwischen einer Teilfunktions- und Teilsystemstruktur.
20. Beschreiben Sie den Energieumsatz an Hand der Abb. 2, S. 110.
21. Erstellen Sie die Teilfunktionsstruktur einer Wasserpumpe. Beachten Sie nur den Energie- und Stoffumsatz.
22. In welchen drei Formen kann Sicherheitstechnik durchgeführt werden?
23. Nennen Sie drei Maßnahmen der mittelbaren Sicherheitstechnik.
24. Nennen Sie die Sicherheitsmaßnahmen für den Umgang mit Ottokraftstoff.
25. Was wird unter Maschinenschutz verstanden?
26. Nennen Sie fünf gesundheitsschädliche Stoffe und ihre Wirkung.
27. Welchen Zweck hat Umweltschutz?
28. Erläutern Sie an Hand eines Beispiels den Begriff Recycling.
29. Warum wird der unsachgemäße Umgang mit Öl als folgenschwere Umweltverschmutzung eingestuft?
30. Welche Regel gilt für den Umgang mit Abfällen?

12 | Steuerungs-, Regelungs- und Informationstechnik

Aufgabe der Steuerungs-, Regelungs- und Informationstechnik ist es, den Menschen dort zu entlasten, wo ihm eine Überwachung, Lenkung oder Ausführung von Arbeitsabläufen nur schwer oder nicht mehr möglich ist.

Dazu gehören z.B. Arbeitsabläufe, die den Menschen durch Lärmbelästigung und Eintönigkeit überfordern (z.B. Karosserieschweißanlage, Bandarbeit), oder Vorgänge, die die menschliche Reaktionsfähigkeit übersteigen (z.B. Abbremsung eines Fahrzeugs mit größtmöglicher Bremsverzögerung, ohne daß die Räder blockieren).

12.1 Steuerung und Regelung

Steuerung

> Das **Steuern** oder die **Steuerung** ist nach DIN 19226 der Vorgang in einem System, bei dem eine oder mehrere Eingangsgrößen die Ausgangsgrößen aufgrund der Gesetzmäßigkeit des Systems beeinflussen.

Die **Ventilsteuerung** des Verbrennungsmotors (Abb. 1) ist z.B. ein **Steuerungssystem,** das die Aufgabe hat, den Gaswechsel, d.h. Beginn und Ende der Frischladung bzw. des Auslassens der verbrannten Gase zu steuern. Die **Eingangsgröße** oder **Führungsgröße w** ist die Drehbewegung der Nocken-

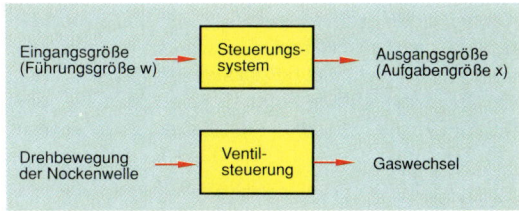
Abb. 2: Prinzip einer Steuerung

welle. Die **Ausgangsgröße** oder **Aufgabengröße x** ist der Gaswechsel (Abb. 2).

Die **Gesetzmäßigkeit** eines Steuerungssystems besteht im **Zusammenwirken** der **Einzelbauteile.** Für die Ventilsteuerung besteht die Gesetzmäßigkeit in der Reihenfolge, in der die Ventile betätigt werden (festgelegt durch die Anordnung der Nocken auf der Nockenwelle und der Nockenform), sowie in der Umwandlung der Drehbewegung der Nockenwelle in eine hin- und hergehende Bewegung der Ventile (die Schließkraft liefert die Ventilfeder).

> Die **Anordnung der Bauteile** einer Steuerung in der Reihenfolge des **Wirkungsablaufs** zwischen Eingangs- und Ausgangsgröße wird als **Steuerkette** bezeichnet.

Für die Ventilsteuerung bilden z.B. die Nockenwelle, der Schwinghebel und das Ventil die Steuerkette (Abb. 3).

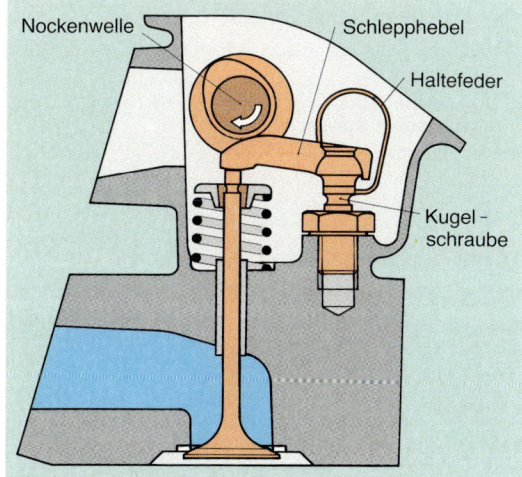
Abb. 1: Ventilsteuerung

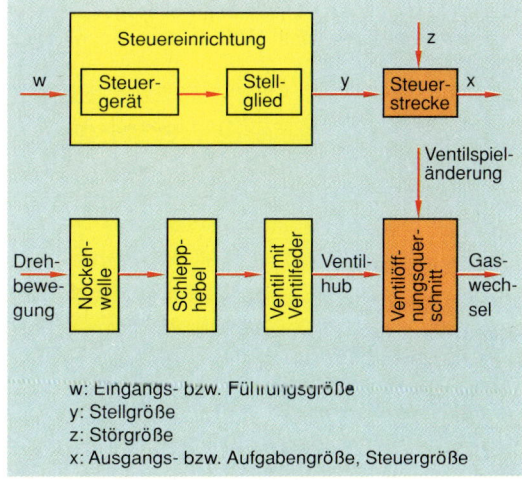

w: Eingangs- bzw. Führungsgröße
y: Stellgröße
z: Störgröße
x: Ausgangs- bzw. Aufgabengröße, Steuergröße

Abb. 3: Steuerkette der Ventilsteuerung

Kennzeichen eines **Steuerungssystems** ist der **offene Wirkungsablauf** der einzelnen Bauteile (Übertragungsglieder) der **Steuerkette.**

Offener Wirkungsablauf bedeutet, daß **Störgrößen,** die auf die **Steuerstrecke** einwirken, durch die Steuereinrichtung nicht berücksichtigt werden.
Die **Steuereinrichtung** umfaßt die Bauteile der Steuerung, die auf die Steuerstrecke einwirken (Abb. 3, S. 115).

Die **Steuerstrecke** ist der Teil der Steuerkette, durch den die Aufgabengröße von der Stellgröße des Stellglieds direkt beeinflußt wird.

Steuerstrecke der Ventilsteuerung ist der **Ventilöffnungsquerschnitt,** der den Gaswechsel direkt beeinflußt. Der Ventilöffnungsquerschnitt wird durch die Hubbewegung (Stellgröße) des Ventils (Stellglied) verändert (Abb. 3, S. 115).
Eine **Störgröße** der **Ventilsteuerung** ist z.B. die **Motortemperatur,** die das Ventilspiel verändert. Zu großes Ventilspiel (bei kaltem Motor) bewirkt, daß das Einlaßventil spät öffnet und dadurch zu wenig Frischladung in den Zylinderraum gelangt.

Regelung

Das **Regeln** oder die **Regelung** ist nach DIN 19226 der Vorgang in einem System, bei dem die zu **regelnde Größe** (Regelgröße x) fortlaufend gemessen und mit dem **Sollwert,** der Führungsgröße w, ständig verglichen und dieser angepaßt wird.

Der Vergleich und die Anpassung der Regelgröße x findet im **Regelkreis** statt (Abb. 1). Der Regelkreis

stellt einen in sich **geschlossenen Wirkungsablauf** dar.

Kennzeichen eines **Regelsystems** ist der **geschlossene Wirkungsablauf,** bei dem die Übertragungsglieder den Regelkreis bilden.

Der Regelkreis wird unterteilt in **Regeleinrichtung** und **Regelstrecke** (Abb. 1).

Im Gegensatz zur Steuerung wird bei einer Regelung der **Einfluß der Störgrößen** im Regelkreis erfaßt und für die Korrektur der Regelgröße x berücksichtigt.

Eine **Fahrgeschwindigkeitsregelanlage** bildet einen **Regelkreis.** Der Blockschaltplan der Anlage zeigt die schematische Übersicht der Bauteile (Abb. 1). Die gewünschte Fahrgeschwindigkeit (Führungsgröße w, auch Sollwert genannt) wird vom Fahrer über das Eingabeteil gewählt, das sie an die Regeleinrichtung weiterleitet. Die tatsächliche Geschwindigkeit des Fahrzeugs (Istwert x) wird von einem Drehzahlgeber erfaßt und als Meßgröße an den **Vergleicher** der Regeleinrichtung weitergeleitet (Abb. 1). Weicht der **Istwert** vom **Sollwert** ab, so werden im Vergleicher die notwendigen Stromimpulse für die **Regeleinheit** errechnet. Die Regeleinheit liefert den Unterdruck für die Verstellung des **Stellgliedes.** Über das Stellglied wird bei Einspritzanlagen für Ottomotoren die Drosselklappe und bei Dieseleinspritzanlagen der Regelhebel der Einspritzpumpe so verstellt, daß eine Angleichung des Istwerts an den Sollwert erfolgt.
Auftretende **Störgrößen,** wie z.B. Berg- und Talfahrt oder Gegenwind, werden durch die Regelung berücksichtigt.

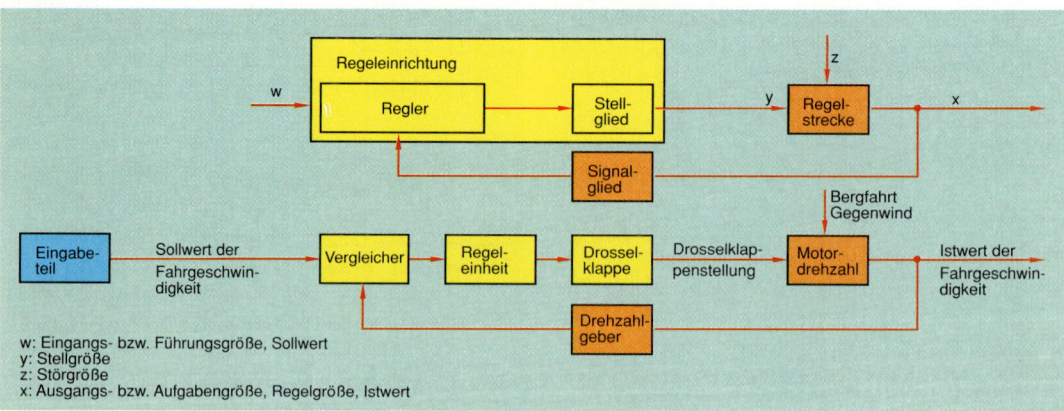

Abb. 1: Regelkreis und Blockschaltplan einer Fahrgeschwindigkeitsregelanlage

12.1.1 Signalformen

Steuerungen und Regelungen werden durch **Eingangssignale** in ihrer Wirkungsweise beeinflußt und liefern **Ausgangssignale**. Die Signale können dabei analoge, binäre oder digitale Form haben.

Ein Signal ist **analog** (gr.: entsprechend, ähnlich, gleichartig), wenn zwischen zwei Werten sehr viele Zwischenwerte möglich sind (Abb. 2a). So ist z.B. das Eingangssignal der Fahrzeuglenkung, die Drehbewegung des Lenkrades, ein analoges Signal. Das Lenkrad kann zwischen zwei Endlagen beliebig viele Zwischenstellungen einnehmen.

Ein Signal ist **binär** (lat.: aus zwei Einheiten oder Teilen bestehend), wenn es nur aus zwei Informationen besteht (Abb. 2b). Ein Schalter bzw. eine Kontrolllampe liefert nur zwei Informationen: Ein oder Aus. Informationen, die nur zwei mögliche Inhalte haben können, stellen die kleinste Informationseinheit dar. Diese wird als **Bit** bezeichnet (Bit: engl. Kurzwort aus: **bi**nary dig**it** = Zweierstelle, Zweierzahl).

Ein Signal ist **digital** (lat.: mit dem Finger), wenn die Werte in festgelegten Schritten angegeben werden, ohne daß es Zwischenwerte gibt (Abb. 2c). So rückt z.B. die Anzeige einer digitalen Uhr sprunghaft um je eine Sekunde weiter.

In der Abb. 2 sind die drei Signalformen am Beispiel der Messung der Motordrehzahl dargestellt. **Analog** lassen sich alle Zwischenwerte der Drehzahl von 0 bis 6000/min darstellen. **Binär** kann nur erfaßt werden, ob die Drehzahl ober- oder unterhalb eines bestimmten Wertes liegt, z.B. 2000/min.
1 bedeutet, daß der Wert erreicht oder überschritten wurde. 0 bedeutet, daß der Wert darunter liegt.
Digital ergeben sich nur Zwischenwerte in Sprüngen von z.B. 1000/min.

12.1.2 Signalwandler

Signalwandler wandeln ein Signal von einer Signalform in eine andere um.

Für die Verarbeitung eines analogen Signals in einer digital arbeitenden Steuerung muß das analoge Signal durch einen **Analog/Digital-Wandler** (A/D-Wandlor) in ein digitales Signal umgewandelt werden. Jeder Übergang von einer Signalform in eine andere erfordert einen entsprechenden Signalwandler. So kann z.B. der Unterbrecherkontakt in der Zündanlage als **Analog/Binär-Wandler** benutzt werden, da er die analoge Drehzahl der Verteilerwelle

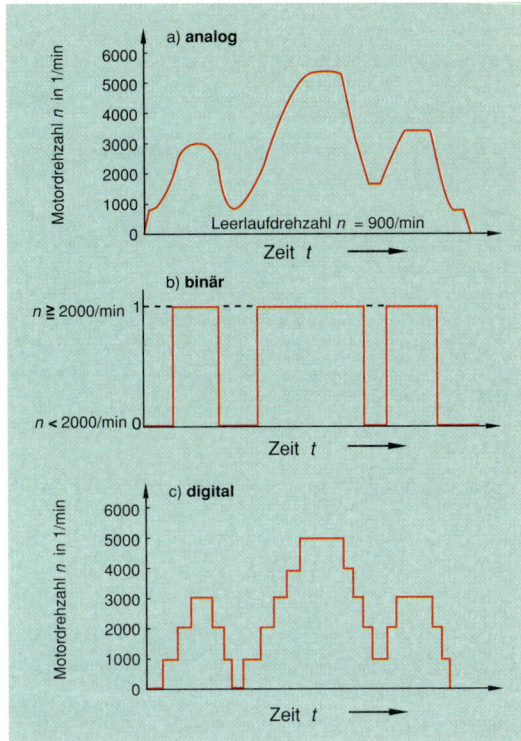

Abb. 2: Signalformen

in binäre Schaltzustände des Primärstromes (eingeschaltet, ausgeschaltet) umwandelt. Diese binären Signale können z.B. an das Steuergerät einer Einspritzanlage als Drehzahlinformation gegeben werden.

12.1.3 Signalglieder (Sensoren)

Eingangssignale werden durch **Signalglieder** (Sensoren) erfaßt und an das Steuer- bzw. Regelungssystem weitergeleitet.

Signalglieder (Sensoren) sind Meßgeräte, die physikalische Größen messen und weiterleiten.

So benötigt z.B. das Steuergerät elektronischer Einspritzanlagen Informationen über die Motordrehzahl, die Motortemperatur, die Ansauglufttemperatur, den Lastzustand und die Abgaszusammensetzung, um daraus die erforderliche Kraftstoffmenge zu berechnen. Die physikalischen Größen (z.B. Temperatur, Druck, Drehzahl, Strömungsgeschwindigkeit) werden durch entsprechende Sensoren erfaßt (Abb. 1, S. 118) und an das **Steuergerät** der Einspritzanlage weitergeleitet.

12.1.4 Stellglieder (Aktoren)

> **Stellglieder** (Aktoren) sind Bauteile, die durch die Ausgangssignale eines Steuerungs- oder Regelungssystems zum Arbeiten veranlaßt werden.

So gehören z.B. zu den Aktoren einer Einspritzanlage die **Magnetventile.** (Abb. 1). Diese erhalten vom Steuergerät das Ausgangssignal in Form von Stromimpulsen, wodurch sie öffnen. Dadurch wird während der Öffnungszeit der Ventile eine bestimmte Kraftstoffmenge in das Saugrohr des Verbrennungsmotors eingespritzt. Weitere Aktoren sind z.B. Zündkerzen, Kontrolleuchten, Stellmotoren, Kraftstofförderpumpen.

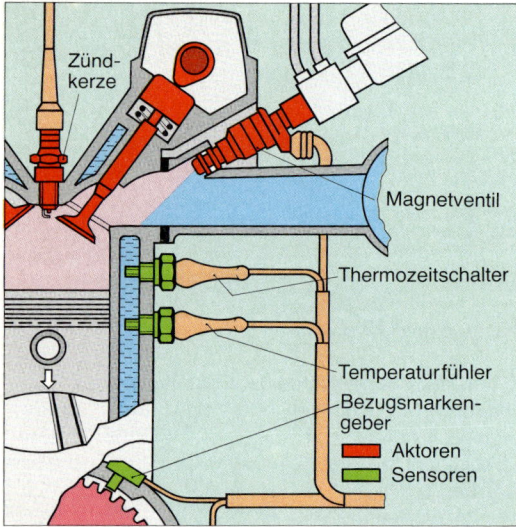

Abb. 1: Sensoren und Aktoren

12.1.5 Übertragungsmedien

Für das Betreiben einer Steuerung oder Regelung wird Energie benötigt, die sogenannte **Hilfsenergie.** Für die Energieübertragung eignen sich folgende **Übertragungsmedien:**

- Luft,
- Flüssigkeit und
- elektrischer Strom.

Tabelle 1 zeigt eine Gegenüberstellung der Übertragungsmedien.
Entsprechend den Anforderungen werden unterschiedliche Gerätetechniken verwendet und miteinander kombiniert. Die kleinste Bauweise läßt die Mikroelektronik zu. Die **Energiespeicherung** wird durch die **Pneumatik** vereinfacht (z.B. Druckluftbremsanlage).

12.2 Pneumatik

12.2.1 Pneumatische Bauelemente

Pneumatische Bauelemente werden entsprechend ihrer Wirkungsweise eingeteilt in:

- **Wegeventile,** sie steuern Anfang, Ende und Richtung des Luftdurchlasses;
- **Sperrventile,** sie legen die Durchflußrichtung fest (z.B. Wechselventil, Zweidruckventil);
- **Druckventile,** sie regeln oder begrenzen den Druck (z.B. Druckregelventil, Druckbegrenzungsventil);
- **Stromventile,** sie drosseln die Durchflußmenge; (z.B. Drosselventil, Drosselrückschlagventil);
- **Arbeitszylinder,** sie führen geradlinige Bewegungen aus (z.B. Radbremszylinder der Druckluftbremsanlage);
- **Drehantriebe,** sie führen drehende Bewegungen aus (z.B. Schlagschrauber, Bohrmaschinen).

Tab. 1: Gegenüberstellung der Übertragungsmedien

| | Übertragungsmedium | | |
	Luft	Flüssigkeit	elektr. Strom
Gerätetechnik	Pneumatik	Hydraulik	Elektrik, Elektronik
Beispiel am Kraftfahrzeug	Zündverstellung durch Unterdruck, Druckluftbremsanlage	automatisches Getriebe, Visco-Lüfter	Generatorregelung, elektronisch geregelte Kraftstoffeinspritzanlage
Vorteile	einfache Energiespeicherung, Leckstellen sind relativ ungefährlich, keine Funkenbildung	einfache Übertragung von großen Kräften mit kleinen Bauteilen, keine Funkenbildung	einfache Weiterleitung und Verteilung, sehr kleine Bauweise von Schaltungen, kein Verschleiß elektronischer Schalter
Nachteile	Lärm durch Abluft, Geschwindigkeitsregelung ist aufwendig	schwierige Speicherung, Leckstellen verschmutzen die Umgebung, geringe Arbeitsgeschwindigkeit	schwierige Speicherung, große Bauweise für große Kräfte, Funkenbildung schwer zu verhindern

Wegeventile (Abb. 2) werden durch zwei Zahlen gekennzeichnet (z.B. 5/2-Wegeventil). Die erste Zahl nennt die **Zahl der Anschlüsse,** die zweite Zahl die Zahl der möglichen **Schaltstellungen.** So hat das

Benennung	2/2-Wegeventil	3/2-Wegeventil	5/2-Wegeventil
			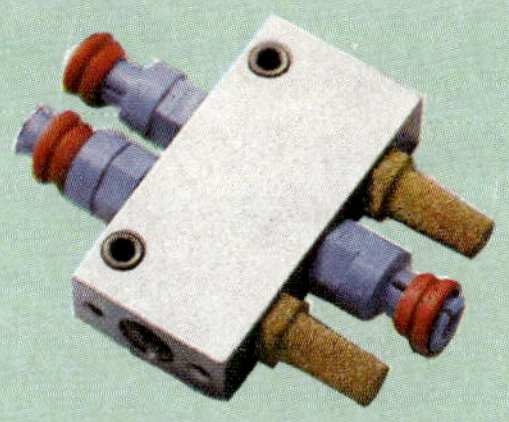
Strömungs-wege	von P nach A oder in beiden Richtungen gesperrt	von P nach A oder ge-änderte Schaltstellung von A nach R, wobei der An-schluß P dann gesperrt ist	von P nach A und von B nach S oder in geänderter Schaltstellung von P nach B und von A nach R
Symbolhafte Darstellung DIN-ISO 1219	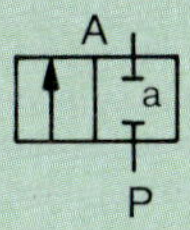	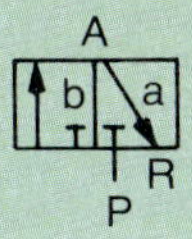	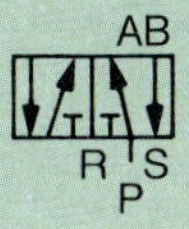
Anwendung	Stellglied zum Steuern von Blaspistolen »Zapfstellenventile«	Schaltglied zum Steuern einfach wirkender Zylinder oder Motore. Signalglied, Hauptventil zum Öffnen, oder Schließen der Luftver-sorgung einer Steuerung	Stellglied zum Steuern von doppel wirkenden Zylindern oder Motoren

Abb. 2: Wegeventile

5/2-Wegeventil (Fünf-Strich-Zwei-Wegeventil) der Abb. 1 fünf Anschlüsse und zwei Schaltstellungen.

Die **Anschlüsse** werden mit **Großbuchstaben** ge-kennzeichnet:

A, B, C   Ausgänge (z.B. zum Arbeitszylinder),
P   Anschluß der Druckleitung,
R, S, T   Entlüftungsanschlüsse,
X, Y, Z   Steueranschlüsse,
E1, E2   Eingänge (z.B. Wechsel- und Zweidruck-ventile)

Sperrventile beeinflussen die Durchflußrichtung der Druckluft. Das **Wechselventil** (Abb. 3) hat drei An-schlüsse (zwei Eingänge E1 und E2 und einen Aus-gang A). Es wird auch als **ODER-Ventil** bezeichnet, da der Ausgang nur dann freigegeben wird, wenn an einem **oder** beiden Eingängen Druck vorhan-den ist. Das **Zweidruckventil** hat drei Anschlüs-se. Es wird auch als **UND-Ventil** bezeichnet, da der Ausgang nur dann freigegeben wird, wenn an dem einen **und** dem anderen Eingang Druck anliegt.
Druckventile sind für die Einstellung des Drucks er-forderlich. Mit dem **Druckregelventil** (Abb. 4) kann der Druck stufenlos eingestellt werden.
Druckbegrenzungsventile schützen die Anlage vor Überlastung. Sie öffnen, wenn ein eingestellter Wert überschritten wird und die Druckluft strömt ins Freie.

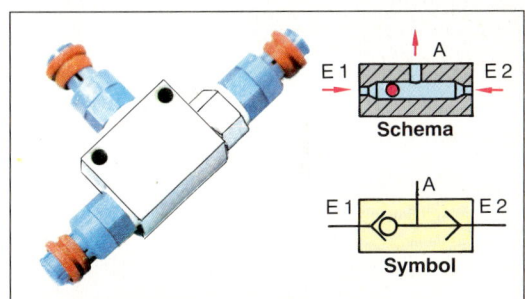

Abb. 3: Wechselventil

Einlaß-, Primärdruck

Auslaß-, Sekundär-druck

Druckregel-ventil

Abb. 4: Druckregelventil

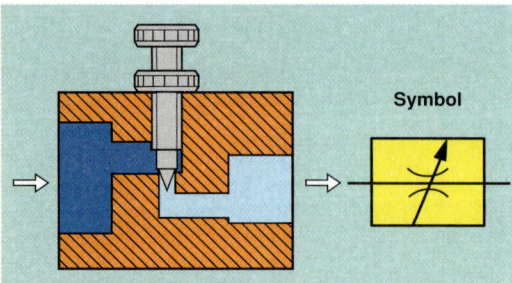

Abb. 1: Einstellbares Drosselventil

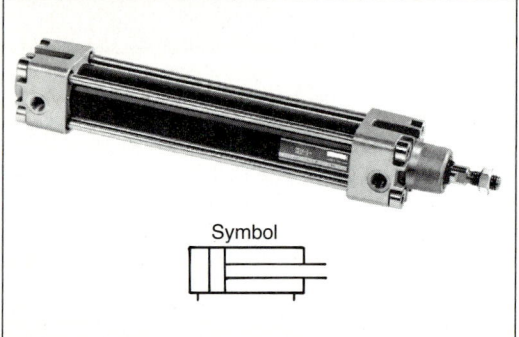

Abb. 2: Doppeltwirkender Arbeitszylinder

Bildzeichen	Bedeutung	Bildzeichen	Bedeutung
⊙	Druckquelle	—	Arbeitsleitung
┼	Leitungskreu-zung	┼	Leitungsverbin-dung
	Druckspeicher	Ⓝ	Druckmeßgerät
	Schalldämpfer		Durchflußrich-tung
	Entlüftungslei-tung	T	Absperrichtung
			Arbeitszylinder mit Rückstell-feder
Ventil mit 2 Anschlüssen (P Druckanschluß, A Ausgang) und 2 Schaltstellungen: a Durchlaß-, b Sperrstellung			
Ventilbetätigung			
Bildzeichen	Bedeutung	Bildzeichen	Bedeutung
a) Muskelkraft			
	allgemein		Hebel
	Knopf		Pedal
b) mechanische Betätigung			
	Taster	W	Feder
	Tastrolle		Tastrolle mit Leerrücklauf
c) elektrische Betätigung			
	durch Elektro-magnet mit 1 Wicklung		durch Elektro-magnet mit 2 Wicklungen

Abb. 3: Auswahl von Bildzeichen nach DIN ISO 1219

Stromventile beeinflussen die Durchflußmenge der Druckluft und damit die Zeit, in der sich der am Druckregler eingestellte Arbeitsdruck aufbaut. So können Schalt- und Arbeitsgeschwindigkeiten verändert werden. Die Durchflußmenge wird durch Verengung des Durchlaßweges beeinflußt. Die Verengung kann gleichbleibend sein (Blendenventil) oder stufenlos veränderbar (einstellbares Drosselventil, Abb. 1).

Arbeitszylinder und **Drehantriebe** sind die **Arbeits-** oder **Antriebsglieder** (Aktoren) der Pneumatik. Sie wandeln den eingeleiteten Druck in geradlinige oder drehende Bewegungen um.

Einfachwirkende Zylinder werden durch den Druck ausgefahren und durch Federkraft zurückgefahren.

Doppeltwirkende Zylinder führen beide Bewegungen durch Druckluft aus und können daher in beiden Bewegungsrichtungen Arbeit verrichten (Abb. 2).

12.2.2 Schaltplan, Logikplan

Schaltplan

Ein **Schaltplan** zeigt die Wirkungsweise einer Steuerung durch Bildzeichen. Die Bildzeichen (Schaltzeichen) elektrischer Schaltungen enthält DIN 40900 (s. Kap. 13.4), die Bildzeichen pneumatischer und hydraulischer Schaltungsbauteile DIN ISO 1219 bzw. DIN 24300. Eine Auswahl von Bildzeichen nach DIN ISO 1219 zeigt Abb. 3.

Pneumatische Schaltpläne werden im allgemeinen nach der Wirkrichtung der pneumatischen Bauteile von unten nach oben aufgebaut. Die Eingabegeräte, die den Arbeitsablauf starten, stehen unter den Arbeitszylindern, die betätigt werden sollen. Abb. 4 zeigt die Schaltpläne für die Grundschaltung der Steuerung eines einfachwirkenden und eines doppeltwirkenden Arbeitszylinders.

Logikplan

Ein **Logikplan** wird mit den **Logikbildzeichen** und der Wahrheits- oder Funktionstabelle (Abb. 5) entsprechend der Aufgabenstellung erstellt.

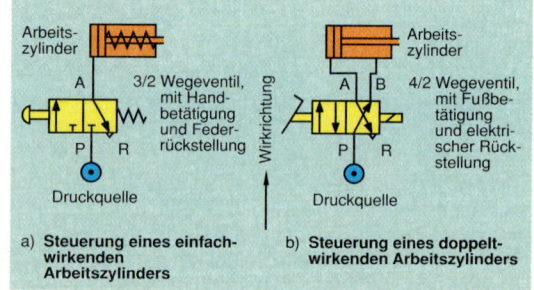

a) **Steuerung eines einfach-wirkenden Arbeitszylinders**   b) **Steuerung eines doppelt-wirkenden Arbeitszylinders**

Abb. 4: Schaltpläne der Arbeitszylindersteuerung

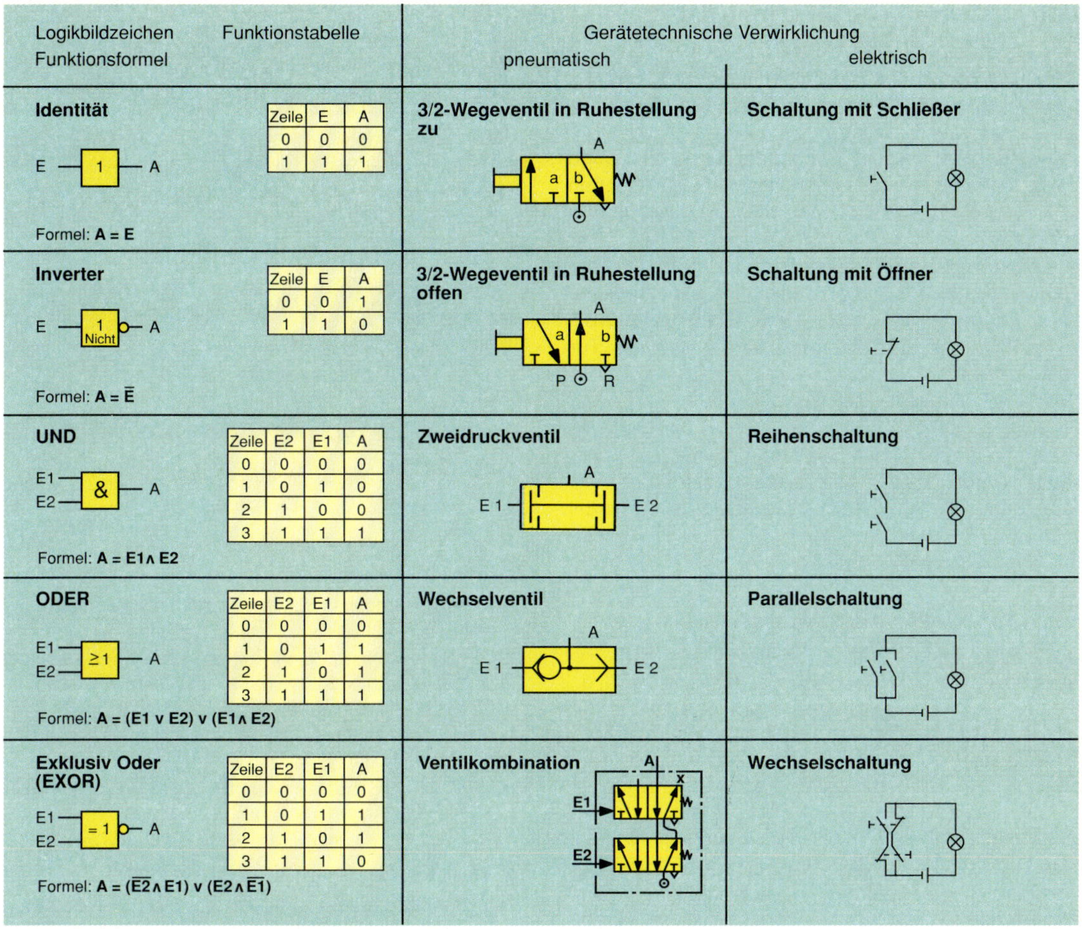

Logikbildzeichen Funktionsformel	Funktionstabelle	Gerätetechnische Verwirklichung pneumatisch	elektrisch
Identität E —[1]— A Formel: **A = E**	Zeile E A / 0 0 0 / 1 1 1	**3/2-Wegeventil in Ruhestellung zu**	**Schaltung mit Schließer**
Inverter E —[1 Nicht]o— A Formel: **A = Ē**	Zeile E A / 0 0 1 / 1 1 0	**3/2-Wegeventil in Ruhestellung offen**	**Schaltung mit Öffner**
UND E1 —[&]— A E2 Formel: **A = E1∧ E2**	Zeile E2 E1 A / 0 0 0 0 / 1 0 1 0 / 2 1 0 0 / 3 1 1 1	**Zweidruckventil** E 1 ——[ ]—— E 2	**Reihenschaltung**
ODER E1 —[≥1]— A E2 Formel: **A = (E1 ∨ E2) ∨ (E1∧ E2)**	Zeile E2 E1 A / 0 0 0 0 / 1 0 1 1 / 2 1 0 1 / 3 1 1 1	**Wechselventil** E 1 ——[ ]—— E 2	**Parallelschaltung**
Exklusiv Oder (EXOR) E1 —[= 1]o— A E2 Formel: **A = (Ē2∧ E1) ∨ (E2∧ Ē1)**	Zeile E2 E1 A / 0 0 0 0 / 1 0 1 1 / 2 1 0 1 / 3 1 1 0	**Ventilkombination**	**Wechselschaltung**

Abb. 5: Logikbildzeichen und Schaltbeispiele

Das Logikbildzeichen **Identität** (lat.: Gleichheit, Übereinstimmung) zeigt, daß zwischen Eingangs- und Ausgangssignal Übereinstimmung besteht. Ein Eingangssignal E führt zu einem Ausgangssignal A. Der **Inverter** (invertieren, lat.: umkehren) kehrt das Eingangssignal um. Liegt kein Eingangssignal vor (z.B. Schalter nicht betätigt), so gibt es ein Ausgangssignal und umgekehrt. Der kleine Kreis vor dem Ausgangssignal kennzeichnet die Umkehrung. Für die Formelschreibweise der Inverter- oder auch Nicht-Funktion (Umkehrung) ist folgende Schreibweise üblich: A = Ē. Neben den Logikbildzeichen Identität und Inverter gibt es z.B. noch die Zeichen UND, ODER (Abb. 5) und Exklusiv-Oder.

Das Logikbildzeichen **Exklusiv-Oder** (kurz: EXOR, excludere, lat.: ausschließen) zeigt, daß nur **ein** Eingangssignal zu einem Ausgangssignal führt. Es wird **ausgeschlossen,** daß **beide** Eingangssignale ein Ausgangssignal liefern.

Der **Logikplan** enthält alle **logischen Verknüpfungen,** die sich aus der Funktionstabelle oder Formel ablesen lassen. Für den Logikplan einer EXOR-Schaltung (Abb. 6) sind folgende Logikbildzeichen erforderlich: 2 Inverter, 2 UND sowie 1 ODER. Gemäß Funktionstabelle (Abb. 5) sind 2 Schaltstellungen der Eingangssignale E 1 und E 2 möglich, die zu einem Ausgangssignal führen. Das entspricht der elektrischen Wechselschaltung.

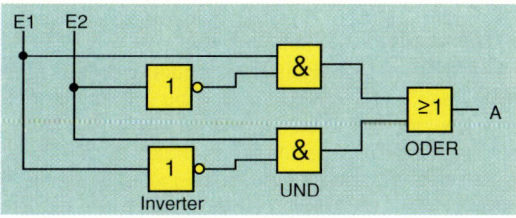

Abb. 6: Logikplan einer EXOR-Schaltung

12.2.3 Pneumatische Steuerung mit Schalt- und Logikplan

Der Aufbau einer pneumatischen Steuerung soll am Beispiel einer Türsteuerung gezeigt werden.

Aufgabenstellung: Die Tür eines Kraftomnibusses soll sich pneumatisch von innen und von außen durch einen Handknopf öffnen lassen. Das Schließen soll durch die Rückstellfeder des Arbeitszylinders erfolgen.

Lösungsansatz: Das Öffnen der Tür erfordert zwei Eingabegeräte (E1 und E2), die über eine logische Verknüpfung (ODER- bzw. Wechselventil) ein Ausgangssignal an den Arbeitszylinder, der die Tür betätigt, liefern.

Die **Funktionstabelle** (Tab. 2) zeigt, daß immer dann ein Ausgangssignal (eine 1) entsteht, wenn Schalter E1 **oder** E2 oder **beide** Schalter betätigt (auf 1 gesetzt) werden. Sind beide Schalter unbetätigt (auf 0), so ergibt sich auch kein Ausgangssignal. Damit erfüllt das **Wechselventil** (Abb. 5, S. 121) die Bedingungen der Aufgabenstellung.

Tab. 2: Funktionstabelle der Aufgabenstellung

Schalter	E2	Schalter	E1	Ausgangssignal	A
unbetätigt	0	unbetätigt	0	nicht vorhanden	0
unbetätigt	0	betätigt	1	vorhanden	1
betätigt	1	unbetätigt	0	vorhanden	1
betätigt	1	betätigt	1	vorhanden	1

Die **Funktionstabelle** kann als **Funktionsgleichung** angegeben werden: A = (E1 **oder** E2) oder (E1 **und** E2). Werden die Worte »oder« sowie »und« durch entsprechende Symbole ($\vee$ entspricht »oder«, $\wedge$ entspricht »und«) ersetzt, so verkürzt sich die **Funktionsgleichung** auf folgende **Formel:**
$$A = (E1 \vee E2) \vee (E1 \wedge E2).$$

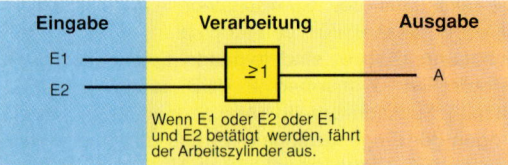

Abb. 1: Logikplan der Türsteuerung

Der Logikplan (Abb. 1) enthält das oder die Symbole der logischen Verknüpfung, durch die die Bedingungen der Funktionstabelle erfüllt werden. Der **Schaltplan** der Türsteuerung (Abb. 2) enthält die Symbole für die Druckluftversorgung, zwei handbetätigte 3/2-Wegeventile als Eingabegeräte, das Wechselventil, das die Eingangssignale logisch verarbeitet und den Arbeitszylinder mit Federrückstellung, der die Tür betätigen soll.

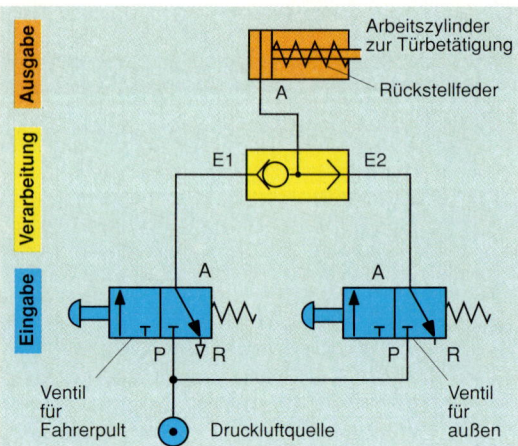

Abb. 2: Schaltplan der Türsteuerung

Aufgaben

1. Beschreiben Sie den Aufbau einer Steuerung am Beispiel des mechanischen Fensterhebers.
2. Fertigen Sie eine Zeichnung an, die eine Steuerkette eines selbstgewählten Steuerungsbeispiels darstellt (z. B. Fahrzeuglenkung).
3. Nennen und vergleichen Sie die Kennzeichen eines Steuerungs- und eines Regelungssystems.
4. Welche Aufgabe hat das Stellglied einer Fahrgeschwindigkeitsregelanlage?
5. Erklären Sie die Begriffe: analog, binär und digital.
6. Welche Aufgabe hat ein Signalwandler?
7. Was sind Sensoren und Aktoren? Nennen Sie Beispiele.
8. Nennen Sie pneumatische Bauelemente und ihre Aufgaben.
9. Erklären Sie die Kennzeichnung von Wegeventilen am Beispiel eines 5/2-Wegeventils.
10. Welche Gerätetechniken können für eine Hebebühne angewendet werden? Begründen Sie ihre Aussage.
11. Beschreiben Sie die Wirkungsweise eines einstellbaren Drosselventils anhand einer Skizze.
12. Erstellen Sie für die folgende Aufgabe einen pneumatischen Schaltplan: Der Spannzylinder für eine Druckluftbremse soll durch ein 3/2-Wegeventil betätigt werden. Die Rückstellung des Zylinders soll durch Federkraft erfolgen. Das Wegeventil wird über ein Pedal betätigt und durch Federkraft in die Ruhestellung gebracht.
13. Zeichnen Sie das Logikbildzeichen der Aufgabe 11.
14. Welches pneumatische Ventil erfüllt die Bedingung, daß ein Arbeitszylinder nur dann ausfährt, wenn zwei Eingangssignale vorliegen? Welche elektrische Schaltung erfüllt diese Bedingung ebenfalls?
15. Beschreiben Sie den Unterschied zwischen einem Logikplan und einem Schaltplan.

12.3 Informationstechnik

In der Informationstechnik werden Informationen (Daten, Signale) einem System **eingegeben.** Das System **verarbeitet** die Informationen nach einem vorgegebenen Programm und liefert das Ergebnis als **Ausgabe.**

Informationssysteme arbeiten nach dem Prinzip: **E**ingabe – **V**erarbeitung – **A**usgabe (E-V-A-Prinzip).

Ein einfaches Informationssystem ist z.B. die Signalanlage (Horn) eines Kraftfahrzeugs (Abb. 3). Über den **Schalter** erfolgt eine **Eingabe,** die einen Stromfluß bewirkt. Dieser wird im Horn zu einem akustischen Signal als **Ausgabe verarbeitet.**

Das Betätigen eines Signalhorns ergibt eine **Information,** der ein bestimmter **Informationsinhalt** (Code) zugrunde gelegt wird. Der Code bedeutet: »Vorsicht, hier nähert sich ein Fahrzeug«. Allgemein besteht ein Informationsinhalt aus einer Anzahl von **Zeichen** (z.B. Schriftzeichen oder Zahlen) oder **Signalen** (z.B. Blinkzeichen, Folge von Tönen), die der **Kommunikation** (communicare, lat.: mitteilen) dienen. Umfangreichere Kommunikationssysteme sind **Datenverarbeitungsanlagen,** die auch **Rechner** oder **Computer** (engl.: elektronische Rechenanlage) genannt werden.

12.3.1 Aufbau eines Computers

Zu einem **Computer** gehören:
- Eingabegeräte,
- Ausgabegeräte und
- eine Verarbeitungs- oder Zentraleinheit (Abb. 4).

Die Ein- und Ausgabegeräte werden auch als **Peripheriegeräte** (peripher, gr.-lat.: am Rande befindlich) bezeichnet.

Eingabegeräte

Das wichtigste Eingabegerät ist die **Tastatur,** auch Konsole oder Keyboard (engl.: Tastatur) genannt Abb. 5). Mit der **Tastatur** werden Zahlen, Buchstaben, Rechen- und Sonderzeichen eingegeben.

Computer können nur die Ziffern **0** und **1** des **dualen Zahlensystems** verarbeiten. Deshalb müssen die eingegebenen Informationen umgewandelt werden.

Das System der **Dualzahlen** (dual, lat.: eine Zweiheit bildend) wird als **Dualsystem** bezeichnet. Es beruht auf der Multiplikation mit der **Zahl 2.** Die kleinste

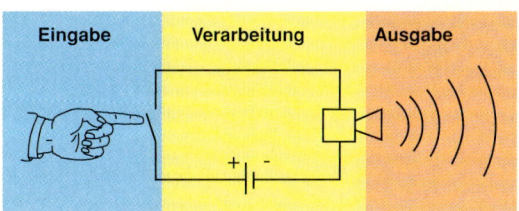

Abb. 3: Signalanlage eines Kraftfahrzeugs

Informationseinheit dieses Zahlensystems kann den Wert 0 ($2 \cdot 0$) oder 1 annehmen ($2^0 = 1$, denn jede Zahl hoch Null ist gleich 1). Diese Informationseinheit wird als **Bit** bezeichnet. Eine Glühlampe entspricht, z.B. aufgrund ihrer Informationsmöglichkeiten, ebenfalls einem Bit. Wenn sie leuchtet, entspricht das der **1.** Leuchtet sie nicht, entspricht das der **0.**

Mit **3 Glühlampen** (3 Bits) können insgesamt **8 Informationen** ($2 \cdot 2 \cdot 2 = 2^3 = 8$) weitergegeben werden. So könnte eine Verkehrsampel mit ihren 3 farbigen Lampen 8 Informationen signalisieren (Abb. 1, S. 124). Es werden jedoch nur 4 bzw. 5 genutzt.

Für die Eingabe von Zeichen über die Tastatur reichen 3 Bits nicht aus. International wurden für die verschiedenen Zeichen jeweils 8 Bits vereinbart.

Jedes in die Tastatur eingegebene Zeichen (Buchstabe, Zahl oder Sonderzeichen) wird als Folge von insgesamt 8 **Nullen** oder **Einsen** in den Computer eingegeben.

Abb. 4: Grundaufbau eines Computers

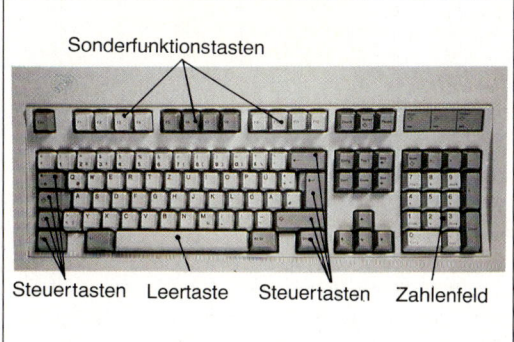

Abb. 5: Tastatur eines Computers

Nr.	Information			Art
	🟢	🟡	🔴	
1	0	0	0	Ampel nicht in Betrieb, Verkehrszeichen oder Vorfahrtsregeln gelten.
2	0	0	1	Halt vor der Kreuzung
3	0	1	0	Vor der Kreuzung auf das nächste Zeichen warten.
4	0	1	1	Bereitmachen, auf Grün warten
5	1	0	0	Freie Fahrt
6	1	0	1	Wird nicht genutzt
7	1	1	0	Meist nicht genutzt
8	1	1	1	Wird nicht genutzt

Abb. 1: Informationsmöglichkeiten einer Ampel

Eine Ziffernfolge aus 8 Bit (Dualzahl) wird als Byte bezeichnet. Der **ASCII-Code** (**A**merican **S**tandard **C**ode for **I**nformation **I**nterchange; amerikanischer Standard-Code für Informationsaustausch) stellt eine Vereinbarung über die Zeichenzuordnung für die einzelnen Kombinationen dar (Tab. 3). Mit 8 Bit oder einem Byte lassen sich insgesamt 256 verschiedene Zeichen darstellen ($2^8 = 256$). Für die Verkürzung der Ziffernfolgen (Speicherplatzersparnis) wurde das **Sechzehner-** oder **Hexadezimalsystem** (hexa, gr.: sechs) eingeführt, da das Zehner- oder Dezimalsystem ungeeignet für das Rechnen mit Zweierkombinationen ist.

16 ergibt sich aus $2^4 = 2 \cdot 2 \cdot 2 \cdot 2$.

Die Tabelle 3 zeigt einige Beispiele von Tastaturzeichen mit den zugehörigen Dual- und Hexadezimalzahlen nach dem ASCII-Code, sowie die entsprechende Umrechnung in Dezimalzahlen.

Tab. 3: Beispiele für Standardzeichen im ASCII-Code

Tastaturzeichen	Dualzahl nach ASCII-Code	Hexadezimalzahl	Dezimalzahl
E	0100 0101	45	69
e	0110 0101	65	101
F	0100 0110	46	70
f	0110 0110	66	102
Z	0101 1010	5A	90
z	0111 1010	7A	122
3	0011 0011	33	51
?	0011 1111	3F	63
+	0010 1011	2B	43
★	0010 1010	2A	42

Das **Hexadezimalsystem** verwendet die Ziffern **0** bis **9** und die Buchstaben **A** bis **F** als weitere Ziffern, damit insgesamt 16 Ziffern zur Verfügung stehen.

Die Dezimalzahl 32 läßt sich z.B. durch die Hexadezimalzahl 20 ausdrücken. Das bedeutet: $\mathbf{2} \cdot 16^1 + \mathbf{0} \cdot 16^0 = 32$. Der Hexadezimalzahl 20 (Dualzahl: 0010 0000) entspricht nach dem ASCII-Code das Leerzeichen der Tastatur (Space-Taste).

Weitere **Eingabegeräte** zeigt die Abb. 2. Im Kraftfahrzeug sind **Sensoren** die Eingabegeräte. Sie erfassen physikalische Größen (z.B. Temperatur, Drehzahl, Verstellwinkel, Druck im Saugrohr) und geben sie als Signale an die Verarbeitungseinheit.

Analoge Signale müssen vor der Eingabe **digitalisiert** (in Ziffern umgewandelt) werden. Das erfordert einen Analog/Digital-Wandler (A/D-Wandler, s. Kap. 12.1.2).

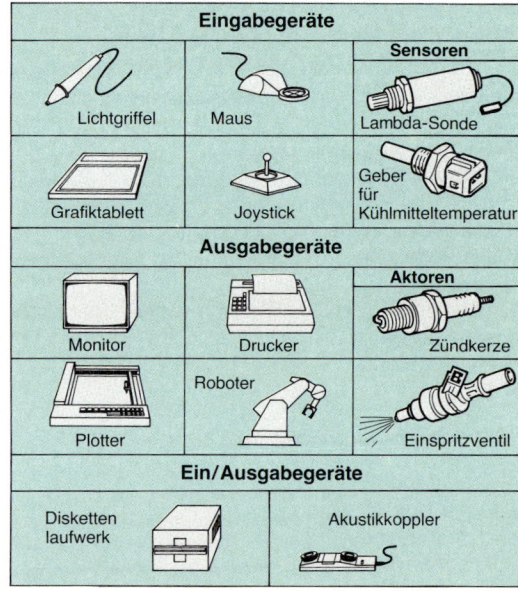

Abb. 2: Ein- und Ausgabegeräte

Ausgabegeräte

Das wichtigste **Ausgabegerät** des Computers ist der **Bildschirm** oder der **Monitor,** im Kfz sind es meist **Aktoren.**

Andere Ausgabegeräte sind z.B. Drucker und Diskettenlaufwerk.

In der Kraftfahrzeugtechnik werden **Aktoren** als **Ausgabegeräte** verwendet. Das sind z.B. die Einspritzventile der elektronischen Einspritzanlage (s. Kap. 21.3.1), deren Öffnungszeit durch das Steuergerät bestimmt wird, oder der Drosselklappensteller der Monojetronic (s. K. 21.4.1), dessen Stellweg über das Steuergerät entsprechend des Belastungszustands errechnet wird.

Zentraleinheit

Die Zentraleinheit (Abb. 3) besteht aus:

- Ein- und Ausgabeeinheit,
- Zentralspeicher,
- Mikroprozessor und
- Taktgenerator.

Die Verbindung der einzelnen Bauteile erfolgt durch ein Leitungssystem, das **Bussystem** genannt wird. Das Bussystem umfaßt den **Datenbus,** über den der Datenfluß läuft, den **Adreßbus,** der die Adressen der Peripheriegeräte überträgt und den **Steuerbus,** über den die zeitliche Abfolge der einzelnen Arbeitsschritte beeinflußt wird.
Nach dem Einschalten der **Zentraleinheit** oder **CPU** (**C**entral **P**rocessing **U**nit) liefert der **Taktgenerator** Impulse in einem bestimmten Zeitrhythmus (z.B. 8 Mikrosekunden, das sind 8 millionstel Sekunden). Im Zeitraum zwischen zwei Impulsen wird eine Tätigkeit ausgeführt. Z.B. wird ein Buchstabe, der über die Tastatur eingegeben wurde, über den **Datenbus** in einem Speicherplatz des frei programmierbaren **RAM**-Speichers abgelegt. RAM bedeutet **R**andom **A**ccess **M**emory (Speicher mit wahlfreiem Zugriff, auch Schreib/Lese-Speicher genannt).

Der **Datenbus** benötigt 8 parallele Datenleitungen, da die Tastaturzeichen aus 8 Bit bestehen. Der **Speicherplatz,** in dem der Buchstabe abgelegt wird, erhält vom **Rechenwerk** eine **Adresse** über den **Adreßbus,** damit er wieder abgerufen werden kann. Dazu ist jeder **Speicher** fortlaufend durchnummeriert. Um mehr **Speicherplätze** ansprechen zu können, ist der Adreßbus mit 16 parallelen Leitungen ausgerüstet. So können $2^{16} = 65536$ Speicherplätze erfaßt werden. Sollen mehr Speicherplätze ansprechbar sein, so sind auch mehr Adreßleitungen erforderlich.
Feste Zahlenwerte (z.B. die Zahl π), Daten, Programme oder das **Betriebssystem** des Computers sind in unveränderlichen Speichern abgelegt. Diese Speicher heißen **ROM** (**R**ead **O**nly **M**emory; Nur-Lese-Speicher).

> Das **Rechenwerk** der Zentraleinheit ist für alle Rechenoperationen und logischen Entscheidungen zuständig.
> Das **Steuerwerk** hat Überwachungsfunktionen und steuert das Zusammenwirken aller Geräte des Computers.

> Die **Ein-** und **Ausgabeeinheit** übernimmt den Datenaustausch zwischen den Peripheriegeräten und der Zentraleinheit.

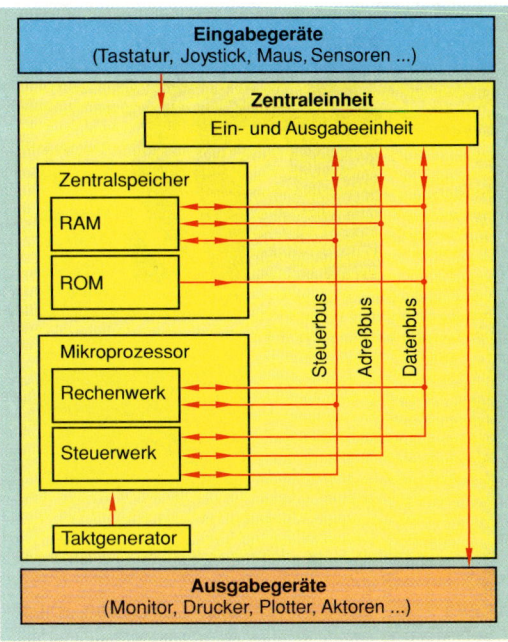

Abb. 3: Schema der Teilsysteme des Computers

Die Daten müssen so aufbereitet werden, daß sie von den jeweiligen Geräten auch sinnvoll umgesetzt werden können. Dazu ist eine Anpaßschaltung erforderlich, die als **Schnittstelle** bezeichnet wird.

> **Parallele Schnittstellen** übertragen mehrere Daten gleichzeitig (parallel), **serielle Schnittstellen** übertragen die Daten hintereinander.

12.3.2 Periphere Speicher

Für die Ein- und Ausgabe großer **Datenmengen** und umfangreicher Programme reicht der Speicherplatz des internen RAM-Speichers oft nicht aus. Daher sind **periphere Speicher** erforderlich.
Zu den peripheren Speichern gehören:

- Diskettenlaufwerk und
- Festplattenlaufwerk.

Das **Diskettenlaufwerk** wird mit auswechselbaren Disketten betrieben. Die Diskette oder **Floppy Disk** (engl.: schlappe Scheibe) besteht aus einer kreisförmigen Trägerfolie, die mit einer magnetisierbaren Schicht versehen ist (Abb. 1, S. 126).
Die Magnetschicht ist in konzentrische Kreise (Spuren oder Tracks) unterteilt. Die **Spuren** sind wiederum in tortenstückähnliche Sektoren eingeteilt (Abb. 2, S. 126).

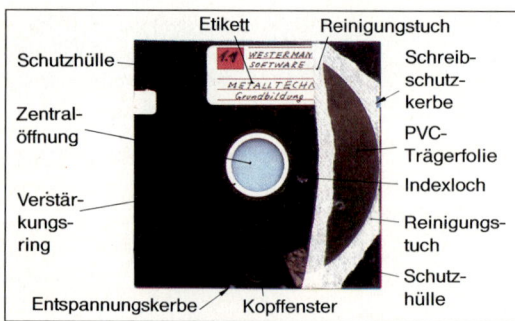

Abb. 1: Aufbau einer Diskette

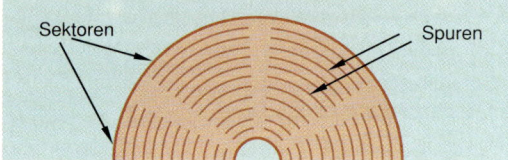

Abb. 2: Einteilung einer Diskette in Spuren und Sektoren

Es gibt 51/4″- und 31/2″-Disketten. Das Maß gibt den Außendurchmesser an. Die Diskette enthält auf jeder Seite 77 Datenspuren, die je nach Schreibdichte (density) in 8, 15 oder 26 Sektoren unterteilt sind.

Je nach Schreibdichte kann eine Spur unterschiedlich viele Bytes (Zeichen) speichern;

- normale Schreibdichte (ND; Normal Density) 128 Byte,
- doppelte Schreibdichte (DD; Double Density) 256 Byte und
- hohe Schreibdichte (HD; High Density) 512 Byte.

> Die **Speicherkapazität** einer Diskette errechnet sich aus der Zahl der Spuren multipliziert mit der Zahl der Sektoren und der Zahl der speicherbaren Bytes.

So kann eine HD-Diskette mehr als eine Million Bytes bzw. Zeichen speichern. Das entspricht etwa 340 Schreibmaschinenseiten DIN A4.

Abb. 3: Festplatten-Laufwerk

> Das **Ein-** und **Auslesen** der Daten erfolgt im Diskettenlaufwerk mit Schreib-Leseköpfen, die auf der Diskette gleiten.

Festplatten-Laufwerke (Abb. 3) verwenden für die Datenspeicherung eine oder mehrere Aluminiumscheiben, die beidseitig mit einer Magnetschicht versehen sind. Das Gehäuse ist staubdicht verschlossen und die Platten rotieren mit einer Drehzahl von 3600/min. Durch höhere Schreibdichte und höhere Drehzahlen ist die **Zugriffszeit** etwa 50mal kürzer und die **Speicherkapazität** etwa 5mal größer als bei einer Diskette. Der Schreib-Lesekopf gleitet auf einem Luftpolster und arbeitet daher verschleißfrei. Allerdings ist die Festplatte wegen der höheren Drehzahlen empfindlich gegen Erschütterungen.

> **Festplatten** ermöglichen sehr kurze Zugriffszeiten, haben sehr hohe Speicherkapazitäten und arbeiten verschleißfrei.

Vor der Benutzung neuer Disketten oder Festplatten müssen die Spuren und Sektoren, abgestimmt auf das verwendete Laufwerk, mit Nummern versehen und entsprechend eingeteilt werden. Dieses wird als **formatieren** oder **initialisieren** bezeichnet. Das geschieht durch ein entsprechendes Programm, das meist im Betriebssystem enthalten ist.

> Das **Betriebssystem** organisiert den Datenverkehr zwischen dem Computer und den peripheren Geräten.

Das Betriebssystem, das den Datenaustausch zwischen Computer und Disketten- oder Festplattenlaufwerken organisiert, wird kurz **DOS** genannt (**D**isk **O**perating **S**ystem, engl.: Disketten-Betriebssystem). Treten Fehler in der Datenübertragung auf, so reagiert das **Betriebssystem** mit einer **Fehlermeldung** auf dem Monitor.

Arbeitshinweise

Disketten sollen:

- nur im Schutzumschlag aufbewahrt werden,
- nicht in die Nähe von Magnetfeldern gebracht werden, da dann Daten gelöscht oder verändert werden;
- nicht am Kopffenster (Schreib-Lesekopföffnung) angefaßt werden, da Fett und Feuchtigkeit die Lesbarkeit beeinträchtigen;

- nicht gebogen oder geknickt werden,
- nicht über 50°C erwärmt werden, da sich die Folie verzieht;
- nur mit weichem Filzstift beschriftet werden,
- nur in der richtigen Lage ins Laufwerk eingelegt werden (niemals mit Gewalt) und
- vor Staub und Feuchtigkeit geschützt aufbewahrt werden.

12.3.3 Hardware und Software

Hardware (engl.: harte Ware) sind alle technischen Bestandteile oder Werkzeuge einer Datenverarbeitungsanlage z.B.: Tastatur, Bildschirm, Mikroprozessor, Drucker, Sensoren und Aktoren.

Software (engl.: weiche Ware) sind alle für den Betrieb der Datenverarbeitungsanlage erforderlichen Anleitungen, Betriebssysteme und Programme, z. B. Textverarbeitung, Tabellenkalkulation.

12.3.4 Programmiersprachen

Für die Erstellung von **Computerprogrammen** wurden **künstliche Programmiersprachen** entwickelt, die auf die jeweiligen Anwendungsgebiete abgestimmt wurden.

Computerprogramme haben den Vorteil, daß für ein gegebenes Problem nur einmal ein **Lösungsschema** (Algorithmus) erstellt werden muß, das immer wieder einsetzbar ist.

Ein **Algorithmus** ist eine Anleitung für die schrittweise Lösung von z.B. mathematischen Aufgaben.

Künstliche Programmiersprachen sind z.B.:

- COBOL (**CO**mmon **B**usiness **O**riented **L**anguage = Allgemein kaufmännisch orientierte Sprache),
- FORTRAN (**FOR**mula **TRAN**slation = Formelübersetzung) für mathematisch-naturwissenschaftliche Aufgaben,
- BASIC (**B**eginners **A**ll-**P**urpose **S**ymbolic **In**struction **C**ode = Symbolischer Allzweck-Befehlscode für Anfänger) für allgemeine Anwendungen und
- PASCAL (benannt nach dem franz. Mathematikor **Blaise Pascal**, 1623 bis 1662) für allgemeine Anwendungen.

BASIC und PASCAL sind für Anfänger gut geeignet. PASCAL zwingt zu strukturiertem Programmieren, das die Programmübersicht vereinfacht.

12.3.5 Erstellen von Programmen in PASCAL

Für die Programmerstellung sind folgende **Arbeitsschritte** einzuhalten:

- präzise Formulierung der Aufgabenstellung,
- Festlegung der Ein- und Ausgabedaten mit Zuordnung der Variablennamen und -arten,
- Aufstellen des Lösungsweges (Struktogramm),
- Eingeben des Programms in den Rechner,
- Überprüfung des fertigen Programms durch einen Testlauf und Kontrolle der Ergebnisse,
- Abspeichern des funktionsfähigen Programms,
- Ausdrucken des Programms sowie eines Programmdurchlaufbeispiels und
- Entwicklung einer leicht verständlichen Benutzer-Anweisung.

Variablenarten und Variablennamen

Variablen sind Größen, für die Speicherplatz reserviert wird (Platzhalter). Sie sind an einen zuvor festgelegten Datentyp (z.B. Zahlenwerte oder Begriffe) gebunden und können während des Programmablaufs verschiedene Werte annehmen. Der **Name des Speicherplatzes** ist der **Variablenname.**

Nach der **Art des Datentyps** gibt es:

- numerische Variable und
- alphanumerische Variable.

Numerische Variable sind **Platzhalter** für **Zahlenwerte** (Abb. 4). Dabei kann es sich um reelle Zahlen (**Real**-Variable: Brüche, Dezimalzahlen, Wurzeln) oder auch um ganze Zahlen (**Integer**-Variable) handeln.

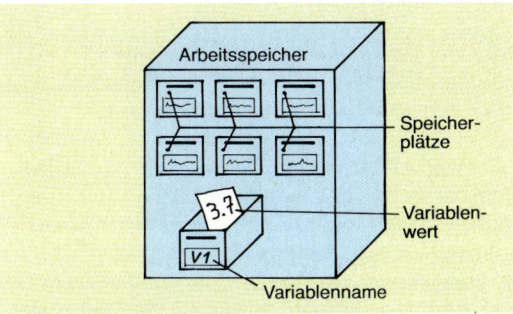

Abb. 4: Abspeichern einer Real-Variablen

Alphanumerische Variable sind Platzhalter für **Begriffe, Buchstaben, Ziffern** (z.B. Telefonnummern) oder **Sonderzeichen** (z.B.: % & § / + $ − , # *:;?).

Alphanumerische Variable werden auch als **String-Variable** (string, engl.: Reihe, Kette) bezeichnet. Sie erfordern für die Abspeicherung die Angabe der zulässigen Zeichenlänge in eckigen Klammern. Wird z.B. in einem PASCAL-Programm die Eingabe des Berufs verlangt, so ist folgende **Variablenvereinbarung** erforderlich:

VAR Beruf: STRING [23];

Damit kann als Beruf das Wort »Kraftfahrzeugmechaniker« vollständig eingegeben werden. **»VAR«** steht als Abkürzung für **Variablenvereinbarung** und **»Beruf«** ist der Variablenname oder Platzhalter für die jeweilige Eingabe. **»String«** kennzeichnet den **Datentyp**. Im Arbeitsspeicher wird Speicherplatz für eine Eingabe freigehalten, die hier bis zu **23** Zeichen betragen darf.

Aufbau eines PASCAL-Programms

Alle nachfolgend mit Großbuchstaben geschriebenen Wörter sind reservierte Wörter der Programmiersprache PASCAL.
Ein PASCAL-Programm (Abb. 1) besteht aus dem **Programmkopf** (A), der das Wort **PROGRAM** und den **Programmnamen** (hier: Berufseingabe) enthält, dem **Vereinbarungsteil** (B) und dem **Anweisungsteil** (C).

A	PROGRAM Berufseingabe;
B	VAR Beruf : STRING [23];

C	BEGIN
	    WRITE ('Geben Sie Ihren Beruf ein: ');
	    READLN (Beruf);
	    WRITELN ('Sie sind', Beruf);
	END.

Abb. 1: PASCAL-Programm mit String-Variable

Auf dem Monitor erscheint der Programmablauf wie in Abb. 2 dargestellt.

Geben Sie Ihren Beruf ein: **Kfz-Mechaniker**
Sie sind Kfz-Mechaniker

Abb. 2: Monitorbild des Programmablaufs

Das Wort **PROGRAM** kennzeichnet **PASCAL-Programme.** Durch den Programmnamen »Berufseingabe« wird der Kurzinhalt des Programms wiedergegeben.
Im **Vereinbarungsteil** werden die Variablennamen (hier: Beruf) vereinbart. Der Doppelpunkt (hier: hinter »Beruf«) beendet die Aufzählung. Durch den Zusatz »STRING« wird der Datentyp festgelegt. Es werden bis zu 23 Zeichen, Buchstaben oder Ziffern zugelassen. Der Abschluß der Vereinbarung erfordert ein Semikolon.

Der **Anweisungsteil** beginnt mit dem Wort **BEGIN** und endet mit dem Wort **END.** Jede fertige Einzelanweisung muß mit einem **Semikolon** abgeschlossen werden (BEGIN ist keine Anweisung, das letzte END beendet das Programm mit einem Punkt).
WRITE ist die **Ausgabeanweisung** an den Monitor. Die Klammern kennzeichnen den Ausgabetext, der durch **Hochkomma** eingeschlossen wird. Variablennamen stehen nicht zwischen Hochkomma.
Bei der WRITE-Anweisung bleibt der **Cursor** (Leuchtpunkt und Bereitschaftszeichen der Bildschirmanzeige) hinter dem letzten der ausgegebenen Zeichen stehen. Wird **WRITELN** verwendet, wandert der Cursor anschließend zum Anfang der nächsten Zeile. **READLN** (oder READ) ist eine **Eingabeanweisung.**
Das Programm wird erst fortgesetzt, wenn eine Eingabe erfolgte (hier: eine Zeichenkette), die dem Variablennamen, der in Klammern stehen muß, zugeordnet wird. Anschließend springt der Cursor zum Anfang der nächsten Zeile.

Aufstellen des Lösungsweges

Die schrittweise Erstellung eines Lösungsschemas (Algorithmus) kann, je nach Schwierigkeitsgrad des Problems, kleine oder große Schritte erfordern. So könnte der **Lösungsalgorithmus** für die alltägliche Werkstattaufgabe: »Wechseln des Luftfiltereinsatzes an einem Pkw« folgende Schritte umfassen:

1. Neuen Filtereinsatz besorgen.
2. Motorhaube öffnen.
3. Luftfilterdeckel lösen und abnehmen.
4. Alten Filtereinsatz entfernen und entsorgen.
5. Neuen Filtereinsatz einsetzen.
6. Luftfilterdeckel aufsetzen und befestigen.
7. Motorhaube schließen.

Die Reihenfolge der Schritte kann nur bedingt vertauscht werden. Der neue Filtereinsatz kann vor dem 5. Schritt besorgt werden, aber der 4. Schritt kann nicht vor dem 3. erfolgen.
Der Lösungsweg für **mathematische Probleme** umfaßt im allgemeinen drei Schritte:

1. Für das gegebene Problem ist eine allgemeine Formel zu finden.
2. Die gegebenen Werte sind einzusetzen.
3. Die Lösung ist zu berechnen und mit der entsprechenden Einheit auszugeben.

Die grafische Darstellung der Einzelschritte des Algorithmus, die dann zu einem Programm umgesetzt werden soll, wird als **Struktogramm** (Struktur, lat.: gegliederter Aufbau; gramm, gr.: Schrift, Darstellung) bezeichnet.

So könnte z. B. die Aufgabe: »Ermitteln Sie den durchschnittlichen Kraftstoffverbrauch in Litern je 100 km Wegstrecke« durch folgendes **Struktogramm** dargestellt werden:

Struktogramm des Kraftstoffverbrauchs
Vereinbarung der Variablennamen und -arten
Eingabe der gesamten Kraftstoffmenge in Litern
Eingabe der zugehörigen Wegstrecke in km
Berechnung: $\text{Verbrauch} = \dfrac{\text{Kraftstoffmenge} \cdot 100}{\text{zurückgelegte Wegstrecke}}$
Ausgabe des Ergebnisses auf dem Bildschirm

Dieses Struktogramm wird als **lineares Struktogramm** bezeichnet, da die einzelnen Ablaufschritte in den Kästen ohne Verzweigungen von oben nach unten abgearbeitet werden können. Das entsprechende **PASCAL-Programm** zeigt die Abb. 3.

```
PROGRAM Kraftstoffverbrauch;
VAR Kraftstoffmenge, Wegstrecke, Verbrauch: REAL;

  BEGIN
    WRITE ('Kraftstoffmenge in Litern? ');
    READLN (Kraftstoffmenge);
    WRITE ('Wegstrecke in km? ');
    READLN (Wegstrecke);
    Verbrauch:= Kraftstoffmenge * 100/Wegstrecke;
    WRITE ('Sie haben auf 100 km' ,Verbrauch,' Liter
           Kraftstoff verbraucht.');
  END.
```

Abb. 3: PASCAL-Programm für die Berechnung des Kraftstoffverbrauchs

Dieses Programm läuft wie das entsprechende Struktogramm **linear** ab. Es enthält **keine Verzweigungen.** Eine Verzweigung ist z. B. erforderlich, wenn die verbrauchte Kraftstoffmenge kommentiert werden soll. Dazu ist an das Struktogramm folgender Zusatz anzuhängen:

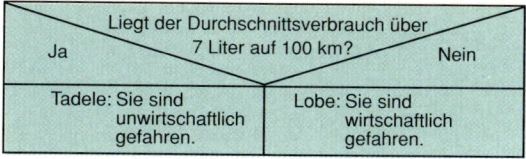

Der **Zusatz** im PASCAL-Programm lautet:

```
IF Verbrauch > 7 THEN
  WRITELN ('Sio cind unwirtschaftlich gefahren.');
ELSE
  WRITELN ('Sie sind wirtschaftlich gefahren.');
END.
```

Es handelt sich um eine WENN ... DANN ... ANDERNFALLS-Entscheidung, im engl.: IF ... THEN ... ELSE. Soll der gesamte Programmablauf solange wiederholt werden, bis eine Abfrage negativ beantwortet wird, so wird der gesamte Anweisungsteil zwischen BEGIN und END in eine sogenannte **Schleife** gelegt. Die PASCAL-Befehle dafür lauten: **REPEAT ... UNTIL** (Wiederhole ... bis). Die entsprechende Abfrage könnte so abgefaßt sein:

```
WRITE ('Noch einmal von vorn? JA oder NEIN? ');
READLN (Abfrage);
```

Abb. 4 zeigt das komplette Struktogramm und das erweiterte PASCAL-Programm.

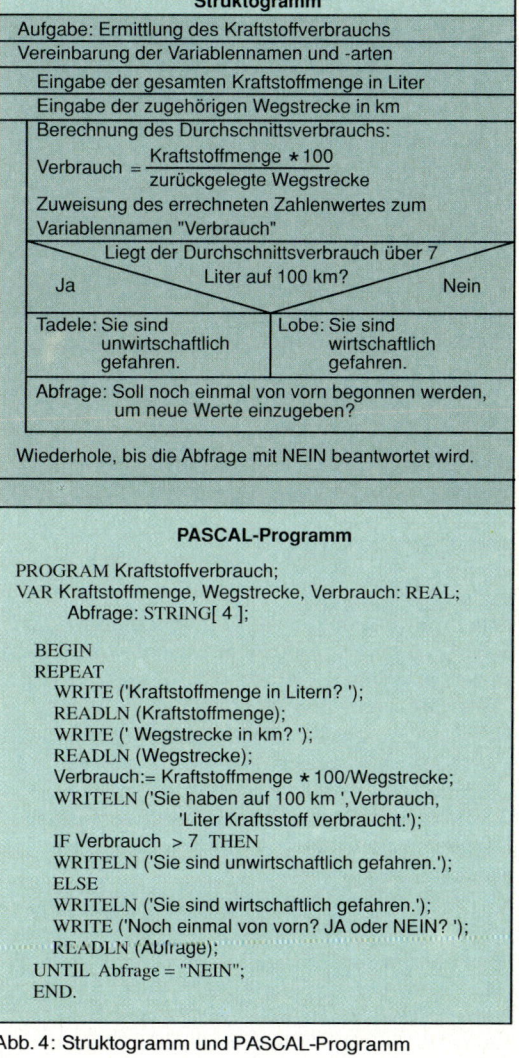

Abb. 4: Struktogramm und PASCAL-Programm

12.3.6 Auswirkungen der Datenverarbeitung

Die vollständigen Auswirkungen der Datenverarbeitung sind noch nicht abzusehen. Durch die immer preiswertere Herstellung von Mikroprozessoren übernehmen Datenverarbeitungsanlagen in zunehmendem Maße Aufgaben, die zuvor von Menschen erfüllt wurden. Dadurch lassen sich hauptsächlich folgende **Auswirkungen** unterscheiden:

- wirtschaftliche und
- soziale.

Wirtschaftliche Auswirkungen

Durch Datenverarbeitungsanlagen können Arbeitsabläufe rationalisiert und automatisiert werden, die zuvor für den Menschen mit schwerer körperlicher Arbeit, Eintönigkeit oder sogar Gesundheitsgefährdung verbunden waren.

Vorteile:

- rationelle Produktion,
- geringe Störanfälligkeit,
- verminderter Wartungsaufwand,
- schnellere Anpassung an neue Produkte und
- Verbesserung des Arbeitsplatzes, da der Mensch hauptsächlich Überwachungsaufgaben übernimmt.

Nachteile:

- Verringerung der Arbeitsplätze in der Fertigung,
- Umschulungsmaßnahmen sind erforderlich und
- nur hochqualifizierte Kräfte können beschäftigt werden.

Für die **Forschung** und **Entwicklung** sind Datenverarbeitungsanlagen zum »Handwerkszeug« geworden, um die wachsende Fülle der Informationen bewältigen zu können.

Soziale Auswirkungen

Kein Lebensbereich ist von der Datenerfassung und -verarbeitung ausgenommen. Da der Mensch die Vielfalt der Daten, die von ihm gespeichert sind, nicht mehr überblickt, werden Vorbehalte gegenüber EDV-Anlagen hervorgerufen. Einige Vorbehalte sind:

- Verlust an Individualität,
- Angst vor vollständiger Überwachung,
- Arbeitsplatzverlust durch Qualifikationsmängel,
- Datenmißbrauch und
- Datenmanipulationsgefahr.

Bundesdatenschutzgesetz

Das Bundesdatenschutzgesetz (BDSG) trat am 1. Januar 1978 in Kraft. Es soll durch Vorschriften und Auflagen den einzelnen Bürger vor dem Mißbrauch seiner persönlichen Daten schützen.

Wichtige **Rechte des Bürgers** sind:

- Recht auf Berichtigung falscher Daten,
- Recht auf Auskunft über gespeicherte Daten,
- Recht auf Löschung von Daten, wenn die Voraussetzung für die Erfassung entfällt oder unzulässige Erfassung vorlag und
- Recht auf Auskunftsverweigerung, wenn keine Rechtsvorschrift die Datenerfassung und -verarbeitung regelt.

Aufgaben

1. Erläutern Sie das Grundprinzip eines Informationssystems an einem Beispiel (z.B. Signalanlage).
2. Beschreiben Sie den grundsätzlichen Aufbau eines Computers.
3. Nennen und erklären Sie die kleinste Informationseinheit der Informationstechnik.
4. Was ist ein Sensor? Geben Sie Beispiele aus der Kfz-Technik an.
5. Worin unterscheidet sich ein RAM-Speicher von einem ROM-Speicher?
6. Was sind periphere Speicher und welche Aufgaben haben sie?
7. Welche Aufgaben haben die Ein- und Ausgabeeinheit eines Computers?
8. Beschreiben Sie den Aufbau einer Diskette und ihre Einteilung für die Datenspeicherung.
9. Nennen Sie Arbeitshinweise für den richtigen Umgang mit Disketten.
10. Beschreiben Sie den Aufbau eines Festplatten-Laufwerks, und nennen Sie die Vorteile der Festplatte gegenüber der Diskette.
11. Erklären Sie die Begriffe »Hardware« und »Software«.
12. Nennen Sie die häufigsten Programmiersprachen und geben Sie deren Hauptanwendungsgebiete an.
13. Beschreiben Sie die Arbeitsschritte für das Erstellen eines PASCAL-Programms.
14. Was sind Variablen? Geben Sie Beispiele für unterschiedliche Datentypen an.
15. Nennen und erklären Sie die Hauptteile eines PASCAL-Programms.
16. Stellen Sie einen Lösungsalgorithmus für die Werkstattaufgabe: »Ölwechsel mit Filterwechsel« zusammen. Lassen sich einige Schritte vertauschen?
17. Was ist ein Struktogramm?
18. Stellen Sie ein Struktogramm für die Berechnung einer Fläche auf. Geben Sie eine Auswahlmöglichkeit für Rechteck- und Kreisfläche vor.
19. Stellen Sie für die Aufgabe 18 das entsprechende PASCAL-Programm zusammen. Erweitern Sie das Programm durch eine Wiederholschleife.
20. Worin unterscheidet sich der Befehl »WRITELN« von »WRITE«?
21. Nennen Sie Beispiele für die Datenerfassung des täglichen Lebens.

13 | Elektrotechnik

13.1 Elektrischer Strom

Der elektrische Strom ist nur **indirekt** über seine **Wirkungen** zu erkennen:

- magnetische Wirkung, z. B. im Generator,
- Wärmewirkung, z. B. in heizbaren Heckscheiben,
- Lichtwirkung, z. B. in den Scheinwerfern,
- chemische Wirkung, z. B. in der Batterie,
- physiologische Wirkung. Sie ist die Wirkung des elektrischen Stromes auf den menschlichen Körper.

> Der **elektrische Strom** in metallischen Leitern ist die **gerichtete Bewegung** von **Elektronen.**

Die gerichtete Bewegung der Elektronen kommt unter dem Einfluß einer elektrischen Spannung zustande.
Die Elektronen kommen aus den **äußeren Schalen** der Metallatome (s. Kap. 9.2.1).
Die elektrische **Stromstärke** gibt an, wieviel Elektronen in einer bestimmten Zeit durch den Leiterquerschnitt fließen. Sie wird in **Ampere** gemessen (André Marie Ampère, fr. Physiker, 1775 bis 1836).
Die elektrische Stromstärke hat das Formelzeichen I und das Einheitenzeichen A.
Fließt der elektrische Strom immer in eine Richtung, so wird er als **Gleichstrom** bezeichnet. Wechselt die Stromrichtung ständig, so wird er **Wechselstrom** genannt (Abb. 1).
Drehstrom besteht aus drei zeitlich versetzten Wechselströmen (dreiphasiger Wechselstrom, s. Kap. Generator).

13.2 Elektrische Spannung

> Die **elektrische Spannung** bewirkt das **Fließen** des **elektrischen Stromes.**

Die elektrische Spannung wird in **Volt** gemessen (Alessandro Volta, ital. Physiker, 1745 bis 1827). Die elektrische Spannung hat das Formelzeichen U und das Einheitenzeichen V.
Von **Spannungserzeugern,** auch Spannungsquellen genannt, z. B. Batterien, Generatoren (generare, lat.: erzeugen) wird die elektrische Spannung erzeugt.
Die zwei Anschlußklemmen der Spannungserzeuger werden auch als **Pole** bezeichnet, z. B. an der Batterie. Die erzeugte elektrische Spannung wirkt zwischen den Polen.
Bei der **Gleichspannung** behalten die Pole ihre einmal angenommene Polarität. Der Pluspol ($+$) bleibt positiv und der Minuspol ($-$) bleibt negativ elektrisch gepolt, z. B. bei der Batterie.
Bei der **Wechselspannung** ändert sich die Polarität dauernd. So ändert sich z. B. die Polarität der Wechselspannung im elektrischen Versorgungsnetz (Steckdose) 100mal in der Sekunde (50 Hz).
In der Abb. 2 sind die **Spannungs-Zeit-Diagramme** der Gleich- und Wechselspannung abgebildet, wie sie z. B. von einem Oszilloskop (s. Kap. 54.4.3) dargestellt werden.

> **Gleichspannung** bewirkt einen Gleichstrom.
> **Wechselspannung** bewirkt einen Wechselstrom.

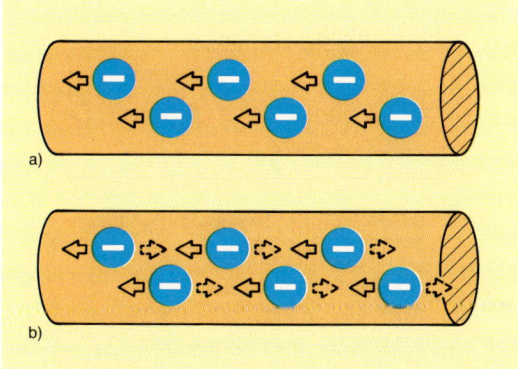

Abb. 1: Gleichstrom (a) und Wechselstrom (b)

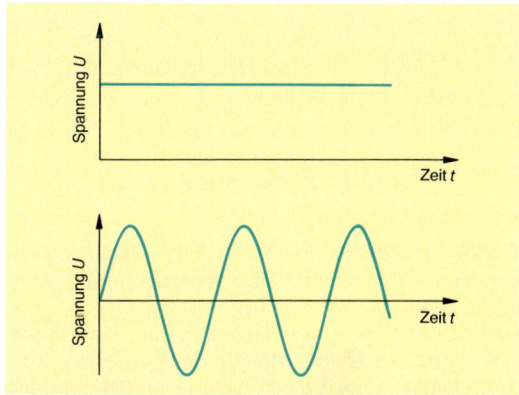

Abb. 2: Gleich- und Wechselspannung

13.3 Elektrischer Widerstand

> Der **Widerstand,** den ein Leiter dem Fließen des elektrischen Stromes entgegensetzt, wird als **elektrischer Widerstand** bezeichnet.

Der elektrische Widerstand wird in **Ohm** gemessen (Georg Simon Ohm, dt. Physiker, 1789 bis 1854). Der elektrische Widerstand hat das Formelzeichen R und das Einheitenzeichen Ω (Omega; gr. großer Buchstabe).

> Jeder **elektrische Verbraucher** ist ein elektrischer Widerstand.

Die **Größe** des elektrischen Widerstands ist abhängig von:

- dem Werkstoff des Leiters,
- der Querschnittsfläche des Leiters,
- der Leiterlänge und
- der Temperatur des Leiters.

Die Werkstoffe setzen dem Fließen des elektrischen Stromes einen unterschiedlichen Widerstand entgegen. Diese Eigenschaft wird durch den spezifischen elektrischen Widerstand ausgedrückt.

> Der **spezifische elektrische Widerstand** ist der Widerstand eines Leiters von 1 m Länge und 1 mm² Querschnitt bei 20°C.

Der spezifische elektrische Widerstand hat das Formelzeichen ϱ (Rho; gr. kleiner Buchstabe) und die Einheit $\dfrac{\Omega \cdot mm^2}{m}$.

Die Größe des elektrischen Widerstands kann nach der folgenden Gleichung berechnet werden:

$$R = \frac{\varrho \cdot l}{q}$$

R elektr. Widerstand in Ω
ϱ spez. elektr. Widerstand in $\dfrac{\Omega \cdot mm^2}{m}$ bei 20°C
l Länge des Leiters in m
q Querschnittsfläche des Leiters in mm²

Die **Werkstoffe** werden nach ihrem elektrischen Widerstand in Leiter, Nichtleiter (Isolatoren) und Halbleiter eingeteilt.

Leiter, z.B. Kupfer, Aluminium, Kohle, sind Werkstoffe, die den elektrischen Strom gut leiten, also einen kleinen spezifischen elektrischen Widerstand besitzen.

Nichtleiter (Isolatoren), z.B. Porzellan, Gummi, sind Werkstoffe, die den elektrischen Strom nicht oder sehr schlecht leiten, also einen hohen spezifischen elektrischen Widerstand haben.

Halbleiter, z.B. Germanium, Silizium, sind Werkstoffe, deren spezifische elektrische Widerstände zwischen denen der Leiter und der Nichtleiter liegen. Durch gezielte Mischung der Halbleiterwerkstoffe mit anderen Werkstoffen (z.B. Aluminium, Arsen) wird ihr spezifischer elektrischer Widerstand so verändert, daß sie als Ausgangswerkstoffe für elektronische Bauelemente (z.B. Dioden, Transistoren) verwendet werden können (s. Kap. 51.3.4).

13.4 Einfacher elektrischer Stromkreis

Der einfache elektrische Stromkreis (Abb. 1) besteht aus einem Spannungserzeuger (z.B. Batterie), einem elektrischen Verbraucher (z.B. Signallampe) und den elektrischen Verbindungsleitungen (Stromleitungen).

> **Elektrischer Strom** kann nur in einem **geschlossenen Stromkreis** fließen.

Für die Darstellung von elektrischen Stromkreisen (elektrischen Schaltungen) werden genormte **Schaltpläne** und **Schaltzeichen** verwendet (Abb. 1).

Im Kraftfahrzeug wird das **Einleitersystem** verwendet. Bei diesem wird nur eine Leitung vom Spannungserzeuger zum Verbraucher gelegt. Die Rückleitung des Stromes erfolgt über die metallische Karosserie des Fahrzeugs. Diese wird als **Masse** bezeichnet.

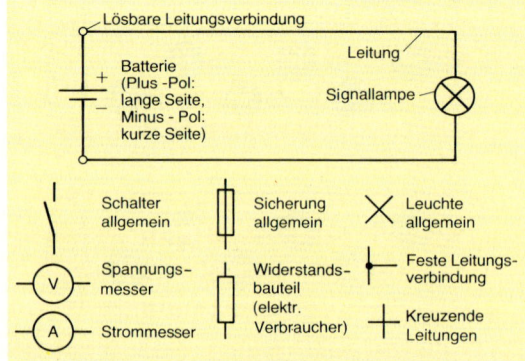

Abb. 1: Elektrischer Stromkreis und Schaltzeichen

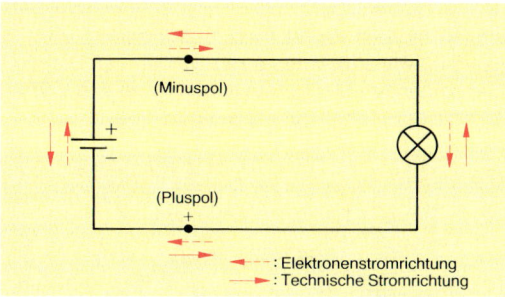

Abb. 2: Elektronen- und technische Stromrichtung

Im elektrischen Stromkreis fließen die **Elektronen** vom **Minuspol** des Spannungserzeugers durch den Verbraucher zum **Pluspol** zurück (Elektronenstromrichtung).

Ampère hatte im Jahr 1820 irrtümlich die Stromrichtung vom Plus- zum Minuspol angenommen. Da die Stromrichtung aber keinen Einfluß auf die Wirkungen des elektrischen Stromes hat, wurde in der Technik die von Ampère angenommene Stromrichtung beibehalten (Abb. 2).

Die **technische Stromrichtung** führt vom **Pluspol** zum **Minuspol.**

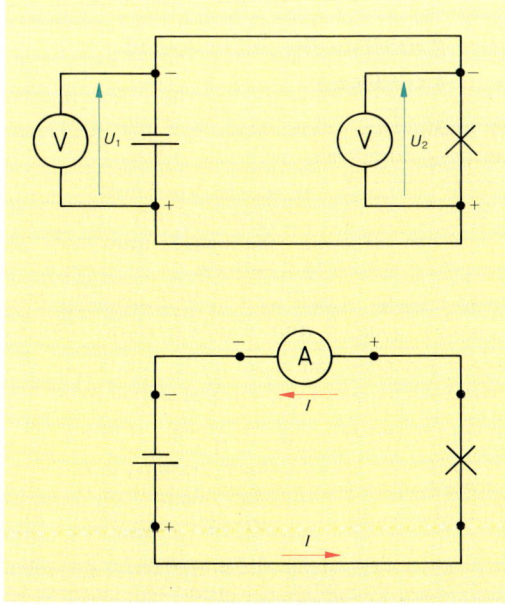

Abb. 3: Spannungs- und Strommessung

13.5 Ohmsches Gesetz

Das **Ohmsche Gesetz** besagt, daß das Verhältnis der Spannung U zur Stromstärke I bei gleichbleibendem Widerstand R **konstant** ist.

$$\frac{U}{I} = \text{konstant (Ohmsches Gesetz)}$$

Das heißt, mit anderen Worten, daß sich die Stromstärke in demselben Verhältnis wie die Spannung ändert.

Aus Messungen der Spannungen und der zugehörigen Stromstärken ergibt sich, daß der Quotient aus der jeweiligen Spannung und der zugehörigen Stromstärke der elektrische Widerstand R ist.

$$R = \frac{U}{I}$$

R Widerstand in Ω
U Spannung in V
I Stromstärke in A

Daraus abgeleitete Gleichungen sind:

$$U = R \cdot I \qquad \text{und} \qquad I = \frac{U}{R}$$

Die Gleichung $I = \frac{U}{R}$ wird in der Praxis oft als das Ohmsche Gesetz bezeichnet.

13.6 Messen elektrischer Größen

Spannungsmessung

Die Größe der Spannung wird mit dem **Spannungsmesser** gemessen. Der Spannungsmesser wird an den beiden Punkten des Stromkreises angeschlossen, zwischen denen die Spannung gemessen werden soll (Abb. 3).

Spannungsmesser werden immer **parallel** zum Spannungserzeuger oder zum Verbraucher geschaltet.

Strommessung

Die Größe der Stromstärke wird mit dem **Strommesser** gemessen (Abb. 3).

> **Strommesser** werden immer in **Reihe** (hintereinander) mit dem Verbraucher geschaltet.

Da Strommesser einen kleinen Innenwiderstand haben, dürfen sie **nie parallel** zum Verbraucher geschaltet werden. Die Zerstörung des Meßgerätes könnte die Folge sein (**Kurzschlußgefahr!**).

Widerstandsmessung

Die Größe des Widerstands eines elektrischen Verbrauchers kann mit einem **Widerstandsmeßgerät** direkt gemessen werden (Abb. 1).

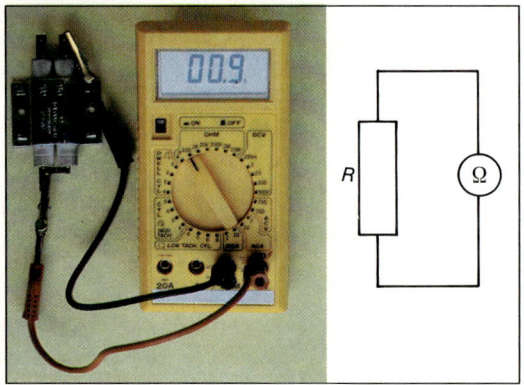

Abb. 1: Direkte Widerstandsmessung

> Zur **direkten Messung** des Widerstands eines Verbrauchers muß dieser vom Stromkreis getrennt werden.

Durch die **indirekte Widerstandsmessung** ist die Bestimmung des Widerstands **ohne** Widerstandsmeßgerät möglich. Sie erfolgt durch die Messung der Stromstärke, welche durch den Verbraucher fließt, und die Messung der am Verbraucher anliegenden Spannung (Abb. 2). Nach dem Ohmschen Gesetz wird dann der Widerstand des Verbrauchers berechnet.

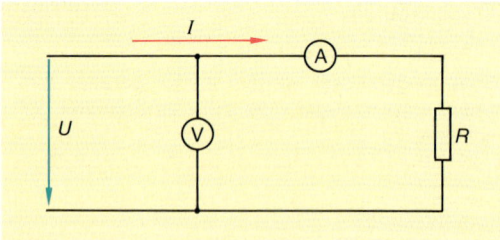

Abb. 2: Indirekte Widerstandsmessung

Für die Spannungs-, Strom- und Widerstandsmessung werden oft **digital** (Abb. 1) und **analog** (Abb. 3) anzeigende **Vielfachmeßgeräte** verwendet. Die digital anzeigenden Meßgeräte haben dabei den Vorteil, daß Ablesefehler so gut wie ausgeschlossen sind.

Abb. 3: Analog anzeigendes Vielfachmeßgerät

13.7 Elektrische Arbeit und Leistung

Die **elektrische Arbeit** wird nach der folgenden Gleichung berechnet:

$$W = U \cdot I \cdot t$$

W elektr. Arbeit in Ws
U Spannung in V
I Stromstärke in A
t Zeit in s

Die elektrische Arbeit wird in **Wattsekunden** (Ws) angegeben (James Watt, engl. Ingenieur, 1736 bis 1819).

Andere Einheiten der elektrischen Arbeit sind die Kilowattstunde (kWh) und die Wattstunde (Wh).

Für die Berechnung der **elektrischen Leistung** gilt:

$$P = U \cdot I$$

P elektr. Leistung in W
U Spannung in V
I Stromstärke in A

Die elektrische Leistung wird in **Watt** (W) angegeben. Eine andere Einheit für die elektrische Leistung ist das Kilowatt (kW).

13.8 Schaltungen elektrischer Verbraucher

13.8.1 Reihenschaltung

Werden die gemessenen Stromstärken in der Abb. 4 miteinander verglichen, so ergibt sich:

> In der **Reihenschaltung** fließt durch alle elektrischen Verbraucher **derselbe Strom** I_g:
> $$I_g = I_1 = I_2 = I_3$$

Werden die gemessenen Spannungswerte miteinander verglichen (Abb. 4), so ergibt sich:

> In der **Reihenschaltung** ist die **Gesamtspannung** U_g gleich der Summe der Teilspannungen an den einzelnen Verbrauchern:
> $$U_g = U_1 + U_2 + U_3$$

Dieser Zusammenhang wird als **Zweites Kirchhoffsches Gesetz** bezeichnet (Gustav Kirchhoff, dt. Physiker, 1824 bis 1887).

> In der **Reihenschaltung** ist der **Gesamtwiderstand** R_g gleich der Summe der Einzelwiderstände der elektrischen Verbraucher:
> $$R_g = R_1 + R_2 + R_3$$

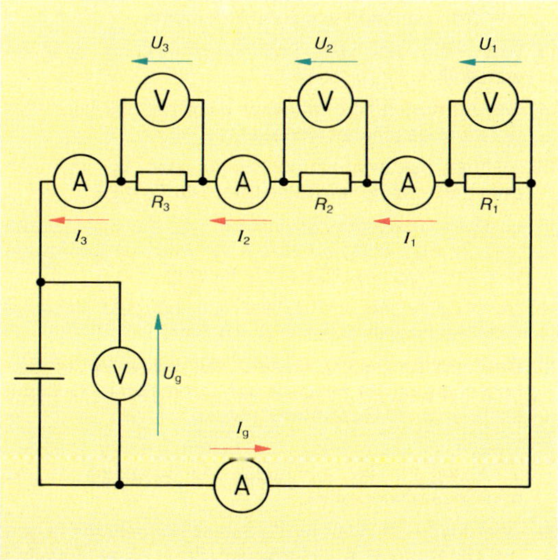

13.8.2 Parallelschaltung

Werden die gemessenen Spannungswerte in der Abb. 5 miteinander verglichen, so ergibt sich:

> In der **Parallelschaltung** liegt an allen elektrischen Verbrauchern **dieselbe Spannung** U_g an:
> $$U_g = U_1 = U_2 = U_3$$

Die Messung der Stromstärken in der Abb. 5 ergibt:

> In der **Parallelschaltung** ist der **Gesamtstrom** I_g gleich der Summe der Teilströme, die durch die elektrischen Verbraucher fließen:
> $$I_g = I_1 + I_2 + I_3$$

Dieser Zusammenhang wird als **Erstes Kirchhoffsches Gesetz** bezeichnet.

Der **Gesamtwiderstand** R_g der Parallelschaltung wird nach der folgenden Gleichung berechnet:

> $$\frac{1}{R_g} = \frac{1}{R_1} + \frac{1}{R_2} + \frac{1}{R_3}$$

Daraus ist zu ersehen:

> Der **Gesamtwiderstand** der Parallelschaltung ist **immer kleiner** als der **kleinste Widerstand** in der Schaltung.

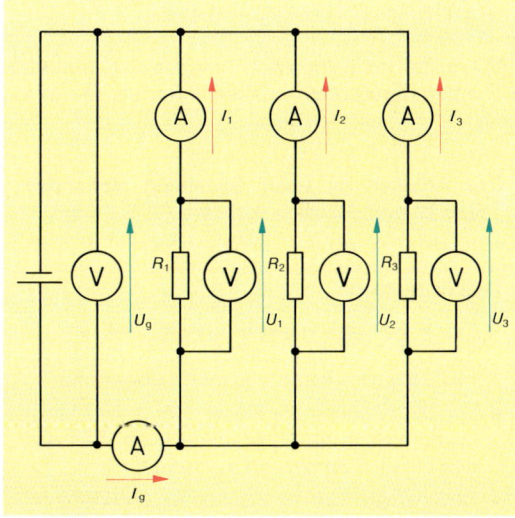

Abb. 4: Strom- und Spannungsmessung in der Reihenschaltung

Abb. 5: Strom- und Spannungsmessung in der Parallelschaltung

13.9 Schutzmaßnahmen gegen die Gefahren des elektrischen Stromes

> **Elektrischer Strom ist lebensgefährlich!**
> Stromstärken von 10 bis 25 mA sind schädlich, solche von über 25 mA können für den Menschen **tödlich** sein!

Die **Wirkungen** des elektrischen Stromes auf den menschlichen Körper sind:

- Verbrennungen,
- Muskelkrämpfe,
- Störung des Herzrhythmus und
- Herzstillstand.

Für den **Menschen gefährliche Ströme** (über 25 mA) können schon bei einer Spannung von etwa 50 V fließen. Deshalb hat der **VDE** (**V**erband **D**eutscher **E**lektrotechniker) festgelegt, daß bei Anlagen mit mehr als 50 V Nennspannung zusätzliche Schutzmaßnahmen gegen indirektes Berühren zu treffen sind.

> Die **höchstzulässige Berührungsspannung** für den Menschen beträgt **50 V.**

Bei den **Schutzmaßnahmen** werden unterschieden:

- Schutzmaßnahmen ohne besonderen Schutzleiter, z.B. Schutzisolierung, Schutzkleinspannung,
- Schutzmaßnahmen mit besonderem Schutzleiter, z.B. Fehlerstrom- oder Fehlerspannungs-Schutzeinrichtungen (VDE 0100 Teil 410).

Für Arbeiten an elektrischen Anlagen sind vom VDE **Sicherheitsvorschriften** erlassen worden, die in jedem Fall zu beachten sind.

> **Das Arbeiten an unter Spannung stehenden Teilen ist grundsätzlich verboten** (VDE 0105).

> **Unfallverhütung**
> - Vor Instandsetzungsarbeiten an der elektrischen Anlage des Kraftfahrzeugs immer die Minusklemme von der Batterie abklemmen.
> - Vor dem Ausbau der Batterie erst die Minusklemme, dann die Plusklemme lösen. Während des Einbaus umgekehrt verfahren.
> - Beschädigte Stecker, Steckdosen und Zuleitungen niemals verwenden.

> - Alle Arbeiten am elektrischen Versorgungsnetz (Erweiterungen, Reparaturen) und an elektrischen Geräten müssen unter Berücksichtigung der VDE-Vorschriften von Fachkräften ausgeführt werden.
> - Durchgebrannte Sicherungen im Kraftfahrzeug und im Netz nur durch gleiche Sicherungen (Amperezahl beachten!) ersetzen. Niemals Sicherungen überbrücken (Brandgefahr!).

Aufgaben

1. Nennen Sie die Wirkungen des elektrischen Stromes.
2. Was ist elektrischer Strom?
3. Nennen Sie den Unterschied zwischen Gleich- und Wechselstrom.
4. Was wird unter der elektrischen Spannung verstanden?
5. Nennen Sie den Unterschied zwischen Gleich- und Wechselspannung.
6. Nennen Sie die Formel- und die Einheitenzeichen für die Stromstärke, die Spannung und den elektrischen Widerstand.
7. Wovon ist der elektrische Widerstand eines Leiters abhängig?
8. Erklären Sie den Begriff »spezifischer« elektrischer Widerstand.
9. Erklären Sie den Unterschied zwischen einem Leiter, Nichtleiter und Halbleiter.
10. Zeichnen Sie das Schaltbild eines einfachen elektrischen Stromkreises. Tragen Sie die Elektronen- und die technische Stromrichtung ein.
11. Nennen Sie das Ohmsche Gesetz.
12. Beschreiben Sie die Abhängigkeit der Stromstärke von der Spannung und vom Widerstand.
13. Was muß bei der Spannungsmessung beachtet werden?
14. Warum dürfen Strommesser nicht parallel zum Verbraucher geschaltet werden?
15. Erklären Sie, weshalb ein Strommesser vor und nach dem Verbraucher dieselbe Stromstärke mißt.
16. In einem einfachen Stromkreis soll die Stromstärke und die Spannung an einem Verbraucher gemessen werden. Skizzieren Sie die Schaltung.
17. Beschreiben Sie die direkte und indirekte Messung des Widerstands eines Verbrauchers.
18. Beschreiben Sie die Gesetzmäßigkeiten in der Reihenschaltung im Hinblick auf Stromstärke, Gesamtspannung und Gesamtwiderstand.
19. Welche Gesetzmäßigkeiten gelten bei der Parallelschaltung für die Spannung, den Gesamtstrom und den Gesamtwiderstand?
20. Begründen Sie, warum die Schutzmaßnahmen gegen die Gefahren des elektrischen Stromes eingehalten werden müssen.

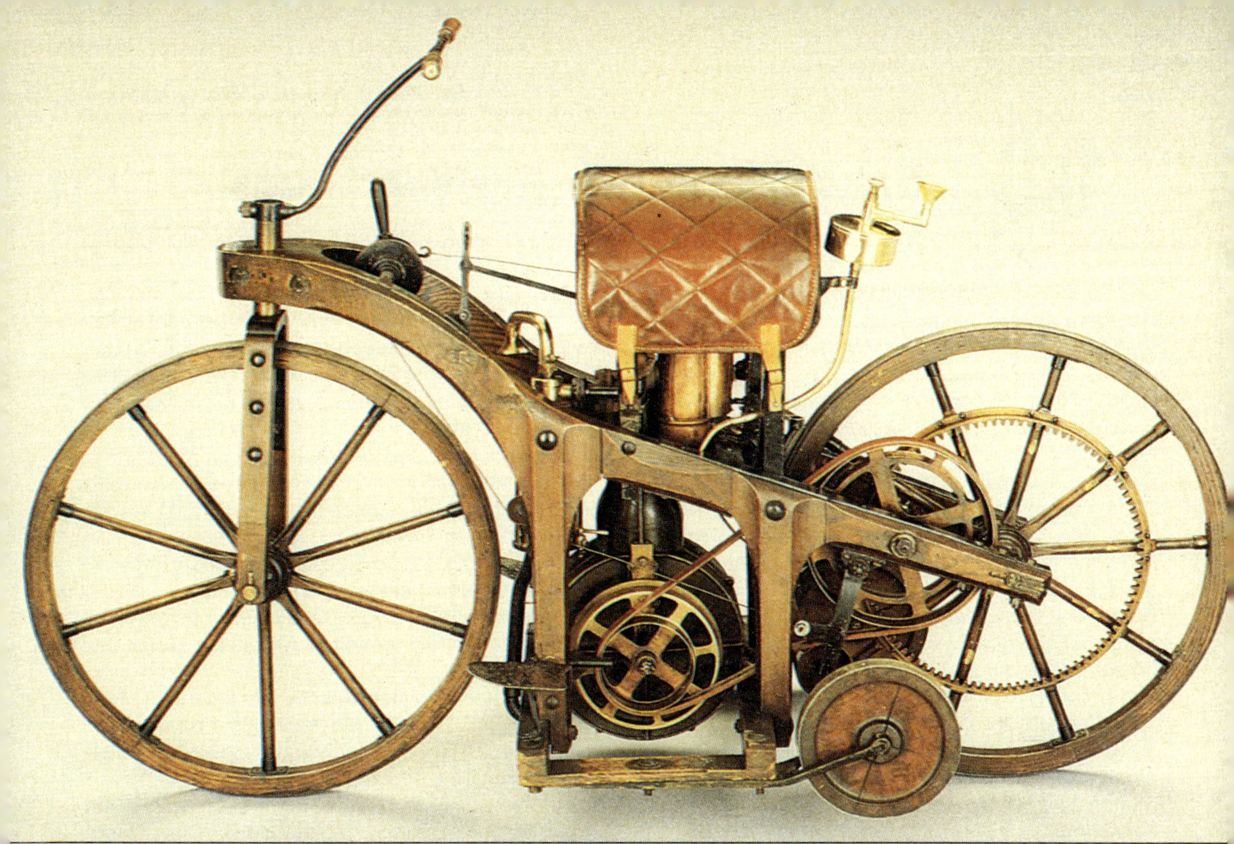

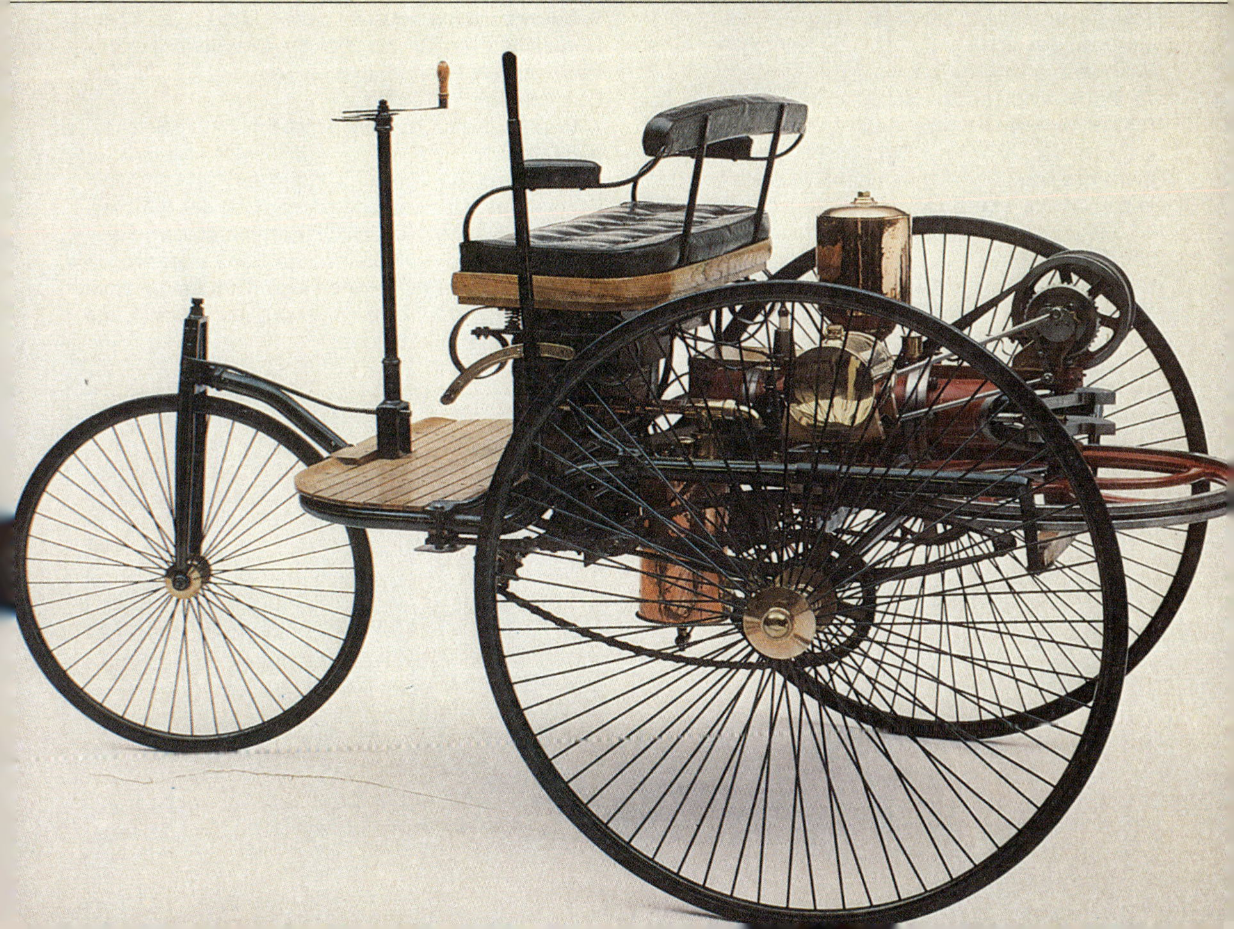

14 | Entwicklung des Kraftfahrzeugs

Der Traum vom Automobil (auto, gr.: selbst; mobil, lat.: beweglich) ist mehrere tausend Jahre alt. Schon bald nach der Erfindung des Rades (etwa 4000 Jahre vor der Zeitrechnung) beschäftigten sich die Menschen damit, Fahrzeuge zu entwickeln, die sich unabhängig von der Muskelkraft eines Menschen oder eines Tieres bewegen konnten.

Eine der ältesten überlieferten Beschreibungen eines Dampfwagens stammt aus dem Jahr **1678**. Die Abb. 1 zeigt den vom Jesuitenpater Ferdinand **Verbiest** konstruierten und im Jahr 1775 nachgebauten Modelldampfwagen.

Die eigentliche Entwicklung des heutigen Kraftfahrzeugs begann mit der Erfindung der **Dampfmaschine** im Jahr **1768** durch James **Watt** (engl. Mechaniker und Erfinder, 1736 bis 1819).

1769/70 baute Nicolaus Joseph **Cugnot** (franz. Ingenieur, 1725 bis 1804) ein dreirädriges Fahrzeug mit einem Dampfmaschinenantrieb. Das Fahrzeug erreichte eine Höchstgeschwindigkeit von 4 km/h und konnte Lasten bis zu 7 t transportieren (Abb. 2).

1801 baute Richard **Trevithick** (engl. Erfinder, 1771 bis 1833) den ersten fahrtüchtigen Dampfwagen zur Beförderung von Fahrgästen.

1816 Erfindung der Achsschenkellenkung.

1862 entwickelte Nikolaus August **Otto** (dt. Kaufmann und Erfinder, 1832 bis 1891) das Arbeitsprinzip des **Viertaktmotors.** Der von ihm gebaute erste Viertaktmotor erwies sich aber als nicht zuverlässig. Otto arbeitete dann zunächst an der Weiterentwicklung der Gasmaschine.

1867 zeigten Nikolaus August **Otto** und Eugen **Langen** (dt. Erfinder, 1833 bis 1895) auf der Pariser Weltausstellung einen **Gasmotor** mit einer Leistung von

1,5 kW. Der Flugkolben wurde durch die bei der Verbrennung expandierenden Gase hochgeschleudert. Die Bewegungsenergie des herabfallenden Kolbens wurde über Zahnstange und Ritzel in Nutzarbeit umgewandelt. Nachteilig war die große Bauhöhe des Motors (Abb. 3).

1868 konstruierte Siegfried **Marcus** (österr. Erfinder, 1831 bis 1891) einen Viertakt-Benzinmotor und trieb damit 1875 ein Fahrzeug an. Seine Erfindung konnte sich nicht durchsetzen.

1875 Einführung von flüssigen Brennstoffen. Entwicklung des **Oberflächenvergasers.**

1876 baute Nikolaus August **Otto** einen zuverlässigen Viertakt-Motor. 1877 erhielt er für diesen Motor das Patent.

1882 gründeten Gottlieb **Daimler** (dt. Ingenieur, 1834 bis 1900) und Wilhelm **Maybach** (dt. Konstrukteur, 1846 bis 1929) in Cannstadt eine Firma zur Herstellung kleiner Benzinmotoren.

1883 erhielt Gottlieb **Daimler** die ersten Patente auf einen schnellaufenden Benzinmotor. Dieser, mit **Glührohrzündung** ausgerüstete Motor, erreichte Drehzahlen von 500 bis 900/min. Die Steuerung des Gaswechsels erfolgte über Nocken und Ventile. Die Leistung betrug 0,36 kW.

1885 entwickelte Wilhelm **Maybach** einen Schwimmervergaser.

1885 meldete Karl **Benz** (dt. Ingenieur, 1844 bis 1929) seine Patente für das erste Automobil der Welt an.

1886 wurden die Versuchsfahrten mit diesem Fahrzeug begonnen. Der dreirädrige Benz-Motorwagen (s. S. 137 unten) hatte einen Motor mit einem Hubvolumen von 0,9 l, eine Drehzahl von 400/min und eine Leistung von 0,65 kW.

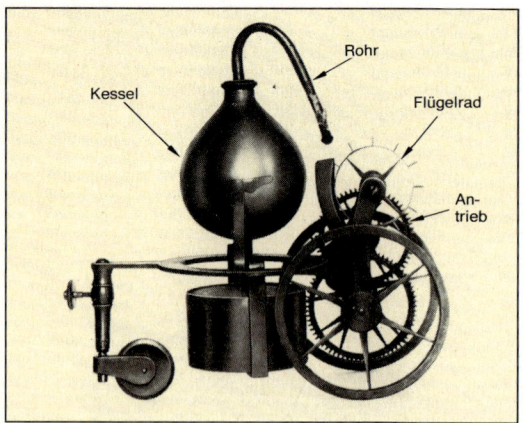

Abb. 1: Modelldampfwagen des Paters Verbiest

Abb. 2: Dampfwagen von Cugnot

Abb. 3: Atmosphärischer Gasmotor

1885 baute Gottlieb **Daimler** seinen Motor zunächst in ein Niederrad ein (s. S. 137 oben).

1886 stellte Gottlieb **Daimler** seinen **vierrädrigen Motorwagen** vor. Bei einem Hubvolumen von 0,46 *l* und einer Drehzahl von 600/min leistete der Motor 0,81 kW.

1889 brachte die Firma Dunlop den ersten **Luftreifen** auf den Markt.

1892 erhielt Rudolf **Diesel** (dt. Ingenieur, 1858 bis 1913) sein erstes Patent auf einen **Motor mit Selbstzündung**. Im Jahr 1897 war der erste Dieselmotor einsatzfähig.

Um **1900** begann in Frankreich unter Verwendung von Daimler-Patenten die Produktion der ersten Automobile. Die bei den Firmen Panhard, Levassor, Peugeot, Renault und de Diétrich gebauten Fahrzeuge waren schon mit **Kegelkupplungen, Viergang-Zahnradwechselgetriebe** und **Kettenantrieb** ausgerüstet.

1901 verließ das erste **Mercedes-Fahrzeug** die Daimler Werke. Der Motor des Fahrzeugs leistete etwa 30 kW bei einer Drehzahl von 1100/min. Die Kraftübertragung erfolgte über eine Gelenkwelle. Der Motor besaß gesteuerte Ventile, eine Magnetzündung und einen Wabenkühler. Der Rahmen wurde aus Stahlblech gefertigt, die Lagerung von Achsen und Wellen erfolgte erstmals durch Kugellager. Die Fahrzeuge erhielten den Namen Mercedes, der Tochter des österreichischen Großkaufmanns Emil Jellinek, der in Südfrankreich Daimler-Fahrzeuge verkaufte und diese Fahrzeuge auch in Rennen einsetzte.

1902 entwickelte Robert **Bosch** (dt. Unternehmer, 1861 bis 1942) die erste **Hochspannungs-Magnetzündung**.

1903 gründete Henry **Ford** (amerik. Ingenieur, 1863 bis 1947) die Ford-Motor-Company. Er führte 1913 die **Fließbandfertigung** in der Automobilherstellung ein. In den Jahren 1907 bis 1926 wurden dort insgesamt 15 Millionen Fahrzeuge des **T-Modells** gefertigt.

1925 betrug die Tagesproduktion 9000 Fahrzeuge. Das T-Modell hatte einen Hubraum von 2,9 *l* und erreichte eine Leistung von 15,7 kW bei einer Drehzahl von 1600/min. Der Motor war mit einer **Summerzündung** und einem **Wechselstromgenerator** ausgerüstet. Das Fahrzeug hatte ein Zweiganggetriebe mit Rückwärtsgang und erreichte eine Geschwindigkeit von 70 km/h.

Um **1920** wurde die **hydraulische Bremse** erstmals eingebaut. Außerdem begann die Erprobung der Hochspannungszündung mit Induktionsspulen.

1924 wurde der erste Dieselmotor in einen Lastkraftwagen eingebaut.

1925 Produktion von **Batteriezündanlagen** (Einfunkenzündung) bei Bosch.

1928 konstruierte Charles F. **Kettering** (amerikan. Ingenieur, 1876 bis 1956) ein synchronisiertes Getriebe.

1930 erarbeitete der amerikanische Ingenieur Maurice **Olley** Grundlagen zur Theorie der Radaufhängung. Erste Fahrzeuge mit **Einzelradaufhängung** wurden von Daimler-Benz 1934 gebaut und erprobt.

1936 Entwicklung und Erprobung **selbsttragender Karosserien**.

1950 baute die Firma Rover in England ein Kraftfahrzeug mit **Gasturbinenantrieb**.

1954 konstruierte Felix **Wankel** (dt. Ingenieur, 1902 bis 1988) einen **Rotationskolbenmotor**. 1964 waren die Motoren serienreif.

1967 Einbau der **D-Jetronic** in Serienfahrzeuge.

1970 Einführung der **Gurtpflicht** für die vorderen Sitze.

1974 Beginn der Großserienproduktion für **kontaktlose Transistorzündanlagen** in Deutschland.

1978 Einbau des **Anti-Blockiersystems (ABS)** in Serienfahrzeuge.

1979 Elektronische Zündzeitpunktverstellung durch die **Kennfeldzündung**.

1982 Ausrüstung von Kraftfahrzeugen mit der **Motronic** und Einführung des **Vierradantriebs** für Personenkraftwagen.

1983 Einführung des **elektronischen Vergasers** und der **Klopf-** und **Ladedruckregelung**.

1984 **Airbag** und **Gurtstraffer** in Serienfahrzeugen.

1985 Einführung von **Abgaskatalysatoren** mit Lambda-Sonde und **unverbleiten Kraftstoff** in Deutschland. Einbau **elektronischer Steuerungs-** und **Regelungssysteme** für Dieseleinspritzpumpen, Anti-Schlupfregelung (ASR), Fahrwerksabstimmung, Getriebesteuerung.

1986 Einbau von **Zentraleinspritzsystemen**, wie z. B. Multec, Mono-Jetronic.

1990 Einführung des **Diesel-Katalysators** in Personenkraftwagen.

1993 Einführung des **Schaltsaugrohrs** und der **variablen Nockenwellensteuerung**.

15 | Kraftfahrzeugarten, Bestimmungen, Begriffe

Kraftfahrzeuge sind selbstfahrende, maschinell angetriebene Landfahrzeuge, die nicht an Gleise gebunden sind (DIN 70010).

15.1 Einteilung der Kraftfahrzeuge

15.1.1 Einspurige Kraftfahrzeuge

Alle **Krafträder** gelten als einspurige Kraftfahrzeuge, auch dann, wenn ein Seitenwagen befestigt wird. Unterschiedliche Arten und Merkmale der Krafträder zeigt Tab. 1.

Tab. 1: Arten der Krafträder

	Motorräder sind Krafträder, die mit Knieschluß gefahren werden, ohne Tretkurbeln.
	Motorroller sind Krafträder, die ohne Knieschluß gefahren werden, ohne Tretkurbeln.
	Fahrräder mit Hilfsmotor (Mopeds, Mofas) sind fahrradähnliche Krafträder mit einem beschränkten Hubraum.

15.1.2 Mehrspurige Kraftfahrzeuge

Nach dem **Verwendungszweck** der Kraftfahrzeuge werden unterschieden:

- **Personenkraftwagen**
- **Nutzkraftwagen:**
  Kraftomnibusse,
  Lastkraftwagen,
  Spezialkraftfahrzeuge,
  Zugmaschinen.

In **Personenkraftwagen (Pkw)** können je nach der Art des Aufbaus bis zu 9 Personen und ihr Gepäck transportiert werden.
Kraftomnibusse sind Kraftfahrzeuge, in denen mehr als 9 Personen und das entsprechende Gepäck befördert werden können.
Lastkraftwagen (Lkw) sind nach ihrer Bauart und Einrichtung zum Transport von Gütern bestimmt.
Spezialkraftfahrzeuge sind Sonderkonstruktionen, die zur Beförderung von Gütern und/oder Personen oder zur Verrichtung besonderer Arbeiten vorgesehen sind.
Zugmaschinen sind Kraftfahrzeuge, die hauptsächlich zum Ziehen von Anhängerfahrzeugen gebaut sind.

15.2 Gesetzliche Bestimmungen für die Inbetriebnahme von Kraftfahrzeugen

Auf öffentlichen Wegen und Plätzen dürfen nur Kraftfahrzeuge benutzt werden, die von der Straßenverkehrsbehörde für den **Straßenverkehr zugelassen sind.**

Die Zulassung erfolgt durch:

- die Erteilung einer **Betriebserlaubnis** und
- die Zuteilung eines **amtlichen Kennzeichens.**

Die Betriebserlaubnis bestätigt, daß das Fahrzeug der **Straßenverkehrszulassungsordnung (StVZO)** entspricht. Für Serienfahrzeuge wird dem Fahrzeughersteller für die gesamte Serie eine **allgemeine Betriebserlaubnis (ABE)** erteilt. Einzelfahrzeuge oder Serienfahrzeuge, an denen Veränderungen vorgenommen wurden, erhalten eine **Einzelbetriebserlaubnis (EBE)**.
Kraftfahrzeuge dürfen im öffentlichen Straßenverkehr nur benutzt werden, wenn die folgenden gesetzlichen Voraussetzungen erfüllt sind:

- Der Fahrzeugführer muß eine **Fahrerlaubnis** für das Kraftfahrzeug besitzen und
- das Kraftfahrzeug muß **zugelassen, versichert** und **versteuert** sein.

Vom Fahrzeugführer mitzuführen sind die Fahrerlaubnis (Führerschein) und der **Fahrzeugschein** des Kraftfahrzeugs. Die Fahrerlaubnis wird nach bestandener Prüfung für eine oder mehrere Kraftfahrzeugarten erteilt (Tab. 2).
Kraftfahrzeuge und Anhänger werden in regelmäßigen Abständen einer **Hauptuntersuchung (HU)** unterzogen. Ist das Kraftfahrzeug verkehrs- und betriebssicher und entspricht es den Vorschriften der allgemeinen Betriebserlaubnis, wird auf dem Kennzeichen eine amtliche **Prüfplakette** angebracht. In den Kraftfahrzeugschein kommt ein amtlicher Stempel, aus dem die Listennummer des Prüfberichts und der Zeitpunkt der nächsten Hauptuntersuchung hervorgeht. Kraftfahrzeuge mit Ottomotoren (ab Erstzulassung 1. 7. 1969) und mit Dieselmotoren (ab Erstzulassung 1. 1. 1977) müssen regelmäßig zur **Abgasuntersuchung (AU)**. Die bestandene Abgasuntersuchung wird durch eine Prüfbescheinigung und die Vergabe einer Plakette bestätigt.

Tab. 2: Fahrerlaubniseinteilung

Führer-schein-Klasse	Kraftfahrzeugart	Geltungs-bereich
2	**Kraftfahrzeuge** mit mehr als **7,5 t** zul. Gesamtgewicht, Züge mit mehr als 3 Achsen	
3	**Kraftfahrzeuge** bis **7,5 t** zul. Gesamtgewicht	
4	Fahrräder mit Hilfsmotor, **Kleinkrafträder** bis **50 cm³** und bis 40 km/h	
5	**Kraftfahrzeuge** bis **50 cm³** und bis 25 km/h, Krankenfahrstühle (ausgenommen: Kl. 1, 1 b, 4)	
1 b	**Leichtkrafträder** mit 50 bis **80 cm³**, nicht mehr als 80 km/h und Nennleistungs-drehzahl unter 6000 1/min, sowie Kleinkrafträder bisherigen Rechts mit mehr als 40 km/h	
1	**Krafträder**, auch mit Bei-wagen mit mehr als **50 cm³** und mehr als 40 km/h	

⠿ Gültig nur für Fahrerlaubnisse, die vor dem 01.04.1980 (in den Klassen 2, 3 oder 4) erteilt worden sind.

15.3 Kraftfahrzeugtechnische Begriffe

Kraftfahrzeugtechnische Begriffe sind unter anderem in DIN 70020 festgelegt. Die Abmessungen von Kraftfahrzeugen zeigt die Abb. 1.

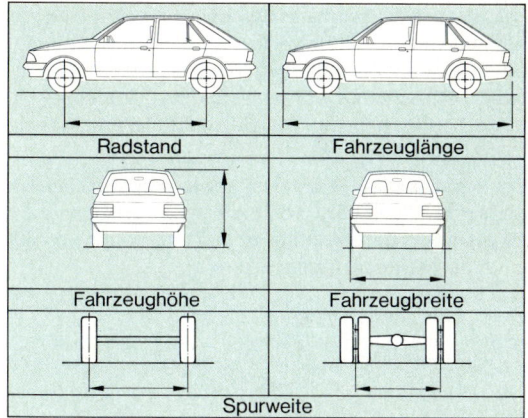

Radstand	Fahrzeuglänge
Fahrzeughöhe	Fahrzeugbreite
Spurweite	

Abb. 1: Abmessungen der Kraftfahrzeuge

Das **Leergewicht** ist das Gewicht des betriebsfertigen Kraftfahrzeugs mit erforderlichem Kühlmittel, mindestens zu 90% gefülltem Kraftstoffbehälter, Feuerlöscher, Ersatzrad, Standardausrüstung von Ersatzteilen, Unterlegkeilen und Standard-Werkzeugsatz. Für Lastkraftwagen sind 75 kg für den Fahrer hinzuzurechnen.

Die **Nutzlast** ist die Last, die das betriebsfertige Fahrzeug laden kann, ohne daß die zulässigen Achslasten und das zulässige Gesamtgewicht überschritten werden.

Tab. 3: Baugruppen und Bauteile der Kraftfahrzeuge

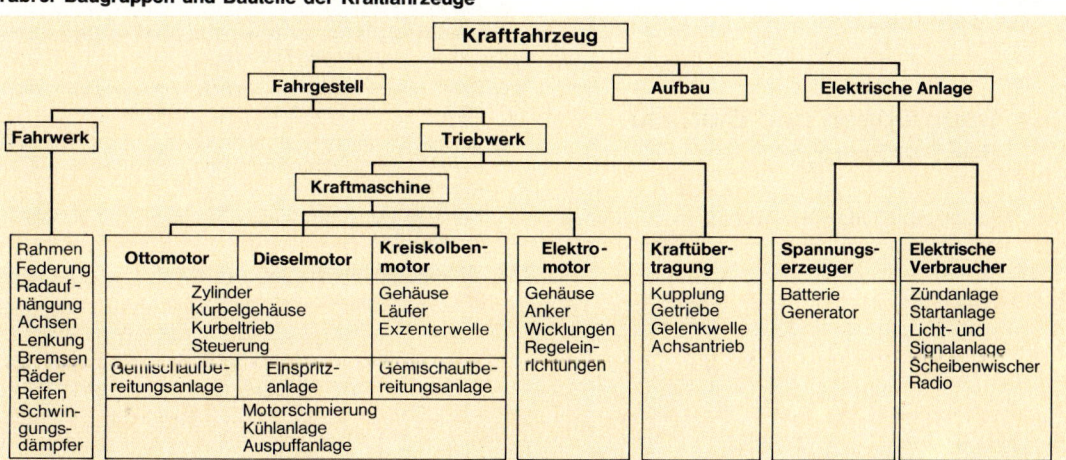

Das **zulässige Gesamtgewicht** des Fahrzeugs ist das vom Gesetzgeber für die Bauart des Fahrzeugs festgelegte Gesamtgewicht.

Die **zulässige Achslast** ist die Last, die von den Rädern einer Achse auf die Fahrbahn übertragen werden kann, ohne den in der StVZO angegebenen Höchstwert zu überschreiten.

Der **statisch wirksame Halbmesser** des Reifens ist der Abstand von der Radmitte bis zur Fahrbahnebene bei stillstehendem Fahrzeug (Abb. 1). Der Reifen muß dabei mit der in der Norm festgelegten Tragfähigkeit belastet sein und den zugehörigen Reifenluftdruck aufweisen.

Der **dynamisch wirksame Halbmesser** des Reifens ist der Abstand von der Radmitte bis zur Fahrbahnebene bei einer Geschwindigkeit des Fahrzeugs von 60 km/h (für Ackerschlepper 30 km/h).

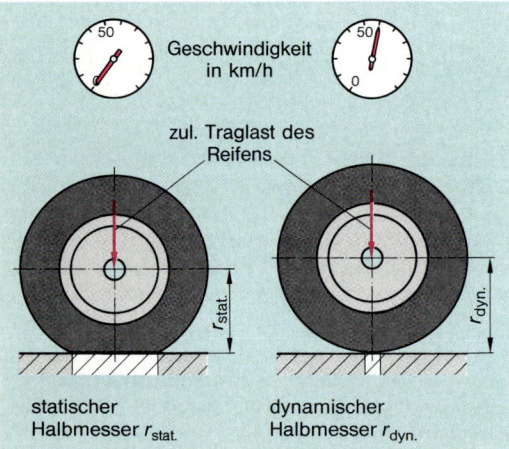

Abb. 1: Statischer und dynamischer Halbmesser

15.4 Baugruppen und Bauteile der Fahrzeuge

Eine mögliche Einteilung der verschiedenen Bauteile eines Kraftfahrzeugs in Baugruppen zeigt Tab. 3, S. 141

Aufgaben zu Kapitel 14

1. Beschreiben Sie die Wirkungsweise des Modell-dampfwagens in Abb. 1, S. 138.
2. In welchem Jahr wurde die Dampfmaschine erfunden? Nennen Sie den Erfinder und geben Sie an, in welchem Zeitraum er gelebt hat.
3. Beschreiben Sie die Wirkungsweise des atmosphärischen Gasmotors von Otto und Langen.
4. Wann wurde das erste Patent für einen Dieselmotor erteilt? Wer erhielt dieses Patent?
5. Wer führte in welchem Jahr die Fließbandfertigung in der Automobilindustrie ein?
6. Wann wurden die ersten Fahrzeuge mit der Batterie-zündung ausgerüstet?
7. Nennen Sie Kenndaten der ersten Mercedes-Fahr-zeuge.
8. Durch welche Konstruktion wurde der amerikanische Ingenieur Charles F. Kettering bekannt?
9. Welche Besonderheit hat der von Felix Wankel kon-struierte Motor?
10. Erläutern Sie die Abkürzung ABS.

Aufgaben zu Kapitel 15

1. Worin unterscheiden sich Krafträder von Personen-kraftwagen?
2. Erläutern Sie den Begriff »ABE«.
3. Für welche Kraftfahrzeuge muß eine Einzelbetriebs-erlaubnis erteilt werden?
4. Nennen Sie die gesetzlichen Voraussetzungen, die erfüllt sein müssen, um ein Kraftfahrzeug auf öffentlichen Straßen führen zu dürfen.
5. Welche regelmäßigen Untersuchungen müssen an Kraftfahrzeugen durchgeführt werden?
6. Welche Kraftfahrzeuge dürfen mit der Führerschein-klasse »Drei« gefahren werden?
7. Nennen Sie die wichtigsten Abmessungen der Kraft-fahrzeuge nach DIN 70020.
8. Ein Kraftfahrzeug hat ein Leergewicht von 1610 kg und ein zulässiges Gesamtgewicht von 2130 kg. Berechnen Sie die Nutzlast des Fahrzeugs.
9. Beschreiben Sie den Unterschied zwischen dem statischen und dem dynamischen Halbmesser.
10. Stellen Sie durch eine Skizze den Unterschied zwischen dem statischen und dem dynamischen Halb-messer dar.
11. Nennen Sie drei Hauptbaugruppen der Kraftfahr-zeuge.
12. Nennen Sie Bauteile des Fahrwerks.

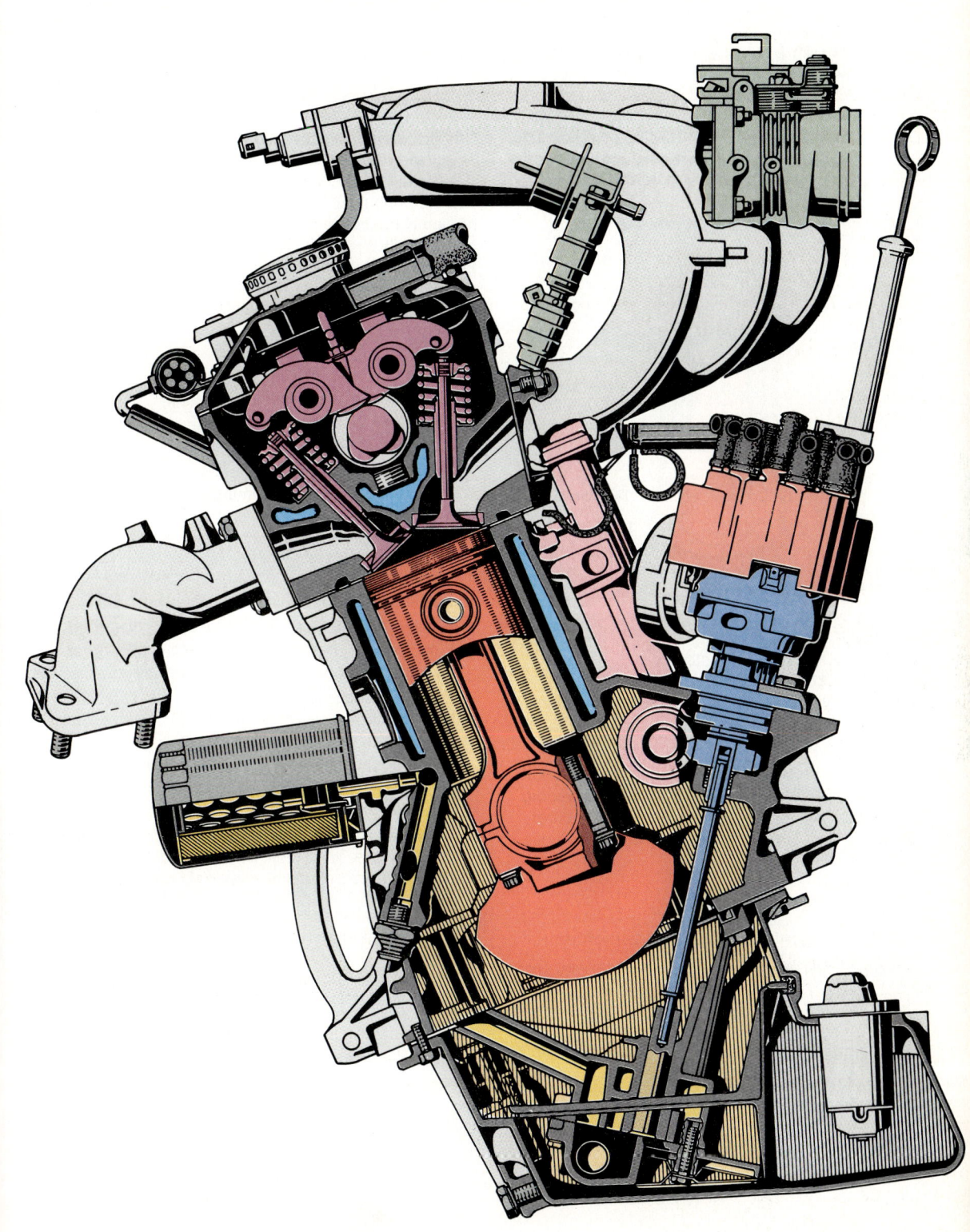

 **Grundprinzip des Viertakt-Ottomotors**

Der Ottomotor, benannt nach Nikolaus August **Otto,** ist eine Verbrennungskraftmaschine, die chemische Energie über die Verbrennung in Wärmeenergie und diese in mechanische Arbeit umwandelt. Abb. 1 zeigt einen Schnitt durch einen Viertakt-Ottomotor.

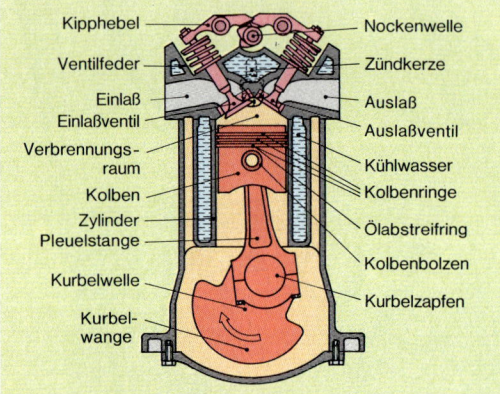

Abb. 1: Viertakt-Ottomotor

Es werden unterschieden:

- Viertakt-Otto-Vergasermotoren,
- Viertakt-Otto-Einspritzmotoren und
- Viertakt-Ottomotoren mit Turbolader und Benzineinspritzung.

Die Bezeichnung »Viertakt« besagt, daß für ein **Arbeitsspiel vier Takte** (Vorgänge) notwendig sind. Ein Takt entspricht ungefähr einem Kolbenhub. Er wird jeweils begrenzt durch die Ventilsteuerzeiten.

Der **Kolbenhub** ist der Abstand zwischen den beiden Totpunkten des Kolbens im Zylinder. Der **Totpunkt** ist der Umkehrpunkt des Kolbens am jeweiligen Ende des Kolbenhubes. Der Kolbenhub entspricht einer halben Kurbelwellenumdrehung. Das sind 180° Kurbelwinkel (KW).

Ein **Arbeitsspiel** umfaßt alle Vorgänge im Zylinder, die notwendig sind, um Arbeit zu leisten (Abb. 2). Für ein Arbeitsspiel werden zwei Kurbelwellenumdrehungen (720° KW) benötigt.

Die vier Takte des Arbeitsspiels sind:

- **Ansaugen** des Kraftstoff-Luft-Gemisches,
- **Verdichten** des Gemisches,
- **Arbeiten,** d.h. Verbrennen des Gemisches mit anschließender Ausdehnung der verbrannten Gase,
- **Ausstoßen** der verbrannten Gase.

Kennzeichnende Merkmale des Ottomotors sind:

- **Äußere Gemischbildung:** Es wird ein Kraftstoff-Luft-Gemisch angesaugt. Die Gemischbildung erfolgt außerhalb des Verbrennungsraums.
- **Fremdzündung:** Die Verbrennung des Kraftstoff-Luft-Gemisches wird durch einen elektrischen Zündfunken eingeleitet.
- **Gleichraum-Verbrennung:** Der Kraftstoff verbrennt schlagartig. Der Verbrennungsraum bleibt dabei nahezu konstant.
- **Quantitätsregelung (Mengenregelung):** Für jeden Belastungszustand des Motors wird die Menge des Kraftstoff-Luft-Gemisches geändert.

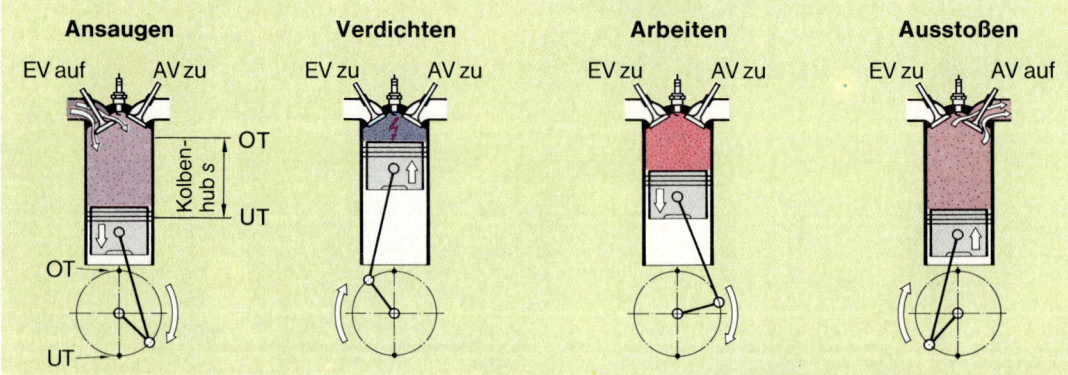

Abb. 2: Arbeitsspiel eines Viertakt-Ottomotors

16.1 Grundsätzlicher Aufbau

Baugruppen des Viertakt-Ottomotors sind (Abb. 1):

- das Zylinderkurbelgehäuse mit den Zylindern und der Kurbelwellenlagerung,
- der Kurbeltrieb mit Kolben, Pleuelstange, Kurbelwelle und Schwungrad,
- der Zylinderkopf mit den Verdichtungsräumen,
- die Motorsteuerung mit Nockenwelle, Stößeln, Stoßstangen, Kipphebel, Ventilfedern, Ventilen,
- die Nebenaggregate wie z. B. Vergaser, Zündanlage, Wasserpumpe, Generator, Starter, Einspritzanlage, Ölpumpe u. a.

Bezeichnungen am Hubkolbenmotor

Der Begriff **Hubkolbenmotor** bezieht sich auf die Kolbenbewegung (Abb. 3). Der Kolben bewegt sich zwischen zwei Umkehrpunkten, dem **oberen Totpunkt (OT)** und dem **unteren Totpunkt (UT)**.

Der **Kolbendurchmesser** wird mit d bezeichnet. Der Weg zwischen den beiden Totpunkten ist der **Kolbenhub** s (Abb. 3). Der Zylinderraum zwischen den beiden Totpunkten ist der **Hubraum** V_h (das Hubvolumen) des einzelnen Zylinders. Der Raum über dem im OT stehenden Kolben ist der **Verdichtungsraum** V_c **(Kompressionsraum)**.

Die Größe des Hubraumes wird wie folgt berechnet:

$$V_h = \frac{d^2 \cdot \pi \cdot s}{4}$$

V_h Zylinderhubraum in cm³
d Kolbendurchmesser in cm
s Kolbenhub in cm

Wird die Zahl der Zylinder mit z bezeichnet, so ergibt sich für den **Gesamthubraum** V_H eines Mehrzylindermotors:

$$V_H = V_h \cdot z$$

V_H Gesamthubraum in cm³
V_h Zylinderhubraum in cm³
z Zahl der Zylinder

Der größte **Verbrennungsraum** V setzt sich zusammen aus dem Verdichtungsraum V_c und dem Zylinderhubraum V_h.

$$V = V_h + V_c$$

V Verbrennungsraum in cm³
V_h Zylinderhubraum in cm³
V_c Verdichtungsraum in cm³

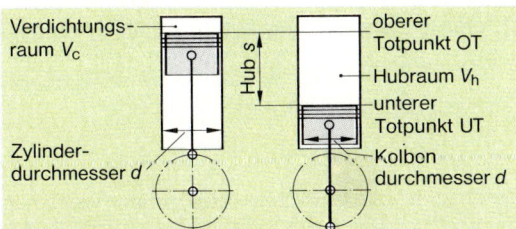

Abb. 3: Bezeichnungen am Hubkolbenmotor

16.2 Physikalische Grundlagen

16.2.1 Druck, Druckkraft

Durch das Verbrennen des Kraftstoff-Luft-Gemisches während des Arbeitstakts wird ein **Druck** erzeugt.

> Ein **Druck** p entsteht, wenn eine Kraft F senkrecht auf eine Fläche A wirkt.

$$p = \frac{F}{A}$$

p Druck in N/cm²
F Kraft in N
A Fläche in cm²

Der Druck wird in bar gemessen. $1\ \text{bar} = \dfrac{10\,\text{N}}{\text{cm}^2}$

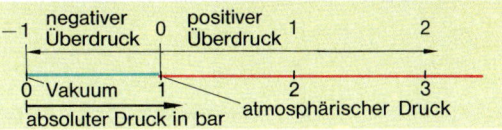

Abb. 4: Druckskale

Der **atmosphärische Druck** (Normalluftdruck), gemessen bei 15°C auf Meereshöhe, beträgt 1,013 bar. Er hat das Formelzeichen p_{amb} (ambiens, franz.: umgebend). Ein Druck, größer als der atmosphärische Druck, wird **positiver Überdruck** p_e genannt (Abb. 4). Der Druck zwischen 0 bar (Vakuum) und 1 bar (atmosphärischer Druck) wird als **negativer Überdruck** bezeichnet. Der **absolute Druck** p_{abs} (z.B. 0,8 bar; 1,2 bar) wird vom 0-Punkt aus gemessen.

Der negative Überdruck wurde bisher als Unterdruck bezeichnet. Das Wort »Unterdruck« darf nur noch für die Bezeichnung eines Zustands verwendet werden, z.B. Unterdruckkammer, Unterdruck im Saugrohr.

Durch die Verbrennung des Kraftstoffs wird im Zylinder auf die Kolbenfläche eine Druckkraft ausgeübt. Werden die **Druckkraft** F in N (Kolbenkraft) und der Hub s in m gemessen, so errechnet sich die mechanische Arbeit in Newtonmeter (Nm) bzw. Joule (J).

16.2.2 Qualitative Beziehung zwischen Volumen und Druck

Während des **Arbeitsspiels** werden im Zylinder **Volumen**, **Druck** und **Temperatur** des Kraftstoff-Luft-Gemisches durch die Bewegung des Kolbens und die Verbrennung ständig verändert. Diese Größen stehen in einer gesetzmäßigen Beziehung.

Robert **Boyle** (engl. Physiker, 1627 bis 1691) und Edmé **Mariotte** (franz. Physiker, um 1620 bis 1684) fanden, daß für ein eingeschlossenes Gasvolumen und **gleichbleibende Temperatur** das Produkt aus Druck p und Volumen V unverändert bleibt.

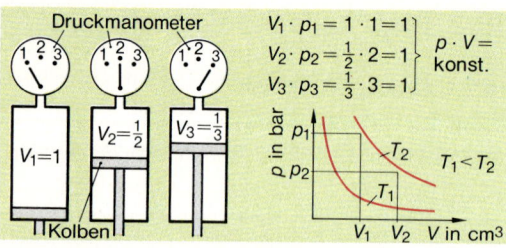

Abb. 1: Gesetz von Boyle-Mariotte

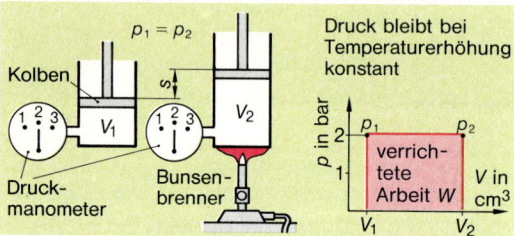

Abb. 2: Volumenänderung bei konstantem Druck in Abhängigkeit von der Temperatur

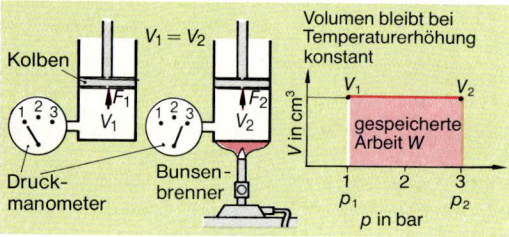

Abb. 3: Druckerhöhung bei konstantem Volumen in Abhängigkeit von der Temperatur

> Wird ein **Gasvolumen** um die Hälfte verkleinert, erhöht sich der **Druck** um das Doppelte.

Diese Beziehung wird als Gesetz von **Boyle-Mariotte** bezeichnet. Die Gesetzmäßigkeit ergibt eine charakteristische Kurve (Abb. 1).
Joseph Louis **Gay-Lussac** (franz. Physiker und Chemiker, 1778 bis 1850) untersuchte die Vorgänge in Gasen unter dem Einfluß der Temperatur (Abb. 2).

> Die Gase dehnen sich unter **konstant gehaltenem Druck** je Grad Temperaturerhöhung um 1/273 ihres Volumens bei 0°C aus.

Ein ähnliches Ergebnis erhielt Gay-Lussac bei konstant gehaltenem Volumen (Abb. 3). Ein Gas mit **konstantem Volumen** ändert bei jedem Grad Temperaturerhöhung seinen Druck um 1/273 des Druckes bei 0°C.

16.3 Vorgänge während der vier Takte eines Viertakt-Ottomotors

16.3.1 Ansaugtakt

> Der **Ansaugtakt** beginnt mit dem Öffnen des Einlaßventils einige Grad Kurbelwinkel (°KW) vor OT und endet nach UT. Der Zylinder soll während des Ansaugtakts möglichst vollständig mit Kraftstoff-Luft-Gemisch gefüllt werden.

Während der Kolben sich nach UT bewegt (Abb. 5), erfolgt eine **Volumenvergrößerung** und dadurch ein Abfall des Drucks p_{abs} auf 0,8 bis 0,9 bar. Das hat eine **Saugwirkung** (Druckausgleich) im Zylinderraum zur Folge. Durch das geöffnete Einlaßventil strömt das Kraftstoff-Luft-Gemisch.
Bei betriebswarmem Motor beträgt die Temperatur der Frischgase ungefähr 100°C.
Um die volle Saugwirkung des Kolbens ohne Verzögerung, d.h. bei möglichst großem Einlaßquerschnitt wirken zu lassen, öffnet das Einlaßventil bis zu 40°KW vor OT (Abb. 4).
Die durch die Volumenvergrößerung erzeugte Druckdifferenz kann jedoch wegen der Trägheit des einströmenden Gemisches nicht ausreichend ausgeglichen werden. Um die Strömungsenergie, die kurz vor UT am größten ist, möglichst lange wirken zu lassen, wird das Einlaßventil erst bis zu 70°KW nach UT geschlossen.
Abb. 4 zeigt das Steuerdiagramm eines Viertakt-Ottomotors. Die Steuerpunkte sowie die Winkelbereiche des Öffnens und Schließens der Ventile werden auf den Kurbelwellenumdrehungen angegeben.
Bei einem schnellaufenden Motor wird die für die Zylinderfüllung zur Verfügung stehende Zeit mit zunehmender Drehzahl besonders kurz. Das Einlaßventil muß deshalb früher öffnen und wird später geschlossen. Es bleibt bis ungefähr 300°KW geöffnet.

16.3.2 Verdichtungstakt

> Durch die **Verdichtung** des Kraftstoff-Luft-Gemisches wird eine hohe Temperatur erreicht, die aber noch unterhalb der Selbstentzündungstemperatur des Kraftstoffs liegt.

Durch eine hohe **Verdichtungstemperatur** verdampft der Kraftstoff besser und vermischt sich vorteilhafter mit der Luft.

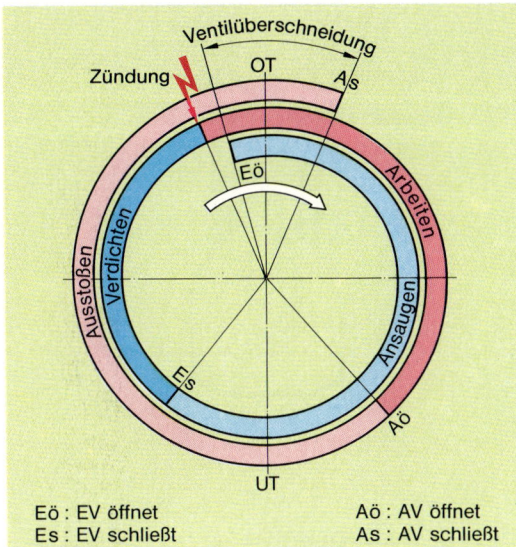

Eö : EV öffnet
Es : EV schließt

Aö : AV öffnet
As : AV schließt

Abb. 4: Steuerdiagramm eines Viertakt-Ottomotors

Während des Verdichtungstakts bewegt sich der Kolben von UT nach OT. Das Einlaßventil ist noch bis 70°KW nach UT geöffnet (Abb. 4). In dieser Zeit wird bereits das Zylindervolumen verkleinert und dadurch das Kraftstoff-Luft-Gemisch verdichtet. Der Druck und die Temperatur steigen. Das Maß der Verdichtung im OT ist das **Verdichtungsverhältnis** ε (s. Kap. 16.5.2). Das Verdichtungsverhältnis wird bei einem Ottomotor so gewählt, daß es am Ende des Verdichtungstakts (Abb. 6) zu keiner **Selbstentzündung** (Klopfen) des gasförmigen Gemisches kommt. Durch die Herstellung klopffester Kraftstoffe und eine günstige Gestaltung des Verdichtungsraums konnte eine immer höhere

Verdichtung ε erreicht werden. Sie liegt bei 8:1 bis 11:1. Die Verdichtungsendtemperatur beträgt ungefähr 350 bis 450°C. Diese Temperatur ist ein Mittelwert. Die tatsächlichen Temperaturen sind an der gekühlten Zylinderwand geringer und an den ungekühlten Teilen (z.B. Kolbenboden, Auslaßventil) am höchsten.

Je nach Verdichtungsverhältnis beträgt der **Verdichtungsdruck** 10 bis 16 bar. Der Nachteil einer hohen Verdichtung ist ein hoher Arbeitsdruck und damit eine hohe Belastung fast aller Motorteile. Da die Zündung des Gasgemisches noch in der Phase der Kolbenbewegung von UT nach OT kurz vor OT erfolgt, steigt der Druck nicht nur durch die Volumenverkleinerung, sondern noch zusätzlich durch die Verbrennung. Es erfolgt daher noch vor OT ein Druckanstieg (s. Kap. 16.4).

16.3.3 Arbeitstakt

Der **Arbeitstakt** wird vor OT durch die **Fremdzündung** eingeleitet. Der Kraftstoff soll während des Arbeitstakts vollständig verbrennen.

Das bis in die Nähe der Selbstentzündung verdichtete brennbare Kraftstoff-Luft-Gemisch wird durch einen **Zündfunken** kurz vor OT gezündet. Da die Entflammung des Kraftstoff-Luft-Gemisches eine Zeit von ungefähr 1/1000s beansprucht, muß eine **Frühzündung** erfolgen. Je nach Motorbauart erfolgt die Zündung in Abhängigkeit von der Drehzahl und der Belastung des Ottomotors bis ungefähr 40°KW vor OT. Die Zylinderfüllung verbrennt. Sie dehnt sich durch die Wärmeentwicklung aus. Der entstehende Druck bewegt den Kolben nach UT (Abb. 7).

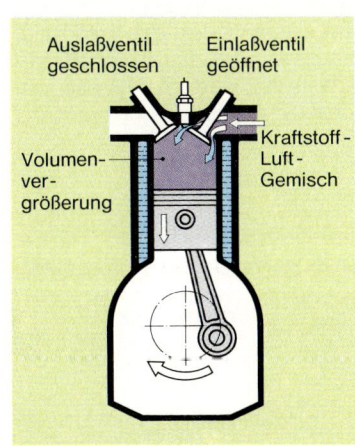

Abb. 5: Ansaugtakt

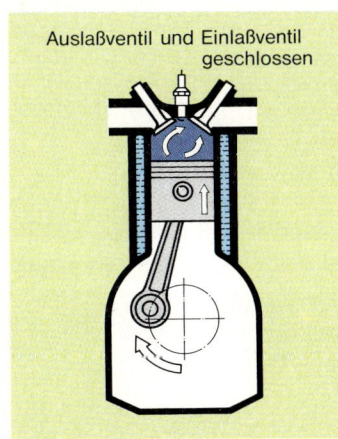

Abb. 6: Verdichtungstakt

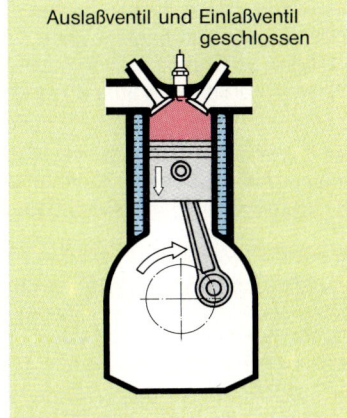

Abb. 7: Arbeitstakt

Verbrennungsvorgang

Der Verbrennungsvorgang beginnt bei den Gemisch-
teilchen, die sich im Zündzeitpunkt an der Zündkerze
befinden.

Er überträgt sich schichtweise auf das umgebende
Gemisch (Abb. 1, S. 152). Eine **Flammenfront** durchläuft den gesamten Brennraum in Form einer Kugel-
schale.

Damit eine Zündung des Gemisches mit Sicherheit
erreicht wird, muß:

- durch den Funken eine ausreichende Wärmemenge zugeführt werden und
- ein zündfähiges Kraftstoff-Luft-Gemisch, vor allem
  im Bereich der Zündkerze, auch während des
  Kaltstarts vorhanden sein.

Die **Geschwindigkeit der Flammenfront** wird durch
die Wärmeleitung und den Wärmetausch zwischen
den verbrannten und unverbrannten Teilchen beeinflußt.

Durch eine gute Verwirbelung wird die Wärmeüber-
tragung entscheidend beschleunigt.

Zusätzlich wird das Gemisch durch eine hohe Verdichtung auf eine hohe Temperatur gebracht, um
einen schnellen Ablauf der Verbrennung zu erreichen.

Durch die Verbrennung erfolgt ein Druckanstieg auf
30 bis 50 bar mit einer Temperatur **von 2000 bis
2500 °C** und einer Brenngeschwindigkeit von 10 bis
50 m/s.

Die unterschiedlichen Werte sind abhängig vom
Verdichtungsverhältnis, von der Zusammensetzung
des Kraftstoff-Luft-Gemisches, von der Drehzahl, der
Brennraumform u. a.

Die Verbrennung ist schon einige Grad Kurbelwinkel
nach OT beendet.

16.3.4 Ausstoßtakt

> Der **Ausstoßtakt** beginnt vor UT und endet nach
> OT. Die verbrannten Gase sollen vollständig aus
> dem Verbrennungsraum ausgestoßen werden.

Noch während des Arbeitstakts (40 bis 60 °KW vor UT)
beginnt das Auslaßventil zu öffnen (Abb. 4, S. 147). Bei
einem **Druck von 3 bis 5 bar** beginnen die verbrannten Gase mit sehr hoher Geschwindigkeit durch den
Auslaßkanal zu strömen (Abb. 1).

Um eine möglichst große verbrannte Gasmenge
entweichen zu lassen, schließt das Auslaßventil erst
bis 30 °KW nach OT, da am Taktende die Strömungsenergie am größten ist (Abb. 4, S. 147).

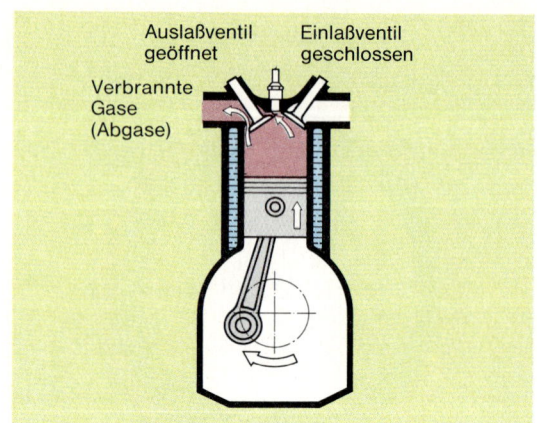

Abb. 1: Ausstoßtakt

16.4 *p-V*-Diagramm

Aus den Erkenntnissen von Boyle-Mariotte und
Gay-Lussac (s. Kap. 16.2.2) ergibt sich ein **ideales
p-V-Diagramm** (Druck-Volumen-Diagramm) für das
Arbeitsspiel eines Viertakt-Ottomotors.

> Ein *p-V*-Diagramm zeigt den im Zylinder in je-
> dem Augenblick des Arbeitsspiels herrschenden
> Druck *p* über dem zugehörigen Zylindervolu-
> men *V*.

Bedingungen für ein ideales Arbeitsspiel:

- das Kraftstoff-Luft-Gemisch verbrennt vollständig,
- im Zylinder befinden sich nur Frischgase, Restgase vom vorangegangenen Arbeitsspiel sind nicht
  mehr vorhanden.

Die **Reihenfolge der Zustandsänderungen** eines ide-
alen Arbeitsspiels bei einem Viertakt-Ottomotor zeigt
Abb. 2. Durch den Kolben wird das Kraftstoff-Luft-
Gemisch von Punkt 1 nach 2 verdichtet (Gesetz von
Boyle-Mariotte). Durch die einsetzende Verbrennung

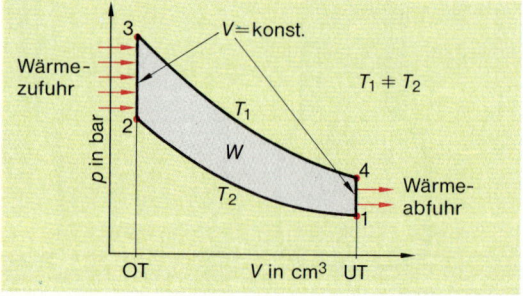

Abb. 2: Ideales *p-V*-Diagramm

im Punkt 2 wird Wärme zugeführt. Der Gasdruck erreicht in Punkt 3 seinen Höchstwert (Gesetz von Gay-Lussac). Es folgt eine Ausdehnung auf das Ausgangsvolumen im Punkt 4 (Gesetz von Boyle-Mariotte). Durch Wärmeabfuhr (Kühlung) wird der Ausgangsdruck im Punkt 1 erreicht (Gesetz von Gay-Lussac).

Die Linie der Verbrennung von Punkt 2 nach 3 verläuft senkrecht, das Zylindervolumen bleibt in dieser Phase des Arbeitsspiels konstant.

Auch in der Realität läuft die Verbrennung schnell ab, so daß sich der Kolben während dieser Zeit nur geringfügig bewegt, denn im Bereich des OT bewegt sich der Kolben verhältnismäßig langsam. Deshalb kann davon ausgegangen werden, daß für eine kurze Zeit eine der Gleichraumverbrennung ähnliche Verbrennung abläuft.

> Die **Gleichraumverbrennung** ist ein idealer Vorgang im Arbeitsspiel eines Viertakt-Ottomotors. Der gesamte Kraftstoff verbrennt schlagartig bei gleichbleibendem Volumen.

Die von den Punkten 1-2-3-4 eingeschlossene Fläche stellt die durch das Arbeitsspiel **gewonnene Arbeit W** dar (Abb. 2).

> Die Größe der **gewonnenen Arbeit** ist hauptsächlich abhängig von der Höhe der Verdichtung und einem möglichst großen Temperaturunterschied.

Ein großes Temperaturgefälle heißt: Die Temperatur soll im Punkt 1 möglichst niedrig und im Punkt 4 sehr hoch sein. Hohe Temperaturen und große Drücke sind jedoch durch Werkstoffeigenschaften (Warmfestigkeit), Massen (Wanddicken) und Kraftstoffeigenschaften begrenzt.

Mit Hilfe dieser vereinfachten Darstellung lassen sich verschiedene Motoren hinsichtlich ihrer Wirtschaftlichkeit vergleichen. Das ideale Arbeitsspiel ist ein wichtiges Hilfsmittel, um den Arbeitsablauf (Ventil-

steuerung) in dem wirklichen Viertakt-Ottomotor auszuwählen. Verdichtungsverhältnis, Ventilüberschneidung, Zündzeitpunkt u. a. werden ermittelt.

In der Praxis gibt es keinen idealen bzw. vollkommenen Motor. Abb. 3 zeigt das **tatsächliche p-V-Diagramm** eines Viertakt-Ottomotors.

Der Verlauf des tatsächlich ablaufenden Arbeitsspiels kann mit einem **Indikator** (Anzeiger) aufgenommen werden. Dieser zeichnet den Druck im Zylinder über dem Kolbenweg bzw. Hubvolumen oder dem Kurbelwinkel auf. In einem p-α-Diagramm wird der Druckverlauf während des Arbeitsspiels über 720 °KW (zwei Kurbelwellenumdrehungen) aufgetragen (Abb. 4).

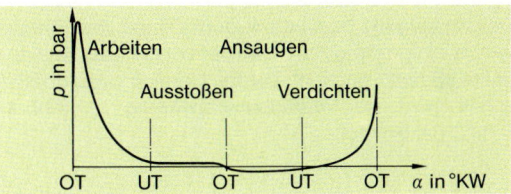

Abb. 4: *p*-α-Diagramm

Das **Arbeitsspiel des wirklichen Motors** unterscheidet sich erheblich von einem **idealen Arbeitsspiel** des Ottomotors:

● der Kraftstoff verbrennt nur unvollständig,
● die Verbrennung erfolgt nicht bei konstantem Volumen,
● der Ladungswechsel ist unvollkommen,
● es treten zusätzlich Wärmeverluste auf, das Gas (Frischgase und Abgase) tauscht mit den Zylinderwänden Wärme aus,
● es treten während des Aus- und Einströmens Strömungsverluste auf,
● an den Kolbenringen vorbei geht Gas verloren.

Je mehr diese Einflußfaktoren für die Konstruktion eines Motors berücksichtigt werden, desto besser ist eine Annäherung an den idealen Prozeß möglich (Abb. 5).

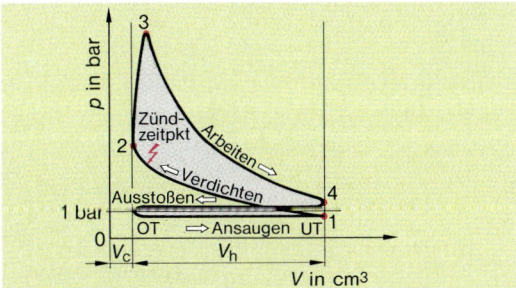

Abb. 3: *p*-V-Diagramm eines Viertakt-Ottomotors

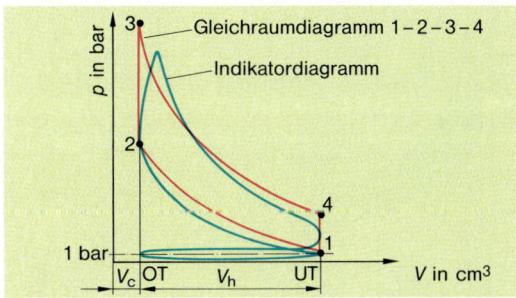

Abb. 5: Ideales *p*-V-Diagramm und Indikatordiagramm

16.4.1 Mittlerer Kolbendruck

> Das Einströmen der Frischgase und das Ausströmen der verbrannten Gase wird als **Ladungswechsel** bezeichnet.

Die Vorgänge während des Ansaug- und des Ausstoßtakts erscheinen im *p-V*-Diagramm als Schleife (Ladungswechselschleife), die gegen den Uhrzeigersinn verläuft und eine **Verlustarbeit** darstellt (Abb. 1). Im Bereich des Ladungswechsels sollen:

- die verbrannten Gase vollständig aus dem Zylinder entfernt und
- der Zylinder mit einer großen Masse brennbaren Gemisches gefüllt werden.

Der Ansaugtakt beginnt mit dem Öffnen des Einlaßventils einige Grad Kurbelwinkel vor OT. Das Auslaßventil ist noch geöffnet. Dieser Bereich des Arbeitsspiels wird als **Ventilüberschneidung** (s. Abb. 4, S. 147) bezeichnet.

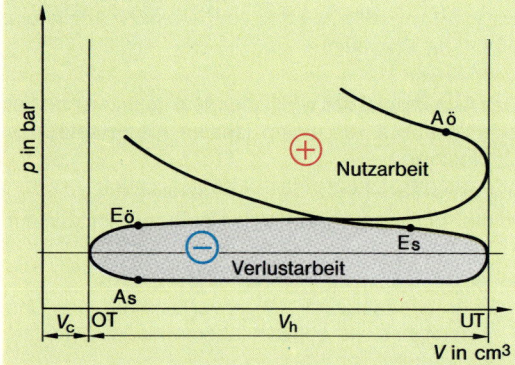

Abb. 1: Ladungswechselschleife

Die **gewonnene Arbeit** wird durch die Linien des Verdichtungs- und Arbeitstakts begrenzt. Die Verlustarbeit ist im Vergleich zur gewonnenen Arbeit gering.

> Die Fläche eines *p-V*-Diagramms (ohne Verlustfläche) entspricht der **erzeugten Arbeit** *W* in einem Zylinder je Arbeitsspiel.

Wird die **Fläche** eines *p-V*-Diagramms in ein flächengleiches Rechteck über dem Kolbenhub *s* verwandelt, so entspricht die Höhe *h* des so gewonnenen Rechtecks dem mittleren **indizierten Kolbendruck** p_{mi} (Abb. 2). Mit diesem Druck wird die in einem Zylinder je Arbeitsspiel verrichtete **Arbeit** *W* errechnet.

$$W = p_{mi} \cdot V_h$$

mit

$$V_h = A_k \cdot s$$

folgt

$$\boxed{W = p_{mi} \cdot A_k \cdot s}$$

p_{mi}	mittlerer indizierter Kolbendruck in bar
V_h	Zylinderhubraum in cm³
A_k	Kolbenfläche in cm²
s	Kolbenhub in dm
W	Arbeit in Nm

16.4.2 Fehlererkennung mit Hilfe des *p-V*-Diagramms

Ein **Indikatordiagramm** bietet die Möglichkeit, eine falsche Zündzeitpunkt-Einstellung und Undichtigkeiten an Kolben oder Ventilen aufzuzeigen (Abb. 3).

Die Verdichtungslinie verläuft bis zum OT normal (Abb. 3a). Der von OT nach UT bewegte Kolben läßt den Druck wieder sinken. In Punkt 2 erfolgt die **Zündung zu spät**. Der Druck steigt wieder an und erreicht in Punkt 3 nicht seinen möglichen Höchstwert.

Erfolgt die **Zündung zu früh**, wird noch vor Erreichen des OT der mögliche Höchstdruck erzielt (Abb. 3b). Es kommt zu einer Schleifenbildung im oberen Bereich. Sind die **Ventile** oder die **Kolbenringe undicht** oder ist das Kolbeneinbauspiel zu groß, wird der Verdichtungsdruck geringer. Die Verdichtungslinie verläuft flacher (Abb. 3c). Der mögliche Höchstdruck kann nicht erreicht werden.

Die aufgezeigten Fehler führen zu einer kleineren Fläche für die Arbeit *W* im *p-V*-Diagramm und folglich auch zu einer Leistungsminderung.

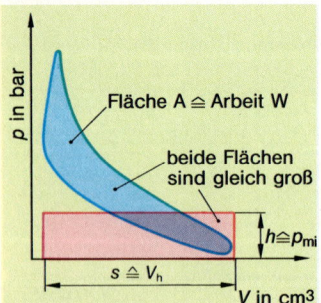

Abb. 2: Ermittlung des mittleren Kolbendrucks

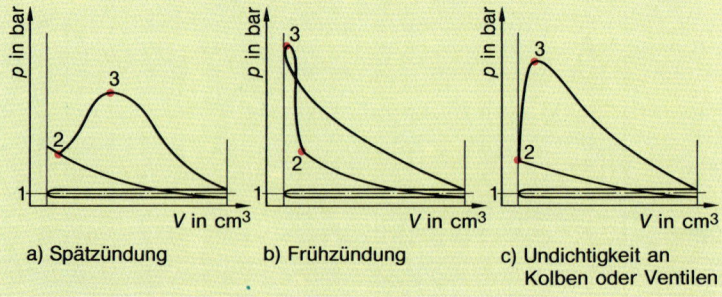

a) Spätzündung   b) Frühzündung   c) Undichtigkeit an Kolben oder Ventilen

Abb. 3: Fehlerhafte *p-V*-Diagramme

16.5 Kenngrößen des Verbrennungsmotors

16.5.1 Effektiver Wirkungsgrad

Durch die Verbrennung des Kraftstoffs wird dem Motor Wärme zugeführt. Die gesamte Wärmemenge kann nicht vollständig in effektive Leistung (Nutzleistung) umgewandelt werden. Durch die notwendige Kühlung wird z. B. ein Teil der Wärmemenge abgeführt. Die Differenz zwischen der zugeführten und abgeführten Wärmemenge je Stunde ist gleich der effektiven Leistung.

> Der **effektive Wirkungsgrad** η_{eff}, auch Nutzwirkungsgrad genannt, ist das Verhältnis der effektiven Leistung zur zugeführten Wärmemenge je Stunde (DIN 1940).
>
> effektiver Wirkungsgrad $\eta_{eff} = \dfrac{\text{effektive Leistung } P_{eff}}{\text{zugeführte Wärmemenge } \Phi_{zu}}$

In Verbrennungsmotoren ist die effektive Leistung im Vergleich zur zugeführten Wärmemenge je Stunde sehr klein.
Der effektive Wirkungsgrad η_{eff} (eta; gr. kleiner Buchstabe) eines Ottomotors beträgt ungefähr **15 bis 32%**. Er ist entscheidend abhängig vom spezifischen Kraftstoffverbrauch b_{eff}, der auf einem Motorprüfstand ermittelt wird und dem Heizwert H_u des Kraftstoffs. Die Höchstwerte werden nur in einem bestimmten Betriebszustand (im Teillastbereich) erreicht, sonst ist der effektive Wirkungsgrad geringer. Abb. 4 zeigt den Anteil, der im Ottomotor in effektive Leistung umgewandelt wird.

16.5.2 Verdichtungsverhältnis

Eine wichtige Einflußgröße für die Leistung der Hubkolbenmotoren ist das Verdichtungsverhältnis ε (epsilon; gr. kleiner Buchstabe).

> Das **Verdichtungsverhältnis** ε ist das Verhältnis des gesamten Verbrennungsraums eines Zylinders ($V_h + V_c$) zum Kompressions- oder Verdichtungsraum (V_c).

$$\varepsilon = \frac{V_h + V_c}{V_c}$$

ε Verdichtungsverhältnis
V_h Zylinderhubraum in cm³
V_c Verdichtungsraum in cm³

Der Verdichtungsraum hat keine geometrisch einfache Form. Seine Größe kann in der Praxis nur durch Auslitern ermittelt werden. Je kleiner das Endvolumen der Verdichtung zum Zylinderhubraum ist, desto größer ist ε.

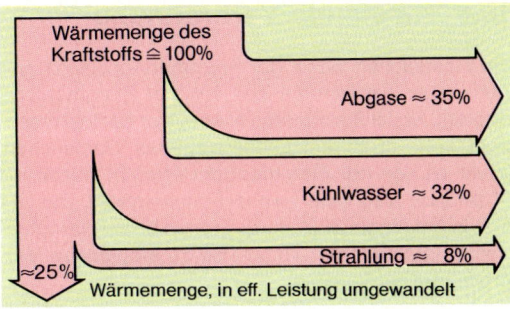

Abb. 4: Wärmeflußdiagramm eines Ottomotors

16.5.3 Liefergrad

> Der **Liefergrad** ist das Verhältnis der tatsächlich angesaugten zur theoretisch möglichen Frischladungsmasse.

$$\lambda_L = \frac{m_z}{m_{th}}$$

λ_L Liefergrad
m_z tatsächlich angesaugte Frischladungsmasse in kg
m_{th} theoretisch mögliche Frischladungsmasse in kg

Der Liefergrad, auch häufig als **Füllungsgrad** bezeichnet, wird entscheidend beeinflußt durch die Vorgänge während des Ladungswechsels. Das Auslaß- und Einlaßventil sind am Ende des Ausstoßtakts geöffnet (Ventilüberschneidung). Vor dem Einlaßventil herrscht ein höherer Druck als hinter dem Auslaßventil. Durch die nachsaugende Wirkung der verbrannten Gase entsteht eine zusätzliche Strömung. Diese Saugwelle der Abgase hat einen beschleunigenden Einfluß auf den bereits beginnenden Einlaß der Frischgase und führt zu einer besseren Füllung. Für Saugmotoren beträgt der Liefergrad ungefähr 0,7 bis 0,9. Die Größe ist abhängig von der Drehzahl, der Länge und Form der Saugrohre, dem Strömungswiderstand im Luftfilter, Vergaser und Ventilspalt.

Um eine möglichst **gute Füllung** zu erreichen, werden angestrebt:

- geringer Druckabfall am Einlaßventil durch große Einlaßquerschnitte,
- niedrige Temperatur im Verbrennungsraum während des Ansaugtakts und eine
- geringe Restgasmenge.

Durch Aufladung (s. Kap. Leistungssteigerung des Verbrennungsmotors) kann der Liefergrad wirkungsvoll erhöht werden.

16.6 Klopfende Verbrennung

Ein Gasteilchen nahe der Flammenfront wird erst nach einer bestimmten Zeit von der Flammenfront erreicht. Ist der Temperaturanstieg vor der Flammenfront sehr groß, entzündet sich das Gasteilchen, bevor es von der Flammenfront erreicht wurde. Es bildet sich also eine zweite Flammenfront, die der ersten entgegeneilt (Abb. 1). Treffen beide Flammenfronten aufeinander, kommt es zu **klopfenden Verbrennungsgeräuschen.**

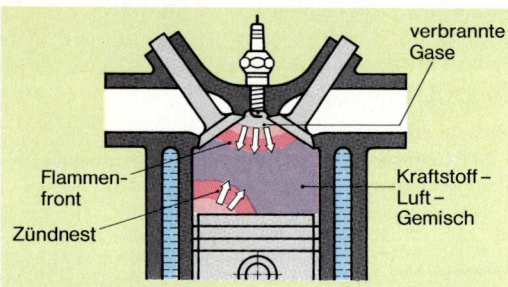

Abb. 1: Klopfende Verbrennung

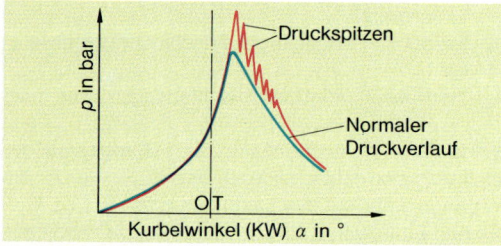

Abb. 2: Druckverlauf durch eine klopfende Verbrennung

Eine klopfende Verbrennung führt kurzzeitig zu **hohen Drücken** (Druckspitzen, Abb. 2). Der Motor wird mechanisch stark belastet. Ein großer Verschleiß (Zylinder, Kolben) oder ein Zerstören der Lager (Pleuelstange, Kurbelwelle) können die Folgen sein.

> **Motorklopfen** entsteht, wenn eine Selbstentzündung eines Teils des Gemisches noch vor dem Erreichen der Flammenfront eintritt.

Durch eine hohe Flammenfrontgeschwindigkeit (gute Verwirbelung) und kurze Flammenfrontwege im Verbrennungsraum wird die Zeit der Verbrennung wirksam verkürzt.

Ursachen einer klopfenden Verbrennung können sein:

- Fehler im Kühlsystem oder
- starke Ablagerungen im Verbrennungsraum.

Ein hoher Druck und eine hohe Temperatur nach Beendigung des Verdichtungstakts verstärken die Klopfneigung des Motors (s. Tab. 1).

Außerdem kann ein **Beschleunigungsklopfen** entstehen. Wird ein Fahrzeug aus niedriger Geschwindigkeit durch sehr schnelles Öffnen der Drosselklappe beschleunigt, wird die Motorfüllung vergrößert. Dadurch wird der Verdichtungsdruck stark erhöht und der Motor neigt zum Klopfen.

Bei sehr hohen Drehzahlen wird der zeitliche Abstand der Verbrennungsabläufe immer geringer. Es kann nicht mehr ausreichend Wärme an das Kühlsystem abgeführt werden. Druck und Temperatur sind sehr hoch, der Motor neigt nun zum **Hochgeschwindigkeitsklopfen.** Das Hochgeschwindigkeitsklopfen ist in den meisten Fällen akustisch nicht wahrnehmbar. Es ist häufig die Ursache für einen durchgebrannten Kolbenboden.

Tab. 1: Einflüsse auf die Klopfneigung

Die Klopfneigung	
nimmt ab: durch	**nimmt zu:** durch
niedrige Verdichtung	hohe Verdichtung
niedrige Temperatur von Ansaugluft und Kühlwasser	hohe Temperatur von Ansaugluft und Kühlwasser
Kohlenwasserstoffe mit ringförmigem Aufbau	Kohlenwasserstoffe mit kettenförmigem Aufbau
Zusatz von Klopfbremsen (z. B. Bleitetraäthyl) im Kraftstoff	Zusatz von Zündbeschleunigern (z. B. Amylnitrat) im Kraftstoff

16.6.1 Bestimmung der Klopffestigkeit

Die Klopfneigung eines Ottokraftstoffs (Klopffestigkeit) wird durch die **Oktanzahl (OZ)** angegeben (s. Kap. Kraftstoffe). Die Bestimmung der Oktanzahl ist nach DIN 51756 genormt. Sie wird mit Prüfmotoren vorgenommen.

Als Prüfmotoren sind zugelassen:

- der **CFR-Prüfmotor** (**C**ooperative **F**uel **R**esearch Commitee of the American Society of Automotive Engineers),
- der **BASF-Prüfmotor** (**B**adische **A**nilin- und **S**odafabrik).

Die Prüfmotoren sind Einzylinder-Viertaktmotoren ohne Kühlwasserkreislauf. Der Motor hat eine Verdampfungskühlung, d. h., das Kühlwasser verdampft und wird über einen Kondensator zurückgeführt.

Prüfverfahren

Ein Prüfmotor (Abb. 3, Bohrung 3,25 Zoll, Hub 4,5 Zoll; Motorhubraum 661,10 cm³) wird mit einem zu prüfenden Kraftstoff betrieben. Bei konstantem

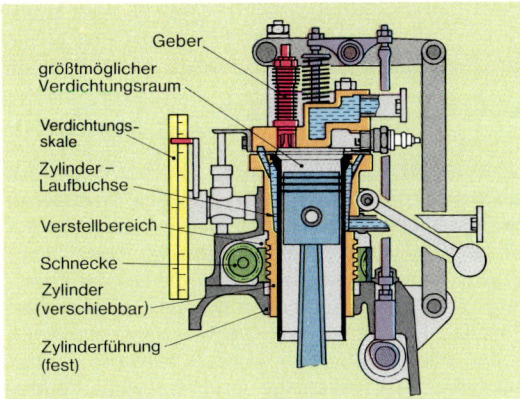

Geber
größtmöglicher Verdichtungsraum
Verdichtungs-skale
Zylinder – Laufbuchse
Verstellbereich
Schnecke
Zylinder (verschiebbar)
Zylinderführung (fest)

Abb. 3: Prüfmotor

Zündzeitpunkt, konstanter Drehzahl und gleichbleibender Temperatur des Gemisches wird das Verdichtungsverhältnis so lange erhöht, bis Klopferscheinungen auftreten. Mit dem so ermittelten ε-Wert wird der Motor mit einem Gemisch aus Iso-Oktan und n-Heptan betrieben. Es wird der prozentuale Anteil des Iso-Oktans im Gemisch ermittelt, das die gleiche Klopffestigkeit wie der zu untersuchende Kraftstoff aufweist. Der so ermittelte Kraftstoff gibt die **Research-Oktanzahl (ROZ)** des Ottokraftstoffs an (research, engl.: Forschung). Diese wird den Ottokraftstoffen Normal und Super an den Zapfsäulen der Tankstellen zugeordnet (ROZ 91 bzw. 98).

Bei der **Motormethode** wird die Gemischtemperatur auf 149 °C festgelegt. Die Ermittlung der **Motor-Oktanzahl (MOZ)** entspricht fast der Research-Methode. Es wird jedoch mit der Änderung des Verdichtungsverhältnisses auch ein entsprechend günstigerer Zündzeitpunkt eingestellt.

Durch **Beschleunigungsversuche** mit dem Fahrzeug wird für einen bestimmten Motor die **Straßen-Oktanzahl (SOZ)** ermittelt, d. h. der Oktanzahlbedarf des Motors im Fahrzeug auf der Straße.

Während einer möglichst kleinen Geschwindigkeit des Fahrzeuges im direkten Gang wird durch sehr schnelles, volles Öffnen der Drosselklappe das Fahrzeug beschleunigt. Dieser Versuch wird so lange wiederholt, bis ein Gemisch mit dem Anteil Iso-Oktan gefunden ist, bei dem im Motor gerade ein Motorklopfen eintritt. Der so ermittelte Anteil gibt den OZ-Bedarf des Motors auf der Straße an.

Aufgaben

1. Erklären Sie den Begriff »Arbeitsspiel«.
2. Nennen Sie die fünf wichtigsten Baugruppen eines Viertakt-Ottomotors.
3. Nennen Sie die zwei Volumen, aus denen sich der größtmögliche Verbrennungsraum zusammensetzt.
4. Definieren Sie den Begriff »Druck«.
5. Wie wird der Druck zwischen 0 bar und 1 bar genannt?
6. Definieren Sie den Begriff »Druckkraft«.
7. Erklären Sie die Zusammenhänge zwischen Volumen, Druck und Temperatur eines Gases mit Hilfe der Gesetze von Boyle-Mariotte und Gay-Lussac.
8. Skizzieren Sie die Ergebnisse aus den Gesetzen von Boyle-Mariotte und Gay-Lussac im p-V-Diagramm.
9. Schildern Sie die Vorgänge während des Arbeitsspiels in einem Viertakt-Ottomotor.
10. Zeichnen Sie das Steuerdiagramm eines Viertakt-Ottomotors mit folgenden Steuerzeiten:
    Eö: 25 °KW vor OT,
    Es: 50 °KW nach UT,
    Zündzeitpunkt 10 °KW vor OT,
    Aö: 50 °KW vor UT,
    As: 25 °KW nach OT.
    Kennzeichnen Sie die Ventilüberschneidung.
11. Warum ist bei einem Viertakt-Ottomotor eine Ventilüberschneidung günstig?
12. Welchen Einfluß hat der Zündzeitpunkt auf den Verlauf der motorischen Verbrennung?
13. Wodurch wird eine Entzündung des Kraftstoff-Luft-Gemisches im Brennraum eines Viertakt-Ottomotors mit Sicherheit erreicht?
14. Beschreiben Sie die Vorgänge, die während des Ausstoßtakts zu einer Leistungssteigerung führen.
15. Nennen Sie Druck und Temperatur während des Arbeitsspiels eines Viertakt-Ottomotors.
16. Nennen Sie zwei Bedingungen, die zu einem idealen Arbeitsspiel eines Viertakt-Ottomotors führen.
17. Zeichnen Sie das ideale p-V-Diagramm und begründen den Verlauf mit Hilfe der Gesetze von Boyle-Mariotte und Gay-Lussac.
18. Zeichnen Sie das wirkliche p-V- und p-α-Diagramm eines Viertakt-Ottomotors. Markieren Sie die Punkte: 1 Es, 2 Eö, 3 Zündzeitpunkt, 4 Aö, 5 As.
19. Wodurch unterscheidet sich das wirkliche p-V-Diagramm eines Viertakt-Ottomotors vom idealen?
20. Erklären Sie mit Hilfe einer Skizze, wie der mittlere indizierte Arbeitsdruck eines Ottomotors ermittelt wird.
21. Ein Viertakt-Ottomotor, Bohrung/Hub: 62/58 mm, hat einen mittleren indizierten Arbeitsdruck $p_{mi} = 8,2$ bar. Wie groß ist die abgegebene Arbeit während eines Arbeitsspiels?
22. Skizzieren Sie drei fehlerhafte p-V-Diagramme und begründen Sie die Abweichungen.
23. Welchen Einfluß hat der thermische Wirkungsgrad auf die Fläche im p-V-Diagramm?
24. Nennen Sie die Einflußfaktoren, die die Größe des Verdichtungsverhältnisses im Ottomotor begrenzen.
25. Erklären Sie den Begriff »Liefergrad«.
26. Erklären Sie das »Motorklopfen« mit Hilfe einer Skizze.
27. Welchen Einfluß hat die Flammenfrontgeschwindigkeit auf das Motorklopfen?
28. Nennen Sie Faktoren, die ein Motorklopfen in einem Ottomotor beeinflussen.
29. Beschreiben Sie zwei Prüfverfahren zur Ermittlung der Oktanzahl.

17 | Kraftstoffe

Die Kraftstoffe enthalten die für den Betrieb des Verbrennungsmotors notwendige Energie. Sie werden überwiegend aus Erdöl hergestellt. Kraftstoffe werden aber auch aus Kohle, Pflanzen, Erdgas und Wasser gewonnen.

Durch Erwärmung der Kohle entsteht Gas, das zu **Methanol** verflüssigt wird.

Pflanzen werden durch Fäulnisprozesse zu Alkohol vergoren, aus dem **Äthanol** gewonnen wird.

Methanol (sehr giftig) und Äthanol werden als Alkohole bezeichnet, da sie Sauerstoff, gebunden an ein H-Atom, enthalten. Sie sind sehr klopffest, haben aber einen geringen Heizwert.

Erdgas und andere kohlenstoffhaltige Energieträger (z. B. Holz) können für die Methanolherstellung herangezogen werden. Erdgas enthält zusätzlich noch **Propan** und **Butan.**

Wasserstoff entsteht durch Aufspaltung des Wassers in Sauerstoff und Wasserstoff. Für die Speicherung des Wasserstoffs sind Metalle erforderlich, die den Wasserstoff binden (Metallhydridspeicher).

17.1 Erdöl

Die **Entstehung** der Erdölvorkommen ist bis heute nicht vollständig geklärt. Es gibt **zwei Theorien.** Nach der älteren Theorie ist das Erdöl aus **Kleinstlebewesen** und **pflanzlichen Stoffen** entstanden, die zu einer schlammigen Masse verfaulten. Dieser Faulschlamm wurde in Jahrmillionen unter hohem Druck und unter Luftabschluß durch Bakterieneinwirkung zu Erdöl umgewandelt.

Eine neuere Theorie stützt sich auf Beobachtungen unseres Nachbarplaneten Venus. Es wird angenommen, daß vor Jahrmillionen in der irdischen Atmosphäre **Kohlenwasserstoffverbindungen** vorhanden waren. Diese regneten dann während der Abkühlungsphase der Erde herab und versickerten im Erdboden. Sie sammelten sich im Bereich undurchlässiger Schichten.

Das **Erdöl** ist eine dunkelbraune, zähflüssige Masse. Es besteht aus unterschiedlich aufgebauten **Kohlenwasserstoffverbindungen** und enthält in geringen Mengen Sauerstoff-, Schwefel- und Stickstoffverbindungen.

Hauptfundgebiete sind: Nahost, USA, UdSSR, Mittel- und Südamerika, Nordafrika, Nordsee, China und Indonesien.

17.2 Kraftstoffherstellung aus Erdöl

Durch **Destillation** (Verdampfen und nachfolgendes Kondensieren) wird das Erdöl in einzelne **Siedebereiche** (Fraktionen) zerlegt (Abb. 1). Die Destillation bei Umgebungsluftdruck (atmosphärische Destillation) ergibt Kraftstoffgrundbestandteile, die erst durch weitere Verarbeitungsvorgänge für den motorischen Einsatz brauchbar werden. Die Rückstände der atmosphärischen Destillation werden teilweise in der **katalytischen Crackanlage** (cracken, engl.: zerbrechen) zu weiteren Kraftstoffbestandteilen verarbeitet. Die restlichen Rückstände werden im Fraktionierturm unter Verminderung des Luftdrucks um etwa 50 bis 60 mbar destilliert (Vakuumdestillation). Durch die Verminderung des Luftdrucks läßt sich der Siedebereich der Rückstände um etwa 100 bis 150°C absenken. Das ergibt die Ausgangsstoffe für extra leichte **Heizöle,** weitere **Dieselkraftstoffe** und die **Schmierölherstellung.** Rückstand der Vakuumdestillation ist das Bitumen (Verwendung im Straßenbau, als Isolieranstrich).

Durch weitere **Raffinerieverfahren** (Verfeinerungs- und Verbesserungsverfahren) werden die Kraftstoffe den motorischen Anforderungen angepaßt. Durch diese Verfahren (z. B. Cracken) lassen sich der Aufbau der Kohlenwasserstoffmoleküle (Abb. 2) und damit die Eigenschaften des Kraftstoffs beeinflussen.

> Kraftstoffe mit geringer **Klopffestigkeit** bestehen aus langen, unverzweigten Molekülketten. Sehr kurze, stark verzweigte oder kreisförmig angeordnete Moleküle ergeben klopffestere Kraftstoffe. Durch Cracken von langen Molekülketten läßt sich der Molekülaufbau verändern.

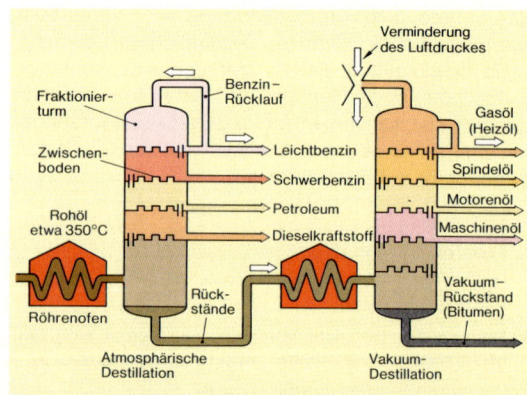

Abb. 1: Destillation des Erdöls ▶

17.2.1 Thermisches Cracken

Die langkettigen Moleküle werden bei einem Druck von 5 bis 6 bar auf etwa 500°C erwärmt. Durch die Erwärmung geraten die Moleküle in starke Schwingungen und zerbrechen in kleinere Moleküle. Es können dabei **verzweigte, gerade** oder **ringförmige** Moleküle entstehen. Dieser Vorgang wird als **thermisches Cracken** bezeichnet. Er erfolgt ungesteuert und daher zufällig.

17.2.2 Katalytisches Cracken

Durch den Einsatz von Katalysatoren läßt sich die Entstehung von verzweigten oder ringförmigen Molekülen steuern.

> **Katalysatoren** sind Stoffe, die einen chemischen Vorgang einleiten oder beschleunigen, ohne sich dabei selbst zu verändern.

Das katalytische Cracken kann durch den Einsatz der Katalysatoren bei **niedrigeren Temperaturen** (im Vergleich zum thermischen Cracken) erfolgen.
Als Katalysatoren dienen Edelmetalle oder Säuren. Hauptsächliche katalytische Crackverfahren sind Isomerisieren und Aromatisieren.
Durch **Isomerisieren** (isomer, gr.: von gleichen Teilen) werden lange, geradkettige Moleküle niedriger Klopffestigkeit (z.B. Oktan) in verzweigte mit hoher Klopffestigkeit umgewandelt (z.B. in Iso-Oktan, Abb. 2).

> **Isomere** sind Moleküle, die bei gleicher Anzahl C- und H-Atome einen unterschiedlichen Aufbau haben.

Durch **Aromatisieren** entstehen ringförmige Kohlenwasserstoffmoleküle, die wegen ihres aromatischen Geruchs als **Aromaten** bezeichnet werden (z.B. Benzol, Abb. 2). Aromaten sind sehr klopffeste Kraftstoffbestandteile. Bei der Herstellung wird Platin als Katalysator eingesetzt. Dieses Verfahren wird daher auch **Platforming-Prozeß** genannt und das Endprodukt als **Platformat** bezeichnet.
Zusätzlich fallen bei den Crackverfahren größere Mengen kurzer, gasförmiger, ungesättigter (H-Atome fehlen) Kohlenwasserstoffmoleküle an. Die Umwandlung in klopffestere, verzweigte Kraftstoffbestandteile erfolgt durch **Polymerisieren** (polymer, gr.: vielteilig). Als Katalysatoren dienen Schwefel- oder Phosphorsäure.

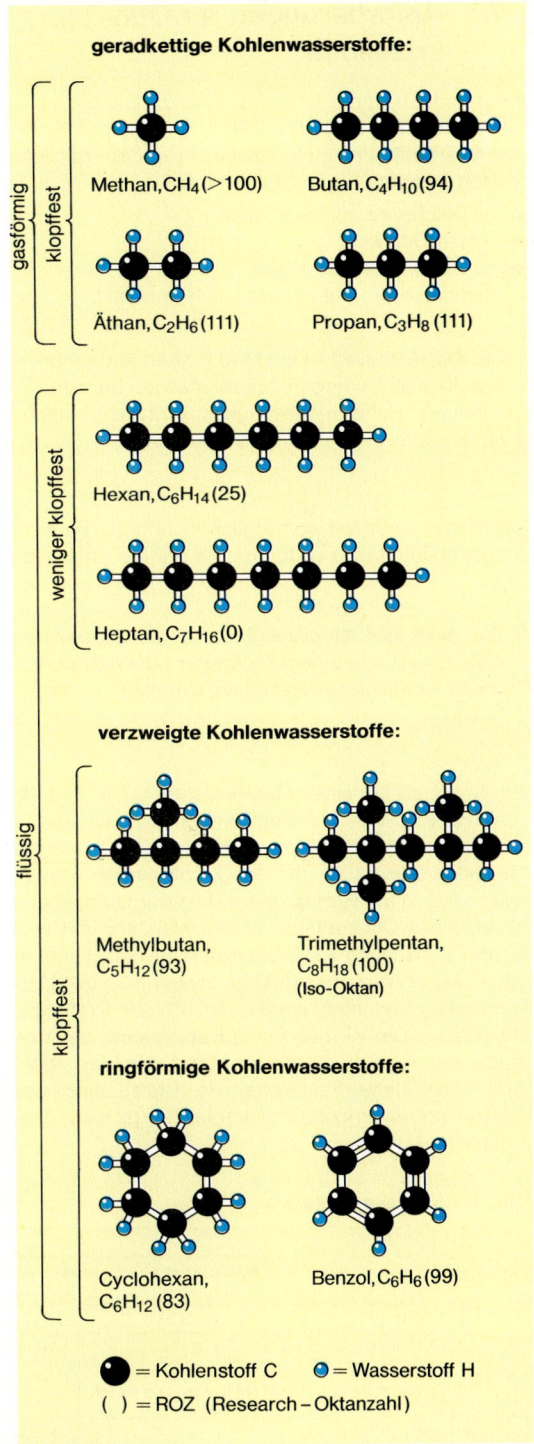

geradkettige Kohlenwasserstoffe:

Methan, CH_4 (>100)   Butan, C_4H_{10} (94)

Äthan, C_2H_6 (111)   Propan, C_3H_8 (111)

gasförmig — klopffest

Hexan, C_6H_{14} (25)

Heptan, C_7H_{16} (0)

weniger klopffest

verzweigte Kohlenwasserstoffe:

Methylbutan, C_5H_{12} (93)   Trimethylpentan, C_8H_{18} (100) (Iso-Oktan)

ringförmige Kohlenwasserstoffe:

Cyclohexan, C_6H_{12} (83)   Benzol, C_6H_6 (99)

flüssig — klopffest

● = Kohlenstoff C   ◉ = Wasserstoff H
( ) = ROZ (Research–Oktanzahl)

Abb. 2: Molekülschema und Formelzeichen einiger Kohlenwasserstoffe

17.3 Anforderungen an Otto-kraftstoffe

Die Mindestanforderungen an Ottokraftstoffe sind in DIN 51600 festgelegt. Die Tab. 1 zeigt unterschiedliche Kraftstoffe und einige Kennwerte. Ottokraftstoffe sollten folgende Eigenschaften haben:

● ausreichende Klopffestigkeit,
● hohen Heizwert,
● günstigen Siedebereich,
● mechanische und chemische Reinheit.

> Die **Klopffestigkeit** ist ein Maß für den Widerstand des Kraftstoffs gegen unerwünschte Selbstentzündung. Hohe Klopffestigkeit entspricht einer hohen Selbstentzündungstemperatur.

Klopffeste Kraftstoffe ermöglichen höhere Verdichtungsverhältnisse und damit eine höhere Leistung.

> Das **Maß der Klopffestigkeit** ist die **Oktanzahl** (OZ). Sie wird in einem Prüfmotor mit veränderlichem Verdichtungsverhältnis ermittelt (s. Kap. 16.6.1).

Ein Kraftstoff mit einer Klopffestigkeit OZ 92 hat die gleichen Klopfeigenschaften wie ein Gemisch aus 92 Vol.-% **Iso-Oktan** und 8 Vol.-% **Heptan.** Das klopffeste Iso-Oktan (OZ = 100) und das klopffreudige Heptan (OZ = 0) sind **Eichkraftstoffe** für die Oktanzahlbestimmung eines Ottokraftstoffs. Die Oktanzahl läßt sich durch Zumischung von Bleitetramethyl und Bleitetraäthyl (Klopfbremsen) erhöhen. Wegen der Giftigkeit der Bleiverbindungen werden unverbleite Kraftstoffe hergestellt. Der Einsatz eines **Katalysators** zur Verringerung der Schadstoffe im Abgas erfordert ebenfalls unverbleite Kraftstoffe, da Bleizusätze den Katalysator unwirksam werden lassen (s. Kap. Auspuffanlage).

Unverbleite Ottokraftstoffe bestehen aus Kohlenwasserstoffen. Der Bleigehalt für unverbleiten Ottokraftstoff Normal und Super darf höchstens 0,013 g/l betragen. Die Mindestanforderungen für unverbleite Ottokraftstoffe sind in DIN 51 607 festgelegt.

> Der **Heizwert** gibt an, wieviel Energie in einem Kilogramm Kraftstoff enthalten ist. Je höher der Heizwert, desto mehr Energie kann durch den Verbrennungsprozeß umgewandelt werden.

Der **Siedebereich,** bzw. die **Siedekurve** eines Kraftstoffs läßt erkennen, welcher Kraftstoffanteil bei einer bestimmten Temperatur gasförmig wird (Abb. 1). Die Temperatur, bei der 10 Volumenprozent des Kraftstoffs gasförmig sind, wird mit 10-%-Punkt bezeichnet.

Liegt der **10-%-Punkt** bei niedrigen Temperaturen, so wirkt sich das günstig auf das **Kaltstartverhalten** des Motors aus. Es können sich dann aber auch leichter Dampfblasen in der Kraftstofförderanlage bilden.

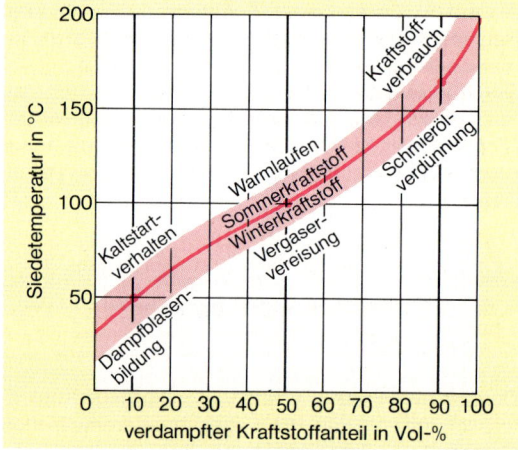

Abb. 1: Siedebereich des Ottokraftstoffs

Tab. 1: Kennwerte verschiedener Kraftstoffe

Kennwerte	Ottokraftstoffe					Dieselkraftstoff
	Normal – unverbleit	Super – verbleit unverbleit	Flüssiggas	Wasserstoff	Methanol	
Dichte bei 15°C in kg/l	0,72 bis 0,77	0,73 bis 0,79	0,51 bis 0,58	0,09 kg/Nm³	0,80	0,82 bis 0,86
Siedepunkt in °C (Siedebereich)	30 bis 215	30 bis 215	− 45 bis − 0,5	− 252,87	65	200 bis 370
mittlerer Heizwert in kJ/kg	44000	43200	45800	118000	19900	43500
mittlerer Heizwert in kJ/l	32100	32600	24900	10760 kJ/Nm³	15920	36100
Luftbedarf in kg Luft/kg Kraftstoff	etwa 14,9	etwa 14,7	etwa 15,6	etwa 34,1	etwa 6,4	etwa 14,8
Oktanzahl (ROZ) u. Cetanzahl (CZ)	91 bis 94 ROZ	95 bis 98 ROZ	94 bis 111 ROZ	kleiner als 90 ROZ	106 ROZ	45 bis 55 CZ

Anm.: 1 Nm³ = 1 Normkubikmeter = 1 m³ Gas bei 0°C und 1 bar

Bei höheren Außentemperaturen wird ein Kraftstoff vertrieben **(Sommerkraftstoff)**, dessen 10-%-Punkt höher liegt als bei einem Kraftstoff für niedrigere Temperaturen **(Winterkraftstoff)**.

Für das **Warmlaufverhalten** und die **Vergaservereisung,** besonders bei naßkalter Witterung, ist die Temperatur entscheidend, bei der 50% des Kraftstoffs gasförmig sind **(50-%-Punkt)**. Gutes Warmlaufverhalten erfordert einen niedrigen 50-%-Punkt. Das fördert aber bei naßkalter Witterung die Vergaservereisung, da der Kraftstoff wegen der starken Verdunstung der Umgebung viel Wärme entzieht.
Der Anteil der schwersiedenden Kraftstoffbestandteile wird durch den **90-%-Punkt** erfaßt. Bei der zugehörigen Temperatur sind 90% des Kraftstoffs gasförmig. Den Rest bilden die schwersiedenden Bestandteile. Davon ist einerseits ein großer Anteil erwünscht, da sie mehr Energie enthalten als leichtsiedende Kohlenwasserstoffe (günstig für geringen Kraftstoffverbrauch). Andererseits führt ein zu großer Anteil zur Kondensation an den Zylinderwänden und damit zur Schmierölverdünnung, wenn der Motor seine Betriebstemperatur noch nicht erreicht hat.
Mechanische und chemische Reinheit. Der Kraftstoff muß weitgehend frei von mechanischen und chemischen Verunreinigungen sein. Feste Schmutzteilchen verstopfen die Düsen. Wasser führt zu Korrosion und Vergaservereisung. Schwefel verbindet sich mit dem bei der Verbrennung entstehenden Wasser zu Schwefelsäure und schwefliger Säure, die die Metalle angreifen.

17.4 Anforderungen an Dieselkraftstoffe

Die Mindestanforderungen an Dieselkraftstoffe (s. Tab. 1) sind in DIN 51601 festgelegt.
Die Anforderungen an den Heizwert und die Reinheit sind die gleichen wie für Ottokraftstoffe. Dieselkraftstoffe sollen aber sehr zündwillig sein.

Das Maß der **Zündwilligkeit** ist die **Cetanzahl** (CZ). Sie wird in einem Prüfmotor ermittelt.

Als **Eichkraftstoffe** dienen das sehr zündwillige Cetan (CZ = 100) und das besonders zündträge α-Methylnaphthalin (CZ = 0). Kraftstoffe mit hoher Oktanzahl haben eine niedrige Cetanzahl und sind daher nicht als Dieselkraftstoffe geeignet. Die Cetanzahl für Dieselkraftstoffe soll nach DIN 51601 mindestens 45 betragen.

17.5 Gefahrenklassen der Kraftstoffe

Die Einteilung der brennbaren Flüssigkeiten in unterschiedliche Gefahrenklassen erfolgt nach dem Flammpunkt (Tab. 2).

Der **Flammpunkt** ist die Temperatur, bei der eine brennbare Flüssigkeit bei Annäherung einer Zündquelle (Streichholz o. ä.) gerade aufflammt, ohne weiterzubrennen, wenn die Zündquelle entfernt wird.

Tab. 2: Gefahrenklassen brennbarer Flüssigkeiten

Gefahrenklasse	Flammpunkt	Beispiele
A I	unter 21°C	Benzin, Benzol, Methanol
A II	21 bis 55°C	Petroleum, Terpentin
A III	55 bis 100°C	Dieselkraftstoff, Heizöl

Ottokraftstoffe sind besonders **feuergefährlich,** da schon bei Raumtemperatur brennbare Gase entstehen. Diese Gase sind schwerer als Luft und sammeln sich in Vertiefungen (z. B. Arbeitsgruben). Um die Entzündungsgefahr zu verringern, ist für eine ausreichende Durchlüftung der Räume zu sorgen, in denen sich Kraftstoffgase sammeln können.

Kraftstoffbrände nie mit Wasser löschen. Der Kraftstoff schwimmt auf dem Wasser und das Feuer breitet sich aus. Für Kraftstoffbrände eignen sich z. B. Pulver- und CO_2-Löscher.

Aufgaben

1. Worin unterscheiden sich die atmosphärische Destillation und die Vakuumdestillation?
2. Beschreiben Sie an einigen Beispielen den Zusammenhang zwischen Molekülaufbau und Klopffestigkeit der Kohlenwasserstoffe.
3. Was sind Katalysatoren?
4. Was bedeutet die Oktanzahl 98?
5. Erklären Sie die wichtigsten Punkte der Siedekurve.
6. Warum sind Sommer- und Winterkraftstoffe erforderlich?
7. Warum werden brennbare Flüssigkeiten in Gefahrenklassen unterteilt?
8. Was bedeutet der Begriff Flammpunkt?

18 | Kraftstofförderanlage

18.1 Bauteile der Kraftstoff-förderanlage

Die Teile einer Vergaser-Kraftstofförderanlage zeigt Abb. 1.

> Die **Kraftstofförderanlage** hat die Aufgabe, dem Vergaser oder der Einspritzanlage stets mit dem erforderlichen Druck eine ausreichende Kraftstoffmenge zuzuführen.

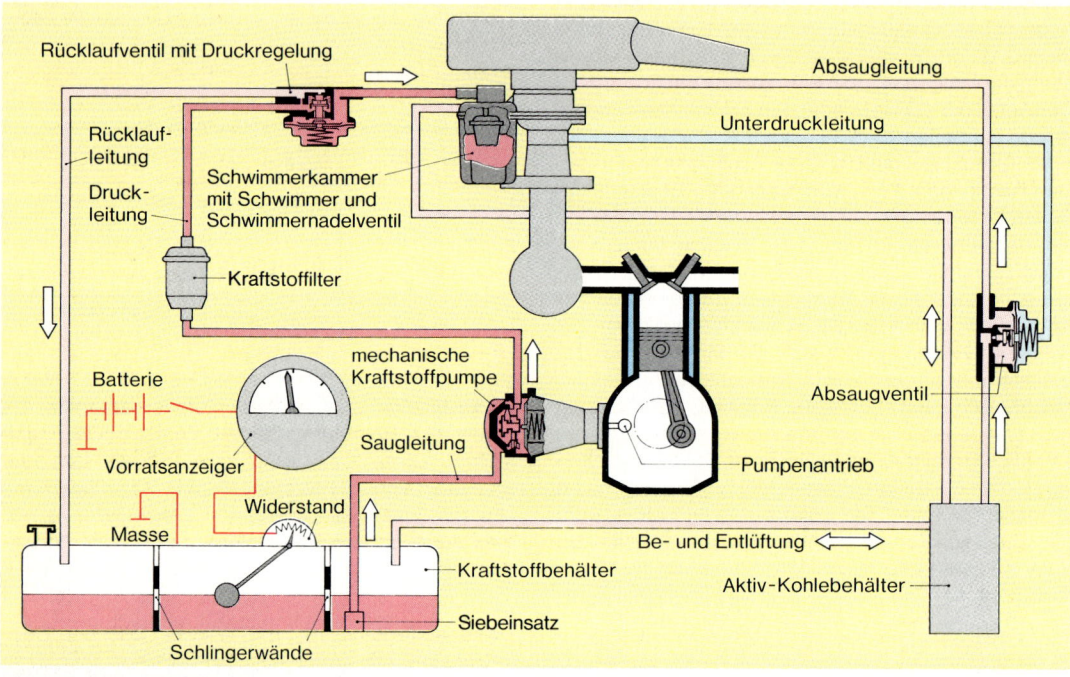

Abb. 1: Vergaser-Kraftstofförderanlage

18.1.1 Kraftstoffbehälter

Der Kraftstoffbehälter ist meist so bemessen, daß eine Füllung für eine Fahrstrecke von 400 bis 600 km ausreicht. Er kann aus **Stahlblech** oder schlagfestem **Kunststoff** bestehen. Stahlbehälter haben wegen der Korrosionsgefahr eine korrosionsbeständige Innen- und Außenbeschichtung. Kunststoffbehälter haben eine kleinere Masse und lassen sich in ihrer Form einfacher den gegebenen Raumverhältnissen anpassen. Aus Sicherheitsgründen wird der Kraftstoffbehälter außerhalb der Knautschzonen und vom Motor entfernt angeordnet.

Größere Behälter werden durch gelochte Trennwände (Schlingerwände) unterteilt, damit zu heftige Kraftstoffbewegungen während des Bremsens, Beschleunigens und bei Kurvenfahrten vermieden werden.

18.1.2 Einrichtungen zur Be- und Entlüftung

Die **Abgasvorschriften** des § 47 der StVZO schreiben Grenzwerte für die Schadstoffe im Abgas und für die Verdampfungsverluste aus dem Kraftstoffsystem vor. Bei laufendem Motor werden die **Verdampfungsverluste** durch eine Be- und Entlüftungsleitung zum Luftfilter oder zum Vergaser begrenzt (Abb. 1). Die durch Erwärmung entstehenden Kraftstoffdämpfe müssen auch bei Stillstand des Motors aufgefangen werden. Die Speicherung erfolgt in einem Behälter mit **Aktivkohle.** Die Dämpfe lagern sich in den Poren der Kohle ab. Im Fahrbetrieb werden die Dämpfe aus der Aktivkohle in den Vergaser gesaugt und der Verbrennung zugeführt. Der Saugrohrunterdruck öffnet dann das **Absaugventil.** Es wird bei Stillstand des Motors durch die Membranfeder geschlossen.

18.1.3 Kraftstoffvorratsanzeiger

Er besteht aus einer Schwimmereinrichtung, die über Hebel und Gestänge den Behälterinhalt auf einen Zeiger mit Skale am Armaturenbrett **mechanisch** überträgt. **Elektrische Anzeigegeräte** werden über einen veränderlichen Widerstand betätigt, der mit der Schwimmereinrichtung verbunden ist (Abb. 1).

18.1.4 Kraftstoffleitungen

Die Kraftstoffleitungen bestehen aus Stahl-, Kupfer- oder Kunststoffrohren. Sie müssen leicht biegbar sein. Auftretende Schwingungen und Längenänderungen werden von elastischen Verbindungsschläuchen aufgenommen. In der Nähe von erwärmten Teilen ist eine **Wärmeisolation** erforderlich, denn erwärmter Kraftstoff neigt zur **Dampfblasenbildung,** die die Kraftstofförderung behindert. Zusätzlich kann die Dampfblasenbildung durch eine **Kraftstoffrücklaufleitung** weitgehend vermieden werden (Abb. 1). Die von der Kraftstoffpumpe zuviel geförderte Kraftstoffmenge fließt durch die Rücklaufleitung in den Kraftstoffbehälter zurück. Durch die Umwälzung einer größeren Kraftstoffmenge wird die Temperatur der kraftstoffdurchflossenen Teile abgesenkt.

> **Kraftstoffleitungen** müssen geschützt gegen Wärme verlegt werden und vom Kraftstoffbehälter aus zum Vergaser stetig ansteigen, damit der Kraftstoff blasenfrei gefördert werden kann. Beschädigungen können zu Umweltverschmutzungen (austretender Kraftstoff) oder zu **Bränden** führen.

18.1.5 Kraftstofffilter

Grobe Verunreinigungen werden durch **Siebe** in der Saugleitung, im Oberteil der Kraftstofförderpumpe oder am Vergaser aufgefangen. Die feinen Schmutzteilchen werden durch **Papierfilter** (s. Kap. Filter) von den Düsen oder Kraftstoffeinspritzventilen ferngehalten. Das Filter (Abb. 2) ist vor dem Vergaser (Abb. 1) oder vor den kraftstoffdurchflossenen Teilen der Einspritzanlage angeordnet.

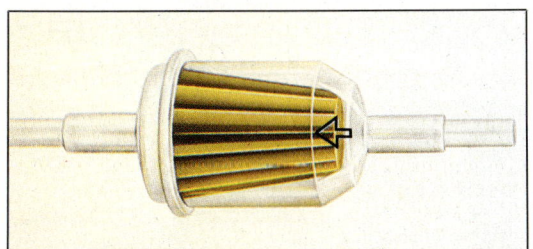

Abb. 2: Kraftstofffilter

18.2 Kraftstofförderpumpe

> Die **Kraftstofförderpumpe** hat die Aufgabe, den Kraftstoff aus dem tieferliegenden Kraftstoffbehälter in die Schwimmerkammer des Vergasers oder in das Verteilersystem der Einspritzanlage zu fördern.

Die Pumpe kann **mechanisch, elektrisch** oder **pneumatisch** angetrieben werden.
Mechanisch angetriebene Kraftstofförderpumpen sind überwiegend **Membranpumpen** (Abb. 1, S. 160). Sie werden über Hebel oder Stößel von einem Exzenter der Nocken-, Verteiler- oder Einspritzpumpenwelle angetrieben. Der **Förderdruck** p_{abs} beträgt 1,2 bis 1,4 bar. Die Schmierung der Pumpenantriebsteile erfolgt durch Spritzöl oder Öldämpfe.

18.2.1 Aufbau und Wirkungsweise der Kraftstofförderpumpe mit Hebelantrieb

Saug- oder Förderhub

Der **auflaufende Exzenter** zieht über den Antriebshebel die mit der Zugstange verbundene Membran gegen die Kraft der Membranfeder nach unten (Abb. 1a, S. 160). Das **Saugventil öffnet,** und der Kraftstoff wird aus dem Kraftstoffbehälter über die Kraftstoffleitungen und den Saugraum in den Füllraum gesaugt. Das **Druckventil** ist dabei **geschlossen.**

Druckhub

Der **ablaufende Exzenter** gibt den Antriebshebel und die Zugstange frei. Die Kraft der Membranfeder bewegt die Membran nach oben. Das **Druckventil öffnet,** das **Saugventil schließt.** Der Kraftstoff wird über den Druckraum in die Druckleitung zum Vergaser gefördert.

Leerhub

Bei **geschlossenem** Schwimmernadelventil (Schwimmerkammer gefüllt) **steigt der Druck** in der Kraftstoffleitung zum Vergaser, im Druck- und im Füllraum. Die Membranfeder ist so ausgelegt, daß ihre Federkraft dann nicht mehr ausreicht, um die Membrane zu bewegen. Die Förderung hört auf.

Wirkungsweise des Warmstartventils

Wird der **betriebswarme** Motor abgestellt und sind die Außentemperaturen sehr hoch, kann sich durch den verdampfenden Kraftstoff der Druck in der Pumpe und der Kraftstoffleitung zum Vergaser stark erhöhen. Überschreitet der Druck den Gegendruck des Schwimmernadelventils, so wird dieses geöffnet

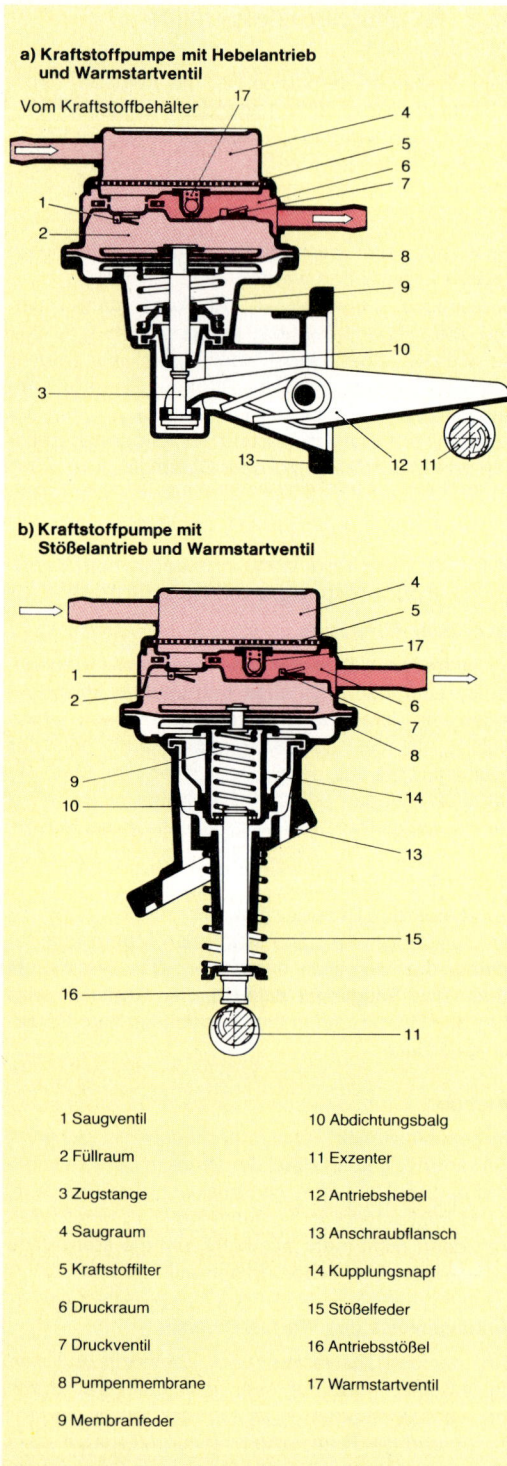

a) Kraftstoffpumpe mit Hebelantrieb und Warmstartventil

Vom Kraftstoffbehälter

b) Kraftstoffpumpe mit Stößelantrieb und Warmstartventil

1 Saugventil	10 Abdichtungsbalg
2 Füllraum	11 Exzenter
3 Zugstange	12 Antriebshebel
4 Saugraum	13 Anschraubflansch
5 Kraftstofffilter	14 Kupplungsnapf
6 Druckraum	15 Stößelfeder
7 Druckventil	16 Antriebsstößel
8 Pumpenmembrane	17 Warmstartventil
9 Membranfeder	

Abb. 1: Mechanische Kraftstofförderpumpen

und die Schwimmerkammer läuft über. Der **Warmstart** des Motors bereitet dann erhebliche Schwierigkeiten, da das Gemisch stark überfettet wird. Durch das Warmstartventil (Abb. 1a), das sich zum Saugraum öffnet, wird der Druck abgebaut. Der Öffnungsdruck des Warmstartventils ist so bemessen, daß es während des normalen Betriebes geschlossen bleibt.

18.2.2 Aufbau und Wirkungsweise der Kraftstofförderpumpe mit Stößelantrieb

Den Aufbau der Kraftstofförderpumpe mit Stößelantrieb zeigt Abb. 1b. Der Antrieb der Pumpe erfolgt durch den Stößel, der vom Exzenter betätigt wird. Der Unterschied zu den Kraftstofförderpumpen mit Hebelantrieb besteht darin, daß der **Saughub** durch den **ablaufenden Exzenter** gesteuert wird. Die Stößelfeder betätigt dann den Stößel. Dieser zieht über den Kupplungsnapf die Membran gegen die Kraft der Membranfeder nach unten. Der Druckhub erfolgt durch die Kraft der Membranfeder.

18.2.3 Aufbau und Wirkungsweise der elektrischen Kraftstofförderpumpe

Elektrische Kraftstofförderpumpen sind meist **Rollenzellenpumpen.** Den Aufbau zeigt Abb. 2. Die im Pumpengehäuse exzentrisch angeordnete Läufer-

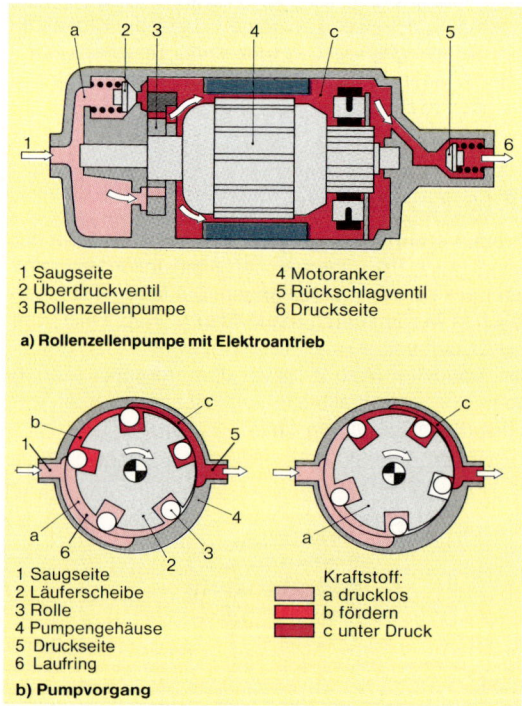

1 Saugseite	4 Motoranker
2 Überdruckventil	5 Rückschlagventil
3 Rollenzellenpumpe	6 Druckseite

a) Rollenzellenpumpe mit Elektroantrieb

1 Saugseite	Kraftstoff:
2 Läuferscheibe	a drucklos
3 Rolle	b fördern
4 Pumpengehäuse	c unter Druck
5 Druckseite	
6 Laufring	

b) Pumpvorgang

Abb. 2: Wirkprinzip der Rollenzellenpumpe

scheibe hat an ihrem Umfang Metallrollen. Diese werden durch die Trägheitskräfte, die bei der Drehung der Scheibe auftreten, gegen den Laufring der Pumpe gepreßt. Sie wirken als Dichtung. In den Hohlräumen zwischen den Rollen wird der Kraftstoff gefördert. Der Kraftstoff strömt durch den Elektromotor. Eine Explosionsgefahr besteht nicht, da sich kein zündfähiges Gemisch im Motor-Pumpengehäuse bilden kann.

Die Pumpenleistung ist so ausgelegt, daß gegenüber anderen Pumpenarten erheblich mehr Kraftstoff gefördert wird, als der Motor maximal benötigt. Dadurch läßt sich in allen **Betriebszuständen** ein **gleichmäßiger Druck** im Kraftstoffsystem aufrecht erhalten. Die Rollenzellenpumpe eignet sich bei einem **Förderdruck** von etwa 6 bar für alle Einspritzsysteme, die mit Systemdrücken bis zu 5 bar arbeiten.

Elektrische Kraftstofförderpumpen arbeiten unabhängig vom Motorantrieb. Das hat den Vorteil, daß sie an einem kühleren Einbauort betrieben werden können und die Gefahr der Dampfblasenbildung verringert wird.

18.2.4 Pneumatisch angetriebene Kraftstofförderpumpe

Pneumatisch angetriebene Kraftstofförderpumpen nutzen die Druckunterschiede zwischen Vorverdichten und Überströmen im Kurbelgehäuse von Zweitakt-Ottomotoren für die Kraftstofförderung (Abb. 3). Sie sind daher auch nur in diesen Motoren einsetzbar. Der **Förderdruck** beträgt etwa $p_{abs} = 1,02$ bar.

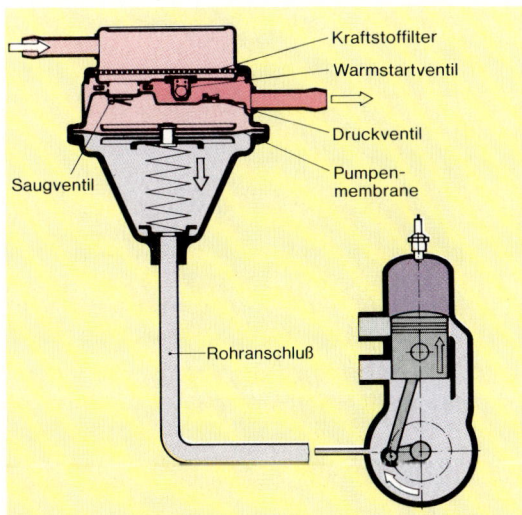

Abb. 3: Schema der pneumatisch angetriebenen Membranpumpe im Saughub

Kraftstofffilter
Warmstartventil
Druckventil
Pumpenmembrane
Saugventil
Rohranschluß

18.3 Wartung und Diagnose

Die Kraftstofförderanlage ist im allgemeinen wartungsfrei. Je nach Verschmutzungsgrad des Kraftstoffs sind die **Siebe** zu **reinigen** und die **Papierfilter auszuwechseln.** Die Anschlüsse müssen auf Dichtheit überprüft und gegebenenfalls nachgezogen werden. Muß die Flanschdichtung zwischen Kraftstoffpumpe und Motorgehäuse erneuert werden, so ist auf richtige Dicke der neuen Dichtung zu achten.

> Eine zu **dicke Dichtung** verringert die Fördermenge der mechanischen Kraftstofförderpumpe.

> Eine zu **dünne Dichtung** vergrößert den Pumpenhub. Der Förderdruck nimmt zu und verhindert, daß das Schwimmernadelventil schließt. Die Schwimmerkammer läuft über.

Abfallender Druck in der Kraftstofförderanlage läßt auf Undichtigkeiten der Membran oder schadhafte Ventile der Förderpumpe schließen.

> Vorsicht bei **Schweiß-** und **Lötarbeiten** an undichten Kraftstoffbehältern aus Stahl! **Explosionsgefahr!**

Vor Reparaturarbeiten sind die Kraftstoffbehälter vollständig mit Wasser, Tetrachlorkohlenstoff oder Kohlendioxid zu füllen, damit keine zündfähigen Restgase im Behälter entstehen oder verbleiben.

Aufgaben

1. Skizzieren Sie die wesentlichen Teile der Kraftstofförderanlage, und tragen Sie den Kraftstofffluß ein.
2. Welche Hauptunterschiede bestehen in der Wirkungsweise zwischen mechanischen, elektrischen und pneumatischen Kraftstofförderpumpen?
3. Beschreiben Sie die Aufgabe und die Wirkungsweise des Warmstartventils.
4. Skizzieren Sie die wesentlichen Teile einer Pumpe mit Stößelantrieb im Druckhub.
5. Beschreiben Sie die Wirkungsweise der Rollenzellenpumpe.
6. Welche Vorsichtsmaßnahmen sind für Reparaturen an der Kraftstofförderanlage erforderlich?
7. Berechnen Sie die Förderleistung einer Membranpumpe in der Minute. Der wirksame Förderhub beträgt 4 mm; der mittlere Membrandurchmesser beträgt 40 mm; je Minute werden 1000 Förderhübe ausgeführt.

19 | Filter

In Kraftfahrzeugen haben **Filter** die Aufgabe, die Motoren vor festen Verunreinigungen (z. B. Staub, Verbrennungsrückstände, Abrieb) zu schützen.

Durch Filter werden im Kraftfahrzeug
- Luft (s. Kap. 16.3.1),
- Kraftstoff (s. Kap. 16.3.2) und
- Öl (s. Kap. 16.3.3)

gereinigt.

19.1 Grundprinzip der Filterung

Das Ausfiltern fester Verunreinigungen aus strömenden Medien (Luft, Öl, Kraftstoff) ist durch unterschiedliche **Wirkprinzipien** möglich:
- Siebwirkung,
- Tiefenwirkung (Faserstoffe),
- Haftwirkung an klebrigen Flächen,
- Fliehkraftwirkung,
- Magnetwirkung.

An Filter werden folgende **Anforderungen** gestellt:
- gute Filterwirkung,
- geringer Durchflußwiderstand,
- einfache Wartungsarbeiten,
- geringe Baugröße.

Für die **Baugröße** der Filter sind die folgenden Einflußgrößen von Bedeutung:
- Mengendurchsatz,
- Filterwirkung,
- Verunreinigungsgrad des zu reinigenden Mediums,
- Standzeit des Filters.

Die Abhängigkeit der Einflußgrößen voneinander zeigt Tab. 1.

Tab. 1: Die Standzeit der Filter in Abhängigkeit vom Mengendurchsatz, der Filterwirkung und des Verunreinigungsgrades

Stand-zeit	Mengen-durchsatz	Filter-wirkung	Verunreinigungs-grad des Mediums
kurz	groß	sehr gut	groß
mittel	groß	gering	mittel
lang	gering	sehr gut	gering
sehr lang	gering	gering	sehr gering

19.2 Filterarten

19.2.1 Siebfilter

Als Siebfilter (Oberflächenfilter) werden Metall- oder Kunststoffsiebe verwendet.

Die **Filterwirkung** wird dadurch erreicht, daß die Abmessungen der Maschen kleiner sind als die der Verunreinigungen (Siebwirkung).

Das in das Filter einströmende Medium (Flüssigkeiten oder Luft) wird von außen durch die Maschen des Siebfilters gedrückt (Abb. 1). Verunreinigungen, welche größer als die Maschenweite sind, werden an der Sieboberfläche zurückgehalten.

Nach der **Bauform** werden unterschieden:
- Siebmantel (Rohr)-Filter (Abb. 2),
- Siebstern-Filter (ähnlich Papiersternfilter, S. 164)
- Siebscheiben-Filter (Abb. 2)

19.2.2 Spaltfilter

Spaltfilter arbeiten nach dem Wirkprinzip der Siebfilter. Durch Distanzscheiben voneinander getrennte Lamellen bilden den Spaltfiltereinsatz.
Durch die Spalten strömt das zu filternde Medium von außen nach innen. Verunreinigungen sammeln sich

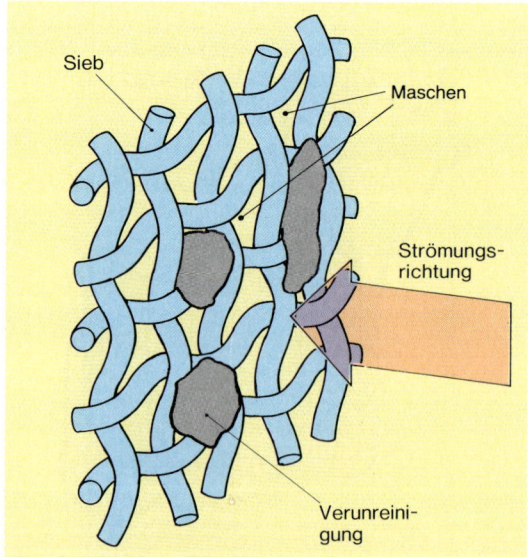

Abb. 1: Wirkprinzip eines Siebfilters

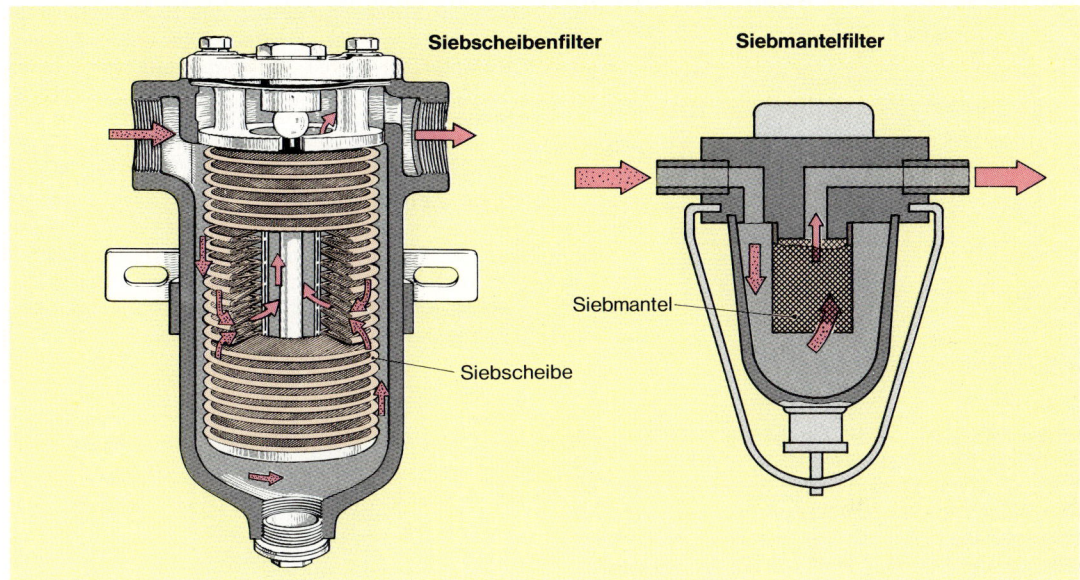

Siebscheibenfilter

Siebmantelfilter

Siebmantel

Siebscheibe

Abb. 2: Siebfilter

außen am Filtereinsatz (Abb. 3). Ein im Gehäuse befestigter **Spalträumer** entfernt durch Drehen des Lamellenpakets die Verunreinigungen. Diese sammeln sich im Schlammraum des Filters.

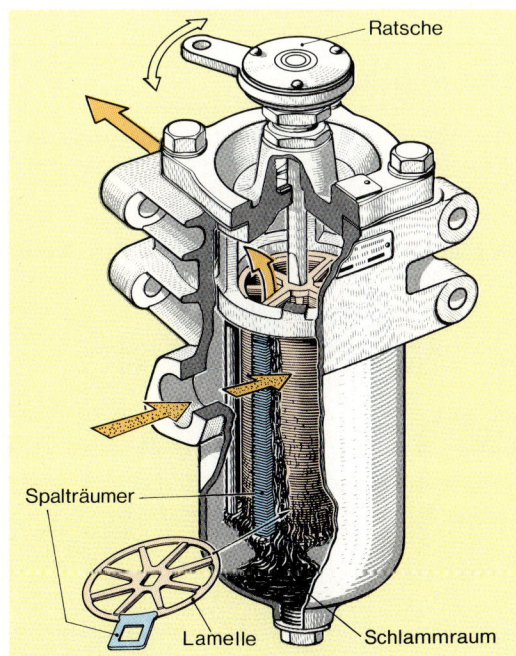

Ratsche

Spalträumer

Lamelle

Schlammraum

Abb. 3: Spaltfilter

19.2.3 Faserfilter

> Die Filterwirkung von Faserfiltern beruht hauptsächlich auf der **Tiefenwirkung** des Filterwerkstoffs.

Durch die Verwendung **flexibler Fasern** (Kunststoff-, Metall- oder Pflanzenfasern) als Filterwerkstoff sind Form und Größe der Poren stark unterschiedlich (Abb. 4). In den zerklüfteten Hohlräumen des Faserwerkstoffs wird das zu reinigende **Medium** vielfach

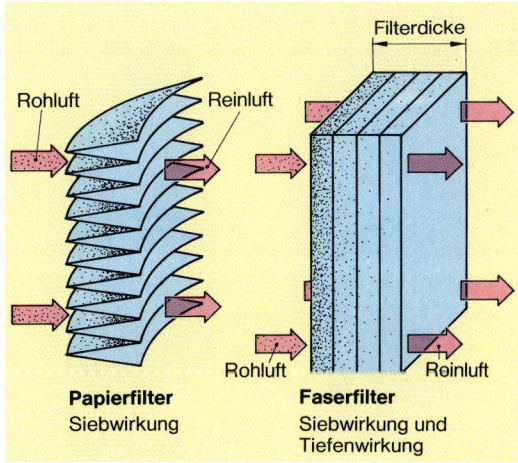

Filterdicke

Rohluft   Reinluft

Rohluft   Reinluft

Papierfilter
Siebwirkung

Faserfilter
Siebwirkung und
Tiefenwirkung

Abb. 4: Wirkprinzip eines Faserfilters

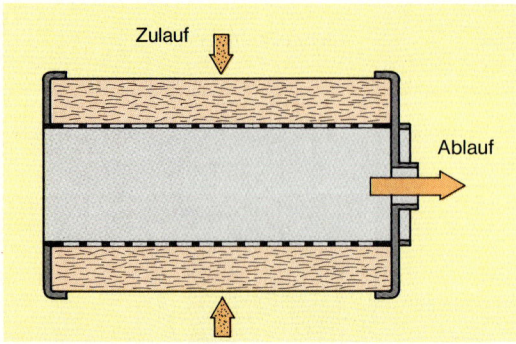

Abb. 1: Faserfiltereinsatz

Nach der **Strömungsrichtung** des zu filternden Mediums werden **Axial-** und **Radialfilter** unterschieden. Die Papierfilter werden als **Filterpatrone** oder in einer geschlossenen Einheit (Filter mit Gehäuse) als **Wechselfilter** verwendet.

19.2.5 Zentrifugalfilter

In Zentrifugalfiltern wird das zu filternde Medium in **Drehung** (Rotation) versetzt. Als Folge der **Fliehkräfte** setzen sich die Verunreinigungen an den Wandungen des Filters ab (Abb. 3).

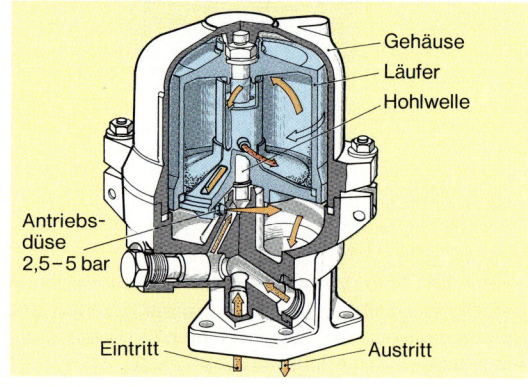

Abb. 3: Zentrifugalfilter

umgelenkt. Die Verunreinigungen können den schnellen Richtungsänderungen nicht folgen (Trägheit) und sammeln sich in den Poren. Die zwischen dem Filter und den Schmutzteilchen wirkenden **Adhäsionskräfte** halten die Verunreinigungen dort fest. Die Güte der Filterung hängt von der Art des verwendeten Faserwerkstoffs (Porengröße) und der Dicke des Filters ab.

Faserfiltereinsätze werden als Platten- oder Rohreinsätze (Wanddicke 8 bis 15 mm) verwendet (Abb. 1). Die Wirkung als Luftfilter kann verstärkt werden, wenn der Faserwerkstoff mit einem klebrigen Stoff (Öl) benetzt wird (Haftwirkung).

19.2.4 Papierfilter

Die Einsätze von Papierfiltern bestehen aus einem Papierfaserstoff. Durch unterschiedliche Behandlung können diese Faserstoffe hinsichtlich ihrer Filterwirkung, Temperaturbeständigkeit und ihrer Beständigkeit gegenüber Öl, Kraftstoff und Wasser beeinflußt werden.

Papierfiltereinsätze werden zur Vergrößerung ihrer Filteroberfläche als **Stern- oder Wickelfilter** ausgeführt (Abb. 2).

19.2.6 Magnetabscheider

Der Magnetabscheider zieht **ferromagnetische Verunreinigungen** aus den vorbeiströmenden Medien an und hält sie fest.

Gegenüber anderen Verunreinigungen ist dieses Filter wirkungslos.

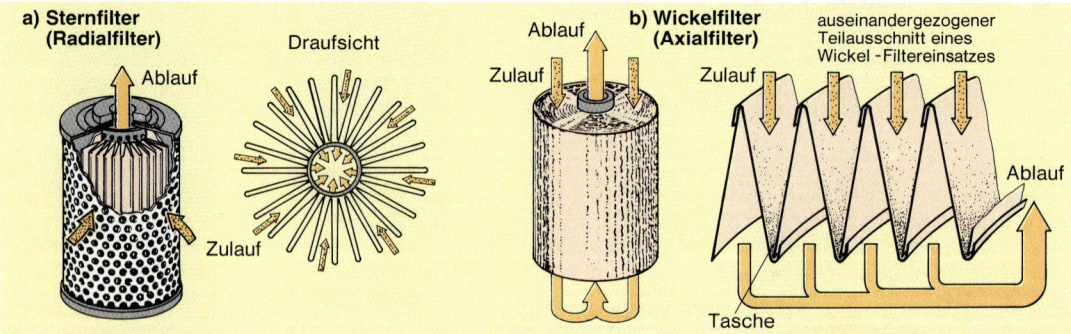

Abb. 2: Papierfiltereinsätze

19.3 Anwendungsgebiete der Filter

19.3.1 Luftfilterung

Aufgaben der Luftfilterung

Für die Verbrennung von 10 *l* Kraftstoff benötigt ein Motor etwa 100 m³ Luft. Der **Staubgehalt** der Luft schwankt zwischen 0,01 g/m³ (Seeluft) und 2 g/m³ (Baustellen). Mit der Luft werden, bei der Verbrennung von 10 *l* Kraftstoff und einem Staubgehalt von 0,2 g/m³, demnach etwa 20 g Staub angesaugt.
Ohne Filterung der Ansaugluft würde diese Staubmenge den Verschleiß im Motor stark erhöhen.

Luftfilter sollen:

- durch hohe Filterwirkung Verunreinigungen zurückhalten;
- durch entsprechende Gestaltung des Filtergehäuses die Ansauggeräusche dämpfen.

Luftfilterarten

In **Naßluftfiltern** durchströmt die angesaugte Luft einen Faserfiltereinsatz. Der Filtereinsatz ist **mit Öl benetzt.** Die Staubteilchen kommen mit den ölbenetzten Filterflächen in Berührung und bleiben dort kleben (Abb. 4). Mit zunehmender Verschmutzung steigt schnell der Strömungswiderstand des Filters. Der Luftdurchsatz wird geringer. Diese Filter sind nur bei geringer Luftverschmutzung einsetzbar. Sie haben eine **kurze Standzeit** und müssen regelmäßig kontrolliert und gereinigt werden. Filter, welche einen Ansauggeräuschdämpfer haben, werden als **Dämpferfilter** bezeichnet.

Ölbadluftfilter bestehen aus einem Faser- oder Metallgewebefilter, dem ein Ölbad vorgelagert ist. Der vom Motor angesaugte Luftstrom wird so gelenkt, daß er zunächst senkrecht auf das Ölbad trifft (Abb. 5). Dort wird der Luftstrom umgelenkt und strömt dann durch das Faserfilter. Der starken Umlenkung des Luftstroms können die Staubteilchen nicht folgen. Sie gelangen in das Ölbad und werden dort gebunden. Durch die hohe Strömungsgeschwindigkeit der Luft werden gleichzeitig Öltröpfchen mitgerissen und benetzen den unteren Teil des Faserfilters. Ölbadluftfilter haben eine gute Filterwirkung, eine **lange Standzeit** und müssen erst nach langer Betriebszeit kontrolliert und gewartet werden.

In **Trockenluftfiltern** (Abb. 6) erfolgt die Reinigung der Luft durch Papierfilter. Die Filterwirkung ist abhängig von der Maschenweite des Filterpapiers. Um eine für Verbrennungsmotoren ausreichende Filterung zu erreichen, beträgt die Maschenweite 0,001 mm. Eine grobe Reinigung des Filters ist durch

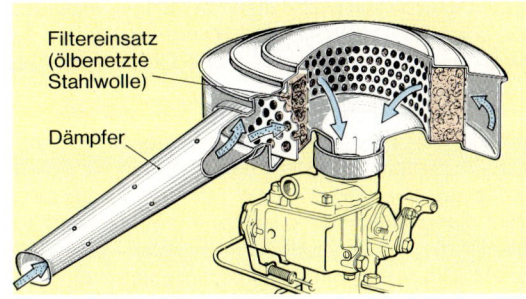

Abb. 4: Naßluft- und Dämpferfilter

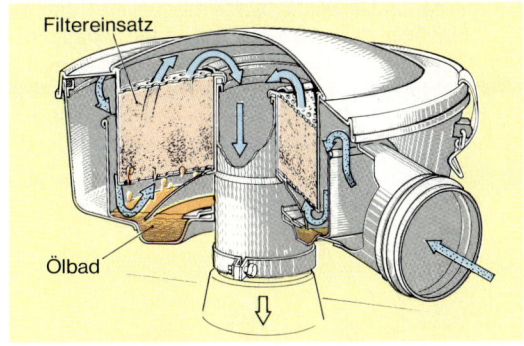

Abb. 5: Ölbadluftfilter

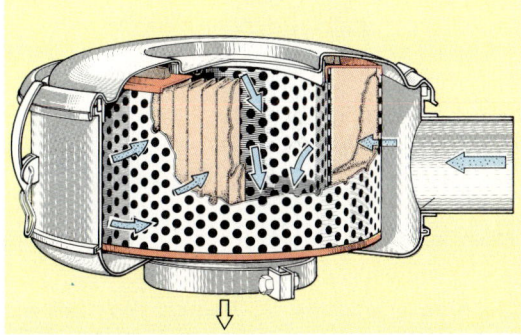

Abb. 6: Trockenluftfilter

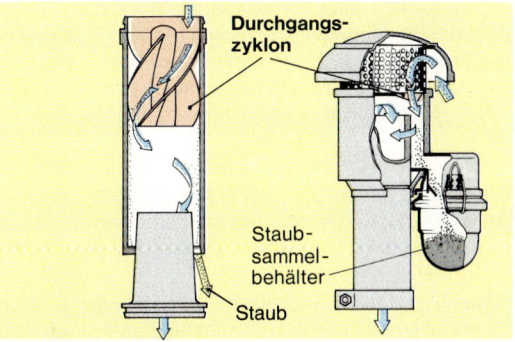

Abb. 7: Schleuderluftfilter (Zyklone)

das Einblasen von Druckluft (immer entgegengesetzt zur eigentlichen Durchströmrichtung) möglich. Bei zu starker Verschmutzung muß der Filtereinsatz gewechselt werden.

In **Schleuderluftfiltern** (Zyklone) wird die einströmende Luft durch Leitbleche in Rotation versetzt. Die Fliehkräfte schleudern den Staub an die Filterwandung. Von dort wird der Staub vom Luftstrom zum Sammelbehälter oder ins Freie transportiert (Abb. 7, S. 165). Schleuderluftfilter haben keine sehr große Filterwirkung (Staubabscheidungsgrad etwa 90%) und eignen sich daher nur als **Vorfilter.**

Kombinationsluftfilter (Abb. 1) bestehen aus zwei Filtern, einem **Grobfilter** (Schleuderluftfilter) und einem **Feinfilter** (meist Trockenluft- oder Ölbadluftfilter). Diese Filter haben durch die Vorreinigung im Grobfilter und die anschließende Feinfilterung eine sehr gute Filterwirkung. Sie haben eine **lange Standzeit** und sind für den Einsatz in sehr staubhaltiger Luft geeignet (z. B. für Baustellenfahrzeuge).

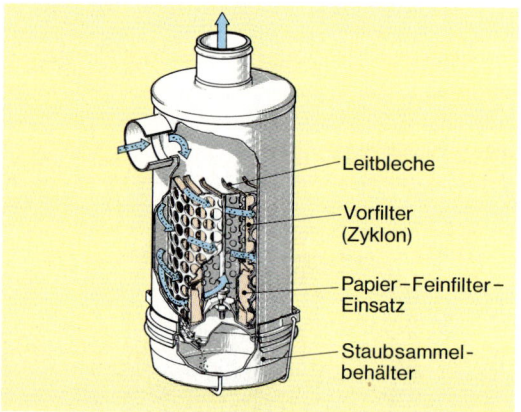

Abb. 1: Kombinationsluftfilter

Leitbleche

Vorfilter (Zyklon)

Papier–Feinfilter–Einsatz

Staubsammel-behälter

Die Ansauggeräusche im Bereich des Luftfilters führen, insbesondere bei schweren Nutzfahrzeugen, zu einer starken Lärmbelastung (ungedämpft bis 100 Dezibel). Dem Filter vorgeschaltete oder in das Filter eingebaute **Dämpfungselemente** (Abb. 4, S. 165) verringern die Geräuschentwicklung während des Ansaugvorgangs. Als Dämpfungselemente werden meist **Resonatoren** (s. Kap. Auspuffanlage) verwendet.

Eine Möglichkeit zur Verringerung der Stickoxide im Abgas besteht in der teilweisen Rückführung der Abgase. Dadurch kommt es zur Nachverbrennung. Das **Abgasrückführungsfilter** reinigt die wieder in den Motor einströmenden Abgase von Verbrennungsrückständen und metallischen Abriebteilen. Als Filterwerkstoffe werden wärmebeständige Fasern verwendet.

19.3.2 Kraftstoff-Filterung

Aufgaben der Kraftstoff-Filterung

> **Kraftstoffilter** filtern mechanische Verunreinigungen aus dem Kraftstoff heraus.

Vergasermotoren benötigen Filter mit einer Maschenweite von etwa 0,1 mm. Für Einspritzmotoren werden wegen der geringen Passungstoleranzen im Einspritzsystem Filter verwendet, die Verunreinigungen bis 0,001 mm zurückhalten können.

Anordnung der Filter

Kraftstoffilter können als **Einfach-, Stufen-** oder **Parallelfilter** angeordnet sein (Abb. 2).

In **Stufenfiltern** sind Filtereinsätze mit unterschiedlicher Filterwirkung zusammengefaßt. **Parallelfilter** haben gleiche Filtereinsätze und gegenüber den Einzelfiltern einen größeren Mengendurchsatz.

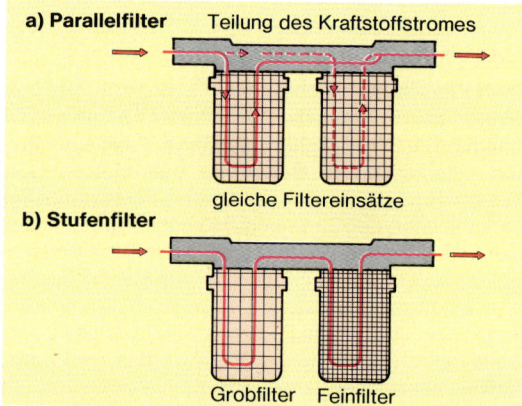

a) Parallelfilter   Teilung des Kraftstoffstromes

gleiche Filtereinsätze

b) Stufenfilter

Grobfilter   Feinfilter

Abb. 2: Filteranordnungen

Kraftstoffilterarten

Vergasermotoren haben in den meisten Fällen im Tank und häufig auch vor oder im Vergaser ein Siebfilter. Dieselmotoren werden mit einer Kombination unterschiedlicher Filter ausgerüstet. Das **Grobfilter** ist ein **Siebfilter** aus Metall oder Kunststoff. Es ist vor der Kraftstoffförderpumpe angeordnet (Abb. 1, S. 208). Als **Filtereinsätze** im Kraftstoff-Hauptfilter werden **Filz-** oder **Papiereinsätze** verwendet. Als Feinfilter werden, wegen der gleichmäßigeren Maschenweite und der größeren Filteroberfläche, Papierfilter (Wickelfilter, Sternfilter) bevorzugt.

Eine besonders gute Filterwirkung wird durch Kombination zweier hintereinandergeschalteter Filter erreicht (Stufenfilter, Abb. 3). Ein in der Überströmleitung angebrachtes Überströmventil (Abb. 1, S. 208)

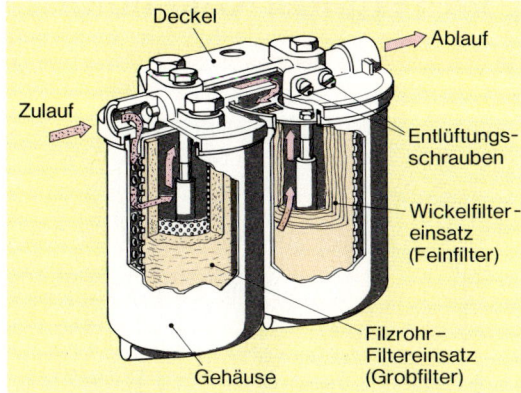

Deckel
Ablauf
Zulauf
Entlüftungs-
schrauben
Wickelfilter-
einsatz
(Feinfilter)
Filzrohr-
Filtereinsatz
(Grobfilter)
Gehäuse

Abb. 3: Stufenfilter

öffnet erst bei Überdruck von 1,2 bis 1,5 bar. Dadurch wird der zum Durchströmen der Filter erforderliche Druck konstant gehalten. Die nicht benötigte Kraftstoffmenge wird zum Kraftstoffbehälter zurückgeleitet. Im Kraftstoffbehälter kann sich durch Kondensation Wasser ansammeln. Es wird vom Kraftstoff in Tröpfchenform mitgerissen. Der **Wasserabscheider** trennt das Wasser vom Kraftstoff. Die Trennung der beiden Flüssigkeiten erfolgt durch die unterschiedliche Dichte beider Stoffe. Das Wasser sammelt sich im Abscheidegefäß (Abb. 4).

19.3.3 Ölfilterung

Aufgabe der **Ölfilterung** ist es, die vom Schmieröl aufgenommenen Verunreinigungen herauszufiltern.

Verunreinigungen im Schmieröl verschlechtern die Qualität des Öls, erhöhen den Verschleiß und verringern so die Lebensdauer des Motors (s. Kap. 28.3)

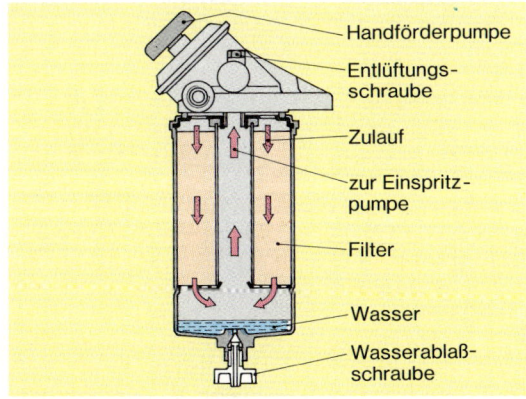

Handförderpumpe
Entlüftungs-
schraube
Zulauf
zur Einspritz-
pumpe
Filter
Wasser
Wasserablaß-
schraube

Abb. 4: Wasserabscheider

19.4 Wartung und Diagnose

Filter müssen nach der Menge der zu erwartenden Verunreinigungen in entsprechenden Zeitabständen **kontrolliert, gereinigt** oder **gewechselt** werden. Papierfiltereinsätze sollten gewechselt werden, können aber auch mit Druckluft ausgeblasen werden. Faserstoffilter, Kraftstoff- und Ölfilter werden mit Dieselkraftstoff gereinigt.

Während des Auswaschens ist der Innenraum der Filter gegenüber dem Reinigungsmedium abzudichten. So wird verhindert, daß Verunreinigungen mit dem Reinigungsmedium in das Filter gelangen.

Das anschließende **Ausblasen** erfolgt immer entgegen der Strömungsrichtung des zu filternden Mediums.

Aufgaben

1. Nach ihrem Wirkprinzip werden Filterarten unterschieden. Nennen Sie drei Filterarten, und beschreiben Sie deren Wirkungsweise.

2. Welche Anforderungen werden an die Filter gestellt?

3. Welche Einflußgrößen bestimmen die Baugröße von Filtern?

4. Berechnen Sie die Oberfläche eines Sternfilters mit 50 Außenkanten. Höhe $h = 100$ mm, Außendurchmesser $D = 70$ mm, Innendurchmesser $d = 10$ mm.

5. a) Erläutern Sie den Begriff Standzeit eines Filters.
   b) Von welchen Einflußgrößen ist die Standzeit eines Filters abhängig?

6. Nennen Sie drei Anwendungsgebiete der Filter für das Kraftfahrzeug.

7. Beschreiben Sie die Aufgaben der Luftfilterung.

8. Beschreiben Sie den Unterschied zwischen einem Naßluft- und einem Trockenluftfilter.

9. Erklären Sie die Wirkungsweise eines Schleuderluftfilters.

10. Skizzieren Sie schematisch den Aufbau eines Kombinationsluftfilters. Erläutern Sie den Aufbau, die Eigenschaften und das Einsatzgebiet dieser Filter.

11. Nennen Sie die Aufgaben der Kraftstoffilterung.

12. Filter für Dieselmotoren haben eine höhere Filterwirkung als die für Vergasermotoren. Geben Sie die Notwendigkeit dafür an, und nennen Sie die erforderlichen Maschenweiten.

13. Skizzieren Sie schematisch einen Stufen- und einen Parallelfilter. Legen Sie den Kraftstoffstrom farbig an, und nennen Sie die besonderen Eigenschaften beider Filteranordnungen.

14. Erläutern Sie die Wirkungsweise eines Wasserabscheiders.

15. Nennen Sie den Grund dafür, warum das Ausblasen der Filter immer entgegen der Strömungsrichtung des zu filternden Mediums erfolgen muß.

20 | Gemischbildung im Vergaser-Ottomotor

An den Vergaser werden hauptsächlich folgende Anforderungen gestellt:

- er muß ein brennbares Gemisch aufbereiten,
- die Gemischzusammensetzung soll möglichst gleichmäßig (homogen) sein und
- zu schadstoffarmen Abgasen führen.

> Je besser die **Gemischbildung** ist, desto vollständiger ist die Verbrennung des gesamten Kraftstoff-Luft-Gemisches. Dadurch wird die chemische Energie des Kraftstoffs besser ausgenutzt und die Schadstoffanteile (Kohlenmonoxid, Stickoxide und Kohlenwasserstoffe) im Abgas werden verringert.

Für die Verbrennung muß der Kraftstoff vom flüssigen in den gasförmigen Zustand übergehen. Dafür wird der Kraftstoff im Vergaser oder durch eine Einspritzanlage **fein zerstäubt,** da tröpfchenförmiger Kraftstoff schneller verdampft. Der zerstäubte Kraftstoff geht erst im Ansaugkrümmer und im Verbrennungsraum durch Wärmeaufnahme in den **gasförmigen Zustand** über. Die Bezeichnung »Vergaser« ist deshalb irreführend. Sie stammt aus den Anfängen der Motorisierung.

20.1 Grundlagen des Vergasers

Im Vergaser befindet sich die Austrittsöffnung für den Kraftstoff an einer **Stelle hoher Luftgeschwindigkeit.** Dadurch wird der Kraftstoff angesaugt und vom Luftstrom grob zerstäubt mitgerissen (Abb. 1). Der Kraftstoff wird feiner zerstäubt, wenn ihm zuvor über eine Düse Luft zugeführt wird. Je höher die Strömungsgeschwindigkeit der Luft, desto mehr Kraftstoff wird auf diese Weise gefördert.

20.1.1 Physikalische Vorgänge in strömenden Gasen

Strömt ein Gas (oder eine Flüssigkeit) fortlaufend durch ein Rohr mit gleichbleibendem Querschnitt, so strömt je Zeiteinheit an jeder Stelle ein gleich großes Gasvolumen vorbei.

Das Volumen V je Zeiteinheit t ergibt sich aus dem Rohrquerschnitt A und der Strömungsgeschwindigkeit v:

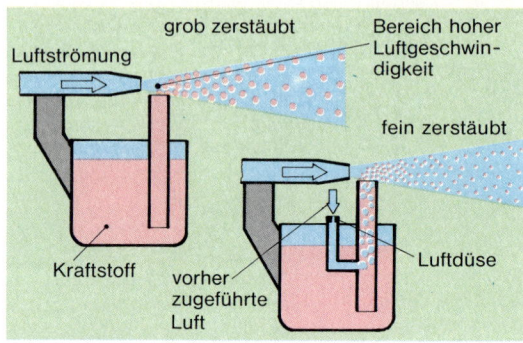

Abb. 1: Zerstäubung

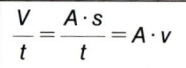

$$\frac{V}{t} = \frac{A \cdot s}{t} = A \cdot v$$

V Volumen in m³
t Zeit in s
v Geschwindigkeit in $\frac{m}{s}$
A Querschnitt in m²
s Weg in m

Verändert sich der Rohrquerschnitt an einer Stelle (Abb. 2), so muß in jeder Zeiteinheit durch diesen Querschnitt das gleiche Gasvolumen strömen. Das ist nur möglich, wenn sich bei abnehmendem Querschnitt die Strömungsgeschwindigkeit v erhöht und mit zunehmendem Querschnitt die Strömungsgeschwindigkeit abnimmt.

Wie ein Versuch mit einem Venturirohr (G. B. Venturi, ital. Physiker, 1746 bis 1822) zeigt, ist der senkrecht auf die Rohrwandung wirkende Druck (statischer Druck) an der Rohrverengung geringer als an den anderen Rohrstellen (Abb. 3). In strömenden Gasen (und Flüssigkeiten) gilt deshalb:

> Ein **kleiner Rohrquerschnitt** erzeugt eine hohe Strömungsgeschwindigkeit und damit eine **Verringerung des statischen Drucks.**

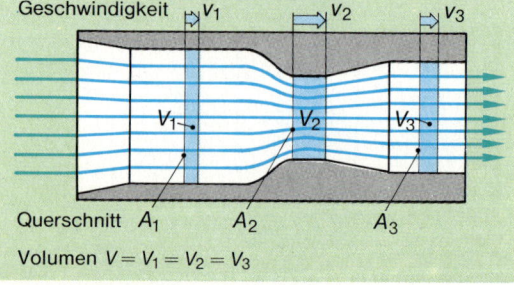

Abb. 2: Strömungsgeschwindigkeiten in verschiedenen Rohrquerschnitten

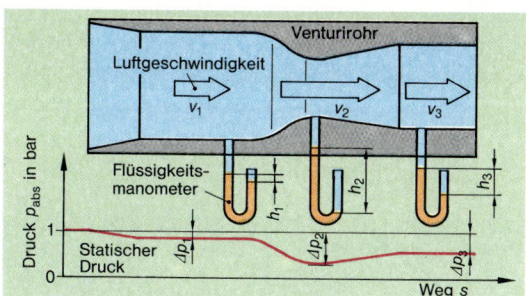

Abb. 3: Statische Drücke in Abhängigkeit von der Strömungsgeschwindigkeit

20.1.2 Zerstäubung des Kraftstoffs

Abb. 4 zeigt die praktische Anwendung der physikalischen Grundlagen.

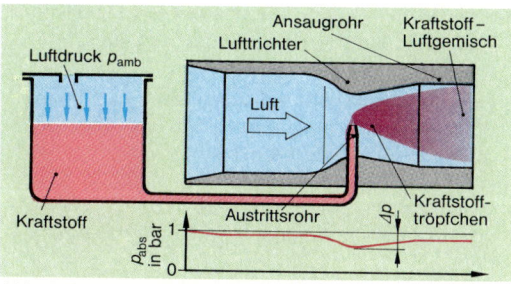

Abb. 4: Prinzip der Kraftstoffzerstäubung im Vergaser

An der Rohrverengung des Lufttrichters entsteht durch die große Luftgeschwindigkeit während des Ansaugtakts ein besonders hoher Unterdruck. Dadurch wird der Kraftstoff angesaugt (bzw. genauer, vom Außenluftdruck aus dem Austrittsrohr gedrückt) und vom Luftstrom in Form kleiner Tröpfchen mitgerissen, d.h. zerstäubt. Je nach Umgebungstemperatur und Druck verdampft ein Teil der leicht flüchtigen Kraftstoffanteile. Dieser Vorgang wird durch den Unterdruck unterstützt, denn der **Siedepunkt** von Flüssigkeiten **sinkt** bei abnehmendem Umgebungsdruck.

Entsprechend der Strömungsrichtung der Luft werden Fallstrom-, Flachstrom- und Schrägstrom-Vergaser unterschieden (Abb. 5). Am häufigsten werden Fallstrom- und Flachstrom-Vergaser verwendet.

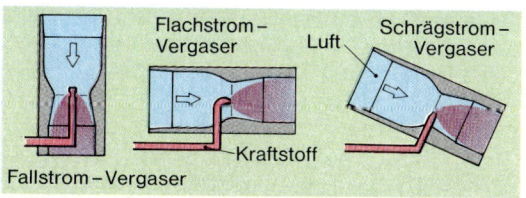

Abb. 5: Einteilung der Vergaser nach der Strömungsrichtung

20.2 Aufbau und Wirkungsweise eines einfachen Vergasers

Die wesentlichen Bauteile des einfachen Vergasers (Abb. 6) sind:

- Mischkammer mit Lufttrichter,
- Austrittsrohr,
- Hauptdüse,
- Drosselklappe,
- Schwimmergehäuse mit Schwimmer, Schwimmernadelventil und Belüftungseinrichtung.

Die **Mischkammer** mündet in das Ansaugrohr des Motors. Während des Ansaugtakts wird die Geschwindigkeit der angesaugten Luft durch die Verengung des **Lufttrichters** (Venturirohr) erhöht. Die dabei auftretende Druckdifferenz zwischen dem Luftdruck über dem Kraftstoffstand in der **Schwimmerkammer** (Schwimmerkammerbelüftung) und dem Unterdruck im Lufttrichter bewirkt, daß der Kraftstoff aus dem Austrittsrohr gedrückt wird. Dabei vermischt sich der Kraftstoff fein zerstäubt mit der angesaugten Luft.

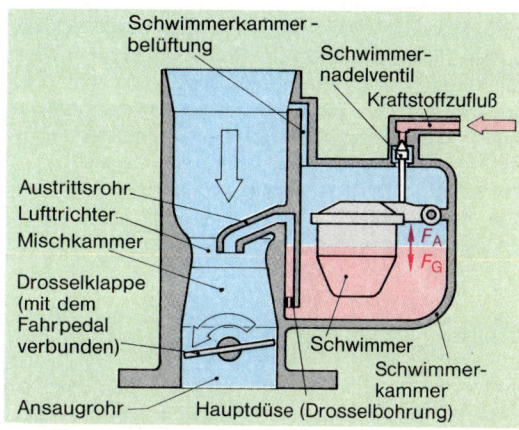

Abb. 6: Einfacher Vergaser

Die **Hauptdüse** ist in den Verbindungskanal zwischen Schwimmerkammer und Austrittsrohr eingeschraubt. Sie enthält eine Bohrung mit einem bestimmten Durchmesser, die als Drosselbohrung bezeichnet wird. Diese begrenzt die Kraftstoffzufuhr. Mischkammer, Austrittsrohr und Hauptdüse werden als **Hauptdüsensystem** bezeichnet.

Die **Drosselklappe** hat die Aufgabe, die Menge des angesaugten Kraftstoff-Luft-Gemisches, und damit die Motordrehzahl, zu steuern.

Bei voll geöffneter Drosselklappe strömt das Kraftstoff-Luft-Gemisch nahezu ungehindert in das Ansaugrohr.

Die Schwimmereinrichtung mit **Schwimmer** und **Schwimmernadelventil** hat die Aufgabe, den Kraftstoffstand – und damit den Kraftstoffvorrat – im Schwimmergehäuse konstant zu halten.

Der **Schwimmer** ist ein Hohlkörper aus einer Kupfer-Zink-Legierung oder aus Kunststoff mit genau festgelegter Gewichts- und Auftriebskraft. Er betätigt das Schwimmernadelventil, über das der Kraftstoff vom Kraftstofftank direkt (Fallbenzin, z. B. Kleinkrafträder) oder durch eine Kraftstoffpumpe gefördert (s. Kap. 18), zum Schwimmergehäuse gelangt.
Die Belüftung der Schwimmerkammer kann durch eine **Innenbelüftungseinrichtung** (Verbindungsleitung zum Lufttrichter) oder **Außenbelüftungseinrichtung (**Verbindungsbohrung zur Außenluft) erfolgen. Durch eine **Verschmutzung des Luftfilters** nimmt der Unterdruck im Ansaugrohr zu. Wenn das Schwimmergehäuse mit dem Außenluftdruck verbunden ist, ergibt sich dann eine größere Druckdifferenz zwischen Schwimmerkammer und Mischkammer. Es wird zuviel Kraftstoff über das Austrittsrohr gefördert. Ein stark **überfettetes Gemisch** ist die Folge. Deshalb erfolgt die Belüftung der Schwimmerkammer heute überwiegend über den Lufttrichter. Das hat den Vorteil, daß sich unterschiedliche Ansaugdrücke (sauberes oder verschmutztes Luftfilter) nicht auf die Kraftstofffördermenge auswirken.
Ein weiterer Vorteil der Innenbelüftung besteht darin, daß Kraftstoffdämpfe nicht an die Umgebungsluft abgegeben werden (Luftverschmutzung).

20.2.1 Physikalische Grundlagen der Schwimmereinrichtung

Die **Auftriebskraft** des Schwimmers schließt das Schwimmernadelventil, sobald der Kraftstoffstand die Sollhöhe erreicht hat. Das Schwimmernadelventil öffnet den Kraftstoffzufluß wieder, wenn der Kraftstoffstand im Schwimmergehäuse absinkt.

Der durch die Kraftstoffförderpumpe aufgebaute Druck darf nicht so groß sein, daß das Schwimmernadelventil geöffnet wird.
Die Auftriebskraft F_A des Schwimmers entspricht der Gewichtskraft F_G des vom Schwimmer verdrängten Kraftstoffs (Abb. 6, S. 169). Sie ist von der Kraftstoffdichte ϱ_K und dem verdrängten Volumen V_K abhängig.

$$F_A = g \cdot \varrho_K \cdot V_K$$

F_A Auftriebskraft in N
g Fallbeschleunigung in m/s²
ϱ_K Kraftstoffdichte in kg/dm³
V_K Kraftstoffvolumen in dm³

Der Kraftstoffstand im Schwimmergehäuse und im Austrittsrohr ist gleich hoch, denn der Kraftstoff befindet sich in einem System verbundener Röhren.

In **verbundenen Gefäßen** (kommunizierenden Röhren) ist der Flüssigkeitsstand gleich hoch.

Während des Motorstillstands befindet sich der Kraftstoffspiegel 2 bis 5 mm unterhalb der Austrittsöffnung des Austrittsrohrs. Dieser Sicherheitsabstand ist erforderlich, um bei Schräglagen des Fahrzeugs einen ungewollten Kraftstoffaustritt zu vermeiden.

20.2.2 Luftverhältnis

Der in Abb. 6, S. 169 gezeigte einfache Vergaser liefert nur für einen eng begrenzten Drehzahlbereich des Motors und Winkelbereich der Drosselklappe das geforderte Kraftstoff-Luft-Gemisch. Ein Vergaser muß aber das richtige Gemisch liefern, z. B. für:

- sicheres Starten,
- gleichbleibende Leerlaufdrehzahl,
- einwandfreies Übergangsverhalten,
- geringen Teillastverbrauch,
- ruckfreies Beschleunigen,
- Vollastbetrieb und
- schadstoffarme Abgase in allen Betriebszuständen.

Die Erfüllung der Forderung nach schadstoffarmen Abgasen setzt eine **vollständige Verbrennung** des Kraftstoff-Luft-Gemisches voraus.
Für die vollständige Verbrennung einer Kraftstoffmenge wird eine bestimmte Luft- bzw. Sauerstoffmenge benötigt (Tab. 1).

Tab. 1: Luftbedarf verschiedener Kraftstoffe

Kraftstoff (Kst.)	theoretischer Luftbedarf	
	in kg Luft für 1 kg Kst.	in l Luft für 1 l Kst.
Ottokraftstoff Normal	14,8	8490
Ottokraftstoff Super	14,7	8586
Motorenbenzol	13,5	9209
Dieselkraftstoff	14,5	9667

Das **Luftverhältnis** λ (lambda; gr. kleiner Buchstabe) ist das Verhältnis zwischen der tatsächlich dem Kraftstoff zugeführten Luftmenge L und der für die vollständige Verbrennung des Kraftstoffs erforderlichen Luftmenge L_{th} (theoretischer Luftbedarf).

$$\lambda = \frac{L}{L_{th}}$$

λ Luftverhältnis
L zugeführte Luftmenge in kg
L_{th} erforderliche Luftmenge in kg

Wird 1 kg Ottokraftstoff Normal mit 14,8 kg Luft vermischt, so ist $L_{th} = L$ und damit $\lambda = 1$. Wird z.B. 1 kg Ottokraftstoff Normal mit 16,28 kg Luft vermischt, so ergibt sich ein **mageres Gemisch** (Kraftstoffmangel) mit

$$\lambda = \frac{16,28 \text{ kg Luft}}{14,8 \text{ kg Luft}} = 1,1.$$

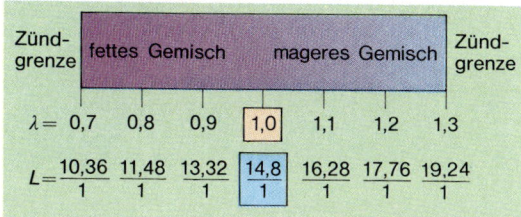

Abb. 1: Beziehung zwischen Luftverhältnis λ und Luftmenge L

Für Ottokraftstoff Normal ergibt sich der in Abb. 1 dargestellte Zusammenhang.

Mit einem einfachen Vergaser lassen sich die zuvor genannten Forderungen nicht erfüllen. Es sind Zusatzeinrichtungen nötig, die diese Forderungen erfüllen helfen. Der Vergaser wird dadurch in seinem Aufbau sehr kompliziert.

20.3 Zusatzeinrichtungen des Vergasers

Die **Zusatzeinrichtungen** sollen in allen Betriebszuständen die erforderliche Gemischzusammensetzung liefern.

Der häufigste Betriebszustand des Motors liegt im Teillastbereich.

20.3.1 Zusatzeinrichtungen für den Teillastbereich

Zum **Teillastbereich** gehören alle Betriebszustände, bei denen die Drosselklappe teilweise geöffnet ist.

Bei verschiedenen Fahrbahnsteigungen und gleicher Fahrgeschwindigkeit sind unterschiedliche **Drosselklappenstellungen** nötig. Mit gleicher Drosselklappenstellung ergeben sich unterschiedliche Fahrgeschwindigkeiten.

Der einfache Vergaser liefert mit zunehmender Drehzahl und/oder mit zunehmender Drosselklappenöffnung ein zu fett werdendes Gemisch (Kraftstoffüberschuß). Deshalb muß das Kraftstoff-Luft-Gemisch abgemagert werden.

Durch eine Zusatzeinrichtung am Hauptdüsensystem – **Luftkorrekturdüse und Mischrohr** (Abb. 2) – wird die über die Hauptdüse geförderte Kraftstoffmenge verringert.

Über die **Luftkorrekturdüse** gelangt Luft in das Mischrohr, die sich mit dem Kraftstoff vermischt (Vorverschäumung). Mit zunehmender Drosselklappenöffnung bzw. Drehzahlerhöhung drängt die Luft den Kraftstoff im Mischrohr immer weiter zurück. Dadurch gelangt weniger Kraftstoff aus dem Austrittsrohr heraus und es wird einer Überfettung entgegengewirkt.

20.3.2 Zusatzeinrichtungen für den Beschleunigungsvorgang

Durch **schnelles Öffnen der Drosselklappe** wird das Fahrzeug beschleunigt. Luftgeschwindigkeit und Unterdruck im Lufttrichter nehmen zu. Der Kraftstoff kann aber wegen seiner großen Massenträgheit nicht entsprechend schnell aus dem Mischrohr herausgedrückt werden, da seine Dichte etwa 600mal so groß ist wie die der Luft. Das Kraftstoff-Luft-Gemisch magert stark ab. Hierdurch entsteht ein großer Leistungsabfall. Aber gerade zum Beschleunigen ist eine Leistungssteigerung erforderlich, d.h., es wird ein fetteres Gemisch benötigt.

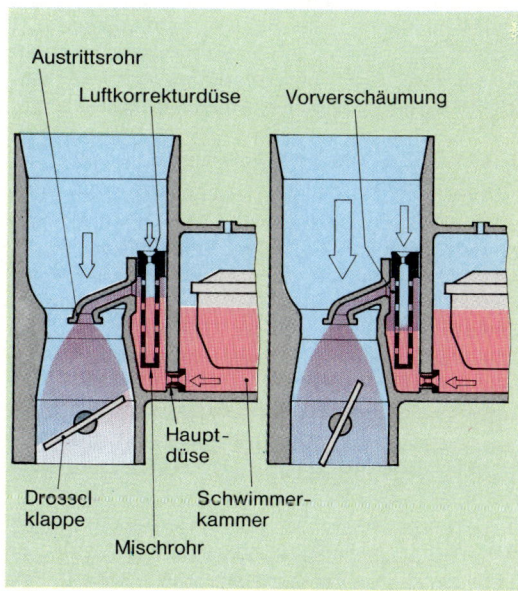

Abb. 2: Wirkungsweise des Hauptdüsensystems

Die **Gemischanreicherung** erfolgt meist durch eine Membran- oder Kolbenpumpe (Abb. 1). Die Membranpumpe wird über Hebel und Gestänge betätigt, die mit der Drosselklappe verbunden sind. Während des **Druckhubes** wird das Saugventil durch den Kraftstoffdruck geschlossen, und das Druckventil wird geöffnet. Der Kraftstoff gelangt durch eine Verbindungsleitung und ein Anreicherungsrohr in den Lufttrichter. Während des **Saughubes** (Schließen der Drosselklappe) wird die Membran durch die Membranfeder in die Ausgangslage zurückbewegt. Dabei wird Kraftstoff über das offene Saugventil aus der Schwimmerkammer angesaugt. Das Druckventil ist geschlossen.

Die Einspritzmenge je Hub kann mit einer einstellbaren Kurvenscheibe oder einer Einstellmutter bzw. -schraube (Abb. 1) korrigiert werden.

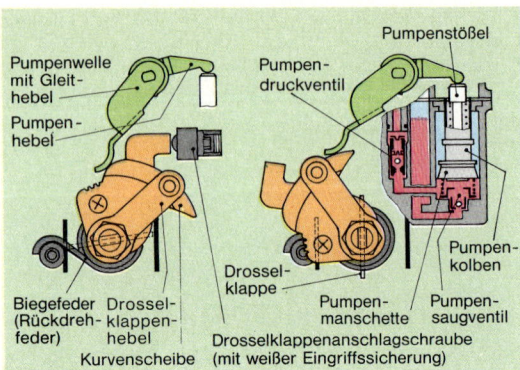

Abb. 1: Beschleunigungspumpe mit Betätigungseinrichtung

20.3.3 Zusatzeinrichtungen für den oberen Teillast- und Vollastbetrieb

> Als **Vollast** werden – unabhängig von der Motordrehzahl – alle Betriebszustände bezeichnet, bei denen die Drosselklappe vollständig geöffnet ist (Vollast bei Höchstgeschwindigkeit, Vollast bei Bergfahrt).

Im Vollast- und teilweise auch im oberen Teillastbetrieb ist der Unterdruck im Lufttrichter durch die weit geöffnete Drosselklappe sehr groß. Ein Teil der angesaugten Luftmenge gelangt über die Luftkorrekturdüse in das Mischrohr und senkt den Kraftstoffstand sehr stark ab. Das Gemisch wird unerwünscht abgemagert. Deshalb ist ein Anreicherungssystem erforderlich. Es gibt Anreicherungssysteme mit **Anreicherungsventil** und/oder **Anreicherungsrohr.**

Anreicherungssystem mit Anreicherungsventil

Bei geöffneter Drosselklappe nimmt der Unterdruck im Drosselklappenbereich ab. Das Anreicherungsventil wird durch die Federkraft geöffnet. Zusätzlicher Kraftstoff gelangt unter Umgehung der Hauptdüse zum Mischrohr (Abb. 2). Das Anreicherungsventil schließt, sobald der auf die Membrane wirkende Unterdruck zunimmt (Schließen der Drosselklappe).

Anreicherungssystem mit Anreicherungsrohr

Dieses Anreicherungssystem (Abb. 2) besteht aus dem Anreicherungsrohr, dem Verbindungskanal zur Schwimmerkammer und dem Steigrohr mit Düse. Da die Öffnung des Anreicherungsrohrs oberhalb des Lufttrichters angeordnet ist, reicht bei niedrigen Drehzahlen der Unterdruck oberhalb des Lufttrichters nicht aus, um Kraftstoff anzusaugen. Erst

bei größerer Drosselklappenöffnung und höheren Drehzahlen ist der Unterdruck ausreichend, um zusätzlichen Kraftstoff für die Gemischanreicherung des oberen Teillastbereiches und des Vollastbereiches anzusaugen.

20.3.4 Zusatzeinrichtungen für den Leerlaufbetrieb

Im **Leerlaufbetrieb** (700 bis 900/min) ist das Hauptdüsensystem außer Funktion, da die Drosselklappe fast geschlossen ist und nur sehr wenig Luft mit geringer Luftgeschwindigkeit durch den Lufttrichter

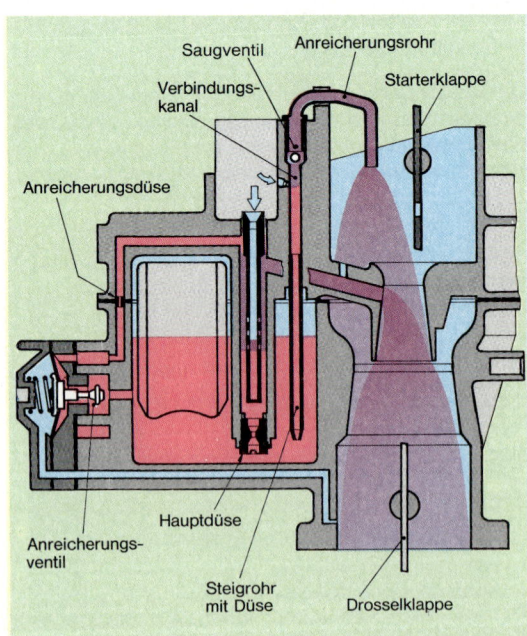

Abb. 2: Anreicherungssystem mit Anreicherungsventil und -rohr

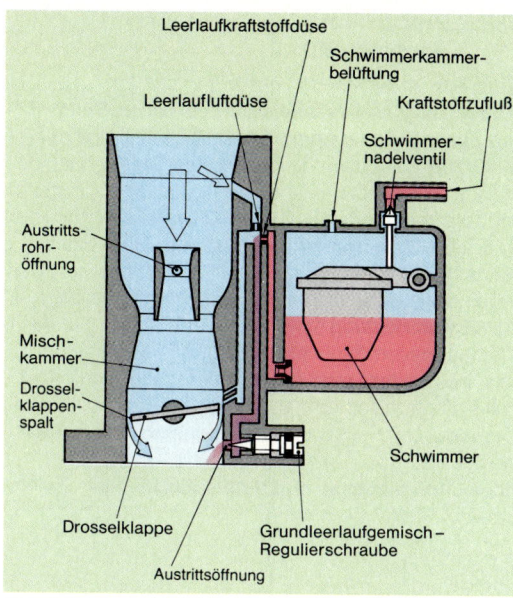

Abb. 3: Wirkungsweise des Grundleerlaufsystems

strömt. Deshalb ist für den Leerlaufbetrieb eine **Leerlaufeinrichtung** notwendig. Sie hat die Aufgabe, bei betriebswarmem Motor die Leerlaufdrehzahl zu gewährleisten (Grundleerlaufsystem). Wegen der schlechten Verwirbelung des Kraftstoffs mit der Luft im Verbrennungsraum ist die Verbrennung bei niedrigen Drehzahlen unvollständig. Deshalb wird für den Leerlauf ein fettes Gemisch benötigt.

Die **Austrittsöffnung** für den **Leerlaufkraftstoff,** der bereits vorher mit Luft gemischt wird, liegt im Bereich

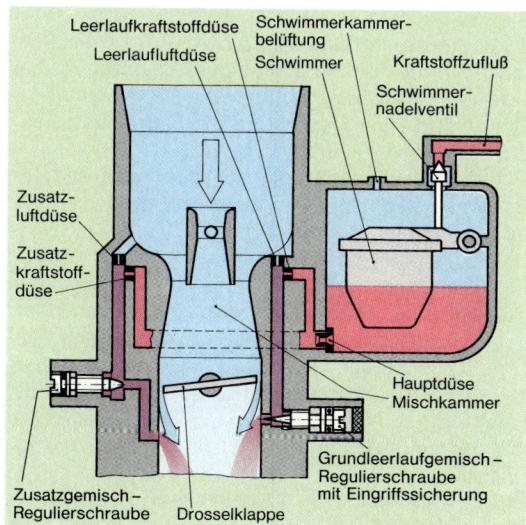

Abb. 4: Leerlaufsystem mit Umgemischregulierung

des **Drosselklappenspalts.** Nur dort ist eine ausreichende Luftgeschwindigkeit für die Kraftstoffförderung vorhanden.

Obwohl eine Gemischanreicherung erforderlich ist, dürfen die Abgase von Ottomotoren nicht mehr als 4,5 Volumenprozent Kohlenmonoxid (CO) enthalten (§ 47 StVZO). Diese Forderung läßt sich durch folgende Leerlaufsysteme erfüllen:

- Grundleerlaufsystem mit Umgemischregulierung,
- Grundleerlaufsystem mit Umluftregulierung.

Diese Vergaser werden auch als **Abgasvergaser** bezeichnet.

Grundleerlaufsystem

Das Grundleerlaufsystem (Abb. 3) besteht aus:

- Leerlaufkraftstoffdüse,
- Leerlaufluftdüse,
- Grundleerlaufgemisch-Regulierschraube (CO-Einstellschraube) und
- Drosselklappen-Anschlagschraube (Abb. 1).

Der Leerlaufkraftstoff wird durch den **Unterdruck unterhalb der Drosselklappe** aus der Schwimmerkammer angesaugt. Dabei fließt er durch die Hauptdüse zur Leerlaufkraftstoffdüse, die die Kraftstoffmenge dosiert. Durch die Leerlaufluftdüse gelangt Luft in den Kraftstoff. Es entsteht ein **Vorgemisch.** Dieses Vorgemisch wird durch eine ringförmige Öffnung, deren Größe durch die **Grundleerlaufgemisch-Regulierschraube** verändert werden kann, in das Saugrohr gesaugt. Dort wird das Vorgemisch mit der durch den Drosselklappenspalt einströmenden Luft zum **Grundleerlaufgemisch** aufbereitet.

> Die Größe des Drosselklappenspalts, und damit die Leerlaufdrehzahl, wird durch die **Drosselklappen-Anschlagschraube** verändert.

Die **Einstellung** des optimalen **Leerlaufgemisches** erfolgt vom Hersteller an beiden Schrauben in Abhängigkeit vom zulässigen CO-Gehalt (Grundeinstellung). Anschließend erhalten sie eine Eingriffssicherung in Form einer **Sicherungskappe** (weiß).

Leerlaufsystem mit Umgemischregulierung

Das Grundleerlaufsystem dieser Vergaser liefert einen Teil des Leerlaufgemisches für die Leerlaufdrehzahl. Die zusätzliche Leerlaufgemischmenge wird über eine **Zusatzkraftstoffdüse** und eine **Zusatzluftdüse** geliefert (Abb. 4). Diese Zusatzgemischmenge kann über die **Zusatzgemisch(Umgemisch)-Regulierschraube** eingestellt werden. So läßt sich die Leerlaufdrehzahl ohne Änderung der CO-Anteile im Abgas nachstellen, da nur die Gemischmenge, nicht aber deren Zusammensetzung, geändert wird.

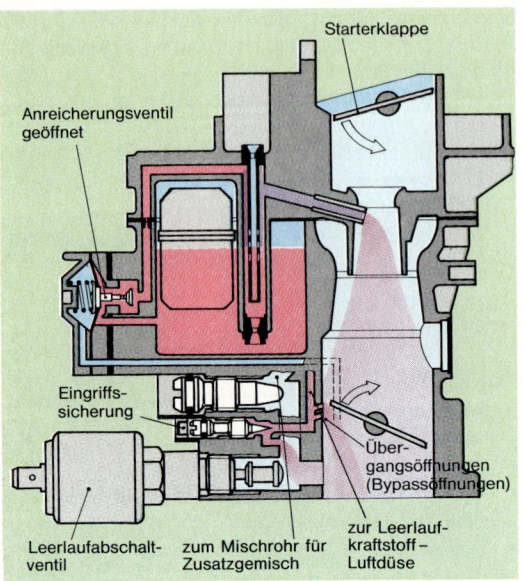

Abb. 1: Starteinrichtung (Starterklappe) und Übergangseinrichtung

Leerlauf-Abschaltventil

Einige Motoren neigen zum sogenannten **Nachdieseln,** d. h., sie laufen nach dem Abschalten der
Zündung noch eine gewisse Zeit weiter. Die Verbrennung ist dann unkontrolliert und kann zu Schäden am
Motor führen.
Ein Leerlauf-Abschaltventil (Abb. 1), das nach dem
Abschalten der Zündung stromlos wird, schließt über
eine Feder die Leerlaufgemischbohrung. Durch Einschalten der Zündung wird das Ventil elektromagnetisch geöffnet.

20.3.5 Übergangseinrichtung

Wird die Drosselklappe über die Leerlaufstellung
hinaus geöffnet, so verringert sich der Unterdruck im
Bereich der Leerlaufgemisch-Austrittsöffnungen.
Das Hauptdüsensystem liefert aber noch keinen oder
zu wenig Kraftstoff. Es entsteht ein »Loch« in der
Kraftstofförderung.
In diesem Betriebszustand werden die **Übergangs-**
oder **Bypassöffnungen** oberhalb der Leerlaufboh-
rungen wirksam (Abb. 1). Sie stehen mit dem
Grundleerlaufsystem in Verbindung. Mit weiterer
Öffnung der Drosselklappe wird das Hauptdüsensystem wirksam. Die Übergangseinrichtung hört auf
zu fördern, da der Unterdruck an den Übergangs-
öffnungen für die weitere Förderung nicht mehr
ausreicht.

20.3.6 Zusatzeinrichtungen für den Startvorgang

Wird ein kalter Motor gestartet, schlägt sich ein
großer Teil des Kraftstoffs an den kalten Saugrohr-
und Zylinderwandungen nieder. Begünstigt wird diese Kondensation durch den hohen Siedepunkt der
meisten Kraftstoffbestandteile (s. Kap. Kraftstoffe)
und die mangelhafte Zerstäubung als Folge der
niedrigen Motordrehzahl während des Startvorgangs. Die Kondensation des Kraftstoffs magert das
Gemisch so stark ab, daß es nicht mehr zündfähig ist.
Die **Starteinrichtung** sorgt für ein sehr fettes Gemisch
(Mischungsverhältnis etwa 1:3). Nach dem »Anspring-
gen« des Motors muß die Starteinrichtung das Kraftstoff-Luft-Gemisch abmagern. Ist die Betriebstemperatur erreicht, muß die Starteinrichtung abgeschaltet
werden.
Es gibt **handbetätigte** und **automatische** Starteinrich-
tungen.

Tupfer

Durch Niederdrücken des Tupfers wird der Schwimmer nach unten gedrückt. Dadurch steigt der Kraftstoffstand und Kraftstoff fließt in die Mischkammer.
Das Gemisch wird angereichert. Diese Starthilfe wird
bei einfachen Kraftradvergasern verwendet (s. Kap.
20.6).

Starterklappe

Die Kraftstofförderung während des Startens kann
durch kurzzeitige Steigerung des Unterdruckes im
Lufttrichter erhöht werden. Hierfür ist oberhalb des
Lufttrichters die Starter- bzw. Chokeklappe (to choke,
engl.: verengen) angeordnet (Abb. 1)
Durch **Handbetätigung** oder **Automatik** wird die Starterklappe für den Startvorgang geschlossen. Dabei
wird die Drosselklappe durch ein Verbindungsge-
stänge etwas geöffnet, damit das Übergangssystem
wirksam werden kann.
Unterhalb der Starterklappe bildet sich während des
Startens ein so großer Unterdruck, daß auch die
anderen Systeme arbeiten (Abb. 1).
Die Regulierung der Gemischabmagerung während
des Warmlaufs, d. h. die allmähliche Öffnung der
Starterklappe, ist bei handbetätigter Starterklappe
von der Einschätzung des Fahrers abhängig.
Die **automatische Betätigung** der Starterklappe
erfolgt durch eine beheizte, spiralförmige **Bimetallfeder.** Durch Wärmezufuhr dehnt sich die Bimetallfeder aus, die Starterklappe öffnet sich all-
mählich.
Die **Erwärmung der Bimetallfeder** erfolgt durch
elektrische Beheizung, Kühlwasserbeheizung oder
elektrische und Kühlwasserbeheizung.

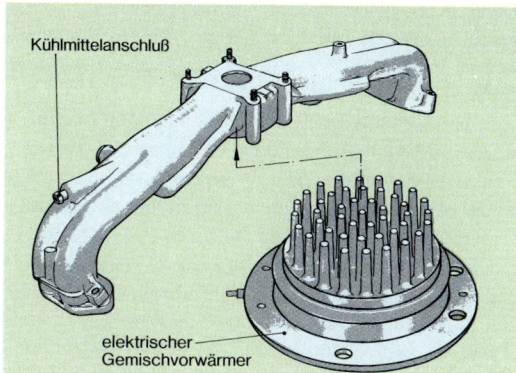

Abb. 2: Gemischvorwärmung

Gemischvorwärmung

Die Gemischvorwärmung hat die Aufgabe, den Anteil des Kraftstoffs, der während der Warmlaufphase an den kalten Saugrohrwänden kondensiert, zu verringern. Das Gemisch muß dann nicht so stark angereichert werden. Der Kraftstoffverbrauch und die Schadstoffanteile werden wesentlich verringert.

Die Gemischvorwärmung verhindert auch, daß die in der Ansaugluft enthaltene Feuchtigkeit zur **Vergaservereisung** führt.

Die Vorwärmung (Abb. 2) kann erfolgen durch:

- elektrische Heizelemente im Vergaser oder Saugrohr
  und/oder
- kühlwasser- bzw. abgasbeheizte Saugrohre.

20.4 Vergaser mit mehreren Lufttrichtern

Motoren mit einer Leistung über etwa 60 kW erfordern Vergaser mit mehreren Lufttrichtern. In diesen Motoren treten bei Verwendung eines Vergasers mit nur einem Lufttrichter erhebliche Schwankungen in der Strömungsgeschwindigkeit und damit auch des Förderdrucks in den verschiedenen Fahrbereichen auf.

Vergaser mit mehreren Lufttrichtern sind:

- Doppel- und Mehrfachvergaser,
- Registervergaser (Stufenvergaser)
  und
- Doppelregistervergaser.

Diese Vergaser können in Ein-, Zwei- oder Mehrvergaseranlagen Anwendung finden (Abb. 3).

20.4.1 Doppelvergaser

Dieser Vergaser (Abb. 3a) hat zwei Mischkammern, die in einem gemeinsamen Gehäuse untergebracht sind. Sie haben nur eine Schwimmereinrichtung, ein Start-Drehschiebersystem und eine Beschleunigungspumpe. Alle anderen Zusatzeinrichtungen sind doppelt vorhanden. Werden mehr als zwei Vergaser zusammengefaßt, so heißt der Vergaser **Mehrfachvergaser.** Er wird für Motoren mit **großem Hubvolumen** (großer Luftbedarf) verwendet.

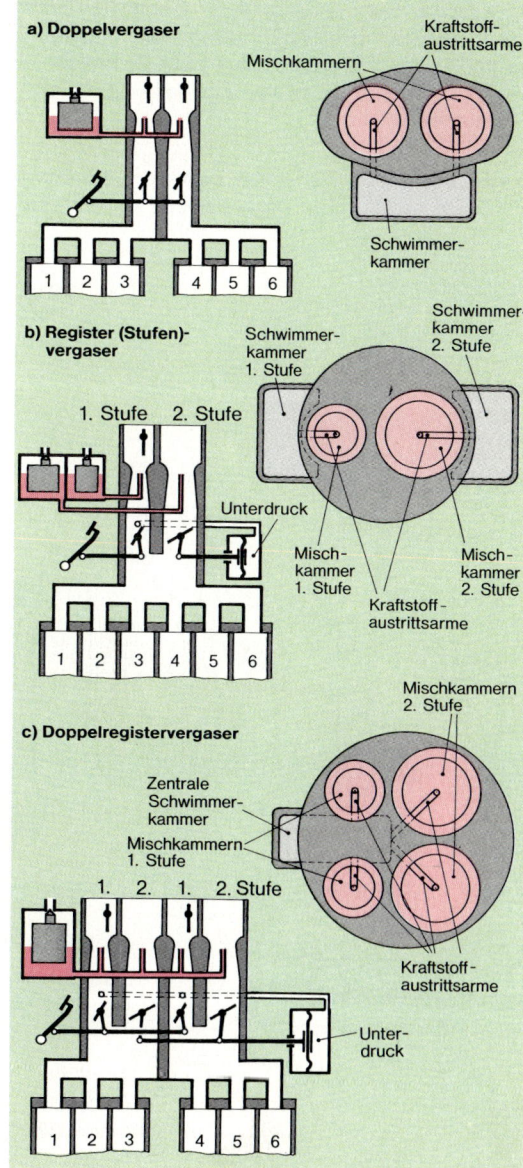

Abb. 3: Vergaser mit mehreren Lufttrichtern

Durch die Aufteilung des erforderlichen Strömungsquerschnitts ergeben sich bessere Strömungsverhältnisse in fast allen Betriebsbereichen. Die Gemischbildung wird verbessert.

20.4.2 Registervergaser (Stufenvergaser)

Der Registervergaser (Abb. 1 und Abb. 3b, S. 175) eignet sich für Motoren mit einem Hubraum bis etwa 2,5 Liter und höheren Drehzahlen.

> Bei niedrigen Drehzahlen strömt die Luft nur durch **einen Lufttrichter** (1. Stufe). Für die höheren Drehzahlen wird ein **zweiter Lufttrichter** (2. Stufe) hinzugeschaltet.

Die Drosselklappe der ersten Stufe wird über das Fahrpedal betätigt. Die Drosselklappe der zweiten Stufe (Abb. 1) wird durch Unterdruck oder mechanisch gesteuert. Sie beginnt zu öffnen, wenn bei hoher Motordrehzahl die Drosselklappe der ersten Stufe 1/2 bis 3/4 geöffnet ist.

Die Drosselklappe der zweiten Stufe öffnet nicht:

- bei niedriger Drehzahl und voll geöffneter Drosselklappe der ersten Stufe (bergauf) und
- bei hoher Drehzahl und wenig geöffneter Drosselklappe der ersten Stufe (bergab).

In beiden Fällen ist der Luftmengendurchsatz gering. Die erste Stufe eines Registervergasers hat alle Einrichtungen eines Einfachvergasers. Die zweite Stufe hat im allgemeinen nur das Hauptdüsen-, Anreicherungs- und eventuell das Beschleunigungssystem. Zusätzlich ist ein Bypass-System erforderlich, damit der Übergang von der ersten zur zweiten Stufe kontinuierlich (gleichmäßig) erfolgen kann. Es gibt Registervergaser mit einem und mit zwei Schwimmersystemen.

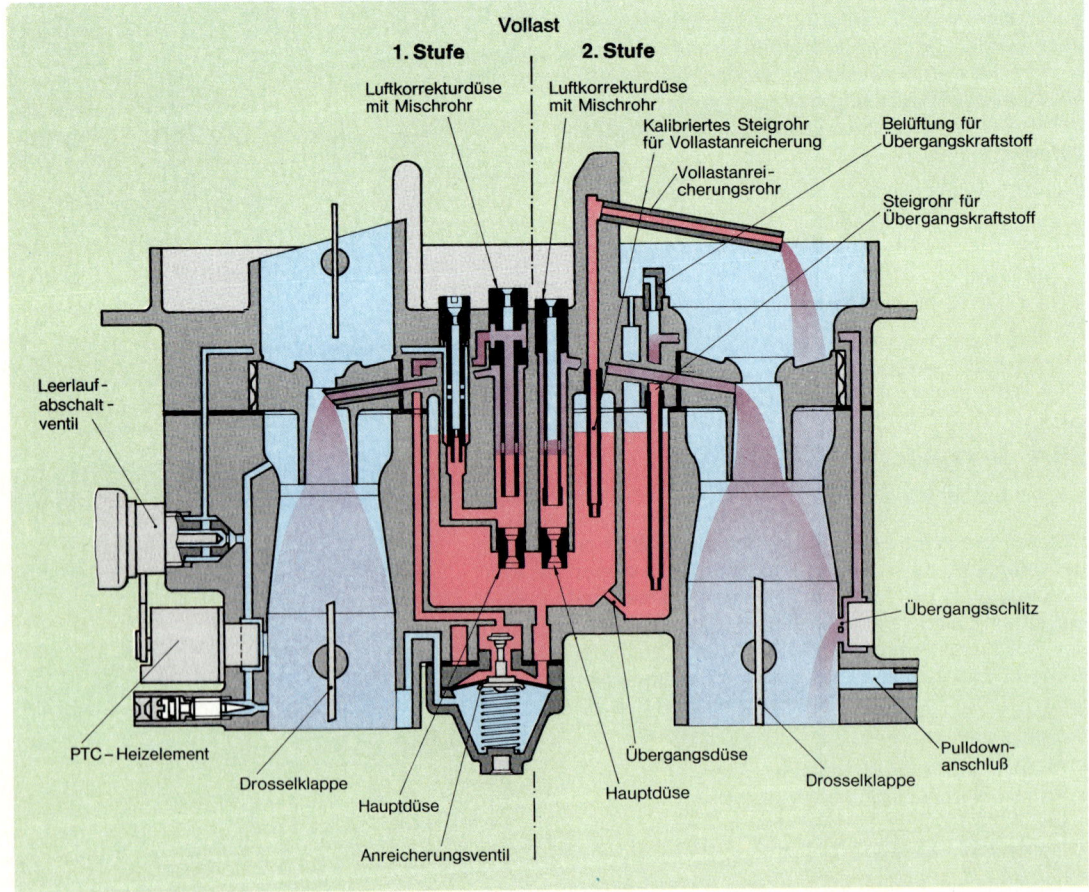

Abb. 1: Registervergaser

20.4.3 Doppelregistervergaser

Doppelregistervergaser (Abb. 3c, S. 175) werden für Motoren bis zu etwa acht Liter Hubraum mit sechs und mehr Zylindern verwendet. Ein solcher Vergaser hat vier Lufttrichter. Es entstehen deshalb nur kleine Schwankungen der Strömungsgeschwindigkeit.

Er hat meist nur ein Schwimmersystem. Die Drosselklappen der ersten und der zweiten Stufe sind auf je einer durchgehenden Welle befestigt. Dadurch wird die **Einstellung** der Vergaseranlage gegenüber der wesentlich schwierigeren Abstimmung von zwei Registervergasern erheblich **vereinfacht.** Die Klappen der zweiten Stufe können mechanisch oder durch Unterdruck betätigt werden.

> Der **Doppelregistervergaser** vereinigt zwei Registervergaser zu einem Gemischaufbereitungssystem.

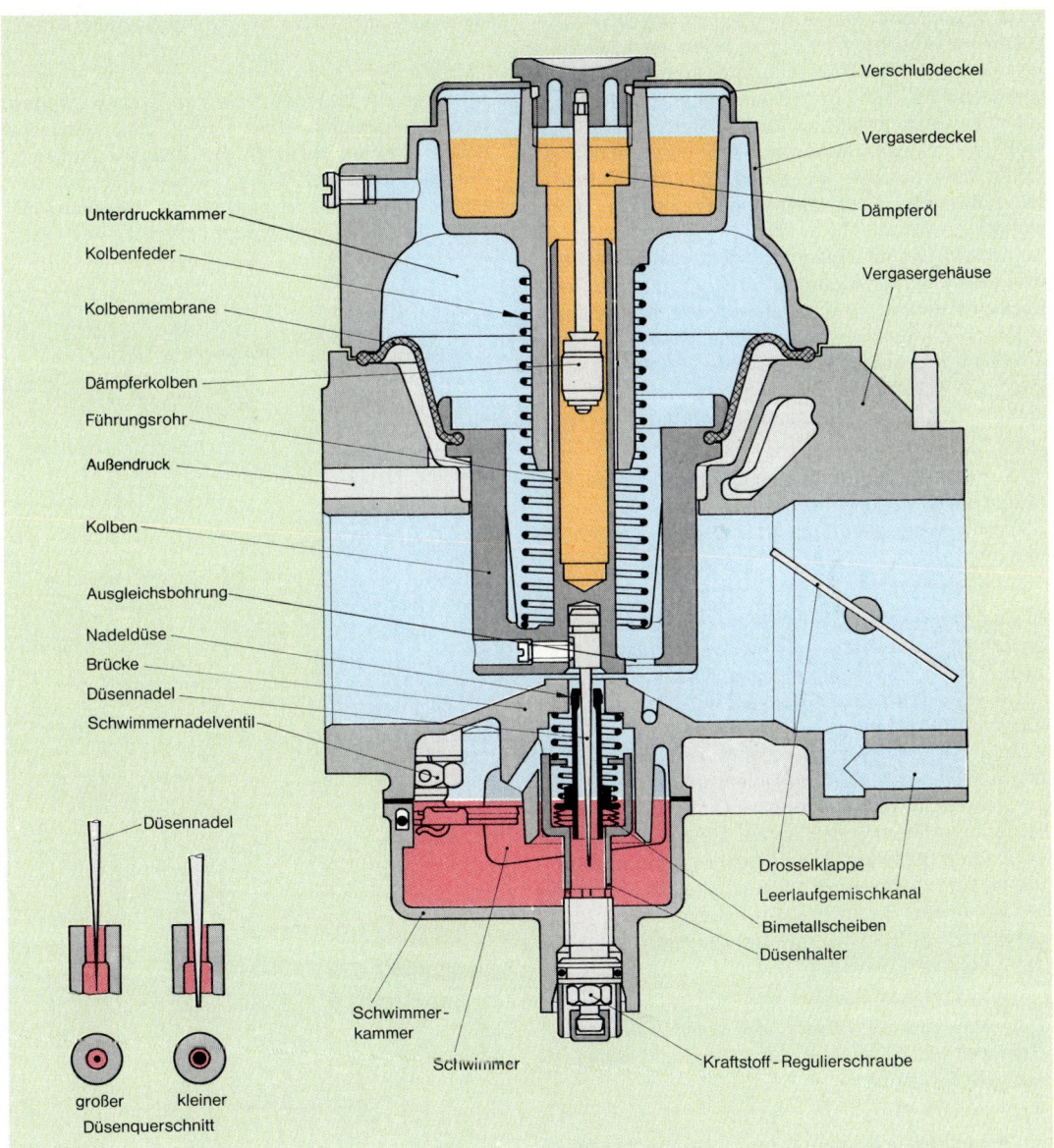

Abb. 2: Gleichdruckvergaser

20.5　Gleichdruckvergaser

Im Gleichdruckvergaser wird der **Unterdruck** an der **Nadeldüse** in allen Drehzahl- und Lastbereichen nahezu konstant gehalten.

Das wird durch den **veränderlichen Lufttrichterquerschnitt** (Abb. 2, S. 177) erreicht. Diese Konstruktion hat den Vorteil, daß auch bei niedriger Motordrehzahl und im Vollastbetrieb ein gleichbleibender Unterdruck an der Nadeldüse vorhanden ist, um den Kraftstoffaustritt entsprechend der angesaugten Luftmenge zu ermöglichen. Mit Zunahme des Lufttrichterquerschnitts nimmt auch der wirksame Nadeldüsenquerschnitt zu. Deshalb sind nur für den Startvorgang, die Beschleunigungsanreicherung und die Einhaltung der Abgasvorschriften im Leerlauf Zusatzeinrichtungen notwendig. Eine Übergangseinrichtung kann entfallen.

Der Unterdruck im Lufttrichter gelangt gleichzeitig über die **Ausgleichsbohrung** im Kolben zur **Unterdruckkammer** und wirkt auf die mit dem Kolben fest verbundene Membrane. Der auf die Membranunterseite wirkende **Außendruck** hebt die Membrane und damit den Kolben gegen die Federkraft der Kolbenfeder an. Der Lufttrichterquerschnitt wird größer.

Die **Lufttrichterquerschnittsänderung** erfolgt durch die Bewegung des Kolbens. Sie ist von der Drosselklappenstellung und von der Drehzahl abhängig.

Wird die Drosselklappe geöffnet oder wird die Drehzahl erhöht, so bewirkt die Luftmengenzunahme eine Vergrößerung der Strömungsgeschwindigkeit. Der Unterdruck unterhalb des Kolbens und in der Unterdruckkammer nimmt zu. Der Kolben wird angehoben, und der Strömungsquerschnitt wird größer. Die Luftgeschwindigkeit im Lufttrichter sinkt nahezu auf den ursprünglichen Wert.

Die geringe Unterdruckzunahme, die den Kolben in der höheren Stellung hält, wird bei nur geringfügiger Zunahme der Luftgeschwindigkeit erreicht.

Die Düsennadel ist im Kolben befestigt. Durch die Bewegung des Kolbens wird der Nadeldüsenquerschnitt verändert (Abb. 2, S. 177).

Das Anheben der **Düsennadel** vergrößert den Ringspalt der **Nadeldüse,** das Absenken verkleinert den Ringspalt.

Der Gleichdruckvergaser ist meist ein Flachstromvergaser. Er läßt aber Neigungswinkel bis 25° zu.

20.5.1　Kraftstoffzuführung

Der Kraftstoffzufluß zur Schwimmerkammer ist mit einem unterdruckgesteuerten **Rücklaufventil** versehen (Abb. 1).

Der Unterdruck wird hinter der Drosselklappe entnommen. Bei geringer Drosselklappenöffnung (geringer Kraftstoffbedarf) öffnet die Membrane und läßt den überschüssigen Kraftstoff in den Kraftstoffbehälter zurückfließen. Auf diese Weise wird dem Vergaser kühler Kraftstoff zugeführt. Die Dampfblasenbildung in der Kraftstoffleitung und -fördereinrichtung wird dadurch weitgehend unterbunden.

Im **Leerlauf** befindet sich der Kolben in der untersten Stellung, Düsen- und Lufttrichterquerschnitt sind am kleinsten. Bei **Vollast** ergibt sich die höchste Kolbenstellung, Düsen- und Lufttrichterquerschnitt sind am größten. Im **Teillastbereich** sind alle Zwischenstellungen möglich.

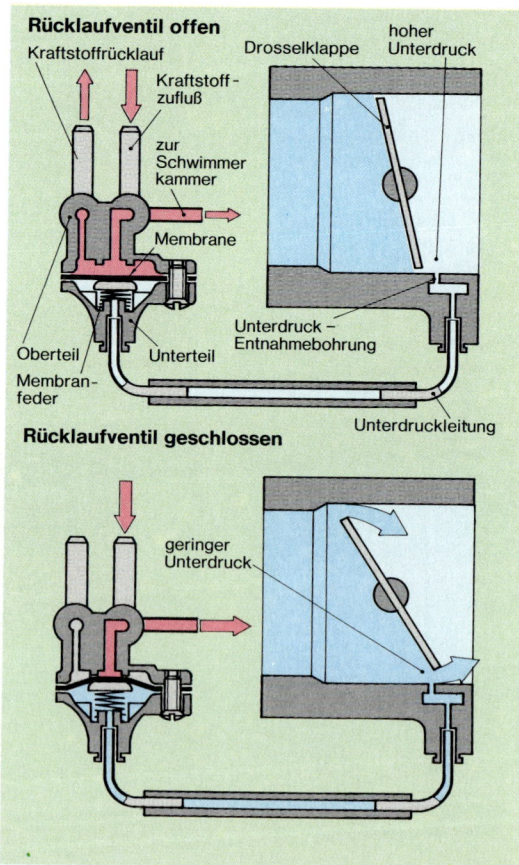

Rücklaufventil offen

Kraftstoffrücklauf
Kraftstoffzufluß
Drosselklappe
hoher Unterdruck
zur Schwimmerkammer
Membrane
Oberteil
Unterteil
Membranfeder
Unterdruck – Entnahmebohrung
Unterdruckleitung

Rücklaufventil geschlossen

geringer Unterdruck

Abb. 1: Wirkungsweise der Kraftstoff-Rücklaufeinrichtung

20.5.2 Leerlaufeinrichtung

Das Leerlaufgemisch wird in Menge und Zusammensetzung durch den Drosselklappenwinkel, die Kolbenstellung und damit den Nadeldüsenquerschnitt beeinflußt.

Die **Bimetallscheiben** (Abb. 1, S. 177) unterhalb der Nadeldüse dehnen sich bei ansteigender Temperatur aus. Die Nadeldüse wird angehoben und das Gemisch magert ab (Warmleerlauf).

Die CO-Wert-Einstellung erfolgt durch das Hinein- oder Herausdrehen des **Leerlaufabschaltventils.** Das Hineindrehen verringert den CO-Gehalt und die Leerlaufdrehzahl. Mit Hilfe der Drosselklappenanschlagschraube wird die Leerlaufdrehzahl entsprechend eingestellt.

Zusätzlich hat das Leerlaufabschaltventil noch folgende Aufgabe:

Schließen des Kraftstoffzuflusses zur Nadeldüse
- nach Abschalten der Zündung und
- bei Überschreiten der zulässigen Drehzahl (elektronisch gesteuerte Drehzahlbegrenzung).

20.5.3 Beschleunigungseinrichtung

Die Gemischanreicherung für die Beschleunigung erfolgt durch kurzzeitige Vergrößerung des Unterdruckes an der Nadeldüsenöffnung. Eine **Dämpfereinrichtung** (Abb. 1, S. 177) wirkt der raschen Auf-

wärtsbewegung des Kolbens während des schnellen Öffnens der Drosselklappe entgegen. Der Lufttrichterquerschnitt nimmt langsamer zu als die Luftmenge. Dadurch steigt der Unterdruck, es wird mehr Kraftstoff gefördert und das Gemisch angereichert.

Die Beschleunigungseinrichtung ist nicht wartungsfrei. Der Ölstand des Dämpferöls ist sorgfältig zu kontrollieren. Die Viskosität des Öls beeinflußt die Dämpfungswirkung. Es darf deshalb nur ein Dämpferöl entsprechend der Herstellervorschrift verwendet werden.

20.5.4 Starteinrichtung

Die Gemischanreicherung für den Startvorgang erfolgt durch einen **Startschieber.** Er wird durch eine kombinierte Elektro-Kühlwasserheizung über den Anschlaghebel gesteuert (Abb. 2).

In der Kaltstartstellung sind alle Bohrungen im Startschieber für den Durchfluß des Kraftstoffs zur Austrittsbohrung in der Mischkammer geöffnet. Ferner ist durch die Membranstange das **Starter-Anreicherungsventil** voll geöffnet. Die Pulldowndose ist belüftet, und die Feder drückt die Membranstange nach unten.

Nach dem Start entlastet die Pulldown-Einrichtung das Kugelventil. Es schließt, und weniger Kraftstoff gelangt zur Austrittsbohrung.

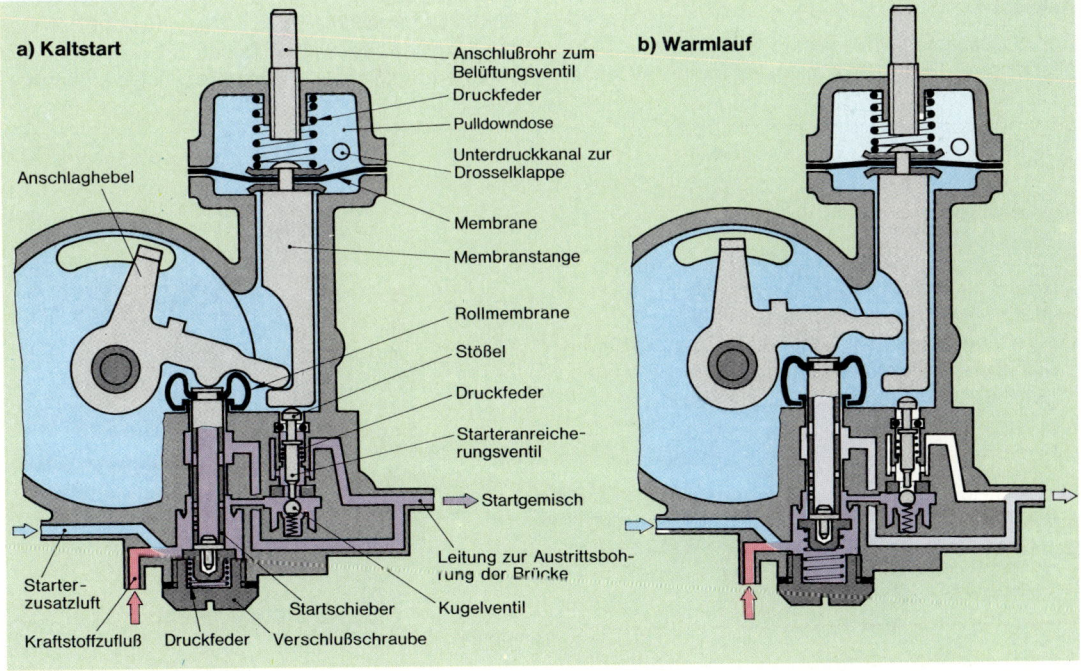

a) Kaltstart — Anschlußrohr zum Belüftungsventil — Druckfeder — Pulldowndose — Unterdruckkanal zur Drosselklappe — Membrane — Membranstange — Rollmembrane — Stößel — Druckfeder — Starteranreicherungsventil — Startgemisch — Leitung zur Austrittsbohrung der Brücke — Anschlaghebel — Starterzusatzluft — Kraftstoffzufluß — Druckfeder — Verschlußschraube — Startschieber — Kugelventil

b) Warmlauf

Abb. 2: Starteinrichtung

20.6 Kraftradvergaser

Kleinkraftradvergaser sind meist Flach- oder Schräg-stromvergaser.

Verbreitet sind **Schiebervergaser** mit Schwimmer und **Gleichdruckvergaser.** Kleine Krafträder, z. B. Mopeds, haben auch schwimmerlose Vergaser. Einfache Schiebervergaser haben weder eine Leer-lauf- noch eine Beschleunigungseinrichtung. Als Starteinrichtung dient der **Tupfer** (s. Kap. 20.3.6), ein Startluftschieber oder ein Startvergaser. Tupfer und Startluftschieber können auch gemeinsam vorhan-den sein.

20.6.1 Schiebervergaser mit Startluftschieber

Der Schiebervergaser (Abb. 1) hat statt der Drossel-klappe einen seilzugbetätigten **Gasschieber,** der ähn-lich dem Kolben des Gleichdruckvergasers (s. Kap. 20.5) durch Auf- und Abwärtsbewegung den Lufttrich-terquerschnitt des Vergasers verändert. Eine im Kolben mittels eines Halteplättchens verstell-bar befestigte **Düsennadel** mit kegliger Spitze dosiert die Kraftstoffmenge entsprechend der Schieberstel-lung bzw. der angesaugten Luftmenge. Sie ragt in die **Nadeldüse** hinein und gibt durch den Kegel unter-schiedlich große Kreisringquerschnitte für den Kraft-stoffdurchfluß frei.

Kaltstart

Der Gasschieber wird bis auf einen kleinen Spalt geschlossen. Durch Betätigung des Tupfers steigt der Kraftstoffstand in der Schwimmerkammer. Durch den zusätzlichen Startluftschieber entsteht ein großer Unterdruck. Dadurch wird in ausreichender Menge Kraftstoff aus der Nadeldüse gesaugt. Es entsteht ein **fettes Startgemisch.**

Nach dem Anspringen des Motors wird der Gasschie-ber auf etwa 1/3 bis halbe Höhe hochgezogen. Hat der Motor Betriebstemperatur erreicht, wird der Gasschieber voll hochgezogen. Dabei nimmt er den Startluftschieber in die Endstellung mit.

Leerlauf

Der Gasschieber liegt am Anschlag, d. h. an der **Einstellschraube** an. Nur ein kleiner Spalt für die Leerlaufluft ist frei. Das Leerlaufsystem gibt die entsprechende Leerlauf-Kraftstoffmenge ab. Mit Hilfe der Einstellschraube kann die Leerlaufdrehzahl ein-gestellt werden. Größere Schiebervergaser haben ein Zusatzsystem für den Leerlauf.

Übergang

Zur Verbesserung des Übergangs vom Leerlauf zur Teillast hat der Gasschieber häufig einen Ausschnitt (Abb. 1).

Teillast und Vollast

Der Gasschieber gibt einen größeren Querschnitt frei. Dadurch strömt mehr Luft durch den Lufttrichter. Die angehobene Düsennadel gibt einen größeren Durchflußquerschnitt an der Nadeldüse frei. Durch die kegelige Form der Düsennadel entsteht ein annähernd gleichbleibendes Mischungsverhältnis.

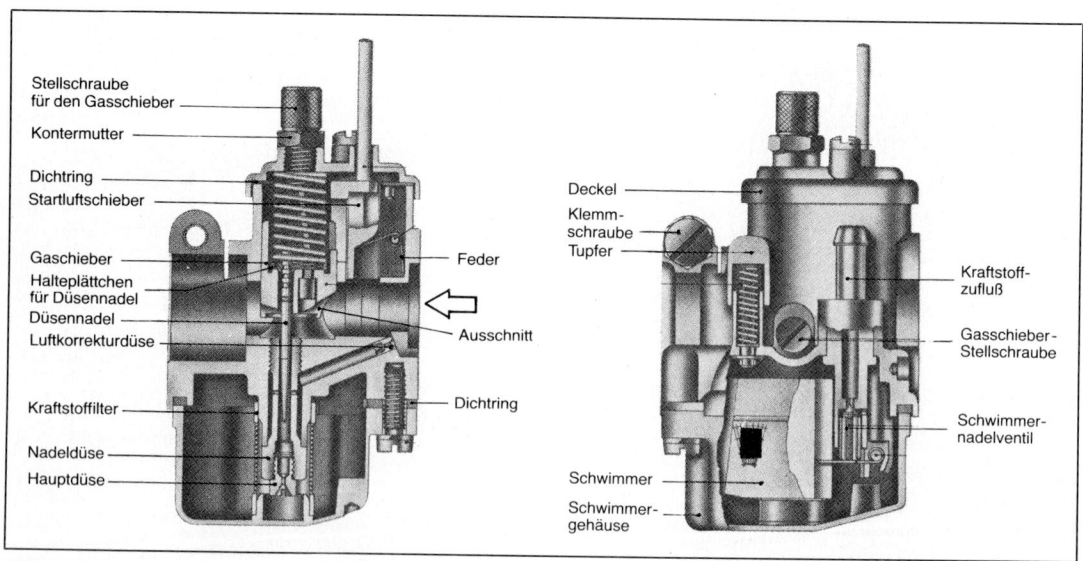

Abb. 1: Kraftradvergaser (Schiebervergaser)

20.7 Elektronischer Vergaser

Die gestiegenen Anforderungen an die Gemischbildung und die Abgasbestimmungen führen zu immer komplizierteren mechanischen Vergasern. Durch den Einsatz von elektronischen Steuerungen kann ein vereinfachter Vergaser den jeweiligen Anforderungen angepaßt werden.

Der elektronische Vergaser (ECOTRONIC-Vergaser) besteht aus einem einfachen Grundvergaser mit **Stellgliedern** für die **Vordrosselklappe** (Chokeklappe) und die **Hauptdrosselklappe** (Abb. 2).

Die Steuerung der Stellglieder erfolgt durch ein **elektronisches Steuergerät.** Die erforderlichen Informationen erhält das Steuergerät durch **Signalgeber** (Sensoren). Der Einbau einer λ-Sonde ist möglich (s. Kap. Einspritzanlagen für Ottomotoren).

Die Elektronik übernimmt folgende Funktionen:

- Steuerung der Gemischanreicherung bei Start, Warmlauf und Beschleunigung,
- Regelung der Leerlaufdrehzahl und
- Abschaltung im Schiebebetrieb (Schubabschaltung) und Motorstopp.

20.7.1 Steuerung der Gemischanreicherung

Für die Gemischanreicherung wird die Vordrosselklappe durch einen **Vordrossel-Stellmotor** geschlossen. Dabei wird gleichzeitig die **Zusatzluftdüse** gegen die Kraft der Feder geschlossen. Das Gemisch wird angereichert.

Da der Vordrossel-Stellmotor eine hohe Stellgeschwindigkeit ermöglicht, kann die Vordrosselklappe auch für die Beschleunigungsanreicherung eingesetzt werden.

20.7.2 Leerlaufdrehzahlregelung

Die Leerlaufdrehzahl wird in Form von elektrischen Impulsen vom Zündschaltgerät an das Steuergerät gegeben und mit dem Sollwert verglichen (s. Kap. Einspritzanlagen für Ottomotoren). Das Steuergerät errechnet die notwendige Anstellung der Drosselklappe. Die Regeleinrichtung sorgt über den elektropneumatischen **Drosselklappenansteller** für die erforderliche Korrektur. Die Leerlaufdrehzahl kann damit unabhängig von dem Reibmoment des Motors und der Belastung durch Zusatzaggregate konstant und niedrig gehalten werden (Kraftstoffersparnis).

20.7.3 Schubabschaltung und Motorstopp

Im Schiebebetrieb wird die Drosselklappe, gesteuert vom Drosselklappenansteller, über Drehzahlen von 1100 bis 1400/min (Schubdrehzahlschwelle) vollständig geschlossen. Aus dem Leerlaufsystem wird kein Kraftstoff mehr gefördert.

Wird die **Schubdrehzahlschwelle** unterschritten, so erfolgt das Wiedereinsetzen der Kraftstofförderung durch Steuerung der zwei Klappensteller. Damit wird ein **ruckfreier Übergang** zum normalen Leerlaufbetrieb erreicht.

Der **Leerlaufschalter** gibt an das Steuergerät die Information über die Betätigung des Fahrpedals. Wird der Motor abgestellt, schließt die Drosselklappe ebenfalls, damit das »Nachdieseln« verhindert wird.

20.7.4 Ausfall des Steuersystems

Der einfache Grundvergaser ist so ausgelegt, daß das Mischungsverhältnis bei betriebswarmem Motor ausreichend bleibt, wenn das elektronische Steuersystem ausfällt (Notlauf).

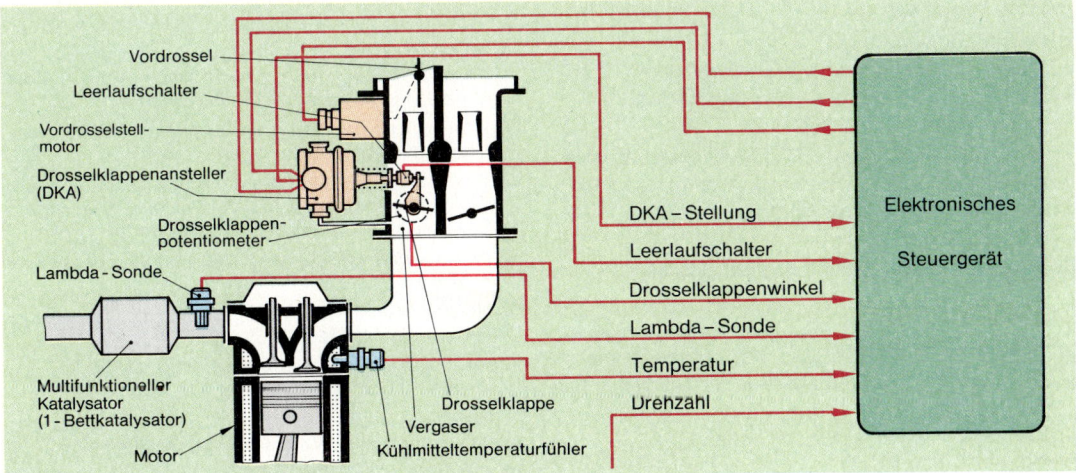

Abb. 2: Prinzip des elektronischen Vergasers mit Steuergerät

20.8 Wartung und Diagnose

Vergaserstörungen sind zu einem großen Teil die Folgen äußerer und innerer **Verschmutzung.** Sie können zum Klemmen beweglicher Teile oder zu Verstopfungen der Kanäle führen. Schon ein Wassertropfen beeinflußt wegen seiner großen Haftfähigkeit den einwandfreien Kraftstoffdurchfluß durch die engen Düsen.

Zur **Vergaserwartung** gehören vor allem:

- regelmäßige Wartung des Luft- und Kraftstoffilters,
- regelmäßige äußerliche Reinigung des Vergasers und Schmierung der Gelenke,
- Kontrolle der Leichtgängigkeit aller beweglichen Teile und
- Kontrolle des festen Sitzes der Befestigungsschrauben und der Abdichtungen.

Die Reinigung der Bauteile geschieht mit reinem Kraftstoff und mit Druckluft.

> Vor jeder **Fehlersuche am Vergaser** sind zuerst Luftfilter, Ventileinstellung, Zünd- und Auspuffanlage zu überprüfen. Ferner ist der Kraftstoffweg bis zum Vergaser zu kontrollieren.

Da sich die verschiedenen Vergaser in ihrem Aufbau zum Teil sehr stark unterscheiden, ist es nur möglich, **allgemeine Diagnosehinweise** zu geben. Deshalb wird auf die Vorschriften der Vergaser- und Kfz-Herstellerfirmen verwiesen.

Jeder Vergaser ist mit einer **Blechfahne** versehen, die Angaben über die zugehörige Einstell- und Ersatzteilliste enthält.

Die einfachen Wartungsarbeiten am Vergaser beschränken sich auf:

- Grundreinigung,
- Prüfen der Ausstattung und Einstelldaten,
- Einstellen des Leerlaufs und Überprüfen des vorgeschriebenen CO-Wertes.

Stets ist auf Sauberkeit und auf die Verwendung des geeigneten Werkzeugs (Spezialwerkzeug) zu achten. Schon ein kleiner Grat an einer Düse verändert ihre Durchflußwerte.

Das Prüfen der Ausstattung bezieht sich auf:

- Dichtungen,
- Unterdruck-, Kühlwasser-, und Elektroanschlüsse,
- Starter- und Drosselklappe, Vergasergestänge,
- Schwimmer, Schwimmergelenk und Schwimmernadelventil,
- Pumpenventile, Membranen, Siebe und
- Düsen.

Zur Kontrolle der richtigen Funktion von Schwimmernadelventil und Schwimmer wird der **Kraftstoffstand** im Schwimmergehäuse mit Hilfe eines **Tiefenmaßes** ermittelt. Abweichungen vom Sollwert lassen auf einen undichten Schwimmer oder ein defektes Schwimmernadelventil schließen.

Überschreitet der **CO-Wert** den vorgeschriebenen Wert, so ist eine neue **Grundeinstellung** vorzunehmen. Die Eingriffssicherungen sind zu erneuern. Die Einstellung der **Leerlaufdrehzahl** soll nur bei betriebswarmem Motor mit Hilfe der **Zusatzgemisch-Regulierschraube** erfolgen.

Aufgaben

1. Skizzieren Sie einen einfachen Vergaser, und erklären Sie seine grundsätzliche Wirkungsweise.
2. Welche Bauteile gehören zum Hauptdüsensystem des einfachen Vergasers?
3. Welche Aufgabe hat der Lufttrichter innerhalb der Mischkammer?
4. Welche Aufgabe hat die Schwimmereinrichtung?
5. Welchen Einfluß hat die Luftkorrekturdüse auf die Gemischbildung des Hauptdüsensystems?
6. Welchen Einfluß hat die Veränderung der Luftdichte auf die Gemischbildung im Vergaser?
7. Erklären Sie die Wirkungsweise des Grundleerlaufsystems.
8. Wozu dienen die Bypass-Öffnungen?
9. Weshalb muß der Vergaser während des Kaltstarts ein sehr fettes Gemisch liefern?
10. Erläutern Sie die Wirkungsweise eines Beschleunigungssystems.
11. Nennen Sie die Unterschiede zwischen einem Doppel- und einem Stufenvergaser.
12. Welche Aufgabe hat die zweite Stufe im Stufenvergaser?
13. Skizzieren Sie den grundsätzlichen Aufbau eines Gleichdruckvergasers im Teillastbereich.
14. Beschreiben Sie den grundsätzlichen Aufbau eines Gleichdruckvergasers.
15. Wie erfolgt die Lufttrichterquerschnittsänderung des Gleichdruckvergasers, wenn im Vollastbereich die Drosselklappe schnell geschlossen wird?
16. Worin unterscheidet sich der schiebergesteuerte Kraftradvergaser vom Gleichdruckvergaser?
17. Nennen Sie die hauptsächlichen Bauteile des elektronischen Vergasers.
18. Welche Aufgaben werden von der Elektronik des elektronischen Vergasers übernommen?
19. Welche Bauteile werden für die Gemischanreicherung im elektronischen Vergaser eingesetzt?
20. Nennen Sie drei Ursachen, die einen zu großen CO-Anteil im Abgas bewirken.

21 | Einspritzanlagen für Ottomotoren

Die **Hauptaufgabe** der Einspritzanlagen ist, neben der Kraftstoffeinspritzung, die Bildung des allen Fahrzuständen angepaßten, d.h. optimalen Kraftstoff-Luft-Gemisches. Zusätzlich ist durch den Einsatz der λ-Regelung eine deutliche Reduzierung der Schadstoffe im Abgas möglich (s. Kap. 30).

21.1 Systematik der Einspritzanlagen

Abb. 1 zeigt eine Übersicht der Einspritzanlagen für Ottomotoren. Im Personenkraftfahrzeugbau werden meist die Saugrohr-Einspritzsysteme verwendet.

21.2 Kontinuierliche Mehrpunkteinspritzung

> Eine **Mehrpunkteinspritzung** hat für jeden Zylinder ein Einspritzventil.

Häufig wird auch von **MPI** gesprochen: **M**ulti-**P**oint-**I**njektion (engl.: Mehr-Punkt-Einspritzung).

21.2.1 K-Jetronic

Dieses Einspritzsystem gliedert sich in drei Aufgabenbereiche:

- Kraftstoffversorgung,
- Luftmengenmessung,
- Gemischaufbereitung.

Kraftstoffversorgung

Die **Kraftstoffpumpe,** eine Elektro-Rollenzellenpumpe (s. Kap. Kraftstofförderanlage), führt dem Mengenteiler unter Förderdruck (Systemdruck) Kraftstoff zu (Abb. 3). Sie ist elektrisch so geschaltet, daß bei eingeschalteter Zündung und nicht laufendem Motor **kein** Kraftstoff gefördert wird (Unfall). Vom Mengenteiler fließt der Kraftstoff zu den Einspritzventilen. Diese spritzen den Kraftstoff fein zerstäubt und fortlaufend (**k**ontinuierlich, daher **K**-Jetronic) während der vier Takte **vor die Einlaßventile** in die Ansaugkanäle des Motors (indirekte Einspritzung). Öffnen die Einlaßventile, wird das Kraftstoff-Luft-Gemisch in die Verbrennungsräume gesaugt. Durch das Einspritzen **vor** die Einlaßventile kann mit niedrigen Einspritzdrücken gearbeitet werden.

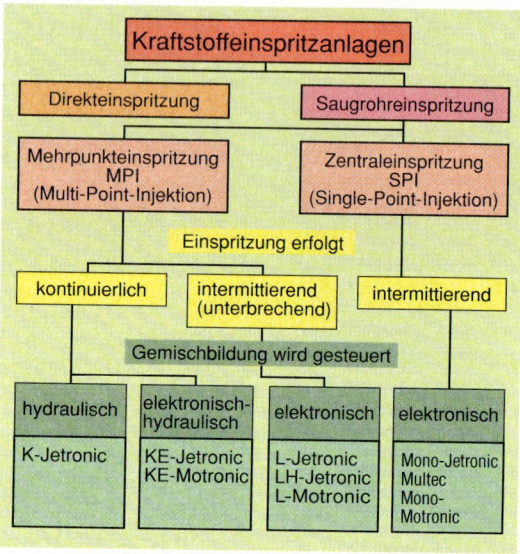

Abb. 1: Kraftstoffeinspritzanlagen

Der **Kraftstoffspeicher** sorgt dafür, daß nach dem Abstellen des Motors der Druck im Kraftstoffsystem für eine gewisse Zeit nicht absinkt. Dadurch wird eine Dampfblasenbildung vermieden und das Wiederanlassen des Motors erleichtert.

Der **Systemdruckregler** (Abb. 2) hält den Kraftstoff-Förderdruck (Systemdruck) auf 4,8 bar konstant, indem ein federbelasteter Kolben bei Druckerhöhung den Rücklauf zum Kraftstoffbehälter freigibt.
Damit der Steuerdruck nach dem Abschalten des Motors gehalten wird, befindet sich in der Rücklaufleitung vom Mengenteiler bzw. Warmlaufregler ein **Absperrventil** (Aufstoßventil).

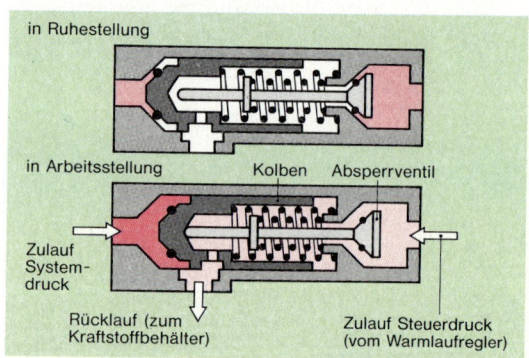

Abb. 2: Systemdruckregler mit Absperrventil

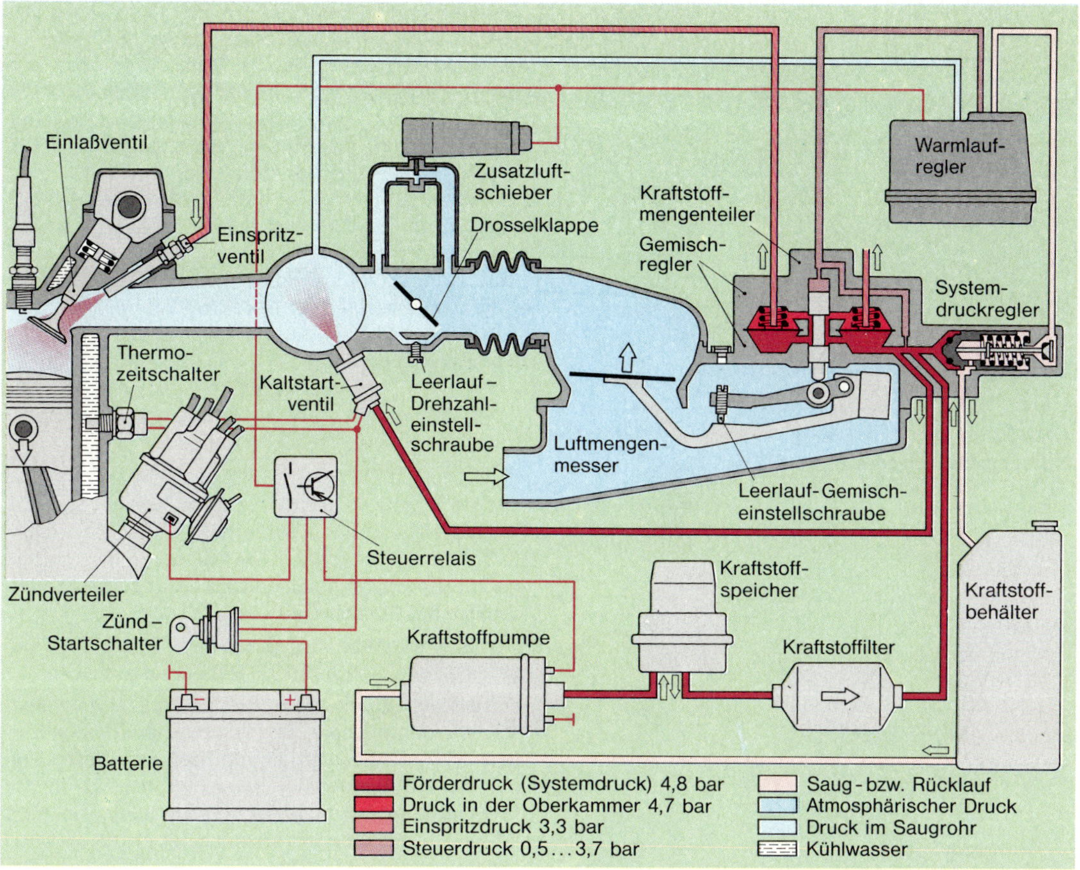

Abb. 3: K-Jetronic

Förderdruck (Systemdruck) 4,8 bar	Saug - bzw. Rücklauf
Druck in der Oberkammer 4,7 bar	Atmosphärischer Druck
Einspritzdruck 3,3 bar	Druck im Saugrohr
Steuerdruck 0,5...3,7 bar	Kühlwasser

Labels in Abb. 3: Einlaßventil, Einspritz-ventil, Zusatzluft-schieber, Drosselklappe, Kraftstoff-mengenteiler, Gemisch-regler, Warmlauf-regler, System-druckregler, Thermo-zeitschalter, Kaltstart-ventil, Leerlauf–Drehzahl-einstell-schraube, Luftmengen-messer, Leerlauf-Gemisch-einstellschraube, Zündverteiler, Zünd–Startschalter, Steuerrelais, Kraftstoffpumpe, Kraftstoff-speicher, Kraftstofffilter, Kraftstoff-behälter, Batterie

---

Die **Einspritzventile** (Abb. 4) öffnen, sobald der Öffnungsdruck von 3,3 bar überschritten wird. Die Ventilnadel schwingt mit hoher Frequenz, so daß der Kraftstoff sehr gut zerstäubt wird.

Einspritzventile sind gegen die Wärme des Zylinderkopfes gut isoliert, es bilden sich keine Dampfblasen.

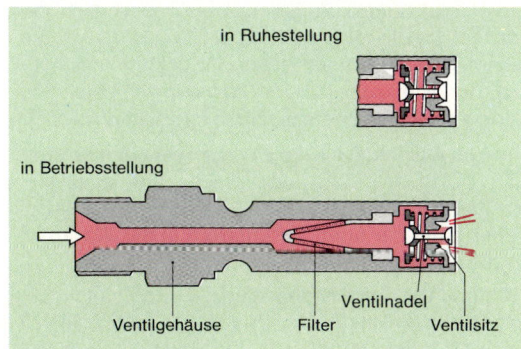

Abb. 4: Einspritzventil

(Labels: in Ruhestellung, in Betriebsstellung, Ventilgehäuse, Filter, Ventilnadel, Ventilsitz)

Luftmengenmessung

Grundlage einer exakten Zumessung der Kraftstoffmenge zur angesaugten Luftmenge ist die genaue Messung der Luftmenge.

> Der **Luftmengenmesser** der K-Jetronic arbeitet nach dem **Schwebekörperprinzip.**

Die angesaugte Luft strömt durch einen Lufttrichter (Abb. 1, S. 186). Dabei trifft sie auf eine **Stauscheibe** (Schwebekörper), die bis zum Gleichgewichtszustand zwischen der Strömungskraft der Luft, der Gegenkraft an der Stauscheibe und der Steuerkolbenkraft (Abb. 3, S. 186) angehoben wird.

Nimmt die Luftmenge zu, so wirkt wegen des engen Durchlaßquerschnitts zuerst eine größere Strömungskraft (Staudruck). Die Stauscheibe bewegt sich nach oben. Der Strömungsquerschnitt wird größer, und die Strömungsgeschwindigkeit nimmt ab. Die Gegenkraft und die Strömungskraft sind wieder im Gleichgewicht.

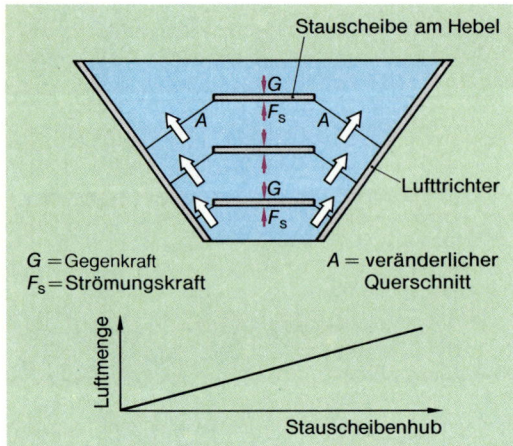

G = Gegenkraft   A = veränderlicher
F_S = Strömungskraft   Querschnitt

Abb. 1: Luftmengenmessung mit Stauscheibe

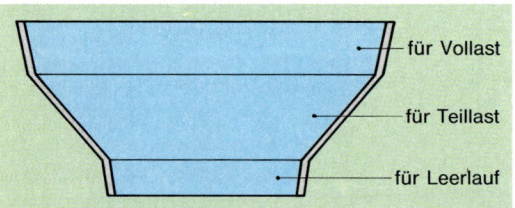

Abb. 2: Kegelkorrekturen

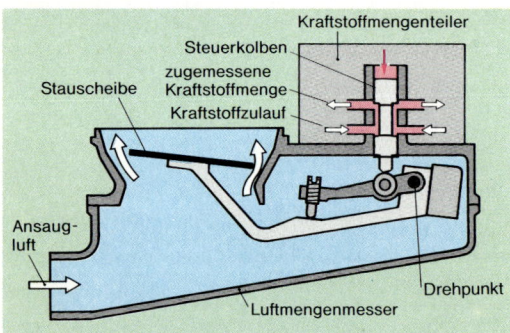

Abb. 3: Luftmengenmesser mit Kraftstoffmengenteiler

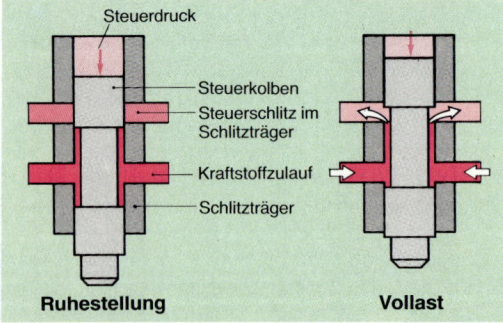

Abb. 4: Mengenteiler

Bei gleichbleibendem Kegelwinkel des Lufttrichters stehen Luftmenge und Stauscheibenhub stets im gleichen Verhältnis (Abb. 1). Da durch diesen Hub die Kraftstoffmenge bestimmt wird, bleiben somit auch Luftmenge und Kraftstoffmenge im gleichen Verhältnis, d. h., es wird ein **gleichbleibendes Gemisch** mit einem bestimmten λ-Wert geliefert.

Um aber dem Motor in den verschiedensten Betriebszuständen (Leerlauf, Teillast, Vollast) das bestmögliche Kraftstoff-Luft-Gemisch liefern zu können, wird der Lufttrichter durch eine **Kegelkorrektur** (Abb. 2) in verschiedene Bereiche unterteilt.

Gemischaufbereitung

> Der **Mengenteiler** teilt die erforderliche Kraftstoffmenge den einzelnen Zylindern zu.

Die Bewegungen der Stauscheibe werden über ein Hebelsystem auf den **Steuerkolben** des Mengenteilers (Abb. 3) übertragen. Der Steuerkolben gibt, je nach Stellung, unterschiedliche Längen der **Steuerschlitze des Schlitzträgers** frei (Abb. 4).

Der Steuerkolben wird durch den **Steuerdruck** gegen die von unten wirkende Hebelkraft gedrückt.

Die **Differenzdruckventile** (Abb. 5) des Mengenteilers sind Membranventile. Ober- und Unterkammer werden durch eine Stahlmembran getrennt, deren Hub nur wenige Hundertstel Millimeter beträgt. In der **Unterkammer** herrscht der Systemdruck von etwa 4,8 bar. In der **Oberkammer** ist der Druck um den **Differenzdruck von 0,1 bar** niedriger. Diese Druckdifferenz entsteht durch die in der Druckkammer eingebaute Druckfeder und die maßlichen Abstimmungen am Membranventil.

> Der an den Steuerschlitzen entstandene Druckverlust wird durch die **Differenzdruckventile** auf 0,1 bar gehalten.

Steigt die Fördermenge, so vergrößert sich der Membranventil-Ringspalt und der Druck in der Oberkammer kann nicht ansteigen. Umgekehrt verringert sich der Ringspalt und der Differenzdruck bleibt bei geringerer Fördermenge ebenfalls erhalten.

Der **Warmlaufregler** (Abb. 6) regelt den **Steuerdruck.** Er wird so am Motor angebracht, daß er dessen Temperatur annimmt. Zusätzlich wird er elektrisch beheizt, um die Anreicherungszeit in der Warmlaufphase zu verkürzen.

Während der **Kaltstartphase** drückt die Bimetallfeder gegen die Ventilfeder, der Querschnitt zum Kraftstoff-Rücklauf (Absteuerquerschnitt) ist groß. Es kann sich deshalb nur ein niedriger Steuerdruck (0,5 bar) auf-

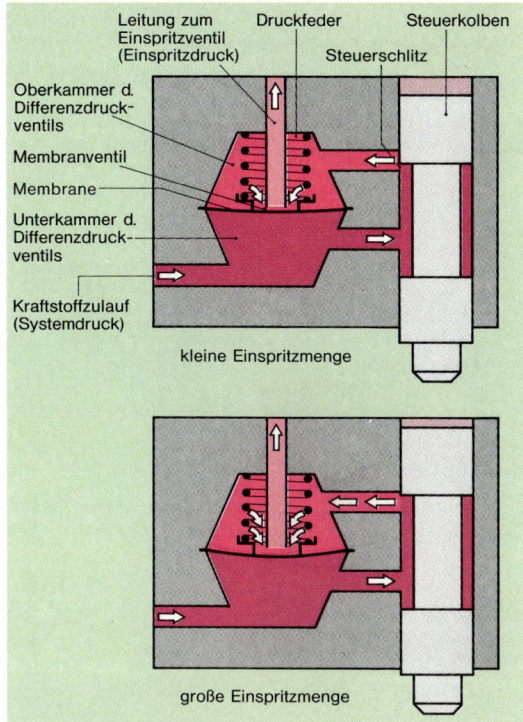

Abb. 5: Differenzdruckventil

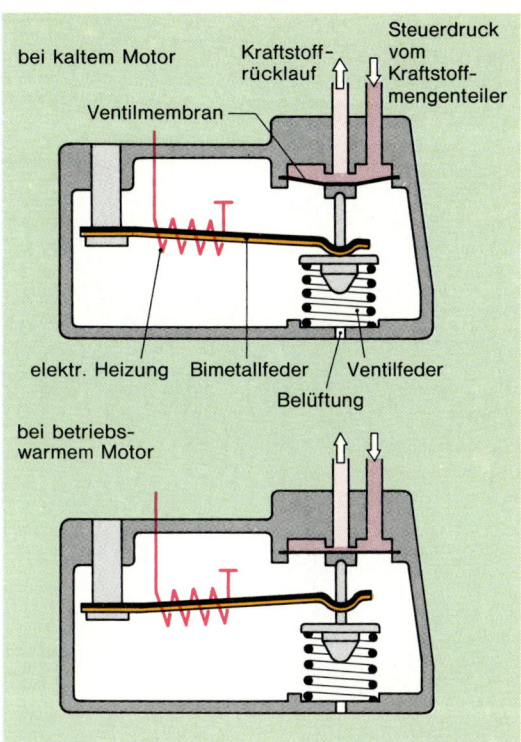

Abb. 6: Warmlaufregler

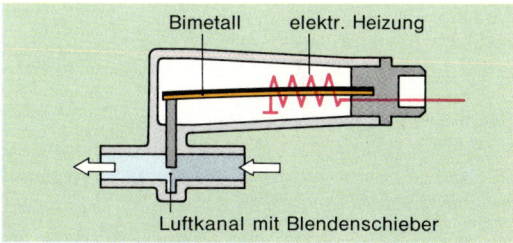

Abb. 7: Zusatzluftschieber

bauen. Die Folge ist eine große Öffnung der Steuerschlitze, d. h. eine Kraftstoffanreicherung. Mit zunehmender Erwärmung wird der Absteuerquerschnitt immer kleiner, so daß der Steuerdruck auf 3,7 bar ansteigt. Dadurch kann der Steuerkolben im Mengenteiler die Steuerschlitze nicht mehr so weit freigeben. Die Anreicherung ist beendet.

Ein Warmlaufregler mit **Vollastanreicherung** hat eine Verbindung zum Saugrohr (Abb. 3, S. 185). Über den Saugrohrdruck wird der Steuerdruck zusätzlich beeinflußt.

Ein **Zusatzluftschieber** (Abb. 7) sorgt dafür, daß während der Warmlaufphase dem Motor, wegen der erhöhten Motorreibung und der Kondensation des Kraftstoffs im Ansaugkrümmer, zusätzlich Luft zugeführt wird. Das geschieht durch Umgehung der Drosselklappe. Der Zusatzluftschieber wird durch ein elektrisch beheiztes Bimetall gesteuert.

Der **Thermozeitschalter** bestimmt die Einspritzzeit des Kaltstartventils bei kaltem Motor in Abhängigkeit von Zeit und Temperatur des Motors (z. B. bei −20°C ungefähr 8 s). Das Kaltstartventil schließt, wenn eine bestimmte Motortemperatur erreicht ist. Ferner begrenzt der Thermozeitschalter die Einschaltzeit des Kaltstartventils, um eine Überfettung des Gemisches nach mehrmaligem Starten zu verhindern.

21.2.2 KE-Jetronic

Das **Grundsystem** der KE-Jetronic (Abb. 1, S. 188) ist das mechanisch-hydraulische Einspritzsystem der K-Jetronic (s. Kap. 21.2.1). Die KE-Jetronic bemißt ebenfalls die Kraftstoffmenge in Abhängigkeit der vom Motor angesaugten Luftmenge. Im Unterschied zur K-Jetronic erfaßt die KE-Jetronic weitere Betriebsdaten über zusätzliche **Sensoren:**

- Drosselklappenschalter,
- Stauscheibenpotentiometer,
- Motortemperaturfühler
  und
- λ-Sonde.

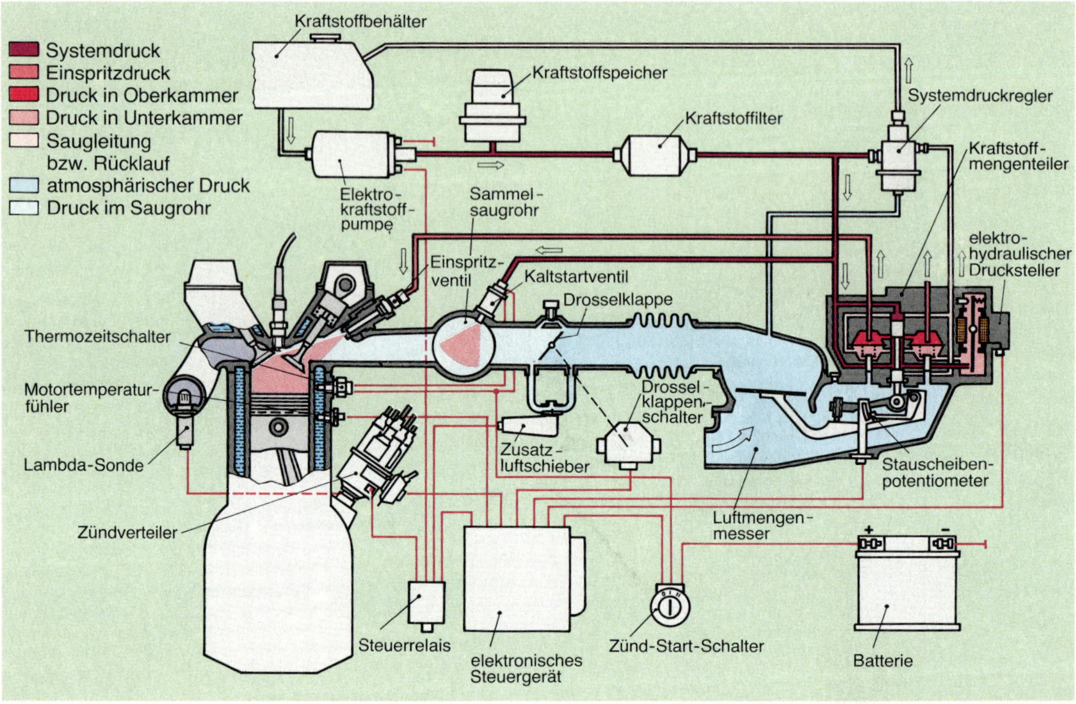

Systemdruck
Einspritzdruck
Druck in Oberkammer
Druck in Unterkammer
Saugleitung
bzw. Rücklauf
atmosphärischer Druck
Druck im Saugrohr

Kraftstoffbehälter
Kraftstoffspeicher
Kraftstoffilter
Systemdruckregler
Kraftstoff-mengenteiler
Elektro-kraftstoffpumpe
Sammel-saugrohr
elektro-hydraulischer Drucksteller
Einspritz-ventil
Kaltstartventil
Drosselklappe
Thermozeitschalter
Motortemperatur-fühler
Drossel-klappen-schalter
Lambda-Sonde
Zusatz-luftschieber
Stauscheiben-potentiometer
Zündverteiler
Luftmengen-messer
Steuerrelais
elektronisches Steuergerät
Zünd-Start-Schalter
Batterie

Abb. 1: KE-Jetronic

Die Motordrehzahl wird vom Zündsystem an das Steuergerät übertragen.

Je nach Ausbaustufe der KE-Jetronic sind weitere Sensoren, wie z.B. Saugrohrdrucksensor vorhanden.

Die Daten der Sensoren werden im System der KE-Jetronic in einem elektronischen **Steuergerät** verarbeitet, das einen **elektro-hydraulischen Drucksteller** am Kraftstoffmengenteiler ansteuert. Durch diesen Drucksteller wird das Kraftstoff-Luft-Gemisch während

- der Kaltstart-,
- der Nachstart-,
- der Warmlaufphase,
- der Beschleunigung und
- der Vollast gesteuert.

Zusätzlich sind Schubabschaltung, Leerlauf-Regelung (mit zusätzlichem Leerlauf-Drehsteller) und Drehzahlbegrenzung möglich.

Die **Vorteile** der KE-Jetronic sind:

- Geringerer Kraftstoffverbrauch gegenüber der K-Jetronic,
- schnellere Anpassung an unterschiedliche Betriebszustände,
- λ-Regelung und
- für weitere Funktionen ausbaufähig.

Kraftstofförderung

Das Teilsystem für die Kraftstoffversorgung basiert auf dem der K-Jetronic. Der Systemdruckregler (Abb. 2) hält den Systemdruck (Versorgungsdruck) z.B. auf 6,1 bis 6,6 bar konstant.

> Der **Systemdruck** ist gleich dem Druck auf den Steuerkolben, d.h. gleich dem **Steuerdruck**.

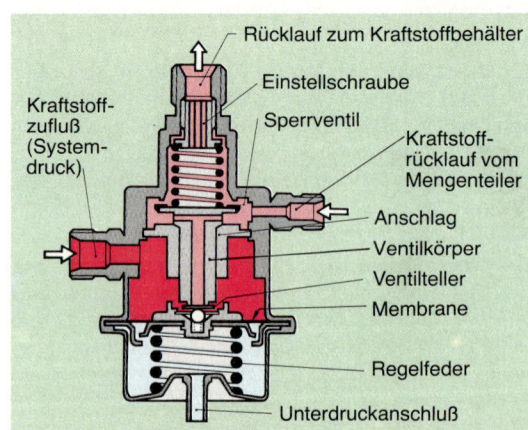

Rücklauf zum Kraftstoffbehälter
Einstellschraube
Kraftstoff-zufluß (System-druck)
Sperrventil
Kraftstoff-rücklauf vom Mengenteiler
Anschlag
Ventilkörper
Ventilteller
Membrane
Regelfeder
Unterdruckanschluß

Abb. 2: Kraftstoff-Systemdruckregler

Die Membrane im **Kraftstoff-Systemdruckregler** bewegt sich nach dem Start durch den Kraftstoffdruck und den Saugrohrunterdruck einen kleinen Hub abwärts gegen die Kraft der Regelfeder. Der Ventilkörper folgt dieser Bewegung und stößt gegen den Anschlag. Das Sperrventil ist geöffnet. Erreicht der Systemdruck seinen höchsten Wert von 6,6 bar, so öffnet der Ventilteller, Kraftstoff fließt zum Kraftstoffbehälter zurück und der Kraftstoffdruck sinkt. Nach dem Abschalten des Motors wird die Membrane nicht mehr vom Unterdruck zurück gezogen, der Rücklauf (das Sperrventil) wird geschlossen.

Elektro-hydraulischer Drucksteller

Zwischen zwei Doppelmagnetpolen hängt in einem Gehäuse aus nichtmagnetischem Werkstoff ein Anker, der als Prallplatte dient (Abb. 3). Der Kraftstoffstrahl, der über eine Düse im Drucksteller mit Systemdruck auf die Prallplatte trifft, drückt ihn gegen die magnetischen und mechanischen Kräfte zurück. Die Druckdifferenz zwischen Zulauf (Systemdruck) und Abfluß zur Unterkammer ist proportional zur elektrischen Stromstärke in der Magnetspule des Druckstellers.

> Der **elektro-hydraulische Drucksteller** ändert entsprechend der vom Steuergerät gelieferten Stromstärke den **Druck** in den **Unterkammern** der Differenzdruckventile.

Um den gleichen Wert ändert sich der Druck in den Oberkammern. Die Änderung des Oberkammerdrucks beeinflußt (neben der Schlitzsteuerung) die Kraftstoffmenge.

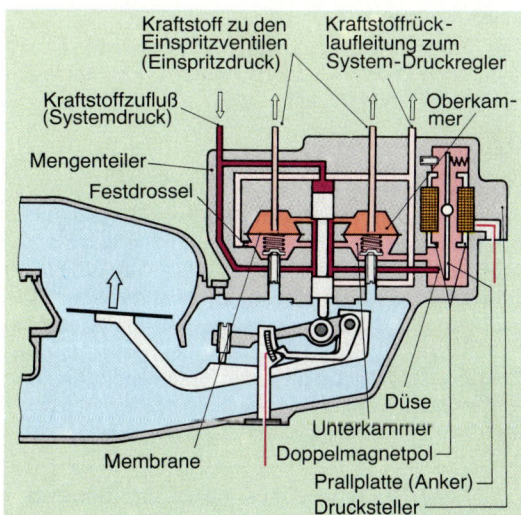

Kraftstoff zu den Einspritzventilen (Einspritzdruck)

Kraftstoffrücklaufleitung zum System-Druckregler

Kraftstoffzufluß (Systemdruck)

Oberkammer

Mengenteiler

Festdrossel

Düse

Unterkammer

Membrane

Doppelmagnetpol

Prallplatte (Anker)

Drucksteller

Abb. 3: Gemischregler (Mengenteiler) mit elektro-hydraulischem Drucksteller

> Steigt die **Druckdifferenz** zwischen System- und Oberkammerdruck im Mengenteiler (bei gleicher Schlitzlänge), so wird mehr Kraftstoff gefördert. Das Kraftstoff-Luft-Gemisch wird **fetter**. Mit geringer werdender Druckdifferenz wird das Gemisch **magerer**.

Kaltstart

> Das **Kaltstartsystem** der KE-Jetronic steuert die Kaltstartanreicherung zeit- und temperaturabhängig durch Ansteuern des Druckstellers.

Der zusätzliche Kraftstoff wird über ein Kaltstartventil (Abb. 1) oder über alle Einspritzventile eingespritzt.

Nachstartphase

Nach dem Start bei niedrigen Temperaturen ist für wenige Sekunden eine zusätzliche Kraftstoffanreicherung notwendig, um die Kraftstoffkondensation (den Kraftstoffniederschlag) an den Wänden des Ansaugkrümmers auszugleichen.

> Die **Nachstartanreicherung** ist temperatur- und zeitabhängig. Sie wird linear mit der Zeit nach dem Start verringert.

Nach einem Start ist z.B. bei 20°C die Nachstartanreicherung nach 20 Sekunden beendet.

Warmlauf

Auch der Warmlauf wird über die verarbeiteten Signale des Temperaturfühlers gesteuert.

> Während des **Warmlaufs** wird über den Drucksteller die Kraftstofförderung so beeinflußt, daß der Verbrennungsablauf mit **geringster Anfettung** des Gemischs gewährleistet ist.

Beschleunigung

Die **Kraftstoffmenge** während der Beschleunigung hängt ab von:
- der Temperatur des Kühlmittels und
- der Laständerungsgeschwindigkeit.

Liegt die **Temperatur** unter 80°C, dann gibt das Steuergerät an den Drucksteller das entsprechende Spannungssignal für eine Beschleunigungsanreicherung. Liegt die Temperatur über 80°C, so entfällt ein temperaturabhängiges Spannungssignal an den Drucksteller.

Die **Laständerungsgeschwindigkeit** (schnelles oder langsames Betätigen des Fahrpedals bzw. der Drosselklappe) wird durch die **Stauscheibenbewegung** (Abb. 1) des Luftmengenmessers signalisiert. Sie ist gegenüber der Drosselklappenbewegung nur geringfügig verzögert.

> Der **Sensor** für die Drosselklappenbewegung ist das **Stauscheibenpotentiometer.** Das Steuergerät schließt aus der Änderungsgeschwindigkeit der aufeinanderfolgenden Spannungssignale auf die Lastwechselgeschwindigkeit.

Vollast

Ab einer bestimmten Drehzahl im Vollastbereich wird die Steuerstromstärke für den Drucksteller etwas erhöht.

> Durch Erhöhung der **Drucksteller-Steuerstromstärke** wird der Spalt am Prallplattenventil enger und der Druck in den Unterkammern sinkt.

Dadurch fällt auch der Druck in den Oberkammern und die Druckdifferenz zum Systemdruck nimmt zu: Es fließt mehr Kraftstoff (Abb. 1).

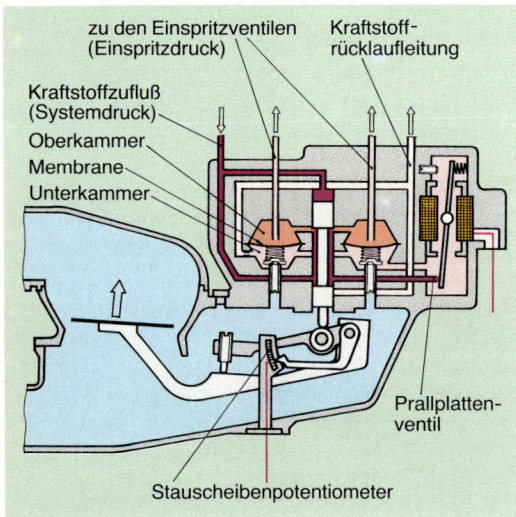

Abb. 1: Vollast

System der Schubabschaltung

> Wird im Drucksteller die **Polarität** der Steuerstromstärke an den Magnetpolen im **Schubbetrieb** geändert, so entfernt sich die Prallplatte weiter von der Düse, d.h. das »**Ventil öffnet**«.

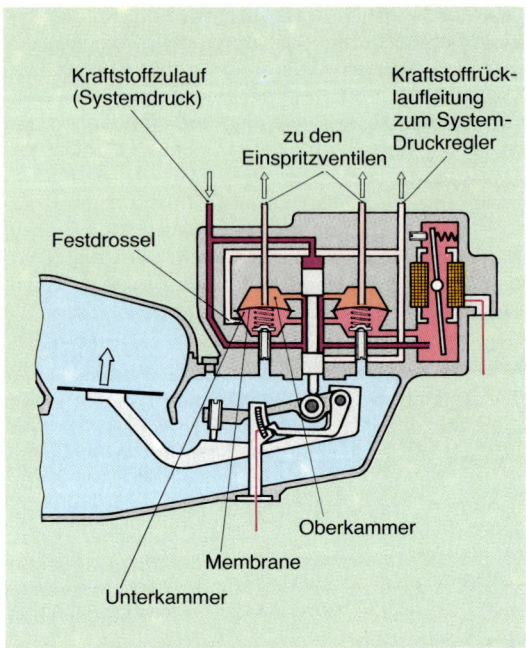

Abb. 2: Schubabschaltung

Der Druck in der Unterkammer wird so groß (annähernd Systemdruck), daß er die Membranen der Differenzdruckventile gegen die Zuleitungen zu den Einspritzventilen drückt (Abb. 2). Die Abschaltung des Kraftstoffflusses während des Schubbetriebs wird durch die Signale »Drosselklappe in Leerlaufstellung« und »Motordrehzahl größer als 1600/min« über das Steuergerät ausgelöst. Die Schubabschaltung ist beendet, wenn die Drehzahl unter 1300/min sinkt.

Die Positionsmeldung der Drosselklappe erfolgt durch den Drosselklappenschalter für die Endlagen »Leerlauf« und »Vollast«.

λ-Regelung

Die Signale der λ-Sonde (s. Kap. 30.3.2) werden vom Steuergerät in Steuersignale für den Drucksteller umgewandelt. Bis der Motor und die Sonde betriebswarm sind, wird der Drucksteller mit einem Ersatzprogramm des Steuergeräts angesteuert. Die KE-Jetronic kann durch verschiedene Erweiterungsstufen zusätzliche Funktionen übernehmen, z.B. Leerlaufdrehzahlregelung und Höhenkorrektur. Fallen wichtige Sensoren aus, so wird das Einspritzsystem vom Steuergerät mit Ersatzdaten gesteuert.

> Fällt das Steuergerät aus, so ist das **Einspritzsystem notlauffähig**.

21.2.3 KE-Motronic

Im System der KE-Motronic sind die elektronische Steuerung und die elektronische Zündung in einem gemeinsamen Steuergerät zusammengefaßt (s. Kap. 59.4).

Die **Eingangssignale** für das Steuergerät werden von den folgenden **Sensoren** ermittelt:

- Kühlmitteltemperaturgeber,
- Luftmengenmesserpotentiometer,
- λ-Sonde,
- Leerlaufschalter,
- Hall-Geber im Zündverteiler,
- Zündzeitpunktgeber und
- Klopfsensor.

Der **Hall-Geber** sendet für jeden Zylinder etwa 72° vor OT ein Spannungssignal an das Steuergerät der KE-Motronic. Aus diesen Signalen können alle drehzahlabhängigen Steuerdaten berechnet werden. Es ist auch möglich, Daten über Störungen des Einspritzsystems zu speichern, z.B. Daten zu Störungen im Steuergerät oder Informationsausfällen der Sensoren. Ersatzdaten aus dem Steuergerät bewirken, daß das System notlauffähig ist.

21.3 Intermittierende Mehrpunkteinspritzung

> Eine **intermittierende Mehrpunkteinspritzung** spritzt unterbrechend (impulsartig) den Kraftstoff ein. Jeder Zylinder hat vor dem Einlaßventil ein Einspritzventil.

21.3.1 L-Jetronic

Die L-Jetronic ist ein elektronisches Einspritzsystem, dessen Einspritzventile den Kraftstoff **intermittierend** (intermittere, lat.: zeitweilig unterbrechen) in das Saugrohr einspritzen (s. Kap. 59.2).

Abb. 3 zeigt das System der L-Jetronic. Sie besteht aus:

- dem Kraftstoffsystem (mit Einspritzventilen),
- den Meßfühlern (Sensoren) und
- dem Steuergerät.

Das »**L**« weist auf die Luftmengenmessung hin.

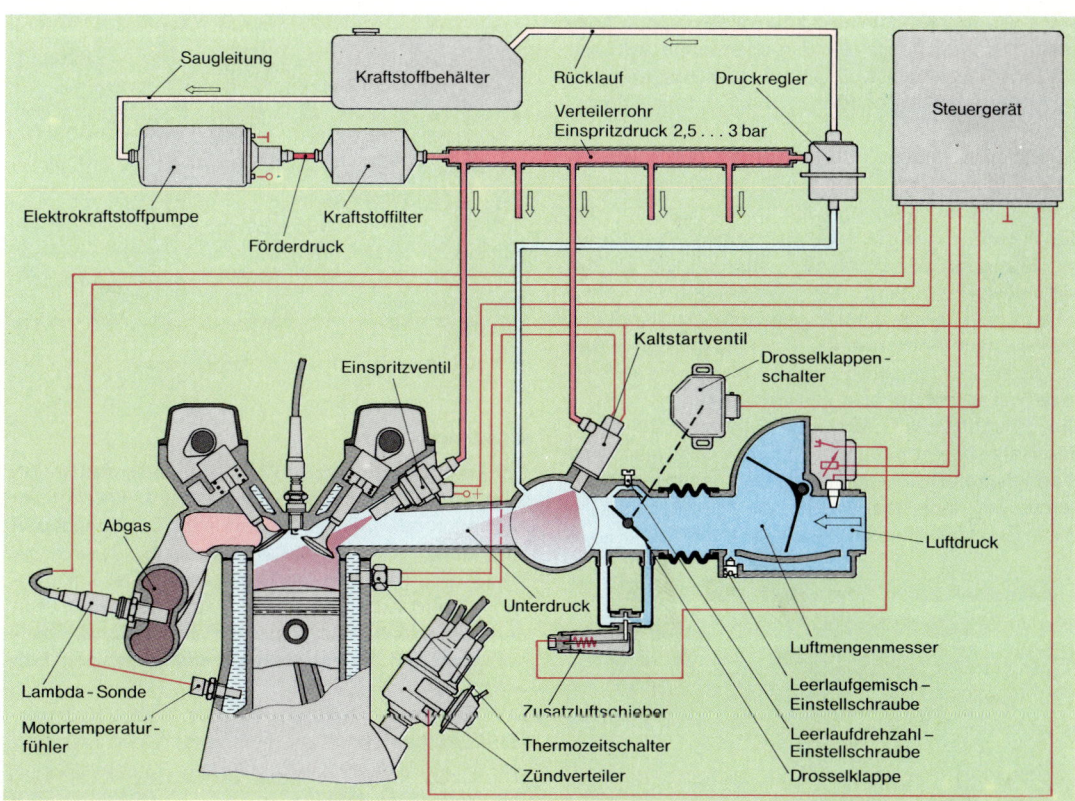

Abb. 3: L-Jetronic

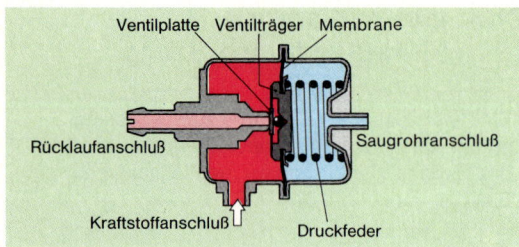
Abb. 1: Kraftstoffdruckregler

Kraftstoffsystem

Es besteht aus Kraftstoffbehälter, Elektro-Rollenzellenpumpe, Feinfilter, Druckregler, Verteilerrohr mit Einspritzventilen und Kaltstartventil (Abb. 3, S. 191).
Der **Druckregler** (Abb. 1) ist am Ende des Verteilerrohres angebracht. Neben den Kraftstoffanschlüssen hat er auch eine Rohrverbindung zum Sammelsaugrohr des Motors. Durch diesen Anschluß wird erreicht, daß der **Kraftstoffdruck** an den Einspritzventilen vom absoluten **Saugrohrdruck** abhängig ist. Sinkt z.B. dieser Druck, so öffnet das Plattenventil zur Rücklaufleitung, und der Kraftstoffdruck (etwa 3 bar) sinkt entsprechend. Die **Differenz** zwischen Saugrohr- und Kraftstoffdruck bleibt also immer **konstant**. Dadurch hängt die Einspritzmenge nur von der Einspritzzeit ab, weil Unterdruckveränderungen im Ansaugrohr keinen Einfluß mehr auf die Fördermenge haben.
Die **Einspritzventile** (Abb. 2) werden durch elektrische Impulse vom Steuergerät elektromagnetisch betätigt. Ist die Magnetwicklung stromlos, so wird die Düsennadel durch eine Schraubenfeder auf ihren Sitz gedrückt. Durch den Stromimpuls für die Magnetwicklung wird die Düsennadel um etwa 0,1 mm von ihrem Sitz abgehoben. Der Kraftstoff fließt je nach Fördermenge 1 bis 1,5 ms durch den Ringspalt. Zur besseren Zerstäubung ist die Düsennadel mit einem Spritzzapfen versehen.
Die Einspritzventile sind mit Gummiformteilen in den Halterungen gelagert. Dadurch wird eine gute Wärmeisolation erreicht und Dampfblasenbildung verhindert. Außerdem werden die Ventile gegen zu große Erschütterungen (Vibration) geschützt.

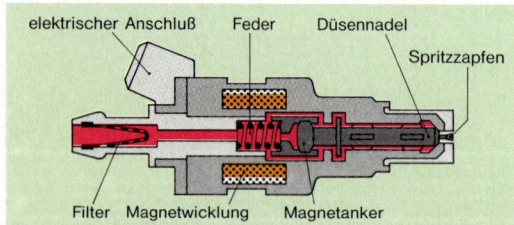
Abb. 2: Einspritzventil

Die **Einspritzventile** sind elektrisch parallel geschaltet. Sie öffnen und schließen gleichzeitig. Auch eine **gruppenweise** Einspritzung ist möglich.

Eine Zuordnung zwischen Nockenwellenwinkel und Einspritzbeginn ist nicht erforderlich, da es wegen der ausreichenden Wärme im Ansaugrohr zu keiner Kraftstoffkondensation kommt. Der Einspritzbeginn erfolgt durch einen Kontaktgeber im Verteiler über das Steuergerät. Dieses erzeugt für einen 4-Zylinder-Motor zwei Einspritzsignale je Nockenwellenumdrehung. So wird vor jedes Einlaßventil **gleichzeitig** jeweils **zweimal** die Hälfte des benötigten Kraftstoffs gespritzt. Die Einspritzung erfolgt also simultan (gleichzeitig) und parallel.
Die **Gemischbildung** erfolgt im Saugrohr und in den Zylindern des Motors. Öffnet ein Einlaßventil, reißt die angesaugte Luft das Kraftstoff-Luft-Gemisch mit, und es kommt durch eine intensive Verwirbelung zu einem zündfähigen Gemisch.

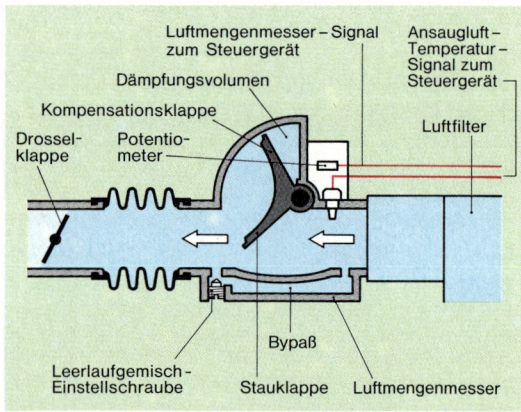
Abb. 3: Luftmengenmesser im Ansaugsystem

Meßfühler

Der **Luftmengenmesser** (Abb. 3) ist eines der Hauptteile der L-Jetronic. Die Messung der Luftmenge erfolgt nach dem Stauscheibenprinzip. Die **Stauklappe** wird durch die vom Motor angesaugte Luftmenge gegen eine Federrückstellkraft gedreht. Der Verdrehwinkel wird auf ein Potentiometer übertragen, von dem ein entsprechendes elektrisches Signal abgenommen und an das Steuergerät weitergegeben wird.
Der Luftmengenmesser ist mit einer **Kompensationsklappe** versehen (kompendere, lat.: ausgleichen). Durch diese Klappe und das Dämpfungsvolumen werden Druckschwingungen im Ansaugsystem ausgeglichen.

Weitere **Meßfühler** der L-Jetronic sind:

- Meßfühler für die Lufttemperatur,
- Meßfühler für die Motortemperatur,
- Drehzahlimpulsgeber für die Motordrehzahl und
- Drosselklappenschalter für den Lastbereich.

Steuergerät

> Das **Steuergerät** verarbeitet die Eingangssignale aller Meßfühler zu einem Spannungs- und damit Stromimpuls für die Einspritzventile.

Die Meßgrößen, mit denen der Betriebszustand des Motors erfaßt wird, können unterteilt werden in:

- Hauptmeßgrößen (Motordrehzahl, Luftmenge),
- Meßgrößen zur Anpassung (Motortemperatur, Lufttemperatur, Lastbereich, Bordnetzspannung),
- Meßgrößen zur Feinanpassung.

Aus den **Hauptmeßgrößen** wird im Steuergerät die **Einspritzgrundzeit** eines betriebswarmen Motors bestimmt. Die weiteren Meßgrößen werden im Steuergerät in der Weise verarbeitet, daß die Einspritzgrundzeit entsprechend verlängert wird.

Zur **Feinanpassung** der Kraftstoffzumessung werden alle Meßgrößen vom Steuergerät nach zusätzlichen Programmen verarbeitet, so daß auch das Übergangsverhalten während des Beschleunigens, die Höchstdrehzahlbegrenzung und Schiebebetriebanpassung gewährleistet sind.

Zusatzeinrichtungen

Die L-Jetronic hat, wie die K-Jetronic, einen **Zusatzluftschieber** und ein über einen **Thermozeitschalter** gesteuertes **Kaltstartventil**. Es kann aber auch durch Verlängerung der Einspritzdauer der Einspritzventile während des Kaltstarts mehr Kraftstoff eingespritzt werden. Ferner kann die L-Jetronic mit einer λ-**Regelung** (s. Kap. 59.3.1) kombiniert werden.

Das Steuergerät verarbeitet das Signal der λ-Sonde zu einer Steuerspannung für die Einspritzventile. Bis zum Erreichen der Motorbetriebstemperatur ist aber mit der λ-Sonde kein Regelbetrieb möglich. Die L-Jetronic ist in dieser Zeit nur auf **Steuerung** des λ-Werts geschaltet.

21.3.2 LH-Jetronic

Die LH-Jetronic basiert auf dem Grundsystem der L-Jetronic. Jedoch wird nicht die Luftmenge, sondern mit Hilfe des **Hitzdrahtprinzips** die Luftmasse gemessen (»**H**« für Hitzdraht).

Der Stauklappenluftmengenmesser der L-Jetronic ist dem Verschleiß ausgesetzt. Ferner lassen sich

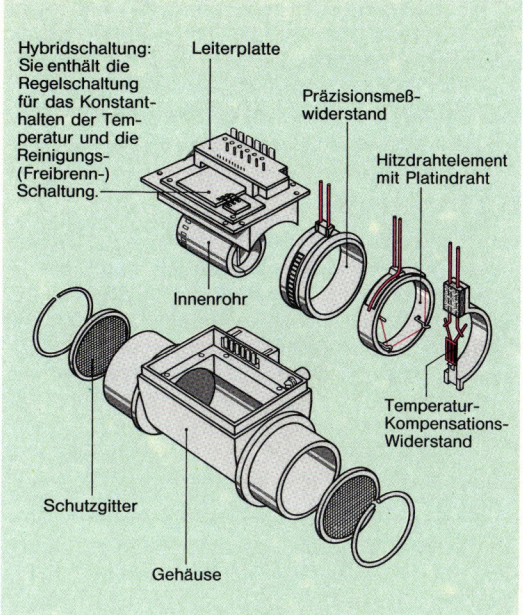

Abb. 1: Luftmassenmesser der LH-Jetronic

Meßfehler durch die pulsierende Luftsäule im Ansaugkrümmer und Änderungen der Luftdichte (höhenabhängig) nicht ganz ausschließen. Durch den Hitzdraht-Luftmassen-Messer werden diese Systemmängel vermieden (Abb. 1). Darüber hinaus reagiert er wesentlich schneller als ein Stauklappenmesser.

Luftmassen-Messer

Im Inneren des Luftmassen-Messers (Abb. 1) ist ein 70 μm dünner **Platindraht** gespannt. Durch diesen Draht fließt ein **Heizstrom.**
Wenn die Luftmasse ansteigt, wird der Draht stärker gekühlt. Durch Erhöhung der Heizstromstärke wird die ursprüngliche Temperatur des Hitzdrahtes wieder hergestellt.

> Die **Heizstromstärke** ist ein Maß für die angesaugte Luftmasse.

Die Regelung auf konstante Temperatur erfolgt wegen der geringen Masse des Drahtes in wenigen Millisekunden.
Sollte der Hitzdraht einmal reißen, so hat die LH-Jetronic Notlauffunktionen.
In regelmäßigen Abständen wird der Hitzdraht von möglichen Verunreinigungen durch »Freibrennen« gereinigt. Das Steuergerät liefert dazu für eine Sekunde eine erhöhte Heizstromstärke.

In einer anderen Entwicklung des LH-Systems wird statt des Hitzdrahts ein auf einer Keramikplatte aufgebrachter **Heißfilm** (Widerstandsfolie) erwärmt. Eine günstige Anordnung dieses Heißfilms im Ansaugluftstrom verhindert dessen Verschmutzen, so daß die Freibrennschaltung im Steuergerät entfällt.

21.3.3 L-Motronic

Die Weiterentwicklung der LH-Jetronic hat zu einem System mit gemeinsamem Steuergerät für Einspritzung und Zündung, zur **Motronic** geführt (s. Kap. 59.4.1). Dieses voll digitale System empfängt von zehn Sensoren die Eingangsdaten, führt sie einem Mikroprozessor zu und berechnet die Ausgangssignale entsprechend den programmierten Steuer-und Regelprogrammen, den fahrzeugspezifischen Daten, Kennlinien und Kennfeldern. Darüber hinaus kann die Motronic adaptive Systeme enthalten.

> Ein **System ist adaptiv** (anpassungsfähig), wenn es in der Lage ist, gespeicherte **Erstwerte** durch ermittelte, den Betriebsbedingungen angepaßte, **Zweitwerte** zu ersetzen.

Für adaptive Systeme entfallen die werksseitigen Grundeinstellungen, da die Elektronik diese Aufgabe übernimmt. Ein adaptives System der Motronic kann z.B. die Klopfregelung sein.

Für die **Diagnose** der Motronic werden die Daten der Eigendiagnose über ein Eingabe-/Ausgabegerät ermittelt. So kann z.B. mit einer Tastatur dem Steuergerät mitgeteilt werden, welches Teilsystem geprüft werden soll. Die Ausgabe geschieht über ein Display (Leuchtanzeige) oder einen Drucker.

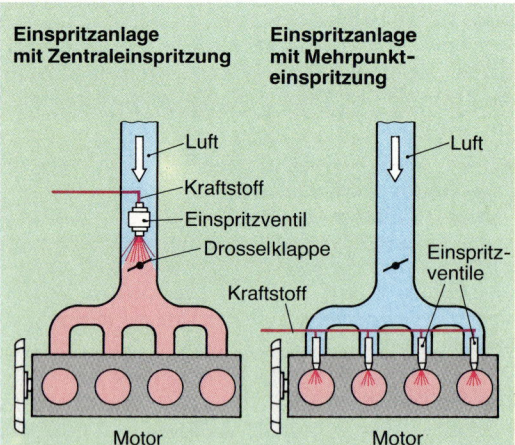

Einspritzanlage mit Zentraleinspritzung

Einspritzanlage mit Mehrpunkteinspritzung

Luft · Kraftstoff · Einspritzventil · Drosselklappe · Kraftstoff · Motor

Luft · Einspritzventile · Motor

Abb. 1: Anordnung der Zentraleinspritzung im Vergleich zur Mehrpunkteinspritzung

21.4 Intermittierende Zentraleinspritzung

> Werden die einzelnen Einspritzventile durch ein über der Drosselklappe angeordnetes **Zentraleinspritzventil** ersetzt, so ergibt sich ein kompaktes Zentraleinspritzsystem, auch **SPI-System genannt.**

SPI: **S**ingle **P**oint **I**njection, engl.: Einzel-Punkt-Einspritzung.

Eine Zentraleinspritzung (Abb. 1) ähnelt in der Anordnung einem Vergasersystem: Das Mischrohr des Vergasers ist durch ein zentrales Einspritzventil ersetzt.

Zentraleinspritzsysteme werden elektronisch gesteuert. Das Steuergerät übernimmt alle üblichen Funktionen einer Mehrpunkteinspritzung. Entwickelt wurde die Zentraleinspritzung für kleinere Motoren bis etwa 2l Hubraum.

21.4.1 Mono-Jetronic

Die Mono-Jetronic, aber auch andere Zentraleinspritzsysteme, wie z.B. die Multec-Zentraleinspritzung, ist ein sogenanntes α/n-System.

> Ein **α/n-System** verwendet den Drosselklappenwinkel α für die Information über den jeweiligen Lastzustand des Motors und berechnet aus den α-Signalen und der Drehzahl n die **Grundeinspritzmenge** bzw. **Grundeinspritzzeit.**

Der **Drosselklappenwinkel** α wird über das Drosselklappenpotentiometer bestimmt. Je nach Winkelstellung der Drosselklappe wird eine entsprechende am Potentiometer abgegriffene Teilspannung als Eingangsgröße an das Steuergerät gegeben. Das Motordrehzahlsignal liefert das Zündsystem.

Für eine genaue Ermittlung der Einspritzdauer und damit der erforderlichen Kraftstoffmengen in allen Lastbereichen sind die α/n-Grundinformationen nicht ausreichend. Durch zusätzliche Sensoren werden weitere Informationen ermittelt und dem Steuergerät zugeleitet.

Die **Mono-Jetronic** (Abb. 2) gliedert sich in vier Funktionsbereiche:

- Kraftstoffsystem (Vorförderpumpe, Kraftstoffpumpe, Feinfilter),
- zentrale Einspritzeinheit,
- Sensoren und
- Steuergerät.

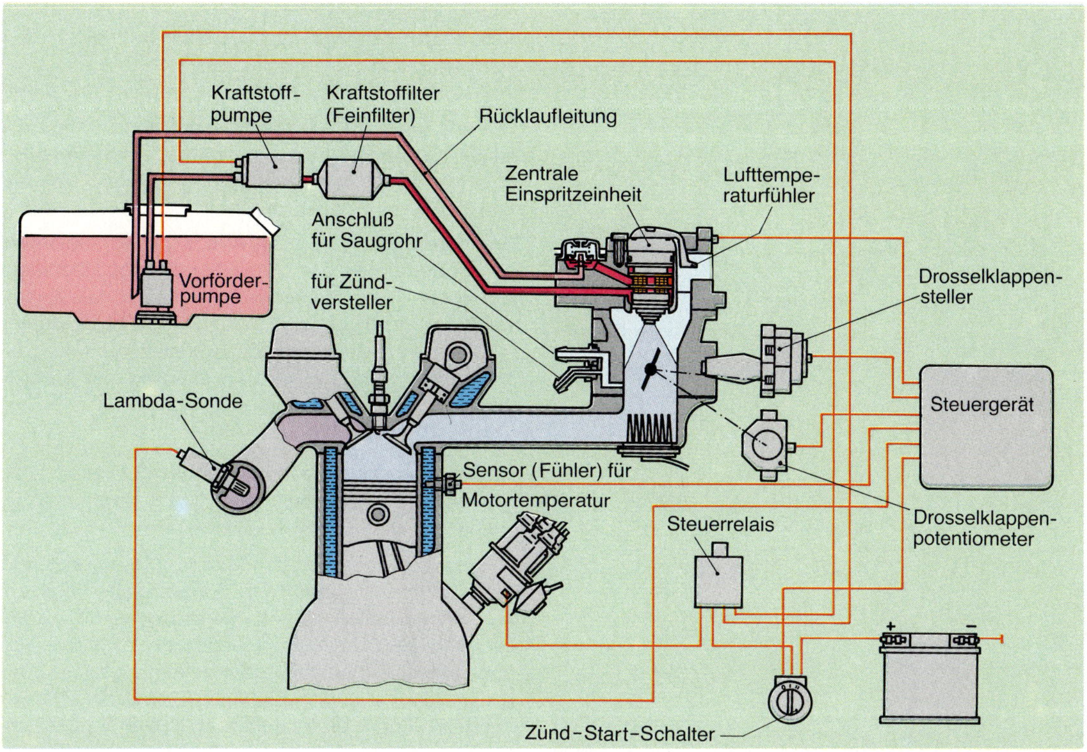

Abb. 2: Mono-Jetronic

Kraftstoffversorgung

Eine **Vorförderpumpe** übernimmt zunächst die Kraftstoffförderung zu einem Vorratsbehälter bzw. Speicher in der Kraftstoffpumpe. Das hat den Vorteil, daß die Kraftstoffversorgung der Kraftstoffpumpe nicht abreißt, wenn die Vorförderpumpe, z. B. bei Kurvenfahrt, einmal leerläuft. Die Vorförderpumpe ist im Kraftstofftank eingebaut.

Der Kraftstoff gelangt zur **Kraftstoffpumpe** und dann zum **Feinfilter.** Nach dem Einschalten der Zündung erhalten beide Kraftstoffpumpen sofort Spannung.

Zentrale Einspritzeinheit

Die zentrale Einspritzeinheit (Abb. 3) besteht aus dem **Hydraulikteil** und dem **Drosselklappenteil.** Zum Hydraulikteil gehören der Kraftstoff-Druckregler, der Lufttemperaturfühler und das Einspritzventil. Sie bilden eine kompakte Einheit.

Am Drosselklappenteil befinden sich die Drosselklappe, das Doppelpotentiometer und der Drosselklappensteller mit Leerlaufschalter (Abb. 2).

Das **Einspritzventil** ist ein elektromagnetisches Ventil. Das kegelige Spritzbild entsteht durch sechs schräge Spritzkanäle (Abb. 1, S. 196). Wenn der Kraftstoff aus diesen Kanälen austritt, prallt er gegen die konische Wand der Aufbereitungskammer und von dort in sichelförmiger Ausrichtung in den Drosselklappenspalt.

Wenn die Magnetspule einen Steuerstrom erhält, wird ein Flachanker, der mit der Ventilkugel verbunden ist, angezogen: das Einspritzventil öffnet.

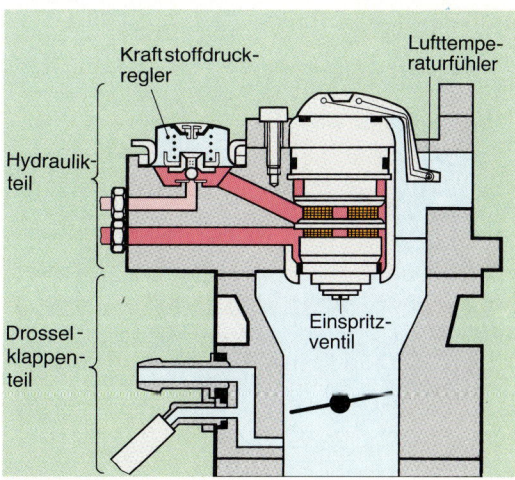

Abb. 3: Zentrale Einspritzeinheit

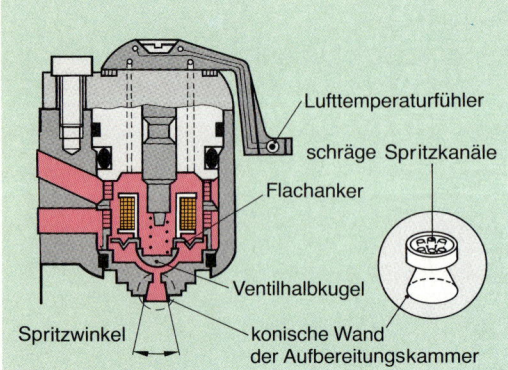

Abb. 1: Einspritzventil

Lufttemperaturfühler

schräge Spritzkanäle

Flachanker

Ventilhalbkugel

Spritzwinkel

konische Wand
der Aufbereitungskammer

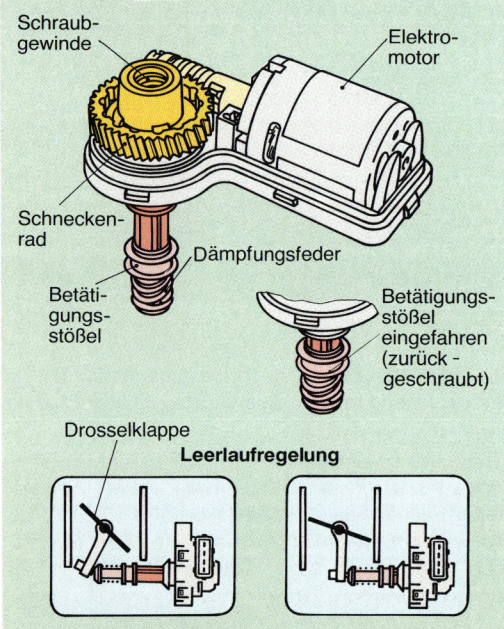

Schraub-
gewinde

Elektro-
motor

Schnecken-
rad

Dämpfungsfeder

Betäti-
gungs-
stößel

Betätigungs-
stößel
eingefahren
(zurück -
geschraubt)

Drosselklappe

Leerlaufregelung

Abb. 2: Drosselklappensteller

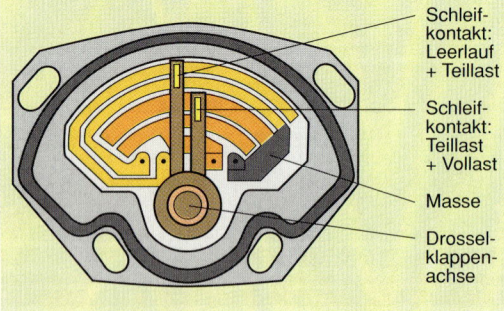

Schleif-
kontakt:
Leerlauf
+ Teillast

Schleif-
kontakt:
Teillast
+ Vollast

Masse

Drossel-
klappen-
achse

Abb. 3: Drosselklappenpotentiometer
(Doppelpotentiometer)

> Die **Kraftstoffmenge** wird durch die Ventilöffnungs-
> zeit bestimmt.

Um auch geringe Kraftstoffmengen sehr genau do-
sieren zu können, haben die beweglichen Teile des
Einspritzventils eine sehr geringe Masse und dadurch eine geringe Trägheit.

Der **Kraftstoffdruckregler** (Abb. 3, S. 195) bestimmt
den Systemdruck, der etwa 1 bar beträgt. Übersteigt
der Förderdruck diesen Wert, so öffnet das Kugelventil und der Kraftstoff fließt zum Kraftstoffbehälter
zurück. Der zurückfließende Kraftstoff kühlt die Einspritzdüse. Dadurch wird gleichzeitig die Dampfblasenbildung unterdrückt.

> Der **Drosselklappensteller** ist das Stellglied zur
> Bewegung der Drosselklappe im Leerlauf.

Ein Elektromotor (Schrittmotor, Abb. 2), angesteuert
vom Steuergerät, treibt ein Schneckengetriebe an.
Im Schneckenrad ist ein Schraubgewinde. Durch
Drehung des Schneckenrads wird der nicht drehbar,
aber verschiebbar gelagerte Betätigungsstößel der
Drosselklappe sehr »feinfühlig« verschoben. Dadurch wird über einen seitlichen Hebel die Drosselklappe verdreht.

Der **Leerlaufschalter** (mit dem Potentiometer der
Drosselklappe verbunden) verbindet im Leerlauf ein
elektro-pneumatisches Ventil mit der Fahrzeugmasse. Dadurch wird ein Zweiwegeventil geschlossen
und der Unterdruck für die Zündverstellung unterbrochen.

Betriebsdatenerfassung

Das **Drosselklappenpotentiometer** (Abb. 3) erfaßt
über Schleifkontakte die Stellung der Drosselklappe
und gibt ein entsprechendes Spannungssignal (α-
Signal) an das Steuergerät. Dieses Signal ist für das
Steuergerät die Information über den Lastzustand
des Motors. Zur genaueren Widerstandsmessung im
Teillastbereich ist das Potentiometer mit zwei Kon-
taktbahnen ausgestattet (Doppelpotentiometer).
Das **Drehzahlsignal vom Zündsystem** ergänzt das
α-Signal zum α/n-Signal.

Der **Lufttemperaturfühler** (Abb. 1) ist mit dem Ein-
spritzventilhalter verbunden und befindet sich so
in dem Luftstrom, der unmittelbar danach das Einspritzventil und die Drosselklappe erreicht. Der
Motortemperaturfühler (Abb. 2, S. 195) ragt in die
Kühlflüssigkeit des Motors hinein. Er liefert für den
Kaltstart, Warmstart und Warmlauf das entsprechende Spannungssignal an das Steuergerät. Der Tem-

peraturfühler ist ein NTC-Widerstand und nimmt von −30° bis +120° etwa einen Widerstandswert von 20000 bis 100 Ω an.

Die **Lambda-Sonde** (s. Kap. 30.3) liefert das Signal, das dem Sauerstoffgehalt im Abgas entspricht.

Steuergerät

Das Steuergerät verarbeitet die Signale aller Sensoren und berechnet daraus die endgültige Einspritzzeit, die immer auf der Grundeinspritzzeit (α/n-Signale) beruht.

Zu diesen α/n-Daten ist ein Kennfeld abgespeichert, das die Kraftstoffmenge für $\lambda = 1$ steuert. Darüber hinaus werden die Werte des Kennfeldes in Abhängigkeit von Kennfeldbereichen (-zonen) unterschiedlich korrigiert. Dadurch können Dichteunterschiede der Ansaugluft, Toleranzen des Motors und Veränderungen des Einspritzventils ausgeglichen werden.

Im **Leerlaufbetrieb,** den der Leerlaufschalter signalisiert, wird der Drosselklappensteller gemäß den Kennfelddaten so gesteuert, daß eine Leerlaufstabilisierung mit geringstem CO-Wert erreicht wird. Dieser Vorgang wird durch Abstellen der Unterdruckverstellung am Zündverteiler unterstützt. Der **Leerlaufschalter** verbindet zu diesem Zweck die Magnetspule eines elektromagnetischen Zweiwegeventils mit Masse (Abb. 5): das Ventil schließt und es gelangt kein Unterdruck zum Zündverteiler.

Das Positionssignal der Drosselklappe bei **Vollast,** etwa 70° Drosselklappenwinkel, veranlaßt das Steuergerät, eine **Anreicherungsfunktion** auszulösen. Das λ-Signal wird unbeachtet gelassen, wie auch während des Kaltstarts. Die Einspritzimpulse erfolgen im Takt der Zündimpulse. Für die **Schubabschaltung** werden die Einspritzimpulse unterbrochen, es erfolgt keine Einspritzung.

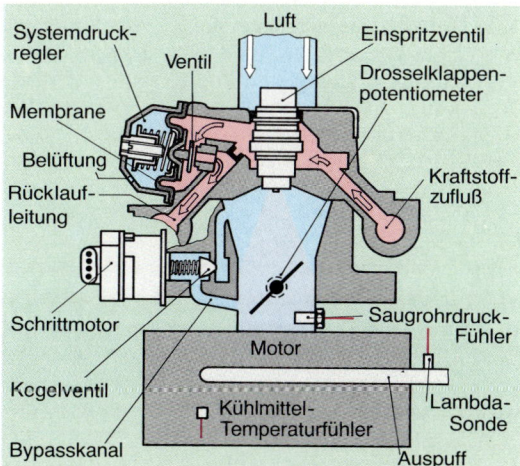

Abb. 4: Zentraleinspritzsystem (Multec-Teilsystem)

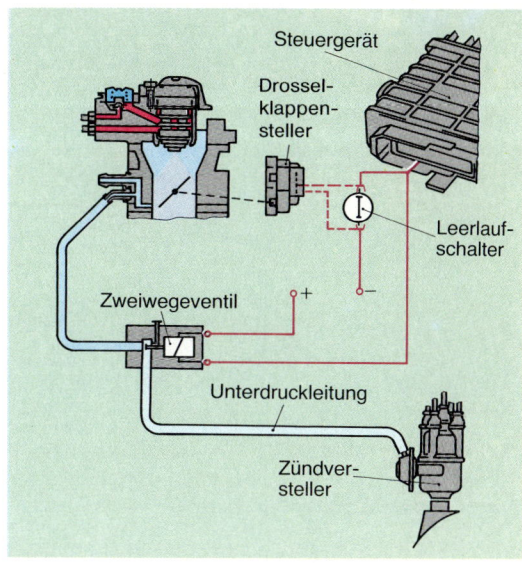

Abb. 5: Leerlaufstabilisierung

21.4.2 Multec-Zentraleinspritzung

Dieses Einspritzsystem unterscheidet sich von der Mono-Jetronic im wesentlichen durch die **Regelung** der **Leerlaufdrehzahl.** Die Sensoren sind um einen **Druckfühler** im Ansaugrohr erweitert.

Die Regelung der Leerlaufdrehzahl erfolgt über die Querschnittsänderung eines Bypasskanals für zusätzliche Leerlaufluft. Die Querschnittsveränderung wird über ein Kegelventil erreicht, das durch eine Gewindespindel von einem Schrittmotor in Längsrichtung verschoben wird (Abb. 4). Wird für die Aufrechterhaltung der Leerlaufdrehzahl zusätzliches Kraftstoff-Luft-Gemisch benötigt, so muß der Bypasskanal-Querschnitt durch »Zurückschrauben« des Ventilkegels vergrößert werden.

Das System enthält ein **Notlaufprogramm** zur problemlosen Weiterfahrt nach einem Defekt im Gesamtsystem. Fällt eine Information aus oder zeigt extreme Werte, so tritt an die Stelle der ausbleibenden bzw. falschen Daten ein gespeicherter Ersatzwert. Der Fahrer bemerkt diesen Vorgang nur durch die Warnanzeige. Wegen der sofort wirksamen Ersatzfunktionen wird auch der Katalysator bei kritischen Betriebszuständen vor Schäden bewahrt.

21.4.3 Zentraleinspritzung Ecojet-S

Die Zentraleinspritzsysteme haben zu vielen Varianten geführt. Durch die zusätzliche Funktion der gesteuerten Drosselklappenbewegung mit Hilfe eines Drosselklappenstellers (Abb. 1, S. 198), ist es auch möglich, auf Bypass-Leerlaufsystem zu verzichten.

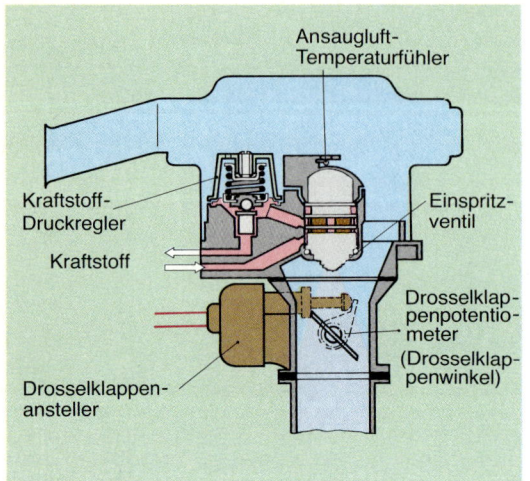

Abb. 1: Zentraleinspritzsystem Ecojet-S

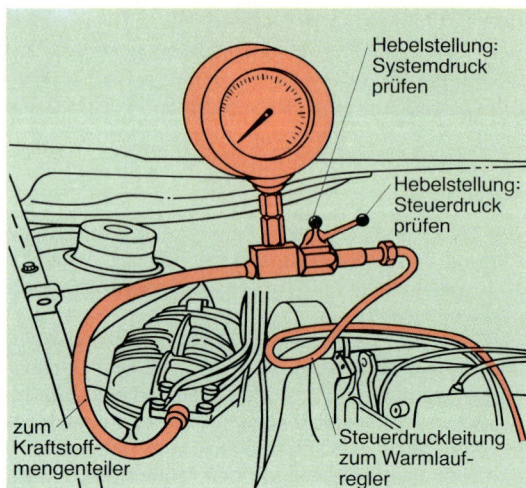

Abb. 2: Prüfen des Systemdrucks der K-Jetronic

Gleichzeitig kann der Drosselklappenansteller noch weitere Funktionen übernehmen, wie z. B. die Steuerung der Drosselklappen-Schließgeschwindigkeit in Abhängigkeit vom Ausgangs-Drosselklappenwinkel. Diese Funktion dient der Verbesserung der Schadstoffverminderung (Dash-pot-Funktion; dash, engl.: Stoß und pot, engl.: Topf).

21.5 Wartung und Diagnose

Die **K- und KE-Jetronic** sind im Prinzip wartungsfrei. Sind Arbeiten an der Einspritzanlage auszuführen, so müssen unbedingt die auf Seite 199 aufgeführten »Sauberkeitsregeln« beachtet werden.

Für die Diagnose der K- und KE-Jetronic wird ein Druckmeßgerät (Abb. 2) für die Prüfung des System- und Steuerdrucks benötigt. In der K-Jetronic ist es zwischen Kraftstoffmengenteiler und Warmlaufregler (auch zwischen Mengenteiler und Einspritzventil), in der KE-Jetronic zwischen Kraftstoffmengenteiler und Kaltstartventil anzuschließen.

Für die Prüfung der Einspritzventile ist ein Einspritzventilprüfgerät notwendig.

Die **L-Jetronic** wird mit einem L-Jetronic-Testgerät überprüft. Darüber hinaus hat die Herstellerfirma für die K- und L-Jetronic ausführliche Fehlersuchpläne herausgegeben, die eine systematische Diagnose ermöglichen.

Einspritzsysteme mit elektronischem Steuergerät werden auch mit einem Fehlerspeicher ausgerüstet und ermöglichen die sogenannte **Eigendiagnose.** Der Fehlerspeicher wird mit einem Fehlerauslesegerät (Abb. 3) oder einer Prüflampe über einen Blinkcode (Abb. 4) für die Diagnose ausgewertet.

Die Kontrollampe für die Eigendiagnose leuchtet auf, wenn ein Fehler gespeichert worden ist. Zuvor ist die Ausgabe des Fehlerspeichers zu aktivieren (Herstellerangaben beachten).

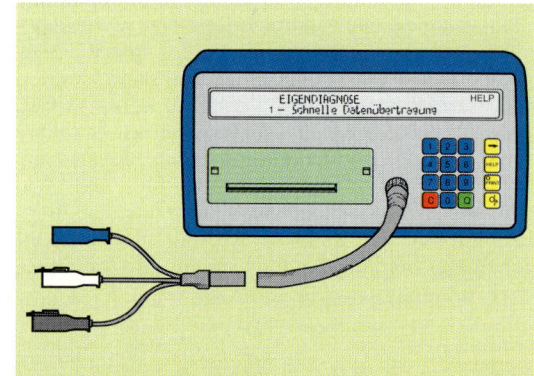

Abb. 3: Fehlerauslesegerät

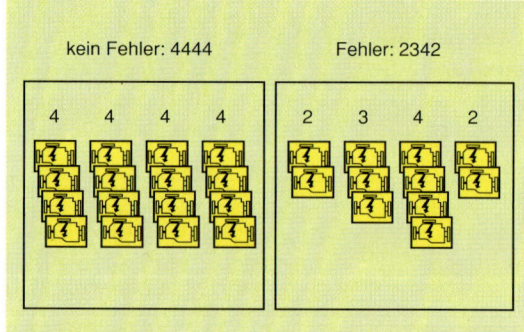

Abb. 4: Blinkcode

Unfallverhütung

Um Personen vor Verletzungen zu schützen und/oder Schäden an der Zünd- und Einspritzanlage zu vermeiden, sind folgende **Sicherheitsmaßnahmen** zu beachten:

- Zündleitungen während des Anlassens und bei laufendem Motor nicht berühren.
- Leitungen der Zünd- und Einspritzanlage nur bei ausgeschalteter Zündung ab- und anklemmen.
- Starthilfe mit dem Schnell-Lader ist nur für eine Minute mit maximal 16,5 V zulässig.
- Werden Elektro- oder Punktschweißarbeiten am Fahrzeug ausgeführt, so ist die Batterie mit beiden Polen abzuklemmen.
- Motor nach dem Lackieren und Erwärmen auf z.B. 80°C erst starten, wenn das Fahrzeug abgekühlt ist.

Sauberkeitsregeln

Während des Arbeitens an Einspritzanlagen sind folgende **Regeln** zu beachten:
- Vor dem Lösen von Verbindungsstellen diese gründlich reinigen.
- Ausgebaute Teile auf saubere Unterlage ablegen und abdecken. Keine fasernden Lappen verwenden.
- Geöffnete Bauteile abdecken bzw. verschließen.
- Nur saubere Teile einbauen. Ersatzteile erst unmittelbar vor dem Einbau aus der Verpackung nehmen.
- Das Arbeiten mit Druckluft möglichst vermeiden. Das Fahrzeug möglichst nicht bewegen.

Aufgaben

1. In welche beiden Systemgruppen wird die Kraftstoffeinspritzung unterteilt?
2. Nennen Sie die englischen Bezeichnungen für Mehrpunkt und Zentraleinspritzung.
3. Beschreiben Sie die Wirkungsweise des Kraftstoffsystems der K-Jetronic.
4. Welche Aufgaben hat der Systemdruckregler der K-Jetronic?
5. Erläutern Sie den Unterschied zwischen System- und Steuerdruck der K-Jetronic.
6. Nach welchem Prinzip arbeitet der Luftmengenmesser der K-Jetronic?
7. Beschreiben Sie die Wirkungsweise des Luftmengenmessers der K-Jetronic.
8. Wie arbeitet der Mengenteiler?
9. Welche Aufgabe haben die Differenzdruckventile?
10. Beschreiben Sie die Wirkungsweise des Warmlaufreglers der K-Jetronic.
11. Welche Vorteile hat die KE-Jetronic?
12. Nennen Sie Sensoren der KE-Jetronic.
13. Beschreiben Sie den Grundaufbau des elektrohydraulischen Druckstellers der KE-Jetronic.
14. Welche Aufgabe hat der Drucksteller?
15. Wird das Kraftstoff-Luftgemisch fetter oder magerer, wenn die Differenz zwischen System- und Oberkammerdruck bei der KE-Jetronic sinkt?
16. Beschreiben Sie das System der Beschleunigungsanreicherung der KE-Jetronic.
17. Erklären Sie die Wirkungsweise der Schubabschaltung der KE-Jetronic.
18. Worin unterscheidet sich die KE-Motronic von der KE-Jetronic?
19. Beschreiben Sie die Arbeitsweise des Luftmengenmessers der L-Jetronic.
20. Welche Aufgabe hat das Steuergerät der L-Jetronic?
21. Wie arbeitet der Luftmassenmesser der LH-Jetronic?
22. Nennen Sie den Unterschied zwischen kontinuierlicher und intermittierender Kraftstoffeinspritzung.
23. Beschreiben Sie den grundsätzlichen Aufbau einer Zentraleinspritzung.
24. Was ist ein α/n-System?
25. Nennen Sie die vier Funktionsbereiche der Mono-Jetronic.
26. Beschreiben Sie das System der Kraftstoffversorgung der Mono-Jetronic.
27. Erklären Sie die Wirkungsweise des Einspritzventils der Mono-Jetronic.
28. Welche Aufgabe hat der Drosselklappensteller der Mono-Jetronic?
29. Beschreiben Sie die Wirkungsweise des Drosselklappenstellers.
30. Welche Aufgaben hat das Steuergerät der Mono-Jetronic?
31. Worin unterscheidet sich die Multec-Zentraleinspritzung von der Mono-Jetronic?
32. Wie erfolgt die Regelung der Leerlaufdrehzahl des Multec-Einspritzsystems?
33. Wie wird das Druckmeßgerät für System- und Steuerdruck der K- und KE-Jetronic angeschlossen?
34. Welche Aufgabe hat ein Fehlerauslesegerät?
35. Was bedeutet der Begriff »Eigendiagnose«?
36. Beschreiben Sie die Verwendung des Blinkcodes.
37. Welche Sicherheitsmaßnahmen schützen den Menschen, wenn er Kraftstoffeinspritzanlagen testet bzw. repariert?
38. Welche Sicherheitsmaßnahmen schützen die Einspritzanlage?
39. Warum sind bei der Wartung und Reparatur von Einspritzanlagen Sauberkeitsregeln zu beachten?
40. Begründen Sie drei Sauberkeitsregeln.

22 | Grundprinzip des Dieselmotors

Der Dieselmotor ist, wie der Ottomotor, eine Verbrennungskraftmaschine. Er ist benannt nach seinem Erfinder Rudolf Diesel. Es gibt Viertakt- und Zweitakt-Dieselmotoren.

Kennzeichnende Merkmale des Dieselmotors (Abb. 1) im Vergleich zum Ottomotor sind:

- **Innere Gemischbildung:** Es wird nur Luft angesaugt und verdichtet. Der Kraftstoff wird erst am Ende des Verdichtungstakts fein zerstäubt in den Verbrennungsraum eingespritzt. Die Gemischbildung erfolgt während des Einspritzvorganges im Innern des Verbrennungsraums.

- **Selbstzündung:** Am Ende des Verdichtungstakts ist die Temperatur der verdichteten Luft so hoch (sie liegt über der Zündtemperatur des Kraftstoffs), daß es sofort nach dem Einspritzen des Kraftstoffs zur Selbstentzündung kommt.

- **Gleichdruck-Verbrennung:** Während der Verbrennung, in der Phase der größten Wärmeentwicklung, erfolgt kein weiterer Druckanstieg (Abb. 3).

- **Qualitätsregelung:** Über den gesamten Drehzahlbereich wird die Luft ungedrosselt angesaugt. Für jeden Lastzustand wird bei gleichbleibender Luftmenge die Kraftstoffmenge geändert.

> **Dieselmotoren** haben im Gegensatz zu Ottomotoren keine Zündanlage. Aufgrund ihrer Wirkungsweise benötigen sie aber immer eine Kraftstoff-Einspritzanlage.

22.1 Vorgänge während der vier Takte

Ansaugtakt

Ungefähr 20 bis 10 Grad Kurbelwinkel (°KW) vor OT öffnet das Einlaßventil (Abb. 2). Bewegt sich der Kolben von OT nach UT, wird **gefilterte Luft** ungedrosselt **angesaugt** (eine Drosselklappe entfällt). Der Strömungswiderstand in der kurzen Saugleitung ist gering.

Das Auslaßventil ist noch lange während des Ansaughubes geöffnet (Ventilüberschneidung). Da der Dieselmotor nur Luft ansaugt, wird die Ventilüberschneidung ausgenutzt, um mit der einströmenden Frischluft den Brennraum zu spülen. Gleichzeitig wird eine gute Kühlwirkung erreicht. Speziell der Einsatz von Kompressor oder Turbo-Lader (s. Kap. Leistungssteigerung des Verbrennungsmotors) verbessert die Zylinderfüllung und führt zu erheblicher Leistungssteigerung. Dabei wird die Frischluft mit Überdruck in den Zylinder gedrückt. Eine **Leistungssteigerung** des Dieselmotors bis an die Grenze seiner mechanischen Belastbarkeit ist, im Gegensatz zum Ottomotor, möglich.

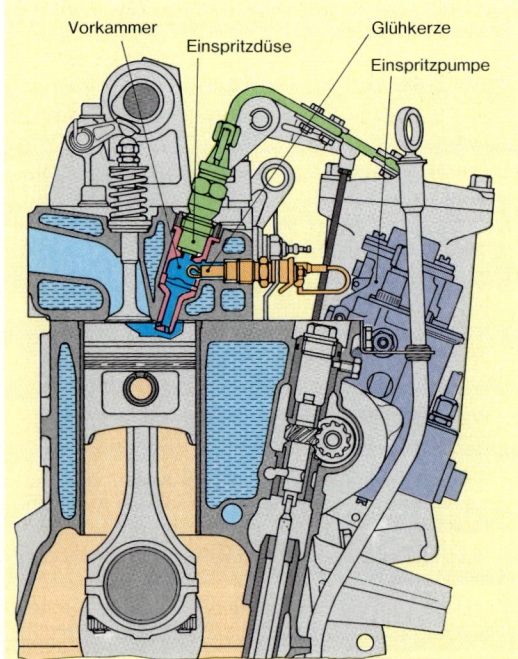

Abb. 1: Grundsätzlicher Aufbau des Dieselmotors

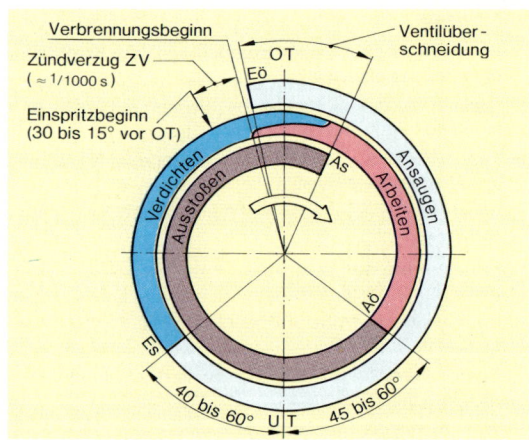

Abb. 2: Steuerdiagramm

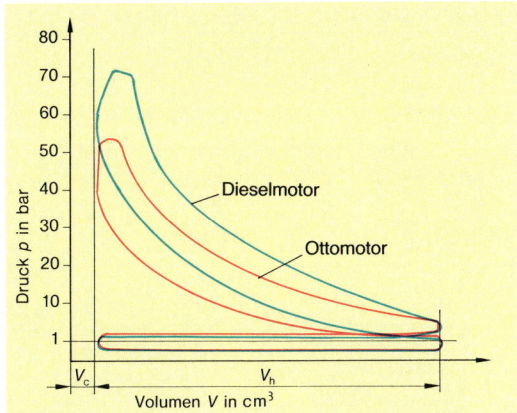

Abb. 3: *p-V*-Diagramm des Otto- und Dieselmotors

Verdichtungtakt

Wie für einen Ottomotor, ist die erzielte Nutzarbeit (Größe der Flächen, Abb. 3) auch entscheidend abhängig von der **Temperatur** und dem **Druck** vor Beginn des Verdichtungstakts. Eine hohe Endtemperatur, wie sie ein Dieselmotor zur Selbstzündung benötigt, wird durch einen hohen Druck erzeugt.

Ungefähr 40 bis 60°KW nach UT schließt das Einlaßventil (Abb. 2). Der sich in Richtung OT bewegende Kolben verdichtet die angesaugte Luft auf 25 bis 45 bar (Verdichtungsverhältnis $\varepsilon = 14$ bis 24 : 1), wobei eine Lufttemperatur von 750 bis 900°C entsteht. Die Verdichtungsendtemperatur muß in einem Dieselmotor oberhalb der Zündtemperatur des Kraftstoffs liegen, damit eine sichere Zündung erreicht wird.

Ungefähr 30 bis 15°KW vor OT wird durch die Einspritzdüse **Kraftstoff** in den Verbrennungsraum **eingespritzt.** Bevor die Selbstzündung einsetzt, muß ein Teil des Kraftstoffs verdampfen und sich mit der Luft vermischen.

Arbeitstakt

Die Verbrennung wird durch die hohe Temperatur eingeleitet. Der Einspritzvorgang erstreckt sich über einen Kurbelwinkel von ungefähr 20 bis 40°. Er endet 5 bis 10°KW nach OT. Die Verbrennung beginnt sofort nach Eintritt des Kraftstoffs in den Verbrennungsraum.

Durch eine Dosierung der Kraftstoffmenge während der Einspritzdauer kann der Verbrennungsdruck zusätzlich beeinflußt werden.

Die Verbrennung endet ungefähr 60°KW nach OT. Der Verbrennungsdruck bewegt den Kolben nach UT (Abb. 4). Die erzeugte Kraft wird über das Pleuel auf die Kurbelwelle übertragen.

> Durch einen zeitlich anhaltenden, dosierten Einspritzvorgang wird erreicht, daß der **Verbrennungsdruck** nicht schlagartig ansteigt, sondern noch bis einige Grad KW nach OT auf **gleichbleibender Höhe** gehalten wird (Gleichdruckverbrennung).

Ausstoßtakt

60 bis 45°KW vor UT öffnet das Auslaßventil (Abb. 2). Mit einer Temperatur von 550 bis 750°C strömen die verbrannten Gase ins Freie. Zu Beginn des Ausstoßtakts herrscht ein Druck von 4 bis 6 bar. Von dem Kolben (Abb. 4) wird der Rest der Abgase durch das Auslaßventil ausgestoßen. Das Auslaßventil schließt ungefähr 10 bis 20°KW nach OT. Der durchschnittliche Abgasdruck p_{abs} während des Ausstoßtakts beträgt 1,1 bis 1,2 bar. Um möglichst alle Restgase aus dem Verbrennungsraum zu spülen, muß eine ausreichende Zeit für eine gute Durchspülung vorhanden sein.

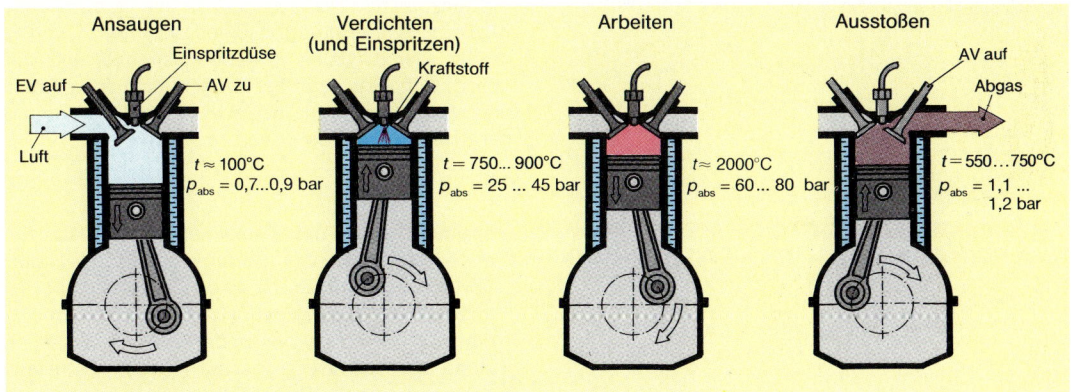

Abb. 4: Arbeitsspiel des Viertakt-Dieselmotors

22.2 Gemischbildung und Verbrennung

Gemischbildung und Verbrennung sind Vorgänge am Ende des Verdichtungstakts und zu Beginn des Arbeitstakts. Sie werden in einem Dieselmotor u. a. wesentlich beeinflußt durch:

- die Gestalt des Verdichtungsraumes,
- die Einspritzart,
- die Motordrehzahl und
- die Luftbewegung, erzeugt durch eine besondere Gestaltung des Ansaugkanals.

Nach der Art der Einspritzung werden grundsätzlich zwei **Arten der Gemischbildung** unterschieden, denen jeweils bestimmte Gemischbildungsverfahren zugeordnet werden.

- Die **wandverteilende Einspritzung:** Der Kraftstoff wird gezielt auf die Verdichtungsraumwand gespritzt, bildet dort einen Kraftstofffilm und wird schichtweise durch eine kreisende Bewegung der Luft abgetragen.
- Die **luftverteilende Einspritzung:** Der Kraftstoff wird direkt oder indirekt fein zerstäubt in die verdichtete Luft eingespritzt.

22.2.1 Ablauf der Gemischbildung – Tröpfchenverbrennung im Dieselmotor

> Der **Ablauf der Verbrennung** im Dieselmotor wird bei luftverteilender Einspritzung wesentlich durch die Form des Kraftstoffstrahls beeinflußt.

Der aus der Düse austretende Kraftstoffstrahl ist glatt (Abb. 1). Danach wird er durch den Gegendruck im Brennraum zerklüftet und in Einzeltropfen aufgelöst. Durchmesser und Länge des Spritzlochs können den zeitlichen Verlauf der Zerstäubung und die Tropfengröße beeinflussen (Abb. 2).

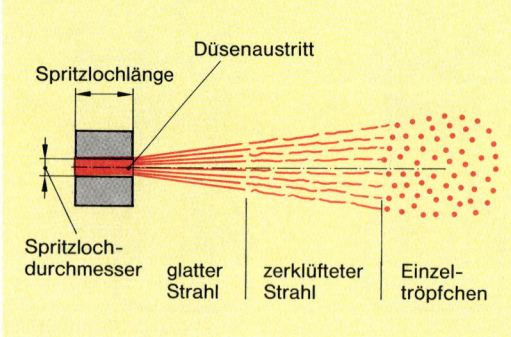

Abb. 1: Einspritzstrahl

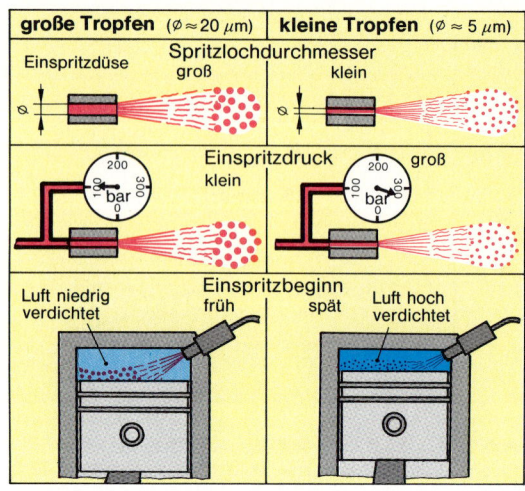

Abb. 2: Einflüsse auf die Tropfengröße

> Der Einspritzdruck, der Gegendruck im Verbrennungsraum, der Durchmesser und die Länge des Spritzlochs haben einen Einfluß auf die **Tropfengröße.**

Der **Kraftstofftropfen** muß möglichst klein sein, um schnell verdampfen zu können. Als Folge der hohen Temperatur beginnt der Tropfen zunächst an seiner Oberfläche zu verdampfen. Der Kraftstoffdampf (CH-Anteile) dringt in die ihn umgebende Luft (O_2-, N_2-Anteile). Gleichzeitig dringt Luft in den Kraftstoffdampf ein (Abb. 3). Das weitere Verdampfen des Kraftstoffs erfolgt durch einen ständigen Wärmetransport von der Luft (hohe Temperatur T_L) zum Kraftstoff (niedrige Temperatur T_K). Im Bereich um den flüssigen Kraftstofftropfen entsteht eine **Gemischzone.** In ihr bildet sich in bestimmtem Abstand zum Tropfen ein brennbares Gemisch. Dieses entzündet sich bei genügend hoher Temperatur. Durch die einsetzende Verbrennung in der Gemischzone wird der Temperaturunterschied zwischen T_L und T_K größer. Der Kraftstoff verdampft schneller und vermischt sich weiter mit der Umgebungsluft zu einem brennbaren Gemisch. Dieser Vorgang dauert an, bis der Kraftstoff vollständig verbrannt ist.

> Steht während des Mischungsvorgangs im Verbrennungsraum des Dieselmotors nicht ausreichend Sauerstoff zur Verfügung oder wird die Verbrennung z.B. durch einen starken Temperaturabfall der Luft vorzeitig abgebrochen, so tritt ein Teil der schwer brennbaren Kohlenwasserstoffe als **Ruß im Abgas** auf (typischer Diesel-Schwarzrauch).

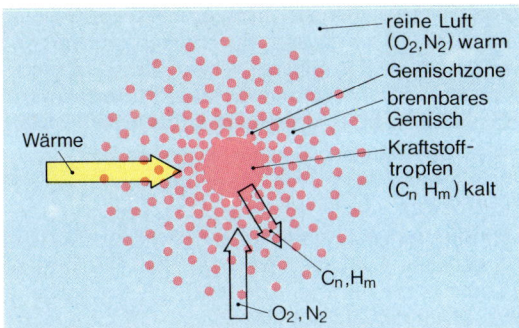

Abb. 3: Gemischbildung am Kraftstofftropfen

22.2.2 Zündverzug

> Die Zeit zwischen Einspritzbeginn und Beginn der Verbrennung wird **Zündverzug** (ZV) genannt.

Der Zündverzug wird u. a. beeinflußt durch:

- den Druck und die Temperatur im Verbrennungsraum vor Beginn des Einspritzvorgangs,
- die Größe der Kraftstofftropfen,
- den Aufbau der Kohlenwasserstoffmoleküle.

Mit steigendem Verdichtungsdruck und steigender Temperatur wird **der Zündverzug kürzer.**
Herrscht ein hoher Einspritzdruck, bilden sich sehr kleine Tröpfchen (große Oberfläche des Kraftstoffs). Der Kontakt zwischen Kraftstoff und Sauerstoff wird erhöht, der Zündverzug verkürzt. Da die Gemischbildung erst mit der Einspritzung des Kraftstoffs beginnt und eine gewisse Zeit dauert (Zündverzug), ist die Drehzahl eines Dieselmotors begrenzt.
Ist die Zeit der Aufbereitung des Gemisches sehr groß, entsteht ein großer Zündverzug. Der Kraftstoff verbrennt schlagartig. Ein steiler und hoher Druckanstieg erzeugt ein lautes Motorgeräusch.

22.3 Ideales Arbeitsspiel

Während des Diesel-Arbeitsspiels wird die angesaugte Luft hoch verdichtet. Es entsteht eine hohe Verdichtungstemperatur. Die Linie von Punkt 1 nach Punkt 2 im p-V-Diagramm (Abb. 4) ist daher im Vergleich zum Ottomotor steiler und führt zu einem höheren Druck. Im Punkt 2 beginnt das Einspritzen des Kraftstoffs und anschließend die Selbstzündung. Dieser Vorgang dauert bis zur Kolbenstellung im Punkt 3.
Die während der Verbrennung entstehende Wärme bewirkt einen großen Druckanstieg. Durch die Volumenvergrößerung (bis zum Punkt 3) wird dieser Druckanstieg ausgeglichen. Im Punkt 3 endet die Kraftstoffzufuhr und damit ein weiterer Temperaturanstieg. Es setzt ein Druckabfall bis Punkt 4 ein.

> Die **Gleichdruckverbrennung** ist ein idealer Vorgang im Arbeitsspiel eines **langsamlaufenden** Dieselmotors. Gleichdruckverbrennung bedeutet: Das Volumen wird größer (Kolben bewegt sich nach UT), der Druck bleibt konstant.

Der Verlauf der Ausdehnungslinie (von Punkt 3 nach Punkt 4) ist steiler als der Verlauf für einen Ottomotor. Da die Verbrennung während einer sehr hohen Temperatur abläuft, muß im Vergleich zum Ottomotor in sehr kurzer Zeit mehr Wärme abgeführt werden. Ein weiterer Druckabfall durch Wärmeabfuhr erfolgt bei gleichbleibendem Volumen von Punkt 4 nach Punkt 1. Die Gemischbildung und Verbrennung ziehen sich bis weit in den Arbeitstakt hinein. Dadurch ist die Belastung durch die Temperatur sehr groß. Es muß daher eine ausreichende Zeit für eine Wärmeabfuhr vorhanden sein.
In schnellaufenden Dieselmotoren wird die Wärmeentwicklung durch den Einspritzverlauf gesteuert. Dadurch kann die Verbrennung bei konstantem Volumen ablaufen und zwar von Punkt 2 nach 3 (Abb. 5).

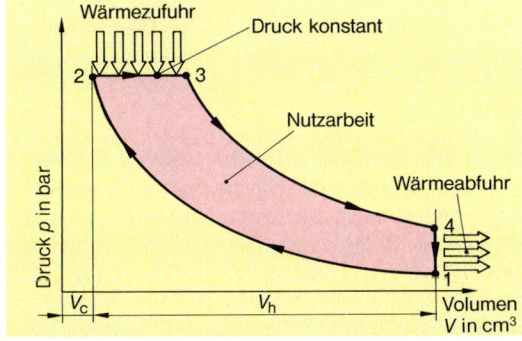

Abb. 4: Ideales p-V-Diagramm eines langsamlaufenden Dieselmotors

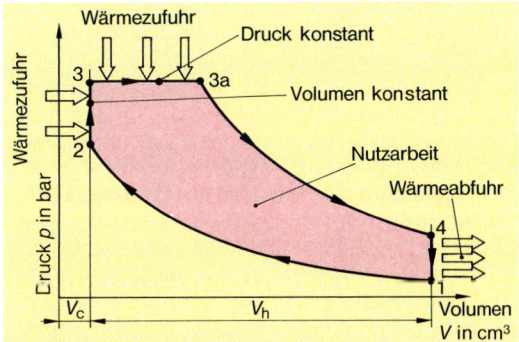

Abb. 5: Ideales p-V-Diagramm eines schnellaufenden Dieselmotors

Aus Festigkeitsgründen ist der zulässige Höchstdruck begrenzt. In diesem Arbeitsspiel soll erreicht werden, daß ein Teil des Kraftstoffs zunächst wie im Ottomotor schlagartig bei gleichbleibendem Volumen verbrennt **(Gleichraumverbrennung)**. Hat der Motor seinen zulässigen Höchstdruck erreicht, wird weiter Kraftstoff zugeführt, so daß eine Verbrennung bei gleichbleibendem Druck von Punkt 3 nach 3a ablaufen kann **(Gleichdruckverbrennung)**.

> Die **Grenzdruckverbrennung** setzt sich aus einer Gleichraum- und Gleichdruckverbrennung zusammen. Sie ist der ideale Vorgang im Arbeitsspiel eines **schnellaufenden** Dieselmotors.

22.4 Verbrennungsverfahren

Nach DIN 1940 wird folgende Einteilung der Dieselverfahren vorgenommen:

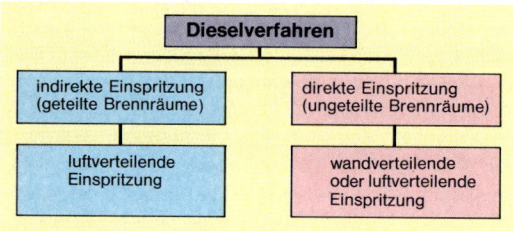

22.4.1 Geteilte Brennräume

Vorkammer-Verfahren

Etwa **zwei Drittel** des Verdichtungsraums V_c befinden sich im Zylinder bzw. im Kolben. Während des Verdichtungstakts wird ungefähr **ein Drittel** der angesaugten Luft über eine oder mehrere Bohrungen in eine Vorkammer verdrängt (Abb. 1).
Der Kraftstoff wird durch eine **Zapfendüse** (s. Kap. 23.1.4) mit einem Druck von 100 bis 135 bar in die Vorkammer eingespritzt. Wegen der geringen Luftmenge in der Kammer kann der eingespritzte Kraftstoff nur teilweise verbrennen. Die **Teilverbrennung** erzeugt in der Vorkammer einen hohen Druck. Die Flamme wird durch den als **Ein- oder Mehrlochbrenner** ausgebildeten Übergang in den Hauptbrennraum gedrückt. Durch den geteilten Brennraum wird eine »**weiche**« **Verbrennung** erreicht. Da die Gemischbildung und die anschließende Verbrennung sehr schnell ablaufen, können hohe Drehzahlen erreicht werden. Die große Brennraumoberfläche führt zu Wärmeverlusten und einem

verhältnismäßig hohen Kraftstoffverbrauch. Besonders während des Kaltstarts ergeben sich große Wärmeverluste. Eine ausreichende Selbstzündungstemperatur kann nicht mit Sicherheit erreicht werden. **Glühkerzen** dienen deshalb als **Kaltstarthilfe** (s. Kap. 22.5).

Wirbelkammer-Verfahren

Während des Verdichtungstakts wird vom Kolben fast die **gesamte Luft** über einen in den Brennraum einmündenden Verbindungskanal in die sogenannte **Wirbelkammer** verdrängt (Abb. 2).
Durch die Größe und die Form des Verbindungskanals (tangential) sowie durch die Gestalt der Kammer wird eine kreisende, stark wirbelnde Luftbewegung in der Kammer erzwungen.
Die Wirbelkammer hat die Form einer Kugel. Der Kraftstoff wird durch eine **Zapfendüse** (Kap. 23.1.4) mit 120 bis 135 bar in die Kammer eingespritzt und entzündet sich. Durch den entstehenden Druck in der Wirbelkammer strömt das brennende Kraftstoff-Luft-Gemisch in den Hauptbrennraum über. Da der Verbindungskanal einen großen Querschnitt hat, ist die Drosselung der überströmenden Luft und der brennenden Gase geringer als in Vorkammer-Motoren. Aufgrund geringer Drosselung während des Überströmens erfolgt die Hauptverbrennung mit einem hohen Druckanstieg. Der Motor läuft »**härter**« als ein Vorkammer-Motor.
Die hohe Temperatur in der Kammer bewirkt einen kurzen Zündverzug. Der Kraftstoffverbrauch ist jedoch verhältnismäßig hoch.
Für den **Kaltstartvorgang** muß die Luft in der Wirbelkammer durch eine Glühkerze vorgewärmt werden.

22.4.2 Ungeteilte Brennräume

Direkte Einspritzung, luftverteilt

Der Verdichtungsraum entsteht durch unterschiedliche Muldenformen (Abb. 3) im Kolbenboden oder im Zylinderkopf.
Für die direkte Einspritzung wird eine **Mehrlochdüse** verwendet. Der Kraftstoff wird mit einem Druck von 150 bis 350 bar eingespritzt. Nach erfolgter Gemischaufbereitung kommt es zu einem heftigen und schnellen Verbrennungsablauf, da sehr viel Kraftstoff verbrennt. Die Folge ist ein sehr »**harter**« Lauf des Motors. Eine Kaltstarthilfe wird nicht benötigt, weil durch den wenig zerklüfteten Verbrennungsraum der Wärmeverlust während der Verdichtung gering ist (s. Kap. 23.1.4).
Durch eine hohe Luftgeschwindigkeit und eine intensive Luftverwirbelung während des Einlaßvorgangs wird der Zündverzug verkürzt. Dies kann durch besonders geformte Einlaßkanäle (Abb. 3) erzielt wer-

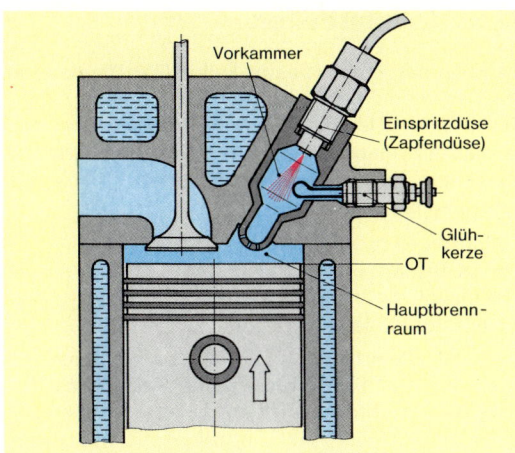

Abb. 1: Vorkammer-Verfahren

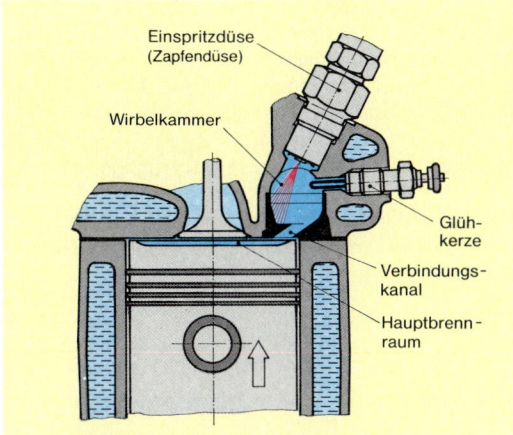

Abb. 2: Wirbelkammer-Verfahren

den. Der Kraftstoff wird meist senkrecht zur Luftbewegung so eingespritzt, daß nur ein geringer Anteil die Brennraumwandungen trifft. Der Einspritzdruck beträgt hier 150 bis 850 bar. Diese Motoren haben gute Kaltstarteigenschaften und einen guten Gesamtwirkungsgrad, jedoch immer noch einen sehr »**harten**« Verbrennungsablauf.

> Die **Vorteile der direkten Einspritzung** sind ein niedriger Kraftstoffverbrauch und gutes Kaltstartverhalten ohne Starthilfen.

Durch die hohen Verbrennungsdrücke ist die **mechanische Belastung** des Motors sehr hoch.

Direkte Einspritzung, vorwiegend wandverteilt

Bei dem **MAN-M-Verfahren** (**M**ittenkugelverfahren) liegt der kugelförmige Brennraum in der Mitte des Kolbens (Abb. 3 und 4).

Während des Ansaughubes wird der Verbrennungsluft über einen speziell geformten Einlaßkanal (Drallkanal) eine kreisende Bewegung aufgezwungen. Der Kraftstoff wird von einer **Ein- oder Mehrlochdüse** mit einem Druck von 150 bis 350 bar mit der Luftbewegung in Richtung der Kugelwandung gespritzt. Er breitet sich in Form eines dünnen Films von einigen Hundertstel mm Dicke auf der Kugelwand aus.

Nur ein geringer Anteil des eingespritzten Kraftstoffs vermischt sich in Tropfenform mit der Luft und bewirkt die Zündung. Durch den im Drallkanal erzeugten starken Luftwirbel wird der Kraftstoff **schichtweise** von der **kugelförmigen Brennraumwand** abgedampft. Mit der einsetzenden Verbrennung steigt die Temperatur und damit auch die Umlaufzahl der Luftwirbel

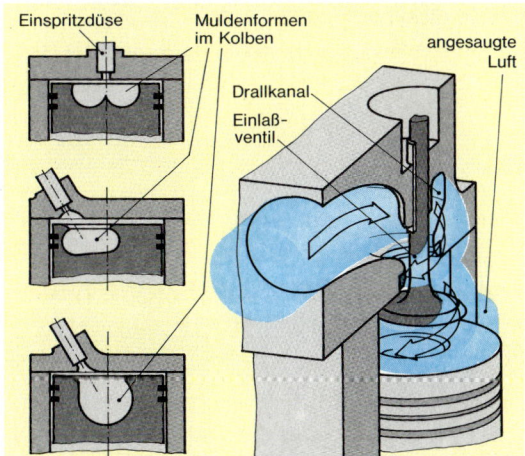

Abb. 3: Verdichtungsraumformen, Drallkanal

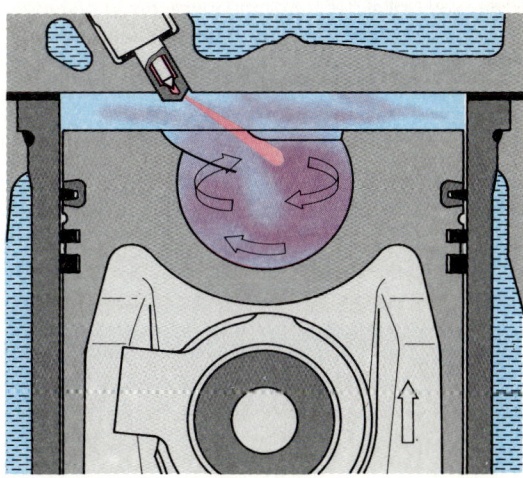

Abb. 4: MAN-M-Verfahren

im Brennraum. Da sich der überwiegende Anteil des Kraftstoffs an der gekühlten Kugelwandung befindet, ist die Verdampfung des Kraftstoffs gering. Dadurch wird einer schlagartigen Verbrennung des gesamten Kraftstoffgemisches entgegengewirkt. Da der Verdampfungsvorgang durch die Gestaltung des Drallkanals und durch den Einspritzdruck günstig beeinflußt werden kann, führt eine so gesteuerte Verbrennung zu einem niedrigen Druckanstieg und folglich zu einer »**weichen**« Verbrennung.

Eine Weiterentwicklung des M-Verfahrens ist das **HM-Verfahren** (**H**öheres **M**ittenkugelverfahren). Das Hauptansaugrohr ist verlängert. Die Ansaugrohre zu den einzelnen Zylindern werden gerade geführt (kein Drallkanal). Dadurch wird eine Luftverwirbelung verhindert und die Strömungsgeschwindigkeit erhöht. Die Ansaugrohre münden **tangential** in den Kugelbrennraum. Erst hier wird die Luft verwirbelt und damit die Verbrennungsgeschwindigkeit erhöht. Die Leistung des Motors wird gesteigert. Durch eine Fremdzündung wurde das M-Verfahren auch zum **FM-Verfahren** entwickelt (**F**remdzündung, Abb. 1).

In den HM- und FM-Motoren können auch Vergaser-Kraftstoffe verbrannt werden. Obwohl diese Kraftstoffe einen großen Zündverzug haben, entsteht während der Verbrennung für den Kurbeltrieb kein schädlicher, hoher Druckanstieg. Solche Motoren eignen sich als **Vielstoffmotoren.** Nach Einbau einer Zündkerze können auch sehr zündträge Superkraftstoffe verbrannt werden. Der Kraftstoffverbrauch aller M-Motoren ist gering.

Bei Außentemperaturen von −10 bis −15°C ist eine sichere Selbstzündung in der Startphase noch möglich. Herrschen tiefere Temperaturen, müssen Kaltstarthilfen gegeben werden.

22.5 Kaltstarthilfen

Während des Startens eines kalten Dieselmotors ist das Erreichen der Selbstzündungstemperatur häufig nicht möglich. Durch eine **fremde Wärmequelle** oder den Zusatz eines zündwilligen Mittels (Startpilot) kann eine Zündung eingeleitet werden.

Kaltstarthilfen sind:

- Glühkerzen (s. Kap. 56.2),
- Heizflansch,
- Startpilot,
- Flammstartanlage.

Die einfachste Art der Starthilfe ist das Erwärmen der Ansaugluft durch einen **elektrischen Heizflansch.** Als **Startpilot** wird ein Kraftstoff mit einem Siedebereich zwischen −40 und +200°C bezeichnet. Dieser Kraftstoff wird während des Startvorgangs mit einer Sprühdose oder über eine eingebaute Anlage in das Saugrohr gespritzt.

Für Dieselmotoren mit direkter Einspritzung wird häufig eine **Flammstartanlage** verwendet (Abb. 2). Eine Flammkerze befindet sich im Saugrohr des Motors. In einer Kraftstoffleitung von der Kraftstofförderpumpe zu der Flammkerze ist ein Magnetventil angebracht. Während des Startvorgangs ist das Magnetventil geöffnet. Der Kraftstoff wird über einen Glühstift in der Flammkerze gesprüht und dadurch entzündet. Die vom Motor angesaugte Luft wird durch die Flamme vorgewärmt.

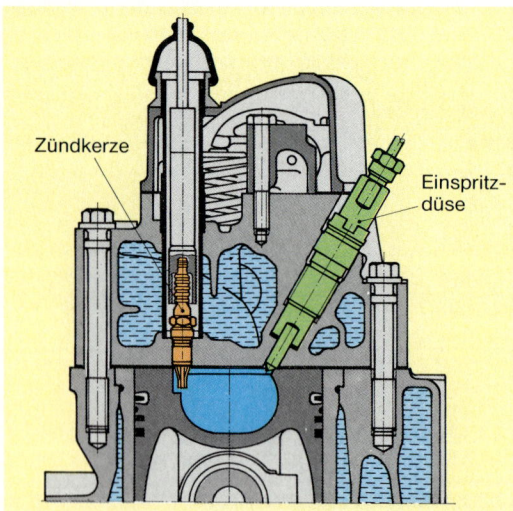

Abb. 1: FM-Verfahren

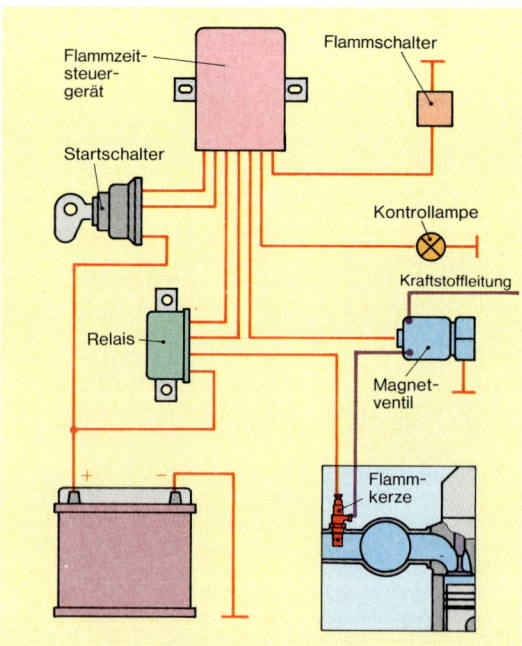

Abb. 2: Flammstartanlage

22.6 »Nageln« des Dieselmotors

Die Temperatur im Verbrennungsraum am Ende des Verdichtungstakts sollte weit über der Zündtemperatur des Dieselkraftstoffs liegen. Die angesaugte Frischluft muß daher sehr hoch verdichtet werden. Ist der Zündverzug sehr groß, z. B. in einem kalten Motor oder im Leerlauf (Luftbewegung gering), verbrennt die eingespritzte Kraftstoffmenge schlagartig. Es treten Druckwellen auf, die ein **»nagelndes« Geräusch** verursachen. Der Zündverzug wird mit steigendem Druck und steigender Temperatur kleiner.

Um bei Motoren mit direkter Einspritzung ein Nageln zu verhindern, wird während des Zündverzugs nur wenig Kraftstoff eingespritzt. Erst nach Beginn der Verbrennung wird der größere Teil des Kraftstoffs zugeführt.

Im Gegensatz zum Ottomotor benötigt der Dieselmotor einen sehr **zündwilligen Kraftstoff.** Dadurch wird der Zündverzug verkürzt und ein »Nageln« verhindert.

Ein Maß für die **Zündwilligkeit** des Dieselkraftstoffs ist die **Cetanzahl** (s. Kap. Kraftstoffe).

22.7 Vergleich zwischen Otto- und Dieselmotor

Ottomotor	Dieselmotor
äußere Gemischbildung	innere Gemischbildung
Fremdzündung	Selbstzündung
Quantitätsregelung	Qualitätsregelung
Gleichraumverbrennung	Gleichdruckverbrennung
gleichmäßiges Gemisch im Verbrennungsraum	ungleichmäßiges Gemisch im Verbrennungsraum
Motordrehzahl 4000 bis 10000/min	Motordrehzahl 1500 bis 5000/min
λ von 0,7 bis 1,3	λ immer größer als 1
Verdichtungsverhältnis 8 bis 11:1	Verdichtungsverhältnis 14 bis 24:1
Verdichtungsdruck 10 bis 16 bar	Verdichtungsdruck 25 bis 45 bar
Verdichtungstemperatur 350 bis 450°C	Verdichtungstemperatur 750 bis 900°C
Verbrennungshöchstdruck 30 bis 50 bar	Verbrennungshöchstdruck 60 bis 80 bar
höchste Verbrennungstemperatur etwa 2500°C	höchste Verbrennungstemperatur etwa 2000°C

Ottomotor	Dieselmotor
Abgastemperatur 600 bis 800°C	Abgastemperatur 550 bis 750°C
spezif. Kraftstoffverbrauch 240 bis 430 g/kWh	spezif. Kraftstoffverbrauch 160 bis 340 g/kWh
effekt. Wirkungsgrad η_{eff} bis 30%	effekt. Wirkungsgrad η_{eff} bis 45%

Flammpunkt min -21°C   *min 55°C*

Aufgaben

1. Nennen Sie die vier kennzeichnenden Merkmale eines Dieselmotors.
2. Beschreiben Sie die grundsätzliche Wirkungsweise eines Dieselmotors.
3. Zeichnen Sie das *p-V*-Diagramm eines Ottomotors und das eines Dieselmotors übereinander.
4. Beschreiben Sie die Form eines Kraftstoffstrahls nach Eintritt in den Verbrennungsraum.
5. Nennen Sie die Einflüsse auf die Größe eines Kraftstofftropfens.
6. Beschreiben Sie die Gemischbildung am Kraftstofftropfen.
7. Nennen Sie die Vorteile einer großen Ventilüberschneidung für einen Dieselmotor.
8. Erklären Sie den Begriff Zündverzug.
9. Welche Nachteile hat ein zu großer Zündverzug?
10. Wodurch kann der Zündverzug in einem Dieselmotor verkürzt werden?
11. Erklären Sie den Begriff Gleichdruckverbrennung.
12. Beschreiben Sie die Vorgänge während einer Grenzdruckverbrennung.
13. Nennen Sie zwei Verbrennungsverfahren für Dieselmotoren mit geteiltem Brennraum.
14. Beschreiben Sie die Vorgänge während des Arbeitsspiels eines Dieselmotors mit Vorkammer.
15. Begründen Sie den härteren Verbrennungsablauf eines Wirbelkammer-Motors im Vergleich zum Vorkammer-Motor.
16. Welche Nachteile haben Motoren mit direkter Einspritzung?
17. Schildern Sie den Verbrennungsablauf des MAN-M-Verfahrens.
18. Nennen Sie Vorteile des MAN-M-Verfahrens.
19. Nennen Sie vier Kaltstarthilfen.
20. Beschreiben Sie den Aufbau der Flammstartanlage.
21. Erklären Sie den Begriff »Nageln«.
22. Wodurch kann das Nageln eines Dieselmotors verhindert werden?
23. In einem Mittenkugelbrennraum mit 12 cm² Oberfläche werden 4,8 mm³ Kraftstoff eingespritzt. Berechnen Sie die Dicke der Kraftstoffschicht (in µm) unter der Voraussetzung, daß sich der Kraftstoff gleichmäßig auf die Brennraumwand verteilt.

23 | Einspritzanlagen für Dieselmotoren

Die Einspritzanlage für Dieselmotoren hat folgende **Aufgaben** zu erfüllen:

Einspritzen des Dieselkraftstoffs
- im richtigen Zeitpunkt,
- in genau bemessener Menge,
- während einer bestimmten Zeitdauer,
- mit dem erforderlichen Druck und
- mit der erforderlichen Strahlform.

Die Diesel-Einspritzanlagen unterscheiden sich hauptsächlich durch die Einspritzpumpe und die Einspritzdüsen. Sollen unterschiedliche Kraftstoffe in einem Dieselmotor (Vielstoffmotor) verwendet werden, ist eine **Vielstoff-Einspritzanlage** nötig.

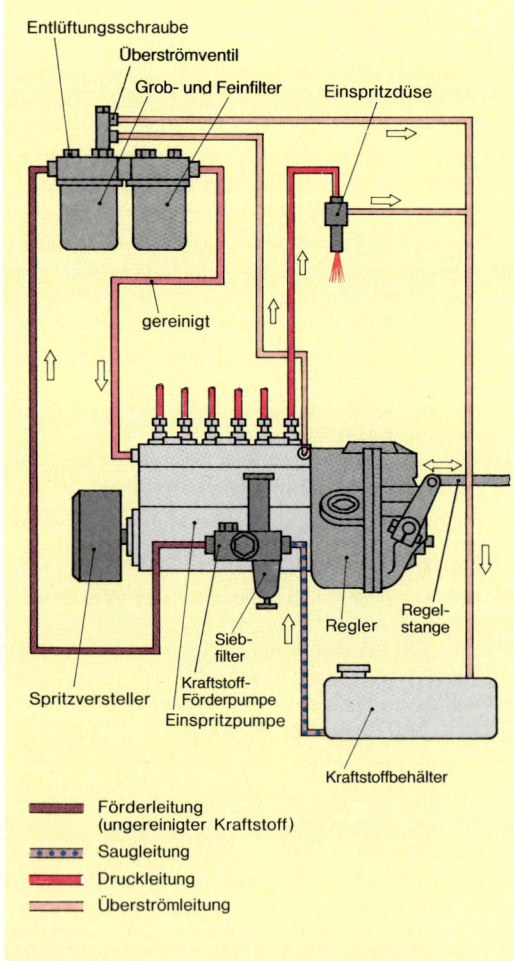

Abb. 1: Aufbau einer Diesel-Einspritzanlage

Entlüftungsschraube
Überströmventil
Grob- und Feinfilter
Einspritzdüse
gereinigt
Spritzversteller
Siebfilter
KraftstoffFörderpumpe
Einspritzpumpe
Regler
Regelstange
Kraftstoffbehälter

— Förderleitung (ungereinigter Kraftstoff)
····· Saugleitung
— Druckleitung
— Überströmleitung

23.1 Diesel-Einspritzanlage mit Reiheneinspritzpumpe

Den Aufbau einer Einspritzanlage mit Reiheneinspritzpumpe zeigt Abb. 1.

23.1.1 Kraftstoff-Förderpumpe

> Die **Kraftstoff-Förderpumpe** fördert den Kraftstoff mit etwa 1 bar Überdruck zur Kraftstoff-Einspritzpumpe.

Die Förderpumpe ist meist unmittelbar an die Einspritzpumpe angeflanscht (Abb. 1). Sie wird von der Nockenwelle der Einspritzpumpe über eine Exzenterscheibe angetrieben.
Für kleine Förderleistungen wird eine **einfachwirkende** (Abb. 2 und 3), für große eine **doppeltwirkende Förderpumpe** (Abb. 4) verwendet.

Einfachwirkende Förderpumpe

Förder- und Saughub: Dreht sich die Exzenterscheibe vom Rollenstößel weg (Abb. 3a), so schiebt die Kolbenfeder den Pumpenkolben nach. Der Kraftstoff wird aus der Kammer 1 herausgedrückt (Druckventil geschlossen) und gelangt zur Einspritzpumpe. Gleichzeitig wird Kraftstoff über den Vorreiniger und das Saugventil in die Kammer 2 gesaugt.
Zwischenhub: Wird der Pumpenkolben von der Exzenterscheibe gegen die Kraft der Kolbenfeder bewegt, so wird der Kraftstoff aus der Kammer 2 in die Kammer 1 gepumpt (Abb. 3b). Danach beginnt wieder die Förderung.
Die Pumpe fördert aber nur so lange, bis der Druck in der Förderleitung nicht mehr von der Kolbenfeder überwunden werden kann. Der Kolben kommt an der entsprechenden Stelle zwischen seinen Totpunkten zum Stillstand. Es besteht zwischen Exzenter, Rollenstößel, Druckbolzen und Kolben **kein Kraftschluß** mehr. Der folgende Zwischenschub beginnt, wenn durch die Drehung der Exzenterscheibe der Rollenstößel wieder betätigt wird. Der Hub ist entsprechend kürzer. Er kann Null werden, wenn der Druck in der Kammer 1 weiter ansteigt.

> Die **einfachwirkende Förderpumpe** liefert nur die vom Motor benötigte Kraftstoffmenge.

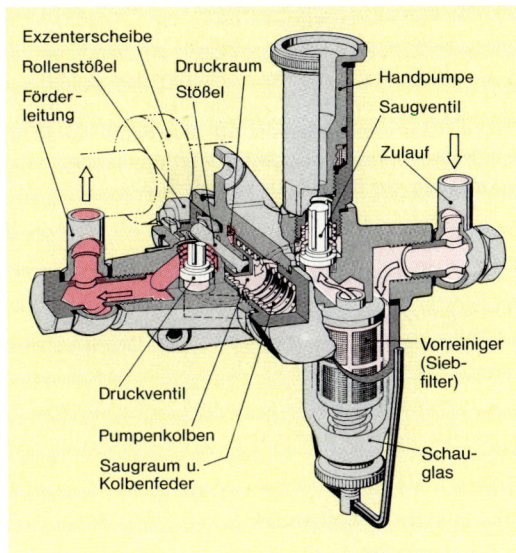

Abb. 2: Kraftstoff-Förderpumpe (einfachwirkend)

Doppeltwirkende Förderpumpe

Die doppeltwirkende Förderpumpe (Abb. 4) fördert und saugt gleichzeitig während beider Kolbenhübe. **Ein Zwischenhub entfällt.** Diese Anlage benötigt ein **Überströmventil** (Abb. 1), da auch während des vom Exzenter verursachten Zwangshubes Kraftstoff gefördert wird.

> Die **doppeltwirkende Förderpumpe** fördert je Exzenterumdrehung zweimal.

Handpumpe

Die in das Gehäuse der Förderpumpe eingeschraubte Handpumpe dient zum Füllen und zum Entlüften der Einspritzanlage (Abb. 2):

- bei Inbetriebnahme,
- bei leergefahrenem Kraftstoffbehälter,
- zum Wiederauffüllen der Leitungen, z.B. nach Wechsel eines Filtereinsatzes.

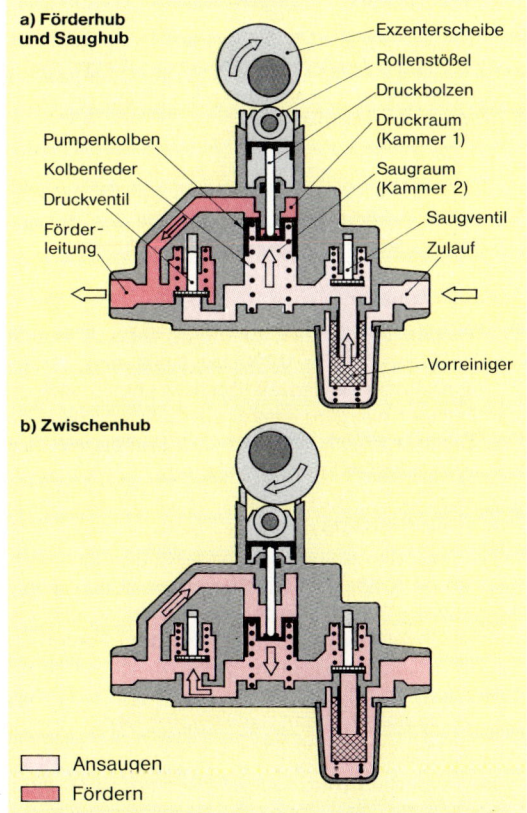

Abb. 3: Wirkungsweise der einfachwirkenden Kraftstoff-Förderpumpe

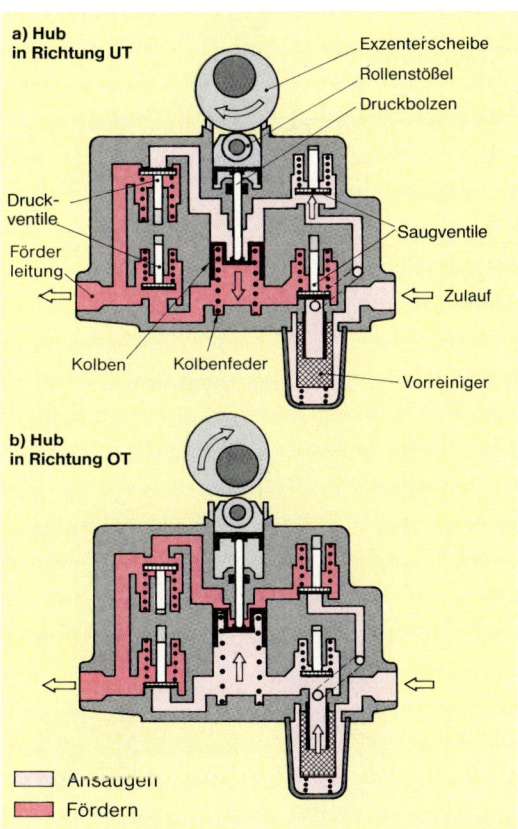

Abb. 4: Wirkungsweise der doppeltwirkenden Kraftstoff-Förderpumpe

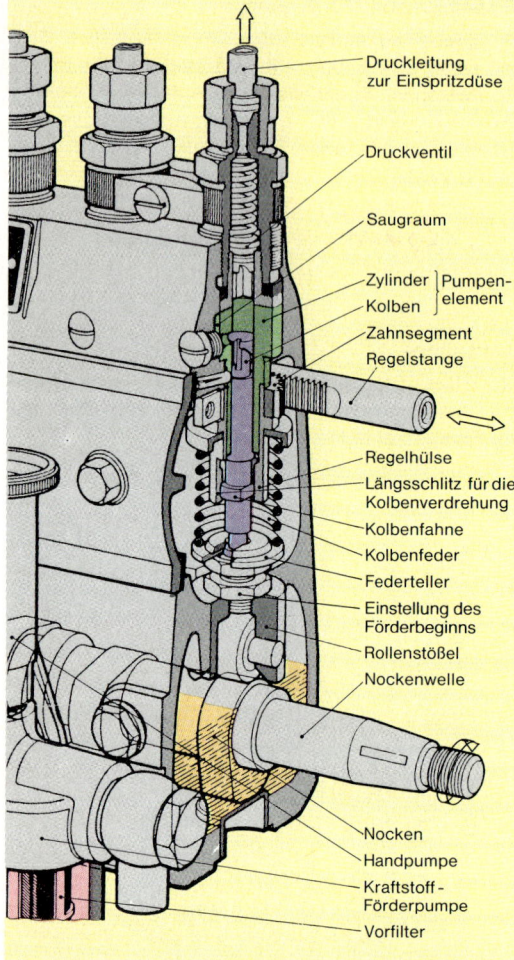

Abb. 1: Reiheneinspritzpumpe, geschnitten

Druckleitung zur Einspritzdüse
Druckventil
Saugraum
Zylinder ⎤ Pumpen-
Kolben ⎦ element
Zahnsegment
Regelstange
Regelhülse
Längsschlitz für die Kolbenverdrehung
Kolbenfahne
Kolbenfeder
Federteller
Einstellung des Förderbeginns
Rollenstößel
Nockenwelle
Nocken
Handpumpe
Kraftstoff-Förderpumpe
Vorfilter

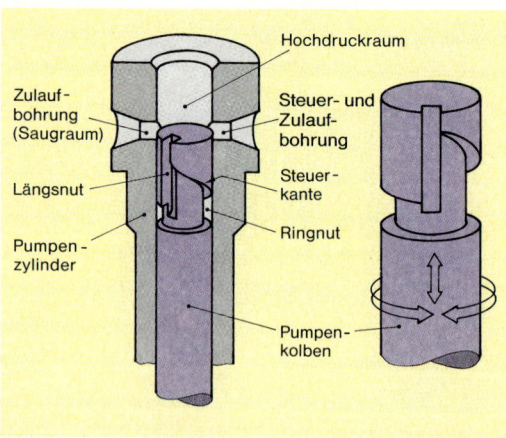

Abb. 2: Pumpenelement

Hochdruckraum
Zulaufbohrung (Saugraum)
Steuer- und Zulaufbohrung
Längsnut
Steuerkante
Pumpenzylinder
Ringnut
Pumpenkolben

23.1.2 Diesel-Kraftstoffilter

Diesel-Einspritzanlagen benötigen Kraftstoffilter (s. Kap. Filter), da die Präzisionsteile der Dieseleinspritzpumpe und der Einspritzdüsen schon durch feinste Verunreinigungen im Kraftstoff vorzeitig durch Verschleiß beschädigt werden können. Die **Anordnung der Filter** zeigt Abb. 1, S. 208.

23.1.3 Reiheneinspritzpumpe

Die Reiheneinspritzpumpe (Abb. 1):

- fördert den Kraftstoff unter hohem Druck zu den Einspritzdüsen,
- ändert die Kraftstofffördermenge stufenlos und
- bemißt die Kraftstoffmenge gleichmäßig für alle Zylinder.

Aufbau und Wirkungsweise

Für jeden Motorzylinder ist ein **Pumpenelement** vorhanden. Es besteht aus Zylinder und Kolben. Eine Kolbenfeder drückt mit großer Kraft den Rollenstößel und den Kolben gegen den Nocken (Abb. 1).

> Während des **Druckhubes** drückt der Kolben den Kraftstoff über das Druckventil und die Druckleitung zur Einspritzdüse.

Der Kraftstoff wird mit einem Druck von 100 bis 1200 bar in den Zylinder gespritzt. Die Höhe des Druckes richtet sich nach dem Verbrennungsverfahren.

Pumpenelement

Der Kolben des Pumpenelements (Abb. 2) ist mit einem Spiel von nur 0,002 bis 0,003 mm in den Pumpenzylinder eingepaßt. Deshalb können Kolben und Zylinder nur gemeinsam ausgetauscht werden. Der Dieselkraftstoff schmiert das Pumpenelement und sorgt für eine Feinstabdichtung.

Kraftstoffzumessung

In der untersten Kolbenstellung fließt der vom Filter kommende Kraftstoff vom **Saugraum** in den **Hochdruckraum** (Abb. 3a). Nach dem Schließen der Zulaufbohrungen (Vorhub) beginnt der **Förderhub** (Abb. 3b). Der entstehende große Druck im Hochdruckraum öffnet das Druckventil (Abb. 1, S. 212), und der Kraftstoff strömt zur Einspritzdüse.

> Der Förderhub (Nutzhub) ist beendet, wenn die **Steuerkante** des Kolbens die **Steuerbohrung** freigibt.

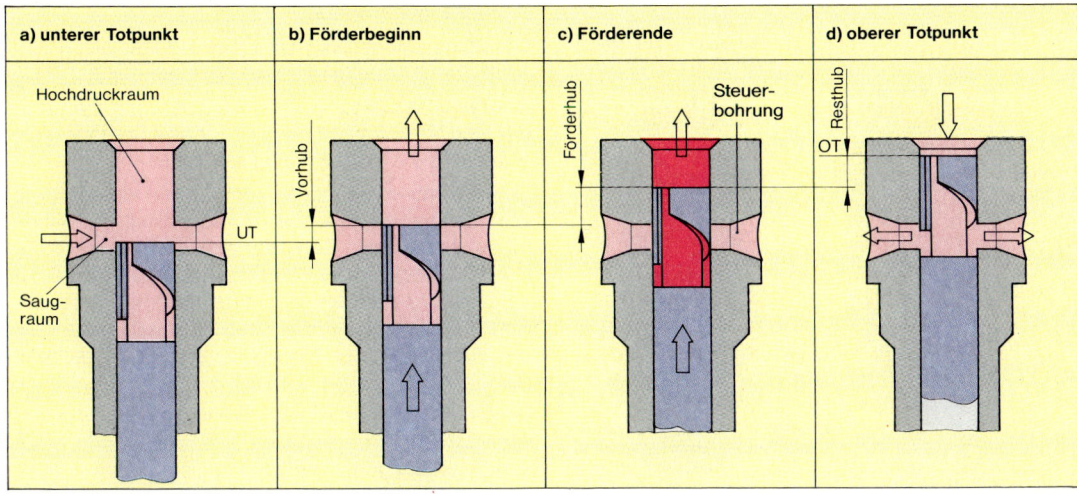

| a) unterer Totpunkt | b) Förderbeginn | c) Förderende | d) oberer Totpunkt |

Abb. 3: Kolbenstellungen

Während des nun folgenden **Resthubes** (Abb. 3d) kann sich kein Druck mehr über dem Kolben aufbauen, da der Kraftstoff über die Längsnut und die Ausfräsung unterhalb der Steuerkante über die Steuerbohrung zum Saugraum zurückgedrückt wird.

Veränderung der Fördermenge

Durch Verdrehen des Pumpenkolbens wird der **Förderhub** beeinflußt (Abb. 4). Dadurch ändert sich die Fördermenge.

> Die **Größe des Förderhubes** ist abhängig von der Stellung der Steuerkante zur Steuerbohrung.

In den Endstellungen der Kolbendrehung findet entweder **Vollförderung** oder **Nullförderung** (Abb. 4)

statt. Bei Nullförderung steht die Längsnut der Steuerbohrung gegenüber. Der Hochdruckraum kann nicht mehr geschlossen werden.
Nullförderung ist notwendig, um den Motor zum Stillstand zu bringen. Dazu wird die Regelstange auf »Stop« gezogen.

Verstellmechanik

Die **Regelstange** dreht über **Zahnsegmente** die **Regelhülsen** (Abb. 4).
Diese übertragen ihre Drehbewegung über Schlitze auf die **Mitnehmer** (Kolbenfahnen) der Pumpenkolben (Abb. 1, S. 210).
Bei einer anderen Bauart haben die Regelhülsen **Hebel**, die in **Klemmstücke** auf der Regelstange eingreifen.

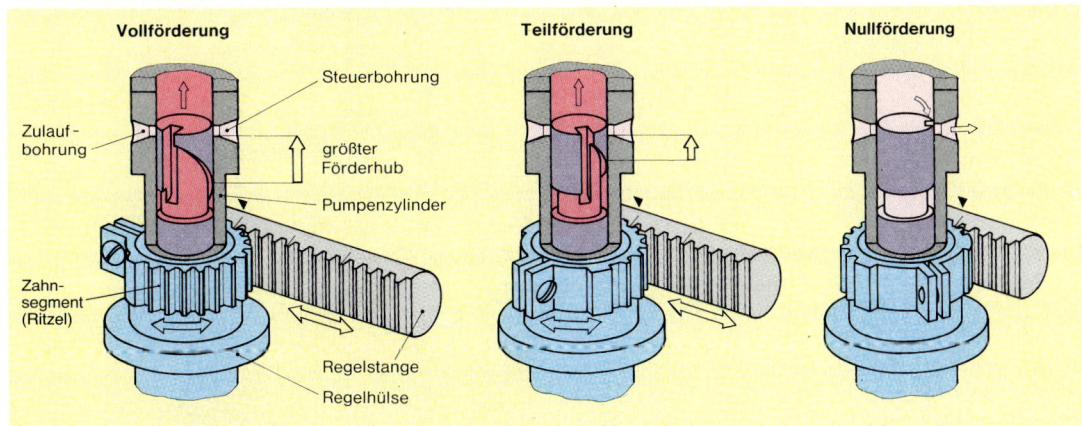

Abb. 4: Veränderung der Fördermenge

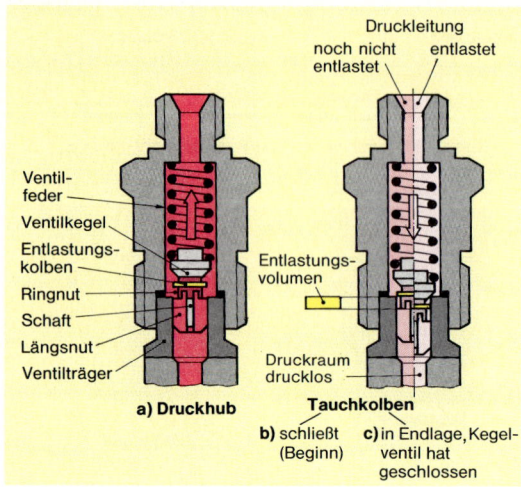

Abb. 1: Druckventil

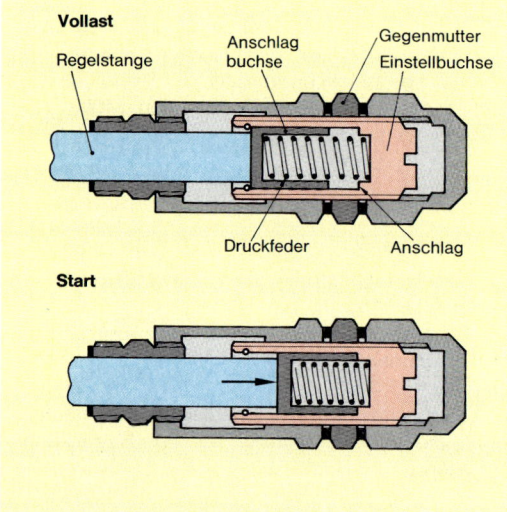

Abb. 2: Federnder Regelstangenanschlag

Druckventil

Das Druckventil (Abb. 1):

- schließt die Druckleitung während des Saughubes und

- baut den Druck in der Druckleitung nach dem Einspritzen sofort so weit ab, daß an der Einspritzdüse kein Kraftstoff nachtropft und dort Verbrennungsrückstände bildet.

Der Druckabbau geschieht durch eine geringfügige **Volumenvergrößerung in der Druckleitung.** Diese wird durch das Eintauchen eines **Entlastungskolbens** (Tauchkolben) in den Ventilträger erreicht.

Regelstangenanschlag

Der Regelstangenweg wird meist durch einen einstellbaren Anschlag begrenzt (Vollastmenge).

Der **feste Anschlag** wird verwendet, wenn die erforderliche Kraftstoffmenge während des Startens nicht größer als die Vollastmenge sein muß.

Einige Motoren benötigen zum Starten eine größere Kraftstoffmenge als für den Vollastbetrieb. Sie haben einen **federnden Regelstangenanschlag** (Abb. 2). Durch Betätigung des Fahrpedals während des Startens wird die Feder zusammengedrückt und der Regelstangenweg wird um den Federweg größer als bei Vollast. Die Fördermenge nimmt entsprechend zu.

Durch die Forderung nach Kraftstoffminderung und schadstoffärmeren Abgasen werden folgende Arten von Regelstangenanschlägen unterschieden:

Der **temperaturabhängige Startmengenanschlag** verhindert über ein Dehnstoffelement die Förderung einer größeren Kraftstoffmenge, wenn der Motor warm ist (Warmstart). Dadurch wird ein Rauchausstoß verhindert.

Der **atmosphärendruckabhängige Vollastanschlag** (Abb. 3) reduziert bei niedrigem Luftdruck die Vollastmenge. Die Barometerdose verschiebt den Regelstangenanschlag in Richtung »weniger Kraftstoff«, der Schadstoffanteil im Abgas wird verringert.

Mit dem **ladedruckabhängigen Vollastanschlag** (Abb. 4) wird der Anschlag bei erhöhtem Ladedruck in Richtung »mehr Kraftstoff« verschoben.
Die Rückholfeder hält den Verstellbolzen so lange zurück, bis der Ladedruck groß genug ist, um die Membrane zu verschieben, d.h. die Federkraft zu überwinden und den Vollastanschlag zu verlagern.

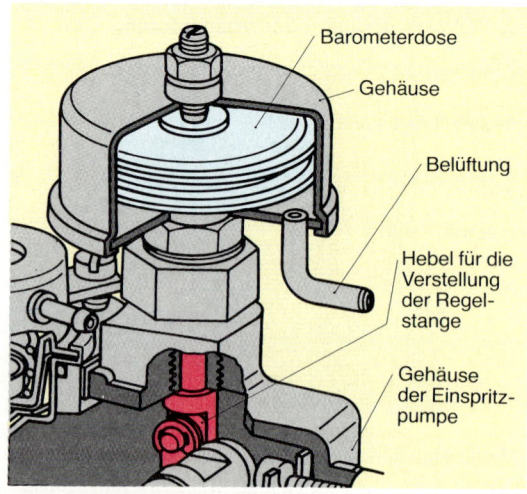

Abb. 3: Atmosphärendruckabhängiger Vollastanschlag

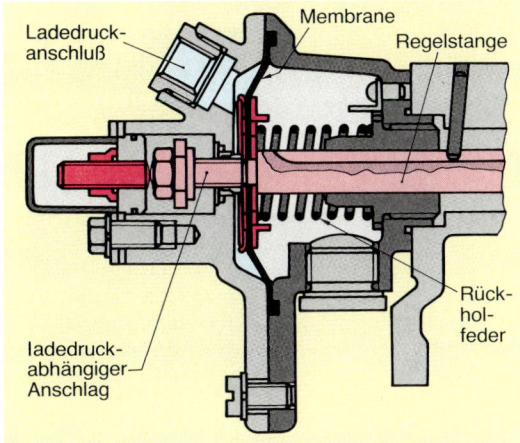

Ladedruck-anschluß
Membrane
Regelstange
Rück-hol-feder
ladedruck-abhängiger-Anschlag

Abb. 4: Ladedruckabhängiger Vollastanschlag

Kraftstoffleitungen

Die Druckleitungen zu den Düsen müssen ansteigend verlegt sein, damit sich keine Gasblasen sammeln können. Ferner müssen die Mindestradien 50 mm betragen, damit der Werkstoff im Bereich der Rohrbögen durch den Kraftstoffdruck nicht überdehnt wird. Die Leitungen bestehen aus Stahl.

23.1.4 Einspritzdüse und Düsenhalter

Die Einspritzdüse hat die **Aufgaben:**

● den Kraftstoff zu zerstäuben,

● ihm die gewünschte Strahlform zu geben und

● den Kraftstoff in einem bestimmten Winkel einzuspritzen.

Durch die Art der Einspritzdüse werden die Gemischbildung und der Verbrennungsablauf beeinflußt.

Die Einspritzdüse (Abb. 5) besteht aus dem **Düsenkörper** und der **Düsennadel.** Düsenkörper und -nadel sind nur gemeinsam austauschbar (Feinstpassung, 0,002 bis 0,003 mm Spiel).

Die Einspritzdüse ist über die Düsenspannmutter (Abb. 1, S. 215) mit dem Düsenhalter verschraubt, an dem sich auch der Anschluß für die Druckleitung befindet. Der Düsenhalter wird am Zylinderkopf befestigt.

Die Düsennadel ist über den **Druckbolzen** (Abb. 4, S. 215) mit einer Druckfeder belastet. Sie wird mit ihrer kegelförmigen Sitzfläche auf die Gegenfläche im Düsenkörper gepreßt (Abb. 6). Zu Beginn des Förderhubes wird die Düsennadel durch den Kraftstoffdruck von ihrem Sitz gehoben. Nach dem Abheben hat sich die wirksame Druckfläche um die Sitzfläche vergrößert.

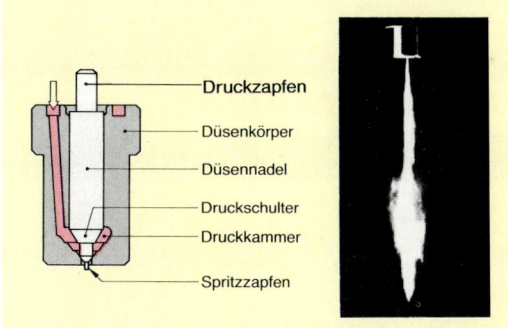

Druckzapfen
Düsenkörper
Düsennadel
Druckschulter
Druckkammer
Spritzzapfen

Abb. 5: Einspritzdüse

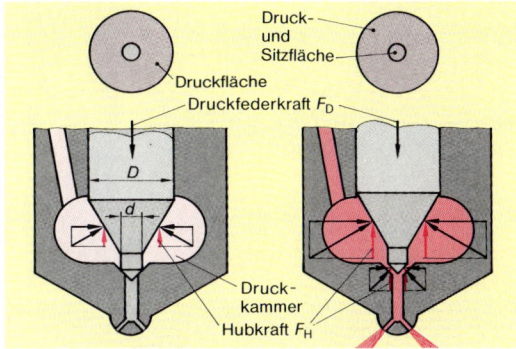

Druck- und Sitzfläche
Druckfläche
Druckfederkraft F_D
Druck-kammer
Hubkraft F_H

Abb. 6: Wirkungsweise der Einspritzdüse (Lochdüse)

Die Nadel beginnt zu schließen, wenn die Steuerbohrung des Pumpenelements frei wird. Dann ist die Druckfederkraft größer als die senkrecht wirkenden Gegenkräfte des Kraftstoffs (Spritzende).

Es gibt zwei Hauptbauarten der Einspritzdüse:

● Zapfendüse und

● Lochdüse.

Zapfendüse

> **Zapfendüsen** werden in Vor- und Wirbelkammermotoren verwendet.

Die Zapfendüsen (Abb. 1, S. 214) arbeiten mit wesentlich geringeren Einspritzdrücken als Lochdüsen, da in Motoren mit unterteilten Brennräumen die Verwirbelung intensiver ist und die Gemischaufbereitung begünstigt.

Durch zylindrische oder kegelige Zapfenenden kann der Strahlwinkel beeinflußt werden. **Drosselzapfendüsen** bilden einen **Vor-** und einen **Hauptstrahl.** Während des Vorstrahls wird nur ein schmaler Drosselspalt freigegeben (Abb. 2). Durch die stufenweise Kraftstoffeinspritzung wird ein »**weicher**« Ver-

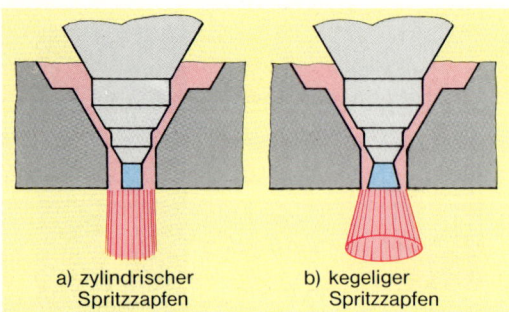

a) zylindrischer Spritzzapfen   b) kegeliger Spritzzapfen

Abb. 1: Zapfendüsen

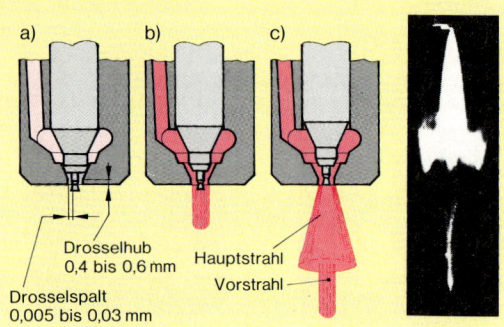

Drosselhub 0,4 bis 0,6 mm

Drosselspalt 0,005 bis 0,03 mm

Hauptstrahl

Vorstrahl

Abb. 2: Drosselzapfendüse

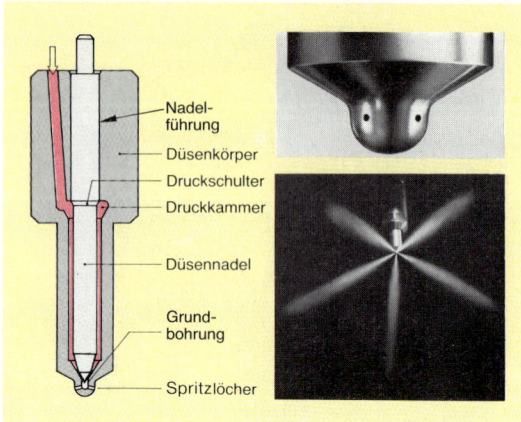

Nadel-führung

Düsenkörper

Druckschulter

Druckkammer

Düsennadel

Grund-bohrung

Spritzlöcher

Abb. 3: Lochdüse

brennungsablauf erzielt. Die Zündung des Gemisches führt anfangs zu einem geringen Druckanstieg im Verbrennungsraum, da noch nicht die gesamte Kraftstoffmenge eingespritzt ist.
Die Zapfenbewegung verhindert ein Verkoken der Düsenöffnung (Selbstreinigung).

Wichtige **Daten der Zapfendüse:**

- Düsenöffnungsdruck 110 bis 135 bar,
- Spritzlochdurchmesser 0,8 bis 2 mm,
- Nadelhub 0,4 bis 1,1 mm,
- Strahlwinkel 0 bis 30°.

Lochdüse

Lochdüsen werden für Motoren mit direkter Einspritzung verwendet.

Es gibt **Ein- und Mehrlochdüsen** (Abb. 3). Die Zahl der Löcher richtet sich nach der günstigsten Verteilung des Kraftstoffs im Verbrennungsraum. Lochdurchmesser und -länge beeinflussen die Form des Kraftstoffstrahls und dessen Eindringtiefe in die verdichtete Luft. So bewirkt z.B. eine Verlängerung des Spritzlochs einen geschlossenen Kraftstoffstrahl und eine größere Eindringtiefe.

Lange Lochdüsen (Abb. 3) sind notwendig, wenn die Erwärmung einer Düse zu groß werden würde (Klemmgefahr). Die Nadelführung einer langen Lochdüse liegt von der Stelle der höchsten Erwärmung etwas entfernt.

Wichtige **Daten der Lochdüse:**

- Düsenöffnungsdruck meist zwischen 150 und 350 bar,
- bis zu 12 Löcher je Düse,
- Spritzlochdurchmesser ab 0,2 mm mit einer Stufung von 0,02 mm,
- Lochwinkel bis zu 180°.

Beanspruchung der Zapfen- und Lochdüse

Einspritzdüsen sind hoch belastete Bauteile. Sie unterliegen neben der Gefahr der Verkokung folgenden Beanspruchungen:

- **Schlagverschleiß** zwischen Düsennadelsitzfläche und Sitzfläche im Düsenkörper,
- **Reibverschleiß** an den Gleitflächen von Nadel und Düsenkörper, verstärkt durch Verunreinigungen im Kraftstoff und durch Ölkohle,
- **Strahlverschleiß** an den Bohrungen und am Spritzzapfen und
- **Korrosionsverschleiß** an den Gleitflächen und an den Bohrungen.

Düsenhalter

Die **Aufgaben** des Düsenhalters sind:

- die Aufnahme der Düse,
- die Verbindung der Düse mit der Kraftstoffleitung,
- die Aufnahme der Druckfeder, des Stabfilters und der Druckeinstellung.

Abb. 4 zeigt die Teile eines Düsenhalters. Für die **Einstellung des Düsenöffnungsdrucks** gibt es zwei Möglichkeiten:

● Veränderung der Druckfederkraft durch Verdrehen einer **Einstellschraube** oder

● Einlegen von **Einstellscheiben** unter die Druckfedern (Abb. 4).

Der Düsenhalter ist im Zylinderkopf befestigt. Es gibt verschiedene Ausführungsformen von Düsenhalterbefestigungen (Abb. 5). Sie unterscheiden sich durch die Art der Befestigung am Zylinderkopf.

Als **Dichtringe** zwischen Düsenspannmutter und Zylinderkopf werden wegen der guten Wärmeleitung Kupferringe verwendet (Abb. 4, S. 221).

Damit im Düsenhalter und in der Düse keine unzulässigen Spannungen auftreten, müssen die Düsen im Düsenhalter und der Düsenhalter im Zylinderkopf mit den vorgeschriebenen Drehmomenten angezogen werden.

Dieselmotoren mit Direkteinspritzung und Aufladung erfordern **Wärmeschutzeinrichtungen** für die Düsen. Für Lochdüsen werden Wärmeschutzhülsen und für Zapfendüsen Wärmeschutzscheiben verwendet. Die Scheiben werden zwischen Düsenspannmutter und Zylinderkopf angebracht. Abb. 4, S. 221 zeigt einen Wärmeschutz, der mit der Düsenspannmutter zusammengebaut ist.

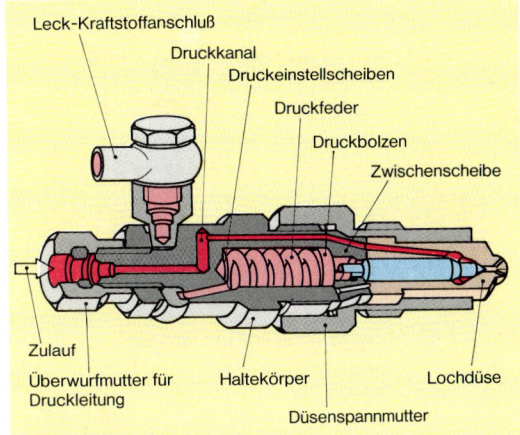

Abb. 4: Düsenhalter mit Düse

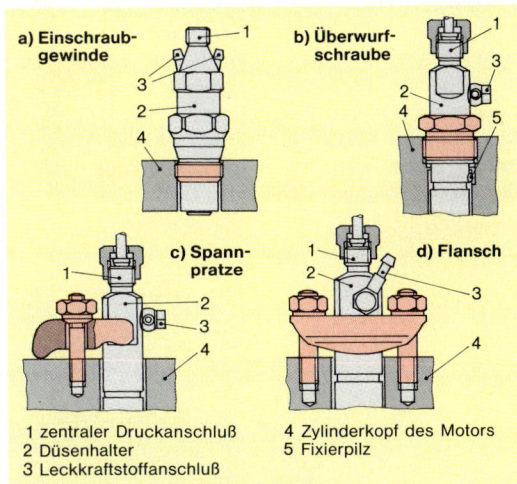

1 zentraler Druckanschluß
2 Düsenhalter
3 Leckkraftstoffanschluß
4 Zylinderkopf des Motors
5 Fixierpilz

Abb. 5: Düsenhalterbefestigungen

23.1.5 Drehzahlregler (Mengenregler)

Es gibt mechanische und elektronische Drehzahlregler für Reihen- und Verteilereinspritzpumpen (s. Kap. 23.2). Diese Systeme regeln die **Kraftstoffmenge**.

Die **mechanischen Regler** liefern nur aufgrund der Motordrehzahl (Eingangssignal) entsprechende Verstellwege für die Regelstange. **Elektronische Regler** können mehrere Eingangssignale verarbeiten, z. B. Motordrehzahl, Kraftstoff- und Lufttemperatur.

Ein Dieselmotor würde ohne Drehzahlregler entweder im niedrigen Drehzahlbereich zum **Stillstand** kommen oder im hohen Drehzahlbereich bis zur **Selbstzerstörung** die Drehzahl erhöhen.

Mit abnehmenden Drehzahlen fördert die Einspritzpumpe durch die zunehmenden **Leckverluste** (Beschleunigungsträgheit des Kraftstoffs nimmt ab) immer weniger Kraftstoff je Hub. Mit zunehmenden Drehzahlen fördert sie immer mehr Kraftstoff je Hub, da die Leckverluste geringer werden.

Im Kraftfahrzeugbau werden **End- und Alldrehzahlregler** verwendet.

Der **Enddrehzahlregler** regelt nur die Leerlauf- und Höchstdrehzahl. Zwischen diesen Drehzahlen erfolgt die Regelung durch den Fahrer über das Fahrpedal.

Regelvorgang

Ein Regelvorgang spielt sich immer in einem **geschlossenen Regelkreis** ab (Abb. 1, S. 216 und Kap. Steuerungs-, Regelungs- und Informationstechnik).

Zum **Regelkreis des Dieselmotors** gehören der Motor (Regelstrecke), der Regler (Regeleinrichtung) und die Einspritzpumpe mit den Pumpenelementen und der Regelstange (Stellglied).

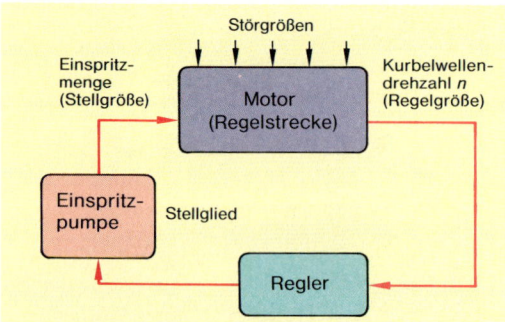

Abb. 1: Regelkreis der Dieseleinspritzanlage

Der Enddrehzahlregler einer Einspritzpumpe vergleicht z. B. die Leerlauf- oder Höchstdrehzahl (Sollwerte) mit den tatsächlichen Drehzahlen (Istwerte).
Sinkt die Pumpen-Leerlaufdrehzahl unter die Soll-Leerlaufdrehzahl, so wird die Pumpenregelstange vom Regler soweit in Richtung »Vollförderung« verstellt, bis die Pumpen-Nockenwelle die Soll-Leerlaufdrehzahl wieder erreicht hat.
Mechanische Regler haben eine Meßeinrichtung, mit der die Ist-Drehzahl der Einspritzpumpe mit Hilfe der Fliehkraftmessung bestimmt wird.

Fliehkraftregler (mechanischer Mengenregler)

Abb. 2 zeigt den Aufbau eines **Enddrehzahlreglers**. Die Reglernabe wird von der Nockenwelle der Einspritzpumpe angetrieben. In der Reglernabe sind über zwei Winkelhebel die beiden sich gegenüberliegenden Fliehgewichte gelagert, die den Verstellbolzen verschieben.

Der **Regelhebel** wird von der Lage des **Verstellbolzens** und der Stellung des Fahrpedals, d. h. des **Lenkhebels** beeinflußt. Der Regelhebel ist mit der **Regelstange** verbunden und bewegt sie in Richtung »**Stop**« oder »**Vollförderung**«.

Leerlaufregelung: Bei Leerlaufdrehzahl sind die **Leerlauffedern** um etwa 3 mm zusammengedrückt (Abb. 3b). Sinkt z. B. die Leerlaufdrehzahl durch den Einfluß einer **Störgröße** (zunehmende Leckverluste der Einspritzpumpe), so nimmt die Fliehkraft ab. Die Leerlauffedern drücken die Fliehgewichte nach innen. Der Regler sorgt für die notwendige Verstellung der Regelstange, damit durch Mehrförderung die Soll-Leerlaufdrehzahl wieder erreicht wird. Die **Winkelhebel** (Abb. 4) verschieben den **Verstellbolzen**. Dieser verdreht den **Regelhebel** um das Gelenk des

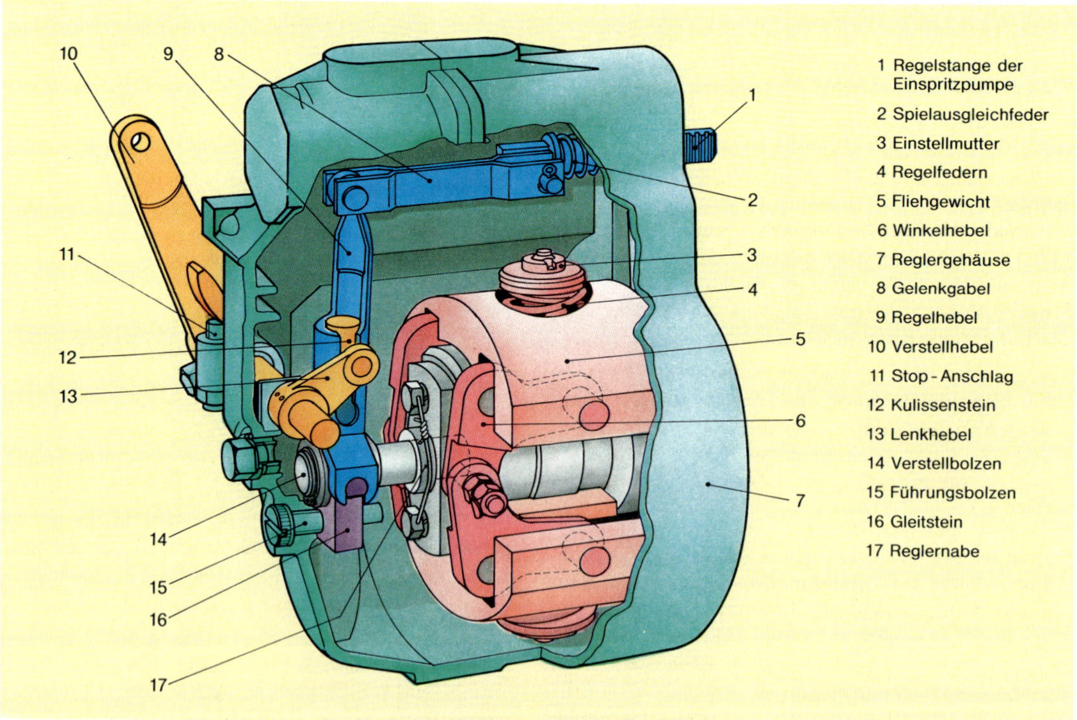

1 Regelstange der Einspritzpumpe
2 Spielausgleichfeder
3 Einstellmutter
4 Regelfedern
5 Fliehgewicht
6 Winkelhebel
7 Reglergehäuse
8 Gelenkgabel
9 Regelhebel
10 Verstellhebel
11 Stop - Anschlag
12 Kulissenstein
13 Lenkhebel
14 Verstellbolzen
15 Führungsbolzen
16 Gleitstein
17 Reglernabe

Abb. 2: Fliehkraftregler für Reiheneinspritzpumpe (Enddrehzahlregler)

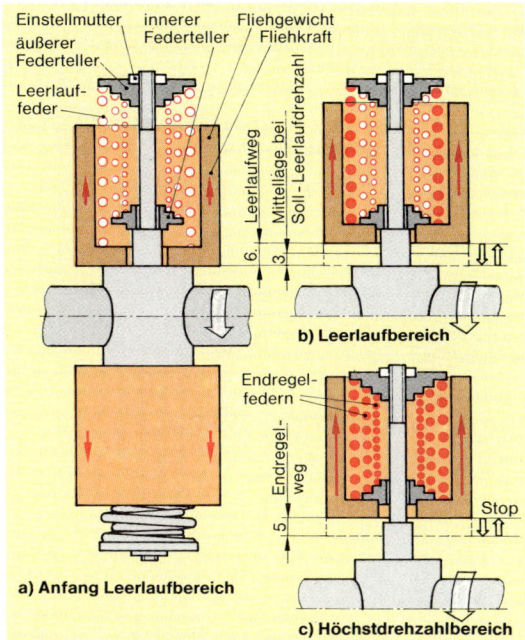

Abb. 3: Wirkungsweise der Meßeinrichtung des Fliehkraftreglers

a) Anfang Leerlaufbereich

b) Leerlaufbereich

c) Höchstdrehzahlbereich

Kulissensteins. Die Regelstange wird in Richtung »Vollförderung« verschoben. Die Lage des Kulissensteins ist durch die Leerlauflage des mit dem Verstellhebel verbundenen **Lenkhebels** festgelegt.

Drehzahlbereich ohne Regelung: Sobald der Fahrer das Fahrpedal etwas betätigt, wird die Regelstange in Richtung »Vollförderung« verschoben. Die Drehzahl steigt an. Die Fliehgewichte verharren jedoch in ihrer Lage, da sie die Endregelfedern noch nicht zusammendrücken können. Der Gleitstein und damit der untere Regelhebeldrehpunkt bleibt in unveränderter Lage.

> Regelhebel und Regelstange reagieren zwischen den **Grenzdrehzahlen** nur auf die Bewegungen des Fahrpedals bzw. Lenkhebels.

Die Endregelfedern geben der Fliehkraft erst nach, wenn der Motor die Soll-Höchstdrehzahl erreicht.

Höchstdrehzahlregelung: Sobald die Endregelung beginnt, hängt die Stellung der Regelstange nicht mehr allein vom Fahrer ab, sondern auch vom Weg des Verstellbolzens. Er wird durch die Fliehgewichte, die noch etwa 5 mm Endregelweg haben (Abb. 3c), über die Winkelhebel so weit verstellt, daß die Regelstange in Richtung »Stop« verschoben wird (Abb. 4).

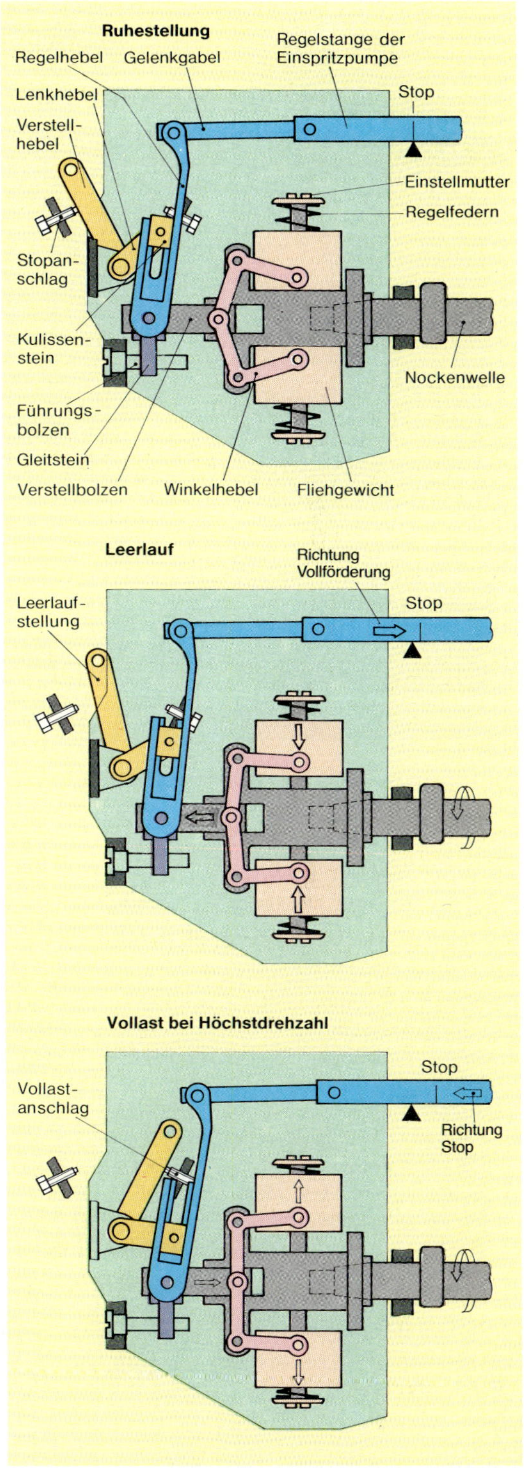

Ruhestellung

Leerlauf

Vollast bei Höchstdrehzahl

Abb. 4: Wirkungsweise des Fliehkraftreglers

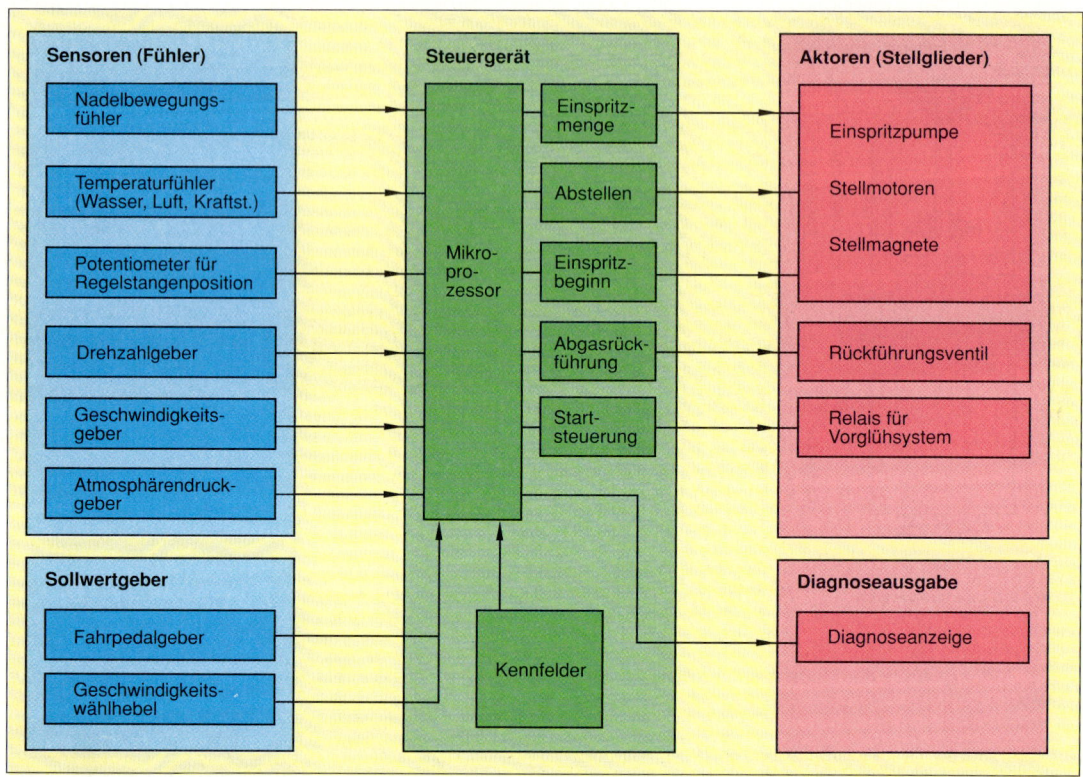

Abb. 1: Teilsysteme der elektronischen Dieselregelung

Elektronischer Mengenregler

Die **elektronische Dieselregelung EDC** (**E**lectronic **D**iesel **C**ontrol, engl.) hat folgende **Vorteile:**

- genauere Dosierung der Einspritzmenge,
- genauerer Einspritzbeginn und
- erweiterter Funktionsumfang, wie z.B.
  - Leerlaufregelung für minimale Leerlaufdrehzahl, unabhängig von zugeschalteten elektrischen Verbrauchern,
  - temperaturkorrigierte Einspritzmenge,
  - Fahrgeschwindigkeitsregelung,
  - Rauchbegrenzung durch Mengenregelung in Abhängigkeit von Motordrehzahl, Kraftstoff-, Motor- und Ladelufttemperatur sowie Ladeluftdruck,
  - Abgasrückführregelung und
  - Ausgabe von Signalen über Drehzahl und Störungen (Diagnoseanzeige).

Eine elektronische Dieselregelung besteht aus drei **Teilsystemen** (Abb. 1):

- Sensoren (Fühler),
- Steuergerät und
- Aktoren (Stellglieder).

Üblich sind **Sensoren** für den Regelstangenweg, die Motordrehzahl, den Nadelhub der Einspritzdüsen und die Kraftstoff-, Luft- und Wassertemperatur. Der Fahrpedalgeber (Potentiometer) signalisiert die Fahrpedalstellung.

Das **Steuergerät** ist in Digitaltechnik aufgebaut und enthält die **Mikroprozessoren** und Speichereinheiten mit Daten, Kurven und Kennfeldern (s. Kap. 59.4). Die Sensoren liefern die Eingangsdaten, die im Verarbeitungsteil des Steuergeräts durch den **kennfeldgestützten Soll-Istwert-Vergleich** zur Ausgabe der Korrektursignale an die Aktoren führen.

Die **Aktoren** übernehmen die Stellfunktion des mechanischen Fliehkraftreglers. Durch Stromimpulse vom Steuergerät werden über die Elektromagneten der Stellglieder die **Kräfte für die mechanische Verstellung** der Einspritzmenge und des Einspritzbeginns (s. Kap. 23.1.6) erzeugt. Der Steuerstrom ist getaktet, d.h., es werden unterschiedlich viele Stromimpulse (-takte), je nach Verstellweg, ausgegeben. Dadurch wird eine sehr genaue Verstellung der Regelstange und des Hubschiebers (s. Kap. 23.1.6) erreicht.

Die **Reiheneinspritzpumpe mit elektronischer Mengenregelung** hat an Stelle des Fliehkraftreglers ein elektromagnetisches Stellwerk zur Verstellung der Regelstange (Abb. 2).

Die Regelstange ist mit einem induktiven Regelstangen-Wegfühler verbunden. Dieser liefert an das Steuergerät das Ist-Signal der Regelstangenstellung. Wird das Fahrpedal betätigt, so wird dessen Winkelstellung über den Fahrpedalgeber (Potentiometer) an das Steuergerät gemeldet. Eine mechanische Verbindung vom Fahrpedal zur Regelstange gibt es nicht. Das Steuergerät verarbeitet das Positionssignal des Fahrpedalgebers und die zusätzlichen Signale, wie z. B. Motordrehzahl-, Motortemperatur- und Luftdrucksignal.

Nach dem Soll-Istwert-Vergleich des Regelstangenweges wird die entsprechende Regelstromstärke an den Regelweg-Stellmagneten gegeben. Die Regelstange für die Kraftstoffmengenregelung wird gegen die Kraft einer Rückstellfeder verschoben. Mit steigender Stromstärke wird der Verstellweg immer größer. Die Rückstellfeder drückt die Regelstange in die Stellung Nullförderung zurück, wenn die Spule des Stellmagneten stromlos ist. Dadurch wird ein sicheres Abstellen des Motors erreicht.

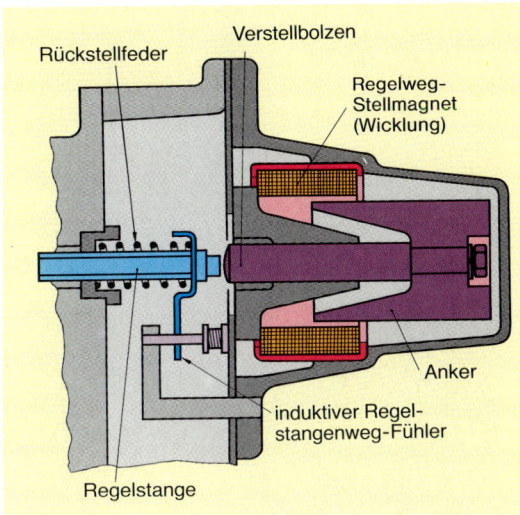

Abb. 2: Stellwerk für die Regelstangenverstellung

23.1.6 Spritzversteller

Der **Zündverzug,** d. h., die Zeit zwischen dem Beginn des Einspritzens in den Verbrennungsraum und dem Verbrennungsbeginn, ist **nahezu konstant,** d. h. **drehzahlunabhängig.** Liegt der Einspritzbeginn immer bei gleichem Kurbelwellenwinkel, dann ist der Kolben bei höheren Drehzahlen wegen der größeren Kolbengeschwindigkeit bei Beginn der Verbrennung immer weiter vom oberen Totpunkt entfernt (Abb. 2, S. 220). Die Folge ist ein erheblicher Leistungsverlust. Der Einspritzbeginn wird deshalb durch Verdrehen der Pumpennockenwelle gegenüber der Motorkurbelwelle bis **8° Nockenwellenwinkel** (16° Kurbelwellenwinkel) **vorverlegt.** Diese Nockenwellenverdrehung wird von einem **Spritzversteller** gesteuert.

Die **automatische Verstellung** des Einspritzbeginns kann

- mechanisch
  oder
- elektronisch

gesteuert werden.

Mechanischer Spritzversteller

Abb. 1, S. 220, zeigt den **Aufbau** und die **Wirkungsweise** eines mechanischen Spritzverstellers. Das Gehäuse wird von der Kurbelwelle angetrieben. An ihm

sind die festen Drehpunkte von zwei sich gegenüberliegenden **Fliehgewichten** befestigt. Sie nehmen über ihre Rollen die Verstellscheibe mit. In deren Nabe ist die Einspritzpumpen-Nockenwelle befestigt.

Je weiter die **Fliehgewichte** auseinander gehen, desto mehr verdreht sich die Verstellscheibe in Drehrichtung der Nockenwelle, d.h. in Richtung Früheinspritzung.

Elektronisch gesteuerter Spritzversteller

Durch elektronisch gesteuerte Spritzversteller werden die Signale der Sensoren (Abb. 1, S. 218) so verarbeitet, daß der Einspritzbeginn sehr genau den Betriebsverhältnissen angepaßt wird.

Die Nachteile der mechanischen Spritzversteller, wie Antriebsverluste und die alleinige Drehzahlabhängigkeit der Spritzverstellung, werden dadurch vermieden. Für die Reiheneinspritzpumpe werden Pumpenelemente benötigt, deren Pumpenkolben durch je einen Hubschieber ergänzt sind.

In der kennfeldgesteuerten **Hubschieber-Reiheneinspritzpumpe** werden alle Pumpenelemente gleichzeitig durch Verschieben der zugehörigen Hubschieber so gesteuert, daß immer der optimale Förderbeginn eingestellt ist.

Die **Kennfeldsteuerung** des elektronisch-elektrischen Stellsystems der Hubschieber ermöglicht:

- Minimierung der Schadstoffemission,
- Verbrauchsoptimierung,
- verbesserte Startphase und
- verbesserte Warmlaufphase.

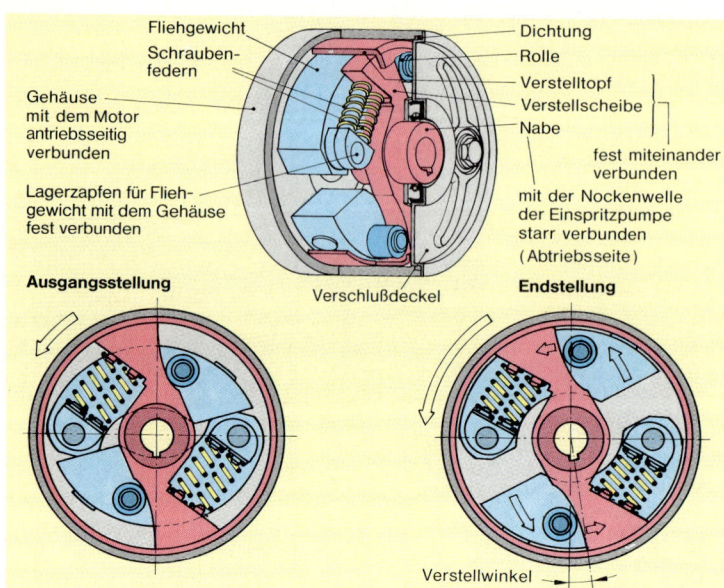

Abb. 1: Spritzversteller

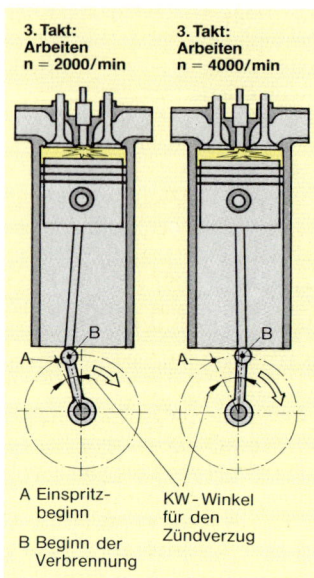

Abb. 2: Auswirkungen des Zündverzugs ohne Spritzversteller

Die elektronische Regelung erfolgt über den internen **Spritzbeginn-Regelkreis** für die Ansteuerung des Förderbeginn-Stellmagneten.

Der Istwert für den Förderbeginn wird mit einem induktiv wirkenden Nadelbewegungsfühler (Abb. 4) nach Vergleich mit der OT-Marke an der Kurbelwelle dem Steuergerät gemeldet.

Die **Sensoren** liefern die Istwerte für einen kennfeldabhängigen Soll-Istwert-Vergleich. Entsprechend dem Differenzwert dieses Vergleichs wird der Förderbeginn-Stellmagnet mit einem Steuerstrom verstellt, so daß der Istwert dem Sollwert angeglichen wird.

Die **Hubschieber** werden von einer gemeinsamen Verstellwelle bewegt, die von einem elektrischen Förderbeginn-Stellmagneten (Stellwerk) über eine Kurbel verdreht wird.

Der Hubschieber (Abb. 3) ist ein Hohlzylinder und wird im Bereich der Steuerkante auf dem Pumpenkolben verschoben. Der Pumpenzylinder ist an dieser Stelle ausgespart (vergrößert).

Förderbeginn: Wenn der Pumpenkolben einen bestimmten Aufwärtshub zurückgelegt hat, verschließt der Hubschieber mit der Unterkante die Steuerbohrung im Pumpenkolben (Abb. 3a). Durch die weitere Hubbewegung des Pumpenkolbens wird der Kraftstoff zu den Einspritzdüsen gefördert.

Förderende: Erreicht die schräge (obere) Steuerkante des Pumpenkolbens die Absteuerbohrung im Hubschieber (Abb. 3b), kann sich kein Druck mehr aufbauen, das Förderende ist erreicht.

Förderbeginn-Änderung: Der Hubschieber wird in oder entgegen der Förderrichtung verstellt.

> Eine **Verstellung des Hubschiebers** in Richtung OT bedeutet großen Vorhub und damit späten Einspritzbeginn und umgekehrt.

Durch Verdrehen des Pumpenkolbens läßt sich, wie in allen Reiheneinspritzpumpen, das Förderende verändern und dadurch die Kraftstoffmenge bestimmen.

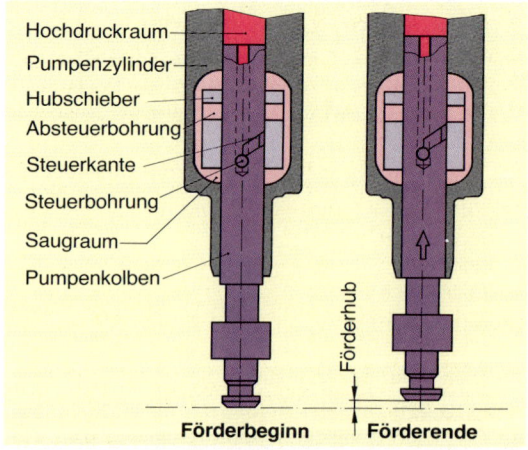

Abb. 3: Pumpenelement mit Hubschieber

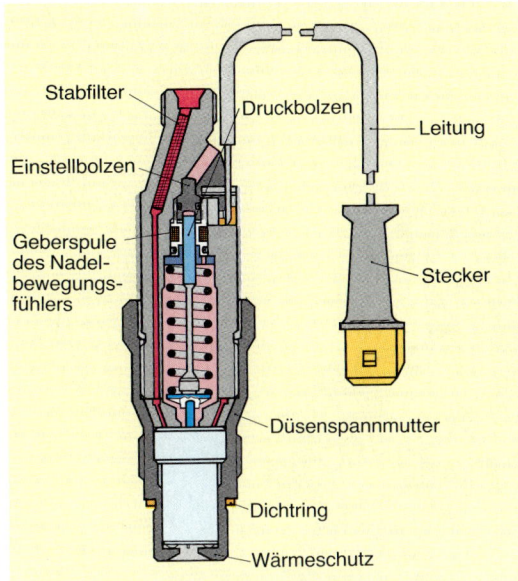

Stabfilter

Druckbolzen

Leitung

Einstellbolzen

Geberspule
des Nadel-
bewegungs-
fühlers

Stecker

Düsenspannmutter

Dichtring

Wärmeschutz

Abb. 4: Nadelbewegungsfühler

Aufgaben

1. Nennen Sie die Aufgaben einer Diesel-Einspritzanlage.
2. Beschreiben Sie den Weg des Kraftstoffs vom Kraftstoffbehälter zum Verbrennungsraum.
3. Zeichnen Sie das Schema des Druckhubes einer einfachwirkenden Kraftstoff-Förderpumpe.
4. Beschreiben Sie den Aufbau und die Wirkungsweise
einer doppeltwirkenden Kraftstoff-Förderpumpe.
5. Beschreiben Sie die Wirkungsweise der Fördermen-
genänderung durch das Pumpenelement einer Reiheneinspritzpumpe.
6. Wie unterteilt sich der Gesamthub des Pumpenkolbens? Erklären Sie den Kraftstoff-Förderhub.
7. Welche Aufgaben hat das Druckventil?
8. Welche Aufgaben hat die Einspritzdüse?
9. Wie wird der Düseneinspritzdruck eingestellt?
10. Beschreiben Sie das Strahlbild der Drosseldüse.
11. Nennen Sie die Vorteile der Zapfendüse gegenüber
der Lochdüse.
12. Skizzieren Sie das Schema eines mechanischen
Fliehkraft-Enddrehzahlreglers einer Reiheneinspritzpumpe in Leerlaufstellung, und erklären Sie den Vorgang der Leerlaufregelung.
13. Beschreiben Sie die Grundwirkungsweise einer elektronischen Mengenregelung (EDC).
14. Weshalb benötigen Diesel-Einspritzanlagen einen
Spritzversteller?
15. Beschreiben Sie den Aufbau und die Wirkungsweise
des mechanischen Spritzverstellers einer Reiheneinspritzpumpe.
16. Erläutern Sie die elektronisch gesteuerte Spritzverstellung (Hubschieber-Reiheneinspritzpumpe).

23.2 Diesel-Einspritzanlage mit Verteilereinspritzpumpe

Abb. 1, S. 222 zeigt eine Verteilereinspritzpumpen-
Anlage. Die **Verteilerpumpe** ist eine Kolbenpumpe
mit nur einem Pumpenelement. Sie hat im Vergleich
zur Reiheneinspritzpumpe folgende **Vorteile:**

● kompakte Bauart,
● geringe Masse,
● wartungsfrei durch Kraftstoffschmierung.

Die Verteilereinspritzpumpe eignet sich nur für Dieselmotoren mit unterteiltem Brennraum (Vor- und
Wirbelkammermotoren) und niedrigen Verdichtungs-
drücken. Sie kann nur höchstens bis zu 6 Zylinder
versorgen. Dagegen werden Reiheneinspritzpumpen für Einspritzdrücke bis 1200 bar und Leistungen
je Zylinder von etwa 80 kW gebaut.

23.2.1 Kraftstoff-Vorförderpumpe

In Kraftfahrzeugen mit größerem Höhenunterschied
zwischen Kraftstoffbehälter und Einspritzpumpe oder
langen Leitungen zwischen diesen Aggregaten ist
eine **Vorförderpumpe** vorhanden. Sie unterstützt die
Förderpumpe, die **im Gehäuse** der Verteilerpumpe
liegt.
Die Vorförderpumpe ist eine Membranpumpe. Sie
fördert den Kraftstoff mit einem Druck von 1,1 bis 1,4
bar durch die Filter in die Verteilereinspritzpumpe.

23.2.2 Verteilereinspritzpumpe

> Die **Verteilereinspritzpumpe** vereint neben dem
> Pumpenelement noch die Flügelzellen-Förder-
> pumpe, den Regler sowie den Spritzversteller in
> einem Gehäuse.

Die Verteilereinspritzpumpe (Abb. 1, S. 222) wird
über Zahnriemen oder -räder von der Kurbelwelle
angetrieben.

Flügelzellenpumpe

Sie versorgt den Verteilerpumpeninnenraum und
das Pumpenelement mit Kraftstoff. Ihr Rotor sitzt
direkt auf der Antriebswelle (Abb. 2, S. 223).
Mit zunehmender Drehzahl steigt der Förderdruck.
Der zulässige Druck wird durch ein **Drucksteuerventil** begrenzt. Steigt der Kraftstoffdruck über einen
bestimmten Wert, so öffnet das Drucksteuerventil
und der Kraftstoff fließt zur Saugseite der Flügelzellenpumpe zurück.

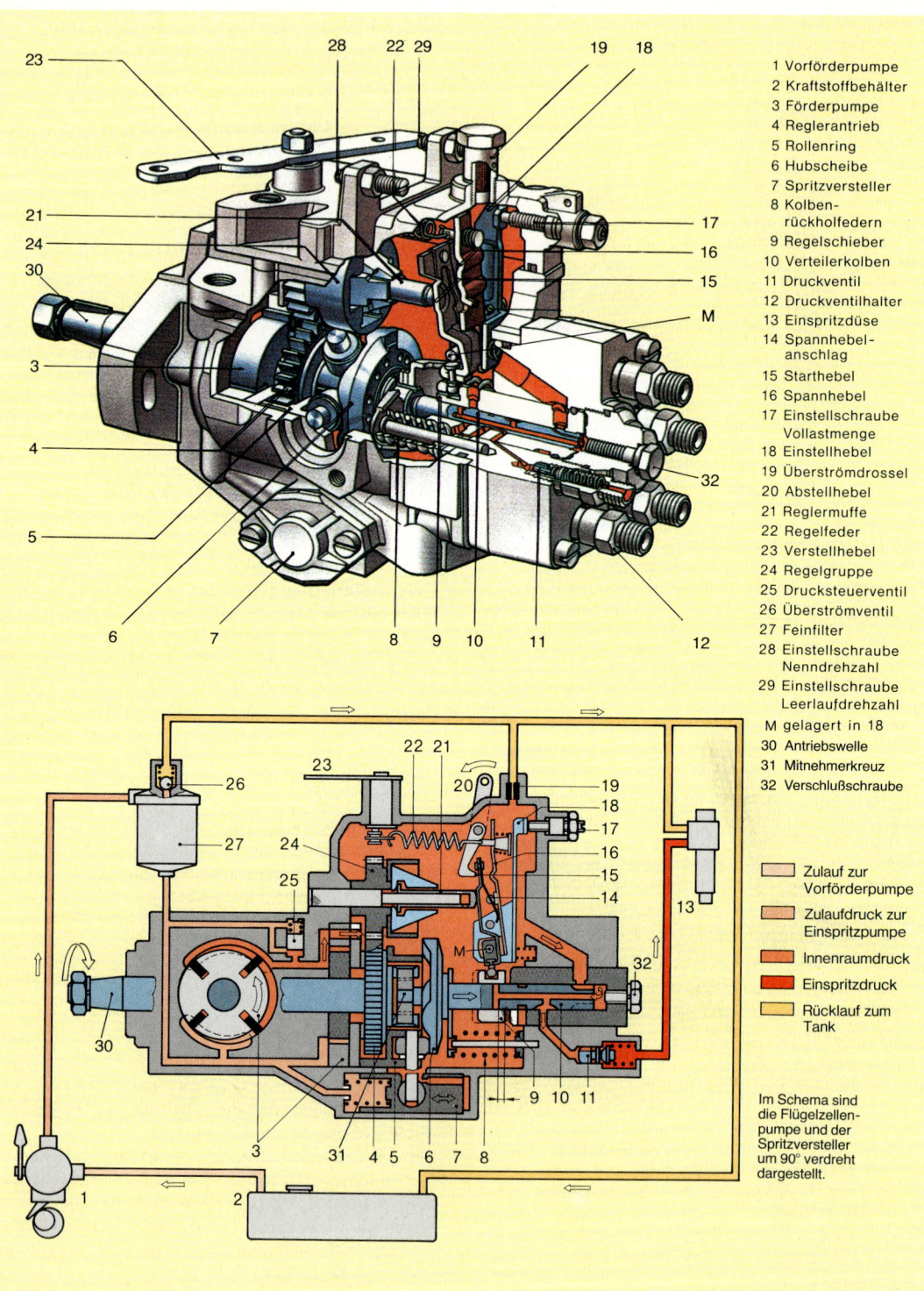

Abb. 1: Verteilereinspritzpumpe mit Fliehkraftregler

Pumpenelement

Die Antriebswelle treibt über ein Mitnehmerkreuz die **Hubscheibe** an (Abb. 1). Diese hat so viele Nocken, wie Zylinder mit Kraftstoff zu versorgen sind. Die Nocken laufen gegen einen Rollenring und erzeugen bei einer Umdrehung der Hubscheibe, je nach Zylinderzahl, 4, 5 oder 6 Hubbewegungen. Der **Verteilerkolben** ist mit der Hubscheibe fest verbunden und führt Dreh-Hubbewegungen aus.

Die Abb. 3 zeigt die **Hub- und Förderphasen** des Verteilerkolbens.

Abb. 3a zeigt den **Kraftstoffzulauf.** Im UT strömt Kraftstoff über den Zulaufkanal und einen Steuerschlitz in den Hochdruckraum.

Die **Kraftstofförderung** ist in Abb. 3b dargestellt. Während der Hub-Drehbewegung schließt der Verteilerkolben den Zulaufkanal. Durch die Drehbewegung wird eine Auslaßbohrung über die Verteilernut mit dem Hochdruckraum verbunden. Der Kraftstoff wird zur Einspritzdüse gedrückt.

Die Förderung ist beendet (Abb. 3c), wenn der Regelschieber die **Absteuerbohrung öffnet.**

Kraftstoffzulauf: Bewegt sich der Verteilerkolben in Richtung UT, so wird die Absteuerbohrung geschlossen und der Hochdruckraum wieder gefüllt (Abb. 3d).

Für Diesel-Einspritzanlagen mit Verteilereinspritzpumpe werden die gleichen Düsen und Düsenhalter verwendet wie für Einspritzanlagen mit Reiheneinspritzpumpe (s. Kap. 23.1.4).

23.2.3 Mengenregler

Die **Mengenregelung** kann

- mechanisch (Fliehkraftregler) oder
- elektronisch erfolgen.

Für die mechanische und elektronische Verteilereinspritzpumpenregelung sind die Grundsysteme gleich.

Mechanischer Mengenregler

Der **mechanische Mengenregler** (Drehzahlregler) der Verteilereinspritzpumpe ist ein Fliehkraftregler. Es gibt All- und Enddrehzahlregler. Sie werden mit einer Übersetzung ins Schnelle über ein Zahnradpaar von der Pumpenantriebswelle angetrieben (Abb. 1).

Mit dem Alldrehzahlregler können neben der Leerlauf und Enddrehzahl auch die Drehzahlen des zwischenliegenden Bereichs geregelt werden. Mit dem Fahrpedal kann eine gewünschte Drehzahl konstant gehalten werden. Das ist z. B. dann notwendig, wenn Nebenaggregate betrieben werden müssen.

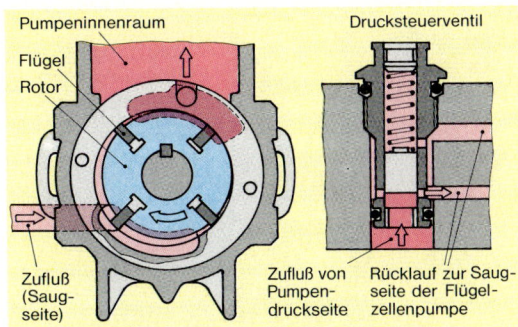

Abb. 2: Flügelzellenpumpe und Drucksteuerventil

Hub- und Förderphasen

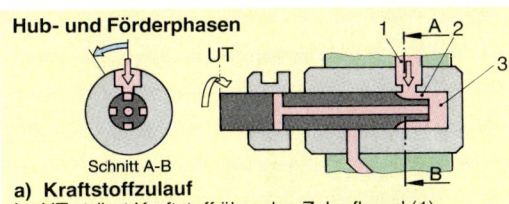

a) Kraftstoffzulauf
Im UT strömt Kraftstoff über den Zulaufkanal (1) und einen Steuerschlitz (2) in den Hochdruckraum (3).

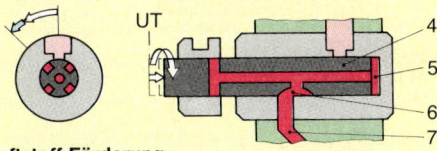

b) Kraftstoff-Förderung
Während der Hub-Bewegung schließt der Verteilerkolben (4) den Zulaufkanal und setzt den Kraftstoff im Hochdruckraum (5) unter Druck. Im Verlauf der Dreh-Bewegung öffnet eine Verteilernut (6) die dem Motorzylinder zugehörige Auslaßbohrung (7).

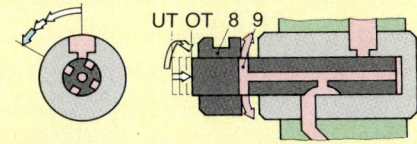

c) Absteuerung
Die Kraftstoff-Förderung ist beendet, sobald der Regelschieber (8) die Absteuerbohrung (9) öffnet.

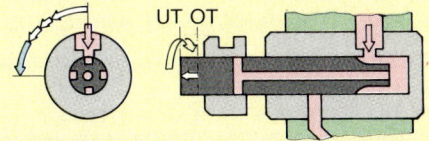

d) Kraftstoffzulauf
Während des Rücklaufs des Kolbens zum UT wird durch die Dreh-Hub-Bewegung die Absteuerbohrung geschlossen. Der Hochdruckraum füllt sich erneut.

Abb. 3: Pumpenelement mit Dreh-Hubbewegung des Verteilerkolbens

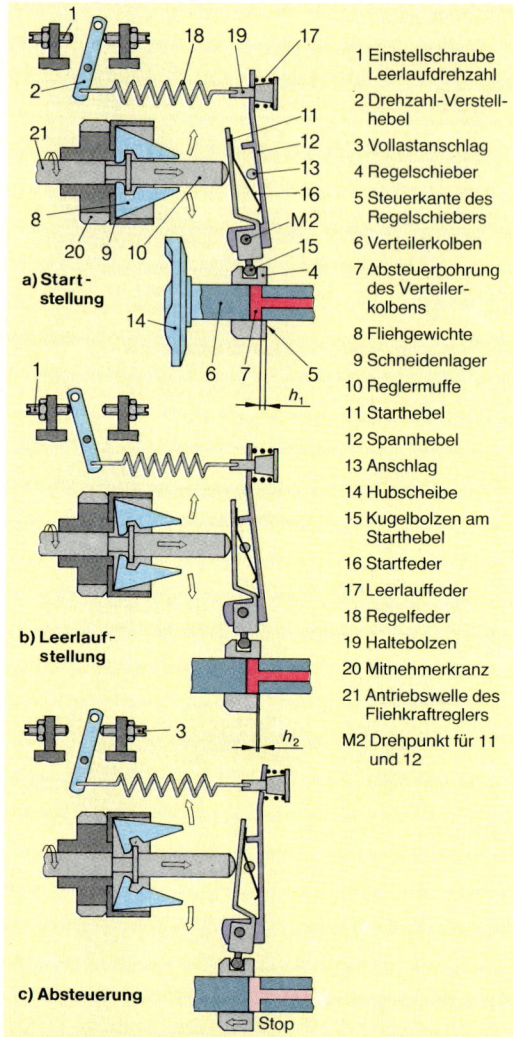

1 Einstellschraube Leerlaufdrehzahl
2 Drehzahl-Verstellhebel
3 Vollastanschlag
4 Regelschieber
5 Steuerkante des Regelschiebers
6 Verteilerkolben
7 Absteuerbohrung des Verteilerkolbens
8 Fliehgewichte
9 Schneidenlager
10 Reglermuffe
11 Starthebel
12 Spannhebel
13 Anschlag
14 Hubscheibe
15 Kugelbolzen am Starthebel
16 Startfeder
17 Leerlauffeder
18 Regelfeder
19 Haltebolzen
20 Mitnehmerkranz
21 Antriebswelle des Fliehkraftreglers
M2 Drehpunkt für 11 und 12

a) Start-stellung

b) Leerlauf-stellung

c) Absteuerung

Abb. 1: Wirkungsweise des Fliehkraftreglers und des Regelschiebers

Abb. 1 zeigt die Wirkungsweise eines Alldrehzahlreglers.

> Die **Fliehgewichte** verschieben über ein Gestänge den **Regelschieber** auf dem Verteilerkolben. Je nach Regelbereich wird er so verschoben, daß die **Absteuerbohrung** im Verteilerkolben nach einer bestimmten Fördermenge frei wird.

Start: Die Fliehgewichte liegen innen an (Abb. 1a). Der Starthebel (11) wird von der Blattfeder (Startfeder, 16) gegen die **Reglermuffe** (10) gedrückt, die

ihre Endlage erreicht. Der Regelschieber bewegt sich um den großen Verstellweg h_1 in Richtung Verteilerkolbenmitte. Die **Absteuerbohrung** wird erst nach dem maximalen Förderhub vom Regelschieber freigegeben: für den Startvorgang steht so die größte Kraftstoffeinspritzmenge zur Verfügung.

Leerlauf: Wird die Leerlaufdrehzahl z.B. überschritten, so drücken die Fliehgewichte über die Reglermuffe und den Starthebel den Regelschieber in Richtung Hubscheibe (Abb. 1b). Die Absteuerbohrung wird nach kleineren Förderhüben h_2 geöffnet. Die Leerlaufdrehzahl sinkt. Die Position des Regelschiebers wird hierbei durch das Zusammenwirken von Fliehkraft und Leerlauffederkraft bestimmt.

Drehzahlbereich zwischen Leerlauf- und Höchstdrehzahl: Der Regelschieber wird über den Drehzahl-Verstellhebel, die gestreckte Regelfeder und den Spannhebel verschoben. Der Regler kann in diesem Bereich jede Drehzahl halten.

Höchstdrehzahl: Wird die Höchstdrehzahl erreicht, so ziehen die Fliehgewichte über die Reglermuffe, den Start- und den Spannhebel die Regelfeder auseinander. Der Bereich der Endabregelung ist erreicht (Abb. 1c). Der Regelschieber wird in Richtung Abregeln verschoben. Der Drehzahlverstellhebel (2) ist dabei am Vollastanschlag.

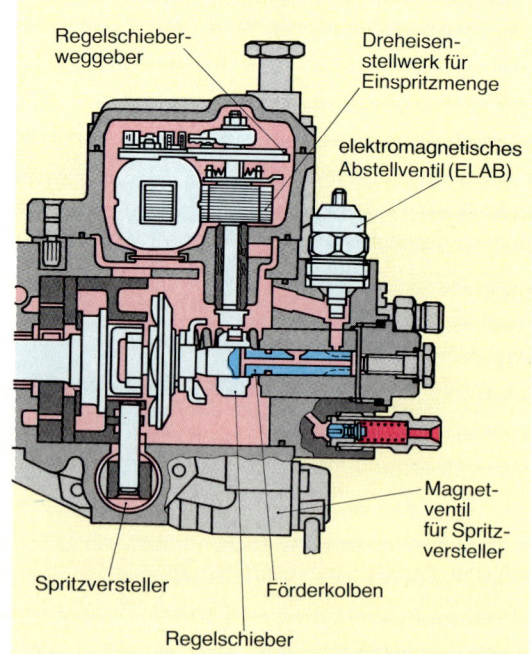

Regelschieberweggeber

Dreheisenstellwerk für Einspritzmenge

elektromagnetisches Abstellventil (ELAB)

Magnetventil für Spritzversteller

Spritzversteller

Förderkolben

Regelschieber

Abb. 2: Verteilereinspritzpumpe mit elektronischer Regelung

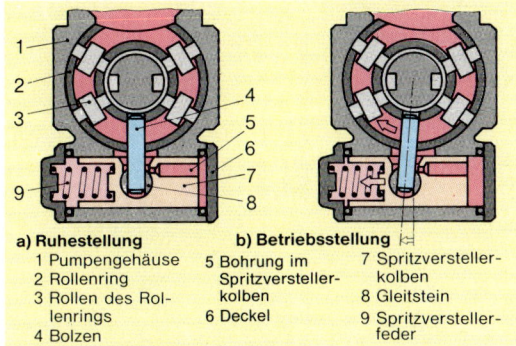

Abb. 3: Spritzversteller

a) Ruhestellung
1 Pumpengehäuse
2 Rollenring
3 Rollen des Rollenrings
4 Bolzen

b) Betriebsstellung
5 Bohrung im Spritzverstellerkolben
6 Deckel

7 Spritzverstellerkolben
8 Gleitstein
9 Spritzverstellerfeder

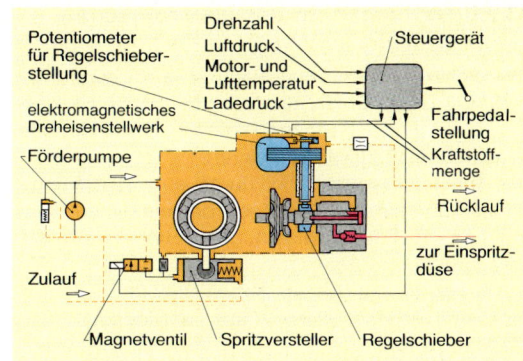

Abb. 4: Elektronische Mengen- und Spritzbeginnregelung

Elektronischer Mengenregler

Die elektronische Dieselregelung (EDC) hat an Stelle der mechanischen Stellwerke elektronisch angesteuerte elektromagnetische Stellwerke. Die Funktionen der elektronischen Dieselregelung sind sehr umfangreich und umfassen die, welche auch für die Reiheneinspritzpumpen gelten (s. S. 215 f.).

Der Eingriff des elektronischen Systems in die Mechanik der Verteilereinspritzpumpe erfolgt mit einem elektromagnetischen **Dreheisen-Stellwerk** (Mengenstellwerk) am Regelschieber. Es steuert den Förderhub, d. h. die Kraftstoffmenge.

Den **Aufbau** der elektronischen **Einspritzpumpenregelung** zeigt Abb. 2. Ein Potentiometer am Dreheisen-Stellwerk mißt den Istwert für die Regelschieberstellung. Das Steuergerät empfängt das entsprechende Spannungssignal.

Der Sollwert für die Regelschieberstellung ergibt sich aus der kennfeldabhängigen Verarbeitung der Fahrpedalstellung (Potentiometer) und der Motordrehzahl.

Mit dem durch den Soll-Istwert-Vergleich gewonnenen Steuersignal wird so lange nachgeregelt, bis der Ist- dem Sollwert angeglichen ist. Je nach Ausbaustufe der Regelung werden für die Bestimmung des Sollwertes auch Kühlwasser- und Lufttemperatur sowie Luftmenge und Luftdruck herangezogen.

23.2.4 Spritzversteller

Es werden

- mechanische und
- elektronische

Spritzversteller unterschieden.

Mechanischer Spritzversteller

Mit steigender Drehzahl muß früher eingespritzt werden. Durch Verdrehen des Rollenrings entge-

gen der Hubscheiben-Drehrichtung wird eine **Früheinspritzung** erreicht (Abb. 3).

> Die **Steuerung der Verdrehung** geschieht durch den Pumpeninnenraumdruck. Er steigt mit zunehmender Pumpendrehzahl und verschiebt den Kolben für die Verdrehung des Rollenrings immer weiter in Richtung »Früheinspritzung«.

Elektronisch geregelter Spritzversteller

Eine hohe Genauigkeit des Einspritzbeginns wird durch die elektronische Regelung erreicht. Der Istwert wird mit dem Nadelbewegungsfühler am Einspritzdüsenhalter aufgenommen (Abb. 4, S. 221).

Der Sollwert des Einspritzzeitpunkts hängt von der Motordrehzahl und -temperatur sowie der Kraftstoffmenge und dem Luftdruck ab.

Das Steuergerät liefert durch Vergleich mit den Sollwerten die Stromimpulse für ein Magnetventil (Abb. 4). Es bleibt so lange geöffnet, bis der Kraftstoffdruck den Spritzverstellerkolben soweit verschoben hat, daß der Istwert dem Sollwert für den Einspritzbeginn angeglichen ist.

Durch das Steuergerät lassen sich weitere Funktionen elektronisch steuern bzw. regeln:

- Glühzeit der Glühkerzen,
- Abgasrückführrate und
- Ladedruck des Turboladers.

23.2.5 Abstellvorrichtung

Die Kraftstoffzufuhr zwischen Pumpeninnenraum und Pumpenelement wird durch ein **elektromagnetisches Abstellventil** (Abb. 2) geöffnet bzw. geschlossen (Start/Stop-Funktion). Im stromlosen Zustand wird die Kraftstoffzufuhr gesperrt.

23.2.6 Störungen an der elektronischen Dieselregelung

Die elektronische Dieselregelung wird durch die **EDC** (**E**lectronic **D**iesel **C**ontrol) überwacht. Es werden sowohl die Rechnerfunktionen als auch die Sensoren und Aktoren kontrolliert.

Das **Diagnosesystem** zeigt durch eine Warnlampe im Instrumentenfeld Störungen der einzelnen Baugruppen an. Die Störmeldungen können nach der Betätigung eines Schalters abgerufen werden.

Das elektronische System enthält Notfahrfunktionen. Fällt ein wichtiger Sensor aus, so leuchtet eine Warnlampe auf.

Fällt der Drehzahlgeber aus, wird aus dem Zeitabstand der Spritzbeginnsignale des Nadelbewegungsfühlers ein Ersatzdrehzahlsignal bestimmt. Ist der Spritzversteller defekt, so wird die Kraftstoffmenge begrenzt. Nach einer Störung des Fahrpedalgebers wird die Leerlaufdrehzahl erhöht. Fällt das Mengenstellwerk aus, so stellt eine getrennte Abstelleinrichtung den Motor ab.

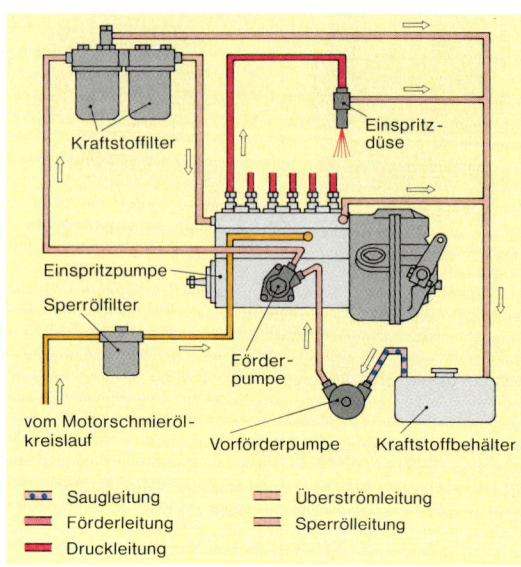

Abb. 1: Einspritzanlage für Vielstoffmotoren

23.3 Einspritzanlage für Vielstoffmotoren

Vielstoffmotoren können sowohl mit Dieselkraftstoff als auch mit leicht flüchtigen Kraftstoffen wie Ottokraftstoff betrieben werden. Diese Kraftstoffe unterscheiden sich vom Dieselkraftstoff z. B. durch:

- geringere Viskosität (Zähflüssigkeit),
- niedrigeren Siedepunkt und
- geringere Dichte.

Die **Vielstoffeinspritzanlage** ist den unterschiedlichen Kraftstoffeigenschaften angepaßt (Abb. 1).

Wegen der **geringen Viskosität** einiger Kraftstoffe haben jedes Pumpenelement und die Förderpumpe eine **Lecksperre** in Form einer Ringnut. Die Lecksperren werden mit Öl (Sperröl) aus dem Motorschmierkreislauf versorgt. Da dieses Öl – wie der Kraftstoff – feingefiltert sein muß, befindet sich in der Vielstoffeinspritzanlage ein Ölfeinfilter (Sperrölfilter). Die Reiheneinspritzpumpe wird von der mechanisch angetriebenen Förderpumpe mit Kraftstoff **durchspült** und **gekühlt.** Infolge des niedrigeren Siedepunktes einiger Kraftstoffe können sich bei Stillstand des warmen Motors Gasblasen bilden. Vor Betätigung des Starters wird deshalb die elektrische Vorförderpumpe eingeschaltet. Sie durchspült die Förderpumpe und den Saugraum und macht diesen blasenfrei.

Die **geringe Dichte** leicht siedender Kraftstoffe erfordert einen **umstellbaren Vollastanschlag.** Dieser läßt bei Betrieb mit Leichtkraftstoff eine größere Fördermenge je Förderhub zu.

23.4 Wartung und Diagnose

Reiheneinspritzpumpen werden meist an den **Schmierölkreislauf** des Motors angeschlossen. Pumpen ohne Verbindung zum Ölkreislauf werden bis zur Kontrollmarke mit dem vorgeschriebenen Schmieröl gefüllt. Die Ölstandskontrolle geschieht jeweils zusammen mit dem Motorölwechsel.

Voraussetzungen für die **einwandfreie Arbeitsweise** der Diesel-Einspritzanlage sind besonders:

- einwandfreier Zustand der Einspritzdüsen,
- richtig eingestellter Einspritzdruck,
- gleiche Förderung aller Pumpenelemente und
- richtiger Förderbeginn der Einspritzpumpe.

23.4.1 Entlüften der Diesel-Einspritzanlage

Nach allen Arbeiten, bei denen Luft in die Anlage gelangt ist, muß durch Betätigung der **Handpumpe** und durch **Öffnen der Entlüftungsschrauben** die Luft aus der Anlage gepumpt werden.

> Zuerst wird das Kraftstofffilter **entlüftet.** Tritt nur noch Kraftstoff aus, so werden die Einspritzpumpe und schließlich die Druckleitungen durch Lösen an den Düsenhaltern entlüftet.

Die Verteilereinspritzpumpen der meisten Hersteller entlüften sich von selbst.

Tab. 1: Hinweise zur Wartung und Diagnose der Diesel-Einspritzanlage

Wartung ⇨	⇨	⇨	⇨
Prüfposition	Mangel, Fehler	Ursache	Folge
⇩	⇩	⇩	Diagnose
Störstelle	Mangel, Fehler	Ursache	Störung
Einspritzdüse	Düsennadel schließt nicht, hängt	Führung beschädigt, da Filter nicht ausreichend gewartet	Motorleistung schlecht, Motor rußt
	Ölkohle an der Nadelführung und am Austrittsquerschnitt	thermische Belastung der Düse zu hoch	
	Verbrennungsrückstände an der Düsennadel	Schließdruck der Düse zu gering	
	Druckfeder im Düsenhalter gebrochen	Werkstoffermüdung	
Druckleitung	undicht, gebrochen	unzulässige Schwingungen	Motor arbeitet unregelmäßig
Einspritz-pumpe	Luft im System	Undichtigkeiten auf der Saugseite	Motor springt nicht an, zu wenig Leistung, arbeitet unregelmäßig
Druckventil	hängt	verschmutzt, da Filter unzureichend gewartet	
	Feder gebrochen	Werkstoffermüdung	
Pumpen-elemente	fördern ungleiche Mengen	unregelmäßiger Verschleiß, Verstellung der Regelhülse	Motorleistung schlecht
Regelstangen-anschlag	Regelstange erreicht nicht normale Vollaststellung	Grundeinstellung verändert	
	Regelstange überschreitet normale Vollaststellung		Rauchgrenze überschritten
Förderpumpe Vorreiniger	verschmutzt	unzureichende Wartung	Motor arbeitet unregelmäßig
Ventile	undicht	Vorreiniger verschmutzt, Federn gebrochen	
Kraftstofffilter	verschmutzt	unzureichende Wartung	Motor läuft unregelmäßig oder bleibt stehen
Auspuff	Rauch	Regelstangenanschlag verstellt	Sichtbehinderung, Umweltverschmutzung

23.4.2 Einstellung des Förderbeginns

Reiheneinspritzpumpe

Das Einstellen des Förderbeginns muß immer nach der vom Motorhersteller angegebenen Methode erfolgen.

Zum Einstellen des Förderbeginns der Reiheneinspritzpumpe dienen **je zwei Markierungen,** die sich am **Motor** und an der **Einspritzpumpe** befinden.

Normalerweise befindet sich die Förderbeginn-Markierung des Dieselmotors an der Schwungscheibe. Diese Marke muß im Verdichtungshub des ersten Zylinders der Festmarke am Motor gegenüberstehen.

Vor Einbau der Einspritzpumpe müssen jeweils beide Markierungen am Motor und an der Pumpe zur Deckung gebracht werden.

Der erste Zylinder der Reiheneinspritzpumpe hat **Förderbeginn,** wenn die Markierung auf der nicht verstellbaren Kupplungshälfte bzw. dem Spritzversteller mit der Strichmarke am Pumpengehäuse übereinstimmt.

Der erste Zylinder liegt dem Einspritzpumpenflansch am nächsten.

Einstellen des Förderbeginns mit der Überlaufmethode:

Fehlen die Markierungen oder wird nach einer Reparatur der Einspritzpumpe die Neufestlegung der Förderbeginnmarkierung notwendig, so kann der Förderbeginn durch **Beobachten der Kraftstofförderung** ermittelt werden.

Dazu muß zwischen Filter und Einspritzpumpe eine Hochdruck-Handförderpumpe oder -Elektropumpe eingesetzt werden. Die Druckleitung des ersten Zylinders der Einspritzpumpe wird gelöst und auf den freien Anschluß ein schräg abgeschnittener Rohrbogen aufgeschraubt.

Dann wird mit der Hochdruck-Handförderpumpe Druck aufgebaut, bis das Druckventil öffnet und aus dem Rohrbogen der Kraftstoff austritt. Anschließend wird die Nockenwelle der Einspritzpumpe soweit gedreht, bis nur noch ganz wenige Tropfen aus dem Röhrchen austreten. In diesem Augenblick ist der Förderbeginn des ersten Zylinders erreicht.

Die Einspritzpumpe kann nun neu markiert werden oder in der ermittelten Nockenwellenstellung mit dem auf Förderbeginn eingestellten Motor gekuppelt werden.

Die Förderbeginnprüfung nach der Überlaufmethode wird oft durch eine elektronische Ermittlung der Winkelwerte von Kurbelwelle und Einspritzpumpe abgelöst.

Verteilereinspritzpumpe

Der Förderbeginn der Verteilereinspritzpumpe wird wie folgt überprüft bzw. eingestellt:

- Kolben (Verdichtungshub) des ersten Zylinders auf OT stellen, d.h. Kurbelwelle so lange drehen, bis die Markierung (OT) auf dem Schwungrad mit der festen Markierung übereinstimmt.
- Verschlußschraube am Einspritzpumpenkopf herausschrauben (Abb. 1, S. 222),
- Meßuhr einschrauben,
- Kurbelwelle entgegen dem Uhrzeigersinn so lange drehen, bis sich der Zeiger der Meßuhr nicht mehr bewegt.
- Meßuhr auf »0« stellen.
- Kurbelwelle in Motordrehrichtung drehen, bis die OT-Marke der Festmarke gegenübersteht.
- die Meßuhr muß das Sollmaß des Pumpenhubs anzeigen. Sonst die Verteilereinspritzpumpe lösen und so weit verdrehen, bis der vorgeschriebene Hub angezeigt wird.

23.4.3 Prüf- und Meßgeräte

Einspritzpumpenprüfstand: Er dient zur Einstellung der Pumpenelemente der Reiheneinspritzpumpe auf **gleichen Vorhub** und **gleiche Fördermenge.**
Für die Einstellung der gleichen Fördermenge aller Pumpenelemente werden die Zahnsegmente gelöst und die Pumpenkolben entsprechend verdreht.

Ferner können auch der **Drehzahlregler** und der **Spritzversteller** auf dem Einspritzpumpenprüfstand überprüft und eingestellt werden.

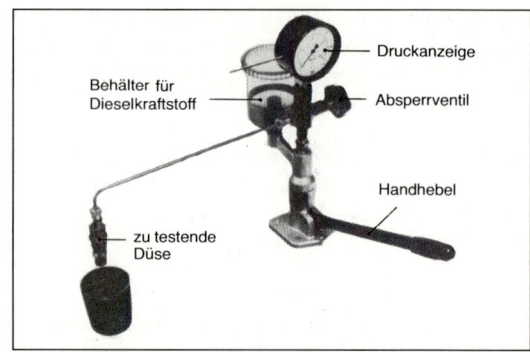

Abb. 1: Düsenprüfstand

Einspritzdüsenprüfstand (Motor- oder Handbetrieb) (Abb. 1): Er dient zur Prüfung ausgebauter Düsen auf

- Dichtheit,
- Öffnungsdruck,
- Strahlform.

Voraussetzung einer exakten **Düsenprüfung** ist die vorherige Reinigung der Düse. Dabei darf die **Düsennadel** wegen der Korrosionsgefahr **nur am Druckzapfen angefaßt** werden.

Besonders wichtig ist die **Dichtheitsprüfung.** Eine Düse ist dicht, wenn innerhalb von zehn Sekunden bei 20 bar unterhalb des Einspritzdrucks kein Kraftstofftropfen abfällt.

Die Düsenhersteller geben für alle Düsenarten Testblätter mit den Solldaten der Düsen heraus.

> **Unfallverhütung:** Wegen des sehr hohen Einspritzdrucks ist die Berührung mit dem Kraftstoffstrahl gefährlich, da dieser tief in das Hautgewebe eindringt. Es besteht die Gefahr der Blutvergiftung.

Elektronischer Dieseltester: Mit diesem Tester kann bei laufendem Motor (dynamische Prüfung) eine schnelle Prüfung des Einspritzsystems, ohne die Hochdruckleitungen zu öffnen, gemessen werden:

- Drehzahl,
- Förderbeginn und
- Spritzverstellung.

Die Prüfdaten erhält der Dieseltester entweder über

- **Stroboskop** und **Klemmgeber** (Abb. 2) oder
- **OT-Geber** und **Klemmgeber.**

Neuere Reiheneinspritzpumpen haben ein induktives Förderbeginn-Gebersystem und einen OT-Geber.

Einspritztester (Spitzendruckmesser): Er dient zum Messen des Spitzendrucks in der Druckleitung und des Einspritzdrucks in der Einspritzdüse im ausgebauten Zustand (Abb. 3).

Der Spitzendruckmesser ist eine Düse, deren Düsennadel über eine Spindel und Feder je nach Wunsch belastet werden kann. Soll der Düsenöffnungsdruck gemessen bzw. eingestellt werden, so wird bei langsam laufendem Motor das Handrad des Spitzendruckmessers so lange gedreht, bis sowohl aus der Testdüse als auch der Motordüse etwa gleichzeitig Kraftstoff austritt.

Rauchgastester: Er dient der Kontrolle des Auspuffrauches.

Der **Dieselrauch** entsteht durch unverbrannten Kraftstoff, d. h. durch eine falsch eingestellte Einspritzanlage (Regelstangenanschlag, Einspritzbeginn, Düsenzustand).

Verbreitet ist die foto-elektrische Messung der **Schwärzungszahl** einer Filterscheibe (Abb. 4), sie wird durch eine am Auspuff befestigte Sonde und eine Dosierpumpe mit dem Abgas in Berührung gebracht.

Das Diagramm zeigt, daß bei einer gemessenen Schwärzungszahl von z.B. 6 das Abgas eines 35-kW-Motors »schwach sichtbar«, dagegen das Abgas eines 150-kW-Motors »gut sichtbar« ist.

Aufgaben

1. Welche Aufgaben hat die Kraftstoff-Förderpumpe?
2. Beschreiben Sie die Wirkungsweise des Drucksteuerventils.
3. Mit welchem Bauteil der Reiheneinspritzpumpe ist die Hubscheibe der Verteilereinspritzpumpe zu vergleichen?
4. Wie fördert und verteilt das Pumpenelement einer Verteilereinspritzpumpe den Kraftstoff?
5. Wie erfolgt bei einer Verteilereinspritzpumpe die elektronische Mengenregelung?
6. Beschreiben Sie die Wirkungsweise des Spritzverstellers einer Verteilereinspritzpumpe?
7. Beschreiben Sie die elektronische Spritzverstellung einer Verteilereinspritzpumpe.
8. Beschreiben Sie die Wirkungsweise des elektromagnetischen Absperrventils.
9. Welche Kraftstoffeigenschaften müssen in einer Vielstoff-Dieseleinspritzanlage berücksichtigt werden?
10. Beschreiben und begründen Sie den grundsätzlichen Unterschied zwischen einer normalen und einer Vielstoff-Dieseleinspritzanlage.
11. Weshalb muß eine Dieseleinspritzanlage mit Reiheneinspritzpumpe entlüftet werden?
12. Welche Schäden können an Einspritzdüsen auftreten? Nennen Sie deren Ursachen.
13. Nennen Sie für die Schwärzungszahl 8 und die Motorleistungen 30 kW und 150 kW den im Diagramm angegebenen Schwärzungsbereich.

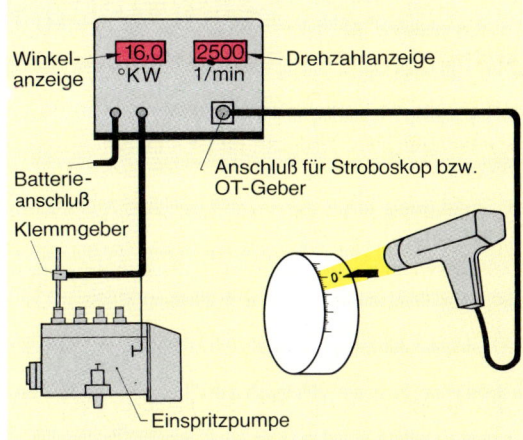

Abb. 2: Elektronischer Dieseltest

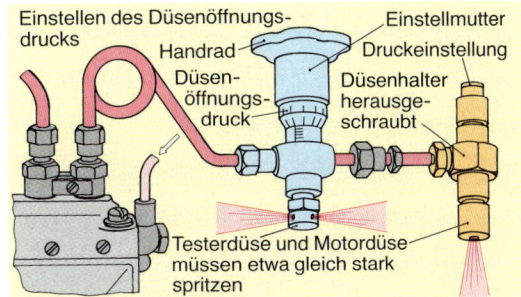

Abb. 3: Spitzendruckmesser

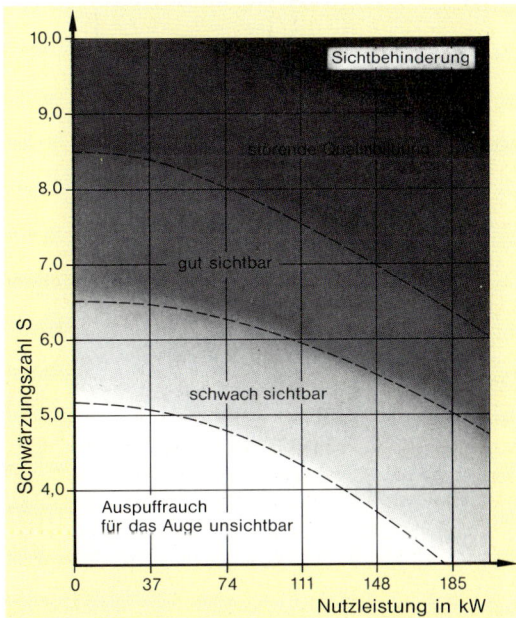

Abb. 4: Schwärzungszahl-Diagramm zur Auswertung der foto-elektrischen Messung

24 | Steuerung des Viertaktmotors

Die Steuerung hat folgende **Aufgaben:**

- Festlegung von Beginn und Ende der Frischladung,
- Festlegung von Beginn und Ende des Auslassens der verbrannten Gase.

Der Gaswechsel wird durch das Zusammenwirken der in Abb. 1 dargestellten Bauteile möglich.

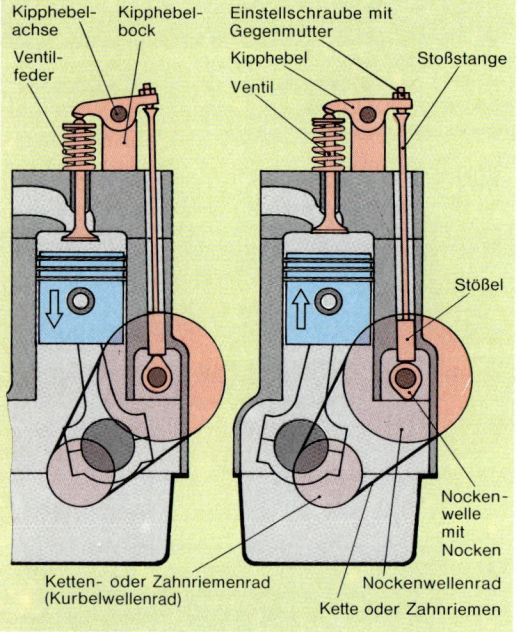

Abb. 1: Bauteile der Motorsteuerung

24.1 Wirkungsweise der Motorsteuerung

Die Nocken der Nockenwelle öffnen die Ventile über Stößel, Stoßstangen und Kipphebel (Abb. 1). Motoren mit oben liegender Nockenwelle haben keine Stoßstangen (Abb. 2). Geschlossen werden die Ventile durch die Kraft der Ventilfedern.

Die vier Takte eines Arbeitsspiels benötigen bei Viertakt-Motoren zwei Kurbelwellenumdrehungen. Dabei wird jedes Ventil nur einmal geöffnet und geschlossen. Daraus ergibt sich, daß die Nockenwelle während zweier Kurbelwellenumdrehungen nur eine Umdrehung ausführt.

> Das **Drehzahlverhältnis** zwischen Kurbelwelle und Nockenwelle beträgt 2 : 1.

DIN 1940 teilt die Motoren nach der Richtung der Schließbewegung der Ventile ein:

- **obengesteuerter Motor:** Die Schließbewegung der Ventile erfolgt in gleicher Richtung wie die Bewegung des Kolbens zum OT (Abb. 1);
- **untengesteuerter Motor:** Die Schließbewegung der Ventile erfolgt in gleicher Richtung wie die Bewegung des Kolbens zum UT.

Die Lage der Nockenwelle bleibt bei dieser Art der Einteilung unberücksichtigt.

Obengesteuerte Motoren ermöglichen eine verbrennungsgünstige Brennraumform.

Untengesteuerte Motoren werden heute nicht mehr hergestellt.

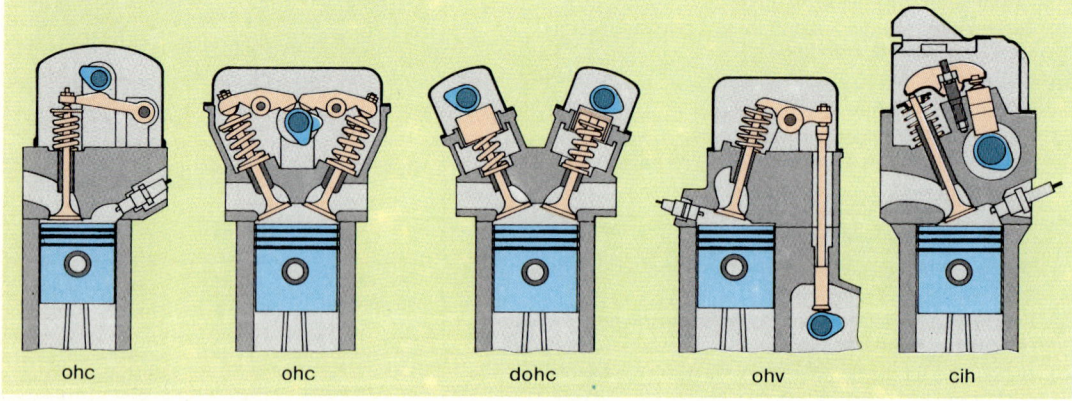

| ohc | ohc | dohc | ohv | cih |

Abb. 2: Bezeichnung der Motoren nach der Lage der Nockenwelle

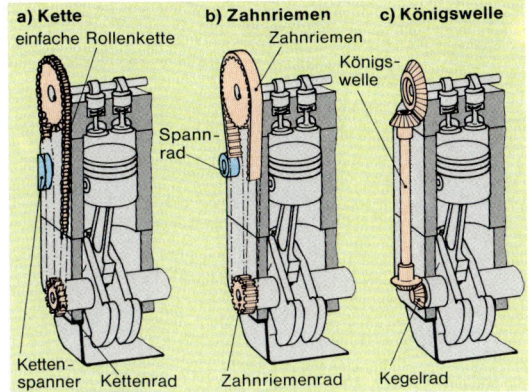

Abb. 3: Antriebsarten der Nockenwelle

Nach der **Lage der Nockenwelle** (Abb. 2) werden unterschieden:

- **ohc**-Motoren (engl.: **o**ver**h**ead **c**amshaft: über dem Zylinderkopf liegende Nockenwelle),
- **dohc**-Motoren (engl.: **d**ouble **o**ver**h**ead **c**amshaft: zwei Über-Kopf-Nockenwellen),
- **ohv**-Motoren (engl.: **o**ver**h**ead **v**alves: Über-Kopf-Ventile). Diese Motoren haben gegenüber den hc-Motoren eine tiefer liegende Nockenwelle,
- **cih**-Motoren (engl.: **c**amshaft **i**n **h**ead: Nockenwelle im Zylinderkopf).

24.2 Bauteile der Steuerung

24.2.1 Antrieb der Nockenwelle

Die Nockenwelle muß **schlupffrei** angetrieben werden, um eine Änderung der Steuerzeiten zu vermeiden. Als **schlupflose Antriebe** eignen sich: Zahnräder, Ketten, Zahnriemen oder Königswellen (Abb. 3).

Zahnradantrieb

Die Kraftübertragung zwischen Kurbel- und Nockenwelle erfolgt durch **schrägverzahnte Stirnräder.** Schrägverzahnte Räder haben gegenüber geradverzahnten Rädern eine größere Laufruhe. Zur weiteren Verbesserung der Laufruhe kann das Nockenwellenrad aus Schichtpreßstoff gefertigt werden.

Kettenantrieb

Die Kraftübertragung erfolgt durch **Kettenräder** und **einfache** oder **doppelte Rollenketten** (Abb. 3a). Da die Kraftübertragung nicht immer gleichmäßig ist, neigen die Ketten zum Schwingen und damit zur

Geräuschentwicklung. Diese Nachteile lassen sich durch Kettenspanner und Führungsschienen verringern. Die Spannkraft wird durch Federn oder Öldruck aufgebracht.

Vorteile des Kettenantriebs gegenüber dem Zahnradantrieb:

- größere Abstände zwischen Kurbelwelle und Nockenwelle können ohne großen baulichen Aufwand überbrückt werden,
- der Antrieb von zwei Nockenwellen sowie von Zusatzaggregaten kann mit derselben Kette erfolgen.

Zahnriemenantrieb

Der Zahnriemenantrieb (Abb. 3b) vereinigt die Vorteile des Kettenantriebs mit den Vorteilen des Keilriemenantriebs, wie geringe Masse, geräuscharmer Lauf und geringe Herstellungskosten. Eine Schmierung entfällt. Der Zahnriemen benötigt nicht immer eine Spannvorrichtung, da er auch mit einer geringen Vorspannung aufgelegt werden kann.

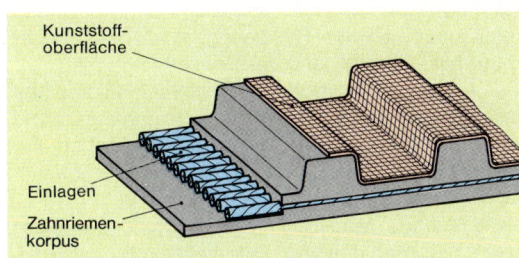

Abb. 4: Aufbau eines Zahnriemens

Ein **Zahnriemen** (Abb. 4) muß folgende **Eigenschaften** haben:
- geringe Längenausdehnung,
- große Zugfestigkeit,
- große Biegsamkeit,
- Schmierstoffestigkeit,
- Feuchtigkeitsbeständigkeit.

Als Werkstoffe werden Kunststoffe verwendet, die Einlagen aus Stahlcord oder Glasfasern erhalten. Die Einlagen erhöhen die Zugfestigkeit und verringern die Dehnung.

Königswelle

Werden an den Nockenwellenantrieb höchste Anforderungen gestellt (z. B. geringe Masse und Steuergenauigkeit bei hohen Drehzahlen), wird die Nockenwelle über zwei Kegelradpaare und eine Welle, die in ihrer Form einem Königszepter ähnelt und daher Königswelle genannt wird, angetrieben (Abb. 3c). Dieser Antrieb ist sehr kostenaufwendig.

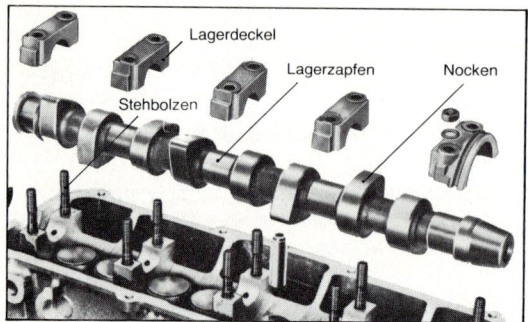

Abb. 1: Nockenwelle

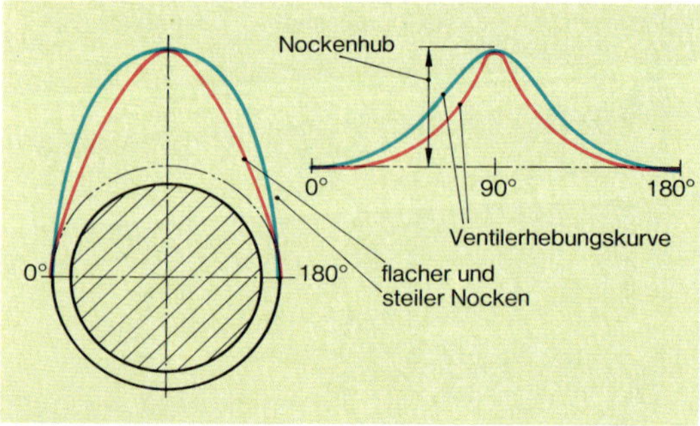

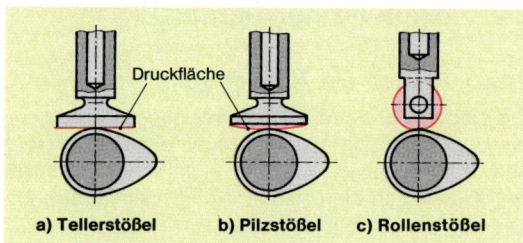

Abb. 2: Nockenformen

24.2.2 Nockenwelle

> Die **Nockenwelle** hat die Aufgabe, im richtigen Zeitraum den Öffnungs- und Schließvorgang für die Ein- und Auslaßventile zu steuern.

Für jedes Ventil ist ein Nocken erforderlich (Abb. 1). Die Form des Nockens bestimmt die Höhe des Ventilhubes und den Bewegungsablauf (die Steuerung) des Öffnungs- und des Schließvorgangs.

Die Ventile sollen möglichst ruckfrei geöffnet und geschlossen werden, um Federschwingungen und hohe Belastungen, z.B. zwischen Kipphebel und Ventil, zu vermeiden. Diese Anforderungen erfüllen **flache Nocken** (Abb. 2).

Steile (scharfe) **Nocken** halten das Ventil gegenüber flachen Nocken **längere Zeit vollständig** geöffnet. Dadurch kann der Füllungsgrad verbessert werden. Während des Öffnens und Schließens treten bei diesen Nocken hohe Beschleunigungskräfte auf. Diese Kräfte führen wegen der erhöhten Reibung durch hohe Flächenpressung zu früherem Verschleiß. Deshalb werden steile Nocken auch nur für Motoren mit hoher Literleistung verwendet.

Die **Nockenwelle** wird in Gleitlagern gelagert. Um den Ein- und Ausbau bei ungeteilten Lagern zu ermöglichen, wird der Durchmesser der Lager größer als die Gesamthöhe der Nocken gewählt.

Die Nockenwelle kann zusätzlich als Antrieb für weitere Aggregate verwendet werden, z.B. Zündverteiler, Ölpumpe, Kraftstoffpumpe.

Nockenwellen werden **gegossen** oder im Gesenk **geschmiedet.** Geschmiedete Nockenwellen bestehen meist aus legiertem Stahl (z.B. 15 CrNi 6). Als Gußwerkstoffe werden Temperguß, Hartguß oder Gußeisen mit Kugelgraphit (z.B. GGG-50) verwendet. Gegossene Nockenwellen haben bereits eine sehr genaue Form. Nach dem Härten müssen nur noch die Nockenbahnen und die Lagerstellen geschliffen werden.

24.2.3 Stößel

> Die **Stößel** haben die Aufgabe, die Drehbewegung der Nocken als Hubbewegung auf die Ventile zu übertragen.

Diese Hubbewegung der Stößel kann direkt oder über Stoßstangen und Kipphebel auf die Ventile übertragen werden. Es gibt **Teller-, Pilz- und Rollenstößel** (Abb. 3).

Zwischen den Nocken und Stößeln entsteht Gleitreibung. Um den Verschleiß zwischen Nocken und Stößel sehr gering zu halten, werden die **Stößel außermittig** angeordnet. Dadurch wird eine Drehbewegung des Stößels erreicht. Sie führt zu einer geringeren und gleichmäßigeren Abnutzung der Gleitflächen (Abb. 4).

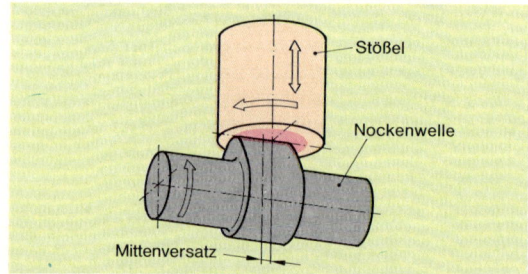

Abb. 3: Stößel

Abb. 4: Außermittige Stößelanordnung

Hydraulische Stößel (Abb. 5) gleichen die Längenänderung in der Ventilsteuerung (s. Kap. 24.2.7) selbsttätig aus. **Das Nachstellen des Ventilspiels entfällt.** Wird der Stößelkolben während der Ventilbetätigung belastet, so entsteht im Druckraum eine Druckerhöhung. Durch das Spiel zwischen den Bauteilen des Stößels kommt es zu geringen, aber gewollten Leckverlusten. Läuft der Nocken ab, drückt die Spielausgleichfeder Stößelkolben und Stößel auseinander. Dadurch vergrößert sich der Druckraum, das Kugelventil öffnet, und Öl fließt nach. Das Ventilspiel ist ausgeglichen.

Vorteile des hydraulischen Stößels:
- große Laufruhe der Steuerungsteile,
- längere Lebensdauer der Steuerungsteile und
- genaueres Einhalten der Steuerzeiten.

Nachteil des hydraulischen Stößels:
- große bewegte Masse.

Ein **Ventilspielausgleicher** hat die gleiche Wirkungsweise wie der hydraulische Stößel, ist aber fest im Zylinderkopf eingebaut und gehört deshalb nicht zu den bewegten Massen des Ventiltriebs.
Es gibt auch Kipphebel und Tassenstößel (Abb. 1, S. 234) mit eingebautem hydraulischen Ventilspielausgleicher.

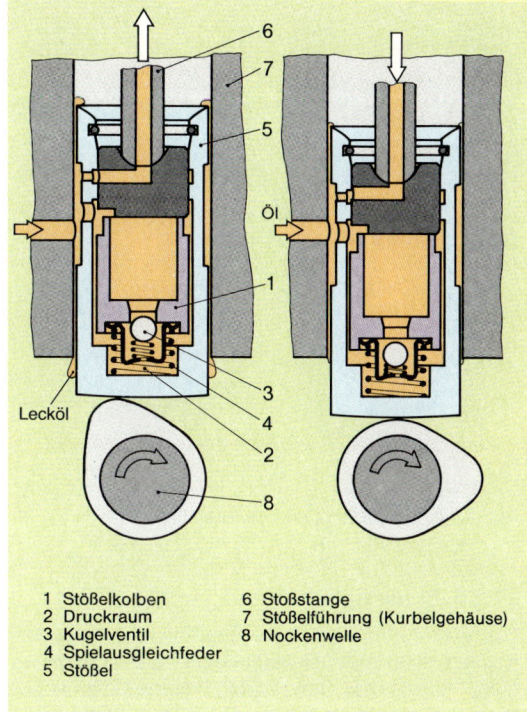

1 Stößelkolben	6 Stoßstange
2 Druckraum	7 Stößelführung (Kurbelgehäuse)
3 Kugelventil	8 Nockenwelle
4 Spielausgleichfeder	
5 Stößel	

Abb. 5: Hydraulischer Stößel und Ventilspielausgleicher

24.2.4 Stoßstangen

> Bei großen Abständen zwischen Nockenwelle und Ventil überträgt die **Stoßstange** die Hubbewegung des Stößels auf den Kipphebel.

Stoßstangen bestehen aus Stahlstäben oder Stahlrohren mit eingelöteten und gehärteten Kugelköpfen oder Kugelpfannen (Abb. 6).

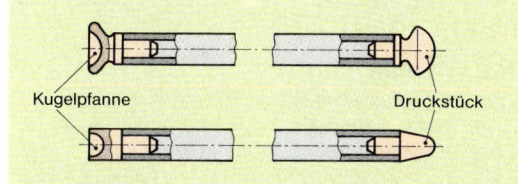

Abb. 6: Stoßstangen

24.2.5 Kipphebel

> Der **Kipphebel** überträgt die Kraft von der Stoßstange oder vom Stößel auf das Ventil.

Die Hebelarme der Kipphebel (Abb. 7) sind oft ungleich lang. Betätigt die Stoßstange oder der Stößel den kürzeren Hebelarm des Kipphebels, so wird mit einem kleinen Nockenhub ein großer Ventilhub erreicht, die Kraft am Nocken nimmt aber entsprechend zu.
Die Ventilbetätigungsseite wird gewölbt ausgeführt, um Kantenpressungen zu vermeiden. Kipphebel werden im Gesenk geschmiedet oder aus Stahlblech geformt.

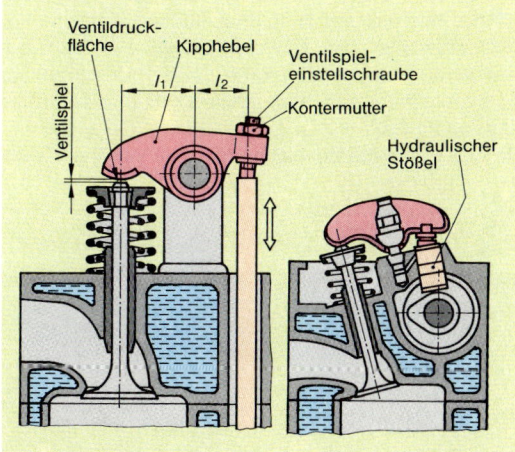

Abb. 7: Kipphebel

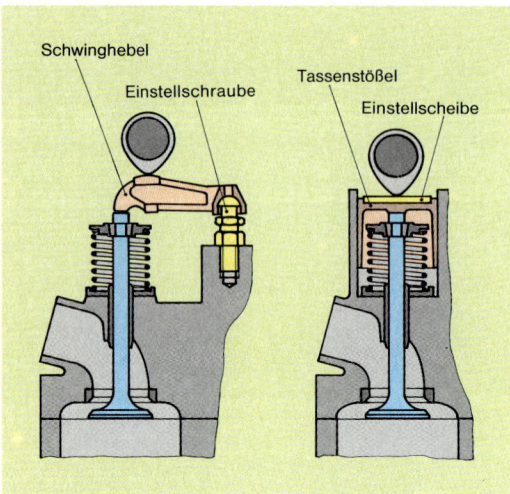

Abb. 1: Schwinghebel und Tassenstößel

24.2.6 Schwinghebel und Tassenstößel

Die Ausführung der Steuerung mit obenliegender Nockenwelle und **Schwinghebeln** bzw. **Tassenstößeln** (Abb. 1) hat den **Vorteil kleinerer bewegter Massen.**
Der Schwinghebel oder der Tassenstößel überträgt die Hubbewegung des Nockens direkt auf das Ventil.

24.2.7 Ventile

> Die **Ventile** haben die Aufgabe, die Gaswege für den Ansaug- und Ausstoßtakt freizugeben und während des Verdichtungs- und Arbeitstakts den Verbrennungsraum abzudichten.

Damit eine ausreichende Frischladung während der Öffnungsdauer des Einlaßventils in den Verbrennungsraum einströmen kann, ist der Durchmesser des Einlaßventils im allgemeinen größer als der des Auslaßventils.
In Abb. 2 sind die Bezeichnungen am Ventil genannt.

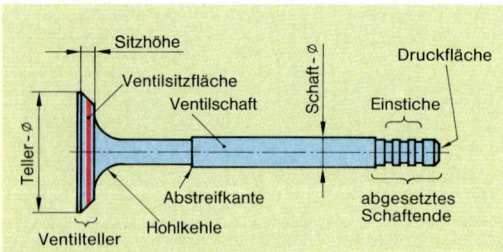

Abb. 2: Bezeichnungen am Ventil

Die Einlaßventile erreichen Betriebstemperaturen bis etwa 550 °C. Die Wärmeableitung erfolgt durch die einströmenden Frischgase und über die Ventilsitzflächen. Auslaßventile erreichen wegen der vorbeiströmenden Abgase Betriebstemperaturen von etwa 700 bis 800 °C.
Die Temperaturdifferenz zwischen kaltem und betriebswarmem Motor bewirkt Längenänderungen an allen Bauteilen der Steuerung, besonders am Ventil. Die Länge l des Ventils nach der Erwärmung läßt sich nach folgender Gleichung berechnen:

$$l = l_0 + l_0 \cdot \alpha \cdot \Delta T$$

l Länge des Ventils in mm
l_0 Ausgangslänge des Ventils in mm
α Längenausdehnungszahl in $\frac{1}{K}$
ΔT Temperaturdifferenz in K

Die Längenausdehnung des Ventils berechnet sich nach der Gleichung:

$$\Delta l = l_0 \cdot \alpha \cdot \Delta T$$

Δl Längenausdehnung des Ventils in mm

Damit das Ventil bei betriebswarmem Motor mit Sicherheit dicht schließt, ist ein **Ventilspiel** erforderlich.
Das Ventilspiel wird zwischen Kipphebel und Ventildruckfläche (Abb. 7, S. 233), zwischen Nocken und Schwinghebel oder zwischen Nocken und Stößel (Abb. 1) gemessen.
Eingestellt wird das Ventilspiel an der Einstellschraube des Schwing- bzw. Kipphebels (Abb. 7, S. 233) oder mittels Einstellscheiben (Abb. 1) oder Exzenterscheibe am Kipphebel.

> **Folgen zu kleinen Ventilspiels:**
> - Ventil schließt nicht bei betriebswarmem Motor,
> - Gasverluste,
> - Leistungsverluste,
> - übermäßige Erwärmung des Ventiltellers, evtl. Verbrennen des Ventiltellers und -sitzes,
> - Vergaserbrand, falls über das offene Einlaßventil Abgase in den Ansaugkanal gelangen.
>
> **Folgen zu großen Ventilspiels:**
> - Verkürzung der Öffnungszeit,
> - Verschlechterung des Füllungsgrades,
> - Leistungsverlust,
> - Zunahme der Ventilgeräusche,
> - erhöhter Verschleiß.

Einmetallventil

Ventilschaft und -teller des Einmetallventils bestehen aus **demselben Werkstoff** (Einlaßventil z.B.: X 85 CrMoV 182; Auslaßventil: X 53 CrMnNi 219). Sitzflächen und Schaftenden werden zur Verlängerung der Betriebsdauer **gehärtet** oder durch Aufschweißen einer besonders widerstandsfähigen CrNi-Legierung **»gepanzert«** (Abb. 3).

Bimetallventil

Es besteht aus zwei **unterschiedlichen Werkstoffen** (Abb. 4). Der Ventilteller wird aus einem Werkstoff mit hoher Warmfestigkeit und hoher Korrosionsbeständigkeit hergestellt. Der Ventilschaft erfordert einen Werkstoff mit guten Gleiteigenschaften. Die Verbindung beider Teile erfolgt durch **Stumpfschweißen.**

Hohlventil

Hohlventile mit **Natriumfüllung** (Abb. 4) werden bei thermisch hoch beanspruchten Motoren verwendet. Diese Ventile sind bis zu 60% des Hohlraumes mit Natrium gefüllt, das bei etwa 97°C schmilzt. Natrium besitzt eine gute Wärmeleitfähigkeit. Während des Öffnens und Schließens der Ventile wird das flüssige Natrium im Hohlraum hin- und hergeschleudert. Dadurch transportiert es die Wärme vom Ventilteller zum Ventilschaft. Die Natriumfüllung senkt die Betriebstemperatur am Ventilteller um 60 bis 120°C.

24.2.8 Ventilsitz

Zum Ventilsitz (Abb. 5) gehören die kegelige Dichtfläche zur Aufnahme des Ventiltellers und die angrenzenden Kegelflächen. Durch die Ventilsitzflächen erfolgt die Abdichtung des Verbrennungsraumes. Die Wärme des Ventiltellers wird teilweise über die Ventilsitzflächen an den Zylinderkopf abgeleitet (Wärmeableitung s. Kap. Kühlung).

> **Breite Ventilsitzflächen** ermöglichen eine **gute Wärmeableitung,** dichten aber schlechter ab. **Schmale Ventilsitzflächen** ergeben eine größere Flächenpressung und damit eine **gute Abdichtung** des Verbrennungsraumes. Die **Wärmeableitung** ist aber **schlechter.**

Aus diesen Gründen soll die Breite der Ventilsitzfläche 1,5 bis 2,5 mm betragen. Wegen der höheren Wärmebelastung haben Auslaßventile eine breitere Ventilsitzfläche.
Die an die Sitzfläche angrenzenden Flächen liegen im allgemeinen unter Winkeln von 15° und 75°, damit

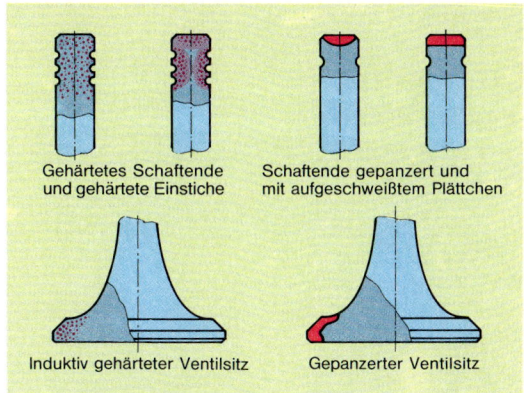

Gehärtetes Schaftende und gehärtete Einstiche   Schaftende gepanzert und mit aufgeschweißtem Plättchen

Induktiv gehärteter Ventilsitz   Gepanzerter Ventilsitz

Abb. 3: Härtung und Panzerung am Ventil

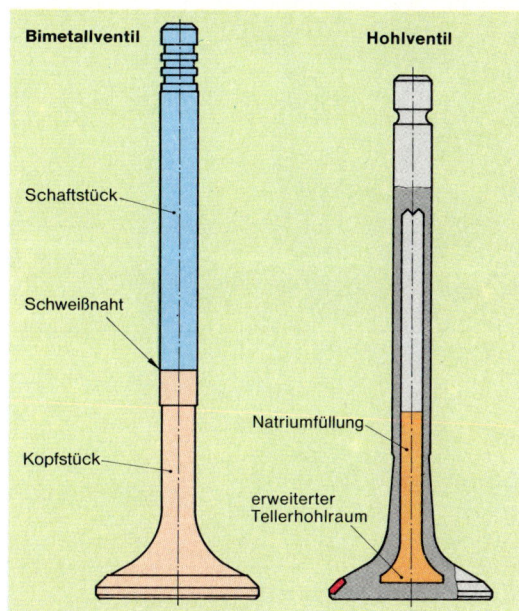

Abb. 4: Bimetall- und Hohlventil

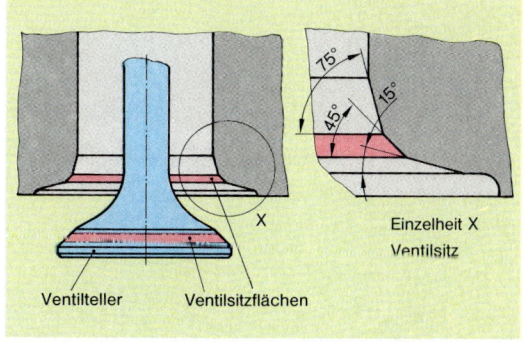

Abb. 5: Ventilsitz und -teller

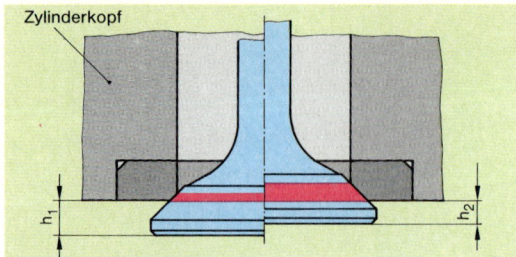

Abb. 1: Lage des Ventils

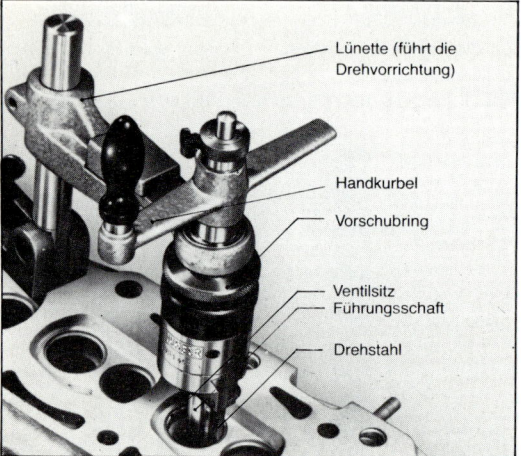

Lünette (führt die Drehvorrichtung)

Handkurbel

Vorschubring

Ventilsitz
Führungsschaft

Drehstahl

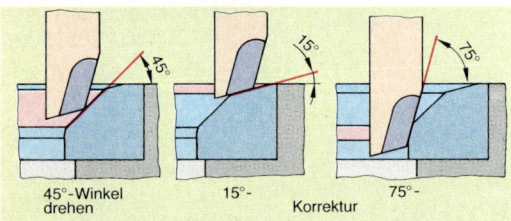

45°-Winkel drehen   15°-   75°-
                    Korrektur

Abb. 2: Drehen der angrenzenden Kegelflächen

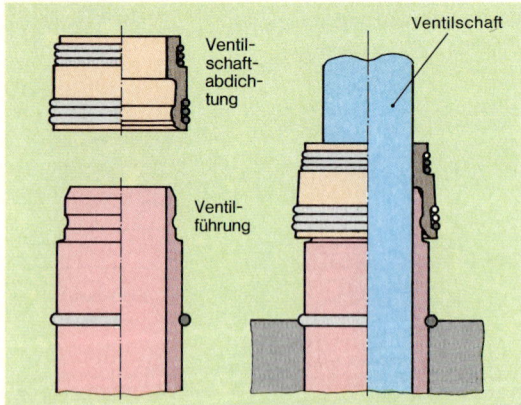

Ventilschaft

Ventil-
schaft-
abdich-
tung

Ventil-
führung

Abb. 3: Ventilführung und Ventilschaftabdichtung

die Gasströme möglichst ungehindert und ohne Wirbelbildung ein- und ausströmen können.

Bei einer Motordrehzahl von 5000/min schlägt der Ventilteller in jeder Minute 2500mal auf die Ventilsitzfläche. Diese Beanspruchungen erfordern Ventilsitzringe aus Schleuderguß oder hochlegiertem Stahl, z.B. X210 Cr 12.

Die Ventilsitzringe werden mit einem Übermaß von 0,08 bis 0,10 mm gefertigt und in den Zylinderkopf eingepreßt oder eingeschrumpft (Abb. 1). Dafür wird der Zylinderkopf auf 60 bis 80°C erwärmt (Vergrößerung der Bohrung) und/oder der Ventilsitzring mit Trockeneis auf etwa −70°C abgekühlt (Verkleinerung des Ringes).

Sind die Ventilsitzringe beschädigt, so können sie mit einer Drehvorrichtung (Abb. 2) bearbeitet werden. Zuerst wird die Ventilsitzfläche hergestellt. Von der **Tiefe der Sitzfläche** hängt es ab, ob das **Ventil höher (h_1) oder tiefer (h_2)** im Zylinderkopf sitzt (Abb. 1). Die angrenzenden Kegelflächen werden mit einem 15°/75° Drehmeißel hergestellt. Mit diesem läßt sich die **Breite und die Lage der Ventilsitzflächen** festlegen (Abb. 2). Die Feinbearbeitung der Sitzflächen erfolgt durch Einschleifen der Sitzflächen mit feinkörniger Schleifpaste.

Die Sitzreparatur kann auch mit einem Fräsersatz durchgeführt werden.

24.2.9 Ventilführung

> Die **Ventilführung** hat die Aufgabe, die auf den Ventilschaft wirkenden Seitenkräfte aufzunehmen und die Wärme des Ventilschafts an den Zylinderkopf abzuleiten.

Ventilführungen werden aus Werkstoffen mit guten Gleit- und Wärmeleiteigenschaften hergestellt (Abb. 3). Das Spiel zwischen Ventilschaft und Ventilführung muß gering sein (0,03 bis 0,08 mm), damit der Ventilschaft gut geführt wird. So kann auch die Wärmeableitung möglichst direkt erfolgen.

Durch eine **Ventilschaftabdichtung** (Abb. 3) wird verhindert, daß zuviel Schmieröl vom Zylinderkopf über die Ventilführung in den Verbrennungsraum gelangt.

24.2.10 Ventilfeder

> Die **Ventilfedern** haben die Aufgabe, die Ventile zu schließen und das Auslaßventil während des Ansaugtakts gegen den Unterdruck im Zylinder geschlossen zu halten.

Die erforderliche Federkraft wird meist durch zwei Schraubendruckfedern erzielt (Abb. 7, S. 233), da bei Verwendung einer Feder ungünstige Federspannungen und Federschwingungen auftreten würden. Bricht eine Feder, so verhindert die andere, daß das Ventil in den Zylinderraum hineinragt und Motorschäden verursacht.

Als Werkstoffe werden spezielle Federstähle verwendet, die mit Chrom, Mangan, Silizium, Vanadium und Molybdän legiert sind.

24.2.11 Ventilfederteller und Kegelstücke

> Der **Ventilfederteller** überträgt die von der Ventilfeder ausgeübte Kraft über die Kegelstücke auf das Ventil.

Es gibt **klemmende** und **nichtklemmende** Kegelstücke (Abb. 5). Die nichtklemmenden Kegelstücke stützen sich mit ihren Trennflächen gegeneinander ab. Durch das entstehende Spiel ist eine Drehbewegung des Ventils möglich. Die nichtklemmenden Kegelstücke sind gehärtet, um den Verschleiß zu verringern.

24.2.12 Ventildrehvorrichtung

Ventilsitzfläche und Ventilschaft unterliegen einem starken Verschleiß. Um eine gleichmäßige thermische Belastung und Abnutzung zu erreichen, wird eine Ventildrehvorrichtung vorgesehen. Die Drehung sorgt zusätzlich für eine Reinigung des Ventilsitzes von Ölkohle.

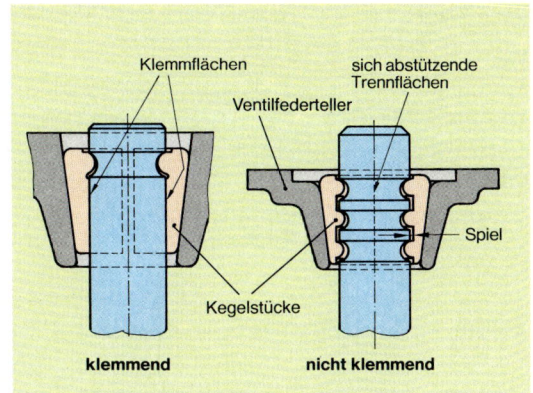

Abb. 5: Ventilfederteller und Kegelstücke

Bei der in Abb. 4 dargestellten Ventildrehvorrichtung ist der Deckel (unterer Ventilfederteller) über eine scheibenförmige Tellerfeder und Kugeln drehbar gelagert. Bei geschlossenem Ventil werden die Kugeln von den Tangentialfedern auf dem höchsten Punkt der geneigten Laufbahn gehalten. Wird das Ventil geöffnet, so drückt die Tellerfeder auf die Kugeln und diese rollen bis zum tiefsten Punkt der geneigten Laufbahnen im Grundkörper. Dabei drehen sie die Tellerfeder und drücken die Tangentialfedern zusammen. Die Drehbewegung der Tellerfeder wird über den Deckel, die Ventilfeder, den oberen Federteller und die Klemmstücke auf das Ventil übertragen. Schließt das Ventil, wird die Tellerfeder entlastet. Die Kugeln werden von den Tangentialfedern ohne zu rollen wieder in die Ausgangslage zurückgeschoben.

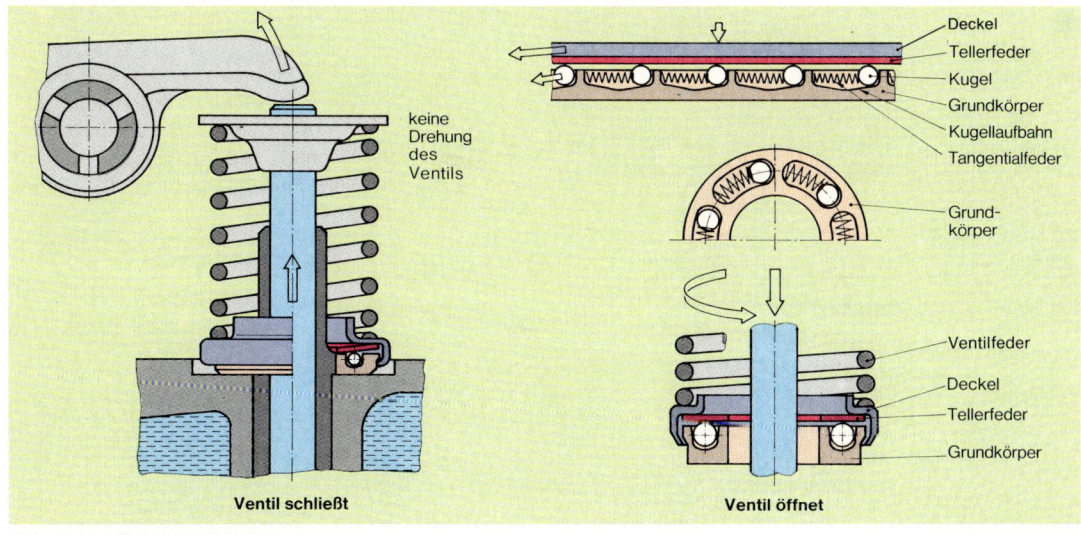

Abb. 4: Ventildrehvorrichtung

Tab. 1: Hinweise für Wartung und Diagnose der Motorsteuerung

Wartung ⇩	⇩	⇩	⇩
Prüfposition	Fehler, Mangel	Ursache	Folge
⇩	⇩	⇩	Diagnose
Störstelle	Fehler, Mangel	Ursache	Störung
Steuerräder	eingearbeitete Zahnflanken, evtl. ausgebrochene Zähne	Überbeanspruchung, nicht ausreichende Schmierung	sehr starke Geräusche, veränderte Steuerzeiten, Leistungsabfall, Motor läuft nicht mehr
Steuerkette	Kettenspannung zu gering	Werkstoffermüdung, Verschleiß an Kette und Kettenrädern, Kettenspanner defekt	rasselnde Geräusche, veränderte Steuerzeiten, Leistungsabfall
Kettenräder	eingearbeitete Zahnflanken	Überbeanspruchung, nicht ausreichende Schmierung	
Kettenspanner	kein Druckaufbau, Feder defekt	Verschleiß zwischen Druckbolzen und Führung, Ölzufuhr verstopft, Feder ermüdet	rasselnde Geräusche
Kettenführung	Führungsbahn nicht eben	Verschleißbeanspruchung	schleifende Geräusche
Zahnriemen	Zahnriemenspannung zu gering	Werkstoffermüdung	veränderte Steuerzeiten, Leistungsabfall
Nockenwellenlager	Einarbeitungsstellen	nicht ausreichende Schmierung, Höchstdrehzahl wurde überschritten	Druckabfall im Schmierölkreislauf, veränderte Steuerzeiten
Nockenwelle	Einarbeitungsstellen an den Nocken		klappernde Geräusche, kürzere Ventilöffnungszeiten, Leistungsabfall, Ventilspiel zu groß
Stößel	Einarbeitungsstellen		
Kipphebel Schwinghebel	Einarbeitungsstellen an der Lagerung und den Druckflächen		klappernde Geräusche
Ventilschaftdruckfläche	Einarbeitungsstellen		klappernde Geräusche, kürzere Ventilöffnungszeiten, Leistungsabfall
Ventilschaft und -führung	Spiel zwischen Führung und Schaft zu groß, Ölkohleansatz	Verschleiß, Überhitzung	klappernde Geräusche, klemmende Ventile, Leistungsabfall
Ventilteller und -sitzring	Einarbeitungsstellen, Ölkohleablagerungen, Risse	Überhitzung, Drehvorrichtung defekt	nicht abdichtende Ventile, Leistungsabfall
Ventilfeder	zu schwach, gebrochen	Werkstoffermüdung	klappernde Geräusche, nicht schließende Ventile, Leistungsabfall
Ventilspiel	Ventilspiel zu groß	Verschleiß an Nocken, Stößel, Kipphebel, Ventilschaftdruckfläche	klappernde Geräusche, kürzere Ventilöffnungszeiten, Leistungsabfall
	Ventilspiel zu klein	Verschleiß am Ventilsitz	Motor springt schlecht an, Ventil schließt nicht, Leistungsabfall

24.3 Wartung und Diagnose

Die **Einhaltung der Steuerzeiten** hängt vom einwandfreien Zustand der Steuerungsbauteile ab.

Durch Verschleiß ergeben sich Abweichungen von den vorgegebenen Sollwerten. Deshalb erfordert die Ventilsteuerung ohne automatischen Spielausgleich eine regelmäßige Wartung.

Störungen an der Ventilsteuerung können meist an zunehmenden Geräuschen der Steuerungsteile und am Leistungsabfall des Motors erkannt werden.

Arbeitshinweise

Das **Ventilspiel** muß nach vorgeschriebener Fahrstrecke oder bei auffälliger Geräuschentwicklung der Motorsteuerung überprüft werden. Prüfgerät ist üblicherweise die **Fühlerlehre.**

Die Motorherstellerangaben sind unbedingt zu beachten. Sie enthalten Vorschriften über Betriebszustände, die für das Einstellen des Ventilspiels erforderlich sind: kalt oder betriebswarm, im Stillstand oder im Leerlauf.

Kompressionsdruckverluste sind die Folge von Undichtigkeiten im Verbrennungsraum. Der Kompressionsdruck wird mit dem Kompressionsdruckprüfer (Abb. 1) bei warmem Motor und geöffneter Drosselklappe gemessen.

Die Verbrennungsräume sind dicht, wenn die Drücke der einzelnen Zylinder nicht mehr als 1 bis 2 bar bei Ottomotoren und 2 bis 4 bar bei Dieselmotoren vom gemessenen Höchstwert abweichen und dabei einen Mindestwert nicht unterschreiten. Treten größere Abweichungen auf, so können **Undichtigkeiten** vorhanden sein an:

- Ventil und Ventilsitzring,
- Kolbenring und Zylinder oder
- Zylinderkopfdichtung.

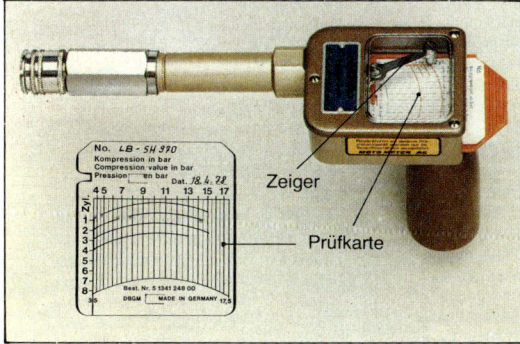

Abb. 1: Kompressionsdruckschreiber

Zur genaueren Bestimmung der Undichtigkeit wird etwas Motoröl in den entsprechenden Zylinder gespritzt und durch Drehen der Kurbelwelle verteilt. Ergibt die zweite Messung eine Druckerhöhung, so sind entweder die Kolbenringe oder die Zylinderwand beschädigt. Bleibt der Druck gleich, so liegen die Schäden im Bereich der Ventile oder der Zylinderkopfdichtung.

Einstellen der Steuerzeiten. Ein Verschleiß am Nockenwellenantrieb (abgenutzte Zahnräder, Steuerketten oder Zahnriemen) führt zu Veränderungen der Steuerzeiten. Der Einbau der Ersatzteile erfordert die Beachtung der Markierungen am Motorgehäuse bzw. den Steuerrädern, der Schwungscheibe oder dem Schwingungsdämpfer, da der Öffnungsbeginn der Ventile von der Winkelstellung der Nockenwelle zur Kurbelwelle abhängt. Die Herstellerangaben sind zu beachten. Allgemein gilt, daß der Kolben des 1. Zylinders im OT steht, wenn die Nockenwellenlage zugeordnet wird.

Aufgaben

1. Benennen Sie die Einzelteile einer ohc-Steuerung.
2. Nennen Sie vier Antriebsarten der Nockenwelle.
3. Welche Vorteile bietet die außermittige Anordnung des Stößels gegenüber dem Nocken?
4. Beschreiben Sie den Aufbau und die Wirkungsweise des hydraulischen Stößels.
5. Nennen Sie den Hauptunterschied zwischen Kipp- und Schwinghebel.
6. Welchen Einfluß hat ein zu großes Ventilspiel am Einlaßventil auf die Öffnungszeit?
7. Nennen Sie die Folgen eines zu kleinen Ventilspiels am Ein- und Auslaßventil.
8. Erklären Sie die Vorteile des Bimetallventils gegenüber dem Einmetallventil.
9. Welche Aufgabe hat die Natriumfüllung im Hohlventil?
10. Warum haben Einlaßventile meistens einen größeren Ventiltellerdurchmesser als Auslaßventile?
11. Beurteilen Sie schmale und breite Ventilsitzflächen in bezug auf Wärme und Dichtheit.
12. Welchen Vorteil haben nichtklemmende Ventilkegelstücke?
13. Beschreiben Sie Aufbau und Wirkungsweise der Ventildrehvorrichtung.
14. Wie stellen Sie Undichtigkeiten am Ventilsitz fest?
15. Berechnen Sie die Längenausdehnung Δl eines Einlaßventils, dessen Temperatur sich während des Betriebes um $\Delta T = 185$ K erhöht. Die Länge des Ventils beträgt $l_0 = 148$ mm, die Längenausdehnungszahl α des Ventilwerkstoffs beträgt $0,000008 \cdot 1/K$.
16. Berechnen Sie die Flächenpressung für zwei unterschiedlich große Ventilsitzflächen $A_1 = 2,5$ cm², $A_2 = 1,25$ cm², wenn die senkrecht auf diese Flächen wirkende Kraft F_N jeweils 800 N beträgt.

25 | Grundprinzip des Zweitaktmotors

Carl Benz entwickelte 1879 den ersten nutzbaren Zweitaktmotor. Zweitaktmotoren werden überwiegend als Einzylindermotoren in Kleinkrafträdern (Moped, Mofa), aber auch als Mehrzylindermotoren in Krafträdern und Nutzfahrzeugen eingebaut. Ein Zweitaktmotor kann nach dem Otto- oder dem Dieselverfahren betrieben werden.

25.1 Aufbau des Zweitaktmotors

Der Zweitaktmotor arbeitet **fast immer ohne Ventile.** Eine Ventilsteuerung entfällt (Abb. 1). Der Gaswechsel erfolgt dann über **Schlitze** in der Zylinderwand, die vom Kolben verschlossen oder freigegeben werden. Der Aufbau des Zweitaktmotors ist einfach, da er wenig bewegliche Bauteile hat. **Zweitakt-Dieselmotoren** werden auch mit Ventilsteuerung gebaut. Der Einlaß der Frischgase wird durch Schlitze, der Auslaß der verbrannten Gase über Ventile gesteuert.

Zweitaktmotoren, bei denen das Kraftstoff-Luft-Gemisch auch unter den Kolben gelangt, werden durch die **Mischungs- oder Frischölschmierung** (s. Kap. Schmierung und Schmierstoffe) geschmiert.

In Zweitakt-Ottomotoren arbeitet die Kolbenunterseite und das Kurbelgehäuse als **Pumpe.** Das Kurbelgehäuse muß daher gasdicht sein.

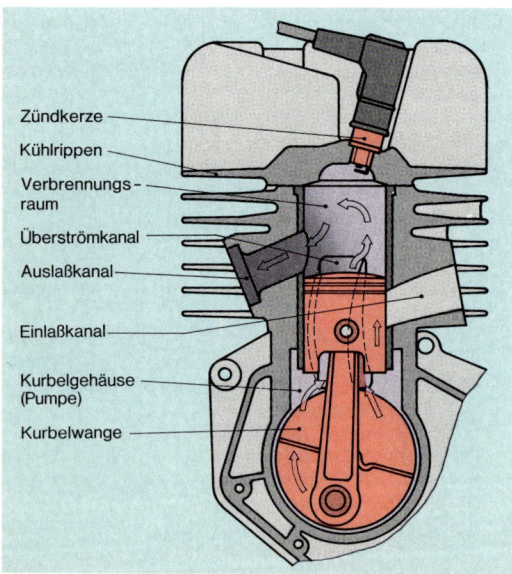

Zündkerze
Kühlrippen
Verbrennungs-raum
Überströmkanal
Auslaßkanal
Einlaßkanal
Kurbelgehäuse (Pumpe)
Kurbelwange

Abb. 1: Zweitaktmotor

25.2 Wirkungsweise

Die Vorgänge während der vier Takte (Ansaugen, Verdichten, Arbeiten, Ausstoßen) spielen sich in einem Viertaktmotor grundsätzlich **oberhalb** des Kolbens ab.

> Das **Arbeitsspiel** eines **Zweitaktmotors** läuft gleichzeitig **oberhalb** und **unterhalb** des Kolbens ab.

Der Verdichtungs- und Arbeitstakt werden vom Kolben, die beiden Takte Ansaugen und Ausstoßen von einer **Pumpe** (Ottomotor) oder einem **Gebläse** (Dieselmotor) übernommen.

Da der Dieselmotor mit Luftüberschuß arbeitet, reicht das Volumen im Kurbelgehäuse nicht aus. Ein besonderes Gebläse liefert die dazu nötige Luft.

In Tab. 1 ist die grundsätzliche Wirkungsweise eines Zweitaktmotors dargestellt.

Tab. 1: Grundsätzliche Wirkungsweise eines Zweitakt-Ottomotors

Kolben-stellung	Vorgänge unter dem Kolben	Vorgänge über dem Kolben
	1. Takt	
	Im Kurbelgehäuse Volumenvergrößerung, dadurch Druckminderung: **Voransaugen.** Durch den sich öffnenden Einlaßschlitz strömt das Gemisch in das Kurbelgehäuse.	Das Kraftstoff-Luft-Gemisch wird **verdichtet.** Kurz vor OT wird das Gemisch gezündet.
	2. Takt	
	Nach dem Schließen des Einlaßschlitzes wird im Kurbelgehäuse **vorverdichtet.**	Es wird **Arbeit** verrichtet: Die Verbrennung führt zu einer Druck- und Temperatursteigerung. Der Kolben wird abwärts gedrückt.
	Übergang vom 2. zum 1. Takt (Spülen)	
	Kurz vor UT wird der Überströmkanal geöffnet. Das im Kurbelgehäuse vorverdichtete Gemisch **strömt** in den Verbrennungsraum **über.**	Durch den Restdruck aus der Verbrennung und den einsetzenden Spüldruck werden die verbrannten Gase aus dem **Auslaß** gedrückt.

Die Bezeichnung »**Zweitakt**« besagt, daß für ein Arbeitsspiel zwei Takte (Kolbenhübe) oder **eine Kurbelwellenumdrehung** notwendig sind.

Nach dem Arbeitshub muß der Zylinder möglichst vollständig von verbrannten Gasen geleert und mit Frischladung gefüllt werden. Dieser Vorgang (Ausstoßen und Ansaugen) wird in einem Zweitaktmotor **Spülung** genannt.

25.3 Spülverfahren

Die **Spülung** kann mit Hilfe einer **Spülpumpe** oder eines **Spülgebläses** (Abb. 2) erfolgen.

Während der Spülung soll:

- der Zylinder von Restgasen geleert werden,
- das Frischgas in den Zylinder gelangen und
- eine Innenkühlung des Verbrennungsraums erfolgen.

Zweitaktmotoren haben einen **offenen Gaswechsel**. Aus- und Überströmkanal bzw. Einlaßkanal sind fast während des gesamten Spülvorgangs gleichzeitig geöffnet.

Der Vorgang der **Spülung** wird beurteilt nach:

- dem Anteil der verbrannten Gase (Abgase), die im Zylinder nach dem Spülvorgang verbleiben,
- der Frischladungsmasse, die sich nach dem Spülvorgang tatsächlich im Zylinder befindet und
- dem Anteil der Frischladung, die während des Spülvorgangs verlorengeht.

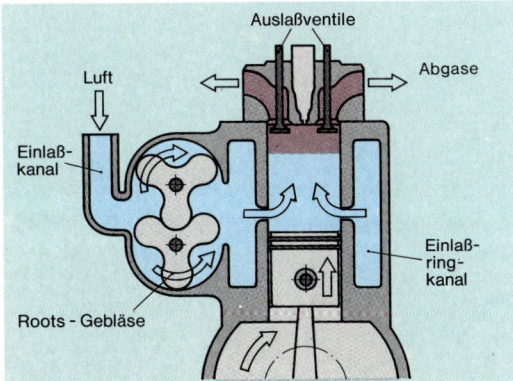

Abb. 2: Zweitaktmotor mit Spülgebläse

Eine wichtige Kenngröße des Zweitaktmotors ist der Spülgrad λ_S.

Der **Spülgrad** λ_S ist das Verhältnis der tatsächlich im Zylinder vorhandenen Frischladungsmasse zur gesamten im Zylinder befindlichen Ladungsmasse (Frischladung + Restgase).

$$\lambda_S = \frac{m_z}{m_z + m_R}$$

λ_S Spülgrad
m_z tatsächlich im Zylinder vorhandene Frischladungsmasse in kg
m_R verbrannte Restgase (Abgase) in kg

Die **Leistung** eines Zweitaktmotors wird entscheidend vom Spülgrad beeinflußt. Die Leistung ist hoch, wenn nur wenig Restgase im Zylinder verbleiben.
Der **Kraftstoffverbrauch** eines Zweitakt-Ottomotors hängt wesentlich davon ab, wieviel Frischladung während des Spülvorgangs verlorengeht.
In einem Zweitakt-Dieselmotor läßt sich eine gute Spülung erreichen. Mit Hilfe eines Spülgebläses kann der Brennraum vollständig von Restgasen befreit werden.
In einem Zweitakt-Ottomotor wird angestrebt, das angesaugte Kraftstoff-Luft-Gemisch bzw. die Luft im Verbrennungsraum so zu führen, daß keine **ungespülten Räume** entstehen.
Aufgrund dieser Forderung wurden die folgenden Spülverfahren entwickelt:

- Umkehrspülung,
- Querstromspülung,
- Gleichstromspülung.

25.3.1 Umkehrspülung

Die verbrannten Gase verlassen den Zylinder in umgekehrter Richtung wie die einströmende Frischladung (Abb. 1, S. 242).
Es werden zwei Arten der Umkehrspülung unterschieden:

- die MAN-Umkehrspülung und
- die Schnürle-Umkehrspülung (Adolf Schnürle, dt. Ingenieur, 1896 bis 1951).

Bei der **MAN-Umkehrspülung** sind die Auslaßschlitze im Zylinder über den Einlaßschlitzen angeordnet. Ein Schieber im Abgaskanal verhindert, daß Frischladung verlorengeht.
Die MAN-Umkehrspülung wird ausschließlich in Zweitakt-Dieselmotoren eingesetzt.

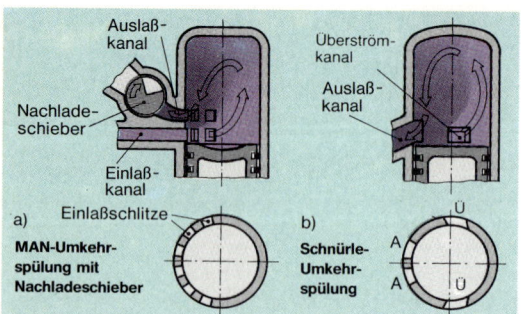

Abb. 1: Schematische Darstellung der Umkehrspülungen

Bei der **Schnürle-Umkehrspülung** (Abb. 1) werden die Einlaßschlitze am Umfang des Zylinders in gleicher Höhe wie die Auslaßschlitze angeordnet. Vorteil: Die Verdichtung kann früher beginnen.

Vorgänge während des Arbeitsspiels am Beispiel der Schnürle-Umkehrspülung

Voransaugen, Einlaß

Durch die Aufwärtsbewegung (von UT nach OT) des Kolbens im Zylinder wird das Kraftstoff-Luft-Gemisch oberhalb des Kolbens verdichtet und das Volumen im Kurbelgehäuse des Motors vergrößert.

Die **Kolbenoberkante** hat ungefähr 50°KW vor OT den Überströmkanal verschlossen, im Kurbelgehäuse wird vorangesaugt. Der Ansaugdruck beträgt je nach Motorbauart p_{abs} 0,4 bis 0,8 bar.

Durch die **Kolbenunterkante** (untere Begrenzung des Kolbenschaftes) wird der **Einlaß** des Kraftstoff-Gemisches gesteuert. Ungefähr 65 bis 55°KW vor OT beginnt der aufwärtsbewegende Kolben den Einlaßschlitz zu öffnen (Abb. 2a). Der Druckunterschied zwischen Kurbelgehäuse und Außenluft läßt das Gemisch in das Kurbelgehäuse einströmen. Während des Arbeitstakts (Kolben bewegt sich von OT nach UT) wird der Einlaßschlitz ungefähr 55 bis 65° KW nach OT durch den Kolben geschlossen.

Arbeiten, Vorverdichten

Das Krafstoff-Luft-Gemisch wird kurz vor OT entzündet. Es entsteht eine Temperatur von 2000 bis 2500 °C. Der vom Verbrennungsdruck abwärts gedrückte Kolben **verdichtet** das Kraftstoff-Luft-Gemisch im Kurbelgehäuse nach dem Schließen des Einlaßschlitzes. Diese **Vorverdichtung** erzeugt je nach Motorbauart einen Spüldruck von 0,3 bis 0,6 bar Überdruck. Durch Ausfüllen des Kurbelgehäuses mit großvolumigen Kurbelwangen kann die Vorverdichtung verbessert werden.

Spülung

Ungefähr 70 bis 60°KW vor UT beginnt die Oberkante des Kolbens den Auslaßschlitz zu öffnen. Der Überströmschlitz, auch Spülkanal genannt, ist noch geschlossen. Bei diesem sogenannten **Vorauslaß** wird der noch durch die Verbrennung herrschende absolute Druck (ungefähr 2,5 bis 3,5 bar) ausgenutzt. Die verbrannten Gase entspannen sich auf einen absoluten Druck von 1,1 bis 1,3 bar. Ungefähr 10°KW später (60 bis 50°KW vor UT) beginnt auch der Überströmschlitz zu öffnen (Abb. 2d).

Das vorverdichtete Kraftstoff-Luft-Gemisch strömt in den Zylinder über und verdrängt zusätzlich die verbrannten Gase in den Auslaßkanal. Im UT sind Überström- und Auslaßschlitz voll geöffnet.

Während sich der Kolben wieder nach OT bewegt, steigt der Druck über dem Kolben durch das weiter überströmende Gemisch maximal bis auf den **Spüldruck** von 1,3 bis 1,6 bar (absolut) an (Abb. 2). Da der Überströmschlitz 50 bis 60°KW nach UT schließt, während der Auslaßschlitz noch geöffnet ist (Nachauslaß), fällt der Druck auf den atmosphärischen Druck (1 bar) ab.

Abb. 3 zeigt ein p-V-Diagramm und ein symmetrisches Steuerdiagramm eines Zweitaktmotors mit Schnürle-Umkehrspülung. **Symmetrisch** heißt, daß die Aus- bzw. Einlaßschlitze vor bzw. nach UT in gleichem Abstand (°KW) geöffnet bzw. geschlossen werden.

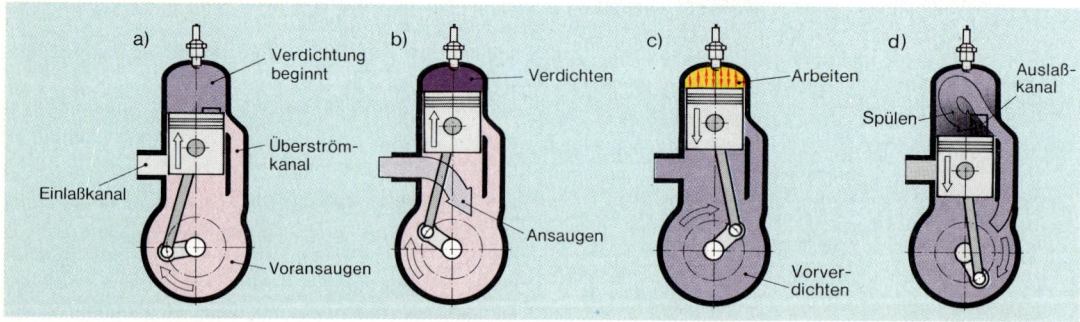

Abb. 2: Ablauf der Vorgänge während eines Arbeitsspiels

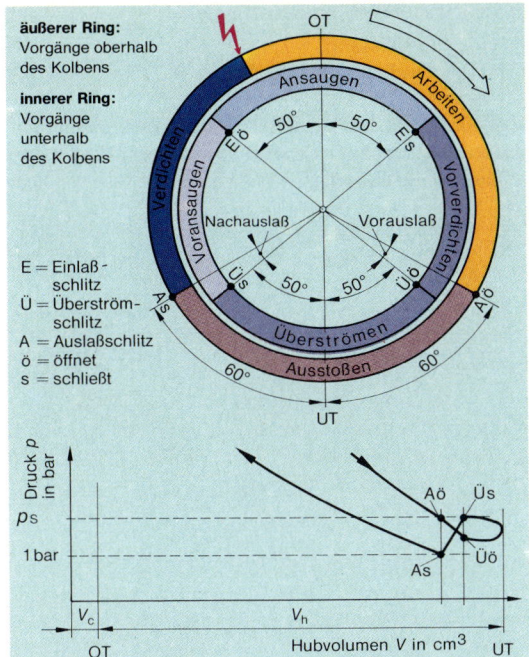

äußerer Ring:
Vorgänge oberhalb
des Kolbens

innerer Ring:
Vorgänge
unterhalb
des Kolbens

E = Einlaß-
schlitz
Ü = Überström-
schlitz
A = Auslaßschlitz
ö = öffnet
s = schließt

Abb. 3: Symmetrisches Steuerdiagramm und p-V-Diagramm

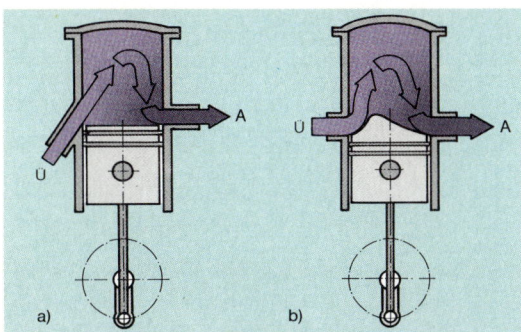

Abb. 4: Schematische Darstellung der Querstromspülung

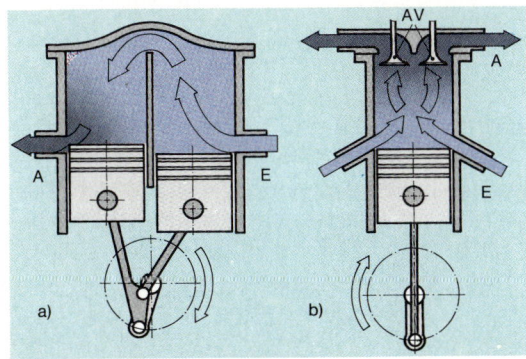

Abb. 5: Schematische Darstellung der Gleichstromspülung

25.3.2 Querstromspülung

Das aus dem Kurbelgehäuse in den Zylinder einströmende Kraftstoff-Luft-Gemisch wird durch schräg nach oben gerichtete **Überströmkanäle** zum Zylinderdeckel gelenkt (Abb. 4). Es ändert dort die Richtung und schiebt die verbrannten Gase durch die Auslaßkanäle, die dem Überströmkanal gegenüberliegen. Es besteht die Gefahr, daß die Richtungsänderung nicht genau erreicht wird und die Frischladung durch den Auslaß verloren geht.

In kleineren Motoren wird die einströmende Frischladung durch einen **Nasenkolben** abgelenkt (Abb. 4).

Ein entscheidender Nachteil des Nasenkolbens ist die große wärmeaufnehmende Kolbenbodenfläche. Die Querstromspülung hat einen einfachen Aufbau, jedoch einen sehr **geringen Spülgrad.** Ein großer Anteil an Restgasen verbleibt nach dem Schließen der Schlitze im Brennraum. Der Kraftstoffverbrauch ist hoch und folglich der Nutzwirkungsgrad gering.

25.3.3 Gleichstromspülung

Dieses Spülverfahren ist nur mit einem **Doppelkolbensystem** oder mit einer **Kombination aus Schlitzsteuerung und Auslaßventilen** möglich (Abb. 5). Es wird hauptsächlich bei Dieselmotoren angewendet. Alle Vorgänge während eines Arbeitsspiels laufen oberhalb des Kolbens ab. Die Frischladung strömt im UT durch Einlaßkanäle in den Zylinder. Sie schiebt das Abgas durch Ventile oder Auslaßkanäle ins Freie. Tangential in den Zylinder mündende Einlaßkanäle bewirken eine Drehbewegung der Frischladung.

Die Steuerung durch eine Kombination Schlitze, Ventile ergibt ein **unsymmetrisches Steuerdiagramm.** Die Ein- und Auslaßkanäle werden in ungleichem Abstand vor bzw. nach UT geöffnet bzw. geschlossen (Abb. 6).

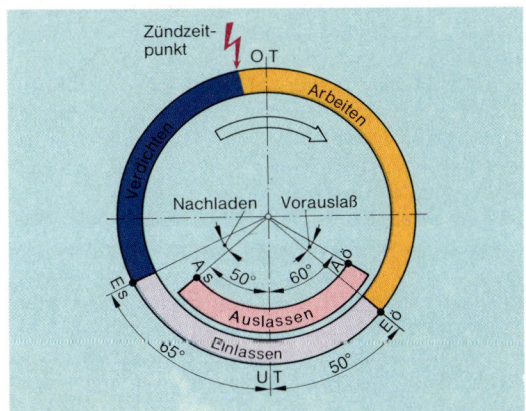

Abb. 6: Unsymmetrisches Steuerdiagramm

Daraus ergeben sich gegenüber dem symmetrischen Steuerdiagramm folgende **Vorteile:**

- Ein frühes Öffnen der Auslaßventile ermöglicht einen Vorauslaß. Der Restdruck aus der Verbrennung kann zum Auslassen der verbrannten Gase genutzt werden.
- Ein früheres Schließen der Auslaßventile, vor den Einlaßschlitzen, verhindert den Verlust von Frischladung.
- Es besteht die Möglichkeit der Nachladung. Die Einlaßschlitze bleiben nach dem Schließen der Auslaßventile geöffnet. Es wird die Trägheit der strömenden Frischladung ausgenutzt und dadurch die Zylinderfüllung verbessert.

Durch den Einsatz von Auslaßventilen ergeben sich weitere Vorteile:

- eine genauere zeitliche Steuerung des Verbrennungsablaufs ist möglich;
- die Zylinderwände werden im UT durch ausströmende Abgase nicht aufgeheizt.

Der **Nachteil** einer Gleichstromspülung ist, daß sie einen großen Bauaufwand erfordert.

Vorteile der Membransteuerung sind:

- hohe Literleistung,
- hohes Drehmoment auch bei niedrigen Motordrehzahlen,
- große Laufruhe, durch ein allmähliches Abheben der Membranzungen wird ein starkes Ansauggeräusch verhindert.

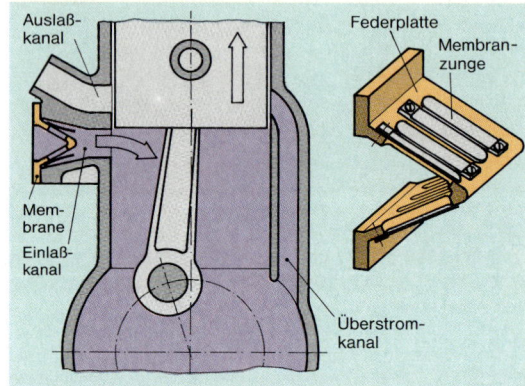

Abb. 1: Membransteuerung im Einlaßkanal

25.4 Membransteuerung

Erst wenn das gesamte vom Kolben angesaugte Kraftstoff-Luft-Gemisch in das Kurbelgehäuse eingeströmt ist, sollte bei einem richtig abgestimmten Ansaugsystem der Kolbenschaft den Einlaßschlitz schließen.

Um einem Entweichen des Gemisches entgegenzuwirken, muß der Einlaß rechtzeitig geschlossen werden. Schließt der Einlaß bei einem zu langen Ansaugkanal zu früh, verbleibt ein Teil des Gemisches im Ansaugkanal. Schließt er bei zu kurzem Ansaugkanal zu spät, entspannt sich das schon vorverdichtete Gemisch über den Einlaßschlitz.

Eine **Membransteuerung** im Einlaßkanal (Abb. 1) verhindert ein Entweichen des eingeströmten Gemisches zurück in den Einlaßkanal und bewirkt eine »**Nachfüllung**« am Ende der Spülung. Dadurch wird die Leistung vergrößert.

Die Membrane ist eine leichte Federplatte mit schwachfedernden stählernen **Membranzungen**. Die Zungen öffnen schon bei geringem Unterdruck und schließen, wenn sich im Zylinder ein bestimmter Druck einstellt.

Um die Strömungswiderstände gering zu halten, wird die Membran häufig **dachgiebelförmig** im Ansaugkanal angestellt.

25.5 Zweitakt-Dieselmotor

Ein **Spülgebläse** übernimmt den Ladungswechsel. Die Luft wird mit einem absoluten Druck von 1,6 bis 1,8 bar in den Zylinder gedrückt. Gleichzeitig werden die verbrannten Gase ausgespült. Durch ein Überströmen der Luft in den Auslaßkanal kann keine Energie verlorengehen. Es wird ein hoher Spülgrad erreicht.

Abb. 2 zeigt das p-V-Diagramm eines Dieselmotors mit Spülgebläse. Die Luft wird im Spülgebläse auf einen Druck verdichtet (Spüldruck p_S), der höher ist als der Abgasdruck.

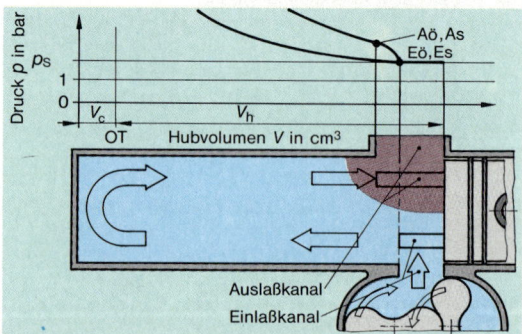

Abb. 2: p-V-Diagramm eines Zweitakt-Dieselmotors mit Gebläse

25.6 Vor- und Nachteile des Zweitaktmotors – Vergleich mit dem Viertaktmotor

Vorteile:

- **Einfacher Aufbau** mit wenig beweglichen Bauteilen (Kurbeltrieb), damit geringer Verschleiß, geringe Reparaturanfälligkeit und auch unempfindlich gegen Dauer-Höchstbeanspruchung. Anstelle einer aufwendigen und wartungsintensiven Ventilsteuerung beeinflußt die Schlitzsteuerung auch nach langer Laufzeit den Ladungswechsel nur gering.

- **Geringes Baugewicht** verbunden mit einer hohen Literleistung, dadurch gutes Beschleunigungsvermögen, eine Forderung besonders für Motorrad-Motoren (s. Tab. 1).

- **Gleichförmiges Drehmoment** im mittleren Drehzahlbereich. Durch eine schnelle zeitliche Folge der Arbeitstakte (je Kurbelwellenumdrehung ein Arbeitstakt) wird in diesem Bereich ein gutes Beschleunigungsvermögen und eine hohe »Laufkultur« (Vibrationsarmut) erzielt, die für Motorrad-Motoren von besonderer Bedeutung ist.

Nachteile:

- **Unrunder Leerlauf:** besonders bei niedrigen Drehzahlen erfolgt aufgrund der Schlitzsteuerung eine sehr ungenaue Trennung zwischen Frisch- und Abgasen. Durch die Trägheit der Gasströme ist der Liefergrad und damit die Zylinderfüllung nicht immer befriedigend.

- **Hoher spezifischer Kraftstoffverbrauch:** durch Spülverluste und einen ungenau gesteuerten Ladungswechsel (offener Gaswechsel). Besonders bei wechselnden Drehzahlen ist der Anteil der unvollständig bzw. nicht verbrannten Kohlenwasserstoffe und damit der Schadstoffanteil im Abgas sehr groß (s. Tab. 1).

Aufgaben

1. Nennen Sie zwei entscheidende Unterschiede im Aufbau eines Zweitaktmotors im Vergleich zu einem Viertaktmotor.

2. Wodurch unterscheidet sich der Zweitaktmotor in seiner grundsätzlichen Wirkungsweise vom Viertaktmotor?

3. Erklären Sie den Vorgang der »Spülung«.

4. Was bedeutet der Begriff »offener Gaswechsel« bei einem Zweitaktmotor?

5. Nennen Sie drei entscheidende Ziele des Ladungswechsels bei einem Zweitaktmotor.

6. Erklären Sie den Spülgrad λ_s.

7. Begründen Sie die Bezeichnungen der drei möglichen Spülverfahren von Zweitaktmotoren.

8. Beschreiben Sie den Ladungswechsel einer Schnürle-Umkehrspülung.

9. Zeichnen Sie das Steuerdiagramm einer Schnürle-Umkehrspülung mit Hilfe der folgenden Daten:
   Einlaßschlitz schließt: 50°KW nach OT
   Auslaßschlitz öffnet: 60°KW vor UT
   Auslaßschlitz schließt: 60°KW nach UT
   Einlaßschlitz öffnet: 50°KW vor OT
   Überströmkanal öffnet: 55°KW vor UT
   Überströmkanal schließt: 55°KW nach UT
   Zündzeitpunkt: 10°KW vor OT

10. Zeichnen Sie das p-V-Diagramm einer Schnürle-Umkehrspülung mit Hilfe der folgenden Daten:
    Spüldruck $p_s = 1{,}4\,bar$, Verdichtungsdruck $p = 12\,bar$ höchster Verbrennungsdruck $p_{max} = 35\,bar$, Zündzeitpunkt: 10°KW vor OT (Steuerdiagramm: Aufg. 9).

11. Welchen Nachteil hat eine Querstromspülung mit Nasenkolben?

12. Nennen Sie Vor- und Nachteile einer Gleichstromspülung.

13. Nennen Sie die drei Vorteile einer unsymmetrischen Steuerung.

14. Beschreiben Sie die Wirkungsweise einer Membrane im Einlaßkanal eines Zweitaktmotors.

15. Nennen Sie den Vorteil einer Membransteuerung.

16. Welcher grundsätzliche Unterschied besteht zwischen einem Zweitakt-Ottomotor und einem Zweitakt-Dieselmotor?

Tab. 1: Vergleich technischer Daten

	Ottomotor		Dieselmotor	
	Zweitakt	Viertakt	Zweitakt	Viertakt
Gesamthubraum in l	0,047 bis 0,98	0,5 bis 7,8	4,5 bis 10,2	1,7 bis 22
Drehzahlbereiche in 1/min	5000 bis 9000	4000 bis 10000	2500 bis 3000	1500 bis 5000
Literleistung in kW/l	22 bis 100	25 bis 80	15 bis 22	18 bis 26
Leistungsgewicht in kg/kW	2 bis 5,5	2 bis 6	6,5 bis 11	5 bis 9,5
Verdichtungsverhältnis	6 bis 11	8 bis 11	14 bis 16	18 bis 24
mittlerer Kolbendruck in bar	4 bis 16	8 bis 18	5 bis 7	6 bis 9
mittlere Kolbengeschwindigkeit in m/s	6 bis 12	7 bis 21	9 bis 10	6 bis 16
spezifischer Kraftstoffverbrauch in g/kWh	400 bis 600	240 bis 430	260 bis 370	160 bis 340

26 | Kurbeltrieb

26.1 Aufgaben des Kurbeltriebs

Die Aufgaben des Kurbeltriebs sind:

- die geradlinige hin- und hergehende Bewegung des Kolbens in eine drehende Bewegung der Kurbelwelle umzuwandeln,
- die durch den Verbrennungsdruck entstandene Kolbenkraft über die Pleuelstange zur Kurbelwelle zu leiten. Dort wird durch die Kröpfung der Kurbelwelle ein Drehmoment erzeugt.

Die **Bauteile** des Kurbeltriebs sind (Abb. 1):

- Kolben mit Kolbenringen und Kolbenbolzen,
- Pleuelstange mit Pleuellager,
- Kurbelwelle mit Kurbelwellenlager und
- Schwungrad.

Die Führungsbahn des Kolbens ist die **Zylinderbohrung.** Diese ist eine druckbeanspruchte Gleitbahn. Die **Pleuelstange** ist mit dem Kolbenbolzen in dem Kolbenauge des Kolbens und am anderen Ende an einem Kurbelzapfen der **Kurbelwelle** gelagert. Die Lagerung der Kurbelwelle erfolgt mehrfach im Kurbelgehäuse.

26.2 Bewegungen am Kurbeltrieb

Der **Kolben** bewegt sich zwischen den zwei Totpunkten OT und UT. Dabei wird er beschleunigt und verzögert. Die Geschwindigkeit wechselt ständig; sie ist ungleichförmig.

> Die Bewegung der Pleuelstange setzt sich aus der **hin- und hergehenden Bewegung** des Kolbens und der drehenden Bewegung des Kurbelzapfens zusammen.

Durch das **Schwungrad** wird die ungleichmäßige Krafteinwirkung während der Arbeitsspiele ausgeglichen. Die **Kurbelwelle** dreht sich deshalb mit nahezu gleichförmiger Umfangsgeschwindigkeit.

26.3 Kräfte am Kurbeltrieb

Die Größe der **Kolbenkraft** F_K in Richtung der Zylinderachse wird beeinflußt durch den Verbrennungsdruck und die Massenkräfte. Die Massenkräfte werden verursacht durch die hin- und hergehende Masse des Kolbens mit den Ringen, dem Kolbenbolzen und einem Teil der Pleuelstange. Die Kolbenkraft F_K wird zerlegt in die **Pleuelstangenkraft** F_P und die **Kolbenseitenkraft** (Kolbennormalkraft) F_N, die auf die Zylinderbahn wirkt (Abb. 2).

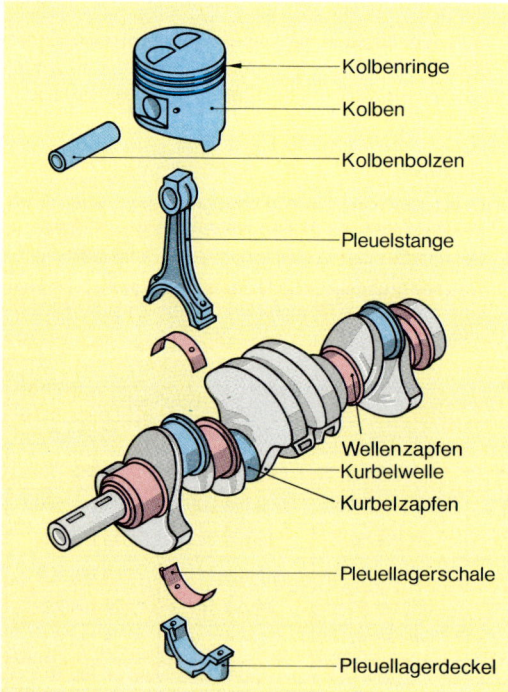

Kolbenringe
Kolben
Kolbenbolzen

Pleuelstange

Wellenzapfen
Kurbelwelle
Kurbelzapfen

Pleuellagerschale

Pleuellagerdeckel

Abb. 1: Kurbeltrieb

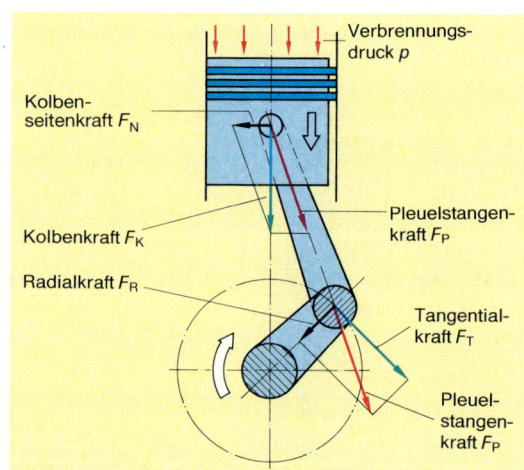

Verbrennungsdruck p

Kolbenseitenkraft F_N

Pleuelstangenkraft F_P

Kolbenkraft F_K

Radialkraft F_R

Tangentialkraft F_T

Pleuelstangenkraft F_P

Abb. 2: Kraftzerlegung am Kurbeltrieb

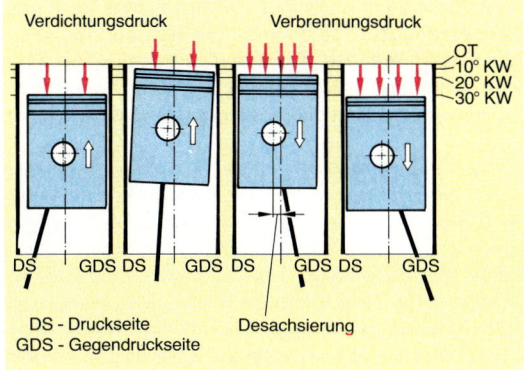

DS - Druckseite
GDS - Gegendruckseite

Abb. 3: Geräusch-Desachsierung

Die Kolbenseitenkraft tritt bei jeder Schräglage der Pleuelstange auf. Sie drückt den Kolben wechselseitig gegen die Zylinderwand (Abb. 3). Die Kolbenseitenkraft ist im Bereich des OT am größten.

Geräusch-Desachsierung: Sie wird überwiegend in Ottomotoren angewendet, um den Verschleiß und das Kolbengeräusch im Bereich des OT gering zu halten. Der Kolbenbolzen wird außermittig angeordnet, die Bolzenachse in Richtung der Druckseite des Kolbens verschoben. Dadurch erfolgt ein früher Seitenwechsel des Kolbens vor OT (Abb. 3), der die Bildung eines **dämpfenden Ölfilms** begünstigt. Die Druckseite eines Kolbens ist die Seite, auf die während des Arbeitsspiels der größte Druck ausgeübt wird.

Thermische Desachsierung: Durch eine Verschiebung der Bolzenachse in Richtung der Gegendruckseite wird der Kolben im Bereich vom OT mehr in die Zylindermitte gebracht. Dies begünstigt bei Dieselmotoren die **Dichtigkeit** der Kolbenringe und des Kolbens, besonders im Bereich des OT bei hohen Verbrennungsdrücken.

Die **Pleuelstangenkraft** F_P wird am Kurbelkreis in eine **Radialkraft** F_R und eine **Tangentialkraft** F_T zerlegt. Diese Kräfte beanspruchen die Kurbelwelle und die Kurbelwellenlager (Abb. 2).

> Die Tangentialkraft erzeugt an der Kurbelwelle das **Motordrehmoment.**

26.4 Kolben

Der Kolben hat die folgenden **Aufgaben.** Er soll:
- den Verbrennungsdruck in eine mechanische Bewegung umwandeln,
- die Seitenkräfte an die Zylinderwand abgeben,
- den Verbrennungsraum des Motors beweglich gegen das Kurbelgehäuse abdichten,
- die vom Kolbenboden während der Verbrennung aufgenommene Wärme an das Kühlmittel weiterleiten,
- den Ladungswechsel in Zweitaktmotoren steuern.

Um diese Aufgaben erfüllen zu können, muß der Kolben folgende **Eigenschaften** haben:
- eine große Festigkeit in der Kolbenringzone, um ein Einschlagen der Kolbenringe zu vermeiden,
- eine geringe Masse, damit die Massenkräfte gering bleiben,
- einen warmfesten Kolbenboden sowie einen elastischen Schaft,
- gute Wärmeleitung und geringe Wärmedehnung, um ein kleines Einbauspiel zu ermöglichen.

26.4.1 Bezeichnungen am Kolben

Die Bezeichnungen am Kolben zeigt Abb. 4.

> Der **Kolbendurchmesser** d wird am unteren Schaftende quer zur Kolbenbolzenachse gemessen.

Die **Oberflächenform des Kolbenbodens** wird durch die konstruktive Gestaltung des Verdichtungsraums beeinflußt. Ein ebener Kolbenboden hat den Vorteil, daß die warmen Verbrennungsgase mit der kleinsten Oberfläche in Berührung kommen. Häufig sind Unebenheiten (Mulden) für die Ventile oder, speziell bei Dieselmotoren, **Verbrennungsmulden** im Kolbenboden (Tab. 1, S. 250) erforderlich, damit die Verbrennungsgase besser verwirbelt werden.

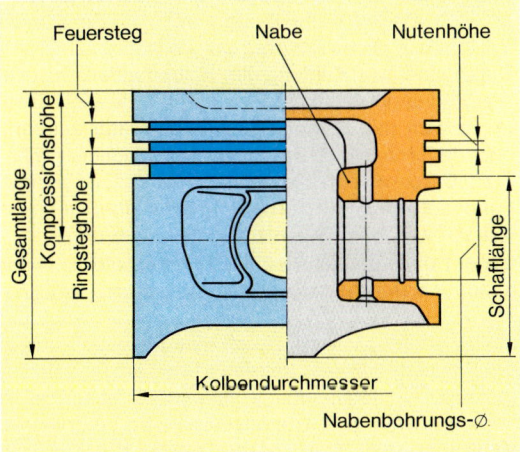

Abb. 4: Bezeichnungen am Kolben

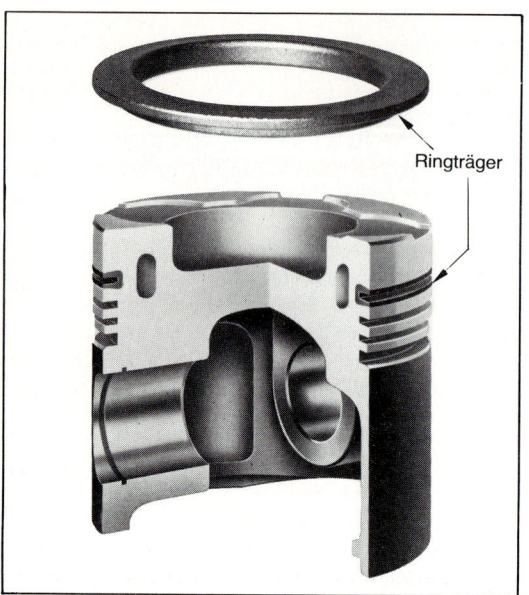

Abb. 1: Ringträger im Kolben eines Dieselmotors

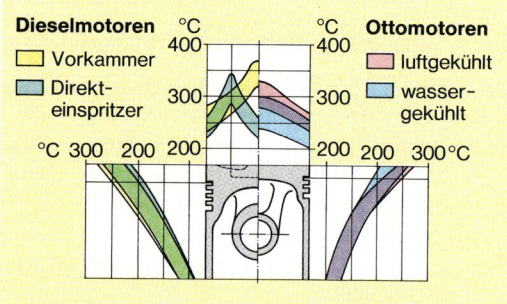

Abb. 2: Temperaturen am Kolben bei Vollast

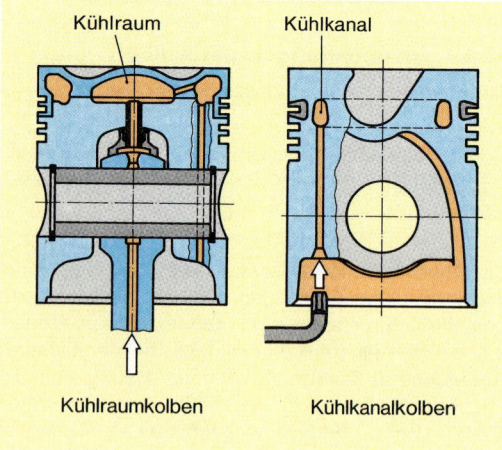

Abb. 3: Ölgekühlte Kolben

Die Abdichtung zwischen Verbrennungsraum und Kurbelgehäuse übernehmen die Kolbenringe. Geht die **Kolbenringzone** direkt in den Schaft über, kann der Schaft zusätzlich Wärme aus dem oberen Kolbenteil ableiten. Ist die Kolbenringzone durch Schlitze vom Schaft getrennt, bleibt der Kolbenschaft kühler, und der Kolben kann mit einem geringeren Spiel eingebaut werden. Der **Feuersteg** schützt besonders den ersten Kolbenring vor übermäßiger Erwärmung. Bei Kolben für Ottomotoren beträgt die Höhe des Feuerstegs 6 bis 12% des Kolbendurchmessers, für Dieselmotoren 10 bis 18%. Wegen der abnehmenden Temperatur- und Gasdruckbeanspruchung wird die Höhe der Stege zwischen den Kolbenringnuten nach unten geringer.

In Dieselmotoren wird die erste Ringnut durch extrem hohe Temperaturen und großen Druck beansprucht. Deshalb ist unterhalb des Kolbenbodens ein **Ringträger** (Abb. 1) aus Stahlguß eingegossen. Die Wärmedehnung ist im Bereich des Ringträgers sehr gering und der Verschleißwiderstand dadurch wesentlich erhöht.

26.4.2 Verteilung der Temperatur am Kolben

Die Temperatur des Kolbens wird wesentlich beeinflußt durch:

- das Arbeitsverfahren (Zwei- oder Viertaktmotor),
- das Verbrennungsverfahren (Otto- oder Dieselmotor),
- die Art der Kühlung (Luft- oder Flüssigkeitskühlung),
- die jeweilige Belastung des Motors.

Eine gute **Wärmeleitfähigkeit** des Kolbenwerkstoffs verbessert den **Wärmetransport**. Die Betriebstemperatur sinkt. Abb. 2 zeigt Mittelwerte des Temperaturgefälles von der Kolbenbodenmitte zum Schaftende in Otto- und Dieselmotoren bei Vollast.

Durch eine gute Kühlung des Kolbenbodens ist eine Steigerung der Motorleistung möglich, weil die Dichte der Luft mit abnehmender Temperatur zunimmt und dadurch die Menge der Frischladung größer wird. Durch eine große Werkstoffanhäufung im Kolbenboden oder eine Verrippung der Kolbeninnenseite kann zusätzlich Wärme abgeleitet werden.

Ist der Kolbenboden, speziell in Dieselmotoren, einer hohen thermischen Belastung ausgesetzt, wird dieser zusätzlich durch Öl gekühlt. Abb. 3 zeigt die einfachste Möglichkeit. Durch eine Längsbohrung in der Pleuelstange wird aus einer Düse am Pleuelstangenauge Öl gegen den Kolbenboden gespritzt. In Dieselmotoren für Lastkraftwagen wird durch einen **Kühlkanal** (Abb. 3) im oberen Teil des Kolbens eine wirksame Kühlung erreicht.

26.4.3 Kolbenformen, Kolbeneinbauspiel

In einem betriebswarmen Motor herrschen unterschiedliche Temperaturen am Kolben (Abb. 2). Die Temperatur am Kolbenboden ist erheblich höher als am Schaft. Dadurch dehnt sich der Kolben in den entsprechenden Kolbenzonen unterschiedlich aus. Die **äußere Form** des kalten Kolbens ist deshalb **ballig-oval** (Abb. 4). Bei Betriebstemperatur stellt sich als Folge der Massen- und Temperaturverteilung eine zylindrische Form ein.

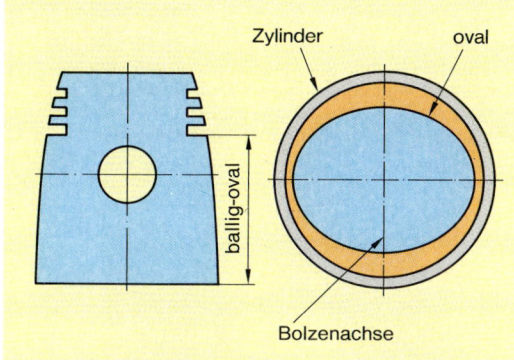

Abb. 4: Äußere Kolbenform

Im kalten Zustand hat der Kolbenschaft im oberen Teil eine größere, im unteren eine geringere **Ovalität.** Die kleine Achse der Ovalform hat die gleiche Richtung wie die Bolzenachse. Durch eine **ovale Schaftform** wird die temperaturbedingte Volumen- und Umfangszunahme in Richtung der Bolzenaugen gelenkt und den Schaftverformungen durch die Kolbenseitenkraft entgegengewirkt.

> Das **Kolben-Nennspiel** ist die Differenz zwischen dem Zylinderdurchmesser und dem größten Kolbendurchmesser, der durch die Balligkeit und Ovalität vorgegeben wird.

Das **Kolbeneinbauspiel** hängt von der Kolbenbauart und vom Zylinderdurchmesser ab. Es beträgt nur einige hundertstel Millimeter, z.B. für Ottomotoren ungefähr 0,05 % des Kolbendurchmessers. Die Kolbenausdehnung kann durch den Einbau von **Regelgliedern** so beeinflußt werden, daß sich die Kolbenform bei Erwärmung nur wenig ändert und ein Kolben mit einem kleineren Spiel eingebaut werden kann. Regelglieder sind **Stahlbleche** oder **-ringe,** die in den Kolben eingegossen werden. In Verbindung mit dem Kolbenwerkstoff haben sie eine **Bimetallwirkung.** Sie bestehen aus fest zusammengefügten Metallteilen, die unterschiedliche Wärmeausdeh-

nungszahlen haben. Bei Erwärmung krümmen sie sich zu der Seite des Metalls, das die kleinere Wärmeausdehnungszahl hat. Abb. 5 zeigt das Prinzip dieser Regelwirkung.

So wird die unerwünschte Ausdehnung des Kolbens senkrecht zur Kolbenbolzenachse durch die Regelglieder (Abb. 5) gezielt in Richtung des Bolzens geleitet.

In allen Otto- und Dieselmotoren werden Leichtmetall-Regelkolben eingebaut. Die Tab. 1, S. 250 zeigt einige Beispiele.

Da die Ausdehnung des Leichtmetalls nicht verhindert werden kann, ist eine größere Schaftovalität erforderlich. Durch **Trennschlitze** in der Nut des Ölabstreifringes kann die Regelfähigkeit begünstigt werden. Ein Wärmefluß vom Kolbenboden zum Schaft wird erschwert, und das Regelglied kann voll wirksam werden.

Grundsätzlich wird zwischen Regelkolben mit und ohne Trennung des Schaftes zur Kolbenringzone unterschieden. Kolben ohne Trennschlitze haben eine geringere Regelwirkung.

26.4.4 Kolbenwerkstoffe, Kolbenherstellung

Die Kolbenwerkstoffe müssen den folgenden **Anforderungen** genügen:

- niedrige Dichte,
- hohe Wärmeleitfähigkeit,
- geringer Verschleiß auch bei hohen Temperaturen,
- geringe Wärmeausdehnung,
- kleinere Wärmeausdehnungszahl als die des Zylinderwerkstoffs,
- hohe Warmfestigkeit,
- hoher Widerstand gegen Deformation und Dauerbruch.

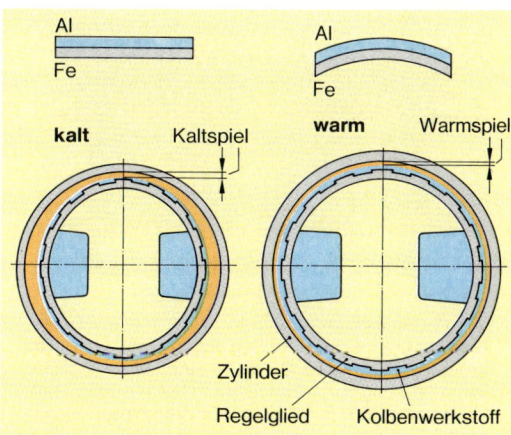

Abb. 5: Stahleingußteil mit Regelwirkung

Tab. 1: Kolbenformen

Die thermische Belastung eines **Zweitaktkolbens** ist sehr hoch, es fehlen die kühlenden Leerhübe. Besonders die Feuerstegkante wird durch die Steuerung des Gaswechsels belastet. Die Wärmedehnung wird durch die Formgebung geregelt.

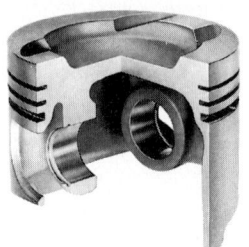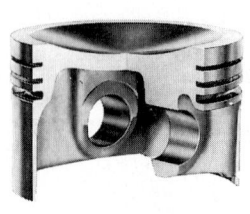

Einmetallkolben   Preßkolben

Einmetall- oder **Preßkolben** sind gegossene bzw. geschmiedete Kolben aus einer Al-Legierung ohne zusätzliche Eingußteile. Einmetallkolben werden bevorzugt in Gußeisenzylinder, Preßkolben in höchstbelastete Ottomotoren mit Al-Zylindern eingebaut.

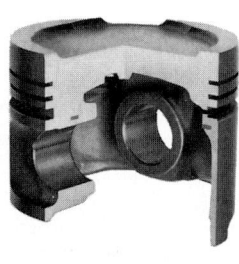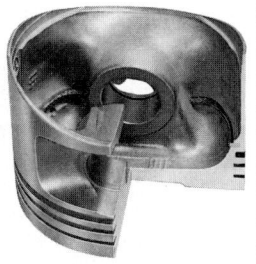

Der **Autothermik-Kolben** hat zwischen Schaft und Bolzennabe zwei eingegossene Streifen: Regelglieder aus unlegiertem Stahl, dadurch wird die Wärmeausdehnung des Schaftes gezielt beeinflußt.
Der **Autothermatik-Kolben** arbeitet nach dem gleichen Regelprinzip wie der Autothermik-Kolben. Der Übergang zum Schaft ist nicht geschlitzt.

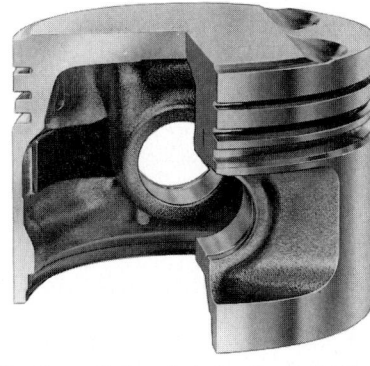

Der **Duotherm-Kolben** hat eine spezielle Form der Stahlstreifen. Zusätzlich sind im oberen Schaftende schmale Regelglieder eingegossen, dadurch hat der Kolben eine hohe Festigkeit und bei kleinstem Einbauspiel über die gesamte Schaftlänge sehr gute Gleiteigenschaften. Er wird in Dieselmotoren und thermisch hoch belasteten Ottomotoren eingesetzt.

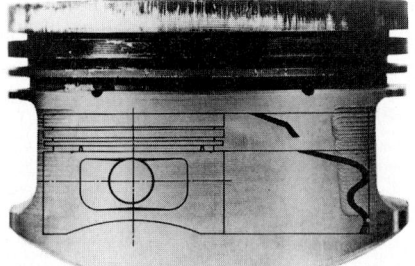

Der **Plateaukolben** hat einen Schaft mit erhabenen und zurücktretenden Profilen. Es entstehen dadurch große nichttragende Bereiche und eine deutliche Verminderung der Reibfläche. Er ist ein Einmetallkolben und wird in Otto- und Dieselmotoren eingesetzt.

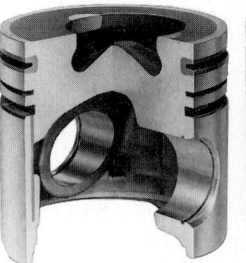

Der **Ringträgerkolben** hat häufig einen Segmentstreifen als Regelelement. Meist liegt die obere, aber auch die zweite Ringnut in einem fest mit dem Kolbenwerkstoff verbundenen Ringträger. Er wird in Dieselmotoren eingebaut.

Eine gute Wärmeleitfähigkeit und Warmfestigkeit wird durch **Aluminium-Kupfer-Legierungen** erreicht. Neben Kupfer enthält die Legierung geringe Mengen Nickel und Magnesium. Die Forderungen nach hoher **Verschleißfestigkeit** und **geringer Wärmeausdehnung** können aber mit dieser Legierung nur begrenzt erfüllt werden.

Kolben für Verbrennungsmotoren werden deshalb überwiegend aus **Aluminium-Silizium-Legierungen** gefertigt (Tab. 2). Die Legierungsbestandteile sind 12 bis 25% Silizium, je 1% Kupfer, Nickel und Magnesium sowie geringe Legierungsanteile von Eisen, Titan und Zink (unter 1%).

Tab. 2: Kolbenwerkstoffe

Legierungs-gruppe	Grundmetall	Zustand*	Dichte in kg/dm³
AlSi 12 CuMgNi	Aluminium	K,W P,W	2,7
AlSi 18 CuMgNi	Aluminium	K,W P,W	2,68
AlSi 25 CuMgNi	Aluminium	K,W	2,65
AlCu 4 NiMg	Aluminium	K,W	2,74
unlegiert	Eisen	S	7,3
legiert	Eisen	S,W	7,3

* Zustand: K – Kokillenguß, W – wärmebehandelt
P – gepreßt, S – Sandguß

Mit größer werdendem **Siliziumanteil** sinkt die Wärmeausdehnungszahl und steigt die Verschleißfestigkeit. Kolben mit hohem Siliziumanteil werden in Motoren mit hoher thermischer Belastung (Dieselmotoren, aufgeladene Motoren, Zweitaktmotoren) eingesetzt.

Die Kolben werden überwiegend im **Kokillenguß** gefertigt. Kleine Stückzahlen werden in Handkokillen, große Stückzahlen im **Maschinenguß** gegossen. Thermisch und mechanisch hochbelastete Kolben werden durch **Warmfließpressen** gefertigt. Die Ausgangsform des Werkstoffs (Stranggußstange) wird in mehreren Stufen hydraulisch oder mechanisch zur Form des Kolbens gepreßt.

Die Bearbeitung der gegossenen oder gepreßten Kolben erfolgt in mehreren Arbeitsgängen. Das Vordrehen und Nutenstechen geschieht mit Hartmetalldrehmeißeln, das Fertigdrehen auf einer Kopierdrehmaschine, die mit Diamant-Drehmeißeln ausgerüstet ist.

Ölgekühlte Kolben (Kühlraumkolben) werden aus mehreren Teilen zusammengebaut (Abb. 3, S. 248). Der Kolbenboden aus hochwertigem Stahl oder Gußeisen wird mit dem restlichen Kolbenteil verschraubt. Der restliche Kolbenteil besteht aus einer gepreßten AlSi-Legierung oder aus Gußeisen mit Kugelgraphit.

26.4.5 Kolbenlaufflächenschutz

Ein Riß des Ölfilms nach häufigem Kaltstart, eine kurzzeitige Überlastung (hohe Drehzahlen) des Motors oder eine nicht ausreichende Schmierung (Ölvolumen zu gering) führen häufig zum »**Fressen**« des Kolbens.

Für das Einlaufen des Motors und für ungünstige Betriebszustände wird die Kolbenmanteloberfläche mit einem Laufflächenschutz beschichtet, um:

- die Gleitfähigkeit zu erhöhen,
- sie gegen thermische Überbeanspruchung zu schützen,
- die Motoreinlaufzeit zu verkürzen und
- die Notlaufeigenschaften zu erhöhen.

Blei- oder Zinnbeschichtung

In einem Bleibad wird der Kolben mit einer Bleischicht überzogen. Der Schmelzpunkt der Oberfläche wird dadurch erhöht. Einem »Fressen« des Kolbens wird vorgebeugt, z.B. bei nicht ausreichender Schmierung.

Eine dünne Zinnschicht auf der Leichtmetalloberfläche erhöht die **Gleitfähigkeit** während des Kaltstarts und in der Warmlaufphase. Die 1 bis 2 μm dicke Metallschicht führt außerdem zu sehr guten Notlaufeigenschaften.

Graphit-Beschichtung

Zunächst wird in alkalischen Bädern eine dünne Metallphosphatschicht erzeugt. Die ungefähr 1 μm dicke Schicht dient als vorbereitende metallische Oberfläche für die Kunstharzgraphitschicht. Sie besteht aus Graphit, gebunden in Phenol-Resol-Harz. Die ungefähr 10 bis 20 μm dicke Schicht wird bei hohen Temperaturen eingebrannt. Graphit hat gute Schmier- und Ölhaftfähigkeiten. Die Notlaufeigenschaften werden wesentlich verbessert.

Kunststoffüberzüge

Der Kolbenschaft wird teilweise oder vollständig mit einem Kunststoffüberzug versehen. Der Überzug ist z.B. eine Epoxidharz-Schicht. Die **Motorgeräusche** und der **Verschleiß** werden gemindert.

26.4.6 Einbaurichtung der Kolben

In viele Motoren müssen die Kolben nach Anweisung der Hersteller in einer bestimmten Richtung zur Motorachse eingebaut werden. Hinweise für die Einbaurichtung sind häufig auf dem Kolbenboden eingeprägt (Abb. 1, S. 252).

Die Spitze eines **Pfeils** oder ein Kurbelwellensymbol, häufig mit »**front**« oder »**avant**« (vorn) versehen, muß in die Fahrtrichtung des Fahrzeugs zeigen.

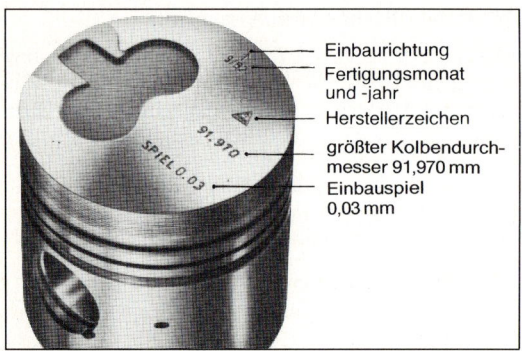

Abb. 1: Einbauhinweise auf dem Kolbenboden

Diese Richtungsfestlegung gilt für den eingebauten Motor (Front- oder Heckmotor).

Andere mögliche **Einbauhinweise** auf dem Kolbenboden:

v, h: Der Kolben ist als vorderer (v) oder hinterer (h) Kolben einzubauen, immer in Fahrtrichtung gesehen.

re, li: Dieser Kolben ist bei einem Boxermotor oder V-Motor rechts (re) oder links (li) einzubauen.

Anl. S: Dieser Kolben ist auf der Starterseite in die Zylinderbohrung einzusetzen.

Z1, Z3:   Der Kolben ist in die 1. bzw. 3. Zylinderbohrung einzubauen.

Schlitzmantelkolben werden mit dem Schlitz zur druckentlasteten Seite eingebaut (Abb. 2). Kolben mit versetztem Kolbenbolzen werden so eingebaut, daß der Bolzen zur Druckseite hin versetzt ist.

Zweitaktmotor-Kolben haben häufig zusätzlich einen Pfeil mit dem Hinweis »**Ausp.**«. Dieser Pfeil zeigt auf die Auspuffseite des Motors. Die Kolben von Zweitaktmotoren unterscheiden sich oft geringfügig in der Anordnung der »**Fenster**« oder der Sicherungsstifte für die Kolbenringe. Vor dem Einbau muß, besonders bei Mehrzylindermotoren, ein Vergleich mit den Zylinderschlitzen vorgenommen werden.

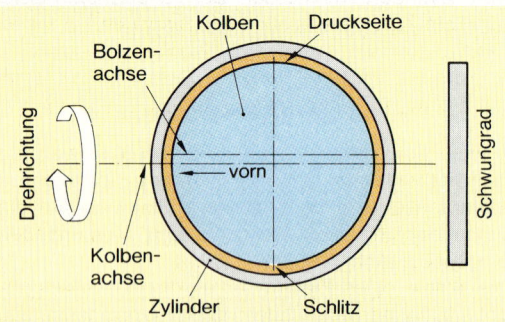

Abb. 2: Einbauhinweise für Schlitzmantelkolben

26.5 Kolbenringe

Die Kolbenringe haben folgende **Aufgaben:**

- den Verbrennungsraum gegen das Kurbelgehäuse abzudichten (Verdichtungsringe),
- einen Teil der Verbrennungswärme vom Kolben zur Zylinderwand abzuleiten und
- überschüssiges Öl von der Zylinderwand ins Kurbelgehäuse abzustreifen (Ölabstreifringe).

> Die Kolbenringe werden nach ihren Aufgaben in **Verdichtungs- und Ölabstreifringe** unterteilt.

Kolben für Ottomotoren haben meist zwei Verdichtungsringe und einen Ölabstreifring (Abb. 3).

Kolben für Dieselmotoren benötigen zwei bis vier Verdichtungsringe und einen bis zwei Ölabstreifringe.

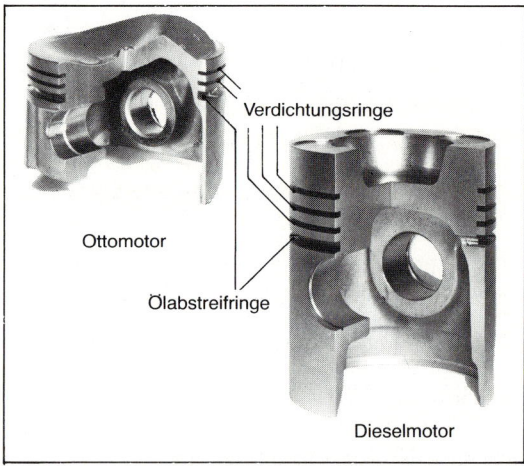

Abb. 3: Anordnung der Kolbenringe

Häufig wird bei Kolben für Dieselmotoren ein Ölabstreifring unterhalb des Bolzenauges im Kolbenschaft angeordnet.

Zweitaktmotoren haben nur 2 bis 3 Verdichtungsringe. Sie benötigen keine Ölabstreifringe.

Aufgaben und Abmessungen der Verdichtungsringe sind in DIN 70910 bis 70916, für die Ölabstreifringe in DIN 70930 bis 70948 dargestellt.

Damit der Kolbenring gut abdichtet, muß er federnd der Zylinderwand folgen. Zur Erzeugung des **Radialdruckes,** der den Ring gegen die Zylinderwand preßt, erhält der Ring die Form einer **offenen Ringfeder** (Abb. 4).

Der Ölabstreifring wird immer unter den Verdichtungsringen angebracht. Das abgestreifte Öl läuft durch Schlitze oder Bohrungen des Ölabstreifringes in die Nut des Kolbens. Von dort gelangt es durch

Öffnungen in den Innenraum des Kolbens und tropft in den Ölkreislauf.

Verdichtungs- und Ölabstreifringe können wegen ihrer Form häufig nur in bestimmter Lage eingebaut werden. Der Aufdruck »**Top**« zeigt stets in Richtung des Kolbenbodens.

26.5.1 Kolbenringwerkstoffe

Als Werkstoffe werden feinkörnige, mit Phosphor legierte, Sondergußeisen verwendet.

Um die Gleiteigenschaften und das Einlaufverhalten zu verbessern, sowie speziell den Verschleiß gering zu halten, werden die Ringe oberflächenbehandelt. Sie werden phosphatiert, verzinnt, verkupfert, ferroxiert, verchromt oder geläppt. Der am höchsten beanspruchte obere Ring wird an seiner Lauffläche häufig hartverchromt. Mit Molybdän gefüllte oder überzogene Ringe verhindern durch eine gute Wärmeleitfähigkeit das »Fressen« der Ringe.

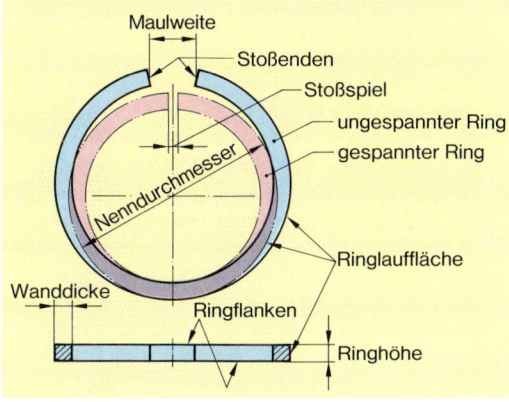

Abb. 4: Bezeichnungen am Kolbenring

26.5.2 Kolbenringformen

Die Form der Kolbenringe wird durch den Verwendungszweck festgelegt. Da die Anlagefläche, z. B. bei einem **Minutenring** (Tab. 3), zunächst sehr klein ist, passen sich diese Ringe der Zylinderform schnell an. Die Schräge beträgt ungefähr 40 Minuten. Sie werden hauptsächlich in Zylindern eingesetzt, deren Oberflächen zum Teil schon abgenutzt sind. Ein **Trapezring** wird dort eingesetzt, wo mit einem Verkleben durch Schmieröl oder Kraftstoffrückstände zu rechnen ist. Da der Trapezring ständig in seiner Nut wandert, wird der Schmutz aus seiner Ringnut herausgedreht.

Ist ein Zylinder verzogen oder unrund, werden **Ringe mit eingelegten Federn** verwendet. Ein einwandfreies Abdichten wird dadurch ermöglicht.

Tab. 3 zeigt gebräuchliche Kolbenringformen.

Tab. 3: Kolbenringformen

Ringformen Kurzzeichen	Bezeichnung, besondere Merkmale
Verdichtungsringe	
R	**Rechteckring,** Einbau in beiden Richtungen möglich, außer mit »TOP« gekennzeichnete
M TOP	**Minutenring,** schnelle Abdichtung durch kurze Einlaufzeit, »TOP«-Kennzeichen muß zum Kolbenboden zeigen
T	**Trapezring** (doppelseitig), verhindert Verkoken bei hohen Temperaturen (Dieselmotor), kann in beiden Richtungen eingebaut werden, außer mit »TOP« gekennzeichnete
L	**L-Ring,** eigenspannungsarmer Ring, Anpreßdruck am Zylinder durch Verbrennungsgase, die hinter den Ring drücken, senkrechter Schenkel zeigt in Richtung Kolbenboden (Zweitakt-Motoren)
Ölabstreifringe	
NM TOP	**Nasen-Minutenring,** beschleunigt Einlaufvorgang, »TOP«-Kennzeichung zum Kolbenboden
S	**Ölschlitzring,** kann in beiden Richtungen eingebaut werden
U	**U-Flex-Ring mit Expanderfeder,** kann in beiden Richtungen eingebaut werden, außer mit »TOP« gekennzeichnete
DSF	**Dachfasenschlitzring mit Schlauchfeder,** durch sehr hohen Anpreßdruck gleichmäßige Anpassung, Einbau in beiden Richtungen möglich, außer mit »TOP« gekennzeichnete

26.5.3 Stoßspiel

Der Abstand der Kolbenringenden bei eingebautem Kolben wird als **Stoßspiel** bezeichnet.

Die Größe dieses Maßes ist entscheidend abhängig vom Zylinderdurchmesser. Bei zu geringem Spiel führt ein Zusammenstoßen der Ringenden in einem betriebswarmen Motor zum Bruch des Ringes. Zu großes Spiel bedeutet Leistungsverlust. Das Stoßspiel kann **0,15 bis 0,9 mm** betragen.

Arbeitshinweise

- Zur **Messung des Stoßspiels** muß sich der Kolbenring im Zylinder senkrecht zur Zylinderwand befinden (Abb. 1, S. 254).
Das Stoßspiel wird mit einer Fühlerlehre gemessen.

Abb. 1: Messen des Stoßspiels

- Das **Auf- und Abziehen der Kolbenringe** erfolgt immer mit einer **Kolbenringzange.** Unnötiges Auf- und Abziehen verursacht übermäßiges Spreizen, führt zu einer bleibenden Verformung und damit zu einer geringeren Abdichtung.

26.6 Kolbenbolzen

Der **Kolbenbolzen** überträgt die Kolbenkraft auf die Pleuelstange.

Der Kolbenbolzen wird überwiegend auf **Biegung** beansprucht. Um die hin- und hergehenden Massen gering zu halten, ist der Kolbenbolzen rohrförmig gestaltet. Er ist in den Lagerflächen durch hohe Drücke (oft bei mangelnder Schmierung) hohen wechselnden Belastungen ausgesetzt. Seine Oberfläche muß daher hart und verschleißfest sein.

Als Kolbenbolzenwerkstoffe werden niedrig legierte Einsatzstähle (z. B. 15 Cr 3 oder 16 MnCr 5) oder für hochbelastete Motoren Nitrierstähle (z. B. 3 CrMoV 9) verwendet.

Die erforderliche Oberflächenhärte wird durch Einsatzhärten oder Nitrieren erzielt. Durch Feinschleifen und nachfolgendes Läppen wird eine glatte Oberfläche erreicht.

Es gibt Bolzen mit durchgehender zylindrischer Bohrung und Bolzen mit kegeligen Bohrungsenden (Abb. 2), um die Masse des Bolzens noch weiter zu verringern.

Für **Zweitaktmotoren** werden in der Mitte oder einseitig geschlossene Bolzen eingesetzt, damit keine **Spülverluste** auftreten.

Bei aufgeladenen Motoren kann es durch hohe Zünddrücke zu einer Überlastung der Bolzennaben kommen. Um kritische Spannungen im Bereich der Bolzennabe abzubauen, werden **Formbolzen** eingesetzt (Abb. 2).

Kolbenbolzen für Ottomotoren werden häufig durch eine **Schrumpfverbindung** in der Pleuelstange gehalten (Schrumpfpleuel). Eine Bolzensicherung wird dadurch eingespart.

Bei Dieselmotoren wird der Bolzen häufig mit der Pleuelstange verschraubt.

In hochbeanspruchten Otto- und Dieselmotoren wird ein **»schwimmend«** gelagerter Bolzen bevorzugt. Er muß gegen seitliches Auswandern gesichert werden. Es werden überwiegend **federnde Sicherungsringe** verwendet (Abb. 3). Sie werden in Rillen oder Nuten am Außenrand der Nabenbohrung eingesetzt.

Wegen der Forderung nach geringen hin- und hergehenden Massen wurde für Ottomotoren ein Bolzen entwickelt, der aus einer sehr dünnen Stahlhülse besteht, die mit einem **Kunststoffkern** gefüllt ist.

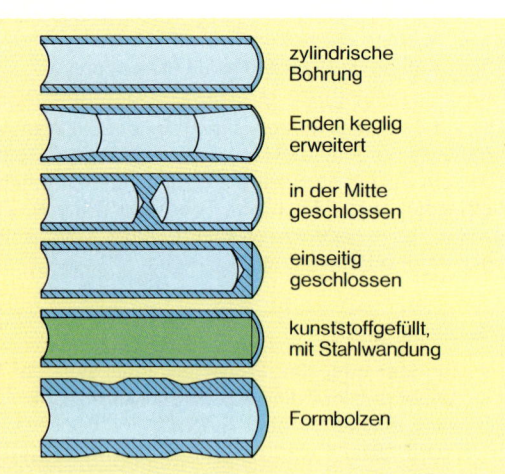

zylindrische Bohrung

Enden keglig erweitert

in der Mitte geschlossen

einseitig geschlossen

kunststoffgefüllt, mit Stahlwandung

Formbolzen

Abb. 2: Kolbenbolzenformen

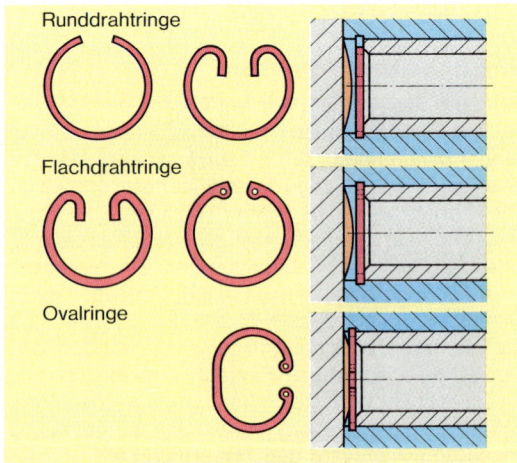

Runddrahtringe

Flachdrahtringe

Ovalringe

Abb. 3: Kolbenbolzensicherungen

26.7 Pleuelstange

> Die **Pleuelstange** verbindet den Kolben mit der Kurbelwelle. Sie überträgt die Kolbenkraft auf die Kurbelwelle.

Die Pleuelstange (Abb. 4) führt eine hin- und hergehende Bewegung in Richtung der Zylinderachse und gleichzeitig eine pendelnde Bewegung um den Kolbenbolzen und um das Pleuellager der Kurbelwelle aus. Die Pleuelstange wird während des Arbeitsspiels auf Zug, Druck und besonders auf Knickung beansprucht. Durch die Pendelbewegung um die Kolbenbolzenachse erfolgt zusätzlich eine Biegebeanspruchung. Die Querschnittsform des Schaftes ist wegen der hohen Knickbeanspruchung meist ein **Doppel-T**. Für kleinere Motoren werden kreisrunde, ovale oder rechteckige Querschnitte verwendet.

26.7.1 Werkstoffe der Pleuelstange

Pleuelstangen werden aus Stahlguß oder vergütetem Stahl gefertigt. Vergütungsstahl (0,35 bis 0,40 % C) ist mit Mangan oder Chrom und Molybdän legiert. Der Stahlguß enthält Kugelgraphit.

Pleuelstangen aus **hochwertigem Aluminium** sind leichter, sie haben jedoch den Nachteil der großen Wärmedehnung, der geringen Elastizität und der geringeren Wechselfestigkeit. Ein weiterer Nachteil ist die Ableitung der Kolbenwärme zum Kurbelzapfen. Deshalb müssen eine Isolation des Pleuellagers und eine zusätzliche Kühlung der Kurbelzapfen vorhanden sein.

Pleuelstangen werden überwiegend im Gesenk geschmiedet oder in Formen gegossen.

26.7.2 Pleuellager

Das **kleine Pleuelauge** wird als ungeteiltes Lager ausgebildet. Der Kolbenbolzen ist im Pleuelauge meist drehbar in einer Buchse aus einer **Kupfer-Zinn-Legierung** oder **Leichtmetall** gelagert. Für Dieselmotoren wird häufig eine für die Schmierung durchlöcherte außen und innen drehbare Gußeisenbuchse eingesetzt. Der Kolbenbolzen ist meist im Pleuelauge »schwimmend« gelagert. Bei Zweitaktmotoren werden wegen der Schmierungsverhältnisse häufig **Nadellager** eingesetzt.

Für eine gute Schmierung im Lager des Pleuelauges kann eine Längsbohrung im Pleuelstangenschaft vorhanden sein (Abb. 6). Eine weitere Möglichkeit bietet eine Auffangmulde im Pleuelauge mit einer Bohrung zum Kolbenbolzen. Vom Kolbenboden abtropfendes Öl wird so zu den Gleitflächen geführt. Das **große Pleuelauge,** der Pleuelfuß und der Lagerdeckel, umfaßt den Kurbelzapfen und das Lager.

Bei Dieselmotoren wird der Pleuelfuß wegen der hohen Drücke häufig breiter ausgelegt als der Zylinderdurchmesser. Um einen Ausbau durch die Zylinderbohrung dennoch zu ermöglichen, wird der Pleuelfuß schräg geteilt (Abb. 5).

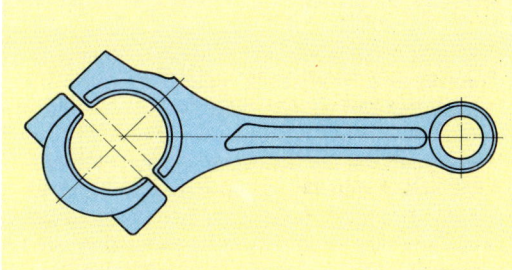

Abb. 5: Schräg geteilter Pleuelfuß

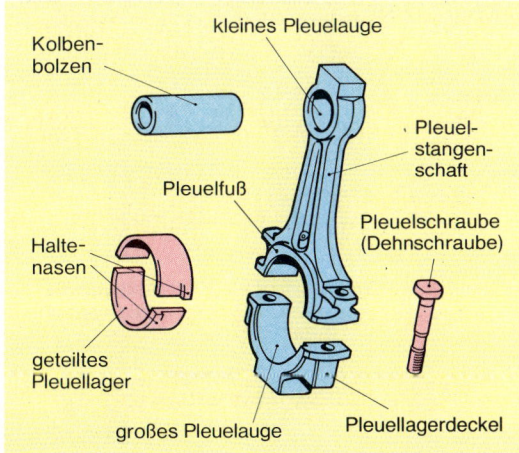

Abb. 4: Pleuelstange

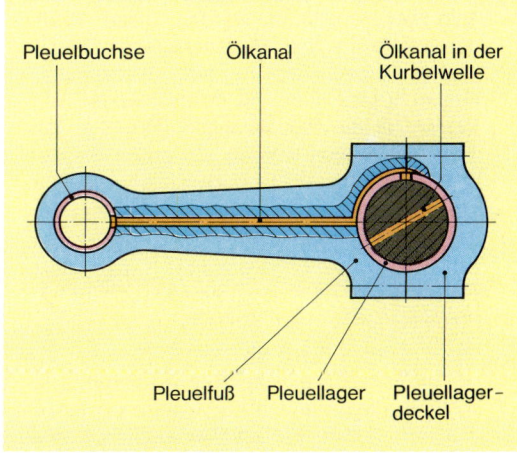

Abb. 6: Schmierung des Kolbenbolzens

Als Pleuellager wird meist ein **geteiltes Gleitlager** vorgesehen. Die Lagerschalen werden durch Preßsitz im Pleuelauge gehalten. Eine Bewegung zwischen Lager und Pleuelfuß wird durch **Haltestifte** oder **Haltenasen** verhindert (Abb. 4, S. 255).

Die Lagerschalen sind dünnwandige Mehrstoff-Lager mit Stahlrücken.

Für geteilte Kurbelwellen kann der Pleuelfuß ungeteilt ausgeführt werden. In Zweitaktmotoren werden auch hier **Wälzlager** verwendet.

Die Pleuelschrauben werden stets auf Zug beansprucht. Da sie während des Richtungswechsels auch einer Stoßbeanspruchung ausgesetzt sind, werden **Dehnschrauben** verwendet.

Arbeitshinweise

- Muß die Buchse des kleinen Pleuelauges erneuert werden, so erfolgt der Einbau mit Hilfe einer Presse .oder eines passenden Treibdorns. Sind die vorgesehenen Öllöcher gebohrt, wird die Bohrung bei kleineren Motoren unter Verwendung einer Vorrichtung auf die erforderliche Bolzenpassung gebracht.

- Vor dem Zusammenbau mit dem Kolben muß die **Parallelität der Achsen** des großen und kleinen Pleuelauges mit Hilfe einer **Pleuelprüfvorrichtung** festgestellt und gegebenenfalls nachgerichtet werden (Abb. 1).
  Sind die Achsen nicht parallel, d. h. das Pleuel verdreht oder die Buchse im kleinen Pleuelauge schief gebohrt, so eckt der Kolben. Es kommt zu großem Verschleiß am Kolben, den Kolbenringen, der Zylinderwand und den Pleuellagern.

- Durch die Bewegung von Kolben und Pleuelstange treten Beschleunigungskräfte auf. Bei Mehrzylindermotoren werden diese Kräfte durch gegenläufige Triebwerksteile gleicher Masse ausgeglichen. Bei Instandsetzungsarbeiten müssen daher die vorgesehenen Toleranzen für die Pleuelstangen (Pkw 5 g, Lkw 10 g) eingehalten werden. Zu große Massen können am Pleuelfuß weggeschliffen werden.

- Sind Kolben und Bolzen durch einen Schrumpfsitz verbunden, wird der Kolben für den Einbau des Bolzens auf 80°C erwärmt (Ölbad, Heizplatte). Nach dem Zusammenbau wird die Pleuelstange mit dem Kolben in einer Prüfvorrichtung auf Schräglage geprüft (Abb. 1).

- Um die unterschiedliche **Wärmedehnung** zwischen Kurbelwelle und Kurbelgehäuse auszugleichen, muß der Pleuelfuß ein **seitliches Spiel** auf dem Kurbelzapfen haben.

Abb. 1: Pleuelprüfvorrichtungen

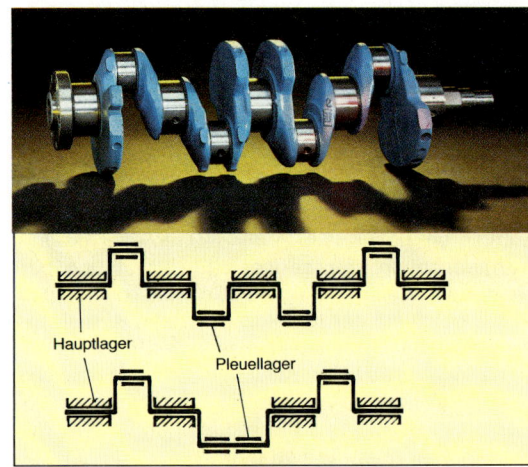

Abb. 2: Mögliche Kröpfungen und Lagerung der Kurbelwelle eines 4-Zyl.-Reihenmotors

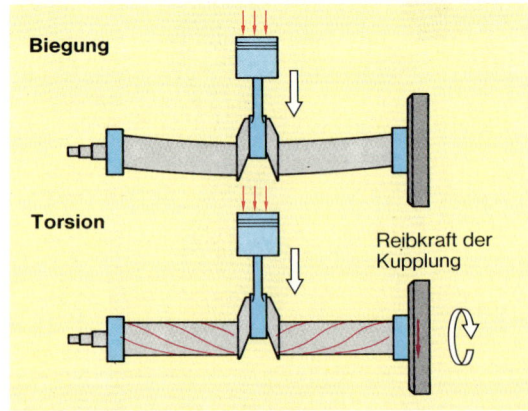

Abb. 3: Kräfte an der Kurbelwelle

26.8 Kurbelwelle

> Die **Kurbelwelle** hat die Aufgabe, die Kolbenkräfte, die über die Pleuelstange geleitet werden, aufzunehmen, diese in ein Drehmoment umzuwandeln und das Drehmoment über die Kupplung an das Getriebe weiterzuleiten.

Länge und **Gestalt** der Kurbelwelle bei Mehrzylinder-Motoren werden wesentlich beeinflußt durch:

- die Anzahl der Zylinder,
- die Lage der Zylinderachsen zueinander (z.B. V-Motor),
- die Zündfolge des Motors,
- die Anzahl und Lage der Hauptlager.

Abb. 2 zeigt zwei mögliche Kröpfungen der Kurbelwelle eines Vierzylinder-Reihenmotors.

Nach der Anzahl der Hauptlager werden bei einem Vierzylinder-Reihenmotor zweifach bis fünffach gelagerte Kurbelwellen unterschieden. Eine fünffach gelagerte Kurbelwelle hat den Vorteil, daß die auftretenden Fliehkräfte und Biegemomente nur geringe Durchbiegungen hervorrufen.

An der Kurbelwelle werden durch die Kolben und die Pleuelstangen Beschleunigungs- und Verzögerungskräfte wirksam. Zusammen mit den zusätzlich wirkenden Fliehkräften wird die Kurbelwelle durch Torsion (Verdrehung), Biegung und Drehschwingungen belastet (Abb. 3). Besonders die Flieh- und Biegekräfte müssen von den Hauptlagern aufgenommen werden. Lagerschäden, fehlerhafte Ventilbetätigung, Veränderungen der Steuerzeiten, des Zündzeitpunktes oder der Zylinderfüllung sind Ursachen von Drehschwingungen, die zum Bruch der Kurbelwelle führen können.

26.8.1 Kurbelwellenherstellung, Werkstoffe

Nach dem Fertigungsverfahren werden unterschieden:

- geschmiedete Kurbelwellen,
- gegossene Kurbelwellen,
- zusammengebaute Kurbelwellen.

Geschmiedete Kurbelwellen

Der Werkstoff ist ein **hochwertiger Vergütungsstahl,** ein Chromnickelstahl mit geringem Kohlenstoffgehalt (z.B. 18 CrNi 5) oder ein **Nitrierstahl** (z.B. 34 CrAl 16). Ein erwärmter Stahlblock wird in einem oder mehreren Gesenken geschmiedet. Eine so gefertigte Kurbelwelle (Abb. 4) besitzt einen zusammenhängenden Faserverlauf, wodurch sich eine hohe Festigkeit ergibt.

gegossen

geschmiedet

Abb. 4: Geschmiedete und gegossene Kurbelwelle

Gegossene Kurbelwellen

Der Werkstoff ist **Gußeisen mit Kugelgraphit.** Er läßt sich sehr gut zerspanen. An den Radien der Haupt- und Pleuellager wird durch **Festwalzen** eine hohe Festigkeit gegen Schwingungsbrüche erzielt.

Gegossene Kurbelwellen haben gegenüber geschmiedeten eine beanspruchungsgerechtere Form und deshalb eine größere Gestaltsfestigkeit (Abb. 4).

Zusammengebaute Kurbelwellen

Die Bauteile werden gegossen oder geschmiedet. Sie werden für Zweitaktmotoren und oft für Hochleistungsmotoren mit hohen Drehzahlen verwendet. Mit Flansch-, Preß- oder Schrumpfverbindungen an den Hauptlagerzapfen (Abb. 5) sowie mit Hilfe der **Hirth-Verzahnung** an den Kurbelzapfen werden die Kurbelwellen zusammengebaut (s. Abb. 1, S. 54).

Bei Schrumpf- und Preßverbindungen ist ein genaues Ausrichten der Kurbelwelle nach dem Zusammenbau sehr wichtig.

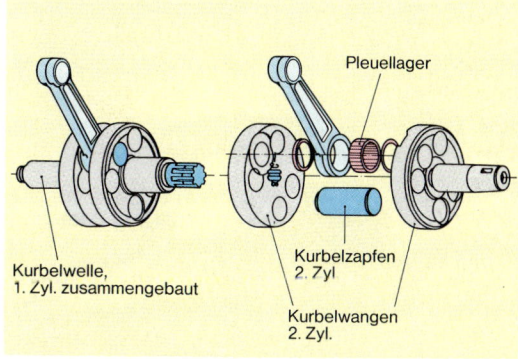

Pleuellager

Kurbelwelle, 1. Zyl. zusammengebaut

Kurbelzapfen 2. Zyl

Kurbelwangen 2. Zyl.

Abb. 5: Zusammengebaute Kurbelwelle

26.8.2 Schwingungsdämpfer und Schwingungstilger

Die Kurbelwelle wird durch **Drehschwingungen** beansprucht, die zum Bruch der Welle führen können. **Schwingungsdämpfer** oder **Schwingungstilger** sollen die Drehschwingungen ausgleichen, mindern oder dämpfen.

Der Schwingungsdämpfer oder der Schwingungstilger sind meist an dem des Schwungrades gegenüberliegenden Ende der Kurbelwelle angebracht. Schwingungsdämpfer und Schwingungstilger sind zusätzliche Schwungmassen. Der Schwingungstilger kann auch eine Welle im Kurbelgehäuse sein, die parallel zur Kurbelwelle läuft und von dieser angetrieben wird.

Schwingungsdämpfer können Viskosedämpfer oder Gummidämpfer sein. Im Viskosedämpfer wird zur Dämpfung der Schwingungen die innere Reibung einer Flüssigkeit ausgenutzt. Die gleiche Wirkung zeigt ein Gummidämpfer. Zwischen zwei Metallscheiben ist ein Gummiring vulkanisiert (Abb. 1). Eine Scheibe ist mit der Kurbelwelle fest verbunden. Treten Schwingungen an der Kurbelwelle auf, d. h. auch an der mit ihr fest verbundenen Scheibe, so wirkt die elastisch verbundene Scheibe dämpfend. Gleichzeitig dient der Schwingungsdämpfer als Keilriemenscheibe.

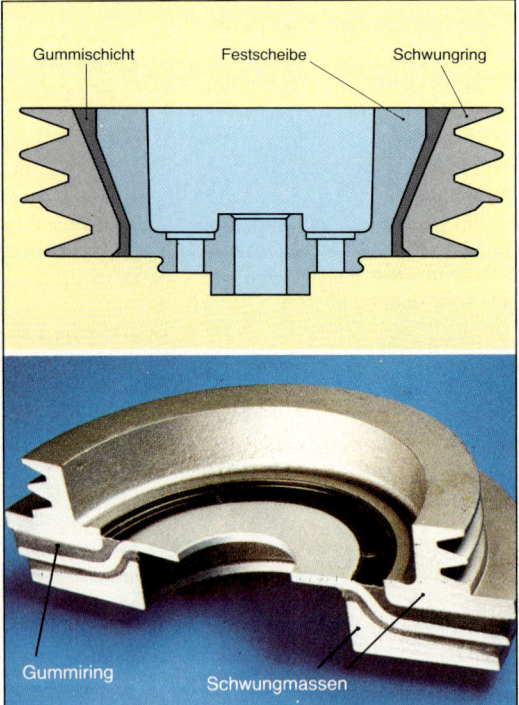

Abb. 1: Schwingungsdämpfer

26.9 Kurbelwellen-Gleitlager

> Die **Gleitlager** an der Kurbelwelle nehmen die Kräfte auf, die bei der hin- und hergehenden Bewegung des Kolbens entstehen.

Nach der Belastungsrichtung werden unterschieden:

- Radiallager (Querlager),
- Axiallager (Längslager).

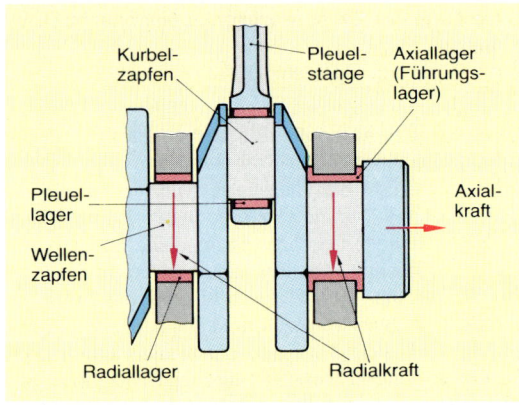

Abb. 2: Kräfte am Radial- und Axiallager

Radiallager übertragen die Kräfte, die quer zur Drehachse wirken (Abb. 2). An der Kurbelwelle werden während des Auskuppelns auch Kräfte in Längsrichtung wirksam. Zur Abstützung dieser Kräfte wird ein Hauptlager der Kurbelwelle als **Axiallager** (Paß- oder Führungslager) ausgeführt oder in ein Hauptlager ein Radiallager mit Anlaufscheiben eingesetzt.

Nach den Werkstoffschichten werden unterschieden:

- Einschichtlager,
- Zweischichtlager,
- Dreistoff- oder Dreischichtlager.

Einschichtlager

Vollwand-, Massiv- oder Einschichtlager werden hauptsächlich in Motoren mit Leichtmetallkurbelgehäuse eingebaut. Als Werkstoffe für Einschichtlager werden verwendet:

- Aluminiumlegierungen,
- Zinklegierungen,
- Kupferlegierungen mit Zinn- und Bleianteilen,
- Kupfer-Zinn-, Kupfer-Zink-Legierungen oder Kupfer-Zinn-Zink-Legierungen.

Ein Einschichtlager zeigt Abb. 3. Mit einer galvanisch aufgebrachten Laufschicht sind diese Lager für mittlere Belastungen geeignet.

Zweischichtlager

Die zwei Schichten des Lagers sind:

- die Stützschale aus Stahl und
- eine dünne Laufschicht (Abb. 3).

Die Stützschale besteht aus Siemens-Martin-Stahl mit 0,1% C-Gehalt und Anteilen von Mn, P und S. Sie erhöhen die Festigkeit und den Widerstand gegen Dauerbeanspruchung.

Die Stützschale hat Notlaufeigenschaften, d.h., sie kann nach vollständiger Abnutzung der Laufschicht deren Aufgabe für kurze Zeit übernehmen. Die Laufschicht ist eine Legierung aus Al, Sn und Cu.

Dreischichtlager

Diese Lager sind Hochleistungslager. Sie sind für Haupt- und Pleuellager in Otto- und Dieselmotoren geeignet.

Die drei Schichten des Lagers sind:

- die Stützschale aus Stahl,
- die Tragschicht und
- die Laufschicht (Abb. 3).

Die Stützschale besteht aus Siemens-Martin-Stahl mit etwa 0,1% C. Die Tragschicht besteht aus einer CuSn-Legierung mit Pb-Anteilen, die Laufschicht aus Weißmetall mit Pb-, Sn- und Cu-Anteilen. Die Laufschicht ist 0,022 bis 0,1 mm dick. Ein ungefähr 0,0015 mm dicker Nickeldamm zwischen Laufschicht und Tragschicht verhindert das Eindringen des Weißmetalls in die Tragschicht. Der Bund eines Axiallagers ist auch mit der Laufschicht überzogen.

Maße und Begriffe an Gleitlagern

Die Differenz zwischen dem Außendurchmesser einer Halbschale (gemessen über der Trennfläche) und dem Durchmesser der Bohrung im Kurbelgehäuse wird als **Spreizmaß** bezeichnet (Abb. 4).

Die Spreizung der Lagerschale erleichtert den Einbau, da sie dadurch während der Montage nicht aus dem Lagerdeckel fallen kann.

Nach dem Einlegen der Lagerhälfte in die Bohrung des Kurbelgehäuses wird der Lagerdeckel auf die Gehäusebohrung gesetzt. Ohne den Lagerdeckel festzuziehen, muß sich auf einer Seite ein Spalt ergeben, der je nach Lagerdurchmesser bis 0,1 mm betragen soll (Abb. 4). Wird der Lagerdeckel mit dem vorgeschriebenen Anzugsmoment (Angaben der Hersteller beachten!) angezogen, erhält das Lager den erforderlichen **Preßsitz.**

Ein Maß (als Hilfsmittel) für die Größe des Preßsitzes ist die **Überdeckung** (Abb. 4). Wird eine Lagerschale mit einseitigem Anschlag in die Gehäusebohrung eingelegt, so steht sie am anderen Ende um das Maß der Überdeckung über.

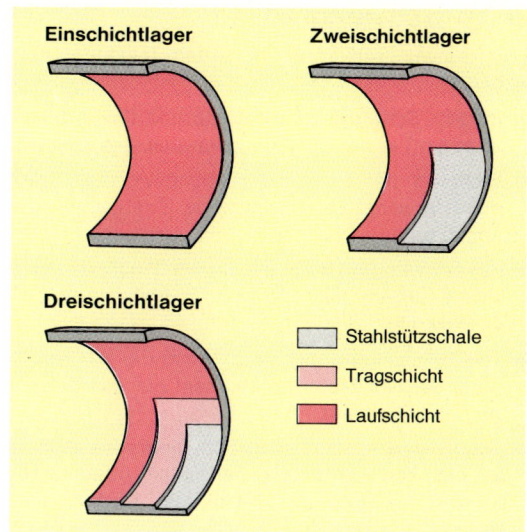

Abb. 3: Kurbelwellengleitlager

▨	Stahlstützschale
▨	Tragschicht
▨	Laufschicht

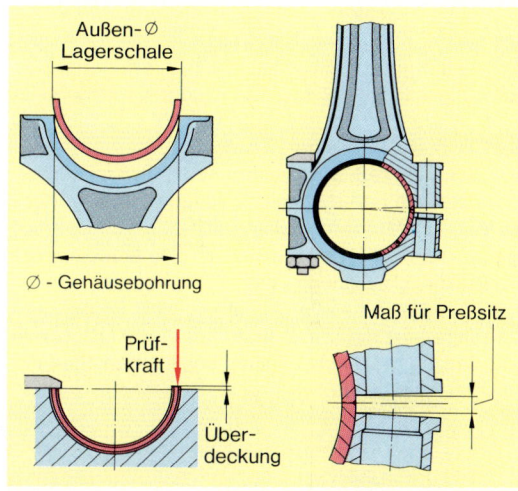

Abb. 4: Spreizmaß, Preßsitz und Überdeckung bei geteilten Gleitlagern

Dünnwandige Zwei- und Dreischichtlager werden zur Sicherung gegen Verdrehen und Herausschieben mit Haltenasen versehen.

> Die Differenz zwischen dem Pleuel- oder Hauptlagerzapfendurchmesser und dem Durchmesser der unter Preßsitz befindlichen Lagerschale ist das **Lagerspiel.**

Das Lagerspiel kann gemessen oder mit einem Kunststoffaden ermittelt werden.

26.10 Schwungrad

Das Schwungrad (Abb. 1) erfüllt folgende **Aufgaben:**

- In dem Schwungrad wird während des Arbeitstakts ein Teil der Bewegungsenergie gespeichert.
- Während der Leertakte (Ladungswechsel, Verdichten) wird die gespeicherte Energie wieder abgegeben.
- Das Schwungrad sorgt infolge der Trägheit seiner Masse für eine gleichförmige Drehbewegung der Kurbelwelle.
- Das Schwungrad dient zur Aufnahme der Kupplung, die das Motordrehmoment auf das Schaltgetriebe überträgt.
- Auf die Umfangsfläche des Schwungrades (Abb. 1) ist ein Zahnkranz aufgeschrumpft oder angeschraubt, in den das Ritzel des Starters einrückt.

Bei Mehrzylinder-Motoren kann das Schwungrad kleiner und leichter sein, da der Abstand zweier Arbeitstakte geringer ist. Kleine und leichte Schwungräder erhöhen das Beschleunigungsvermögen. Das Schwungrad besteht aus Stahl oder Gußeisen. Es wird an die Kurbelwelle angeflanscht und muß gegen Verdrehen gesichert werden.

Das Schwungrad wird zusammen mit der Kurbelwelle **statisch** und **dynamisch** ausgewuchtet (s. Kap. Räder). Der **Massenausgleich** erfolgt durch Bohrungen in die Kurbelwangen und in das Schwungrad. Durch die Anordnung von Führungsstiften oder durch ungleichmäßige Abstände der Schraubenbohrungen ist der Zusammenbau von Kurbelwelle und Schwungrad nur in einer bestimmten Stellung zueinander möglich.

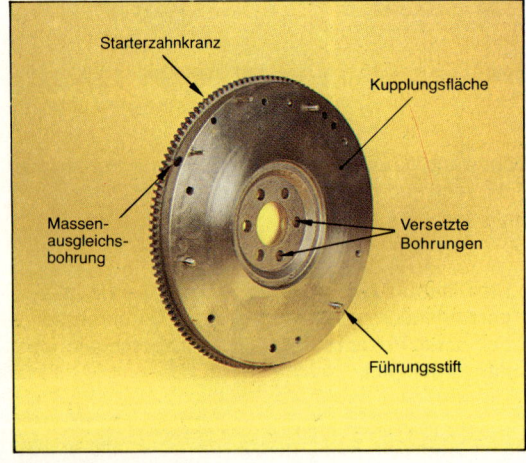

Abb. 1: Schwungrad

Aufgaben

1. Nennen Sie die Bauteile des Kurbeltriebs eines Hubkolbenmotors.
2. Ermitteln Sie zeichnerisch die Tangentialkraft am Kurbeltrieb bei einem Verbrennungsdruck von 54 bar. Die Zylinderbohrung beträgt 80 mm, der Hub 74 mm. Die Pleuelstange (100 mm lang) ist 45° ausgelenkt (5000 N $\hat{=}$ 1 cm).
3. Nennen Sie fünf Aufgaben des Kolbens.
4. Welche Eigenschaften sollte der Kolben entsprechend seiner Aufgaben haben?
5. Zeichnen Sie den Kolben eines Dieselmotors, und tragen Sie die wichtigsten Bezeichnungen ein.
6. Nennen Sie die Aufgabe des Feuerstegs.
7. Begründen Sie den unterschiedlichen Verlauf der Temperaturen bei Otto- und Dieselmotoren-Kolben.
8. Beschreiben Sie die Wirkungsweise der Regelglieder im Kolben.
9. Begründen Sie die äußere Form eines Kolbens im kalten Zustand.
10. Nennen Sie fünf Kolbenbauarten.
11. Zählen Sie die Legierungsbestandteile der Kolbenwerkstoffe auf.
12. Wodurch unterscheidet sich grundsätzlich ein Autothermik- von einem Autothermatik-Kolben?
13. Worauf ist während des Einbaus eines Kolbens zu achten?
14. Warum werden Kolben mit Schutzlaufschichten versehen?
15. Welche Eigenschaften sollte ein Kolbenbolzen haben?
16. Nennen Sie vier Kolbenbolzen-Bauarten.
17. Nennen Sie drei Aufgaben der Kolbenringe.
18. Zählen Sie fünf Kolbenringformen auf und nennen Sie deren besondere Eigenschaften.
19. Skizzieren Sie eine Pleuelstange und tragen Sie die wichtigsten Bezeichnungen ein.
20. Nennen Sie die Aufgaben der Pleuelstange.
21. Welche Kräfte wirken auf eine Pleuelstange?
22. Nennen Sie die Werkstoffe, aus denen eine Pleuelstange gefertigt werden kann.
23. Welche Kräfte wirken an einer Kurbelwelle?
24. Welche Vorteile hat eine gegossene Kurbelwelle gegenüber einer geschmiedeten?
25. Nennen Sie Ursachen von Drehschwingungen an der Kurbelwelle.
26. Beschreiben Sie die Wirkungsweise eines Schwingungsdämpfers.
27. Skizzieren Sie den Aufbau eines Dreischichtlagers und benennen Sie die Schichten.
28. Erklären Sie den Begriff Überdeckung bei einem geteilten Pleuellager.
29. Definieren Sie das Lagerspiel.
30. Nennen Sie drei wichtige Aufgaben des Schwungrades.

26.11 Wartung und Diagnose

Tab. 4: Hinweise zu Wartung und Diagnose des Kurbeltriebs

Wartung	⇨	⇨	⇨
Prüfposition	Mangel, Fehler	Ursache	Folge
⇩	⇩	⇩	Diagnose
Störstelle	Mangel, Fehler	Ursache	Störung
Kolbenringe	Verschleiß am Außendurchmesser, großes Höhenspiel, Nachlassen der Ringspannung, nichtausreichende Schmierung, festgebrannte Ringe	natürlicher Verschleiß, geringer Ölstand, Werkstoffehler, überhitzter Motor, Verbrennungsraum nicht gasdicht	Leistungsverlust durch Kompressionsverluste, erhöhter Ölverbrauch, rußender Auspuff, Motorgeräusche
Kolben	Druckstellen am Kolbenschaft (am ganzen Umfang)	Verzug der Zylinderlaufbahn, überhitzter Motor, unzureichendes Einbauspiel	zunehmende Motorgeräusche, hoher Ölverbrauch, steigende Motortemperatur
	Druckstellen am Kolbenschaft auf der Gegendruckseite, tiefgehende Verriefung in der Kolbenringzone	geringer Ölstand, Ölverdünnung durch Kraftstoffkondensation, unzureichende Gemischschmierung, Kolbenüberhitzung durch mangelnde Schmierung, mageres Gemisch, Spätzündung	Kolbenklemmen, zunehmende Motorgeräusche, Kühlmittelverluste
	durchgebrannter Kolbenboden (Ottomotor)	Ventilspiel zu klein, hohe Belastung, falsche Zündkerzen, Glühzündungen, Frühzündungen und Kraftstoff mit niedriger Oktanzahl	sehr hoher Ölverbrauch, rußender Auspuff, Ausbrechen der Zylinderwand, gestauchte Ventile
	durchgebrannter Kolbenboden (Dieselmotor)	mangelhafte Kraftstoff-Zerstäubung, großer Zündverzug	Leistungsverlust durch Kompressionsverlust, unrunder Motorlauf
	Ventilmarkierungen auf dem Kolbenboden	ausgelaufene Pleuellager, Ventilfederbruch, Überdrehen des Motors	starke Motorgeräusche, Öldruckverluste, Leistungsverlust, unrunder Motorlauf
Kolbenbolzen	Bolzenbruch	Werkstoffehler	Motorgeräusche, hoher Verschleiß, Dauerbruch der Pleuelstange
	Verriefungen an den Sitzflächen im Kolben	schwimmende Bolzenlagerung im Kolben	hörbares Kolbenkippen, erhöhter Ölverbrauch, Trockenlauf des Kolbens, erhöhter Verschleiß der Bolzenlagerung
Pleuellager	großes Lagerspiel, ausgelaufenes Lager	natürlicher Verschleiß, Überdrehen des Motors, nicht ausreichende Schmierung, Überhitzen des Motors, Werkstoffehler	Öldruckverluste, Lagergeräusche, Druckstellen im Kolbenboden

27 | Äußerer Aufbau des Motors

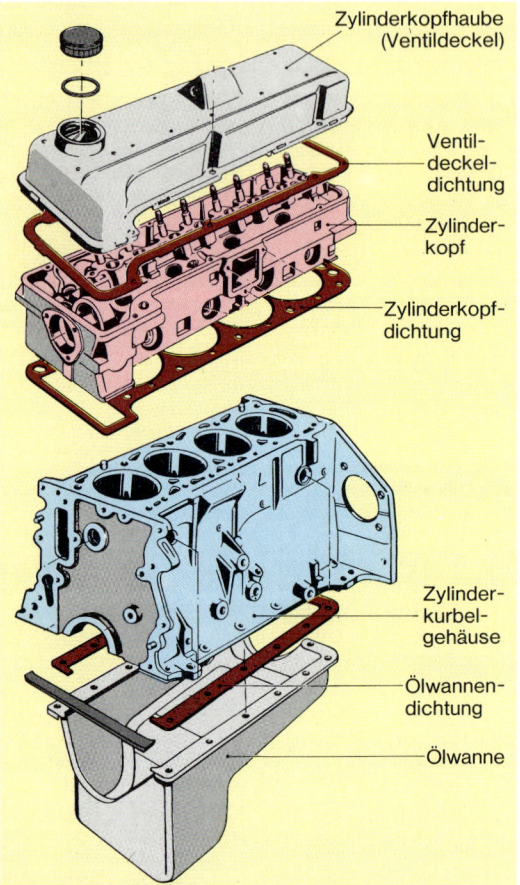

Zylinderkopfhaube
(Ventildeckel)

Ventil-
deckel-
dichtung

Zylinder-
kopf

Zylinderkopf-
dichtung

Zylinder-
kurbel-
gehäuse

Ölwannen-
dichtung

Ölwanne

Abb. 1: Äußerer Aufbau eines Hubkolbenmotors

Nach DIN 6260 besteht der äußere Aufbau eines Hubkolbenmotors (Abb. 1) aus den folgenden **Bauteilen:**

- Zylinderkopfhaube (Ventildeckel),
- Zylinderkopf oder Zylinderdeckel (Zweitakt-Motoren),
- Zylinderkopfdichtung,
- Zylinder mit Lauffläche für den Kolben oder Zylindermantel, in den eine auswechselbare Zylinderlaufbuchse eingesetzt wird oder
- Zylinderblock mit ein oder mehreren zusammengegossenen oder miteinander verschraubten Zylindern oder Zylindermänteln oder
- Zylinderkurbelgehäuse, ein Kurbelgehäuse mit angegossenem Zylinderblock,
- Kurbelwanne oder Ölwanne.

27.1 Zylinderkopf

Der Zylinderkopf dient der Aufnahme der Zündkerzen oder Glühkerzen und der Einspritzventile oder Einspritzdüsen. Er begrenzt den Verbrennungsraum und enthält einen Teil des Verdichtungsraums. Bei Viertakt-Motoren sind auch die Ventile und oft auch die Ventilsteuerung im Zylinderkopf untergebracht.

> Der **Zylinderkopf** wird durch Zylinderkopfschrauben am Zylinderblock befestigt.
> Zwischen Zylinderkopf und Zylinderblock liegt eine Zylinderkopfdichtung.

In Mehrzylinder-Motoren wird überwiegend ein einteiliger Zylinderkopf eingebaut (Abb. 2). Großvolumige Dieselmotoren haben häufig einen Zylinderkopf für jeden Zylinder oder gruppenweise für einige Zylinder gemeinsam. Dies hat den Vorteil, daß bei Instandsetzungsarbeiten nicht alle Zylinder geöffnet werden müssen.
Die Verbindung Zylinderkopf-Zylinder kann durch **Stehbolzen** im Zylinderblock oder Kurbelgehäuse oder durch **Kopfschrauben** erfolgen. Die Schraubenvorspannkraft wird durch das **Anzugsdrehmoment** der Schrauben zwischen Zylinder und Zylinderkopf erzeugt. Sie ist entscheidend abhängig:

- vom Schraubenwerkstoff,
- der Art der Schraubenausführung sowie
- von den Werkstoffen für Zylinderkopf, Zylinderblock und
- der Art der Zylinderkopfdichtung.

> Das erforderliche **Anzugsdrehmoment** muß immer den Angaben des Herstellers entsprechen.

Abb. 2: Wassergekühlter Zylinderkopf

Wird diese wichtige Arbeitsregel nicht beachtet, können schädliche Formänderungen am Zylinderkopf, am Zylinder oder an den Ventilsitzen auftreten. Der Zylinderkopf muß gut gekühlt werden, da er während der Verbrennung durch hohe Temperaturen beansprucht wird. In wassergekühlten Motoren wird das Kühlmittel vom Zylinderblock durch die Zylinderkopfdichtung geführt (Abb. 2).

Wassergekühlte Zylinderköpfe werden aus Leichtmetall oder Gußeisenlegierungen gegossen (z.B. G-AlSi 10 Mg oder GG-25).

Luftgekühlte Zylinderköpfe werden fast ausschließlich aus Leichtmetallegierungen gefertigt. Diese sind mit Kühlrippen versehen (Abb. 2 und 3, S. 283).

27.1.1 Verdichtungsraum

> Nach DIN 1940 ist der **Verdichtungsraum** das kleinste Volumen des Verbrennungsraums während eines Arbeitsspiels.

Das Volumen des Verdichtungsraums ist abhängig von der Größe des Verdichtungsverhältnisses und des Hubraums. Die Verwendung von Kraftstoffen mit bestimmter Oktanzahl wird durch die Form des Verbrennungsraums und die Verdichtung bestimmt. Klopffeste Verdichtungsräume sind hauptsächlich gekennzeichnet durch kurze Verbrennungswege (Abb. 3). Die Zündkerze befindet sich in der Nähe des warmen Auslaßventils. Die klopfgefährdete Zone liegt in der Nähe des durch die Frischgase gekühlten Einlaßventils.

Besonders in Dieselmotoren wird durch **Quetschkanten** eine starke Verwirbelung erreicht und dadurch die Flammenfrontgeschwindigkeit erhöht (Abb. 3).

Eine **ideale Form** des Verdichtungsraums ist eine der Kugel angenäherte Form (Abb. 4). Die Ventilteller sind zusätzlich nach innen gewölbt, und eine halbkugelförmige Mulde befindet sich im Kolbenboden.

27.2 Zylinderkopfdichtung

Aufgabe der Zylinderkopfdichtung ist es, den Verbrennungsraum gasdicht abzuschließen und die Wasser- und Öldurchgänge gegenseitig und nach außen abzudichten. Daraus ergeben sich folgende **Anforderungen:**

- Temperaturbeständigkeit. Im Brennraumbereich herrschen Temperaturen an der Dichtung von über 300°C.
- Druckfestigkeit. Je nach Gemischbildungs-Verfahren wirkt eine Flächenpressung bei wechselnden Belastungen von ungefähr 5000 bis 20000 N/cm².
- Hohe elastische Verformbarkeit (Rückfederung), auch bei wechselnden Temperaturen und großer Flächenpressung.
- Gute Anpassungsfähigkeit, um auch bei geringen Unebenheiten sicher abdichten zu können.
- Hohe Kühlmittelbeständigkeit und Kühlmitteldichtheit.
- Gute Ölbeständigkeit und Öldichtheit.
- Korrosionsbeständigkeit.
- Klebefreiheit der Oberfläche. Im Reparaturfall muß die Zylinderkopfdichtung problemlos ausgetauscht werden können.

27.2.1 Dichtungsbauarten

Kombinierte Metall-Weichstoffdichtung

Ein Trägerblech ist beidseitig mit Weichstoffschichten versehen. **Weichstoffe** können, je nach Anforderung (z.B. Abdichten gegen Öl, Kühlflüssigkeit oder Gas), Zellulose, Asbest (in Kunststoff eingebettet), Keramik, Quarzglas oder Kohlenstoff sein. Der **Brennraumdurchgang** ist durch eine **metallische Einfassung** geschützt. Das Blech im Inneren der Dichtung dient der Festigkeit. Die Weichstoffschicht bewirkt gute Abdichtung auch bei Wechselbeanspruchung und wechselnden Betriebsbedingungen.

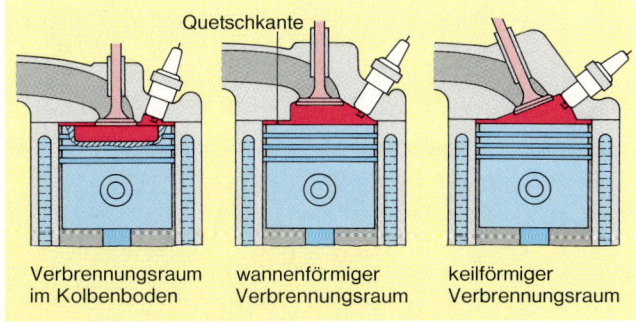

Verbrennungsraum im Kolbenboden | wannenförmiger Verbrennungsraum | keilförmiger Verbrennungsraum

Abb. 3: Schematische Darstellung klopffester Verdichtungsräume

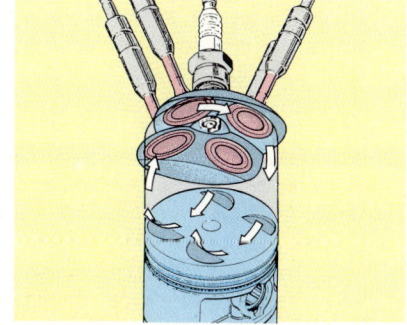

Abb. 4: Annähernd kugelförmiger Verdichtungsraum

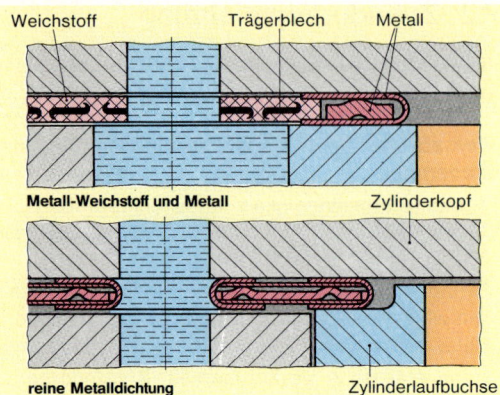

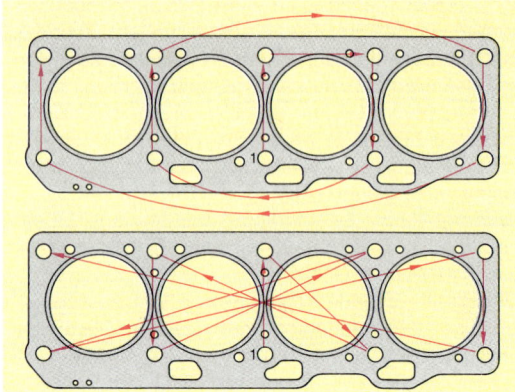

Abb. 1: Bauarten von Zylinderkopfdichtungen

Abb. 2: Reihenfolgen für das Anziehen von Zylinderkopfschrauben

Reine Metalldichtung

Sie besteht aus einer ein- oder mehrlagigen **Stahlträ-
gerplatte.** In den Bereichen der Flüssigkeits- und
Brennraumdurchgänge können bei nicht ausreichender Flächenpressung **Sicken** oder **Profilelemente** die
Anpassung an die Dichtflächen erhöhen (Abb. 1).

Kombination Metall-Weichstoff und Metall

Die Bereiche der Brennraumdurchgänge sind rein
metallisch aufgebaut. Der Metall-Weichstoffbereich
besteht aus einem **gezackten Trägerblech** mit beid-
seitiger Weichstoffschicht (Abb. 1). Diese Bauart ist
für eine hohe Flächenpressung geeignet und hat ein
großes Rückfederungsvermögen im Bereich der
Flüssigkeitsdurchgänge.

Arbeitshinweise

- Die Undichtigkeit einer Zylinderkopfdichtung
  führt meist zu großen Leistungsverlusten des
  Motors. Sie kann durch einen Kühlmittel- oder
  Ölverlust erkannt werden.

- Ein hoher Öl- oder Kühlmittelverlust zum Verbrennungsraum hin führt zu einer Verfärbung
  der Abgase (Weiß- oder Schwarzrauch).

- Entstehen an der Zylinderkopfdichtung Gas-
  verluste, so steigen bei betriebswarmem Motor
  Gasblasen aus dem Kühlmittel.

- Durch Undichtigkeit zwischen Brennraum und
  Ölkanal entsteht im Ölkreislauf ein erhöhter
  Gasdruck. Dieser kann am Öleinfüllstutzen des
  Ventildeckels oder an der Öffnung des Ölmeß-
  stabes festgestellt werden.

- Ein Gasaustritt zwischen Zylinderkopf und Zylinder kann durch Bestreichen der Trennkan-
  ten mit Seifenwasser bei betriebswarmem,
  laufendem Motor ermittelt werden.

- Bevor die Zylinderkopfschrauben gelöst werden, muß der Motor abgekühlt sein, um ein
  Verziehen des Zylinderkopfes zu vermeiden.

- Sind die Dichtungsreste an den Dichtflächen
  beseitigt, werden die Dichtflächen auf Ebenheit
  geprüft und gegebenenfalls auf einer Plan-
  schleifmaschine nachgeschliffen.

- Nach Auflegen der neuen Zylinderkopfdichtung werden die Durchlässe für Öl und Wasser
  sowie die Ränder zu den Verdichtungsräumen
  überprüft. Die Zylinderkopfschrauben oder
  -stehbolzen werden in bestimmter Reihenfolge
  nach Angabe des Herstellers angezogen
  (Abb. 2).

Die vorgeschriebene Vorspannkraft muß
grundsätzlich mit einem **Drehmomentschlüs-
sel** erzeugt werden.

- Hat die Zylinderkopfdichtung Weichstoffe mit
  hoher Dichte und damit eine geringe **Setznei-
  gung,** bietet sie den Vorteil, daß auf ein Nach-
  ziehen verzichtet werden kann.

- Die Zylinderkopfschrauben eines Zylinderkopfes aus einer Gußeisenlegierung werden bei
  betriebswarmem Motor nachgezogen.

- Die Zylinderkopfschrauben eines Leichtmetall-
  Zylinderkopfes dürfen grundsätzlich nur bei
  kaltem Motor an- bzw. nachgezogen werden.

- Eine unsachgemäße Vorgehensweise bei der
  Erneuerung einer Zylinderkopfdichtung führt
  zu einem Verziehen des Zylinderkopfes.

27.3 Zylinder

Die **Aufgaben** des Zylinders eines Hubkolbenmotors sind:

- Führung des Kolbens (Führungsbahn),
- Aufnahme des Verbrennungsdrucks,
- Ableitung der Verbrennungswärme an das Kühlmittel.

Aufgrund der Aufgaben muß der Zylinder folgende **Anforderungen** erfüllen:

- hohe Verschleißfestigkeit,
- ausreichende Notlaufeigenschaften,
- hohe Steifigkeit,
- geringe und gleichmäßige Wärmeausdehnung,
- gute Wärmeleitfähigkeit.

27.3.1 Anordnung der Zylinder

Nach DIN 1940 sind die Bauformen der Verbrennungsmotoren nach der **Lage der Zylinderachsen** festgelegt. Es werden stehend, liegend und hängend angeordnete Motoren unterschieden. Geneigt angeordnete Motoren gehören zur stehenden Anordnung. Die hängende Anordnung gibt es nur im Flugzeugbau.
Abb. 3 zeigt die übliche Anordnung der Zylinder in Kraftfahrzeugen.

Drehrichtung eines Hubkolbenmotors

Die Drehrichtung eines Hubkolbenmotors ist in DIN 73021 festgelegt. Es gibt links- und rechtsdrehende Motoren.

> Ein Motor **dreht rechts** herum, wenn sich die Kurbelwelle in Blickrichtung auf die der Kraftabgabe gegenüberliegende Seite rechts herum dreht (mit dem Uhrzeiger laufend).

Bezeichnung der Zylinder

In DIN 73021 ist die Bezeichnung der Zylinder an Mehrzylinder-Motoren festgelegt.

> Die **Bezeichnung** (Zählung) **der Zylinder** beginnt stets an der der Kraftabgabe gegenüberliegenden Seite des Motors.

An einem V- oder Boxermotor liegt der erste Zylinder in der linken Zylinderreihe und der kraftabgebenden Seite gegenüber. Die Zylinder werden in der Reihe fortlaufend gezählt (Abb. 3). In der im Uhrzeigersinn folgenden Reihe wird weitergezählt.
Die Vierzylinder-Boxermotoren der Fabrikate VW und Porsche werden nicht nach DIN 73021 bezeichnet. Hier beginnt die Zählung in der rechten Zylinderreihe an der kraftabgebenden Seite.

27.3.2 Zündfolgen von Hubkolbenmotoren

> Die Reihenfolge, in der die Arbeitstakte der Zylinder eines Mehrzylindermotors erfolgen (in der gezündet wird), heißt die **Zündfolge** des Motors.

Der **Zündabstand** eines Einzylinder-Viertaktmotors beträgt 720° Kurbelwinkel (KW), der eines Vierzylinder-Viertaktmotors 180°KW.

> Der **Zündabstand** ist der Kurbelwinkel, den die Kurbelwelle zwischen zwei aufeinanderfolgenden Zündungen zurücklegt.
> Für den Viertaktmotor gilt:
> $$\text{Zündabstand} = \frac{720°}{\text{Zahl der Zylinder eines Motors}}$$

Mehrzylindermotoren haben einen geringeren Zündabstand und folglich einen ruhigeren Motorlauf. Tab. 1, S. 266 zeigt einige der wichtigsten Zündfolgen.

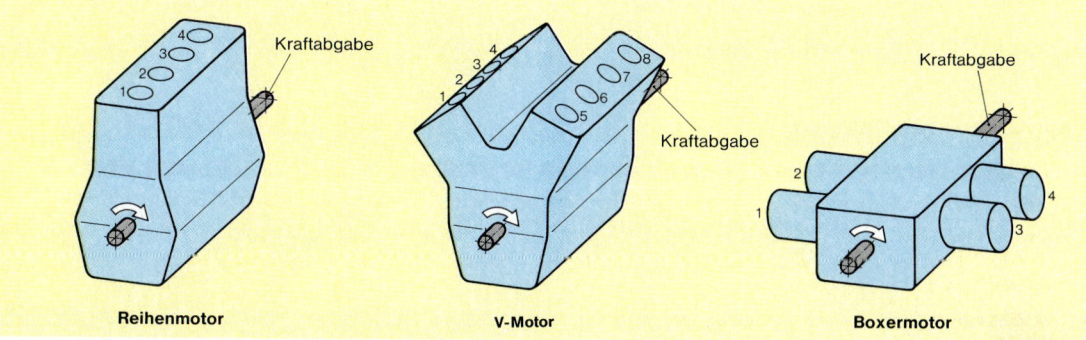

Reihenmotor **V-Motor** **Boxermotor**

Kraftabgabe

Abb. 3: Anordnungen und Bezeichnungen der Zylinder

27.3.3 Flüssigkeitsgekühlte Zylinder

Die Zylinder flüssigkeitsgekühlter Mehrzylinder-Motoren werden aus einem Gußteil gefertigt. Bei Mehrfach-Reihenmotoren (z.B. V-Motoren) werden mehrere Zylinder zu einem Gußteil zusammengefaßt.
In kleineren und mittleren Motoren werden die Zylinderlaufflächen direkt in den Zylinderblock eingearbeitet und mit dem Kurbelgehäuse aus einem Teil

Tab. 1: Zündfolgen von Viertaktmotoren

Einzylindermotor

Zylinder	Takte			
1 Zylinder	Arbeiten	Ausstoßen	Ansaugen	Verdichten
Kurbelwinkel	0° 180° 360° 540° 720°			

Zündabstand: 720°KW
1 Arbeitstakt je 2 Kurbelwellenumdrehungen

Zweizylinder-Boxer- bzw. Reihenmotor

Zündabstand: 360°KW
1 Arbeitstakt je Kurbelwellenumdrehung

Vierzylinder-Reihenmotor

Zündfolge:
1-3-4-2 oder
1-2-4-3

Zündabstand: 180°KW
1 Arbeitstakt je $\frac{1}{2}$ Kurbelwellenumdrehung

Fünfzylinder-Reihenmotor

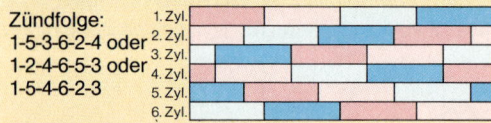

Zündfolge:
1-2-4-5-3

Zündabstand: 144°KW
1 Arbeitstakt je $\frac{2}{5}$ Kurbelwellenumdrehung

Sechszylinder-Reihenmotor

Zündfolge:
1-5-3-6-2-4 oder
1-2-4-6-5-3 oder
1-5-4-6-2-3

Zündabstand: 120°KW
1 Arbeitstakt je $\frac{1}{3}$ Kurbelwellenumdrehung

Achtzylinder-V- bzw. Reihenmotor

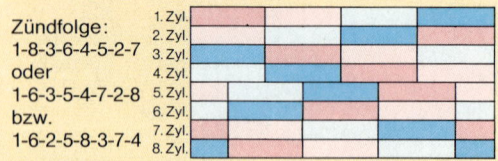

Zündfolge:
1-8-3-6-4-5-2-7
oder
1-6-3-5-4-7-2-8
bzw.
1-6-2-5-8-3-7-4

Zündabstand: 90°KW
1 Arbeitstakt je $\frac{1}{4}$ Kurbelwellenumdrehung

gegossen (Zylinderkurbelgehäuse, Abb. 1). Dies erlaubt eine kostengünstige Fertigung. Nachteilig ist, daß bei Verschleiß eines Zylinders der ganze Motor zerlegt und alle Zylinderbohrungen ausgeschliffen werden müssen.
Die **Werkstoffe** der Zylinder bzw. der Zylinderkurbelgehäuse sind **Gußeisen mit Lamellengraphit** (z.B. GG-25) oder **Al-Legierungen.** Das Gußeisen wird auch für die Zylinderlaufbahn verwendet. Der Graphitanteil bewirkt gute Verschleißfestigkeit und hohe Gleiteigenschaften auch bei unzureichender Schmierung (Notlaufeigenschaften). In Zylinder aus Al-Legierungen müssen **Laufbuchsen** eingesetzt werden oder die Zylinderlaufbahn wird mit einer **geeigneten Lauffläche** versehen (s. Kap. 27.3.4).

Zylinderlaufbuchsen

Eine Motorüberholung wird einfacher und kostengünstiger, wenn in flüssigkeitsgekühlten Motoren Zylinderlaufbuchsen in den Zylinderblock oder das Zylinderkurbelgehäuse eingesetzt sind. Es werden **trockene und nasse Zylinderlaufbuchsen** unterschieden. Sie werden im Schleudergußverfahren gefertigt und haben geringe Zusätze von Chrom, Nickel und Molybdän (z.B. Cr-Ni-legierter GG oder Cr-Mo-legierter GG).

> **Trockene Zylinderlaufbuchsen** haben mit dem Kühlmittel keine Berührung.

Sie werden mit oder ohne **Bund** gefertigt (Abb. 2). Ein Bund verhindert ein axiales Verschieben. Die dünnwandige (1,5 bis 2,5 mm) trockene Buchse wird in die Zylinderbohrung eingepreßt.
Der Einbau trockener Buchsen in Leichtmetallzylinder darf nicht durch hohe axiale Druckkräfte erfolgen. Die Buchsen werden eingeschrumpft. Entweder wird das Leichtmetallgehäuse erwärmt oder die Zylinderbuchse in Trockeneis oder Flüssiggas tiefgekühlt.

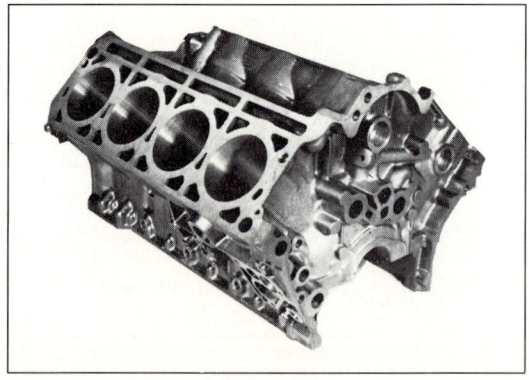

Abb. 1: Zylinderkurbelgehäuse

Trockene Laufbuchsen werden auch dann eingesetzt, wenn ein Zylinder nach mehreren Instandsetzungsarbeiten auf ein letztes Übermaß aufgebohrt wurde. Es fehlt dann sowohl die ausreichende Wanddicke für ein weiteres Aufbohren als auch ein entsprechender Kolben mit Übermaß.

> Die **nasse,** dickwandige (6 bis 8 mm) **Zylinderlaufbuchse** wird direkt vom Kühlwasser umspült.

Sie hat am oberen Ende einen Bund und wird mit geringem Spiel in den Zylinderblock eingesetzt (Abb. 2). Die nasse Zylinderlaufbuchse muß an der Zylinderkopfseite und zum Kurbelgehäuse hin abgedichtet werden. An der Zylinderkopfseite verhindern **Metalldichtungen** das Eindringen des Kühlwassers in den Verbrennungsraum. Zur Kurbelraumseite verhindern **Gummidichtringe** (O-Ringe), daß Kühlwasser in das Schmieröl gelangt.

> **Arbeitshinweis**
>
> ● Um eine einwandfreie Abdichtung zu gewährleisten, müssen die Bundauflagen an Buchse und Zylinderbohrung vor dem Einsetzen stets sorgfältig gesäubert werden. Eine Riefenbildung ist zu vermeiden.

27.3.4 Luftgekühlte Zylinder

Luftgekühlte Motoren haben fast immer einzelne Zylinder, die auf das Kurbelgehäuse aufgesetzt sind. Sie werden ausschließlich aus **Leichtmetallegierungen** (z.B. G-AlMg5) gegossen (Abb. 2, S. 283).
Die Wärmeleitfähigkeit ist ungefähr dreimal so groß wie die von Gußeisen. Eine annähernd gleiche Wärmeausdehnung zum Kolben ermöglicht in einem

Leichtmetall-Zylinder ein kleineres **Kolben-Einbauspiel** als in einem Gußeisen-Zylinder.
Leichtmetallegierungen sind als Lauffläche für den Kolben nicht geeignet. Die Zylinder müssen deshalb mit einer besonderen Kolbenlauffläche beschichtet werden.
Es sind mehrere **Beschichtungsverfahren** möglich:

● Im Alfin-Verbund-Verfahren wird der Zylinder aus einer Aluminiumlegierung mit einer Zylinderlauffläche aus Gußeisen versehen. Die Alfin-Schicht, eine Übergangszone aus Aluminium und Eisen, stellt dabei eine metallische Verbindung zwischen dem Aluminium und dem Gußeisen her.

● Auf die Lauffläche eines Leichtmetall-Zylinders wird Molybdäneisen gespritzt.

● Auf die Zylinderlaufbahn wird eine Nickelschicht mit eingelagerten Siliciumcarbid-Kristallen galvanisch aufgetragen.

● Die Laufbahn wird mit einer Keramikschicht versehen.

● Die Zylinderlaufflächen werden galvanisch hartverchromt. Verchromte Laufflächen haben einen geringeren Zylinderverschleiß, führen jedoch zu höherem Verschleiß der Kolbenringe.

27.3.5 Zylinderverschleiß

Am größten ist der **normale Verschleiß** in Höhe des ersten Kolbenringes im OT (Abb. 3). Hier ist die Seitenkraft des Kolbens am größten und die Temperatur am höchsten. Da auch die Schmierung im Bereich des OT schlecht ist, ist hier der Verschleiß größer als im UT. Nehmen Kolbenseitenkraft und Temperatur ab, wird auch der Verschleiß geringer. Im Bereich hoher Kolbengeschwindigkeiten ist der Verschleiß geringer als in den Wendepunkten bei geringen Kolbengeschwindigkeiten (Abb. 3).

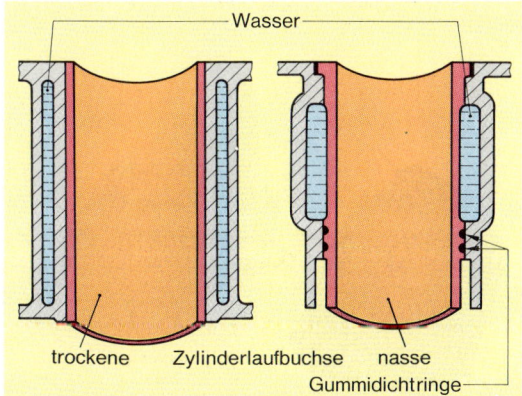

Abb. 2: Trockene und nasse Zylinderlaufbuchse

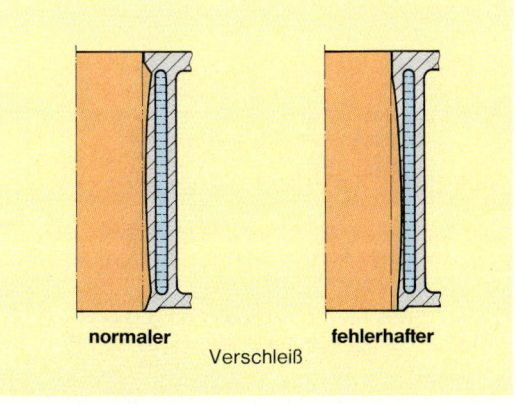

Abb. 3: Zylinderverschleiß

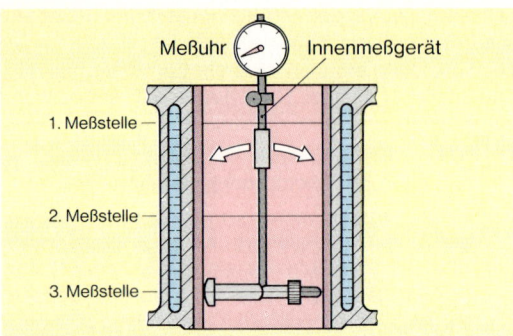

Abb. 1: Messen eines Zylinders

Weitere wesentliche Einflüsse auf den Verschleiß der Zylinderlaufflächen haben die Kraft- und Schmierstoffe sowie die Werkstoffpaarung Kolbenring/Zylinderlaufbahn.

Eine **vorzeitige Abnutzung** stellt sich ein, wenn z. B. die Schmierung unzureichend ist. Dadurch wird der Verschleiß im Bereich hoher Kolbengeschwindigkeiten am größten, die Zylinderbohrung wird dadurch bauchig (Abb. 3, S. 267).

Der normale Verschleiß beträgt ungefähr 0,01 mm im Bereich des OT je 10000 km. Mit zunehmender Betriebsdauer sinkt die Verdichtung, fällt die Motorleistung ab und der Kraftstoffverbrauch steigt. Die Kolbenringe pumpen Öl in den Verbrennungsraum (erhöhter Ölverbrauch), Kraftstoff gelangt in das Kurbelgehäuse, der Motorlauf wird geräuschvoller.

Ein Hinweis auf Zylinderverschleiß ist die Höhe des gemessenen Verdichtungsdrucks im Vergleich zu den anderen Zylindern. Der Verdichtungsdruck kann mit Hilfe eines **Kompressionsdruckprüfers** ermittelt werden (s. Kap. 24.3). Der tatsächliche Zylinderverschleiß wird nach Abbau des Zylinderkopfes mit einem **Innenmeßgerät** ermittelt (Abb. 1). Dabei werden mehrere Messungen, im OT beginnend, in Richtung UT vorgenommen. Das Meßgerät muß dabei senkrecht zur Zylinderachse geführt werden.

27.4 Kurbelgehäuse

Das Kurbelgehäuse wird aus **Gußeisen mit Lamellengraphit** oder aus einer **Aluminiumlegierung** gegossen. Es wird mit den einzelnen Zylindern oder dem Zylinderblock verschraubt oder ist mit dem Zylinderblock aus einem Teil gegossen (Abb. 2). Zylinderkurbelgehäuse aus Gußeisen benötigen keine besondere Beschichtung der Zylinderlaufflächen. Der wesentliche Vorteil eines **Leichtmetall-Zylinderkurbelgehäuses** ist die 3- bis 4mal geringere Masse. Das Kurbelgehäuse nimmt die Kurbelwellenlagerung (Abb. 2) auf und hat die Lagerungspunkte für die **Motoraufhängung** sowie für einige **Hilfsaggregate** (z. B. Generator, Wasserpumpe, Einspritzpumpe). Es muß daher steif, d. h. entsprechend verrippt sein.

Das Kurbelgehäuse nimmt in Bohrungen oder befestigten Rohren die Schmierölkanäle auf.

Die Trennebene zwischen unterem und oberem Kurbelgehäuse ist durch die Mitte der Kurbelwellenlager gelegt. Das untere Kurbelgehäuse ist eine meist aus Blech gepreßte Ölwanne (Abb. 3). Um eine bessere Kühlung zu erzielen, werden häufig Leichtmetall-Wannen mit Kühlrippen verwendet.

Eine Hälfte der Kurbelwellenlager wird in das Kurbelgehäuse eingegossen (Abb. 2) und die andere Hälfte jeweils durch einen Einzeldeckel gebildet.

27.4.1 Kurbelgehäuse-Entlüftung

Das Kurbelgehäuse füllt sich bis zum Zylinderkopf mit Öldämpfen und Gasen, die an den Kolbenringen vorbei aus dem Verbrennungsraum entweichen. Die Pumpbewegung der Kolben setzt diese **Öldämpfe** und **Gase** unter Druck. Zum Schutz der Umwelt wird ein Entweichen dieser Gase verhindert.

Aus der Zylinderkopfhaube (und damit aus dem Kurbelgehäuse) führt eine Schlauchverbindung zum Luftfilter (Abb. 4). Bei laufendem Motor werden die Dämpfe und Gase abgesaugt und den Zylindern wieder zugeführt.

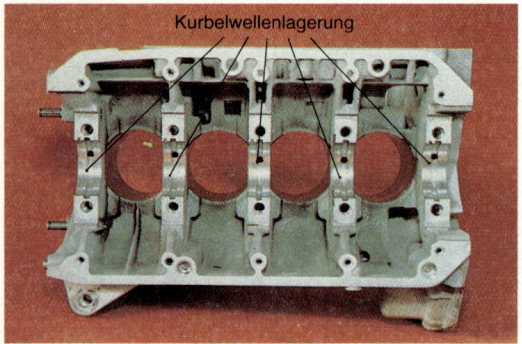

Abb. 2: Kurbelgehäuse mit Lagerung

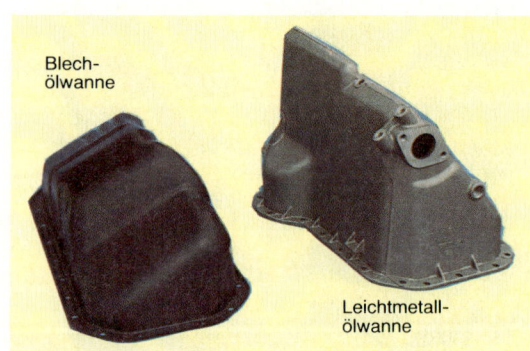

Abb. 3: Blech- und Leichtmetall-Ölwanne

Auch die entweichenden Kraftstoffgase aus dem Kraftstoffbehälter belasten bei stillstehendem Motor die Umwelt. Deshalb ist häufig eine **kombinierte Motor- und Kraftstoffbehälter-Entlüftung** vorhanden (Abb. 4). Die Gase und Dämpfe werden in einem Ausgleichbehälter gesammelt. Die Gase kondensieren und fließen zum Kraftstoffbehälter zurück. Während des Startvorgangs saugt der Motor die Dämpfe aus dem Ausgleichsbehälter. Bei laufendem Motor werden die Gase und Dämpfe direkt zum Luftfilter geleitet.

Der Ausgleichsbehälter dient gleichzeitig dazu, die Ausdehnung des Kraftstoffs bei höheren Temperaturen auszugleichen.

Eine defekte, verstopfte oder vereiste Entlüftung führt zu einem großen Druck im Kurbelgehäuse, der das Schmieröl aus den Dichtungen (z.B. an Kurbelwelle, Ölwanne oder aus der Öffnung für den Ölmeßstab) drückt. Es entsteht ein großer **Ölverlust,** der zum Motorschaden und zu einer Umweltbelastung führt.

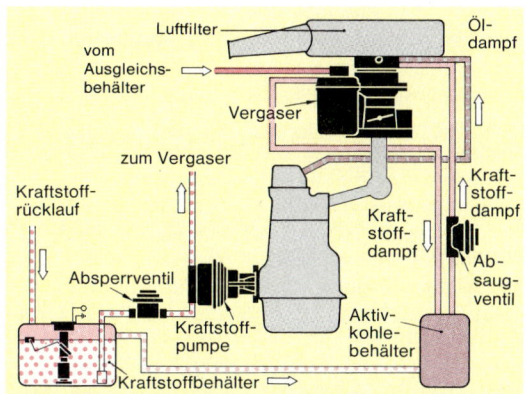

Abb. 4: Schema einer Motor- und Kraftstoffbehälter-Entlüftung

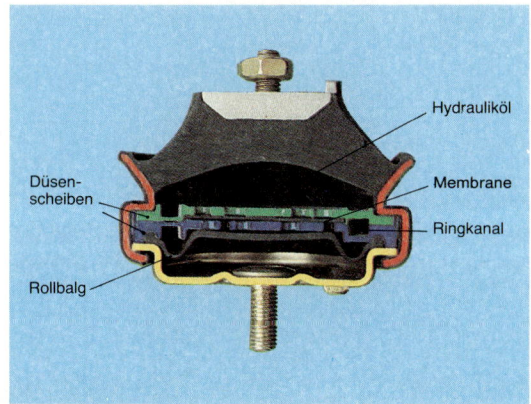

Abb. 5: Hydrolager

27.5 Motoraufhängung

Die Aufhängung des Motors am Rahmen erfolgt mit Gummi-Metall-Elementen. Diese **Motorlager** haben die Gewichtskraft des Motors und die Gegenkräfte des Motordrehmoments aufzunehmen, Motorschwingungen zu dämpfen sowie Erschütterungen durch die Fahrbahn zu mindern.

Der Kern des Lagers besteht aus einem **Leichtmetall-Gußteil,** in das eine Gewindebuchse aus Stahl eingegossen ist. Der Kern ist eingebettet in einen **Hartgummiblock,** der von einem als Flansch ausgebildeten Tiefziehteil begrenzt wird. Dieser Block wird auch Silentbloc genannt. Der Federweg des Hartgummiblocks wird häufig durch einen metallischen Anschlag begrenzt, um ein Zerstören des Gummis zu verhindern.

Hydrolager (Abb. 5, hydraulisch gedämpfte Motorlager) dämpfen die Motorschwingungen und verbessern dadurch den Fahrkomfort, besonders bei großen Fahrbahnunebenheiten.

Aufgaben

1. Nennen Sie die Bauteile des äußeren Aufbaus eines Hubkolbenmotors.
2. Nennen Sie Gründe, warum die Zylinderkopfschrauben mit einem vom Hersteller angegebenen Anzugsdrehmoment angezogen werden müssen.
3. Beschreiben und begründen Sie die ideale Form eines Verdichtungsraums.
4. Nennen Sie drei Anforderungen, die an eine Zylinderkopfdichtung gestellt werden.
5. Beschreiben Sie den Aufbau einer kombinierten Metall-Weichstoffdichtung.
6. Beschreiben Sie den Arbeitsablauf bei der Erneuerung einer Zylinderkopfdichtung.
7. Nennen Sie drei Anforderungen, die an den Zylinder eines Hubkolbenmotors gestellt werden.
8. Nennen Sie den Vorteil einer nassen Zylinderlaufbuchse gegenüber einer trockenen.
9. Welchen Vorteil haben Zylinder aus Leichtmetallegierungen gegenüber Gußeisen-Zylindern?
10. Nennen Sie Beschichtungsmöglichkeiten von Zylindern aus Leichtmetallegierungen.
11. Nennen Sie die Definition eines rechtsdrehenden Motors.
12. Bezeichnen Sie die Zylinder eines 6-Zyl.-V-Motors.
13. Erklären Sie den Begriff Zündabstand.
14. Berechnen Sie den Zündabstand eines Zwölfzylinder-Viertakt-V-Motors.
15. Zeichnen Sie die Zünd- und Arbeitsfolgen eines Fünfzylinder-Viertakt-Reihenmotors. Zündfolge: 1-2-4-5-3.
16. Nennen Sie die Aufgaben des Kurbelgehäuses.
17. Begründen Sie die Notwendigkeit einer Kurbelgehäuse-Entlüftung.
18. Nennen Sie die Aufgaben der Motoraufhängung.

28 | Schmierung und Schmierstoffe

28.1 Reibung

> Durch die Bewegung zweier Bauteile gegen-
> einander entsteht an den Berührungsflächen
> eine **Reibungskraft.**

Die **Reibungskraft** F_R (Abb. 1) ist abhängig von:
- der Kraft (Normalkraft F_N), mit der die Bauteile aufeinandergedrückt werden und
- der Reibungszahl μ.

Die **Reibungszahl** μ wird beeinflußt durch:
- die Art der Reibung (Festkörper- oder Flüssigkeits- reibung),
- den Bewegungszustand zwischen den Berüh- rungsflächen (z. B. Haften, Gleiten, Rollen),
- der Werkstoffart, der Oberflächengüte der Reibflä- chen und (bei Rollreibung) vom Rollradius,
- die Eigenschaften eines Schmiermittels.

Die Reibungszahl einer Reibflächenpaarung wird
durch Versuche ermittelt.
Die Reibungskraft F_R wird nach der folgenden Gleichung berechnet:

$$F_R = F_N \cdot \mu$$

F_R Reibungskraft in N
F_N Normalkraft in N
μ Reibungszahl

28.1.1 Festkörperreibung
Haftreibung

> Eine **Haftreibungskraft** wirkt an den Berührungs-
> flächen zweier Bauteile und verhindert eine Be-
> wegung zwischen den **in Ruhe** befindlichen Tei-
> len.

Die Haftreibungskraft ist eine auf die Bauteile entge-
gengesetzt einwirkende Kraft. Sie verhindert ein
Verschieben der beiden Bauteile gegeneinander
(Abb. 1a).
Anwendungsbeispiele: Feststellbremse, Kupplung,
Befestigungsgewinde.

Gleitreibung

> An den Berührungsflächen gegeneinander **be-
> wegter** Bauteile wirkt eine **Gleitreibungskraft.**

Die Gleitreibungskraft ist der Bewegungskraft entgegengerichtet (Abb. 1b).
Anwendungsbeispiele: Die Bremsbacke gleitet an
der Bremstrommel während des Bremsens, die
Kupplungsscheibe gleitet am Schwungrad während
des Einkuppelns (Beispiele für nützliche Reibung).
Blockierte Räder gleiten auf der Fahrbahn, Kolben
gleitet am Zylinder (Beispiele für unerwünschte
Reibung).

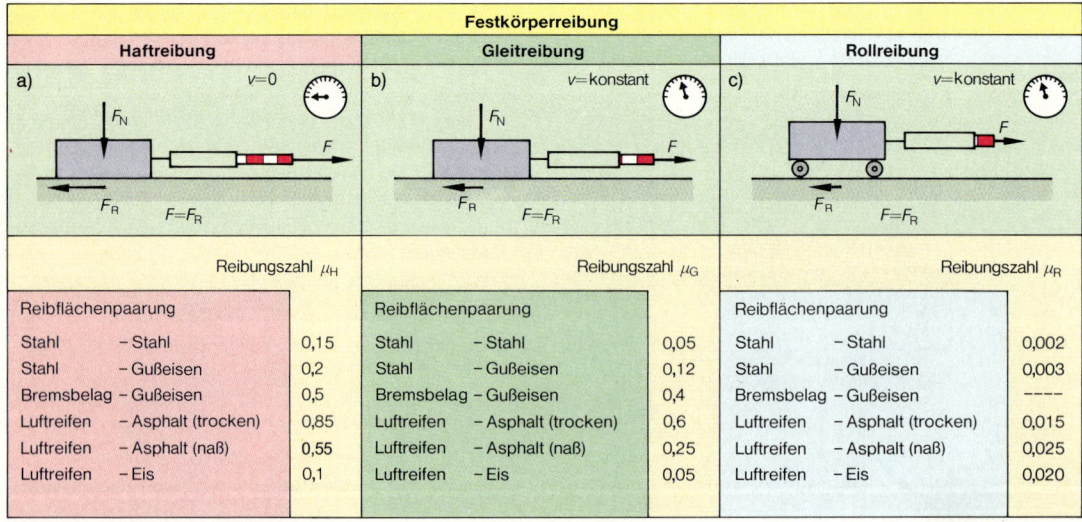

Festkörperreibung					
Haftreibung		**Gleitreibung**		**Rollreibung**	
a) $v=0$		b) $v=$konstant		c) $v=$konstant	
F_N, F, F_R, $F=F_R$		F_N, F, F_R, $F=F_R$		F_N, F, F_R, $F=F_R$	
Reibungszahl μ_H		Reibungszahl μ_G		Reibungszahl μ_R	
Reibflächenpaarung		Reibflächenpaarung		Reibflächenpaarung	
Stahl – Stahl	0,15	Stahl – Stahl	0,05	Stahl – Stahl	0,002
Stahl – Gußeisen	0,2	Stahl – Gußeisen	0,12	Stahl – Gußeisen	0,003
Bremsbelag – Gußeisen	0,5	Bremsbelag – Gußeisen	0,4	Bremsbelag – Gußeisen	----
Luftreifen – Asphalt (trocken)	0,85	Luftreifen – Asphalt (trocken)	0,6	Luftreifen – Asphalt (trocken)	0,015
Luftreifen – Asphalt (naß)	0,55	Luftreifen – Asphalt (naß)	0,25	Luftreifen – Asphalt (naß)	0,025
Luftreifen – Eis	0,1	Luftreifen – Eis	0,05	Luftreifen – Eis	0,020

Abb. 1: Arten der Festkörperreibung

Rollreibung

> Befindet sich zwischen zwei Bauteilen ein **Wälz-körper** (z. B. Kugel), so kommt es durch Bewegung beider Bauteile zueinander zum Abrollen des Wälzkörpers und zur Rollreibung.

Die entstehende Rollreibungskraft ist sehr gering (Abb. 1c) und der Bewegungskraft entgegengerichtet.

28.1.2 Flüssigkeitsreibung

> Schmierung verringert die **Reibung** zwischen Bauteilen, die sich gegeneinander bewegen.

Die **Reibungskräfte** lassen sich wesentlich verringern, wenn zwischen die Bauteile einer Reibpaarung ein zusammenhängender, **tragfähiger Schmierfilm** gebracht wird. Der Aufbau des Schmierfilms wird wesentlich von der Form des Schmierspalts beeinflußt (Abb. 2).

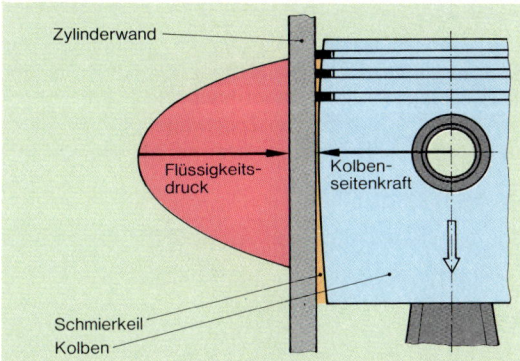

Abb. 2: Schmierspalt zwischen Kolben und Zylinder

Durch die Bewegung der gleitenden Bauteile wird das Schmiermittel wegen der Haftung an den Oberflächen und der Reibung innerhalb des Schmiermittels (Adhäsions- und Kohäsionskräfte, s. Kap. 6.7.1) in den keilförmigen Schmierspalt gedrückt. An der engsten Stelle des Schmierspalts ist der Druck in der Flüssigkeit am größten. Durch diesen **Flüssigkeitsdruck** werden die beiden Bauteile voneinander getrennt (Prinzip der hydrodynamischen Schmierung). So wird z. B. zwischen Kolben und Zylinderwand der Schmierspalt durch die ballige Form des Kolbens erreicht (Abb. 2).

In Gleitlagern bildet sich der Schmierspalt durch die außermittige Lage des Zapfens im Lager (Abb. 3). **Reine Flüssigkeitsschmierung** wird bei der hydrodynamischen Schmierung erst nach Erreichen einer bestimmten **Umfangsgeschwindigkeit** des Lagerzapfens möglich. Sie ist abhängig von der Lagerbelastung, der Schmierspaltdicke und der Zähflüssigkeit des Schmieröls. Während der Anlaufzeit eines Lagers kommt es daher kurzzeitig zu metallischer Berührung der Gleitflächen und damit zu Verschleiß durch Reibung (Abb. 3).

> **Hydrodynamische Schmiersysteme** benötigen zum Aufbau des Schmierspalts immer die Bewegung zwischen den beiden Bauteilen (dynamisch, gr.: »in Bewegung«).

In **hydrostatischen Schmiersystemen** (statisch, gr.: in Ruhe) wird der für die Trennung der Bauteile voneinander erforderliche Öldruck durch Ölpumpen erzeugt, der von der Drehzahl der zu schmierenden Lagerteile unabhängig ist. Diese Art der Schmierung findet im Kraftfahrzeugbau keine Anwendung.

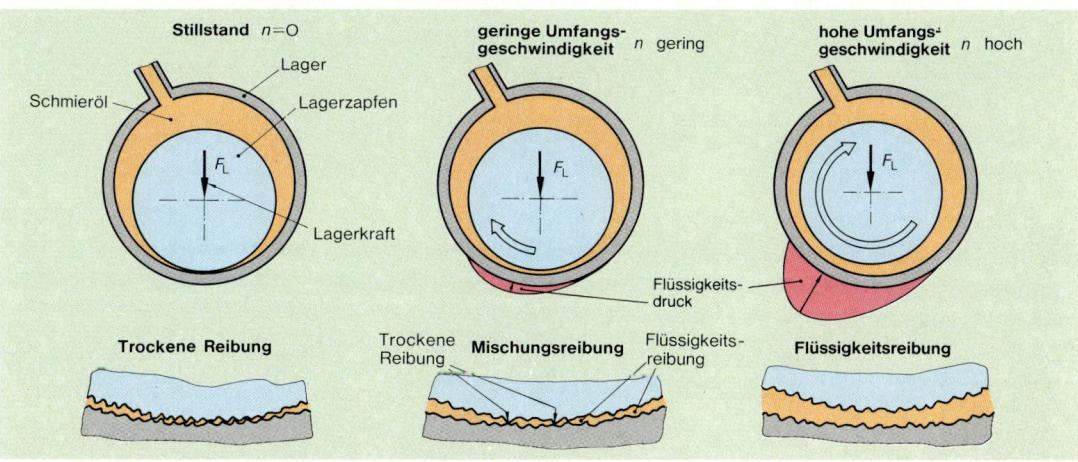

Abb. 3: Reibungszustände während des Anlaufens eines Gleitlagers

28.2 Arten der Motorschmierung

Das Schmieröl muß den Schmierstellen des Verbrennungsmotors in allen Betriebszuständen in ausreichender Menge zugeführt werden. Es werden verschiedene **Schmierverfahren** unterschieden:

- Druckumlaufschmierung,
- Trockensumpfschmierung,
- Mischungsschmierung,
- Frischölschmierung.

28.2.1 Druckumlaufschmierung

Die Schmierstellen sind durch Bohrungen und Rohrleitungen miteinander verbunden (Abb. 1). Durch eine Ölpumpe wird das Öl aus der Ölwanne in die Rohrleitungen und Bohrungen gepumpt. Bevor es zu den Schmierstellen gelangt, wird es durch Filter gereinigt. Ein vor dem Filter angeordnetes **Überdruckventil** begrenzt den Druck des Öls im Schmiersystem.
Die Schmierung der Zylinderwandung und des Kolbenbolzens erfolgt meist durch das aus dem Pleuellager austretende Schmieröl. Die umlaufende Kurbelwelle zerstäubt das Öl und schleudert es gegen die Zylinderwandungen. Hochleistungsmotoren haben eine Bohrung im Pleuel, durch die Öl zum Kolbenbolzen gelangt (s. Kap. 26.7.2).

28.2.2 Trockensumpfschmierung

Die Trockensumpfschmierung arbeitet nach dem Prinzip der Druckumlaufschmierung. Durch eine **Rückförderpumpe** gelangt aber das Öl aus einem kleinen **Sammelbehälter** im Kurbelgehäuse in einen großen **Vorratsbehälter** (Abb. 1). Von dort fördert eine Druckpumpe das Schmieröl zunächst zu den Filtern und dann zu den Schmierstellen.

Diese Art der Schmierung hat folgende **Vorteile:**

- Im Vorratsbehälter kann eine große Ölmenge aufgenommen werden. Dadurch verbessert sich die Kühlwirkung des Schmieröls. Ein Teil des Öls wird ständig durch Feinfilter gereinigt. Dadurch können die Ölwechselintervalle verlängert werden (Ölwechsel nach jeweils 15000 bis 20000 km).
- Auf eine tiefe Ölwanne unter der Kurbelwelle kann verzichtet werden. Dadurch wird die Bauhöhe des Motors geringer.
- Auch bei großer Schräglage des Motors (Geländefahrzeuge) oder bei sehr schnell durchfahrenen Kurven ist eine einwandfreie Schmierung gewährleistet.

Die Trockensumpfschmierung ist gegenüber der Druckumlaufschmierung kostenaufwendiger in der Herstellung. Sie wird daher hauptsächlich für Motoren in schnellen, flachen Sportwagen, für Geländefahrzeuge und Unterflurmotoren verwendet.

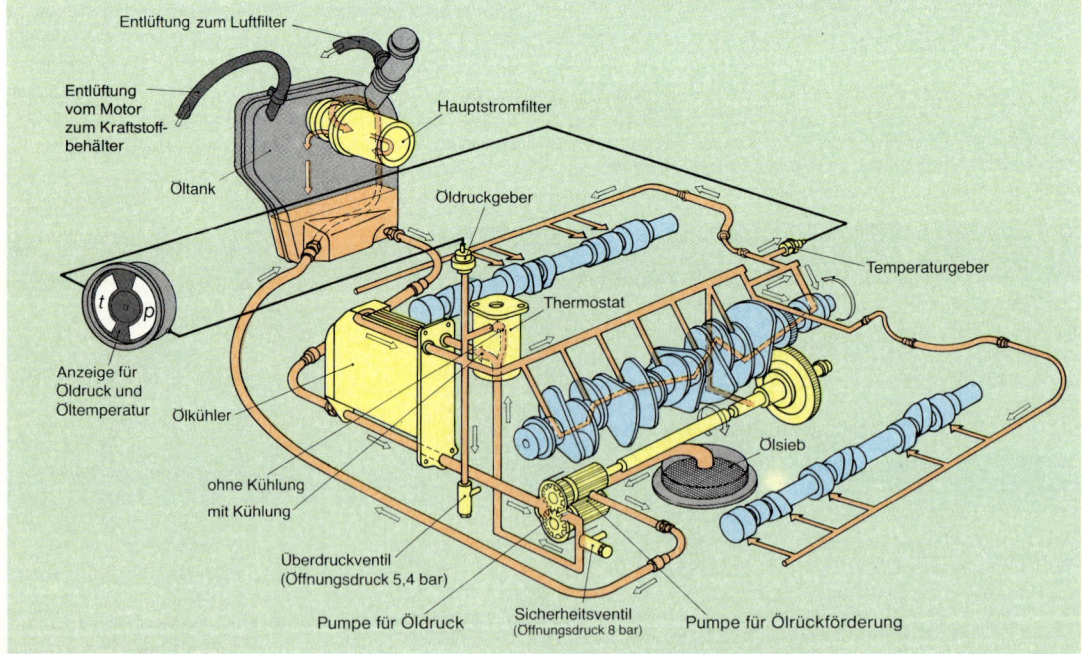

Abb. 1: Aufbau einer Druckumlaufschmierung am Beispiel einer Trockensumpfschmierung

28.2.3 Mischungsschmierung

> Das erforderliche **Schmieröl** wird mit dem Kraftstoff **zusammen getankt.**

Die Mischungsschmierung wird nur für Zweitakt-Vergasermotoren angewendet, bei denen die Vorverdichtung im Kurbelgehäuse erfolgt.

Während des Ansaugtakts strömt das Schmieröl-Kraftstoff-Luft Gemisch in das Kurbelgehäuse. Durch die Strahlungswärme der Motorenbauteile wandelt sich ein großer Teil des Kraftstoffs in den gasförmigen Zustand um. Der noch nicht in den gasförmigen Zustand umgewandelte Kraftstoff und das Schmieröl schlagen sich an den Wandungen des Kurbelgehäuses nieder. Dieses Gemisch schmiert die Bauteile des Motors, bevor es in den Verbrennungsraum gelangt.

Um eine in allen Betriebszuständen ausreichende Schmierung zu gewährleisten, sind **Mischungsverhältnisse** von 1:20 bis 1:100 erforderlich. Dadurch ergibt sich ein hoher Schmierölverbrauch und ein hoher Anteil schädlicher Stoffe im Abgas. Daher wird diese Schmierung nur für Motore mit geringem Hubraum eingesetzt.

Durch die **Frischölautomatik** kann der hohe Ölverbrauch der Mischungs-Schmierung verringert werden. Das Schmieröl befindet sich bei dieser Schmierungsform getrennt vom Kraftstoff in einem Vorratsbehälter.

Durch eine Kolbenpumpe wird drehzahl- und lastabhängig die jeweils erforderliche Schmierölmenge dem Kraftstoff zugegeben. Die Mischung erfolgt in der Hauptdüse des Vergasers.

Der Schmierölverbrauch verringert sich dadurch auf etwa 1% des Kraftstoffverbrauchs.

28.2.4 Frischölschmierung

> Aus einem Vorratsbehälter wird **Schmieröl** in regelmäßigen Abständen genau dosiert den Schmierstellen zugeführt.

Das Schmieröl fließt durch Rohrleitungen und kommt nicht mit dem Kraftstoff in Berührung. Die Schmierstellen erhalten stets frisches Schmieröl. Wegen des geringen Mengendurchsatzes ist die Kühlwirkung des Öls sehr gering. Das nicht mehr benötigte Öl sammelt sich in der Ölwanne. Eine Pumpe fördert das Öl in einen Sammelbehälter. Dieses Öl wird für die Zylinderschmierung verwendet, während für die Lagerschmierung nur Frischöl eingesetzt wird.

Diese Art der Schmierung ist aufwendig und wird deshalb nur für hochbelastete **Kraftradmotoren** eingesetzt.

28.3 Bauteile der Motorschmierung

28.3.1 Ölpumpe

> Die Ölpumpe hat die Aufgabe, das Schmieröl zu den Schmierstellen zu **fördern** und für einen **ausreichenden Druck** im Schmiersystem zu sorgen.

Der Antrieb der Pumpe erfolgt meist über die Kurbel- oder die Nockenwelle. Die Förderleistung wird durch die Baugröße der Pumpe und durch die Drehzahl der Antriebswelle bestimmt.

Üblicherweise werden Ölpumpen verwendet, die die gesamte Ölmenge innerhalb einer Minute bis zu viermal umwälzen.

Ölpumpen können bei hohen Motordrehzahlen Drücke bis etwa 70 bar in der Schmieranlage aufbauen. Solche hohen Drücke würden aber die Bauteile und die Schmierstellen des Motors beschädigen. In der Druckleitung ist deshalb ein Überdruckventil (Abb. 1) angeordnet, das den Höchstdruck im Schmiersystem auf etwa 5 bis 8 bar begrenzt.

Als Ölpumpen werden Zahnrad-, Rotor- oder Sichelpumpen verwendet.

Zahnradpumpen

Zahnradpumpen haben eine **Druck-** und eine **Saugseite** (Abb. 2). Durch die Bewegung der Zähne aus den Zahnlücken heraus entsteht dort ein Unterdruck (Saugseite). Das Öl wird in die Zahnlücken gesaugt und an der Gehäusewand entlang in den Druckraum gefördert. Durch das Ineinandergreifen der Zähne im Druckraum wird das Öl aus den Zahnlücken verdrängt und in die Leitungen gedrückt.

Zahnradpumpen sind zwar kostengünstig in der Herstellung, sie haben jedoch im Vergleich zu Rotor- und Sichelpumpen eine geringere Förderleistung.

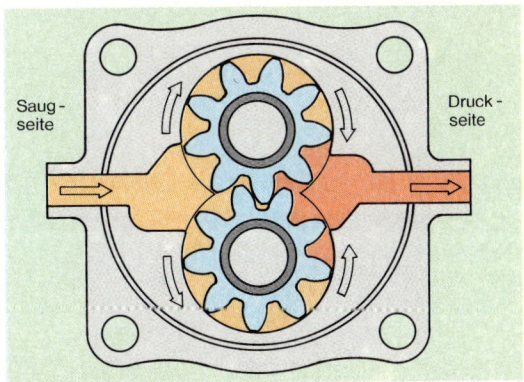

Saug-seite   Druck-seite

Abb. 2: Zahnradpumpe

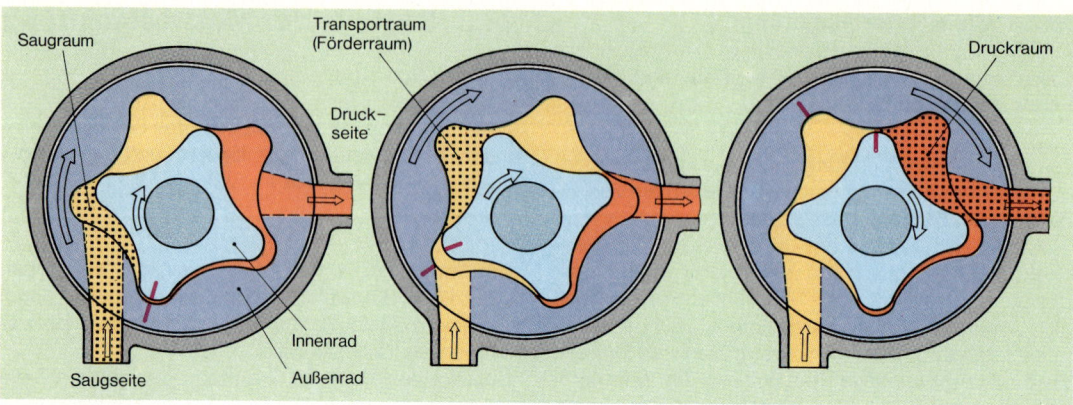

Abb. 1: Rotorpumpe

Rotorpumpe

Die Rotorpumpe arbeitet ähnlich wie eine normale Zahnradpumpe. In der Rotorpumpe (auch Kapsel- oder Eatonpumpe genannt) treibt ein Innenrad das exzentrisch gelagerte Außenrad an (Abb. 1). Bei der Bewegung eines Zahnes aus der Zahnlücke heraus entsteht wieder durch **Volumenvergrößerung** ein **Unterdruck.** Das Öl strömt in die freie Zahnlücke ein und wird dort transportiert, bis der Zahn des Innenrades in die Zahnlücke des Außenrades greift. Die damit verbundene **Volumenverringerung** drückt das Öl aus der Pumpe heraus. Rotorpumpen sind teuer, haben aber eine hohe Förderleistung und einen ruhigen Lauf.

Sichelpumpe

Sichelpumpen werden meist direkt von der Kurbelwelle angetrieben. Das Innenrad treibt das Außenrad an (Abb. 2). Das durch **Volumenvergrößerung** einströmende Schmieröl wird an beiden Seiten der Sichel zum Druckraum transportiert. Sichelpumpen arbeiten geräuscharm und erbringen schon bei geringen Motordrehzahlen hohe Förderleistungen.

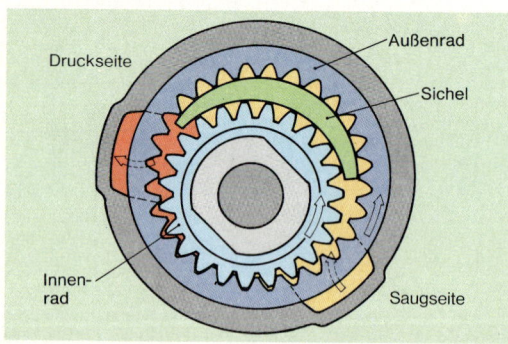

Abb. 2: Sichelpumpe

28.3.2 Ölfilter

Aufgabe der Ölfilter

Die vom Öl im Motor aufgenommenen Verunreinigungen (Metallabrieb, Ruß, Staub) verschlechtern die Schmierfähigkeit des Öls und können zu Beschädigungen der Lager führen.

> Ölfilter haben die **Aufgabe,** Verunreinigungen aus dem Schmieröl herauszufiltern.

Anordnung der Ölfilter

Ölfilter sind in der Druckleitung hinter der Ölpumpe angeordnet. Durch ein **Hauptstromfilter** strömt ständig die gesamte Ölmenge. Diese Anordnung des Filters (Abb. 3) gewährleistet, daß kein Öl ungefiltert zu den Schmierstellen gelangt. Um einen schnellen Öldurchsatz zu ermöglichen, darf der Durchgangswiderstand des Filters nicht groß sein. Dadurch ist die Filterwirkung gering. Kleinere Verunreinigungen werden nicht aus dem Öl herausgefiltert. Ist das Filter **verstopft,** fließt das Öl durch ein **Umgehungsventil** ungefiltert den Schmierstellen zu.

Durch ein **Nebenstromfilter** fließt stets nur ein Teil der gesamten Schmierölmenge (etwa 10 bis 20%). Die Restmenge strömt den Schmierstellen ungefiltert zu. Im Verlauf einer Stunde wird so die gesamte Ölmenge 5- bis 6mal gefiltert. Die Filterwirkung von Nebenstromfiltern ist sehr gut.

Eine Kombination beider Filteranordnungen erreicht die beste Filterwirkung. Aus Kostengründen werden jedoch hauptsächlich Hauptstromfilter eingesetzt.

Ölfilterarten

Für die Ölfilterung werden üblicherweise die in Tab. 1 aufgeführten Filter verwendet (s. Kap. Filter).

Tab. 1: Ölfilterarten und deren Filterwirkung

Ölfilter-arten	Kleinste Abmessungen der zurück-gehaltenen Verunreinigungen
Magnet-abscheider	alle ferromagnetischen Teile unabhängig von deren Größe
Siebfilter	bis 30 µm
Spaltfilter	bis 30 µm
Papierfilter	bis 15 µm
Freistrahl-zentrifuge	bis 10 µm

In **Freistrahlzentrifugen** strömt das unter Druck stehende Öl durch die Hohlwelle in den Läufer (Abb. 3, S. 164). Im Läufer steigt das Öl und gelangt durch Kanäle zu den Antriebsdüsen. Die dort entstehenden Rückstoßkräfte versetzen den Läufer in hohe Drehzahlen (3000 bis 8000/min).

Infolge der hohen **Zentrifugalkräfte** setzen sich die im Öl enthaltenen Verunreinigungen an der Filterwand ab und bleiben dort haften. Die Zentrifugen müssen in regelmäßigen Zeitabständen gereinigt werden (Herstellerangaben beachten).

28.3.3 Ölkühler

In thermisch hochbelasteten Motoren erwärmt sich das Schmieröl sehr stark. Dadurch verringert sich die Schmierfähigkeit und die Kühlwirkung. In **Ölkühlern** wird die Temperatur des Öls auf ca. 85°C herabgesetzt (Abb. 4). Thermostate steuern die Menge des in den Kühler einströmenden Schmieröls. So wird eine gleichbleibende Öltemperatur erreicht.

Die Kühlung des Öls kann durch Luft (Fahrtwindkühlung) oder durch Kühlwasser (Wärmetauscher) erfolgen.

28.3.4 Kontrollgeräte

Die Lagerstellen werden nur dann sicher geschmiert, wenn neben der vorgeschriebenen **Ölmenge** auch ein ausreichender **Öldruck** vorhanden ist.

Die Messung des **Ölstandes** erfolgt durch einen in der Ölwanne hängenden Peilstab oder durch elektrische Anzeigegeräte.

Für die Betriebssicherheit des Motors muß bei warmem Motor und Leerlaufdrehzahl ein Mindestöldruck vorhanden sein. Der Öldruck im Schmiersystem kann durch Öldruckmesser oder durch Öldruckschalter in Verbindung mit Kontrolleuchten überwacht werden.

Während **Öldruckschalter** nur das Unterschreiten eines Mindestöldrucks (meist $p_{abs} = 2\,bar$) signalisieren, zeigen **Öldruckmesser** den im Schmiersystem vorhandenen Öldruck an.

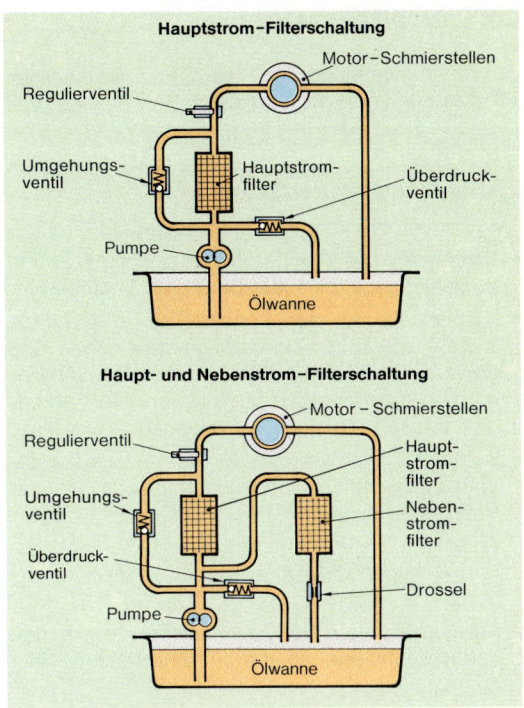

Abb. 3: Anordnung der Filter

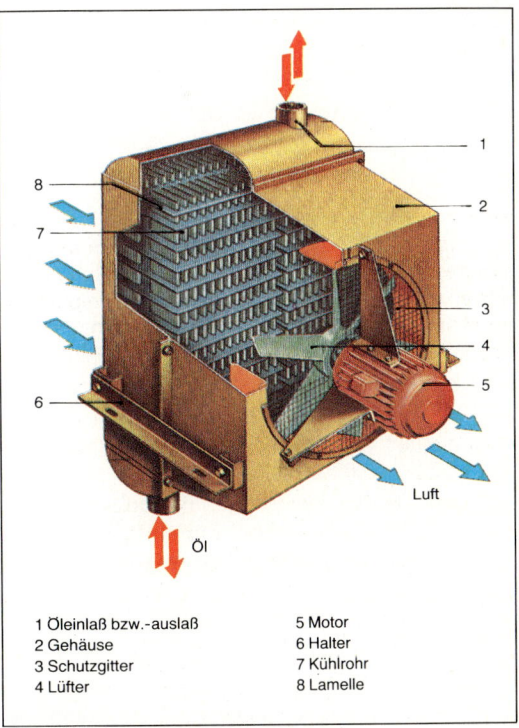

1 Öleinlaß bzw.-auslaß	5 Motor
2 Gehäuse	6 Halter
3 Schutzgitter	7 Kühlrohr
4 Lüfter	8 Lamelle

Abb. 4: Ölkühler (Fahrtwindkühler)

28.4 Schmierstoffe

Zu den Schmierstoffen gehören **Schmieröle, Schmierfette** und **feste Schmierstoffe.**

28.4.1 Aufgaben der Schmieröle

Die Schmieröle haben folgende **Aufgaben:**

- **Schmieren.** Das Schmieröl verringert die Reibung zwischen gegeneinander bewegten Bauteilen.
- **Kühlen.** Die an den Lagerstellen entstehende Wärme soll vom Schmieröl aufgenommen und über den Ölkühler, die Wandung der Ölwanne oder die Gehäusewand des zu schmierenden Aggregats an die Umgebungsluft abgegeben werden.
- **Reinigen.** Das Schmieröl soll Abrieb- oder Schmutzteilchen aufnehmen und zum Ölfilter transportieren.
- **Abdichten.** Die Feinabdichtung des Verbrennungsraums gegenüber dem Kurbelgehäuse erfolgt durch das Motoröl.
- **Korrosionsschutz.** Der Ölfilm soll verhindern, daß Luft oder Wasser an die zu schützenden Teile gelangt.
- **Geräuschdämpfung.** Schmieröl leitet den Schall schlecht und vermindert damit die Motorgeräusche.

28.4.2 Anforderungen an Schmieröle

Die Anforderungen ergeben sich aus den Betriebsbedingungen des zu schmierenden Bauteils. Alle Öle müssen frei von Verunreinigungen sein.

Anforderungen an Motoröle

Das Öl muß:

- die Gleitflächen gut benetzen und einen tragfähigen, zerreißfesten Ölfilm bilden,
- rückstandsfrei verbrennen, Verunreinigungen lösen und in der Schwebe halten können,
- über einen großen Temperaturbereich gleichbleibende Schmiereigenschaften haben,
- frei von Säuren und harzigen Bestandteilen sein.

Anforderungen an Getriebe- und Achsöle

Das Öl muß:

- bei hohen Zahndrücken schmierfähig bleiben,
- korrosionsbeständig sein und darf die Dichtungen nicht angreifen,
- bei Erwärmung eine geringe Viskositätsabnahme (Viskosität, lat.: Zähflüssigkeit) haben.

Anforderungen an ATF-Öle

Die Öle für automatische Getriebe (ATF − **A**utomatic **T**ransmission **F**luid) müssen Kräfte und Bewegungen im Hydraulik-System übertragen, sowie die Bauteile schmieren und kühlen. Daher sind besonders folgende Anforderungen zu erfüllen:

- die Schaumbildung muß verhindert werden,
- bei Temperaturänderungen dürfen nur geringe Schwankungen des Volumens und der Viskosität auftreten,
- die Fließfähigkeit muß auch bei sehr niedrigen Temperaturen erhalten bleiben.

28.4.3 Arten der Schmieröle

Mineralische Schmieröle werden aus dem Erdöl durch die Vakuum-Destillation (s. Kap. Kraftstoffe) gewonnen.
Synthetische Schmieröle werden durch besondere chemische Verfahren aus Kohlenwasserstoffen hergestellt oder aus Polyglykolen (spezielle Alkohole) gewonnen. Synthetische Öle aus Kohlenwasserstoffen sind mit mineralischen Schmierölen mischbar. Sie sind, im Gegensatz zu Mineralölen, auch noch bei tiefen Temperaturen fließfähig (gutes Kältefließverhalten) und bei hohen Temperaturen noch schmierfähig. Die Verdampfungsverluste sind geringer. Wegen der höheren Herstellungskosten ist der Marktanteil der synthetischen Öle jedoch klein. Sie werden als **Additive** (Additive, lat.-engl.: Zusatz) zur Verbesserung der Schmier- und Fließfähigkeit den mineralischen Ölen zugesetzt.
Pflanzliche Schmieröle (Rizinusöl, Rapsöl, Rüböl) werden durch Auspressen von Ölpflanzen gewonnen.
Tierische Schmieröle (Knochenöl, Tran) werden aus dem Fettgewebe und den Knochen von Tieren hergestellt.
Die pflanzlichen und tierischen Schmieröle sind nicht alterungsbeständig. Sie verbinden sich mit dem Luftsauerstoff und verlieren dann ihre Schmierfähigkeit. Heute werden überwiegend mineralische Schmieröle verwendet.
Die durch Destillation gewonnenen Öle (Basisöle) werden durch Nachbehandlung und Zusatzstoffe in ihren Eigenschaften dem jeweiligen Verwendungszweck angepaßt.

28.4.4 Einteilung der Schmieröle in Viskositätsklassen (SAE-Klassen)

Die Schmierfähigkeit der Öle beruht auf der geringen inneren Reibung der Ölmoleküle untereinander.

Die innere Reibung wird durch die **Zähflüssigkeit** oder **Viskosität** gekennzeichnet. Die Viskosität nimmt mit sinkender Temperatur zu, das Öl wird zähflüssiger; sie verringert sich mit steigender Temperatur.

Die Zähflüssigkeit eines Öls darf bei tiefen Temperaturen nicht zu groß sein, damit das Öl in den Lagern während des **Kaltstarts** der Drehbewegung keinen zu hohen Widerstand entgegensetzt. Andererseits muß das Öl bei hohen Temperaturen noch dickflüssig genug sein, damit der Schmierfilm nicht reißt.
Je nach Zusammensetzung der Öle ist die innere Reibung unterschiedlich stark temperaturabhängig. Nach der Zähflüssigkeit werden die Schmieröle in Viskositätsklassen, die sogenannten **SAE-Klassen**, unterteilt.
Die Einteilung erfolgte durch die amerikanische **S**ociety of **A**utomotive **E**ngineers (Vereinigung der Kraftfahrzeug-Ingenieure). Die **Motoröle** umfassen die Klassen **SAE 5W** bis **SAE 50**. Der Zusatz **W** kennzeichnet die Öle, die für den **Winterbetrieb** geeignet sind.

Öle mit **niedrigen** Kennziffern sind **dünnflüssiger** als Öle mit höheren Kennziffern.

Die **Getriebeöle** werden bei etwa gleicher Viskosität mit einer höheren Kennziffer (beginnend mit 75) versehen. So können sie von den Motorenölen deutlich unterschieden werden. Ein Getriebeöl für automatische Getriebe der SAE-Klasse 75 hat z.B. annähernd die gleiche Viskosität wie ein Motorenöl der Klasse 10W (bezogen auf eine Temperatur von jeweils 100°C). Die Getriebeöle umfassen die Klassen **SAE 75** bis **SAE 250**. Die Viskositätsanforderungen sind in DIN 51511 und 51512 erfaßt.
Je nach Meßverfahren wird in dynamische und kinematische Viskosität unterschieden.
Die **dynamische Viskosität** wird aus dem Bewegungswiderstand ermittelt, der sich ergibt, wenn zwei mit Schmieröl benetzte Flächen gegeneinander bewegt werden. Als Meßgerät dient z. B. ein Rotationsviskosimeter (ein Prüfkolben und ein Prüfzylinder werden mit Öl benetzt und gegeneinander verdreht). Die SI-Einheit der dynamischen Viskosität ist die Pascalsekunde (Pa · s); (Pascal, fr. Mathematiker und Philosoph, 1623 bis 1662).
Die **kinematische Viskosität** wird aus der Durchlaufzeit eines Öls durch eine senkrecht stehende enge Glasröhre (Kapillare) berechnet. Das Meßgerät wird als Kapillar-Viskosimeter bezeichnet. Die SI-Einheit der kinematischen Viskosität ist m²/s. Üblich ist die abgeleitete Einheit mm²/s.

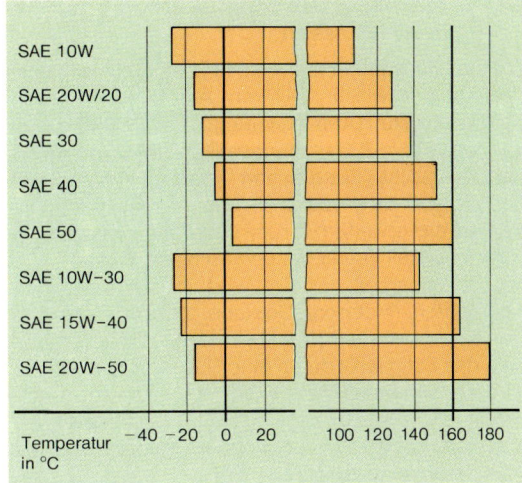

Abb. 1: Einsatztemperatur-Bereiche verschiedener Motorenöle

Mehrbereichs-Motoröle

Öle, die nur die Viskositätsanforderungen einer SAE-Klasse erfüllen, werden **Einbereichsöle** genannt.

Erfüllt ein Motoröl die Viskositätsanforderungen mehrerer Einbereichsöle, so wird es als **Mehrbereichsöl** bezeichnet.

Das Mehrbereichsöl SAE 15W-40 hat bei etwa −18°C die gleiche Viskosität wie ein Einbereichsöl SAE 15W und bei etwa 100°C die Viskosität des Einbereichsöls SAE 40.
Die Mehrbereichsöle können zu allen Jahreszeiten eingesetzt werden.
Durch **Viskositäts-Verbesserer** läßt sich der Temperaturbereich, in dem ein Öl eingesetzt werden kann (Abb. 1), erweitern.
Als Viskositäts-Verbesserer werden Stoffe mit langkettigen Molekülen (Polymere) verwendet. Diese behindern bei tiefen Temperaturen die Bewegung der Ölmoleküle nur wenig. Bei hohen Temperaturen dehnen sich die Polymere stark aus und behindern durch ihre Länge und ihr gegenseitiges Ineinanderschlingen die Bewegung der Ölmoleküle. Das Öl wird nicht so dünnflüssig, der Schmierfilm bleibt erhalten.

Die **SAE-Klassen** der Schmieröle lassen keine Aussagen über die Schmierfähigkeit eines Öls zu, sondern geben den Temperaturbereich an, in dem die Öle eingesetzt werden können.

28.4.5 Einteilung der Schmieröle in API-Klassen

Die Einteilung der Schmieröle für festgelegte Einsatzbedingungen wurde 1947 vom **A**merikanischen **P**etroleum **I**nstitut **(API)** festgelegt. Die Festlegungen wurden 1970 in Zusammenarbeit mit **SAE** und **ASTM** (amerikanische Gesellschaft für Werkstoffprüfung) überarbeitet. Es entstand ein offenes Klassifikationssystem, das erweitert werden kann, ohne bestehende Ölsortenbezeichnungen zu verändern (Tab. 2).

Die Belastbarkeit der Öle wird in den jeweiligen Aggregaten (Motoren, Getriebe, Achsen) getestet. Das **Scherverhalten** (Abnahme der Viskosität nachdem das Schmieröl durch eine Düse gepreßt wurde) wird als **Scherstabilität** bezeichnet. Das Prüfverfahren ist in DIN 51383 festgelegt. Die **Tragfähigkeit** des Schmierfilms wird in Drucklagern geprüft und als **Druckfestigkeit** bezeichnet.

Viele Automobilhersteller nehmen selbst Ölprüfungen vor und erlassen dann eigene Vorschriften über die Zulassung eines Schmieröls (Spezifikationen) für ihre Fahrzeuge. Die jeweils erforderliche **Ölqualität** wird vom **Hersteller des Fahrzeugs** für die einzelnen Baugruppen **festgelegt**.

Tab. 2: API-Klassifikation einiger Motorenöle

SD	**Service Klasse D:** Für Ottomotoren der Baujahre 1968–1971. Dieses Öl erfüllt die Anforderungen der vorangegangenen Klassen SB und SC.
SE	**Service Klasse E:** Für Ottomotoren der Baujahre ab 1972, mit höherem Schutz gegen Ablagerungen, Rost und Korrosion als bei SC- oder SD-Ölen.
SF	**Service Klasse F:** Für Ottomotoren der Baujahre ab 1980, falls vom Hersteller verschärfte Anforderungen an das Öl in bezug auf Alterungs- und Verschleißschutz gestellt werden.
CC	**Commercial Klasse C:** Motorenöl für leicht aufgeladene Dieselmotoren unter mittleren bis schweren Betriebsbedingungen und für schwere Betriebsbedingungen bei Ottomotoren. Das Öl enthält Zusätze gegen Ablagerungen und Korrosion. Diese Klasse wurde 1961 eingeführt.
CD	**Commercial Klasse D:** Motorenöl für Dieselmotoren hoher Leistung und hoher Drehzahlen, bei denen Verschleiß und Ablagerungen wirksam beherrscht werden müssen.

28.4.6 Additive

Die Schmieröle benötigen Additive, um die Anforderungen erfüllen zu können, die an das Öl gestellt werden. Als **HD-Öle** (**H**eavy **D**uty, engl.: schwere Beanspruchung) werden Öle bezeichnet, die mit Zusatzstoffen legiert sind, die die Verbrennungsrückstände in der Schwebe halten oder lösen können. Die Schmutzteilchen werden durch das Ölfilter oder durch Ölwechsel entfernt. Alle heutigen Motorenöle haben diese HD-Eigenschaften.

Stockpunktverbesserer verschieben den Erstarrungsvorgang des Öls zu tieferen Temperaturen hin und erhalten die Schmierfähigkeit bei Kaltstart.

> Der **Stockpunkt** ist die Temperatur, bei der das Öl aufhört, unter dem Einfluß der Schwerkraft sichtbar zu fließen.

Oxidations- und Korrosionsschutzmittel verhindern, daß die Schmieröle durch Sauerstoffaufnahme zu schnell altern und verbessern den Korrosionsschutz. **Hochdruck- und Verschleißzusätze** haben die Aufgabe, auch unter höchsten Druckbeanspruchungen einen sicheren Verschleißschutz zu gewährleisten. Für Getriebeöle werden **HP**-Zusätze (**H**igh-**P**ressure, engl.: Hochdruck) verwendet. **Hypoid-Antriebe** (s. Kap. Radantrieb) erfordern Öle mit **EP-Zusätzen** (**E**xtreme **P**ressure, engl.: Höchstdruck). Diese Öle werden als **Hypoid-Öle** bezeichnet. **Schaum-Verhinderer** sollen die Verschäumung des Schmieröls verhindern. Durch die eintauchenden Bauteile (z.B. Zahnräder, Pleuelstange) wird das Öl mit Luft durchgemischt und neigt zum Schäumen. Die Schmierfähigkeit wird herabgesetzt, der Öldruck sinkt. In automatischen Getrieben treten Fehlfunktionen auf. Geringe Mengen an zugesetzten Silikonölen vermindern die Schaumbildung.

> **Schmieröle** dürfen nur für die jeweils vorgesehenen Baugruppen verwendet werden, da es sonst zu Funktionsstörungen kommen kann.

Hypoidöle greifen z.B. Buntmetalle und Siliconkautschukdichtungen an. Sie dürfen nur in Antrieben verwendet werden, die diese Werkstoffe nicht enthalten.

Tab. 3: Merkmale der Schmierfette

Verseifungsart	Einsatztemperatur		wasser-empfindlich	Verwendung als	verträglich mit
	hoch	niedrig			
Ca (Kalzium/Kalk)	nein	ja	nein	Abschmierfett	Li-Fett
Na (Natrium/Natron)	ja	nein	ja	Wälzlagerfett	–
Li (Lithium)	ja	ja	nein	Mehrzweckfett	Ca-Fett

28.4.7 Schmierfette und feste Schmierstoffe

Schmierfette bestehen aus Mineralölen, die durch Zusätze von Metallseifen (Verbindungen von Metallsalzen und Fettsäuren) eingedickt wurden. Je nach Art und Menge der zugesetzten Metallseife ergibt sich ein salbenartiges oder zähes Fett. Einige Schmierfette und ihre wichtigsten Merkmale zeigt Tab. 3.

Für dauergeschmierte Lager und Gelenke wird dem Fett ein fester Schmierstoff, meist eine Molybdän-Schwefelverbindung (Molybdändisulfid MoS_2), zugesetzt.

Feste Schmierstoffe sind:

- **Graphit** und
- **Molybdändisulfid.**

Sie werden in Pulverform als Zusatzstoffe für Schmierfette und Schmieröle verwendet. Feste Schmierstoffe haften gut an den Werkstückoberflächen, haben eine gute Schmierwirkung und sind beständig gegen hohe Drücke und hohe Temperaturen. Sie verbessern die **Notlaufeigenschaften** bei niedrigen Drehzahlen und hohen Temperaturen.

28.5 Wartung und Diagnose

Die Lebensdauer und die Funktionssicherheit eines Verbrennungsmotors hängen wesentlich davon ab, ob in allen Betriebszuständen zwischen den Gleitflächen ein tragfähiger Schmierfilm vorhanden ist. Die **Güte der Schmierung** hängt von den folgenden Einflußgrößen ab:

- Schmierspaltdicke,
- Funktionsfähigkeit aller Bauteile der Schmieranlage,
- Schmierölqualität,
- Mindestölmenge.

Nach längerer Betriebsdauer verschlechtert sich die **Qualität des Schmieröls** durch:

- Alterung,
- Verunreinigungen und
- Ölverdünnung.

Als **Alterung** des Schmieröls wird die chemische Reaktion der Bestandteile des Öls (Kohlenstoff und Wasserstoff) mit dem Sauerstoff der Verbrennungsluft bezeichnet.

Tab. 4: Hinweise für Wartung und Diagnose der Schmieranlage

Wartung			
Prüfposition	Mangel, Fehler	Ursache	Folge
			Diagnose
Störstelle	Mangel, Fehler	Ursache	Störung
Schmieröl	zu wenig Öl im Umlauf	Ölverlust aus defekter Dichtung, normaler Verbrauch (nicht nachgefüllt)	zu geringer Öldruck, zu hohe Öltemperatur, schlechte Schmierung
	Schmierspalt zu groß	Verschleiß der Lager, Abnutzung	zu geringer Öldruck (Druck steigt auch bei höheren Drehzahlen nicht an, sinkt im Leerlauf unter 1 bar)
	gebrochene Feder im Überdruckventil	Werkstoffermüdung	zu geringer Öldruck
	falsche Ölsorte	Wartungsfehler	zu hohe Öltemperatur
	zu viel Öl in der Ölwanne	häufiger Kurzstreckenverkehr, falsch eingestellter Vergaser, falsch eingestellte Starteinrichtung	Schmierölverdünnung durch kondensierten Kraftstoff an den Zylinderwandungen
Öldruckkontrolleinrichtung	Stromleitung unterbrochen	Kabel gelöst, Kabel gebrochen, Öldruckschalter defekt, Lampe defekt	Kontrollampe leuchtet nach dem Einschalten der Zündung nicht auf
	Stromkreis wird nicht unterbrochen	Öldruckschalter defekt	Kontrollampe erlischt nicht, wenn der Motor läuft
Ölpumpe	zu geringe Förderleistung	Abnutzung, defekte Dichtung	zu geringer Öldruck
Ölfilter	verstopfte Filter	zu lange Wartungsintervalle	schnelle Ölverschlechterung, Verschleiß, zu geringer Öldruck

Es kommt zu einer chemischen Veränderung der Ölmoleküle, zur Bildung von harzhaltigen Stoffen, welche das Öl eindicken. Durch den Zusatz von Additiven läßt sich dieser Vorgang zwar hinauszögern, aber nicht verhindern.

Wird das Öl und das Filter nicht in regelmäßigen Abständen gewechselt oder gereinigt, so können die vom Öl aufgenommenen Verunreinigungen nicht mehr zurückgehalten werden. Diese Verunreinigungen (Staub, Ruß, metallischer Abrieb, Wasser, Kraftstoff) bilden im Schmieröl einen Schlamm. Dieser kann in die Ölleitungen, das Ölsieb oder in die Filter gelangen und den Schmierölkreislauf behindern oder unterbrechen.

An besonders warmen Bauteilen bilden sich krustenförmige Ablagerungen, welche die Wärmeleitung an diesen Bauteilen und die freie Beweglichkeit der Bauteile (z. B. der Kolbenringe) vermindern.

Durch eine falsch eingestellte Starteinrichtung oder häufigen Kurzstreckenverkehr gelangt an den Zylinderwandungen kondensierter Kraftstoff in das Schmieröl. Dadurch wird die Schmierfähigkeit des Öls wesentlich herabgesetzt. Ein Anteil von 5 % **Kraftstoff** im Schmieröl verringert seine **Viskosität** um etwa 30 %.

Der Zufluß von Kraftstoff in das Schmieröl erweckt den Eindruck, daß kein Öl im Verbrennungsmotor verbraucht wird. Tatsächlich aber verbraucht jeder Verbrennungsmotor Öl. Ein geringer Teil des an der Zylinderwandung haftenden Schmierfilms gelangt in den Verbrennungsraum und verbrennt. Eine weitere Verringerung des Schmieröls ergibt sich daraus, daß das Öl im Kurbelgehäuse stark verwirbelt wird. Dadurch verdampfen die leicht flüchtigen Bestandteile des Schmieröls an den warmen Motorbauteilen. Diese Dämpfe gelangen durch die Kurbelgehäuseentlüftung in den Ansaugkanal des Motors und werden verbrannt.

> Der zulässige **Ölverbrauch** wird für jeden Fahrzeugtyp vom Hersteller angegeben. Er beträgt etwa 0,5 bis 1 l auf 1000 km.

Wegen der Schmierölverschlechterung muß das Öl in regelmäßigen Abständen gewechselt werden. Die Ölfilter sind in den vorgeschriebenen Zeiträumen auszutauschen.

Hinweise für die Wartung und Diagnose der Schmieranlage gibt Tab. 4, S. 279.

Aufgaben

1. Nennen Sie die Aufgaben der Schmierung.
2. Nennen Sie Bauteile des Kraftfahrzeugs, zwischen denen eine hohe Reibungskraft erwünscht ist.
3. Berechnen Sie die Reibungskraft, die während des Verschiebens einer 520 kg schweren Kiste wirksam wird ($\mu = 0,3$).
4. Fertigen Sie für die Aufgabe 3 eine Skizze an, und tragen Sie die wirksamen Kräfte ein.
5. Wovon ist die Reibungszahl μ abhängig?
6. Nennen Sie die drei Arten der Festkörperreibung, und geben Sie Beispiele an.
7. Skizzieren Sie den Druckverlauf im Schmierfilm eines Kurbelwellenlagers.
8. Beschreiben Sie die Entstehung eines Schmierspalts.
9. Nennen Sie die Vorteile einer Trockensumpfschmierung gegenüber einer Druckumlaufschmierung.
10. Beschreiben Sie die Wirkungsweise der Rotorpumpe.
11. Von welchen Größen hängt die Förderleistung einer Zahnradpumpe ab?
12. Beschreiben Sie den Unterschied zwischen der Mischungsschmierung und der Druckumlaufschmierung.
13. Berechnen Sie, wieviel l Öl einer Tankfüllung beigegeben werden müssen, wenn 36 l Kraftstoff getankt werden (Mischungsverhältnis 1 : 50).
14. In einem Tank befinden sich 52 l Gemisch. Das Mischungsverhältnis beträgt 1 : 25. Berechnen Sie, wieviel l Kraftstoff und Öl vermischt wurden.
15. Nennen Sie die Aufgabe der Ölfilterung.
16. Beschreiben Sie die unterschiedlichen Wirkungsweisen und die Einsatzmöglichkeiten eines Haupt- und eines Nebenstromfilters.
17. Nennen Sie verschiedene Ölfilterarten.
18. Beschreiben Sie, aus welchem Grund sich in Freistrahlzentrifugen die im Öl enthaltenen Verunreinigungen an der Filterwand absetzen.
19. Welche Aufgaben haben Schmieröle zu erfüllen?
20. Was bedeutet Zähflüssigkeit?
21. Welchen Vorteil bieten Mehrbereichsöle?
22. Worin unterscheiden sich SAE-Klassen und API-Klassifikationen?
23. Warum muß die Verschäumung des Schmieröls verhindert werden?
24. Worin unterscheiden sich die Schmierfette untereinander?
25. Was ist ein Hypoidöl?
26. Wodurch verschlechtert sich nach längerer Betriebsdauer die Qualität des Schmieröls?

29 | Kühlung

29.1 Aufgabe der Kühlung

Aufgabe der Kühlung ist es, die von den Motorbauteilen während des Verbrennungsvorgangs aufgenommene Wärme an die Umgebungsluft abzuführen.

Das ist erforderlich, um:

- eine zu hohe Erwärmung und damit verbundene Zerstörung der Motorbauteile zu verhindern,
- die Temperatur im Verbrennungsraum zu senken, um dadurch kontrollierte Verbrennungsvorgänge zu ermöglichen, und
- eine zu hohe Erwärmung des Schmieröls und damit eine Veränderung der Schmiereigenschaften zu vermeiden (Abb. 1).

Durch die notwendige Kühlung des Verbrennungsmotors geht bis zu 33 % der zugeführten chemischen Energie verloren (Abb. 2).

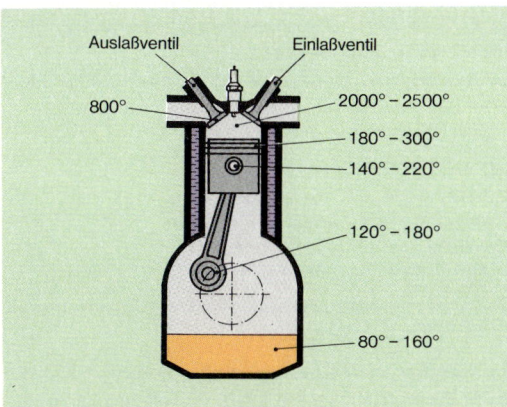

Abb. 1: Betriebstemperaturen eines Viertakt-Ottomotors

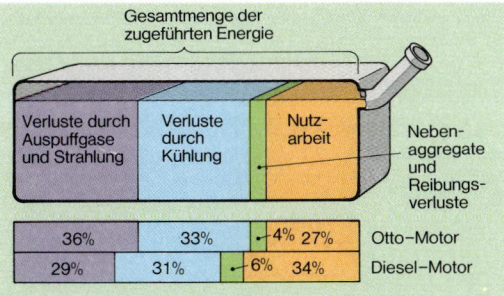

Abb. 2: Energievergleich von Verbrennungsmotoren

29.2 Grundprinzip der Kühlung

Die Kühlung der Motoren kann nach unterschiedlichen Prinzipien erfolgen:

- Wärmeleitung,
- Wärmeströmung,
- Wärmestrahlung,
- Umwandlung des Aggregatzustands.

29.2.1 Wärmeleitung

Wärmeleitung ist der Wärmetransport innerhalb eines ruhenden Stoffs. Die Wärmeleitung vollzieht sich vom wärmeren Teil des Stoffs zum kälteren Teil und zwar so lange, bis der Temperaturunterschied ausgeglichen ist.

Folgende Faktoren beeinflussen die Größe der übertragbaren Wärmemenge:

- die **Querschnittsfläche** des wärmeleitenden Körpers,
- der **Temperaturunterschied** innerhalb des Körpers,
- die **Wärmeleitfähigkeit** des Stoffs durch den die Wärme geleitet wird.

Die **Wärmeleitfähigkeit** eines Stoffs gibt an, welche Wärmemenge in einer Sekunde bei einem Temperaturunterschied von 1 K durch einen Würfel mit einer Kantenlänge von 1 m hindurchfließt.

Tab. 1: Wärmeleitfähigkeit verschiedener Stoffe

Wärmeleitfähigkeit in $\frac{W}{m \cdot K}$			
Kupfer	384	Kesselstein	2,3
Aluminium	234	Wasser	0,6
Kupfer-Zink-Leg.	112	Glas	0,6
Stahl/Gußeisen	60	Luft	0,02

Stoffe mit einer hohen Wärmeleitfähigkeit sind **gute Wärmeleiter,** d.h., sie setzen dem Wärmedurchgang nur einen geringen Widerstand entgegen (Tab. 1).

Metallische Werkstoffe haben eine hohe Wärmeleitfähigkeit. Flüssigkeiten, Gase und Wärmedämmstoffe weisen dagegen eine geringe Wärmeleitfähigkeit auf.

29.2.2 Wärmeströmung

Flüssigkeiten und Gase sind schlechte Wärmeleiter. Der Wärmetransport erfolgt in ihnen durch Aufnahme und Mitführung (Konvektion; convehere, lat.: mitbringen, mitführen) der Wärme während eines Strömungsvorgangs.

> **Wärmeströmung** erfolgt, indem der erwärmte Stoff sich bewegt und seine Wärme mit sich führt.

Die Wärmemenge, die durch Wärmeströmung transportiert werden kann, ist abhängig von:

- dem **Kühlmedium,** d.h. seiner spezifischen Wärmekapazität (Tab. 2),
- dem **Volumen** des Kühlmittels und
- der **Strömungsgeschwindigkeit** des Kühlmittels.

29.2.3 Wärmestrahlung

> Erwärmte Körper setzen einen Teil ihrer Wärmeenergie in **Strahlungsenergie** um und kühlen sich dabei ab.

Wärmestrahlen breiten sich wie Lichtstrahlen geradlinig aus und können reflektiert werden. Die **Wärmeaufnahme** und die **Wärmeabgabe** durch Wärmestrahlung eines Körpers sind von seiner Temperatur sowie der Größe und der Beschaffenheit seiner Oberfläche abhängig. Dunkle, rauhe Oberflächen geben mehr Wärme durch Strahlung ab, nehmen aber auch besser Wärmestrahlen auf als glatte, helle Oberflächen.

29.2.4 Änderung des Aggregatzustands

> Die **Änderung des Aggregatzustands** vom flüssigen in den gasförmigen Zustand ist nur unter Aufnahme von Wärme möglich (Abb. 1).

Die für die Änderung erforderliche Wärmemenge wird in Verbrennungskraftmaschinen **den warmen** Motorbauteilen **entzogen.**

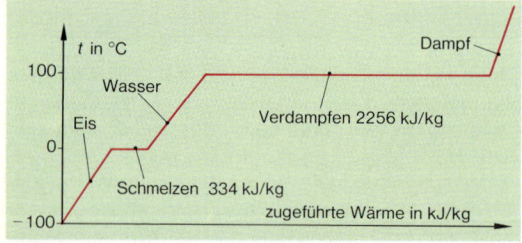

Abb. 1: Änderung des Aggregatzustands

Während des Ansaugtakts strömt ein Kraftstoff-Luftgemisch in den Verbrennungsraum. Für die Umwandlung des noch flüssigen Kraftstoffs in ein zündfähiges Gas ist Wärme erforderlich. Die Motorbauteile werden dadurch gekühlt.

Diese Art der Kühlung wird als **Innenkühlung** bezeichnet. Die Kühlwirkung ist abhängig von der Gemischzusammensetzung und der Gemischtemperatur. Fette Gemische haben eine größere Kühlwirkung als magere Gemische. Etwa 2 bis 3% der erforderlichen Kühlung erfolgt durch Innenkühlung. Etwa 97 bis 98% der Kühlung vollzieht sich durch Wärmeleitung, Wärmeströmung und Wärmestrahlung nach dem Verfahren der **Außenkühlung.**

29.2.5 Wärmemenge

Für die Wärmemenge, die bei der Verbrennung des Kraftstoffs frei wird, gilt folgende Gleichung:

$$Q = m \cdot H_u$$

Q frei gewordene Wärmemenge in kJ
m Masse des Brennstoffs in kg
H_u Heizwert in $\dfrac{kJ}{kg}$

Bis zu 33% der frei werdenden Wärmemenge geht durch die Kühlung verloren.

Für die Wärmemenge, die durch eine Kühlanlage abgeführt werden kann, gilt folgende Gleichung:

$$Q = m \cdot c \cdot \Delta T$$

Q abzuführende Wärmemenge in kJ
m Masse des Kühlmittels in kg
c spezifische Wärmekapazität des Kühlmittels in $\dfrac{kJ}{kg \cdot K}$
ΔT Temperaturdifferenz vor und nach der Abkühlung in K

Die **spezifische Wärmekapazität** eines Stoffs ist die Wärmemenge in kJ, die erforderlich ist, um 1 kg eines Stoffs um 1 K zu erwärmen (Tab. 2).

Tab. 2: Mittlere spezifische Wärmekapazität verschiedener Stoffe

Spezifische Wärmekapazität in $\dfrac{kJ}{kg \cdot K}$ bei 20°C			
Wasser	4,18	Kupfer	0,39
Äthylalkohol	2,4	Kupfer-Zink-Leg.	0,38
Luft	1,0	Holz	1,4
Aluminium	0,9	Kunststoffe	1,8
Eisen	0,45		

29.3 Arten der Kühlung

Nach der Art des verwendeten Kühlmittels werden für Kraftfahrzeuge zwei Kühlsysteme unterschieden:

- Luftkühlung,
- Wasserkühlung.

29.3.1 Luftkühlung

> Durch die **Luftkühlung** werden die warmen Motorbauteile durch vorbeiströmende Luft gekühlt.

Die Luftkühlung hat gegenüber der Wasserkühlung folgende **Vorteile:**

- geringerer baulicher Aufwand, die Motoren werden leichter und kostengünstiger,
- geringere Störanfälligkeit,
- die Betriebstemperatur des Motors wird schneller erreicht, dadurch wird die Warmlaufphase verkürzt und
- das Kühlmittel kann nicht einfrieren.

Nachteile:

- aufgrund höherer Zylinderwandtemperaturen entstehen größere Temperaturunterschiede zwischen kaltem und warmem Motor und
- größere Betriebsgeräusche wegen des fehlenden geräuschdämmenden Wassermantels.

Durch **Wärmeleitung** gelangt die vom Verbrennungsraum abzuführende Wärmemenge zunächst in die Zylinder- und die Zylinderkopfwandungen. Für diese Bauteile werden Werkstoffe mit **großer Wärmeleitfähigkeit** verwendet (Tab. 1, S. 281). Von der Oberfläche der warmen Motorbauteile wird die Wärme an die Kühlluft abgegeben. Dieser Wärmetransport erfolgt durch Wärmeleitung in der Luft und durch Wärmeströmung der Luft.

Um den Wärmeübergang vom Motor an die Kühlluft zu verbessern, wird die wärmeabgebende Oberfläche durch **Kühlrippen** wesentlich vergrößert (Abb. 2).

Der Luftstrom kann auf zwei Arten an die zu kühlenden Motorbauteile herangeführt werden:

- durch den **Fahrtwind** oder
- durch ein **Gebläse.**

Fahrtwindkühlung

Fahrtwindkühlung eignet sich für thermisch nicht sehr hoch belastete Motoren. Sie wird auch für Kraftradmotoren verwendet.

Die **Vorteile** der Fahrtwindkühlung sind:

- geringer baulicher Aufwand,
- wartungsfrei.

Nachteile:

- Die Kühlwirkung ist abhängig von der Fahrgeschwindigkeit und Lufttemperatur.
- Der Motor muß immer günstig im Fahrtwind liegen.

Gebläseluftkühlung

> Die **Gebläseluftkühlung** versorgt die einzelnen Zylinder durch ein Gebläse mit Kühlluft. Das **Gebläse** wird meist über einen Keilriemen vom Motor angetrieben.

Leitbleche führen den Luftstrom so, daß alle Motorbauteile ausreichend gekühlt werden (Abb. 3).

Abb. 2: Kühlrippen

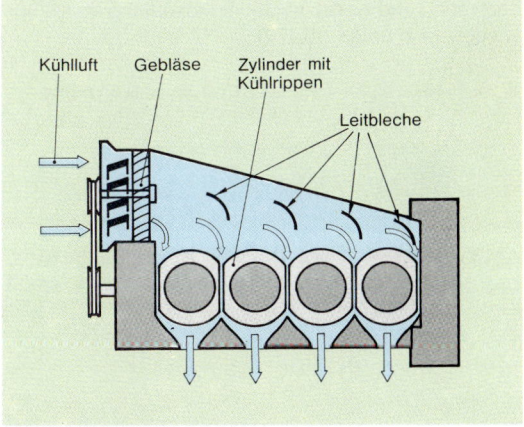

Abb. 3: Luftgekühlter Verbrennungsmotor

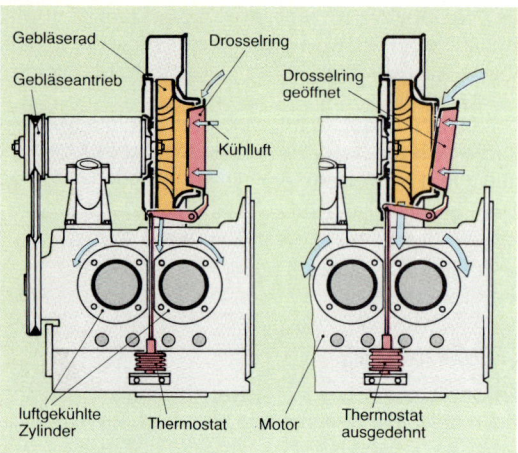

Abb. 1: Regelung der Kühlluftmenge

Die Betriebstemperatur des Motors soll schnell erreicht und konstant gehalten werden. Dazu wird die Kühlluftmenge (Luftmengendurchsatz) geregelt. Diese Regelung kann durch Drosselung der vom Gebläse angesaugten Luftmenge erfolgen (Abb. 1) oder durch eine Veränderung der Gebläseleistung.

29.3.2 Wasserkühlung

> Durch die **Wasserkühlung** werden die warmen Motorbauteile durch strömendes Wasser gekühlt.

Dieser Strömungsvorgang stellt sich bei der **Wärmeumlaufkühlung** (Thermosyphon-Kühlung) selbsttätig ein. Durch die Erwärmung des Kühlmittels verringert sich dessen **Dichte.** Flüssigkeitsteilchen mit einer geringeren Dichte sind leichter. Sie steigen nach oben und sinken nach der Abkühlung im Kühler wieder nach unten (Abb. 2).

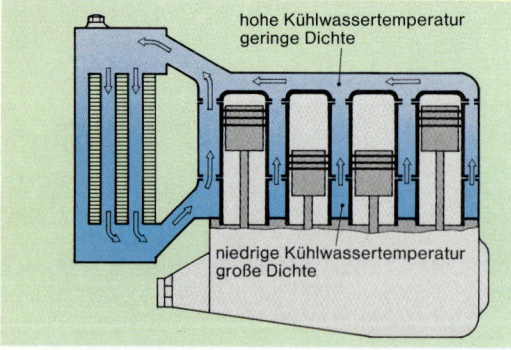

Abb. 2: Wärmeumlaufkühlung (Thermosyphonkühlung)

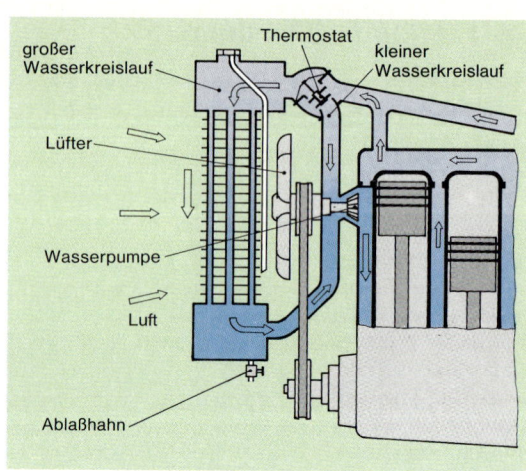

Abb. 3: Pumpenumlaufkühlung

Die Strömungsgeschwindigkeit des Kühlmittels wird durch den Einbau einer Wasserpumpe erheblich gesteigert. Die **Pumpenumlaufkühlung** (Abb. 3) hat gegenüber der Wärmeumlaufkühlung folgende **Vorteile:**

- eine Verringerung der Kühlmittelmenge,
- der Kühler kann kleiner sein und muß nicht höher als der Motor angeordnet werden.
- Die Temperaturdifferenz vor und nach dem Kühler kann geringer gehalten werden. Dadurch werden Wärmespannungen in den Werkstoffen des Motors verhindert.

Die **Kühlmittelmenge** ist hauptsächlich abhängig von:

- der Motorleistung,
- dem Gesamthubraum und
- der Umwälzgeschwindigkeit des Kühlmittels.

Kühlanlagen werden so ausgelegt, daß der Temperaturunterschied vor und nach dem Kühler etwa 10°C beträgt (für Hochleistungsmotoren 5°C).

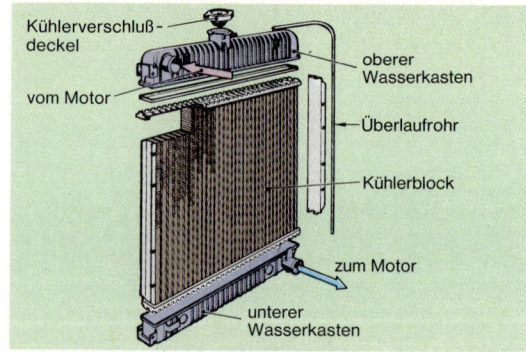

Abb. 4: Aufbau eines Wasserkühlers

29.4 Bauteile der Motorkühlung

29.4.1 Wasserkühler

> **Aufgabe** des Kühlers ist es, die Temperatur des einströmenden Wassers um etwa 5 bis 10°C zu senken.

Von der Wasserpumpe getrieben, strömt das erwärmte Wasser durch eine Vielzahl paralleler Rohre und gibt dort die Wärme zunächst an die Rohrwandungen ab. Die Rohre bestehen aus Werkstoffen mit einer **hohen Wärmeleitfähigkeit** (Cu, Cu-Zn-Leg., Al). Durch Wärmeleitung wird die Wärme an die Außenflächen der Rohre transportiert und dort an die Umgebungsluft abgegeben (Abb. 3). Zur Vergrößerung der wärmeabgebenden Oberflächen sind die Rohre mit **Kühlrippen** versehen, die die Rohre gleichzeitig verbinden (Abb. 5).

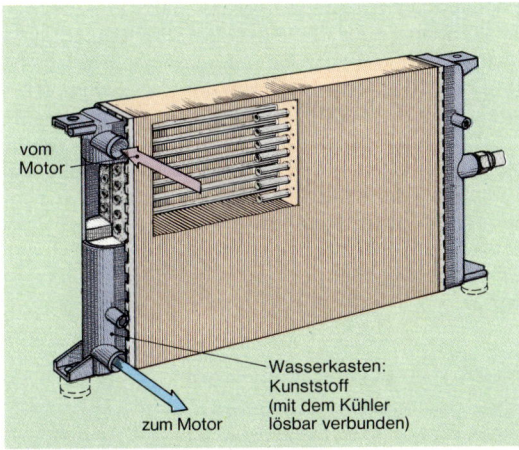

Abb. 5: Kühlerblock aus Aluminium

vom Motor
zum Motor
Wasserkasten:
Kunststoff
(mit dem Kühler
lösbar verbunden)

Im **geschlossenen Kühlsystem** ist die Überlaufleitung am Wasserkasten mit einem **Ausgleichsbehälter** verbunden. Die im Behälter befindliche Flüssigkeit gleicht die Volumenänderung der Kühlflüssigkeit bei unterschiedlichen Temperaturen aus. Dieses System ist wartungsfrei, der Kühlflüssigkeitsstand kann am Ausgleichsbehälter kontrolliert werden.

Die Verwendung von Aluminium als Rohr- und Lamellenwerkstoff war bisher wegen der schlechten Lötbarkeit nicht üblich. Durch die Entwicklung neuer Fertigungsverfahren kann der Kühlerblock aus Aluminium hergestellt werden (Abb. 5). Es ergeben sich die folgenden **Vorteile:**

- Verringerung der Masse bis zu 50% und
- kostengünstigere Herstellung.

29.4.2 Lüfter

Die Kühlwirkung eines Kühlers ist wesentlich von der **Luftmenge** abhängig, die während einer Zeiteinheit durch den Kühler strömt. Ein hinter dem Kühler angeordneter Lüfter saugt unabhängig von der Fahrgeschwindigkeit des Fahrzeugs Kühlluft durch den Kühler. Der Lüfter sorgt dadurch für eine stets ausreichende Kühlluftmenge. Der Antrieb kann **mechanisch,** z.B. über Keilriemen von der Kurbelwelle, oder **elektrisch** erfolgen.

Eine Steuerung der Kühlluftmenge ist über **zu-** und **abschaltbare Lüfter** möglich. Gegenüber den ständig mitlaufenden Lüftern haben sie folgende **Vorteile:**

- Verkürzung der Warmlaufphase, da sich der Lüfter erst nach Erreichen der Betriebstemperatur einschaltet.
- Kraftstoffersparnis, da nicht ständig Antriebsenergie für den Lüfter verbraucht wird.

Die Steuerung der Ein- und Abschaltvorgänge ist von der Bauart der Lüfter abhängig. Elektrisch angetriebene Lüfter werden durch einen Temperaturfühler (Thermostat) gesteuert. Dieser betätigt je nach Kühlwassertemperatur einen elektrischen Kontakt.

Für die vom Motor über Keilriemen angetriebenen Lüfter werden mechanische, elektromagnetische oder hydraulische Lüfterkupplungen verwendet.

In mechanischen Kupplungen steuern **Dehnstoffelemente** das Zu- oder Abschalten des Lüfters (Abb. 6). Die **Kraftübertragung** erfolgt durch **Reibungskupplungen.** Eine kraftschlüssige Verbindung zwischen dem Antriebsrad und dem Lüfter wird durch die Kraft des Arbeitskolbens im Dehnstoffelement hergestellt. Diese Kupplungen ermöglichen zwei Betriebszustände:

- Kupplung getrennt:
  Lüfter dreht sich ohne Saugleistung im Fahrtwind.
- Kupplung eingekuppelt:
  Lüfter dreht sich ständig mit Antriebsraddrehzahl.

Eine **stufenlose Steuerung** der Lüfterdrehzahl, und damit der Lüfterleistung, ist durch **hydraulische Strömungskupplungen** möglich (Abb. 1, S. 286).

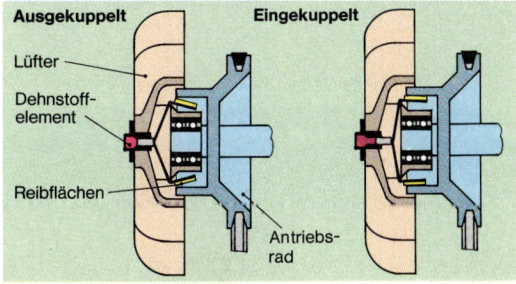

Ausgekuppelt   Eingekuppelt
Lüfter
Dehnstoffelement
Reibflächen
Antriebsrad

Abb. 6: Mechanische Lüfterkupplung

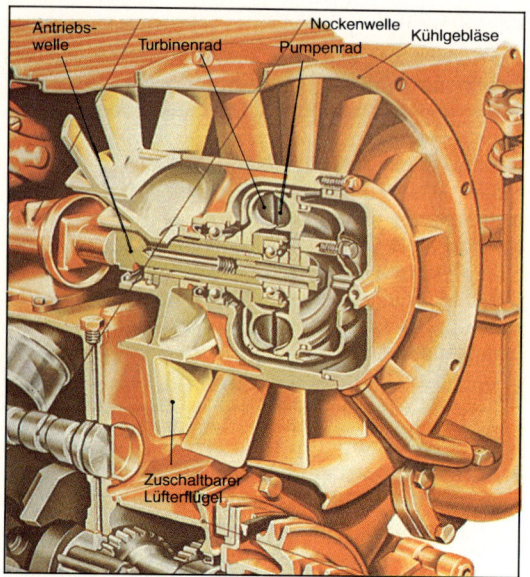

Abb. 1: Hydraulische Strömungskupplung

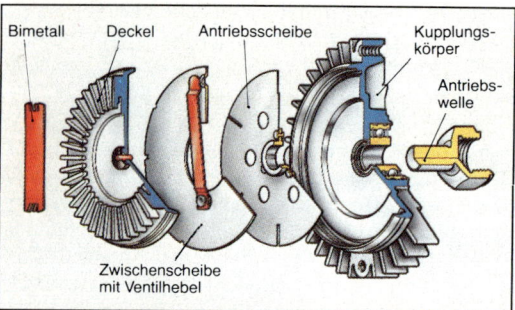

Abb. 2: Visco-Lüfter

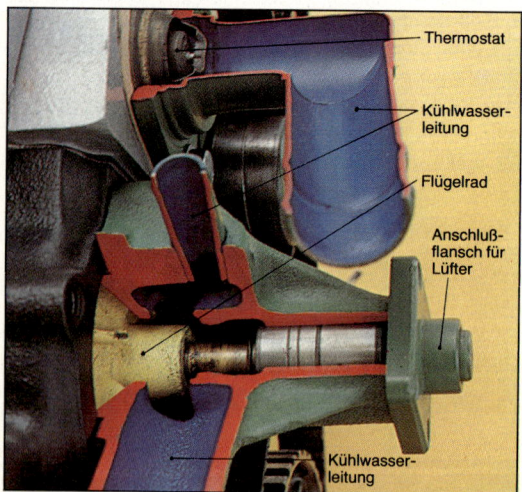

Abb. 3: Wasserpumpe

Bis zum Erreichen der Betriebstemperatur arbeitet die Kupplung nur mit einer geringen Ölmenge. Das Füllen der Kupplung beginnt erst nach Erreichen der Betriebstemperatur des Motors. Temperaturabhängige Steuerglieder verändern ständig die Füllmenge und damit die Drehzahl des Lüfters. Dadurch steigt oder fällt die Saugleistung des Lüfters.

Auch **Visco-Lüfter** (Visco, von Viskosität = Zähflüssigkeit) ermöglichen eine stufenlose Änderung der Saugleistung des Lüfters. Im Gehäuse des Lüfters (Abb. 2) befinden sich **zwei voneinander getrennte Scheiben** (Abstand etwa 1 mm). Aus einem Vorratsbehälter strömt in Abhängigkeit von der Betriebstemperatur des Motors eine unterschiedlich große Silikonölmenge in das Gehäuse ein. Die Übertragung des Antriebsdrehmoments von der Antriebsscheibe zum Lüftergehäuse erfolgt durch Reibung im Öl.

29.4.3 Wasserpumpe

Als Wasserpumpen (Abb. 3) werden hauptsächlich **Radialpumpen** verwendet (radius, lat.: Strahl).

Im Pumpengehäuse befindet sich ein Flügelrad. Die Welle des Flügelrades kann durch einen Elektromotor, über einen Keilriemen von der Kurbelwelle oder direkt von der Kurbelwelle angetrieben werden. In der Mitte des Pumpengehäuses strömt das Wasser in die Pumpe ein und trifft dort auf das sich drehende Flügelrad. Das Flügelrad transportiert den Wasserstrom auf einer spiralförmigen Bahn. Durch die entstehende Fliehkraft wird das Kühlwasser durch den Wasseraustrittsstutzen in den Kühlkreislauf gedrückt.

29.4.4 Kühlerverschlußdeckel

Der Wasserkasten des Kühlers ist durch einen Deckel verschlossen. Im Verschlußdeckel befinden sich ein **Überdruck-** und ein **Unterdruckventil** (Abb. 4). Das Kühlwasser dehnt sich bei Erwärmung aus und drückt dabei das Luftpolster im Wasserkasten zusammen. Durch diese Steigerung des Luftdrucks im Kühlsystem erhöht sich die **Siedetemperatur** des Kühlwassers auf 105 bis 115°C. Bis zu einem absoluten Druck von 1,5 bis 2 bar hält eine Druckfeder das Überdruckventil geschlossen. Wird der Druck zu hoch, so öffnet das Überdruckventil, und Wasserdampf strömt durch eine Überlaufleitung ins Freie. Der Druck, bei dem das Ventil öffnet, ist auf dem Kühlerverschlußdeckel eingeprägt (z. B. 600 für einen Öffnungsdruck von 0,6 bar Überdruck).

Durch Abkühlung des Kühlwassers verringert sich der Luftdruck im Kühlsystem. Das Unterdruckventil öffnet bei einem Druck von $p_{abs} = 0,92$ bis 0,95 bar. Durch diesen **Druckausgleich** werden Beschädigungen des Kühlers vermieden.

29.4.5 Kühlerwasserthermostat

Kühlwasserthermostate sind in der Zuleitung zum Kühler oder in der Leitung vom Kühler zum Motor angeordnet. Sie bestehen aus einem temperaturabhängigen Stellglied (Faltenbalg- oder Dehnstoffelement) und einem Ventil (Abb. 5). Je nach Ventilstellung fließt das Kühlwasser nur **im kleinen Kühlwasserkreislauf** (ohne Kühler), im **großen Kühlwasserkreislauf** (mit Kühler) oder es durchströmt zu unterschiedlichen Teilen beide Kreisläufe. Die Ventilstellung bestimmt die Menge des durch den Kühler strömenden Kühlmittels und beeinflußt dadurch die Betriebstemperatur des Motors.

Im **Faltenbalg** befindet sich eine leichtsiedende Flüssigkeit (Siedepunkt 60 bis 80°C). Das warme Kühlwasser umströmt den Faltenbalg, die leichtsiedende Flüssigkeit verdampft. Dadurch erhöht sich innerhalb des Balgs der Druck. Der Faltenbalg verlängert sich und öffnet über die Verbindungsstange das Ventil. Je größer der Öffnungsquerschnitt, desto mehr Wasser strömt dem Kühler zu. Für Kühlsysteme, in denen ein Überdruck herrscht, sind diese Thermostate ungeeignet, da der Druck im Kühlsystem die Ausdehnung des Faltenbalgs behindert.

Diese Nachteile haben **Dehnstoffelemente** nicht (Abb. 6). Der Arbeitskolben steckt in einem Gummieinsatz und wird in einem Metallgehäuse gehalten. Zwischen Gummieinsatz und Gehäuse befindet sich ein Dehnstoff, der bei Erwärmung sein Volumen vergrößert. Durch die kegelige Form des Kolbens schiebt

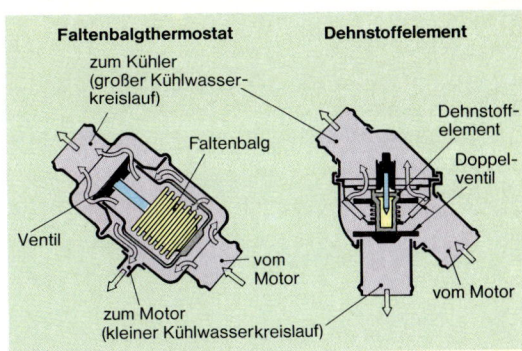

Abb. 5: Kühlwasserthermostate

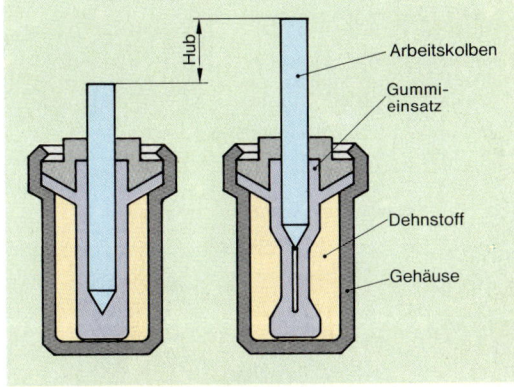

Abb. 6: Dehnstoffelement

sich dieser aus dem Dehnstoffelement heraus und bewirkt auf diese Weise eine Veränderung der Ventilstellung.

Die Ventile können als Drossel- oder als Doppelventil ausgeführt werden (Abb. 1, S. 288). **Drosselventile** sind kostengünstiger, haben aber den Nachteil, daß auch bei voll geöffnetem Ventil Kühlwasser ungekühlt über den kleinen Kühlwasserkreislauf dem Motor zuströmt. Mit einem **Doppelventil** kann auch die über den kleinen Kühlwasserkreislauf strömende Wassermenge (Kurzschlußkreislauf) geregelt werden.

Bis zum Erreichen der Betriebstemperatur verschließt der obere Ventilteller den Zulauf zum Kühler. Über den geöffneten unteren Ventilteller strömt das Kühlwasser im kleinen Kreislauf durch die **Kurzschlußleitung** ungekühlt dem Motor zu. Nach Erreichen der Betriebstemperatur öffnet das Ventil zum Kühler, und ein Teil der Wassermenge wird dem Kühler zugeleitet. Beide Ventile sind geöffnet, dem Motor strömt eine Mischung aus gekühltem und ungekühltem Kühlwasser zu. Steigt die Kühlwassertemperatur stark an, wird die Kurzschlußleitung verschlossen, und die gesamte Kühlwassermenge strömt durch den Kühler.

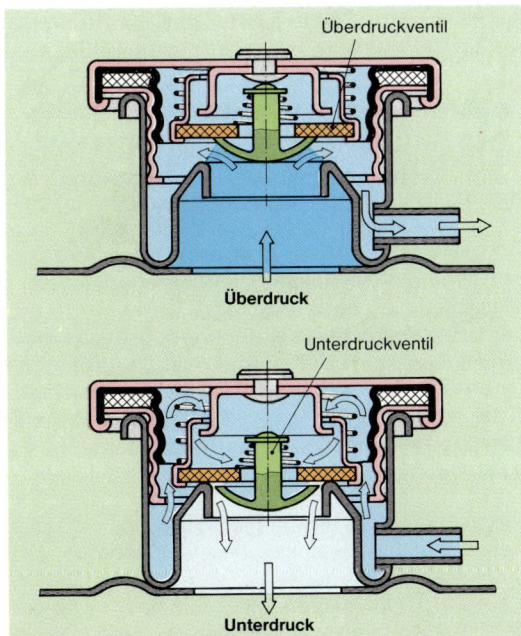

Abb. 4: Kühlerverschlußdeckel

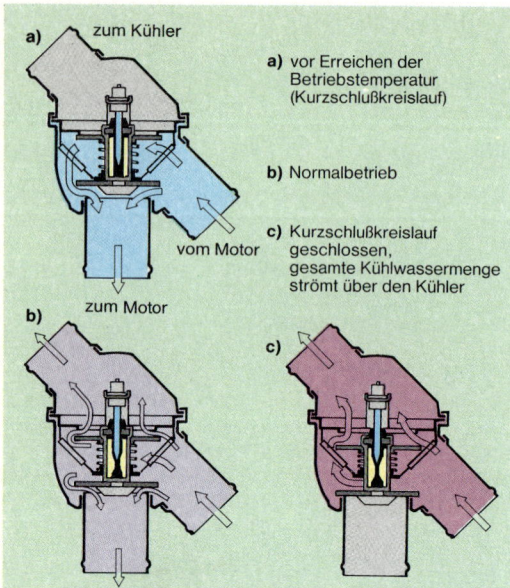

a) zum Kühler

a) vor Erreichen der Betriebstemperatur (Kurzschlußkreislauf)

b) Normalbetrieb

c) Kurzschlußkreislauf geschlossen, gesamte Kühlwassermenge strömt über den Kühler

vom Motor

zum Motor

b)

c)

Abb. 1: Kühlwasserthermostat mit Doppelventil

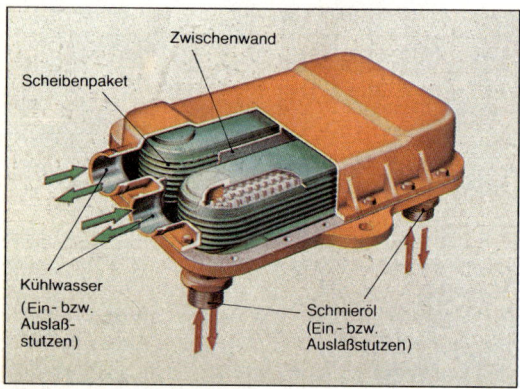

Zwischenwand

Scheibenpaket

Kühlwasser (Ein- bzw. Auslaßstutzen)

Schmieröl (Ein- bzw. Auslaßstutzen)

Abb. 2: Wärmetauscher

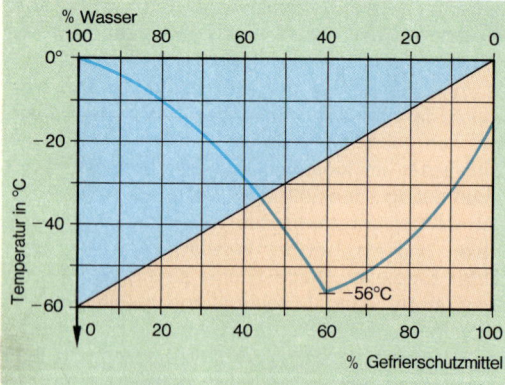

Abb. 3: Gefrierpunkte von Kühlwassermischungen

29.4.6 Ölkühler

Öltemperaturen über 115°C verringern die Schmierfähigkeit des Öls. Deshalb wird das Öl in der Ölwanne gekühlt. Reicht diese Art der Kühlung nicht aus, ist eine zusätzliche **Ölkühlung** erforderlich. Dann werden in den Schmierölkreislauf ein Ölkühler oder ein Wärmetauscher eingebaut (Abb. 2).

Im **Ölkühler** erfolgt die Kühlung durch den Wärmeübergang auf die Kühlluft. Ein Thermostat steuert den Ölstrom so, daß erst nach Erreichen einer Öltemperatur von etwa 115°C das Öl den Kühler durchströmt. Der **Wärmetauscher** besteht aus zwei voneinander getrennten Flüssigkeitskreisen. Das Schmieröl durchfließt den Wärmetauscher in Kühlschlangen (Abb. 2), welche vom Kühlwasser umspült werden. Infolge der Wärmeleitung vom Öl zum Kühlwasser verringert sich die Schmieröltemperatur.

29.4.7 Kühlwasser

Das in den Kühlwasserkanälen strömende Wasser soll frei von Mineralien und anderen Verunreinigungen sein. Mineralien (Kalk und Salze) setzen sich an den Kühlwasserkanälen als Kesselstein ab, verringern den nutzbaren Strömungsquerschnitt der Rohre und behindern (wegen der geringeren Wärmeleitfähigkeit des Kesselsteins) den Wärmeübergang zum Kühler. Destilliertes Wasser eignet sich wegen seines geringen Kalkgehalts besonders gut als Kühlwasser.

Zur Senkung des Gefrierpunktes muß dem Kühlwasser ein Gefrierschutzmittel beigemengt werden.

> **Gefrierschutzmittel** sind wasserlösliche Flüssigkeiten auf Glykolbasis (Glykol: einfacher zweiwertiger Alkohol).

Diese Mittel haben einen Gefrierpunkt von etwa −10 bis −14°C. In Verbindung mit Wasser senkt sich der Gefrierpunkt in Abhängigkeit vom Mischungsverhältnis bis auf −56°C (Abb. 3).

Der tiefste Gefrierpunkt wird bei einem Mischungsverhältnis von 60% Gefrierschutzmittel zu 40% Wasser erreicht. Eine weitere Zugabe von Gefrierschutzmittel senkt den Gefrierpunkt der Mischung nicht mehr, sondern hebt ihn an.

Durch die Beimengung von Gefrierschutzmittel verändert sich die **Dichte** der Kühlflüssigkeit. Über die Messung der Dichte kann das Mischungsverhältnis Wasser/Gefrierschutzmittel bestimmt werden. Ein Aräometer (Senkwaage) ist ein übliches Dichte-Meßgerät. Der Auftrieb, der auf einen von der Kühlflüssigkeit umspülten Prüfkörper wirkt, gilt als Vergleichsmaß für die Dichte der Kühlflüssigkeit.

29.5 Wartung und Diagnose

Durch **Fernthermometer** wird die Kühlwassertemperatur ständig gemessen. Auf einem Anzeigeinstrument kann die Kühlwassertemperatur abgelesen werden oder es wird ein Signalgeber verwendet, der nur bei Überschreiten der zulässigen Betriebstemperatur ein Signal gibt (optisch oder akustisch).

Störungen innerhalb des Kühlsystems beeinflussen die Kühlwassertemperatur und damit die Betriebstemperatur des Motors. Ein **Überschreiten** der zulässigen **Betriebstemperatur** führt in den meisten Fällen zu hohen Verbrennungsraumtemperaturen.

Folgen zu hoher Verbrennungsraumtemperaturen:

- Die in den Verbrennungsraum einströmenden Frischgase entzünden sich unkontrolliert an den warmen Zylinderwandungen.
- Die einströmenden Frischgase dehnen sich stark aus, damit verringert sich die Füllung des Zylinders. Die Motorleistung nimmt ab.
- Das Schmieröl verbrennt an den warmen Zylinderwandungen, es kommt dadurch zu Ölkohleansätzen (Gefahr der Selbstzündung).

Folgen zu geringer Verbrennungsraumtemperaturen:

- Ein Teil des in den Verbrennungsraum gelangten Kraftstoffs verdampft nicht vollständig und setzt sich an den Zylinderwandungen nieder. Die Motorleistung verringert sich.
- Der flüssige Kraftstoff wäscht den Schmierfilm von den Zylinderwandungen. Er verdünnt das Schmieröl und fördert dadurch den Verschleiß.

Die Störanfälligkeit eines Kühlsystems ist bei fachgerechter Wartung gering. Hinweise zur Wartung und Diagnose gibt Tab. 3, S. 290.

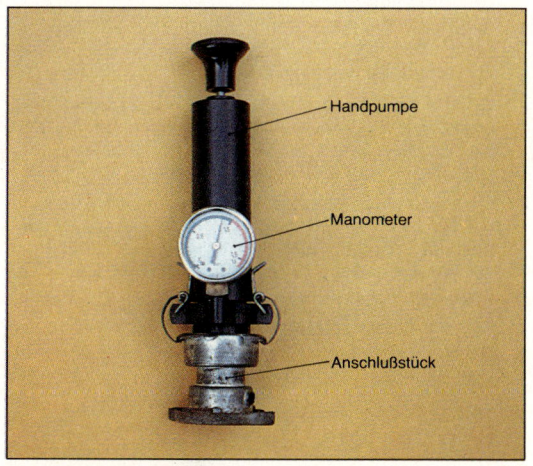

Abb. 4. Druckprüfgerät

Labels: Handpumpe, Manometer, Anschlußstück

Arbeitshinweise

- Kontrolle der Kühlmittelmenge und der Zusammensetzung (Gefrierschutz).
- Sichtkontrolle aller Schlauchverbindungen auf Dichtigkeit und äußerliche Beschädigungen.
- Kontrolle der Keilriemen auf Zustand und Keilriemenspannung.
- Reinigen der Kühlrippen und der Lamellen von Verunreinigungen.

Undichtigkeiten innerhalb des Kühlsystems lassen sich durch eine **Druckprobe** feststellen. Anstelle des Kühlerverschlußdeckels wird eine Handpumpe auf den Kühlerstutzen gesetzt. Durch die Pumpe wird innerhalb des Kühlsystems ein Überdruck von 0,6 bis 1 bar aufgebaut. Dieser Druck muß vom Kühlsystem über einen Zeitraum von 2 min gehalten werden. Verringert sich der Druck, so ist die undichte Stelle zu lokalisieren und abzudichten. Mit dem selben Gerät ist es möglich, den Öffnungsdruck des Kühlerverschlußdeckels zu prüfen (Abb. 4).

Aufgaben

1. Beschreiben Sie die Aufgaben der Motorkühlung.
2. Erläutern Sie den Begriff »Wärmeleitung«.
3. Worin unterscheidet sich der Wärmetransport durch »Wärmeströmung« von dem der »Wärmeleitung«?
4. Nennen Sie Metalle, die gute Wärmeleiter sind.
5. Erklären Sie den Begriff »Innenkühlung«.
6. Ein Fahrzeug fährt eine Stunde mit einer Geschwindigkeit von 100 km/h. Es verbraucht dabei 10 l Kraftstoff. Berechnen Sie, welche Wärmemenge in dieser Zeit durch das Kühlsystem abgeführt wird ($H_u = 44$ MJ/kg, $\varrho = 0,8$ kg/dm³).
7. Der Motor eines Kraftfahrzeugs verbraucht in einer Stunde 12 l Kraftstoff. Die Kraftstoffdichte beträgt 0,8 kg/l, der Heizwert ist mit 42,6 MJ/kg gegeben. Der Temperaturunterschied zwischen t_2 (Kühlereintritt) und t_1 (Kühleraustritt) beträgt 10 °C. Berechnen Sie die erforderliche Kühlwassermenge und die Förderleistung der Wasserpumpe je Minute, wenn das Kühlwasser in einer Stunde 450mal umgewälzt werden soll.
8. Begründen Sie die Ursache für den Strömungsvorgang bei der Thermosyphonkühlung.
9. Nennen Sie die Vorteile der Luftkühlung gegenüber der Wasserkühlung.
10. Nennen Sie die Vor- und Nachteile der Fahrtwindkühlung gegenüber der Gebläseluftkühlung.
11. Von welchen Einflußgrößen ist die erforderliche Kühlmittelmenge eines Motors abhängig?
12. Warum benötigt eine Pumpenumlaufkühlung gegenüber einer Thermosyphonkühlung eine viel geringere Kühlmittelmenge?

Tab. 3: Hinweise zur Wartung und Diagnose des Kühlsystems

Wartung ⇲			
Prüfposition	Mangel, Fehler	Ursache	Folge
⇲	⇲	⇲	Diagnose
Störstelle	Mangel, Fehler	Ursache	Störung
Kühlwasser	zu wenig Kühlwasser	undichte Schlauchverbindung, poröse od. gerissene Schläuche	zu hohe Betriebstemperatur, Kühlwasserverlust
	Kühlwasser eingefroren	zu geringe Gefrierschutzmittelmenge im Kühlwasser	Kühler oder Motor geplatzt
Thermostat	Thermostat öffnet nicht, (Wasser nur im Kurzschlußkreislauf)	Arbeitskolben des Thermostaten klemmt, Dehnstoff ausgelaufen	zu hohe Kühlwassertemperatur, Klopfen des Motors
	Kühlwasser strömt ständig durch den Kühler (Thermostat schließt nicht)	Verunreinigungen zwischen Ventil und Ventilsitz, Druckfeder im Thermostat gebrochen	Betriebstemperatur wird nicht oder zu spät erreicht
	zu geringe Kühlluftmenge (bei Luftkühlung)	Lüfter ausgefallen	zu hohe Betriebstemperatur
Wasserpumpe	Wasserpumpe fördert nicht genügend Kühlwasser	Keilriemenspannung zu gering	zu hohe Betriebstemperatur, Generatorkontrollampe leuchtet auf
	Wasserpumpe fördert nicht mehr	Keilriemen gerissen	
	Wasserpumpe verliert Wasser	Dichtungen an der Wasserpumpe defekt	Wasserverlust, meist Geräusche (Lagerschaden)
Lüfter	Keilriemen rutscht durch	Keilriemenspannung zu gering	zu hohe Betriebstemperatur
Lüfter (elekt.)	Lüfter dreht sich nicht	Schalter od. Zuleitung defekt	
Kühler	zu geringe Kühlleistung	Kühleroberfläche stark verschmutzt	
	Wasserverlust	Kühler beschädigt, Kühlerverschlußdeckel-Ventil öffnet nicht, zu hoher Druck im System	Kühler geplatzt
Kühlrippen (Luftkühlung)	schlechter Wärmeübergang von den Kühlrippen zur Luft	verschmutzte oder gebrochene Kühlrippen	zu hohe Betriebstemperatur

13. Welchen Vorteil haben Lüfter, die nicht ständig angetrieben, sondern nur bei Bedarf zugeschaltet werden?

14. Beschreiben Sie die Aufgabe und die Wirkungsweise der Wasserpumpe.

15. Nennen Sie drei Lüfterkupplungsarten. Beschreiben Sie die Wirkungsweise einer Lüfterkupplung.

16. Wie wird erreicht, daß das Kühlwasser in einem geschlossenen System erst bei einer Temperatur von z. B. 112°C siedet?

17. Welche Folgen stellen sich ein, wenn das Überdruckventil eines Kühlerverschlußdeckels beschädigt ist und nicht mehr schließt?

18. Beschreiben Sie die Aufgabe und die Wirkungsweise eines Dehnstoff-Kühlwasserthermostaten.

19. Skizzieren Sie die Stellung eines Dehnstoff-Kühlwasserthermostaten nach Erreichen der Betriebstemperatur. Legen Sie den Kühlwasserstrom farbig an.

20. Ein Kühlwasserthermostat klemmt (schließt nicht). Beschreiben Sie die Folgen.

21. Skizzieren Sie einen Kühlwasserthermostat als Drossel- und als Doppelventil. Nennen Sie jeweils die Vor- und Nachteile der Ventilarten.

22. Zeichnen Sie den Kühlwasserkreislauf einer Pumpenumlaufkühlung schematisch. Kennzeichnen Sie den kleinen Kühlwasserkreislauf (Kurzschlußkreislauf) und den großen Kühlwasserkreislauf.

23. Sie sollen ein Kühlsystem frostsicher machen. Berechnen Sie, wieviel *l* Gefrierschutzmittel Sie in das System einfüllen müssen, wenn die gesamte Kühlmittelmenge 15 *l* beträgt und ein Gefrierpunkt von −45°C erreicht werden soll.

24. Nennen Sie die Folgen zu hoher Verbrennungsraumtemperaturen.

25. Welche Prüfarbeiten können mit dem in Abb. 4, S. 289 dargestellten Gerät durchgeführt werden?

30 | Auspuffanlage

Die Auspuffanlage eines Kraftfahrzeugs hat folgende **Aufgaben:**

- die warmen Verbrennungsgase gefahrlos ins Freie zu leiten,
- die Auspuffgeräusche zu dämpfen,
- die Abgase von Schadstoffen zu reinigen,
- den Ladungswechsel und damit die Füllung des Motors zu verbessern.

30.1 Bauteile der Auspuffanlage

Der Auspuffkrümmer (meist aus Gußeisen) vereinigt die Abgaskanäle der einzelnen Zylinder. Stahlrohre führen den Abgasstrom so, daß er ohne Gefahr für die Fahrzeuginsassen und das Kraftfahrzeug nach hinten oder (häufig bei LKW) nach oben ins Freie strömen kann.

Zwischen den Rohren sind Schalldämpfer angeordnet. Bauteile zur Abgasentgiftung werden zwischen Auspuffkrümmer und Schalldämpfer eingebaut. Veränderungen an der serienmäßigen Auspuffanlage erfordern die Erteilung einer neuen Allgemeinen Betriebserlaubnis (ABE).

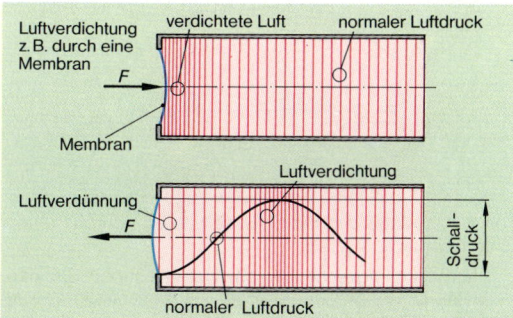

Abb. 1: Schallentstehung

Tab. 1: Lautstärken verschiedener Schallquellen

Schallquelle	Schall-pegel in dB	Schallquelle	Schall-pegel in dB
Hörschwelle	0	Maschinenhalle	100
Schlafraum	30	Discothek	110
Unterhaltungs-sprache	70	Schmerz-schwelle	120
Verkehrs-lärm	80	Düsen-triebwerk	140

30.2 Schalldämpfer

30.2.1 Schall

Vom menschlichen Ohr wahrgenommene Sinneseindrücke (Töne, Geräusche, Lärm) werden als Schall bezeichnet. Schall breitet sich in einem Übertragungsmedium mit Schallgeschwindigkeit aus, in Luft mit 333 m/s. Schallwellen entstehen durch **Verdichtung** und **Entspannung** des Übertragungsmediums (z. B. der Luft, Abb. 1).

Die **Lautstärke** des Schalls wird durch den **Schalldruck** bestimmt. Je größer die Verdichtung der Luft, desto höher ist der Schalldruck. Das menschliche Ohr nimmt über das Trommelfell diesen Schalldruck auf und wandelt ihn in eine Sinneswahrnehmung um.

> Mit Lautstärkemeßgeräten kann der Schalldruck (Schallpegel) gemessen werden. Die Maßeinheit für die **Lautstärke** ist das Dezibel (dB).

Tab. 1 zeigt die Lautstärken verschiedener Schallquellen.

Die **Tonhöhe** eines Geräusches ist abhängig von der Anzahl der Schwingungen der Schallwellen in einer Zeiteinheit (Frequenz).

$$\text{Frequenz} = \frac{\text{Zahl der Schwingungen}}{\text{Zeit}} \quad \text{in } \frac{1}{s} \text{ oder Hz}$$

$$f = \frac{n_S}{t}$$

f Frequenz in $\frac{1}{s}$ oder Hz (Hertz)

n_S Zahl der Schwingungen

t Zeit in s

Die Einheit der Frequenz ist nach dem deutschen Physiker Heinrich Hertz (1857 bis 1894) benannt.

30.2.2 Schalldämpfung

Nach der StVZO gelten für den Betrieb von Kraftfahrzeugen Außengeräuschgrenzwerte (PKW 80 dB, LKW 84 dB, Motorrad 86 dB). Daher ist es erforderlich, die Auspuffgeräusche zu mindern. Eine Minderung der Lautstärke ist durch eine Verringerung der Schallenergie (des Schalldrucks, Abb. 1) möglich. Nach dem Wirkprinzip werden zwei Möglichkeiten der Schalldämpfung unterschieden (Abb. 1, S. 292):

- Schalldämpfung durch Absorption,
- Behinderung der Ausbreitung des Schalls durch schallreflektierende Hindernisse.

In **Absorptionsschalldämpfern** wird die Schallenergie durch Reibung an schallabsorbierenden Werkstoffen (Schluckstoffe) in Wärme umgewandelt (absorbere, lat.: in sich aufnehmen).

Wegen der hohen Abgastemperaturen müssen als Schall-Schluckstoffe wärmebeständige poröse Werkstoffe, wie Glas-, Stahl- oder Steinwolle verwendet werden (Abb. 4).
An schallreflektierenden Hindernissen wird die Schallausbreitung behindert durch:

- **Reflexion** (reflexio, lat.: das Zurückwerfen),
- **Interferenz** (ferire, lat.: sich überlagern) und
- **Resonanz** (resonatia, lat.: Widerhall).

Schallreflektierende Hindernisse sind feste Wände, jede Änderung des schallführenden Kanalquerschnitts, aber auch Drosseln und Düsen.

In **Reflexionsschalldämpfern** werden die Schallwellen immer wieder an festen Wänden reflektiert.

Die Schallenergie verringert sich mit zunehmendem Weg wie ein abklingendes Echo. Ein Teil der Schallwellen wird auch durch Interferenz vermindert oder gelöscht (Abb. 2).
Zur Überlagerung von Schallwellen kommt es, wenn die Wellen nach einer Reflexion wieder aufeinandertreffen oder wenn Schallwellen nach unterschiedlich langen Wegen wieder zusammengeführt werden. Das Zusammentreffen einer Luftverdichtung mit einer Luftentspannung führt zu einem Druckausgleich und dadurch zum Abbau der Schallenergie (Abb. 3).

In **Interferenzschalldämpfern** werden die Schallwellen durch unterschiedlich lange Kanäle geführt.

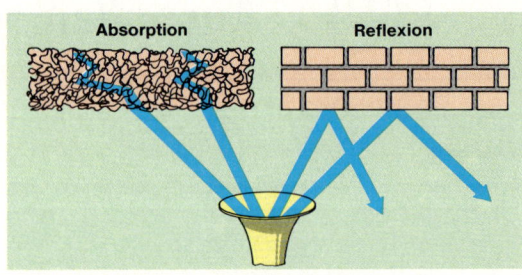

Abb. 1: Möglichkeiten der Schalldämpfung

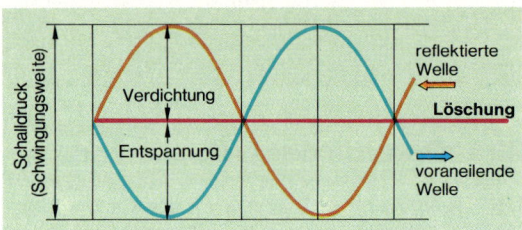

Abb. 2: Überlagerung durch Reflexion

Resonatoren sind Bauteile, die durch Schallwellen zu Eigenschwingungen angeregt werden. Dadurch kommt es in bestimmten Frequenzbereichen zur Schalldämpfung.
Die in den Kraftfahrzeugen verwendeten Schalldämpfer sind meist eine Kombination unterschiedlicher Schalldämpfer-Wirkprinzipien (Abb. 4).

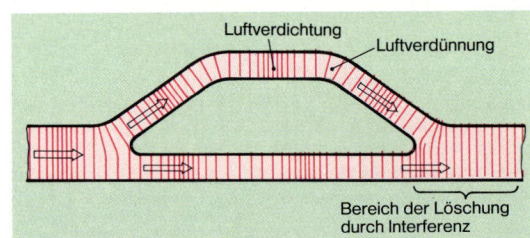

Abb. 3: Überlagerung von Schallwellen durch unterschiedlich lange Kanäle

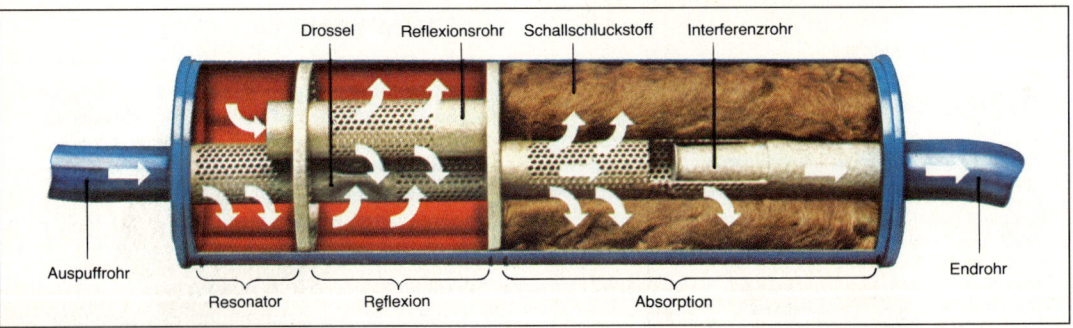

Abb. 4: Kombinationsschalldämpfer

30.3 Abgasentgiftung

Mit dem Abgas strömen die Schadstoffe:

- **Kohlenmonoxid** (CO),
- **Stickoxide** (NO$_x$) und
- **unverbrannte Kohlenwasserstoffe** (HC)

durch die Auspuffanlage in die Umgebungsluft.
Der Prozentanteil der einzelnen Schadstoffe im Abgas ist hauptsächlich vom Luftverhältnis λ abhängig, bei dem die Verbrennung erfolgt (Abb. 5).

Die Gesamtmenge der Schadstoffe, die durch den Auspuff strömt, wird hauptsächlich beeinflußt durch:

- das Hubvolumen des Motors,
- die Güte der Verbrennung und
- den Lastzustand des Motors (Abb. 6).

Durch gesetzliche Bestimmungen werden für diese Schadstoffemissionen Grenzwerte festgesetzt. Eine Verringerung der Schadstoffe im Abgas kann durch **katalytische** (katalysis, gr.: auflösen) **Nachverbrennung** erreicht werden.

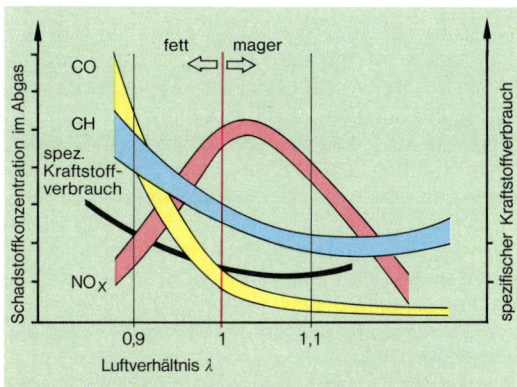

Abb. 5: Schadstoffemission in Abhängigkeit vom Luftverhältnis λ

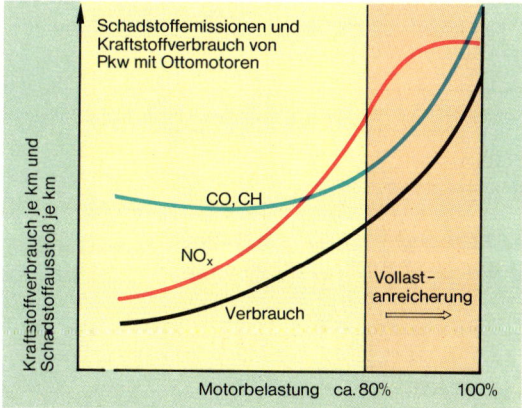

Abb. 6: Schadstoffausstoß in Abhängigkeit vom Lastzustand des Motors

---

> Als **Katalysator** wird ein Stoff bezeichnet, der durch seine Anwesenheit chemische Reaktionen auslöst oder beschleunigt, ohne sich dabei selbst zu verändern.

30.3.1 Aufbau des Abgaskatalysators

Der Abgaskatalysator besteht aus:

- dem Träger,
- der Zwischenschicht und
- der katalytisch aktiven Schicht (Abb. 7).

Als Träger werden im Kraftfahrzeugbau hauptsächlich wabenförmige Körper aus Metall oder Keramik verwendet. Diese Träger (Monolithe: aus einem Teil bestehend) haben in Strömungsrichtung bis zu 93 Kanäle je 1 cm². Auf diesen Träger sind die Zwischenschicht und die katalytisch aktive Schicht aufgebracht. Die Zwischenschicht aus Aluminiumoxid (Al$_2$O$_3$) erhöht die Aktivität der katalytischen Edelmetallbeschichtung aus Palladium, Platin oder Rhodium. Der Katalysator wird in einem Edelstahlgehäuse gelagert. Zur Dämpfung von Schwingungen ist zwischen Gehäusewand und Katalysator ein Drahtgeflecht gelegt.

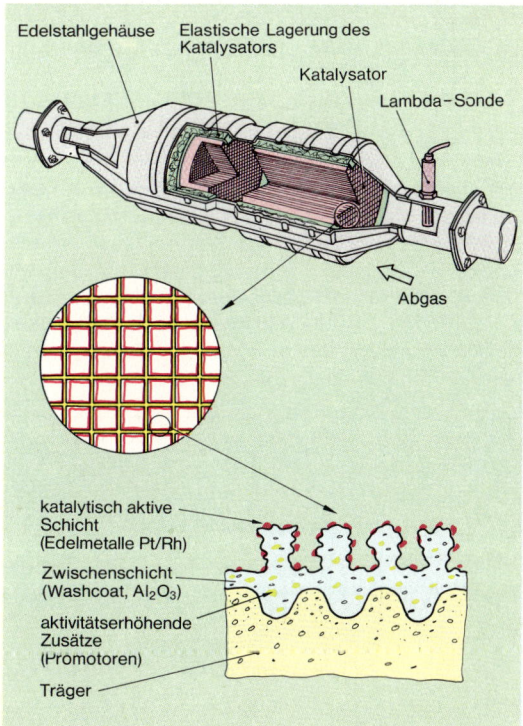

Abb. 7: Aufbau eines Abgaskatalysators

Nach der **Wirkungsweise** werden unterschieden:

- Oxidationskatalysatoren (Verringerung von HC, CO),
- Reduktionskatalysatoren (Verringerung von NO_x),
- Dreiwegkatalysatoren (Verringerung von HC, CO, NO_x).

Nach der **Art der Lagerung** der Katalysatoren im Gehäuse werden unterschieden:

- Einbettsysteme (Abb. 7, S. 293),
- Doppelbettsysteme.

30.3.2 Wirkungsweise des Abgaskatalysators

Die katalytische Nachverbrennung vollzieht sich im Katalysator. Dort werden die Schadstoffe in einem **Oxidationsvorgang** (CO und HC) und einem **Reduktionsvorgang** (NO_x) in ungiftige Stoffe umgewandelt (Tab. 2). Die Anwendung von Abgaskatalysatoren erfordert **bleifreien Kraftstoff.** Schon geringe Mengen von Blei im Abgas vermindern die Wirksamkeit des Katalysators erheblich.

Tab. 2: Chemische Vorgänge im Abgaskatalysator

$2\,CO$ Kohlen-monoxid	$+\ O_2$ Sauer-stoff	$\rightarrow$	$2\,CO_2$ Kohlen-dioxid	
$2\,NO$ Stickoxid	$+\ 2\,CO$ Kohlen-monoxid	$\rightarrow$	N_2 Stick-stoff	$+\ 2\,CO_2$ Kohlen-dioxid
$2\,C_2H_6$ Kohlen-wasserstoff	$+\ 7\,O_2$ Sauer-stoff	$\rightarrow$	$4\,CO_2$ Kohlen-dioxid	$+\ 6\,H_2O$ Wasser

Die chemischen Vorgänge vollziehen sich an der katalytisch aktiven Schicht des Katalysators (Abb. 7, S. 293) unter dem Einfluß von Wärme. Diese Wärme wird dem Katalysator mit den Abgasen zugeführt. Im Dauerbetrieb soll im Katalysator etwa eine Temperatur von 700°C gehalten werden. Zu hohe Temperaturen führen zur Zerstörung, zu geringe Temperaturen verringern die Wirksamkeit des Katalysators.

Die **Anspringtemperatur** eines Katalysators ist die Temperatur, bei der 50% der Schadstoffe umgewandelt werden. Sie liegt zwischen 300 bis 400°C.

Der **Konvertierungsgrad *k*** (convertere, lat.: umwenden) ist ein Maß für die Wirksamkeit des Katalysators.

$$k = \frac{\substack{\text{Schadstoffmenge} \\ \text{vor dem Katalysator}} - \substack{\text{Schadstoffmenge} \\ \text{hinter dem Katalysator}}}{\substack{\text{Schadstoffmenge} \\ \text{vor dem Katalysator}}}$$

Ein besonders hoher Konvertierungsgrad wird dann erreicht, wenn sich der Verbrennungsprozeß bei einem Luftverhältnis von $\lambda = 0{,}99$ bis 1 vollzieht. Ein in nahezu allen Betriebszuständen konstantes Luftverhältnis $\lambda = 1$ wird aber nur durch eine Gemischregelung erreicht.

Diese Regelung erfolgt durch einen im Auspuff befindlichen Meßfühler (Lambda-Sonde, Abb. 7, S. 293 und Abb. 1) und ein elektronisches Steuergerät. Mit der Lambda-Sonde wird ständig der Sauerstoffgehalt des Abgases gemessen. Eine Abweichung vom Sollwert wird vom Steuergerät sofort ermittelt und durch die Regeleinrichtung und die Gemischaufbereitungsanlage korrigiert (s. Kap. Elektronische Steuerungs- und Regelungssysteme).

Abgaskatalysatoren in Verbindung mit einer Gemischregelung (z.B. Einspritzanlage, Lambda-Sonde und Steuergerät) werden als **geregelte Systeme** bezeichnet.

Ungeregelte Systeme haben keine Gemischregelung. Veränderungen in der Abgaszusammensetzung haben keine Auswirkungen auf die Gemischaufbereitung.

Diese ungeregelten Systeme haben einen schlechteren Konvertierungsgrad.

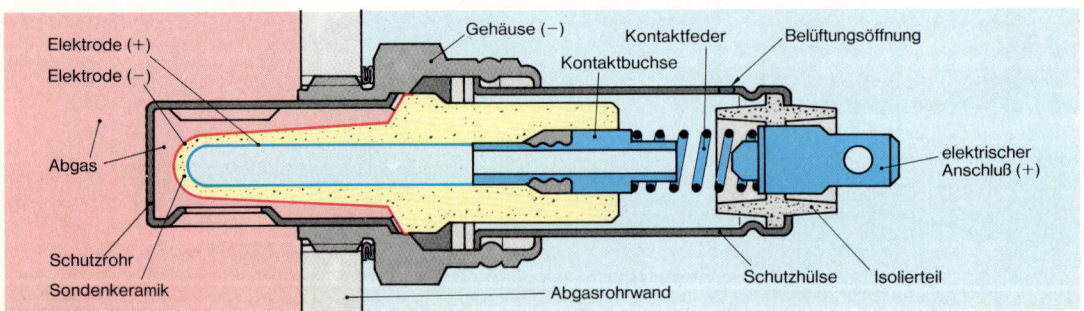

Abb. 1: Lambda-Sonde

30.3.3 Abgasrückführung

Im Teillastbereich ist eine Verringerung der Stickoxidemission durch **Abgasrückführung** möglich. Dabei wird ein Teil der sauerstoffarmen Abgase über ein Ventil und eine Leitung dem Saugrohr wieder zugeführt. Dadurch verringert sich der Sauerstoffanteil im Verbrennungsraum, die Verbrennungstemperatur wird geringer. Die niedrige Verbrennungstemperatur bewirkt eine Verminderung der NO_x-Emission.

30.4 Steuerung des Ladungswechsels

Durch entsprechende konstruktive Gestaltung der Auspuffanlage in Länge, Querschnitt und Anzahl der Schalldämpfer können die Schwingungsvorgänge der Abgase den Ladungswechsel im Zylinder günstig beeinflussen.

Eine bessere Füllung des Zylinders wird dann erreicht, wenn während des Ausstoßens der Restgase im Bereich der Auslaßventile eine Luftentspannung (Saugwirkung) herrscht.

Die für verschiedene Motoren entwickelten Schalldämpferanlagen sind so abgestimmt, daß gute Füllungsgrade erreicht werden. Bauliche Veränderungen an diesen Anlagen führen meist zu einem Leistungsverlust.

30.5 Wartung und Diagnose

Auspuffanlagen sind wartungsfrei. Sie sollten in regelmäßigen Abständen auf Dichtheit und mechanische Zerstörung kontrolliert werden.

Die Auspuffanlage ist mechanischen und chemischen Beanspruchungen ausgesetzt und hat, je nach Art der verwendeten Werkstoffe, eine Lebensdauer von einigen Jahren.

Die mechanischen Beanspruchungen ergeben sich durch Schwingungen des Fahrzeugs, des Motors und der Auspuffanlage.

Feuchtigkeit und Streusalze von außen, sowie aggressive Abgaskondensate von innen fördern die Korrosion der Auspuffanlage. Auch die häufigen Temperaturschwankungen im Kurzstreckenverkehr beschleunigen den Korrosionsvorgang erheblich.

Schalldämpfer und Verbindungsrohre werden üblicherweise aus Stahlblech hergestellt. Durch die Verwendung von Edelstählen oder emaillierten Blechen kann die Lebensdauer der Auspuffanlage erheblich verlängert werden.

Ab dem 1. 12. 1993 müssen fast alle Kraftfahrzeuge zur **Abgasuntersuchung (AU)**. Die Fristen, der Ablauf und der Umfang der Abgasuntersuchung sind je nach Kraftfahrzeugart und Motortyp unterschiedlich. Für alle Kraftfahrzeuge erfolgt eine Sichtprüfung und Kontrolle der Einstelldaten (Tab. 1).

Tab. 1: Prüfinhalte der AU

Motor	Sichtprüfung	Kontrolle
Ottomotor ohne oder mit Katalysator **CO-Wert bis 3,5 Vol-%** Ottomotor mit lambdageregelter Gemischbildung **CO-Wert bis 0,5 Vol-% im Leerlauf** **CO-Wert bis 0,3 Vol-% im erhöhtem Leerlauf**	Auspuffanlage, ggf. Kraftstoffeinfüllstutzen, ggf. Katalysator, ggf. Lambda-Sonde schadstoffbezogene Bauteile	Zündzeitpunkt, Schließwinkel, Leerlaufdrehzahl, CO-Wert(Leerlauf), ggf. CO-Wert (erhöhter Leerlauf), ggf. Lambda-Wert, Lambda-Regelkreis
Dieselmotor höchstzulässiger **Rauchgas-Trübungswert 0,5 min^{-1}**	Auspuffanlage, Vollastanschlag, schadstoffbezogene Bauteile	Leerlaufdrehzahl, Abregeldrehzahl, Höchstwert der Rauchgastrübung bei freier Beschleunigung (ohne Last)

Aufgaben

1. Nennen Sie die Aufgaben der Auspuffanlage.
2. Berechnen Sie die Frequenz eines Geräusches, wenn die Schallwellen 22000mal in einer Minute schwingen.
3. Beschreiben Sie die Schalldämpfung durch Absorption.
4. Skizzieren Sie schematisch die Löschung von Schallwellen durch Interferenz.
5. Nennen Sie Schadstoffe, die mit den Abgasen durch den Auspuff strömen.
6. Skizzieren Sie den Anteil von Stickoxiden im Abgas in Abhängigkeit vom Luftverhältnis λ vor und hinter dem Abgaskatalysator.
7. Beschreiben Sie den Aufbau eines Abgaskatalysators.
8. Worin besteht der Unterschied zwischen einem Oxidations- und einem Reduktionskatalysator?
9. Was verstehen Sie unter dem Begriff »Konvertierungsgrad«?
10. Beschreiben Sie die Aufgabe der Lambda-Sonde.
11. Was verstehen Sie unter der Anspringtemperatur eines Katalysators?
12. Beschreiben Sie den Aufbau einer geregelten Katalysatoranlage.
13. Worin unterscheidet sich eine geregelte Katalysatoranlage von einer ungeregelten Anlage?

31 | Alternativantriebe

Wichtige Alternativantriebe (alternativ, lat.-fr.: wahlweise, andere Möglichkeit) sind:

- Kreiskolbenmotor,
- Gasturbine,
- Hybridantriebe,
- Antriebe mit alternativen Kraftstoffen.

31.1 Kreiskolbenmotor

Der Entwicklungsgruppe NSU-Wankel gelang es 1957, eine nach dem Viertakt-Verfahren arbeitende Verbrennungskraftmaschine zu bauen, deren Kolben eine kreisende Bewegung ausführt.

31.1.1 Aufbau des Kreiskolbenmotors

> Der **Kreiskolbenmotor** hat im Gegensatz zum Hubkolbenmotor keine hin- und hergehenden Massen.

Der **Kolben** hat die Form eines gleichseitigen Bogendreiecks (Abb. 1). Er führt in dem **Gehäuse** (Mantel), das einer Acht ähnelt (Epitrochoide), eine kreisende Bewegung aus. In die drei Flanken des Kolbens sind muldenförmige Brennräume eingearbeitet. Der Innenraum des Gehäuses wird durch den Kolben in **drei Kammern** unterteilt. Die seitliche Begrenzung der Kammern erfolgt durch die an den Mantel angeschraubten Seitenteile. Die Abdichtung der Kammern untereinander übernehmen leistenartige **Dichtelemente** des Kolbens (Abb. 1). Die Führung des Kolbens im Gehäuse übernehmen die **Exzenterwelle** und die **Innenverzahnung** des Kolbens. Die Innenverzahnung läuft auf dem **Ritzel** um. Das Ritzel sitzt fest am Gehäuse. Der Kolben ist auf der Exzenterwelle mit Nadellagern gelagert. Der Ausgleich der Unwucht der rotierenden Massen wird durch Gegengewichte an der Exzenterwelle erreicht.

31.1.2 Wirkungsweise

Der Kreiskolbenmotor arbeitet nach dem Viertaktverfahren (Tab. 1). Der Kolben steuert den Gaswechsel über Ein- und Auslaßöffnungen.

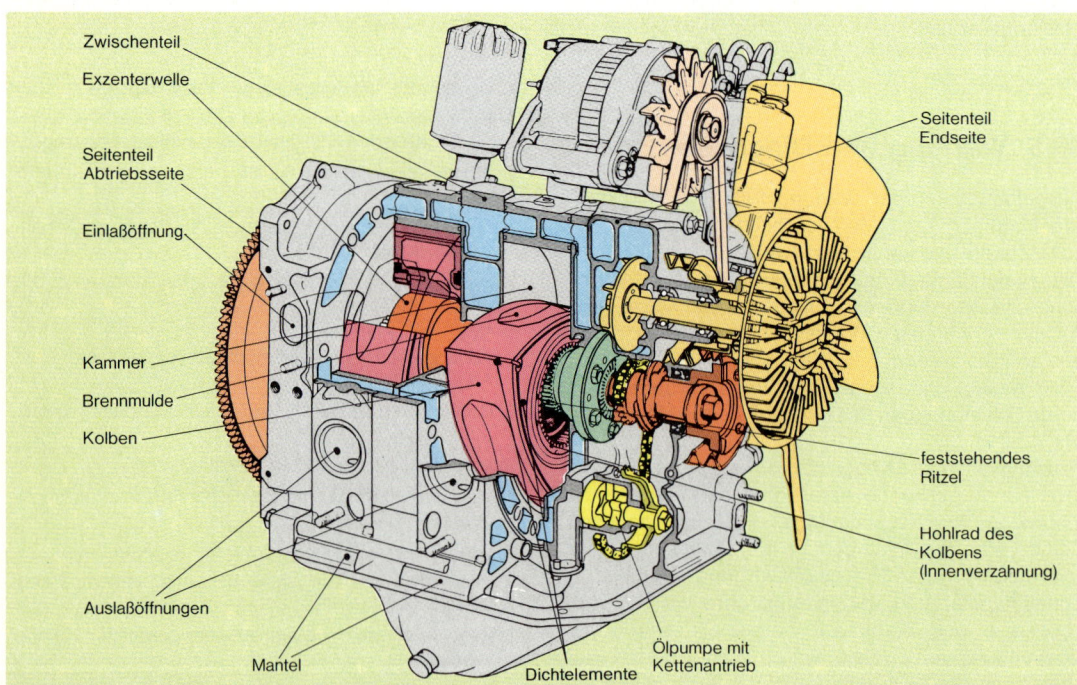

Abb. 1: Bauteile des Kreiskolbenmotors

Die Arbeitsspiele in den einzelnen Kammern laufen um 120° versetzt ab. Dreht sich der Kolben um 90°, so dreht sich die Exzenterwelle um 270°.

Als **Motordrehzahl** wird die Drehzahl der Exzenterwelle angegeben.

> Einer Umdrehung des **Kolbens** entsprechen drei Umdrehungen der **Exzenterwelle.**

> In jeder Kammer läuft während einer Kolbenumdrehung ein vollständiges **Arbeitsspiel** ab. Eine Kolbenumdrehung ergibt drei Arbeitsspiele.

Tab. 1: Wirkungsweise des Kreiskolbenmotors

Ansaugen 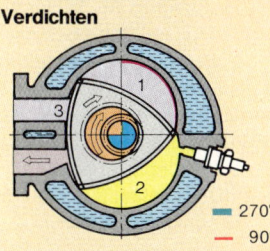	Das Volumen der Kammer 1 vergrößert sich bei Rechtsdrehung des Kolbens. Durch den offenen Einlaßkanal wird das Kraftstoff-Luft-Gemisch angesaugt.
Verdichten 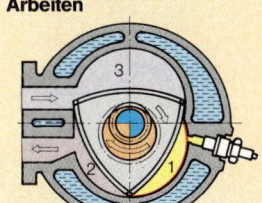 — 270° — 90°	Die Drehung des Kolbens bedingt eine Verringerung des Volumens der Kammer 1. Die Verdichtung beginnt. Der Verdichtungsenddruck p_{abs} beträgt etwa 9 bar.
Arbeiten 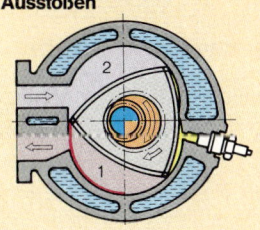	Gegen Ende des Verdichtungstakts leitet der Zündfunken die Verbrennung ein. Der Gasdruck wirkt auf den Kolben und treibt über diesen die Exzenterwelle an.
Ausstoßen	Die verbrannten Gase strömen über den Auslaßkanal und die Auspuffanlage ins Freie.

Zur Vergrößerung der Motorleistung, bei kompakter Bauweise, werden mehrere Kolben nebeneinander mit entsprechenden Zwischenteilen angeordnet (Mehrscheibenmotor, Abb. 1).

Die **Schmierung** des Kreiskolbenmotors kann sowohl über das Gemisch (Mischungsschmierung oder Frischölautomatik) als auch durch eine Druckumlaufschmierung erfolgen. Kombinationen zwischen beiden Systemen sind ebenfalls möglich.

Als **Kühlsystem** wird für kleinere Motore die Luftkühlung und für größere Motore die Wasserkühlung bevorzugt. Der Kolben kann zusätzlich über das Öl der Druckumlaufschmierung gekühlt werden.

31.1.3 Vor- und Nachteile

Vorteile gegenüber dem Hubkolbenmotor:

- Ventilsteuerung entfällt,
- große Laufruhe, da keine hin- und hergehenden Massen,
- geringere Masse und weniger Bauteile,
- geringeres Bauvolumen bei gleicher Leistung,
- geringer Oktanzahlbedarf.

Nachteile gegenüber dem Hubkolbenmotor:

- bisher noch höherer Kraftstoffverbrauch,
- die Abdichtung der Kammern ist sehr aufwendig,
- die Einhaltung der Abgasgesetze erfordert zusätzlichen Aufwand,
- als Dieselmotor wegen der Dichtprobleme nur mit übermäßig hohem Aufwand geeignet.

31.2 Gasturbine

> Die **Gasturbine** ist eine Wärmekraftmaschine mit ununterbrochener (kontinuierlicher) innerer Verbrennung.

Die **Strömungsenergie** erwärmter Gase versetzt ein oder mehrere mit Schaufeln bestückte Räder (Turbinenräder) in Drehung (Abb. 1, S. 298).

31.2.1 Wirkungsweise der Einwellen-Gasturbine

Der **Radialverdichter** (Abb. 1, S. 298) drückt die Luft mit etwa 3 bis 5 bar in die Brennkammer. Dort wird der Kraftstoff eingespritzt und mit dem Sauerstoff der Luft verbrannt. Während der Verbrennung strömen die Gase mit hoher Geschwindigkeit gegen die Schaufeln des **Turbinenrads** und versetzen es in Drehung. Der Radialverdichter wird durch die Verbindungswelle angetrieben.

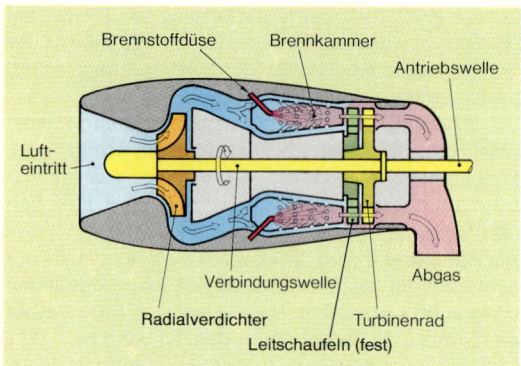

Abb. 1: Schema der Einwellen-Gasturbine

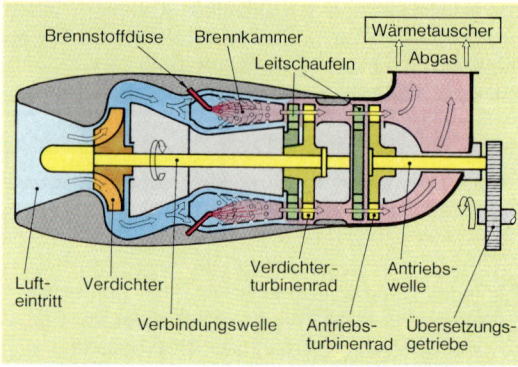

Abb. 2: Schema der Zweiwellen-Gasturbine

Die Einwellen-Gasturbine ist für den Fahrzeugantrieb nicht geeignet, denn ein wirtschaftlicher Betrieb ist nur bei Vollast und hohen Drehzahlen möglich (z.B. Flugzeugantrieb, mit etwa 60000/min).

31.2.2 Wirkungsweise der Zweiwellen-Gasturbine

Die **Zweiwellen-Gasturbine** hat zwei Wellen mit zwei Turbinenrädern (Abb. 2). Die Wellen sind nicht miteinander verbunden. Das erste Rad treibt den Radialverdichter an (Verdichterturbine). Das zweite Rad treibt über die Antriebswelle und das Übersetzungsgetriebe das Fahrzeug an (Antriebsturbine). Die maximalen Drehzahlen der Antriebsturbine betragen etwa 35000 bis 55000/min. Das **Übersetzungsgetriebe** verringert diese Drehzahlen.
Die Temperatur der Abgase beträgt noch fast 700°C. Diese Wärmeenergie der Abgase wird zur Erwär-

mung der angesaugten Luft in einem **Regenerativ-Wärmetauscher** ausgenutzt. Dadurch läßt sich der Wirkungsgrad der Gasturbine erhöhen.
Der Wärmetauscher (Abb. 3) besteht aus einer feinmaschigen Drahtgeflechtscheibe, die sich mit 20 bis 30 U/min dreht. Dabei erwärmen die Abgase die eine Seite des Drahtgeflechts. Diese Wärme wird anschließend von der durchströmenden Luft aufgenommen.
Durch die Verstellung der nicht drehenden **Leitschaufeln** läßt sich der Wirkungsgrad im Teillastbereich verbessern. Ferner kann im Schiebebetrieb eine Bremswirkung erzeugt werden. Die Verstellung der Leitschaufeln erfolgt über das Fahrpedal.
Für den Startvorgang benötigt der Verdichter Drehzahlen von 4000 bis 6000/min. Die Zündkerze wird nur während des Startens benötigt. Anschließend entzündet sich der eingespritzte Kraftstoff wegen der hohen Temperatur in der Brennkammer von selbst.

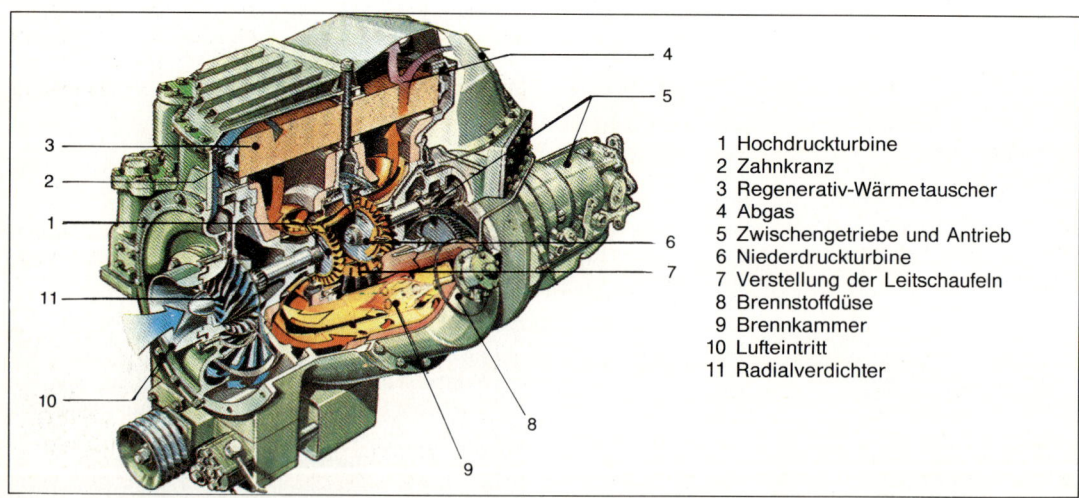

1 Hochdruckturbine
2 Zahnkranz
3 Regenerativ-Wärmetauscher
4 Abgas
5 Zwischengetriebe und Antrieb
6 Niederdruckturbine
7 Verstellung der Leitschaufeln
8 Brennstoffdüse
9 Brennkammer
10 Lufteintritt
11 Radialverdichter

Abb. 3: Zweiwellen-Gasturbine mit Wärmetauscher

31.2.3 Vor- und Nachteile der Zweiwellen-Gasturbine gegenüber Hubkolbenmotoren

Vorteile:

- Günstiger Drehmomentverlauf.

- Eine Anfahrkupplung kann entfallen, da zwischen Verdichter- und Antriebsturbine keine mechanische Verbindung besteht. Die Kraftübertragung erfolgt, ähnlich wie bei der hydrodynamischen Kupplung, nur durch Strömungsenergie.

- Der Lauf ist erschütterungsfrei und der Aufbau einfach, da nur drehende Bewegungen auftreten.

- Die Abgase enthalten weniger Schadstoffe, da die Verbrennung mit Luftüberschuß erfolgt.

Nachteile:

- starke Geräuschentwicklung,

- lange Ansprechzeit für das Beschleunigen,

- bisher noch sehr hoher Kraftstoffverbrauch,

- Wirkungsgrad läßt sich nur durch Verwendung sehr kostenaufwendiger, warmfester Werkstoffe (z. B. keramische Turbinenräder) verbessern.

31.3 Hybridantrieb

> Der **Hybridantrieb** ist ein Fahrzeugantrieb mit mehreren, zusammenwirkenden unterschiedlichen Antriebsaggregaten.

Er ist meist ein schadstoffarmer und wirtschaftlicher Antrieb.

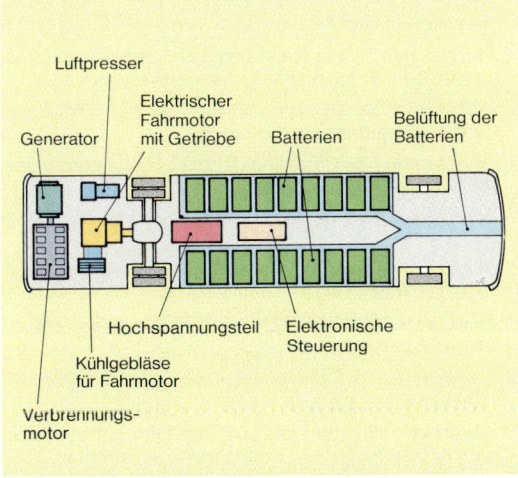

Abb. 4: Aggregate des Elektro-Hybrid-Antriebs

Luftpresser

Elektrischer Fahrmotor mit Getriebe

Generator

Batterien

Belüftung der Batterien

Hochspannungsteil

Elektronische Steuerung

Kühlgebläse für Fahrmotor

Verbrennungsmotor

31.3.1 Wirkungsweise des Elektro-Hybridantriebs

Der Elektro-Hybridantrieb (hybrid, lat.: Mischling, aus Verschiedenartigem zusammengesetzt) ist eine Kombination aus **Verbrennungsmotor** und **Elektromotor** (Abb. 4).

Der Verbrennungsmotor dient entweder nur zum **Antrieb** eines **Generators** oder läßt sich zusätzlich als **Fahrmotor** verwenden.

Wird der Verbrennungsmotor für den Generatorantrieb genutzt, ändert sich die Motorbelastung kaum. Das Kraftstoff-Luft-Gemisch kann dann auf eine geringe Schadstoffemission des Motors abgestimmt werden. Als Fahrzeugantrieb dient dann nur der Elektromotor, der von den Batterien und dem Generator mit elektrischer Energie versorgt wird. Während des Bremsens läßt sich der Elektromotor durch Umschaltung als Generator betreiben. So kann ein Teil der Bremsenergie zur Spannungserzeugung genutzt werden.

Wird der Verbrennungsmotor zusätzlich für den Fahrzeugantrieb vorgesehen, so übernimmt der Elektromotor das Anfahren bis zu einer festgelegten Geschwindigkeit. Anschließend wird das Fahrzeug nur vom Verbrennungsmotor angetrieben. Sobald der Verbrennungsmotor mehr Energie liefert als benötigt wird (Schiebebetrieb, Talfahrt), wird der Elektromotor als Generator geschaltet. Der erzeugte Strom lädt die Batterien auf. Die **Umschaltung** erfolgt durch eine **elektronische Steuerung.**

31.4 Antriebe mit alternativen Kraftstoffen

Von den Kraftfahrzeugherstellern wird in Großversuchen der Einsatz von **Methanol** und **Wasserstoff** erprobt. Diese alternativen Kraftstoffe erfordern zusätzliche Einrichtungen für die Gemischaufbereitung und besondere Tankausführungen.

31.4.1 Methanolantrieb

Ottomotoren, die mit Methanol betrieben werden, benötigen eine Saugrohrvorwärmung für den Kaltstart, da der Siedepunkt von Methanol bei etwa 65 °C liegt. Da Methanol einige Kunststoffe angreift, sind nur Dichtungen und Kraftstoffleitungen aus resistenten (resistent, lat.: widerstandsfähig) Werkstoffen zu verwenden. Die Klopffestigkeit von Methanol liegt über der von Ottokraftstoffen-Super, daher sind höhere Verdichtungsverhältnisse (bis etwa 13 : 1) möglich. Der **Heizwert** von Methanol ist nur etwa **halb so groß** wie der vom Ottokraftstoff.

Vorteile des Methanols gegenüber Ottokraftstoff:

- Weniger Schadstoffe im Abgas. Die Verbrennung von Methanol kann mit Luftüberschuß ($\lambda > 1$) erfolgen. Das reduziert den Anteil der Kohlenwasserstoffe, des Kohlenmonoxids und der Stickoxide im Abgas. Bleizusätze zur Verbesserung der Klopffestigkeit sind nicht erforderlich.

- Höhere Wirtschaftlichkeit. Durch höhere Verdichtung kann eine Leistungssteigerung bis etwa 20% erreicht werden. Da Methanol zur Verdampfung Wärme benötigt, ergibt sich eine bessere Innenkühlung der Brennräume und damit ein besserer Füllungsgrad.

- Ausreichende Kraftstoffvorräte. Methanol wird aus Kohle, Erdgas, Ölschiefer und allen kohlenstoffhaltigen Rohstoffen hergestellt. Diese Rohstoffe sind in ausreichender Menge vorhanden.

Nachteile des Methanols:

- Geringer Heizwert. Methanolbetrieb erfordert den doppelten Tankinhalt und damit ein doppeltes Tankgewicht bei gleicher Reichweite.

- Schwierigeres Warmstartverhalten. Da Methanol bei Bauteiltemperaturen von etwa 80°C schon etwa zu 60% gasförmig ist, sind besondere Maßnahmen für die Vermeidung der Dampfblasen erforderlich (Kraftstoffrückführung, größere Umlaufmengen).

- Einige Werkstoffe werden angegriffen.

- Methanol ist giftig!

31.4.2 Wasserstoffantrieb

Der Wasserstoffantrieb ermöglicht den Betrieb von umweltfreundlichen Kraftfahrzeugen, **unabhängig vom Erdöl.** Allerdings sind ein aufwendiges Gemischaufbereitungssystem und eine spezielle Speicheranlage erforderlich (Abb. 1). Die Speicherung des Wasserstoffs erfolgt durch Anlagerung in gasförmigem Zustand an Metallpulver. Es entstehen chemische Verbindungen, die als **Hydride** bezeichnet werden (Hydridspeicher). Dieser Vorgang setzt Wärme frei. Daher ist der Hydridspeicher mit wassergefüllten Röhrchen versehen, die den Wärmetransport übernehmen. Bei der Entnahme des Wasserstoffs muß Wärme zugeführt werden, die den Abgasen über Wärmetauscher entnommen wird.
Der Wasserstoff gelangt über Filter, Druckminderer, Magnetventil und Mengenteiler zu den Einblasedüsen der einzelnen Zylinder. Damit Rückzündungen in das Saugrohr vermieden werden, ist die Einspritzung von Wasser in das Saugrohr erforderlich. Dieses Wasser erfordert einen zusätzlichen Kreislauf (Tank, Pumpe, Einspritzdüsen).

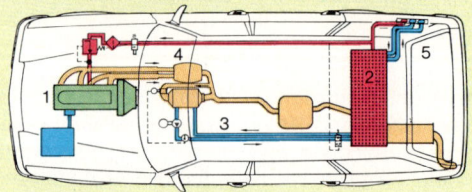

1. Wasserstoff-Motor mit Gemischbildungsanlage und Wassereinspritzung
2. Wasserstoff–Metallhydrid–Speicher
3. Speicherheizung durch Abgas–Wasser–Wärmetauscher und Förderpumpe
4. Wasserstoffleitung mit Filter, Druckminderer, Abschaltventil und Tankanschluß
5. Anschlüsse zur Wärmeabgabe bei der Betankung

Abb. 1: Schema des Wasserstoffantriebs

Vorteile des Wasserstoffantriebs:

- Die Abgase bestehen fast nur aus Wasserdampf.
- Der Kraftstoff steht in unbegrenzter Menge zur Verfügung.
- Die Umrüstung herkömmlicher Kraftfahrzeuge ist möglich.

Nachteile des Wasserstoffantriebs:

- Hohe Umrüstkosten und höherer Betankungsaufwand (Tankvorgang dauert etwa 10 Minuten).

- Die Hybridspeicher haben eine große Masse bei geringer Kapazität (560 kg Speicherplatz entspricht einem Kraftstoffbehälterinhalt von etwa 22 l) Das verringert die Reichweite und die Zuladung.

Aufgaben

1. Beschreiben Sie die grundsätzliche Arbeitsweise des Kreiskolbenmotors.
2. Warum besteht zwischen dem Läufer und der Exzenterwelle ein Drehzahlverhältnis von 1 : 3?
3. Vergleichen Sie die Steuerung des Kreiskolbenmotors mit der Steuerung eines Viertakt-Hubkolbenmotors.
4. Skizzieren Sie den wesentlichen Aufbau der Zweiwellen-Gasturbine.
5. Beschreiben Sie die grundsätzliche Wirkungsweise der Zweiwellen-Gasturbine.
6. Warum kann bei der Gasturbine eine Anfahrkupplung entfallen?
7. Beschreiben Sie die Wirkungsweise des Elektro-Hybridantriebs.
8. Warum ist für den Methanolbetrieb eine Saugrohrvorwärmung erforderlich?
9. Beschreiben Sie die grundsätzliche Wirkungsweise eines Hydridspeichers.
10. Vergleichen Sie die Vor- und Nachteile der alternativen Kraftstoffantriebe mit Ottokraftstoffantrieben.

32 | Leistungssteigerung des Verbrennungsmotors

Die **mechanische Leistung** ist die Arbeit, die in einer bestimmten Zeit verrichtet wird. Die Arbeit ist das Produkt aus Kraft und Weg.

$$P = \frac{W}{t} = \frac{F \cdot s}{t}$$

P Leistung in W $(1\,W = 1\,Nm/s)$

W Arbeit in Nm
t Zeit in s
F Kraft in N
s Weg in m

Zur Berechnung der Motorleistung sind die Kolbenkraft F und die Kolbengeschwindigkeit s/t einzusetzen.

Die **Innenleistung,** auch indizierte Leistung genannt (indicare, lat.: anzeigen), ist die Leistung, die sich durch die Gasdruckeinwirkung auf die Kolben in den Arbeitszylindern ergibt (DIN 1940).

Die **Innenleistung P_i** eines Verbrennungsmotors wird mit Hilfe der folgenden Gleichung berechnet:

$$P_i = \frac{V_H \cdot p_{mi} \cdot n}{1200000}$$

$$P_i = \frac{V_H \cdot p_{mi} \cdot n}{600000}$$

P_i Innenleistung in kW

V_H Motorhubraum in cm³

p_{mi} mittlerer indizierter Druck in bar

n Motordrehzahl in 1/min

1200000 Umrechnungszahl für einen Viertaktmotor

600000 für Zweitaktmotor

Aus diesen Gleichungen sind Möglichkeiten der **Leistungssteigerung** erkennbar:

● Vergrößerung des Motorhubraums V_H,
● Erhöhung der Motordrehzahl n und
● Vergrößerung des mittleren indizierten Druck p_{mi}.

Die Leistungsgleichung für einen **Zweitaktmotor** ergibt die Möglichkeit einer Verdoppelung der Innenleistung. Da jedoch der mittlere indizierte Druck in einem Zweitaktmotor entscheidend geringer ist, wird durch die ausschließliche Anwendung dieser Arbeitsweise keine wesentliche **Leistungssteigerung** gegenüber dem Ottomotor erzielt. Eine geringe Leistungssteigerung kann bei einem Zweitaktmotor durch die Verringerung der Strömungsverluste während des Gaswechsels, z.B. durch Polieren der Ein- und Auslaßkanäle, oder eine Vorverlegung des Zündzeitpunktes erreicht werden.

32.1 Hubraumvergrößerung und Erhöhung der Motordrehzahl

Durch eine Vergrößerung des Motorhubraums V_H, z.B. durch Aufbohren der Zylinder, wird die Kolbenfläche und damit auch die Kolbenkraft $(F_K = p \cdot A_K)$ größer. Dies führt auch zu einer Erhöhung der mittleren Kolbengeschwindigkeit sowie der Massenkräfte im Kurbeltrieb und zur Verringerung des Hub-Bohrungsverhältnisses (s/d).

Die **mittlere Kolbengeschwindigkeit** kann aber nicht beliebig gesteigert werden, da

● die dabei größer werdenden Massenkräfte am Kurbeltrieb z.B. zur Zerstörung der Kurbelwelle führen,
● der Verschleiß an Kolben, Zylinderlaufflächen und Lagerstellen zunehmen und
● in den Ansaugkanälen hohe Drosselverluste entstehen und den Verbrennungsräumen zu wenig Frischladung zugeführt wird. Dadurch sinkt die Leistung.

Die Leistungssteigerung eines Hubkolbenmotors durch **Hubraumvergrößerung** erfolgt deshalb am besten durch die Erhöhung der Zylinderzahl. Dies ist aber nur in Fahrzeugen möglich, in denen genügend Einbauraum vorhanden ist und eine größere Motormasse das Fahrverhalten nicht beeinflußt.

Durch eine Änderung der Motorsteuerung (z.B. Nockenform, Ventilfedern) kann die **Motordrehzahl,** d.h. die Leistung gesteigert werden.

32.2 Vergrößerung des mittleren indizierten Drucks

Es bleibt noch die Möglichkeit, die Leistung durch eine Vergrößerung des mittleren indizierten Drucks zu steigern. Dabei wird zunächst nur an eine Vergrößerung des **Verdichtungsverhältnisses** gedacht. Die Grenze für das Verdichtungsverhältnis ergibt sich für Ottomotoren aus der Forderung nach einer nicht klopfenden Verbrennung. Ein Verdichtungsverhältnis größer als 11 : 1 ist deshalb kaum möglich.

Der Dieselmotor arbeitet aufgrund eines anderen Verbrennungsverfahrens mit einem sehr hohen Verdichtungsverhältnis. Eine weitere Steigerung des Verdichtungsverhältnisses bringt nur eine geringe Leistungszunahme, aber eine sehr hohe mechanische Belastung aller Motorbauteile.

Mit Hilfe einer **Aufladung** oder der **Mehrventiltechnik** (z.B. 2 Einlaß- und 1 Auslaßventil, 2 Ein- und 2 Auslaßventile oder 3 Ein- und 2 Auslaßventile) kann der mittlere indizierte Druck und damit die Leistung eines Verbrennungsmotors erhöht werden, denn die Leistung eines Verbrennungsmotors hängt auch von der Luftmasse ab, die im Zylinder für die Verbrennung einer bestimmten Kraftstoffmenge zur Verfügung steht (Vergrößerung des Liefergrads λ_L, s. Kap. 16.5.3).

Ein Nachteil der **Mehrventiltechnik** ist ein erhöhter spezifischer Kraftstoffverbrauch. Die **Vorteile der Aufladung** eines Verbrennungsmotors sind:

- geringes Leistungsgewicht (kg/kW),
- günstiger Verlauf des Drehmoments,
- keine Leistungsverluste in großen Höhen,
- geringer spezifischer Kraftstoffverbrauch,
- leiser Motorlauf.

32.3 Aufladung

Ein **Vorverdichten** der Ansaugluft in einem Kompressor (Verdichter) oder Gebläse und durch zusätzliches **Kühlen** der vorverdichteten **Luft** vergrößert entscheidend den **Liefergrad** eines Verbrennungsmotors. Der Druck vor Beginn des Verdichtungstakts wird durch das **Vorverdichten** auf den Ladedruck p_1 angehoben (Abb. 1). Die Arbeitsfläche wird größer.

> Durch eine **Aufladung** des Verbrennungsmotors erfolgt eine Leistungssteigerung, verbunden mit einer Minderung des spezifischen Kraftstoffverbrauchs, bei gleichen Motorabmessungen und Drehzahlen.

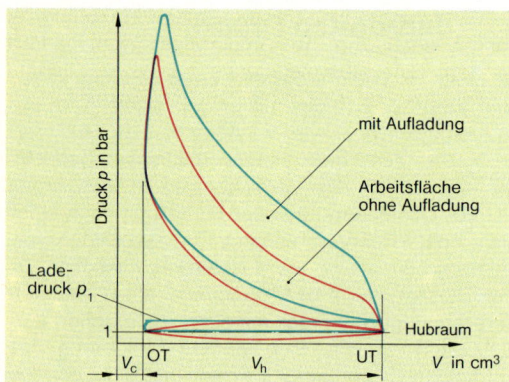

Abb. 1: *p-V*-Diagramme eines Saugmotors und eines aufgeladenen Motors

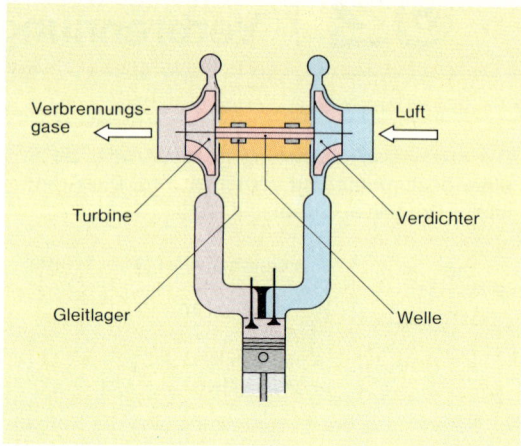

Abb. 2: Schematische Darstellung einer Abgasturboaufladung

Die Aufladung eines Verbrennungsmotors kann durch mehrere **Verfahren** erfolgen:

- Abgasturboaufladung,
- Fremdaufladung,
- mechanische Aufladung,
- Druckwellenaufladung.

32.3.1 Abgasturboaufladung

Für die Abgasturboaufladung wird die **Strömungsenergie der Abgase** ausgenutzt. Die Abgase des Motors geben, bevor sie ins Freie strömen, ihre Strömungsenergie an eine **Turbine** ab (Abb. 2). Die Turbine treibt einen **Verdichter** an, der auf derselben Welle sitzt. Der Verdichter, auch **Kreiselläufer** genannt, saugt die Frischluft an und leitet diese mit Überdruck in den Zylinder.

Es gibt folgende **Arten** der Abgasturboaufladung:

- Stauaufladung,
- Stoßaufladung und
- kombinierte Aufladung.

Die Wahl des Verfahrens hängt entscheidend von der Zahl der Zylinder und der Motorbauart ab (luft- oder wassergekühlter Otto-, Diesel- oder Zweitaktmotor).

Der **Vorteil des Dieselmotors** ist, daß durch die Aufladung während des Ladungswechsels kein Kraftstoff verloren geht. Eine vollständige »Spülung« des Verbrennungsraums ist deshalb möglich.

Stauaufladung

> Bei der **Stauaufladung** werden die Abgase mit nahezu konstantem Druck zur Turbine geleitet.

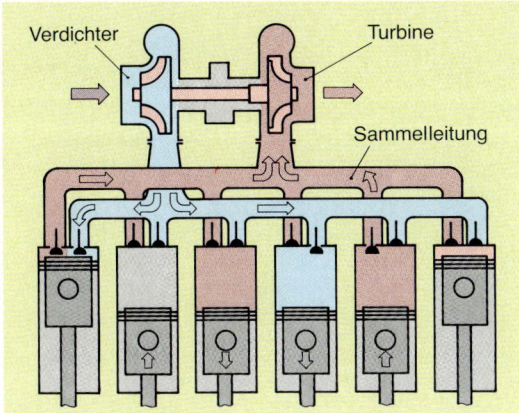

Abb. 3: Stauaufladung

Die Abgase werden zunächst vor der Abgasturbine in einem Druckbehälter oder einer Sammelleitung (Abb. 3) aufgestaut.

Stoßaufladung

> Der Abgasdruck vor der Turbine ist bei der **Stoßaufladung** nicht konstant.

Nach dem Öffnen der Auslaßventile ist der Abgasdruck zunächst sehr hoch und fällt dann stark ab. Die Stoßaufladung erfordert ein besonderes Abgasleitungssystem (Abb. 4). Die Abgase der einzelnen Zylinder werden getrennt oder in Gruppen durch kurze dünne Rohre vom Auslaß zur Turbine geleitet. Bei 4-Zylinder-Motoren werden die Abgase grundsätzlich je Zylinder getrennt zur Turbine geleitet.
Die **Abgase** der einzelnen Zylinder erzeugen bei der Stoßaufladung in den Leitungen **Druckwellen,** die die Turbine antreiben. Dabei wird der hohe Abgasdruck besonders zu Beginn des Auslaßtakts ausgenutzt.
Während der Ventilüberschneidung ist der Auslaßdruck niedriger als der Ladedruck. Es strömt Ladung mit hohem Druck in den Zylinder. So ergeben sich ein guter Ladungswechsel und eine gute Innenkühlung.
Mit steigender Motordrehzahl wird durch ein **Ladedruckregelventil** (Abb. 3, S. 305) der Ladedruck begrenzt und konstant gehalten. Je nach Motorbauart beträgt der Ladedruck 0,4 bis 0,8 bar Überdruck. Das Ladedruckregelventil ist in die Abgasleitung eingebaut. Der Ladedruck öffnet über eine Steuerleitung das Ventil, und ein Teil der Abgase wird unter Umgehung der Turbine über einen **Bypass** (Umgehungsleitung) direkt zum Schalldämpfer geführt.

Zwischen der Saug- und Druckleitung ist ein **Ventil** eingebaut. Es wird im Schiebebetrieb des Fahrzeugs durch den Saugrohrunterdruck geöffnet. Die vom Motor angesaugte Luft wird über das Ventil in einen Kreislauf durch den Lader (Verdichter) geleitet. Die Drehzahl des Laders bleibt dadurch auch im Schiebebetrieb erhalten. Der Lader kann bei anschließender Beschleunigung schneller den erforderlichen Druck aufbauen.

Weitere **Regelverfahren** für einen Abgasturbolader sind:

- Drosseln der Ladeluft mit Hilfe einer Blende auf der Saugseite des Verdichters,
- Abblasen der Ladeluft aus dem Verdichtergehäuse ins Freie,
- Abblasen der Luft aus der Ladeluftleitung über Bypass in die Auspuffanlage oder
- Regelung mit verstellbaren Turbinenradschaufeln.

Für Dieselmotoren werden **Nieder- und Hochdruckaufladung** unterschieden. Eine Niederdruckaufladung kann in einem nicht verstärkten Motor erfolgen. Der Ladedruck beträgt ungefähr $p_{abs} = 2,5$ bar und die Leistungssteigerung höchstens 50%. Für eine Leistungssteigerung von mehr als 50% (Hochdruckaufladung) muß der Motor so konstruiert sein, daß er für höhere mechanische und thermische Belastungen geeignet ist, da Verbrennungsdrücke von mehr als 120 bar auftreten.

Ein **Nachteil der Stoßaufladung** in einem Dieselmotor ist die träge Reaktion des Verdichters auf Laständerungen. Bei Vergrößerung der Last wird die Kraftstoffmenge (Qualitätsregelung) erhöht. Dies erfordert kurzzeitig ein Luftverhältnis, das zur Rußbildung im Abgas führt. Ein weiterer entscheidender Nachteil, besonders für den Betrieb eines Dieselmotors in einem Nutzkraftwagen, ist das träge Beschleunigungsverhalten im unteren Motordrehzahlbereich. Der Vorteil durch die Abgasturboaufladung, die Erzielung eines großen Motordrehmoments, kann besonders in der Anfahrphase nicht genutzt werden. Eine Beschleunigung aus dem Leerlauf erfolgt träge und mit starker Rauchentwicklung.

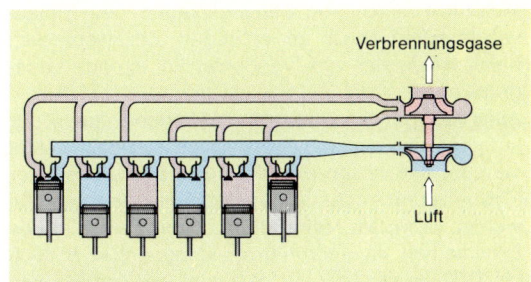

Abb. 4: Stoßaufladung

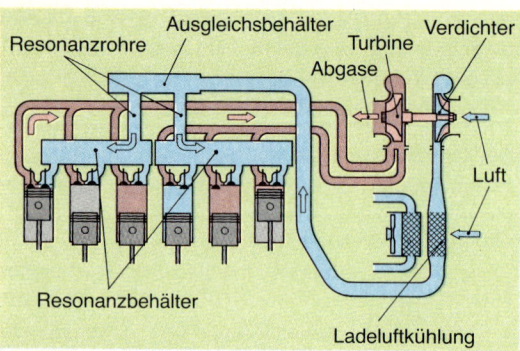

Abb. 1: Kombinierte Aufladung

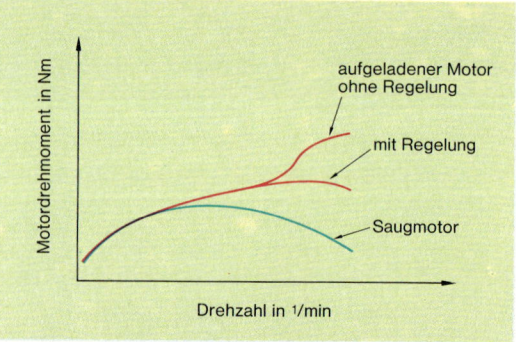

Abb. 2: Momentenverläufe von Saugmotor, Motoren mit geregelter und ungeregelter Aufladung

Kombinierte Aufladung

> Die **kombinierte Aufladung** ist in ihrer Wirkungsweise eine Verbindung der Vorteile von Stau- und Stoßaufladung.

Durch eine kombinierte Aufladung wird erreicht, daß der Dieselmotor nicht nur im unteren Drehzahlbereich mehr Ladeluft und damit eine große Drehmomenterhöhung erhält, sondern auch ein rauchfreies Anfahrverhalten und einen günstigen Kraftstoffverbrauch hat. Dem Verdichter ist ein **Ausgleichs- oder Beruhigungsbehälter** nachgeschaltet (Abb. 1). Der Ausgleichsbehälter ist über zwei **Verbindungsrohre** (Resonanzrohre) mit zwei **Resonanzbehältern** verbunden.

Die ansaugenden Kolben erzeugen in den Resonanzbehältern Luftschwingungen, die sich in den Resonanzrohren fortsetzen und die Ladeluft im Ausgleichsbehälter zu Schwingungen anregt. Die Zahl der Schwingungen (Frequenz) hängt ab von der Länge und dem Durchmesser der Resonanzrohre, dem Volumen der Resonanzbehälter und der Luftgeschwindigkeit in der Anlage. Bei einer bestimmten Erregerfrequenz tritt im System Resonanzrohre-Resonanzbehälter eine **Resonanz** auf, die zu einem starken Druckanstieg der Luft führt. Dieser Druckanstieg wird ausgenutzt, um im Bereich niedriger Motordrehzahlen vor Öffnungsbeginn des Einlaßventils einen Druck zu erzeugen, der wesentlich höher ist als der vom Verdichter kommende Ladedruck.

Aufgrund der kombinierten Aufladung kann der ladedruckabhängige Vollastanschlag so eingestellt werden, daß schon bei niedrigen Drehzahlen der Einspritzpumpe der volle Regelweg freigegeben werden kann. Der Motor erhält dadurch ein höheres Drehmoment im unteren Drehzahlbereich (z.B. 1300 bis 1500 Nm bei 1200 bis 1500/min) und erreicht das Anfahrverhalten eines Saugmotors.

Abgasturboaufladung von Zweitakt-Dieselmotoren

Die Höchstleistung hängt entscheidend von der thermischen Belastbarkeit des Kolbens ab. Es wird deshalb eine sehr große Luftmenge zur Kühlung benötigt. Zusätzlich wird die Luft vor dem Eintritt in den Zylinder gekühlt. Die Abgase werden nicht durch den Kolben ausgeschoben, sondern von der Frischladung aus dem Zylinder verdrängt. Der Spüldruck muß deshalb größer als der Abgasdruck vor der Turbine sein. Ein zusätzliches Spülgebläse oder ein Zusatzlader, der parallel zum Abgasturbolader geschaltet wird, erhöhen wirkungsvoll den Spüldruck.

Abgasturboaufladung von Ottomotoren

Aufgrund der hohen Abgastemperaturen und der Klopfgefahr bei höheren Verbrennungsdrücken ist eine Leistungssteigerung durch Aufladung begrenzt. Das Verdichtungsverhältnis muß herabgesetzt werden, um der Klopfneigung entgegenzuwirken. Die Ventilüberschneidung muß klein sein, um Kraftstoffverluste während des Ladungswechsels zu vermeiden. Ein ausreichender Ladedruck wird erst bei halber Nenndrehzahl erreicht. Dadurch ergibt sich ein ungünstiger Motordrehmomentverlauf (Abb. 2). Im niedrigen Drehzahlbereich ist das Motordrehmoment sehr klein, für hohe Drehzahlen sehr groß. Für den Betrieb eines Fahrzeugs soll das Motordrehmoment bei niedrigen Drehzahlen groß sein und mit steigender Motordrehzahl fallen. Um bei steigender Motordrehzahl ein abfallendes Motordrehmoment zu erreichen, muß der Lader geregelt werden.

Ottomotoren mit Turboaufladung werden überwiegend mit Kraftstoffeinspritzung ausgerüstet. Der Kraftstoff wird hinter dem Verdichter eingespritzt. Der Einspritzzeitpunkt soll möglichst nach dem Schließen des Auslaßventils liegen, um Kraftstoffverluste zu vermeiden. Da die Abgastemperaturen 200 bis 300 °C höher als bei Dieselmotoren sind, muß der Lader zusätzlich gekühlt werden.

Ladeluftkühlung

Durch die **Verdichtung** der Frischluft im Lader steigt nicht nur der Druck, sondern auch die Temperatur des Frischgases. Die Zylinder werden dadurch mit weniger **Masse** gefüllt, als es dem Ladedruck entspricht. Daher wird die Luft nach der Verdichtung durch einen **Ladeluftkühler** gekühlt.

> Ist der **Ladedruck** größer als $p_{abs} = 1,8\,bar$ und die Temperatur nach dem Verdichter höher als 110°C muß die Ladeluft gekühlt werden. Dies geschieht meist durch das Kühlwasser des Motors.

Die **Vorteile** einer Ladeluftkühlung sind:

- die Vergrößerung der Frischladungsmasse und
- niedrigere Temperaturen in den Zylindern.

Diese Vorteile führen zu einer besonders großen Leistungssteigerung.

Bauteile des Abgasturboladers

Wesentliche **Bauteile** des Abgasturboladers sind:

- Laufzeug,
- Lagergehäuse,
- Turbinengehäuse und
- Verdichtergehäuse.

Das **Laufzeug** ist eine Welle mit **Turbinenrad** und **Verdichterrad** (Abb. 3). Das Turbinenrad ist sehr hohen Temperaturen ausgesetzt. Es wird aus einer warmfesten Nickellegierung gegossen und oft mit einer Keramikschicht überzogen. Das Turbinenrad wird mit einer Welle verschweißt und zusammen als Läufer bezeichnet. Das Verdichterrad wird aus einer Aluminiumlegierung gegossen. Es wird mit dem Läufer verschraubt. Läufer und Verdichterrad werden einzeln ausgewuchtet.

Bei kleinen Motoren ist die benötigte Luftmasse während eines Arbeitsspiels gering, deshalb haben Turbinen- und Verdichterrad einen kleinen Durchmesser (ungefähr 50 mm bei einem 2-l-Motor). Sie arbeiten mit einer Drehzahl von über **100000/min**. Das Laufzeug ist im Lagergehäuse in **Gleitlagern** gelagert. Die Schmierung erfolgt über den Motor-Ölkreislauf. Metallische Dichtringe vor Turbine und Verdichter dichten den Ölraum des Lagergehäuses gegen die Gasräume ab. Zwischen der Turbine und dem Lagergehäuse wird meist ein Hitzeschild angebracht.

An das **Lagergehäuse** sind Turbinen- und Verdichtergehäuse geschraubt. Das **Turbinengehäuse** besteht aus Gußeisen mit Kugelgraphit oder aus einem Silizium-Molybdän legierten Gußeisen mit Kugelgraphit, das **Verdichtergehäuse** aus einer Aluminium-Legierung.

Der entscheidende **Vorteil** der Abgasturboaufladung gegenüber einer Fremdaufladung oder mechanischen Aufladung ist der **verlustfreie Antrieb** durch die sonst ungenutzt ausströmenden Abgase.

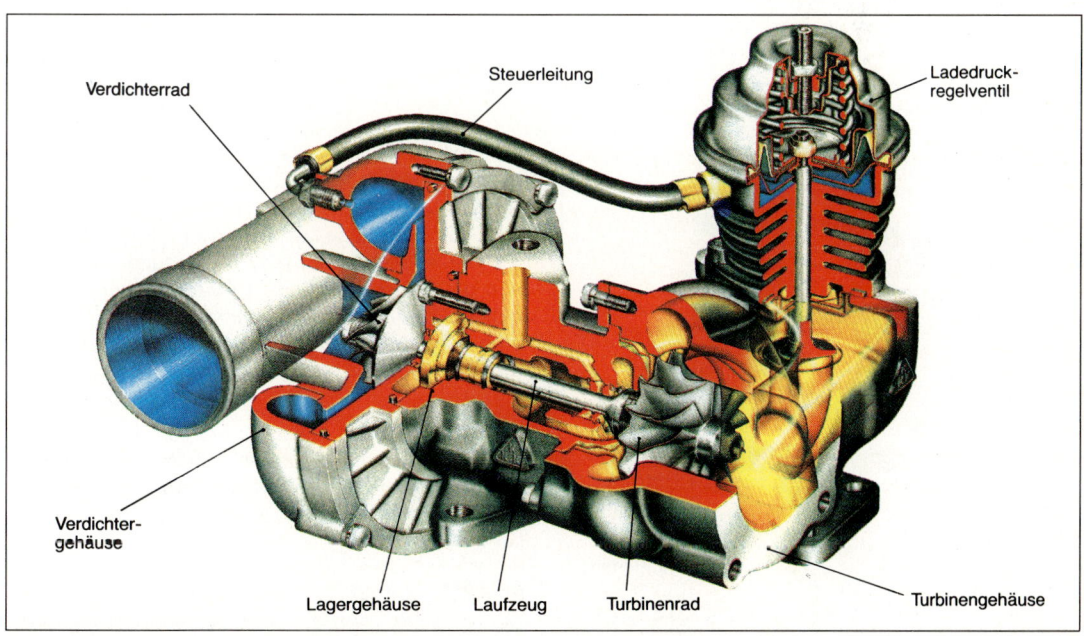

Abb. 3: Abgasturboaufladung mit Ladedruckventil

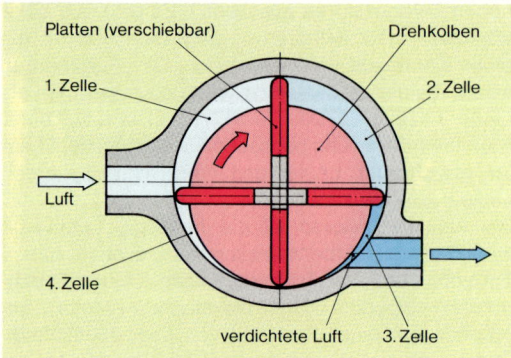

Abb. 1: Sternkolbengebläse

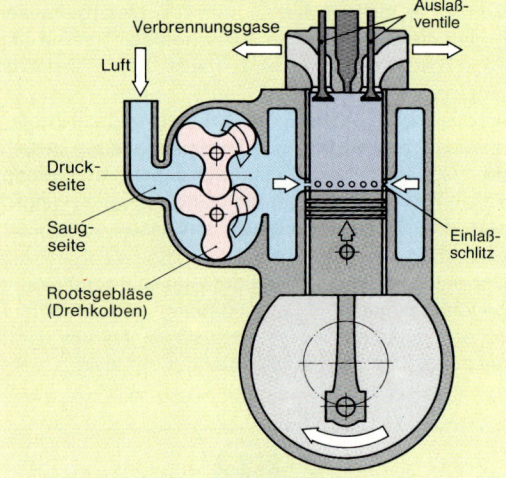

Abb. 2: Schematische Darstellung einer Aufladung mit Drehkolbengebläse

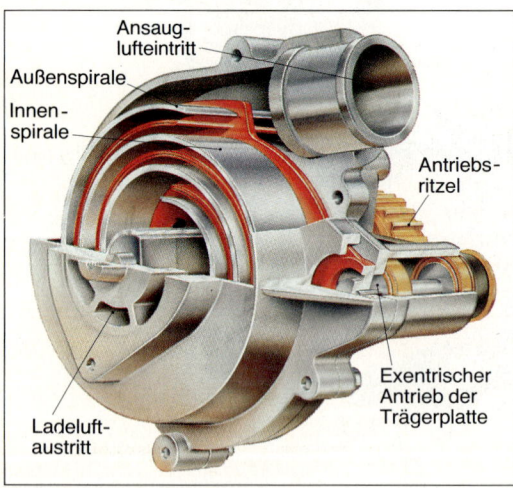

Abb. 3: G-Lader

32.3.2 Fremdaufladung und mechanische Aufladung

> Bei der **Fremdaufladung** wird der Lader nicht vom Motor, sondern z.B. durch einen Elektromotor angetrieben.

Der Ladedruck kann hier unabhängig von der Motordrehzahl auf eine gewünschte Lademenge eingestellt werden. Eine Aufladung kann dadurch auch im unteren Drehzahlbereich wirksam werden.

> Bei der **mechanischen Aufladung** wird der Lader vom Motor selbst angetrieben.

Die Aufladung erfolgt mit Verzögerung. Der Motor ist im unteren Drehzahlbereich »unelastisch«. Als **Lader** für die Fremdaufladung oder mechanische Aufladung werden Hubkolben-Verdichter (Kompressor, s. Kap. Druckluftbremsanlage und Dauerbremsanlagen), Stern- oder Drehkolben- (Roots-) Gebläse, G-Lader, Drehkolbenlader oder Kreisellader verwendet.

Sternkolbengebläse

In einem Sternkolbengebläse (Abb. 1) unterteilen sternförmig angeordnete Platten, die in einem exzentrisch gelagerten Drehkolben verschiebbar angeordnet sind, ein zylindrisches Gehäuse in Zellen. Mit steigender Drehzahl vergrößert das Gebläse die Frischladungsmasse unabhängig vom Gegendruck im Zylinder. Da auch der Luftbedarf des Motors mit steigender Drehzahl zunimmt, ist das Sternkolben-Gebläse für die mechanische Aufladung gut geeignet.

Drehkolbengebläse

Häufig werden Drehkolbengebläse (Rootsgebläse) als mechanische Lader verwendet (Abb. 2). In einem Drehkolbengebläse wirken zwei Drehkolben wie Zahnräder zusammen. Die Frischladungsmasse wird von der Saugseite ohne Druckveränderung im Gebläse auf die Druckseite gefördert. Dort wird sie in eine schon vorhandene verdichtete Luftmasse gedrückt.

> Mit steigendem Ladedruck erhöht sich die Temperatur im Gebläse. Dies führt zu einer Ausdehnung der Drehkolben. Dadurch ist die Höhe des Ladedrucks begrenzt.

G-Lader

Der G-Lader (Abb. 3), auch **Spiral-Lader** genannt, besteht aus einem **zweiteiligen Gehäuse** (Abb. 4).

Jede Gehäusehälfte hat innen jeweils zwei Spiralen, die wie der Buchstabe »G« aussehen. In diese **Spiralen** des Gehäuses greift der mittig gelagerte **Verdränger.** Der Verdränger (Abb. 4) besteht aus einer **Grundplatte** mit je zwei Spiralen auf beiden Seiten. Er ist auf der **Antriebswelle** (Exzenterwelle) gelagert. Diese wird über einen Zahnriemen von der **Hilfswelle** über einen Keilriemen durch die Kurbelwelle des Motors angetrieben. Die Hilfswelle ist mit der Antriebswelle durch einen Zahnriemen verbunden, im Gehäuse gelagert und mit dem Verdränger durch ein elastisches **Exzenterlager** verbunden.

> Der **Verdränger** wird durch Antriebs- und Hilfswelle nicht gedreht, sondern sein Mittelpunkt wird auf einer Kreisbahn bewegt.

Durch die Spiralen im Verdränger und der Gehäusewand entstehen innere und äußere **sichelförmige Arbeitsräume,** die zu Beginn des Ansaugvorgangs geöffnet sind (Abb. 5a). Nach Drehung der Antriebswelle um 90° ist die Ansaugluft im äußeren Arbeitsraum eingeschlossen, wird transportiert und verdichtet. Der **innere Arbeitsraum** wird gleichzeitig weiter vergrößert und mit Ansaugluft gefüllt (Abb. 5b). Nach einer weiteren 90°-Drehung der Antriebswelle wird die verdichtete Ansaugluft aus dem **äußeren Arbeitsraum** zum Ladeluftaustritt geschoben. Der innere Arbeitsraum wird noch weiter vergrößert und mit Ansaugluft gefüllt (Abb. 5c). Nach einer weiteren 90°-Antriebswellendrehung ist die Ladeluft fast vollständig aus dem äußeren Arbeitsraum geschoben, während gleichzeitig der Ansauglufteintritt vergrößert wird. Die angesaugte Luft des inneren Arbeitsraumes ist eingeschlossen, wird verdichtet und in Richtung Ladeluftaustritt geschoben (Abb. 5d).

Die Höhe der Verdichtung wird entscheidend beeinflußt durch die **Spiralhöhe.** In der Bezeichnung des Laders gibt die Zahl hinter dem G (z. B. G 60) die Spiralhöhe in mm an.

Drehkolbenlader

> Der **Drehkolbenlader** (Abb. 6) arbeitet nach dem Prinzip eines Kreiskolbenmotors (s. Kap. 31.1). Er kann in Otto- und Dieselmotoren eingesetzt werden.

Innen- und Außenläufer des Drehkolbenladers haben die gleiche Drehrichtung. Der innere Läufer wird über eine Riemenscheibe von der Kurbelwelle angetrieben. Der **Gleichlauf** der Drehbewegung erfolgt über ein **Zahnradgetriebe,** das die Übersetzung 4:3 hat. Während der Innenläufer vier Umdrehungen macht, dreht sich der Außenläufer dreimal.

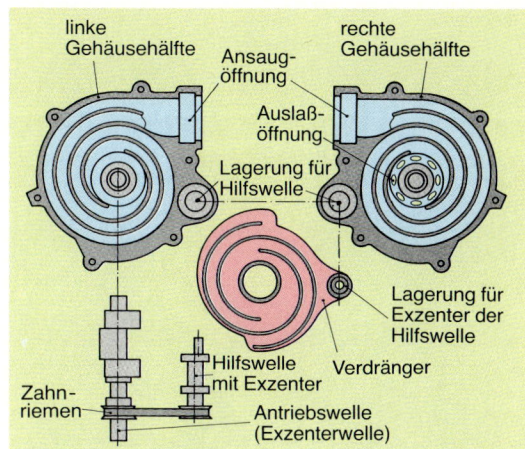

Abb. 4: Bauteile des G-Laders

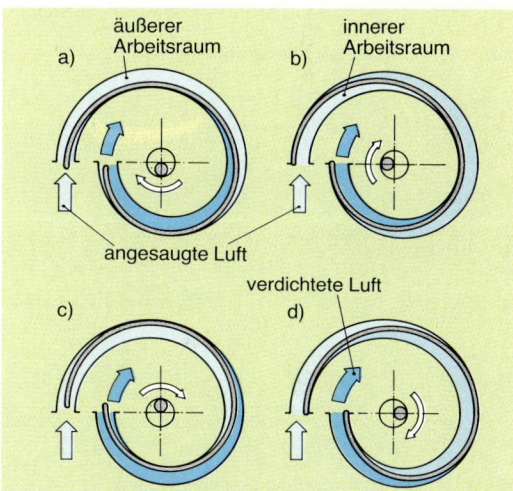

Abb. 5: Wirkungsweise des G-Laders

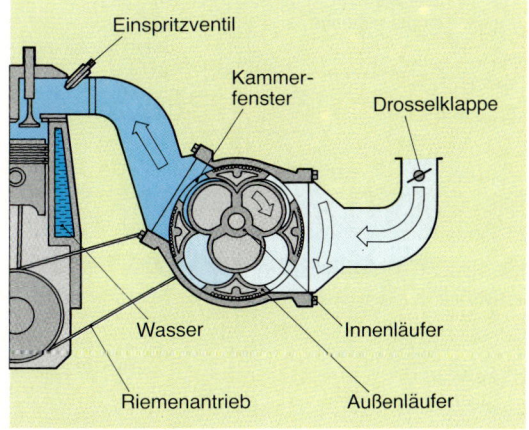

Abb. 6: Drehkolbenlader

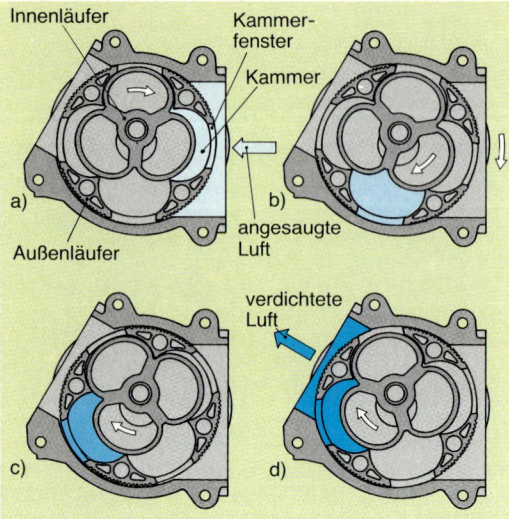

Abb. 1: Wirkungsweise des Drehkolbenladers

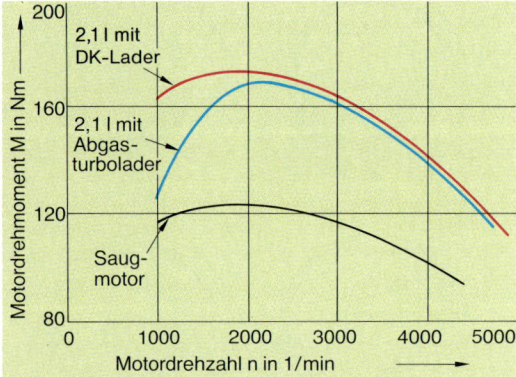

Abb. 2: Vollast-Motordrehmomenten-Vergleich

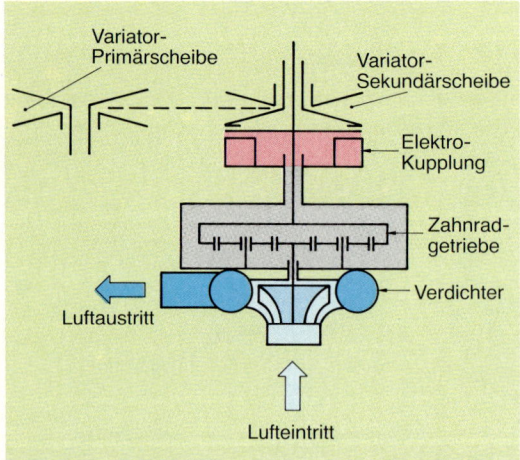

Abb. 3: Schematische Darstellung des Kreisel-Laders

Innen- und Außenläufer sind in Rillenkugellager gelagert. Lager und Getriebe sind mit Fett lebensdauergeschmiert.

Die **Wirkungsweise** des Drehkolbenladers ist wie folgt:

Ansaugen (Abb. 1a): Die von Innen- und Außenläufer gebildete Kammer wird während der Drehung vergrößert und saugt über das Fenster im Außenläufer Luft an. Am Ende des Ansaugvorgangs ist das Fenster im Außenläufer verschlossen und das größte Kammervolumen erreicht (Abb. 1b).

Verdichten (Abb. 1c): Bei weiterhin verschlossenem Fenster wird das Kammervolumen verringert und die eingeschlossene Luftmenge verdichtet.

Ausschieben (Abb. 1d): Die Auslaßkante hat das Fenster freigegeben und die verdichtete Luft wird ausgeschoben. Die geförderte Luftmenge des Drehkolbenladers wird über eine saug- und/oder druckseitige Drosselklappe oder ein Bypassventil gesteuert.

Ein entscheidender **Vorteil** des Drehkolbenladers, z. B. gegenüber der Abgasturboaufladung ist, daß der größte Ladedruck und damit das größte Motordrehmoment schon bei niedrigen Motordrehzahlen erreicht wird (Abb. 2).

Kreisel-Lader

Der **Kreisel-Lader** (Abb. 3) hat einen Verdichter wie ein Abgasturbolader, der von der Kurbelwelle angetrieben wird.

Durch ein **Zahnradgetriebe** (Planetengetriebe) mit einem Übersetzungsverhältnis 1 : 15 wird die erforderliche Drehzahl erreicht. Zusätzlich sorgt ein **drehzahl-veränderliches Riemengetriebe** (Variator) für eine Anpassung an die Drehmomentkennlinie des Motors. Das Riemengetriebe erhöht die Verdichterdrehzahlen bei geringer Motordrehzahl. Der **Drehzahlvariator** kann die Drehzahlen durch Fliehgewichte, durch Vakuum oder Druckluft steuern. Bei einer Steuerung durch Fliehkräfte halten Zugfedern in den Variatorscheiben Fliehgewichte in ihrer Ausgangslage. Die Federkräfte der Variatorscheiben und die Vorspannung des Riemens sind derart aufeinander abgestimmt, daß bei Leerlauf und niedrigen Motordrehzahlen die **Sekundärscheibe** schneller dreht als die **Primärscheibe.** Mit steigender Motordrehzahl erhöhen sich die Fliehkräfte, dadurch wird die Stellung der axialbeweglichen Scheiben des Variators verändert. Mit steigender Motordrehzahl nimmt das Übersetzungsverhältnis ab und hat bei größter Motordrehzahl ein Übersetzungsverhältnis von 0,75 : 1 bis 0,85 : 1.

Der Kreisel-Lader eignet sich besonders für Diesel-motoren. Er verringert bei niedrigen Motordrehzahlen die Rauchentwicklung durch ein entsprechend großes Luftangebot. Er erzeugt einen Ladedruck von 0,5 bar bei einer Leistungsaufnahme von ca. 5 kW. Ein Vorteil gegenüber einem Turbolader ist der fehlende Wärmefluß von der Turbinen- zur Verdichterseite, der den Wirkungsgrad eines Turboladers mindert.

Durch eine elektromagnetisch betätigte Reibkupplung an der Antriebsseite kann der Lader zu- und abgeschaltet werden. Wird der Lader abgeschaltet, saugt der Motor die Luft durch den Verdichter an.

32.3.3 Druckwellen-Aufladung

> Der **Comprex-Lader** (Abb. 4) ist ein **Druckwellen-Lader,** der die Vorteile der mechanischen Aufladung (durch Kompressor oder Gebläse) und der Abgasturboaufladung vereint.

Ein **Vorteil** der Druckwellen-Aufladung ist ein hoher Ladedruck schon bei niedrigen Motordrehzahlen und ein Abfallen des Ladedrucks bei hohen Motordrehzahlen. Durch eine verzögerungsfreie Aufladung wird auch im unteren Motordrehzahlbereich eine hohe »Elastizität« erreicht.

Der Comprex-Lader wird ausschließlich in Dieselmotoren eingesetzt.

Die wesentlichen **Bauteile** des Comprex-Laders sind:

- Zellenrad (Rotor) in einem Zellenradgehäuse (Mantel),
- Gasgehäuse mit Ein- und Auslaß für das Abgas,
- Luftgehäuse mit Einlaß für die Frischluft und Auslaß für die verdichtete Luft und
- Abblaseventil.

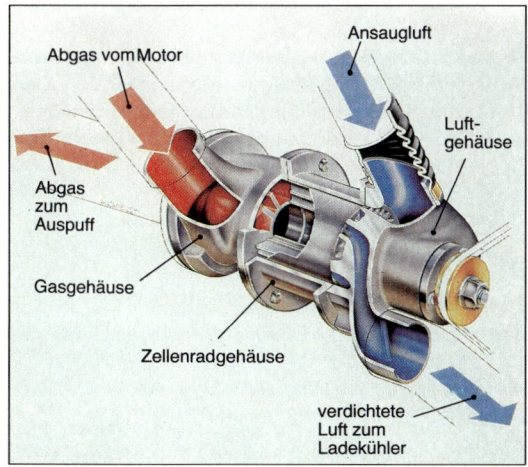

Abb. 4: Druckwellenlader

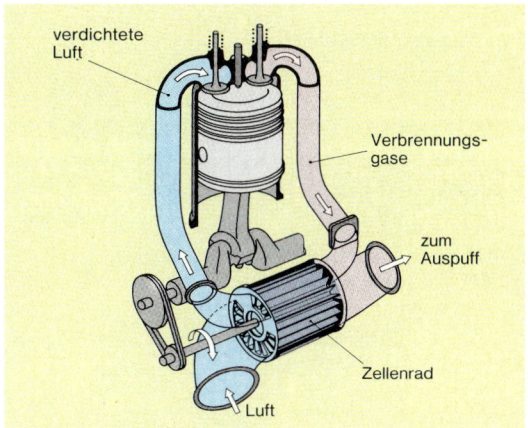

Abb. 5: Druckwellen-Aufladung

Das **Zellenrad** wird vom Motor über einen Keilriemen angetrieben (Abb. 5). Die Antriebsleistung beträgt ungefähr 0,2% der Motorleistung.

Das Zellenrad ist im **Luftgehäuse** gelagert. Die Lagerung ist eine fettgeschmierte **Wälzlagerung** und wird durch die Ansaugluft gekühlt. Das Zellenrad ist ein walzenförmiges Gußteil aus einer ausdehnungsarmen Legierung. Die Wanddicke der Zellen des Zellenrades beträgt ungefähr 0,5 mm. Die Zellen des Zellenrades werden von Öffnungen in den seitlichen Wänden des Gehäuses geöffnet und geschlossen. Sie werden über das Luftgehäuse mit Frischladung gefüllt. Durch die Drehung des Zellenrades werden in den Zellen **Druck- und Saugwellen** erzeugt und dadurch die Frischladung verdichtet. Die pulsierenden Abgase strömen durch das Gehäuse zum Zellenrad. Gibt eine Öffnung in der seitlichen Wand eine Zelle frei, verdichtet eine Abgasdruckwelle die Frischladung in der Zelle. Die **Abgasdruckwelle** wird an der verdichteten Frischladung reflektiert, läuft zurück und verdichtet erneut die Frischladung, da hinter der Druckwelle das unter Überdruck stehende Abgas in die Zelle strömt. Wird die Öffnung vom Auslaßventil verschlossen, verringert sich der Abgasdruck in der Zelle. Die entspannten Abgase strömen in den Auspuffkanal und erzeugen am gegenüberliegenden Ende der Zelle eine **Saugwirkung.** Die Zelle wird erneut mit Frischladung gefüllt. Durch ein Abblaseventil (Abb. 1, S. 310) wird der Ladedruck begrenzt. Die Abblasemenge wird durch eine Membran/Feder-Dose geregelt, die mit dem Einlaßkrümmer verbunden ist. Durch das Abblasen eines Teils der Abgasmenge wird die Eindringtiefe der Abgase in die Zellen verringert.

Bei einem Ladedruck von 0,8 bar Überdruck wird der überschüssige Teil der Abgase in das Auspuffrohr geleitet.

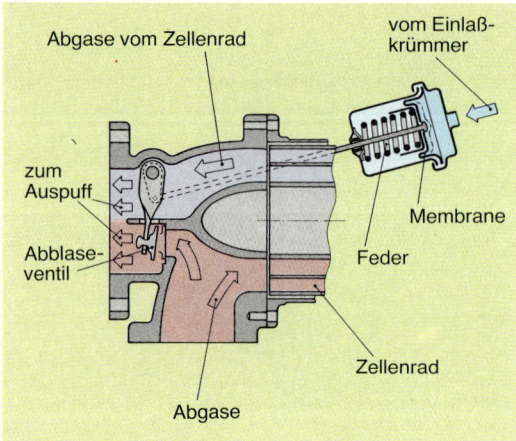

Abb. 1: Abblaseventil

Während des Motorstarts, im Leerlauf und bei niedrigen Motordrehzahlen fehlt den Abgasen die nötige Strömungskraft zum Aufbau kräftiger Druckwellen im Zellenrad. Es besteht die Gefahr, daß Abgase durch das Zellenrad ins Einlaßsystem gelangen und den Start erschweren. Dies wird durch ein **Startventil** (Umgehungsventil) zwischen Ladeluftkühler und Einlaßkrümmer verhindert (Abb. 2). Eine **federbelastete Klappe** (Servoelement) schließt die Ladedruckleitung. Durch den Saugdruck wird ein **Ventil** (»Schnüffelventil«) geöffnet und Frischluft strömt auf direktem Weg in die Zylinder. Hat der Ladedruck ca. $p_{abs} = 1,15$ bar erreicht, öffnet die Klappe und schließt dabei das Ventil. Sinkt im Leerlauf der Ladedruck unter $p_{abs} = 1,05$ bar, schließt das Startventil und vermeidet eine unerwünschte Abgasrückführung.

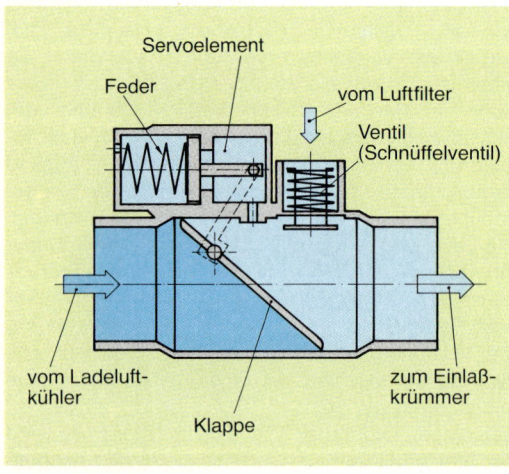

Abb. 2: Startventil

Aufgaben

1. Nennen Sie mit Hilfe der Leistungsgleichung die Möglichkeiten zur Leistungssteigerung eines Verbrennungsmotors.

2. Beschreiben Sie die Nachteile einer Hubraumvergrößerung.

3. Welchen Einfluß hat die Größe des Liefergrads auf die Leistung eines Verbrennungsmotors?

4. Nennen Sie vier mögliche Verfahren der Aufladung eines Verbrennungsmotors.

5. Nennen Sie fünf Vorteile eines aufgeladenen Hubkolben-Verbrennungsmotors gegenüber einem Saugmotor.

6. Beschreiben Sie das Grundprinzip der Abgasturboaufladung.

7. Nennen Sie die Unterschiede einer Stauaufladung gegenüber einer Stoßaufladung.

8. Beschreiben Sie den grundsätzlichen Aufbau einer kombinierten Abgasturboaufladung.

9. Nennen Sie den entscheidenden Vorteil einer kombinierten Aufladung.

10. Nennen Sie die wichtigsten Bauteile eines Abgasturboladers.

11. Beschreiben Sie die Aufgabe eines Ladedruckregelventils.

12. Warum ist die Leistungssteigerung eines Ottomotors durch Aufladung begrenzt?

13. Welchen Vorteil hat die Aufladung eines Dieselmotors gegenüber der Aufladung eines Ottomotors?

14. Nennen Sie die Unterschiede zwischen einer Fremdaufladung und einer mechanischen Aufladung.

15. Beschreiben Sie die Wirkungsweise eines Sternkolbengebläses.

16. Was ist der entscheidende Nachteil eines Drehkolbengebläses?

17. Nennen Sie die wesentlichen Bauteile des G-Laders.

18. Beschreiben Sie die Wirkungsweise eines G-Laders.

19. Nennen Sie die wesentlichen Bauteile eines Drehkolben-Laders.

20. Beschreiben Sie die grundsätzliche Wirkungsweise des Drehkolben-Laders.

21. Nennen Sie einen entscheidenden Vorteil eines Drehkolben-Laders.

22. Nennen Sie die Bauteile eines Kreisel-Laders und beschreiben Sie jeweils deren Aufgabe.

23. Nennen Sie die Vorteile des Kreisel-Laders.

24. Beschreiben Sie den Aufbau eines Comprex-Laders.

25. Beschreiben Sie die grundsätzliche Wirkungsweise der Druckwellen-Aufladung.

26. Beschreiben Sie Aufbau und Wirkungsweise des Abblaseventils während der Druckwellen-Aufladung.

27. Beschreiben Sie Aufbau und Wirkungsweise des Startventils bei der Druckwellen-Aufladung.

33 | Leistungsmessung und Motorkennlinien

33.1 Aufbau und Wirkungsweise der Leistungsbremse

> Das Motordrehmoment, die effektive Leistung oder Nutzleistung und der spezifische Kraftstoffverbrauch eines Verbrennungsmotors werden mit Hilfe einer **Leistungsbremse** ermittelt.

Die grundsätzliche Wirkungsweise der Leistungsbremse zeigt Abb. 2.
Die Kupplung des Motors ist mit der Kupplung des **Rotors** der Leistungsbremse verbunden.
Der **Stator** ist im Gehäuse der Leistungsbremse pendelnd gelagert. Er stützt sich über einen Hebel auf einer Waage ab. Der Rotor ist über ein Arbeitsmittel (z.B. Wasser oder Magnetfeld) mit dem Stator verbunden. Dadurch wird ein Drehmoment erzeugt, das dem Drehmoment des Verbrennungsmotors entgegenwirkt. Der Motor wird abgebremst. Die erzeugte Gegenkraft an der Waage hält über den Hebel des Stators diesen im Gleichgewicht. Die Hebelkraft (Gegenkraft) wird auf einer Skale angezeigt. Je nach Arbeitsmittel werden folgende Leistungsbremsen unterschieden:

- mechanische,
- hydraulische und
- elektrische Leistungsbremsen.

Am häufigsten wird eine elektrische Bremse, die Wirbelstrombremse, eingesetzt (Abb. 3).

> In einer **Wirbelstrombremse** wird durch ein Magnetfeld ein Drehmoment über den Stator auf die Waage übertragen.

Ein Gleichstrom in der Erregerwicklung des Stators erzeugt ein magnetisches Kraftfeld. Der Rotor ist eine verzahnte Polscheibe. Wird der Rotor im Stator gedreht, entstehen **Wirbelströme.** Diese Wirbelströme bewirken ein Abbremsen des Rotors, der mit dem Verbrennungsmotor verbunden ist. Das gleichgroße Gegenmoment wird an der Skale angezeigt. Durch die Wirbelströme entsteht Wärme. Diese wird durch eine Wasserkühlung abgeführt.

Vorteile der Wirbelstrombremse z.B. gegenüber einer hydraulischen Leistungsbremse sind:

- es können schnellaufende Hochleistungsmotoren bei hohen Drehzahlen (z.B. 130 kW bei 13000/min) sowie
- rechts- und linksdrehende Motoren abgebremst werden;
- auch bei kleinen Motordrehmomenten ist eine gute Regulierbarkeit des Bremsmoments möglich,
- das sichere Einhalten eines Betriebspunktes, d.h. ein konstanter Meßpunkt bei bestimmter Drehzahl ist gewährleistet.

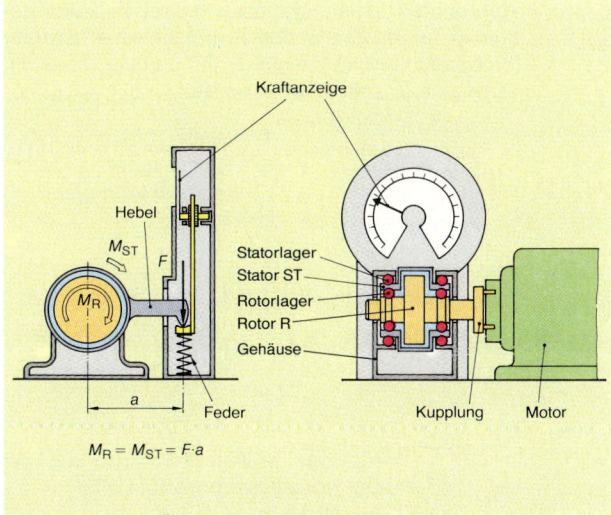

Abb. 2: Schematische Darstellung der Leistungsbremse

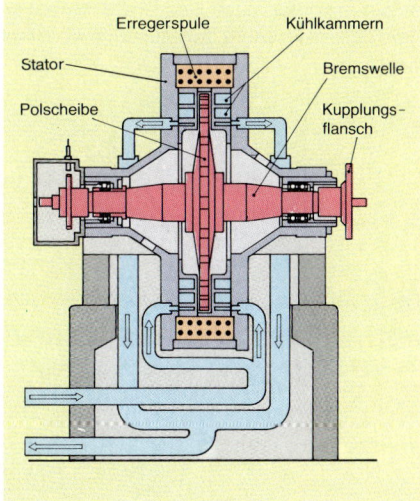

Abb. 3: Wirbelstrombremse

33.2 Motorkennlinien

Die charakteristischen Kennlinien eines Verbrennungsmotors zeigen den Verlauf:

- des Motordrehmoments *M*,
- der effektiven Leistung oder Nutzleistung P_{eff} und
- des spezifischen Kraftstoffverbrauchs b_{eff} in Abhängigkeit von der Drehzahl.

33.2.1 Ermittlung der Motorkennlinien

Die **Nutzleistung** von Kraftfahrzeugmotoren wird nach DIN 70020 ermittelt. Die Motoren müssen serienmäßig ausgerüstet sein.

> Die **effektive Leistung** P_{eff} oder Nutzleistung eines Verbrennungsmotors ist die Leistung, die an der Motorkupplung zur Verfügung steht.

Ein serienmäßig ausgerüsteter Verbrennungsmotor wird betrieben mit:

- einer Ansaug- und Auspuffanlage,
- einer Kraftstoffpumpe (Ottomotor) bzw. einer Einspritzanlage (Dieselmotor) und
- einem unbelasteten Generator.

Die Messungen werden jeweils auf einen Außenluftdruck von $p_{amb} = 1{,}013$ bar und eine Temperatur von 20°C bezogen.
Es gibt Vollast- und Teillast-Kennlinien. Zur Ermittlung einer **Vollast-Kennlinie** (Abb. 1) wird der Verbrennungsmotor bei voll geöffneter Drosselklappe (Ottomotor) bzw. größtmöglicher Kraftstofffördermenge (Dieselmotor) betrieben. Dem Motor wird bei bestimmten Drehzahlen von der Leistungsbremse ein maximal mögliches Drehmoment aufgezwungen, das im Moment der Messung konstant gehalten wird.

Das **Motordrehmoment** kann durch eine entsprechende Skale an der Bremse direkt abgelesen werden, da die Hebelarme der Bremse festliegen. Die **Leistung** wird dann mit Hilfe der folgenden Leistungsgleichung errechnet:

$$P_{eff} = \frac{M \cdot n}{9550}$$

P_{eff}	eff. Leistung in kW
M	Motordrehmoment in Nm
n	Motordrehzahl in 1/min
9550	Umrechnungszahl

Wird die Drehkraft *F* des Motors über einen Hebelarm von 0,955 m gemessen, so ergibt sich die Leistungsgleichung:

$$P_{eff} = \frac{F \cdot 0{,}955 \cdot n}{9550}$$

$$P_{eff} = \frac{F \cdot n}{10\,000}$$

P_{eff}	eff. Leistung in kW
F	Kraft in N
n	Motordrehzahl in 1/min

Wird das Drehmoment nicht angezeigt, so kann es aus der folgenden Gleichung errechnet werden:

$$M = \frac{P_{eff} \cdot 9550}{n}$$

M	Motordrehmoment in Nm
P_{eff}	eff. Leistung in kW
n	Motordrehzahl in 1/min

Eine Meßreihe wird meist mit einer Drehzahl von 1000/min begonnen und im Abstand von 1000/min bis zur Höchstdrehzahl fortgesetzt. Die dabei ermittelten Drehmoment- und Leistungswerte werden in ein Diagramm über der Drehzahl eingetragen. Die Verbindung der Punkte ergibt die Drehmoment- bzw. Leistungs-Kennlinie (Abb. 1).
Während der Leistungsmessung wird für jeden Betriebspunkt die Zeit für den Verbrauch eines konstanten Kraftstoffvolumens gemessen und der Kraftstoffverbrauch je Zeiteinheit errechnet.

$$B = \frac{V \cdot \varrho \cdot 3600}{t}$$

B	Kraftstoffverbrauch in g/h
V	Kraftstoffvolumen in cm³
ϱ	Kraftstoffdichte in g/cm³
t	Zeit in s

> Der **spezifische Kraftstoffverbrauch** b_{eff} gibt an, wieviel Gramm Kraftstoff ein Verbrennungsmotor je kW Nutzleistung und Stunde verbraucht.

$$b_{eff} = \frac{B}{P_{eff}}$$

b_{eff}	spez. Kraftstoffverbrauch in g/kWh
B	Kraftstoffverbrauch in g/h
P_{eff}	eff. Leistung in kW

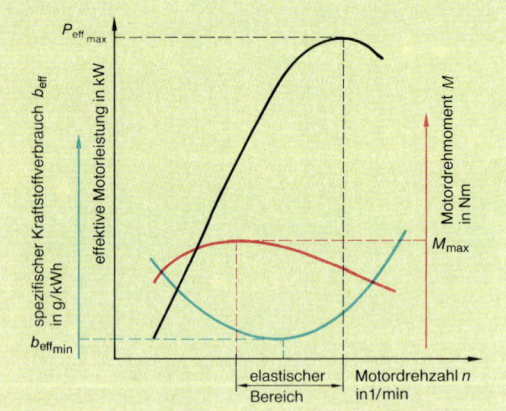

Abb. 1: Vollast-Kennlinien eines Viertakt-Ottomotors

Die so errechneten Werte für den spezifischen Kraftstoffverbrauch werden als Meßpunkte in das Diagramm übertragen. Die Verbindungen der Meßpunkte ergeben die Kennlinie für den spezifischen Kraftstoffverbrauch (Abb. 1).

Außer der Leistungsmessung nach DIN gibt es auch Messungen nach **CUNA-** und **SAE-Norm.** In Italien wird nach CUNA-Norm gemessen (Cuna: Commissione Unificazione Normalizzazione Autoveicoli). Der Motor wird ohne serienmäßige Ansaug- und Auspuffanlage betrieben. Die Leistung ist gegenüber der DIN-Messung 5 bis 10% höher. Die neueste SAE-Messung unterscheidet sich nur unwesentlich von der DIN-Messung. Die Leistungswerte liegen deshalb nur gering unter den DIN-Werten.

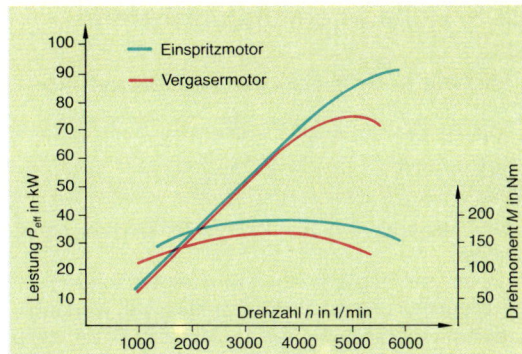

Abb. 2: *M*- und *P*eff-Kennlinien von Vergaser- und Einspritzmotor

33.2.2 Auswertung der Motorkennlinien

Die Kennlinien zeigen im Bereich von 0 bis ungefähr 900/min kein Drehmoment bzw. keine Nutzleistung. Dies hat mehrere Gründe:

- Die Reibkräfte des Motors sind sehr groß.
- Die Kolbenbewegung erzeugt eine zu geringe Strömungsgeschwindigkeit, die nicht ausreicht, ein brennbares Gemisch zu bilden.
- Der zeitliche Abstand der Arbeitstakte ist so groß, daß eine genügend gleichförmige Bewegung nicht möglich ist.
- Es kommt aufgrund der zeitlich großen Abstände der Arbeitstakte zu großen Wärmeverlusten.

Mit zunehmender Drehzahl steigt die **Nutzleistung** (Abb. 2). Die Masse des Kraftstoff-Luft-Gemisches nimmt ständig zu.

Im **Leerlauf** und im **unteren Drehzahlbereich** ist die Nutzleistung gering, weil aufgrund der geringen Strömungsgeschwindigkeit:

- Luftmangel herrscht und
- der Kraftstoff nicht vollständig verdampft, sich an den Wänden von Saugrohr und Verbrennungsraum niederschlägt und unverbrannt ausgestoßen wird.

Die Nutzleistung erreicht einen Höchstwert und fällt bei sehr **hohen Drehzahlen** wieder ab, weil:

- die Strömungsgeschwindigkeit des Kraftstoff-Luft-Gemisches zur Drosselung im Ansaugrohr führt,
- sich durch die hohe Temperatur das Kraftstoff-Luft-Gemisch so stark ausdehnt, daß die Füllung verringert wird und
- die Reibkräfte im Verhältnis zur erzeugten Leistung wieder größer werden.

Die **Größe des Motordrehmoments** ist entscheidend abhängig von der Füllung im Zylinder. Dadurch wird während der Verbrennung ein hoher Druck erzeugt.

Die **Füllung** wird wesentlich beeinflußt durch die Größen der Ventilüberschneidung und der Ventilöffnungs-Querschnitte. In Bereichen kleinerer und größerer Drehzahlen ist der Verbrennungsdruck geringer. Das Drehmoment steigt an bzw. fällt ab.

Bei Einspritzmotoren sind die Krümmungen bzw. Neigungen der Kennlinien flacher als von Vergasermotoren (Abb. 2). Die Ansaugquerschnitte der Vergasermotoren sind kleiner als in Einspritzmotoren. Dadurch wird eine für die Kraftstoffzerstäubung notwendige große Strömungsgeschwindigkeit erzielt. Es kommt dadurch aber besonders im Bereich hoher Drehzahlen zu großen Strömungswiderständen und folglich zu Füllungsverlusten. Nutzleistung und Drehmoment fallen stärker ab.

Bei niedrigen Drehzahlen liefert der Vergaser trotz geringer Strömungsgeschwindigkeiten ein fettes Gemisch. Die Folge ist ein hoher **spezifischer Kraftstoffverbrauch.** Ein Teil des Kraftstoffs wird unverbrannt ausgestoßen. Auch im Bereich hoher Drehzahlen muß der Vergaser, aufgrund steigender Strömungswiderstände, ein fettes Gemisch liefern. Es kommt zu Füllungsverlusten, der spezifische Kraftstoffverbrauch steigt.

Im »elastischen« Bereich des Motors, zwischen höchstem Drehmoment und höchster Nutzleistung, liegt der Bereich des geringsten spezifischen Kraftstoffverbrauchs. In diesem Drehzahlbereich liefert der Vergaser ein mageres Kraftstoff-Luft-Gemisch (Abb. 1).

In einem Kraftfahrzeug wird der Motor nicht immer mit Vollast betrieben. Der Fahrer bestimmt durch die Stellung des Fahrpedals das vom Motor zu entwickelnde Drehmoment. Um die jeweiligen Betriebszustände beurteilen zu können, werden auf der Leistungsbremse **Teillast-Diagramme** ermittelt. Es werden mehrere Meßreihen bei unterschiedlichen Betriebszuständen gefahren, aufgezeichnet und ausgewertet..

33.3 Rollen-Leistungsprüfstand

> Mit Hilfe eines **Rollen-Leistungsprüfstands** können die Motorleistung, der Kraftstoffnormverbrauch oder die Abgaswerte am Fahrzeug ermittelt werden.

Abb. 1 zeigt den Aufbau eines Rollen-Leistungsprüfstands.

In Instandsetzungsbetrieben wird der Prüfstand auch zur **Diagnose** und für die **Überprüfung von Wartungsarbeiten** eingesetzt. Fehler am Motor (z. B. Zündung oder Einspritzsystem) oder an der Kraftübertragung (z. B. Kupplung oder Getriebe) werden durch die Simulation einer Straßenfahrt festgestellt. Das Fahrzeug wird dabei an den Antriebsrädern durch eine **hydraulische oder elektrische Bremse** abgebremst. Es können unterschiedliche Fahrzustände simuliert werden. Grundsätzlich arbeitet ein Rollen-Leistungsprüfstand wie eine Leistungsbremse. Die Räder laufen auf Rollen, die mit dem **Rotor** der Bremse verbunden sind (Abb. 2). Die Reibungskräfte der Wasserteilchen (Wasserwirbelbremse) oder die Kräfte des Magnetfeldes (Wirbelstrombremse) wirken den Umfangskräften der getriebenen Rolle entgegen. Sie werden vom **Stator** über einen Hebel auf eine Meßskala übertragen.

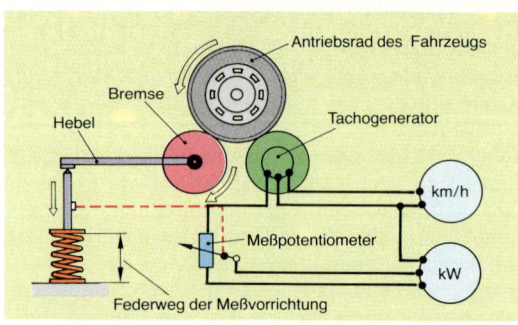

Abb. 2: Grundsätzliche Wirkungsweise eines Rollen-Leistungsprüfstands

Aufgaben

1. Beschreiben Sie den Aufbau einer Wirbelstrombremse.

2. Erklären Sie den Begriff »effektive Leistung«.

3. Nennen Sie die Voraussetzungen einer Leistungsmessung nach DIN 70020.

4. Beschreiben Sie die Ermittlung der Meßpunkte einer Vollast-Kennlinie der effektiven Leistung.

5. Erklären Sie den Begriff »spezifischer Kraftstoffverbrauch«.

6. Zeichnen Sie die drei charakteristischen Vollast-Kennlinien eines Verbrennungsmotors mit Hilfe der folgenden Daten in ein Diagramm:
   Mindestdrehzahl: 750/min, Höchstdrehzahl: 6000/min, kleinste Leistung: 18 kW bei Mindestdrehzahl, größte Leistung: 76 kW bei 5000/min, 64 kW bei Höchstdrehzahl,
   kleinstes Drehmoment: 75 Nm bei Höchstdrehzahl, größtes Drehmoment: 120 Nm bei 2600/min, 90 Nm bei Mindestdrehzahl,
   spezifischer Kraftstoffverbrauch: 320 g/kWh bei Mindestdrehzahl, 380 g/kWh bei Höchstdrehzahl, kleinster spezifischer Kraftstoffverbrauch: 180 g/kWh bei 4000/min.

7. Wie wird die Vollast-Kennlinie für den spezifischen Kraftstoffverbrauch ermittelt?

8. Warum zeigen die Kennlinien zwischen 0 und ungefähr 900/min kein Drehmoment und keine Nutzleistung?

9. Begründen Sie den ansteigenden Leistungsverlauf mit zunehmenden Drehzahlen.

10. Warum fällt die Nutzleistung nach Erreichen eines Höchstwertes wieder ab?

11. Begründen Sie den Verlauf des spezifischen Kraftstoffverbrauchs.

12. Warum hat der Verbrennungsmotor im »elastischen« Bereich den geringsten spezifischen Kraftstoffverbrauch?

13. Begründen Sie den unterschiedlichen Verlauf der Nutzleistung eines Vergasermotors gegenüber einem Einspritzmotor.

14. Nennen Sie die Aufgaben eines Rollen-Leistungsprüfstands.

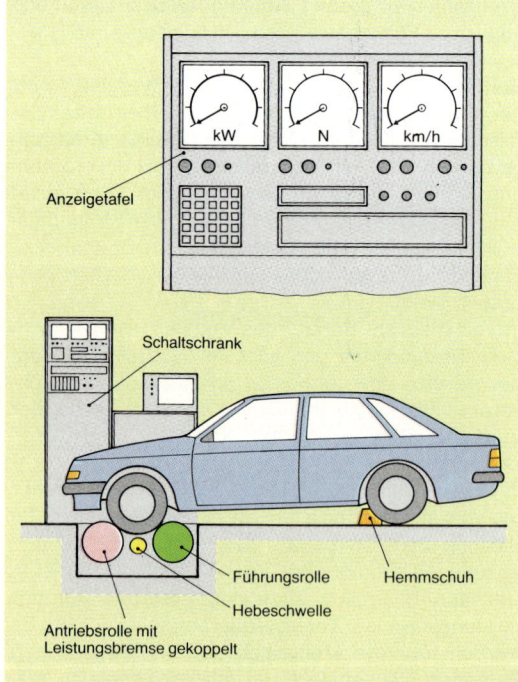

Abb. 1: Rollen-Leistungsprüfstand

34 | Minderung des Kraftstoffverbrauchs

Der Kraftstoffverbrauch wird durch:

- die Fahrzeug- und Motorkonstruktion,
- die Wartung des Fahrzeugs und
- das Fahrverhalten des Fahrers

beeinflußt.

34.1 Einflüsse der Fahrzeug- und Motorkonstruktion auf den Kraftstoffverbrauch

34.1.1 Fahrzeugmasse

> Die Verminderung der Fahrzeugmasse um 10% führt zu einer **Kraftstoffeinsparung** von 3 bis 4% bei gleicher Motorleistung.

Durch die vermehrte Verwendung leichter Werkstoffe (Kunststoffe, Leichtmetalle) wird die Fahrzeugmasse verringert. So können z. B. durch die Verwendung von Aluminium statt Zink für einen Vergaser etwa 0,5 kg eingespart werden. Fahrzeuge in Leichtbauweise haben etwa 200 kg weniger Masse als vergleichbare Kraftfahrzeuge, bei deren Konstruktion diese Möglichkeit der Kraftstoffeinsparung noch nicht berücksichtigt wurde.

34.1.2 Karosserieform

Hat ein Fahrzeug eine große **Querschnittsfläche,** z. B. 2 m², so ergibt sich gegenüber einem Fahrzeug mit nur 1,8 m² großem Querschnitt ein größerer Luftwiderstand F_L. Für eine Fahrgeschwindigkeit von z. B. 100 km/h ist der Luftwiderstand F_L um 38 N größer:

$$F_L = 0{,}615 \cdot A \cdot v^2 \cdot c_w$$

F_L Luftwiderstand in N
A Querschnittsfläche in m²

v Geschwindigkeit in $\dfrac{m}{s}$

c_w Luftwiderstandsbeiwert ohne Einheit
0,615 Umrechnungszahl

Abb. 3 zeigt den Zusammenhang zwischen dem Luftwiderstand F_L und der Querschnittsfläche A des Fahrzeugs für eine bestimmte Fahrgeschwindigkeit und einen bestimmten c_w-Wert, der von der Karosserieform abhängig ist.

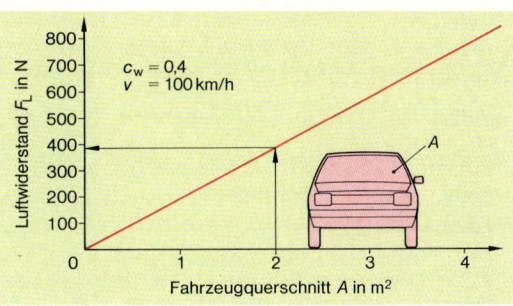

Abb. 3: Luftwiderstandsdiagramm

> Ist die **Querschnittsfläche** doppelt so groß, so verdoppelt sich auch der Luftwiderstand F_L.

Der Luftwiderstand ist auch von der **Luftdichte** ϱ abhängig. Sie wird in der konstanten Zahl 0,615 mit einer mittleren Luftdichte ϱ von 1,23 kg/m³ berücksichtigt.
Eine wesentliche Abhängigkeit besteht zwischen der **Fahrzeuggeschwindigkeit** und dem **Luftwiderstand.**

> Der Luftwiderstand steigt bei doppelter **Fahrzeuggeschwindigkeit** auf das 4fache an.

Dieser wesentlich höhere Luftwiderstand kann jedoch nur durch einen größeren Kraftstoffverbrauch überwunden werden (Abb. 4).

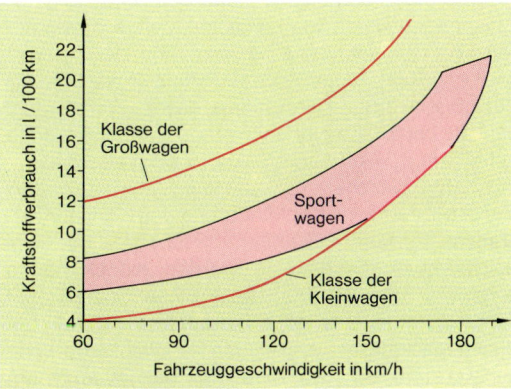

Abb. 4: Kraftstoffverbrauch in Abhängigkeit von der Fahrzeuggeschwindigkeit

Fahrzeugform und Fahrzeugart	Luftwiderstandsbeiwert c_w
Kutschenform, offen, 1900	0,8 – 1,2
Viersitzer, offen, 1920	0,7 – 0,9
Kastenaufbau mit scharfen Kanten, 1926	0,6 – 0,7
Kastenaufbau, runde Kanten schräge Frontscheibe, 1935	0,5 – 0,6
Kleiner Abreißquerschnitt	0,23
Bauform um 1970, Pontonform	0,4 – 0,55
Heutige Form	0,3 – 0,4
Scheinwerfer und alle Räder im Rumpf, Boden verkleidet, Design – Studie	0,20 – 0,25
Günstigste windschnittige Form	0,15 – 0,20

Abb. 1: Fahrzeugformen und deren Luftwiderstandsbeiwerte

Schließlich hängt der Luftwiderstand auch von der **Gesamtform des Aufbaus** ab, die in der Gleichung für den Luftwiderstand F_L mit dem **Luftwiderstandsbeiwert** c_w erfaßt wird (Abb. 1).

> Der c_w-Wert dient, neben der Fahrzeugquerschnittsfläche und -geschwindigkeit, zur Berechnung des **Luftwiderstands** F_L. Er hängt von der äußeren Form des Fahrzeugs ab.

Der c_w-Wert wird im **Windkanal** (Abb. 2) ermittelt. Dafür wird das Fahrzeug, dessen c_w-Wert ermittelt werden soll, auf einen im Luftstrom stehenden Meßstand (aerodynamische Waage) gestellt. Das Gebläse des Windkanals kann Luftgeschwindigkeiten bis 180 km/h erzeugen.
Je nach Karosserieform zeigt die **aerodynamische Waage** den vorhandenen Luftwiderstand des Fahrzeugs an. Mit Hilfe dieses Meßergebnisses und der zugehörigen Daten wie Luftdichte, Luftgeschwindigkeit und Querschnittsfläche kann nun der c_w-Wert über angeschlossene Rechner ermittelt werden.
Der gegenwärtige Durchschnitt des c_w-Wertes liegt bei 0,35 bis 0,4. Es gibt aber schon Serienfahrzeuge mit einem c_w-Wert von 0,3. Abb. 3 zeigt den Zusammenhang zwischen der Senkung des Luftwiderstandsbeiwerts und der Minderung des Kraftstoffverbrauchs.
Solche guten Grundwerte werden jedoch häufig durch Dachgepäckträger, zusätzliche Spiegel, ein Schiebedach u. ä. wieder beträchtlich erhöht. Ein Dachgepäckträger erhöht den Kraftstoffverbrauch bei 100 km/h um etwa 1 l/100 km, bei 140 km/h um etwa 1,5 l/100 km. Mit Gepäck steigen diese Werte noch einmal auf 2 bzw. 3,5 l/100 km.

Wollfäden

1 Düse	6 Gebläse	12 Waage
2 Meßstrecke	7 Diffusor	13 Rollenprüfstand
3 Auffangtrichter	8 Umlenkecke	14 Meßwarte,
4 fahrbarer	9 Kühler	Prozeßrechner
Meßstreckenmantel	10 Gleichrichter	
5 elektr. Antrieb	11 Turbulenzsiebe	
mit Getriebe		

Abb. 2: Windkanal

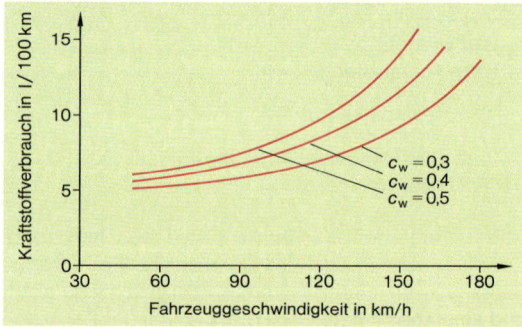

Abb. 3: Verbrauchsminderung durch Senkung von c_w

34.1.3 Getriebeabstufung

Abb. 4 zeigt, wie für ein bestimmtes Kraftfahrzeug der Verlauf des Kraftstoffverbrauchs in den vier Gängen in Abhängigkeit von der Fahrzeuggeschwindigkeit zuerst etwas abfällt, ein Minimum erreicht und dann ansteigt. Es wird deutlich, daß der Kraftstoffverbrauch abnimmt, wenn das Fahrzeug möglichst im höchsten Gang gefahren wird.

In der Praxis reicht aber im 3. und 4. Gang die Leistung wegen der geringen Motordrehzahl im unteren Geschwindigkeitsbereich häufig nicht aus. Trotzdem ist es möglich, durch Wahl der günstigsten Gangübersetzung zu erreichen, daß der obere Geschwindigkeitsbereich in möglichst hohen Gängen durchfahren werden kann. Durch einen 5. Gang (Spargang, E-Gang) kann das jeweilige Kennfeld verbessert werden.

> Je höher der Gang (bei gleicher Geschwindigkeit), desto niedriger die **Motordrehzahl.** Dadurch wird je Zeiteinheit weniger Kraftstoff-Luft-Gemisch angesaugt, d.h., desto geringer ist der Kraftstoffverbrauch.

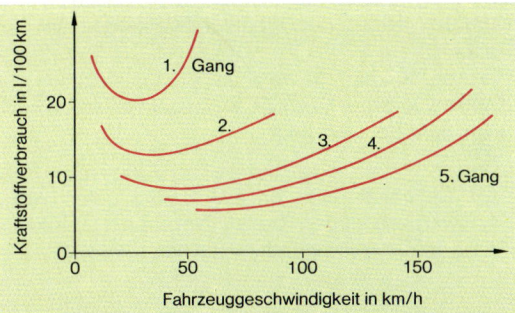

Abb. 4: Kraftstoffverbrauch in Abhängigkeit vom Gang

34.1.4 Erhöhung des Verdichtungsverhältnisses

Dieselmotoren haben gegenüber Ottomotoren ein etwa doppelt so hohes Verdichtungsverhältnis ε. Die Erhöhung des Verdichtungsverhältnisses führt zur Zunahme des mittleren indizierten Drucks p_{mi} im Verbrennungsraum. Die Folge ist eine größere Innenleistung P_i des Motors. Das bedeutet, daß die chemische Energie des zugeführten Kraftstoffs besser ausgenutzt wird. Der **Innenwirkungsgrad** η_i steigt.

$$\eta_i = \frac{P_i \cdot 3600}{B \cdot H_u} = \frac{\text{Innenleistung}}{\text{zugeführte Wärmemenge je Zeiteinheit}}$$

η_i Innenwirkungsgrad
P_i Innenleistung in kW
B Kraftstoffmenge in kg/h
H_u spezifischer Heizwert in kJ/kg

Unter Berücksichtigung der mechanischen Verluste des Motors, z.B. Reibungsverluste des Kurbeltriebs, ergeben sich für den **Nutzwirkungsgrad** oder **effektiven Wirkungsgrad** η_{eff} folgende Werte:

- Ottomotor: $\eta_{eff} = 0{,}25$ bis $0{,}30$
- Dieselmotor: $\eta_{eff} = 0{,}30$ bis $0{,}45$

Abb. 5 zeigt, wie mit der Erhöhung des Verdichtungsverhältnisses von 6:1 auf 11:1, und der damit verbundenen Verbesserung des Wirkungsgrades η_{eff}, der Kraftstoffverbrauch sinkt und die Leistung steigt. Durch intensive Verwirbelung des Kraftstoffs mit der Luft im Verbrennungsraum kann die Klopfneigung (s. Kap. Grundprinzip des Viertakt-Ottomotors) der Kraftstoffe bei hoher Verdichtung abgebaut werden. Quetschkanten am Kolben (Abb. 6) helfen die Verwirbelung entscheidend zu verbessern, so daß Verdichtungsverhältnisse bis 11:1 möglich sind.

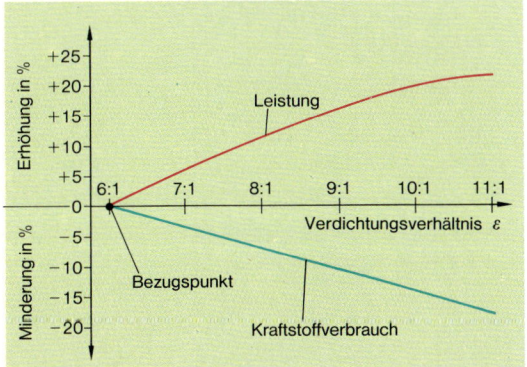

Abb. 5: Einfluß des Verdichtungsverhältnisses auf Kraftstoffverbrauch und Leistung

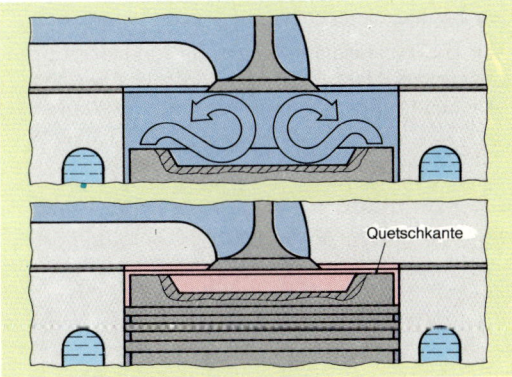

Abb. 6: Quetschkanten am Kolben

34.1.5 Schubabschaltung

Wenn ein Fahrzeug z.B. bergab fährt und der Fahrer den Fuß vom Fahrpedal nimmt, arbeitet der Motor im **Schiebebetrieb.** Dennoch saugt er über das Leerlaufsystem weiterhin Kraftstoff an. Durch eine **Schubabschaltung** kann aber die Lieferung des Kraftstoffs unterbunden werden. Die Kraftstoffeinsparung beträgt bis zu 5%. Solche Abschalteinrichtungen lassen sich gut im Zusammenhang mit elektronischen Gemischbildungssystemen (s. Kap. Elektronischer Vergaser, Einspritzanlagen für Ottomotoren) verwirklichen.

34.1.6 Stop-Start-Betrieb

Eine weitere Möglichkeit für die Kraftstoffeinsparung besteht in der **Unterbrechung der Kraftstoffzuführung** für den Motor bei jedem Halt des Fahrzeugs, der länger als einige Sekunden dauert. Eine solche Zusatzeinrichtung ist durch die elektronischen Gemischbildungssysteme, die alle ein Steuergerät haben, möglich geworden. Das Steuergerät sorgt auch dafür, daß z.B. ein Abschalten des noch kalten Motors unterbleibt.

34.1.7 Zylinderabschaltung

Werden z.B. in einem 6-Zylinder-Motor (Abb. 2) während des Teillastbetriebs einige Zylinder von der Kraftstoffzuführung abgeschaltet, so arbeiten die restlichen Zylinder mit besserem Wirkungsgrad. Sie liefern weitgehend ungedrosselt den gesamten Leistungsbedarf. Die im Teillastbetrieb unvermeidbaren **Drosselverluste werden vermieden.** Wenn der Leistungsbedarf steigt, werden die abgeschalteten Zylinder einzeln oder in Gruppen wieder zugeschaltet. Wichtig ist, daß die abgeschalteten Zylinder nicht durch Abkühlung höherem Verschleiß unterliegen. Deshalb werden sie von den Abgasen der arbeitenden Zylinder durchspült.

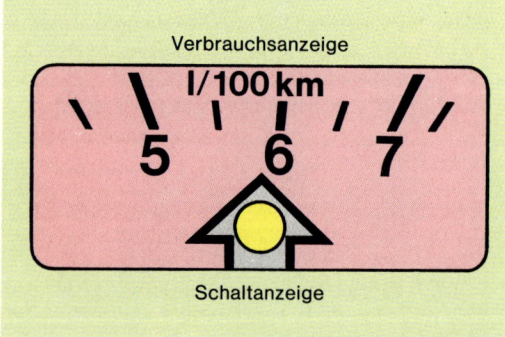

Abb. 1: Ökonometer

34.2 Verbesserte Wartung

34.2.1 Motor

Ein Motor arbeitet nur dann mit einem guten Wirkungsgrad, wenn alle Baugruppen des Motors im vorgeschriebenen Sollzustand arbeiten.

Der **Kraftstoffverbrauch steigt** besonders durch:

- einen falsch eingestellten Vergaser oder eine fehlerhaft arbeitende Kraftstoffeinspritzung,
- falsch eingestellten Zündzeitpunkt oder defekte Zündverstellung,
- abgebrannte Unterbrecherkontakte,
- verschmutzte oder abgebrannte Zündkerzen,
- falsches Ventilspiel,
- geringe Verdichtung (z.B. Kolbenringe abgenutzt) und
- ein verschmutztes Luftfilter (es entsteht ein fettes Gemisch).

34.2.2 Fahrwerk

Der **Kraftstoffverbrauch steigt,** wenn der Reifenluftdruck zu gering ist, denn dann steigt die vom Fahrzeug zu überwindende Rollwiderstandsleistung (Abb. 3a) wegen der erhöhten Walkarbeit an den Reifen.
Die Abb. 3b zeigt, in welchem Prozentsatz sich der Kraftstoffverbrauch erhöht, wenn der Reifenluftdruck unter dem Sollwert liegt.

Ein **Reifenluftdruck** von z.B. 0,5 bar unter dem Sollwert erhöht den Kraftstoffverbrauch um etwa 4%, da die Rollwiderstandsleistung ansteigt.

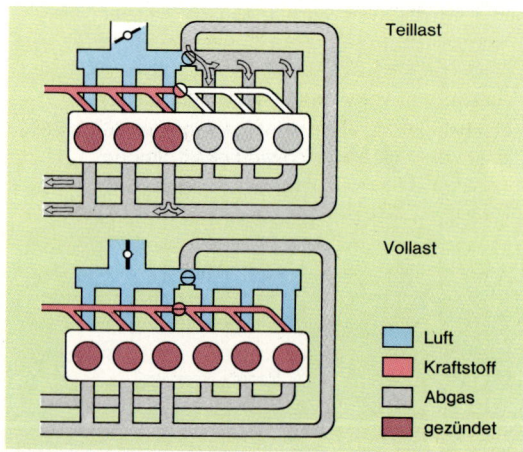

Abb. 2: Zylinderabschaltung

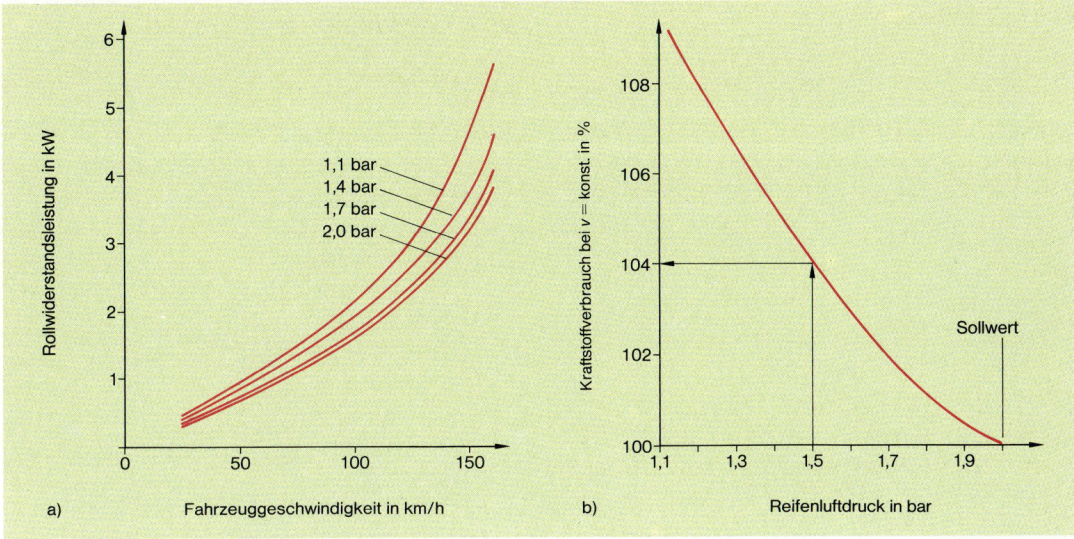

Abb. 3: Rollwiderstand und Reifenluftdruck

34.3 Fahrverhalten

Ein **geringerer Kraftstoffverbrauch** wird durch folgende Verhaltensweisen erzielt:

- nach dem Starten sofort fahren,
- den Chokeknopf so früh wie möglich einschieben,
- mit geringer Beschleunigung anfahren und sofort in den 2. Gang schalten,
- mäßig beschleunigen und so früh wie möglich in den höheren Gang schalten,
- möglichst oft im höchsten Gang fahren,
- gleichmäßig fahren und unnötiges scharfes Bremsen vermeiden,
- Fahrzeuggeschwindigkeit den Ampelphasen anpassen. Trägheit (Schwung) des Fahrzeugs ausnutzen und vor Ampeln ausrollen lassen,
- Höchstleistung vermeiden, wenigstens 20 bis 25% unter der Höchstgeschwindigkeit bleiben.

In Verbindung mit elektronischen Gemischaufbereitungssystemen kann jederzeit der augenblickliche Kraftstoffverbrauch gemessen werden. Über ein Anzeigegerät, dem **Ökonometer** (Abb. 1), wird dem Fahrer mitgeteilt, ob sich der Motor in einem verbrauchsgünstigen Drehzahl- bzw. Lastbereich befindet. Der Fahrer kann dann gegebenenfalls, z. B. durch Wahl eines höheren Gangs, den Kraftstoffverbrauch beeinflussen. Im direkten Gang wird lediglich der Verbrauch angezeigt. Fahrzeuge mit einem Automatikgetriebe haben nur eine Verbrauchsanzeige.

Aufgaben

1. Nennen Sie drei Möglichkeiten zur Verringerung der Fahrzeugmasse.
2. Wieviel Prozent Kraftstoff können etwa durch die Maßnahmen von Aufg. 1 eingespart werden?
3. Von welchen Größen hängt der Luftwiderstand ab?
4. Welche Teile am Kraftfahrzeug erhöhen den c_w-Wert?
5. Wie wird der c_w-Wert ermittelt?
6. Ermitteln Sie aus Abb. 3, S. 316 für die Geschwindigkeit 120 km/h die Kraftstoffverbrauchsminderung für eine 20prozentige Verkleinerung des c_w-Wertes 0,5.
7. Begründen Sie die Minderung des Kraftstoffverbrauchs in höheren Gängen.
8. Warum verbessert sich der effektive Wirkungsgrad η_{eff}, wenn das Verdichtungsverhältnis ε erhöht wird?
9. Welche Aufgabe hat eine Quetschkante am Kolben?
10. Erklären Sie den Begriff »Stop-Start-Betrieb«.
11. Nennen Sie drei Fahrsituationen, für die eine Schubabschaltung geeignet ist.
12. Erläutern Sie das Prinzip der Zylinderabschaltung.
13. Welche Wartungsarbeiten helfen besonders Kraftstoff sparen?
14. Die Rollwiderstandsleistung ist bei 2 bar Reifenluftdruck etwa 1,5 kW groß ($v = 100$ km/h). Ermitteln Sie aus Abb. 3 wie groß die Rollwiderstandsleistung für die Drücke 1,7 und 1,1 bar ist
15. Nennen Sie drei Fahrverhaltensweisen, die Sie für besonders kraftstoffsparend halten, und geben Sie kurze Begründungen an.

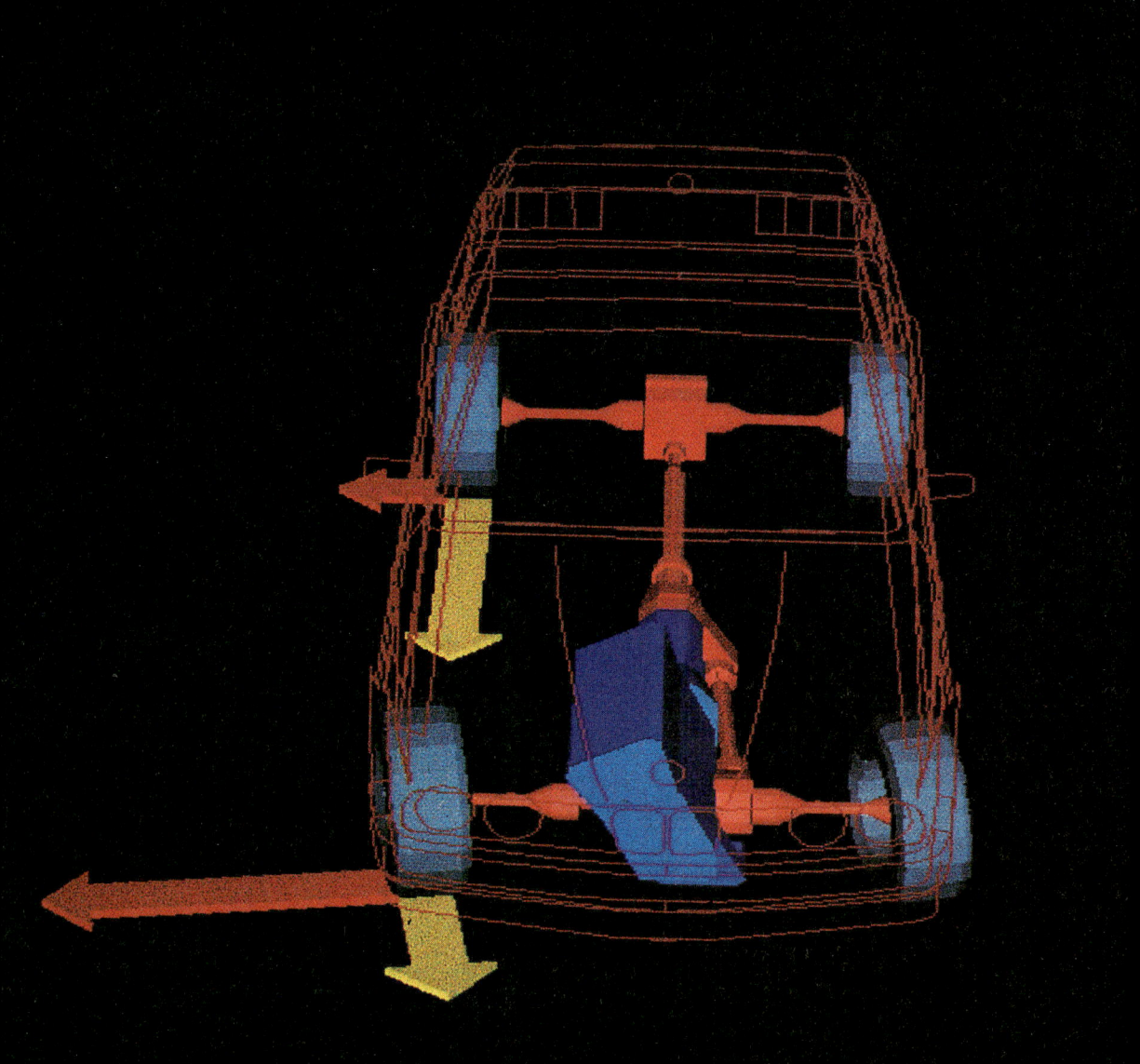

35 | Antriebsarten

Der Antrieb eines Kraftfahrzeugs erfolgt durch den Motor über die Bauteile der Kraftübertragung.
Die Bauteile der Kraftübertragung sind:
Kupplung, Getriebe, Gelenkwellen, Achsgetriebe, Ausgleichsgetriebe und Achsantriebswellen.

> Die Bauteile der Kraftübertragung eines Kraftfahrzeugs haben die Aufgaben, die **Drehzahl** und das **Drehmoment** des Motors zu wandeln bzw. weiterzuleiten und auf die Antriebsräder zu **übertragen**.

Nach der **Lage des Motors** im Kraftfahrzeug werden unterschieden:

- Frontmotor,
- Mittelmotor,
- Heckmotor und
- Unterflurmotor.

Nach dem **Antrieb der Räder** werden unterschieden:

- Hinterradantrieb,
- Vorderradantrieb,
- Allradantrieb.

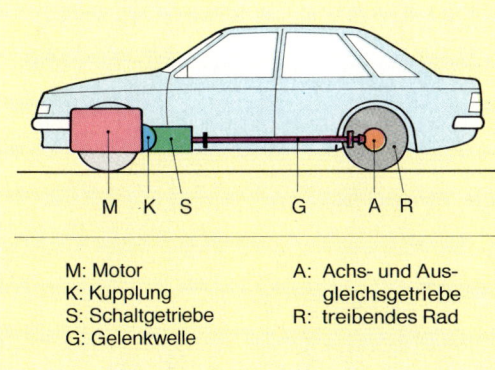

M: Motor
K: Kupplung
S: Schaltgetriebe
G: Gelenkwelle

A: Achs- und Ausgleichsgetriebe
R: treibendes Rad

Abb. 1: Standardbauweise

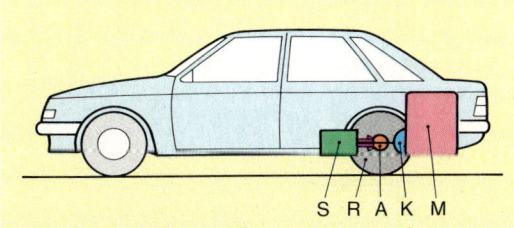

Abb. 2: Heckmotorantrieb

35.1 Hinterradantrieb

In einem Fahrzeug mit Hinterradantrieb werden nach der **Lage des Motors** unterschieden:

- Frontmotorantrieb (Standardbauweise),
- Heckmotorantrieb,
- Mittelmotorantrieb
  und
- Unterflurmotorantrieb.

35.1.1 Standardbauweise

Der Motor, die Kupplung und das Getriebe liegen im Bereich der Vorderachse (Abb. 1). Das Achs- und Ausgleichsgetriebe liegt in oder an der Hinterachse.

Vorteile:

- gleichmäßige Massenverteilung bei maximaler Zuladung auf Vorder- und Hinterachse,
- einfache Vorderachskonstruktion möglich,
- gute Kühlung des Motors, da Kühler im Fahrtwind,
- wirksame Heizung, da kurze Luft- oder Wasserwege.

Nachteile:

- ein störender Tunnel für die Gelenkwelle in der Bodengruppe,
- schwergängige Lenkung, da große Massen auf der Vorderachse,
- bei geringer Zuladung Durchdrehen der Hinterräder auf glatter Fahrbahn und am Berg.

Eine günstige Schwerpunktlage durch eine gleichmäßige Achslastverteilung wird auch mit der **Transaxle-Bauweise** erreicht (Transaxle, engl.: »von den Achsen aus«). Der Motor und die Kupplung liegen auf der Vorderachse, Getriebe und Ausgleichsgetriebe auf der Hinterachse. Motor und Getriebe sind durch ein Rohr zu einer starren Antriebseinheit verbunden. In diesem Zentralrohr läuft eine zweifach gelagerte Übertragungswelle.

35.1.2 Heckmotorantrieb

Der Motor, die Kupplung, das Getriebe und das Achs- und Ausgleichsgetriebe liegen im Bereich der angetriebenen Hinterachse (Abb. 2).

Vorteile:

- kurze Wege für die Kraftübertragung,
- einfache Vorderachskonstruktion möglich,
- gutes Anfahrverhalten bei Glätte und am Berg.

Nachteile:

- geringe Radführungskräfte bei glatter Fahrbahn,
- begrenzte Kofferraumgröße,
- lange Schaltwege zum Getriebe,
- lange Luft- oder Wasserwege zur Heizanlage,
- höherer Aufwand für die Kühlung des Motors.

35.1.3 Mittelmotorantrieb

Der Motor liegt vor der angetriebenen Hinterachse. Kupplung, Getriebe und Achs- und Ausgleichsgetriebe liegen auf der Hinterachse (Abb. 1). Der entscheidende Vorteil gegenüber dem Heckmotorantrieb ist eine günstige Schwerpunktlage des Fahrzeugs. Diese Antriebsart wird ausschließlich in Sport- und Rennwagen angewendet.

35.1.4 Unterflurmotorantrieb

Diese Anordnung des Antriebs findet ausschließlich in Nutzfahrzeugen Anwendung. Der Antrieb ist am Rahmen zwischen Vorder- und Hinterachse angeordnet (Abb. 2).

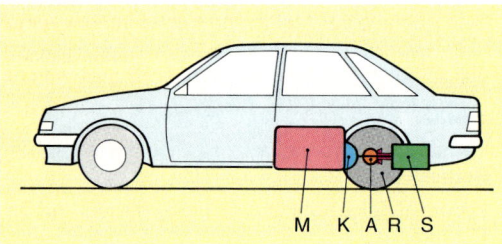

Abb. 1: Mittelmotorantrieb

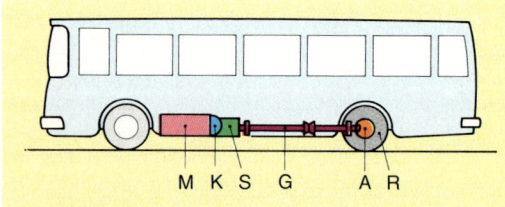

Abb. 2: Unterflurmotorantrieb

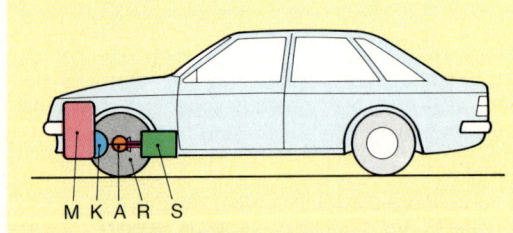

Abb. 3: Vorderradantrieb

35.2 Vorderradantrieb

Motor, Kupplung, Getriebe und Achs- und Ausgleichsgetriebe werden zu einer kompakten Baueinheit zusammengefaßt und liegen im Bereich der angetriebenen Vorderachse (Abb. 3). Der Motor kann quer oder längs zur Fahrtrichtung stehend oder geneigt angeordnet werden.

Vorteile

- gleichmäßige Achslastverteilung bei maximaler Zuladung,
- kurze Wege der Kraftübertragung,
- hohe Fahrsicherheit (z.B. Geradeauslauf) dadurch, daß das Fahrzeug gezogen wird,
- einfache Hinterachse möglich,
- großer Kofferraum,
- kein störender Mitteltunnel,
- gute Motorkühlung,
- wirksame Heizung.

Nachteile:

- aufwendige Vorderachse,
- schwergängige Lenkung ohne Lenkhilfe,
- Einfluß der Antriebskräfte auf die Radführung,
- erhöhter Reifenverschleiß an den Vorderrädern,
- schlechtes Anfahrverhalten am Berg.

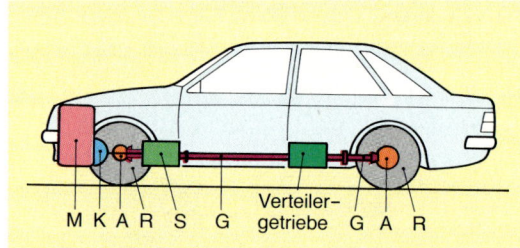

Abb. 4: Allradantrieb

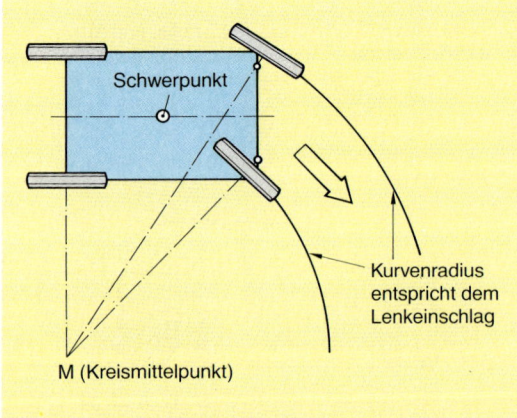

Abb. 5: Neutrales Lenkverhalten

35.3 Allradantrieb

Wird für ein Fahrzeug eine große Zugkraft oder Geländegängigkeit gefordert, werden alle Räder angetrieben.

Es werden überwiegend Nutzfahrzeuge (z.B. Baufahrzeuge), aber auch Personenkraftwagen mit Allradantrieb ausgerüstet (Abb. 4). Er wird überwiegend bei der Frontmotor- oder Mittelmotorbauweise angewendet.

Ist die Grundkonzeption eines Personenkraftwagens der Vorderradantrieb, so erfolgt ein ständiger Allradantrieb. Bei der Standardbauweise kann der Vorderradantrieb dazugeschaltet werden. Motordrehmoment und -drehzahl werden über das Schaltgetriebe zu einem Verteilergetriebe und von dort über Gelenkwellen zu den Achs- und Ausgleichsgetrieben an Vorder- und Hinterachse übertragen. Die Ausgleichsgetriebe sind jeweils mit Ausgleichssperren ausgerüstet (s. Kap. 39.2.4).

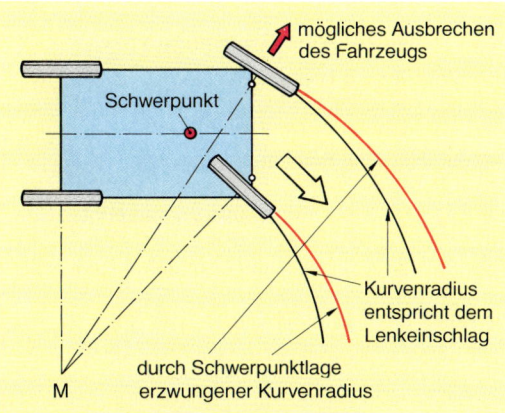

Abb. 6: Untersteuerndes Lenkverhalten

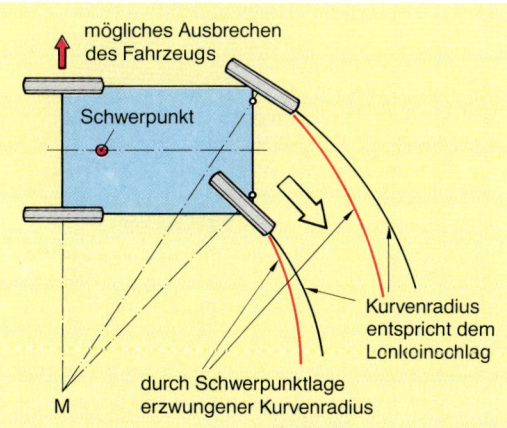

Abb. 7: Übersteuerndes Lenkverhalten

35.4 Einfluß der Antriebsarten auf das Lenkverhalten

Die Anordnung des Antriebs bestimmt im wesentlichen die Schwerpunktlage eines Fahrzeugs. Durch diese wird das Lenkverhalten des Fahrzeugs besonders bei Kurvenfahrt beeinflußt. Es werden unterschieden: neutrales, untersteuerndes und übersteuerndes Lenkverhalten.

In einem Fahrzeug mit **neutralem Lenkverhalten** liegt der Schwerpunkt in der Fahrzeugmitte. Durch die gleichmäßige Achslastverteilung entspricht jeder Lenkeinschlag dem Radius der durchfahrenen Kurve (Abb. 5). Die Räder behalten auch bei höheren Kurvengeschwindigkeiten die Bodenhaftung.

> Ein Fahrzeug mit **neutralem Lenkverhalten** durchfährt einen Kurvenradius, der dem Lenkeinschlag entspricht.

Ein **untersteuerndes Lenkverhalten** zeigt sich bei Fahrzeugen mit weit vorn liegendem Schwerpunkt. Das Fahrzeug verliert bei hohen Kurvengeschwindigkeiten immer zuerst vorn die Bodenhaftung und wird aus der Kurve geschoben (Abb. 6).

> Ein Fahrzeug mit **untersteuerndem Lenkverhalten** durchfährt einen größeren Kurvenradius als es dem Lenkeinschlag entspricht.

In einem Fahrzeug mit **übersteuerndem Lenkverhalten** (Abb. 7) liegt der größere Anteil der Masse des Fahrzeugs auf der Hinterachse. Bei hohen Kurvengeschwindigkeiten verliert das Fahrzeug die Bodenhaftung zuerst an den Hinterrädern. Dadurch bricht das Heck des Fahrzeugs aus, es schleudert.

> Ein Fahrzeug mit **übersteuerndem Lenkverhalten** durchfährt einen kleineren Kurvenradius als es dem Lenkeinschlag entspricht.

Fahrzeuge in Standardbauweise und mit Frontantrieb neigen zum Untersteuern, mit Heckmotorantrieb zum Übersteuern. Fahrzeuge mit Mittelmotorantrieb zeigen ein neutrales Fahrverhalten.

Aufgaben

1. Nennen Sie die Aufgaben der Kraftübertragung.
2. Nennen Sie drei Vorteile der Standardbauweise.
3. Nennen Sie mindestens vier entscheidende Vorteile eines Vorderradantriebs.
4. Erklären Sie das Fahrverhalten eines Fahrzeugs mit untersteuerndem Lenkverhalten.

36 | Kupplung

Die Kupplung hat folgende **Aufgaben**. Sie soll:

- das Anfahren des Kraftfahrzeugs aus dem Stand ermöglichen,
- das Motordrehmoment auf das Getriebe übertragen,
- für das Schalten der Gänge den Kraftfluß vom Motor zum Getriebe unterbrechen,
- den Einfluß der Kurbelwellenschwingungen auf das Getriebe verringern und
- den Motor bzw. das Getriebe vor Überlastung schützen.

Im Kraftfahrzeugbau werden zwischen Motor und Getriebe trennbare Kupplungen verwendet.

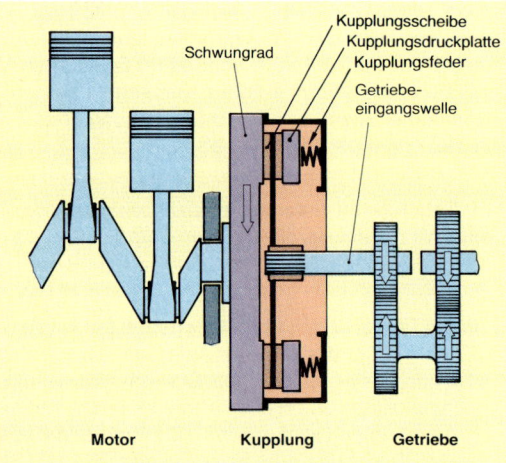

Abb. 1: Anordnung der Kupplung zwischen Motor und Getriebe

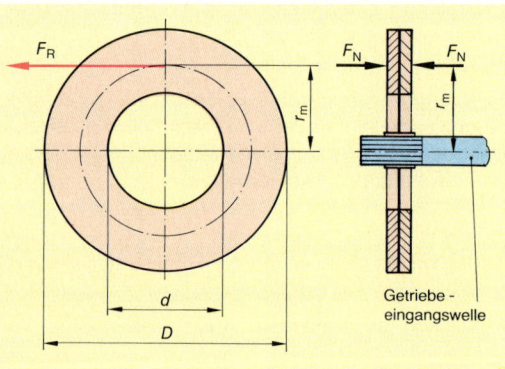

Abb. 2: Kräfte und Momente an der Kupplungsscheibe

36.1 Reibungskupplungen

Die Reibungskupplung überträgt das Drehmoment des Motors durch Reibung auf die Getriebeeingangswelle. Die Kupplung befindet sich zwischen dem Motor und der Getriebeeingangswelle (Abb. 1).

> Das **Motordrehmoment** wird über das Schwungrad, die Kupplungsdruckplatte und die Kupplungsscheibe auf die Getriebeeingangswelle übertragen.

Die **Anpreßkraft** für die Kupplungsscheibe wird durch senkrecht auf die **Kupplungsdruckplatte** wirkenden **Federkräfte** erzeugt.

36.1.1 Physikalische Grundlagen

Das übertragbare Drehmoment ist von der Reibkraft F_R an der Kupplungsscheibe und dem wirksamen Radius r_m abhängig (Abb. 2). Für das **übertragbare Kupplungsdrehmoment** ergibt sich dann:

$$M_K = F_R \cdot r_m$$

M_K Kupplungsdrehmoment in Nm
F_R Reibkraft in N
r_m wirksamer mittlerer Radius in m

Die Reibkraft F_R ist abhängig von der Normalkraft F_N (Anpreßkraft der Federn), der Reibungszahl μ und der Zahl der Reibflächenpaarungen z.

$$F_R = F_N \cdot \mu \cdot z$$

F_R Reibkraft in N
F_N Normalkraft in N
μ Reibungszahl
z Anzahl der Reibpaarungen

Der Erhöhung der Reibkraft F_R, d. h. der Erhöhung des übertragbaren Drehmoments durch Vergrößerung der Normalkraft F_N sind Grenzen gesetzt. Eine zu hohe Flächenpressung p führt zur Zerstörung der Kupplungsbeläge. Die zulässige Flächenpressung soll deshalb 20 N/cm² nicht übersteigen.
Eine Vergrößerung der Reibkraft F_R kann aber durch eine größere Anzahl von Reibpaarungen (Zwei- und Mehrscheibenkupplungen) erreicht werden.

> Eine Kupplung ist so bemessen, daß sie das maximale Motordrehmoment mit 1,3- bis 2facher **Sicherheit** überträgt.

Folgende **Arten von Reibungskupplungen** sind gebräuchlich:

- Einscheiben-Trockenkupplung mit Schraubenfedern,
- Einscheiben-Trockenkupplung mit Membran- bzw. Tellerfeder,
- Zweischeiben-Trockenkupplung mit Schraubenfedern,
- Mehrscheibenkupplung (Naßkupplung) und
- Fliehkraftkupplung.

36.1.2 Einscheiben-Trockenkupplung mit Schraubenfedern

Die Anpreßkraft der Kupplungsscheibe wird von mehreren Schraubenfedern erzeugt, die zwischen dem Kupplungsdeckel und der Druckplatte angeordnet sind (Abb. 3). Der Kupplungsdeckel ist mit dem Schwungrad verschraubt. Die Kupplungsfedern drücken im **eingekuppelten Zustand** die Kupplungsdruckplatte gegen die Kupplungsscheibe. Diese wird dadurch gegen die Schwungscheibe gedrückt und somit vom Motor, d. h. der Kurbelwelle, kraftschlüssig angetrieben.

Die Nabe der Kupplungsscheibe ist auf der Kupplungswelle verschiebbar und überträgt durch ein Keilwellenprofil formschlüssig das Motordrehmoment auf die Kupplungswelle (Getriebeeingangswelle). Durch Niedertreten des Kupplungspedals wird **ausgekuppelt.** Dabei wird der Ausrücker axial gegen den Druckring verschoben, der die Ausrückhebel direkt betätigt. Diese heben die Kupplungsdruckplat-

te über die Zugbolzen gegen die Kraft der Druckfedern an (Abb. 3). Die Kraftübertragung, d. h. der Kraftfluß ist unterbrochen. Es stellt sich ein **Lüftspiel** von 0,6 bis 1 mm ein.

Während des **Einkuppelvorgangs** wirkt **Gleitreibung.** Dadurch wird nur ein Teil des Motordrehmoments übertragen. Es erfolgt eine allmähliche Drehzahlangleichung zwischen der Kurbelwelle des Motors und der Getriebeeingangswelle. Ist eine **kraftschlüssige Verbindung** vollständig hergestellt, so ist **Haftreibung** vorhanden. Das gesamte Motordrehmoment wird auf das Getriebe übertragen.

Während des **Einkuppelvorgangs** wirkt **Gleitreibung.** Dadurch wird nur ein Teil des Motordrehmoments übertragen. Es erfolgt eine allmähliche Drehzahlangleichung zwischen der Kurbelwelle des Motors und der Getriebeeingangswelle. Ist eine **kraftschlüssige Verbindung** vollständig hergestellt, so ist **Haftreibung** vorhanden. Das gesamte Motordrehmoment wird auf das Getriebe übertragen.

36.1.3 Einscheiben-Trockenkupplung mit Membranfeder

Die Membranfederkupplung (Abb. 4) wird heute fast ausschließlich in Pkw verwendet. Die Anpreßkraft wird nicht von Schraubenfedern, sondern von einer Membranfeder erzeugt.

Die Membranfeder ist eine **kegelige Tellerfeder** mit **radialen Schlitzen** (Abb. 2, S. 326). Diese geben der Tellerfeder im Zusammenhang mit dem Federwerkstoff ihre besondere Elastizität.

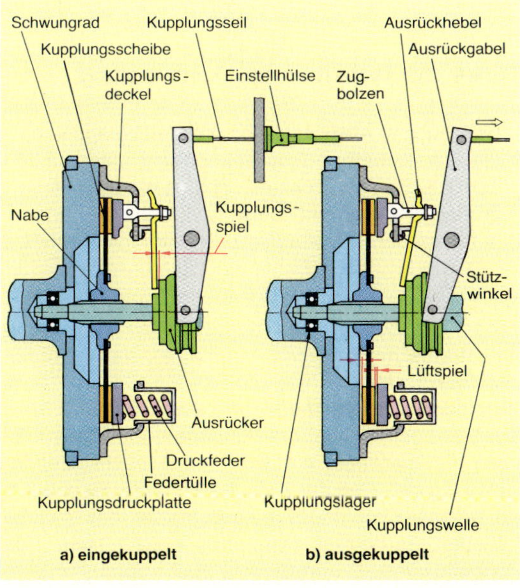

Abb. 3: Wirkungsweise der Einscheiben-Trockenkupplung

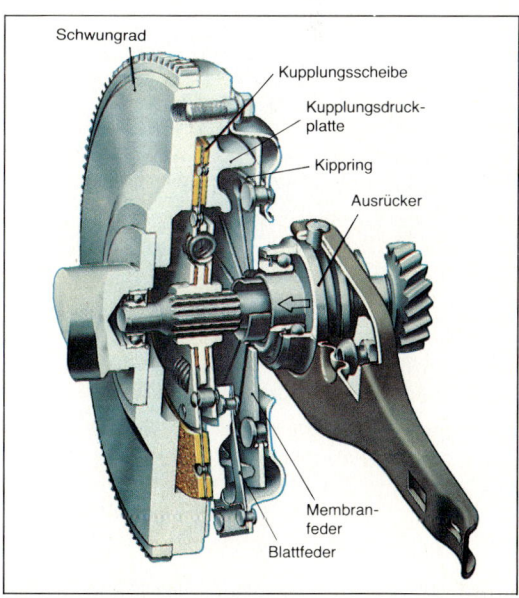

Abb. 4: Membranfederkupplung

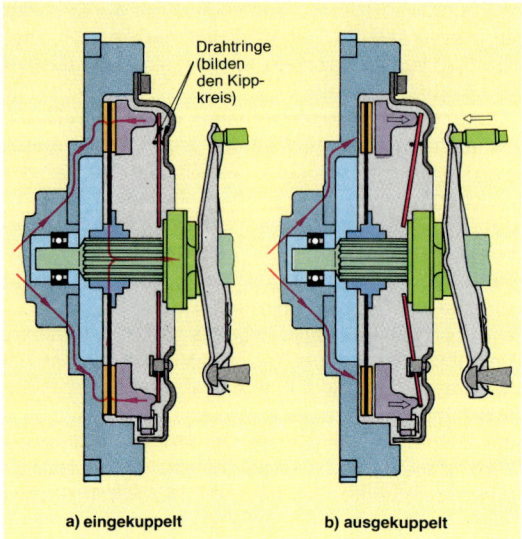

a) eingekuppelt b) ausgekuppelt

Abb. 1: Wirkungsweise der Membranfederkupplung

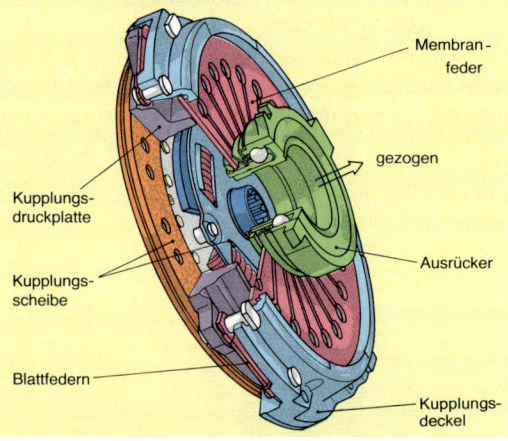

Membran-feder

gezogen

Ausrücker

Kupplungs-druckplatte

Kupplungs-scheibe

Blattfedern

Kupplungs-deckel

Abb. 2: Gezogene Membranfederkupplung

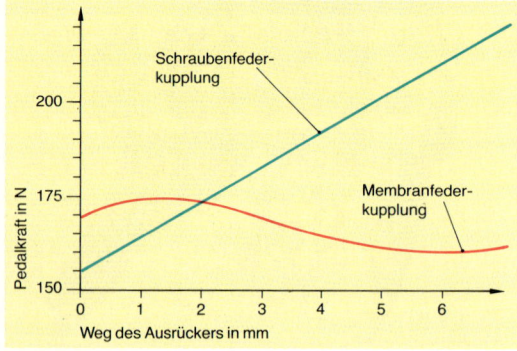

Abb. 3: Pedalkräfte für Schrauben- und Membranfeder-kupplung

Die Membranfeder ist zwischen zwei **Drahtringen** (Kippringe) beweglich am Kupplungsdeckel befestigt. Während des Auskuppelns (Abb. 1) wird der Kegel der Membranfeder um den Kippkreis »umgestülpt«. Dadurch ergibt sich ihre besondere Federkennlinie im Vergleich mit der Federkennlinie einer Schraubenfeder und ein anderer Verlauf der Pedalkräfte (Abb. 3).

Kurz nach dem Auskuppeln ist die Pedalkraft am größten. Bei weiterem Niedertreten des Pedals nimmt sie ab, wenn sich die Feder umgestülpt hat. Bei der Schraubenfederkupplung nimmt dagegen die Pedalkraft ständig zu. Die Membranfederkupplung hat also einen hohen Bedienungskomfort.

Die Druckplatte wird durch Blattfedern am Kupplungsdeckel gehalten und zentriert (Abb. 4, S. 325, Abb. 2). Die Blattfedern übertragen das Drehmoment auf die Druckplatte. Gleichzeitig dienen sie während des Auskuppelns als Rückzugfedern für die Druckplatte.

Die Membranfederkupplung hat gegenüber der Schraubenfederkupplung folgende **Vorteile:**

- die Membranfeder ist gegen hohe Drehzahlen unempfindlich (keine Druckfedern und Ausrückhebel, die sich verlagern können),

- bei geringer Baulänge werden hohe Anpreßkräfte erreicht,

- es sind nur kleine Ausrückkräfte notwendig,

- die Membranfeder übernimmt die Aufgabe der Ausrückhebel,

- bei gezogenem Ausrücker sind Bauhöhe und Bauaufwand noch geringer (Abb. 2).

36.1.4 Zweischeiben-Trockenkupplung

> Bei gleichen Abmessungen der Reibbeläge kann die **Zweischeiben-Trockenkupplung** gegenüber der Einscheiben-Trockenkupplung ein **doppelt so großes Drehmoment** übertragen, wenn die Federkräfte an den Kupplungsdruckplatten gleich sind.

Die Zweischeiben-Trockenkupplung (Abb. 4) hat zwischen den beiden Kupplungsscheiben eine **Kupplungstreibscheibe** (Zwischenscheibe). Sie wird durch **Blattfedern,** ähnlich wie die Druckplatte der Membranfederkupplung, mitgenommen und geführt. Wird ausgekuppelt, wirken die Blattfedern als Rückzugfedern. Oft begrenzt ein sich selbst nachstellender Anschlag den Weg der Zwischenscheibe. So entsteht an beiden Kupplungsscheiben immer das gleiche Lüftspiel. Es beträgt zusammen etwa 1,2 mm. Das doppelte Lüftspiel erfordert somit den doppelten Weg der Druckplatte.

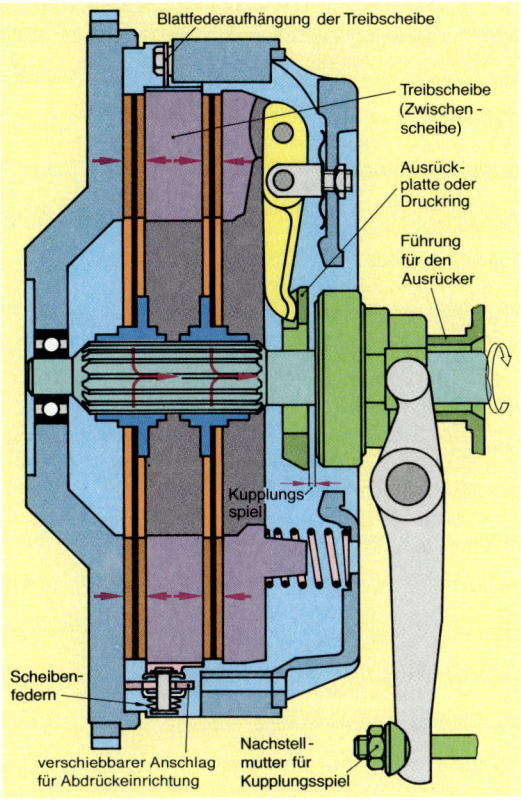

Abb. 4: Zweischeiben-Trockenkupplung

36.1.5 Kupplungsscheiben für Trockenkupplungen

> Die Kupplungsscheibe hat die Aufgabe, das **Motordrehmoment** von der Schwungscheibe und der Kupplungsdruckplatte auf das Getriebe **zu übertragen.**

Es werden zwei **Bauarten** unterschieden:

- starre Kupplungsscheibe (ohne Schwingungsdämpfer) und
- Kupplungsscheibe mit Schwingungsdämpfer.

Beide Bauarten haben meist eine Belagfederung.

> Die **Belagfederung** erleichtert ein weiches und ruckfreies Anfahren. Es ergibt sich ein gleichmäßiger Belagverschleiß.

Die einfachste Kupplungsscheibe ist die starre Kupplungsscheibe ohne Belagfederung. Die Beläge sind direkt auf das Trägerblech genietet oder geklebt (Abb. 5a).

Die einfachste Belagfederung besteht aus einem Scheibenkranz, der in herausgebogene und gewölbte Segmente unterteilt ist (Abb. 5b). Die elastischen Segmente geben unter der Wirkung der Anpreßkraft federnd nach.

Eine andere Ausführung zeigt die Abb. 5c. Der Scheibenkranz besteht aus angenieteten Federblechen. Dadurch wird der Kranz häufig leichter. Die Kupplungsscheibe hat dann eine geringere Massenträgheit und kann schneller der Schwungscheibendrehzahl angeglichen werden.

Wird eine Doppelfederung nach Abb. 5d vorgesehen, bei der jeweils zwei Federblechsegmente unter Vorspannung aufeinandergenietet werden, ist ein besonders weiches und ruckfreies Anfahren möglich.

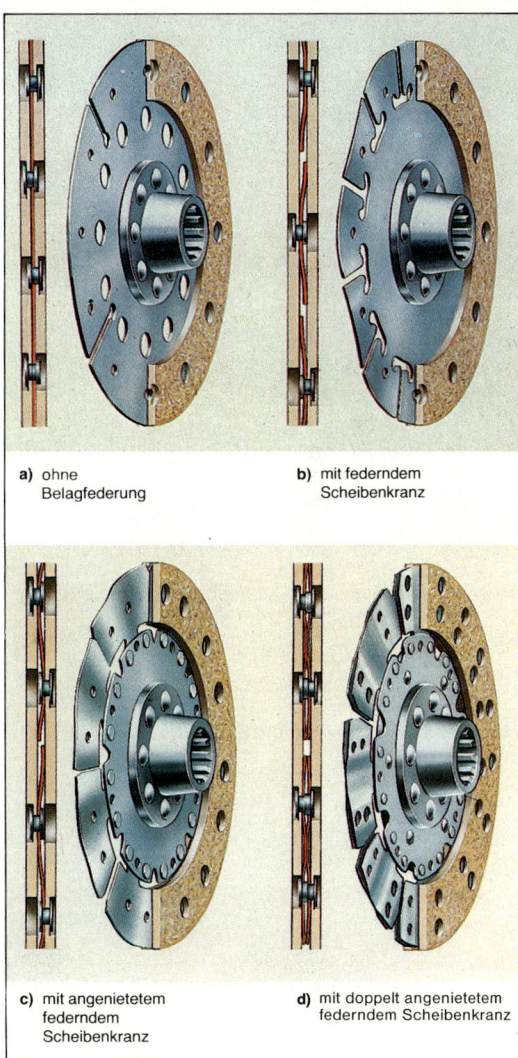

a) ohne Belagfederung

b) mit federndem Scheibenkranz

c) mit angenietetem federndem Scheibenkranz

d) mit doppelt angenietetem federndem Scheibenkranz

Abb. 5: Starre Kupplungsscheiben

Durch den ungleichförmigen Lauf der Kurbelwelle entstehen **Drehschwingungen.** Werden diese Schwingungen (Torsionsschwingungen) auf das Getriebe übertragen, so entstehen Getriebegeräusche und zusätzliche Belastungen der Zahnräder.

> Durch die Verwendung von **Kupplungsscheiben mit Schwingungsdämpfer** können Schwingungen zwischen Motor und Getriebe gedämpft werden.

Verdreht sich die Mitnehmerscheibe gegenüber der Nabe, so werden zuerst die tangential angeordneten **Schraubenfedern** zusammengedrückt (Abb. 1). Sie nehmen die Schwingungen auf. Gleichzeitig kommt es zwischen Mitnehmerscheibe und Nabe zu einer gleitenden Reibung. Um einen hohen Reibwert zu erhalten, werden zwischen Mitnehmerscheibe und Nabe verschleißfeste Kunststoffringe gelegt. Durch die Reibung wird die Schwingungsenergie in Wärmeenergie umgewandelt.

Kupplungsbeläge

Anforderungen an den Kupplungsbelag:
- hohe Reibungszahl μ,
- große Verschleißfestigkeit,
- gute Wärmebeständigkeit,
- gute Wärmeleitfähigkeit und
- Rupfunempfindlichkeit.

Die Reibbeläge lassen sich nach den **Grundwerkstoffen** in drei Gruppen unterscheiden:

- Beläge aus Asbestwerkstoff mit Kunstharzbindung und Zusatzwerkstoffen, wie z.B. Metallfäden, Graphit und Zellulose,

- metallische Sinterbeläge auf Eisen- oder Nichteisenbasis und

- keramische Sinterbeläge (Ceram-Scheibe).

Die Beläge mit Kunstharzbindung zeichnen sich durch rupffreies Reibverhalten aus. Zur besseren Wärmeleitung enthalten sie Kupfer-Zink-Wolle und -Späne. Da Asbeststaub gesundheitsschädlich ist, wird Asbest immer weniger verwendet.

Bei **hoher thermischer Beanspruchung** werden metallische oder keramische Beläge verwendet (Abb. 2). Dem Vorteil der hohen Wärme- und Verschleißfestigkeit steht der Nachteil des schlechteren Anfahrverhaltens gegenüber. Da Sinterwerkstoffe sehr hart und spröde sind und dadurch zum Ausbrechen bzw. Reißen neigen, werden die Reibplättchen mit einer Stahlblechaufnahme eingefaßt und auf der Scheibe befestigt.

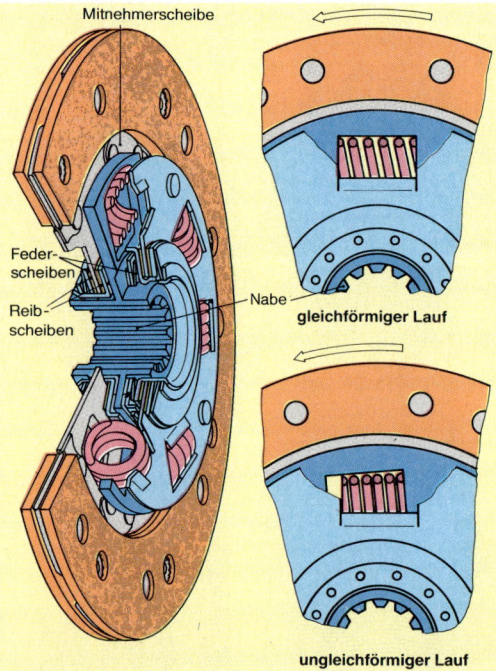

Mitnehmerscheibe

Feder-
scheiben

Reib-
scheiben

Nabe

gleichförmiger Lauf

ungleichförmiger Lauf

Abb. 1: Kupplungsscheibe mit Schwingungsdämpfer

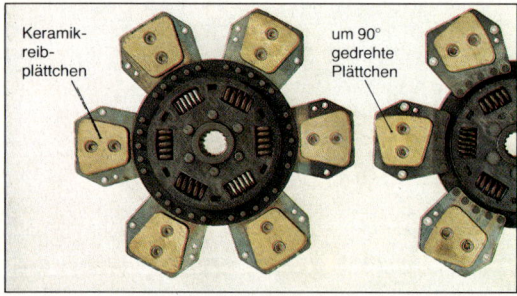

Keramik-
reib-
plättchen

um 90°
gedrehte
Plättchen

Abb. 2: Kupplungsscheibe mit keramischen Reibplättchen

36.1.6 Mehrscheibenkupplung

Die Mehrscheibenkupplung, auch Lamellenkupplung genannt (Abb. 3), überträgt trotz eines geringen Durchmessers wegen der großen Zahl von Reibpaarungen ein großes Drehmoment. Sie läuft **trocken** oder **in Öl** (Naßkupplung). Mehrscheibenkupplungen werden in Krafträdern, aber auch in automatischen Getrieben eingebaut. Abb. 4 zeigt den Kraftfluß vom Motor über die Kupplung zum Getriebe.

Die **Kupplungsscheiben** (Lamellen) sitzen mit einer Außenverzahnung axial verschiebbar im Kupplungsgehäuse (Korb). Zwischen je zwei Lamellen befindet sich immer eine **Zwischenscheibe,** die verschiebbar auf der Kupplungsnabe gelagert ist.

Im **eingekuppelten** Zustand werden die Zwischenscheiben mit den Lamellen durch Federkraft kraftschlüssig verbunden. Dadurch ist über das Kupplungsgehäuse, die Lamellen und die Zwischenscheiben der Kraftfluß zum Getriebe hergestellt.

Die Spannkraft kann durch eine Zentralfeder, durch mehrere Kupplungsdruckfedern, durch Spannhebel oder hydraulisch erzeugt werden.

Das **Lösen** der Mehrscheibenkupplung wird durch Abheben der Kupplungsdruckplatte erreicht. Die Ausrückkraft wird z. B. über einen Bowdenzug zum Kupplungsdruckbolzen und -druckstück, und damit zur Druckplatte, geleitet (Abb. 3).

Vorteile der Mehrscheibenkupplung:

- kompakte Bauweise und
- geringer Verschleiß bei Naßkupplungen.

Nachteil der Mehrscheibenkupplung:

- Neigung zum Zusammenkleben der Lamellen im kalten Zustand (zähflüssiges Öl).

Kupplungsscheiben

Es gibt Scheiben aus Stahl ohne Beläge oder mit Belägen aus Kunststoff oder Sinterwerkstoffen (Abb. 5). Die Kupplungsscheiben für Naßkupplungen haben Wellen, Vertiefungen oder radial verlaufende Nuten, damit das Öl während des Einkuppelns leicht verdrängt wird, aber auch schmieren kann.

36.2 Betätigungseinrichtungen

> Die **Betätigungseinrichtung** für die Kupplung muß die Fußkraft verstärken und auf den Ausrücker übertragen, damit die Federkräfte der Kupplung überwunden werden können.

Das Kupplungspedal ist am Fahrzeugaufbau gelagert. Motor, Kupplung und Getriebe sind über Gummi-Metallelemente am Aufbau befestigt und führen gegenüber dem Kupplungspedal Schwingungen aus. Darum eignet sich für die **Kupplungsbetätigung** besonders:

- der Seilzug,
- ein hydraulisches System oder
- ein pneumatisches System.

Die **Betätigungskraft** (Fußkraft) am Kupplungspedal soll nach Möglichkeit 150 N nicht überschreiten, da größere Kräfte zur Ermüdung des Fahrers und damit zur Minderung der Verkehrssicherheit führen. Die in einer Pkw-Kupplung wirksamen Anpreßkräfte betragen jedoch etwa 5000 N.

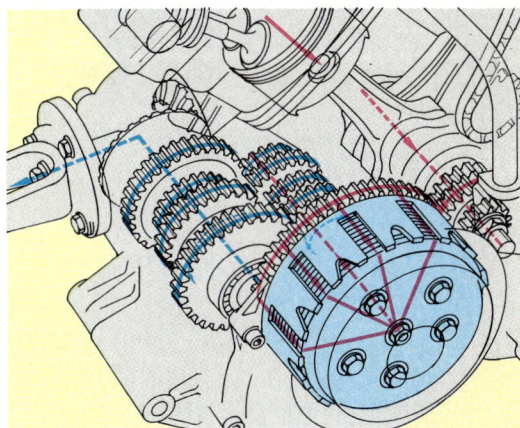

Abb. 4: Mehrscheibenkupplung und ihre Anordnung im Kraftfluß

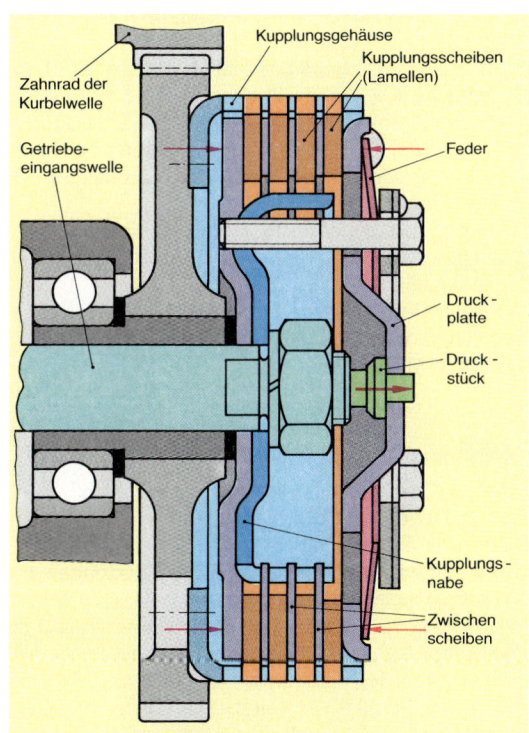

Abb. 3: Mehrscheibenkupplung

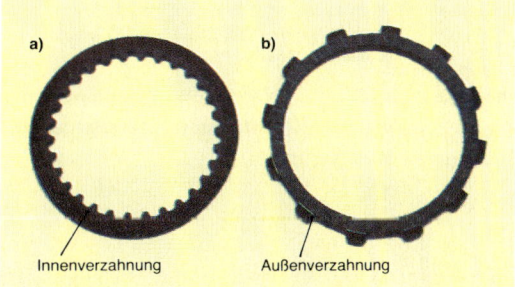

Abb. 5: Kupplungs- und Zwischenscheibe

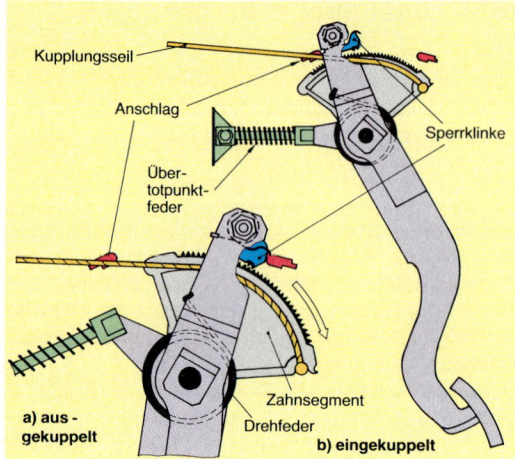

Abb. 1: Selbstnachstellende Seilzugbetätigung

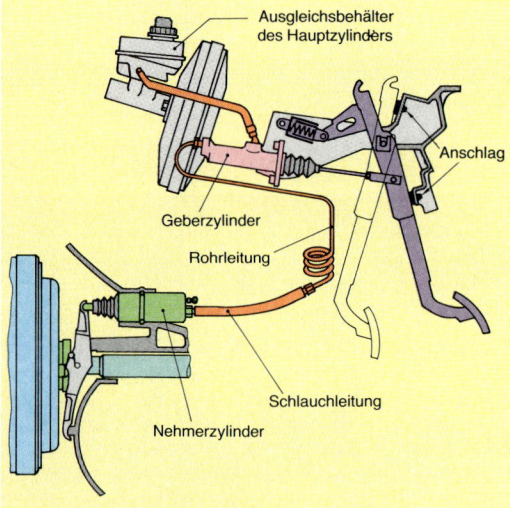

Abb. 2: Hydraulische Kupplungsbetätigung

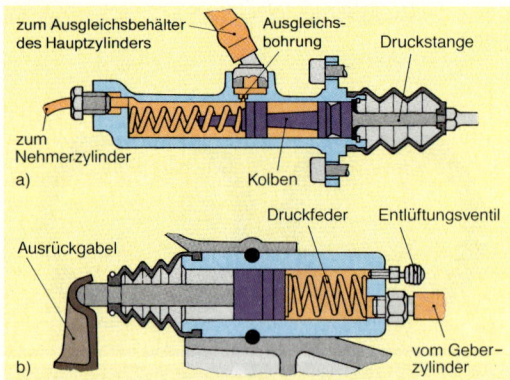

Abb. 3: a) Geber- und b) Nehmerzylinder

Durch die Wahl einer entsprechenden Hebelübersetzung

- am Kupplungspedal,
- an der Ausrückgabel und
- an den Ausrückhebeln bzw. an der Membranfeder

oder eine hydraulische bzw. pneumatische Übersetzung (s. Kap. Hydraulische Bremsanlagen) kann die erforderliche **Ausrückkraft** an der Kupplung erreicht werden.

Die Gesamtübersetzung zwischen Kupplungspedal und Kupplungsdruckplatte beträgt etwa 40:1. Das entspricht einem Kupplungspedalweg von 40 mm bei einem Weg der Kupplungsdruckplatte von 1 mm.

36.2.1 Kupplungsbetätigung mit Seilzug

Abb. 3, S. 325 zeigt eine Kupplungsbetätigung mit Seilzug. Nach dem Verdrehen der Einstellhülse oder der Nachstellmutter (Abb. 4, S. 327) kann das Kupplungsspiel und damit auch der Leerweg am Kupplungspedal nachgestellt werden.

Abb. 1 zeigt eine **selbstnachstellende Seilzugbetätigungseinrichtung.** Das Ausrücklager wird durch eine Feder auf der Kupplungswelle spielfrei gehalten, wodurch es ständig mitläuft.

Ist die Kupplung eingekuppelt, wird die **Sperrklinke** durch einen Anschlag vom Zahnsegment abgehoben (Abb. 1b).

Wird das **Kupplungspedal betätigt** (Abb. 1a), wird die **Sperrklinke frei** und greift nach etwa 15 mm Pedalweg (Leerweg) in das Zahnsegment ein. Dadurch wird das Kupplungsseil mitgenommen und die Kupplung gelöst. Eine sogenannte **Übertotpunktfeder** unterstützt dabei die Fußkraft.

Geht das Kupplungspedal wieder in die Ruhelage, schwenkt das Zahnsegment entsprechend dem Belagverschleiß weiter zurück.

Die Sperrklinke greift nach einem bestimmten Belagverschleiß bei Pedalbetätigung in den nächsten Zahn des Segments.

36.2.2 Hydraulische Betätigungseinrichtung

Eine hydraulische Betätigungseinrichtung zeigt Abb. 2. **Geber- und Nehmerzylinder** sind über eine Rohr- und Schlauchleitung miteinander verbunden. Das Ausrücklager wird durch die Druckfeder im Nehmerzylinder spielfrei gehalten.

Durch Belagverschleiß verkleinert sich der Füllraum des Nehmerzylinders (Abb. 3b). Über die Ausgleichsbohrung des Geberzylinders (Abb. 3a) kann die verdrängte Hydraulikflüssigkeit in den Ausgleichsbehälter entweichen. Dadurch arbeitet diese Betätigungseinrichtung **selbstnachstellend.**

Der **Leerweg** am Kupplungspedal einer spielfreien Kupplungsbetätigung **ändert sich nicht.**

Zwischen der Druckstange am Kupplungspedal und dem Kolben im Geberzylinder ist ein **Spiel von 0,5 bis 1 mm** vorhanden, damit der Kolben sicher in die Ruhelage gedrückt werden kann und die Ausgleichbohrung immer frei wird.

Die Hydraulikflüssigkeit für die Kupplungsbetätigung wird dem Bremssystem über eine Schlauchverbindung vom Ausgleichbehälter entnommen.

Vorteile der hydraulischen Kupplungsbetätigung gegenüber der mechanischen Betätigung:

- es können große Abstände zwischen Kupplungspedal und Kupplung überbrückt werden (z.B. bei Kraftomnibussen mit Heckmotor), da sich Hydraulikleitungen besser verlegen lassen,

- die hydraulische Anlage hat keinen nennenswerten Verschleiß und ist im wesentlichen wartungsfrei.

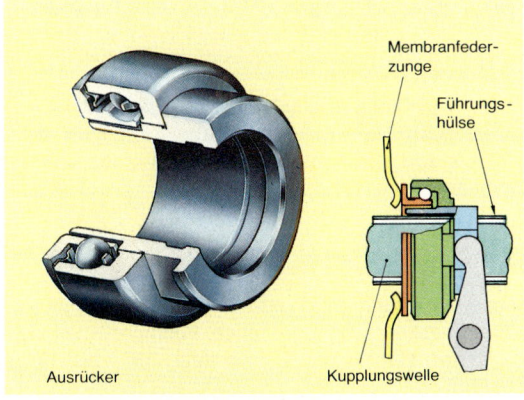

Abb. 4: Zentral geführter Ausrücker

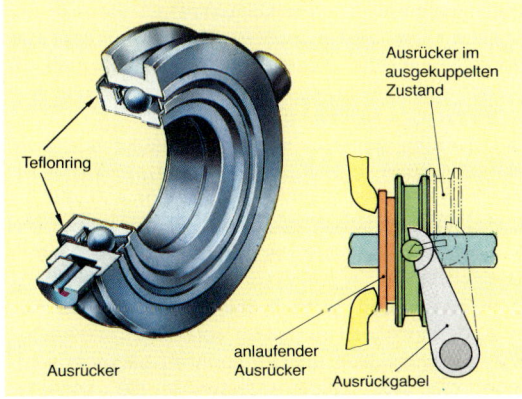

Abb. 5: Schwenkbar gelagerter Ausrücker

36.2.3 Ausrücker

Der **Ausrücker** überträgt die Ausrückkraft auf die rotierende Kupplung.

Heute werden wegen der hohen Kupplungskräfte ausschließlich **Ausrücker mit Kugellager** verwendet. Sie haben eine hohe Lebensdauer und sind wegen ihrer Dauerschmierung wartungsfrei (s. Kap. 37.7.2).

Es werden

- zentral geführte und
- an der Ausrückgabel schwenkbar gelagerte

Kugellagerausrücker eingebaut.

Der **zentral** mit einer am Getriebe befestigten Hülse **geführte Ausrücker** (Abb. 4) hat einen feststehenden Außenring und einen mit der Kupplung ständig mitlaufenden Innenring. Er liegt an den Ausrückhebeln oder den Membranfederzungen mit einer Kraft von etwa 500 N an.

Der an der Ausrückgabel **schwenkbar** geführte Ausrücker (Abb. 5) ist auf der Anlauffläche des Innenrings mit einem Kunststoffring aus Teflon versehen. Dieser Ring ermöglicht ein reibungsarmes Anlegen des Ausrückers an die Ausrückplatte (Abb. 4, S. 327).

Schwenkbar gelagerte Ausrücker eignen sich nur für Kupplungen mit **Kupplungsspiel**, da sie außermittig zur Kupplungsachse an den Ausrückhebeln anliegen.

Kupplungsspiel

Das **Kupplungsspiel** liegt zwischen dem Ausrücker und der Ausrückplatte oder den Ausrückhebeln bzw. den Membranfederzungen.

Das Kupplungsspiel (Abb. 3, S. 325 und Abb. 4, S. 327) beträgt etwa 2 bis 3 mm. Dadurch bleiben die Ausrückhebel bzw. Membranfederzungen bei geringem Belagverschleiß frei beweglich und ohne Gegenkraft. Die Kupplung kann einwandfrei einkuppeln.

Dem **Kupplungsspiel von 2 bis 3 mm** entspricht ein **Leerweg** der Pedaltrittplatte von etwa **20 bis 30 mm.** Erst nach dem Überbrücken des Leerwegs beginnt der eigentliche Vorgang des Auskuppelns, der durch eine größere Gegenkraft spürbar wird.

Die Kupplungsbeläge nutzen sich durch Verschleiß ab. Der Abstand zwischen Kupplungsdruckplatte und Reibfläche des Schwungrades wird im eingekuppelten Zustand immer kleiner. Die Folge ist, daß die Ausrückhebel weiter ausschwenken oder sich die Membranfeder mehr verformt. Dadurch nähern sich die Hebelenden (Abb. 3, S. 325) bzw. die Membranfederspitzen dem Ausrücker.

Ist kein Spiel mehr vorhanden, läßt die einwandfreie Kraftübertragung nach. Die notwendige Anpreßkraft kann nicht mehr entstehen.

> Wird das **Kupplungsspiel** kleiner, dann verkürzt sich auch der Leerweg des Kupplungspedals. An der Abnahme des Leerwegs ist der Reibbelagverschleiß erkennbar.

Durch **Nachstelleinrichtungen** kann das Kupplungsspiel wieder auf das erforderliche Maß gebracht werden. Die Abb. 3 (S. 325), 4 (S. 327) zeigen verschiedene Einstellmöglichkeiten für das Kupplungsspiel.

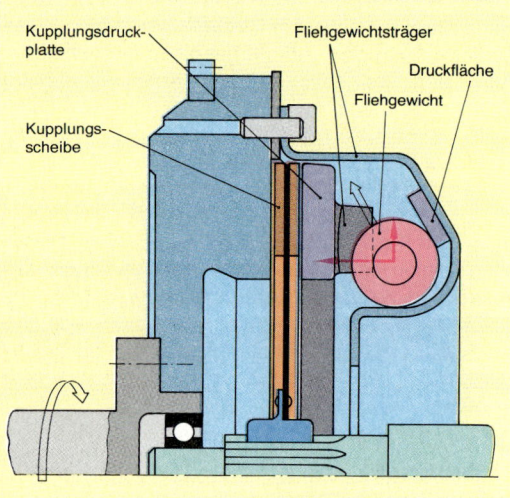

Abb. 1: Fliehkraftkupplung mit Kupplungsscheibe

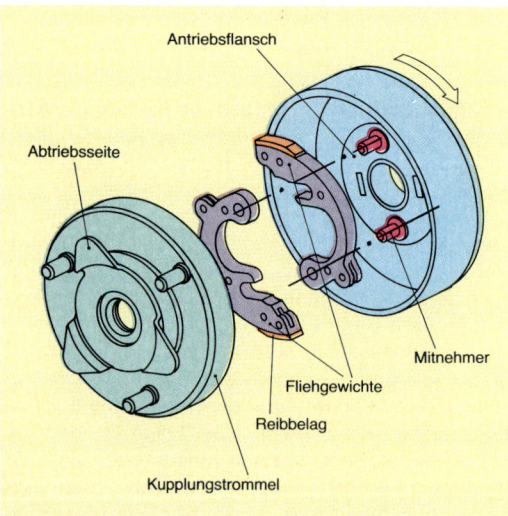

Abb. 2: Fliehkraftkupplung mit Kupplungsbacken

36.3 Selbsttätige Kupplungen

Selbsttätige Kupplungen werden so ausgelegt, daß sie bei **Leerlaufdrehzahl auskuppeln** und nach Überschreiten dieser Drehzahl, d.h. während des Anfahrens, **selbsttätig einkuppeln.** Deshalb werden diese Kupplungen auch **Anfahrkupplungen** genannt. Verbreitet sind selbsttätige Kupplungen in Mofas und Mopeds, sowie in Nutzfahrzeugen, vereinzelt auch in Pkw.

36.3.1 Fliehkraftkupplung

Für das selbsttätige (automatische) Kuppeln wird die Fliehkraft ausgenutzt. Sie wirkt auf **Fliehgewichte,** die in einem Träger gelagert sind, der mit der Kurbelwelle verschraubt ist (Abb. 1). Wird die Leerlaufdrehzahl überschritten, bewegen sich die Fliehgewichte nach außen.
Die **Fliehkraft** an den Fliehgewichten (Radialkraft) erzeugt an den schrägen Druckflächen die Anpreßkraft für die Kupplungsdruckplatte.
Sinkt die Drehzahl der Kupplung soweit, daß die Fliehkräfte nicht mehr ausreichen die Kupplungsdruckplatte gegen die Kupplungsscheibe zu drücken, löst sich die Kupplung durch Federkraft selbsttätig.
Eine andere Bauart einer Fliehkraftkupplung zeigt Abb. 2. Die **Fliehgewichte** sind **am Umfang** mit einem **Kupplungsbelag** versehen und pressen sich bei etwa 550 bis 650/min kraftschlüssig gegen die innere Reibfläche einer Kupplungstrommel.

36.3.2 Hydrodynamische Kupplung

Diese Kupplung wird auch Flüssigkeitskupplung, Strömungskupplung oder auch Föttinger-Kupplung (Föttinger, Herrmann; dt. Ingenieur, 1877 bis 1945) genannt.
Sie eignet sich besonders als **Anfahrkupplung** in Nutzfahrzeugen und großen Baufahrzeugen (z.B. Planierraupen), da sie **verschleißfrei** arbeitet. Für das Schalten der Gänge muß in Kombination mit der hydrodynamischen Kupplung (Flüssigkeitskupplung) immer eine Schaltkupplung oder ein automatisches Getriebe nachgeschaltet werden.
Die hydrodynamische Kupplung besteht aus zwei **Schaufelrädern,** dem **Pumpenrad** und dem **Turbinenrad** (Abb. 3). Beide Räder befinden sich in einem mit Hydrauliköl gefüllten Gehäuse, welches mit der Schwungscheibe oder der Kurbelwelle des Motors verschraubt ist.
Das Pumpenrad ist fest mit dem Gehäuse der hydrodynamischen Kupplung verbunden. Gehäuse, Hydraulikflüssigkeit und Pumpenrad bilden zusammen mit der Zahnkranzscheibe die gesamte Schwungmasse.

Das **Pumpenrad** (Primärrad) wird vom Motor angetrieben. Das **Turbinenrad** (Sekundärrad) wird über das Pumpenrad durch einen Ölstrom angetrieben.

Das Pumpenrad dreht sich mit Motordrehzahl. Durch die Fliehkraft wird das Öl nach außen gedrückt. Zwischen Pumpen- und Turbinenrad bildet sich in Pfeilrichtung (Abb. 3) ein **umlaufender Flüssigkeitsstrom** aus.
Dadurch prallt das Öl auf das stillstehende oder anfangs mit geringer Drehzahl rotierende Turbinenrad. Die Motor- bzw. Pumpenraddrehzahl wird mit einem Drehzahlunterschied (Schlupf) auf das Turbinenrad übertragen. Die Leistung am Turbinenrad ist etwas kleiner als am Pumpenrad (Kurbelwelle), da Leistungsverluste durch Reibung entstehen.

In einer hydrodynamischen Kupplung ist das **Drehmoment** des Turbinenrades immer genau so groß wie das Drehmoment des Pumpenrades.

Gleichen sich die Drehzahlen der Räder immer mehr an, dann hat die Fliehkraft in beiden Rädern nahezu die gleiche Größe. Die Strömung ist nur noch gering. Da während des Anfahrens der **Schlupf** (Drehzahlunterschied) zwischen Pumpen- und Turbinenrad am größten ist, ist auch die Leistungsdifferenz und damit die Wärmebildung am größten. Die entstehende Wärme wird bei konstanter Ölfüllung durch die Kühlluft am Kupplungsgehäuse, durch einen Ölkühler oder durch Fahrtwindkühlung der Ölwanne an die Umgebungsluft abgeführt.

36.4 Wartung und Diagnose

Trockenkupplungen gehören zu den Verschleißteilen des Kraftfahrzeugs. Die Lebensdauer der Kupplungen richtet sich nach der Fahrweise.
Ist für die Kupplung ein **Kupplungsspiel** vorgeschrieben, so muß dieses Spiel kontrolliert und gegebenenfalls nachgestellt werden. Ist das Kupplungsspiel durch Verschleiß zu klein geworden (Leerhub am Kupplungpedal nimmt ab), so kann das Motordrehmoment nicht mehr vollständig übertragen werden, da die Kupplungsscheibe durchrutscht. Zu starke Erwärmung und schließlich die Zerstörung der Kupplung sind die Folgen (Abb. 4).
Eine Zweischeiben-Trockenkupplung muß wegen des Verschleißes der vier Kupplungsscheiben-Reibflächen in kürzeren Zeitabständen nachgestellt werden.

Abb. 4: Zu große Erwärmung einer Kupplungsdruckplatte

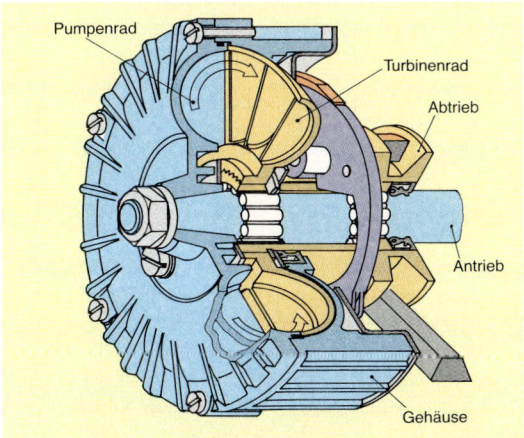

Abb. 3: Hydrodynamische Kupplung

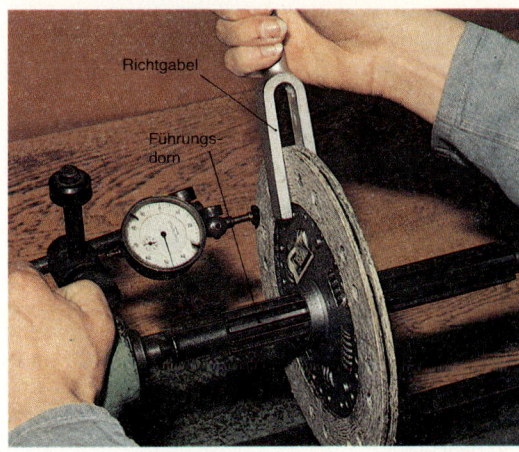

Abb. 5: Prüfen und Richten einer Kupplungsscheibe

Tab. 1: Hinweise zur Wartung und Diagnose der Kupplung

Wartung ⇩			
Prüfposition	**Mangel, Fehler**	**Ursache**	**Folge**
⇩	⇩	⇩	**Diagnose**
Störstelle	**Mangel, Fehler**	**Ursache**	**Störung**
Kupplungspedal	Leerweg weniger als 10 mm	Kupplungsspiel zu gering	Kupplung kuppelt nicht ein, schleift
	Leerweg mehr als 30 mm	Kupplungsspiel zu groß	Kupplung trennt nicht
Kupplungsseil	schwergängig	Korrosion, Schmierung unzureichend	Kupplungsbetätigung ist schwergängig
hydraulische Betätigungs-einrichtung	keine ausreichende Hydraulikflüssigkeit	Dichtungen am Geber- bzw. Nehmerzylinder undicht, Leitungen undicht	Kupplung trennt nicht einwandfrei
	Luft im Hydrauliksystem	nach Reparatur nicht entlüftet	
Ausrücker	außermittig zum Ausrückring bzw. zu den Ausrückhebeln oder Federspitzen	Ausrückgabelwelle ausgeschlagen, Ausrücker zerstört	Ausrückhebelenden abgenutzt, Kupplung trennt nicht einwandfrei und kuppelt nicht einwandfrei ein. Geräusche am Ausrücker
Ausrückhebel	Verschleiß an den Hebelenden	exzentrisches Anlaufen des Ausrückers	Kupplung trennt nicht einwandfrei bzw. kuppelt nicht einwandfrei ein
Kupplungs-deckel	verbogen	ungleichmäßiges Anziehen der Befestigungsschrauben	
Kupplungs-druckfedern	zu geringe Spannkraft	zu starke Erwärmung durch falsche Fahrweise, Kupplungsspiel zu gering	Kupplung kuppelt nicht einwandfrei (rutscht)
Kupplungs-scheibe	verölte Beläge	Getriebe- oder Motor-abdichtung defekt, Kupplungsführungslager oder Kupplungswelle zu sehr gefettet	Kupplung rupft
	Kupplungsbeläge eingerissen, verbrannt	zu hohe Drehzahl durch falsches Zurückschalten oder Schleifen der Kupplung bei Bergfahrt	
	Kupplungsscheibe tellerförmig verzogen	Zu große Erwärmung durch falsche Fahrweise, Kupplungsspiel zu gering bzw. nicht vorhanden	Kupplung trennt bzw. kuppelt nicht einwandfrei
	Kupplungsscheibe hat Planabweichung	vor dem Einbau nicht geprüft und gerichtet	Kupplung trennt nicht, da Kupplungsscheibe axial schwer verschiebbar
	Nabenprofil beschädigt, zu viel Fett am Keilwellenprofil	unsachgemäße Montage	

Arbeitshinweise

Ist die Kupplungsscheibe zu erneuern, so sollte sie vor dem Einbau immer auf seitlichen Schlag geprüft werden (Abb. 5, S. 333), da durch den Transport oder die Lagerung eine Formänderung der Kupplungsscheibe auftreten kann.

Der **maximale Seitenschlag** einer Kupplungs-scheibe darf 0,5 mm nicht überschreiten. Größerer Seitenschlag kann zu Trennschwierig-keiten der Kupplung führen, d.h. die Kupplung schleift.

Die **Kupplungsscheibe** muß sich auf dem Profil der Kupplungswelle leicht **verschieben lassen.**
Vor der Montage müssen Nabenprofil und das Profil der Kupplungswelle leicht eingefettet werden. Das überschüssige Fett wird durch Hin- und Herschieben der Kupplungsscheibe auf dem Wellenprofil nach außen geschoben und muß entfernt werden. Es würde sonst weggeschleudert werden und den Kupplungsbelag verschmieren.
Als Fett ist ein temperatur- und druckfestes Hochleistungsgleitfett zu verwenden.
Bevor der Kupplungsdeckel an die Schwungscheibe geschraubt wird, ist die **Kupplungsscheibe** mit einer **Hilfswelle** in der Schwungscheibe, d.h. im Kupplungswellenlager, zu zentrieren.
Das **Prüfen** einer Kupplung **auf einwandfreies Kuppeln** geschieht im Stand auf folgende Weise (Kupplung muß betriebswarm sein):
- Handbremse fest anziehen,
- Auskuppeln,
- höchsten Vorwärtsgang einlegen,
- Motordrehzahl auf 3000 bis 4000/min erhöhen (höchstes Drehmoment) und
- rasch Einkuppeln und Fahrpedal durchtreten.

Fällt die Motordrehzahl schnell auf Null (Motor »abgewürgt«), so arbeitet die Kupplung einwandfrei.
Bleibt die Drehzahl gleich oder erhöht sie sich sogar, so wird das Motordrehmoment nicht mehr sicher übertragen. Das Kupplungsspiel ist nachzustellen.
Da die Kupplung bei dieser Prüfung einer sehr großen Wärmebelastung ausgesetzt ist, darf dieser Vorgang höchstens zweimal hintereinander wiederholt werden.
Nach der Einstellung des Kupplungsspiels muß die Kupplung einwandfrei einkuppeln. Andernfalls ist die Kupplungsscheibe zu stark abgenutzt oder die Kupplung verölt. Die Kupplungsscheibe ist zu erneuern.
Die **Prüfung auf einwandfreies Trennen** der Kupplung (Rückwärtsgang unsynchronisiert) geschieht folgendermaßen:
- Kupplungspedal voll durchtreten,
- 3 bis 4 Sekunden warten (Getrieberäder müssen zum Stillstand kommen) und
- Rückwärtsgang bei Leerlaufdrehzahl einlegen.

Das Schalten des Getriebes muß geräuschlos möglich sein. Im anderen Fall trennt die Kupplung nicht mehr vollständig.
Hydrodynamische Kupplungen arbeiten verschleißfrei.
Weitere Hinweise zur Wartung und Diagnose der Kupplung gibt Tab. 1.

Aufgaben

1. Welche Aufgaben hat die Kupplung?
2. Wovon ist das übertragbare Drehmoment einer Kupplung abhängig?
3. Beschreiben Sie Aufbau und Wirkungsweise
   a) der Einscheiben-Trockenkupplung mit Schraubenfedern und
   b) der Membranfederkupplung.
4. Begründen Sie den Unterschied zwischen dem Verlauf der Ausrückkraft einer Schraubenfederkupplung und einer Membranfederkupplung.
5. Warum werden Zweischeiben-Trockenkupplungen verwendet?
6. Nennen Sie Arten von Kupplungsscheiben.
7. Welche Aufgabe hat die Belagfederung einer Kupplungsscheibe?
8. Warum müssen Kupplungsscheiben möglichst eine geringe Masse haben?
9. Welche Aufgabe hat der Schwingungsdämpfer in einer Kupplungsscheibe?
10. Beschreiben Sie die Wirkungsweise des Schwingungsdämpfers einer Kupplungsscheibe.
11. Nennen Sie die Anforderungen an den Kupplungsbelag.
12. Warum werden Mehrscheibenkupplungen verwendet?
13. Warum kann die Fußkraft des Fahrers die Anpreßkraft an der Kupplung überwinden?
14. Beschreiben Sie eine mechanische Kupplungsbetätigung.
15. Beschreiben Sie die Wirkungsweise der hydraulischen Kupplungsbetätigung.
16. Begründen Sie die Notwendigkeit für das Kupplungsspiel.
17. Nennen Sie die Ursache für die Abnahme des Kupplungsspiels während des Betriebs.
18. Nennen Sie die Unterschiede zwischen Lüftspiel, Kupplungsspiel und Leerweg.
19. Nennen Sie den Unterschied zwischen einer Anfahr- und einer Schaltkupplung.
20. Beschreiben Sie die Wirkungsweise einer Fliehkraftkupplung.
21. Was bedeutet der Begriff Schlupf im Zusammenhang mit einer hydrodynamischen Kupplung?
22. Eine Kupplung rutscht. Nennen Sie mögliche Ursachen.
23. a) Berechnen Sie das übertragbare Drehmoment einer Zweischeibenkupplung:
    wirksamer Reibbelagdurchmesser $d = 310$ mm,
    Reibungszahl $\mu = 0,35$,
    Normalkraft pro Druckfeder $F = 600$ N,
    Anzahl der Druckfedern 9.
    b) Durch Verölung sinkt der Reibwert auf $\mu = 0,15$. Wie groß ist jetzt das übertragbare Drehmoment?
24. Zeichnen Sie das Schema einer Zweischeibenkupplung im ein- und ausgekuppelten Zustand.

37 | Schaltgetriebe

Das Schaltgetriebe hat folgende **Aufgaben:**

- für alle Lastzustände des Kraftfahrzeugs das erforderliche Drehmoment durch Drehmomentwandlung bereitzustellen,
- für alle Fahrzeuggeschwindigkeiten die Motordrehzahl zu übersetzen,
- die Drehrichtung der Antriebsräder umzukehren und
- den Kraftfluß zwischen Motor und Antriebsrädern im Leerlauf (Stillstand des Fahrzeugs bei laufendem Motor) zu unterbrechen.

Die Getriebe in Kraftfahrzeugen können nach Tab. 1 gegliedert werden. Neben dieser Aufteilung ist eine Unterscheidung in mechanische und hydrodynamische Getriebe möglich.

Tab. 1: Einteilung der Getriebe

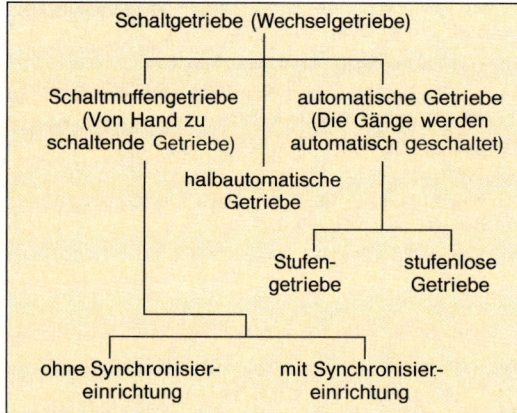

37.1 Drehmomentwandlung

In einem Getriebe erfolgt die Drehmomentwandlung meist mit Hilfe von Zahnradpaaren (Abb. 1).

Das Zahnrad eines Zahnradpaares, welches das andere treibt, ist das **treibende Zahnrad.**

Das Zahnrad, welches vom anderen angetrieben wird, ist das **getriebene Zahnrad.**

Das treibende Zahnrad erhält den Index 1, 3 oder 5 usw., ein getriebenes Zahnrad den Index 2, 4 oder 6 usw.

Das Drehmoment des treibenden Zahnrades ist:

$$M_1 = F_1 \cdot r_1$$

M_1 Drehmoment des treibenden Zahnrades in Nm

F_1 treibende Kraft an der gemeinsamen Berührungsstelle zweier Zähne von Zahnrad 1 und 2 in N

r_1 Radius des Zahnrades 1 in m

Für das gewandelte Drehmoment M_2 am Zahnrad 2 gilt sinngemäß:

$$M_2 = F_2 \cdot r_2$$

Da $F_1 = F_2$ ist, gilt nach Umstellung der Gleichungen und Gleichsetzen:

$$\frac{M_1}{r_1} = \frac{M_2}{r_2}$$

Daraus folgt: $M_2 = \dfrac{r_2}{r_1} \cdot M_1$

> Ist das **getriebene Zahnrad** z_2 größer als das treibende z_1, so ist das Drehmoment M_2 des getriebenen Zahnrades größer als das des treibenden.

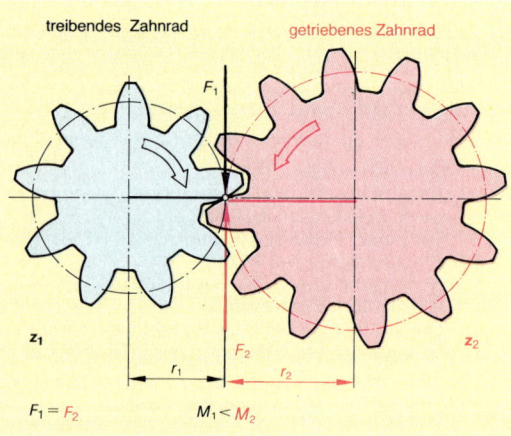

Abb. 1: Drehmomentwandlung

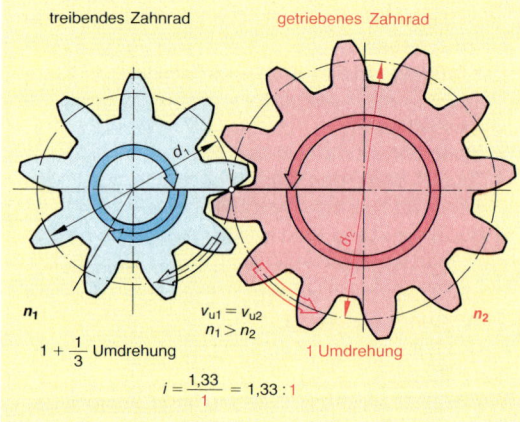

Abb. 2: Drehzahlwandlung

37.2 Drehzahlwandlung

Die **Übersetzung** i eines Zahnradpaares ist das Verhältnis der Drehzahl n_1 des treibenden Zahnrades zu der Drehzahl n_2 des getriebenen Zahnrades.

$$i = \frac{n_1}{n_2}$$

i Übersetzungsverhältnis
n_1 Drehzahl des treibenden Rades in 1/min
n_2 Drehzahl des getriebenen Rades in 1/min

Da die Umfangsgeschwindigkeit v_u der Räder eines Radpaares gleich ist (Abb. 2), folgt:

$$v_u = d_1 \cdot \pi \cdot n_1 = d_2 \cdot \pi \cdot n_2$$

Durch Umstellung ergibt sich:

$$i = \frac{n_1}{n_2} = \frac{d_2}{d_1}$$

Ist n_1 größer als n_2, so ist i immer größer als 1. Es handelt sich um eine **Übersetzung ins Langsame.** Ist n_1 kleiner als n_2, so ist i immer kleiner als 1. Es handelt sich um eine **Übersetzung ins Schnelle.**

Da das Verhältnis der Drehzahlen umgekehrt zum Verhältnis der Durchmesser der Zahnräder ist, folgt für den Zusammenhang zwischen Drehmoment und Drehzahl:

Eine **Drehmomenterhöhung** ist nur durch eine Übersetzung ins Langsame möglich.

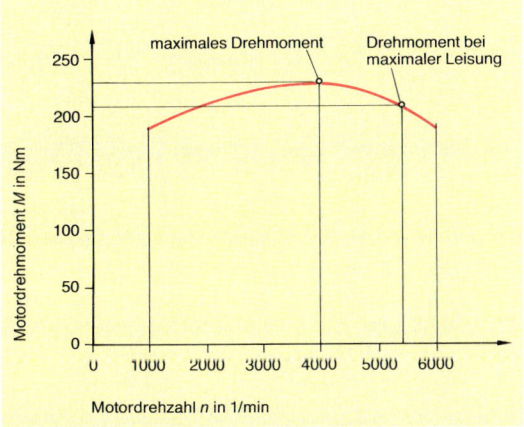

Abb. 3: Drehmomentverlauf eines Ottomotors bei Vollast

37.3 Idealer Verlauf des Drehmoments an der Antriebsachse

Wird der **Drehmomentverlauf** eines Motors (Abb. 3) durch ein Schaltgetriebe stufenweise gewandelt, dann ergibt sich das Diagramm nach Abb. 4. Es zeigt die Drehmomenterhöhung in den einzelnen Gängen bei gleichzeitig fallenden Drehzahlen am Getriebeausgang.

Werden die Punkte des Drehmoments bei **maximaler Leistung** (gleiche Motordrehzahl) verbunden, so ergibt sich eine **ideale Drehmomentkurve** (Hyperbel, mathem. Kurve), die aber nur von einem stufenlosen Getriebe erreicht werden kann.

Ein Vierganggetriebe ergibt auf der **Drehmomenthyperbel** z.B. nur vier Punkte des Drehmoments bei maximaler Leistung. Abb. 1, S. 338 zeigt einen möglichen Drehmomentverlauf am Getriebeausgang während einer Fahrt bis zur Höchstgeschwindigkeit.

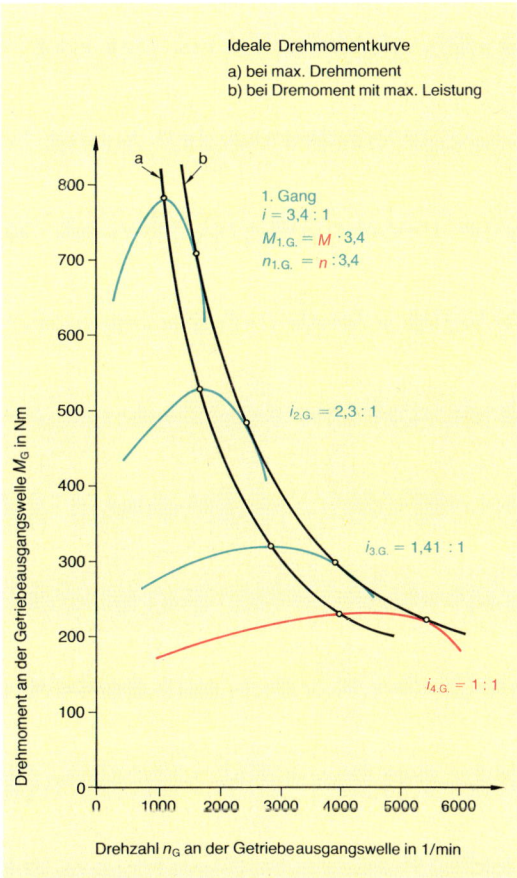

Abb. 4: Drehmomentverlauf in den einzelnen Gängen

Das Drehmoment an der Getriebeausgangswelle wird durch das Achsgetriebe (s. Kap. Radantrieb) nochmals erhöht. Aus dem Drehmoment an den Antriebsrädern des Fahrzeugs kann die Kraft ermittelt werden, mit der das Fahrzeug bewegt wird. Diese Kraft wird **Zugkraft** genannt.

$$F_{Zugkraft} = \frac{M_{Antriebsrad}}{r_{Antriebsrad}}$$

Durch diese Umrechnung kann aus der Drehmomenthyperbel die **Zugkrafthyperbel** ermittelt werden.
Die Festlegung der Anzahl der Gänge und der zugehörigen Übersetzungen hängt wesentlich ab:

- von dem Drehmomentverlauf des Motors und
- von dem Verwendungszweck des Fahrzeugs.

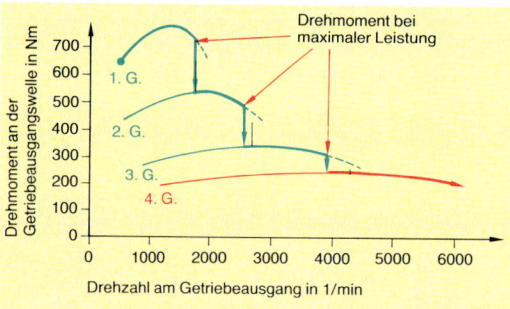

Abb. 1: Schalten vom 1. zum 4. Gang bei Vollast

37.4 Einfache Zahnrad-Schaltgetriebe

Einfache Zahnrad-Schaltgetriebe sind das

- Schieberadgetriebe und
- Schaltmuffengetriebe.

37.4.1 Schieberadgetriebe

Das Antriebszahnrad z_1 der Antriebswelle ist ständig mit dem Zahnrad z_2 der Vorgelegewelle im Eingriff (Abb. 2). Die Zahnräder sind fest mit ihren Wellen verbunden. Die mit dem Zahnradpaar z_1/z_2 erzeugte Übersetzung i_1 ist eine **Teilübersetzung** für die Gänge 1, 2 und 3. Sind keine weiteren Zahnräder im Eingriff, so ist **Leerlauf** geschaltet, der **Kraftfluß** ist unterbrochen.
Durch Verschieben von z_4 nach z_3 oder z_6 nach z_5 werden der **erste** und der **zweite Gang** geschaltet. Der **dritte Gang** entsteht, wenn z_8 und z_7 miteinander im Eingriff sind (Abb. 3). Die **Gesamtübersetzung** der einzelnen Gänge im Getriebe ist

$$i_{ges} = i_1 \cdot i_{Gang}$$

Der **vierte** (direkte) **Gang** wird durch eine formschlüssige Verbindung zwischen der Schaltverzahnung am Zahnrad z_1 und der Innenverzahnung des verschiebbaren Zahnrads z_8 geschaltet.

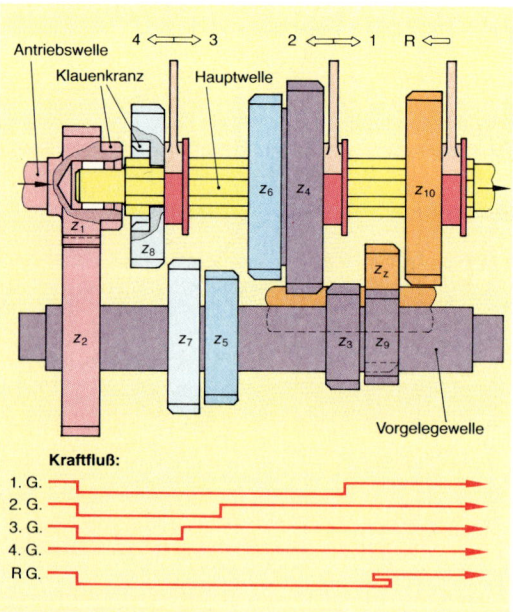

Abb. 2: Schieberadgetriebe

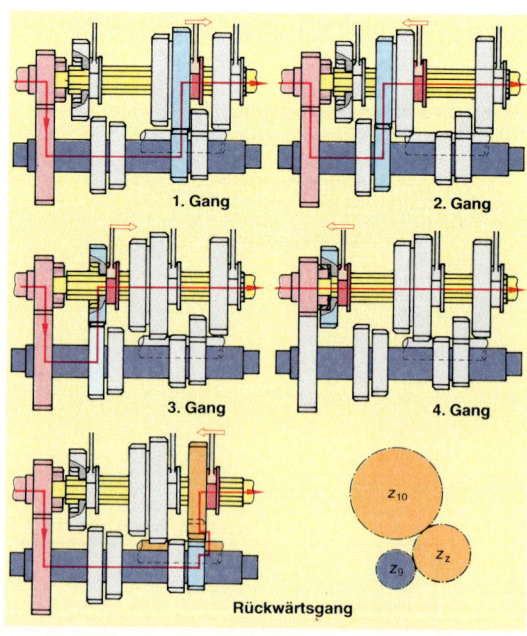

Abb. 3: Schieberadgetriebe mit Schaltstellungen

Für die Drehrichtungsumkehr, d.h. für den **Rück-wärtsgang,** wird z_{10} zum Zwischenrad z_z verschoben, das mit z_9 ständig im Eingriff ist.

Der Schaltvorgang im Schieberadgetriebe ist nur bei **gleicher** und **gleichgerichteter Umfangsgeschwindig-keit** der zum Eingriff kommenden Zahnräder möglich.

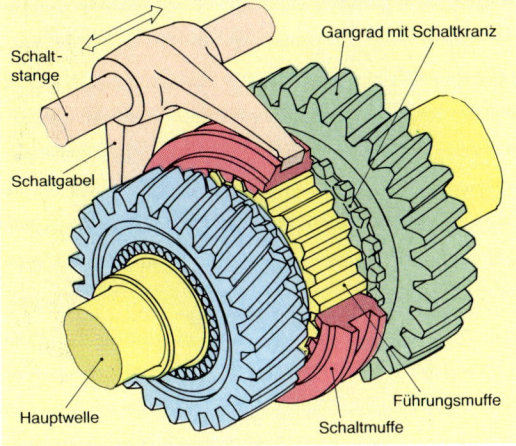

Abb. 4: Gangräder mit Schaltmuffe

37.4.2 Schaltmuffengetriebe

Die **Gangräder** eines Schaltmuffengetriebes (Abb. 5) sind auf der Hauptwelle drehbar, aber nicht seitlich verschiebbar gelagert (Losräder). Die **Vorgelegeräder** sind Feststräder, d.h., sie sind auf der Welle nicht drehbar und nicht verschiebbar angeordnet. Alle Radpaare sind ständig im Eingriff. Die jeweilige Verbindung der Gangräder mit der Hauptwelle, d.h. die Herstellung des **Kraftflusses,** geschieht über die **Schaltmuffe.** Sie ist auf der Hauptwelle nicht drehbar, aber verschiebbar gelagert (Abb. 4).

Zur Schaltung eines Ganges wird die Schaltmuffe über den **Schaltkranz** des entsprechenden Gangrades geschoben. Dadurch ist das Gangrad mit der Hauptwelle formschlüssig verbunden.

> Ein **Schaltvorgang** ist nur dann möglich, wenn die Schaltmuffe bzw. Hauptwelle die **gleiche Drehzahl** hat wie das zu schaltende Gangrad.

Diese Drehzahlgleichheit wird durch zweimaliges Kuppeln (Aufwärtsschalten, z.B. vom 2. in den 3. Gang) bzw. Zwischengasgeben (Abwärtsschalten) erreicht.

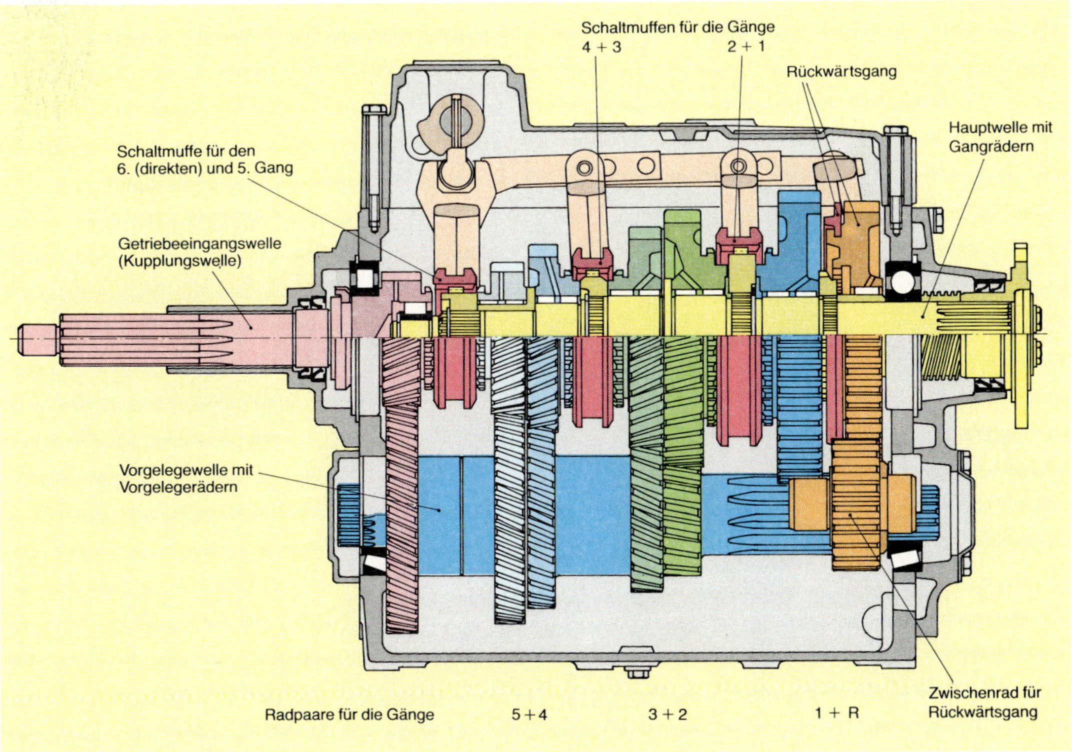

Schaltmuffen für die Gänge
4 + 3   2 + 1   Rückwärtsgang

Hauptwelle mit Gangrädern

Schaltmuffe für den 6. (direkten) und 5. Gang

Getriebeeingangswelle (Kupplungswelle)

Vorgelegewelle mit Vorgelegerädern

Radpaare für die Gänge   5 + 4   3 + 2   1 + R   Zwischenrad für Rückwärtsgang

Abb. 5: Schaltmuffengetriebe

37.5 Schaltgetriebe mit Synchronisiereinrichtung

> Durch eine **Synchronisiereinrichtung** wird die Drehzahlgleichheit (der Gleichlauf) zwischen Gangrad und Schaltmuffe durch eine Reibungskupplung hergestellt.

Die **Reibungskupplung** (Abb. 1) ist das Hauptteil der Gleichlauf- oder Synchronisiereinrichtung (synchron, gr.: gleichzeitig).

In Personenkraftwagen werden heute nur Getriebe eingebaut, deren Synchronisiereinrichtung ein Schalten der Gänge vor Erreichen des Gleichlaufs verhindert (Sperrsynchronisierung).

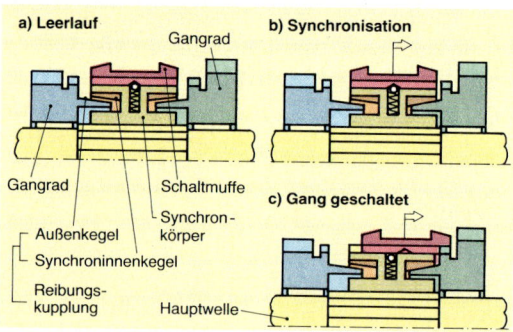

Abb. 1: Wirkungsweise einer Synchronisiereinrichtung

> Eine **Sperrsynchronisierung** verhindert das Schalten eines Ganges solange, bis das Gangrad, und damit der Schaltkranz, die gleiche Drehzahl hat wie die Schaltmuffe.

Die **Sperrwirkung** wird bei Gleichlauf selbsttätig aufgehoben. Danach kann die Schaltmuffe über den Schaltkranz des Gangrades geschoben werden.

Es sind hauptsächlich zwei **Sperrsysteme** verbreitet:

- Sperrung durch Sperrzähne am Synchronring und
- Sperrung durch sich spreizenden Synchronring.

37.5.1 Sperrsynchronisierung mit Sperrzähnen am Synchronring

Der **Synchronkörper** ist mit der Hauptwelle fest verbunden. Er trägt die axial verschiebbare **Schaltmuffe** (Abb. 2). Die **Synchronringe** sind gegenüber dem Synchronkörper ebenfalls axial verschiebbar und bis zum Erreichen eines Anschlags um einen kleinen Winkel gegenüber der Schaltmuffe bzw. dem Synchronkörper verdrehbar. Der Synchronring trägt an seinem Umfang eine **Außenverzahnung** (Sperrzähne). An jedem Gangrad befinden sich ein Synchronkegel und ein Schaltkranz.

Leerlauf: Die Schaltmuffe befindet sich in Mittelstellung (Abb. 3). Die **Rastenbolzen** werden durch Druckfedern in Rasten (Vertiefungen) der Schaltmuffe gedrückt.

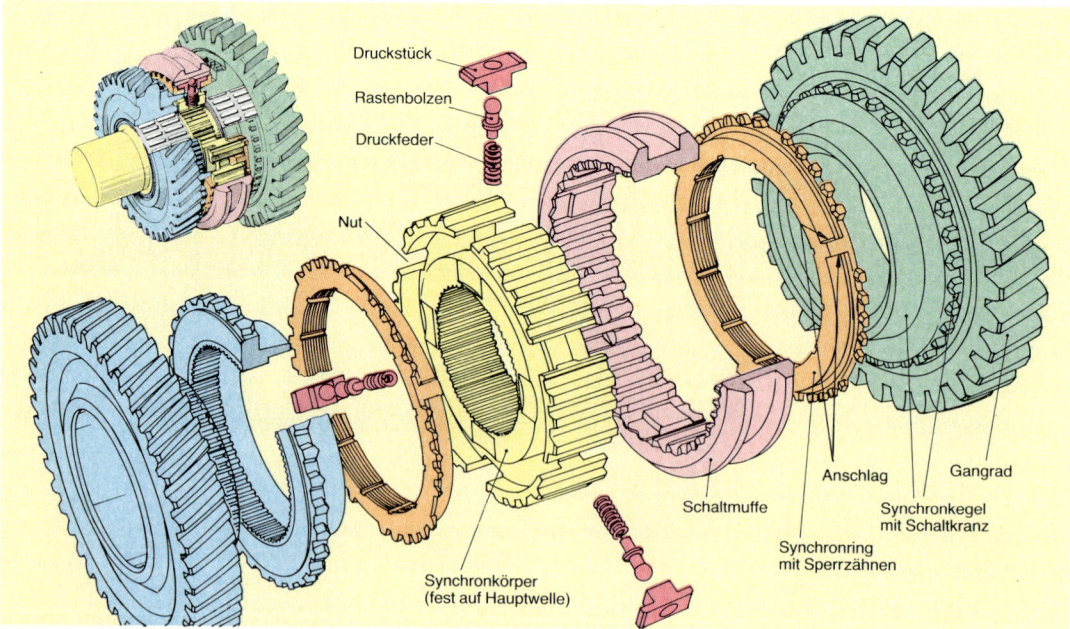

Abb. 2: Sperrsynchronisierung mit Sperrzähnen am Synchronring

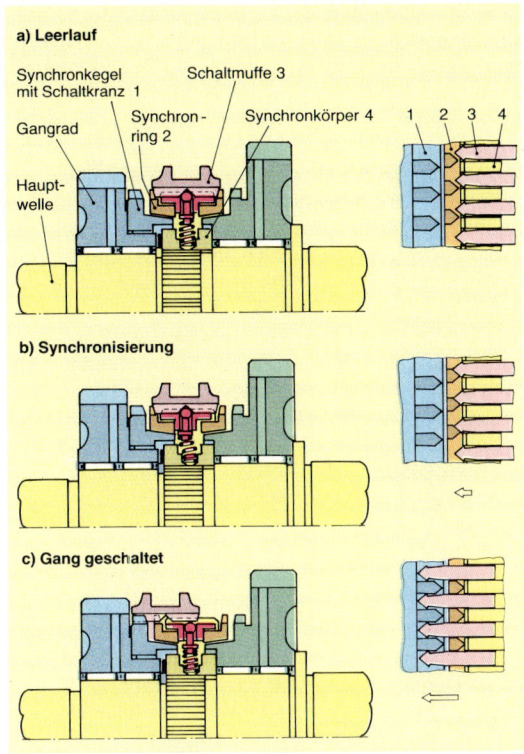

a) Leerlauf

Synchronkegel mit Schaltkranz 1
Schaltmuffe 3
Gangrad
Synchron-ring 2
Synchronkörper 4
Haupt-welle

1 2 3 4

b) Synchronisierung

c) Gang geschaltet

Abb. 3: Wirkungsweise der Sperrsynchronisierung mit Sperrzähnen am Synchronring

Synchronisierung und Sperrung: Durch Verschieben der Schaltmuffe in Richtung Gangrad werden die Rastenbolzen auch axial verschoben. Dadurch werden die **Druckstücke** mitgenommen. Sie drücken dabei den Synchronring auf den Synchronkegel des Gangrads. Durch das entstehende Reibmoment verdreht sich der Synchronring um eine **halbe Zahnbreite** und sperrt dadurch die Bewegung der Schaltmuffe (Abb. 3). Der Synchronring liegt mit seinen **Anschlägen** in den Nuten des Synchronkörpers an.

Gangschaltung (Gleichlauf): Ist Gleichlauf zwischen Gangrad und Schaltmuffe vorhanden, so wirkt kein Reibmoment mehr und der Synchronring löst sich vom Synchronkegel. Die Schaltmuffe kann axial über den Schaltkranz des Gangrads geschoben werden. Dabei springen die Rastenbolzen aus den Vertiefungen der Schaltmuffe. Das Gangrad ist formschlüssig über Schaltmuffe und Synchronkörper mit der Hauptwelle verbunden. Der entsprechende Gang ist geschaltet.

Eine andere Bauart einer Sperrsynchronisierung mit Sperrzähnen zeigt Abb. 4. Die Druckstücke (Synchronriegel) werden durch **Drahtringfedern** direkt mit ihren Erhebungen in die Vertiefungen der Schaltmuffe gedrückt. Wird die Schaltmuffe verschoben, werden die Druckstücke axial mitgenommen und drücken den Synchronring an den Synchronkegel. Der Synchronring sperrt ebenfalls durch seine Sperrverzahnung bis Gleichlauf erreicht ist.

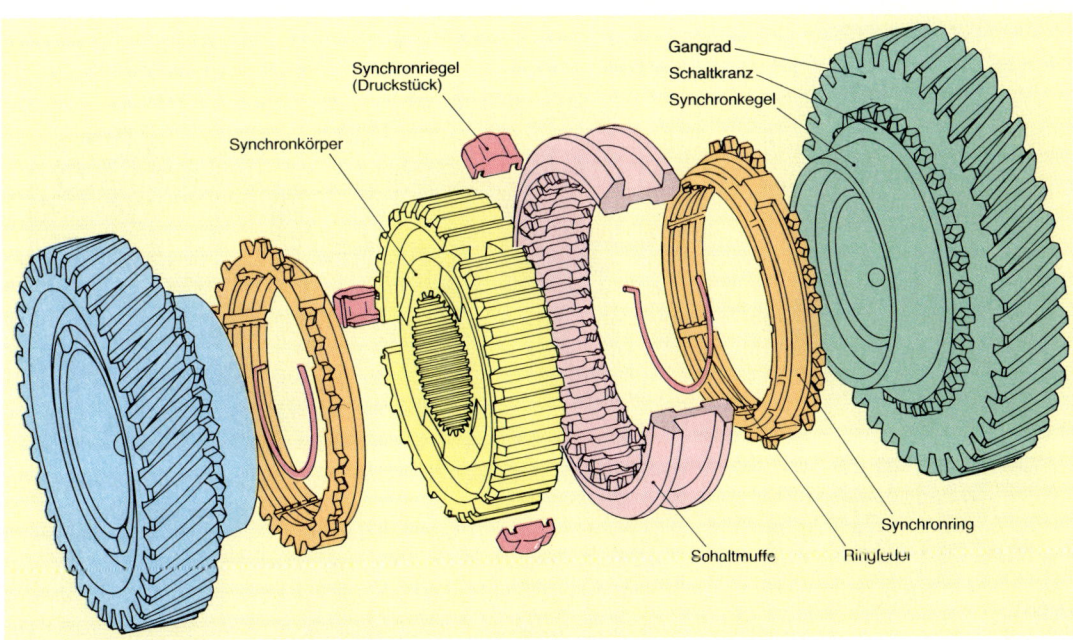

Synchronriegel (Druckstück)
Synchronkörper
Gangrad
Schaltkranz
Synchronkegel
Synchronring
Schaltmuffe
Ringfeder

Abb. 4: Sperrsynchronisierung mit Synchronriegel und Ringfedern

37.5.2 Sperrsynchronisierung mit sich spreizendem Synchronring

Diese Synchronisierung wurde von der Firma Porsche entwickelt. Deshalb wird sie auch **Porsche-Synchronisierung** genannt. Ihren Aufbau zeigt Abb. 1.
Leerlauf: Die Schaltmuffe befindet sich in Mittelstellung (Abb. 2a).
Synchronisierung und Sperrung: Die Schaltmuffe wird axial auf der **Führungsmuffe** verschoben und an den **federnden Synchronring** gepreßt (Abb. 2b). Dieser verdreht sich durch die Reibkraft und stützt sich

über den losen **Sperrstein,** ein **Sperrband** und den **Anschlagstein** am Gangrad ab (Abb. 1). Das Sperrband aus Federstahl wird durch die Druckkräfte an dessen beiden Enden wie ein Bogen gespannt und drückt gegen die Innenfläche des Synchronrings (Servowirkung). Dadurch **spreizt** sich der Synchronring und **sperrt** die Bewegung der Schaltmuffe.
Außerdem wird auch die Reibkraft für die Drehzahlangleichung erhöht, so daß der Gleichlauf schnell erreicht wird und ein sehr zügiges Schalten möglich ist. Die Erhöhung der Reibkraft ist eine Servowirkung dieser Synchroneinrichtung.
Das zweite Sperrband wird benötigt, weil die Verdrehrichtung des Synchronrings davon abhängt, ob hoch oder herunter geschaltet wird.
Gangschaltung: Bei Gleichlauf von Gangrad und Schaltmuffe sind die Stützkräfte am Sperrband nicht mehr vorhanden. Die Schaltmuffe kann über den Synchronring auf den Schaltkranz des Gangrads geschoben werden (Abb. 2c). Die Schaltmuffe wird durch die Form der Innenverzahnung auf der Erhöhung des Synchronrings gehalten.
Die Reibflächen an der Schaltmuffe und an dem Synchronring sind hochbelastet. Deshalb ist der Synchronring außen mit einer Molybdänschicht versehen. Der Grundwerkstoff des Synchronrings ist ein hochwertiger Vergütungsstahl. Die Schaltmuffe besteht aus einem legierten Einsatzstahl.

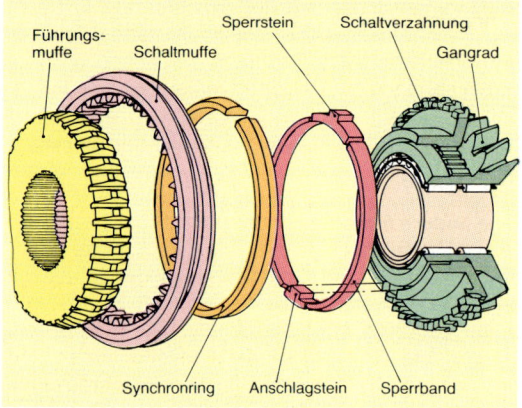

Abb. 1: Porsche-Sperrsynchronisierung

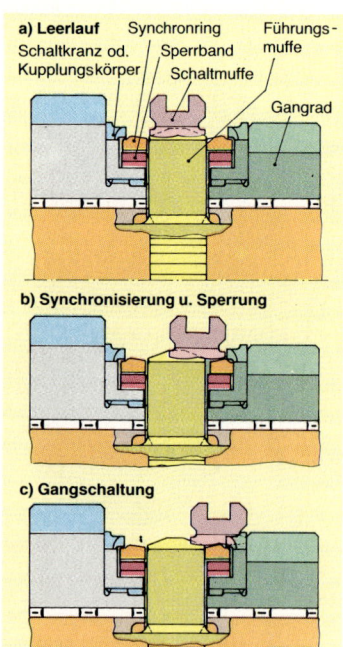

Abb. 2: Wirkungsweise der Porsche-Sperrsynchronisierung

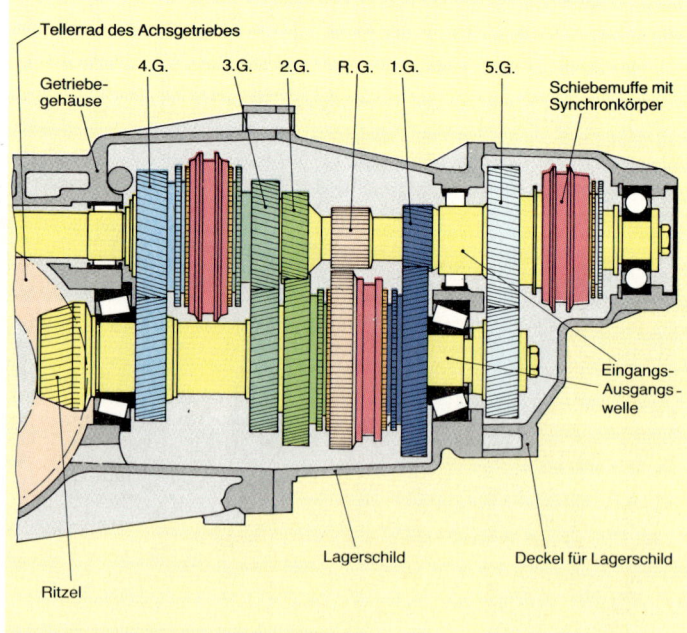

Abb. 3: Schaltgetriebe für Vorderradantrieb

37.5.3 Gesamtaufbau eines Synchrongetriebes für Vorderradantrieb

Abb. 3 zeigt ein Getriebe für Vorderradantrieb, das zusammen mit dem Achs- und Ausgleichgetriebe eine kompakte Einheit bildet. Die Synchronisiereinrichtungen sind auf beide Wellen verteilt.

Das **Schaltgestänge** dieses Getriebes zeigt Abb. 4. Über den Gangschalthebel wird die Schaltwelle axial verschoben und in kleinen Winkelbereichen gedreht. Sie bewegt über den Schaltfinger die Schaltstangen. Durch die an den Schaltstangen befestigten Schaltgabeln werden die Schaltmuffen über die Schaltkränze der entsprechenden Gangräder geschoben.

Die Schaltstangen werden durch federbelastete **Kugeln** in der neutralen Stellung und den Gangstellungen gehalten.

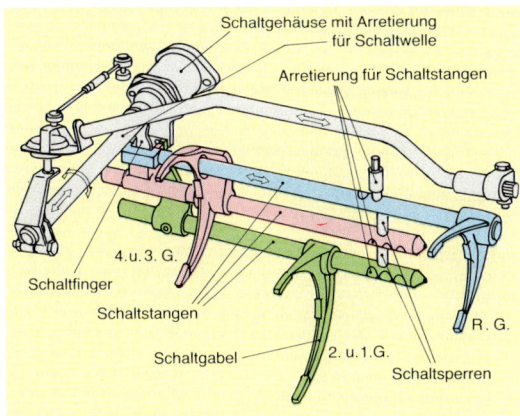

Abb. 4: Schaltgestänge

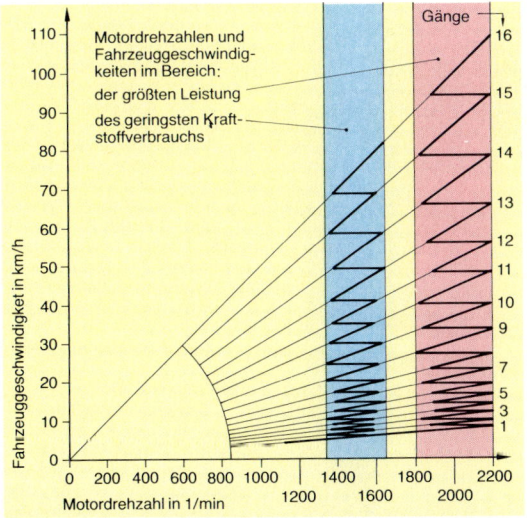

Abb. 5: Drehzahlbereiche für Vorschalt- und Nachschaltgetriebe

37.6 Sondergetriebe

Um auch in Nutzkraftfahrzeugen den Kraftstoffverbrauch senken zu können, sind Getriebe entwickelt worden, die durch **Nachschalten** eines **Bereichs- oder Gruppengetriebes** die **Gangzahl verdoppeln.** Wird zusätzlich ein **Vorschalt- bzw. Splitgetriebe** (split, engl.: Teilung) verwendet, so werden die Gänge des Schalt- und Nachschaltgetriebes durch **Teilung** noch einmal **verdoppelt.**

Durch Vorschalt- und Nachschaltgetriebe können die Motordrehzahlbereiche mit geringstem Kraftstoffverbrauch oder höchster Leistung (Abb. 5) bei jeder Fahrzeuggeschwindigkeit eingehalten werden.

37.6.1 Nachschalt- bzw. Gruppengetriebe

Das Nachschaltgetriebe ist meist ein Planetengetriebe (s. Kap. Automatische Getriebe). Zusammen mit dem Schaltgetriebe werden die Gänge 1 bis 4 erreicht. Ist das Nachschaltgetriebe überbrückt (direkter Gang, $i = 1:1$), können die Gänge 5 bis 8 (Abb. 6) gewählt werden.

Das Nachschaltgetriebe wird durch den Schalthebel pneumatisch betätigt.

Der **Vorteil** des Nachschaltgetriebes ist, daß ein einfaches Schaltgetriebe (z. B. 4-Gang-Getriebe) ohne Verdopplung der Zahnräderzahl, d. h. des Bauaufwands, zu einem 8-Gang-Getriebe erweitert werden kann.

Die selbsttätige pneumatische Schaltbetätigung für das Nachschaltgetriebe geschieht dann, wenn der Gangschalthebel in Mittelstellung der Doppel-H-Stellung steht.

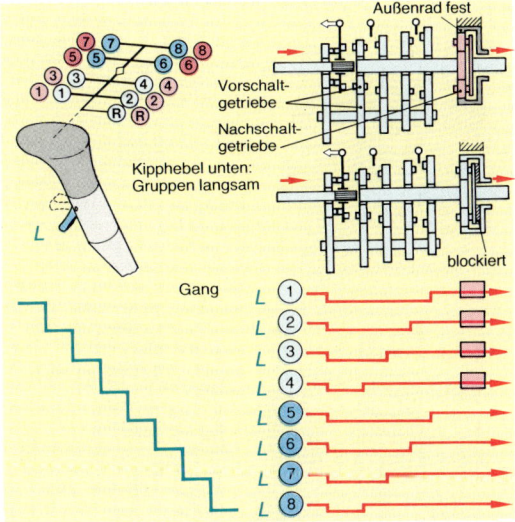

Abb. 6: Schaltgetriebe mit Vor- und Nachschaltgetriebe

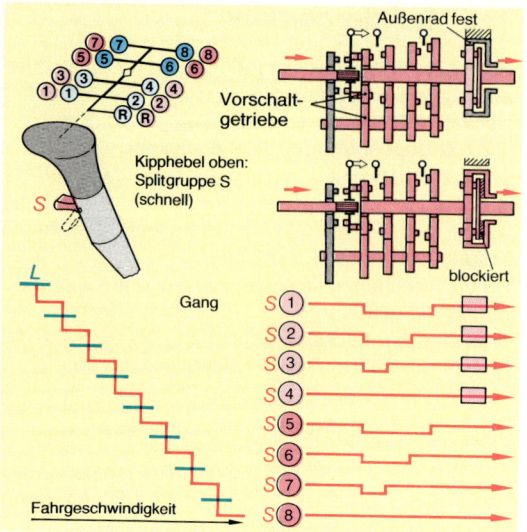

Abb. 1: Vorschaltgetriebe getrennt

37.6.2 Vorschalt- bzw. Splitgetriebe

Zum Splitten der Gänge wird das Antriebsradpaar für die Vorgelegewelle aus dem Kraftfluß genommen (Abb. 1). Dafür wird jeweils zum Splitten das Radpaar des 4. Ganges für den Antrieb der Vorgelegewelle geschaltet.

Das **Schalten** des Splitgetriebes erfolgt durch ein am Schalthebel zu bedienendes **pneumatisches Steuerventil.**

37.6.3 Verteilergetriebe

Das Verteilergetriebe hat die **Aufgabe,** in Fahrzeugen mit Allradantrieb das vom Schaltgetriebe abgegebene Drehmoment auf die Vorder- und/oder Hinterachse zu übertragen (Abb. 2).

Verteilergetriebe haben häufig einen Straßen- und einen Geländegang (Abb. 3). Ein zusätzlicher Getriebeausgang kann für Nebenantriebe (z. B. Hydraulikpumpe, Seilwinde) vorgesehen sein.

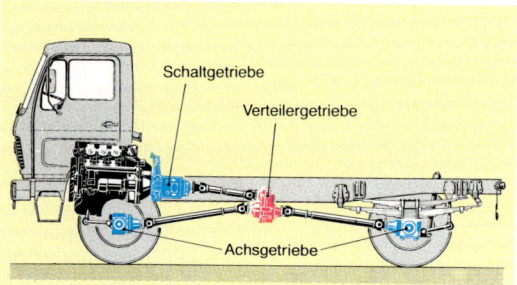

Abb. 2: Anordnung eines Verteilergetriebes

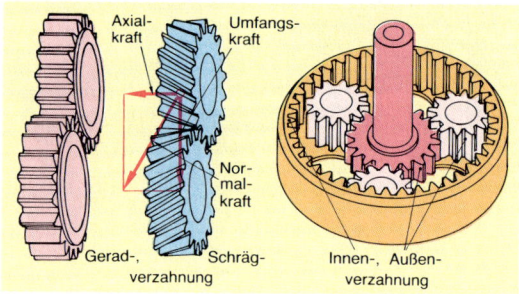

Abb. 4: Stirnräder

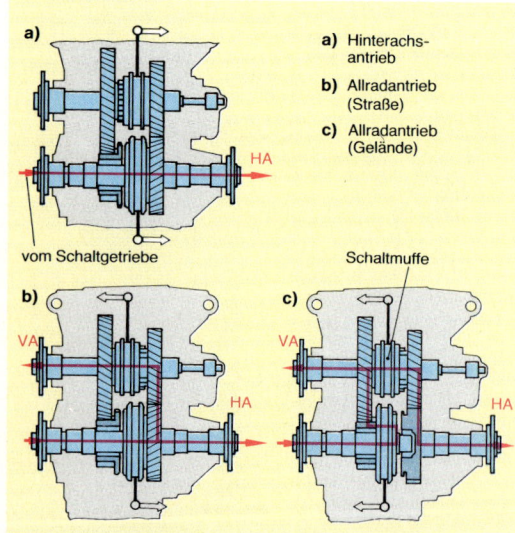

Abb. 3: Verteilergetriebe

a) Hinterachsantrieb
b) Allradantrieb (Straße)
c) Allradantrieb (Gelände)

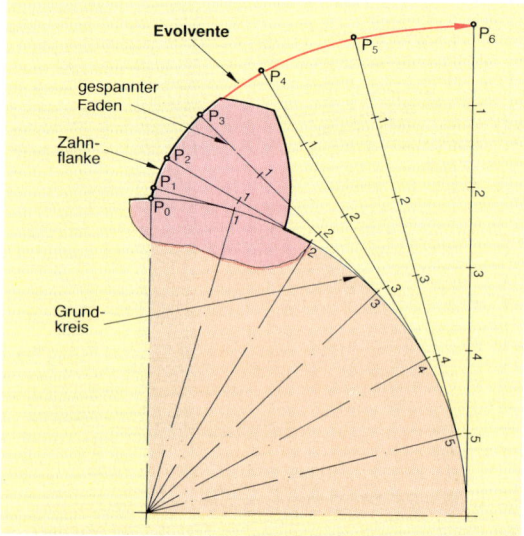

Abb. 5: Entstehung einer Evolvente

37.7 Bauteile des Getriebes

37.7.1 Zahnräder

> **Zahnräder** übertragen Kräfte und Bewegungen formschlüssig.

In Schaltgetrieben für Kraftfahrzeuge werden ausschließlich **Stirnräder** verwendet. Nach der **Verzahnungsrichtung** werden

- geradverzahnte und
- schrägverzahnte

Stirnräder unterschieden (Abb. 4).

Nach der **Lage** der Zähne gibt es

- außenverzahnte und
- innenverzahnte Zahnräder.

Innenverzahnungen werden nur in Planetengetrieben angewendet (s. Kap. Automatisches Getriebe). Der **Werkstoff** für hoch beanspruchte Zahnräder ist überwiegend Einsatzstahl (16 MnCr 5, 18 CrNi 8) und Nitrierstahl (34 CrAl 16, 34 CrAlMo 5).

Stirnräder mit Geradverzahnung

Diese Zahnräder werden für den unsynchronisierten Rückwärtsgang verwendet. Sie können – im Gegensatz zu schrägverzahnten Rädern – durch Verschieben geschaltet werden.

Stirnräder mit Schrägverzahnung

In Schaltmuffen- und Synchrongetrieben werden schrägverzahnte Räder verwendet. Sie haben gegenüber geradverzahnten Rädern folgende **Vorteile:**

- geringere Geräuschentwicklung und
- größere Belastbarkeit.

Bei schrägverzahnten Rädern sind immer **mehrere Zähne im Eingriff.** Deshalb können sie bei gleicher Breite wie geradverzahnte Räder größere Drehmomente übertragen.
Ein **Nachteil** der Schrägverzahnung ist, daß diese Räder **Axialkräfte** erzeugen (Abb. 4), die von einem Lager der Welle aufgenommen werden müssen.

Flankenform

Die Flanken der meisten Zahnräder haben die Form einer **Evolvente** (lat.: Abwicklungslinie). Deshalb heißt diese Verzahnung auch Evolventenverzahnung. Die Evolvente entsteht durch Abwickeln des Kreisumfangs eines Grundkreises (Abb. 5). Die Evolventenverzahnung hat den Vorteil, daß mit einem einzigen zahnstangenförmigen Werkzeug Zahnräder mit unterschiedlichen Zähnezahlen hergestellt werden können.

Benennung	Zeichen	Benennung	Zeichen
Teilung	p	Fußkreisdurchmesser	d_f
Modul	m	Kopfhöhe	h_a
Zähnezahl	z	Zahnhöhe	h
Teilkreisdurchmesser	d	Fußhöhe	h_f
Kopfkreisdurchmesser	d_a	Achsabstand	a

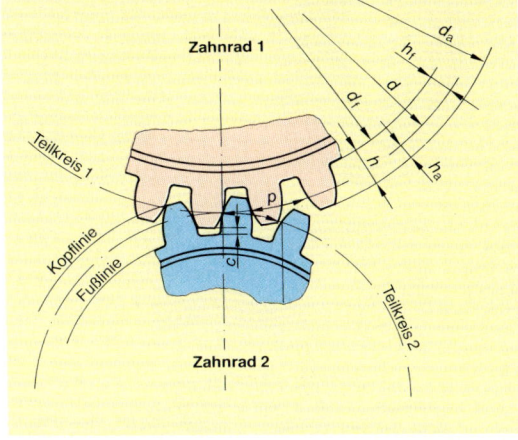

Abb. 6: Bezeichnungen am Zahnrad

Grundmaße des Zahnrads

Abb. 6 zeigt wichtige Grundmaße und Bezeichnungen des Zahnrads. Die wichtigste Kenngröße eines Zahnrads ist der **Modul** m.

$$m = \frac{p}{\pi}$$

m Modul in mm
p Teilung in mm

Zwischen den Maßen in Abb. 6 bestehen folgende Beziehungen:

$$
\begin{aligned}
d &= m \cdot z & h &= h_a + h_f \\
d_a &= d + 2m & h &= 2{,}25\,m \\
d_f &= d - 2{,}4\,m & a &= \frac{m}{2}\,(z_1 + z_2) \\
h_a &= m & & \\
h_f &= 1{,}25\,m & i &= \frac{d_2}{d_2} = \frac{z_2}{z_1} \\
c &= h_f - h_a = 0{,}25\,m & &
\end{aligned}
$$

Sind die Zähne eines Radpaares im Eingriff, so berühren sich die gedachten Teilkreise.
Die Fußhöhe eines Zahnes ist immer größer als die Kopfhöhe: es ergibt sich das Kopfspiel c.

> Nur Zahnräder mit gleichem **Modul** können in Eingriff gebracht werden, weil nur dann die Zahngrößen gleich sind.

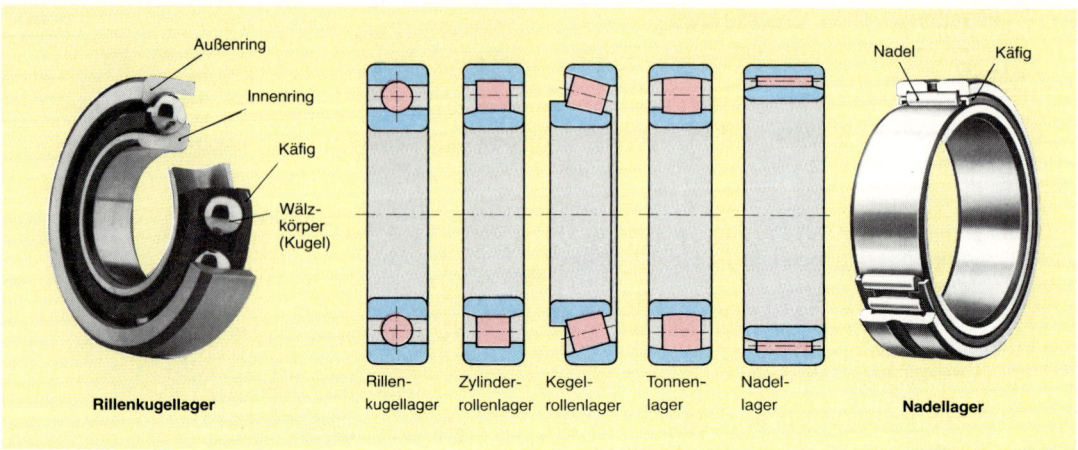

Abb. 1: Wälzlager

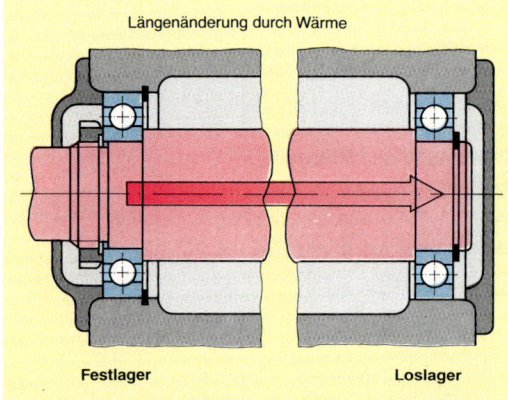

Abb. 2: Fest- und Loslager

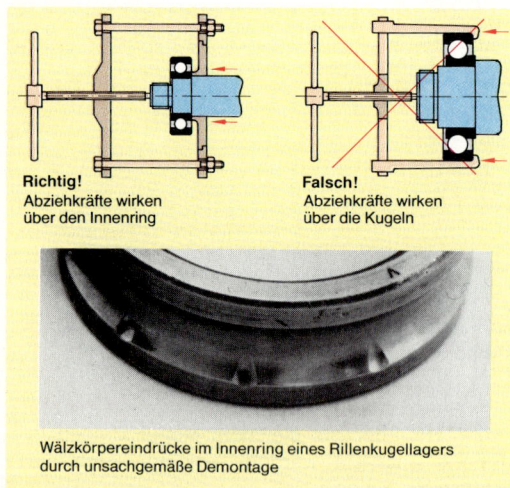

Wälzkörpereindrücke im Innenring eines Rillenkugellagers durch unsachgemäße Demontage

Abb. 3: Ausbau von Wälzlagern

37.7.2 Wälzlager

In Kraftfahrzeuggetrieben werden Wellen und Zahnräder mit Wälzlagern gelagert (Abb. 1). Sie werden nach der Form ihrer **Wälzkörper** unterschieden in:

- Rillenkugellager,
- Zylinderrollenlager,
- Kegelrollenlager,
- Tonnenlager und
- Nadellager.

Je nach Gestaltung der Laufbahnen und Anordnung der Wälzlagerringe können von den Wälzlagern Radial- und/oder Axialkräfte aufgenommen werden. Hieraus leitet sich die Bezeichnung **Radial- und Axiallager** ab.

Eine weitere Unterteilung der Lager richtet sich nach deren Verwendung als **Fest-** oder **Loslager** (Abb. 2).

Festlager: Ein Lager, das durch Anordnung und Aufbau verhindert, daß eine Welle axial verschiebbar ist. Nur ein Festlager kann Axialkräfte gegenüber dem Getriebegehäuse abstützen.

Loslager: Ein Lager, das sich bei Längenänderung der Welle oder des Gehäuses, z.B. durch Erwärmung, axial verschiebt.

Nur kurze Wellen können mit 2 Festlagern gelagert werden (Radlagerung).

Ein **störungsfreier Lauf** eines Wälzlagers wird erreicht durch:

- einwandfreie Abdichtung gegen Schmutz,
- Vermeidung von Überlastungen, extremen Stößen oder Schwingungen und
- vorschriftsmäßige Montage.

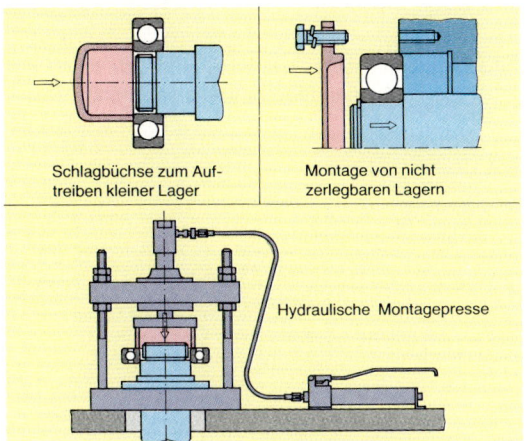

Abb. 4: Einbau von Wälzlagern

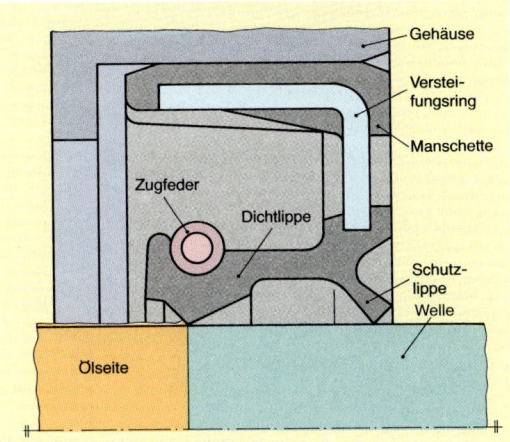

Abb. 5: Wellendichtringe

Wälzlager können eine werksseitige **Dauerschmierung** haben. Die Lager sind dann mit Dichtscheiben zwischen Innen- und Außenring versehen.
In Kraftfahrzeuggetrieben werden die Zahnräder durch Spritzöl (Getriebeöl) geschmiert. Es übernimmt auch die Kühlung der Lager.

Arbeitshinweise

- Zur Demontage von Wälzlagern sind geeignete Abziehvorrichtungen zu verwenden, da die Gefahr der Beschädigung des Lagers und der Sitzflächen besteht (Abb. 3).
- Bei Montage nicht zerlegbarer Lager muß z.B. der Innenring (mit Festsitz) zuerst auf die Welle gepreßt werden. Anschließend wird das Lager zusammen mit der Welle in das Gehäuse geschoben (Abb. 4).
- Wird die Kraft über die Wälzlagerkörper geleitet, können Laufbahnen und Wälzlagerkörper beschädigt werden.
- Die gehärteten Lagerringe dürfen nicht durch Hammerschläge beansprucht werden, denn die Ringe sind äußerst schlagempfindlich.
- Kleine Lager können kalt auf die Welle gepreßt werden (Abb. 4). Größere Lager werden im Ölbad auf 80 bis 100°C erwärmt, keinesfalls aber über 120°C, da es sonst zu Gefügeänderungen im Lagerwerkstoff kommt.
- Einseitige Belastung der Ringe und Verkanten ist unbedingt zu vermeiden.
- Bei Einbau eines Wälzlagers ist auf Sauberkeit zu achten, da bereits kleinste Verunreinigungen nach kurzer Zeit zur Zerstörung des Wälzlagers führen können.

37.7.3 Wellendichtringe

Die Getriebewellen werden mit Radial-Wellendichtringen (auch Simmeringe genannt) abgedichtet (Abb. 5).
Wellendichtringe sind genormte Bauteile, die aus einem Gehäuse bzw. aus einem **Versteifungsring** und einer **Manschette** mit federbelasteter **Dichtlippe** bestehen. Die Manschette wird aus Silikon- oder Fluorkautschuk hergestellt.
Die Dichtwirkung ist von dem einwandfreien Zustand der Dichtlippe und der Wellenoberfläche abhängig. Nur bei ausreichender Härte (45 bis 55 HRC) und einer maximalen Rauhtiefe von nur 4 µm kann die gewünschte Dichtwirkung erreicht werden.
Dreht sich die Welle nicht, so erfolgt die Abdichtung durch die zur Welle gerichteten Radialkräfte an der Dichtlippe und die Zugkraft des aufgelegten Schraubenfederringes.
Dreht sich die Welle (dynamische Abdichtung), so erfolgt die Abdichtung durch die Oberflächenspannung des Öls.

Arbeitshinweise

- Radial-Wellendichtringe müssen so eingebaut werden, daß die Dichtlippe zur Ölseite zeigt.
- Damit die Dichtlippe bei der Montage nicht beschädigt wird, muß zur Überwindung von Wellenabsätzen eine **Führungshülse** verwendet werden. Nur wenn alle Kanten, über die die Dichtlippe geschoben werden muß, sorgfältig gerundet bzw. mit einer Fase versehen sind, kann auf diese Hülse verzichtet werden.

37.8 Wartung und Diagnose

Ein Schaltgetriebe ist nahezu wartungsfrei. Der Öl-stand ist zu überprüfen und in den vom Hersteller angegebenen Intervallen ist das Öl zu wechseln. Dabei muß das Getriebe betriebswarm sein.

Tab. 2: Hinweise zur Wartung und Diagnose des Schaltgetriebes

Wartung ⇩	⇩	⇩	⇩
Prüfposition	**Mangel, Fehler**	**Ursache**	**Folge**
⇩	⇩	⇩	**Diagnose**
Störstelle	**Mangel, Fehler**	**Ursache**	**Störung**
Schalthebel	rattert, summt	Schalthebel locker, Schaltmuffe bzw. -klaue ausgeschlagen	ablenkende Geräusche, zunehmender Verschleiß
Schalt-gestänge	Verschleiß an den Schaltgabeln	natürlicher Verschleiß	Gang läßt sich nicht einwandfrei schalten, Gang springt heraus
	Feder der Kugelsperre gebrochen, schadhafte Getriebeaufhängung	Werkstofffehler bzw. Werkstoffermüdung	
Zahnräder	Zahnrad kratzt während des Einlegens oder Wechselns des Ganges	Kupplung trennt nicht sauber, Synchronringe abgenutzt, Lager im Getriebe ausgeschlagen	Gang läßt sich nur schwer oder nicht einlegen
	Zahnräder abgenutzt	Ölstand zu gering, sehr lange Betriebsdauer, Lagerschäden, unsachgemäße Bedienung	Getriebegeräusche
Synchronisier-einrichtung	Synchronringe abgenutzt		Gang läßt sich nur schwer oder nicht einlegen
Lager	Lager ausgeschlagen	Ölstand zu gering, bei Repara-tur des Getriebes Lager unsach-gemäß eingebaut, Dauerbruch	Lagergeräusche
Wellen-dichtringe	Dichtlippe dichtet nicht mehr	zu geringer Ölstand: Dichtlippe trocken gelaufen. Wellenstück ohne ausreichende Härte, Werk-stofffehler. Dichtlippe ist mit Schmutz oder Abrieb in Berührung gekommen. Falsche Montage.	Getriebe undicht, Kupplung verölt

Aufgaben

1. Warum benötigen Kraftfahrzeuge mit Verbrennungs-motoren ein Schaltgetriebe?

2. Erklären Sie die Drehzahlwandlung in einem Schalt-getriebe.

3. Beschreiben Sie den Zusammenhang zwischen Dreh-moment- und Drehzahlwandlung.

4. Welche Kurve stellt den idealen Drehmomentverlauf dar und warum?

5. Erklären Sie den Grundaufbau eines Schieberadge-triebes.

6. Wie werden in einem Schaltmuffengetriebe die Gänge geschaltet?

7. Nennen Sie das Grundprinzip aller Synchronisierein-richtungen.

8. Was ist eine Sperrsynchronisierung?

9. Wie arbeitet die Sperrsynchronisierung mit Sperrzäh-nen am Synchronring?

10. Welche Aufgabe hat das Sperrband in einer Porsche-Synchronisierung?

11. Welches Bauteil sperrt in einer Porsche-Synchronisie-rung?

12. Nennen Sie den Unterschied zwischen einem Vor-schalt- und einem Nachschaltgetriebe in bezug auf die zusätzlichen Gänge.

13. Begründen Sie die Verwendung von Vor- und Nach-schaltgetrieben.

14. Welche Aufgaben hat ein Verteilergetriebe?

15. Nennen Sie die Vor- und Nachteile von schrägverzahn-ten Stirnrädern gegenüber geradverzahnten Rädern.

16. Nennen Sie den Unterschied zwischen Fest- und Loslager.

17. Was ist bei der Montage von Wälzlagern zu beachten?

18. Warum müssen Wellendichtringe mit äußerster Sorg-falt montiert werden?

19. Ein Zahnrad mit 23 Zähnen hat einen Modul $m = 2,5$. Berechnen Sie: d, d_a, d_f, h_a, h_f und h.

20. Entwerfen Sie einen Abzieher für Wälzlager mit einem maximalen Außendurchmesser von 60 mm, ähnlich Abb. 3, S. 346.

38 | Automatische Getriebe

Automatische Getriebe werden in **halb- und vollauto-matische Getriebe** unterteilt. Beide Getriebe haben einen hydrodynamischen Drehmomentwandler, dem ein Schaltgetriebe (Halbautomatik) oder ein Plane-tengetriebe (Vollautomatik) nachgeschaltet ist.

Eine besondere Bauart des vollautomatischen Ge-triebes ist das **stufenlose Getriebe** mit einem Riemen-trieb oder Schubgliederband.

38.1 Hydrodynamischer Drehmomentwandler

Der hydrodynamische Drehmomentwandler (hydro, gr.: Wasser und dynamisch, gr.: Kraft betreffend) arbeitet als **Anfahrkupplung und Drehmomentwand-ler.** Bei Leerlaufdrehzahl des Motors soll er den Kraftfluß zum Getriebe unterbrechen.

38.1.1 Aufbau des hydrodynamischen Drehmomentwandlers

Der hydrodynamische Drehmomentwandler besteht aus **drei Hauptteilen** (Abb. 1):

- Pumpenrad (Primärrad),
- Turbinenrad (Sekundärrad) und
- Leitrad.

Diese drei Räder befinden sich in einem geschlosse-nen Gehäuse, das von einer Zahnradpumpe mit Hydrauliköl mit einem Überdruck von 2 bis 5 bar versorgt wird. Der hohe Druck ist notwendig, da es sonst zur Verschäumung und Dampfblasenbildung des Hydrauliköls kommen würde.

Im **Ölkreislauf** (Abb. 2) ist immer dann ein Ölkühler notwendig, wenn die Wärmeableitung über das Ge-häuse und dessen Kühlrippen nicht ausreicht. Der Ölkühler ist meist ein Wärmetauscher und liegt dann im unteren Wasserkasten des Motorkühlers.

Die Füllung des Wandlers mit Hydrauliköl (ATF, siehe Kap. 28.4) wird etwa je Minute einmal vollständig rückgekühlt.

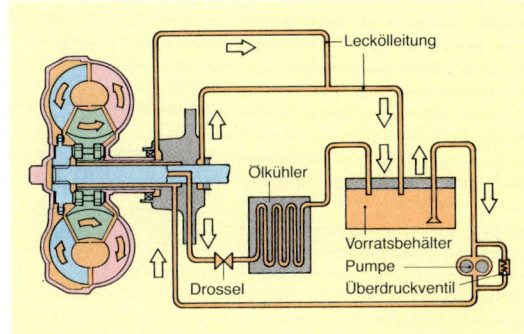

Abb. 2: Ölkreislauf

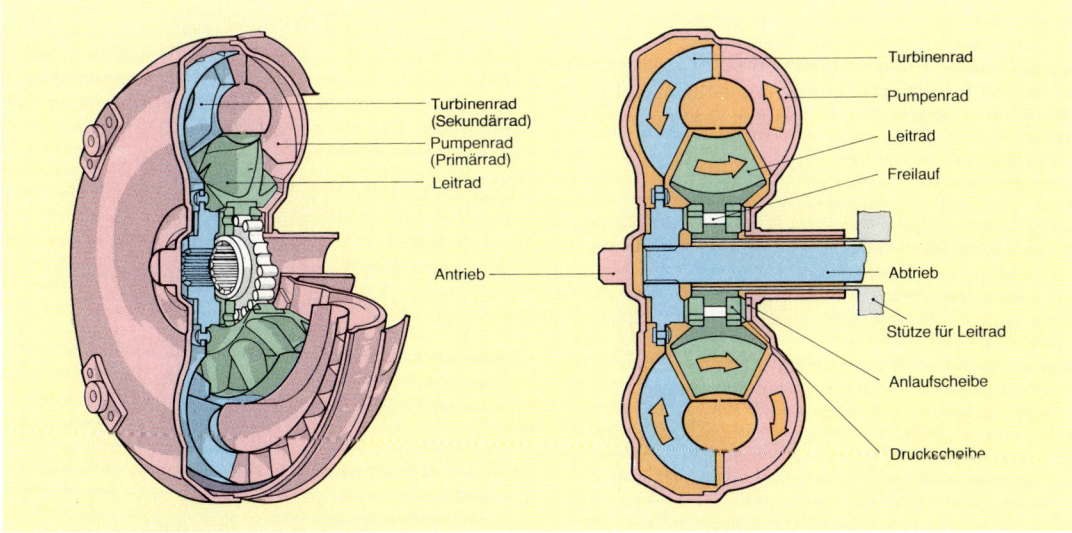

Abb. 1: Hydrodynamischer Drehmomentwandler

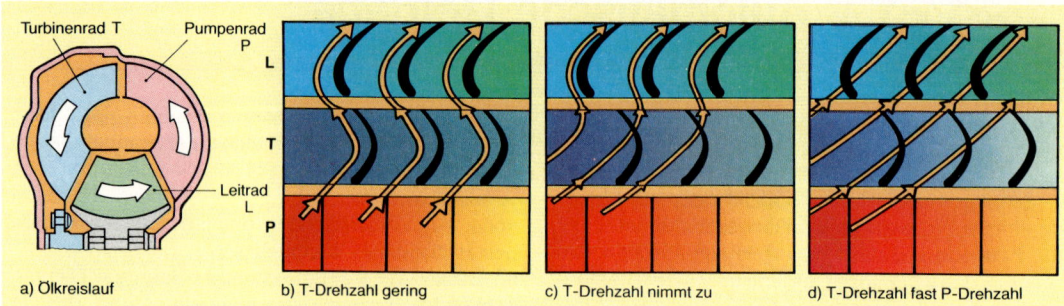

Abb. 1: Ölstrom im hydrodynamischen Drehmomentwandler

38.1.2 Wirkungsweise des hydro-dynamischen Drehmomentwandlers

Das **Pumpenrad** dreht sich mit Motordrehzahl. Durch die **Fliehkraft** wird das Öl nach außen gedrückt. Es strömt mit großer Geschwindigkeit zu den gekrümmten Schaufeln des **Turbinenrades** (Abb. 1) und gibt wegen der starken Umlenkung seine **Bewegungsenergie** an das **Turbinenrad** ab. Es wird in Drehung versetzt.

Danach gelangt der **Ölstrom** in das **Leitrad,** dessen entgegengesetzt gekrümmte Schaufeln ihn wieder in die Richtung der Pumpenbeschaufelung zurücklenken. Dabei stützt sich das Leitrad an einem **Freilauf** ab (Abb. 2).

> Die **Umlenkung des Ölstroms** im Leitrad ist während des Anfahrvorgangs am größten und damit auch die Drehmomentwandlung.

Die erreichbare **Drehmomentübersetzung** liegt etwa bei 3 : 1, d.h., das Turbinendrehmoment ist während des Anfahrens 3mal größer als das Drehmoment an der Kurbelwelle.

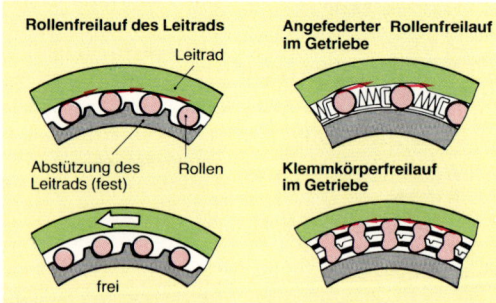

Abb. 2: Freiläufe

Hat das Turbinenrad etwa 85% der Pumpenraddrehzahl erreicht, werden die Schaufeln des Leitrads auf der Rückseite angeströmt, so daß die Freilaufsperre des Leitrads nicht mehr wirken kann. Das Leitrad stützt sich nicht mehr ab. Es ist keine Drehmomentwandlung mehr möglich.

> Wenn der Leitradfreilauf nicht mehr sperrt, d.h. das Leitrad frei dreht, ist der **Kupplungspunkt** des hydrodynamischen Drehmomentwandlers erreicht. Er arbeitet nur noch als hydrodynamische Kupplung.

Die Drehzahlen von Pumpen- und Turbinenrad gleichen sich nicht vollständig an. Es ist immer noch ein Drehzahlunterschied (Schlupf) von 2 bis 3% vorhanden. Ohne diesen **Schlupf** kann kein Drehmoment übertragen werden. Bei Gleichlauf der Räder würde das Hydrauliköl nicht mehr strömen und könnte das Turbinenrad nicht mitnehmen.

Durch den unvermeidbaren Schlupf wird mehr Kraftstoff verbraucht. Deshalb gibt es hydrodynamische Drehmomentwandler mit **Überbrückungskupplung** (Abb. 3). Nach Erreichen der größten Drehzahlangleichung können die Kurbelwelle und Turbinenwelle (Getriebeeingangswelle) durch Betätigen der Überbrückungskupplung (meist automatisch) kraftschlüssig verbunden werden.

Die **Vorteile** des hydrodynamischen Drehmomentwandlers gegenüber einem Schaltgetriebe sind:

- kompakte Bauweise,
- stufenlose Drehmomentwandlung,
- geräuscharm,
- verschleißarm und
- selbsttätig arbeitend.

Nachteile:

- Drehmomentwandlung nur während des Anfahrens,
- eventuell Wärmetauscher notwendig und
- höherer Kraftstoffverbrauch.

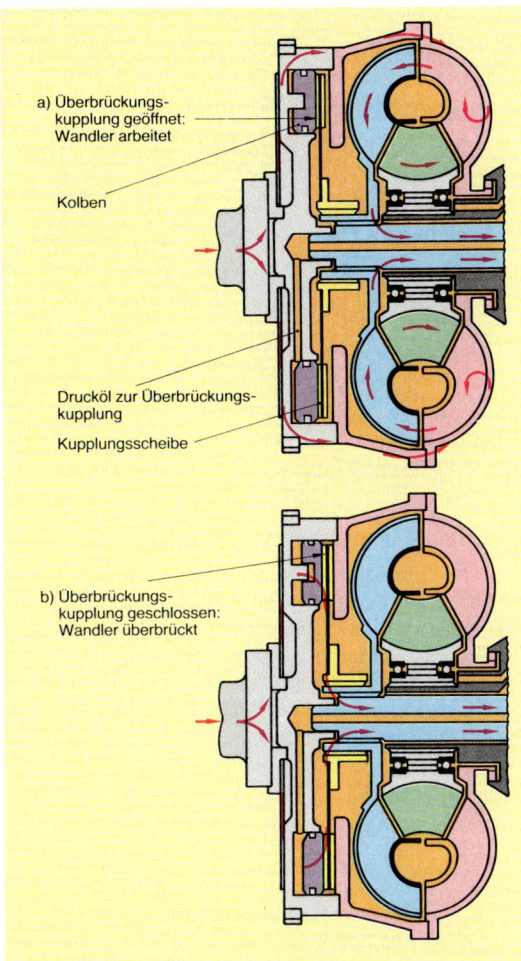

a) Überbrückungs-
kupplung geöffnet:
Wandler arbeitet

Kolben

Drucköl zur Überbrückungskupplung

Kupplungsscheibe

b) Überbrückungs-
kupplung geschlossen:
Wandler überbrückt

Abb. 3: Hydrodynamischer Drehmomentwandler mit Überbrückungskupplung

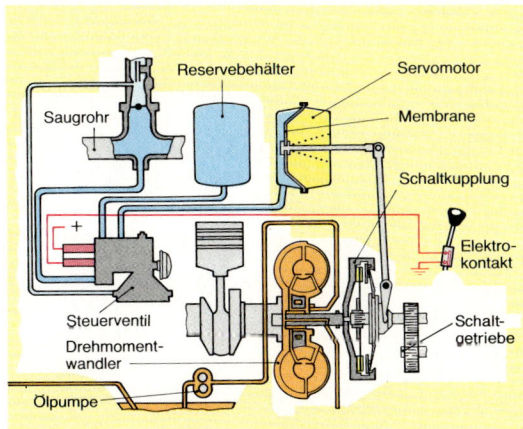

Abb. 4: Halbautomatisches Getriebe

38.2 Halbautomatisches Getriebe

Ein halbautomatisches Getriebe erleichtert die Be-
dienung des Schaltgetriebes, da ein Kupplungspedal
nicht benötigt wird. Ein- und Auskuppeln werden von
der Halbautomatik übernommen. Es ist nur noch der
Gangschalthebel zu bedienen.

38.2.1 Aufbau des halbautomatischen Getriebes

Ein halbautomatisches Getriebe besteht aus **zwei
Hauptgruppen:**

- Drehmomentwandler-Schaltkupplung und
- Schaltgetriebe.

Die Anordnung der Hauptgruppen und die Betätigungseinrichtung zeigt Abb. 4.
Der hydrodynamische Drehmomentwandler ist Anfahrkupplung und Drehmomentwandler während des
Anfahrens. Die vom Turbinenrad getriebene Schaltkupplung unterbricht den Kraftfluß für das Schalten
des Getriebes. Wegen der Wandlung während des
Anfahrens hat das Getriebe meist einen Gang weniger.

38.2.2 Wirkungsweise des halbautomatischen Getriebes

Durch Betätigung des Gangschalthebels wird über
einen **Elektrokontakt** ein **Steuerventil** betätigt. Dieses
Ventil gibt die Unterdruckleitung zur linken Kammer
des Arbeitszylinders vom **Servomotor** frei (Abb. 4).
Dadurch schiebt der Luftdruck die Membran nach
links und es wird ausgekuppelt. Dieser Vorgang ist in
etwa $\frac{1}{10}$ Sekunde abgeschlossen. Es wird schneller
ausgekuppelt, als es mit dem Kupplungspedal möglich ist.
Nach dem Loslassen des Gangschalthebels wird der
Servomotor belüftet, es wird eingekuppelt. Rollt das
Fahrzeug aus, so trennt der hydrodynamische Drehmomentwandler den Motor vom Getriebe, ohne daß
der Gangschalthebel berührt werden muß.
Ein halbautomatisches Getriebe hat für das Beschleunigen und Bremsen besondere Schaltfunktionen. Wird z.B. nach dem Schalten sofort wieder Gas
gegeben (Beschleunigungsschaltung), so ist die
Drosselklappe geöffnet. Der große Unterdruck im
Lufttrichter des Vergasers bewirkt über das Steuerventil eine sehr schnelle Belüftung der linken Kammer des Servomotors. Die Kupplung wird besonders
zügig betätigt.
Das halbautomatische Getriebe hat den **Vorteil,** daß
es die Zahl der Schaltvorgänge erheblich vermindert,
da für die Anfahr- und Haltevorgänge der Gangschalthebel nicht bedient werden muß.

Reservebehälter
Servomotor
Saugrohr
Membrane
Schaltkupplung
Elektro-
kontakt
Steuerventil
Schalt-
getriebe
Drehmoment-
wandler
Ölpumpe

38.3 Vollautomatisches Getriebe

Die Gänge werden über eine hydraulische oder elektronisch-hydraulische **Steuerungseinrichtung** automatisch in Abhängigkeit von der Motorbelastung und der Fahrzeuggeschwindigkeit geschaltet. Die Schaltung geschieht mit Hilfe von Bremsbändern und Mehrscheibenkupplungen unter Last. Ein Schalthebel wird nicht benötigt. Mit einem Wählhebel können vom Fahrer bestimmte **Schaltprogramme** gewählt werden, z.B.:

P: Parkstellung

R: Rückwärtsgang

N: Neutral. Der Kraftfluß zwischen Motor und Antriebsrädern ist unterbrochen.

D: Drive oder Direkt. Dieses Schaltprogramm verwendet alle Gänge.

S (2): Slow oder Steigung. Die Schaltautomatik schaltet nicht in den höchsten Gang. Geeignet für Bergfahrten und Fahrten mit Gefälle.

L (1): Low oder Last. Die beiden höchsten Gänge werden nicht verwendet. Geeignet für steile Pässe und Kolonnenfahrt.

38.3.1 Planetengetriebe

In einem vollautomatischen Getriebe werden die Übersetzungen mit Hilfe von Planetengetrieben erzeugt.

Die **Vorteile** des Planetengetriebes sind:

● ohne Unterbrechung des Kraftflusses schaltbar,

● kompakte Bauweise,

● Verteilung der Leistung auf mehrere Zahnräder.

Aus diesen Gründen werden Planetengetriebe nicht nur in automatischen Getrieben, sondern auch als Nachschalt- und Achsgetriebe verwendet.

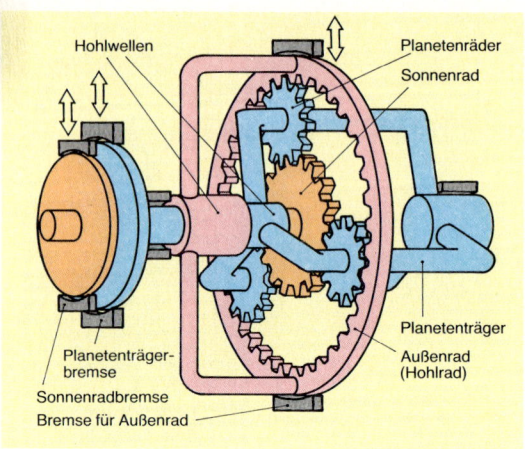

Abb. 1: Planetenradsatz

Einfaches Planetengetriebe (Planetenradsatz)

Ein Planetenradsatz (Abb. 1) hat drei Grundelemente. Er hat seinen Namen von der Bewegungsart der **Planetenräder.** Sie bewegen sich um das Sonnenrad, ähnlich wie Planeten um eine Sonne.

Die Welle des **Sonnenrades** ist auch gemeinsame Drehachse für das **Außenrad** (Hohlrad) und den **Planetenträger.**

> **Die Planetenräder** drehen sich um ihre eigenen Achsen und um die Achse des Planetenträgers.

Die Übersetzungen und unterschiedlichen Drehrichtungen eines Planetenradsatzes entstehen durch Festhalten des Sonnenrades, des Außenrades oder des Planetenträgers. Werden zwei Elemente gleichzeitig kraftschlüssig verbunden, so ist das Planetengetriebe blockiert, d.h. der direkte Gang ($i = 1:1$) ist geschaltet.

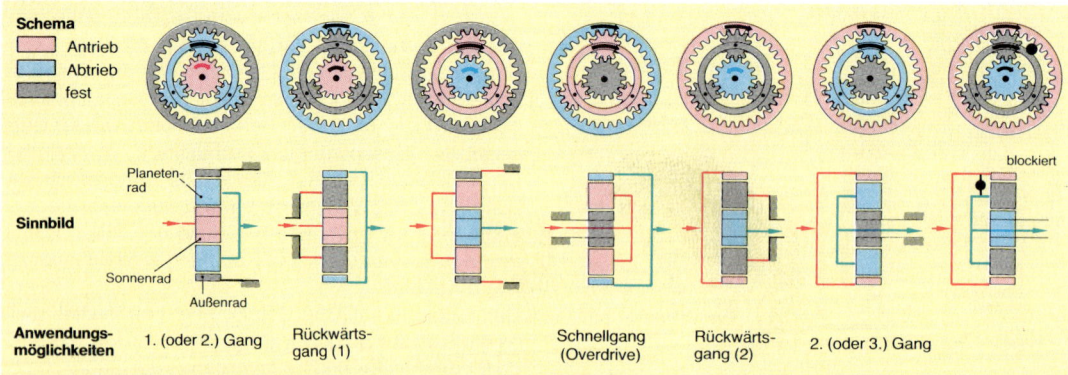

Abb. 2: Schaltmöglichkeiten eines einfachen Planetengetriebes

Wie Abb. 2 zeigt, hat ein Planetenradsatz insgesamt **sieben Schaltmöglichkeiten.** Da von diesen in einem Kraftfahrzeuggetriebe aber jeweils nur zwei oder drei nutzbar sind, werden Planetengetriebe mit mehreren Planetenradsätzen benötigt.

Mehrere Planetenradsätze

Verbreitet sind zwei **zweistufige Planetenradsätze:**

- Ravigneaux-Getriebe und
- Simpson-Getriebe.

Das besondere Merkmal des **Ravigneaux-Getriebes** ist der **gemeinsame Planetenträger** für alle Planetenräder der zwei Stufen (Abb. 3). Außerdem ist nur **ein Außenrad (Hohlrad)** vorhanden.
Das bedeutet einen geringen Bauaufwand.

> Die **langen Planetenräder** sind im **Ravigneaux-Getriebe** mit dem großen Sonnenrad und den Planetenrädern des kleinen Sonnenrads gleichzeitig im Eingriff.

Abb. 4 zeigt, daß mit dem Ravigneaux-Getriebe drei Vorwärtsgänge und der Rückwärtsgang geschaltet werden können.
Das besondere Merkmal des **Simpson-Getriebes** (Simpson, Thomas: engl. Mathematiker, 1710 bis 1761) ist das **gemeinsame Sonnenrad.** Der Planetenträger des einen Planetenradsatzes ist mit dem Hohlrad des anderen verbunden (Abb. 5).
Auch mit dem Simpson-Getriebe lassen sich drei Vorwärts- und ein Rückwärtsgang schalten.

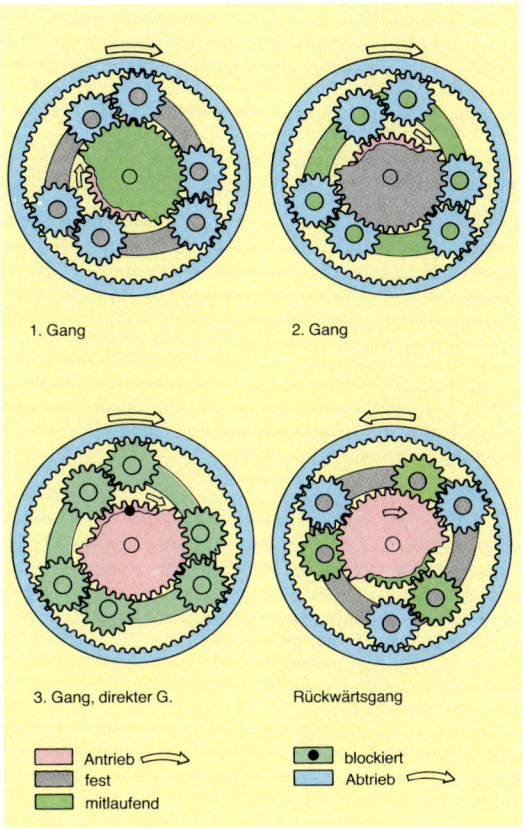

1. Gang   2. Gang

3. Gang, direkter G.   Rückwärtsgang

Antrieb
fest
mitlaufend

blockiert
Abtrieb

Abb. 4: Schaltmöglichkeiten eines Ravigneaux-Getriebes

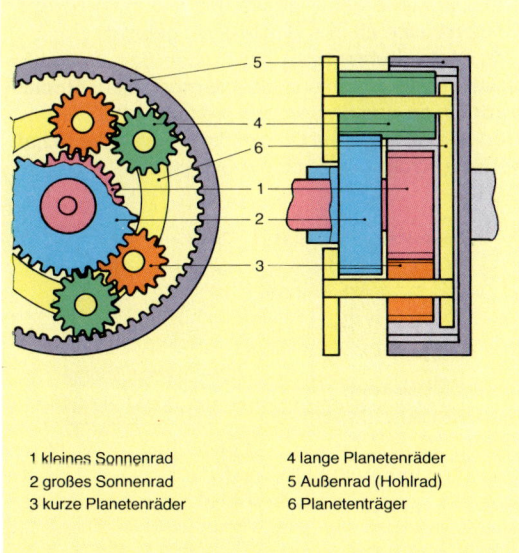

1 kleines Sonnenrad
2 großes Sonnenrad
3 kurze Planetenräder
4 lange Planetenräder
5 Außenrad (Hohlrad)
6 Planetenträger

Abb. 3: Ravigneaux-Getriebe

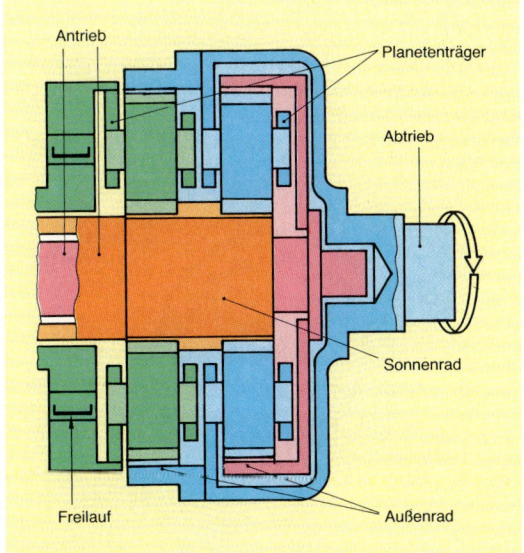

Antrieb
Planetenträger
Abtrieb
Sonnenrad
Freilauf
Außenrad

Abb. 5: Simpson-Getriebe

38.3.2 Ölpumpe

Zwischen Wandler und Getriebe befindet sich eine Ölpumpe. Sie liefert das **Drucköl** für:

- die Steuerung und die Betätigungseinrichtungen (Kupplungen, Bremsbänder),
- den Drehmomentwandler und
- die Schmierung des Getriebes.

Meist ist die Ölpumpe eine **Innenzahnradpumpe** (Sichelpumpe, Abb. 2, S. 274). Ihr Innenrad wird über einen Antriebsflansch des Wandlerpumpenrades angetrieben. Sobald der Motor läuft, versorgt die Pumpe das Hydrauliksystem mit Drucköl.

Die Ölpumpe fördert mehr Öl als von der Getriebesteuerung benötigt wird. Überschüssiges Öl wird über das Hauptdruck-Regulierventil zurück in die Ölwanne geleitet (Abb. 3, S. 357).

Muß das Fahrzeug wegen eines Motorschadens an- oder abgeschleppt werden, so arbeitet die Sichelpumpe nicht. Das automatische Getriebe kann nicht geschaltet werden. Deshalb haben automatische Getriebe häufig eine **Sekundärpumpe** (zweite Ölpumpe), die von der Getriebeausgangswelle angetrieben wird. Sie fördert nur dann Öl, wenn die Primärpumpe keinen Hauptdruck aufbauen kann.

38.3.3 Schaltelemente

In automatischen Getrieben werden für die Schaltung der Gänge folgende **Schaltelemente** verwendet:

- hydraulisch betätigte Lamellenkupplung,
- Freilauf und
- Bremsband.

Sie haben die Aufgabe, den Kraftfluß im Getriebe entsprechend dem geschalteten Gang herzustellen oder zu unterbrechen.

Das **Bremsband** (Abb. 1) wird über einen Servokolben hydraulisch, teilweise auch federunterstützt, gespannt bzw. gelöst.

Bremsbänder bestehen aus Stahl mit aufgeklebten Belägen.

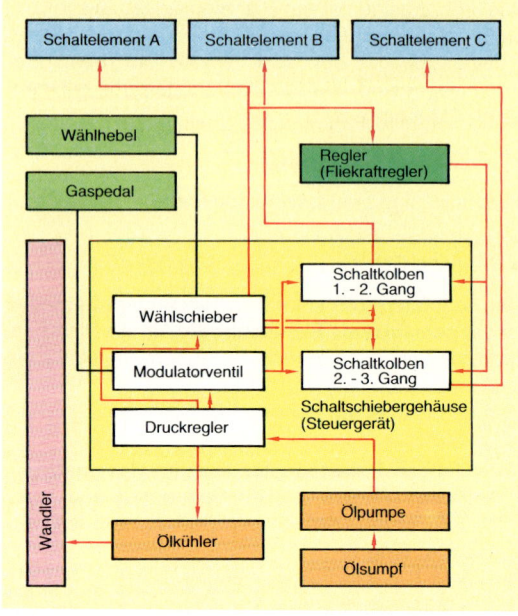

Abb. 2: Blockschaltbild eines vollautomatischen Getriebes

38.3.4 Nehmereinrichtungen (Sensoren)

Abb. 2 zeigt in Form eines **Blockschaltbildes** schematisch und stark vereinfacht das Zusammenwirken der einzelnen Teile eines automatischen Getriebes.

Die **Fahrgeschwindigkeit** wird indirekt an der Getriebeausgangswelle mit einem **Fliehkraftregler** gemessen. Die Meßergebnisse werden als entsprechende **Reglerdrücke** an das Steuergerät geleitet.

Das **Motordrehmoment** wird über den **Saugrohrunterdruck** ermittelt und als entsprechender **Modulatordruck** an das Steuergerät weitergeleitet.

Dort beeinflussen die Drücke die Stellung der **Schaltventile** (Schaltkolben) für die Gangstufen.

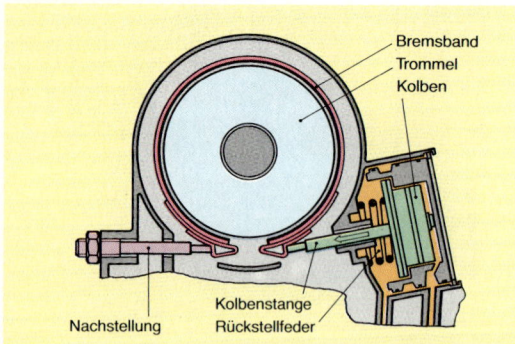

Abb. 1: Bremsband mit Betätigungseinrichtung

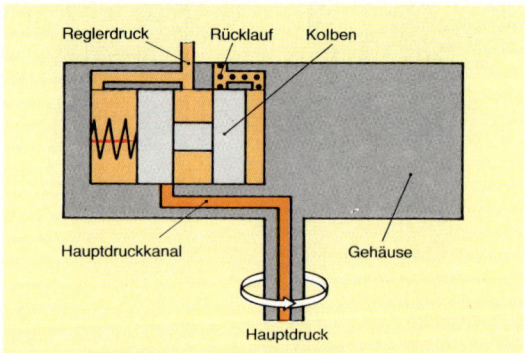

Abb. 3: Fliehkraftregler

Fliehkraftregler

> Der **Fliehkraftregler** hat die Aufgabe, den Hauptdruck in Abhängigkeit von der Fahrgeschwindigkeit in einen Reglerdruck umzuwandeln.

Den Aufbau des Fliehkraftreglers zeigt Abb. 3. Bei **stehendem Fahrzeug** wird kein Reglerdruck aufgebaut, da nur die Kraft der Feder wirksam ist und der vom Wählschieber kommende Hauptdruckkanal vom Reglerkolben gesperrt bleibt.

Bei **steigender Fahrgeschwindigkeit** verschiebt sich der Kolben infolge der Fliehkraft gegen die Federkraft und öffnet den Hauptdruckkanal. Da der Kolben von der Federseite mit dem jeweiligen Reglerdruck beaufschlagt wird, unterstützt dieser die Federkraft und schließt bei einem der Drehzahl entsprechenden Druck den Hauptdruckkanal. Bei konstanter Fahrgeschwindigkeit bleibt der Reglerdruck konstant.

Modulator und Modulatorventil

> Der **Modulator** wandelt den Saugrohrunterdruck in eine Kolbenkraft im **Modulatorventil** um. Dadurch entsteht ein bestimmter **Modulatordruck.**

Der Unterdruck im Ansaugrohr ist ein Vergleichswert für das jeweilige Motordrehmoment. Es gilt folgender Zusammenhang:

- großes Motordrehmoment – geringer Unterdruck,
- geringes Motordrehmoment – großer Unterdruck.

Der Unterdruck wirkt der Membranfederkraft im Modulator entgegen (Abb. 4). Die Kolbenstangenseite der Membran steht unter atmosphärischem Druck. Somit bestimmen die Federkraft und der Unterdruck die Kolbenstellung und damit den Öldruck hinter dem Modulatorventil.

Der **Regelvorgang** vollzieht sich im Modulatorventil ähnlich wie im Fliehkraftregler. Der Modulatordruck

bleibt bei einer bestimmten Stellung der Drosselklappe konstant, da er auch auf die Reaktionsfläche des Modulatorventils geleitet wird. Dort steht er als Reaktionskraft mit der Kolbenstangenkraft im Gleichgewicht, d.h. der Hauptdruckkanal ist geschlossen.

> Bei **großem Motordrehmoment** herrscht im Ansaugrohr ein geringer Unterdruck und dadurch ein **hoher Modulatordruck.**
> Bei **geringem Motordrehmoment** herrscht im Ansaugrohr ein starker Unterdruck und dadurch ein **niedriger Modulatordruck.**

38.3.5 Gesamtwirkungsweise der hydraulischen Steuerung

Der **Wählschieber** (Abb. 3, S. 357) wird durch den Wählhebel mechanisch betätigt. Er steuert den Hauptdruck so, daß nur die Ventile arbeiten, die für die Schaltfunktionen des gewählten Schaltprogramms nötig sind.

Die Schaltung der Gänge wird von der Getriebeautomatik nach einem festgelegten Schaltprogramm ausgeführt. Tab. 1 zeigt die Einflußgrößen für die Schaltpunkte, die zugehörigen Angaben über die Messung der Größen, die Wirkung auf die Schaltventile und damit auf den Gangwechsel.

Tab. 1: Einflüsse auf die Schaltzeitpunkte

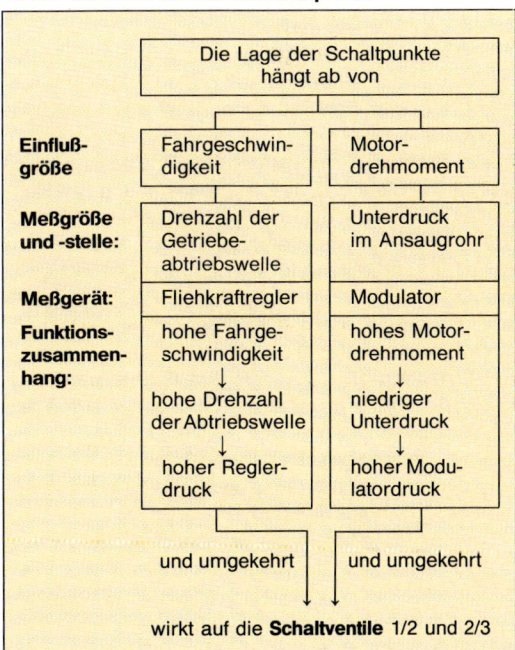

	Die Lage der Schaltpunkte hängt ab von	
Einflußgröße	Fahrgeschwindigkeit	Motordrehmoment
Meßgröße und -stelle:	Drehzahl der Getriebeabtriebswelle	Unterdruck im Ansaugrohr
Meßgerät:	Fliehkraftregler	Modulator
Funktionszusammenhang:	hohe Fahrgeschwindigkeit ↓ hohe Drehzahl der Abtriebswelle ↓ hoher Reglerdruck	hohes Motordrehmoment ↓ niedriger Unterdruck ↓ hoher Modulatordruck
	und umgekehrt	und umgekehrt
	wirkt auf die **Schaltventile** 1/2 und 2/3	

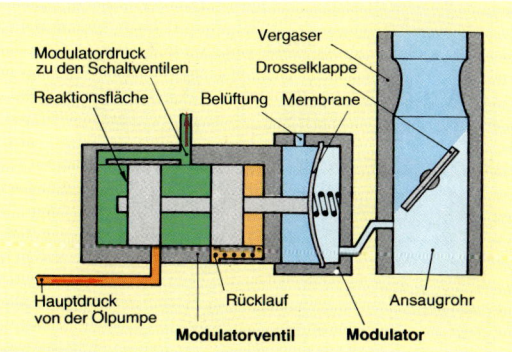

Abb. 4: Modulator und Modulatorventil

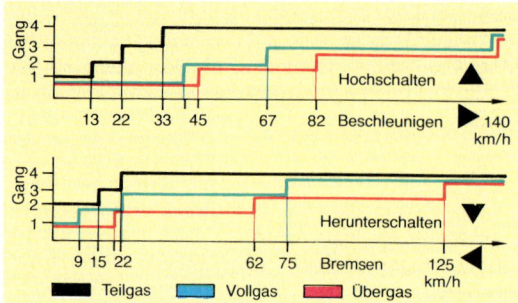

Abb. 1: Schaltprogramm »D«

Abb. 1 zeigt für ein Vierganggetriebe das Schaltprogramm »D« für die Hoch- und Rückschaltung des Getriebes.

> Die **Schaltventile** haben die Aufgabe, die Öldrücke zu den Betätigungseinrichtungen (Schaltelemente) zu steuern. Das geschieht in Abhängigkeit vom Schaltprogramm und der Fahrsituation.

Abb. 3 zeigt einen stark vereinfachten Hydraulikplan, in dem nur eine Betätigungseinrichtung (Schaltelement) für jeden Gang angedeutet ist.

In **Ruhestellung** sind die Schaltventile nur federbelastet. Die durch Regler- und Modulatordruck erzeugten Kräfte an den äußeren Kolben der Schaltventile bestimmen deren Stellung. Sie können jeweils nur die beiden Endstellungen einnehmen.

Bei **Stillstand des Fahrzeugs und laufendem Motor** wirken nur die Federkraft und die aus dem Modulatordruck entstehende Modulatorkraft auf die Schaltventile.

Erhöht sich z.B. mit **steigender Fahrgeschwindigkeit** bei konstanter Drosselklappenstellung der Reglerdruck, so wird der 1-2-Schaltkolben bei der im Schaltprogramm festgelegten Fahrzeuggeschwindigkeit in die Stellung für den 2. Gang geschoben.

Wegen der größeren Kolbenfläche ist die Verstellkraft gegenüber dem 2-3-Kolben größer. Deshalb bleibt dieser unbetätigt (Abb. 3a).

Bei Erreichen einer **festgelegten Fahrgeschwindigkeit** ist der Reglerdruck soweit angestiegen, daß das 2-3-Schaltventil gegen den Modulatordruck in die 3. Gang-Stellung geschaltet wird (Abb. 3b). Dadurch wird dem Hauptdruck der Weg zu den Schaltelementen des 3. Gangs freigegeben.

Nimmt die **Motorbelastung** bei konstanter Geschwindigkeit **zu**, so steigt der Modulatordruck, und das 2-3-Schaltventil wird wegen der größeren Endkolbenfläche in die Stellung für den 2. Gang geschoben. Dieser Schaltvorgang ist nur in einem bestimmten Ge-

schwindigkeitsbereich möglich, in dem der zugehörige Reglerdruck überwunden wird. Die Schaltung vom 2. in den 1. Gang geschieht in gleicher Weise (Abb. 3c). Für eine starke Beschleunigung kann das Fahrpedal über einen merkbaren Druckpunkt hinaus durchgetreten werden. Dadurch wird direkt oder elektromagnetisch das **Kickdown-Ventil** (kick, engl.: Fußtritt) geschaltet (Abb. 3d).

Es sperrt den Öldruck vom Modulatorventil zu den Schaltventilen und gibt die Modulatordruckkanäle für den Hauptdruck (nun Kickdowndruck) frei. Zusätzlich wird in den Schaltventilen ein weiterer Kolben mit Kickdowndruck beaufschlagt, der dem Reglerdruck entgegenwirkt. Die Automatik schaltet zurück.

38.3.6 Elektronisch-hydraulische Getriebesteuerung

Heute werden für vollautomatische Getriebe auch elektronisch-hydraulische Steuerungen verwendet (Abb. 2). Die Hydraulik übernimmt weiterhin die Betätigung der Schaltelemente, während die Steuerung der Schaltvorgänge elektronisch erfolgt. Dazu werden über **Sensoren:**

- die Getriebeausgangsdrehzahl,
- der Lastzustand, die Luftmenge,
- die Motordrehzahl,
- die Wählhebel- und Programmschalterstellung und
- die Stellung des Kickdown-Schalters

erfaßt und als elektrische Signale an ein elektronisches Steuergerät geleitet.

Vorteile der elektronisch-hydraulischen Steuerung:

- mehrere Schaltprogramme (z.B. Economic, Sport),
- beliebige Schaltkennlinien,
- flexible Programmierung,
- vereinfachte Hydraulik und
- Kombination von Getriebe- und Motorelektronik möglich.

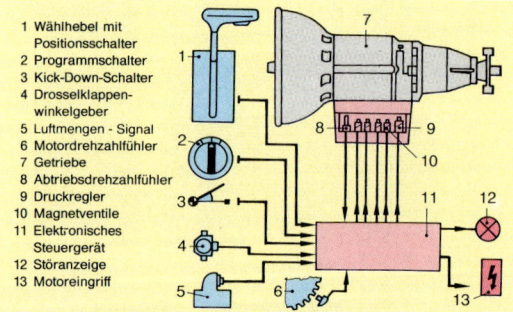

1 Wählhebel mit Positionsschalter
2 Programmschalter
3 Kick-Down-Schalter
4 Drosselklappenwinkelgeber
5 Luftmengen - Signal
6 Motordrehzahlfühler
7 Getriebe
8 Abtriebsdrehzahlfühler
9 Druckregler
10 Magnetventile
11 Elektronisches Steuergerät
12 Störanzeige
13 Motoreingriff

Abb. 2: Elektronische Getriebesteuerung

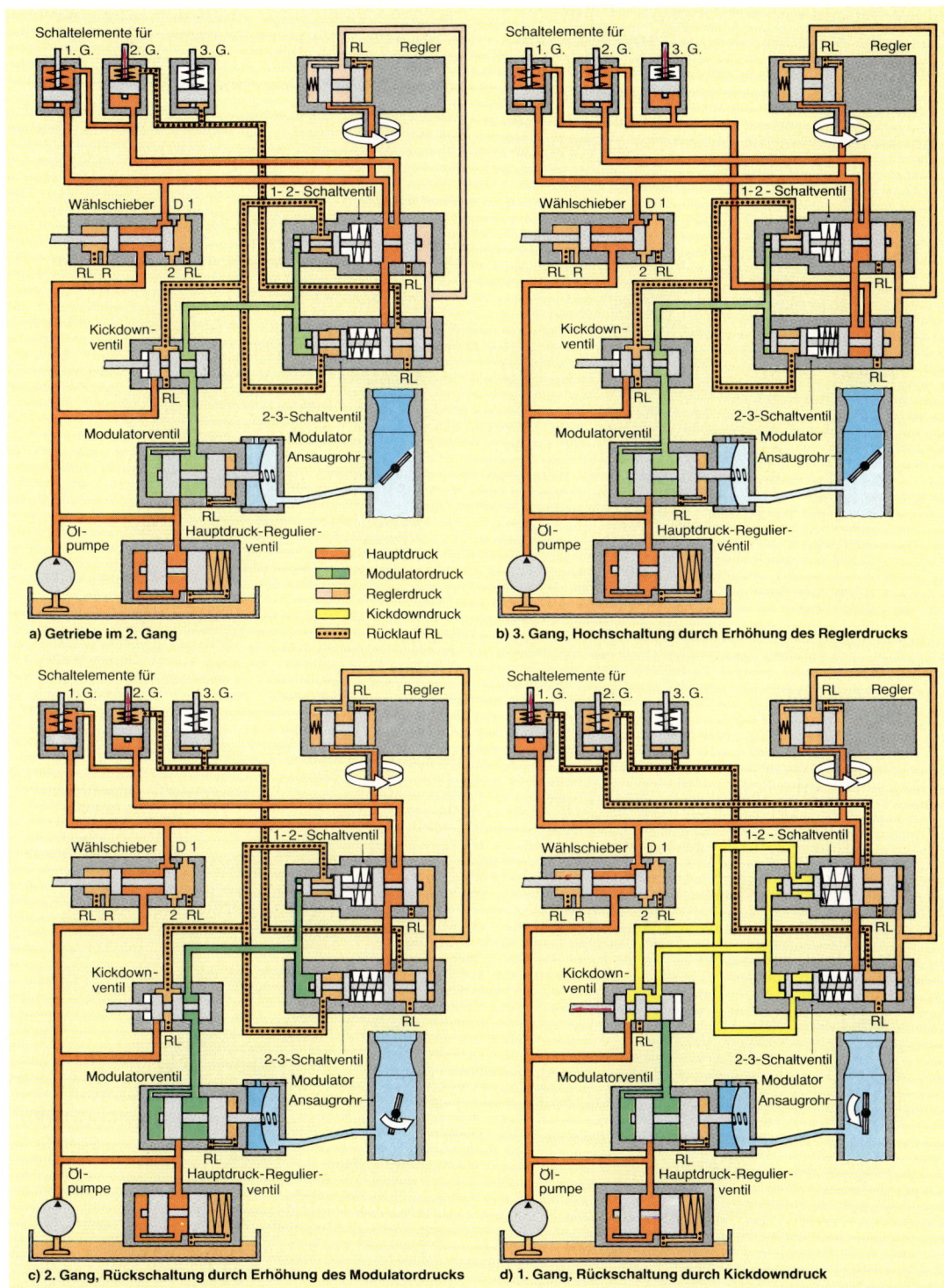

a) Getriebe im 2. Gang

Schaltelemente für
1. G.   2. G.   3. G.
RL   Regler
1-2-Schaltventil
Wählschieber   D 1
RL R   2 RL
RL
Kickdown-
ventil
RL
2-3-Schaltventil
Modulatorventil
Modulator
Ansaugrohr
RL
Öl-
pumpe
Hauptdruck-Regulier-
ventil

▬	Hauptdruck
▬	Modulatordruck
▬	Reglerdruck
▬	Kickdowndruck
····	Rücklauf RL

b) 3. Gang, Hochschaltung durch Erhöhung des Reglerdrucks

c) 2. Gang, Rückschaltung durch Erhöhung des Modulatordrucks

d) 1. Gang, Rückschaltung durch Kickdowndruck

Abb. 3: Vereinfachter Hydraulikplan eines Dreiganggetriebes

38.3.7 Aufbau und Wirkungsweise eines vollautomatischen 4-Gang-Getriebes

Abb. 1 zeigt ein vollautomatisches 4-Gang-Getriebe mit hydrodynamischem Drehmomentwandler, Ravigneaux-Getriebe und einfachem hinteren Planetensatz. Dessen Hohlrad ist mit dem Planetenträger des Ravigneaux-Getriebes verbunden. Die Antriebswelle, von der Turbine getrieben, trägt das große Sonnenrad des Ravigneaux-Getriebes. Die Abtriebswelle ist mit dem Planetenträger des hinteren Planetenradsatzes verbunden.

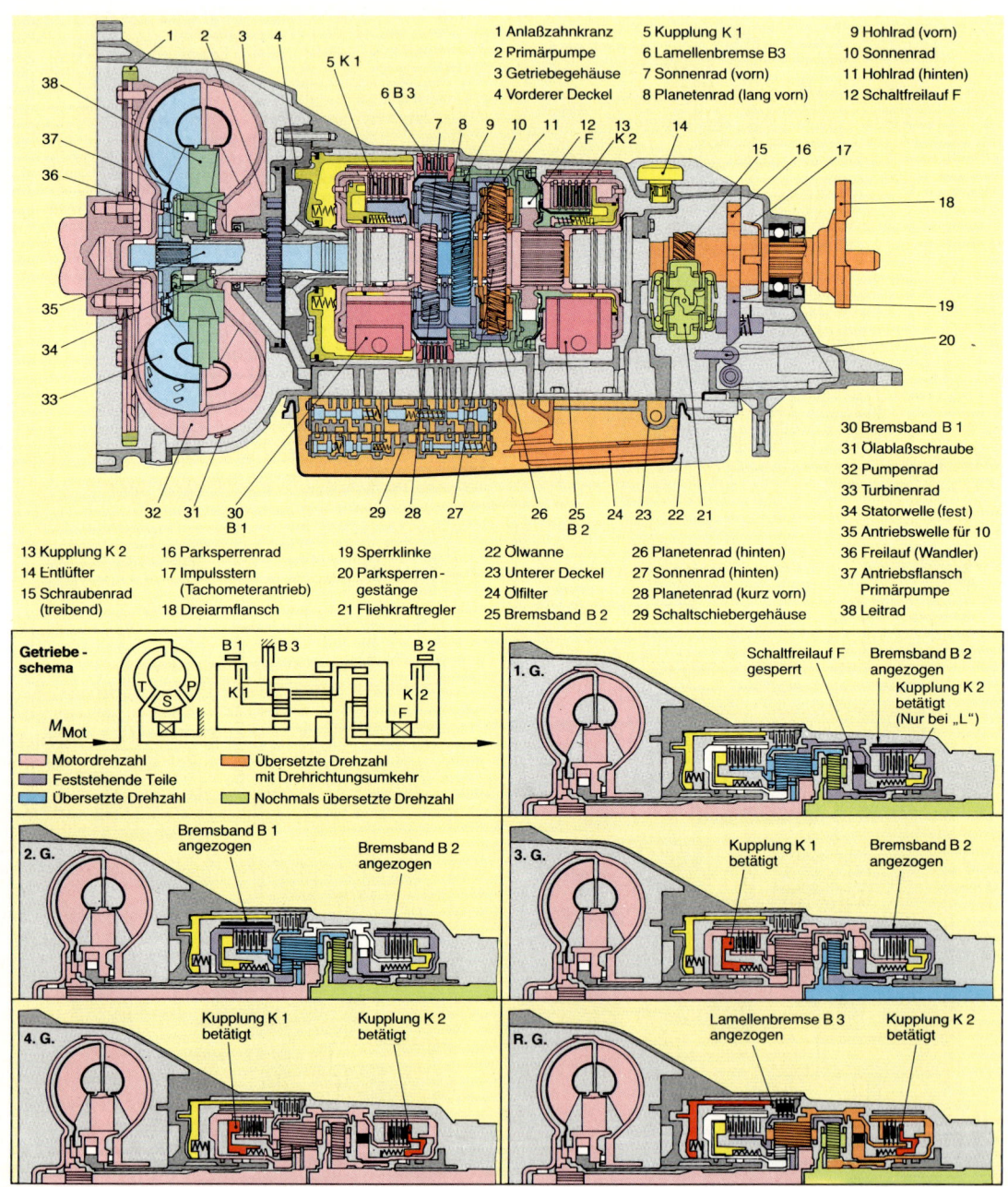

1 Anlaßzahnkranz
2 Primärpumpe
3 Getriebegehäuse
4 Vorderer Deckel
5 Kupplung K 1
6 Lamellenbremse B3
7 Sonnenrad (vorn)
8 Planetenrad (lang vorn)
9 Hohlrad (vorn)
10 Sonnenrad
11 Hohlrad (hinten)
12 Schaltfreilauf F

13 Kupplung K 2
14 Entlüfter
15 Schraubenrad (treibend)
16 Parksperrenrad
17 Impulsstern (Tachometerantrieb)
18 Dreiarmflansch
19 Sperrklinke
20 Parksperren-gestänge
21 Fliehkraftregler
22 Ölwanne
23 Unterer Deckel
24 Ölfilter
25 Bremsband B 2
26 Planetenrad (hinten)
27 Sonnenrad (hinten)
28 Planetenrad (kurz vorn)
29 Schaltschiebergehäuse
30 Bremsband B 1
31 Ölablaßschraube
32 Pumpenrad
33 Turbinenrad
34 Statorwelle (fest)
35 Antriebswelle für 10
36 Freilauf (Wandler)
37 Antriebsflansch Primärpumpe
38 Leitrad

Getriebe-schema

M_{Mot}

Motordrehzahl
Feststehende Teile
Übersetzte Drehzahl
Übersetzte Drehzahl mit Drehrichtungsumkehr
Nochmals übersetzte Drehzahl

1. G. Schaltfreilauf F gesperrt — Bremsband B 2 angezogen — Kupplung K 2 betätigt (Nur bei „L")

2. G. Bremsband B 1 angezogen — Bremsband B 2 angezogen

3. G. Kupplung K 1 betätigt — Bremsband B 2 angezogen

4. G. Kupplung K 1 betätigt — Kupplung K 2 betätigt

R. G. Lamellenbremse B 3 angezogen — Kupplung K 2 betätigt

Abb. 1: Aufbau und Wirkungsweise eines vollautomatischen 4-Gang-Getriebes

38.4 Stufenloses Getriebe

In einem stufenlosen Getriebe wird eine gewünschte Geschwindigkeit mit einem stufenlosen Übersetzungsverlauf erreicht (Abb. 2). Dadurch kann der optimale Motordrehzahlbereich ohne zu große Abweichungen eingehalten werden.

38.4.1 Getriebe mit Keilriemen

Die stufenlose Änderung der Übersetzung wird durch das Zusammenwirken zweier **geteilter Keilriemenscheiben** erreicht (Abb. 3). Der wirksame Durchmesser der Keilriemenscheiben kann durch Vergrößerung des Abstands beider Keilriemenscheibenhälften verkleinert und durch Verkleinerung des Abstands vergrößert werden. Die Keilriemen bestehen aus gewebeverstärktem Gummi. Die Steuerung der **wirksamen Durchmesser** der Keilriemenscheiben geschieht durch drei Einflußgrößen:

● Fliehkraft (Motordrehzahl),
● Zugkraft des Keilriemens (Fahrwiderstand) und
● Unterdruck im Ansaugrohr (Motorbelastung).

Der **Rückwärtsgang** wird mit dem Verteilergetriebe geschaltet, indem beide Kegelräder verschoben werden.

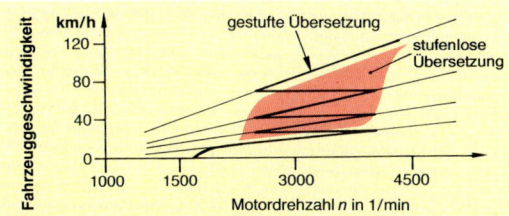

Abb. 2: Gestufte und stufenlose Schaltung

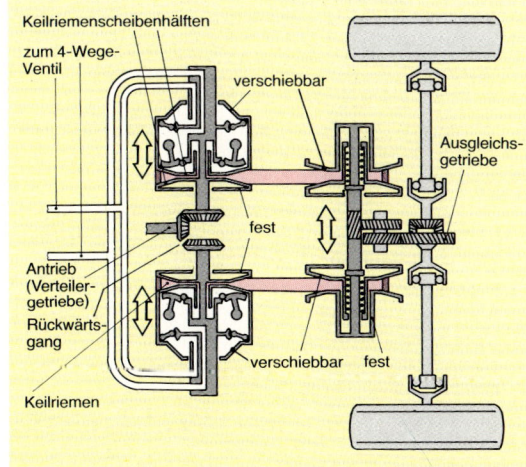

Abb. 3: Gesamtaufbau eines stufenlosen Getriebes

38.4.2 Getriebe mit Schubgliederband

In einem **CVT-Getriebe** (**C**ontinuously **V**ariable **T**ransmission: stufenlose veränderliche Übertragung) wird an Stelle des Keilriemens als Verbindungselement der geteilten Kegelräder ein Schubgliederband verwendet. Es überträgt die Leistung im Gegensatz zum Keilriemen **schiebend.** Das Schubgliederband besteht aus etwa 300 gestanzten Metallplatten, die in ihren seitlichen Ausklinkungen von zwei Paketen aus jeweils zehn dünnen Blechringen (0,1 mm dick) geführt werden (Abb. 4).

Das CVT-Getriebe wird hydraulisch durch Veränderung des Öldrucks in den Verstellzylinderräumen gesteuert (Abb. 1, S. 360). Die **Bauteile** des Hydrauliksystems sind Ölpumpe, Steuerventileinheit zur Regelung des Drucks in den Stellzylindern und die Betätigungseinrichtung für zwei Lamellenkupplungen zur Schaltung des Vorwärts- und Rückwärtsganges am Planetengetriebe.

Der **Öldruck** wird beeinflußt durch die

● Wählhebelstellung,
● Drosselklappenstellung,
● Motordrehzahl und
● Fahrzeuggeschwindigkeit.

Im **Anfahrbereich** befindet sich das Schubgliederband auf dem kleinsten Durchmesser des antreibenden Kegelscheibenpaares. Das bedeutet größte Übersetzung. Durch gegenläufiges Verschieben der verschiebbaren Kegelscheibenhälften wird der wirksame Durchmesser des antreibenden Kegelscheibenpaares größer, der des getriebenen kleiner. Es entstehen Übersetzungsverhältnisse zwischen 3,67 und 0,63 (Overdrive).

Das **Schubgliederband** läuft in einem Ölbad. Durch einen Drehmomentsensor wird erreicht, daß das Schubgliederband weder einen zu großen Schlupf (> 1 %) hat, noch zu hoch beansprucht wird und dadurch zu große Reibungskräfte überwinden muß.

Mit der Drehmomentsteuerung werden die Leistungsverluste durch Schlupf und Reibung vermindert. Der Wirkungsgrad des Getriebes liegt im Mittel bei 66 % (Schaltgetriebe 95 %). Trotzdem ist der Kraftstoffverbrauch gering, da die Übersetzungen optimal, d. h. stufenlos, den Fahrzuständen angepaßt werden.

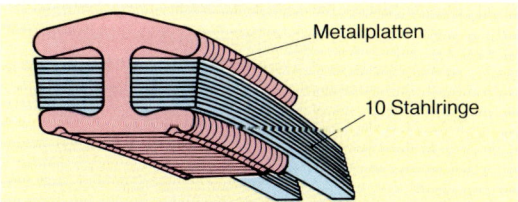

Abb. 4: Schubgliederband

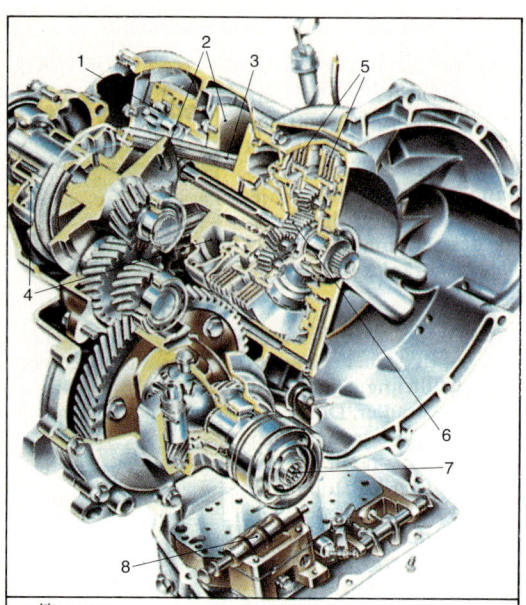

1 Ölpumpe	5 Lamellenkupplungen (zur Kupplung)
2 Kegelscheibe	6 Planetengetriebe
3 Schubgliederband	7 Abtrieb
4 Verstellzylinder-	8 Steuerventileinheit
räume	verschiebbar

Abb. 1: Getriebe mit Schubgliederband

38.5 Wartung und Diagnose

Die **Wartung** des automatischen Getriebes beschränkt sich im wesentlichen auf die Überprüfung des Ölstands. Diese Überprüfung hat bei betriebswarmem Getriebe und laufendem Motor zu erfolgen. Vor jeder **Diagnose** ist zuerst die Beschaffenheit des Hydrauliköls zu überprüfen. Aus dem Zustand des Öls sind bereits Rückschlüsse auf den Getriebezustand möglich, z.B.:

- Getriebeöl ist sehr dunkel gefärbt: Kupplungen oder Bremsbänder sind verbrannt.
- Getriebeöl hat feste Rückstände (Metallabrieb): Getriebe oder Drehmomentwandler haben hohen Verschleiß.
- Getriebeöl ist verharzt oder klebrig: Getriebeöl wurde zu stark erwärmt.

Soll die Getriebefunktion überprüft werden, so ist eine einwandfreie Motoreinstellung Voraussetzung. Verzögerte, ausbleibende und rauhe Gangschaltungen können auch durch ungenügende Motorleistung entstehen, da der Modulatordruck vom Saugrohrunterdruck abhängig ist.
Störungen an automatischen Getrieben machen sich besonders bemerkbar durch:

- auffällige Getriebegeräusche und
- nicht einwandfreie Schaltvorgänge.

Zur Erkennung der Ursachen von **Schaltstörungen** kann an automatischen Getrieben der Modulator-, Regler- und Arbeitsdruck (Hauptdruck) geprüft werden. Das Getriebe ist dazu mit den notwendigen Prüfanschlüssen versehen, an die Prüfgeräte mit verschiedenen Meßbereichen angeschlossen werden können.
Der Modulator- und Arbeitsdruck können im Stand bei laufendem Motor überprüft werden. Die Messung des Reglerdrucks muß während der Fahrt oder auf dem Rollenprüfstand erfolgen. Weichen die Reglerdrücke für die vorgegebenen Fahrgeschwindigkeiten von den Herstellerangaben ab, so ist der Regler entweder auszubauen und zu reinigen oder auszutauschen.

Aufgaben

1. Welcher Unterschied besteht zwischen einer hydrodynamischen Kupplung und einem hydrodynamischen Drehmomentwandler?
2. Wie entsteht die Drehmomentsteigerung im hydrodynamischen Drehmomentwandler?
3. Beschreiben Sie die Vorgänge im hydraulischen Wandler im Kupplungspunkt.
4. Nennen Sie den Vorteil eines halbautomatischen Getriebes.
5. Warum werden Planetengetriebe für automatische Getriebe verwendet?
6. Nennen Sie die Bauteile eines einfachen Planetengetriebes.
7. Welche Bauteile kennzeichnen
   a) ein Ravigneaux-Getriebe und
   b) ein Simpson-Getriebe?
8. Warum haben automatische Getriebe häufig eine Sekundärpumpe?
9. Mit welchen Nehmereinrichtungen werden Fahrgeschwindigkeit und Motordrehmoment ermittelt?
10. Beschreiben Sie die Wirkungsweise eines Fliehkraftreglers.
11. Welcher Zusammenhang besteht zwischen Motordrehmoment und Modulatordruck?
12. Warum wird bei steigendem Reglerdruck nicht direkt vom 1. in den 3. Gang geschaltet?
13. Welche Aufgabe hat das Kickdown-Ventil?
14. Ein Fahrzeug mit automatischem Getriebe fährt im 3. Gang. Es soll aus der Ebene mit konstanter Geschwindigkeit bergauf fahren. Wie reagiert die Steuerung?
15. Welche Bauteile in Abb. 1, S. 358 werden mit der Kupplung K 1 verbunden?
16. Nach welchem Prinzip wird in einem vollautomatischen Keilriemengetriebe das erforderliche Übersetzungsverhältnis hergestellt?
17. Beschreiben Sie den Aufbau eines Schubgliederbandes.
18. Von welchen Einflußfaktoren ist das jeweilige Übersetzungsverhältnis in einem CVT-Getriebe abhängig?

39 | Radantrieb

Die Kraftübertragung vom Schaltgetriebe zu den Antriebsrädern erfolgt durch den Radantrieb. Die **Bauteile** des Radantriebs zeigt Abb. 1.

Getriebeübersetzungen größer als 5:1 werden meist durch ein zusätzliches Getriebe erreicht. Zusätzlich zum Achsgetriebe werden Vorgelege- oder Planetengetriebe verwendet (Abb. 2).

> Wird ein **Planetengetriebe** in der Radnabe angeordnet, so können die Bauteile des Radantriebs schwächer ausgeführt werden. Das größte Drehmoment entsteht erst am Antriebsrad.

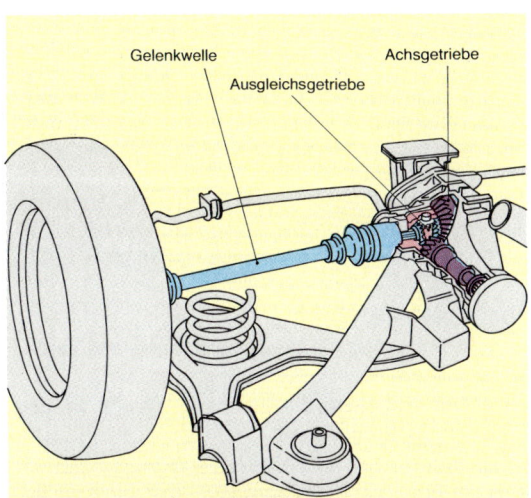

Abb. 1: Bauteile des Radantriebs

39.1 Achsgetriebe

Das Achsgetriebe soll:

● die Getriebeausgangsdrehzahl verringern,
● das Antriebsdrehmoment steigern und
● das Drehmoment an die Antriebsräder weiterleiten.

Gebräuchliche Übersetzungsverhältnisse der Achsgetriebe zeigt Tab. 1.

Tab. 1: Getriebeübersetzungen von Achsgetrieben

Fahrzeugart	Getriebeübersetzung
Pkw	3,5:1 bis 5:1
Lkw	5:1 bis 10:1

39.1.1 Arten der Achsgetriebe

Es werden die folgenden **Achsgetriebearten** unterschieden (Abb. 3):

● Kegelradgetriebe,
● Stirnradgetriebe und
● Schneckenradgetriebe.

Kegelradgetriebe

Ist der Motor längs zur Fahrtrichtung des Fahrzeugs eingebaut, muß der Kraftfluß an den Antriebsachsen um 90° umgelenkt werden.

> In **Kegelradgetrieben** erfolgt eine Umlenkung des Kraftflusses um 90°.

Abb. 2: Planetenradgetriebe in der Radnabe

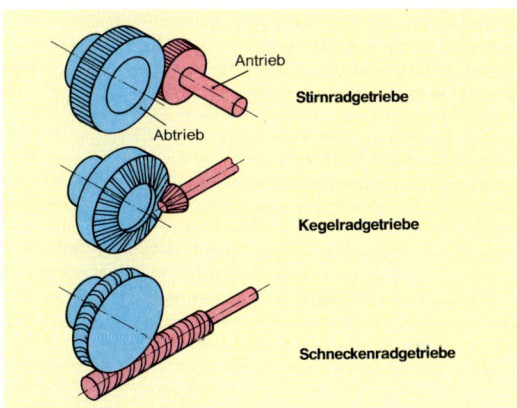

Abb. 3: Achsgetriebearten

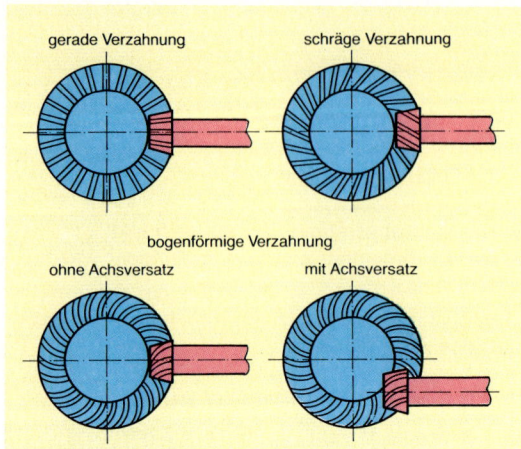

Abb. 1: Kegelradantrieb

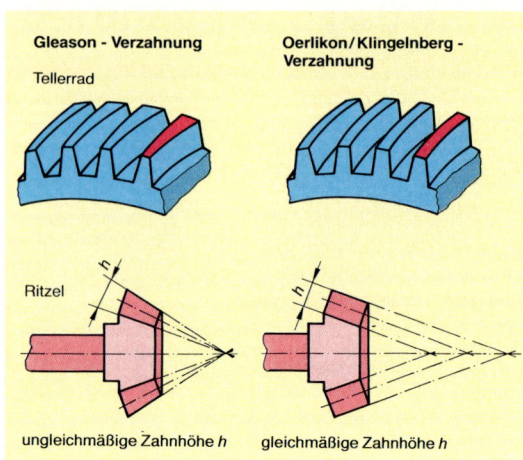

Abb. 2: Bogenzahn-Kegelradarten

Nach der **Form der Zähne** werden Kegelradgetriebe unterschieden mit:

- Geradverzahnung,
- Schrägverzahnung und
- Bogenverzahnung (Abb. 1).

Geradverzahnte Kegelradgetriebe sind kostengünstig in der Herstellung. Die Zähne haben jedoch eine geringere Tragfähigkeit und Laufruhe als schrägverzahnte Zähne, da weniger Zähne gleichzeitig im Eingriff sind.

Schrägverzahnte und **bogenförmig** verzahnte Kegelradgetriebe haben gegenüber den geradverzahnten Kegelradgetrieben einen ruhigeren Lauf, da immer mindestens zwei Zähne eines Zahnrades mit dem anderen Rad im Eingriff sind. Bei gleicher Breite der Räder sind die Zähne länger. Daher kann auch ein größeres Drehmoment übertragen werden. Wegen der Form der Zähne entsteht eine Axialkraft, die durch Axiallager aufgenommen werden muß. Die Zahnräder sind kostenaufwendig in der Herstellung. Hauptsächlich werden drei Arten von **Bogenzahn-Kegelrädern** unterschieden (Tab. 2 und Abb. 2):

Tab. 2: Bogenzahn-Kegelradarten

Zahnart	Krümmungskurve des Tellerrades	Besonderheit
Gleason	Kreisbogen	Die Zähne verjüngen sich zur Kegelspitze
Oerlikon	Epizykloide	Zahnhöhe über die gesamte Zahnbreite gleich
Klingelnberg	Palloide	Zahnhöhe über die gesamte Zahnbreite nahezu gleich

Die Bezeichnung der Bogenzahnarten erfolgt nach den Firmen, welche die Verzahnungen entwickelt haben. Schneiden sich die Achsen der Bogenzahn-Kegelräder nicht (Achsversatz, Abb. 1), werden diese Getriebe als Kegelschraubgetriebe oder Hypoidgetriebe bezeichnet.

Bei gleicher Baugröße des Tellerrades kann das Antriebskegelrad größer ausgeführt werden. Dadurch wird das Getriebe belastungsfähiger.

Hypoidgetriebe können

- sehr hohe Drehmomente übertragen und sind
- sehr laufruhig.

Das **Antriebskegelrad** kann tiefer gelegt werden. Dadurch ergeben sich

- ein tieferer Schwerpunkt des Fahrzeugs und
- mehr Fußfreiheit im Fahrgastraum (Gelenkwellentunnel entfällt).

Während die Zähne im Eingriff sind, kommt es bei Bogenzahn-Kegelrädern zu Gleitbewegungen zwischen den Zähnen. Deshalb müssen in diesen Getrieben Schmieröle verwendet werden, die druck- und scherfest sind (Hypoidöl).

Für die Laufruhe und die Lebensdauer von Kegelrad-Achsgetrieben ist die Stellung der Zahnräder zueinander von wesentlicher Bedeutung. Im Herstellerwerk werden für jede Zahnradpaarung die **Einstellwerte** ermittelt, die gute Laufeigenschaften ergeben. Jede Zahnradpaarung erhält eine Paarungszahl und die erforderliche Abweichung vom Grundeinstellmaß D (Abb. 3). Die Abweichung vom Einstellmaß wird bei der Montage der Kegelradpaarung durch Verschieben der Räder eingestellt. Dies erfolgt durch Gewinderinge oder durch Ausgleichsscheiben (Abb. 4).

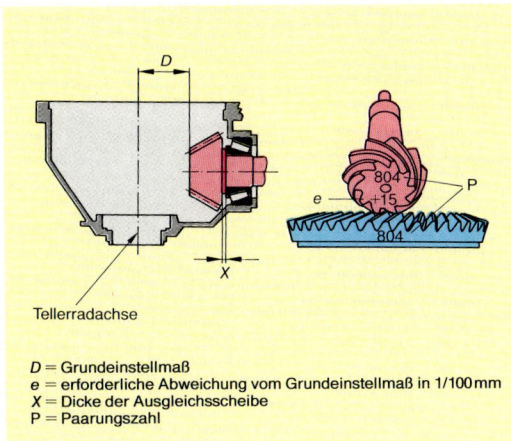

D = Grundeinstellmaß
e = erforderliche Abweichung vom Grundeinstellmaß in 1/100 mm
X = Dicke der Ausgleichsscheibe
P = Paarungszahl

Abb. 3: Einstellmaße für Kegelradpaarungen

Nach der Montage der Bauteile ist es erforderlich, das Zahnflankenspiel zu kontrollieren und ein Tragbild (Abb. 5) anzufertigen.

> Die **Tragbilder** von Kegelradpaarungen zeigen, an welchen Stellen der Zahnflanken sich die im Eingriff befindlichen Zahnräder berühren.

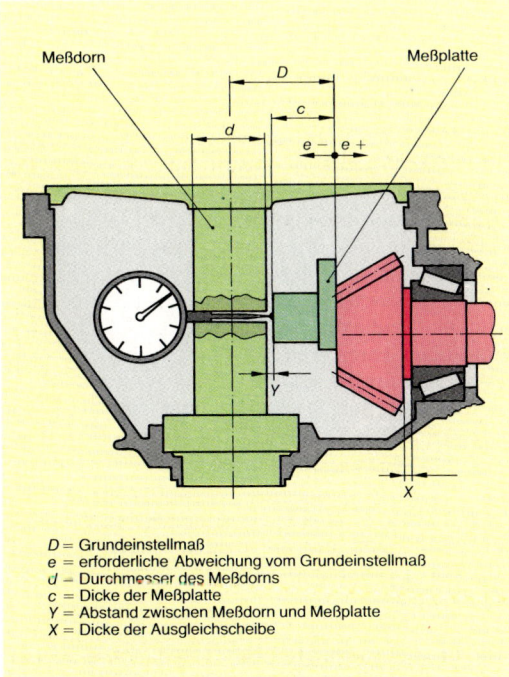

D = Grundeinstellmaß
e = erforderliche Abweichung vom Grundeinstellmaß
d = Durchmesser des Meßdorns
c = Dicke der Meßplatte
Y = Abstand zwischen Meßdorn und Meßplatte
X = Dicke der Ausgleichscheibe

Abb. 4: Ermittlung des Einstellmaßes

Zahnflanken-spiel	richtig	richtig	zu groß
Grundeinstell-maß	richtig	zu klein	richtig
Tragbild	richtig	falsch	falsch
Gleason			
Oerlikon-Klingelnberg			

Abb. 5: Tragbilder von Kegelradpaarungen

Die Korrektur eines fehlerhaften Tragbildes wird hauptsächlich durch axiale Verschiebung des Antriebskegelrades erreicht. Eine axiale Verschiebung des Tellerrades verändert besonders das Flankenspiel.

Stirnradgetriebe

Bei quer zur Fahrtrichtung angeordneten Motoren muß der Kraftfluß zu den Antriebsrädern nicht umgelenkt werden. Dort können Stirnradgetriebe verwendet werden. Sie sind kostengünstiger und erfordern weniger Einstellarbeiten.

Schneckenradgetriebe

Schneckenradgetriebe werden ausschließlich im Sonderfahrzeugbau (z.B. Straßenbaufahrzeuge) verwendet. Sie haben besonders große Übersetzungsverhältnisse (12:1 bis 15:1).

39.1.2 Wartung und Diagnose

Die Wartung an Achsgetrieben beschränkt sich auf die regelmäßige Kontrolle des Ölstands im Getriebe und auf die Überprüfung der Dichtheit.
Störungen am Achsgetriebe treten nur dann auf, wenn es zur Überlastung des Getriebes kommt (z.B. falsches Herunterschalten, häufig schwerer Anhängerbetrieb). Lagerschäden und Zahnbrüche sind die Folgen.
Durch defekte Dichtungen können Verunreinigungen in das Getriebe gelangen. Diese verringern die Schmierfähigkeit des Getriebeöls.
Das Getriebeöl muß in den vom Hersteller vorgeschriebenen Wartungsintervallen gewechselt werden.

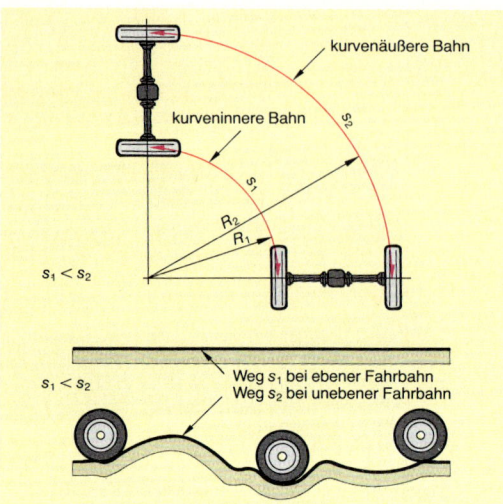

Abb. 1: Unterschiedlich lange Wege bei Kurvenfahrt und bei unebener Fahrbahn

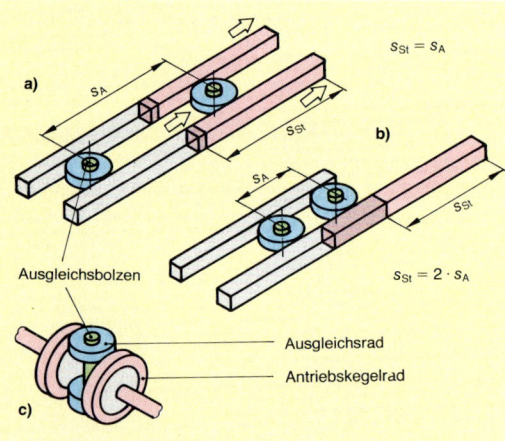

Abb. 2: Grundprinzip des Ausgleichsgetriebes

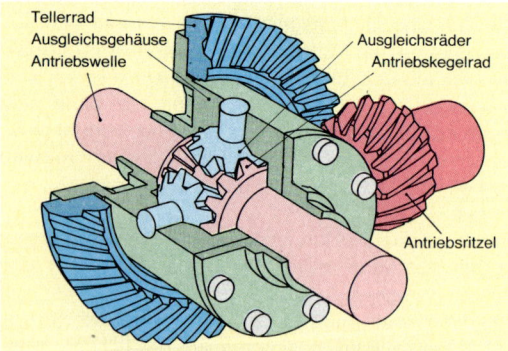

Abb. 3: Aufbau des Kegelradausgleichsgetriebes

39.2 Ausgleichsgetriebe

39.2.1 Aufgabe des Ausgleichsgetriebes

> Ausgleichsgetriebe gleichen **unterschiedliche Drehzahlen** der Antriebsräder aus.

Zu **unterschiedlichen Drehzahlen** an den Antriebsrädern kommt es:

- durch unebene Fahrbahnen und
- bei Kurvenfahrt (Abb. 1).

> Das **Antriebsrad** eines Fahrzeugs, das den längeren Weg zurücklegt, hat die größere Drehzahl.

39.2.2 Grundprinzip des Ausgleichsgetriebes

Die Abb. 2 zeigt das Grundprinzip eines Ausgleichsgetriebes. Wirkt auf den Bolzen des Ausgleichsrades eine Kraft, so wird die Kraft auf beide Zahnstangen verteilt und das Ausgleichsrad und die Stangen um den gleichen Weg s_A verschoben (Abb. 2a). Bewegt sich eine Stange nicht, so wird die andere Stange um den doppelten Weg s_A verschoben. Das Ausgleichsrad dreht sich dabei um die eigene Achse (Abb. 2b). Werden die Zahnstangen durch **Kegelräder** ersetzt, ergibt sich der prinzipielle Aufbau eines Kegelradausgleichsgetriebes (Abb. 2c).

39.2.3 Grundaufbau und Wirkungsweise des Kegelradausgleichsgetriebes

Den Aufbau des Kegelradausgleichsgetriebes zeigt Abb. 3. Der Kraftfluß geht vom Tellerrad über das Ausgleichsgehäuse, den Ausgleichsbolzen, die Ausgleichsräder auf die Antriebskegelräder.
Bei Geradeausfahrt drehen sich die Ausgleichsräder nicht um die eigene Achse, sie verteilen das Drehmoment gleichmäßig auf beide Antriebskegelräder. Wenn ein **Drehzahlunterschied** zwischen den Antriebswellen vorhanden ist, drehen sich die Ausgleichsräder um die eigene Achse (z.B. Kurvenfahrt). Antriebs- und Ausgleichskegelräder haben Geradverzahnung. Dies ist ausreichend, da es nur zu geringen Drehbewegungen zwischen den Rädern kommt.

> Wegen der gleichmäßigen Kraftübertragung der Ausgleichsräder auf die beiden Antriebskegelräder ist das Drehmoment an den Antriebswellen immer gleich groß.

Stirnradausgleichsgetriebe sind kostenaufwendigere Ausgleichsgetriebe und werden daher im Kraftfahrzeugbau kaum verwendet.

39.2.4 Ausgleichssperren

Ausgleichssperren heben die Wirkung des Ausgleichsgetriebes in bestimmten Fahrsituationen auf. Dies ist immer dann erforderlich, wenn ein Antriebsrad die Bodenhaftung verliert und durchrutscht. Durch die Wirkung des Ausgleichsgetriebes kann von dem noch auf der Fahrbahn haftenden Rad keine Vorschubkraft erzeugt werden. Eine Vorschubkraft kann nur dann wirken, wenn beide Antriebsräder Bodenhaftung haben. Ist das Ausgleichsgetriebe gesperrt, wird das Drehmoment immer gleichmäßig auf beide Antriebsräder verteilt.

> Ein **Ausgleichsgetriebe** ist dann **gesperrt,** wenn das Ausgleichsgehäuse und eine Antriebswelle form- oder kraftschlüssig miteinander verbunden sind, d.h., beide Antriebswellen sind dann miteinander verbunden.

Nach der **Art der Betätigung** werden unterschieden:
- schaltbare Ausgleichssperren und
- selbsttätige Ausgleichssperren.

Schaltbare Ausgleichssperren

Die Verbindung zwischen Antriebswelle und Ausgleichsgehäuse erfolgt **formschlüssig** durch Klauenkupplungen (Abb. 4).

Diese Sperren dürfen nur eingeschaltet werden, wenn kein Drehzahlunterschied zwischen den Antriebsrädern erzwungen werden kann. Unterschiedliche Raddrehzahlen bewirken die Zerstörung der formschlüssigen Verbindung. Deshalb müssen diese Sperren nach Erreichen griffiger, trockener Fahrbahn wieder ausgeschaltet werden.
Schaltbare Ausgleichssperren werden hauptsächlich in Nutzfahrzeuge eingebaut.

Selbsttätige Ausgleichssperren

> In **selbsttätigen Ausgleichssperren** wird die **Sperrwirkung** durch eine kraftschlüssige Verbindung zwischen Ausgleichsgehäuse und Antriebswelle erzeugt.

Diese Sperren können mit unterschiedlich großer Sperrwirkung gebaut werden. Als Maß für die Sperrwirkung gilt der **Sperrwert.**

$$S = \frac{\Delta M_R}{\Sigma M_R} \cdot 100\%$$

S Sperrwert in %
ΔM_R Differenz der beiden Raddrehmomente in Nm
ΣM_R Summe der beiden Raddrehmomente in Nm

Selbsttätige Ausgleichssperren werden hauptsächlich in sportliche Wettbewerbsfahrzeuge und Reiselimousinen mit großer Motorleistung eingebaut.
Wettbewerbsfahrzeuge haben meist Ausgleichssperren mit einem Sperrwert von 50 bis 70%, in Serienfahrzeugen sind Sperrwerte von 15 bis 53% gebräuchlich.
Ein Sperrwert von 50% bedeutet, daß das Ausgleichsgetriebe so lange gesperrt ist, bis der Drehmomentunterschied zwischen den Rädern größer als 50% der Summe beider Raddrehmomente ist.
Die Abb. 5 zeigt eine selbsttätige Ausgleichssperre.

Die Druckringe im Ausgleichsgehäuse werden durch Längsnuten geführt. Sie sind axial verschiebbar. An beiden Seiten des Ausgleichsgehäuses befinden sich Kupplungslamellen. Diese sind abwechselnd mit dem Ausgleichsgehäuse und der Antriebswelle **formschlüssig** verbunden. Der Ausgleichsbolzen ist zwischen den Druckringen im Gehäuse gelagert.

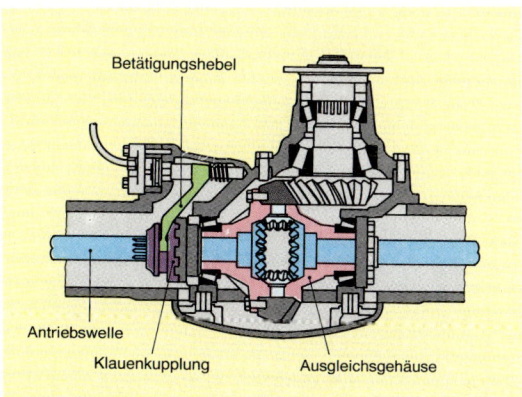

Abb. 4: Schaltbare Ausgleichssperre

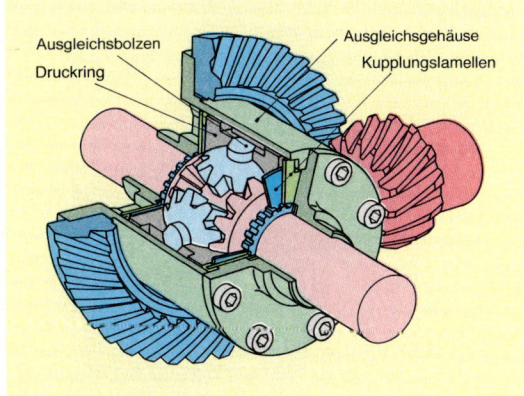

Abb. 5: Selbsttätige Ausgleichssperre

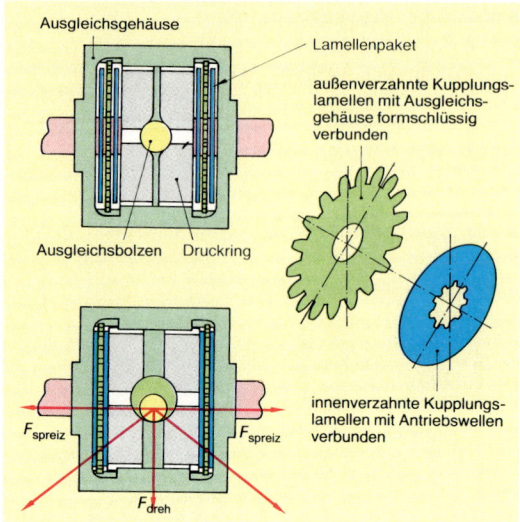

Abb. 1: Sperrwirkung einer selbsttätigen Sperre

Wird über das Ausgleichsgehäuse ein Drehmoment auf den Ausgleichsbolzen übertragen, so stützt sich dieser an den Druckringen ab. Wegen der schrägen Flächen an den Druckringen (Abb. 1) wir eine Spreizkraft erzeugt. Diese drückt die Kupplungslamellen zusammen. Es entsteht eine **kraftschlüssige Verbindung** zwischen dem Ausgleichsgehäuse und den Antriebswellen.

Der Sperrwert dieser Ausgleichssperren wird durch die Größe der Reibflächen (Anzahl und Durchmesser der Lamellen) bestimmt. Die Kupplungslamellen werden mit einer geringen Vorspannung eingebaut, damit auch dann eine Sperre wirksam wird, wenn nur ein sehr geringes Drehmoment auf den Ausgleichsbolzen wirkt (z. B. Rad auf Glatteis).
Die Abb. 2 zeigt ein anderes Prinzip einer Ausgleichssperre. Wegen der Reibung zwischen den kegeligen Flächen sind die Antriebswelle und das Ausgleichsgehäuse kraftschlüssig miteinander verbunden. Die Federkraft bestimmt den Sperrwert.

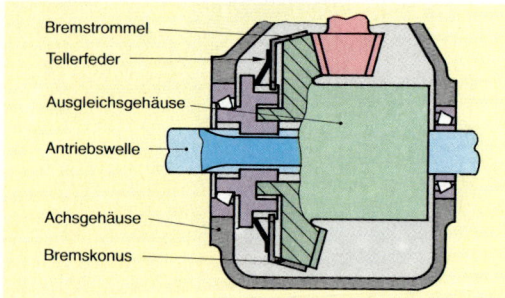

Abb. 2: Ausgleichssperren mit Kegel

39.2.5 Torsen-Ausgleichsgetriebe

In einem Torsen-Ausgleichsgetriebe (Abb. 4) erfolgt der Drehzahlausgleich und die Kraftübertragung über ein Schneckengetriebe (**Torsen,** aus **Tor**que, engl.: Drehmoment, **sen**sing, engl.: fühlend). Abhängig vom Steigungswinkel der Schnecke (Abb. 3) eines Schneckentriebs werden Reibungskräfte erzeugt, die **selbsthemmend** wirken können. Je flacher der Steigungswinkel, desto größer die Reibkräfte und damit die Sperrkraft des Schneckenrades. Das Torsen-Ausgleichsgetriebe hat eine **3,5fache Sperrwirkung** (s. Kap. 39.2.4).
Die **Antriebskraft** wird über das Kegel- und Tellerrad auf das Ausgleichsgehäuse übertragen. Vom Ausgleichsgehäuse geht der Kraftfluß über die Schneckenradachsen und die Schneckenräder zu den Schnecken. Die Schneckenräder verteilen die Antriebskraft auf die Schnecken der Antriebswellen. Die Schnecken der Antriebswellen sind jeweils durch Stirnräder verbunden. Der **Drehzahlausgleich** zwischen den unterschiedlich schnell drehenden Schnecken (Antriebswellen) erfolgt über die Stirnräder.

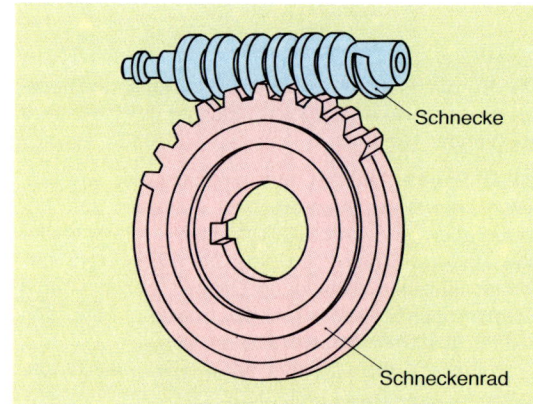

Abb. 3: Schneckengetriebe

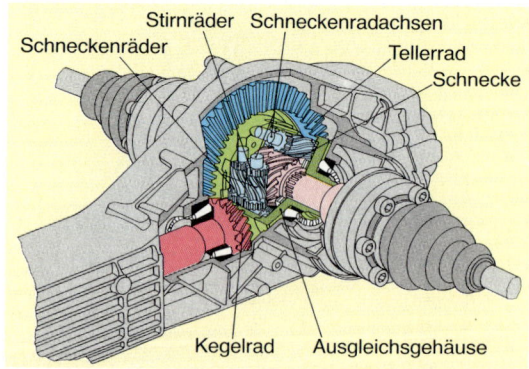

Abb. 4: Torsen-Ausgleichsgetriebe

39.3 Gelenkwellen

39.3.1 Aufgaben der Gelenkwellen

> Gelenkwellen sind **lösbare** Verbindungselemente. Sie übertragen Drehmomente und Drehbewegungen.

Der **Einbau von Gelenkwellen** ist erforderlich, wenn
- die Mittelachsen der zu verbindenden Bauteile zueinander nicht fluchten,
- die zu verbindenden Bauteile sich zueinander verschieben (z.B. während des Einfederns) und
- die Kraftübertragung auf drehbewegliche Bauteile erfolgen muß (z.B. lenkbare Antriebsräder).

Durch die Bewegung der Bauteile zueinander ändert sich der Abstand zwischen den Anschlußflanschen (Abb. 5). Die **Längenänderungen** müssen durch die Gelenkwellen ausgeglichen werden.

39.3.2 Grundaufbau der Gelenkwellen

Gelenkwellen bestehen aus **Gelenken** und **Wellen.** Kurze Wellen werden hauptsächlich aus Rundstahl, längere Wellen meist aus nahtlos gezogenen oder geschweißten Stahlrohren hergestellt. Für besonders leichte Gelenkwellen werden Rohre aus glasfaserverstärkten Kunststoffen verwendet.

39.3.3 Gelenkarten

Nach der **Art der Gelenke** werden unterschieden:
- Elastische Gelenke (Trockengelenke): z.B. Hardyscheiben, Guibo-Gelenk, Silentbloc-Gelenk.
- Drehbewegliche Gelenke: z.B. Kreuzgelenke, Gleichlaufgelenke.

Nach den **Anforderungen an die Gelenkwellen** werden unterschieden:
- Gelenkwellen mit Längenausgleich,
- Gelekwellen ohne Längenausgleich.

Der Längenausgleich kann in der Welle (verschiebbare formschlüssige Verbindungen, Abb. 6) oder in den Gelenken (Topfgelenke, Abb. 1, S. 370) erfolgen.

Elastische Gelenke

Die Verbindung zwischen zwei Wellen kann durch eine elastische Gelenkscheibe (Abb. 7) erfolgen. Als Gelenkscheiben werden Gummigewebescheiben, Metallscheiben mit Silentblocs oder Laschen aus gummiertem Gewebe verwendet.

Gelenkscheiben erlauben Beugungswinkel der Wellen bis zu 5° und Längenänderungen zwischen den Anschlußflanschen bis 5mm. Diese Gelenke sind wartungsfrei. Sie dämpfen Schwingungen und Schaltstöße.

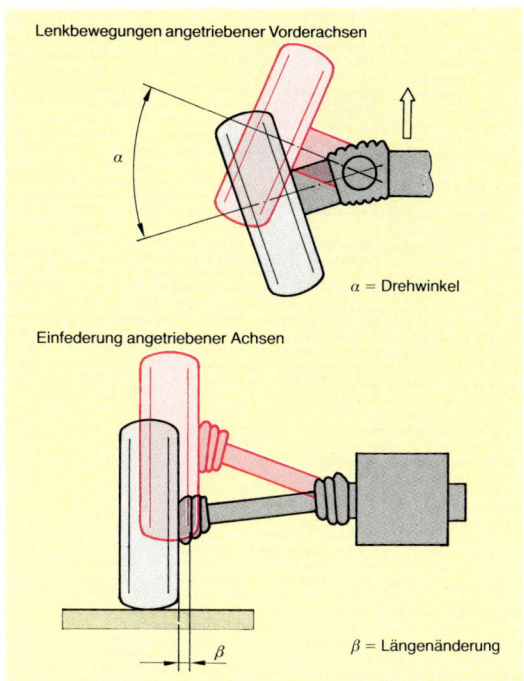

Lenkbewegungen angetriebener Vorderachsen

α = Drehwinkel

Einfederung angetriebener Achsen

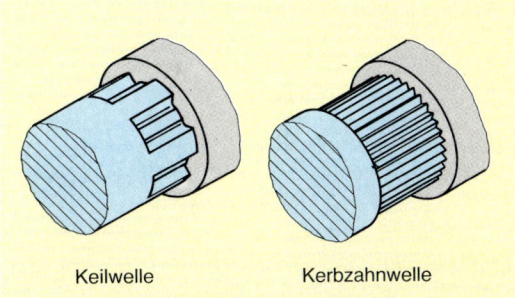

β = Längenänderung

Abb. 5: Ursachen für entstehende Beugungswinkel und Längenänderungen an Gelenkwellen

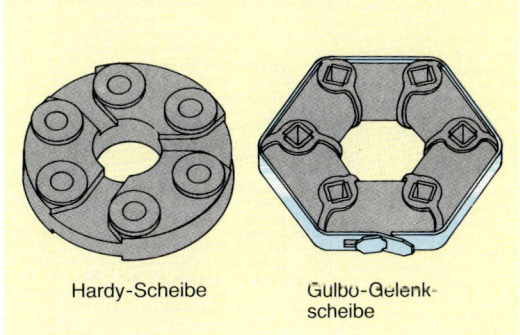

Keilwelle   Kerbzahnwelle

Abb. 6: Formschlüssige, verschiebbare Verbindungen

Hardy-Scheibe   Gulbo-Gelenkscheibe

Abb. 7: Gelenkscheiben

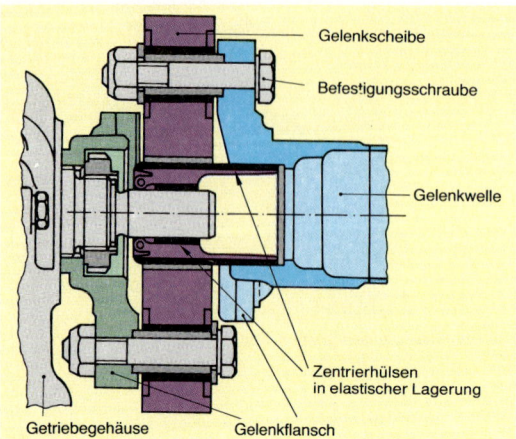

Abb. 1: Elastisches Gelenk mit zentrierten Wellen

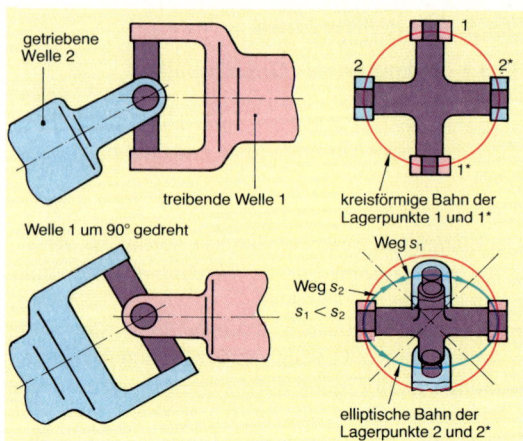

Abb. 3: Ungleichförmige Drehbewegungen der gebeugten Welle

Für schnelldrehende Gelenkwellen müssen die beiden Wellenenden zentriert werden. Die Abb. 1 zeigt ein derartiges Gelenk.

> **Elastische Gelenke** sind kostengünstig und wartungsfrei. Sie erlauben kleine Beugungswinkel der Wellen und geringe Längenänderungen zwischen den Anschlußflanschen. Sie dämpfen Schwingungen und Schaltstöße.

Drehbewegliche Gelenke

> **Drehbewegliche Gelenke** können große Drehmomente übertragen und ermöglichen Beugungswinkel bis etwa 45° (je nach Bauart).

Kreuzgelenke, auch Kardangelenke genannt (Cardano; ital. Naturwissenschaftler, 1501 bis 1567), bestehen aus zwei ineinandergreifenden Gabeln, die durch ein Zapfenkreuz miteinander verbunden sind. Die Gabeln werden meist im Gesenk geschmiedet

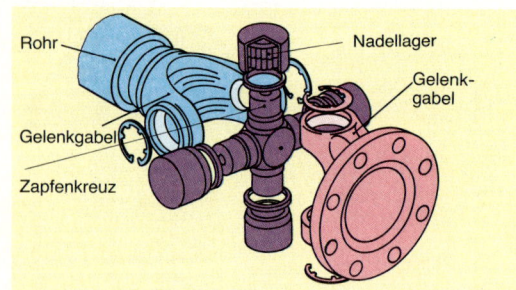

Abb. 2: Kreuzgelenk (Kardangelenk)

und bestehen aus hochwertigem Einsatzstahl. Gekapselte Nadellager führen das Zapfenkreuz in den Gabeln (Abb. 2). An die Gabeln werden meist dünnwandige Rohre angeschweißt. Gelenke dieser Bauart gestatten Beugungswinkel bis zu 15°. Längenänderungen zwischen zwei Anschlußflanschen müssen durch Schiebestücke ausgeglichen werden.

Kreuzgelenkwellen können große Drehmomente übertragen. Sie werden hauptsächlich zwischen Getriebe und Radantrieb eingebaut und bei Nutzfahrzeugen auch als Antriebswellen zu den Rädern eingesetzt.

Insbesondere bei **großen Beugungswinkeln** machen sich Drehgeschwindigkeitsschwankungen in der gebeugten Welle bemerkbar. Die Lager des Gelenkkreuzes der treibenden Welle bewegen sich immer auf einer Kreisbahn (Punkte 1 und 1*, Abb. 3). Bezogen auf die Mittelachse der treibenden Welle, bewegen sich aber die Lager des Gelenkkreuzes der gebeugten Welle (Punkte 2 und 2*) auf einer elliptischen Bahn.

Bei **gleichförmiger Drehgeschwindigkeit** der treibenden Welle legen die Lagerpunkte (2 und 2*) der getriebenen Welle, z.B. bei einem Drehwinkel von 90°, unterschiedlich lange Wege in gleicher Zeit zurück. Dadurch entstehen Drehgeschwindigkeitsschwankungen an der gebeugten Welle.

Die Drehgeschwindigkeitsschwankungen können ausgeglichen werden, wenn zwei Kreuzgelenke verwendet werden,

Voraussetzung ist, daß beide Beugungswinkel gleich groß sind und daß die Gabeln der Zwischenwelle auf einer Ebene liegen. Diese Gelenkkombination muß in W- oder in Z-Anordnung eingebaut werden (Abb. 4).

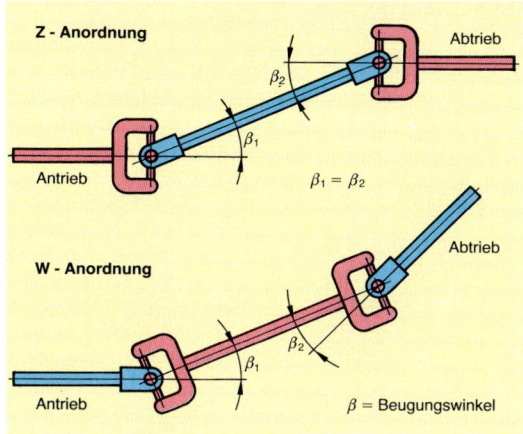

Abb. 4: Zwischenwelle mit zwei Kreuzgelenken

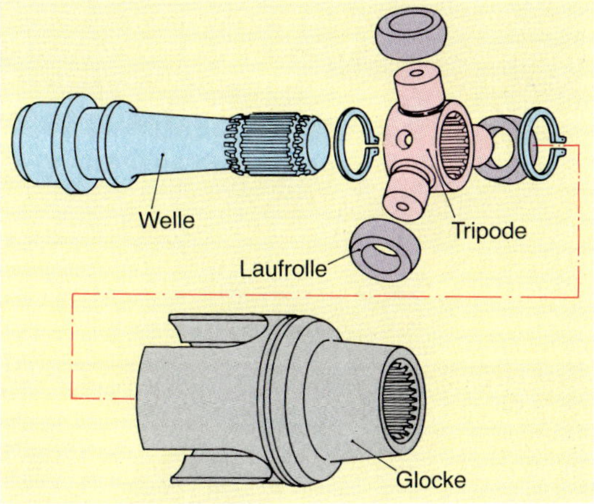

Abb. 6: Tripode-Gelenk

Doppelgelenke erreichen Beugungswinkel bis 48°. Es sind Gelenkkombinationen zweier Kreuzgelenke in *W*-Anordnung. Beide Wellenenden sind meist ineinander zentriert (Abb. 5). Diese Gelenke haben Gleichlauf zwischen Antrieb und Abtrieb.

> **Gleichlaufgelenke** werden auch als **homokinetische Gelenke** bezeichnet (homokinetisch; gr.: gleichförmige Bewegung). Sie haben keine Drehgeschwindigkeitsschwankungen an der gebeugten Welle.

Tripode-Gelenk (Tripoid, gr.: Dreifuß) sind Gleichlaufgelenke, die einen Beugungswinkel von etwa 20° und eine Längsbeweglichkeit bis zu 30 mm ermöglichen (Verschiebegelenk, Abb. 6).
Durch ein Keilnutenprofil ist der Zapfenstern mit dem Wellenende verbunden. Über diesen Zapfenstern greift eine topfförmige Glocke. In den drei Aussparungen der Glocke bewegen sich Laufrollen, die die Glocke mit dem Zapfenstern verbinden und am Zapfenstern gelagert sind.

Kugel-Gleichlaufgelenke werden nach ihrem Aufbau unterschieden:
- Kugel-Gleichlaufgelenk ohne Längsbeweglichkeit (Festgelenk) und einem Beugungswinkel bis zu 47° (Abb. 7).
- Kugel-Gleichlaufgelenk mit Längsbeweglichkeit (Verschiebegelenk) und einem Beugungswinkel von etwa 20° (Abb. 1, S. 370).

Die Kugeln zwischen den gehärteten Laufbahnen des Innensterns und des Außengehäuses werden durch einen Käfig geführt.
Der bauliche Unterschied beider Gelenke liegt in der Gestaltung der Kugellaufbahnen. Festgelenke haben **gekrümmte,** Verschiebegelenke haben **gerade Kugellaufbahnen.**

> Werden Gleichlaufgelenke für lenkbare Antriebsachsen verwendet, so wird das **Verschiebegelenk** (auch Topfgelenk genannt) immer getriebeseitig und das **Festgelenk** immer radseitig angeordnet.

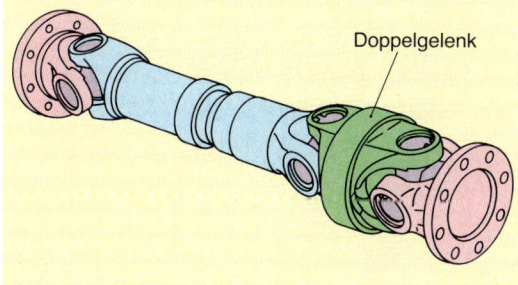

Abb. 5: Doppelgelenk

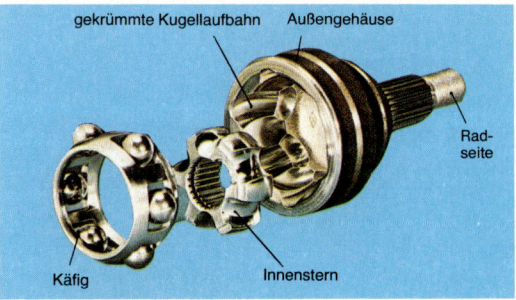

Abb. 7: Kugel-Festgelenk

39.3.4 Gelenkwellen-Lager

Die **Laufruhe** einer Gelenkwelle hängt wesentlich von ihrer Länge und von der Genauigkeit ab, mit der sie ausgewuchtet wurde (s. Kap. Räder).

Je größer der Abstand zwischen den Gelenken wird, desto eher wird die Gelenkwelle in Schwingung geraten. Dadurch ergibt sich ein unruhiger Lauf. Für schnelllaufende Gelenkwellen soll der Abstand zwischen den Gelenken nicht größer als 1,5 m sein. Sind weiter auseinander liegende Bauteile miteinander zu verbinden, werden mehrteilige Wellen eingebaut (Abb. 2).

Die Führung der Gelenkwellenteile übernehmen die **Gelenkwellenlager.** Auf der Gelenkwelle befindet sich der Innenring eines Kugellagers, der Außenring des Lagers sitzt in einer Hülse. Ein Gummilager verbindet die Hülse mit einem fest am Rahmen bzw. Aufbau angebrachten Lagerblock.

Gelenkwellen werden vom Hersteller dynamisch ausgewuchtet.
Ein nachträgliches Auswuchten (z.B. nach einer Reparatur) ist nur auf Spezialmaschinen möglich.

Der Ausgleich der Unwucht erfolgt durch Schweißraupen oder das Anschweißen dünner Blechstreifen.

Abb. 1: Gleichlauf-Verschiebegelenk (Topfgelenk)

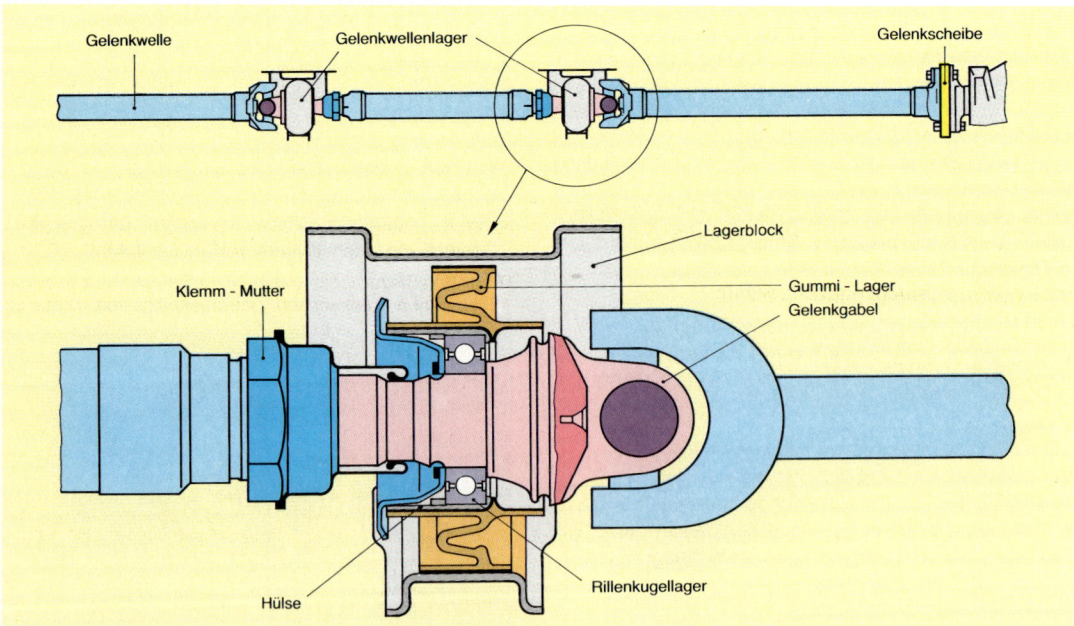

Abb. 2: Mehrteilige Gelenkwellen mit Gelenkwellenlagern

39.4 Wartung und Diagnose

Trockengelenke sind wartungsfreie, sehr verschleiß-
arme Bauteile. **Funktionsstörungen** können auftreten
durch:

- äußere mechanische Einwirkungen,
- zu große Unwucht der Gelenkwelle (Verlust der
  Ausgleichgewichte),
- verbogene Gelenkwellen,
- Werkstoffermüdung der Gelenkscheiben.

> Alle **Gelenkwellenteile** sind in regelmäßigen Ab-
> ständen auf Beschädigungen zu kontrollieren.

Beschädigte **Gelenkscheiben** sind sofort auszuwechseln. Die Einbauhinweise der Hersteller sind
unbedingt zu beachten.
Die Funktionsfähigkeit der Metallgelenke hängt wesentlich von einer ausreichenden Schmierung der
beweglichen Teile ab.
Kreuzgelenke werden in wartungsfreier Ausführung
oder mit Nachschmiermöglichkeit geliefert. Die
Schmierung der Lager erfolgt über einen Druck-
schmierkopf in der Mitte des Kreuzgelenks. Durch
Schmierbohrungen wird das Fett zu den Lagern
gedrückt. Der Schmierdruck soll nicht größer als
15 bar sein. Das verbrauchte Fett tritt durch die
Dichtung aus. Die Lager des Kreuzgelenks sind
stets komplett zu wechseln.

Ist das Profil des Schiebestücks beschädigt, muß
immer die Keilwelle und die Nabe zusammen aus-
gewechselt werden. Sind die Gelenke gekapselt, so
ist zu kontrollieren, ob alle Dichtungen und Gummi-
manschetten unbeschädigt sind. Beschädigte Manschetten sind sofort zu ersetzen, die Gelenke zu
säubern und mit einer Spezialfett-Füllung zu versehen.

Eine besonders hohe Belastung aller Gelenkbautei-
le ergibt sich immer dann, wenn auf die Welle eine
Unwucht wirkt.
Eine solche **Unwucht** entsteht, wenn:

- ein Gelenkwellenlager ausgeschlagen ist,
- sich ein Ausgleichblech (zum Ausgleich der Unwucht) gelöst hat,
- die Welle durch äußere Einflüsse verbogen wurde.

Vor der Demontage von Gelenkwellen ist die Stellung
der Bauteile zueinander zu markieren. Die Welle ist
in derselben Stellung wieder zusammenzubauen.
Werden die einzelnen Bauteile zueinander verdreht
eingebaut, so ist die Welle nicht mehr ausgewuchtet.

Aufgaben

1. Nennen Sie die Aufgaben des Achsgetriebes.
2. Skizzieren Sie die Bauteile des Radantriebes. Legen
   Sie die einzelnen Bauteile farbig an.
3. Welchen Vorteil hat die Anordnung von Planetenrad-
   getrieben in der Radnabe gegenüber der Anordnung
   hinter dem Schaltgetriebe?
4. Beschreiben Sie den baulichen Unterschied zwischen
   einem geradverzahnten Kegelradgetriebe und einem
   Getriebe mit Hypoidverzahnung.
5. Aus welchem Grund muß in Hypoidgetrieben ein
   Spezialöl verwendet werden?
6. Im Kraftfahrzeugbau werden drei Bogenverzahnun-
   gen unterschieden. Nennen Sie die drei Verzahnungs-
   arten und beschreiben Sie deren Unterschiede.
7. Aus welchem Grunde werden im Kraftfahrzeug Ausgleichsgetriebe benötigt?
8. Ein Fahrzeug fährt einen Kreis. Der Durchmesser am kurvenäußeren Rad beträgt 12,5 m.
   Berechnen Sie, wie oft sich das kurveninnere und das
   kurvenäußere Rad drehen (Radhalbmesser = 0,26 m,
   Spurweite = 1,7 m).
9. Welchen Sperrwert hat die in Abb. 4, S. 365 dargestellte
   Ausgleichssperre?
10. Beschreiben Sie die Wirkungsweise eines Ausgleichs-
    getriebes bei Kurvenfahrt.
11. Geben Sie an, an welchem Rad das größere Drehmo-
    ment wirksam ist (Kurvenfahrt). Begründen Sie ihre
    Angabe.
12. Eine Ausgleichssperre hat einen Sperrwert von 40%.
    Am linken Rad wirkt bei Kurvenfahrt ein Drehmoment
    von 125 Nm, am rechten Rad ein Drehmoment von
    225 Nm.
    Berechnen Sie, ob die Ausgleichssperre noch in
    Funktion ist.
13. Nennen Sie die Aufgaben der Gelenkwellen.
14. Nennen Sie unterschiedliche Gelenkarten.
15. Warum treten bei Kreuzgelenken Drehgeschwindig-
    keitsschwankungen in der gebeugten Welle auf?
    Wie können diese Schwankungen ausgeglichen wer-
    den?
16. Worin unterscheidet sich ein Kugel-Gleichlauf-Fest-
    gelenk von einem Kugel-Verschiebegelenk?
17. Geben Sie an, welche Gleichlauf-Gelenkarten an ange-
    triebenen Lenkachsen getriebeseitig und radseitig
    angeordnet werden.
    Begründen Sie ihre Angaben.
18. Nennen Sie Ursachen für Funktionsstörungen an Ge-
    lenkwellen.
19. Warum müssen die Bauteile einer Gelenkwelle vor der
    Demontage in ihrer Stellung zueinander gekennzeich-
    net werden?
20. Zeichnen Sie die Glocke eines Tripode-Gelenkes mit
    selbstgewählten Maßen in drei Ansichten. Bemaßen
    Sie die Zeichnung fertigungsgerecht.

40 | Lenkung

Die Lenkung hat folgende **Aufgaben:**

- die Räder der gelenkten Achse bzw. Achsen für die Kurvenfahrt einzuschlagen (zu schwenken),
- die Räder in die Stellung für Geradeausfahrt selbsttätig zurückzuführen (Eigenlenkverhalten),
- auf die Lenkung wirkende Kräfte (z. B. Brems- und Antriebskräfte) so aufzunehmen, daß das Lenkverhalten des Fahrzeugs nicht beeinträchtigt wird,
- die Lenkradumdrehungen so zu übersetzen, daß für 40° Radeinschlagwinkel nur etwa zwei Lenkradumdrehungen notwendig sind und
- die aufgebrachte Handkraft zu verstärken.

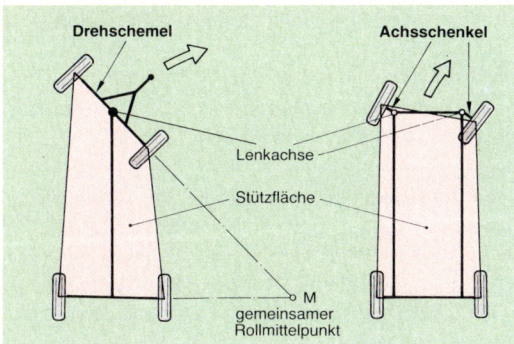

Abb. 3: Drehschemel- und Achsschenkellenkung

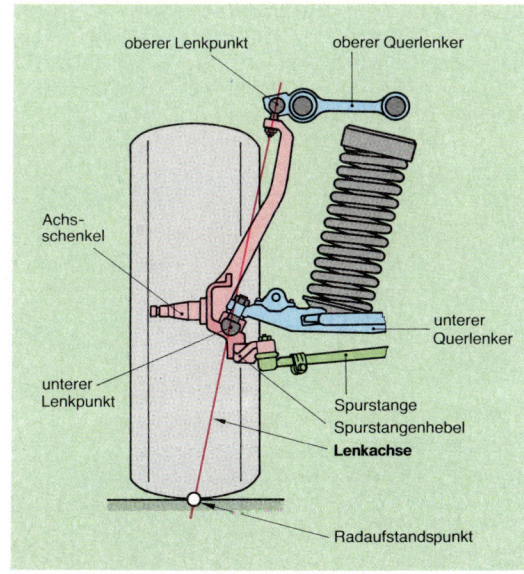

Abb. 4: Lenkachse

40.1 Lenkungsarten

Wird nur mit Muskelkraft gelenkt, so wird die Lenkung Muskelkraft- oder mechanische Lenkung genannt. Reicht die Muskelkraft wegen zu großer Lenkkräfte nicht aus, so werden Hilfskraftlenkungen verwendet. Unabhängig von dieser Unterscheidung wird je nach Anordnung der Lenkachse für die Räder unterschieden:

- Drehschemellenkung und
- Achsschenkellenkung.

Der Begriff **Allradlenkung** wird verwendet, wenn alle Räder eines Kraftfahrzeugs gelenkte Räder sind.

40.1.1 Drehschemellenkung

Diese Lenkung (Abb. 3) wird heute nur noch für Anhänger verwendet.

Die **Nachteile** der Drehschemellenkung sind:

- hohe Schwerpunktlage des Kraftfahrzeugs und dadurch Kippgefahr bei Kurvenfahrt und
- schmale Stützfläche im Bereich des Drehschemels (Kippgefahr).

40.1.2 Achsschenkellenkung

Kraftfahrzeuge haben eine Achsschenkellenkung (Abb. 3), d. h., jedes Rad hat eine **gesonderte Lenkachse.** Sie kann z. B. vom Achsschenkelbolzen gebildet werden (Abb. 5, S. 407). Bei anderen Bauarten der Radaufhängung ist sie die Verbindungslinie zwischen dem oberen und dem unteren Lenkpunkt (Abb. 4).

Der **Achsschenkel,** der das Rad aufnimmt, ist um die Lenkachse schwenkbar gelagert. Jeder Achsschenkel hat einen **Spurstangenhebel,** an dem die Lenkkräfte über die **Spurstange** meist direkt angreifen. Es gibt aber auch Achsschenkellenkungen, bei denen die Lenkkraft an einem besonderen Hebel, dem **Lenkhebel,** angreift und über das **Lenktrapez** zum anderen Achsschenkel weitergeleitet wird (Abb. 1, S. 374).

Die Achsschenkellenkung hat folgende **Vorteile:**

- die Stützfläche verkleinert sich bei Lenkeinschlag nur unwesentlich und
- der Raum zwischen den gelenkten Rädern kann für den Einbau tiefliegender Aggregate (z. B. Motor) verwendet werden.

40.2 Lenktrapez

Abb. 1 zeigt den **Grundaufbau** eines Lenktrapezes. Die Spurstange verbindet über die Spurstangenhebel beide gelenkten Räder.

> Das **Lenktrapez** hat die **Aufgabe,** die gelenkten Räder einer Achsschenkellenkung jeweils soweit einzuschlagen, daß alle Räder des Fahrzeugs immer um einen gemeinsamen Mittelpunkt M rollen.

Dadurch wird vermieden, daß bei einem Lenkeinschlag die Räder seitlich gleiten (radieren) und damit der Bodenkontakt zur Fahrbahn verringert wird. Abb. 2 zeigt, daß der gemeinsame Mittelpunkt nur durch **unterschiedlichen Lenkeinschlag** der Räder erreicht werden kann.

> Bei Kurvenfahrt hat das kurveninnere Rad einen größeren **Lenkeinschlag** als das kurvenäußere.

Der größtmögliche Lenkeinschlag der Räder ergibt den kleinsten **Wendekreis** des Fahrzeugs.

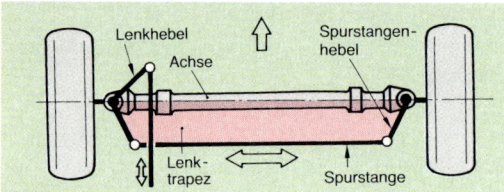

Abb. 1: Lenktrapez

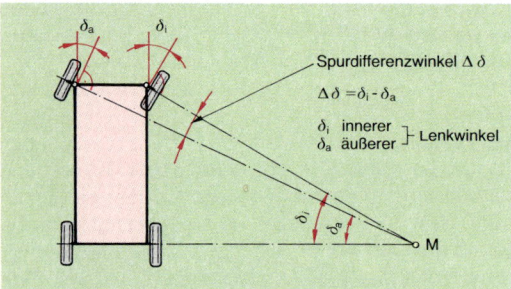

Abb. 2: Wirkung des Lenktrapezes

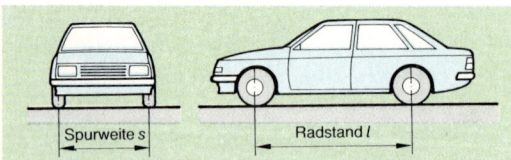

Abb. 3: Spurweite und Radstand

40.3 Stellung der gelenkten Räder

Das Fahrverhalten des Kraftfahrzeugs wird u.a. beeinflußt von der **Stellung** der **gelenkten** und **ungelenkten Räder.** Sie ist bestimmt durch:

- Spurweite, Radstand,
- Spur (Vor- oder Nachspur),
- Sturz,
- Lenkrollhalbmesser,
- Spreizung,
- Nachlauf oder Vorlauf und
- Spurdifferenzwinkel.

40.3.1 Spurweite und Radstand

> Die **Spurweite** ist der Abstand der Räder einer Achse, gemessen von Reifenmitte zu Reifenmitte auf der Standebene. Bei Zwillingsrädern ist es der Abstand von Mitte Zwillingsrad zu Mitte Zwillingsrad.

Die Spurweite für Pkw beträgt 1300 bis 1500 mm, der Radstand etwa 2300 bis 2800 mm (Abb. 3).

> Der **Radstand** ist der Abstand der Radmitten zwischen Vorder- und Hinterrädern.

Je größer Spurweite und Radstand sind, desto größer ist auch die Fahrsicherheit des Fahrzeugs, insbesondere bei Kurvenfahrt.

40.3.2 Spur, Vorspur und Nachspur

> Die **Spur** ist der Maßunterschied zwischen den Abständen der Felgenhörner vor und hinter der Achse in Geradeausstellung.

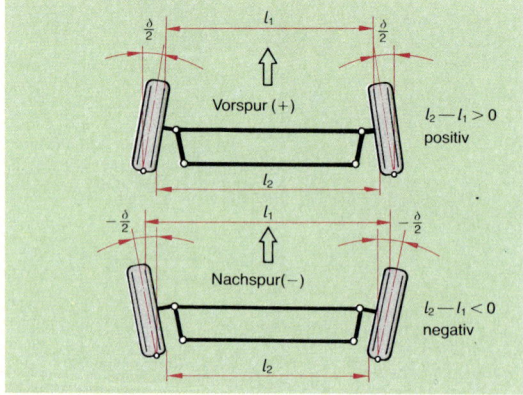

Abb. 4: Vorspur und Nachspur

Ist der Abstand vor und hinter der Achse gleich, so hat das Fahrzeug die Spur 0. Meist jedoch ist eine Vor- oder Nachspur vorhanden (Abb. 4).

> Ein Fahrzeug hat **Vorspur,** wenn der Abstand der Felgenhörner in Fahrtrichtung vor der Achse kleiner als hinter der Achse ist.
> Ein Fahrzeug hat **Nachspur,** wenn das Maß vor der Achse größer als hinter der Achse ist.

Die ideale Laufrichtung der Räder verläuft parallel zur Fahrzeuglängsachse. Durch elastische Verformungen in den Radführungselementen (z. B. Spurstange, Kugelbolzen, Gummilager) werden aber die Vorderräder bei Heckantrieb nach außen, d. h. in Richtung Nachspur und bei Frontantrieb nach innen in Richtung Vorspur gedrückt.

> Der Entstehung von **unerwünschter Nachspur** wird durch Vorspur, der Entstehung von **unerwünschter Vorspur** durch Nachspur entgegengewirkt.

Die Vorspur beträgt für Pkw 0 bis 5 mm, die Nachspur 0 bis 3 mm. Die Schrägstellung der Räder durch Vor- oder Nachspur kann auch in Winkelgraden angegeben werden. Die Vorspur beträgt dann etwa 0 bis 1°, die Nachspur etwa 0 bis 0,5° (Gesamtspur).

40.3.3 Sturz

> Der **Sturz** ist der Winkel zwischen der Radebene und der Senkrechten auf die Fahrbahnebene. Die Räder sind dabei in Geradeausstellung.

Die Neigung des Rades oben nach außen heißt **positiver Sturz,** nach innen **negativer Sturz** (Abb. 5).

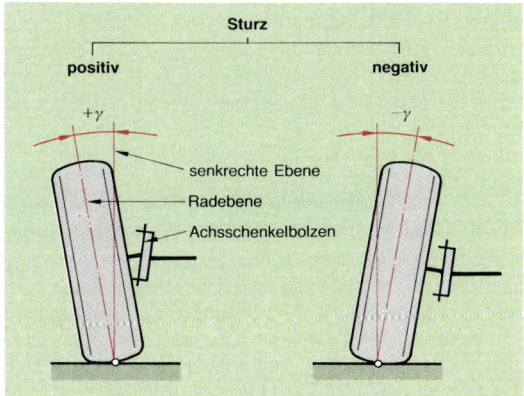

Abb. 5: Radsturz

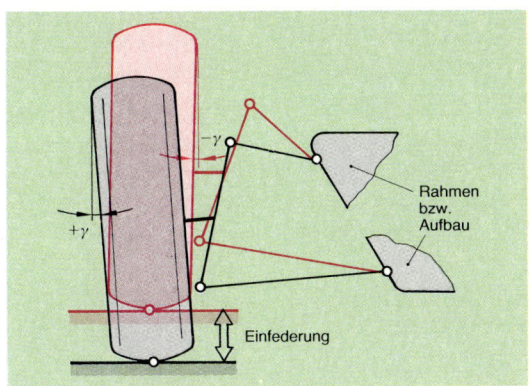

Abb. 6: Sturzänderung durch Einfedern

Durch die Wirkung des Sturzes wird das Rad so gegen die Wälzlager der Radlagerung gedrückt, daß die axialen Kräfte am Rad immer in gleicher Richtung das Lager belasten.

Durch das Ein- und Ausfedern der Räder verändert sich der Sturz (Abb. 6). Der negative Sturz erhöht bei eingefedertem Fahrzeug die Seitenführungskraft (s. Kap. Radaufhängung). Da die Fahrbahnen oft leicht gewölbt sind, rollen Räder mit positivem Sturz auf diesen Fahrbahnen gut ab.

Der Sturz an Pkw-Vorderrädern liegt meist zwischen −30′ und 1°30′, Lkw haben einen Sturz von 1 bis 2°.

40.3.4 Lenkrollhalbmesser

> Der **Lenkrollhalbmesser** ist der Abstand zwischen dem Berührungspunkt der Lenkachse mit der Fahrbahnebene und dem Radaufstandspunkt.

Liegt der Lenkrollhalbmesser innerhalb der Spurweite, so ist er **positiv;** liegt er außerhalb, so ist er **negativ** (Abb. 1, S. 376).

Der Lenkrollhalbmesser beeinflußt die Größe des Drehmoments am Lenkrad. Ein kleiner Lenkrollhalbmesser (bei Pkw etwa −20 bis +50 mm) entlastet das Lenkgestänge, da das Drehmoment aus Lenkrollhalbmesser und Reibkraft im Radaufstandspunkt klein ist.

Ist der Lenkrollhalbmesser sehr klein bzw. Null, so gleiten bzw. »radieren« die gelenkten Räder auf der Radaufstandsfläche. Es entstehen hohe Reibkräfte und die Lenkung ist schwergängig.

Positiver Lenkrollhalbmesser

Wird ein Fahrzeug auf einer Seite stärker abgebremst, so steuert (zieht) es zu der Seite, an der die größere Bremskraft angreift (Abb. 1, S. 376).

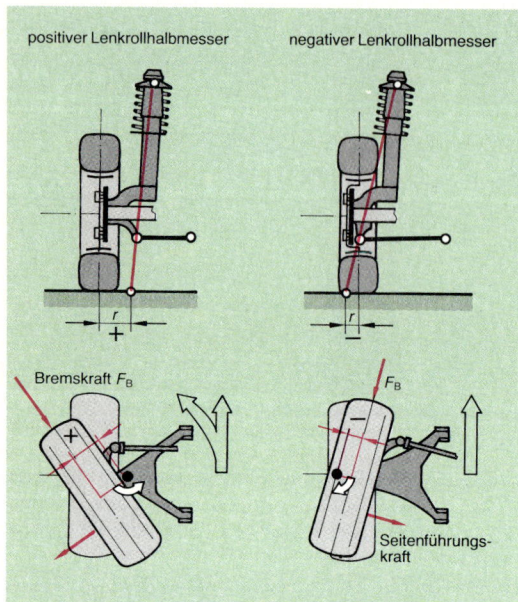

Abb. 1: Wirkung des positiven und negativen Lenkrollhalbmessers

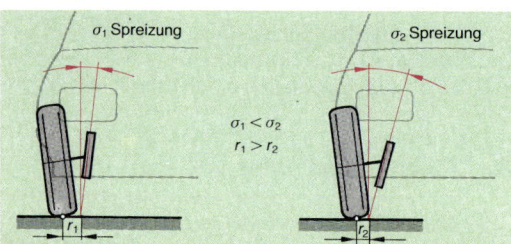

Abb. 2: Spreizung und verschiedene Lenkrollhalbmesser

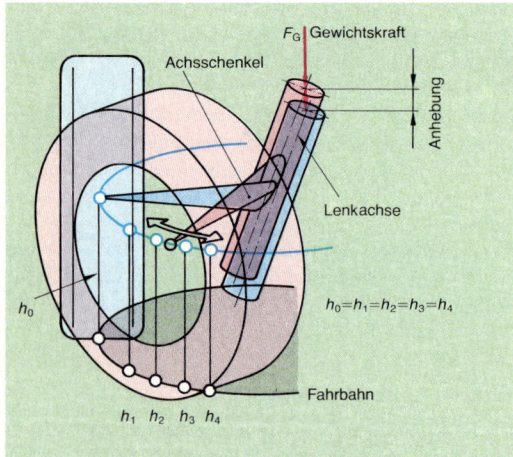

Abb. 3: Spreizung und Anheben des Fahrzeugs

Bei positivem Lenkrollhalbmesser drücken die Bremskräfte die Räder nach außen. Das Rad mit der größeren Bremskraft wird dadurch weiter nach außen geschwenkt und das Fahrzeug zusätzlich in Richtung der stärker gebremsten Seite gelenkt.

Negativer Lenkrollhalbmesser

Durch die Verwendung von tiefen Radschüsseln und Schwimmrahmenbremsen bzw. Faustsattelbremsen (s. Kap. 45.4.4) ist es möglich, den Lenkrollhalbmesser nach außen zu legen (negativer Lenkrollhalbmesser). Die Bremskräfte schwenken dadurch die Räder nach innen (Abb. 1). Das Rad mit der größeren Bremskraft wird z.B. wegen der elastischen Aufhängung der Radführungselemente weiter nach innen geschwenkt. Dadurch entsteht ein **selbsttätiges Gegenlenken**. Das Fahrzeug wird von der stärker gebremsten Seite weggelenkt und behält so nahezu seine Fahrtrichtung bei.

40.3.5 Spreizung

> Die **Spreizung** ist der Winkel in Fahrzeugquerrichtung zwischen der Lenkachse und der Senkrechten auf die Fahrbahnebene.

Mit der konstruktiven Festlegung der Spreizung wird die Größe des **Lenkrollhalbmessers** wesentlich bestimmt (Abb. 2).
Durch die Spreizung wird auch das **Rückstellmoment** beeinflußt, das die Lenkung wieder in Geradeausstellung bringt. Abb. 3 zeigt, daß sich die Lenkachse bei Lenkeinschlag nach oben bewegt. Das Fahrzeug wird angehoben. Die Fahrzeugmasse unterstützt dadurch das Zurücklenken in die Geradeausfahrt.
Durch die Spreizung allein verändert sich bei Kurvenfahrt der **Radsturz** am kurvenäußeren und -inneren Rad in Richtung positiver Sturz. Dadurch nimmt die für Kurvenfahrt wichtige Seitenführungskraft am kurvenäußeren Rad ab und am -inneren zu.
Die meisten Fahrzeuge haben eine Spreizung von 5 bis 7°.

40.3.6 Nachlauf und Vorlauf

> Der **Nachlaufwinkel** ist der Winkel in Fahrzeuglängsrichtung zwischen der Lenkachse und der Senkrechten durch die Radmitte. Die **Nachlaufstrecke** ist der Abstand zwischen dem Schnittpunkt der Lenkachse mit der Fahrbahnebene und der Senkrechten durch die Radmitte.

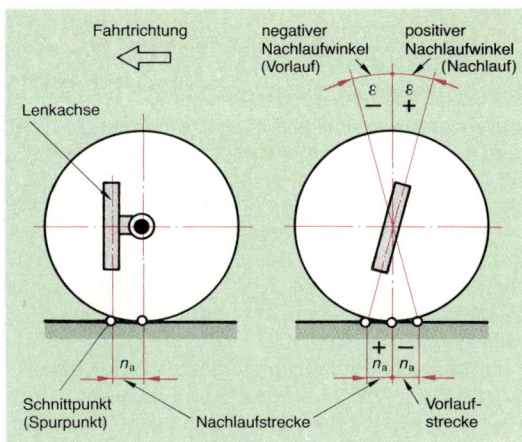

Abb. 4: Nachlauf und Vorlauf

Abb. 4 zeigt den Nachlauf als Winkel und Strecke. Liegt der Radaufstandspunkt (in Fahrtrichtung gesehen) hinter dem Schnittpunkt der Lenkachse mit der Fahrbahn (Spurpunkt), so sind Nachlaufwinkel und -strecke positiv (Nachlauf), andernfalls negativ. Es ist dann Vorlauf vorhanden.

Durch den **Nachlauf** wird das Rad gezogen, da die im Radaufstandspunkt angreifende Kraft hinter der Lenkachse liegt. Dadurch ergibt sich eine Stabilisierung des Radlaufs. Die Flatterneigung wird unterdrückt.

Vorlauf ist bei Fahrzeugen mit Frontantrieb vorhanden. Durch den Vorlauf werden die Rückstellkräfte bei Kurvenfahrt verringert.

Der Nachlauf beträgt bei Pkw etwa 0 bis 9°, der Vorlauf etwa 0 bis 1°.

40.3.7 Spurdifferenzwinkel

Der **Spurdifferenzwinkel** ist der Winkelunterschied zwischen dem eingeschlagenen inneren und äußeren Rad. Dieser Winkel wird üblicherweise bei einem **Schwenkwinkel von 20°** des kurveninneren Rads festgelegt.

Der Spurdifferenzwinkel (Abb. 2, S. 374) muß bei Links- und Rechtseinschlag gleich groß sein. Andernfalls hat sich das Lenktrapez verändert. Durch eine Überbeanspruchung können Bauteile verzogen sein. Der Spurdifferenzwinkel wird durch die Vorspur bzw. Nachspur beeinflußt. Durch einen positiven Spurwinkel (Vorspur) wird der Spurdifferenzwinkel um den Betrag der positiven Spur kleiner. Deshalb muß dieser Winkelbetrag bei der Ermittlung des Ist-Spurdifferenzwinkels hinzugezählt werden. Bei Nachspur wird der Spurwinkel abgezogen.

40.4 Aufbau der Kraftfahrzeuglenkung

Der Aufbau der Kraftfahrzeuglenkungen ist sehr unterschiedlich. Er hängt u.a. von der Radaufhängung und der Art der Kraftübertragung ab (Frontantrieb, Heckantrieb).

Grundsätzlich erfolgt die **Lenkbewegung** über:
- das Lenkrad,
- die Lenkspindel (meist geteilt),
- das Lenkgetriebe zu
- dem Lenkgestänge.

Die Drehbewegung und Kraft am **Lenkrad** wird über das **Lenkrohr** bzw. die **Lenkspindel** auf das **Lenkgetriebe** übertragen. Gelagert wird die Spindel im **Mantelrohr**, das am Fahrzeugaufbau befestigt ist.

Durch das Lenkgetriebe wird die Lenkkraft übersetzt, d.h. vergrößert und gleichzeitig die Drehbewegung der Lenkspindel in eine bogenförmige oder geradlinige Bewegung umgeformt.

Über den **Lenkstockhebel** oder die **Zahnstange** (Zahnstangenlenkgetriebe) wird die Bewegung auf das Lenkgestänge übertragen.

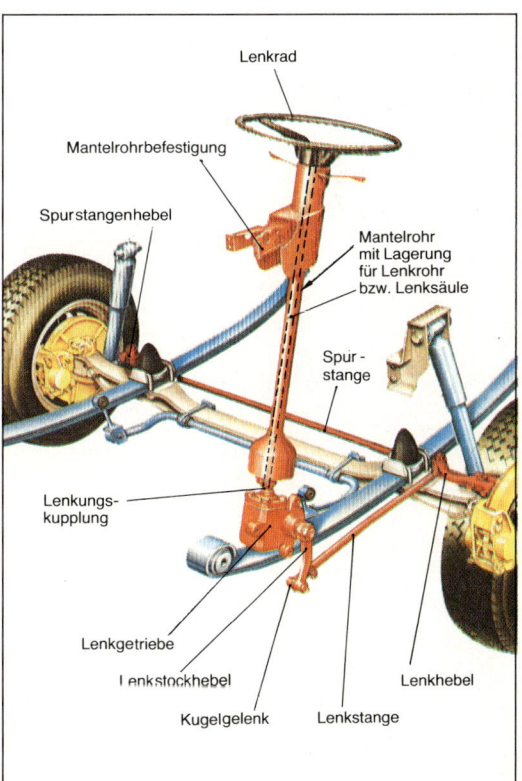

Abb. 5: Grundaufbau einer Lenkung

40.4.1 Lenkgestänge

> Das **Lenkgestänge** hat die **Aufgabe,** die am Ausgang des Lenkgetriebes vorhandene Lenkbewegung auf die gelenkten Räder zu übertragen. Es führt die Räder in Lenkrichtung.

Abb. 5, S. 377, zeigt ein Lenkgestänge, das über einen **Lenkstockhebel** bewegt wird. Der Kraftfluß geht von der Lenkstange weiter zum Lenkhebel, der den Achsschenkel bewegt. Über den Spurstangenhebel und die Spurstange wird die Lenkbewegung auf den Spurstangenhebel des anderen gelenkten Rades übertragen.

Wird das Lenkgestänge von der **Zahnstange** eines Zahnstangenlenkgetriebes betätigt (Abb. 1), so bildet die Zahnstange entweder einen Teil der Spurstange oder sie greift direkt an der geteilten Spurstange an.

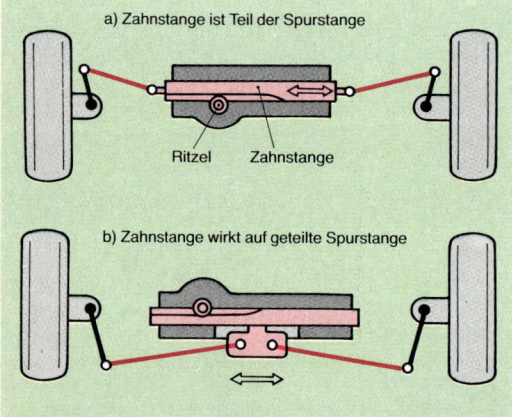

Abb. 1: Zahnstangenlenkung

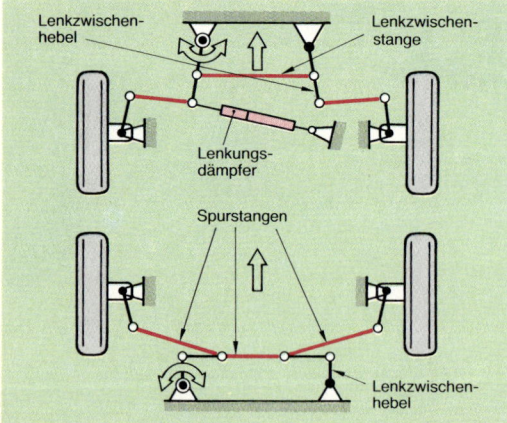

Abb. 2: Dreiteilige Spurstangen

Spurstange

Die Spurstange bildet meist die kurze Seite des Lenktrapezes. Sie verbindet die Spurstangenhebel.

Bei Einzelradaufhängung federn die Räder unabhängig voneinander ein und aus. Deshalb ist es nicht möglich, die Spurstangenhebel mit einer ungeteilten Spurstange zu verbinden. Sie würde die Bewegungen eines Rades auf das andere Rad als kleine Lenkbewegungen übertragen.

Bei Einzelradaufhängung sind zweiteilige und dreiteilige Spurstangen üblich.

Zweiteilige Spurstangen können in der Mitte oder seitlich geteilt sein.

Eine **dreiteilige Spurstange** benötigt einen **Lenkzwischenhebel** (Abb. 2). Der höhere Bauaufwand hat aber den Vorteil, daß sich Federungsbewegungen nicht störend auf das Lenkgestänge übertragen.

Bei starrer Vorderachse ist die Spurstange ungeteilt, da sich der Abstand der Achsschenkelbolzen nicht verändern kann.

Kugelgelenk

Die **Gelenke des Lenkgestänges** sind Kugelgelenke (s. Kap. 43.3.2). Die Teile des Lenkgestänges können sich dadurch um die Längsachse des Kugelgelenks drehen und auch begrenzte Schwenkbewegungen quer zur Längsachse ausführen.

40.4.2 Lenkgetriebe

Das Lenkgetriebe hat folgende **Aufgaben:**

- die Drehbewegung des Lenkrads zu übersetzen,
- eine Schwenkbewegung des Lenkstockhebels oder
- eine hin- und hergehende Bewegung der Zahnstange zu erzeugen und
- störende Rückwirkungen der gelenkten Räder vom Lenkrad fernzuhalten.

Das Lenkgetriebe hat eine **Übersetzung** von etwa **14:1 bis 22:1.** Diese Übersetzung ist für die Erzeugung der benötigten großen Lenkkräfte am Lenkgestänge notwendig. Eine Übersetzung ab etwa 16:1 bedarf einer Lenkhilfe.

Die Übersetzung berechnet sich nach folgender Gleichung:

$$i_\mathrm{S} = \frac{\delta_\mathrm{H}}{\delta_\mathrm{m}}$$

i_S Gesamtlenkübersetzung
δ_H Winkeleinschlag am Lenkrad in Grad
δ_m mittlerer Lenkwinkel in Grad

Die Lenkgetriebe werden nach Tab. 1 unterschieden.

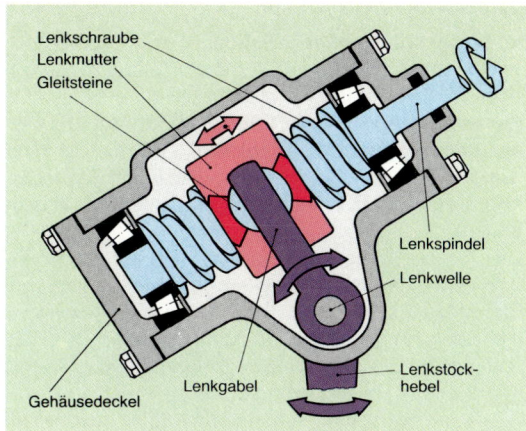

Abb. 3: Schrauben-Lenkgetriebe mit Gleitsteinen

Tab. 1: Arten der Lenkgetriebe

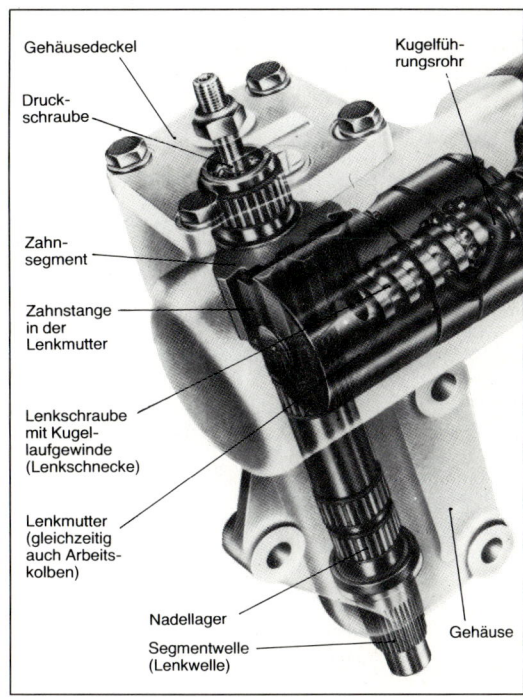

Abb. 4: Kugelumlauf-Lenkgetriebe (mit Servo)

Schrauben-Lenkgetriebe

Sie bestehen aus einer **Lenkschraube,** auf der sich die **Lenkmutter** bei Lenkeinschlag axial verschiebt. Abb. 3 zeigt ein **Schrauben-Lenkgetriebe mit Gleitsteinen.** Die Bewegung der Lenkmutter wird über Gleitsteine am Umfang der Mutter auf die Lenkgabel und somit auf die fest mit ihr verbundenen Lenkstockhebel übertragen. Dieser führt eine Schwenkbewegung bis etwa 90° aus.

Nachteilig ist, daß die geschlossene Lenkmutter kein Nachstellen des Gewindespiels zuläßt.

Wegen der hohen Gleitreibung im Schraubengetriebe haben sich Getriebe mit Rollreibung durchgesetzt. Im **Kugelumlauf-Lenkgetriebe** (Abb. 4) haben Lenkschraube und -mutter ein **Kugellaufgewinde.** Die Gewindegänge berühren sich nicht, da die Verbindung der Gänge über Kugeln hergestellt wird. Die Gewindegänge bilden die Wälzbahnen für die Kugeln.

Wird die Lenkschraube gedreht, rollen die Kugeln im Kugellaufgewinde in zwei geschlossenen Kugelumläufen ab. Die notwendige Rückführung der Kugeln geschieht durch zwei **Kugelführungsrohre.**

In die Lenkmutter ist eine **kurze Zahnstange** eingefräst, die über ein **Zahnsegment** die Lenkwelle und dadurch den Lenkstockhebel schwenkt.

Das Kugelumlauf-Lenkgetriebe ist nahezu verschleißfrei.

Schnecken-Lenkgetriebe

Schnecken-Lenkgetriebe können eine zylindrische oder eine an den Enden im Durchmesser zunehmende Schnecke (Globoidschnecke; Globus, lat.: Kugel) haben. Die Schnecken-Lenkgetriebe haben die für Schneckengetriebe charakteristische **große Übersetzung.**

Das **Schnecken-Segment-Lenkgetriebe** hat eine zylindrische Schnecke (Abb. 5), die durch ihre Schraubbewegung ein **Schneckenradsegment** (Lenksegment) hin und her dreht. Mit dem Lenksegment ist der Lenkstockhebel fest verbunden. Er führt eine Schwenkbewegung von etwa 70° aus.

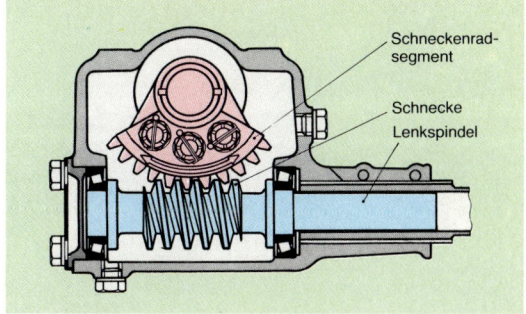

Abb. 5: Schnecken-Segment-Lenkgetriebe

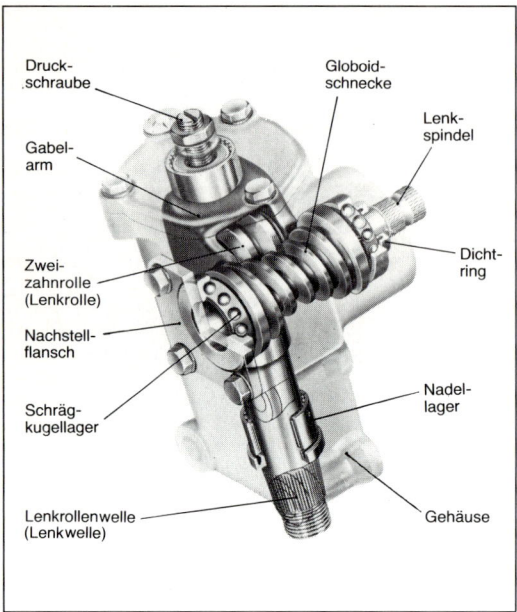

Abb. 1: Schnecken-Rollen-Lenkgetriebe

Durch die große Gleitreibung in diesem Getriebe entsteht Verschleiß. Das Getriebe erfordert große Lenkkräfte.

Das **Schnecken-Rollen-Lenkgetriebe** hat eine Globoidschnecke und eine Lenkrolle, die in einem Gabelarm der Lenkwelle gelagert ist (Abb. 1). Wird die Lenkschnecke gedreht, führen die Lenkrolle, die Lenkwelle und der an ihr befestigte Lenkstockhebel eine Schwenkbewegung bis zu 90° aus.

Vorteile des Schnecken-Rollen-Lenkgetriebes:

- sehr leichtgängig und damit gute Lenkungsrückstellung,
- geringer Verschleiß,
- großer Lenkstockhebelausschlag,
- bei Geradeausfahrt absolut spielfrei und
- geringer Platzbedarf.

Zahnstangen-Lenkgetriebe

Im Lenkgetriebegehäuse befindet sich ein **schrägverzahntes Ritzel.** Es ist mit der **Zahnstange** im Eingriff (Abb. 2). Ein federbelastetes Druckstück drückt die Zahnstange gegen das Ritzel. Dadurch arbeitet dieses Lenkgetriebe immer **spielfrei.** Gleichzeitig wirkt die Gleitreibung zwischen Druckstück und Zahnstange dämpfend auf die Übertragung von Stößen zum Lenkrad.

Durch eine Zahnstange mit einer zu den Enden hin sich **verkleinernden Zahnteilung** vergrößert sich das Übersetzungsverhältnis (Abb. 3). Dadurch arbeitet die Lenkung für Geradeausfahrt direkter als bei Volleinschlag, wodurch das Einparken auch ohne hydraulische Unterstützung erleichtert wird.

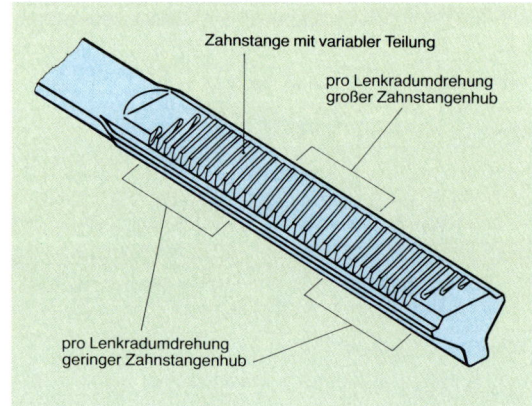

Abb. 3: Variable Übersetzung einer Zahnstangenlenkung

Vorteile der Zahnstangenlenkung:

- flache Bauweise,
- gute Lenkungsrückstellung und
- sehr direkte Lenkung.

Aufgrund dieser Vorteile wird die Zahnstangenlenkung meist für Pkw mit Frontantrieb verwendet.

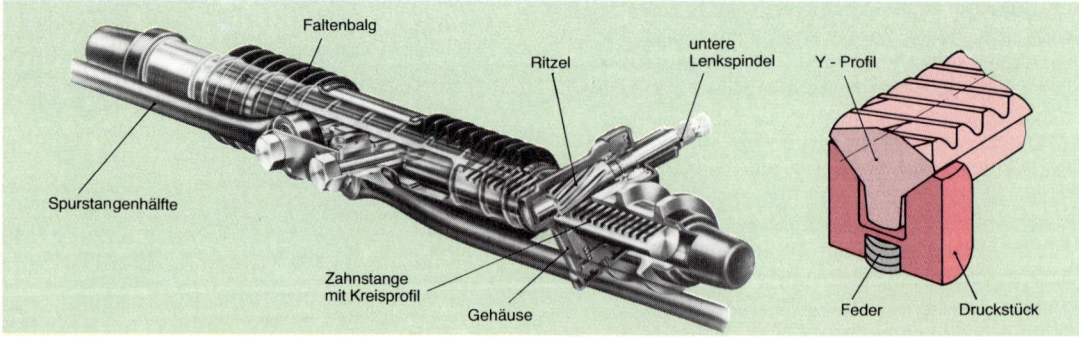

Abb. 2: Zahnstangen-Lenkgetriebe

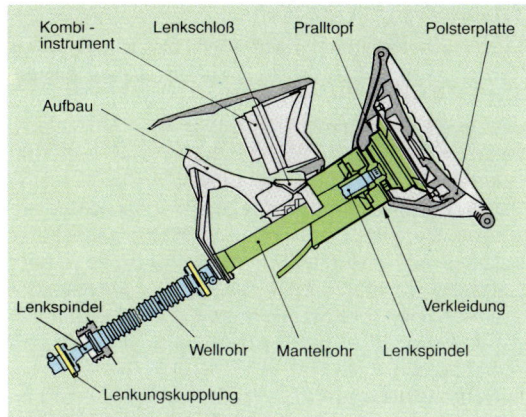

Abb. 4: Sicherheitslenksäule

40.4.3 Lenksäule

Abb. 4 zeigt den Aufbau einer **Sicherheitslenksäule.** Die **Hauptteile** sind:

- das Lenkrad,
- die geteilte Lenkspindel und
- das Mantelrohr, das am Aufbau befestigt ist und die Lagerung der Lenkspindel übernimmt.

Abb. 5 zeigt verschiedene Bauarten von Sicherheitslenksäulen. Bei einem Aufprall wird die Lenkspindel durch **Verformung oder Verschiebung** verkürzt. Dadurch wird verhindert, daß sie sich in den Fahrgastraum schiebt.

Ergänzt werden die Sicherheitsmaßnahmen durch **Sicherheitslenkräder** mit versenkter bzw. gepolsterter Nabe. Durch einen **Pralltopf** wird das Lenkrad bei einem Aufprall abgewinkelt.

Häufig ist die Lenkspindel über ein **Trockengelenk** mit dem Lenkgetriebe verbunden (obere und untere Lenkspindel). Dadurch können Axialbewegungen und kleine Winkelabweichungen (bis zu 3°) ausgeglichen und Stöße, Schwingungen bzw. Geräusche gedämpft werden.

Durch die Verwendung von **Kreuzgelenken** ist es möglich, die Lenkspindel schwenkbar und für den Fahrer einstellbar anzuordnen.

40.4.4 Lenkungsdämpfer

> Der **Lenkungsdämpfer** hat die **Aufgabe,** die durch die gelenkten Räder erzeugten Schwingungen am Lenkgestänge zu dämpfen.

Der Lenkungsdämpfer ist ein Einrohrdämpfer (s. Kap. Schwingungsdämpfung). Er hat in Zug- und Druckrichtung gleiche Dämpfungskraft.

Die Anordnung im Lenkgestänge zeigt Abb. 2, S. 378.

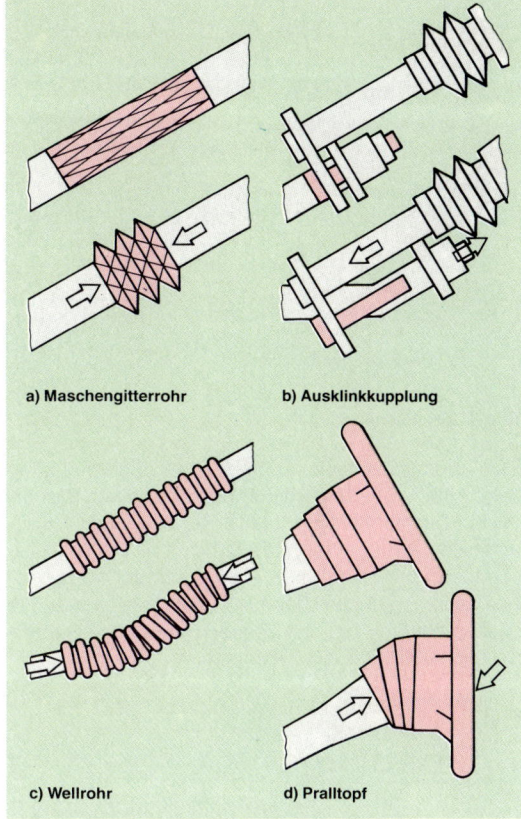

Abb. 5: Bauarten von Sicherheitslenksäulen

40.5 Hilfs- und Fremdkraftlenkung

Die für die Lenkbewegung der gelenkten Räder notwendige Kraft hängt von der Achsbelastung ab. Eine Lenkübersetzung kann nicht beliebig vergrößert werden, weil sonst ein Lenkeinschlag zu viele Lenkradumdrehungen erfordern würde. Da aber eine Lenkkraft von 250 N am Lenkrad nicht überschritten werden soll, ergibt sich für schwere Pkw, für Lkw und Omnibusse die Notwendigkeit einer Hilfskraftlenkung (Servolenkung). Hilfskräfte können durch hydraulische und pneumatische Drücke erzeugt werden.

40.5.1 Servolenkung

An eine Servolenkung werden folgende **Anforderungen** gestellt:

- exaktes Einsetzen der Hilfskraft und
- Lenkmöglichkeit auch bei Ausfall der Hilfskraft.

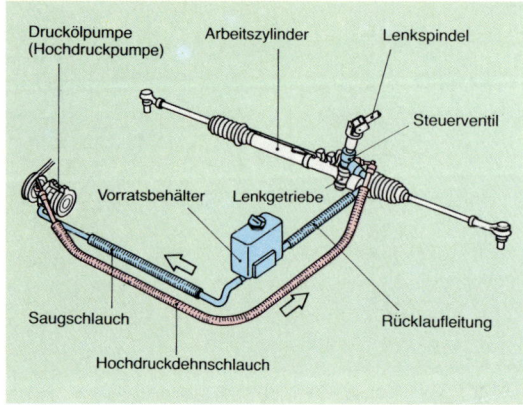

Abb. 1: Servolenkung

Den grundsätzlichen Aufbau einer Servolenkung
zeigt Abb. 1. Eine **Drucköllpumpe** versorgt ein **Steuerventil.** Dieses läßt, je nach Rechts- oder Links-
einschlag am Lenkrad, das Drucköl in die entsprechende Druckleitung zum Arbeitszylinder fließen.
Bei allen Arten der Servolenkung wird durch die
Lenkspindeldrehung ein Steuerkolben oder Steuer-
Drehschieber (Steuerventil) betätigt.

Servolenkung mit Drehstab

Diese Servolenkung wird auch als **Kugelmutter-
Hydrolenkung** bezeichnet. Zwischen Lenkschraube
und -spindel befindet sich ein **Drehstab** (Abb. 2). Wird
das Lenkrad gedreht, so treten an den Rädern
Lenkwiderstände auf. Dadurch verdreht sich die
Lenkspindel gegenüber der Lenkschraube.
Da an der Lenkschraube das Steuergehäuse und am
unteren Ende der Lenkspindel der **Kolbenmitnehmer**
befestigt ist, verdreht sich dieser gegenüber dem
Gehäuse je nach Lenkeinschlag in wechselnder
Drehrichtung. Der Kolbenmitnehmer greift spielfrei in
die Längsschlitze der Steuerkolben ein und ver-
schiebt diese.
In **Neutralstellung** (Abb. 2) fließt das Drucköl zu den
beiden Arbeitsräumen im Lenkgetriebe. Diese ent-
stehen durch die als Arbeitskolben geformte Lenk-
mutter.
Bei einem **Lenkeinschlag** verschieben sich die
Steuerkolben (Abb. 2) und das Drucköl wird auf eine
Seite des Arbeitskolbens geleitet. Auf der anderen
Seite kann das Öl zum Vorratsbehälter abfließen. Bei
entgegengesetztem Lenkeinschlag gelangt das
Drucköl auf die andere Seite des Arbeitskolbens
(Abb. 2).

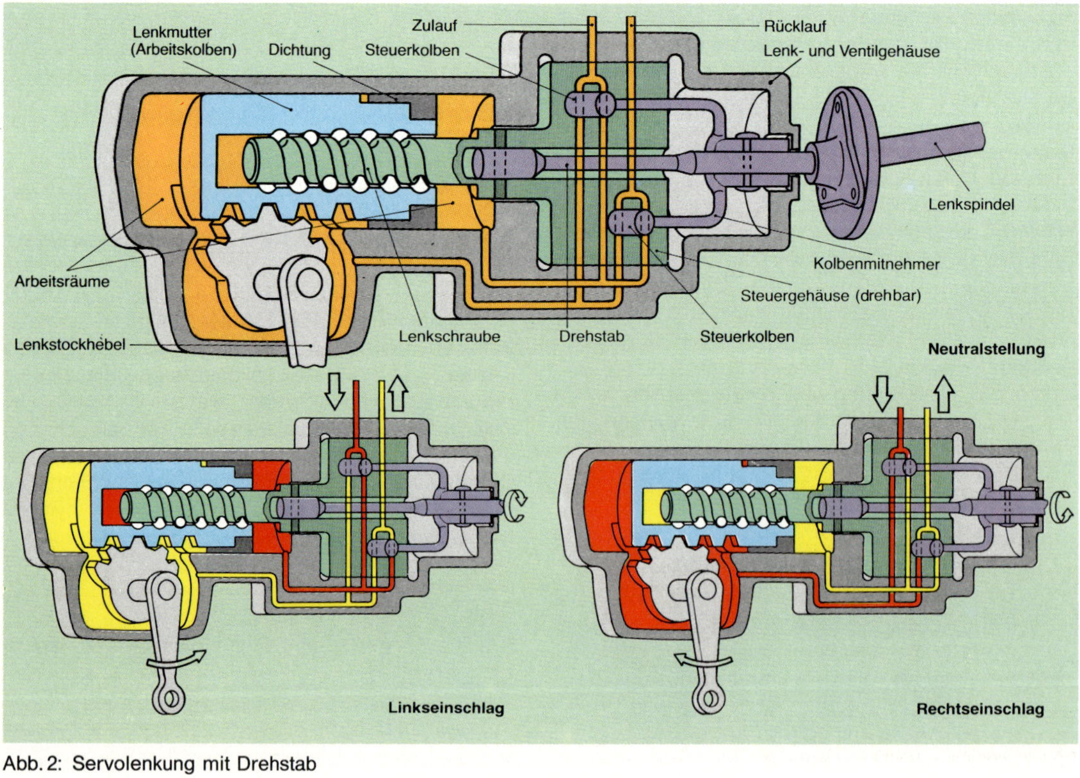

Abb. 2: Servolenkung mit Drehstab

Servolenkung mit Steuerlineal

An der Lenkmutter befindet sich ein Steuerlineal (Abb. 3). Wird das Lenkrad eingeschlagen, wirken an der Lenkmutter Umfangskräfte. Das Lineal wird also nicht nur in Richtung der Lenkspindelachse bewegt, sondern auch verdreht. Dadurch bewegt es den Steuerkolben in die notwendige Richtung für die Steuerung des Drucköls. Der Steuerkolben wird, wenn keine Umfangskräfte wirken, mit geringer Federkraft in Mittelstellung gehalten.

In beiden Servosystemen sind Arbeitszylinder und Steuerventil in einem Gehäuse untergebracht. Diese Bauart wird **Blockbauweise** genannt.

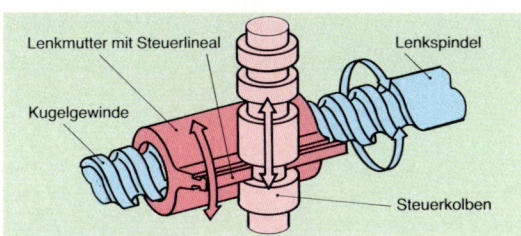

Abb. 3: Servolenkung mit Steuerlineal

40.5.2 Hydrostatische Lenkung

Die hydrostatische Lenkung ist eine **Fremdkraftlenkung.** Das Lenkrad ist nicht mehr mechanisch mit dem Lenkgestänge verbunden. Die Übertragung der Lenkkraft erfolgt **vollhydraulisch,** d.h. mit Drucköl (Abb. 4).

Ein solches System wird in der Regel nur dann eingebaut, wenn die mechanische Verbindung vom Lenkrad zu den gelenkten Rädern zu aufwendig ist, z.B. bei Schleppern. Die Fahrgeschwindigkeit darf 50 km/h nicht überschreiten. Fällt die Druckölpumpe aus, so muß die Lenkbarkeit über eine Notlenkpumpe weiterhin gewährleistet sein. Sie ist mit dem Achsantrieb verbunden.

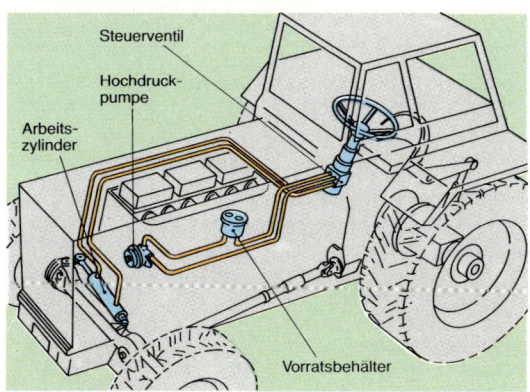

Abb. 4: Hydrostatische Lenkung

40.6 Wartung und Diagnose

Die gleitenden und rollenden Teile der Lenkung sind einem **Verschleiß** durch Reibung unterworfen. Aber auch **Stoßbeanspruchungen** und **Korrosion** führen zu Abnutzungen. Bei unzulässig hohen Beanspruchungen der Lenkung durch Schlaglöcher und Bordsteinkanten kann es zu **Verbiegungen** am Lenkgestänge kommen.

Die in Tab. 2, S. 384 aufgeführten Störungen sind immer wichtige Anzeichen für einen Schaden an der Lenkung.

40.6.1 Prüfen des Lenkungsspiels

Das Lenkrad wird bei stehendem Fahrzeug leicht hin und her bewegt. Dabei werden die gelenkten Räder beobachtet. Ist nicht sofort eine Schwenkbewegung zu erkennen, so ist ein Lenkungsspiel vorhanden. Das Spiel kann im Lenkgetriebe oder im Lenkgestänge vorhanden sein. Hat das Lenkgestänge Spiel, so sind die Gelenke zu erneuern.

40.6.2 Einstellarbeiten am Lenkgetriebe

Die Lenkgetriebe werden je nach Bauart verschieden eingestellt. **Einstellbar** sind:

- das Längsspiel der Lenkschraube bzw. -schnecke,
- das Längsspiel der Lenkwelle und
- das Flankenspiel zwischen Lenkrolle und Lenkschnecke (Schnecken-Rollen-Lenkgetriebe) oder Lenksegment und Lenkschnecke (Schnecken-Segment-Lenkgetriebe).

Die Reparaturanleitungen der Hersteller sind bei allen Einstellarbeiten zu beachten.

Bei der **Kugelumlauflenkung** wird das Längsspiel der Lenkschraube mit einer Einstellschraube nachgestellt. Auch eine selbsttätige Nachstellung der Lenkschraubenlagerung durch Tellerfedern ist üblich. Anschließend wird das Zahnflankenspiel zwischen Lenksegment und Lenkmutter durch eine Druckschraube am Ende der Lenkwelle eingestellt (Abb. 4, S. 379), weil die Zähne von Lenkmutter und Lenksegment keilförmig ausgebildet sind.

An **Schnecken-Lenkgetrieben** wird zuerst das Längsspiel der Lenkwelle durch eine Druckschraube korrigiert (Abb. 1, S. 380). Statt der Druckschraube sind auch Unterlegscheiben am Deckel üblich. Mit einer zweiten Schraube wird das Axlalspiel der Lenkspindel beseitigt. Zum Schluß kann das Zahnflankenspiel eingestellt werden, wenn eine entsprechende Exzenterbuchse im Getriebegehäuse vorhanden ist.

An einigen **Zahnstangen-Lenkgetrieben** kann das Längsspiel des Ritzels nachgestellt werden. Die Nachstellung des Zahnflankenspiels entfällt, da die Zahnstange über das Druckstück spielfrei gegen das Ritzel gedrückt wird.

> Alle Einstellungen sind in der **Lenkmittelstellung** vorzunehmen, da in dieser Stellung das Zahnflankenspiel am geringsten ist.

In den Lenkgetrieben ist auf den notwendigen Ölstand und die vorgeschriebene Ölsorte zu achten. Es werden Lenkgetriebeöl, Hypoidöl oder Flüssigkeitsgetriebeöl ATF (Servolenkung) verwendet.

Arbeitshinweise

- Schrauben und Muttern mit den im Werkstatt-Handbuch angegebenen Drehmomentwerten anziehen.
- Alle vorgesehenen Schraubensicherungen (Splinte, Sicherungsbleche, Federringe usw.) anbringen.
- Alle gleitenden Teile des Lenkgetriebes vor dem Zusammenbau mit Lenkgetriebeöl einölen.
- Kugeln der Kugelumlauflenkung nur mit reiner Vaseline schmieren.
- Arbeiten an den Dichtungen mit größter Sorgfalt ausführen.

Tab. 2: Hinweise zur Wartung und Diagnose der Lenkung

Wartung ⤵	⤵	⤵	⤵
Prüfposition	Mangel, Fehler	Ursache	Folge
⤵	⤵	⤵	Diagnose
Störstelle	Mangel, Fehler	Ursache	Störung
Lenkrad	Spiel	lange Betriebsdauer, Überbeanspruchung	Lenkunruhe, Flattern der Räder, spätes Ansprechen der Lenkung
	Schwergängigkeit	Servolenkung ausgefallen (siehe Prüfposition Servol.), Lenkgetriebe undicht, daher Ölverlust	mangelndes Lenkgefühl
Lenksäule	Lenksäulenbefestigung ist lose	Überbeanspruchung, Montagefehler	Lenkungenauigkeit, Schwingungen in der Lenkung, Geräusche
	Lenkspindel (Lenkrohr) hat Lagerspiel	lange Betriebsdauer	
Lenkgetriebe	Befestigung lose	Überbeanspruchung der Lenkung	
Kugelgelenke	ausgeschlagen	Überbeanspruchungen, natürlicher Verschleiß	Lenkunruhe, Flattern der Räder, spätes Ansprechen der Lenkung, mangelndes Lenkgefühl, Geräusche
Lenkgestänge	verbogen	Überbeanspruchung der Lenkung	Lenkunsicherheit, ungleiche Reifenabnutzung
Lenkungs-dämpfer	unwirksam	undicht	Lenkunruhe, Flattern der Räder
Räder, besonders die der Vorderachse	Achseinstellwerte entsprechen nicht den Sollwerten	Verschleiß in den Gelenken der Radaufhängung, Überbeanspruchung	Radlaufflächen ungleichmäßig abgenutzt, Lenkunruhe, Flattern der Räder
Lenkhilfe (Servolenkung)	Keilriemenspannung zu gering	lange Betriebsdauer	Ausfall der Servolenkung bzw. Schwergängigkeit der Lenkung, Geräusche
	Zuleitung verstopft	Filter defekt	
	zu niedriger Hydraulikstand	Wartungsmängel, Undichtigkeiten in der Lenkanlage	
	Luft in der Servoanlage	Undichtigkeiten	

- Keilriemenspannung der Drucköolpumpe genau einstellen.
- Eine Reparatur an der Lenkung darf nur bei normalem Verschleiß erfolgen. Soll die beschädigte Lenkung eines Unfallwagens repariert werden, so ist äußerste Sorgfalt geboten. Alle Teile sind einer genauen Kontrolle zu unterziehen. Lager, Dichtungen und Dichtringe sind zu ersetzen.
- Lenksäulen von Unfallwagen dürfen nicht gerichtet werden. Das Well- oder Gitterrohr und der Pralltopf dürfen nicht wiederverwendet werden.
- Nachträgliche Veränderungen an der Lenkung (auch ein anderes Lenkrad) müssen von der Kfz-Zulassungsstelle genehmigt und im Fahrzeugbrief eingetragen sein.

40.6.3 Optische Achsvermessung

Das **optische Achsmeßgerät für Pkw** besteht im wesentlichen aus **vier Projektionssystemen** mit den zugehörigen Bildwänden (Abb. 1). Für die Achsvermessung von **Lkw** werden **Laser-Achsmeßgeräte** verwendet, da der Laserstrahl gut gebündeltes Licht für die langen Projektionswege liefert.

Vor der Achsvermessung sind folgende **Prüfpositionen** zu beachten:

- Spiel im Lenkgestänge,
- Seitenschlag der Räder,
- Lagerspiel der Räder,
- Abnutzung der Reifenlauffläche,
- Reifenluftdruck,
- Schwingungsdämpfer und
- Federn.

Erst wenn die vorhandenen Mängel behoben sind, kann mit der Achsvermessung begonnen werden. Für die Achsvermessung ist das Fahrzeug gegebenenfalls nach Herstellervorschrift zu belasten.

Zur Achsvermessung von **Pkw** werden an den Vorderrädern **dreiteilige Spiegel** angebracht, an den Hinterrädern einteilige Spiegel. Sie werfen das vom Objektiv in der Mitte der Bildwand kommende Skalenbild für die Messung auf die feststehende Bildwand zurück (Abb. 2). Bewegt sich der Spiegel, so verschiebt sich auch das projizierte Skalenbild.

> Die Spiegel werfen das **projizierte Skalenbild** entsprechend dem Reflexionsgesetz zurück.

Zuerst sind die Spiegel so zu justieren, daß die projizierten Skalenbilder bei Drehung der Räder nicht mehr wandern (weniger als 5'). Die Spiegel befinden sich dann senkrecht zur optischen Achse der zugehörigen Projektoren.

Ausrichten des Fahrzeugs

Das Fahrzeug ist so auszurichten, daß die Längsachse genau **rechtwinklig zu den optischen Achsen** der Meßprojektoren steht. Eine Mittellage ist aber nicht erforderlich.

Das Ausrichten muß vorhandene Spurweitenunterschiede zwischen Vorder- und Hinterachse berücksichtigen. Dadurch ergibt sich folgende Meß-, Rechen- und Ausrichtfolge (Abb. 1):

Mit einem Bandmaß, das einen Haftmagneten am Ende hat, wird zwischen Felgenhorn des linken Vorderrads und dem Projektor (Tastvorrichtung) gemessen (Maß A).

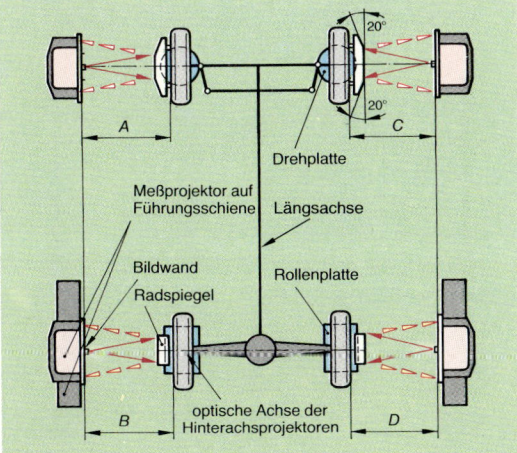

Abb. 1: Optisches Achsmeßgerät

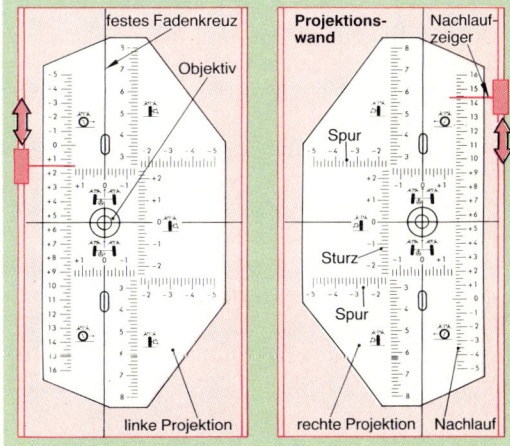

Abb. 2: Projiziertes Skalenbild für Vorderachse

Das linke Hinterrad muß auf das gleiche Maß A eingestellt werden. Die Hinterräder stehen auf Rollenplatten.

Nun werden die Abstände auf der rechten Fahrzeugseite gemessen. Es ergeben sich die Maße C und D:

- den Maßunterschied zwischen C und D halbieren,
- um diesen Betrag das Fahrzeug hinten verschieben; es ergibt sich Maß B. Ist
  C minus D positiv: hinten nach links verschieben.
  C minus D negativ: hinten nach rechts verschieben (in Fahrtrichtung gesehen).

Spurmessung

Die Gesamtspur wird nach Herstellerangaben bei unbelastetem oder belastetem Fahrzeug gemessen. In beiden Fällen wird z.B. das linke Vorderrad so gestellt, daß das feste Fadenkreuz auf Spur 0 der projizierten Skale (waagerecht) steht (Abb. 2, S. 385). Auf der Bildwand für das rechte Vorderrad wird dann die Spur in Winkelgraden abgelesen. Für die **Hinterachse** ergibt die **Summe der Winkel** von links und rechts die Gesamtspur.

Sollen die Vorderräder mit einem Räderspanner auseinandergedrückt werden, so ergibt der Unterschied zwischen dem gedrückt und ungedrückt gemessenen Spurwert einen Vergleichswert für die Größe der Gelenkspiele.

Sturzmessung

Die Sturzskale liegt senkrecht (Abb. 2, S. 385). Der Sturz wird an der Vorderachse bei Spur 0 abgelesen.

Spurdifferenzwinkelmessung

Messung auf der Spurskale. Das linke Rad wird hierzu 20° nach links geschwenkt. Das ist der Fall, wenn der linke 20°-Spiegel Spur 0 projiziert. Jetzt wird für das rechte Rad der Spurdifferenzwinkel abgelesen (Abb. 1). In entsprechender Weise wird der Spurdifferenzwinkel für das linke Rad ermittelt.

Bei fehlerfreiem Lenktrapez sind beide Winkelwerte im Rahmen der zulässigen Toleranzen gleich groß.

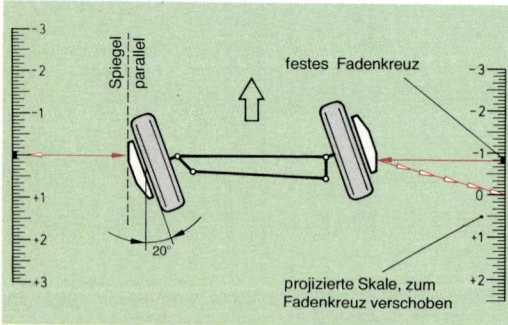

Abb. 1: Messung des Spurdifferenzwinkels

Nachlaufmessung

Für diese Messung wird das linke Rad 20° nach links geschwenkt und der Nachlaufzeiger auf der senkrechten Nachlaufskale der linken Bildwand auf 0 gestellt. Anschließend wird das linke Rad 20° nach rechts eingeschlagen. Der zugehörige Nachlaufwinkel wird auf der linken Bildwand abgelesen.

Für das rechte Rad gilt folgende Reihenfolge:

- Rechtes Rad 20° nach links einschlagen und den Nachlaufzeiger auf 0 stellen.
- Rechtes Rad 20° nach rechts einschlagen und den Nachlauf ablesen.

Alle Meßwerte werden in eine Achs-Meßkarte eingetragen (Abb. 2). Die Achsmeßkarte gibt einen Überblick über die festgestellten Ist-Daten. Sie erleichtert den Vergleich mit den Soll-Daten und evtl. nachfolgende Einstellarbeiten an den Rädern.

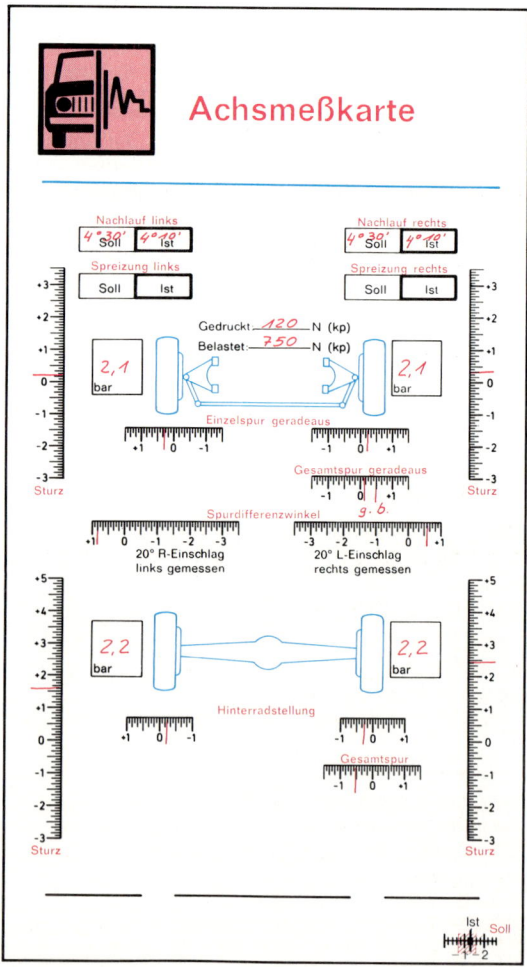

Abb. 2: Achsmeßkarte

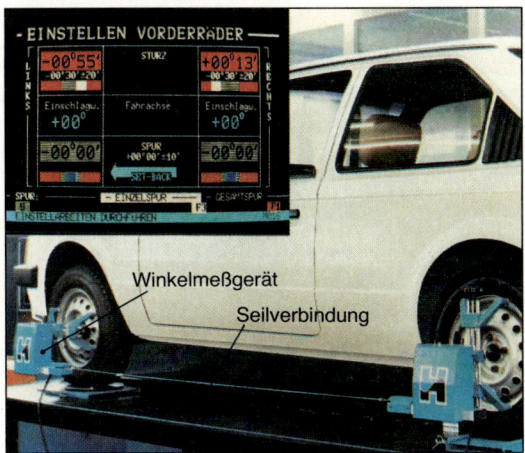

Abb. 3: Elektronische Achsvermessung

Einstellen der vorgeschriebenen Werte

Hat die Achsvermessung Abweichungen von den Soll-Werten für Sturz und Nachlauf ergeben, so können diese Werte meist durch Unterlegen oder Entfernen von Ausgleichscheiben neu eingestellt werden. Auch Exzenterverstellungen sind üblich.
Die Einstellung der Spur erfolgt, wenn Sturz und Nachlauf richtig eingestellt sind.
Durch Drehen des Spurstangenrohres schrauben sich die Spurstangenköpfe heraus bzw. hinein (ein Spurstangenkopf hat Linksgewinde). Nach der Einstellung sind die Feststellmuttern wieder zu sichern. Bei geteilter Spurstange ist die Spur anteilig auf beide Seiten zu verteilen.

40.6.4 Elektronische Achsvermessung

Das zu vermessende Fahrzeug wird, wie üblich, mit den Vorderrädern auf Drehuntersätze und mit den Hinterrädern auf quer zur Fahrtrichtung bewegliche Schiebeuntersätze gestellt. Dadurch stehen die Räder ohne Spannung und nehmen ihre normale Winkelstellung ein. Ein besonderes Ausrichten des Fahrzeugs ist nicht erforderlich.
Nun wird mit den bekannten Aufspannvorrichtungen an jedem Rad ein **elektronisches Winkelmeßgerät** befestigt. Alle Winkelmeßgeräte (Abb. 3) sind untereinander mit gespannten Seilen verbunden. Die elektrischen Meßwerte werden elektronisch verarbeitet und liefern am Anzeigegerät das Ergebnis der gewählten Messung. Die Messungen beziehen sich auf

eine vom Rechner ermittelte geometrische Fahrachse. Sie wird auf die Hinterachse bezogen und entsteht durch den halben Spurwinkel der Hinterachse.

Vorteile der elektronischen Achsvermessung:
- hohe Meßgenauigkeit, Toleranz 5′,
- keine Ausrichtung des Fahrzeugs nötig,
- ortsungebunden.

Aufgaben

1. Welche Aufgaben hat die Lenkung?
2. Nennen Sie den Unterschied zwischen Achsschenkel- und Drehschemellenkung.
3. Welche Aufgabe hat das Lenktrapez?
4. Erklären Sie die folgenden Begriffe:
   a) Spurweite,
   b) Spur, Vor- und Nachspur,
   c) Sturz,
   d) Lenkrollhalbmesser und
   e) Spreizung.
5. Begründen Sie die Notwendigkeit für
   a) Vorspur,
   b) Sturz und
   c) Lenkrollhalbmesser.
6. Welchen Vorteil hat ein negativer Lenkrollhalbmesser?
7. Auf welche Weise wird der selbsttätige Rücklauf der Lenkung erreicht?
8. Nennen Sie die Hauptteile einer Lenkung.
9. Nennen Sie die Teile des Lenktrapezes.
10. Welche Lenkgetriebe sind verbreitet?
11. Beschreiben Sie die Wirkungsweise eines Kugelumlauf-Lenkgetriebes.
12. Welche Vorteile hat ein Schnecken-Rollen-Lenkgetriebe?
13. Durch welches Bauteil bleibt das Zahnstangen-Lenkgetriebe spielfrei?
14. Was ist eine Sicherheitslenksäule?
15. Welche Aufgabe hat ein Lenkungsdämpfer?
16. Beschreiben Sie die Grundwirkungsweise der Servolenkung mit Drehstab.
17. Was ist eine hydrostatische Lenkung?
18. Nennen Sie die Einstellarbeiten am Lenkgetriebe.
19. Bei 2,5 Lenkradumdrehungen wurde das kurveninnere Rad um 43° geschwenkt. Berechnen Sie die Lenkübersetzung.
20. Zeichnen Sie den quadratischen Gehäusedeckel der Abb. 3, S. 379 im Halbschnitt. Die Maße sind der Abbildung zu entnehmen. Ein geeigneter Maßstab ist zu wählen.
21. Beschreiben Sie den vollständigen Arbeitsablauf der optischen Achsvermessung für den Sturz.

41 | Federung

Fährt ein Fahrzeug über Fahrbahnunebenheiten, treten an den Rädern **stoßartige Kräfte** auf. Diese Kräfte werden über die Federung und Radaufhängung auf den Fahrzeugaufbau übertragen.

> **Aufgabe** der **Fahrzeugfederung** ist es, die harten Fahrbahnstöße auf die Räder im Zusammenwirken mit dem Schwingungsdämpfersystem aufzunehmen und in jeweils wenige Schwingungen des Fahrzeugaufbaus umzuwandeln.

Durch das Zusammenwirken des Federungs- und Schwingungsdämpfersystems soll folgendes erreicht werden:

- **Fahrsicherheit,** der für die Lenkung und Bremsung wichtige Fahrbahnkontakt der Räder wird verbessert.

- **Betriebssicherheit,** die Bauteile des Fahrzeugs werden vor zu hohen Belastungen geschützt.

- **Fahrkomfort,** unangenehme und gesundheitsschädliche Belastungen für die Fahrzeuginsassen werden vermieden, empfindliches Ladegut wird nicht beschädigt.

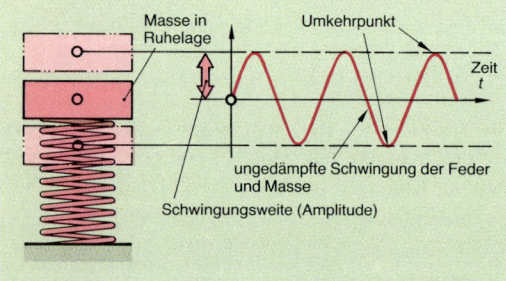

Abb. 1: Einfaches Federungssystem und Schwingungsvorgang

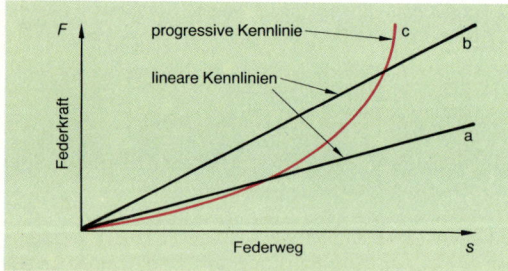

Abb. 2: Lineare und progressive Federkennlinie

41.1 Grundprinzip der Federung

Durch die Federung zwischen dem Aufbau und der Radaufhängung wird das Fahrzeug zu einem schwingungsfähigen System.

Die einfachste Art einer **ungedämpften Federung** besteht aus einer einseitig fest eingespannten Feder, deren andere Seite mit einer freischwingenden Masse fest verbunden ist (Abb. 1). Sie entspricht, bezogen auf ein Fahrzeug, der Summe der Massen von Aufbau, Motor, Getriebe usw.

Im Ruhezustand wird die Feder nur durch die Gewichtskraft der Masse belastet. Wird die Masse in senkrechter Richtung angestoßen, so drückt sie die Feder zusammen. Die Feder nimmt Energie auf. Das entspricht der Energieaufnahme während des Einfederungsvorgangs.

Nach der Energieaufnahme schnellt die Feder zurück (Energieabgabe) und kehrt dadurch die Bewegungsrichtung der Masse um. Dabei bewegt sich die Masse infolge der Massenträgheit über die ursprüngliche Ruhelage hinaus. Die Feder wird solange auseinandergezogen, bis sie die vorhandene Bewegungsenergie der Masse gespeichert hat. Dann kommt es wieder zur Bewegungsumkehr.

Die Federwege des Ein- und Ausfederns nehmen immer mehr ab, da die Bewegungsenergie durch die Reibung der Feder mit der Luft und die Reibung im Federwerkstoff in Wärmeenergie umgewandelt wird.

Die Zeit für das Abklingen des Schwingungsvorgangs bei immer kleiner werdender Schwingungsweite (Federweg) hängt von der Eigendämpfung (Reibung im Federwerkstoff) der Feder ab.

> **Federn** haben meist eine **geringe Eigendämpfung.**

Wird die Masse während des Schwingungsvorgangs immer wieder von neuem angestoßen, so kann die Schwingungsweite immer größer werden, d.h., das Schwingungssystem schaukelt sich auf. Dieser Vorgang wird **Resonanz** genannt und entsteht z.B. am Aufbau dann, wenn das Fahrzeug im Rhythmus der Aufbauschwingungen über Fahrbahnunebenheiten fährt.

Die **Frequenz** (s. Kap. Auspuffanlage) des einfachen Federungssystems hängt von der federnden Masse und der Federrate der Feder ab. Die **Federrate** gibt an, ob eine Feder weich oder hart ist.

Bei gleicher Feder bewirkt eine **größere Masse** eine **kleinere Schwingungszahl** je Zeiteinheit (Frequenz).
Bei gleicher Masse bewirkt eine **weichere Feder** eine **kleinere Schwingungszahl** je Zeiteinheit.

Die Federrate kann mit einem **Federprüfgerät** festgestellt werden. Dabei wird die zu prüfende Feder ständig höher belastet und der jeweilige Einfederungsweg *s* gemessen.
Werden die Meßergebnisse in ein **Kraft-Weg-Diagramm** eingetragen, so ergibt sich z. B. die **lineare Federkennlinie** (Abb. 2, Kennlinie a). Sie zeigt, daß die Feder bei gleichem Betrag der Krafterhöhung um immer den gleichen Betrag des Federwegs *s* zusammengedrückt wird: Kraft und Federweg verhalten sich zueinander linear.
Die Federkennlinie der Abb. 2, Kennlinie b, gehört im Vergleich zur Linie a zu einer härteren Feder, da für den gleichen Einfederungsweg eine größere Kraft erforderlich ist. Der wesentliche **Nachteil** der harten Federung ist die hohe Frequenz des Fahrzeugaufbaus bei geringer Beladung. Ferner würden viele schwache Fahrbahnstöße ohne einen großen Einfederungsweg der harten Feder fast direkt an den Aufbau weitergeleitet und als Fahrbahnstöße empfunden werden.
Durch Federn, deren Federkennlinie bei zunehmender Belastung immer mehr ansteigt, d. h. **progressiv** ist (Abb. 2, Kennlinie c), werden die Nachteile der Feder mit linearer Kennlinie ausgeglichen.

Eine **lineare** Federkennlinie steigt gleichmäßig an.
Eine **progressive** Federkennlinie steigt mit zunehmender Belastung immer mehr an.

Die **Vorteile** der progressiven Federcharakteristik sind:
- Bei geringer Zuladung (Masse klein, Federung weich) hat der Fahrzeugaufbau eine geringe Eigenfrequenz.
- Bei großer Zuladung (Masse groß, Federung hart) bleibt die für die Fahrzeuginsassen günstige Schwingungszahl des Fahrzeugaufbaus etwa erhalten.
- Bei starken Fahrbahnstößen schlägt die Federung nicht durch.
- In Ausfederungsrichtung sind gegenüber einer linearen, harten Federung große Federwege bis zur Radentlastung vorhanden. Nach der Radentlastung würde sich das Rad von der Fahrbahn lösen.

41.2 Grundaufbau der Federung

Zum Federungssystem eines Kraftfahrzeugs gehören die Federn zwischen der Radaufhängung und dem Aufbau bzw. dem Rahmen. Ergänzt wird dieses System durch die Reifen und die Federung der Sitzflächen (Abb. 3).

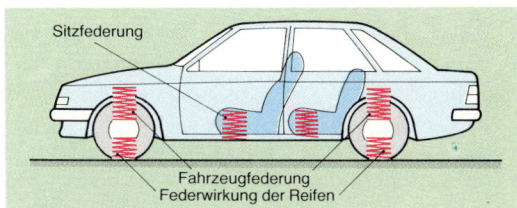

Abb. 3: Federungssystem eines Fahrzeugs

Durch die Fahrzeugfederung entstehen am Fahrzeug ungefederte und gefederte Massen. Obwohl die Reifen zum Federungssystem gehören, werden die Räder und weitere Bauteile an den Rädern als ungefederte Massen bezeichnet.

Zu den **ungefederten** Massen gehören die Räder mit den Bremsen und – weil teils gefedert und teils ungefedert – auch ein Teil der Radaufhängung, der Schwingungsdämpfer, der Federn und der Achswellen.
Zu den **gefederten Massen** gehören die Baugruppen, die von den Federn gegen die Räder bzw. Radaufhängung abgestützt werden (z. B. Aufbau, Motor, Kupplung, Getriebe).

Es wird angestrebt, die ungefederten Massen gegenüber den gefederten so klein wie möglich zu halten. Dadurch ist der Einfluß der ungefederten Bauteile auf das Schwingungsverhalten des Aufbaus am geringsten. Ferner werden die Stoßbelastungen der ungefederten Teile durch verminderte Massenträgheit wesentlich verringert.
Die **Frequenz** der ungefederten Masse beträgt bei einem mittleren Pkw etwa 10 bis 16 Hz, die Frequenz der gefederten Masse etwa 1 bis 1,8 Hz. Frequenzen unterhalb 1 Hz führen zu Übelkeit, oberhalb von 2 Hz beeinträchtigen die Schwingungen sehr stark den Fahrkomfort und werden bei etwa 5 Hz als Erschütterungen empfunden.
Da der Aufbau wegen der geringen Eigendämpfung der Federn zu lange ausschwingen würde, ist jedes Fahrzeugfederungssystem mit einer Schwingungsdämpfung (s. Kap. Schwingungsdämpfung) kombiniert. Nur eine einwandfreie Abstimmung beider Systeme ergibt die gewünschten Federungs- und Fahreigenschaften.

41.3 Arten der Fahrzeugfederung

Es werden unterschieden:
- Stahlfederung,
- Luftfederung (Gasfederung) und
- Gummifederung.

41.3.1 Stahlfederung

Im Fahrzeugbau werden folgende **Stahlfedern** verwendet:
- Schraubenfedern (meist im Pkw),
- Blattfedern (meist im Lkw) und
- Drehstabfedern (im Pkw).

Schraubenfedern

Schraubenfedern im Fahrzeugbau sind **Schraubendruckfedern.** Sie werden durch Aufwickeln von erwärmtem Stahldraht auf einen Dorn mit anschließendem Härten und Anlassen hergestellt. Bei gleichmäßiger Steigung, zylindrischer Wicklungsform und konstantem Drahtdurchmesser ergeben sich Federn mit linearer Federkennlinie (Abb. 1a).

> Eine Schraubenfeder wird **härter** durch:
> - einen größeren Drahtdurchmesser,
> - einen kleineren Federdurchmesser und
> - eine geringere Zahl der Windungen.

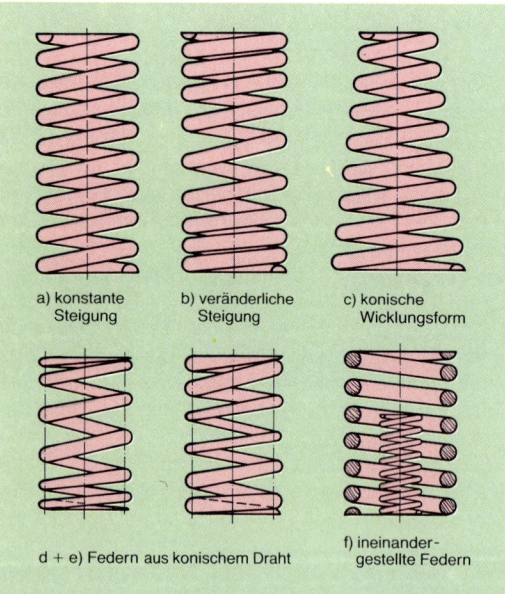

a) konstante Steigung
b) veränderliche Steigung
c) konische Wicklungsform

d + e) Federn aus konischem Draht

f) ineinandergestellte Federn

Abb. 1: Schraubenfedern

Druckfedern mit **progressiver Kennlinie** (Abb. 1b bis 1e) haben entweder
- ungleichmäßige Wicklungssteigung,
- ungleichmäßigen mittleren Durchmesser oder
- nicht konstanten Drahtdurchmesser (konischer Draht).

Diese Konstruktionseigenschaften können auch kombiniert werden. Durch Ineinanderstellen verschieden hoher Druckfedern (Abb. 1f) wird eine einfache progressive Kennlinie mit einer geknickten linearen Kennung erzielt.

Die **Miniblock-Feder** (Tonnenfeder) ist eine neuere Entwicklung für den Pkw-Bau. Ihre progressive Kennung wird durch Anwendung aller drei Möglichkeiten zur Erzielung einer progressiven Kennlinie erreicht. Abb. 2 zeigt eine Miniblock-Feder im Vergleich zu einer zylindrischen Schraubenfeder mit gleicher Federkennlinie (Schraubenfederdraht ist konisch). Die Miniblock-Feder erlaubt sehr niedrige Bauhöhen, da sich die Windungen bei Belastung spiralförmig ineinander legen.

Weitere **Vorteile** der Miniblock-Feder sind:
- gute Werkstoffausnutzung,
- kleine Masse,
- kleine Federteller und
- keine Geräusche durch Berühren der Windungen.

Allgemein haben Schraubenfedern folgende **Nachteile:**
- kaum Eigendämpfung und
- keine Übertragungsmöglichkeit für Quer- und Längskräfte.

Deshalb werden für die Fahrzeugfederung Schraubenfedern nur in Verbindung mit Schwingungsdämpfern und besonderen Radführungselementen, wie z. B. Quer- und/oder Längslenker (s. Kap. Radaufhängung) oder als Bauteil des Federbeins, verwendet. Größere Stoßbelastungen werden durch zusätzliche Gummifedern als Endanschlag abgefangen.

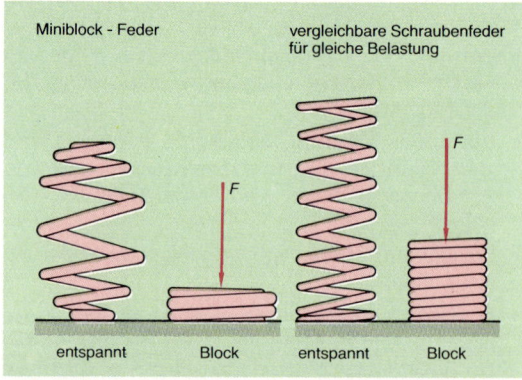

Miniblock - Feder

vergleichbare Schraubenfeder für gleiche Belastung

F

F

entspannt   Block   entspannt   Block

Abb. 2: Miniblock-Feder

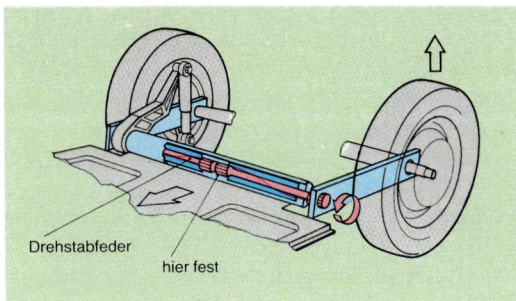

Abb. 3: Drehstabfeder

Drehstabfedern

Mit der Drehstabfeder wird die Federwirkung eines um seine Längsachse verdrehten Stabes ausgenutzt (Abb. 3).

> Je länger der **Drehstab** bei gleichbleibendem Querschnitt ist, desto weicher ist seine Federwirkung.

Es werden Drehstäbe aus Rund- und Flachstahl verwendet. Auch Bündel dieser Drehstäbe sind üblich. Drehstabfedern werden für die Aufbaufederung nur noch selten verwendet, da der Platzbedarf groß ist.

Blattfedern

Blattfedern bestehen aus Flachstahl, der in der Form einer **halben Ellipse** (Halbelliptikfeder) geformt ist. Unter Belastung wird die elliptische Form flacher. Meist werden mehrere Blätter zu einer Blattfeder zusammengefaßt (Abb. 4 und 5).

Die **Federungseigenschaften** werden bestimmt von:
- dem Querschnitt der Federblätter,
- der Länge der einzelnen Blätter und
- der Anzahl.

> **Weiche Blattfedern** bestehen aus wenigen dünnen Federblättern von großer Länge.

Mit einer großen Zahl von **Blattfederlagen** können große Kräfte vom Aufbau auf die Achse übertragen werden. Blattfedern werden deshalb heute vorwiegend im Lkw-Bau verwendet. Durch eine Zusatzfeder (Abb. 4) entsteht eine progressive Kennlinie.

Blattfedern können Kräfte in der Längs- und Querrichtung des Fahrzeugs übertragen. Die Kraftübertragung in Längsrichtung erfolgt über das in Fahrtrichtung vorn liegende **Federauge** des Hauptblattes, den **Federbolzen** und den am Rahmen befestigten **Federbock,** in Querrichtung über beide Federenden.

Blattfedern haben durch die Reibung zwischen den Federblättern eine **Eigendämpfung** und unterstützen dadurch das Schwingungsdämpfersystem. Nachteilig sind Federgeräusche und Beschädigungen der Oberfläche durch Verschleiß. Diese Nachteile können durch geeignete **Zwischenlagen aus Kunststoff** vermieden werden (Weitspaltfedern). Sie haben gegenüber Blattfedern ohne Zwischenplatten wesentlich weniger Lagen (Abb. 5).

Die Weiterentwicklung schwerer Blattfedern führte zur **Parabelfeder.** Ihre Federblätter verjüngen sich zu den Enden auf beiden Seiten parabelförmig (Parabel: mathem. Kurve). Bei gleicher Federkraft hat sie gegenüber einer Weitspaltfeder weniger Lagen (Abb. 5).

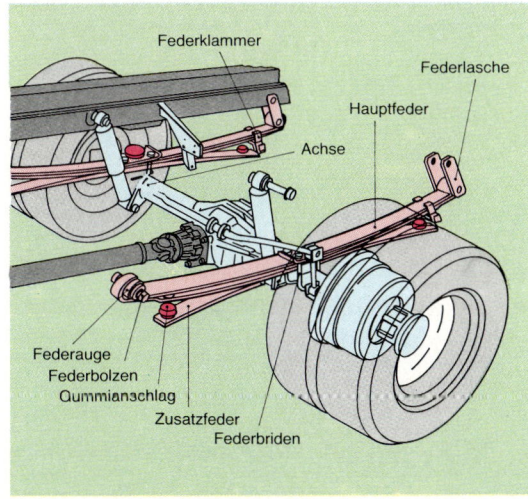

Abb. 4: Einzelteile einer Blattfeder

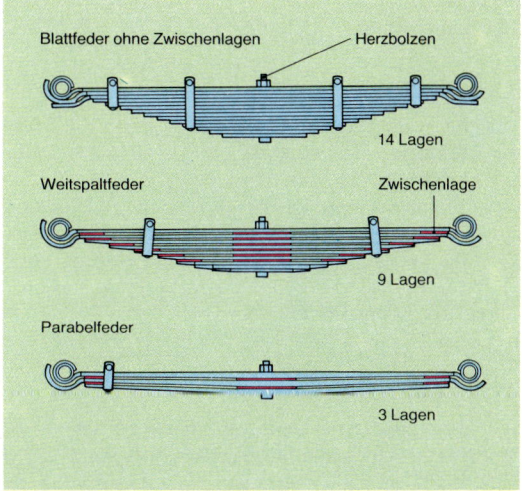

Abb. 5: Vergleich zwischen konventioneller Blattfeder, Weitspalt- und Parabelfeder

Die **Vorteile** der Parabelfeder sind:

- erhebliche Einsparung der Masse,
- geringe Lagenzahl, daher platzsparend, und
- längere Lebensdauer.

Stabilisator

Der Stabilisator besteht aus einem meist U-förmig gebogenem Rundstab von 10 bis 60 mm Durchmesser. Er dient der **Minderung der Wankbewegung** (seitliche Neigung des Aufbaus), d.h., das Kurvenverhalten wird verbessert. Der mittlere Teil des »U« ist quer am Aufbau drehbar in Gummilagern befestigt. Die längsgerichteten Teile (Schenkel) sind mit Gummilagern an der Radaufhängung der Vorder- oder Hinterachse befestigt (Abb. 1). Es gibt auch Fahrzeuge mit zwei Stabilisatoren.

Wird bei Kurvenfahrt ein Rad eingefedert, so wird über den Stabilisator die Ausfederbewegung auf der anderen Seite der Achse gemindert. Federt das Rad einer Achse ein, so federt durch den Stabilisator auch das andere Rad der Achse ein.

Federn beide Räder gleichzeitig ein, so bleibt der Stabilisator unwirksam.

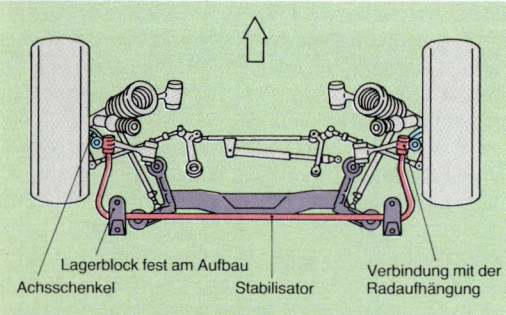

Lagerblock fest am Aufbau
Achsschenkel   Stabilisator   Verbindung mit der Radaufhängung

Abb. 1: Stabilisator

Werkstoffe für Stahlfedern

Übliche Federstähle sind z.B. 60 SiCr 7, 55 Cr 3 und für höchste Belastungen z.B. 50 CrV 4 oder 51 CrMoV 4.

Die Außenschichten der Federn sind durch Dehnung am höchsten beansprucht. Deshalb muß die Oberfläche der Federn sehr glatt, d.h. ohne Kerben sein. Durch Verdichtung der Oberfläche kann die Lebensdauer der Federn erhöht werden.

41.3.2 Luftfederung

Für die Luftfederung wird das **elastische Verhalten** einer eingeschlossenen Luftmenge ausgenutzt. Üblich ist aber auch die Verwendung von Stickstoff, so daß allgemein von **Gasfederung** gesprochen wird. Es

gibt Gasfederungen mit veränderlicher und gleichbleibender Gasmenge. Die Gasfederung unterteilt sich in:

- reine Luftfederung und
- hydropneumatische Federung.

Reine Luftfederung

Die Luftfederungsanlage besteht im wesentlichen aus:

- der Druckluftversorgungsanlage (Kompressor),
- den Federelementen und
- den Luftfederventilen (Niveau-Regelventilen).

Die Anordnung der **Bauteile** einer Luftfederung zeigt Abb. 2.

Bei Kraftomnibussen und Lastkraftwagen wird die Druckluft für die Federung zusammen mit der Luft für die Druckluftbremsanlage erzeugt. Da die Betriebssicherheit der Bremsanlage durch die Luftfederung nicht beeinflußt werden darf, muß die Luftfederung einen **gesonderten Vorratsbehälter** haben und über ein Überströmventil oder eine gesonderte Leitung am Vierkreisschutzventil von der Bremsanlage getrennt sein. Pkw benötigen für die Luftfederung eine zusätzliche Druckluftanlage, da die Bremsanlage hydraulisch wirkt.

Das **Federelement** der Luftfederung ist der **Rollbalg,** oder der **Faltenbalg** (Abb. 3). Sie bestehen aus öl- und alterungsbeständigem Gummi mit verstärkenden Gewebeeinlagen. Roll- und Faltenbälge können, wie die Schraubenfedern, keine Rad- bzw. Achsführungsaufgaben übernehmen.

Wegen der **geringen Eigendämpfung** dieser Federelemente müssen Schwingungsdämpfer dieses System ergänzen.

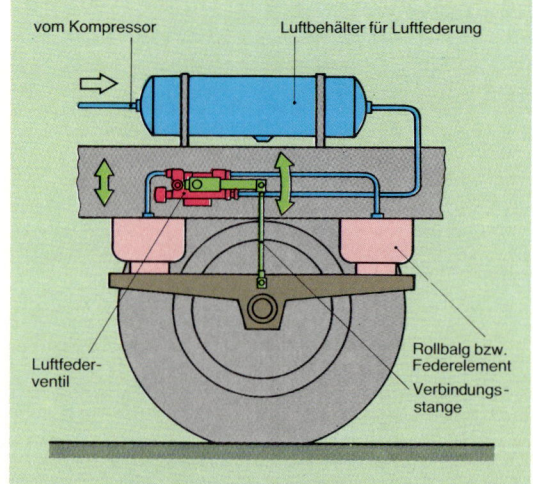

vom Kompressor   Luftbehälter für Luftfederung

Luftfederventil

Rollbalg bzw. Federelement

Verbindungsstange

Abb. 2: Luftfederung

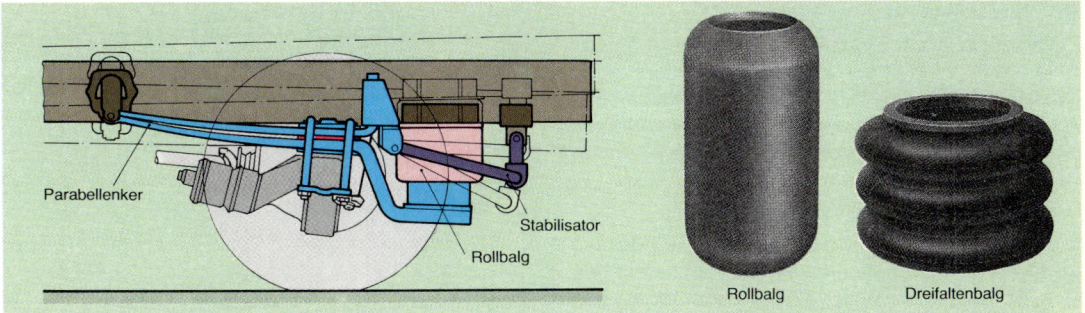

Abb. 3: Roll- und Faltenbalg

Die **Luftfederventile** haben die **Aufgabe,** die Luftmenge in den Luftfederbälgen in Abhängigkeit von der Zuladung, d.h. der Ein- und Ausfederung so zu regeln, daß der Aufbau immer gleichen Abstand (gleiches Niveau) zu den Fahrzeugachsen hat.

Durch **Handbetätigung** der Luftfederventile ist es zusätzlich möglich, die **Ladehöhe** einzustellen und die Bodenfreiheit den Fahrbahnverhältnissen anzupassen (Pkw). Eine Verzögerungseinrichtung im Luftfederventil, auch Dämpfungseinrichtung genannt, verhindert, daß kurzzeitige Achsbewegungen jedesmal das Luftfederventil zum Ansprechen bringen.

Ein **Luftfederventil** (Abb. 4) besteht aus:
- der Betätigungseinrichtung,
- den Steuerventilen und
- der Verzögerungseinrichtung.

Befindet sich der Fahrzeugaufbau in Normalhöhe, so ist auch der Steuerbolzen in Normallage (Mittellage) und Ein- und Auslaßventil sind geschlossen. Dabei herrscht in den Federelementen ein Druck von etwa 8 bar.

Wird das **Fahrzeug beladen,** vermindert sich der Abstand zwischen Aufbau und Achse. Über das Gestänge und den Betätigungshebel wird der Steuerbolzen des Steuerventils verdreht (Abb. 4b). Das Einlaßventil wird geöffnet. Es strömt so lange Luft aus dem Vorratsbehälter in die Federbälge, bis sich das Einlaßventil durch die wieder erreichte Normallage des Steuerhebels geschlossen hat. Der **Druck** im Federbalg hat sich **erhöht.**

Bei **Entladung** öffnet das Auslaßventil und die überschüssige Luftmenge geht ins Freie oder bei **geschlossenen Systemen** in einen Niederdruckbehälter. Dieser ist mit der Ansaugseite des Kompressors verbunden. Geschlossene Systeme benötigen weniger Leistung für den Kompressor und sind fast wartungsfrei.

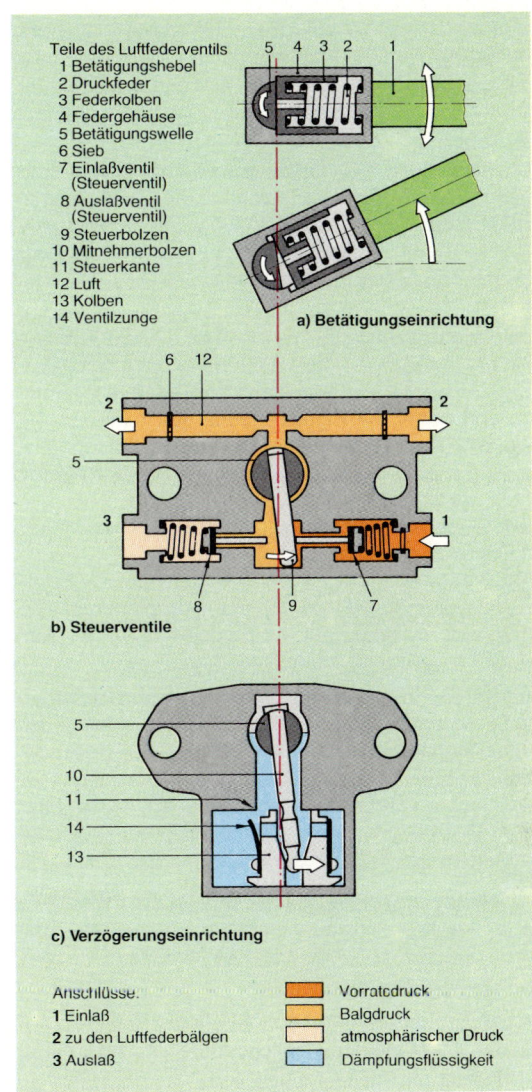

Teile des Luftfederventils
1 Betätigungshebel
2 Druckfeder
3 Federkolben
4 Federgehäuse
5 Betätigungswelle
6 Sieb
7 Einlaßventil (Steuerventil)
8 Auslaßventil (Steuerventil)
9 Steuerbolzen
10 Mitnehmerbolzen
11 Steuerkante
12 Luft
13 Kolben
14 Ventilzunge

a) Betätigungseinrichtung

b) Steuerventile

c) Verzögerungseinrichtung

Anschlüsse.
1 Einlaß
2 zu den Luftfederbälgen
3 Auslaß

Vorratsdruck
Balgdruck
atmosphärischer Druck
Dämpfungsflüssigkeit

Abb. 4: Luftfederventil (Niveauregelventil)

Hydropneumatische Federung

Sie ähnelt in ihrem Grundaufbau der reinen Luftfederung. Doch arbeitet sie mit einer im **Federelement** fest eingeschlossenen, d.h. **konstanten Gasmenge.** Als Gas wird **Stickstoff** verwendet. Das Federelement ist ein kugelförmiger Druckbehälter, dessen Innenraum durch eine Membrane in einen Gas- und einen Hydraulikraum getrennt ist.

Der **Niveauausgleich** erfolgt über eine Flüssigkeitssäule im hydropneumatischen Federelement (Abb. 1). Deshalb benötigt dieses Federungssystem statt der Druckluftanlage eine **Hydraulikanlage.** Sie besteht aus der Hochdruckpumpe für das Hydrauliköl, einem Vorratsbehälter und einem Druckspeicher. Gesonderte Schwingungsdämpfer werden nicht benötigt, da in den Federelementen zwischen dem Ölraum in der Druckspeicherkugel und dem Zylinder Drosselventile für Druck- und Zugrichtung eingebaut sind.

Die Einstellung des Fahrzeugniveaus geschieht über handbetätigte Niveauregelventile, die gleichzeitig in Abhängigkeit von der Zuladung das eingestellte Niveau regeln. Diese Ventile stehen über ein Gestänge mit der Achse in Verbindung.

Bei **Zuladung** wird die eingeschlossene Gasmenge über die Kolbenstange, den Kolben und das Hydrauliköl zusammengedrückt. Der Innendruck erhöht sich. Die Gasmenge bleibt konstant. Die Federhärte nimmt zu und damit die Eigenfrequenz des Aufbaus. Die starke Zunahme der Eigenfrequenz bei Zuladung ist ein Nachteil gegenüber der reinen Luftfederung mit Luftmengenregulierung.

Der Niveauausgleich erfolgt durch Zufuhr bzw. Rückfluß von Hydrauliköl.

Tab. 1 zeigt einen Vergleich zwischen den drei Federungssystemen Stahl-, Luft- und hydropneumatische Federung in bezug auf die Eigenfrequenz des Aufbaus bei sich ändernder Zuladung.

Im Bereich der Luftfedersysteme bringen **elektronische Niveausensoren** in Verbindung mit einer **Niveau-Regelelektronik** weitere Vorteile. So ist es möglich, geschwindigkeitsabhängig den Abstand vom Aufbau zur Fahrbahn zu regeln oder bei Kurvenfahrt eine Querneigungssperre durch entsprechende Luftmengenregelung vorzusehen.

Allgemein hat die **Luftfederung** folgende **Vorteile:**
- durch stets gleiche Aufbauhöhe, auch bei Zuladung, gleiche Scheinwerfereinstellung,
- gleich große Federwege,
- nur geringe Änderung des Fahrkomforts,
- beliebige Niveauverstellung möglich, besonders wichtig für Nutzfahrzeuge.

Als **Nachteil** können im Pkw-Bereich nur die höheren Herstellungskosten angesehen werden.

Tab. 1: Vergleich der Federungssysteme

Zuladung	Frequenz des Aufbaus bei Federung mit		
	Stahl	Luft	Hydro-pneumatik
1,0fach	1,0	1,0	1,0
1,5fach	0,8	1,0	1,15
2,0fach	0,7	1,0	1,3

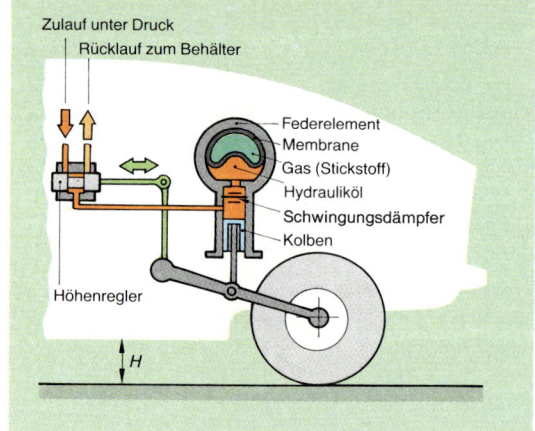

Abb. 1: Hydropneumatisches Federelement

41.3.3 Gummifederung

Gummifedern werden im Fahrzeugbau vorwiegend als Zusatzfedern und Endanschläge verwendet (Abb. 2). Die Federkennlinie ist progressiv. Gummifedern zeichnen sich durch hohe Elastizität, gute Eigendämpfung und günstige Formgebungsmöglichkeiten, wie Schleifen, Stanzen und Schneiden aus. Durch Vulkanisieren können die Gummifedern mit Metallplatten verbunden werden.

Gummifedern sind empfindlich gegen hohe Temperaturen und Chemikalien. Sie altern und setzen sich unter ständiger Belastung, d.h., der verfügbare Federweg wird kleiner.

Abb. 2: Gummifedern

41.4 Wartung und Diagnose

Arbeitshinweise

- Stahlfedern dürfen an der Oberfläche nicht beschädigt werden (Kerbwirkung und Bruchgefahr).
- Schraubenfedern nur mit passenden **Federspannern** ein- und ausbauen (Unfallgefahr).
- Blattfedern müssen bei Verschmutzung gereinigt werden. Blattfedern ohne Zwischenplatten sollten regelmäßig gefettet werden.
- An Luftfederanlagen ist regelmäßig das Kondenswasser abzulassen. Im Winter sind Frostschutzmaßnahmen vorzusehen.
- Leckstellen können durch Bestreichen mit Seifenwasser erkannt werden.
- Vor Arbeiten an der Luft- und hydropneumatischen Federung ist der Aufbau abzustützen. Entweicht die Luft oder Hydraulikflüssigkeit, kann sich der Aufbau schnell absenken.
- Vor dem Arbeiten am Ölkreislauf der hydropneumatischen Federung Öldruck im Druckspeicher abbauen. Herstellervorschriften beachten.

Die Tab. 2 gibt weitere Hinweise.

Aufgaben

1. Welche Aufgaben hat die Fahrzeugfederung?
2. Beschreiben Sie den Schwingungsvorgang einer gefederten Masse.
3. Was bedeutet Eigendämpfung einer Feder?
4. Welche Bauteile des Fahrzeugs gehören zur ungefederten Masse?
5. Warum soll die ungefederte Masse möglichst klein sein?
6. Nennen Sie den Unterschied zwischen linearer und progressiver Kennlinie. Skizzieren Sie ein Diagramm mit diesen Kennlinien.
7. Nennen Sie die Arten der Fahrzeugfederung.
8. Wie wird bei Schraubenfedern eine progressive Kennlinie erreicht?
9. Was ist eine Miniblock-Feder?
10. Beschreiben Sie den Aufbau einer Blattfeder.
11. Welche Vorteile hat eine Parabelfeder?
12. Wie arbeitet eine Drehstabfeder?
13. Welche Aufgabe hat ein Stabilisator?
14. Nennen Sie die Teile einer Luftfederanlage.
15. Wie arbeitet ein Luftfederventil?
16. Welcher Unterschied besteht zwischen der reinen Luftfederung und der hydropneumatischen Federung?
17. Nennen Sie die Vorteile der Luftfederung.

Tab. 2: Hinweise zur Wartung und Diagnose der Fahrzeugfederung

Wartung			
Prüfposition	Mangel, Fehler	Ursache	Folge
			Diagnose
Störstelle	Mangel, Fehler	Ursache	Störung
Blattfederlagen, Schraubenfedern	Federbruch	Belastung zu hoch, Ermüdung, Oberflächenbeschädigung	Fahrzeugaufbau hängt, schlechte Fahreigenschaften
Blattfederbefestigungen	Federbock lose, Bolzenlagerung ausgeschlagen	stoßartige Belastungen, schlechte Schmierung	Geräusche
	Herzbolzen abgeschert	Werkstoffermüdung, falsches Anzugsdrehmoment, Federbriden lose	verschobene Federlagen, Geräusche
Gummifedern	Werkstoff gealtert	natürliche Alterung	Verschlechterung der Federungseigenschaften, Geräusche
Leitungen, Druckbehälter	Undichtigkeiten	Beschädigungen durch äußere Einwirkungen, Korrosion	Hydraulikölverlust, Verringerung der Federwirkung
Federbälge	Undichtigkeiten	äußere Beschädigungen	Verringerung oder Ausfall der Federwirkung
Höhenkorrektoren	schlechtes Ansprechen	Steuerschieber klemmt Gestänge verbogen	Fahrzeugaufbau schief
Luftpresser	zu geringe Fördermenge	loser Keilriemen, Ventile klemmen, Kolbenringe undicht	zu geringer Druck Nachlassen der Federwirkung

42 | Schwingungsdämpfung

Die Schwingungsdämpfung hat folgende **Aufgaben** zu erfüllen:

- die von der Fahrbahn angeregten Schwingungen des Rades und der Achse schnell zum Abklingen zu bringen
  und
- ein Aufschaukeln und langes Nachschwingen des Fahrzeugaufbaus zu verhindern.

Die Schwingungen der gefederten und der ungefederten Massen (s. Kap. Federung) wirken sich nachteilig auf den Fahrkomfort und die Fahrsicherheit aus.

Auswirkungen auf den Fahrkomfort:

- gesundheitliche Belastung des menschlichen Körpers durch kurze Schwingungen (Rüttelbewegungen),
- langes Nachschwingen des Fahrzeugaufbaus bei Bodenunebenheiten kann zu körperlichem Unwohlsein führen.

Auswirkungen auf die Fahrsicherheit:

- Verringerung der Bodenhaftung der Räder (Lenkunsicherheit, Antriebsunsicherheit),
- Ausbrechen des Fahrzeugs während des Bremsens und der Kurvenfahrt.

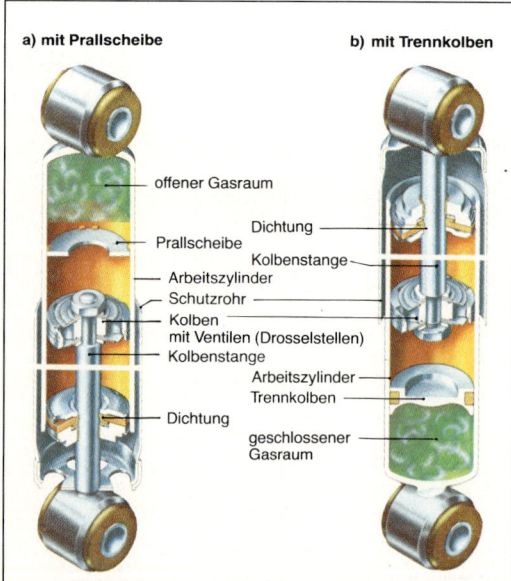

Abb. 1: Hydraulischer Gasdruckschwingungsdämpfer
a) mit Prallscheibe, b) mit Trennkolben

Die Schwingungen der Massen können durch aufeinanderfolgende Bodenunebenheiten so verstärkt werden, daß die Räder auf der Fahrbahn springen und der Fahrzeugaufbau zu immer größeren Schwingungen aufgeschaukelt wird. Um diese Nachteile zu verringern, werden Schwingungsdämpfer eingebaut.

42.1 Grundprinzip der hydraulischen Schwingungsdämpfung

> **Schwingungsdämpfer** wandeln den größten Teil der Bewegungsenergie in Wärmeenergie um.

Überwiegend werden hydraulische Schwingungsdämpfer verwendet.
Der hydraulische Schwingungsdämpfer (Abb. 1) besteht im wesentlichen aus einem mit Hydrauliköl gefüllten **Arbeitszylinder,** einem **Arbeitskolben** mit **Drosselstellen** (Bohrungen mit Ventilen) und der **Kolbenstange.** Der Kolben teilt den Zylinder in zwei **Arbeitsräume.** Die Bewegungen der schwingenden Massen werden über die Kolbenstange auf den Kolben übertragen, gleichzeitig bewegt sich auch der Arbeitszylinder gegenüber dem Kolben. Durch diese Bewegungen wird das Öl über die Drosselstellen von einem Arbeitsraum in den anderen gedrückt. Je nach Bewegungsrichtung wird zwischen Zugstufe und Druckstufe unterschieden.

> In der **Zugstufe** (Ausfedern des Fahrzeugs) wird der Dämpfer durch die Fahrzeugschwingung teleskopartig auseinandergezogen.
> In der **Druckstufe** (Einfedern des Fahrzeugs) wird der Dämpfer zusammengeschoben.

Die **Dämpfungskraft** entsteht durch den Strömungswiderstand des Öls an den Drosselstellen. Die dabei entstehende Reibung der Ölmoleküle wandelt den größten Teil der Bewegungsenergie in Wärmeenergie um.
Zusätzlich ist eine Einrichtung erforderlich, die für den **Volumenausgleich** der ein- und austretenden Kolbenstange sorgt (Abb. 2). Sie muß auch Ölvolumenänderungen durch Temperaturschwankungen ausgleichen.

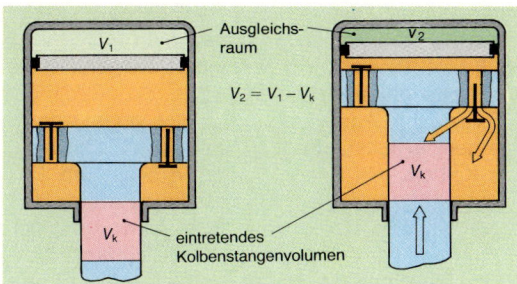

Abb. 2: Volumenausgleich für die Kolbenstange

42.2 Schwingungsdämpferarten

Nach der **Bauart** werden hauptsächlich zwei hydraulische Schwingungsdämpfer unterschieden:

- Einrohrschwingungsdämpfer (Gasdruckschwingungsdämpfer) und
- Zweirohrschwingungsdämpfer.

42.2.1 Gasdruckschwingungsdämpfer

Den **Aufbau** eines Gasdruckschwingungsdämpfers zeigt Abb. 1. Dieser Schwingungsdämpfer wird auch als **Einrohrdämpfer** bezeichnet, weil der Arbeitszylinder den Ölraum und den Gasraum enthält. Die Trennung zwischen Öl- und Gasraum (Abb. 3) erfolgt entweder vollständig, d. h., der Gasraum ist verschlossen (Ausführung mit Trennkolben) oder unvollständig, der Gasraum bleibt offen (Ausführung mit Prallscheibe). Der Gasdruckschwingungsdämpfer mit Trennkolben kann in beliebiger Lage eingebaut werden.

> **Arbeitshinweis:**
>
> Der Schwingungsdämpfer mit Prallscheibe muß stets so eingebaut werden, daß der Gasraum oberhalb des Ölraums liegt (Schräglage nicht über 15°), damit keine Mischung von Öl und Gas erfolgt.

Bei obenliegendem Gasraum trennen sich beide Stoffe, da das Gas wegen seiner geringen Dichte nach oben steigt. Damit während des Betriebs die an den Drosselstellen entstehenden Ölströme nicht in den Gasraum gelangen, werden sie durch eine Prallscheibe abgebremst und umgelenkt.

> Die **Drosselstellen** für die Zug- und Druckstufe sind bei Gasdruckschwingungsdämpfern am Kolben angeordnet.

Die Kraftwirkung des Schwingungsdämpfers ist im allgemeinen während des **Einfederns** (Druckstufe) geringer als während des **Ausfederns** (Zugstufe). Der Aufbau soll während des Überfahrens einer Bodenerhebung nicht mehr als nötig angehoben und stoßartig belastet werden. Lenkungsdämpfer sowie einige Schwingungsdämpfer für Motorräder haben in der Zug- und Druckstufe das gleiche Dämpfungsverhalten.

Das Gas steht unter einem Druck von etwa 20 bis 35 bar (ausgenommen Lenkungsdämpfer). Dieser Druck erhöht den Siedepunkt des Öls. Dadurch wird die Dampfblasenbildung bei hohen Temperaturen verhindert. Der Schwingungsdämpfer erwärmt sich während des Betriebes auf etwa 100 °C. An den Drosselstellen liegen die Temperaturen noch wesentlich höher.

Die **Wirkungsweise der Schwingungsdämpfer** mit offenem und geschlossenem Gasraum in der jeweiligen Zug- und Druckstufe zeigt Abb. 3.

Während des Einfederns (Druckstufe) bewegt die Kolbenstange den Kolben nach oben. Das aus dem Arbeitsraum 1 verdrängte Flüssigkeitsvolumen gelangt über das Druckstufenventil wenig gedrosselt in den Arbeitsraum 2. Gleichzeitig wird die Gasfüllung durch das zusätzliche Volumen der Kolbenstange verdichtet, da sie in den Arbeitsraum 2 geschoben wird und eine entsprechende Ölmenge verdrängt.

Während des Ausfederns (Zugstufe) strömt das Hydrauliköl in entgegengesetzter Richtung stark gedrosselt durch das Zugstufenventil. Die hauptsächliche Dämpfung erfolgt in der Zugstufe.

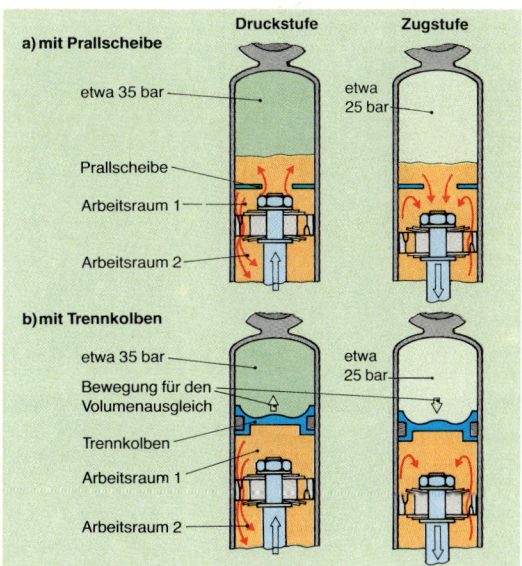

Abb. 3: Gasdruckschwingungsdämpfer mit Trennkolben und mit Prallscheibe

42.2.2 Zweirohrschwingungsdämpfer

Den **Aufbau** des Zweirohrschwingungsdämpfers zeigt Abb. 1. Im Gegensatz zum Einrohrschwingungsdämpfer ist der Arbeitsraum des Zweirohrschwingungsdämpfers vollständig mit Hydrauliköl gefüllt.

Der **Kolben** enthält meist nur **ein Ventil,** das die Dämpfung während der Zugstufe übernimmt.

Der Ölvorratsraum zwischen dem Arbeitszylinder und dem äußeren Rohr (Behälterrohr) ist zu etwa $\frac{2}{3}$ mit Öl gefüllt. Er dient – vergleichbar mit dem Gasraum des Einrohrdämpfers – als Ausgleichraum für das durch die Kolbenstange verdrängte oder angesaugte Öl. Die Verbindung zwischen Arbeitszylinder und Ausgleichraum (Ölvorratsraum) stellt das Bodenventil her, das den Dämpfungsgrad während der Druckstufe bestimmt.

Die **Wirkungsweise des Zweirohrschwingungsdämpfers** zeigt Abb. 1.

Während des Einfederns (Druckstufe) strömt das durch die einfahrende Kolbenstange verdrängte Ölvolumen über das Bodenventil in den Ausgleichraum. Das Bodenventil setzt dieser Strömung einen Widerstand entgegen und dämpft die Kolbenbewe-

gung. Die im Ausgleichraum befindliche Luft wird durch das einströmende Öl verdichtet (auf etwa 3 bis 6 bar). Dieser Druck verhindert weitgehend die Ölverschäumung.

Während des Ausfederns (Zugstufe) strömt das Öl aus dem Arbeitsraum oberhalb des Kolbens durch das Kolbenventil in den unteren Arbeitsraum. Das Kolbenventil setzt dem Ölstrom einen Widerstand entgegen. Die Kolbenbewegung wird gebremst. Gleichzeitig wird Öl aus dem Ausgleichraum angesaugt. Dieses Öl gelangt nahezu ungehindert über das Bodenventil in den Arbeitszylinder.

Der Zweirohrschwingungsdämpfer hat gegenüber dem Gasdruckschwingungsdämpfer die folgenden

Vorteile:

● kürzere Baulänge, da kein Gasraum vorhanden ist und

● geringere Fertigungskosten.

Nachteile:

● größerer Außendurchmesser wegen des zusätzlichen Behälterrohres,

● schlechtere Kühlung durch den Fahrtwind, da das Behälterrohr isolierend wirkt,

● unerwünschte Ölverschäumung möglich, da die Luft im Ausgleichraum nur einen geringen Vordruck hat

und

● nur eine Abweichung von der senkrechten Einbaulage von max. 45° möglich, da sonst über das Bodenventil Luft in den Arbeitszylinder gelangt.

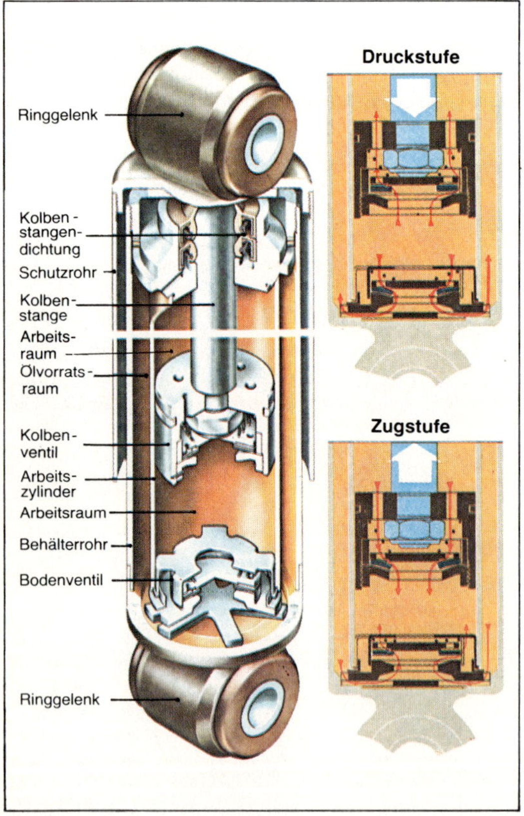

Abb. 1: Aufbau und Wirkungsweise des Zweirohrschwingungsdämpfers

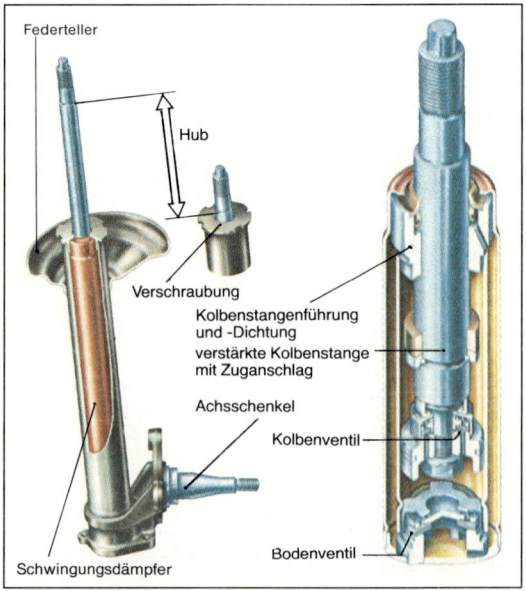

Abb. 2: Federbein

42.3 Schwingungsdämpfer in Verbindung mit der Federung oder Niveauregulierung

42.3.1 Federbein

Der Schwingungsdämpfer bildet zusammen mit der Schraubenfeder und der Befestigung für den Achsschenkel das Federbein (Abb. 2). Es gibt auch Federbeine mit direkt angeschweißtem Achsschenkel.

Das Federbein muß alle Biegebeanspruchungen aufnehmen, die sich aus der Radlast, den Brems-, den Beschleunigungs- und den Seitenführungskräften ergeben. Dazu sind die Kolbenstange, die Kolbenstangenführung und das Behälterrohr besonders verstärkt.

Das Federbein wird am Fahrzeugaufbau durch Gummilager befestigt (s. Abb. 4 und 5, S. 405).

42.3.2 Schwingungsdämpfer mit Niveauregulierung

Bei unterschiedlicher Achslastverteilung durch Zuladung oder Anhängerbetrieb federt die stärker belastete Hinterachse tiefer ein. Daraus ergeben sich folgende **Nachteile:**

- entgegenkommende Fahrzeuge werden durch die zu hoch stehenden Scheinwerfer geblendet,

- Verschlechterung der Straßenlage und

- Verringerung der Bodenfreiheit im Bereich der Hinterachse.

Diese Nachteile lassen sich durch Schwingungsdämpfer mit zusätzlichen Luftfedern ausgleichen (Abb. 3). Die Luftfedern arbeiten parallel zur Fahrzeugfederung und lassen sich entsprechend der Zuladung aufpumpen. Sie werden mit Drücken zwischen 2 und 8 bar betrieben.

Die Hubkraft der Luftfedern ist abhängig vom Querschnitt des Luftfederraums und von dem erzeugten Luftdruck.

Die **automatische Einstellung** des Sollniveaus erfolgt durch Regelventile (s. Kap. Federung). Anlagen ohne Regelventile benötigen die **manuelle Anpassung** des Fahrzeugniveaus an die Zuladung.

Die selbsttätige Niveauregulierung kann durch **Fremdkraft** (vom Motor angetriebene Pumpe) oder durch selbstaufpumpende Schwingungsdämpfer erfolgen. **Selbstaufpumpende Schwingungsdämpfer** enthalten eine mit dem Gehäuseoberteil verbundene Pumpenstange. Die Kolbenstange enthält eine Bohrung. Pumpenstange und Kolbenstange wirken zusammen als Ölpumpe, wenn die Pumpenstange durch die Fahrzeugschwingungen betätigt wird. Nach der Beladung des Fahrzeugs ist eine Fahrstrecke von 300 bis 1500 m erforderlich, um den Niveauausgleich herzustellen. Das Aufpumpen ist auch im Stand durch Aufschaukeln des Aufbaus möglich.

42.4 Wartung und Diagnose

Die Dämpferkraft wird vom Hersteller auf Prüfmaschinen ermittelt. Dazu wird der Schwingungsdämpfer mit stufenweise zunehmendem Hub betätigt. Im eingebauten Zustand kann die Funktionsfähigkeit des Dämpfers durch sogenannte **Schocktester** (Abb. 4) ermittelt werden. Es werden beide Schwingungsdämpfer einer Achse gleichzeitig geprüft. Das

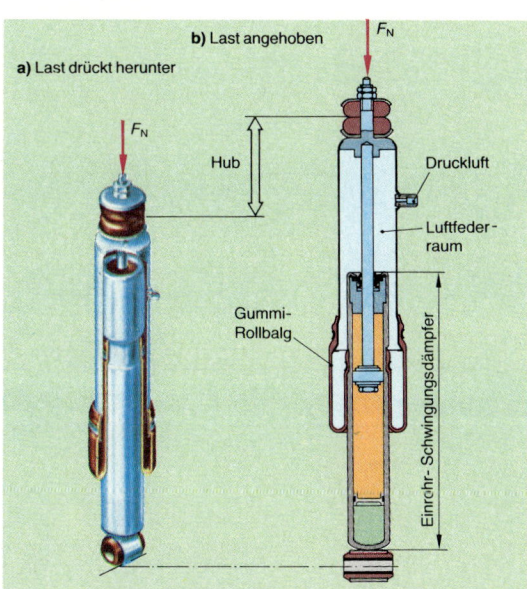

Abb. 3: Schwingungsdämpfer mit Niveauregulierung

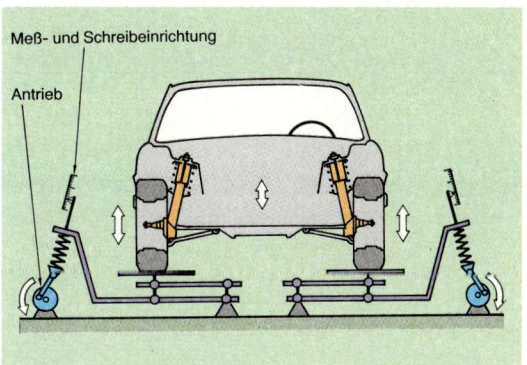

Abb. 4: Schema des Schocktesters

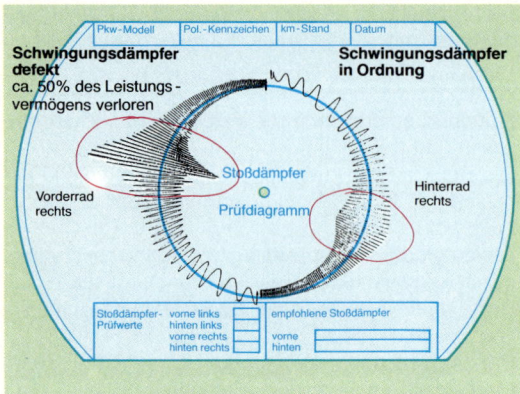

Abb. 1: Scheibendiagramm

Dämpferverhalten wird auf **Scheibendiagramme** aufgezeichnet. Ein Diagramm enthält jeweils die Schwingungsbilder der Dämpfer einer Fahrzeugseite (Abb. 1). Große Ausschläge weisen auf defekte Dämpfer hin.

Frische Ölspuren am Behälterrohr bzw. an der Dichtung weisen auf Ölverlust hin. Ein Öldunst darf vorhanden sein, er entsteht durch den Schmierfilm, der für die Schmierung der Kolbenstange erforderlich ist. Zu große Ölverluste beeinträchtigen die Dämpferwirkung.

Weitere Hinweise für die Wartung und Diagnose enthält die Tab. 1.

Aufgaben

1. Welche Aufgaben haben Schwingungsdämpfer?
2. Wodurch entsteht in hydraulischen Schwingungsdämpfern die Dämpfungskraft?
3. Beschreiben Sie den Aufbau und die Wirkungsweise eines Gasdruckschwingungsdämpfers.
4. Warum muß ein hydraulischer Schwingungsdämpfer in der Zug- und Druckstufe unterschiedliche Axialkräfte haben?
5. Welchen Vorteil hat der Gasdruckschwingungsdämpfer mit Trennkolben gegenüber der Ausführung mit Prallscheibe?
6. Beschreiben Sie den Aufbau und die Wirkungsweise des Zweirohrschwingungsdämpfers.
7. Welche Vorteile bietet die Niveauregulierung?
8. Aus welchen Bauteilen besteht ein Federbein?
9. Was ist bei der Verschrottung von Gasdruckschwingungsdämpfern zu beachten?

Tab. 1: Hinweise für Wartung und Diagnose der Schwingungsdämpfer

Wartung			
Prüfposition	Mangel, Fehler	Ursache	Folge
			Diagnose
Störstelle	Mangel, Fehler	Ursache	Störung
Schwingungsdämpferbefestigung	Ringgelenk lose, ausgeschlagen, angerissen	Überbeanspruchung, zu lange Nutzungsdauer, der Gummi der Aufhängung gealtert, Endanschlag der Fahrzeugfederung defekt	Schwingungsdämpfer klappern, poltern
Schutzrohr	lose, schleift am Behälterrohr	fehlerhafte Herstellung, Einbaufehler, Steinschlag	klappernde Geräusche
Dichtung, Behälterrohr	sehr starke Verölung	beschädigte Kolbenstange oder Dichtung, Dämpfer verspannt	Ölverlust, Dämpferwirkung ist zu gering
Kolbenstange	beschädigt, verbogen	unsachgemäßer Einbau des Schwingungsdämpfers, Unfallfolgen	Dichtungsverschleiß, Ölverlust
Dämpfungsventile	wirkungslos	Werkstoffermüdung durch zu lange Nutzungsdauer	Schwingungsdämpfer wirkungslos, schlechte Fahreigenschaften, Auswaschungen am Reifenprofil

43 | Radaufhängung

Die **Bauteile** der Radaufhängung haben die **Aufgabe,** die Räder des Fahrzeugs mit dem Fahrzeugaufbau oder dem Fahrzeugrahmen zu verbinden.

Durch die Radaufhängung werden **Kräfte,** die in unterschiedlichen Richtungen wirken, übertragen:

- Radführungskräfte (z. B. Lenkkräfte),
- Anfahr- und Bremskräfte und
- Seitenkräfte (z. B. Fliehkräfte bei Kurvenfahrt oder Windkräfte).

43.1 Anforderungen an die Radaufhängung

Die **Bauteile** der Radaufhängung sollen:

- die Kräfte sicher übertragen können,
- eine geringe Masse haben,
- geräuschisolierend wirken,
- nicht nachgiebig,
- leicht beweglich und
- kostengünstig herzustellen sein.

43.2 Fahrzeugbewegungen

Außer der Bewegung in Fahrtrichtung, kommt es auch zu **Drehbewegungen** des Fahrzeugs (Abb. 2):

- um die Querachse (Nicken),
- um die Hochachse (Schleudern, Gieren) und
- um die Rollachse (Wanken, Rollen).

Die verschiedenen Drehbewegungen und deren Ursachen zeigt die Tab. 1.

Tab. 1: Bewegungen um die Raumachsen eines Fahrzeugs

Raumachse	Art der einwirkenden Kraft	Bezeichnung der Bewegung
Querachse	Brems- und Anfahrkräfte	Nicken
Hochachse	Lenk-, Wind- oder Fliehkräfte	Schleudern oder Gieren
Rollachse	Radführungs- oder Seitenkräfte	Rollen oder Wanken

Die **Größe der Fahrzeugbewegungen** um die Raumachsen ist abhängig von:

- der Größe der wirkenden Kräfte,
- der Lage des Schwerpunkts (Massenmittelpunkt) des Fahrzeugs und
- dem Momentanzentrum der Fahrzeugachsen.

Die Lage des **Schwerpunkts** wird wesentlich durch die Massenverteilung (z. B. Lage des Motors und des Getriebes) und die Form des Aufbaus bestimmt.

Das **Momentanzentrum** (Momentanpol) ist der Punkt **einer Achse,** um den sich der Aufbau unter dem Einfluß einer Seitenkraft neigt. Die Lage des Momentanzentrums hängt von der Bauart der Achse ab.

Die **Verbindungslinie** zwischen den beiden Momentanzentren der Vorder- und der Hinterachse ist die **Rollachse** des Fahrzeugs.
Für die Seitenneigung des Fahrzeugs ist der senkrechte Abstand zwischen dem Schwerpunkt und der Rollachse von Bedeutung (Abb. 3).

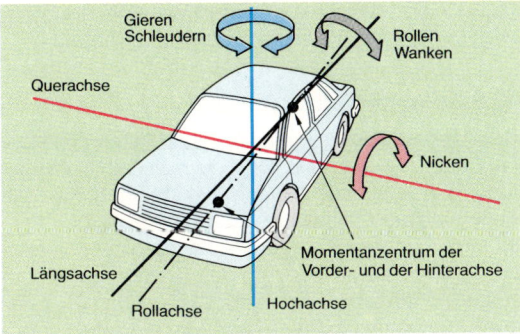

Abb. 2: Bewegungsachsen am Fahrzeug

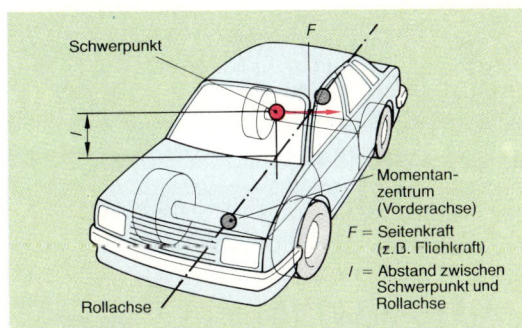

Abb. 3: Schwerpunkt und Rollachse eines Fahrzeugs

Je größer der Abstand zwischen dem Schwerpunkt und der Rollachse wird, desto größer wird das auf den Aufbau wirkende Drehmoment, wenn eine Seitenkraft angreift.

> Fahrzeuge mit einem kleinen Abstand zwischen Rollachse und Schwerpunkt haben bei Kurvenfahrt eine geringe **Seitenneigung.**

Bei Starrachsen bleibt die Lage des Momentanzentrums, unabhängig von der Belastung des Fahrzeugs, stets gleich. Dagegen verändert sich die Lage des Momentanzentrums einer Achse mit Einzelradaufhängung in Abhängigkeit von der Ein- oder Ausfederbewegung des Rades.

43.3 Bauteile der Radaufhängung

43.3.1 Lenker

> **Lenker** sind drehbewegliche Bauteile und haben die **Aufgabe,** die Räder zu führen.

Lenker werden unterschieden

- nach der **Bauart:**
  Einfachlenker und Dreieckslenker,
- nach der **Einbaulage** im Fahrzeug:
  Querlenker, Längslenker und Schräglenker.

Einfachlenker haben zwei Lagerpunkte und führen das Rad in einer Bewegungsebene (Abb. 1a).

Dreieckslenker führen das Rad in zwei Bewegungsebenen (Abb. 1b). Sie haben drei Lagerpunkte.

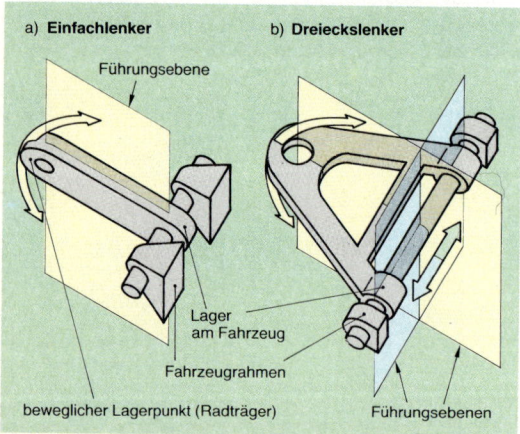

a) **Einfachlenker**   b) **Dreieckslenker**

Führungsebene

Lager am Fahrzeug

Fahrzeugrahmen

beweglicher Lagerpunkt (Radträger)

Führungsebenen

Abb. 1: Führungsebenen verschiedener Lenkerarten

43.3.2 Lenkerlagerungen

Am Aufbau und am Achsschenkel werden die Lenker beweglich gelagert. Diese Lagerstellen sollen folgenden **Anforderungen** genügen:

- leichte Beweglichkeit der Lenker,
- geringe Nachgiebigkeit innerhalb der Lagerstellen (dadurch große Führungsgenauigkeit),
- geräuschisolierende Wirkung und
- Wartungsfreiheit.

Silentbloc-Gelenk

Diese Gelenke (silent, engl.: schweigsam, hier: geräuschisolierend) bestehen aus einem Außenrohr, einem Innenrohr und einem zylindrischen Gummiteil (Abb. 2). Das Gummiteil wird unter großem Druck zwischen das Außen- und das Innenrohr gepreßt. Das Außenrohr des Gelenks wird in die Aufnahmebohrung des Lenkers eingepreßt und das Innenrohr mit einer Schraube am Fahrzeug befestigt. Werden die beiden Rohre zueinander verdreht, erfolgt eine **elastische Verformung** des Gummiteils. Silentbloc-Gelenke nehmen hohe Kräfte in radialer Richtung auf. Sie ermöglichen Verdrehwinkel von $\pm 30°$ und gestatten Winkelabweichungen der Längsachse von $\pm 7°$.

Flanbloc-Gelenk

Die Flanbloc-Gelenke haben am Außenrohr und am Gummi einen flanschartigen Ansatz (flange, engl.: Flansch). Dadurch können sowohl Radialkräfte als auch Kräfte in axialer Richtung übertragen werden. Wirken auf das Lenkerlager in der axialen Richtung wechselnde Kräfte (z.B. Anfahr- oder Bremskräfte), so ist die Verwendung von zwei Flanbloc-Gelenken erforderlich (Abb. 3).

Kugelgelenke

Kugelgelenke gestatten Verdrehwinkel von 360° um die Längsachse bei Winkelabweichungen bis zu 40°. Der Kugelzapfen ist in Stahlschalen oder zwischen vorgespannten Kunststoffschalen geschmiert gelagert. Ein Abdichtbalg verhindert Schmiermittelverluste. Die Gelenke sind wartungsfrei (Abb. 4).

43.3.3 Panhardstab

Der **Panhardstab** (R. Panhard, franz. Automobil-Konstrukteur, 1841 bis 1908) führt die Achse in Querrichtung. Ein Stabende ist am Fahrzeugaufbau, das andere an der Achse befestigt (Abb. 7, S. 407).
Je nach Länge und Lage des Panhardstabs kommt es bei Federbewegungen des Rades zu einem seitlichen Versetzen der Achse (Abb. 5). Lange, waagerecht eingebaute Stäbe bewirken nur einen geringen Versatz.

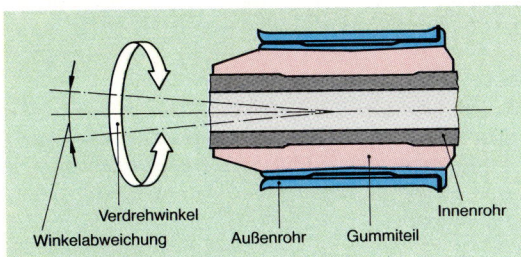

Abb. 2: Silentbloc-Gelenk

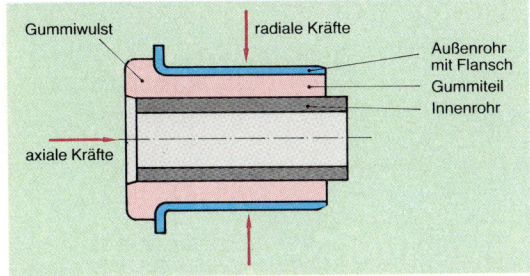

Abb. 3: Flanbloc-Gelenk

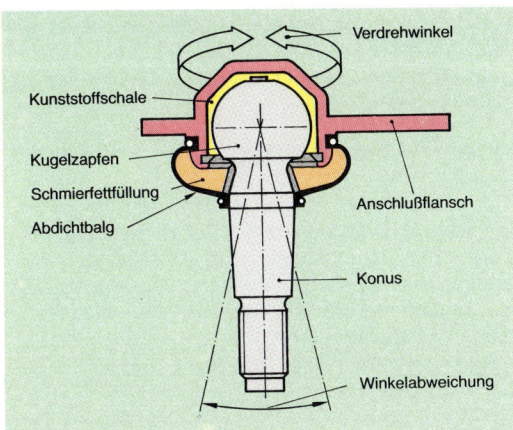

Abb. 4: Kugelgelenk

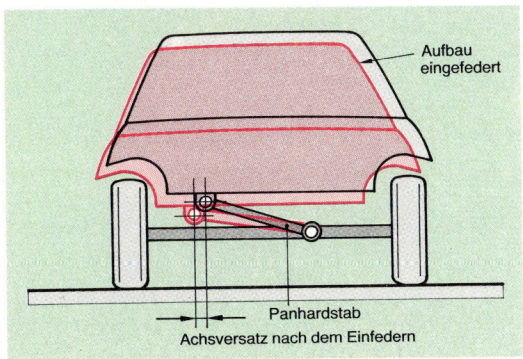

Abb. 5: Achsversatz durch Einfederbewegungen

43.3.4 Watt-Gestänge

Watt-Gestänge bestehen aus zwei Einfachlenkern und einer Schwinge (Abb. 6). Diese Gestänge können zur Führung der Achse in seitlicher Richtung und in Längsrichtung verwendet werden. Gegenüber dem Panhardstab sind diese Gestänge aufwendiger, haben aber eine größere Führungsgenauigkeit.

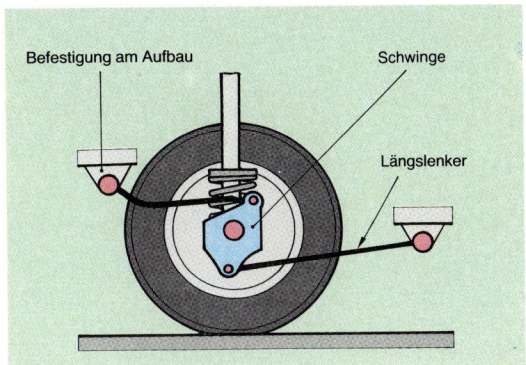

Abb. 6: Watt-Gestänge

43.3.5 Radlager

Radlager haben die Aufgabe, die Räder leicht drehbar zu lagern. Sie übertragen Kräfte und führen die Räder.

Für die Lagerung einzeln aufgehängter Räder werden meist **Kegelrollenlager** (Abb. 7) und **Schrägkugellager** (Abb. 1, S. 404) verwendet.

Das innere Radlager ist bei Kegelrollenlagern immer größer ausgeführt, weil die bei Kurvenfahrt wirkenden Seitenkräfte zur Fahrzeugmitte gerichtet sind.

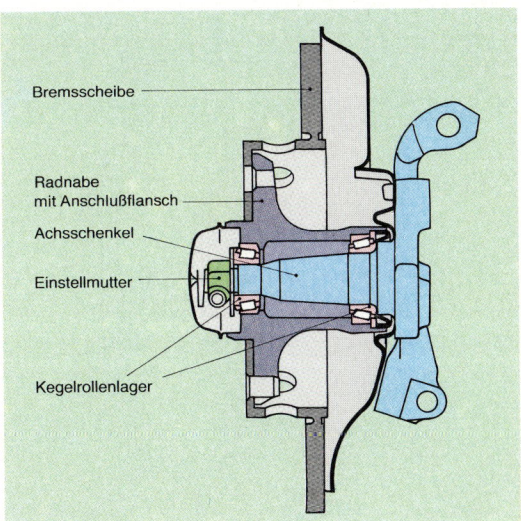

Abb. 7: Kegelrollen-Radlager

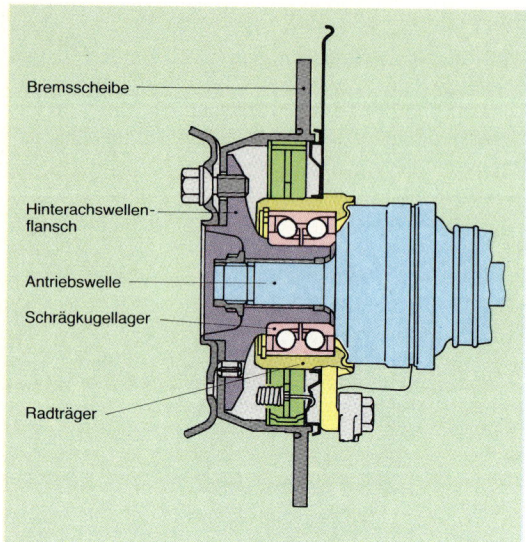

Abb. 1: Radlagerung durch Schrägkugellager

Das erforderliche **Lagerspiel** wird durch Einstellmuttern eingestellt. Sie müssen durch form- oder kraftschlüssige Verbindungen gegen Lösen gesichert sein. Die Abdichtung der Lager auf den Achsen erfolgt durch Radial-Wellendichtringe (Simmeringe, s. Kap. Schaltgetriebe).

Die Lagerung von Halb- bzw. Antriebswellen erfolgt im Pkw-Bau hauptsächlich durch **Rillenkugellager** (Abb. 2). Diese Lager können kleine Axialkräfte in beiden Richtungen übernehmen.

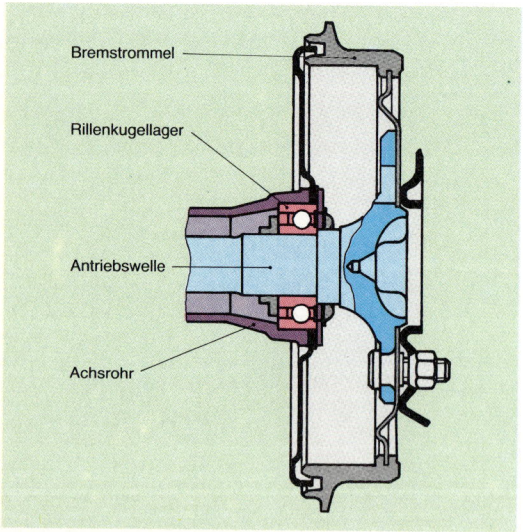

Abb. 2: Lagerung von Halbwellen

43.4 Arten der Radaufhängung

43.4.1 Einzelradaufhängung

Bei der **Einzelradaufhängung** können die beiden Räder einer Achse Ein- oder Ausfederbewegungen ausführen, ohne sich dabei gegenseitig zu beeinflussen.

Aus der Verwendung der Lenker für eine Achse ergibt sich die Bezeichnung der Achsbauform.

Vorderachsen

Für Vorderachsen eignen sich Achskonstruktionen, die seitlich wenig Raum, dafür aber in der Höhe viel Raum benötigen. Das sind z.B.:
- Doppelquerlenker-Achse,
- McPherson-Federbein-Achse und
- Doppellängslenker-Achse.

Doppelquerlenker-Achse. Die übereinanderliegenden Querlenker sind meist als **Dreieckslenker** ausgeführt und mit jeweils zwei Lagern am Aufbau befestigt. Je ein Kugelgelenk verbindet den Lenker mit dem Achsschenkel (Abb. 3). Durch Länge und Einbaulage der Lenker können Sturz- und Spurweitenänderungen beeinflußt werden.

McPherson-Federbein-Achse. Der Achsschenkel (Radträger) wird meist durch einen Querlenker geführt. Der obere Befestigungspunkt liegt im Radkasten (Abb. 5). Zwischen dem Achsschenkel und dem oberen Befestigungspunkt sind der Schwingungsdämpfer und die Schraubenfeder angeordnet. Die Übertragung der Kräfte erfordert eine besonders biegesteife Kolbenstange im Schwingungsdämpfer und eine Verstärkung des Radkastens im Bereich des oberen Stützlagers.

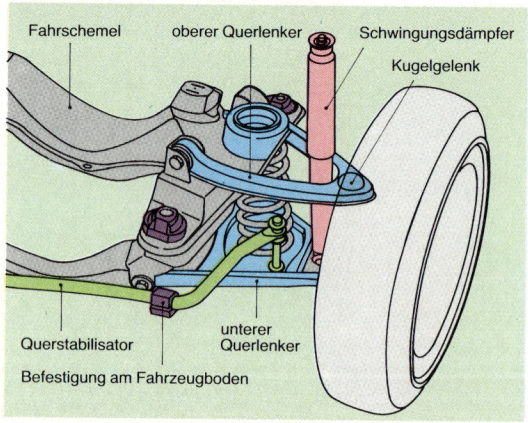

Abb. 3: Doppelquerlenker-Achse

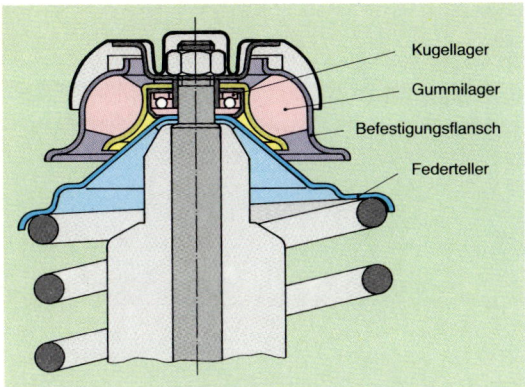

Abb. 4: Stützlager eines McPherson-Federbeins

Abb. 6: Doppel-Längslenkerachse

Das **McPherson-Federbein** übernimmt die Aufgaben eines Lenkers und dient gleichzeitig zur Federung und zur Schwingungsdämpfung des Fahrzeugs (s. Kap. Schwingungsdämpfung). Das Stützlager muß große axiale Kräfte aufnehmen und bei lenkbaren Achsen große Verdrehwinkel ermöglichen (Abb. 4).

Das zwischen Fahrzeugaufbau und Federbein angeordnete Gummilager ist geräuschisolierend. In axialer Richtung sind die Gummilager weich, in seitlicher Richtung haben sie jedoch eine große Führungsgenauigkeit. Zwischen der Kolbenstange des Federbeins und dem Stützlager ist meist ein Kugellager eingebaut.

Doppel-Längslenkerachse (Doppelkurbelachse). Die beiden Längslenker liegen übereinander. Sie werden meist an Drehstäben geführt (Abb. 6). Wegen des großen Platzbedarfs hat diese Radaufhängung kaum noch Bedeutung.

Hinterachsen

Für Hinterachsen eignen sich flache, breite Achskonstruktionen, wie z. B.:

- Längslenkerachse,
- Verbundlenkerachse,
- Koppellenkerachse,
- Schräglenkerachse,
- Raumlenkerachse und Pendelachse.

Längslenkerachse. Auf jeder Fahrzeugseite führt ein Längslenker die Räder. Die Lenker sind am Fahrzeugaufbau oder an quer zur Fahrtrichtung liegenden Trägern (Fahrschemel) befestigt (Abb. 7). Als Längslenker werden meist Dreieckslenker oder Einfachlenker aus biegesteifen Hohlprofilen verwendet.

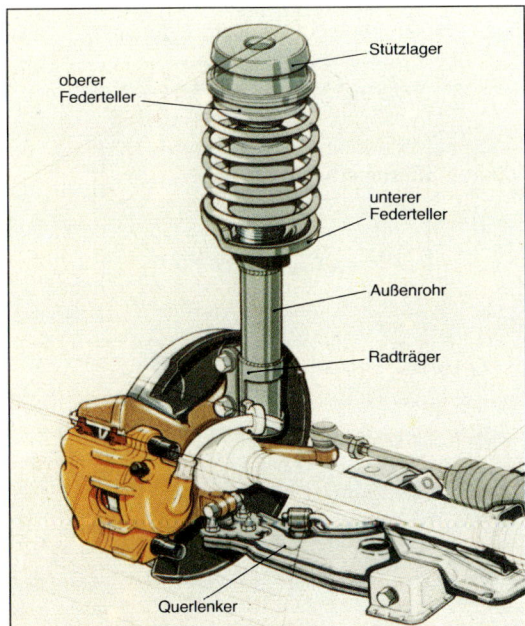

Abb. 5: McPherson-Federbeinachse

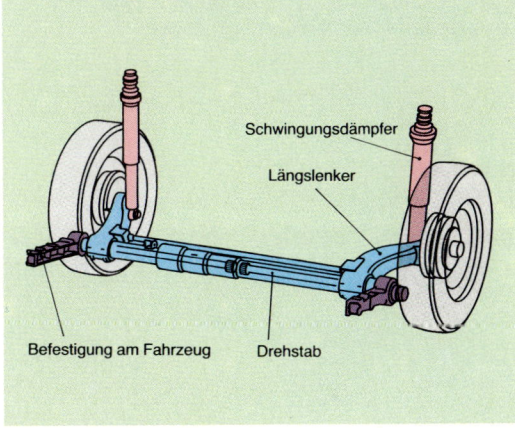

Abb. 7: Längslenkerachse

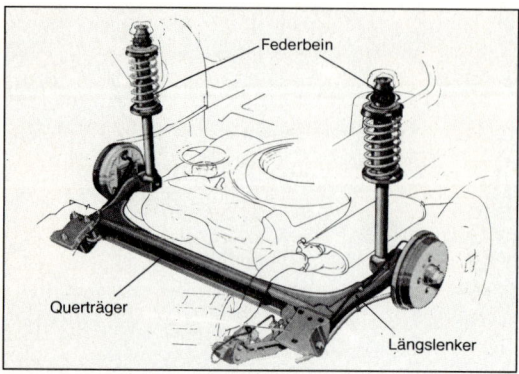

Abb. 1: Verbundlenkerachse

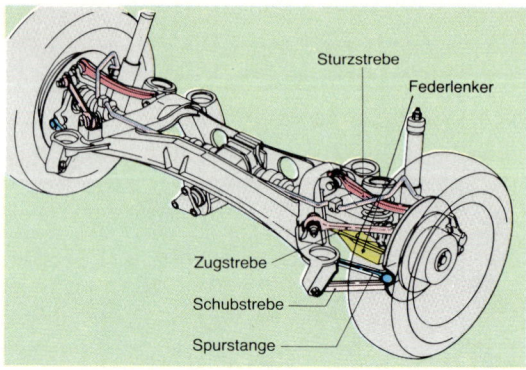

Abb. 3: Raumlenkerachse

Verbundlenkerachse. Bei der Verbundlenkerachse sind die beiden Längslenker durch einen Querträger an ihren Enden miteinander verbunden (Abb. 1). Der Querträger besteht aus torsionsweichen, aber biegesteifen Profilen (Federstahl). In Verbindung mit den für diese Achse speziell entwickelten Lagern wird das Kurvenverhalten der Fahrzeuge wesentlich verbessert. Für den Querträger werden T-, U- oder V-Profile verwendet. Verbundlenkerachsen zeigen unter verschiedenen Betriebsbedingungen sowohl Eigenschaften der Einzelradaufhängung als auch Eigenschaften der Starrachsen. Die Lenker der **Koppellenkerachse** sind in der **Mitte** mit dem Querträger verbunden.

Schräglenkerachse. Die Radführung erfolgt durch breit ausladende Dreieckslenker. Durch die weit voneinander entfernt liegenden Lenkerlager ist eine genaue Führung des Rades möglich. Zur Verbesserung der Fahreigenschaften ist die Drehachse des Lenkers in drei Ebenen geneigt (Abb. 2). Während des Einfederns bekommt das Rad einen negativen Sturz (s. Kap. 40.3.3), das ausfedernde Rad einen positiven Sturz. Die Seitenführungskraft wird dadurch besonders bei Kurvenfahrt verbessert.

Raumlenkerachse. Fünf räumlich angeordnete Lenker führen das Rad (Abb. 3). Die Befestigung der Lenker erfolgt durch Gummilager und Gelenke. Die Lenker sind so zueinander gestellt, daß sich bei Ein- und Ausfederbewegungen die Spur- und Sturzwinkel nur unwesentlich ändern. Anfahrnick- und Bremsnick-Bewegungen werden durch diese Achse verhindert.

Pendelachsen. Es werden unterschieden:
- Eingelenkpendelachsen und
- Zweigelenkpendelachsen (Abb. 4).

Die Führung der Räder erfolgt durch Längslenker und Achsrohr. Ungünstig auf das Fahrverhalten wirken sich bei Federbewegungen des Rades die Spurweiten- und die Sturzänderungen aus. Daher haben diese Achsen heute kaum noch Bedeutung.

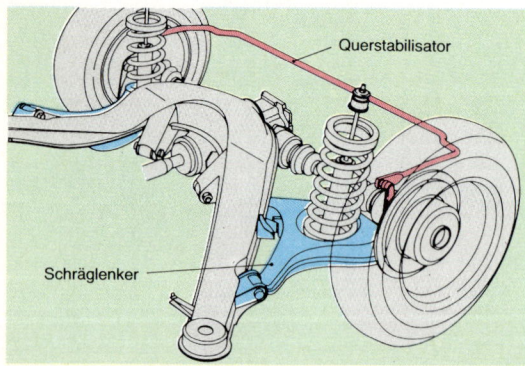

Abb. 2: Schräglenkerachsen

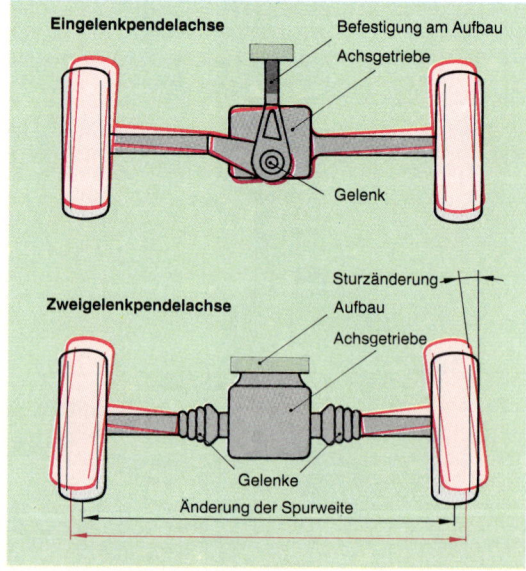

Abb. 4: Pendelachsen

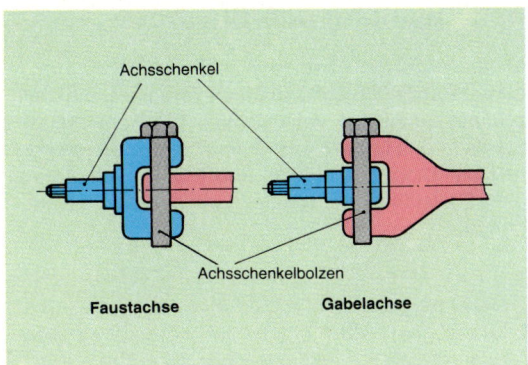

Abb. 5: Starrachsen als Lenkachsen

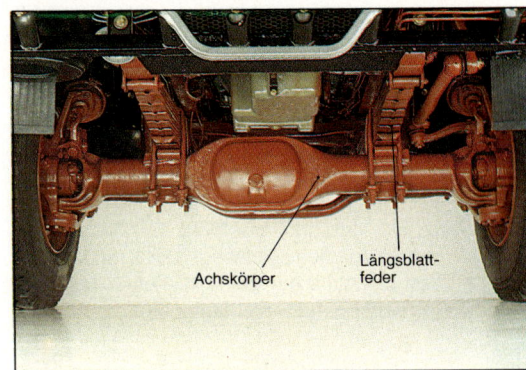

Abb. 6: Starrachse mit Längsblattfedern

43.4.2 Starrachsen

Die beiden **Achsschenkel** einer Achse sind **starr** miteinander **verbunden.** Ein- oder Ausfederbewegungen eines Rades beeinflussen immer die Radstellung des anderen Rades.

Starrachsen werden im Pkw-Bau hauptsächlich als Hinterachsen, im Lkw-Bau und für geländegängige Pkw auch als lenkbare Vorderachsen verwendet. Die Abb. 5 zeigt Starrachsen als Lenkachsen.

Starrachsen können als **Antriebsachsen** oder als **Tragachsen** verwendet werden. Der Achskörper besteht bei Tragachsen aus biegesteifen Profilen, an denen die Achsschenkel (Radträger) befestigt sind. Antriebsachsen schwerer Fahrzeuge haben meist einen einteiligen Achskörper aus Stahlguß. In ihm werden der Radantrieb, das Ausgleichsgetriebe und die Antriebswellen untergebracht (Abb. 6).

Wegen der **Massenersparnis** sind die Achskörper für leichtere Fahrzeuge aus einem Leichtmetall-Gußgehäuse und zwei dünnwandigen Stahlrohren gefertigt, an denen die Achsschenkel befestigt sind. Die verschiedenen **Achsbauformen** unterscheiden sich hauptsächlich in:

- der **Führung** und
- der **Federung** der Achsen.

An Längsblattfedern geführte Starrachsen eignen sich besonders für schwere Nutzfahrzeuge. Die Blattfedern (Abb. 6) übertragen die Radführungskräfte und die Anfahr- und Bremsmomente. Diese Achsen sind kostengünstig in der Herstellung und sehr robust.

Eine genauere Führung der Starrachse ist möglich, wenn die Achse durch Lenker mit dem Aufbau verbunden wird. Mögliche Anordnungen der Lenker zeigt die Abb. 7. Für die seitliche Führung der Achsen werden **Panhardstäbe** oder **Watt-Gestänge** verwendet.

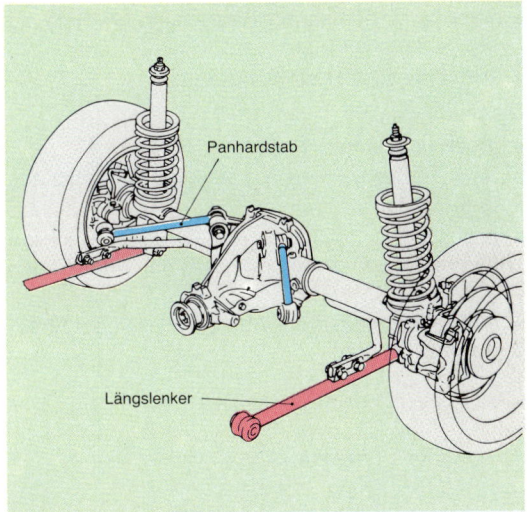

Abb. 7: Lenkeranordnung an einer Starrachse

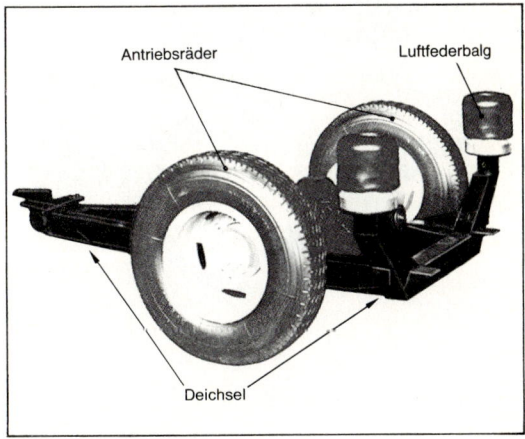

Abb. 8: Deichselachse

Ein geringes Brems- und Anfahrnicken wird durch die **Deichselachse** erreicht (Abb. 8, S. 407). Das Abstützen der Brems- und Anfahrmomente erfolgt über die Deichsel zum Aufbau oder Rahmen, Seitenkräfte werden durch Panhardstäbe, Watt-Gestänge oder Dreieckslenker übertragen.

Eine wesentliche Verringerung der ungefederten Massen wird durch die **De-Dion-Achse** erreicht (De-Dion, franz. Erfinder, 1856 bis 1946). Der Radantrieb wird am Fahrzeugaufbau befestigt. Die Kraftübertragung zu den am Achsrohr geführten Rädern erfolgt durch Gelenkwellen mit Gleichlaufgelenken (Abb. 1).

Gegenüber der Einzelradaufhängung haben **Starrachsen** die folgenden **Vorteile:**

- keine Spur- und Sturzänderungen der Räder bei gleichzeitigen Ein- und Ausfederbewegungen,
- keine Veränderung der Radstellung bei Neigung des Aufbaus und
- kostengünstige Herstellung.

Die **Nachteile** sind:

- große ungefederte Masse,
- Neigung zum Versetzen (Trampeln) der Achse bei Querrinnen,
- gegenseitige Beeinflussung der Räder während der Ein- und Ausfederbewegung nur eines Rades und
- großer Platzbedarf der Antriebsachsen bei Einfederbewegungen.

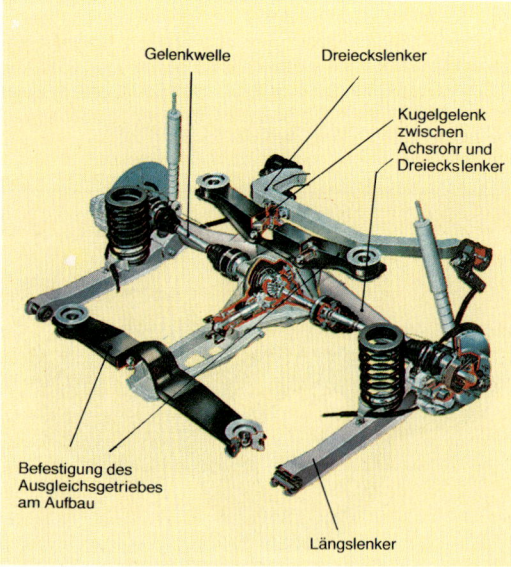

Abb. 1: De-Dion-Hinterachse

Labels in figure:
Gelenkwelle
Dreieckslenker
Kugelgelenk zwischen Achsrohr und Dreieckslenker
Befestigung des Ausgleichsgetriebes am Aufbau
Längslenker

43.5 Wartung und Diagnose

In regelmäßigen Abständen muß eine Überprüfung aller Bauteile der Radaufhängung erfolgen. Die Überprüfung umfaßt im wesentlichen die Kontrolle des Spiels in den Lagern und Gelenken, der Unversehrtheit der Dichtmanschetten sowie eine Sichtprüfung aller Radaufhängungsbauteile auf äußere Beschädigungen.

> **Beschädigte Bauteile** dürfen nicht unter dem Einfluß von Wärme gerichtet werden, da sich dadurch die Festigkeit verringert.

Aufgaben

1. Nennen Sie die Aufgaben der Radaufhängung.
2. Welche Anforderungen werden an die Radaufhängung gestellt?
3. Skizzieren Sie die Umrisse eines Fahrzeugaufbaus. Tragen Sie die Raumachsen ein.
4. Erklären Sie den Begriff »Momentanzentrum«.
5. Erläutern Sie, wodurch die Lage der Rollachse eines Fahrzeugs beeinflußt werden kann.
6. Nennen Sie die Bauteile der Radaufhängung und deren Aufgaben.
7. Worin unterscheidet sich ein Einfachlenker von einem Dreieckslenker? Fertigen Sie eine Skizze an.
8. Worin unterscheidet sich ein Silentbloc- von einem Flanbloc-Gelenk?
9. Erklären Sie den Begriff »Einzelradaufhängung«.
10. Nennen Sie verschiedene Einzelradaufhängungen.
11. Geben Sie an, welche Einzelradaufhängungen für Hinterachsen geeignet sind.
12. Beschreiben Sie die Vorteile einer Einzelradaufhängung.
13. Aus welchem Grund haben Pendelachsen im Pkw-Bau nur noch eine geringe Bedeutung?
14. Erklären Sie den Begriff »Starrachse«.
15. Nennen Sie unterschiedliche Bauarten von Starrachsen.
16. Beschreiben Sie den Aufbau einer De-Dion-Achse. Begründen Sie den Vorteil dieser Achse gegenüber anderen Starrachsen.

44 | Räder

Die **Räder** haben die **Aufgabe,** den Kontakt des Fahrzeugs zur Fahrbahn herzustellen.

Auf die Räder wirken **Kräfte** aus unterschiedlichen Richtungen:

- Gewichtskräfte, Kräfte durch Fahrbahnstöße, Seitenführungskräfte,
- Brems- und Anfahrkräfte.

Räder bestehen aus folgenden Bauteilen:

- Radkörper, Radbefestigung, Felge und Reifen.

44.1 Radkörper

Radkörper haben die **Aufgabe,** die Anschlußflansche der Radnaben mit den Felgen zu verbinden.

Nach der Häufigkeit der Verwendung werden folgende Radkörper bzw. Räder unterschieden:

- Scheibenräder, Drahtspeichenräder und Radsterne.

Scheibenräder

Die Radscheiben haben meist die Form einer Schüssel (Radschüssel). Gebräuchliche **Scheibenradformen** zeigt die Abb. 2.

Radschüsseln werden durch Tiefziehen aus Stahlblech (z.B. R St 34-3) geformt und durch Schweißen an der Felge befestigt.

Löcher und Schlitze in den Radschüsseln verringern die Masse des Radkörpers und ermöglichen einen guten Zustrom der Kühlluft zu den Bremsen.

Eine deutliche Verringerung der Massen des Rades wird durch die Verwendung von Leichtmetall-Legierungen erreicht. Es werden unterschieden:

- gegossene Leichtmetall-Räder (z.B. aus G-AlSi 10 Mg) und
- geschmiedete Räder (z.B. AlMgSi 1 F 32).

Gegenüber Stahlblechrädern verringert sich die Masse des Rades bei gegossenen Rädern bis zu 35% und bei geschmiedeten Rädern bis zu 50%.

Drahtspeichenräder

Diese Räder haben eine geringe Masse, bewirken eine gute Kühlung der Bremsen, sind aber kostenaufwendig in der Herstellung und nicht für die Verwendung schlauchloser Reifen geeignet. Drahtspeichenräder (Abb. 3) werden hauptsächlich für Krafträder verwendet.

Radsterne

Der meist aus Stahlguß hergestellte Radstern bildet mit der Radnabe ein Bauteil (Abb. 1, S. 412).

Schraub-Klemmverbindungen befestigen die Felge am Radstern von Lkw- oder Busrädern. Durch diese Art der Befestigung können umfangsgeteilte Felgen verwendet werden, welche den Reifenwechsel erleichtern.

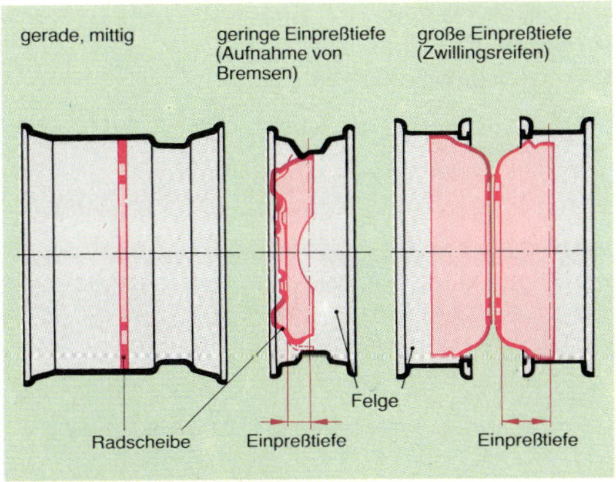

gerade, mittig · geringe Einpreßtiefe (Aufnahme von Bremsen) · große Einpreßtiefe (Zwillingsreifen)

Felge · Radscheibe · Einpreßtiefe · Einpreßtiefe

Abb. 2: Scheibenradformen

Abb. 3: Drahtspeichenrad

44.2 Radbefestigungen

> Die **Radbefestigung** hat die **Aufgabe,** die Räder fest und zentrisch an den Radnaben zu halten. Die Verbindungen sollen schnell lösbar und festziehbar sein.

Im Fahrzeugbau werden meist **Flanschnaben** verwendet (Abb. 1). Radnabe und Radkörper werden durch Schraubverbindungen miteinander verbunden.

Abb. 1: Flanschnabe

Die **zentrische Führung** der Radkörper erfolgt durch eine Mittenzentrierung und/oder durch kegelige oder kugelige Senkungen für die Radschrauben in den Radkörpern (Abb. 2).

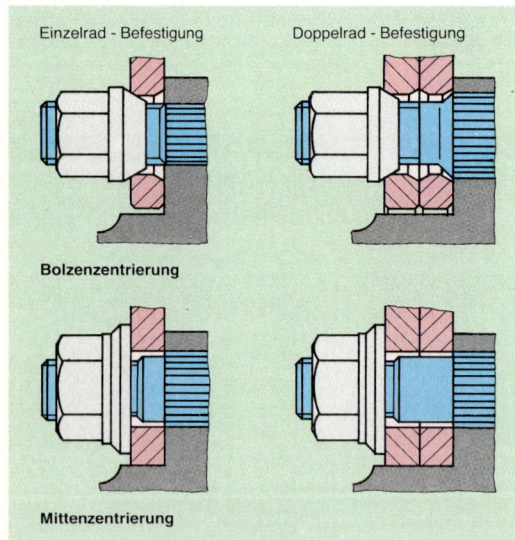

Abb. 2: Senkungen an Radkörpern

44.3 Felgen

> Die **Felgen** haben die **Aufgabe,** die Aufnahme und Führung der Reifen zu gewährleisten.

Wesentliche Bezeichnungen an der Felge zeigt Abb. 3.

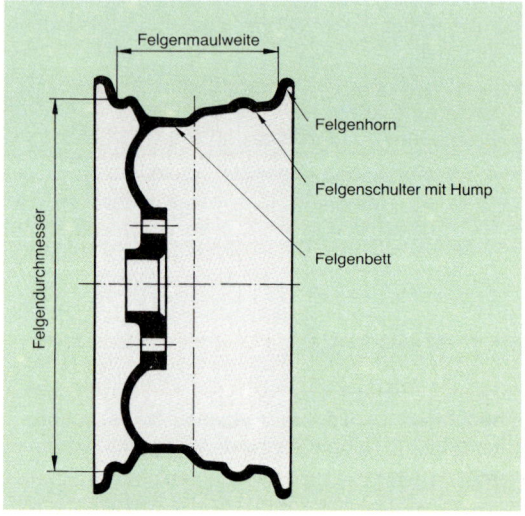

Abb. 3: Bezeichnungen an der Felge

Die **Felgenarten** werden unterschieden nach:
- der Querschnittsform der Felge und
- dem Aufbau der Felge.

Nach der **Querschnittsform** wird unterschieden in:
- Tiefbettfelgen,
- Steilschulterfelgen und
- Flachbettfelgen.

Nach dem **Aufbau** der Felge wird unterschieden in:
- ungeteilte Felgen,
- ringgeteilte Felgen und
- umfangsgeteilte Felgen (Abb. 4).

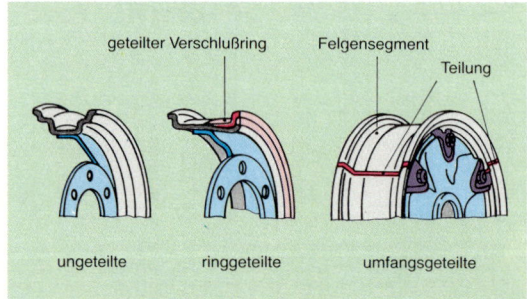

Abb. 4: Felgenarten mit unterschiedlicher Felgenteilung

Tiefbettfelgen

> **Tiefbettfelgen** sind immer **ungeteilte Felgen** mit einer Felgenschulterneigung von 5° (Schrägschulterfelgen).

Die Ausformung des Felgenbetts als Tiefbett erfolgt, um eine Montage des Reifens bei ungeteilter Felge zu ermöglichen. Der **Wulstkern** läßt sich nur dann über das Felgenhorn ziehen, wenn die gegenüberliegende Seite im Tiefbett liegt.
Eine unsymmetrische Anordnung des Tiefbetts vergrößert den Raum in der Radschüssel, in dem die Bremse untergebracht werden kann (Abb. 5).
Tiefbettfelgen eignen sich für schlauchlose Reifen und für Reifen mit Schlauch. Werden schlauchlose Reifen verwendet, müssen Felgen benutzt werden, die an der Felgenschulter eine umlaufende Erhöhung haben. Diese Erhöhung (Abb. 6) verhindert, daß der Reifen bei schneller Kurvenfahrt von der Felgenschulter gedrückt wird. Das Lösen des Reifens von der Felgenschulter würde zu einem plötzlichen Luftverlust des Reifens führen. Diese Felgen werden auch als **Hump-Felgen** (hump, engl.: Höcker) oder Felgen mit **Sicherheitsschulter** bezeichnet.

Steilschulterfelgen

> **Steilschulterfelgen** sind **ungeteilte Felgen** mit einer Felgenschulterneigung von 15°.

Die Steilschulterfelge (Abb. 7) wird hauptsächlich für Nutzfahrzeuge und Omnibusse verwendet. Die Reifen dieser Fahrzeuge haben einen sehr unelastischen Wulstkern, der auf Felgen mit einer Schulterneigung von 5° nicht sicher abdichtet. Durch die größere Schulterneigung wird der Reifen stärker an die Felge gedrückt. Dadurch können auch für diese Felgen schlauchlose Reifen verwendet werden.

Flachbettfelgen

> **Flachbettfelgen** sind **geteilte Felgen** mit einer Felgenschulterneigung von 5°. Sie werden in ringgeteilter und in umfangsgeteilter Ausführung hergestellt.

Ringgeteilte Flachbettfelgen haben einen oder mehrere geschlitzte Seitenringe (Abb. 8). Für den Reifenwechsel wird der Wulstkern des Reifens vom Seitenring abgedrückt. In dieser Stellung lassen sich der oder die Seitenringe von der Felge abnehmen. Der Reifen kann dann von der Felge gezogen werden.

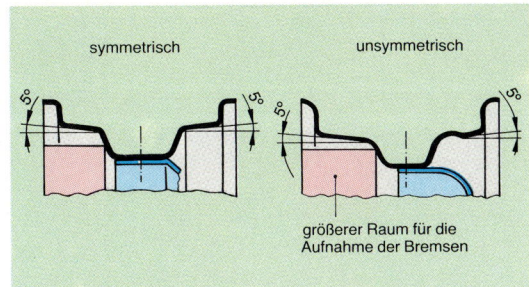

Abb. 5: Tiefbettfelge

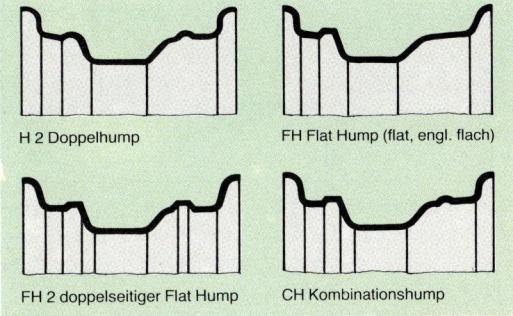

Abb. 6: Hump-Formen

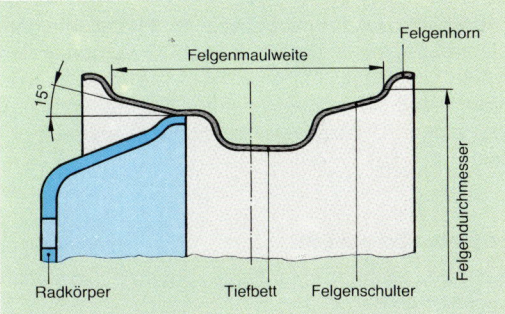

Abb. 7: Steilschulterfelge

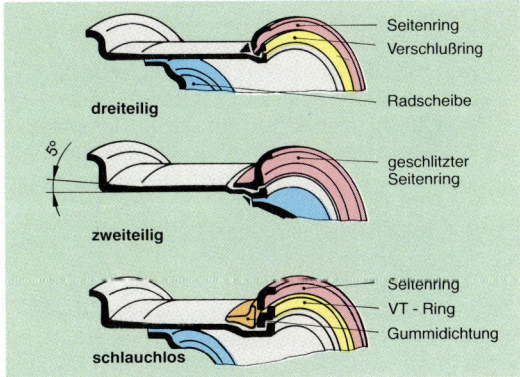

Abb. 8: Ringgeteilte Flachbettfelgen

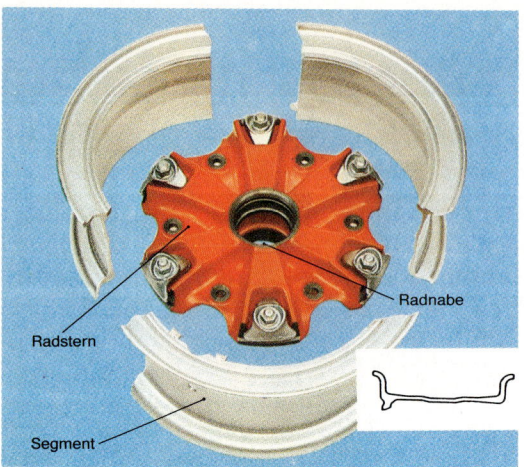

Abb. 1: Trilexfelge

Nach der Montage des Reifens und der Seitenringe schiebt sich der Wulstkern des Reifens durch den Luftdruck über die Seitenringe. Dadurch werden die Ringe verschlossen.

Diese Felgen können auch mit schlauchlosen Reifen gefahren werden, wenn vor den Seitenring eine Gummidichtung gelegt wird.

Trilexfelgen sind **umfangsgeteilte Flachbettfelgen.** Die drei Segmente der Felge (Abb. 1) werden in den Reifen gelegt und mit einem Montierhebel so verspannt, daß sie an der Wulst des Reifens anliegen. Die Felge wird nach der Reifenmontage am Radstern befestigt.

Felgenbezeichnungen

In der Bezeichnung einer Felge können bis zu sieben Angaben enthalten sein.

Beispiel: 5 J X 13 H2 DIN 7817 S

5:   Felgenmaulweite in Inch
J: Felgenhornform nach DIN 7817
X: Kurzzeichen für die Form des Felgenbetts
     Ein X steht für Tiefbettfelge. Folgt eine ganze Zahl
     (z. B. 13), handelt es sich um eine 5°-Tiefbettfelge.
     Wird der Felgendurchmesser mit einer Komma-
     zahl (z. B. 17,5) angegeben, handelt es sich um
     eine 15° Steilschulterfelge.
     Ein Strich (–) steht für Flachbettfelge.
13: Felgendurchmesser in Inch
H2: Angabe über Form (rund) und Humpzahl
DIN 7817: Angabe der entsprechenden DIN-Norm
S: Hinweis auf ein symmetrisches Tiefbett
     Bei der unsymmetrischen Tiefbettfelge erfolgt
     keine besondere Bezeichnung.

44.4 Reifen

Der **Reifen** hat die **Aufgabe,** sicher auf der Straße zu haften, sowie alle auf ihn wirkenden Kräfte aufzunehmen und weiterzuleiten.

44.4.1 Anforderungen an den Reifen

Der Reifen bestimmt wesentlich die **Fahrsicherheit** und den **Fahrkomfort** des Fahrzeugs. An ihn werden die folgenden **Anforderungen** gestellt:

• guter Kraftschluß zwischen Fahrbahn und Reifen,
• sicherer Sitz des Reifens auf der Felge,
• hohe Formstabilität bei Geradeausfahrt und bei Kurvenfahrt, dadurch große Lenkgenauigkeit,
• geringe Aquaplaningneigung,
• ausreichende Schnellauffestigkeit,
• hohe Lebensdauer,
• hoher Federungskomfort und geringe Geräusch-entwicklung.

44.4.2 Reifenbauarten

Nach der **Richtung der Gewebelagen** des Reifenunterbaus (Karkasse, Abb. 2) werden unterschieden:

• Radialreifen (Gürtelreifen) und
• Diagonalreifen.

Radialreifen

Die Gewebelagen des **Unterbaus** eines Radialreifens verlaufen **radial** von Wulst zu Wulst. Um diesen Unterbau wird ein **Gürtel** aus diagonal zueinander liegenden Gewebelagen gelegt. Dieser Gürtel gibt dem Reifen die Festigkeit.

Die Walkarbeit im Bereich der Lauffläche ist durch den Gürtel geringer, dadurch entsteht auch weniger Verschleiß und geringerer Rollwiderstand.

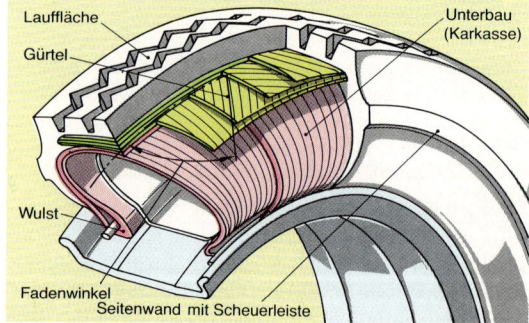

Abb. 2: Radialreifen

Der Winkel, unter dem die Gewebelagen zueinander liegen, wird als **Fadenwinkel** (Zenithwinkel) bezeichnet. Er beträgt etwa 6 bis 20° (Abb. 2).

Als **Gewebelagen** werden in Gummi einvulkanisierte Fäden aus Stahl- oder Textilfasern verwendet.

Nach dem **Werkstoff der Gewebelagen** werden unterschieden:

- Stahlgürtelreifen und
- Textilgürtelreifen.

Gegenüber Diagonalreifen haben die **Radialreifen** folgende **Vorteile:**

- geringerer Rollwiderstand,
- geringerer Verschleiß,
- besseres Seitenführungsverhalten und
- weicheres Federungsverhalten bei höheren Geschwindigkeiten.

Diagonalreifen

> Die Gewebelagen des **Unterbaus** verlaufen bei einem Diagonalreifen unter einem **Fadenwinkel** (Zenithwinkel) von 30 bis 40°. Auf diesen Unterbau werden weitere Gewebelagen diagonal zueinander gelegt (Zwischenbau).

Gegenüber den Radialreifen haben die **Diagonalreifen** (Abb. 3) folgende **Vorteile:**

- weicheres Federungsverhalten bei geringeren Geschwindigkeiten und
- geringere Masse bei gleicher Tragfähigkeit.

44.4.3 Reifenaufbau

Den **Aufbau** eines Gürtelreifens zeigt die Abb. 4.

Der **Wulstkern** besteht aus einem oder mehreren in Gummi eingebetteten ringförmigen Drahtkernen. Die Gewebelagen des Unterbaus sind um den Wulstkern geschlungen. Zum Schutz des Unterbaus werden oft seitlich Scheuerleisten angebracht.

Die **Lauffläche** trägt das Profil des Reifens und schützt den Unterbau. Für die Lauffläche wird eine gut haftende, aber abriebfeste Gummimischung verwendet.

> **Weiche Gummimischungen** haben eine große Haftreibung auf der Straße, aber einen großen **Abrieb.**

Je nach dem Verwendungszweck des Reifens wird vom Hersteller eine entsprechende Gummimischung der Lauffläche gewählt. Diese verschiedenen Mischungen stellen immer den jeweils besten Kompro-

miß zwischen den unterschiedlichen Anforderungen an den Reifen dar.

Nach der **Profilgestaltung** werden die Reifen für Fahrzeuge unterschieden in:

- Sommerreifen und
- Winterreifen (Abb. 5).

Winterreifen (M + S-Reifen; M von Matsch, S von Schnee) haben gegenüber den Sommerreifen ein **tieferes, grobstolligeres Profil** und eine andere Gummimischung in der Lauffläche. Sie besitzen einen höheren Rollwiderstand und dürfen nur mit einer Geschwindigkeit bis zu 160 km/h gefahren werden.

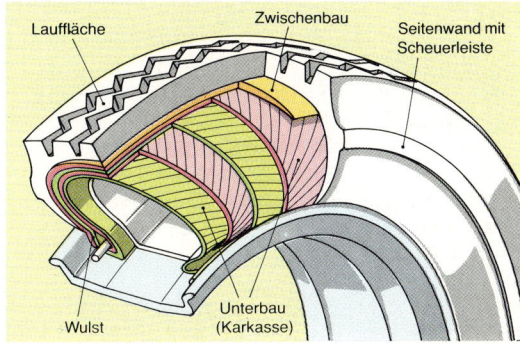

Abb. 3: Diagonalreifen

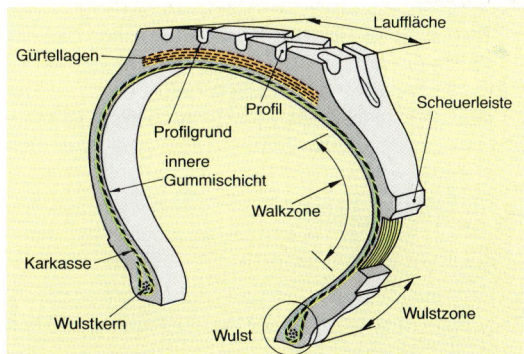

Abb. 4: Reifenaufbau

Abb. 5: Sommer- und Winterreifen

44.4.4 Reifenbezeichnungen

Zur Zeit sind zwei Reifen-Kennzeichnungssysteme nebeneinander gebräuchlich:

- Reifenbezeichnung nach DIN 7803 und
- Reifenbezeichnung nach ECE-R 30 (Pkw) und ECE-54 (Lkw). ECE = Economic Commission for Europe.

Die **Reifenbezeichnung nach DIN 7803** kann bis zu sieben Angaben enthalten, z. B.:
175/70 SR 14 4PR tubeless Hersteller.

- **Reifenbreite.** Sie wird bei Radialreifen in mm, bei Diagonalreifen in Zoll angegeben. Hinter dem Schrägstrich steht das **Querschnittsverhältnis.**

$$Q = \frac{H}{B} \cdot 100$$

  Q Querschnittsverhältnis in %
  H Reifenhöhe in mm
  B Reifenbreite in mm

Das Querschnittsverhältnis wird nur bis zu einem Verhältnis von $\leq 70\%$ angegeben.

- **Geschwindigkeitsbereich.** Man unterscheidet:
  Bereich S: bis   180 km/h
         H: bis   210 km/h
         V: über 210 km/h

- **Reifenbauart.** Für Reifen in Radialbauart steht der Buchstabe R, für Diagonalreifen ein Strich (–).

- **Felgendurchmesser** in Inch.

- **Tragfähigkeit.** Die Angabe 4 PR bedeutet, daß der Reifen die 4fache Tragfähigkeit hat wie ein Reifen mit der Bezeichnung 1 PR (ply rating, engl.: sinngemäß: Festigkeit einer Gewebelage). Der tatsächliche Tragfähigkeitswert muß Tabellen entnommen werden.

- **Reifenkennzeichnung.** Der Hinweis »tubeless« bedeutet, daß der Reifen als schlauchloser Reifen gefahren werden kann.

- **Herstellerangaben.** Neben dem Herstellerwerk können Angaben über die Profilgestaltung und den Reifentyp erfolgen.

Tab. 1: Tragfähigkeitskennzahlen (Beispiele)

Tragfähig-keits-Kennziffer	Reifentrag-fähigkeit in kg max.	Tragfähig-keits-Kennziffer	Reifentrag-fähigkeit in kg max.	Tragfähig-keits-Kennziffer	Reifentrag-fähigkeit in kg max.
65	290	78	425	91	615
66	300	79	437	92	630
67	307	80	450	93	650
68	315	81	462	94	670
69	325	82	475	95	690
70	335	83	487	96	710
71	345	84	500	97	730
72	355	85	515	98	750
73	365	86	530	99	775
74	375	87	545	100	800
75	387	88	560	101	825
76	400	89	580	102	850
77	412	90	600	103	875

Die **Reifenbezeichnung nach ECE-R 30** bezieht sich auf Reifen mit einer zul. Höchstgeschwindigkeit bis zu 210 km/h. In zwei Gruppen erfolgen Angaben über die **Reifengröße** und die **Reifenbetriebsbeschreibung** (Betriebskennung), z. B.:

Reifengröße	Betriebskennung
175/70 R 14	84 S

- **Reifenbreite.** Die Angabe erfolgt, unabhängig von der Reifenbauart, immer in mm.

- **Querschnittsverhältnis.**

- **Reifenbauart.** Für Radialreifen steht der Buchstabe R, Diagonalreifen werden durch ein D oder durch einen Strich (–) gekennzeichnet.

- **Felgendurchmesser.** Der Felgendurchmesser wird üblicherweise in Inch angegeben, jedoch ist auch die Angabe in mm zulässig.

- **Tragfähigkeitskennzahl.** Durch die Tragfähigkeitskennzahl LI (Load Index; load, engl.: Last) wird die Reifentragfähigkeit angegeben. In Tabellen sind den jeweiligen Kennzahlen die entsprechenden Tragfähigkeitswerte zugeordnet (Tab. 1).

- **Geschwindigkeitssymbol.** Die für den Reifen zulässige Höchstgeschwindigkeit wird durch Buchstaben verschlüsselt angegeben (Tab. 2).

Der **Betriebskennung** können noch folgende Angaben vorangestellt werden:

- M + S-Reifen (Winterreifen),
- tubeless (schlauchloser Reifen) oder/und
- reinforced (verstärkter Reifen).

Tab. 2: Geschwindigkeitssymbole (GSY)

GSY	zul. Höchst-geschwindigkeit in km/h	GSY	zul. Höchst-geschwindigkeit in km/h
F	80	S	180
M	130	T	190
P	150	U	200
Q	160	H	210
R	170	V	über 210

44.4.5 Aquaplaningverhalten

Werden zusammenhängende Wasserflächen sehr schnell durchfahren, bildet sich vor der **Aufstandsfläche** des Reifens ein **Wasserkeil** (Abb. 1). Dieser muß durch die Profilrillen abgeleitet oder von dem Reifen zur Seite gedrückt werden. Durch den Wasserkeil kann der Reifen aber angehoben werden. Die Aufstandsfläche des Reifens auf der Straße wird kleiner. Hebt der Reifen durch die Kraft des Wasserkeils

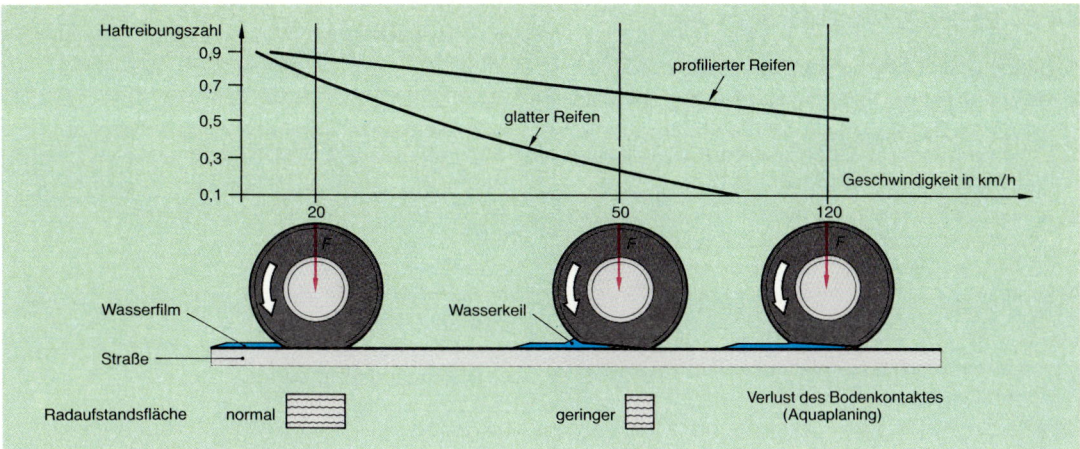

Abb. 1: Aquaplaningverhalten

vollständig von der Fahrbahn ab, wird dies als **»Aufschwimmen«** oder **»Aquaplaning«** bezeichnet (aqua, lat.: Wasser; to plane, engl.: gleiten).

Ein **Reifen,** der den **Bodenkontakt verloren** hat und auf der Wasserfläche **gleitet,** kann keine Brems-, Beschleunigungs- und Seitenkräfte mehr übertragen.

Die Tab. 3 zeigt die **Einflußgrößen** und deren Auswirkungen auf das Aquaplaningverhalten der Reifen.

Tab. 3: Aquaplaningverhalten

Einflußgröße	Aquaplaningneigung	
	hoch	**gering**
Wasserfilm	tief	flach
Fahrgeschwindigkeit	hoch	gering
Profilgestaltung	feinprofiliert	grob
Profiltiefe	gering	groß
Radlast	gering	hoch

44.4.6 Ventile

Es werden zwei **Arten** von Ventilen unterschieden:

- einsteckbare Ventile für schlauchlose Reifen (Abb. 2a) und
- Gummiventile für Schläuche. Diese Ventile werden in den Schlauch einvulkanisiert (Abb. 2b).

Für schnelle Fahrzeuge ist häufig die Verwendung einschraubbarer Ventile erforderlich. Wegen der hohen Fliehkraft würden andere Ventile zu stark belastet.

44.4.7 Schläuche

Die Verwendung von Schläuchen ist meist bei geteilten Felgen, bei gegossenen Leichtmetallfelgen oder bei Felgen erforderlich, die an den Felgenhörnern nicht mehr einwandfrei abdichten (z. B. wegen Korrosion). Die Bezeichnung der Schläuche ist nicht genormt. Reifen, die mit Schlauch gefahren werden müssen, können die Bezeichnungen »Tube Type« oder »Mit Schlauch« tragen.

An Pkw werden überwiegend schlauchlose Reifen montiert. Diese Reifen haben eine Innenseele aus einer Gummimischung, welche den Luftdurchsatz verhindert. Gegenüber Reifen mit Schlauch haben diese Reifen folgende **Vorteile:**

- geringe Erwärmung,
- einfachere Reifenmontage,
- kein plötzlicher Luftverlust bei kleineren Beschädigungen der Dichtschicht. Die Dichtschicht ist elastisch und dichtet kleinere Löcher ab.

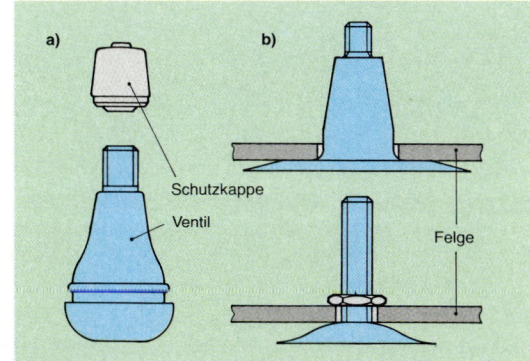

Abb. 2: Ventile a) für schlauchlose Reifen
b) für Reifen mit Schlauch

44.5 Wartung und Diagnose

Folgende **gesetzliche Vorschriften** sind zu beachten:

- Mit einem Fahrzeug dürfen nur die vom Hersteller vorgeschriebenen Reifen gefahren werden. Die Benutzung anderer Reifen führt zum Erlöschen der Allgemeinen Betriebserlaubnis (ABE).
- An einem Fahrzeug dürfen nur Reifen gleicher Bauart montiert werden. Werden Stahl- und Textilgürtelreifen verwendet, müssen die Stahlgürtelreifen immer an der Hinterachse montiert werden.

> Eine **Mischbereifung** (Radial- und Diagonalreifen) ist **verboten.**

- Die Profiltiefe des Reifens darf an keiner Stelle geringer als 1,6 mm sein.

Der **Reifenverschleiß** und damit die **Lebensdauer** des Reifens hängt wesentlich ab von:

- der Fahrweise,
- einer sachgerechten Montage und
- regelmäßigen Kontrollarbeiten (Luftdruck, Sichtkontrolle).

> Schnelle Beschleunigungs- und Bremsvorgänge, insbesondere dann, wenn die Reifen **durchrutschen** oder **blockieren,** bewirken immer einen hohen **Reifenverschleiß.**

Reifen sollten nur auf unbeschädigte, nicht korrodierte Felgen aufgezogen werden. Es sind dazu Spezialmaschinen zu verwenden, welche die Reifen ohne Beschädigung der Wulst auf die Felge ziehen. Für Fahrzeuge mit zulässigen Höchstgeschwindigkeiten über 50 km/h sollten die Räder ausgewuchtet werden.

> Eine **Unwucht** entsteht durch ungleiche Massenverteilung des Reifens und/oder der Felge.

Diese ungleiche Massenverteilung entsteht am Rad z. B. durch das Ventil oder durch ungleiche Laufstreifendicke. Mit zunehmender Geschwindigkeit entsteht dadurch eine immer größer werdende Fliehkraft (Abb. 2).

Diese **Fliehkraft** wirkt auf die Räder des Fahrzeugs. Die Räder springen, taumeln und haben einen unruhigen Lauf.

Die auf das Rad wirkende Fliehkraft wird mit folgender Gleichung berechnet:

$$F = \frac{m \cdot v^2}{r_{dyn}}$$

F	Fliehkraft in N
m	Unwuchtmasse in kg
v	Fahrgeschwindigkeit in m/s
r_{dyn}	dynamischer Halbmesser in m (s. Kap. 15.3)

Die Ermittlung der Unwuchtmasse erfolgt auf Auswuchtmaschinen oder direkt am Fahrzeug. Von den Meßgeräten wird die Größe und die Position der erforderlichen Ausgleichsmassen ermittelt. Diese werden an die Felgenhörner geklemmt oder bei Leichtmetallfelgen in die Felge geklebt.

Es werden zwei **Arten des Auswuchtens** unterschieden:

- statisches Auswuchten
  und
- dynamisches Auswuchten.

Statisches Auswuchten

An dem in Ruhe befindlichen Rad wird die erforderliche Ausgleichsmasse z. B. durch **Auspendeln** ermittelt (Abb. 1). Die Ausgleichsmassen werden so angebracht, daß die Summe aller Momente um die **Drehachse** des Rades gleich Null ist.

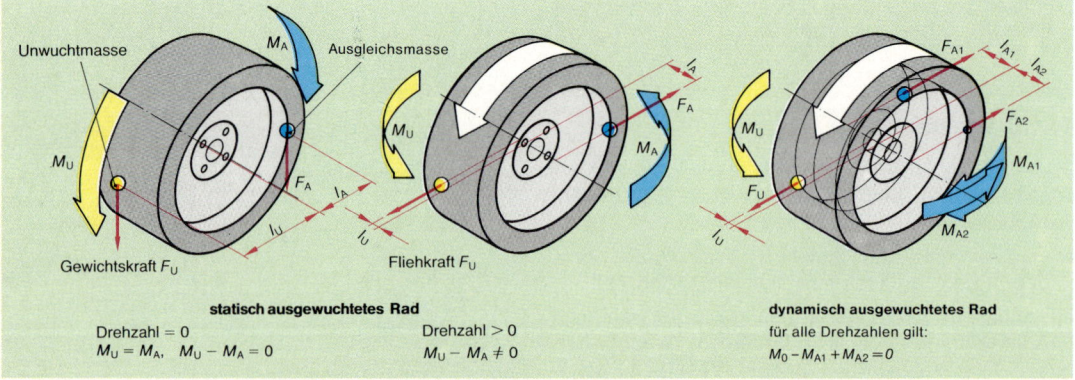

Abb. 1: Statischer und dynamischer Ausgleich einer Reifenunwucht

Dynamisches Auswuchten

Liegt die Reifenunwucht nicht genau in der Radmittelebene, so wirkt eine bei Drehung des Rades entstehende Fliehkraft mit einem Hebelarm zur Radmittelebene. Es entsteht ein Drehmoment. Durch Radauswuchtmaschinen werden die Größe und die Lage der Ausgleichsmassen ermittelt, welche auch die Drehmomente ausgleichen (Abb. 2).

Übermäßiger Verschleiß der Reifen kann durch falschen Luftdruck, defekte Radaufhängungen oder fehlerhafte Achsgeometrie entstehen. Charakteristische **Reifenschäden** zeigt die Abb. 1, S. 418.

Tab. 4 zeigt wesentliche Hinweise zur Wartung und Diagnose.

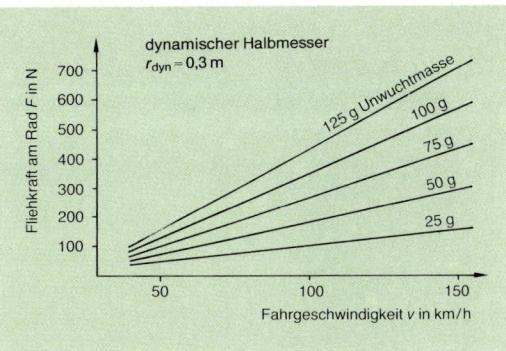

Abb. 2: Fliehkräfte am Fahrzeugrad

Tab. 4: Hinweise für Wartung und Diagnose der Reifen

Wartung			
Prüfposition	Mangel, Fehler	Ursache	Folge
			Diagnose
Störstelle	Mangel, Fehler	Ursache	Störung
Seitenwand außen und innen	Verlust an Fahrsicherheit durch verringerte Festigkeit der Seitenwand	häufiger Kontakt mit dem Bordstein, zu breite Reifen, Fehler am Fahrwerk	Scheuerstellen
Laufstreifen (Profil)	einseitig (außen) abgefahrene Vorderreifen	Fehler in der Lenkgeometrie (Sturz, Spur), zu schnelles Durchfahren von Kurven, starke Neigung zum Untersteuern	ungleichmäßige Abnutzung des Reifenprofils, Verlust an Fahrsicherheit
	einseitig (innen) abgefahrene Hinterreifen	falscher (negativer) Sturz, bei Einzelradaufhängung zu hohe Belastung der Hinterachse	
	Profilablösung	Überschreiten der zul. Höchstgeschwindigkeit	Verlust an Fahrsicherheit, Reifen kann platzen
	Auswaschungen	defekte Schwingungsdämpfer, falsche Lenkgeometrie, fehlerhafte Bremsen (Rad blockiert immer an der gleichen Stelle)	Verlust an Reifenprofil, Reifen holpert stark
	starker Abrieb in Laufstreifenmitte	zu hoher Reifenluftdruck, häufige Kavallierstarts	ungleichmäßiger Profilverschleiß, Verlust an Fahrkomfort, Gefahr des Aquaplanings
	starker Abrieb an den Reifenschultern	zu geringer Luftdruck	
Reifendruck	Druck entweicht	Beschädigungen in der Lauffläche durch Nägel oder Scherben, fehlerhafte Felge, fehlerhaftes Ventil	Verringerung der Seitenführungskraft und damit der Fahrsicherheit, starke Walkarbeit, starke Erwärmung, hoher Reifenverschleiß
Reifen	unruhiges Laufverhalten, Lenkung flattert, Reifen springen	Reifen nicht ausgewuchtet, Gewicht verloren, Radlager defekt	Reifenverschleiß (Auswaschungen), Verlust an Bodenkontakt, Verlust an Fahrsicherheit

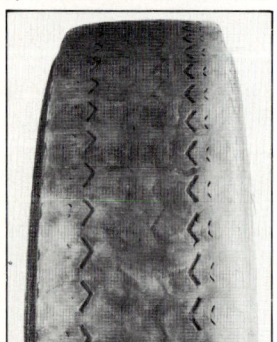

a) Hoher Abrieb in der Reifenmitte

Ursache: z. B.
zu hoher Luftdruck

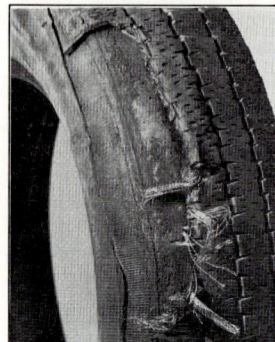

b) Abriß der Lauffläche und von Teilen des Gürtels

Ursache: z. B.
zu geringer Luftdruck

c) Auswaschungen

Ursache: z.B.
zu großes Spiel
in den Lagern,
fehlerhafte
Federung,
defekte
Schwingungs-
dämpfer

d) Einseitig höherer Abrieb

Ursache: z. B.
zu große Vor-
spur

Abb. 1: Reifenschäden und deren Ursache

Aufgaben

1. Benennen Sie die Bauteile der Räder, und beschreiben Sie deren Aufgaben.

2. Nennen Sie die Vorteile der Drahtspeichenräder.

3. Skizzieren Sie eine Felge, und tragen Sie die wichtigsten Bezeichnungen ein.

4. Aus welchem Grund kann eine ungeteilte Felge nur als Tiefbettfelge ausgeführt werden?

5. Worin unterscheidet sich eine Schrägschulterfelge von einer Steilschulterfelge?

6. Skizzieren Sie eine Felge mit einer Sicherheitsschulter.

7. Bei welcher Reifenart müssen Hump-Felgen verwendet werden? Begründen Sie diese gesetzliche Vorschrift.

8. Geben Sie an, welche Informationen die beiden Felgenbezeichnungen enthalten:
   6 J X 14 H2
   6   X 17,5

9. Worin unterscheiden sich die beiden in Aufgabe 8 genannten Felgen?

10. Nennen Sie die Anforderungen, die an einen Reifen gestellt werden.

11. Worin unterscheidet sich ein Radial- von einem Diagonalreifen?

12. Was verstehen Sie unter dem Begriff Fadenwinkel?

13. Worin unterscheiden sich die Reifenbezeichnungen nach DIN und ECE?

14. Was verstehen Sie unter dem Begriff Aquaplaning?

15. Von welchen Einflußgrößen ist das Aquaplaningverhalten eines Reifens abhängig?

16. Von welchen Einflüssen ist die Lebensdauer eines Reifens abhängig?

17. Berechnen Sie für die Geschwindigkeiten $v = 50$, 100 und 150 km/h die bei einer Unwucht von 125 g entstehenden Fliehkräfte. Der dyn. Halbmesser beträgt 270 mm. Tragen Sie die Werte in ein Diagramm ein.

18. Berechnen Sie für einen Reifen 195/70 R 14 84 T den Abrollumfang.

19. Erläutern Sie den Unterschied zwischen dem statischen und dynamischen Auswuchten.

45 | Grundlagen und Bauarten der Bremsen

45.1 Gesetzliche Bestimmungen

In der **Straßenverkehrszulassungsordnung** (StVZO) sind die Anforderungen, der Sollzustand, die Arten und die Überwachungsintervalle der Bremsanlagen festgelegt. In diesem Kapitel werden nur Auszüge aus den gesetzlichen Bestimmungen über die Fahrzeugbremsen wiedergegeben.

Zur weiteren Information müssen besonders folgende Gesetze bzw. Paragraphen herangezogen werden:

- Straßenverkehrszulassungsordnung (StVZO), §§ 41, 42, 53, 29

  und

- Verordnung über den Betrieb von Kraftfahrunternehmen im Personenverkehr (BOKraft).

45.1.1 Auszüge aus der StVZO § 41

Vorschriften für Betriebs- und Feststellbremsen

»Kraftfahrzeuge müssen 2 voneinander unabhängige Bremsanlagen haben oder eine Bremsanlage mit 2 voneinander unabhängigen Bedienungseinrichtungen, von denen jede auch dann wirken kann, wenn die andere versagt. Die Bremsen müssen leicht nachstellbar sein oder eine selbsttätige Nachstelleinrichtung haben.«

»Bei Kraftfahrzeugen – ausgenommen Krafträder – muß mit der einen Bremse **(Betriebsbremse)** eine mittlere Verzögerung von mindestens 2,5 m/s² erreicht werden; bei Kraftfahrzeugen mit einer durch die Bauart bestimmten Höchstgeschwindigkeit von nicht mehr als 25 km/h genügt jedoch eine mittlere Verzögerung von 1,5 m/s².«

»Bei Kraftfahrzeugen – ausgenommen Krafträder – muß die Bedienungseinrichtung der anderen Bremse feststellbar sein. Mit der **Feststellbremse** muß eine mittlere Verzögerung von mindestens 1,5 m/s² erreicht werden.
Bei Krafträdern – auch mit Beiwagen – muß mit jeder der beiden Bremsen eine mittlere Verzögerung von mindestens 2,5 m/s² erreicht werden.«

Vorschriften für Anhängerbremsanlagen

»Zwei- oder mehrachsige Anhänger müssen eine ausreichende, leicht nachstellbare oder sich selbsttätig nachstellende Bremsanlage haben; mit ihr muß

eine mittlere Verzögerung von mindestens 2,5 m/s² erreicht werden. Die Bremse muß feststellbar sein.

Auflaufbremsen (Bremsen, deren Wirkung ausschließlich durch die Auflaufkraft erzeugt wird) sind nur bei Anhängern mit einem zulässigen Gesamtgewicht von nicht mehr als 8 t zulässig.«

Vorschriften für Dauerbremsanlagen

»Kraftomnibusse mit einem zulässigen Gesamtgewicht von mehr als 5,5 t sowie andere Kraftfahrzeuge und Anhänger mit einem zulässigen Gesamtgewicht von mehr als 9 t müssen außer mit den Bremsen nach den vorstehenden Vorschriften mit einer Dauerbremse ausgerüstet sein.«

Vorschriften für Druckluftbremsanlagen

»Beim Mitführen von Anhängern mit **Druckluftbremsanlage** müssen die Vorratsbehälter des Anhängers auch während der Betätigung der Betriebsbremsanlage nachgefüllt werden können **(Zweileitungsbremsanlage** mit Steuerung durch Druckanstieg), wenn die durch die Bauart bestimmte Höchstgeschwindigkeit mehr als 25 km/h beträgt.«

45.1.2 Auszüge aus der StVZO § 42

Anhängelast hinter Kraftfahrzeugen

»Hinter Krafträdern und Personenkraftwagen dürfen Anhänger ohne ausreichende eigene Bremse nur mitgeführt werden, wenn das ziehende Fahrzeug **Allradbremse** und der Anhänger nur eine Achse hat. Werden einachsige Anhänger ohne ausreichende eigene Bremse mitgeführt, so darf die Anhängelast höchstens die Hälfte des um 75 kg erhöhten Leergewichts des ziehenden Fahrzeugs, aber nicht mehr als 750 kg betragen.«

45.1.3 Auszüge aus der StVZO § 53

Bremsleuchten

»Kraftfahrzeuge und ihre Anhänger müssen hinten mit zwei ausreichend wirkenden **Bremsleuchten** für rotes Licht ausgerüstet sein, die nach rückwärts die Betätigung der Betriebsbremse... anzeigen und auch bei Tage deutlich aufleuchten.«

45.1.4 Auszüge aus der StVZO § 29

Untersuchung der Kraftfahrzeuge und Anhänger

»Die Halter von Fahrzeugen, die ein eigenes amtliches Kennzeichen ... haben müssen, haben ihre Fahrzeuge auf ihre Kosten nach Maßgabe der Anlage VIII in regelmäßigen Zeitabständen untersuchen zu lassen.«
Einige der nach Anlage VIII untersuchungspflichtigen Fahrzeuge, die entsprechenden Untersuchungen und zeitlichen Abstände der jeweiligen Untersuchungen zeigt Tab. 1.

Tab. 1: Art und Zeit der Untersuchungen

Art des Fahrzeugs	Art der Untersuchung und regelmäßiger Zeitabstand		
	Hauptuntersuchung	Zwischenuntersuchung	Bremsensonderuntersuchung
	Monate	Monate	Monate
Kraftrad	24	–	–
Personenkraftwagen allgemein	24	–	–
zur Personenbeförderung nach den Vorschriften des Personenbeförderungsgesetzes	12	–	–
Kraftomnibus	12	3	12
Lastkraftwagen mit einem zulässigen Gesamtgewicht von nicht mehr als 2,8 t	24	–	–
mit einem zulässigen Gesamtgewicht von mehr als 2,8 t, jedoch nicht mehr als 6 t	12	–	–
mit einem zulässigen Gesamtgewicht von mehr als 6 t, jedoch nicht mehr als 9 t	12	–	12
mit einem zulässigen Gesamtgewicht von mehr als 9 t	12	6	12
Anhänger einachsige Anhänger mit einem zulässigen Gesamtgewicht von nicht mehr als 2 t und Wohnanhänger	24	–	–
andere Anhänger mit einem zulässigen Gesamtgewicht von nicht mehr als 6 t	12	–	–
mit einem zulässigen Gesamtgewicht von mehr als 6 t, jedoch nicht mehr als 9 t	12	–	12
mit einem zulässigen Gesamtgewicht von mehr als 9 t	12	6	12

Art und Gegenstand der Untersuchungen

»Die **Hauptuntersuchung** hat sich darauf zu erstrecken, ob das Fahrzeug den Vorschriften dieser Verordnung (StVZO) entspricht.

Die **Zwischenuntersuchung** hat sich auf alle für die Verkehrssicherheit wichtigen Teile und Einrichtungen sowie auf die Geräuschentwicklung und das Abgasverhalten des Fahrzeugs zu erstrecken.

Die **Bremsensonderuntersuchung** hat zu umfassen:

● eine Sichtprüfung,

● die Feststellung der Wirkung und der Funktion der Bremsanlagen,

● eine innere Untersuchung der Radbremsen nach den Anleitungen der Fahrzeug- oder Bremsenhersteller,

● nötigenfalls auch eine innere Untersuchung der einzelnen Bauteile der Bremsanlagen.«

45.2 Aufgaben der Bremsen und Bremsvorgang

45.2.1 Aufgaben der Bremsen

Die Bremse eines Fahrzeugs muß folgende **Aufgaben** erfüllen:

● Sie soll die Geschwindigkeit des Fahrzeugs gegebenenfalls bis zum Stillstand verringern. Die Betätigungskraft soll klein und die Ansprechzeit kurz sein (Betriebsbremse).

● Sie soll das Fahrzeug im Stand und auch bei geneigter Fahrbahn gegen Abrollen sichern (Feststellbremse). Bei Ausfall der Betriebsbremse muß die Feststellbremse als Hilfsbremse dienen.

● Sie soll auf langen Gefällestrecken (7% Gefälle, 6 km Länge) die Fahrgeschwindigkeit auf 30 km/h halten (Dauerbremse, dritte Bremse). Das gilt für Omnibusse mit zulässigem Gesamtgewicht über 5,5 t und andere Fahrzeuge über 9 t.

45.2.2 Bremsvorgang

Physikalische Grundlagen

Das Fahrzeug hat bei einer bestimmten Geschwindigkeit die Bewegungsenergie E. Diese hängt von der Fahrzeugmasse m_F und der Fahrgeschwindigkeit v ab:

$$E = \frac{1}{2} \cdot m_F \cdot v^2$$

E Bewegungsenergie in Nm
m_F Fahrzeugmasse in kg
v Fahrgeschwindigkeit in m/s

Abb. 1: Erwärmung einer Bremsscheibe

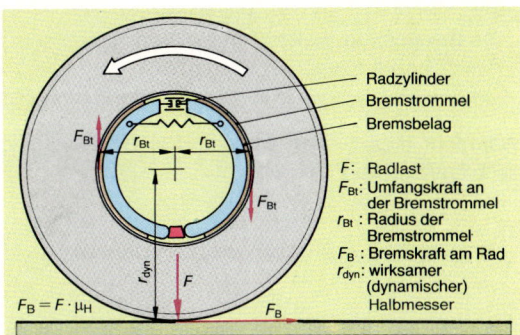

Abb. 2: Kräfte am Rad und an der Bremse

Eine doppelte Masse bei gleichbleibender Fahrgeschwindigkeit ergibt die doppelte Bewegungsenergie. Doppelte Fahrgeschwindigkeit bei gleicher Masse ergibt die vierfache Bewegungsenergie.

> Durch den **Bremsvorgang** wird die Bewegungsenergie in Wärmeenergie (Reibungswärme) umgewandelt.

Die Reibungswärme entsteht durch Anpressen der Bremsbeläge gegen die rotierende Bremstrommel oder Bremsscheibe. Die Wärmeabgabe an die Umgebungsluft wird begünstigt, wenn der Fahrtwind die Bremsen ungehindert umströmt.

Die **Bremszeit** t reicht häufig nicht aus, um die Wärmeenergie an die Umgebungsluft abzugeben. Die Bremsen müssen einen Teil dieser Wärmeenergie speichern (Abb. 1). Dazu ist ein ausreichend großes Werkstoffvolumen erforderlich.

Die **Bremsverzögerung** a ergibt sich aus der Differenz der **ursprünglichen Fahrgeschwindigkeit** v_1 und der **Fahrgeschwindigkeit** v_2 **nach dem Bremsen**, geteilt durch die Bremszeit t.

$$a = \frac{v_1 - v_2}{t}$$

a Bremsverzögerung in m/s²
v_1 und v_2 Fahrgeschwindigkeit in m/s
t Bremszeit in s

Die besten Verzögerungswerte erreicht das Fahrzeug, wenn die Reifen mit der Fahrbahn noch durch **Haftreibung** Kontakt haben (Abb. 2). Wird die Anpreßkraft zwischen Bremsbelag und Bremstrommel bzw. Bremsscheibe so groß, daß zwischen Rad und Fahrbahn die Haftreibung für die Aufrechterhaltung des Bremsvorgangs nicht mehr ausreicht, dann blockieren die Räder. Zwischen Fahrbahn und Reifen entsteht dann **Gleitreibung**. Durch **blockierte Räder** ergeben sich folgende **Nachteile:**

- die Lenkbarkeit des Fahrzeugs ist nicht mehr gewährleistet, das Fahrzeug neigt zum Ausbrechen (Schleudern),
- geringere Bremsverzögerung und
- größerer Reifenverschleiß.

Zeitlicher Ablauf des Bremsvorgangs

Die **Gesamtbremszeit** t_{ges} ergibt sich aus den Zeitabschnitten nach Abb. 3.

Die **Reaktionszeit** t_R ist die Zeit zwischen dem Erkennen der Gefahr und der Betätigung des Bremspedals. Sie ist je nach Reaktionsfähigkeit des Fahrers verschieden. Durch besondere Einflüsse wie Übermüdung, Alkoholeinfluß usw. kann sie beträchtlich verlängert werden. Während der **Ansprechzeit** t_a wird das Spiel in der Bremsanlage überwunden (z.B. Lüftspiel zwischen Bremsbelag und Bremstrommel bzw. Bremsscheibe).

Als **Schwellzeit** t_{sw} wird die Zeit bezeichnet, die vergeht, bis die Bremskraft ihr Maximum erreicht. Die **Bremszeit** t ergibt sich aus der Ansprechzeit t_a, der Schwellzeit t_{sw} und der **Verzögerungszeit** t_v (Bremswirkungszeit).

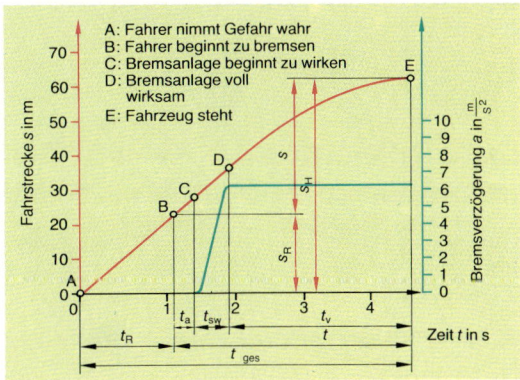

Abb. 3: Zeitlicher Ablauf des Bremsvorgangs

Die **Gesamtbremszeit** t_{ges} ist die Summe aus der Reaktionszeit t_R und der Bremszeit t.

Während dieser Zeit wird der **Anhalteweg** s_H zurückgelegt (Abb. 3, S. 421).

Anhalteweg s_H = Reaktionsweg s_R + Bremsweg s

$$s_H = v \cdot t_R + \frac{v \cdot t}{2}$$

s_H Anhalteweg in m
v Fahrgeschwindigkeit in m/s
t_R Reaktionszeit in s
t Bremszeit in s

Die **Länge des Bremswegs** hängt neben der Betätigungskraft im wesentlichen von folgenden Einflußgrößen ab:

- Fahrgeschwindigkeit; doppelte Fahrgeschwindigkeit ergibt bei gleicher Verzögerung den vierfachen Bremsweg,
- Beschaffenheit der Fahrbahn und der Reifen; eine trockene und rauhe Fahrbahn ergibt einen besseren Kraftschluß zwischen Reifen und Fahrbahn, und damit einen kürzeren Bremsweg als eine nasse oder glatte Fahrbahn,
- Reibungszahl μ zwischen Bremsbelag und Bremstrommel bzw. Bremsscheibe; wird die Reibungszahl verringert (z.B. durch verölte Beläge), so lassen sich nur kleine Bremskräfte übertragen, der Bremsweg wird länger,
- Bremsfading: die Bremswirkung läßt wegen Wärmedehnung der Bremsenbauteile nach (s. Kap. 45.5).

45.3 Trommelbremse

45.3.1 Aufbau und Wirkungsweise der Trommelbremse

Die Hauptteile der Trommelbremse zeigt Abb. 1. Der Bremsträger ist an der Radaufhängung (z.B. Achsschenkel, Tragrohr) befestigt. An dem Bremsträger sind die Bremsbacken beweglich angebracht. Bremstrommel und Rad sind an der Radnabe befestigt.

Während des Bremsens werden die Bremsbacken durch die Spannvorrichtungen gegen die Bremstrommel gepreßt. Nach dem Bremsen werden die Bremsbacken durch Rückholfedern von der Trommel gelöst. Ein **Lüftspiel** wird hergestellt (Abb. 5).

45.3.2 Spannvorrichtungen

Die Spannvorrichtung ist am Bremsträger befestigt. Abb. 2 zeigt die gebräuchlichsten Spannvorrichtungen. Die Betätigung erfolgt durch mechanische, hydraulisch-mechanische oder pneumatisch-mechanische Kraftübertragungseinrichtungen. Auch eine Kombination dieser Kraftübertragungseinrichtungen ist möglich.

45.3.3 Bremsbacken und Bremsbeläge

Bremsbacken haben einen T-förmigen Querschnitt. Dadurch sind sie sehr biegefest. Sie werden aus Stahlblechen zusammengeschweißt oder aus Stahlguß, Temperguß oder Leichtmetallegierungen gegossen (Abb. 3). Die Bremsbeläge sind entweder auf die Bremsbacken genietet oder geklebt. Geklebte Beläge müssen zusammen mit den Bremsbacken ausgetauscht werden.

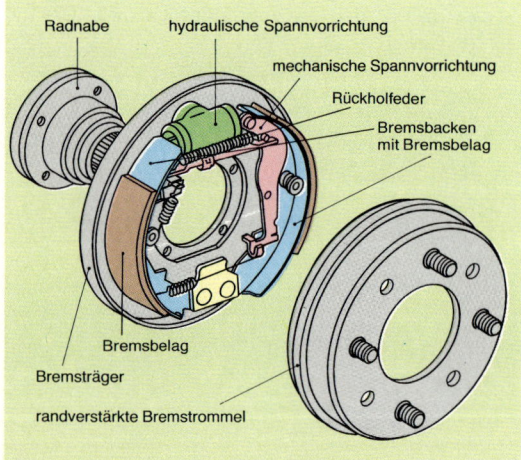

Abb. 1: Hauptteile der Trommelbremse

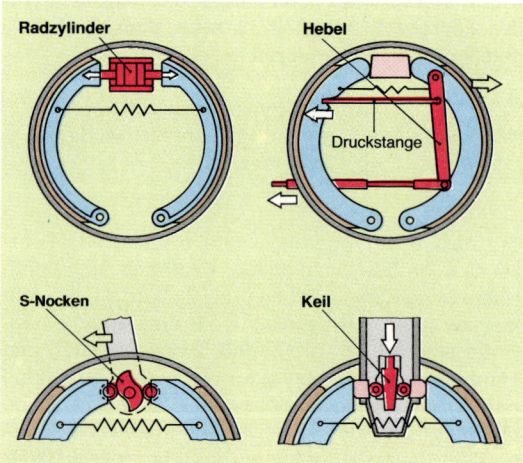

Abb. 2: Spannvorrichtungen

Wegen der hohen Wärmebeanspruchung bestehen die Beläge aus wärmebeständigen Werkstoffen (z. B. Schiefer-, Graphitmehl, Metallpulver) und Kunstharzbindstoffen. Zur Erhöhung der Festigkeit und Wärmeleitung enthalten die Bremsbeläge Metallgeflechte aus Kupfer-Zink-Legierungen.

Bremsbelag und Bremstrommel bilden zusammen eine **Reibpaarung,** deren **Reibungszahl** μ zwischen 0,3 und 0,5 liegt. Die Reibungszahl soll sich durch Wärmeeinfluß und Luftfeuchtigkeit möglichst wenig ändern. Zu hohe Reibungszahlen vergrößern den Verschleiß, geringere Reibungszahlen verringern die Bremswirkung.

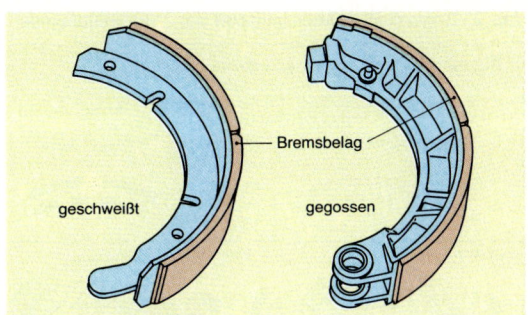

Abb. 3: Bremsbacken

45.3.4 Bremstrommeln

An die Bremstrommeln werden folgende **Anforderungen** gestellt:

- Formsteifigkeit,
- Verschleißfestigkeit (härter als der Bremsbelag),
- gute Wärmeleitfähigkeit und
- Korrosionsbeständigkeit.

Die erforderliche Formsteifigkeit wird durch einen verstärkten Rand bzw. durch Rippen erzielt (Abb. 1). Durch geeignete Werkstoffwahl werden Verschleißfestigkeit, Wärmeleitfähigkeit und Korrosionsbeständigkeit erreicht. Üblich ist die Verwendung von Stahlguß, schwarzem oder weißem Temperguß sowie Gußeisen mit Kugelgraphit.

Bremstrommeln mit Rippen oder Verbundgußtrommeln (Leichtmetall mit eingegossenem Ring aus Gußeisen) gewährleisten eine gute Wärmeableitung.

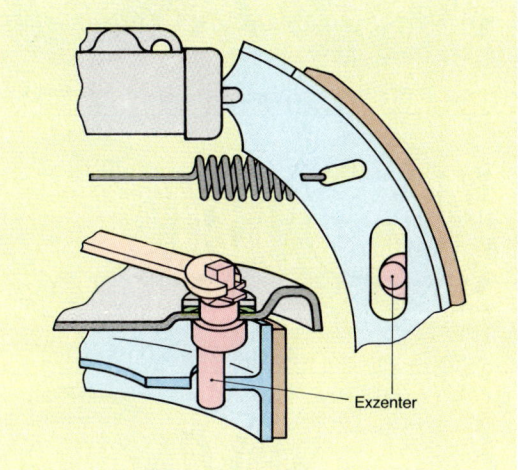

Abb. 4: Nachstellung mit Exzenter

45.3.5 Nachstellvorrichtungen

Ohne eine Nachstellung der Bremsbacken würde sich durch Verschleiß der Abstand zwischen Bremsbelag und Bremstrommel, das **Lüftspiel,** immer mehr vergrößern.

Es gibt von Hand einzustellende und selbsttätige **Nachstellvorrichtungen** für die Bremsbacken. Die Nachstellung kann durch Exzenter (Abb. 4), durch Nachstellvorrichtungen an der Spannvorrichtung oder an den Abstützpunkten erfolgen.

Selbsttätige Nachstellvorrichtungen arbeiten stufenlos (z. B. durch Reibscheiben, die den Rückstellweg verringern) oder abgestuft.

Die abgestufte Nachstellvorrichtung (Abb. 5) enthält eine Nachstellzange mit Sägengewinde. Ist das Lüftspiel größer als die Gewindesteigung, so verschiebt sich der Bolzen gegenüber der geschlitzten Nachstellzange durch die Spreizkräfte während des Bremsens um einen Gewindegang. Das Lüftspiel wird verringert.

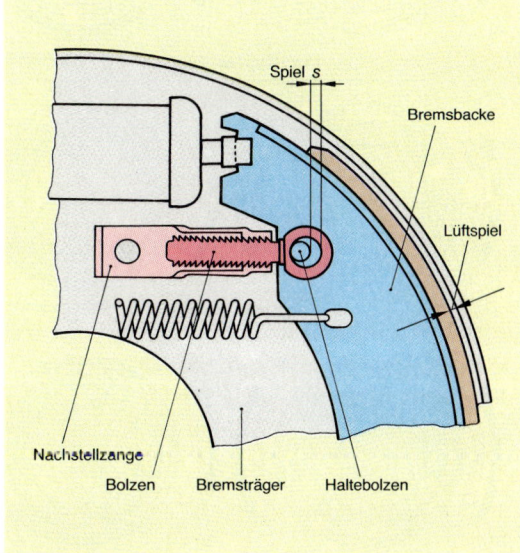

Abb. 5: Abgestufte selbsttätige Nachstellung

Tab. 2: Bremsbackenanordnungen der Trommelbremse

Bezeichnung der Bremsbackenanordnung		
Bremstrommeldrehrichtung für Vorwärtsfahrt — Rückwärtsfahrt auflaufende Bremsbacken ablaufende Bremsbacken		**Bremswirkung**
Bremstrommel — fester Radzylinder a) b) fester Drehpunkt **Simplex-Bremse** feste Abstützung	a) Mit Doppel- drehpunkt b) Mit schwimmenden Bremsbacken und Parallelabstützung	In beiden Fahrtrich- tungen ist die Brems- wirkung gleich. Schwimmende Backen werden auch Gleit- backen genannt. Sie können parallel oder schräg abgestützt sein. (Die Abstützungen sind in den Abbildungen gelb dargestellt).
a) b) **Duplex-Bremse** fester Radzylinder mit Gleitfläche	a) Mit zwei festen Drehpunkten b) Mit schräg abgestützten Gleitbacken	Bei Rückwärtsfahrt erheblich geminderte Bremswirkung, da zwei ablaufende Backen.
a) b) **Duo-Duplex-Bremse** feste Abstützung	a) Mit zwei festen Drehpunkten b) Mit Schräg- abstützung am Bremsträger	In beiden Fahrt- richtungen gleich, bedingt durch zwei doppelt wirkende Rad- zylinder und zwei schwimmend ge- lagerte Bremsbacken.
a) b) **Servo-Bremse** schwimmendes Stützlager	a) Beide Brems- backen am Rad- zylinder abgestützt b) Eine Bremsbacke mit Schräg- abstützung	a) Bei Vorwärtsfahrt zusätzliche Anpreß- kraft der zweiten Bremsbacke durch Abstützung am Stützlager mit Anschlagbund.
a) b) **Duo-Servo-Bremse**	a) Mit festem Drehpunkt b) Mit Schrägabstützung am Bremsträger	Durch Abstützung der ersten Bremsbacke auf der zweiten Brems- backe erfolgt eine Verstärkung der Spannkraft der zwei- ten Bremsbacke in beiden Drehrichtungen.

45.3.6 Anordnung der Bremsbacken

Die Bremsbacken sind auf dem Bremsträger beweglich angebracht. Die Abstützung der Spreiz- und Reibkräfte erfolgt entweder an einem Drehpunkt (Drehbacke) oder durch **veränderliche** Abstützpunkte (schwimmende Backen; s. Tab. 2).

Je nach Trommeldrehrichtung, Anordnung der Spannvorrichtung und der Abstützpunkte ist zwischen **auflaufender** und **ablaufender** Bremsbacke zu unterscheiden (Abb. 1).

Die Spannkraft F_{Sp} erzeugt mit dem Hebelarm r_1 ein Drehmoment M_1, mit dem die Bremsbacken gegen die Bremstrommel gedrückt werden.

$$M_1 = F_{Sp} \cdot r_1$$

M_1 Drehmoment in Nm
F_{Sp} Spannkraft in N
r_1 Hebelarm in m

Während des Bremsens entsteht zwischen der Bremstrommel und dem Bremsbelag die Reibkraft F_R. Diese erzeugt mit dem Hebelarm r_2 ein Drehmoment M_2 um den Drehpunkt der Bremstrommel (Abb. 1).

$$M_2 = F_R \cdot r_2$$

M_2 Drehmoment in Nm
F_R Reibkraft in N
r_2 Hebelarm in m

Die auflaufende Bremsbacke wird nicht nur durch das Drehmoment M_1, sondern zusätzlich durch das Drehmoment M_2 gegen die Bremstrommel gedrückt. Die Bremswirkung der auflaufenden Backe wird verstärkt. Bei der ablaufenden Bremsbacke wirkt das Drehmoment M_2 dem Drehmoment M_1 entgegen und verringert die Bremswirkung.

> Bei gleicher **Spannkraft** F_{Sp} erzeugt die auflaufende Bremsbacke eine größere Bremswirkung als die ablaufende Bremsbacke.

Die gebräuchlichsten **Bremsbackenanordnungen** zeigt Tab 2.

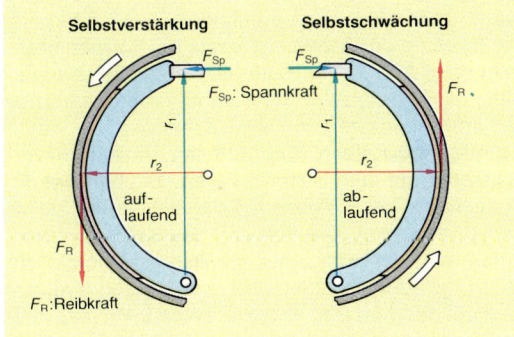

Abb. 1: Auflaufende und ablaufende Bremsbacke

45.4 Scheibenbremse

45.4.1 Aufbau und Wirkungsweise der Scheibenbremse

Den Aufbau einer Scheibenbremse mit Festsattel zeigt Abb. 2. Der **Bremssattel** ist mit der Radaufhängung verschraubt und enthält die **Zylinder** mit den **Kolben.** Diese drücken die **Bremsbeläge** von beiden Seiten gegen die **Bremsscheibe.**

Die Zylinder sind durch **Schutzkappen** vor dem Eindringen von Schmutz und Wasser geschützt (Abb. 3, S. 427). Ein **Dichtring** verhindert den Austritt der Bremsflüssigkeit und bewirkt die Rückstellung des Kolbens nach dem Bremsen.

Die Bremswirkung ist vom **Reibwert** μ und der **Anpreßkraft** abhängig, mit der die Bremsbeläge von beiden Seiten gegen die Bremsscheibe gedrückt werden. Eine Selbstverstärkung der Anpreßkraft, wie bei den Trommelbremsen, erfolgt nicht. Es sind daher größere Betätigungskräfte erforderlich, die durch größere Kolbendurchmesser (s. Kap. Hydraulische Bremsanlagen) sowie durch einen zusätzlichen Bremskraftverstärker aufgebracht werden.

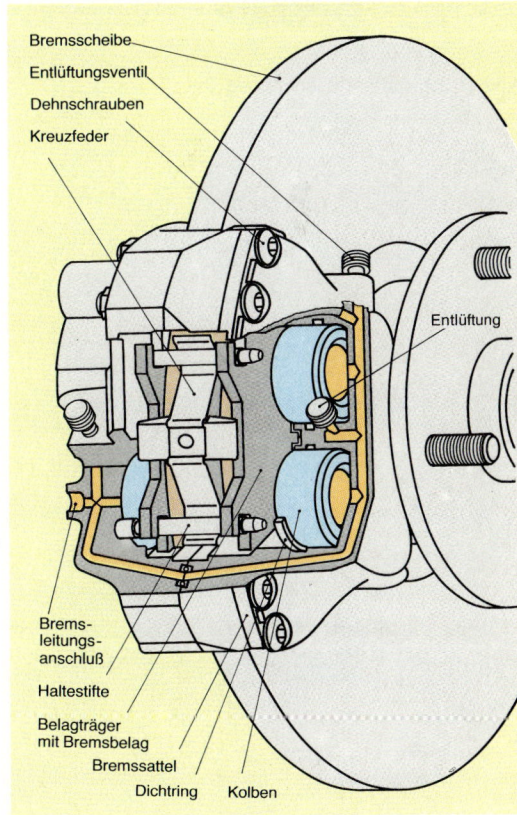

Abb. 2: Aufbau einer Scheibenbremse (Festsattel)

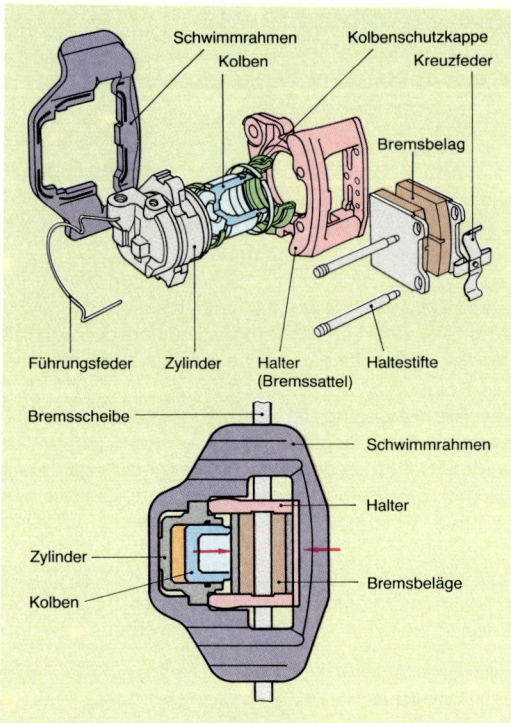

Schwimmrahmen Kolbenschutzkappe
Kolben Kreuzfeder
Bremsbelag
Führungsfeder Zylinder Halter Haltestifte
(Bremssattel)
Bremsscheibe
Schwimmrahmen
Halter
Zylinder
Bremsbeläge
Kolben

Abb. 1: Schwimmrahmenbremse

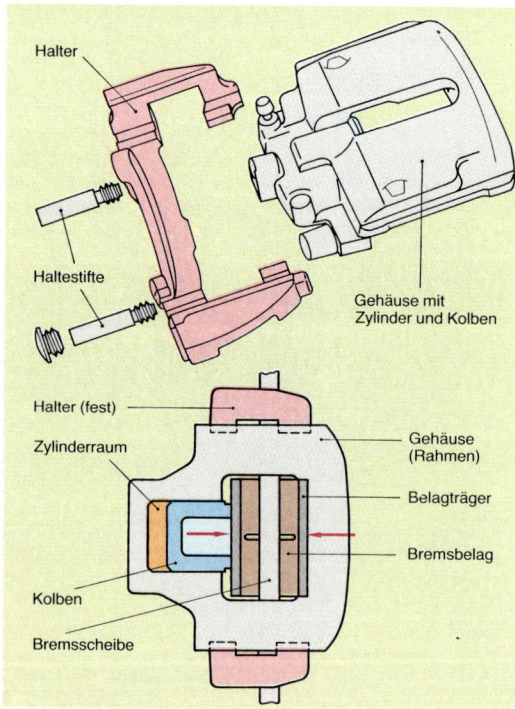

Halter
Haltestifte
Gehäuse mit
Zylinder und Kolben
Halter (fest)
Zylinderraum
Gehäuse
(Rahmen)
Belagträger
Bremsbelag
Kolben
Bremsscheibe

Abb. 2: Faustsattelbremse

45.4.2 Bremsscheibe

Die Bremsscheibe ist mit der Nabe verschraubt. Durch die hohen Anpreßkräfte bei kleinen Belagflächen tritt eine große Wärmebelastung der Scheibe auf. Da die Bremsscheibe aber fast vollständig vom Fahrtwind umströmt wird, ist eine gute Kühlwirkung vorhanden.

Sehr hoch beanspruchte Bremsscheiben sind breiter (größere Wärmespeicherfähigkeit) und mit radialen Hohlräumen versehen. Der Fahrtwind gelangt in die Hohlräume, wodurch die Kühlwirkung verbessert wird.

Die Bremsscheibe besteht aus wärmebeständigem Stahlguß oder Gußeisen mit Kugelgraphit.

45.4.3 Bremsbeläge

Die Bremsbeläge sind auf **Trägerplatten** geklebt. Diese werden durch **Haltestifte** verschiebbar im Bremssattel geführt (Abb. 2, S. 425).

Einige Belagausführungen enthalten elektrische Kontakte. Die Kontakte schließen den Stromkreis zu einer Kontrollampe im Armaturenbrett, sobald die Abnutzungsgrenze erreicht ist.

Je nach Zusammensetzung des Belagwerkstoffs erreicht der Belag seinen höchsten Reibwert bei einer bestimmten Betriebstemperatur (etwa 400 °C).

45.4.4 Bremssattelarten

Nach der Art der Befestigung bzw. Führung des Bremssattels werden **Scheibenbremsen** mit

- Festsattel,
- Schwimmrahmen,
- Faustsattel und
- Pendelsattel (Schwingsattel)

unterschieden.

Den Aufbau der **Scheibenbremse mit Festsattel** zeigt Abb. 2, S. 425. Das Gehäuse ist geteilt und enthält zwei oder vier Zylinder mit Kolben, die sich paarweise gegenüberliegen. Die Gehäusehälften sind durch Dehnschrauben verbunden.

Die Bauteile der **Scheibenbremse mit Schwimmrahmen** zeigt Abb. 1. Der Halter ist fest mit der Radaufhängung verschraubt. Die Schwimmrahmenbremse hat im Gegensatz zur Festsattelbremse nur einen Zylinder mit Kolben. Der Rahmen ist seitlich verschiebbar auf dem Halter gelagert. Er überträgt die Spannkräfte des Kolbens auf den gegenüberliegenden Bremsbelag. Die Führung des Kolbens erfolgt durch den Zylinder, der im Rahmen durch die Führungsfeder gehalten wird. Kolben und Zylinder sind auf der dem Rad abgewendeten Seite angeordnet. Das erfordert weniger Platz und verringert die Erwärmung der Bremsflüssigkeit (s. Kap. 46.2.6).

Vorteile gegenüber der Festsattelbremse:

- geringerer Platzbedarf,
- geringere Erwärmung der Bremsflüssigkeit,
- hochbelastete Schraubenverbindungen entfallen und
- einfachere Reparatur, da sich der Hydraulikzylinder gut ausbauen läßt.

Die Bauteile der **Faustsattelbremse** zeigt Abb. 2. Der Zylinder bildet mit dem Rahmen ein kompaktes Teil (Faustsattel). Der Faustsattel ist im Halter geführt.
Diese Bremse vereinigt den einfachen Aufbau der Festsattelbremse mit den Vorteilen der Schwimmrahmenbremse.

Pendelsattelbremsen wurden für Motorräder entwickelt. Heute werden dafür auch entsprechend kleine Festsattelbremsen verwendet.

Dichtring

Nach jedem Bremsvorgang muß zwischen Bremsscheibe und den Belägen wieder ein **Lüftspiel** von etwa 0,15 mm entstehen, damit die Bremsbeläge nicht an der Bremsscheibe schleifen.
Während des Bremsvorgangs wird der Dichtring durch die Kolbenbewegung seitlich verspannt (Abb. 3). Wird die Bremse gelöst, so bewirkt die Elastizität des Dichtringwerkstoffs eine Entspannung des Dichtrings. Der Kolben wird in die Lösestellung zurückgezogen. Die Wirkung des Dichtrings kann durch selbsttätige Nachstellvorrichtungen im Kolben unterstützt werden.

45.5 Vergleich zwischen Trommel- und Scheibenbremse

Die Bremswirkung der **Trommelbremse** sinkt mit zunehmender Temperatur während des Bremsens stark ab. Das Nachlassen der Bremswirkung wird auch als **Bremsfading** oder kurz Fading (to fade, engl.: schwinden) bezeichnet. Das Fading ist bedingt durch Formänderungen an der Bremstrommel, die durch hohe Temperaturen (Wärmedehnung) und die Spannkräfte auftreten. Die Bremstrommel wird kegelförmig aufgeweitet, wodurch die Beläge nicht mehr gleichmäßig am Umfang anliegen. Die tragende Bremsfläche wird kleiner, die Bremswirkung läßt nach. Zusätzlich nimmt die Reibungszahl zwischen den Reibflächen mit zunehmender Erwärmung ab.
Bei der **Scheibenbremse** wird dieser Verlust teilweise dadurch ausgeglichen, daß sich die Bremsscheibe durch die Erwärmung ausdehnt. Durch die axiale Ausdehnung nimmt die Anpreßkraft zu. So ist bei der Scheibenbremse anfänglich ein leichter Anstieg der Bremswirkung festzustellen, bis längeres Bremsen die Reibungszahl verringert und damit die Bremswirkung nachläßt.
Ein **Nachteil der Scheibenbremse** ist, daß sie große Spannkräfte erfordert. Die Kombination mit einer mechanischen Feststellbremse ist aufwendig. Tab. 3 zeigt einen Vergleich zwischen Trommel- und Scheibenbremse.

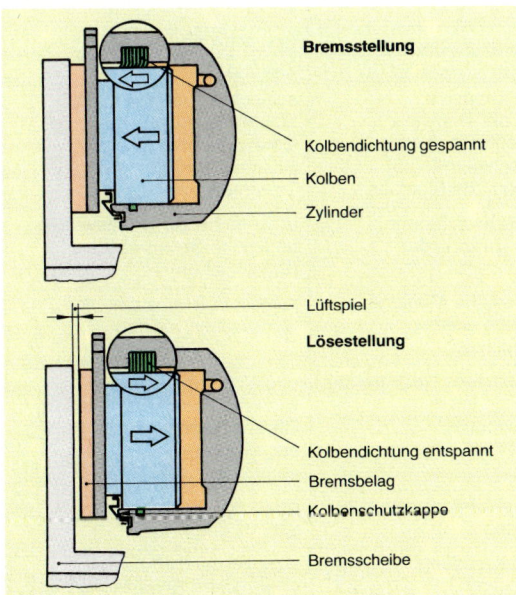

Abb. 3: Entstehung des Lüftspiels

Bildbeschriftungen:
Bremsstellung
Kolbendichtung gespannt
Kolben
Zylinder
Lüftspiel
Lösestellung
Kolbendichtung entspannt
Bremsbelag
Kolbenschutzkappe
Bremsscheibe

Tab. 3: Vergleich zwischen Trommel- und Scheibenbremse

	Trommelbremse	Scheibenbremse
Bremsleitungsdruck p	25 bis 50 bar	50 bis 80 bar
Spannkraft F_{Sp}	klein	groß
Belagflächenpressung p_{Fl}	klein 120 bis 150 N/cm²	groß 600 bis 800 N/cm²
Durchmesser der Radzylinder d	klein	groß
Bremsfading	groß	gering
Lüftspiel wird erreicht durch	0,3 bis 0,5 mm — Rückstellfeder	0,15 mm — Dichtring
Nachstellung des Lüftspiels	von Hand und selbsttätig	selbsttätig
Erwärmung	bis 450 °C	bis 750 °C
Auswirkung von Schwankungen der Reibungszahl μ	groß	gering
Reibbelagwechsel	aufwendig	einfach
Feststellbremse	einfach	aufwendig

45.6 Wartung und Diagnose

> Störungen an der Bremse gefährden nicht nur die **Betriebssicherheit,** sondern auch die **Verkehrssicherheit** des Fahrzeugs. Daher müssen Wartungs-, Diagnose- und Reparaturarbeiten an der Bremsanlage verantwortungsbewußt, mit äußerster Sorgfalt und mit den erforderlichen Spezialwerkzeugen nach Herstellerangaben durchgeführt werden.

45.6.1 Wartung und Diagnose der Trommelbremse

Unrunde Bremstrommeln oder Bremstrommeln mit Riefen können nach den Vorschriften des Herstellers **nachgedreht** werden. Die zulässige Vergrößerung des Durchmessers beträgt z.B. für Bremstrommeln mit einem Durchmesser zwischen 400 und 500 mm etwa 2 bis 4 mm. Die Mindestwanddicke soll zwischen 5 und 7 mm liegen, damit Festigkeit und Wärmeableitung nicht zu stark beeinträchtigt werden. Das Nachdrehen erfolgt auf einer Bremstrommel-Drehmaschine. Die bearbeitete Fläche der Bremstrommel sollte anschließend durch Feindrehen oder Schleifen geglättet werden. Rauhe Flächen führen

zum schnellen Verschleiß der Bremsbeläge. Bremstrommeln dürfen nicht mehr nachgedreht werden, wenn sie:

- bereits auf das größte Maß nachgedreht wurden,
- Rißbildungen zeigen oder
- unzulässig erwärmt wurden.

Für ausgedrehte Bremstrommeln gibt es Beläge mit entsprechenden **Übergrößen,** damit die Radien der Reibflächen übereinstimmen. Zu große oder zu kleine Belagradien bewirken, daß nur eine kleine Fläche des Belags an der Trommel anliegt. Die Bremswirkung ist dann zu gering.

> **Arbeitshinweise**
>
> Das **Aufnieten** der Beläge erfolgt von der Mitte aus, damit der Bremsbelag nicht verspannt wird. Bremsbeläge von Nutzfahrzeugen mit S-Nocken (Abb. 2, S. 422) als Spannvorrichtung sind im montierten Zustand überzudrehen, damit eine gleichmäßige Betätigung gewährleistet ist. Geklebte Beläge müssen zusammen mit den Bremsbacken ausgetauscht werden.

Weitere Hinweise für die Wartung und Diagnose der Trommelbremse enthält Tab. 4.

Tab. 4: Hinweise für Wartung und Diagnose der Trommelbremse

Wartung	⇩	⇩	⇩
Prüfposition	Mangel, Fehler	Ursache	Folge
⇩	⇩	⇩	Diagnose
Störstelle	Mangel, Fehler	Ursache	Störung
Bremsbelag	übermäßiger Verschleiß	falsche Fahrweise, Wirkung der Rückholfedern schlecht, Bremsbacken schwergängig, unsachgemäße Montage	schlechte Bremswirkung, langer Pedalweg, evtl. Geräuschentwicklung, Beschädigung der Trommelfläche
	Bremsbelag verschmiert, verölt	defekte Achsdichtringe, undichte Radzylinder	unzureichende Bremswirkung, ungleiche Bremswirkung (Schiefziehen)
Bremsbacke	ausgeschlagene Führung, Bruchstellen, verzogen	unsachgemäße Montage, übermäßige Beanspruchung, Verschmutzung	schlechte Bremswirkung, Geräuschentwicklung
Bremstrommel	exzentrisch, unrund	unsachgemäßes Nachdrehen, übermäßige Wärmebeanspruchung	ungleichmäßige Bremswirkung, Bremspedal flattert, Geräuschentwicklung, ungleichmäßige Reifenabnutzung
	Fläche weist Riefen auf	Verschmutzung, abgenutzter Bremsbelag	schlechte Bremswirkung, Schiefziehen
Rückholfeder	gebrochen, wirkungslos	Werkstoffermüdung, Montagefehler	schleifende Geräusche, übermäßige Erwärmung der Bremsen, Schiefziehen

45.6.2 Wartung und Diagnose der Scheibenbremse

Riefen in der Bremsscheibe werden durch Nachschleifen beseitigt. Die Werkstoffabnahme darf jedoch die vom Hersteller vorgeschriebenen Werte nicht überschreiten, sonst müssen die Bremsscheiben ausgetauscht werden.

Der **Verschleiß der Bremsbeläge** läßt sich am Absinken des Flüssigkeitsspiegels im Ausgleichbehälter feststellen. Genauen Aufschluß über die Abnutzung gibt allerdings nur eine Sichtkontrolle der Bremsbeläge.

Bremsbeläge müssen erneuert werden, wenn sie bis auf 2 mm abgenutzt sind.

Weitere Hinweise zur Wartung und Diagnose der Scheibenbremse enthält Tab. 5.

Tab. 5: Hinweise zur Wartung und Diagnose der Scheibenbremse

Wartung	⇩	⇩	⇩
Prüfposition	Mangel, Fehler	Ursache	Folge
⇦	⇦	⇦	Diagnose
Störstelle	Mangel, Fehler	Ursache	Störung
Beläge	stark abgenutzt	lange Betriebszeit, Überbeanspruchung durch starken Schmutzanfall	schlechte Bremswirkung, Schiefziehen, Geräusche
	klemmen	Führungen der Beläge verschmutzt, Kolben geht nicht zurück	großer Belag- und Scheibenverschleiß, Geräusche, Erwärmung
Bremsscheibe	Riefen	Beläge abgenutzt, Schmutz	schlechte Bremswirkung, Schiefziehen, Geräusche
Kolben	geht nicht zurück	Dichtungen schadhaft, Korrosion	großer Belag- und Scheibenverschleiß, Geräusche, Erwärmung
Schwimmrahmen	klemmt	Verschmutzung oder Korrosion der Führungen	einseitige Belagabnutzung, Verziehen der Scheibe

Aufgaben

1. Beschreiben Sie die Aufgaben der Bremsen.

2. Erklären Sie die physikalischen Vorgänge während des Bremsens.

3. Beschreiben Sie die Folgen des Blockierens.

4. Berechnen Sie den Bremsweg s, wenn die Geschwindigkeit $v = 36$ km/h und die Verzögerung $a = 4$ m/s² betragen. Wie wirkt sich eine Verdoppelung der Geschwindigkeit v auf den Bremsweg aus?

5. Nennen Sie die Bauteile einer Trommelbremse und deren Aufgaben.

6. Beschreiben Sie für die gebräuchlichsten Bremsbackenanordnungen den Einfluß der Bremstrommel-Drehrichtung auf die Bremswirkung.

7. Beschreiben Sie die Wirkungsweise der abgestuften selbsttätigen Nachstellung der Bremsbacken (Abb. 5, S. 423).

8. Zeichnen Sie eine schematische Darstellung einer Duo-Duplex-Bremse und einer Duo-Servo-Bremse während des Bremsvorgangs (Innendurchmesser der Trommel $d = 100$ mm). Kennzeichnen Sie die Trommeldrehrichtung und die auf- und ablaufende Bremsbacke (auch für Rückwärtsfahrt).

9. Beschreiben Sie die grundsätzliche Wirkungsweise der Scheibenbremse.

10. Beschreiben Sie den Aufbau und die Wirkungsweise einer Schwimmrahmen-Scheibenbremse.

11. Nennen Sie den Unterschied zwischen Schwimmrahmen- und Faustsattelbremse.

12. Warum benötigen Scheibenbremsen im allgemeinen Bremskraftverstärker?

13. Welche Vor- und Nachteile hat eine Scheibenbremse gegenüber einer Trommelbremse?

14. Was kann die Ursache für einseitige Belagabnutzung sein?

15. Wie entsteht Bremsfading?

16. Zeichnen Sie eine Bremsscheibe im Halbschnitt und bemaßen Sie sie fertigungsgerecht (Maßstab 1:1).

Scheibendurchmesser	230 mm
Scheibendicke	10 mm
Länge der Nabe	45 mm
Außendurchmesser der Nabe	125 mm
Innendurchmesser der Nabe	115 mm
Nabentiefe	48 mm
Innendurchmesser des Nabenbodens	65 mm
Lochkreisdurchmesser der fünf Befestigungslöcher	90 mm
Durchmesser der Befestigungslöcher	11 mm

46 | Hydraulische und mechanische Bremsanlagen

> Die **Bremsanlage** hat die **Aufgabe,** die Pedalkraft zu übersetzen und auf die Spannvorrichtungen der Bremsen zu übertragen.

Die **Kraftübertragung** kann:
- hydraulisch,
- mechanisch
  oder
- pneumatisch (s. Kap. Druckluftbremsanlage und Dauerbremsanlagen)

erfolgen. Kombinationen von Kraftübertragungssystemen sind möglich.

46.1 Aufbau und Wirkungsweise der hydraulischen Bremsanlage

Den **Aufbau** und die wesentlichen Teile einer hydraulischen Bremsanlage zeigt Abb. 1.
In der hydraulischen Bremsanlage wird zur Übertragung von Kräften eine Flüssigkeit, die **Bremsflüssigkeit,** verwendet.

46.1.1 Physikalisches Prinzip

Die Wirkungsweise der hydraulischen Bremsanlage beruht auf dem **Pascalschen Prinzip** (Blaise Pascal, französischer Mathematiker und Philosoph, 1623 bis 1662).

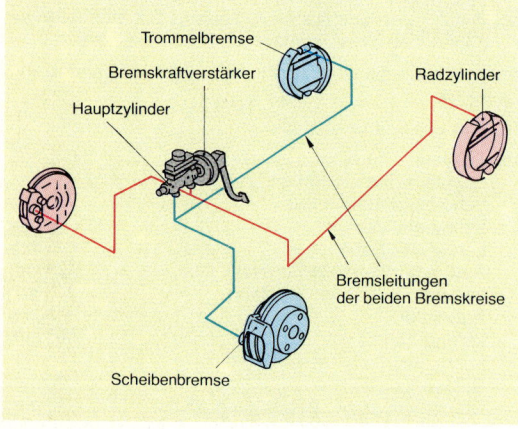

Abb. 1: Aufbau einer hydraulischen Bremsanlage

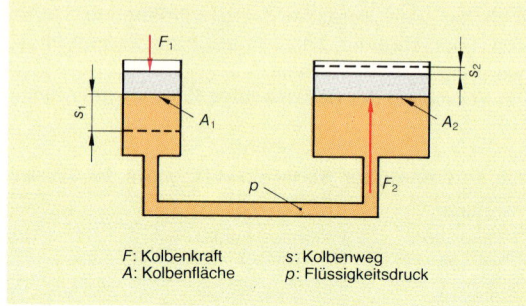

F: Kolbenkraft   *s*: Kolbenweg
A: Kolbenfläche   *p*: Flüssigkeitsdruck

Abb. 2: Hydraulische Kraftübertragung

> Wird auf eine eingeschlossene Flüssigkeit eine Kraft ausgeübt, so entsteht ein **Flüssigkeitsdruck,** der überall gleich groß ist.

Dabei gelten die Gesetze der **hydraulischen Kraftübertragung** (Abb. 2):

$$V = A_1 \cdot s_1 = A_2 \cdot s_2$$

V verdrängtes Volumen in cm³
A_1 Fläche des Geberkolbens in cm²
s_1 Weg des Geberkolbens in cm
A_2 Fläche des Nehmerkolbens in cm²
s_2 Weg des Nehmerkolbens in cm

$$p = \frac{F_1}{A_1} = \frac{F_2}{A_2}$$

p Druck in N/cm²
F_1 Betätigungskraft des Geberkolbens in N
F_2 Kraft des Nehmerkolbens in N

In einer hydraulischen Bremsanlage (Abb. 3) wirkt die Pedalkraft F_P über die **Hebelübersetzung** auf den Kolben im Hauptzylinder und erzeugt die Kolbenkraft F_1. Die Bremsflüssigkeit wird mit dem Flüssigkeitsdruck p von der Kolbenfläche A_1 in die Bremsleitungen gedrückt. Dabei legt der Kolben den Weg s_1 zurück. Der Druck p wirkt auf die Kolbenflächen A_2 der Spannvorrichtungen der Bremsen und erzeugt die Spannkräfte F_2. Die Bremsbeläge werden gegen die Bremsscheibe bzw. Bremstrommel gedrückt. Die Kolben legen dabei den Weg s zurück. Da die Flächen A_2 größer sind als die Fläche A_1, sind auch die Kräfte F_2 größer als F_1. Die Kraftübersetzung hängt von dem Verhältnis der Kolbenflächen $\frac{A_2}{A_1}$ ab.

46.2 Bauteile der hydraulischen Bremsanlage

Zu einer hydraulischen Bremsanlage gehören im wesentlichen folgende **Bauteile** (Abb. 1):

- Hauptzylinder,
- Spannvorrichtungen (z.B. Radzylinder) und
- Bremsleitungen und Bremsschläuche, die die Bremsflüssigkeit und damit den Flüssigkeitsdruck vom Hauptzylinder zu den Spannvorrichtungen leiten sowie die
- Bremsscheiben oder Bremstrommeln (s. Kap. Grundlagen und Bauarten der Bremsen).

Viele Bremsanlagen haben zusätzlich einen Bremskraftverstärker.

46.2.1 Hauptzylinder

Der einfache **Hauptzylinder** (Abb. 4) hat folgende **Aufgaben:**

- die auf das Bremspedal wirkende Fußkraft in hydraulischen Druck umzuwandeln,
- bei Trommelbremsen in den Leitungen einen Vordruck aufrecht zu erhalten, der ein schnelles Ansprechen der Bremsen bewirkt,
- ein Nachfließen der Bremsflüssigkeit, entsprechend der Abnutzung der Bremsbeläge, zu bewirken und
- einen Volumenausgleich der Bremsflüssigkeit zu ermöglichen.

Wird das **Bremspedal betätigt,** so verschiebt die Kolbenstange (Druckstange) den Kolben in Richtung Druckraum (Abb. 4). Der erzeugte Druck öffnet das Bodenventil und gelangt über die Bremsflüssigkeit in den Bremsleitungen zu den Spannvorrichtungen der Bremsen, d.h. den Radzylindern der Trommelbremsen bzw. Zylinderräumen der Scheibenbremsen.

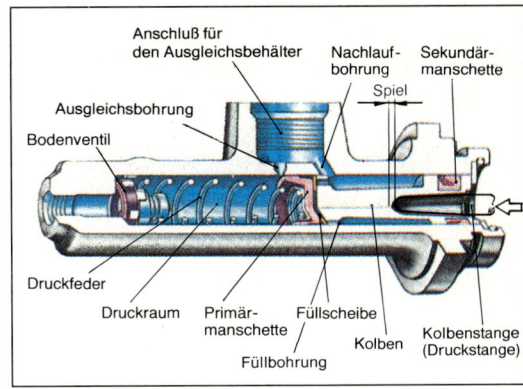

Abb. 4: Hauptzylinder

Wird die **Bremse gelöst** (Lösestellung, Abb. 5b), so schiebt der im Druckraum wirksame Druck mit Unterstützung der Kraft der Druckfeder den Kolben wieder in die Ausgangslage.

Die **Ausgleichsbohrung** verbindet den Ausgleichsbehälter mit dem Druckraum des Hauptzylinders. Dadurch werden Volumenänderungen der Bremsflüssigkeit in der Lösestellung ausgeglichen. Die Volumenänderungen werden durch Temperaturschwankungen und Belagabnutzung hervorgerufen.

> Zwischen Kolben und Kolbenstange muß in **Lösestellung** ein Spiel von etwa 1 mm vorhanden sein, damit die Ausgleichsbohrung immer von der Primärmanschette freigegeben wird.

Die **Primärmanschette** hat zwei **Aufgaben:**

- sie dichtet den Druckraum des Hauptzylinders gegen den Kolbenringraum ab und
- sie schließt zu Beginn des Bremsvorgangs die Ausgleichsbohrung (Abb. 5a).

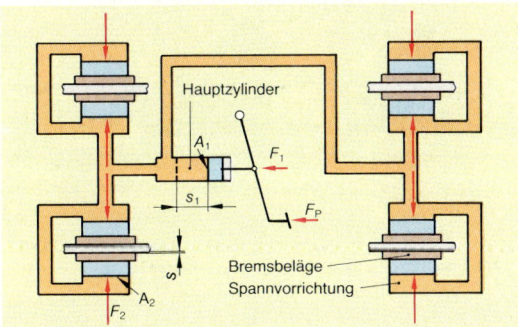

Abb. 3: Kraft- und Wegübersetzung in einer hydraulischen Bremsanlage

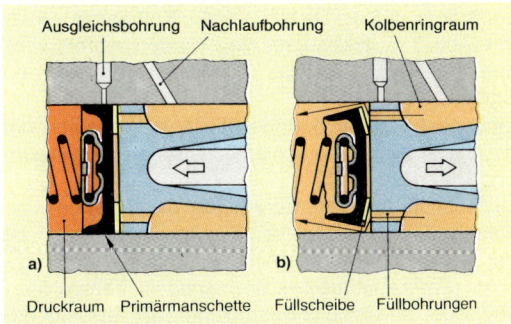

Abb. 5: Primärmanschette und Füllscheibe a) in Bremsstellung, b) in Lösestellung

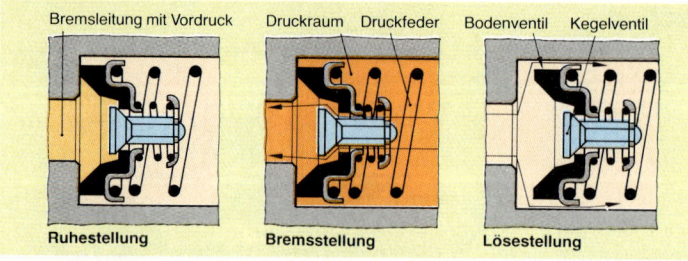

Abb. 1: Wirkungsweise des Bodenventils mit Kegelventil

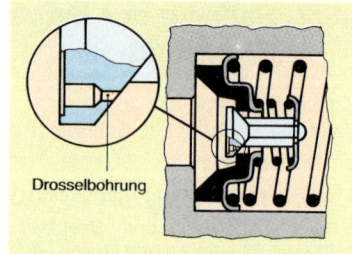

Abb. 2: Spezialbodenventil

Während des Kolbenrückgangs in die Lösestellung darf kein Unterdruck im Druckraum entstehen. Es könnte sonst Außenluft in das System gelangen. Deshalb ist der Kolben durch Füllbohrungen mit dem Kolbenringraum verbunden. Über diese Bohrungen gelangt die Bremsflüssigkeit an der **Füllscheibe** und der Primärmanschette vorbei in den Druckraum (Abb. 5, S. 431). Die Füllscheibe verhindert, daß die Primärmanschette während des Druckhubes gegen die Füllbohrungen gepreßt und dadurch beschädigt wird. Der Kolbenringraum ist durch die **Nachlaufbohrung** (Abb. 4, S. 431) mit dem Ausgleichsbehälter verbunden. Die äußere Abdichtung des Kolbenringraums erfolgt durch die **Sekundärmanschette.**

> **Luft in der hydraulischen Bremsanlage** setzt die Bremswirkung herab, da sich Luft zusammendrücken läßt. Dadurch wird die Weiterleitung des Flüssigkeitsdrucks beeinträchtigt oder ein größerer Druckaufbau sogar verhindert.

Das **Bodenventil** (Abb. 1) hält in der Ruhestellung bei **Trommelbremsanlagen** durch die Kraft der Druckfeder in den Leitungen einen **Vordruck** von etwa 1,5 bis 3 bar. Die geringste Druckerhöhung bei Betätigung des Bremspedals ermöglicht daher eine schnelle Überbrückung des Lüftspiels und damit ein schnelles Ansprechen der Bremsen. Der Vordruck bewirkt außerdem, daß die Dichtlippen der Kolbenmanschetten (Abb. 2, S. 434) gegen die Zylinder gepreßt werden. Das verhindert das Eindringen von Luft und Staub.
Ein **Kegelventil** im Bodenventil (Abb. 1) reagiert auf geringste Druckunterschiede zwischen Druckraum und Leitungssystem.
Ist der Druck im Druckraum größer als im Leitungssystem, so wird das Kegelventil geöffnet (Bremsen). Ist der Druck im Leitungssystem größer als im Druckraum (Zurücknahme des Bremspedals, Temperatureinflüsse), so wird das **Bodenventil** vom Sitz abgehoben, bis die Gegenkraft der Druckfeder das Bodenventil wieder schließt.

Das **Spezialbodenventil** ist für Bremsanlagen mit Scheibenbremsen erforderlich (Abb. 2). Dieses Ventil ermöglicht das Entlüften der Bremsanlage durch mehrmaliges schnelles Betätigen des Bremspedals. Dadurch kann Bremsflüssigkeit, bei geöffnetem Entlüftungsventil einer Spannvorrichtung, durch die Anlage gepumpt werden.
In Ruhestellung darf in den Leitungen der Scheibenbremsanlage kein Überdruck herrschen, da sonst die Rückstellkraft des Dichtrings der Scheibenbremse (s. Kap. 45.4.4) nicht ausreicht, um den Kolben gegen den Flüssigkeitsdruck zurückzuschieben. Über die **Drosselbohrung** wird der Druck in den Bremsleitungen vollständig abgebaut.

Tandem-Hauptzylinder

Der Tandem-Hauptzylinder enthält zwei hintereinanderliegende Kolben und damit zwei voneinander getrennte Druckräume (Abb. 3). Durch diese Einteilung kann die Bremsanlage in **zwei** voneinander unabhängige **Bremskreise** aufgeteilt werden (Abb. 4).

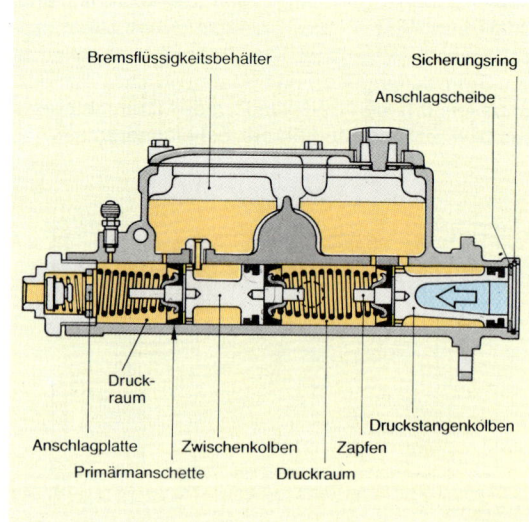

Abb. 3: Tandem-Hauptzylinder

Der **Druckstangenkolben** wird über das Bremspedal und die Kolbenstange betätigt. Der im ersten Druckraum aufgebaute Druck wirkt auf den **Zwischenkolben**, so daß sich bei gleichen Kolbenflächen in beiden Druckräumen der gleiche Druck aufbaut. Die Wirkungsweise des Tandem-Hauptzylinders bei Ausfall eines Bremskreises zeigt Abb. 5. Die Betätigung des anderen Bremskreises ist nur nach Überwindung eines längeren Kolbenwegs und damit eines längeren Pedalwegs möglich.

Tandem-Hauptzylinder mit gefesselter Kolbenfeder

Dieser Hauptzylinder (Abb. 6) enthält im Druckstangenkolben eine Schraube, durch die die Druckstangenkolbenfeder mit Hilfe der Anschlaghülse vorgespannt (gefesselt) ist. Dadurch wird bei Betätigung des Hauptzylinders zwischen beiden Kolben eine nahezu starre Verbindung hergestellt. Diese »Verbindung« beider Kolben hat den **Vorteil,** daß bei Betätigung die Primärmanschetten der Kolben die jeweilige Ausgleichsbohrung gleichzeitig passieren. Der Druckaufbau in beiden Kammern erfolgt deshalb gleichzeitig.

In der Lösestellung wird durch die Kraft der Zwischenkolbenfeder und durch die Fesselung (Verbindung) erreicht, daß die Primärmanschette des Zwischenkolbens die Ausgleichsbohrung wieder frei gibt. So kann in diesem Bremskreis kein Restdruck erhalten bleiben, der das vollständige Lösen der Bremsen verhindern würde.

Gestufter Tandem-Hauptzylinder

Der gestufte Tandem-Hauptzylinder hat **unterschiedliche Zylinderdurchmesser** für den Vorder- und Hinterachsbremskreis (Abb. 7). Ist der Vorderachsbremskreis defekt, so wirkt nun die Pedalkraft direkt auf den Kolben des Hinterachsbremskreises (kleinerer Durchmesser). Bei gleicher Pedalkraft wirkt im intakten Hinterachsbremskreis wegen des kleineren Zylinderdurchmessers ein wesentlich höherer hydraulischer Bremsdruck. Der gestufte Tandem-Hauptzylinder bietet deshalb die Sicherheit einer guten Abbremsung bei ausgefallenem Vorderachsbremskreis.

Twintax-Hauptzylinder

Der Twintax-Hauptzylinder ist ein gestufter Hauptzylinder mit gefesselter Kolbenfeder. Diese Anordnung hat den **Vorteil,** daß bei Ausfall eines Bremskreises die Verlängerung des Pedalwegs sehr gering ist. Abb. 1a, S. 434 zeigt die Kolben bei normaler Bremsbetätigung, wobei der Druck in beiden Bremskreisen z. B. als gleich groß angenommen werden soll. Im

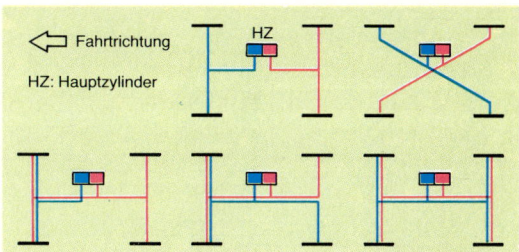

Abb. 4: Schematische Darstellung der Bremskreisaufteilung

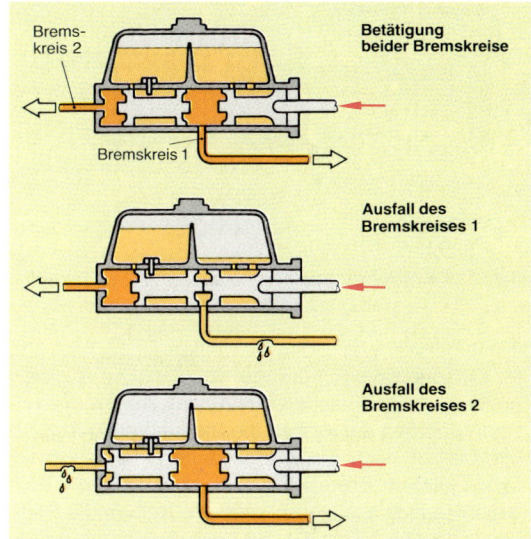

Abb. 5: Wirkungsweise des Tandem-Hauptzylinders

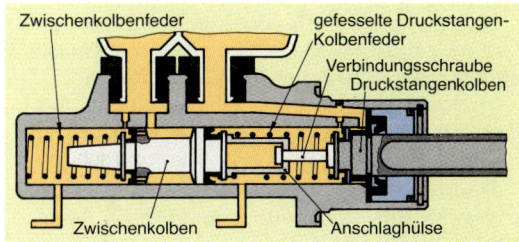

Abb. 6: Tandem-Hauptzylinder mit gefesselter Kolbenfeder

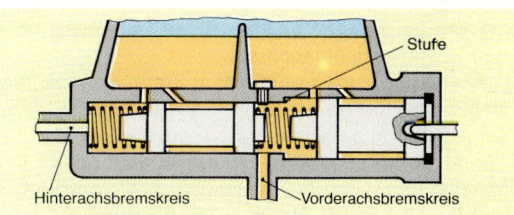

Abb. 7: Gestufter Tandem-Hauptzylinder

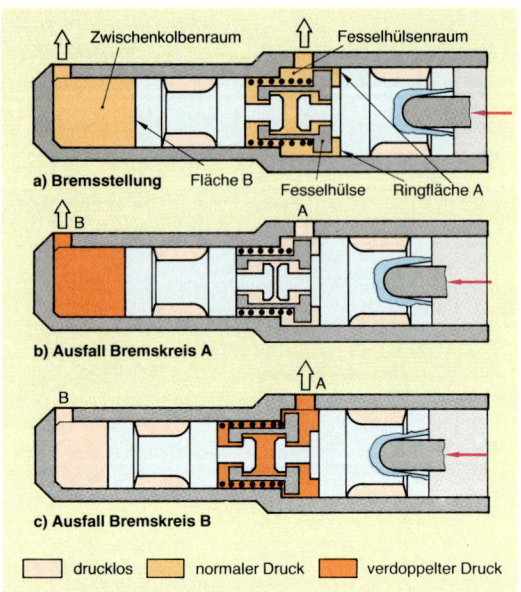

Abb. 1: Twintax-Hauptzylinder

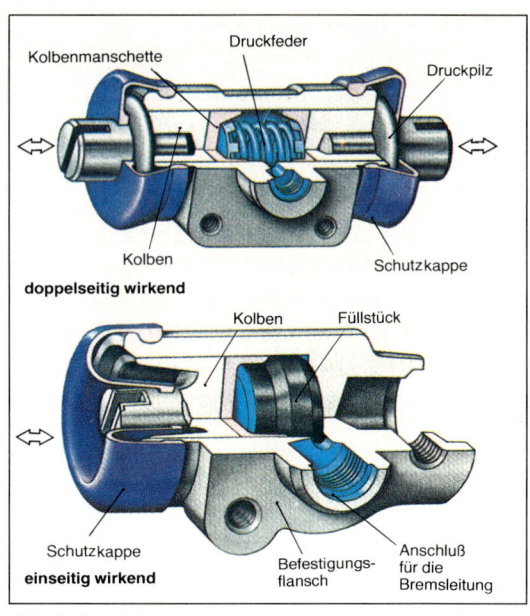

Abb. 2: Radzylinder

Fesselhülsenraum bilden die Kolbenringfläche A und im Zwischenkolbenraum die Kolbenfläche B gleich große wirksame Flächen. Bei Ausfall des Bremskreises A nehmen die Kolben die Stellung nach Abb. 1b ein. Da nur noch die Kolbenfläche B wirkt, ist der Druck jetzt im Bremskreis B doppelt so groß. Fällt Bremskreis B aus, so nehmen die Kolben die Stellung nach Abb. 1c ein. Da nur noch die Kolbenringfläche A wirkt, ist der Druck im Bremskreis A ebenfalls doppelt so groß.

46.2.2 Spannvorrichtungen

> Die **Spannvorrichtungen** erzeugen für die Betätigung der Bremsbacken (Trommelbremse) oder der Bremsbeläge (Scheibenbremse) durch die Wirkung ihrer Kolben die erforderlichen Spannkräfte (Betätigungskräfte).

Die Größe der Spannkräfte hängt von dem im Hauptzylinder aufgebauten Druck und den Kolbenflächen in den Spannvorrichtungen ab.
Scheibenbremsen erfordern größere Spannkräfte. Daher sind die Kolbenflächen dieser Spannvorrichtungen im allgemeinen auch größer als die für Trommelbremsen. Die **Spannvorrichtungen der Scheibenbremsen** sind Bestandteil des Bremssattels (s. Kap. 45.4.4). Die Zylinder werden durch Bohrungen im Bremssattel gebildet oder sie sind eingesetzt.

Spannvorrichtungen für Trommelbremsen sind im allgemeinen Radzylinder. Die Abdichtung des Radzylinders (Abb. 2) erfolgt durch die **Kolbenmanschette.**
Schutzkappen verhindern, daß von außen Staub und Feuchtigkeit in die feinstbearbeiteten Zylinder eindringen.
Metallschutzkappen an Radzylindern können gleichzeitig als **Nachstellvorrichtungen** für das Lüftspiel dienen.
Die **automatische Nachstellung** des Lüftspiels läßt sich mit dem Radzylinder der Abb. 3 stufenlos erreichen.

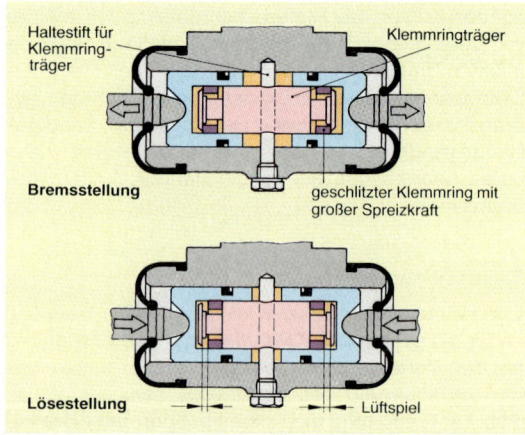

Abb. 3: Radzylinder mit stufenloser automatischer Nachstellung

46.2.3 Bremskraftverstärker

Ist die Fußkraft zur Erzeugung der erforderlichen Spannkräfte sehr groß, so wird eine Hilfskraft benötigt (Bedienungskomfort).

> Die **Hilfskraft** unterstützt die Muskelkraft des Fahrers. Diese Kraft wird auch **Fremdkraft** oder **Servokraft** genannt.

Fällt die Hilfskraft aus, so muß die Funktionsfähigkeit der Bremsanlage gewährleistet bleiben.

Die **Verstärkung der Fußkraft** erfolgt durch:

- Saugluft-Bremskraftverstärker,
- Druckluft-Bremskraftverstärker oder
- hydraulische Bremskraftverstärker.

Saugluft-Bremskraftverstärker

Der Saugluft-Bremskraftverstärker arbeitet mit dem **Druckunterschied** zwischen dem Druck im Ansaugrohr des Viertakt-Ottomotors und dem Umgebungsluftdruck (Abb. 4).

Kennzeichnend für den Saugluft-Bremskraftverstärker ist:

- der im Durchmesser große Vakuumzylinder mit Membrankolben (Arbeitskolben) und
- ein pneumatisches Steuerteil, das die Hilfskraft in Abhängigkeit von der eingeleiteten Fußkraft steuert.

Die eingeleitete Fußkraft wird um das 2- bis 4fache verstärkt.

Diesel- und Zweitaktmotoren erzeugen im Ansaugrohr nicht den erforderlichen Unterdruck. Sie benötigen daher eine durch den Motor angetriebene Unterdruckpumpe, die einen absoluten Druck von etwa 0,8 bar liefert.

Druckluft-Bremskraftverstärker

Der Druckluft-Bremskraftverstärker wird für kleinere Diesel-Nutzfahrzeuge verwendet, die mit einer hydraulischen Bremsanlage ausgerüstet sind, aber zusätzlich über einen Luftpresser verfügen. Der Hauptzylinder ist mit dem **Arbeitszylinder** des Bremskraftverstärkers verbunden. Durch Betätigung der hydraulischen Bremse wird ein Ventil geöffnet. Die Druckluft gelangt in den Arbeitszylinder und verschiebt den **Arbeitskolben.** Dadurch wird die Fußkraft unterstützt. In der Lösestellung wird der Arbeitszylinder belüftet.

Der Druckluft-Bremskraftverstärker arbeitet mit einem Arbeitsdruck von etwa 7 bar. Das ergibt einen kleinen Arbeitskolbendurchmesser und eine kompakte Bauweise des gesamten Aggregates.

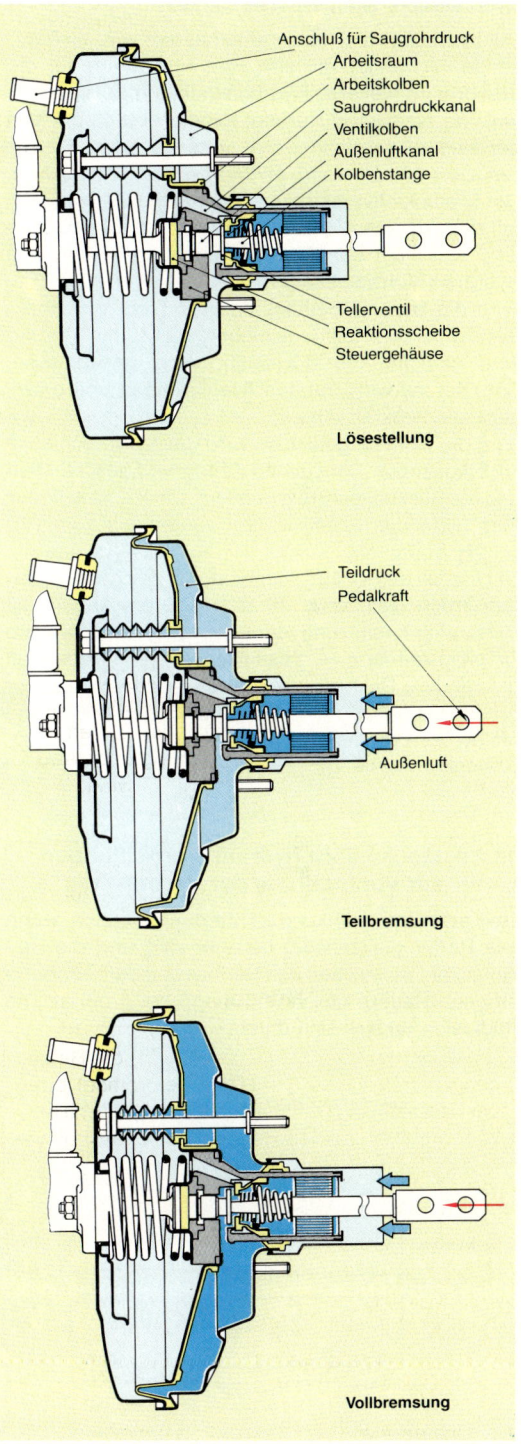

Anschluß für Saugrohrdruck
Arbeitsraum
Arbeitskolben
Saugrohrdruckkanal
Ventilkolben
Außenluftkanal
Kolbenstange

Tellerventil
Reaktionsscheibe
Steuergehäuse

Lösestellung

Teildruck
Pedalkraft

Außenluft

Teilbremsung

Vollbremsung

Abb. 4: Wirkungsweise des Saugluft-Bremskraftverstärkers

Hydraulischer Bremskraftverstärker

Der hydraulische Bremskraftverstärker wird für Fahrzeuge verwendet, die eine Hydraulikpumpe für die Versorgung weiterer Hydraulikanlagen (z.B. Servolenkung, Niveauregulierung) haben (Abb. 1). Der von der Pumpe erzeugte Druck wird auf etwa 60 bar reduziert und in einem **Hydrospeicher** gespeichert. Der Bremskraftverstärker ist durch eine Druckleitung mit dem Hydrospeicher verbunden. Die Rücklaufleitung verbindet den Bremskraftverstärker mit dem Hydraulik-Vorratsbehälter.

Wird die **Bremse betätigt,** so verschiebt der Reaktionskolben den **Steuerschieber.** Die Zulaufbohrung wird geöffnet, die Rücklaufbohrung geschlossen. Der Öldruck wirkt auf den **Arbeitskolben** und unterstützt die Fußkraft (Abb. 1).

Wird die **Bremse gelöst,** so wird der Steuerschieber zurückgezogen. Die Zulaufbohrung wird geschlossen und die Rücklaufbohrung geöffnet. Die Rückstellfeder verschiebt den Arbeitskolben wieder bis zum Anschlag.

Bei Ausfall des Motors können durch den gespeicherten Druck noch etwa 10 bis 15 Bremsungen mit Hilfskraftunterstützung erfolgen. Bei vollständigem Druckausfall ist eine wesentlich größere Pedalkraft erforderlich. Die hydraulischen Bremskraftverstärker arbeiten unabhängig vom Unterdruck des Motors und haben ein geringeres Bauvolumen als Saugluft-Bremskraftverstärker.

46.2.4 Mechanisch-hydraul. Vorrichtungen zur Veränderung der Bremskräfte

Eine gute Bremswirkung ist nur dann möglich, wenn alle Räder gleichmäßig belastet sind und die Reibungszahl μ zwischen den Rädern und der Fahrbahn an allen Rädern gleich und möglichst groß ist. Die **Radlasten ändern** sich durch:

- die dynamische Radlastverlagerung während des Bremsens (Vorderräder werden stärker belastet),
- einen ungleichmäßigen Beladungszustand und
- Kräfte an den Rädern durch Fahrbahnunebenheiten.

Ohne Bremskraftverteilung werden die weniger belasteten Räder zu stark abgebremst und blockieren.

> **Blockierte Vorderräder** führen dazu, daß das Fahrzeug nicht mehr auf Lenkbewegungen reagiert.
> **Blockierte Hinterräder** führen zum Schleudern des Fahrzeugs.

Diese Nachteile lassen sich weitgehend vermeiden durch:

- Bremskraftbegrenzer
  oder
- lastabhängigen Bremskraftregler.

Bremskraftbegrenzer

> Der **Bremskraftbegrenzer** steuert den hydraulischen Druck während des Bremsens im Hinterachsbremskreis, so daß ein fest eingestellter Druck (Abschaltdruck) nicht überschritten werden kann.

Bis zum Erreichen des **Abschaltdrucks** ist das Ventil durch die Kraft der Druckfeder geöffnet (Abb. 2). Zunehmender Eingangsdruck schließt das Ventil gegen die Federkraft. Der Hinterachsbremskreis ist geschlossen. Werden die Bremsen gelöst, so verringert sich der Druck im Ringraum unter dem Ventilsitz. Der Ventilsitz wird durch die Druckdifferenz verschoben und das Ventil öffnet.

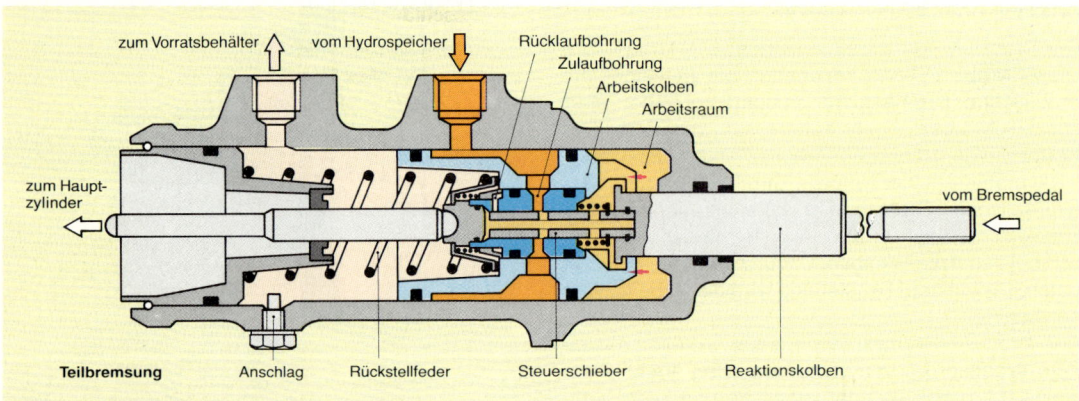

Teilbremsung   Anschlag   Rückstellfeder   Steuerschieber   Reaktionskolben

zum Vorratsbehälter ⬆   vom Hydrospeicher ⬇   Rücklaufbohrung
Zulaufbohrung
Arbeitskolben
Arbeitsraum

zum Haupt-
zylinder ⬅

vom Bremspedal ⬅

Abb. 1: Hydraulischer Bremskraftverstärker

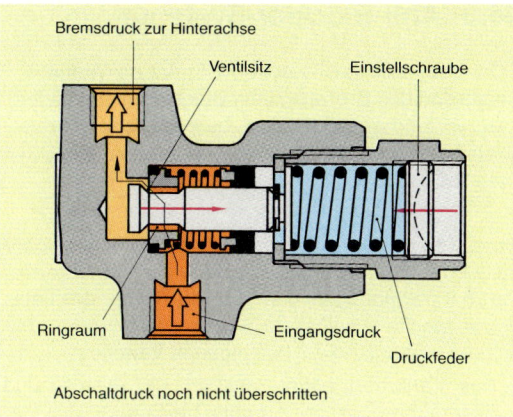

Abb. 2: Bremskraftbegrenzer

Lastabhängiger Bremskraftregler

> Der lastabhängige **Bremskraftregler** schaltet den Druck im Hinterachsbremskreis in Abhängigkeit vom Beladungszustand auf verminderten Druckanstieg um.

Der Bremskraftregler ist am Aufbau befestigt (Abb. 3). Der Hebelarm des Regelventils ist über eine Zugfeder mit der Achse verbunden.
Zunehmende Achslast erhöht die Vorspannung der Feder. Über den Hebelarm wird das Regelventil immer mehr geöffnet. Der eingeleitete Druck wird weniger gedrosselt, die Hinterachse wird stärker abgebremst.
Umgekehrt wird mit **abnehmender Achsbelastung** der Druck im Hinterachsbremskreis verringert. Fällt der Vorderachsbremskreis aus, öffnet das Regelventil vollständig, und die Hinterachse wird mit dem Hauptzylinderdruck abgebremst.

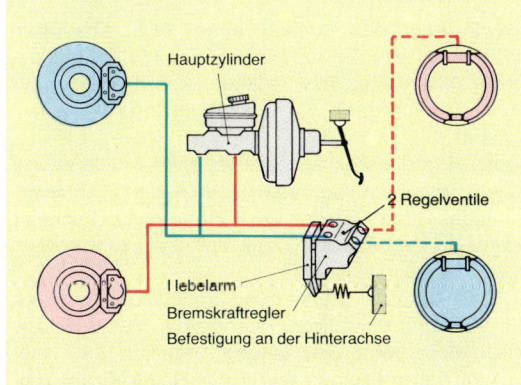

Abb. 3: Anordnung des lastabhängigen Bremskraftreglers

46.2.5 Bremsleitungen und -schläuche

> **Bremsleitungen und -schläuche** leiten den Flüssigkeitsdruck vom Hauptzylinder zu den Spannvorrichtungen der Bremsen.

Die Anschlüsse sind selbstdichtende Kegelverbindungen nach DIN 74234 (Abb. 4).

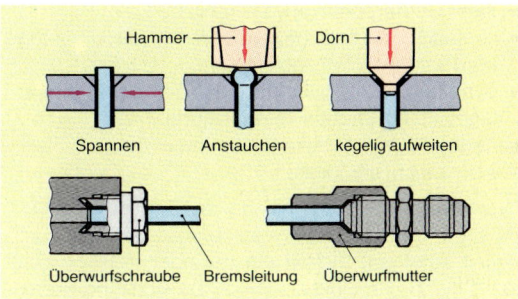

Abb. 4: Kegelverbindungen

Bremsleitungen

Bremsleitungen sind nach DIN 74234 leicht biegbare Rohre (meist Stahl) mit Außendurchmessern d von 4,75; 6; 8 oder 10 mm.

Arbeitshinweise

Bei der Verlegung der Bremsleitungen ist folgendes zu beachten:
- Biegestellen dürfen keine Querschnittsverengungen aufweisen (Biegeradius $r > 3 \cdot d$) und
- die Leitungen müssen vor Steinschlag geschützt sein.

Bremsschläuche

Bremsschläuche sollen möglichst kurz sein, doch müssen sie allen Bewegungen (z.B. Einfedern des Rades) ungehindert folgen können.

Arbeitshinweise

- Bremsschläuche sind vor Auspuffwärme zu schützen,
- sie dürfen nicht mit Öl, Fett, Kraftstoff oder Sprühmitteln in Berührung kommen,
- sie dürfen nicht an anderen Teilen scheuern und
- keine Beanspruchung auf Zug und Verdrehung erfahren.

46.2.6 Bremsflüssigkeit

> Die **Bremsflüssigkeit** hat die **Aufgabe,** den im Hauptzylinder erzeugten Druck verlustfrei weiterzuleiten.

Sie besteht hauptsächlich aus Polyalkylenglykoläther und speziellen Zusätzen. Bremsflüssigkeit muß folgenden **Anforderungen** genügen:

- hoher Siedepunkt (etwa 290°C),
- tiefer Gefrierpunkt (etwa −60°C),
- chemisch neutral gegenüber der Bremsanlage (darf weder Metall noch Gummi angreifen),
- Schmierung der beweglichen Teile der Bremsanlage auch bei hohen Temperaturen,
- geringe Luftfeuchtigkeitsaufnahme und
- Alterungsbeständigkeit.

Bremsflüssigkeit wird im Laufe der Zeit unbrauchbar, da sie durch Abriebteile verschmutzt und Luftfeuchtigkeit aufnimmt. Schon ein geringer Wassergehalt senkt den Siedepunkt erheblich. Da sich eine Bremsscheibe während einer Dauerbremsung auf etwa 700°C erwärmt, verdampft das von der Bremsflüssigkeit aufgenommene Wasser. Es entstehen Dampfblasen, die den vollen Aufbau des Drucks verhindern, die Bremsanlage fällt aus. Daher sollte die Bremsflüssigkeit alle 1 bis 2 Jahre gewechselt werden.

Arbeitshinweise

- Bremsflüssigkeit ist giftig und ätzend. Sie darf daher nur in Originalbehältern verschlossen aufbewahrt werden.
- Bremsflüssigkeit greift Lacke an, Spritzer sind sofort abzuwaschen.
- Abgelassene Bremsflüssigkeit darf nicht mehr verwendet werden, da sie durch Wasser, Abrieb und Schmutz verunreinigt sein kann. Sie ist in dafür vorgesehenen Behältern zu sammeln und darf auf keinen Fall in das Ab- oder Grundwasser gelangen.

46.2.7 Hydraulische Kupplungsköpfe

Soll ein Anhänger mitgeführt werden, der über eine hydraulische Bremsanlage verfügt, so sind Kupplungsköpfe erforderlich. Der **Motorwagenkopf** (MK) besteht aus einem Arbeitszylinder mit einer **Absperrplatte.** Der **Anhängerkopf** (AK) ist ein Hauptzylinder mit angegossenem Vorratsbehälter. Im angekuppelten Zustand betätigt der Kolben des MK den Kolben des AK. Im abgekuppelten Zustand wird der MK durch die Absperrplatte verriegelt. Der AK wird im Halteflansch des Anhängers befestigt, und dadurch vor Verschmutzung geschützt.

46.3 Anti-Blockier-Systeme

> Das **Anti-Blockier-System** (ABS) hat die **Aufgabe,** während des Bremsens ein Blockieren der Räder zu verhindern, d.h. den bestmöglichen Kraftschluß zwischen Reifen und Fahrbahn zu gewährleisten.

Durch zu starkes Bremsen (Überbremsen) oder selbst durch schwaches Bremsen auf z.B. vereister Fahrbahn können alle oder einzelne Räder des Fahrzeugs **blockieren.** Das ABS verhindert diesen kritischen Fahrzustand. Es hat folgende **Vorteile:**

- Das Fahrzeug bleibt lenkbar, da Brems- und Seitenführungskräfte erhalten bleiben.
- Für die meisten Bremsvorgänge ergeben sich die jeweils kürzesten Bremswege.
- Der Reifenverschleiß wird verringert.

Es gibt ABS-Anlagen für Pkw, Lkw, Omnibusse und Motorräder (Kap. 49.3.5). Abb. 1 zeigt eine Gliederung der ABS-Systeme.

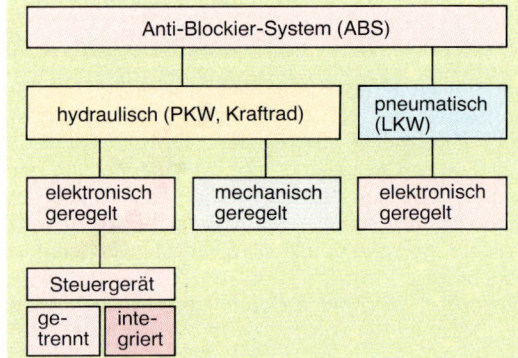

Abb. 1: Anti-Blockier-Systeme

46.3.1 Aufbau

Abb. 2 zeigt den Aufbau eines ABS. Die Raddrehzahlen werden induktiv (s. Kap. 51.2) über die Drehzahlsensoren bzw. -fühler (Abb. 3) erfaßt und an das Steuergerät als Spannungsimpulse weitergeleitet.

Jedes Rad des Fahrzeugs oder einer Achse ist mit einem **Impulsrad** versehen. Durch die Drehbewegung des Rades werden die »Zähne« und »Lücken« des Impulsrades am Kopf des Drehzahlsensors vorbei bewegt (Abb. 3).

Dadurch wird die Stärke des Magnetfeldes, welches die Wicklung durchsetzt, geändert. In der Wicklung wird eine Wechselspannung induziert (s. Kap. 55.3.1), deren **Frequenz** von der **Raddrehzahl proportional** abhängig ist.

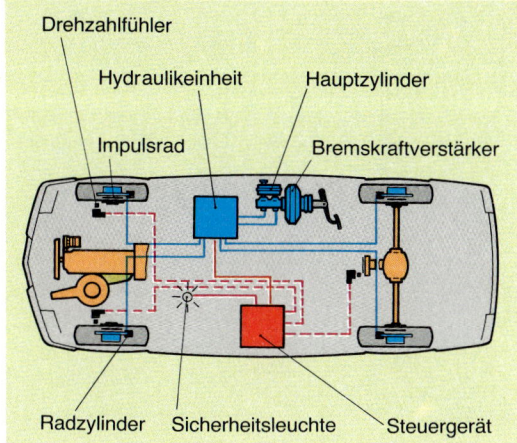

Abb. 2: Aufbau des ABS

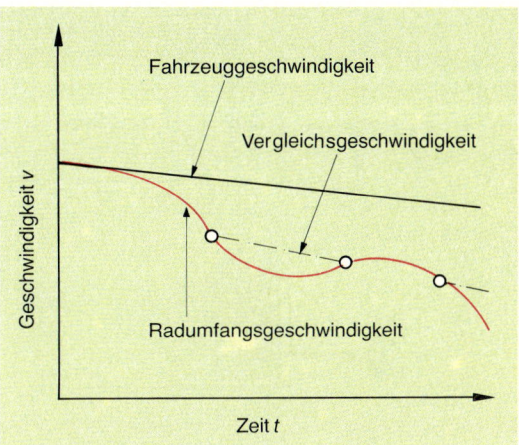

Abb. 4: Vergleichsgeschwindigkeit

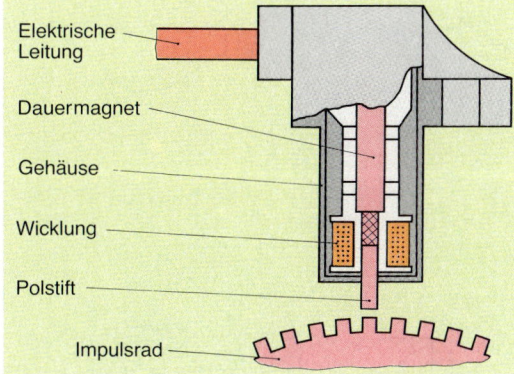

Abb. 3: Drehzahlsensor

Steuergerät

Das **Steuergerät** berechnet aus den gemeldeten Sensorsignalen (Drehzahlen) ständig die Radumfangsverzögerung bzw. -beschleunigung, eine Vergleichsgeschwindigkeit und den Bremsschlupf.

Aufgrund der **Vergleichsgeschwindigkeit** (Abb. 4) werden vom Steuergerät Schwellenwerte berechnet und mit den im Steuergerät gespeicherten verglichen. Erreicht die **Radumfangsgeschwindigkeit** die Vergleichsgeschwindigkeit, so greift das ABS in den Bremsvorgang ein und steuert ihn in Abhängigkeit von den gespeicherten Schwellenwerten für Schlupf, Radumfangsbeschleunigung und -verzögerung.

Durch das ABS-Steuergerät werden Magnetventile, d. h. Steuerventile, betätigt. Diese senken den Bremsdruck, wenn **Blockiergefahr** besteht, und erhöhen

ihn anschließend wieder. Das Grundprinzip eines verbreiteten hydraulischen Systems besteht darin, den Druck durch »Bremsflüssigkeitsentnahme«, d. h. Umleitung in einen Kurzspeicher, zu senken. Mit einer Rückförderpumpe wird die Bremsflüssigkeit zum Hauptzylinder zurückgepumpt.

Hydraulikeinheit

Die **Hydraulikeinheit** setzt die Befehle des Steuergeräts um und beeinflußt unabhängig vom Fahrer über Drucksteuer- bzw. Magnetventile die Drücke in den Radzylindern.

Je nach ABS-Bauart enthält die Hydraulikeinheit meist drei oder vier **Kanäle** (Drucksteuerkanäle) zu den einzelnen Radbremsen. Über jeden Kanal wird der Bremsdruck einer Bremse oder werden gleichzeitig die Bremsen einer Achse gesteuert.

Ein **4-Kanal-ABS** hat vier Drehzahlsensoren und für die vier Räder des Fahrzeugs vier getrennte Kanäle bzw. Magnetventile.

Ein **3-Kanal-ABS** hat z. B. drei Sensoren (Abb. 2) und drei Magnetventile: zwei für die getrennte Bremsdruckregelung der Vorderräder und eins für die gemeinsame Regelung des Bremsdrucks der Hinterräder. Die **Hydraulikeinheit** (Abb. 1, S. 440) besteht aus den Magnetventilen für alle Kanäle, den zugeordneten Speichern und der Rückförderpumpe.

Die **Speicher** nehmen die während des Druckabbaus anfallende Bremsflüssigkeit kurzzeitig auf.

Die **Rückförderpumpe** fördert die während des Druckabbaus aus den Bremszylindern abströmende Bremsflüssigkeit vom zugeordneten Speicher in den Hauptbremszylinder zurück.

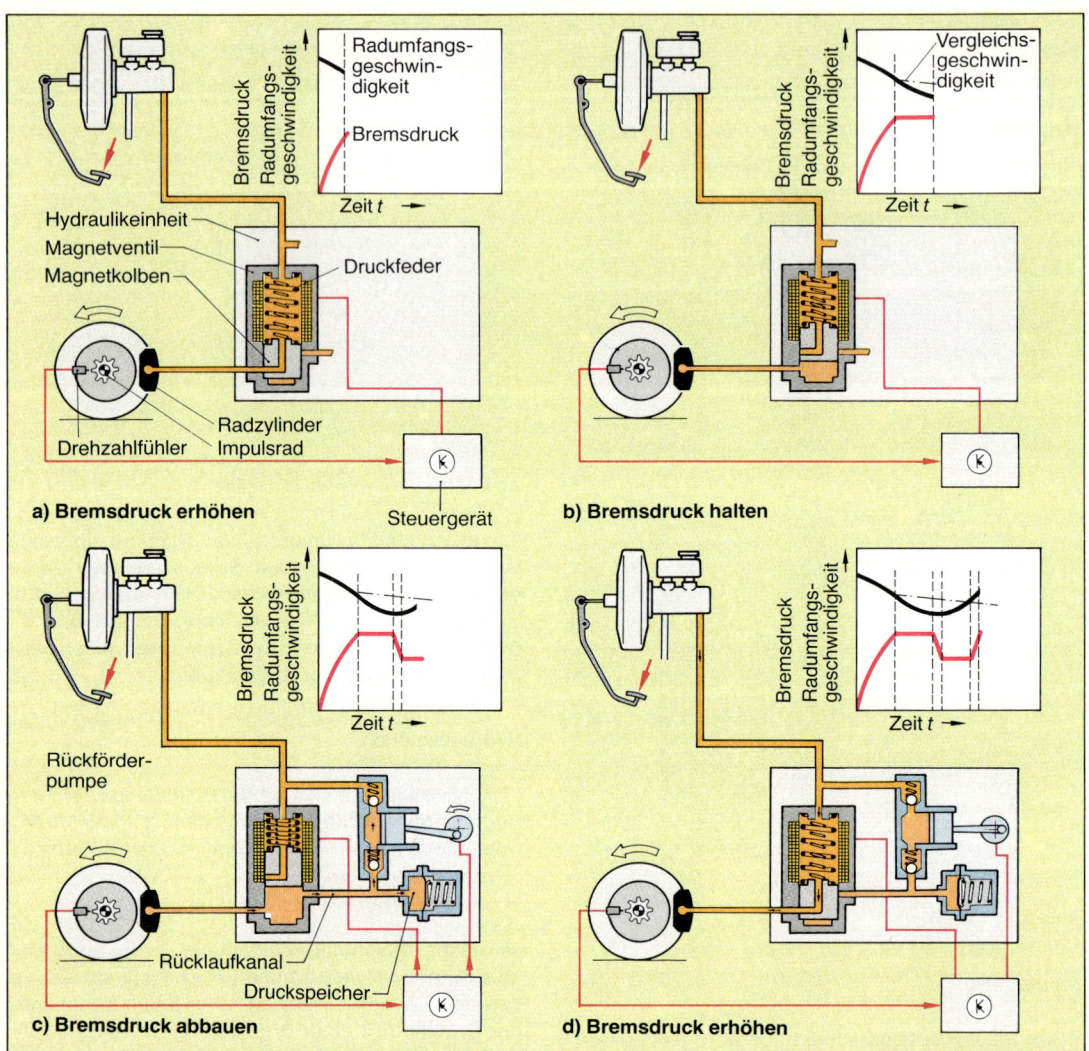

Abb. 1: Wirkungsweise des ABS

46.3.2 Wirkungsweise

Durch zu starkes Bremsen des Fahrers entsteht eine Blockiergefahr der Räder.

Bremsdruck erhöhen (Abb. 1a): Da sich das Magnetventil in der untersten Stellung befindet (Magnetspule ist stromlos), ist der Kanal zum Radzylinder frei. Es wird der Bremsdruck erhöht und damit die Radumfangsgeschwindigkeit gesenkt.

Bremsdruck halten (Abb. 1b): Erreicht die Radumfangsgeschwindigkeit die Vergleichsgeschwindigkeit, wird der Magnetkolben durch die halbe Steuerstromstärke angehoben. Der Kanal zur Bremse ist geschlossen und der Bremsdruck bleibt konstant.

Bremsdruck abbauen (Abb. 1c): Die Radumfangsgeschwindigkeit sinkt nun bei gleichbleibendem Bremsdruck so weit ab, bis der Schlupf erreicht ist (Schwellenwert), der das Umschalten auf Bremsdruckabbau im Steuergerät auslöst. Der Druckabbau bewirkt, daß die Radumfangsgeschwindigkeit wieder zunimmt (Abb. 4, S. 439).

Der Magnetkolben wird durch die volle Steuerstromstärke in die obere Endlage gezogen. Die unter Druck stehende Bremsflüssigkeit kann zu einem kleinen Teil in den Speicher entweichen, da die Speichermembrane zurückgedrückt wird. Die Volumenvergrößerung bewirkt den Druckabbau.

Gleichzeitig wird die Rückförderpumpe eingeschaltet. Sie fördert die Bremsflüssigkeit gegen den Pedaldruck zurück in den Hauptzylinder. Der Druckabbau wird durch eine Druckhaltephase (Abb. 1c) beendet. Die Radumfangsgeschwindigkeit steigt aber weiter an.

Bremsdruck erhöhen (Abb. 1d): Wird die Radumfangsgeschwindigkeit zu groß, so werden das Magnetventil und die Rückförderpumpe stromlos. Der Magnetkolben wird von der Druckfeder in die untere Endlage bewegt. Es wird wieder Bremsdruck aufgebaut.

Diese drei Steuerphasen (Halten, Abbauen, Erhöhen) wiederholen sich solange, bis die Blockiergefahr nicht mehr besteht. Während das ABS arbeitet, laufen bis zu zehn Regelzyklen je Sekunde ab.

Wegen der **pulsierenden Regelvorgänge** hat der Tandem-Hauptzylinder für das ABS statt der Ausgleichsbohrungen in jedem Kolben ein **Zentralventil**. Dadurch wird vermieden, daß die Primärmanschetten durch die schnellen Druckschwankungen an den Ausgleichsbohrungen beschädigt werden.

Sind Eingangs- oder Ausgangssignale fehlerhaft, führt die Anlage einen **Selbsttest** aller Bauteile des ABS durch und schaltet sich ab. Am Armaturenbrett leuchtet eine **Warnlampe** auf, die den Fahrer über den geänderten Zustand der Bremsanlage informiert.

Das **ABS in integrierter Bauweise** vereint Hauptzylinder, Bremskraftverstärker und alle elektro-hydraulischen Ventile zu einer kompakten Baugruppe. Es gibt auch Bauformen mit integriertem Steuergerät.

46.3.3 ABS mit mechanischer Regelung

Dieses System ist für Kraftfahrzeuge mit **Frontantrieb** entwickelt worden. Es hat **zwei Steuerkanäle**, die einzeln über einen Druckmodulator (Drucksteller) die Abbremsung der Vorderräder beeinflussen. Die jeweils diagonal zugeordneten Hinterräder werden über Druckminderventile gleichzeitig angesteuert.

Das **Grundprinzip** des mechanischen ABS besteht in der Ausnutzung der Trägheit einer **rotierenden Schwungmasse** für die Steuerung des Drucks in den Bremsleitungen. Die Vorderachse treibt über einen Riementrieb die ABS-Schwungscheibenwelle an. Über eine Reibungskupplung wird das Schwungrad (Schwungmasse) mitgenommen.

Durch den Bremsvorgang entsteht ein Drehzahlunterschied zwischen Welle und Schwungrad (Trägheit). Dieser Drehzahlunterschied wird für den Druck-

steuerungsvorgang ausgenutzt. Der Zufluß zu den Radzylindern wird solange unterbrochen, bis die Mechanik bei Gleichlauf zwischen Welle und Schwungrad die Verbindung zum Hauptzylinder wieder freigibt. Eine Pumpe wird wirksam und baut solange Öldruck über einen Kolben auf, bis dieser das Sperrventil zwischen Hauptzylinder und Radzylinder wieder freigegeben hat.

46.3.4 ABS für Druckluftbremsanlagen in Nutzkraftwagen

Wie das ABS für hydraulische Bremsanlagen, besteht auch das ABS für Druckluftbremsanlagen aus den Drehzahlsensoren, dem Steuergerät und den Drucksteuerventilen, die den Luftdruck in den Radzylindern steuern. Der Bremsdruck kann für jedes Rad oder auch achsweise geregelt werden. Es wird zwischen **Ein-, Zwei-** und **Dreiachs-ABS-Anlagen** unterschieden. Zugwagen und Anhänger haben je ein eigenes ABS, wodurch das gefährliche »Einknicken des Zuges« vermieden wird.

In Nutzkraftwagen mit pneumatisch/hydraulischem Bremssystem, z. B. für die Verwendung von Scheibenbremsen, regelt das ABS auch den pneumatischen Bremskreis.

2-Kanal-Drucksteuerventil

Es versorgt z. B. zwei Radzylinder einer Achse gesondert mit gesteuerten Bremsdrücken. Für eine **Doppelachse** kann die Ansteuerung der Radzylinder der rechten und der linken Räder zusammengefaßt werden, so daß nur ein 2-Kanal-Drucksteuerventil benötigt wird.

Die **Membranventile** des Drucksteuerventils werden durch die Magnetventile **vorgesteuert.**

Bremsdruck in Kanal 1 und 2 erhöhen: Das Zentralventil (das mittlere Membranventil) ist geöffnet und Druckluft gelangt ungehindert durch beide Kanäle zu den Bremsen. Die drei Magnetventile sind geschlossen (Abb. 1a, S. 442).

Bremsdruck in Kanal 2 abbauen: Rad 1 (Kanal 1) ist z. B. noch im zulässigen Schlupfbereich, aber Rad 2 neigt zum Blockieren. Das Steuergerät bewirkt das Öffnen der Magnetventile 1 und 2. Magnetventil 3 bleibt geschlossen (Abb. 1b, 442). Dadurch wird das Zentralventil verschoben und sperrt den Luftdurchgang zu den Kanälen 1 und 2. Der Druck in Kanal 1 wird gehalten (das linke Membranventil wird ebenfalls verschoben und verhindert Druckabbau). Der Druck in Kanal 2 sinkt, da die Luft am geöffneten Zentralventil vorbei ins Freie entweichen kann.

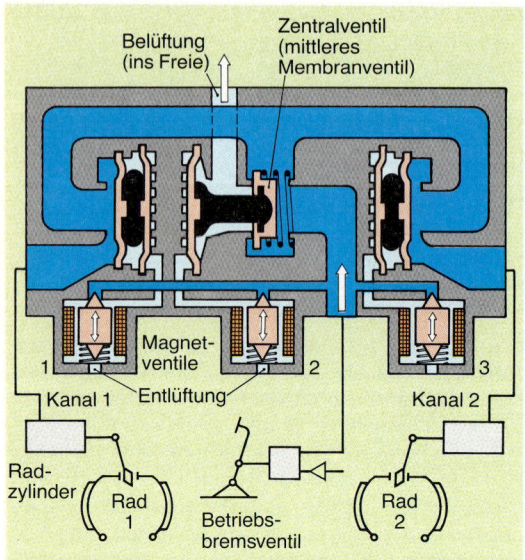

a) Bremsdruck in Kanal 1 und 2 erhöhen

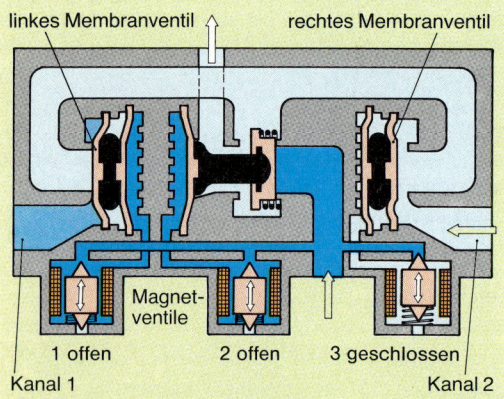

b) Bremsdruck in Kanal 2 abbauen

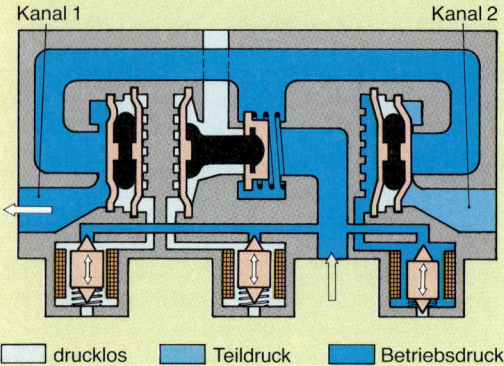

c) Bremsdruck in Kanal 2 halten

Abb. 1: Wirkungsweise des 2-Kanal-Drucksteuerventils

Bremsdruck in Kanal 2 halten: Rad 2 beginnt zu beschleunigen, da die Bremskraft nachläßt. Deshalb werden die Magnetventile 1 und 2 geschlossen und Magnetventil 3 geöffnet (Abb. 1c). Dadurch wechseln alle drei Membranventile ihre Endlage (schalten um). Kanal 1 erhält wieder Druckluft, der Druck in Kanal 2 wird solange gehalten, bis ein optimaler Bremsvorgang (kurzer Bremsweg) nicht mehr gegeben ist. Es folgt dann wieder die Schaltstellung a), bei der auch der Kanal 2 mit Druckluft versorgt wird. Rad 2 verzögert wieder solange bis Blockiergefahr besteht, und es beginnt ein neuer Schaltzyklus mit den Stellungen b) und c).

46.4 Antriebs-Schlupf-Regelung

Die **Antriebs-Schlupf-Regelung (ASR)** hat die **Aufgabe,** das Durchdrehen der Räder zu verhindern und die günstigsten Eingriffsverhältnisse zwischen Rad und Fahrbahn zu erzeugen.

Durchdrehende Räder verändern das Fahrverhalten. Das Fahrzeug wird instabil und das Heck bricht aus (Heckantrieb). Ferner kommt es zu höherem Verschleiß der Reifen und des Ausgleichsgetriebes.
Wird ein Fahrzeug stark beschleunigt, auf vereister Straße oder in einer Kurve, so muß eine ASR die zu große **Leistung** an den Rädern durch Abbremsen **mindern.** Eine elektronische **M**otorleistungssteuerung (**EMS**) ergänzt das ASR-System.

Eine **Steuerung der Antriebsleistung** kann für **Ottomotoren** erfolgen über

● Drosselklappenverstellung,
● Zündwinkelverstellung,
● weniger Zündimpulse und/oder
● Veränderung der Einspritzdauer.

Die Leistung der **Dieselmotoren** wird über den Eingriff in die Dieselpumpen-Verstellhebelbewegung beeinflußt.

Einen verbreiteten **Systemaufbau einer ASR** zeigt Abb. 2. Die Steuerung des Radantriebsmoments durch Abbremsung setzt die Erweiterung des ABS voraus. Die ASR muß in sehr kurzer Zeit die Leistung an den Rädern beeinflussen können. Deshalb ist eine Regelung allein mit dem Drosselklappeneingriff nicht möglich.

ABS- und **ASR-Steuergerät** können integriert werden. Die Drehzahlsensoren signalisieren an beide Systeme die Raddrehzahlen.

Die **EMS** benötigt ein gesondertes **Steuergerät,** da es die Signale anderer Sensoren (z.B. Signale für Motortemperatur, Motordrehzahl) verarbeitet.

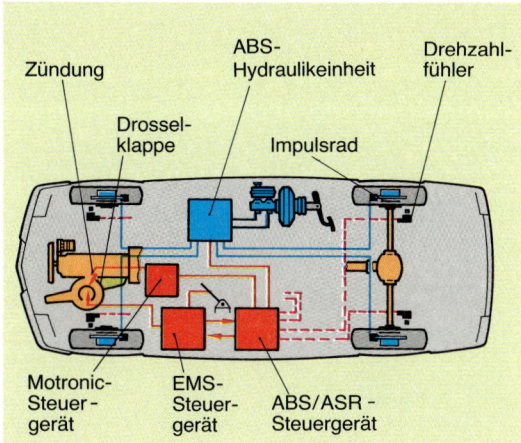

Zündung

ABS-Hydraulikeinheit

Drehzahl-fühler

Drossel-klappe

Impulsrad

Motronic-Steuer-gerät

EMS-Steuer-gerät

ABS/ASR -Steuergerät

Abb 2: ASR mit Eingriff in Drosselklappe, Zündung und Bremse

46.5 Motorschleppmoment-regelung

Nach einem fehlerhaften Zurückschalten oder nach plötzlichem Gaswegnehmen auf glatter Fahrbahn können die Antriebsräder einen zu großen Schlupf haben.

Die **Motorschleppmomentregelung (MSR)** verhindert durch dosiertes **Gasgeben,** daß ein zu großer Schlupf erreicht wird und das Fahrzeug im bestmöglichen Schlupfbereich bleibt.

Die MSR wird mit dem ABS/ASR-Steuergerät und der EMS integriert.

46.6 Aufbau und Wirkungsweise der mechanischen Bremsanlage

In Kraftfahrzeugen werden mechanische Bremsanlagen überwiegend als **Feststellbremse** oder **Auflaufbremse** ausgeführt. In Kleinkrafträdern werden mechanische Bremsanlagen auch als **Betriebsbremse** verwendet.

46.6.1 Hand- oder fußbetätigte Feststellbremse

Die Feststellbremse ist eine von der Betriebsbremse unabhängig zu betätigende Bremsanlage. Sie soll das Wegrollen des Fahrzeugs am Berg oder nach dem Abstellen verhindern. Die Betätigung der Bremsbacken oder Bremsbeläge muß **mechanisch** erfolgen und **feststellbar** sein (§41 StVZO). Abb. 3 zeigt eine kombinierte Scheiben- und Trommelbremse. Häufig wird die Betätigung der Feststellbremse durch eine Anzeigeleuchte signalisiert.

Die **Betätigungskraft** wird vom Hand- bzw. Fußbremshebel mit Hilfe von Seilzügen (Seilzugbremse) oder einem Gestänge (Gestängebremse) auf die Spannvorrichtungen übertragen.

Die Betätigungskraft wird durch einen Ausgleichhebel oder eine Ausgleichrolle je zur Hälfte auf die Radbremsen einer Achse verteilt (Abb. 3).

Trommelbremsen ermöglichen einen einfachen Aufbau der Feststellbremse. Die Betätigung der Bremsbacken erfolgt meist über Bremshebel und Druckstange (Abb. 1 und 2, S. 422).

Scheibenbremsen erfordern einen größeren Aufwand für die Ausführung einer Feststellbremsanlage.

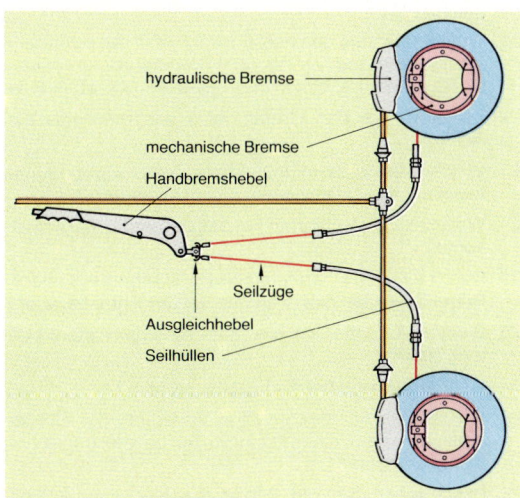

hydraulische Bremse

mechanische Bremse

Handbremshebel

Seilzüge

Ausgleichhebel

Seilhüllen

Abb. 3: Feststellbremsanlage

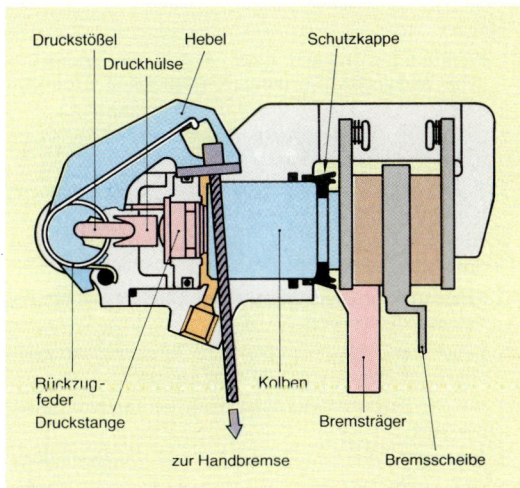

Druckstößel

Hebel

Schutzkappe

Druckhülse

Rückzug-feder

Druckstange

Kolben

zur Handbremse

Bremsträger

Bremsscheibe

Abb. 4: Hydraulisch und mechanisch betätigte Scheibenbremse

Folgende **Ausführungen** sind möglich:

- zusätzlich mechanische Betätigung der vorhandenen Kolben (Abb. 4, S. 443).
- zusätzliches, auf die Scheibe wirkendes, Belagpaar mit mechanischer Betätigung der Bremszange und
- zusätzliche Trommelbremse, mechanisch betätigt.

46.6.2 Auflaufbremsen

Für Anhänger mit einem zulässigen Gesamtgewicht bis zu 8 t sind Auflaufbremsen als Betriebsbremsen erlaubt. Wird der **Zugwagen gebremst,** so übt der Anhänger eine Schubkraft aus, die von der Zugöse über ein Gestänge auf die Spannvorrichtung der Anhängerbremsen wirkt (Abb. 1) oder einen hydraulischen Bremszylinder betätigt. Eine Druckfeder verhindert, daß die Bremse bei geringen Geschwindigkeitsänderungen (z.B. Gangwechsel) anspricht. Die Gewichtskraft der Zuggabel betätigt das Bremsgestänge, wenn der Anhänger abreißt oder abgestellt wird. Die Auflaufbremse wirkt dann als Feststellbremse.

46.7 Wartung und Diagnose

Die **hydraulische Bremsanlage** arbeitet bei Beachtung der Wartungs- und Instandsetzungsvorschriften der Hersteller äußerst zuverlässig. Einige Hinweise zur Wartung und Diagnose enthält Tab. 1. **Mechanische Bremsanlagen** müssen an den Gelenken und Seilzügen geschmiert sein.
Bremsleitungen und Seilzüge müssen regelmäßig auf Scheuerstellen überprüft werden.

Aufgaben

1. Erklären Sie anhand einer Skizze die grundsätzliche Wirkungsweise einer hydraulischen Bremsanlage.
2. Skizzieren Sie den Aufbau eines einfachen Hauptzylinders für den Brems- und Lösevorgang.
3. Erklären Sie die Wirkungsweise eines einfachen Hauptzylinders für den Brems- und Lösevorgang.
4. Welche Aufgabe hat a) das Bodenventil, b) das Spezialbodenventil?
5. Skizzieren Sie den Aufbau eines Tandem-Hauptzylinders in Ruhestellung.
6. Beschreiben Sie die Vorgänge im Tandem-Hauptzylinder, wenn jeweils ein Bremskreis ausfällt.
7. Nennen Sie den Vorteil eines gestuften Tandem-Hauptzylinders.
8. Nennen Sie den Vorteil eines Twintax-Hauptzylinders.
9. Nennen Sie die Teile eines Radzylinders, und beschreiben Sie dessen Aufbau.

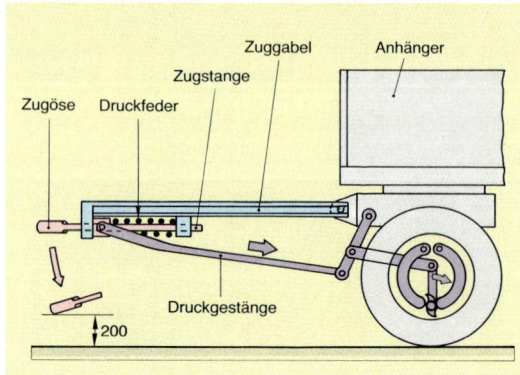

Abb. 1: Auflaufbremse

10. Welche Möglichkeiten der Bremskraftverstärkung in einem hydraulischen Bremssystem gibt es?
11. Welche Aufgabe hat ein Bremskraftbegrenzer?
12. Nennen Sie den Unterschied zwischen einem Bremskraftbegrenzer und einem Bremskraftregler.
13. Was ist bei der Montage von Bremsschläuchen zu beachten?
14. Welche Eigenschaften muß die Bremsflüssigkeit haben?
15. Warum ist ein hoher Siedepunkt der Bremsflüssigkeit erforderlich?
16. Wie ist eine Verbindung der hydraulischen Bremsanlage des Zugwagens mit dem Anhänger möglich?
17. Erläutern Sie das Grundprinzip des Anti-Blockier-Systems (ABS).
18. Welche Aufgabe hat das Steuergerät des ABS?
19. Welche Bedingung muß erfüllt sein, damit das ABS in den Bremsvorgang eingreift?
20. Beschreiben Sie den Grundaufbau der Hydraulikeinheit des ABS.
21. Beschreiben Sie den Funktionsablauf in der Hydraulikeinheit während: a) »Bremsdruck erhöhen«, b) »Bremsdruck halten«, c) »Bremsdruck abbauen«.
22. Erläutern Sie das Grundprinzip des mechanischen ABS.
23. Welche Bremsenkombinationen kann ein pneumatisches 2-Kanal-Drucksteuerventil ansteuern?
24. Welche zwei Ventilarten hat das 2-Kanal-Drucksteuerventil?
25. Durch welche Eingriffe steuert die Antriebs-Schlupf-Regelung (ASR) das Drehmoment der Antriebsräder?
26. Welche Aufgabe hat die Motorschleppmomentregelung (MSR)?
27. Welche Aufgabe hat die Feststellbremse?
28. Wie erfolgt die gleichmäßige Verteilung der Bremskraft auf die einzelnen Radbremsen bei mechanischen Bremsanlagen?
29. Beschreiben Sie die Wirkungsweise einer Auflaufbremse.

Tab. 1: Hinweise zur Wartung und Diagnose der hydraulischen Bremsanlage

Wartung ⇩	⇩	⇩	
Prüfposition	Mangel, Fehler	Ursache	Folge
⇦	⇦	⇦	Diagnose
Störstelle	Mangel, Fehler	Ursache	Störung
Bremspedal	läßt sich sehr weit durchtreten	Luft im Bremssystem, zu wenig Bremsflüssigkeit, Lüftspiel zu groß, Dichtmanschetten undicht	nur geringe oder keine Bremswirkung
Kolbenstange	kein Kolbenstangenspiel	Bremspedalanschlag verstellt,	Radbremsen lösen nicht und werden zu warm
Hauptzylinder: Schutzkappe	beschädigt	unsachgemäße Montage	Schmutz im Hauptzylinder, frühzeitiger Verschleiß, Undichtigkeit
Primär-manschette	schwammig, aufgequollen, verschlissen	Quellung der Primär-manschette infolge Ein-wirkung ungeeigneter Bremsflüssigkeit, natürlicher Verschleiß durch Riefenbildung im Zylinder	Kolben bleibt im Hauptzylinder hängen, Bremse löst sich nicht und wird warm
Bodenventil	schwammig, aufgequollen	Quellung durch ungeeignete Bremsflüssigkeit	Bremse löst nicht und wird warm
	zerdrückt	Anschlag am Bremspedal fehlt	
Radzylinder: Kolben	klemmt	Verschmutzung, Korrosion	Bremse zieht einseitig
Dicht-manschette	beschädigt	Spiel zwischen Kolben und Zylinder zu groß, zu große Wärmeentwicklung	Bremse zieht einseitig, Bremsflüssigkeit ver-schmiert die Bremsbeläge
Schutzkappe	brüchig, hart	zu starke Erwärmung	Schmutz im Radzylinder, vorzeitiger Verschleiß der Dichtmanschette
	naß	Radzylinderkolben undicht	schlechte Bremswirkung
Saugluft-Bremskraft-verstärker	spricht nicht an	Unterdruckteil defekt, Anschluß defekt, Schlauch porös	hohe Pedalkräfte
Bremsleitung	beschädigt	Steinschlag, Korrosion	Bruchgefahr einer Bremsleitung
Brems-schlauch	angescheuert, rissig, Haarrisse	unsachgemäße Verlegung, Alterung	
Brems-flüssigkeit	zu wenig Flüssigkeit im Ausgleichbehälter	Leckstelle, Verschleiß der Bremsbeläge	Gefahr des Lufteintritts in das Bremssystem
	verschmutzt, enthält Wasser	Alterung durch zu lange Betriebszeit	Bremsflüssigkeit neigt zur Dampfblasenbildung, Gefahr des Ausfalls der Bremsanlage

47 | Druckluftbremsanlage und Dauerbremsanlagen

Für die Abbremsung von mittleren und schweren Nutzfahrzeugen reichen die durch Fußkraft und mechanische oder hydraulische Übersetzung erzeugten Kräfte nicht mehr aus. Es ist eine Fremdkraft erforderlich, um die benötigten Spannkräfte an den Radzylindern zu erzeugen.

Der Fahrer leitet den Bremsvorgang nur noch ein. Die erforderlichen Bremskräfte werden durch Druckluft erzeugt, die ein vom Motor angetriebener Kompressor (Luftpresser) liefert.

Die **Bauteile** einer Zweikreis-Druckluftbremsanlage zeigt Abb. 1. Sie gliedert sich in:

- Energieversorgungsanlage,
- Betriebsbremsanlage und
- Feststell-Hilfsbremsanlage.

47.1 Bauteile der Energieversorgungsanlage

Zur Energieversorgungsanlage gehören im wesentlichen folgende Bauteile:

- Luftpresser,
- Druckregler,
- Frostschutzpumpe,
- Drucksicherungsventil (Schutzventil),
- optische und akustische Geräte zur Drucküberwachung,
- Vorratsbehälter (Luftbehälter) und
- Lufttrockner.

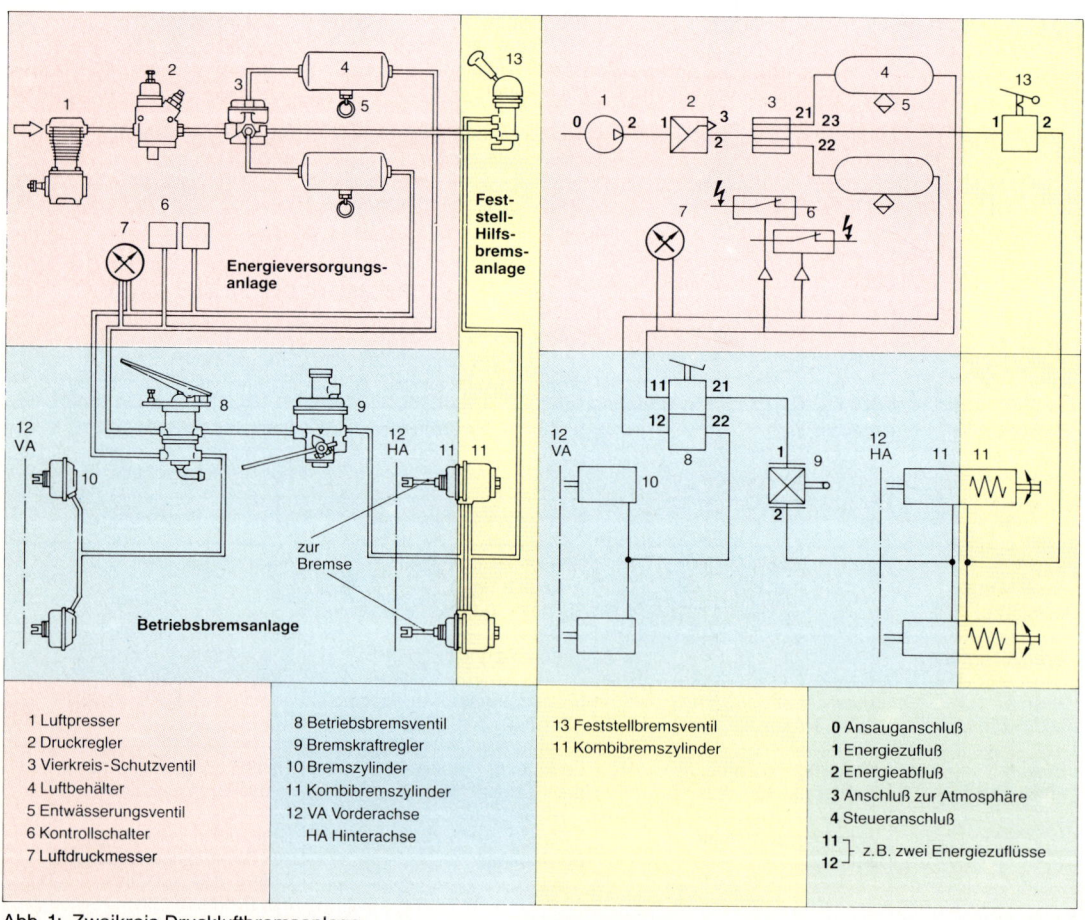

1 Luftpresser	8 Betriebsbremsventil	13 Feststellbremsventil	0 Ansauganschluß
2 Druckregler	9 Bremskraftregler	11 Kombibremszylinder	1 Energiezufluß
3 Vierkreis-Schutzventil	10 Bremszylinder		2 Energieabfluß
4 Luftbehälter	11 Kombibremszylinder		3 Anschluß zur Atmosphäre
5 Entwässerungsventil	12 VA Vorderachse		4 Steueranschluß
6 Kontrollschalter	HA Hinterachse		11
7 Luftdruckmesser			12 ⎫ z.B. zwei Energiezuflüsse

Abb. 1: Zweikreis-Druckluftbremsanlage

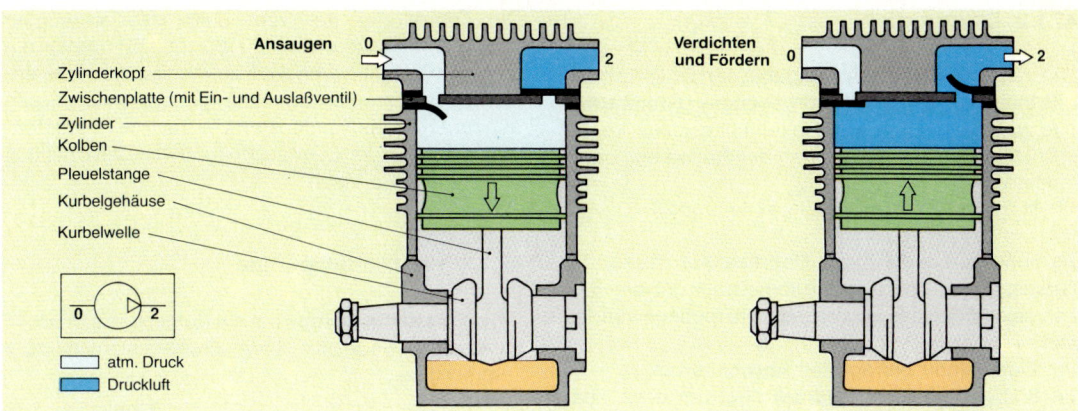

Abb. 2: Luftpresser

47.1.1 Luftpresser

> Der **Luftpresser** hat die **Aufgabe,** die Druckluft-
> bremsanlage mit der erforderlichen Druckluft-
> menge zu versorgen.

Der Luftpresser (Abb. 2) ist eine Ein- bzw. Zweizylin-
derkolbenpumpe. Er wird im allgemeinen durch
Keilriemen vom Motor angetrieben. Die Ventile sind
als Plattenventile ausgeführt. Sie öffnen und schließen selbsttätig.

Der **Abwärtshub** des Kolbens erzeugt einen Unterdruck im Arbeitsraum. Es gelangt Außenluft durch
das Einlaßventil. Die Luft wird während des **Aufwärts-**
hubes über das Auslaßventil in die Druckleitung zum
Druckregler gepreßt. Die Druckleitung hat eine oder
mehrere Windungen, um Längenänderungen auszugleichen, die durch Temperaturschwankungen auftreten können.

Die Luft wird vor dem Einlaßventil gefiltert. Dazu dient
entweder das Luftfilter des Motors oder ein zusätzliches Luftfilter (Naßluftfilter oder Trockenluftfilter mit
Papiereinsatz, s. Kap. Filter). Die Schmierung der
beweglichen Teile des Luftpressers erfolgt entweder
durch eine Verbindungsleitung zum Ölkreislauf des
Motors oder durch Tauchschmierung.

Niederdruckanlagen arbeiten mit Drücken von 7 bis
10 bar, Hochdruckanlagen mit Drücken von 14 bis 20
bar.

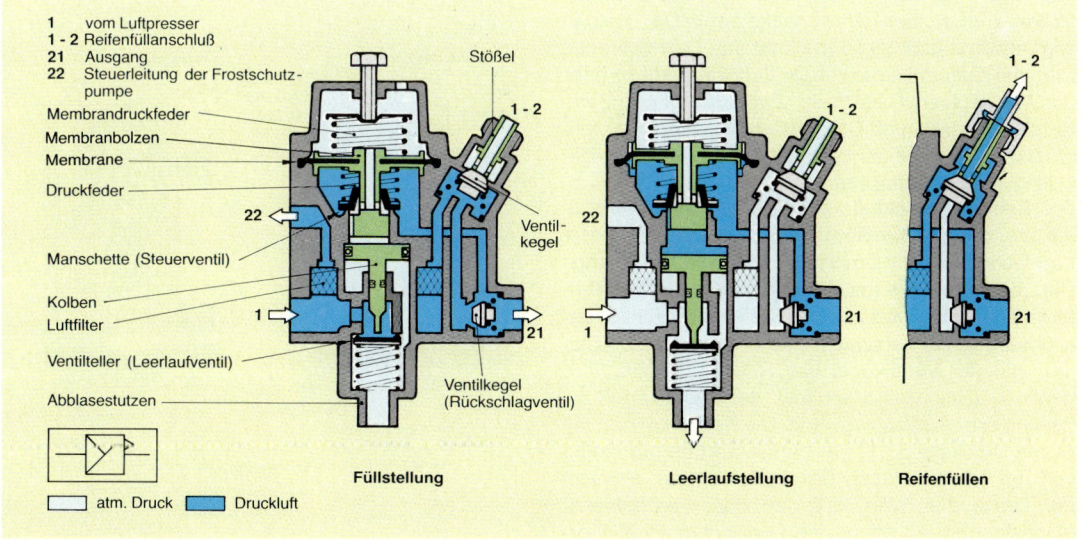

Abb. 3: Druckregler

47.1.2 Druckregler

> Der **Druckregler** hat die **Aufgabe,** den Druck in der Bremsanlage innerhalb vorgegebener Grenzwerte zu regeln. Über den Reifenfüllanschluß kann Druckluft für das Aufpumpen der Reifen entnommen werden.

Zu hoher Druck führt zur Überbeanspruchung der Bremsanlage, bei zu geringem Druck ist die Verkehrssicherheit des Fahrzeugs nicht mehr gewährleistet.

Im allgemeinen beträgt der **Abschaltdruck** $p_e = 7{,}5$ bis 8,1 bar. Der **Einschaltdruck** liegt um etwa 1 bar niedriger (Schaltspanne).

In der **Füllstellung** (Abschaltdruck noch nicht erreicht) ist das Leerlaufventil geschlossen (Abb. 3, S. 447). Die vom Luftpresser erzeugte Druckluft strömt durch das Luftfilter des Druckreglers und die Luftkanäle zum Rückschlagventil. Die vom Druck erzeugte Kraft öffnet das Rückschlagventil. Die Druckluft strömt in die Druckleitung zur Frostschutzpumpe. Gleichzeitig gelangt die Druckluft auch zur Membrane und zum Steuerventil des Druckreglers. Die Feder des Steuerventils drückt die Manschette solange auf den Sitz, bis der Abschaltdruck in den Luftbehältern erreicht ist. Dieser Druck wird durch die Druckeinstellschraube eingestellt, die eine Vorspannung der Druckfeder (Membrandruckfeder) bewirkt.

In der **Leerlaufstellung** (Abschaltdruck erreicht) hebt die vom Druck abhängige Kraft die Membrane gegen die Kraft der Membrandruckfeder hoch. Damit wird das Steuerventil über den Membranbolzen von seinem Sitz abgehoben (Abb. 3, S. 447). Die Druckluft strömt zum Kolben (Umschaltkolben). Der Kolben wird abwärts gedrückt und öffnet das Leerlaufventil. Die vom Luftpresser erzeugte Druckluft strömt über das Leerlaufventil ins Freie. Eventuell vorhandene Kondenswasser- und Öltröpfchen werden dabei mitgerissen. Während der Leerlaufstellung ist das Rückschlagventil geschlossen.

Der **Reifenfüllanschluß** kann nur während der Füllstellung des Druckreglers benutzt werden, da in der Leerlaufstellung die Druckluft direkt ins Freie gelangt. Die Überwurfmutter (bzw. Steckverbindung) des Reifenfüllschlauchs wird auf den Reifenfüllanschluß geschraubt. Dabei verschiebt das Druckstück den Stößel, und der Ventilkegel des Reifenfüllventils wird geöffnet. Gleichzeitig schließt der Ventilkegel die Leitung zum Rückschlagventil. Die Reifen können mit einem Druck bis zu 10 bar gefüllt werden (abhängig von der Förderleistung des Luftpressers). Erreicht der Druck den Wert, auf den das Leerlaufventil eingestellt ist, so öffnet das Leerlaufventil (Sicherheitsdruck). Der Luftpresser fördert ins Freie.

Die Temperatur der vom Luftpresser erzeugten Druckluft beträgt etwa 160 bis 200 °C. Damit die mitgeführte Luftfeuchtigkeit zu Wasser kondensiert, ist der Druckregler an einer gut gekühlten Stelle angebracht. Das kondensierte Wasser wird größtenteils während der Leerlaufstellung von der Druckluft ins Freie mitgerissen.

47.1.3 Frostschutzpumpe

> Die **Frostschutzpumpe** hat die Aufgabe, die Druckluftbremsanlage mit einem Frostschutzmittel zu versorgen.

Je nach Witterung und geförderter Luftmenge gelangen täglich 0,25 bis 0,75 l Kondenswasser in die Druckluftbremsanlage. Bei tiefen Temperaturen bildet sich Eis, das die Anlage außer Funktion setzen kann. Die Frostschutzpumpe spritzt durch Handbetätigung oder automatisch (Abb. 1) das Frostschutzmittel in die Druckleitung. Die Handpumpe ist vor Antritt der Fahrt drei- bis fünfmal zu betätigen.

Die **automatische Frostschutzpumpe** wird über den Druckanstieg des Druckreglers gesteuert. Schaltet der Druckregler in Füllstellung, so baut sich über dem Kolben der Frostschutzpumpe ein Druck auf, der den Kolben gegen die Kraft der Druckfeder nach unten verschiebt. Dabei wird Frostschutzmittel über den Ventilteller (Rückschlagventil) in die Druckleitung gespritzt. In der Leerlaufstellung des Druckreglers geht der Kolben infolge des Druckabfalls durch Federkraft in die Ausgangsstellung zurück. Aus dem Behälter wird Frostschutzmittel gesaugt.

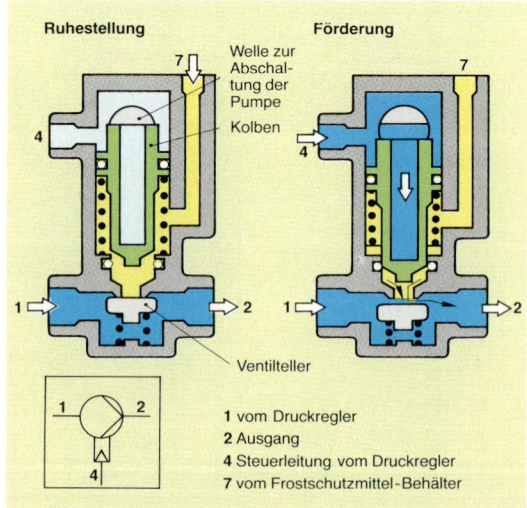

1 vom Druckregler
2 Ausgang
4 Steuerleitung vom Druckregler
7 vom Frostschutzmittel-Behälter

Abb. 1: Automatische Frostschutzpumpe

47.1.4 Drucksicherungsventil

> Das **Drucksicherungsventil** hat die **Aufgabe,** bei Ausfall eines Druckluftkreises, den Druck in den anderen Kreisen zu erhalten.

Je nach Anzahl der Kreise sind dafür Zwei-, Drei- oder Vierkreis-Schutzventile (Abb. 4, S. 453) erforderlich. Das **Vierkreis-Schutzventil** verteilt die Druckluft auf zwei Zugwagen-Bremskreise, einen Anhänger-Bremskreis und den Kreis für Nebenverbraucher (z. B. Betätigungszylinder für Dauerbremsanlage). Fällt ein Bremskreis aus, so schließt sich dessen federbelastetes Absperrventil und damit auch das entsprechende Rückschlagventil. Der Luftpresser fördert weiterhin Druckluft in die restlichen Kreise.

47.1.5 Optische und akustische Geräte zur Drucküberwachung

Nach den Bestimmungen der StVZO in Verbindung mit den Richtlinien der Europäischen Gemeinschaft (EG-Richtlinien) müssen Fahrzeuge mit Druckluft-Bremsanlagen neben **Luftdruckmessern** noch mit optisch oder akustisch wirkenden Warneinrichtungen versehen sein, da der Fahrer die Zeiger nicht immer beobachten kann.

Diese Warneinrichtungen werden wirksam, sobald der Druck in einem Teil der Anlage auf 65% des vorgeschriebenen Wertes absinkt.

Für die Überwachung des Vorratsdrucks benötigen Zweikreis-Bremsanlagen jeweils zwei Einfach- oder einen Doppeldruckmesser.

Als optische Warneinrichtungen werden **Warndruck-anzeiger** (Abb. 2a) oder **Kontrollampen** verwendet, die im Blickfeld des Fahrers angeordnet sind. Als akustische Warneinrichtungen dienen **Summer.** Die Betätigung der Kontrollampen und Summer erfolgt durch elektro-pneumatische **Schalter** (Abb. 2b).

47.1.6 Vorratsbehälter

> Die **Vorratsbehälter** haben die **Aufgabe,** die vom Luftpresser erzeugte Druckluft zu speichern.

Das Volumen der Vorratsbehälter muß so bemessen sein, daß nach acht Vollbremsungen die für die Hilfsbremsanlage vorgeschriebene Bremswirkung noch sichergestellt ist (EG-Richtlinien, Anhang IV).

Die **Druckluftleitungen** müssen mit Gefälle verlegt sein, damit sich das anfallende Kondenswasser in den Vorratsbehältern sammeln kann.

Jeder Behälter ist an der tiefsten Stelle mit einem automatischen oder von Hand zu betätigenden Entwässerungsventil versehen.

Das Kondenswasser muß abgelassen werden, damit die Korrosionswirkung gering gehalten wird und das Speichervolumen für die Druckluft nicht abnimmt.

Das **automatische Entwässerungsventil** (Abb. 3) entwässert immer dann, wenn der Behälterdruck (Vorratsdruck in Kammer 1) absinkt. Der höhere Teildruck in Kammer 2 (er entsteht durch den Behälterdruck) wölbt dann die Membrane in Richtung Kammer 1 und das Entwässerungsventil wird kurzzeitig geöffnet.

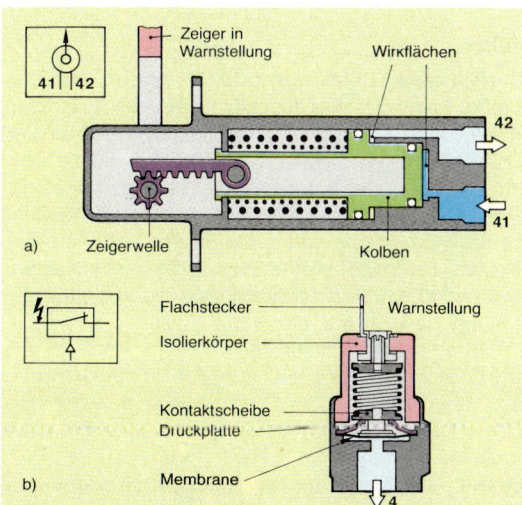

Abb. 2: a) Warndruckanzeiger, b) Kontrollschalter

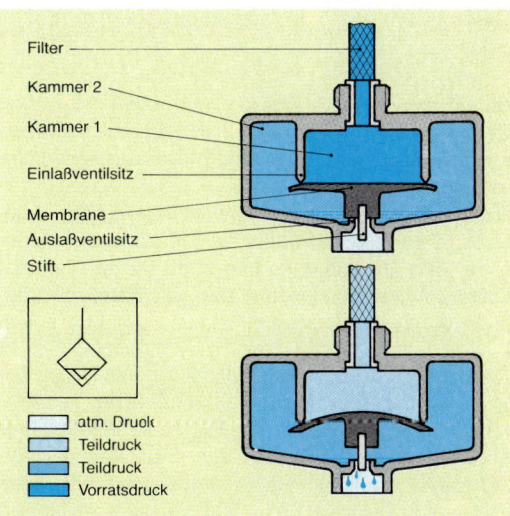

Abb. 3: Automatisches Entwässerungsventil

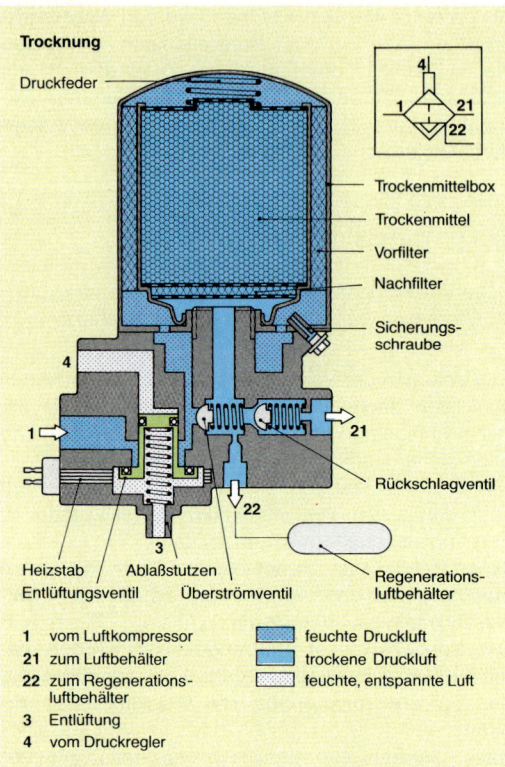

Trocknung

Druckfeder

Trockenmittelbox

Trockenmittel

Vorfilter

Nachfilter

Sicherungs-
schraube

4

1 — — 21

— 22

Rückschlagventil

3

Heizstab   Ablaßstutzen

Entlüftungsventil   Überströmventil

Regenerations-
luftbehälter

1	vom Luftkompressor		feuchte Druckluft
21	zum Luftbehälter		trockene Druckluft
22	zum Regenerations- luftbehälter		feuchte, entspannte Luft
3	Entlüftung		
4	vom Druckregler		

Abb. 1: Lufttrockner

47.1.7 Lufttrockner

> Der **Lufttrockner** hat die **Aufgabe,** die Druckluft zu entwässern und von Verschmutzungen zu reinigen.

Durch den Einbau eines Lufttrockners zwischen Druckregler und Drucksicherungsventil können Frostschutzeinrichtungen und Entwässerungsventile entfallen.
Das Vorfilter des Lufttrockners (Abb. 1) hält Schmutzteilchen zurück und kühlt die Druckluft ab. Dabei findet eine Vorentwässerung statt, da ein Teil der Luftfeuchtigkeit kondensiert. Die Luft strömt anschließend durch ein Trockenmittel, das der Luft soviel Wasser entzieht, daß weitere Kondensation nicht mehr eintritt. In der Leerlaufstellung des Druckreglers wird das Trockenmittel regeneriert (regenerieren, lat.: erneuern). Vom Regenerationsbehälter strömt trockene Luft durch das Trockenmittel, entzieht ihm die Feuchtigkeit und strömt über das Entlüftungsventil ins Freie. Ein Heizstab verhindert das Einfrieren des Ventils.

47.2 Betätigungs- und Übertragungseinrichtungen für die Betriebsbremse

> Die **Betätigungseinrichtungen** für die Betriebsbremse des Motorwagens umfassen die Teile der Bremsanlage, die die Bremswirkung **steuern.**

Dazu gehören folgende **Bauteile:**
- Betriebsbremsventil und
- Bremskraftregler.

Zur **Übertragungseinrichtung** gehören alle Teile der Bremsanlage, durch die die Energie zu den Bremsen übertragen wird, wie z.B. Bremsleitungen und Bremszylinder.

47.2.1 Betriebsbremsventil

> Das **Betriebsbremsventil** hat die **Aufgabe,** ein abstufbares Bremsen des Zugwagens zu ermöglichen und bei Anhängerbetrieb das Anhänger-Steuerventil zu betätigen.

Das Betriebsbremsventil (Abb. 2) wird auch als **Trittplattenbremsventil** bezeichnet. Es besteht für eine Zweikreisbremsanlage des Zugwagens aus zwei neben- oder übereinander angeordneten Ventilsystemen.
Jedes System versorgt einen Bremskreis und die damit verbundenen Bremszylinder mit Druckluft. Die Betätigung erfolgt über eine Trittplatte.

Teilbremsung

Bei teilweiser Betätigung (Abb. 2) werden über den Stößel und die Wegausgleichfeder beide Kolben (Reaktions- und Wiegekolben) gegen die Kraft der Druckfedern verschoben. Die Kolben öffnen die Ventile und unterbrechen die Verbindung zur Außenluft. Die Druckluft strömt von den Vorratsbehältern in beide Bremskreise und in die Räume unterhalb der Kolben. Die dabei von unten auf die Kolbenflächen wirkenden Kräfte (Reaktionskräfte) verschieben die Kolben soweit, bis die Ventile wieder schließen (Teilbremsabschlußstellung).
Die Reaktionskräfte geben dem Fahrer eine Information über die in den Bremszylindern wirkenden Bremskräfte. Dadurch ist ein gefühlvolles Bremsen möglich.
Je tiefer der Stößel und die Wegausgleichfeder in das Ventilgehäuse hineingedrückt werden, desto größer wird der Druck in den Bremskreisen.

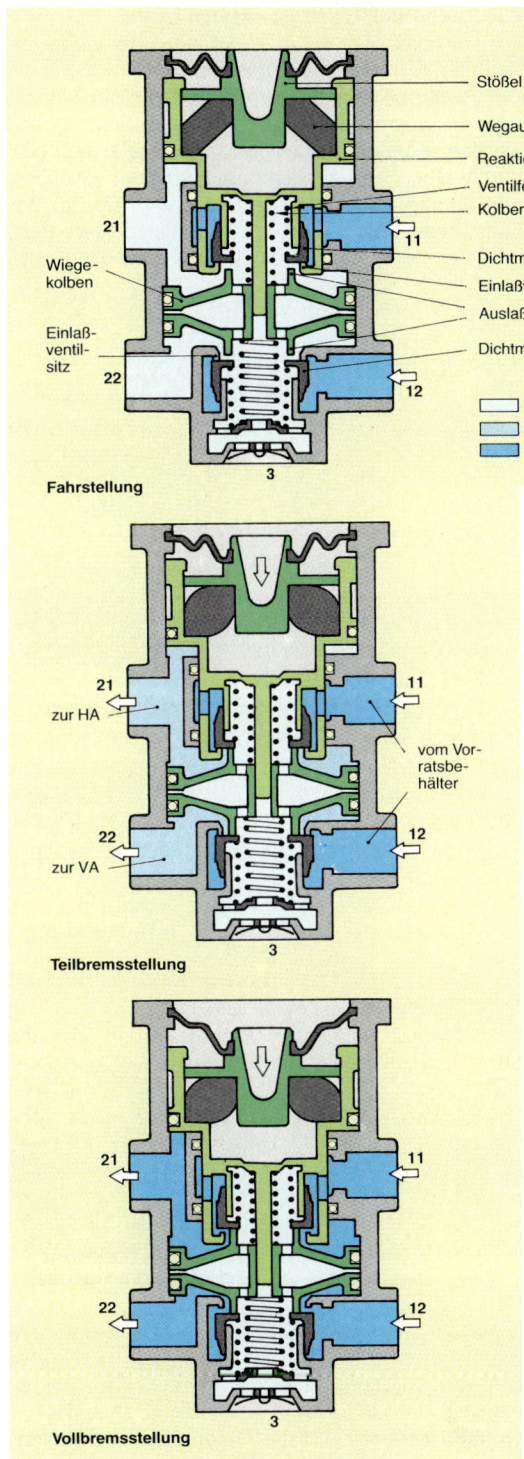

Fahrstellung

- Stößel
- Wegausgleichfeder
- Reaktionskolben
- Ventilfeder
- Kolbenfeder
- Dichtmanschette
- Einlaßventilsitz
- Auslaßventilsitz
- Dichtmanschette

21
Wiege-
kolben

Einlaß-
ventil-
sitz
22   12

11

3

☐ atm. Druck
☐ Teildruck
☐ Vorratsdruck

11 | 21
12 | 22

21
zur HA   11

vom Vor-
ratsbe-
hälter

22   12
zur VA

3
Teilbremsstellung

21   11

22   12

3
Vollbremsstellung

Abb. 2: Betriebsbremsventil

Vollbremsung

Das Betriebsbremsventil wird betätigt, bis die Kolben
an dem Gehäuse anliegen (Abb. 2). Die Ventile
werden geöffnet, und der gesamte Vorratsdruck wird
in den Bremskreisen wirksam.

Wird die Bremse gelöst, so entspannt sich die
Wegausgleichfeder. Auf der Unterseite der Kolben
wirken die Druckluft und die Druckfedern. Die Kolben
werden nach oben geschoben. Die Ventile schließen
durch Federkraft. Sobald die Kolben von den Ventilen
abheben, gelangt die Druckluft aus den Bremskreisen über die Gehäuseentlüftung ins Freie.

47.2.2 Bremskraftregler

> Der **Bremskraftregler** hat die **Aufgabe,** den
> Bremsdruck im Hinterachsbremskreis in Abhän-
> gigkeit vom Beladungszustand des Fahrzeugs zu
> regeln.

Es werden überwiegend automatische, lastabhängige Bremskraftregler verwendet (Abb. 1, S. 446). Der
automatische Bremskraftregler ist am Fahrzeugrahmen befestigt. Ein Betätigungshebel ist über eine
Feder mit der Fahrzeugachse verbunden. Als Stellgröße dient der Abstand zwischen Fahrzeugachse
und Rahmen. Die Betätigungsstange wirkt über eine
Kurvenscheibe auf ein Regelventil. Bei voll beladenem Fahrzeug (kleinster Abstand zwischen Achse
und Rahmen) ist das Regelventil vollständig geöffnet.
Der eingeleitete Bremsdruck wird ungeregelt weitergeleitet. In allen anderen Beladungszuständen wird
der Druck verringert und ein Überbremsen der Achse
verhindert.

47.2.3　Bremszylinder

> Im **Bremszylinder** wird der über das Betriebs-
> bremsventil eingeleitete Druck in eine Kolben-
> stangenkraft umgewandelt.

Für die **Betriebsbremsanlage** werden

- Kolbenzylinder oder
- Membranzylinder

verwendet (Abb. 1).

Für die **Feststell-Hilfsbremsanlage** (s. Kap. 47.3) kann auch ein zusätzlicher **Federspeicher** verwendet werden, der die Spannkräfte mechanisch erzeugt.

Der Federspeicher kann mit einem Kolbenzylinder oder mit einem Membranzylinder (Abb. 2) kombiniert werden (Kombibremszylinder). Die Feder läßt sich durch eine Sechskantschraube spannen (Notlöse-einrichtung). Dadurch wird das Rangieren des Fahrzeugs bei leerer Druckluftbremsanlage oder bei Ausfall der Druckluft durch Undichtigkeiten möglich.

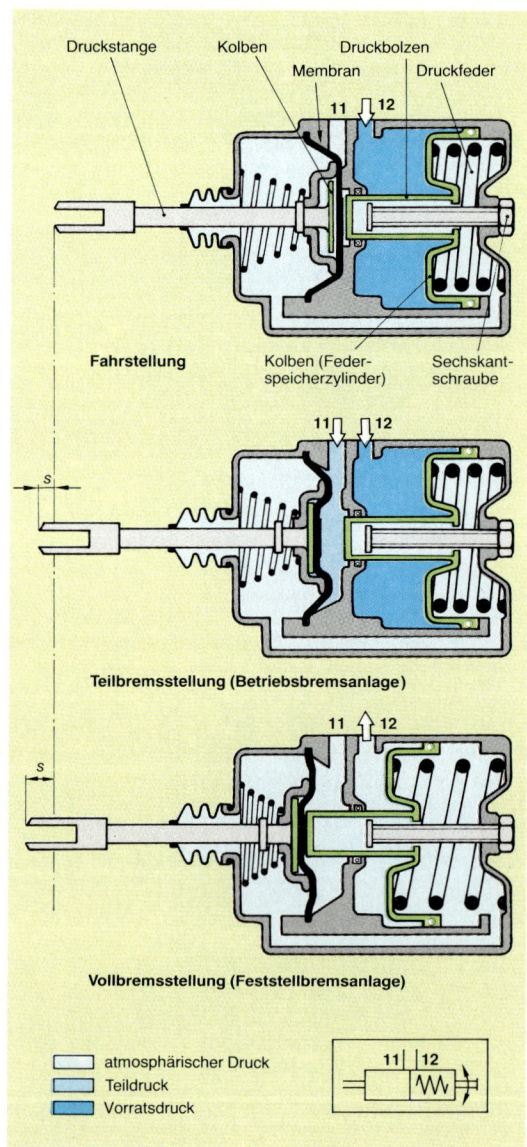

a)

Feststellbremshebel　Führungsrohr　Führung
Kolbenstange　　　　Druckfeder　Kolben
Filter

Bremshebel

Fahrstellung

Bremsstellung

Feststellbremsung

b)

Kolbenstange　Kolben　Membrane

Abb. 1:　a) Kolbenzylinder,　b) Membranzylinder

Druckstange　　Kolben　　Druckbolzen
　　　　　　Membran　　Druckfeder
　　　　　　　　11　　12

Fahrstellung　　　Kolben (Feder-　　Sechskant-
　　　　　　　　speicherzylinder)　schraube

　　　　　　　11　　12

Teilbremsstellung (Betriebsbremsanlage)

　　　　　　　11　　12

Vollbremsstellung (Feststellbremsanlage)

atmosphärischer Druck
Teildruck
Vorratsdruck

Abb. 2:　Kombibremszylinder mit Membranzylinder

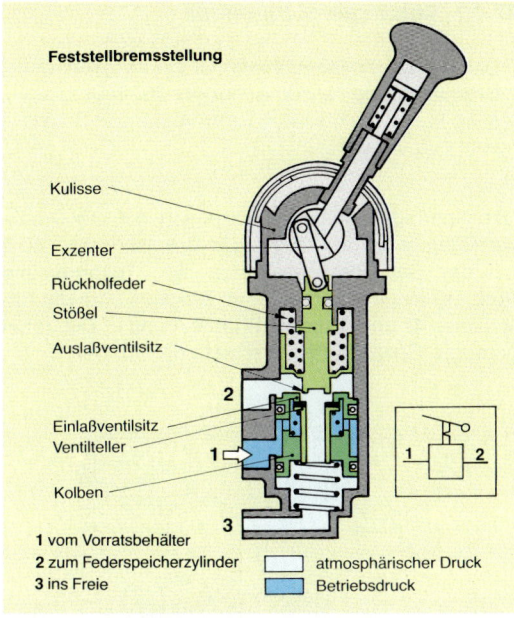

Feststellbremsstellung

Kulisse

Exzenter

Rückholfeder

Stößel

Auslaßventilsitz

2

Einlaßventilsitz
Ventilteller

1

Kolben

3

1 vom Vorratsbehälter
2 zum Federspeicherzylinder
3 ins Freie

atmosphärischer Druck
Betriebsdruck

1 2

Abb. 3: Feststell-Hilfsbremsventil

47.3 Feststell-Hilfsbremsanlage

Die **Feststell-Hilfsbremsanlage** hat die **Aufgabe,** das Fahrzeug im Stand und auf geneigter Fahrbahn durch rein mechanisch erzeugte Kräfte festzuhalten. Sie dient als Hilfsbremse, wenn die Betriebsbremsanlage ausgefallen ist.

Die Betätigung erfolgt durch das Feststell-Hilfsbremsventil (Abb. 3).

In der **Fahrtstellung** werden die Federspeicher der Kombibremszylinder (Abb. 2) mit Druckluft versorgt. Die Feder ist zusammengedrückt.

In der **Feststellbremsstellung** werden die Federspeicher der Kombibremszylinder vollständig entlüftet. Die Federkraft wirkt auf die Bremse.

In der **Teilbremsstellung** werden die Federspeicher der Kombibremszylinder nur teilweise entlüftet. Die Federkraft wird für ein gefühlvolles Abbremsen eingesetzt. Die Teilbremsstellung wird nur dann verwendet, wenn die Betriebsbremsanlage ausgefallen ist. Die Feststellbremse dient dann als **Hilfsbremse.**

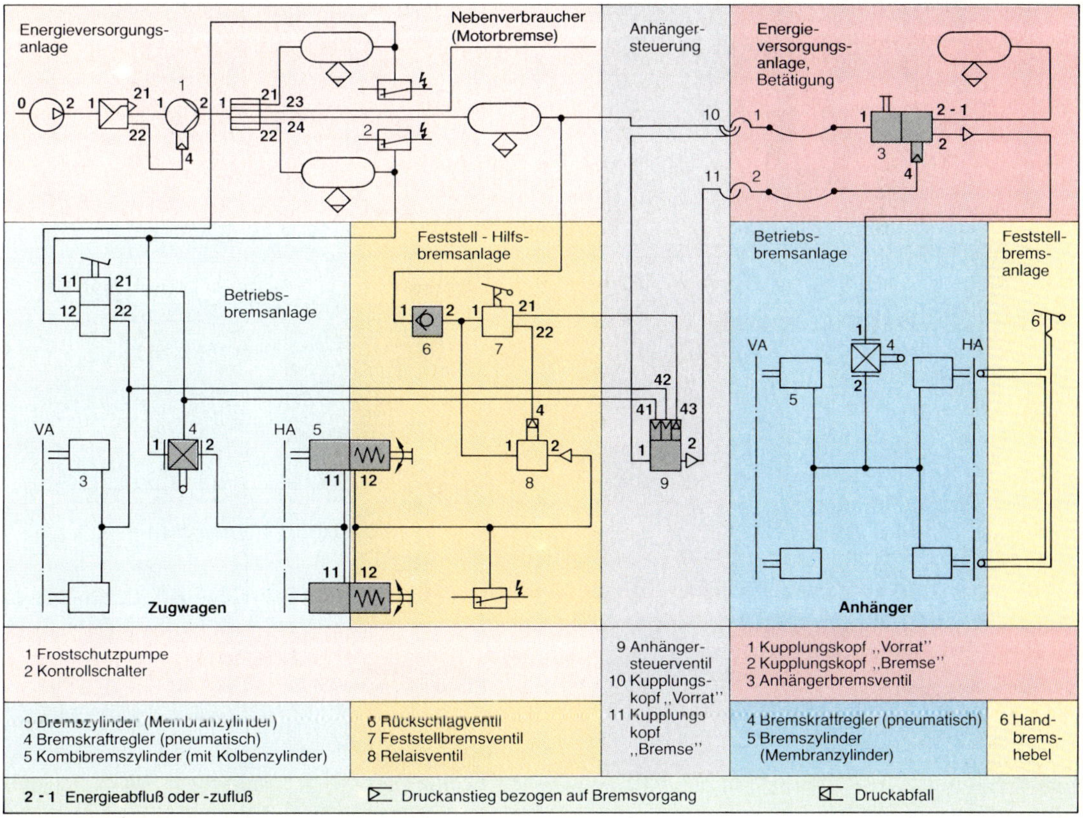

Energieversorgungsanlage

Nebenverbraucher
(Motorbremse)

Anhängersteuerung

Energieversorgungsanlage,
Betätigung

Feststell - Hilfsbremsanlage

Betriebsbremsanlage

Betriebsbremsanlage

Feststellbremsanlage

VA

HA

VA

HA

Zugwagen

Anhänger

1 Frostschutzpumpe	9 Anhängersteuerventil	1 Kupplungskopf „Vorrat''
2 Kontrollschalter	10 Kupplungskopf „Vorrat''	2 Kupplungskopf „Bremse''
	11 Kupplungskopf „Bremse''	3 Anhängerbremsventil
3 Bremszylinder (Membranzylinder)	6 Rückschlagventil	4 Bremskraftregler (pneumatisch)	6 Handbremshebel
4 Bremskraftregler (pneumatisch)	7 Feststellbremsventil	5 Bremszylinder (Membranzylinder)	
5 Kombibremszylinder (mit Kolbenzylinder)	8 Relaisventil		

2 - 1 Energieabfluß oder -zufluß   ▷ Druckanstieg bezogen auf Bremsvorgang   ◁ Druckabfall

Abb. 4: Zugwagen- und Anhängerbremsanlage

47.4 Zweikreis-Zweileitungs-Zugwagen-Anhängerbremsanlage

Die **Bauteile** einer Zweikreis-Zweileitungs-Zugwagen-Anhängerbremsanlage zeigt Abb. 4, S. 453. Die Anlage wird als Zweileitungsanlage bezeichnet, da zwei Leitungen zum Anhänger führen. Eine **Vorratsleitung** versorgt den Vorratsbehälter des Anhängers mit Druckluft. Über die andere Leitung, die **Bremsleitung,** wird die Abbremsung des Anhängers gesteuert. Die Steuerung der Abbremsung des Anhängers erfordert im Zugwagen ein **Anhänger-Steuerventil** und im Anhänger ein **Anhänger-Bremsventil.**

47.4.1 Anhänger-Steuerventil

> Das **Anhänger-Steuerventil** hat die **Aufgabe,** den Bremsvorgang für den Anhänger durch Druckanstieg in der Bremsleitung zum Anhänger-Bremsventil zu steuern.

Das Anhänger-Steuerventil reagiert auf die Druckverhältnisse in den Zugwagen-Bremskreisen. Wird mit der Betriebsbremsanlage eine **Teilbremsung** (Abb. 1b) eingeleitet, so strömt Druckluft über die Anschlüsse 41 und 42 in die Räume A und E. Die dabei erzeugte Gesamtkraft verschiebt den Kolben 1.

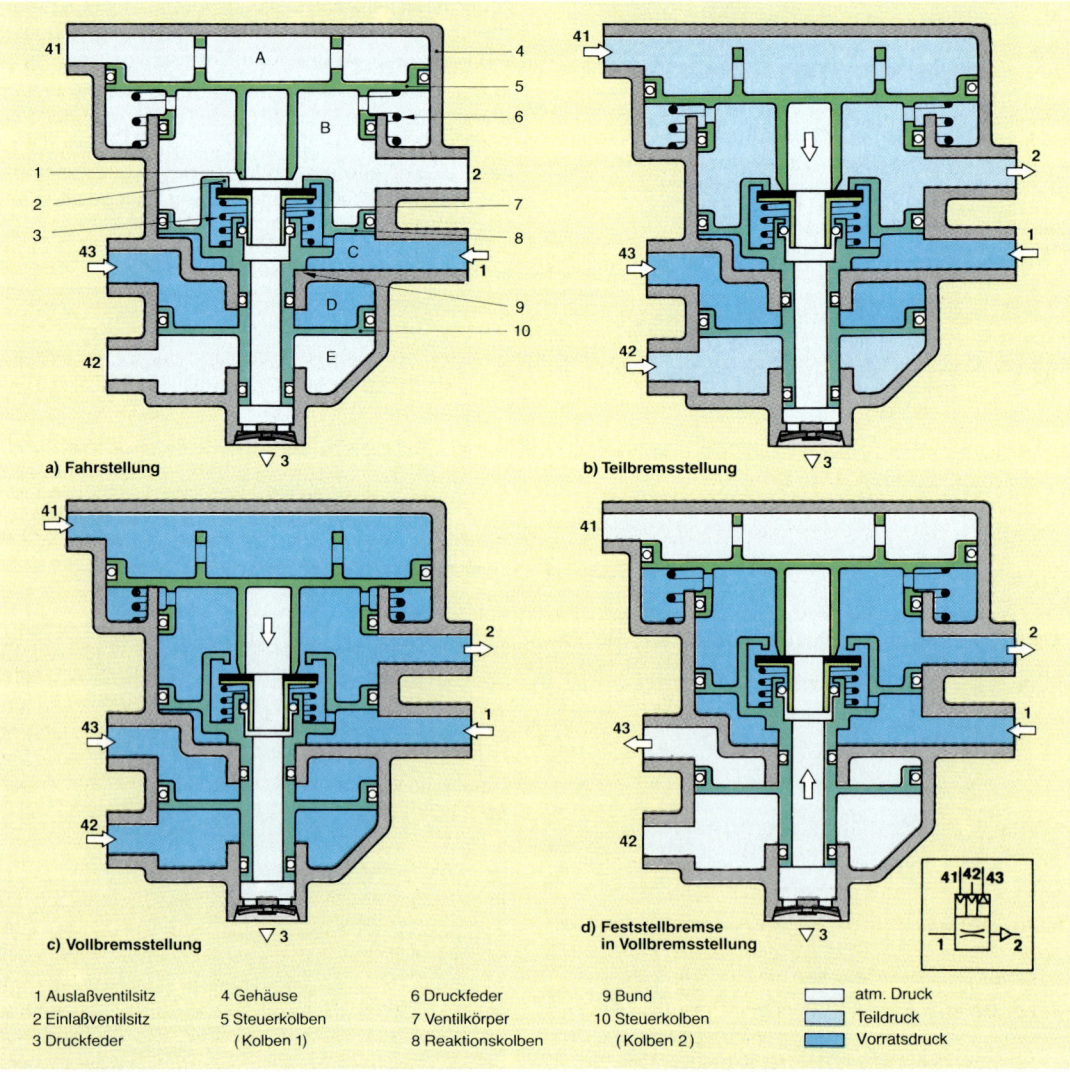

a) Fahrstellung

b) Teilbremsstellung

c) Vollbremsstellung

d) Feststellbremse in Vollbremsstellung

1 Auslaßventilsitz	4 Gehäuse	6 Druckfeder	9 Bund		atm. Druck
2 Einlaßventilsitz	5 Steuerkolben	7 Ventilkörper	10 Steuerkolben		Teildruck
3 Druckfeder	(Kolben 1)	8 Reaktionskolben	(Kolben 2)		Vorratsdruck

Abb. 1: Wirkungsweise des Anhänger-Steuerventils

Die Verbindung zur Außenluft ist dadurch geschlossen. Der Ventilkörper wird gegen die Federkraft etwas verschoben und öffnet. Aus den Vorratsbehältern kann Druckluft über den Raum C nach Raum B und damit in die Bremsleitung des Anhängers (**2**) gelangen. Der Anhänger bremst.

Während der **Vollbremsstellung** (Abb. 1 c) werden die Räume A und E von dem jeweiligen Bremskreis vollständig belüftet. Der Ventilkörper öffnet bis zum Anschlag, und der gesamte Vorratsdruck gelangt in die Bremsleitung des Anhängers.

Während der **Feststellbremsung** wird der Raum D entlüftet. Der Vorratsdruck in Raum C bewirkt die Verschiebung des Kolbens 2 gegenüber dem Kolben 1, bis der Ventilkörper den Weg für die Druckluft zur Bremsleitung des Anhängers freigibt.

47.4.2 Kupplungsköpfe

> Die **Kupplungsköpfe** haben die **Aufgabe,** die Vorrats- und Bremsleitung des Zugwagens vertauschsicher mit den entsprechenden Leitungen des Anhängers zu verbinden.

Der mit der **Vorratsleitung** verbundene Kupplungskopf des Zugwagens läßt die Druckluft über das Anhänger-Bremsventil (ABrV) in den Anhänger-Vorratsbehälter und gleichzeitig in das Anhänger-Steuerventil (AStV) strömen (Abb. 2).

Im abgekuppelten Zustand sperrt ein automatisches **Absperrventil** die Vorratsleitung und entlüftet gleichzeitig die Leitung zum Anhänger-Steuerventil.

Der Kupplungskopf der **Bremsleitung** des Anhängers enthält kein Absperrventil, da diese Leitung im abgekuppelten Zustand drucklos ist.

Die Kupplungsköpfe sind mit unterschiedlichen Klauen versehen, damit ein Vertauschen der Anschlüsse vermieden wird. Zusätzlich sind die Kupplungsköpfe unterschiedlich eingefärbt: **rot** = **Vorratsleitung, gelb** = **Bremsleitung.**

47.4.3 Anhänger-Bremsventil

Das Anhänger-Bremsventil der Zweileitungs-Bremsanlage hat mehrere **Aufgaben.** Es soll:

- die Vorratsluft vom Zugwagen ungehindert bei gelöster und betätigter Bremse in den Vorratsbehälter des Anhängers strömen lassen,
- bei Betätigung der Zugwagen-Bremsen die Vorratsluft aus dem Anhänger-Vorratsbehälter entsprechend der Stellung des Bremskraftreglers zu den Anhänger-Bremszylindern leiten,

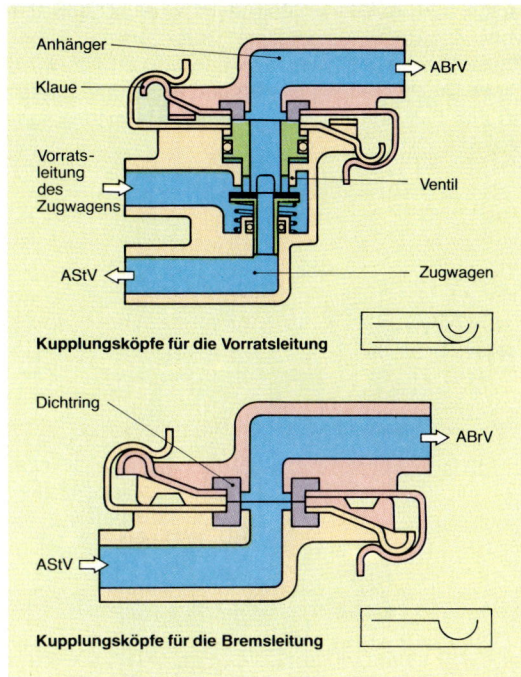

Abb. 2: Kupplungsköpfe

- wenn der Anhänger abreißt, die Vorratsluft aus dem Anhänger-Vorratsbehälter zu den Bremszylindern leiten (Notbremsung),
- mit einer handbetätigten Lösevorrichtung das Rangieren des abgekuppelten und damit gebremsten Anhängers ermöglichen und
- die Handbetätigung während des Wiederankuppelns automatisch ausschalten.

Fahrtstellung

Die Druckluft aus der Anhänger-Vorratsleitung (**1**) strömt an der Überströmmanschette (Nutring) vorbei zum Anschluß (**1–2**) des Vorratsbehälters des Anhängers (Abb. 1, S. 456). Die Anhänger-Bremsleitung ist drucklos. Die Leitungen zu den Bremszylindern sind über das geöffnete Auslaßventil des Anhänger-Bremsventils entlüftet.

Bremsstellung

Die Druckluft aus dem Anhänger-Steuerventil des Zugwagens gelangt über die Bremsleitung zum Anhänger-Bremsventil (**4**). Der Druck verschiebt den Steuerkolben. Der Ventilteller wird kurzzeitig **(Teilbremsstellung)** oder vollständig **(Vollbremsstellung)** vom Einlaßventilsitz abgehoben. Die Druckluft aus dem Vorratsbehälter gelangt zu den Bremszylindern des Anhängers.

Durch das Voreilungsventil wird erreicht, daß der vom Zugwagen eingeleitete Druck bis zu 1 bar (einstellbar durch den Gewindestift) erhöht wird. Diese Druckvoreilung bremst den Anhänger stärker ab und hält den Zug während des Bremsens »gestreckt«.

Abkuppeln oder Abreißen

Die Vorratsleitung (**1**) wird entlüftet. Die Druckfeder verschiebt den Relaiskolben, und der Einlaßventilsitz wird vollständig vom Ventilteller abgehoben. Die Druckluft aus dem Vorratsbehälter des Anhängers (**1**–**2**) gelangt über die Anschlüsse (**2**) in die Verbindungsleitungen zu den Bremszylindern des Anhängers.

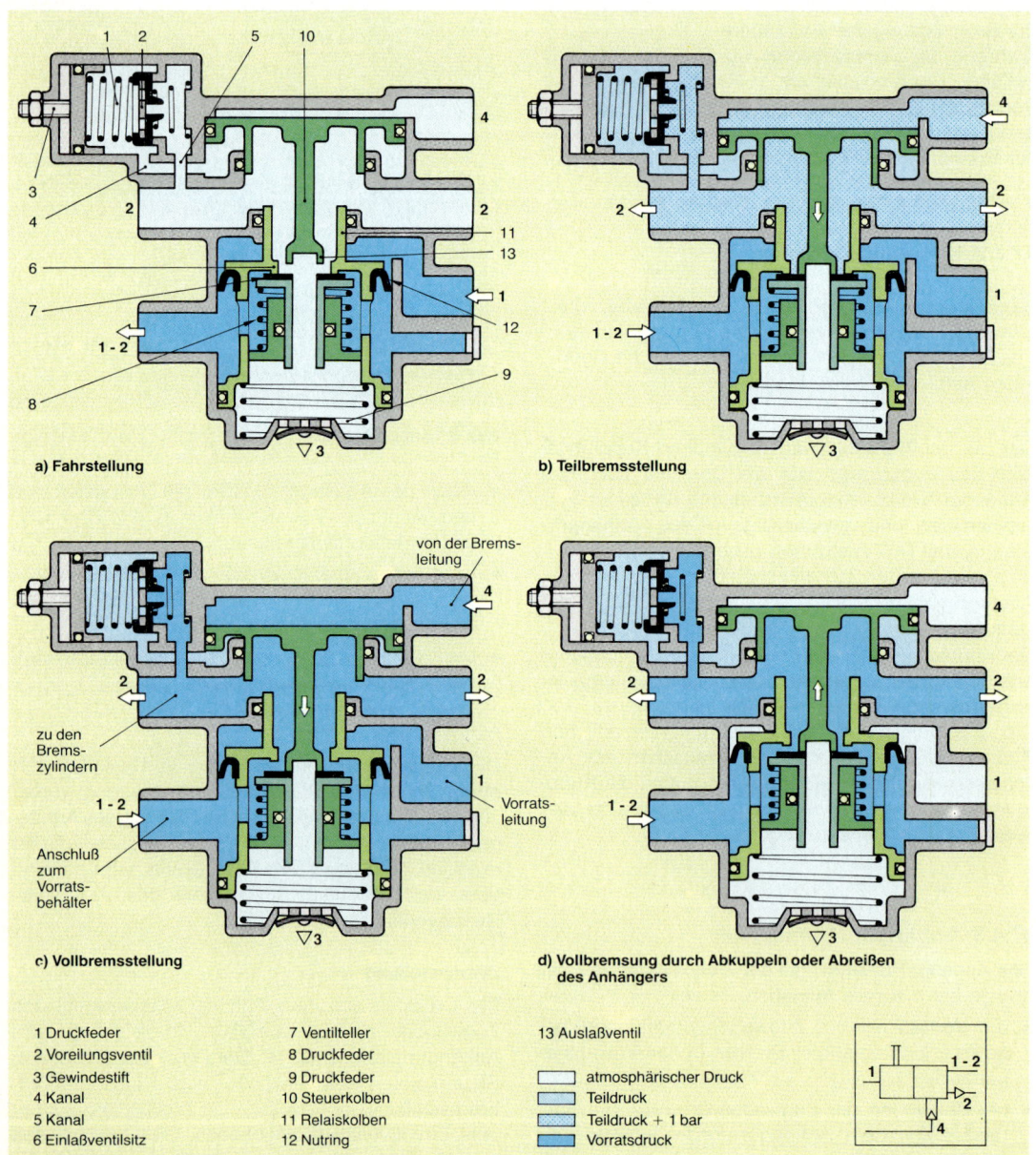

a) Fahrstellung

b) Teilbremsstellung

c) Vollbremsstellung

d) Vollbremsung durch Abkuppeln oder Abreißen des Anhängers

von der Bremsleitung

zu den Bremszylindern

Anschluß zum Vorratsbehälter

Vorratsleitung

1 Druckfeder	7 Ventilteller	13 Auslaßventil
2 Voreilungsventil	8 Druckfeder	
3 Gewindestift	9 Druckfeder	☐ atmosphärischer Druck
4 Kanal	10 Steuerkolben	▨ Teildruck
5 Kanal	11 Relaiskolben	▨ Teildruck + 1 bar
6 Einlaßventilsitz	12 Nutring	▨ Vorratsdruck

Abb. 1: Wirkungsweise des Anhänger-Bremsventils

47.4.4 Leitungsfilter

Schmutzteilchen, die während des Ankuppelns in die Kupplungsköpfe gelangen, werden von einer auswechselbaren Filterpatrone zurückgehalten. Für Zweileitungs-Bremsanlagen sind Leitungsfilter vorgeschrieben.

47.4.5 Mechanische Feststellbremsanlage des Anhängers

Ist der Anhänger mit Kombibremszylindern (Abb. 2, S. 452) ausgerüstet, so wirken die Federn des Federspeichers als mechanische Feststellbremse. Andernfalls ist eine **Muskelkraftbremsanlage** (Abb. 1a, S. 452) erforderlich, um den abgestellten Anhänger im Stand festzuhalten. Über einen Feststellbremshebel und Gestänge werden die Bremsen der Hinterachse des Anhängers betätigt. Die Muskelkraftbremsanlage kann nicht vom Zugfahrzeug aus betätigt werden.

47.5 Einleitungs-Anhänger-Bremsanlage

Die **Bauteile** einer Einkreis-Einleitungs-Bremsanlage zeigt Abb. 2.

In dieser Anlage übernimmt **eine** Leitung zum Anhänger das Füllen des Vorratsbehälters **und** die Steuerung der Bremsvorgänge über das Anhänger-Bremsventil. Das Anhänger-Steuerventil wird durch Druckabfall betätigt.

Die Einleitungs-Bremsanlage hat folgende **Nachteile:**

• während des Bremsens gelangt keine Vorratsluft in die Vorratsbehälter des Anhängers und

• durch ständiges Bremsen auf langen Gefällestrecken nimmt der Druckluftvorrat im Vorratsbehälter des Anhängers zu stark ab.

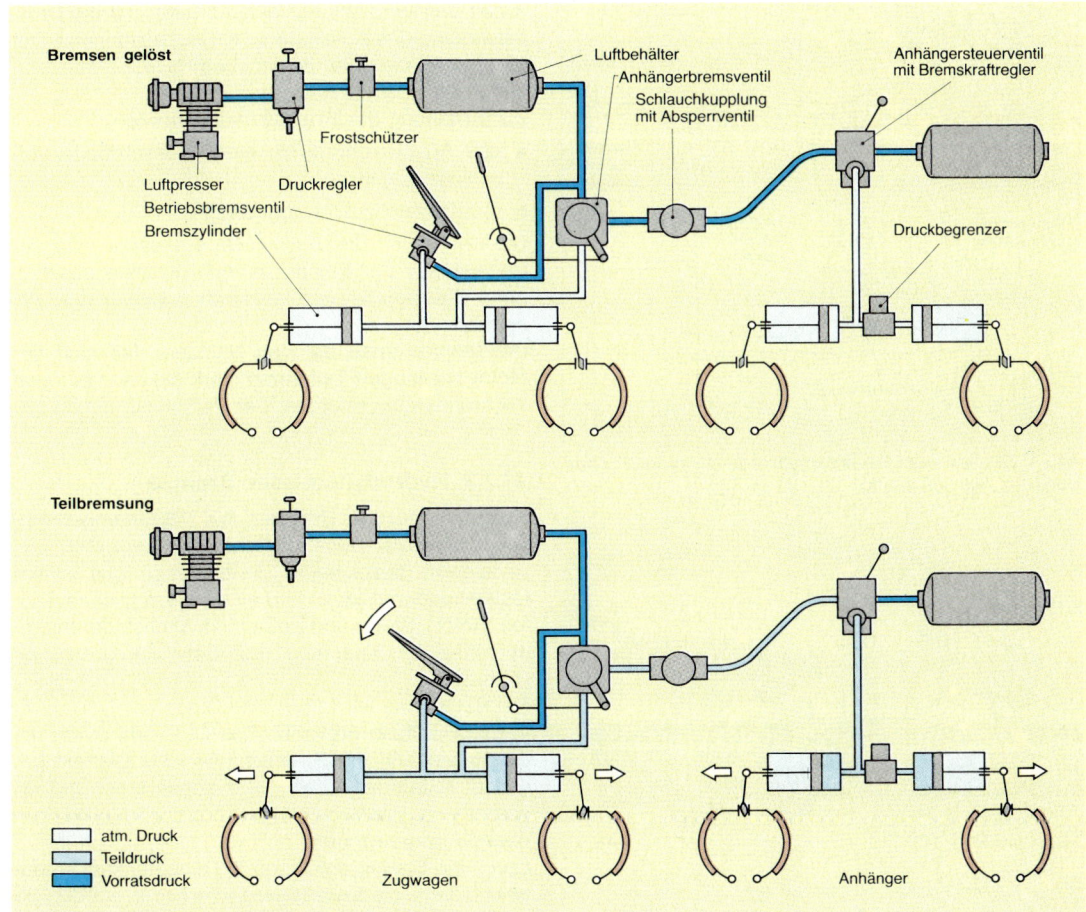

Abb. 2: Einkreis-Einleitungs-Bremsanlage

47.6 Druckluftbremsanlage mit hydraulischer Übertragungseinrichtung

Für Nutzkraftfahrzeuge ohne Anhängerbetrieb mit einem zulässigen Gesamtgewicht bis zu etwa 15 t kann eine hydraulische Bremsanlage mit einer Druckluftbremsanlage kombiniert werden (Abb. 1).

Der Fahrer betätigt über das Bremspedal ein **Bremsgerät,** dem ein **Tandemhauptzylinder** nachgeordnet ist. Zur Betriebsbremsanlage gehören zwei Druckluft-Vorratskreise und zwei hydraulische Bremskreise. Die Druckluft-Vorratskreise sind durch ein Schutzventil gegeneinander abgesichert.

Für die Feststellbremsanlage ist eine Muskelkraftbremsanlage vorgesehen. Bei Ausfall der beiden Druckluft-Vorratskreise dient die Feststellbremsanlage als Hilfsbremsanlage.

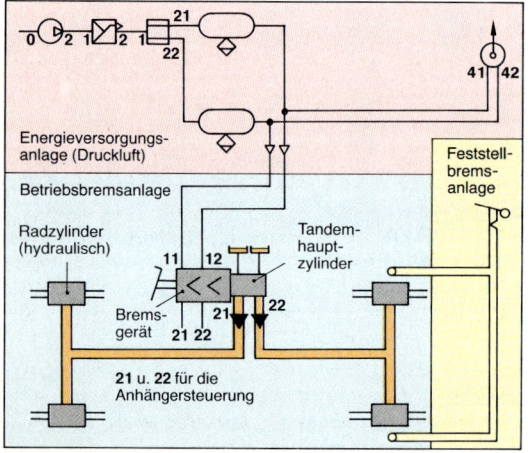

Abb. 1: Zweikreis-Druckluftbremsanlage mit hydraulischer Übertragungseinrichtung

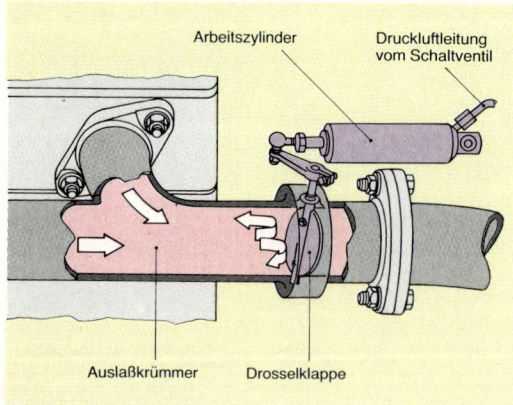

Abb. 2: Motorbremse

47.7 Dauerbremsanlagen

> Die nach § 41 Absatz 15 StVZO vorgeschriebene **dritte Bremse** (Dauerbremse) soll verhindern, daß die Betriebsbremse bei längeren Talfahrten überbeansprucht wird.

Als **Dauerbremsanlagen** werden

- pneumatische (Motorbremse),
- hydrodynamische (Flüssigkeitsreibungsbremse),
- elektrische (Wirbelstrombremse)

Anlagen verwendet.

47.7.1 Motorbremse

Die Motorbremse (Abb. 2), auch **Auspuffbremse** genannt, ist am weitesten verbreitet. Zum Bremsen wird die bei Viertakt-Motoren erforderliche Verdichtungsarbeit des Verdichtungstakts (2. Takt) und die Drosselwirkung des Ausstoßens (4. Takt) ausgenutzt. Der Motor läuft dabei im Schiebebetrieb, d. h., das Fahrzeug treibt den Motor an.

Zur Erhöhung der Bremswirkung werden

- das Auspuffrohr durch eine Drosselklappe verschlossen und
- die Kraftstoffzufuhr abgestellt.

Die Betätigung der Auspuff-Drosselklappe und der Regelstange der Einspritzpumpe (Kraftstoffabschaltung, Dieselmotor) erfolgt durch pneumatische Arbeitszylinder.

Die Motorbremse hat den Nachteil, daß sich der Motor bei langen Talfahrten stark abkühlt, da keine Verbrennungen erfolgen. Der Verschleiß nimmt zu.

47.7.2 Hydrodynamische Bremse

Hydrodynamische Bremsen sind **Strömungsbremsen.** Sie werden auch als **Retarder** (retardieren, lat.: verzögern) bezeichnet. Sie bestehen aus einem feststehenden (Stator) und einem beweglichen Bauteil (Rotor). Stator und Rotor sind, ähnlich der hydrodynamischen Kupplung, mit Schaufeln versehen (Abb. 3).

Bei Betätigung wird über eine Ölpumpe Hydrauliköl in das Gehäuse gepumpt. Das Öl strömt durch die Drehbewegung der Rotorschaufeln als Ölstrom gegen die Statorschaufeln, wird abgebremst und erwärmt sich. Die Bewegungsenergie wird in Wärmeenergie umgewandelt.

Durch ein Steuerventil kann die eingeleitete **Ölmenge** und damit die **Bremsenergie** verändert werden. Je größer die Ölmenge zwischen Stator und Rotor ist, desto größer ist die Bremsenergie. Das Öl wird in einem Wärmetauscher, der mit dem Kühlwasserkreislauf des Motors verbunden ist, gekühlt. Die abgegebene Wärmeenergie verhindert, daß die Motortemperatur bei längeren Talfahrten zu stark sinkt.

47.7.3 Wirbelstrombremse

Wirbelstrombremsen (Abb. 4) sind elektromagnetische Retarder (s. Kap. Leistungsmessung und Motorkennlinien). Sie bestehen aus einem Stator und einem Rotor. Der Stator ist feststehend mit dem Fahrzeugrahmen verbunden. Er trägt ringförmig angeordnete Magnetspulen. Der Rotor ist mit der Gelenkwelle verbunden. Er besteht aus zwei Weicheisen- oder Kupferscheiben mit Kühlrippen.
Die Magnetspulen des Stators werden über den Betätigungshebel mit Strom aus dem Bordnetz (abstufbar) gespeist. Dieser Strom (Erregerstrom) erzeugt in den Spulen Magnetfelder. Wird der Rotor gedreht, so erzeugen die Magnetfelder des Stators im Rotor **Wirbelströme** (s. Kap. 51.2.4). Die Wirbelströme haben um den Rotor herum Magnetfelder zur Folge. Diese treten mit den Magnetfeldern des Stators in Wechselwirkung. Die Wirkung ist ein Abbremsen des Rotors. Die Bewegungsenergie wird in Wärmeenergie umgewandelt. Die Kühlrippen verbessern die Wärmeabfuhr an die Umgebungsluft. Die Wirbelstrombremse arbeitet verschleißfrei. Nachteilig ist die große Masse der Wirbelstrombremse und damit die Verringerung der Nutzlast bzw. der erhöhte Kraftstoffverbrauch.

① Steuerventil
② Stator (fest)
③ Rotor mit
④ Nabe für die Getriebeausgangswelle
 und den außen liegenden Gelenkwellenflansch
⑤ Ölsumpf
⑥ Öleinfüllstutzen

Abb. 3: Hydrodynamische Bremse (Retarder)

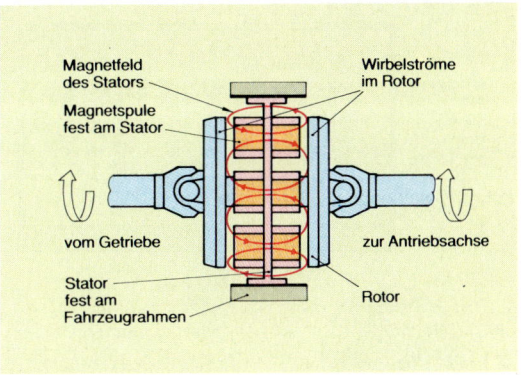

Abb. 4: Wirbelstrombremse

47.8 Bremsenprüfung

Für die Bremsanlage sind besondere Prüfungen vorgeschrieben. Art und Zeitabstände der Untersuchungen sind in Anlage VIII des § 29 der StVZO festgelegt (s. Kap. 45).
Zur Prüfung der Wirkungsweise der Bremsen und Gewinnung von Meßdaten werden Spezialprüfgeräte verwendet.
Das wichtigste Prüfgerät ist der **Rollenbremsenprüfstand** (Abb. 1, S. 460). Auf ihm werden die Bremsen einer Achse gleichzeitig geprüft. Gemessen werden die Bremskräfte an den Laufflächen der Räder. Bei steigender Pedalkraft gibt der Verlauf der Bremskräfte bis zum Blockieren der Räder Aufschluß über mögliche Fehler im Bremssystem.
Die Bremskräfte können in entsprechende Verzögerungswerte umgerechnet werden:

$$a = \frac{F_B \cdot 9{,}81}{G}$$

a Bremsverzögerung in m/s²
F_B Bremskraft in N
9,81 Umrechnungszahl
G Fahrzeuggewichtskraft in N

$$z = \frac{F_B \cdot 100}{G}$$

z Abbremsung in %

Im Rollenbremsenprüfstand treiben Elektromotoren zwei gleiche Rollensätze für die beiden Räder einer Achse an. Die Rollen treiben ihrerseits die Fahrzeugräder.
Wird das Rad gebremst, so entsteht ein Bremsmoment, das der Rollendrehrichtung entgegengesetzt ist. Dieses Moment wird auf eine Meßeinrichtung (z.B. Kraftmeßdose) übertragen und mit Instrumenten (z.B. Schleppzeiger mit Skale) angezeigt.

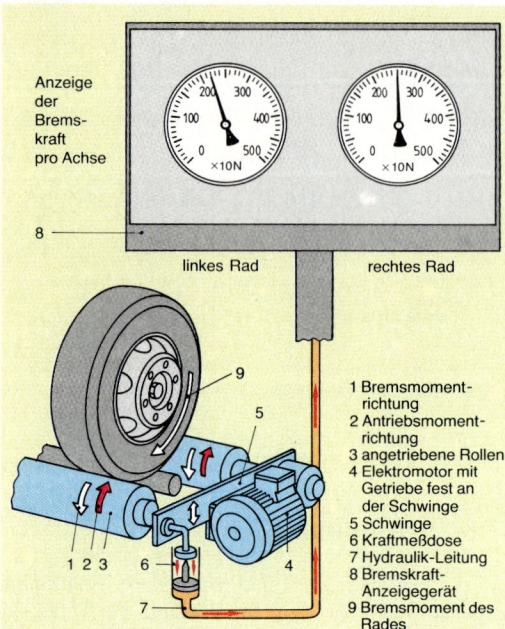

Anzeige
der
Brems-
kraft
pro Achse

8

linkes Rad   rechtes Rad

9

5

1 Bremsmoment-
   richtung
2 Antriebsmoment-
   richtung
3 angetriebene Rollen
4 Elektromotor mit
   Getriebe fest an
   der Schwinge
5 Schwinge
6 Kraftmeßdose
7 Hydraulik-Leitung
8 Bremskraft-
   Anzeigegerät
9 Bremsmoment des
   Rades

1 2 3   6   4

7

Abb. 1: Rollenbremsenprüfstand

47.9 Wartung und Diagnose

In der Druckluftbremsanlage kann es durch Staub, Wasser, Schmutz und Druckverlust zu Störungen kommen. Daher sind die Luftfilter und die Frostschutzeinrichtungen sorgfältig zu warten, sowie alle Verbindungsstellen und Leitungen auf Dichtheit zu prüfen. Eine vollständige Dichtheit der Anlage läßt sich mit vertretbarem Aufwand nicht erreichen. Der Druckabfall darf jedoch bestimmte Werte nicht überschreiten. Die Anlage ist nur dann betriebssicher, wenn der Nenndruck, bei stehendem Motor, innerhalb von 10 Minuten um nicht mehr als 2% abfällt. Undichte Stellen können durch Bestreichen mit Seifenwasser festgestellt werden. Für eine einwandfreie Wirkungsweise des Luftpressers müssen vor jeder Fahrt der Ölstand und bei Keilriemenantrieb die Spannung des Keilriemens überprüft werden.
Für Arbeiten an der Druckluftbremsanlage sind die Richtlinien der Hersteller unbedingt einzuhalten.

Weitere Hinweise zur Wartung und Diagnose enthält die Tab. 1.

Aufgaben

1. In welche Baugruppen gliedert sich die Druckluftbremsanlage?

2. Beschreiben Sie die Aufgabe und die Wirkungsweise des Luftpressers.

3. Wozu dient der Druckregler?

4. Beschreiben Sie die Wirkungsweise des Druckreglers in der Leerlauf- und in der Füllstellung.

5. Durch welche Maßnahmen kann die Druckluftbremsanlage vor Vereisung geschützt werden?

6. Wozu dient das Drucksicherungsventil?

7. Berechnen Sie die Zeit t in Minuten, die ein Luftpresser benötigt, um 2 Vorratsbehälter von je $40\,l$ Speicherinhalt auf einen Nenndruck von $p_e = 7$ bar zu füllen. Die Förderleistung des Luftpressers beträgt $150\,l/min$ bei $n = 4000/min$.

8. Erklären Sie die Wirkungsweise des Betriebsbremsventils in der Vollbremsstellung.

9. Berechnen Sie die Kraft, die ein Membranzylinder erzeugt. Der Nenndruck beträgt 7 bar, die Membrane hat einen Durchmesser von 140 mm.

10. Welche Aufgaben hat der Kombibremszylinder?

11. Beschreiben Sie die Wirkungsweise der Feststellbremse in der Feststellbremsstellung.

12. Welche Vorteile hat eine Zweileitungs-Bremsanlage gegenüber einer Einleitungs-Bremsanlage?

13. Welche Aufgaben haben
    a) das Anhänger-Steuerventil und
    b) das Anhänger-Bremsventil?

14. Nennen Sie die Druckzustände, die jeweils in der Vorrats- und Bremsleitung zum Anhänger herrschen:
    a) in Lösestellung und
    b) in Bremsstellung.

15. Welche Farben haben die Kupplungsköpfe?

16. Welche Bauteile sind für eine Druckluftbremsanlage mit hydraulischer Übertragungseinrichtung erforderlich?

17. Welche Aufgaben haben Dauerbremsanlagen und welche Arten gibt es?

18. Erläutern Sie die Wirkungsweise einer Motorbremse.

19. Welcher grundsätzliche Unterschied besteht zwischen einer hydrodynamischen Bremse und einer Wirbelstrombremse?

20. Berechnen Sie für die Räder eines Kraftfahrzeugs
    a) die Bremsverzögerung a in m/s² und
    b) die Abbremsung z in %.
    Die zulässige Gewichtskraft G beträgt für das Fahrzeug 14000 N und die Bremskraft F_B links Vorderrad 2250 N, rechtes Vorderrad 2280 N, F_B links Hinterrad 1980 N, rechtes Hinterrad 2090 N.

21. Beschreiben Sie die Bremsenprüfung auf dem Rollenprüfstand.

22. Welche Wartungsarbeiten sind an einer Druckluftbremsanlage unbedingt auszuführen?

23. Zeichnen Sie den Reaktionskolben aus Abb. 2, S. 451 im Halbschnitt.

Tab. 1: Hinweise für die Wartung und Diagnose der Druckluftbremsanlage

Wartung ⤵	⤵	⤵	⤵
Prüfposition	Mangel, Fehler	Ursache	Folge
⤵	⤵	⤵	Diagnose
Störstelle	Mangel, Fehler	Ursache	Störung
Luftfilter	verschmutzt	ungenügende Wartung	Luftpresser fördert zu wenig Luft, Vorratsdruck wird nicht oder zu langsam erreicht, Bremsanlage arbeitet zu träge
Keilriemen für Luftpresser- antrieb	ungenügende Spannung	zu lange Betriebsdauer, ungenügende Wartung	
Luftpresser: Kolben, Kolben- ringe, Zylinder- laufbahnen	Verschleißerscheinungen, Risse	Luftpresserschmierung ungenügend	wie oben
		zu lange Betriebsdauer, ungenügend gefilterte Luft	wie oben und Öl gelangt in das Leitungssystem
Schmier- system	Schmierung unzureichend	Ölstand nicht beachtet, Öl verschmutzt, falsche Ölsorte	Luftpresser läuft heiß, hoher Verschleiß und Folgen wie oben
Druckregler	Verschmutzung, Korrosion	Luftfilter defekt und ungenügende Wartung	Einschaltdruck zu gering: ungenügende Bremswirkung, Betriebsdruck wird nach Vollbremsung zu spät erreicht
			Einschaltdruck zu hoch: Regler schaltet sehr häufig (Schaltgeräusche, schneller Verschleiß)
			Abschaltdruck zu gering: vorgeschriebener Betriebs- druck wird nicht erreicht, ungenügende Bremswirkung
			Abschaltdruck zu hoch: Betriebsdruck zu hoch, Überbeanspruchung des Bremssystems
Frostschützer	keine Funktion	fehlendes Frostschutzmittel	Ausfall der Bremsanlage bei Frost
Betriebs- bremsventil	Verschmutzung, Korrosion	Luftfilter defekt, Wasser in der Anlage	schlechte Dosierbarkeit des Bremsdruckes, Abblasen von Luft in Löse- und/oder Brems- stellung, ungenügender Bremsdruck
Luftbehälter	enthält Kondenswasser	Entwässerungsventil defekt, ungenügende Wartung	schnelles Absinken des Betriebsdruckes bei Betätigung der Bremse, Korrosion der Teile der Bremsanlage, geringes Speichervolumen
Bremszylinder: Zylinderlauffläche	korrodiert	Wasser im Bremssystem	Bremszylinder in Brems- stellung undicht, geringe Bremswirkung, Ansprechdruck zu hoch
Kolben- manschette	gequollen	Öl im Bremssystem	
	defekt	Zylinderlauffläche korrodiert, rauh	
Kolben	Kolbenhub zu groß	Lüftspiel der Bremsen zu groß	Druckabfall je Vollbremsung zu groß

48 | Karosserie

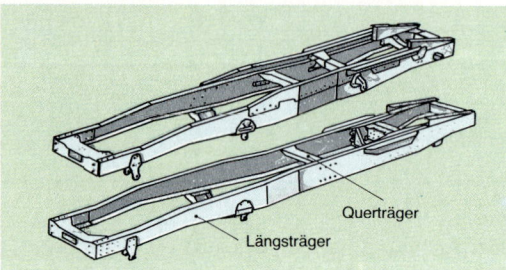

Querträger

Längsträger

Abb. 1: Leiterrahmen

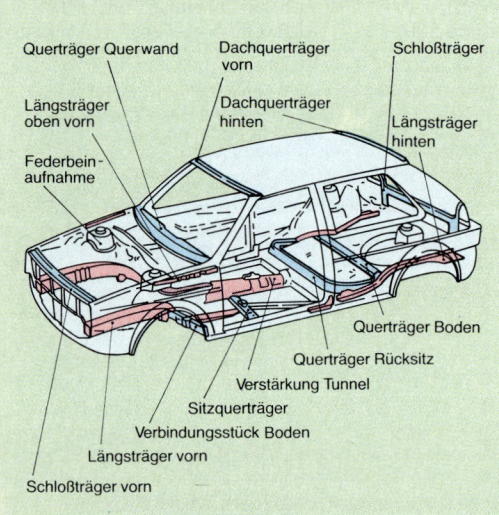

Querträger Querwand

Längsträger oben vorn

Federbein-aufnahme

Dachquerträger vorn

Dachquerträger hinten

Schloßträger

Längsträger hinten

Querträger Boden

Querträger Rücksitz

Verstärkung Tunnel

Sitzquerträger

Verbindungsstück Boden

Längsträger vorn

Schloßträger vorn

Abb. 2: Selbsttragender Aufbau

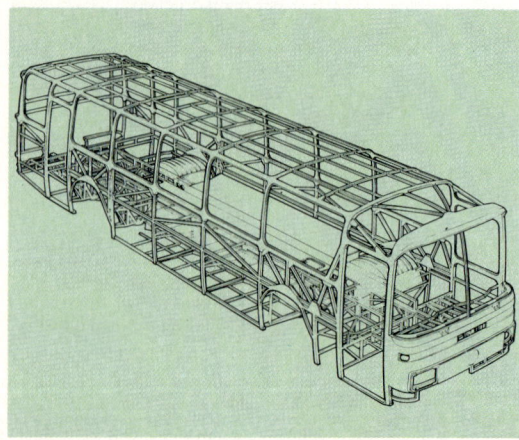

Abb. 3: Gitterrohrrahmen

48.1 Fahrzeugaufbau

Die Gestaltung des Fahrzeugaufbaus wird wesentlich durch den Verwendungszweck des Kraftfahrzeugs bestimmt.
Es werden unterschieden:

● Kraftfahrzeuge, für die der **Aufbau** – die Karosserie (carosserie, fr.: Wagenoberbau) – und das **Fahrgestell** – das Chassis (chassis, fr.: Rahmen) – getrennt voneinander gebaut werden

und

● Kraftfahrzeuge mit einem **selbsttragenden Aufbau.**

Die Trennung von Aufbau und Fahrgestell bietet die Möglichkeit, auf baugleichen Fahrgestellen verschiedene Aufbauten zu montieren. Diese Bauart wird vorrangig für Nutzfahrzeuge und Anhänger verwendet.
Die verschiedenen Baugruppen wie z.B. Achsen, Federung, Bremsen, Räder, werden am **Rahmen** befestigt und bilden mit ihm zusammen das **Fahrwerk.**

Im Lkw-Bau werden vorwiegend **Leiterrahmen** verwendet (Abb. 1). Als Längsträger werden biegesteife, aber torsionsweiche offene Profile eingesetzt, die durch torsionsweiche Querträger miteinander verbunden werden.

> **Leiterrahmen** sind **biegesteife**, aber **verwindungselastische** Bauteile.

Die Verbindung der Längs- und der Querträger erfolgt durch Nieten, Schweißen oder Schrauben.

Der **selbsttragende Aufbau** (Karosserie) ist ein biegesteifes und torsionssteifes Bauteil. Im Pkw-Bau werden geschlossene Stahlleichtbauprofile zu einer tragfähigen Konstruktion verschweißt (Abb. 2). Für Kraftomnibusse werden Gitterrohrrahmen aus geschlossenen Hohlprofilen gebaut (Abb. 3).

Die Bauteile des selbsttragenden Aufbaus sind fest miteinander verbunden. Auftretende Kräfte werden in den Karosseriekörper eingeleitet. Dies bedeutet eine Entlastung aller verbundenen Bauteile.

> Alle Bauteile des selbsttragenden Aufbaus nehmen Kräfte auf. Jede **Veränderung** oder **Beschädigung** dieser Bauteile bewirkt eine **Minderung der Festigkeit** des gesamten Aufbaus.

Beschädigte Bauteile müssen nach **Herstellervorschriften** fachgerecht instandgesetzt werden.
Nach der Wichtigkeit der Bauteile im Gesamtsystem werden unterschieden:

Primärträger:

Haupt-Längsträger, Haupt-Querträger, Federbeinaufnahme, Federbeinbefestigung, Achsbefestigung, Schubstrebe, Lenkgetriebe-Befestigung, Motorbefestigung, Bremspedallagerung, Türsäule, Türscharniere, Befestigungsbasis für die Anhängerkupplung.

Sekundärträger:

kleine Parallel-Längsträger, kleine Parallel-Querträger, Diagonal-Hohlstrebe, Radkastenblech, Bodenblechpartie, mit dem Aufbau verschweißte Kotflügel, Blechteile für die Aufnahme der Beleuchtungsanlage.

Verkleidungsteile:

mit dem Aufbau verschraubte Kotflügel, Motorhaube, Kofferraumdeckel, Kofferraumboden, Frontabdeckblech, Heckabdeckblech.

Die Instandsetzung von **Primärträgern** darf nur nach den vom **Hersteller vorgeschriebenen Richtlinien** erfolgen.

Verkleidungsteile müssen dann instandgesetzt werden, wenn **Verletzungsgefahr** besteht, sich die Teile lösen oder durch undichte Bleche Abgase in den Fahrgastraum gelangen können.

48.2 Aufgaben des Rahmens und des selbsttragenden Aufbaus

Der Rahmen bzw. der selbsttragende Aufbau hat folgende **Aufgaben:**

- die Baugruppen des Kraftfahrzeugs (z.B. Radaufhängung, Bremsen, Motor, Getriebe) zu einer Einheit zu verbinden,
- die statischen Kräfte auf die Räder zu übertragen,
- die dynamischen Kräfte aufzunehmen,
- Aufnahme und Schutz der Fahrzeuginsassen bzw. Güter.

Zu den **statischen Kräften** rechnen alle Gewichtskräfte und die Kräfte der Federn und der Radaufhängungen, die den Rahmen bzw. den selbsttragenden Aufbau beanspruchen.

Zu den **dynamischen Kräften** gehören die Antriebs-, Brems- und Seitenführungskräfte sowie die senkrechten Stoßbeanspruchungen (z.B. während des Einfederns).

Die statischen und dynamischen Kräfte beanspruchen den Rahmen bzw. den selbsttragenden Aufbau auf Biegung, Verdrehung, Zug und Druck.

48.3 Gestaltung des Fahrzeugaufbaus

Unter Beachtung der jeweils gültigen gesetzlichen Vorschriften (StVZO, ABE) werden die Fahrzeugaufbauten (Karosserien) nach folgenden **Zielvorgaben** entwickelt:

- ergonomische Gestaltung,
- hohe Verkehrssicherheit und
- wirtschaftliche Fertigungsmöglichkeit.

Der Sitzplatz des Fahrers gilt als Arbeitsplatz. Daher sind für die Gestaltung des Arbeitsplatzes und des Innenraumes eines Kraftfahrzeugs nach der StVZO Richtlinien vorgegeben. Diese beziehen sich im wesentlichen auf die **ergonomische** Gestaltung der Karosserie sowie auf die Sicherheit der Insassen. Die **Ergonomie** beschäftigt sich mit der Anpassung des Arbeitsplatzes an den Menschen. Ergonomisch gut ausgestaltete Innenräume sind Voraussetzung für ein sicheres, bequemes Fahren ohne vorzeitige Ermüdung.

Im Zusammenhang mit der Verkehrssicherheit des Fahrzeugs werden **Maßnahmen** unterschieden für:

- die **aktive Sicherheit,** d.h. Verhinderung von Unfällen und
- die **passive Sicherheit,** d.h. Verminderung der Unfallfolgen (Tab. 1).

In diesen Bereich fallen auch Maßnahmen des **Partnerschutzes.** Durch konstruktive Maßnahmen am Fahrzeug sollen die Folgen für die am Unfall beteiligten anderen Verkehrsteilnehmer gering gehalten werden.

Tab. 1: Maßnahmen zur Verkehrssicherheit

Fahrzeug		
Aktive Sicherheit	**Passive Sicherheit**	
	Äußere Sicherheit	**Innere Sicherheit**
Fahrsicherheit	Deformationsverhalten der Karosserie	Festigkeit der Fahrgastzelle
Wahrnehmungssicherheit	Karosserieaußenform	Haltesystem
Bedienungssicherheit	Glatte Oberfläche	Aufschlagbereiche des Innenraums
Konditionssicherheit		Lenkanlage
		Insassenbefreiung
		Brandschutz

Neben den **Maßnahmen am Kraftfahrzeug** sind der **Mensch** (Verkehrsteilnehmer), die **Umwelt** und die **Straßenbeschaffenheit** für die Sicherheit im Straßenverkehr wichtige Einflußgrößen (Abb. 1, S. 464).
Die verschiedenen Größen beeinflussen sich gegenseitig, und können als Regelkreis betrachtet werden.

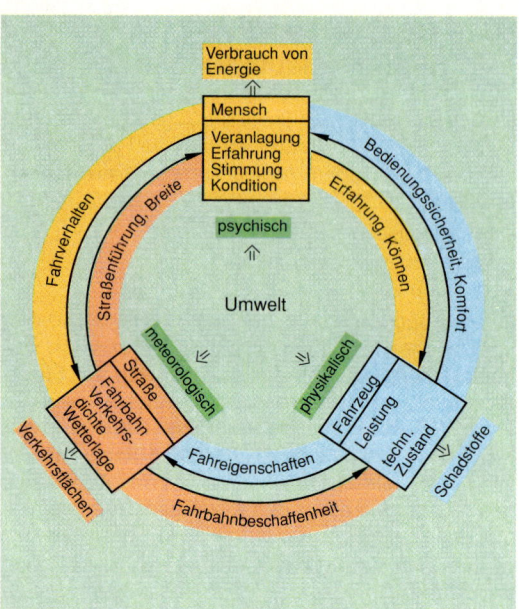

Abb. 1: Einflußgrößen auf die Verkehrssicherheit

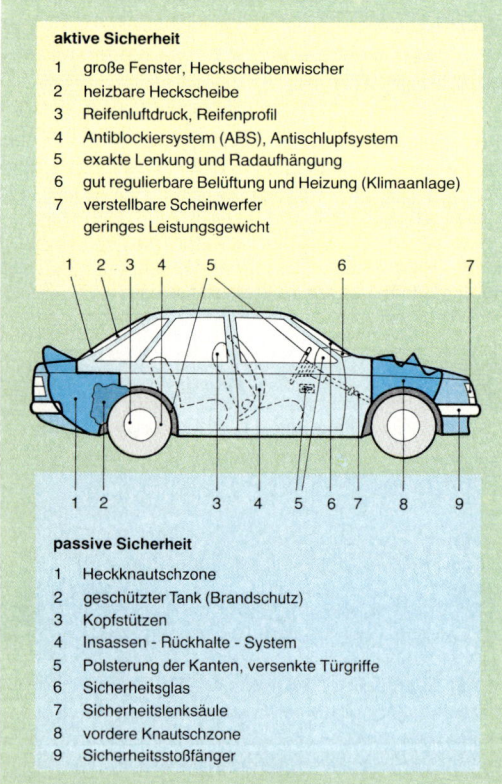

Abb. 2: Sicherheits-Fahrgastzelle

48.3.1 Aktive Sicherheit

Die aktive Sicherheit umfaßt vier Bereiche. Jeder der Bereiche wird von einer Reihe von Faktoren beeinflußt (Tab. 2).

Tab. 2: Einflußfaktoren auf die aktive Sicherheit

Bereich	Einflußfaktoren
Fahrsicher-heit	Radaufhängung, Bremsen (z.B. ABS), Motorleistung, Lenkung, Reifen
Wahrnehmungs-sicherheit	Sichtverhältnisse, Überschaubarkeit der Karosserie, Licht- und Signal-anlage, Lackierung (Sicherheitsfarben)
Bedienungs-sicherheit	gute Erreichbarkeit der Bedienungs-elemente, Eindeutigkeit, Zuverlässigkeit
Konditions-sicherheit	gute Sitzposition, angenehme Tem-peratur, genügend Frischluft, gute Geräuschisolierung

48.3.2 Passive Sicherheit

Die **passive Unfall-Sicherheit** wird unterschieden in:

● Vorkehrungen für beteiligte Verkehrsteilnehmer außerhalb des Kraftfahrzeugs – Partnerschutz (äußere Sicherheit), günstiges Deformationsver-halten (Energieaufnahme) der Karosserie und

● Sicherheitsvorkehrungen für beteiligte Personen innerhalb des Kraftfahrzeugs (innere Sicherheit).

Für die **äußere passive Sicherheit** ist es wichtig, daß das Kraftfahrzeug frei von scharfen Kanten ist, die Karosserie weiche, energieaufnehmende Bereiche hat und, insbesondere bei Nutzfahrzeugen, die Verkehrsteilnehmer von den Rädern nicht erfaßt werden können (Unterfahrschutz).

Wesentliche Merkmale der **inneren passiven Sicher-heit** sind:

● Sicherheits-Fahrgastzelle,
● Rückhaltesysteme,
● Pralldämpfersysteme,
● Brandschutz
   und
● Sicherheit im Fahrgastraum.

Sicherheits-Fahrgastzelle

Die **Sicherheits-Fahrgastzelle** soll auch bei starker Frontalkollision, bei Seitenaufprall und/oder Über-schlag weitgehend erhalten bleiben. Energieauf-nehmende Träger leiten die auftretenden Kräfte verzweigt in Richtung der Fahrgastzelle und ver-formen sich dabei kontrolliert. Durch lange Verfor-mungswege wird Bewegungsenergie in Formänderungsarbeit umgewandelt. Eine starke punktuelle Verformung wird vermieden und dadurch die Belastung auf die Fahrzeuginsassen vermindert (Abb. 2).

Rückhaltesysteme

Ein wirkungsvolles Rückhaltesystem ist der **Sicherheitsgurt** in Verbindung mit **Nackenstützen** (Abb. 3).

Elektronisch gesteuerte Gurtstraffer erhöhen die Wirksamkeit der Sicherheitsgurte. Nach Überschreiten eines bestimmten Verzögerungswertes (Aufprall auf ein Hindernis) wird elektrisch ein Treibsatz gezündet. Der entstehende Gasdruck treibt einen Kolben in einem Zylinder (Abb. 4). Das am Kolben befestigte Seil strafft den Gurt innerhalb von 0,012 s und die Fahrzeuginsassen werden in ihren Sitzen gehalten.

In Verbindung mit den Sicherheitsgurten und Nackenstützen bietet der **Airbag** (engl.: Luftsack, Abb. 5) einen besonders wirkungsvollen Schutz für Fahrer und Beifahrer bei sehr schweren Frontalkollisionen. Er befindet sich im Lenkradtopf, bzw. im Handschuhfach. Bei extrem hoher Verzögerung des Fahrzeugs (Aufprall) entfaltet sich der Luftsack, elektronisch gesteuert, innerhalb von 0,026 s. Kopf und Oberkörper der Insassen werden wie in einem Kissen aufgefangen.

Die elektronische **Auslösung** des Airbags erfolgt **nur bei schweren Frontalunfällen.** Bei leichten Frontalkollisionen, Heck- und Seitenkollisionen, sowie bei einem Überschlag wird der Airbag und der Gurtstrammer nicht ausgelöst.

Pralldämpfersysteme

Stoßfänger mit Pralldämpfer (Abb. 6) oder mit energieaufnehmenden Schaumsystemen (Polyurethan) schützen den Aufbau bis zu einer Aufprallgeschwindigkeit von 8 km/h. Die dabei entstehenden elastischen Verformungen bilden sich allein wieder zurück.

Brandschutz

Zum Brandschutz gehören neben der Verwendung **schwer entflammbarer** Polster und Dämmwerkstoffe auch eine sinnvolle Unterbringung eines **Feuerlöschers.**

Für bestimmte Fahrzeugarten ist **nach StVZO** die Anzahl, die Größe und die Art der Feuerlöscher **vorgeschrieben.** Sie müssen an gut sichtbarer Stelle angebracht sein.

Der stoßgesicherte **Kraftstoffbehälter** liegt in einem Bereich mit geringer Deformationsgefährdung (vor der Hinterachse). Der Einfüllstutzen darf bei einem Aufprall nicht abreißen, und bei Schräglage des Fahrzeuges darf kein Kraftstoff auslaufen.

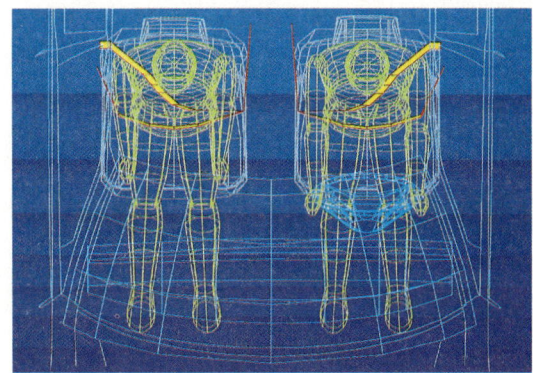

Abb. 3: Sicherheitsgurt

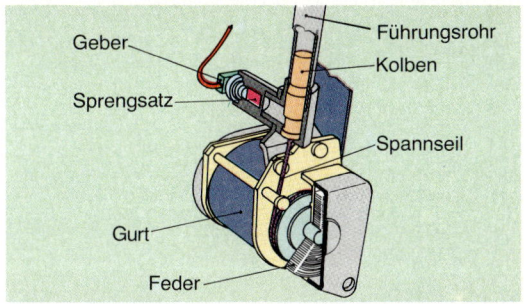

Abb. 4: Gurtstraffer

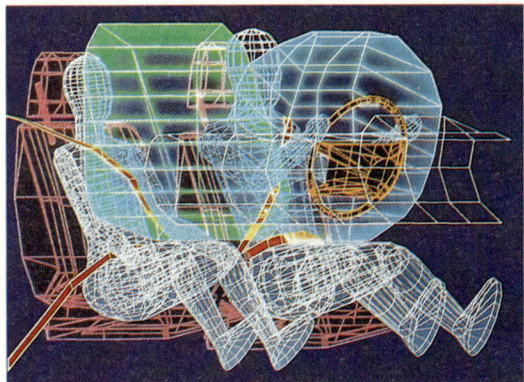

Abb. 5: Airbag

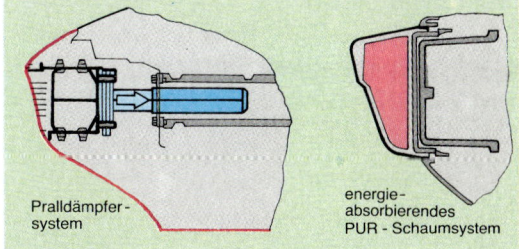

Abb. 6: Stoßfänger mit Pralldämpfer

Sicherheit im Fahrgastraum

Um das Verletzungsrisiko bei einem Unfall zu verringern, werden für die Ausgestaltung des Innenraumes energieaufnehmende Werkstoffe verwendet. Für diesen Zweck eignen sich Polyurethan-Schäume, welche mit Kunststoffolien überzogen werden. Die Scheiben des Fahrzeugs müssen aus Sicherheitsglas (s. Kap. 48.5.3) hergestellt werden. Auf hervorstehende Bauteile, besonders im Bereich des Instrumententrägers, soll verzichtet werden. Die Sicherheitslenkung gewährleistet, daß die Lenksäule nicht in den Fahrgastraum geschoben wird (s. Kap. 40.4.3).

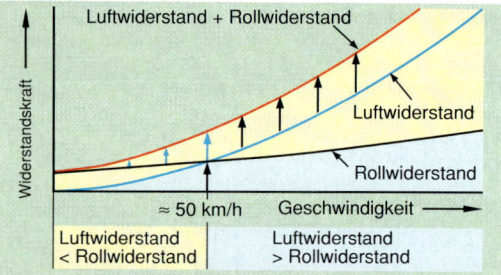

Abb. 1: Luft- und Rollwiderstand

Tab. 3: c_w-Werte verschiedener Fahrzeugformen

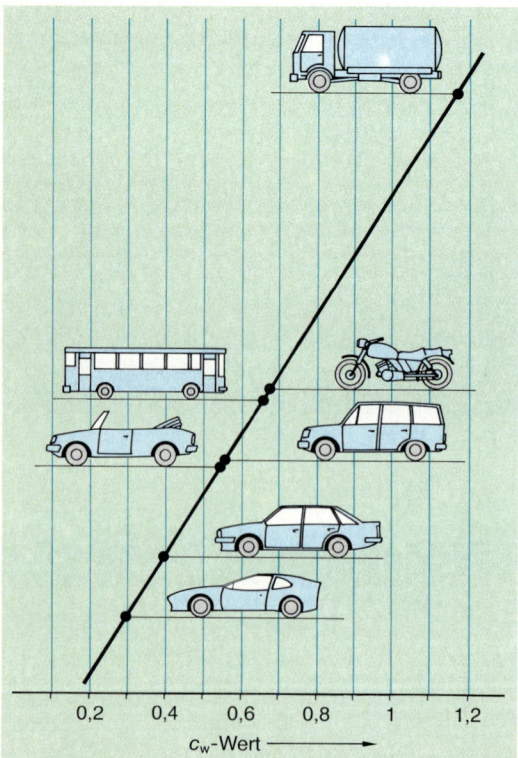

48.4 Aerodynamik

Der Bewegung von Kraftfahrzeugen werden folgende **Widerstände** entgegengesetzt:

- Luftwiderstand,
- Rollwiderstand
  und
- Steigungswiderstand.

Bei zunehmender Fahrgeschwindigkeit nimmt der Luftwiderstand deutlich stärker zu als der Rollwiderstand (Abb. 1).

Durch aerodynamische Maßnahmen an der Karosserie (Aerodynamik: Lehre von der Bewegung gasförmiger Stoffe) kann der **Luftwiderstand** eines Fahrzeugs verändert werden.

Der **Luftwiderstand** F_L ist abhängig von:

- der Luftdichte ϱ,
- der Fahrzeuggeschwindigkeit v,
- der Stirnfläche A des Fahrzeugs
  und
- der Luftwiderstandszahl c_w.

$$F_L = \frac{\varrho}{2} \cdot v^2 \cdot A \cdot c_w$$

Der **c_w-Wert** eines Kraftfahrzeugs ist ein dimensionsloser Beiwert der Fahrzeugform, der im Windkanal (s. Kap. 34.1.2) ermittelt wird. Personenkraftwagen haben heute einen c_w-Wert von 0,3 bis 0,35, für Lkw und Kraftomnibusse liegt der c_w-Wert bei 0,6 bis 0,8. Die c_w-Werte verschiedener Fahrzeugformen zeigt die Tab. 3.

Eine Verringerung des c_w-Wertes wird durch eine Veränderung der Karosserie erreicht. Den Einfluß von Veränderungen an der Karosserieform auf den c_w-Wert zeigt die Tab. 4.

Tab. 4: c_w-Wert Veränderung

Veränderung des c_w-Wertes durch Einfluß von:	in %
Niveau-Absenkung um 30 mm	ca. −5
glatten Radkappen	−1 bis −3
geklebten Scheiben	ca. −1
abgedichteten Spalten	−2 bis −5
Bodenverkleidungen	−1 bis −7
Klappscheinwerfern	+3 bis +10
Außenspiegeln	+2 bis +5
geöffneten Fenstern	ca. +5
geöffnetem Schiebedach	ca. +2
Surfbrett-Dachtransport	ca. +40
Durchströmung von Kühler und Motorraum	+4 bis +14
Bremsenkühlung	+2 bis +5

Für die Beurteilung der Formqualität einer Karosserie wird häufig nur der c_w-Wert betrachtet. Eine genaue Aussage kann jedoch erst dann erfolgen, wenn der c_w-Wert mit der Stirnfläche des Kraftfahrzeugs multipliziert wird (Tab. 5).

Tab. 5: c_w-Werte und Stirnflächen

Fahrzeug (Beispiel)	c_w-Wert	Stirnfläche A in m²	$c_w \cdot A$
Audi 100	0,30	2,05	0,615
Porsche 944	0,35	1,82	0,637
Mercedes 190E	0,32	1,92	0,614
Omnibus	0,60	6,65	3,99
Lkw	0,90	7,50	6,75

Die Stirnfläche eines Kraftfahrzeugs ist die Projektion seiner Vorderansicht auf eine Fläche (Abb. 2).
Neben dem c_w-Wert und der Stirnfläche hat die Fahrgeschwindigkeit den größten Einfluß auf die Höhe des Luftwiderstands. Sie geht in die Berechnung des Luftwiderstands mit dem Quadrat ihres Wertes ein.

> Eine **Verdopplung** der **Fahrgeschwindigkeit** bedeutet eine **Vervierfachung** des **Luftwiderstands.**

Während eine mögliche Verringerung des Luftwiderstands bei Pkw nur noch einen geringen Einfluß auf den Kraftstoffverbrauch hat, führen Verbesserungen des Luftwiderstands bei Nkw zu einer deutlichen Minderung des Kraftstoffverbrauchs (Abb. 3).
Möglichkeiten der Minderung des Luftwiderstands an Nkw zeigt die Abb. 4.
Aerodynamische Veränderungen an Karosserien beeinflussen z.B. das Fahrverhalten (Seitenwindempfindlichkeit, Bodenhaftung), die Windgeräusche und auch die Fahrzeugverschmutzung.

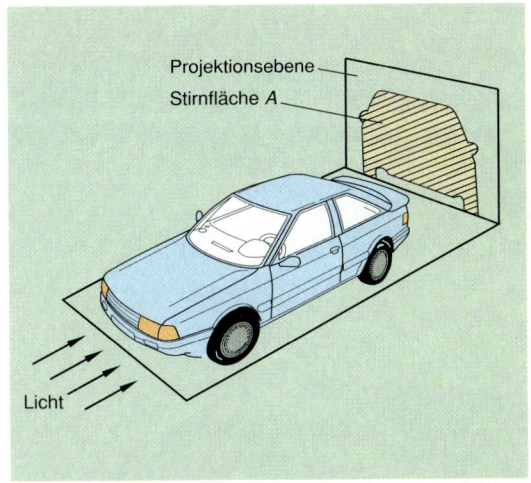

Abb. 2: Stirnfläche des Kraftfahrzeugs

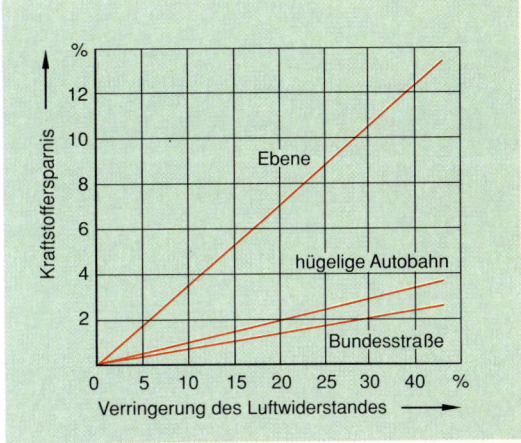

Abb. 3: Kraftstoffverbrauchsminderung durch Verringerung des Luftwiderstands

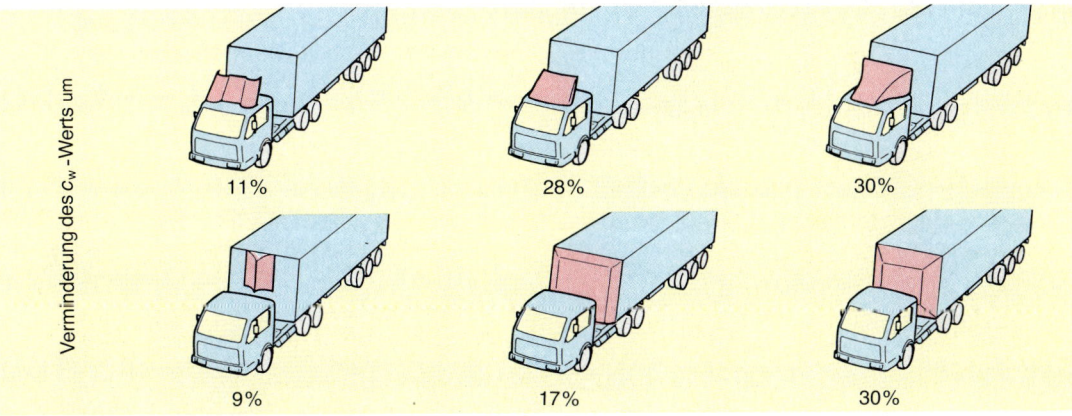

Abb. 4: Luftwiderstandsminderung durch Anbauteile

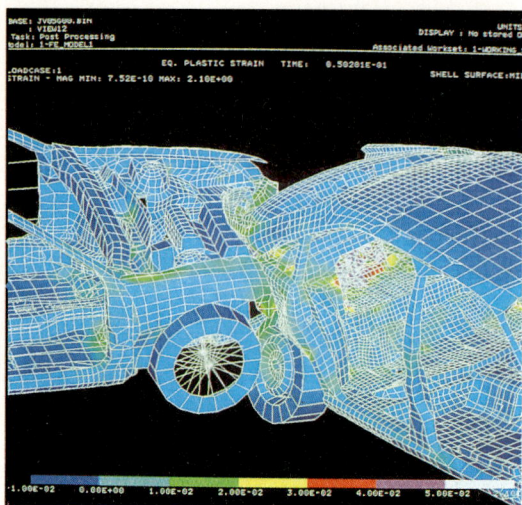

Abb. 1: Computer: Crash-Test-Simulation

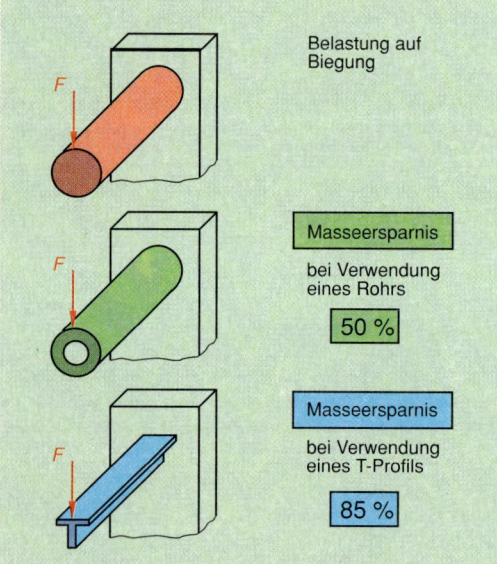

Abb. 2: Verringerung der Masse in Abhängigkeit von der Querschnittsform

48.5 Leichtbau

Durch **Leichtbauweise** werden die Bauteile hinsichtlich der Werkstoffart, der erforderlichen Werkstoffdicke und der günstigsten Querschnittsform den tatsächlichen Belastungen angepaßt. Bei gleichbleibender Stabilität gegenüber Bauweisen mit z.B. Stahl, werden die Bauteile dadurch leichter.

Der Leichtbau hat folgende **Vorteile:**

- Werkstoffersparnis,
- geringeres Leergewicht der Fahrzeuge,
- Kraftstoffersparnis
  und
- höhere Transportleistung durch mehr Zuladung.

Es werden unterschieden:

- Form-Leichtbau
  und
- Stoff-Leichtbau.

48.5.1 Form-Leichtbau

Die Bauteile werden in ihrer **Querschnittsform** und der **Werkstoffdicke** den tatsächlich wirkenden Spannungen angepaßt. Computer-Rechenprogramme ermitteln den genauen Verlauf der Spannungen (Finite Elemente Methode, FEM). Dabei wird eine vorhandene Form in viele kleine, einfach zu berechnende Elemente (Stäbe, Dreiecke) zerlegt. Je kleiner die Elemente, desto genauer werden die Ergebnisse. Auch Crash-Tests lassen sich mit diesen Programmen simulieren (Abb. 1).

Die Abb. 2 zeigt schematisch, wie sich die Masse eines Bauteils in Abhängigkeit von seiner Querschnittsform ändert. Alle drei Bauteile sind aus dem gleichen Werkstoff gefertigt und gleich belastet.

Durch die **Profilform** wird nicht nur die **Biegefestigkeit,** sondern auch die **Verdrehfestigkeit** eines Bauteils wesentlich beeinflußt. Geschlossene Profile sind verdrehsteif, offene Profile sind verdrehelastisch (Abb. 3).

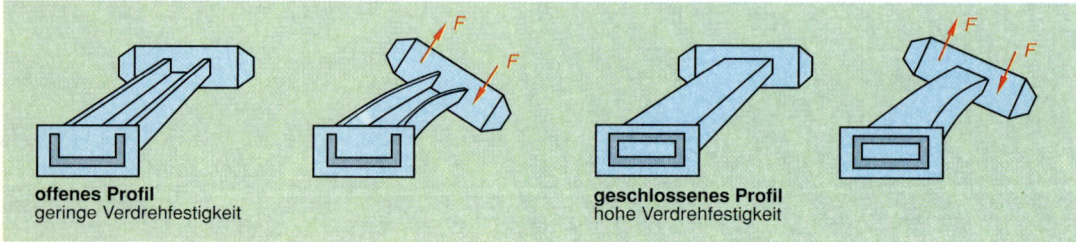

offenes Profil
geringe Verdrehfestigkeit

geschlossenes Profil
hohe Verdrehfestigkeit

Abb. 3: Profilarten

48.5.2 Stoff-Leichtbau

Aufgabe des Stoff-Leichtbaus ist es, durch die Verwendung geeigneter Werkstoffe **leichte Bauteile** zu fertigen. Bisher verwendete Werkstoffe sollen durch solche ersetzt werden, die bei etwa gleicher Festigkeit eine geringere Dichte haben, oder bei gleicher Dichte eine höhere Festigkeit aufweisen.

Die Abb. 4 zeigt, wie sich die Masse und die erforderliche Querschnittsfläche eines Bauteils ändert, wenn unterschiedliche Werkstoffe verwendet werden.

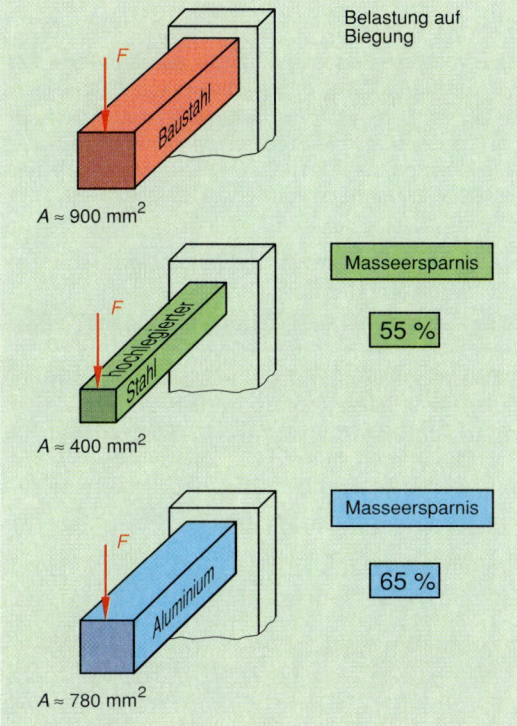

Abb. 4: Verringerung der Masse in Abhängigkeit vom Werkstoff

Die **Auswahl der Werkstoffe** wird auch durch andere Faktoren beeinflußt, z. B. durch die:

- Verfügbarkeit,
- Umweltverträglichkeit (Recycling),
- Herstellungskosten,
- Verarbeitungsmöglichkeiten (Umformbarkeit, Schweißbarkeit) und
- Korrosionsbeständigkeit.

Form-Leichtbau und **Stoff-Leichtbau** müssen immer **zusammen** betrachtet werden, um **kostengünstige Konstruktionen** erzielen zu können.

48.5.3 Werkstoffe

Für den Kraftfahrzeugaufbau werden hauptsächlich **Halbzeuge** (Bleche und Profile) aus Stahl, Aluminium und Kunststoff verwendet.

Stahlbleche

An **Stahlbleche** werden die folgenden Anforderungen gestellt:

- hohe Zugfestigkeit,
- gute plastische Verformbarkeit,
- niedrige Streckgrenze,
- gleichmäßiges, feines Gefüge und
- glatte Oberfläche.

Eine hohe **Zugfestigkeit** des Bleches sorgt für eine hohe Festigkeit des Bauteils. Das **Verformungsvermögen** ist für die Möglichkeiten der Formgebung von Bedeutung. Mit einer niedrigen **Streckgrenze** setzt der Werkstoff einer Verformung einen geringen Widerstand entgegen. Die Korngröße und die Art des **Gefüges** beeinflussen die Härte und die Festigkeit, während eine **glatte Oberfläche** für ein gutes Gesamtbild des Bauteils erforderlich ist.

Durch geringe Zugabe von Legierungselementen entstehen feinkörnige, gut schweißbare, hochfeste Stahlblechsorten mit gutem Umformvermögen. Den Einfluß der Legierungselemente auf die Veränderung der Werkstoffeigenschaften zeigt Tab. 10, S. 89.

Die vollständige Bezeichnung eines Bleches enthält z. B. folgende Angaben:

Blech DIN 1623 St 12 02 g − 0,8 · 1000 · 2000

- **DIN-Nummer** der Blechart (DIN 1623)
- **Kennbuchstaben und Kennzahl** für die **Güteklasse** des Stahls (St 12, Tab. 6)
- **Kennzahl** für die **Oberflächenart** (02, Tab. 7)
- **Kennbuchstaben** für die **Oberflächenausführung** (g, Tab. 8, S. 470)
- **Maße** des Bleches (Dicke, Breite, Länge)

Tab. 6: Güteklassen von Stahlblechen

Kennzeichnung	Güteklasse
St 12; TSt 12	Grundgüte
USt 12; WUSt 12	Ziehgüte
USt 13; RSt 13	Tiefziehgüte

Tab. 7: Oberflächenart

Kennzahl	Oberflächenart
02	nicht entzundert, Anlauffarben
03	zunderfrei, kleine Narben und Riefen
04	verbesserte Oberfläche
05	beste Oberfläche

Tab. 8: Oberflächenausführung

Kennbuchstabe	Oberflächenausführung
g	glatte, gleichmäßige Oberfläche
m	matte, gleichmäßige Oberfläche
r	aufgerauhte Oberfläche

Tab. 9: Dicke der Bleche

Nach der **Dicke** der Bleche werden unterschieden:		
• Feinstbleche	0,18 bis 0,5 mm	DIN 1616
• Feinbleche	0,5 bis 3,0 mm	DIN 1623
• Mittelbleche	3,0 bis 4,75 mm	DIN 1542
• Grobbleche	> 4,75 mm	DIN 1543

Leichtmetalle

Um die Masse klein zu halten, werden im Kraftfahrzeugbau **Leichtmetall-Profile** verwendet. Die Profile werden hauptsächlich aus **Aluminium-Legierungen** hergestellt.
Legierungszusätze sind z.B. Zink (Zn), Magnesium (Mg), Silizium (Si) und Kupfer (Cu). Al-Legierungen haben gegenüber den Stahlblechen die folgenden **Vorteile:**

• geringere Dichte, bei gleicher Festigkeit und
• bessere Korrosionsbeständigkeit.

Kunststoffe

In zunehmendem Maße werden Kunststoffe für Bauteile des Fahrzeugaufbaus verwendet (Abb. 1).

Die immer häufigere Verwendung von Kunststoffen ergibt sich aus **Vorteilen** gegenüber Metallblechen:
• geringe Dichte,
• Korrosionsbeständigkeit,
• einfache und vielfältige Formgebung,
• gute Geräusch- und Wärmedämmung,
• einfärbbar und
• gute Fügemöglichkeit (z.B. durch Kleben).

Ein Übersicht über die im Kraftfahrzeug verwendeten Kunststoffarten und ihre Bezeichnungen zeigt die Tab. 14, S. 93.

Glas

Eine wichtige Bedeutung für die **passive Sicherheit** hat die **Verglasung** des Kraftfahrzeugs. Bei einem Unfall muß die Verletzungsgefahr durch Aufprall der Insassen auf die Scheibe möglichst gering sein. Aus diesem Grund wird für Front-, Heck- und Seitenscheiben **Sicherheitsglas** verwendet.

Es wird unterschieden:

• Einscheibensicherheitsglas (ESG, Abb. 2) und
• Verbundsicherheitsglas (VSG, Abb. 2).

Einscheibensicherheitsglas durchläuft während der Herstellung einen Abschreckvorgang. Die Oberfläche des Glases erhält eine starke **Vorspannung.** Bei einem Scheibenbruch zerfällt die Scheibe in viele kleine Glaskrümel (Abb. 3). Aber auch durch Aufschlag eines kleinen Steines kann die Scheibe ein Splitterbild erhalten, das die Sicht stark einschränkt.

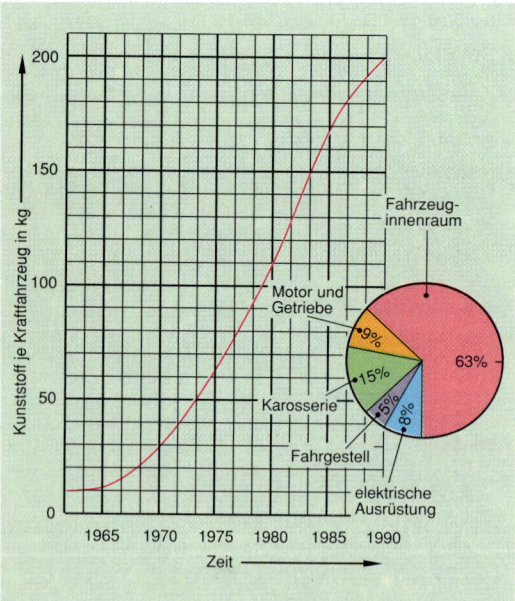

Abb. 1: Kunststoffanteil am Fahrzeugaufbau

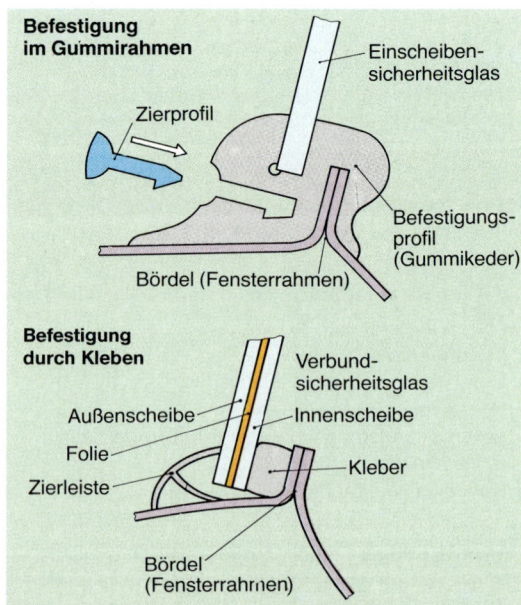

Abb. 2: Einscheibensicherheitsglas, Verbundsicherheitsglas

Verbundsicherheitsglas besteht aus zwei oder mehreren, auch unterschiedlich dicken, Glasscheiben, die durch Kunststofffolien fest verklebt sind.

Wird auch auf der Innenseite der Scheibe eine Kunststofffolie aufgebracht, so bietet das einen zusätzlichen Schutz vor Verletzungen.

Verbundsicherheitsglas bildet bei Beschädigung der Scheibe ein lokales, spinnennetzförmiges Splitterbild, das die Sicht nur wenig einschränkt (Abb. 3).

Die **Befestigung** feststehender Scheiben im Fensterrahmen erfolgt durch:

- **Gummirahmen** (Fenstergummi, Gummikeder) oder
- **Kleben.**

Wie die Scheiben im Fahrzeug befestigt werden, ist unabhängig von der Bauart der Scheibe.

Durch das Einkleben der Scheiben ergeben sich folgende **Vorteile:**

- spannungsfreier Einbau der Scheibe,
- kaum Wassereintritt,
- bei einem Unfall bleibt die Scheibe im Fensterausschnitt,
- besserer c_w-Wert durch glatte Übergänge.

Getöntes Glas absorbiert einen Teil der infraroten Strahlen des Sonnenlichts. Da die infraroten Strahlen Wärme transportieren, bewirkt eine Absorption dieser Strahlen eine Verminderung der „Aufheizung" des Fahrzeuginnenraums. Die Minderung der Innenraumtemperatur beträgt etwa 2°C. Dieses Glas wird als **wärmedämmendes Glas** bezeichnet.

Abb. 3: Splitterbild: Verbundsicherheitsglas, Einscheibensicherheitsglas

48.6 Gesetzliche Bestimmungen

Für den Bau und die Reparatur von Fahrzeug-Aufbauten bestehen gesetzliche Bestimmungen. Diese sind in der StVZO (Straßenverkehrszulassungsordnung) niedergelegt. Einen Auszug aus dieser Ordnung zeigt die Tab. 8.

Tab. 8: Auszug auf der StVZO

§ 19	Erteilung und Wirksamkeit der Betriebserlaubnis; Erlöschen der Betriebserlaubnis
§ 20	Allgemeine Betriebserlaubnis (ABE)
§ 22	Bauartgenehmigungen für Fahrzeugteile
§ 32	Abmessungen von Fahrzeugen und Zügen
§ 32b	Unterfahrschutz
§ 35a	Sitze, Sicherheitsgurte, Sicherheitssysteme, Richtlinien für die Gestaltung und Ausrüstung der Fahrerhäuser von Kraftwagen und Zugmaschinen
§ 35b	Einrichtungen zum sicheren Führen der Kraftfahrzeuge, Richtlinien für die Sicht aus Kraftfahrzeugen
§ 35c	Heizung und Lüftung

> Jede **Änderung** von Fahrzeugteilen, deren Beschaffenheit vorgeschrieben ist, führt **automatisch zum Erlöschen der Betriebserlaubnis** (ABE).

Eine **Betriebserlaubnis erlischt,** wenn z.B. die folgenden Veränderungen durchgeführt werden:

- **Umbauten** gewichtiger Art am Kraftfahrzeug, z.B. der Anbau eines Ladekrans, Umbau von Wechselaufbauten oder Ladebordwänden.
- **Änderung der Karosserie,** z.B. Verbreiterung der Kotflügel oder Radkästen, Verwendung von nicht zum Typ gehörenden Karosserieteilen.
- Anbau eines **Gitterschutzes** vor Scheinwerfern.
- **Nachträglicher Einbau** einer vom Scheibenhersteller nur im oberen Teil eingefärbten **Windschutzscheibe.**
- **Aufkleben von farbigen Folien** oder Aufsprühen von Sonnenschutzlack (Glastönungssprays) auf Scheiben, die für die Durchsicht erforderlich sind.

Aufgaben

1. Nennen Sie unterschiedliche Kraftfahrzeugrahmen und doren Einsatzbereiche.
2. Skizzieren Sie einen Nutzfahrzeugrahmen. Bezeichnen Sie die Bauteile, und beschreiben Sie die erforderlichen Festigkeitseigenschaften.
3. Welche Aufgaben hat ein Kraftfahrzeugrahmen oder ein selbsttragender Aufbau?

4. Beschreiben Sie den Unterschied zwischen »aktiver Sicherheit« und »passiver Sicherheit«.

5. Nennen Sie Einflußfaktoren auf die »aktive Sicherheit« eines Kraftfahrzeugs.

6. Welche Aufgabe hat das Airbag-System?

7. Welche Widerstände muß ein Kraftfahrzeug während der Fahrt überwinden?

8. Skizzieren Sie den Verlauf des Roll- und des Luftwiderstandes in Abhängigkeit von der Fahrgeschwindigkeit. Beschreiben Sie den Einfluß der beiden Größen bei unterschiedlichen Fahrgeschwindigkeiten.

9. Nennen und bewerten Sie die Größen, die den Luftwiderstand beeinflussen.

10. Worin unterscheidet sich der Form-Leichtbau vom Stoff-Leichtbau?

11. Von welchen Einflußfaktoren ist die Auswahl und der Einsatz unterschiedlicher Werkstoffe im Karosseriebau hauptsächlich abhängig?

12. Welche Anforderungen werden an Stahlbleche gestellt, die im Karosseriebau verarbeitet werden sollen?

13. Welche Angaben enthält die Stahlblechbezeichnung nach DIN 1623?

14. Nennen Sie drei Kraftfahrzeugbauteile, die aus Kunststoff gefertigt werden können. Welche günstigen Eigenschaften hat der Kunststoff gegenüber dem Stahlblech?

15. Was bedeuten die Bezeichnungen ESG und VSG?

16. Welchen Vorteil hat VSG gegenüber dem ESG?

17. Beschreiben Sie die Fertigungsverfahren von ESG und VSG. Skizzieren Sie den Aufbau einer VSG-Scheibe.

18. Nennen Sie die Vorteile, die durch das Einkleben von Scheiben erreicht werden können.

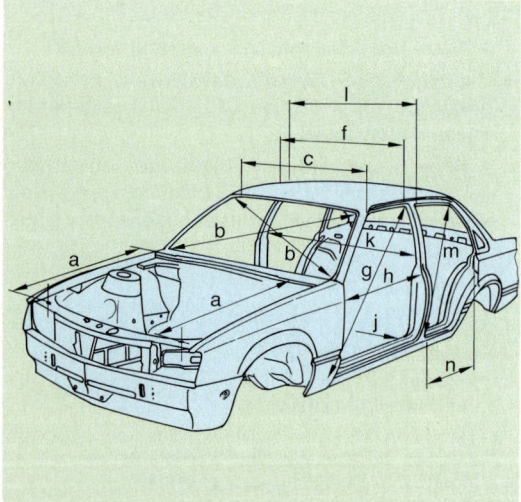

Abb. 1: Prüfmaße an einer Karosserie

48.7 Schadensermittlung

Vor dem Beginn von Reparaturarbeiten an Kraftfahrzeug-Karosserien ist eine **Schadensermittlung** erforderlich. Dadurch wird eine **Arbeitsplanung** möglich, und die entstehenden **Reparaturkosten** können vorher ermittelt werden. Aufgrund der Schadensanalyse wird festgestellt, ob eine Reparatur des Fahrzeugs wirtschaftlich ist oder ob ein **Totalschaden** entstanden ist.

> Ein **Totalschaden** liegt dann vor, wenn die Reparaturkosten höher sind als der Zeitwert des Fahrzeugs.

48.7.1 Schadensumfang

Der Schadensumfang wird zunächst durch eine **Sichtprüfung** ermittelt. Dazu gehören:

- Umfang und Art der **Lackschäden.**
- Welche **Blechteile** sind verformt (außen/innen)?
- Hat das **Dach** Beulen?
- Funktioniert das **Glas-** oder **Schiebedach?**
- Stimmen die **Spaltmaße** an Türen, Motorhaube und Kofferraumdeckel?
- Sind **Längsträger** im Bereich der Sollknickstellen verformt?
- Ist die **Fahrgastzelle** verzogen?
- Sind **Motor** und **Getriebe** in Ordnung?
- Sind **Achsen,** Achsbefestigungen, Radaufhängungen oder **Felgen** beschädigt?
- Ist die **Lenkung** funktionsfähig?
- Sind die **Bremsen** funktionsfähig?

Wird vermutet, daß sich die Karosserie verzogen hat, muß das Fahrzeug vermessen werden. Die Messung des **Achsabstands** und die **Diagonalvermessung** geben Aufschluß über Verformungen des Rahmens oder der Bodengruppe einer selbsttragenden Karosserie. Die Längenmessungen geben keine genauen Aussagen über den Grad der Verformung, da auch die räumliche Maßgenauigkeit der Achsaufnahmepunkte kontrolliert werden muß.

> Mit **Rahmenlehren** kann die **räumliche Lage** der Achsaufnahmepunkte (Meßpunkte) überprüft werden.

Die Meßpunkte für die verschiedenen Fahrzeuge werden vom Hersteller auf **Meßblättern** angegeben. Die Abb. 1 zeigt eine Darstellung wichtiger Prüfmaße an der Karosserie. In der Abb. 2 sind die Prüfmaße für eine Bodengruppe in das Meßblatt eingetragen.

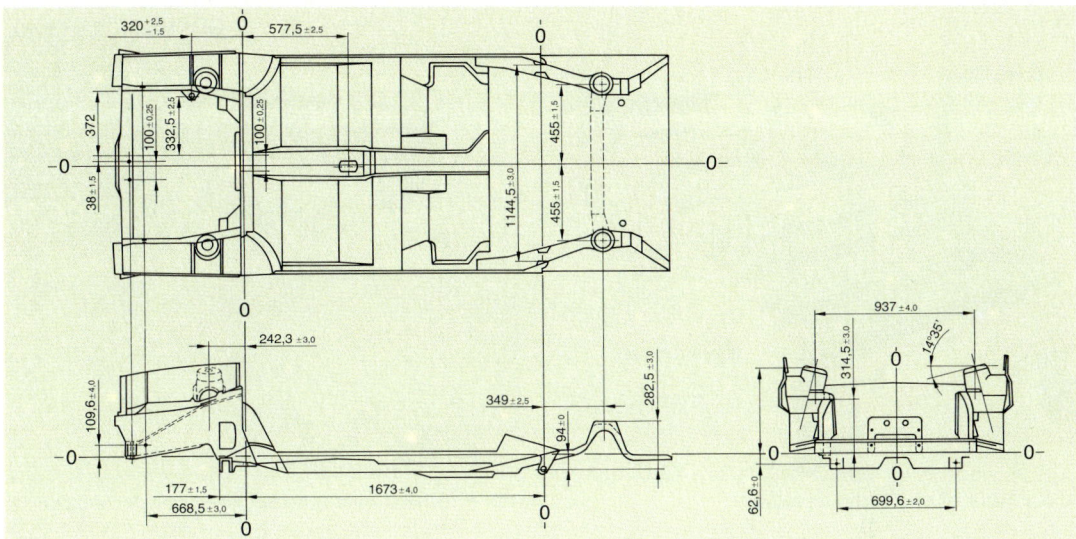

Abb. 2: Prüfmaße für eine Bodengruppe

48.7.2 Prüfgeräte

Es gibt verschiedene Bauformen von **Rahmenlehren.**
Es werden unterschieden:

- Zentrierlehren,
- Rahmen-Bodenlehren und
- Richtbanksysteme.

Zentrierlehren

Diese Lehren haben mindestens drei Meßstäbe. Die Meßstäbe werden an vorgeschriebenen Punkten am Kraftfahrzeug befestigt (Abb. 3). Fluchten die auf den Lehren angebrachten Markierungen, ist das Kraftfahrzeug nicht verzogen. Die Lehren können während der erforderlichen Richtarbeiten am Kraftfahrzeug bleiben.

Rahmen-Bodenlehren

Diese Lehren dienen zur Kontrolle der Maßhaltigkeit des Fahrzeugbodens und der Achsaufnahmen, sowie zur Fixierung von Neuteilen (Abb. 4). Richtarbeiten dürfen nicht durchgeführt werden, wenn das Fahrzeug auf der Lehre befestigt ist.

Richtbank-Systeme

Das Kraftfahrzeug wird mit einem stabilen **Grundrahmen** verschraubt. An diesen Grundrahmen können Zugeinrichtungen angebracht werden, um Richtarbeiten durchführen zu können. Zwischen dem Fahrzeugboden und dem Grundrahmen befindet sich die Lehre.

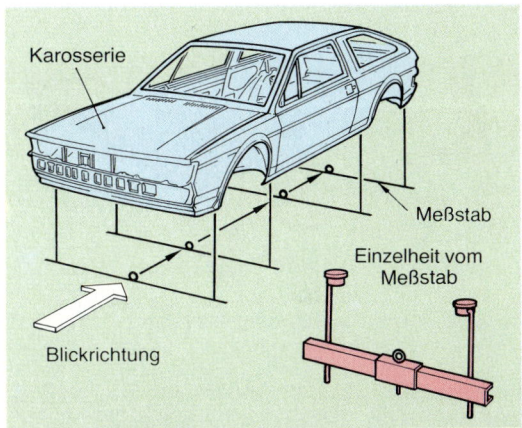

Abb. 3: Zentrierlehre

Abb. 4: Rahmen-Bodenlehre

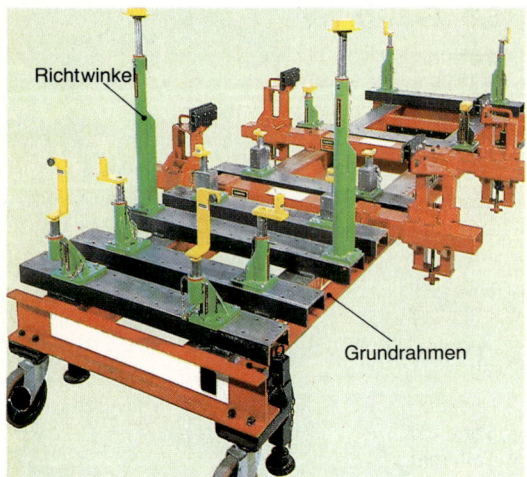

Abb. 1: Richtbank mit Richtwinkelsatz

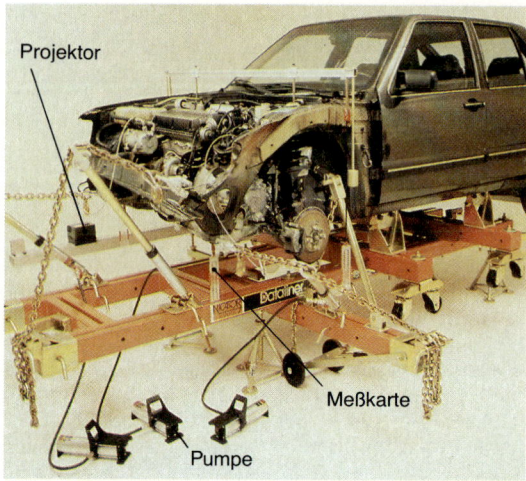

Abb. 4: Richtbank mit optischer Ermittlung der Meßpunkte

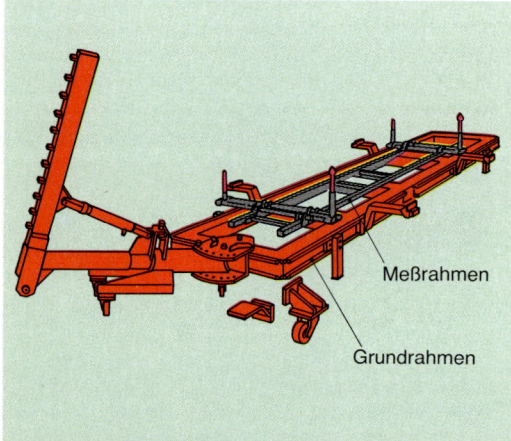

Abb. 2: Richtbank mit einstellbarem Meßrahmen

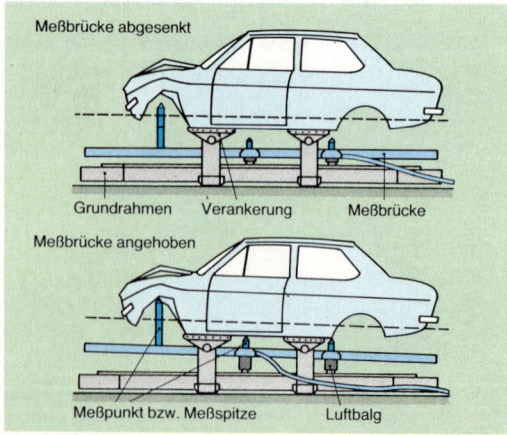

Abb. 3: Rahmenmeßsystem

Es gibt unterschiedliche Ausführungen dieser Systeme. Der Unterschied liegt im wesentlichen in der Art, wie die Maße des Kraftfahrzeugs geprüft werden.

Die in der Abb. 1 gezeigte **Richtbank** besteht aus einem stabilen Grundrahmen, auf den Halterungen (Richtwinkelsatz) geschraubt werden. Für jeden Fahrzeugtyp ist ein **Richtwinkelsatz** erforderlich.

Einen für jeden Kraftfahrzeugtyp einstellbaren Meßrahmen verwendet das in der Abb. 2 gezeigte System. Die einzustellenden Meßwerte sind in Datenblattordnern oder auf Mikrofilm aufgelistet und werden häufig aktualisiert.

Bei einigen dieser Systeme wird der **Meßrahmen** zum Schutz vor Beschädigungen, während der Richtarbeiten **abgesenkt** (Abb. 3).

Die Ist-Maße bestimmter Kraftfahrzeugpunkte können auch **optisch** überprüft werden (Abb. 4). Das Kraftfahrzeug wird auf einem Grundrahmen befestigt. **Laserstrahlen** werden durch Prismen umgelenkt und treffen dann auf die am Kraftfahrzeug befestigten Meßkarten. Auf diesen Karten sind die für das jeweilige Kraftfahrzeug geltenden Werte markiert.

48.7.3 Schadenskalkulation

Nach der Bestimmung des Schadens erfolgt die Schadenskalkulation. Grundlage dieser Kalkulation sind die folgenden **Kostenbereiche:**

● Materialkosten für Ersatzteile,
● Arbeitswertverrechnungssatz,
● Anzahl der Arbeitswerte
  und
● Fremdleistungen (wenn erforderlich).

Aus den erforderlichen Ersatzteilen ergeben sich die **Materialkosten.** Abhängig von den für die Reparatur notwendigen **Arbeitszeitwerten (AW)** ergeben sich die **Lohnkosten.** Die **Lohngemeinkosten,** die **Verwaltungsgemeinkosten,** die **Gewinne** und die **Umsatzsteuer** werden prozentual ermittelt und im Arbeitswertverrechnungssatz berücksichtigt. Eine deutliche Vereinfachung der Schadenskalkulation wird durch den Einsatz der elektronischen Datenverarbeitung (EDV) erreicht.

Für nahezu alle Kraftfahrzeugtypen gibt es Typenhefte, Mikrofilme oder EDV-Programme, in denen alle Bauteile des Fahrzeugaufbaus mit den entsprechenden Abbildungen gezeigt werden. Die zu ersetzenden Bauteile werden aufgelistet und diese Daten in den Rechner eingegeben. Aufgrund dieser Daten ermittelt der Rechner eine vollständige, übersichtliche Schadenskalkulation.

Die **Schadenskalkulationsprogramme** enthalten die Herstellervorschriften für die erforderlichen Reparaturarbeiten. Dabei wird gleichzeitig der günstigste Reparaturweg ermittelt, alle erforderlichen Nebenarbeiten erfaßt und die notwendigen Ersatzteile in einer Liste zusammengestellt.

Die Abb. 5 zeigt einen Auszug aus einem Typenheft für die EDV-Kalkulation.

48.8 Reparaturverfahren

Reparaturen an Karosserien können als Folge von Unfällen, Korrosion oder Alterung (Schönheitsreparaturen) erforderlich werden.

> Alle **Reparaturen** an Kraftfahrzeugaufbauten müssen so durchgeführt werden, daß die ursprüngliche **Festigkeit** wieder hergestellt wird, und dadurch die **Betriebssicherheit** des Fahrzeugs gewährleistet wird.

Es werden folgende **Reparaturverfahren** unterschieden:

- Richten,
- Verstärken,
- Teilersatz,
- Neuteileinbau,
- Oberflächenbearbeitung
- Trennverfahren
- Fügen

48.8.1 Richten

Ungewollte Verlängerungen oder Verkürzungen von Karosserieblechteilen werden durch **Richten** rückgängig gemacht. Das Richten kann von Hand (z. B. Ausbeulen) oder mit hydraulischer Unterstützung (z. B. auf Richtbänken) erfolgen.

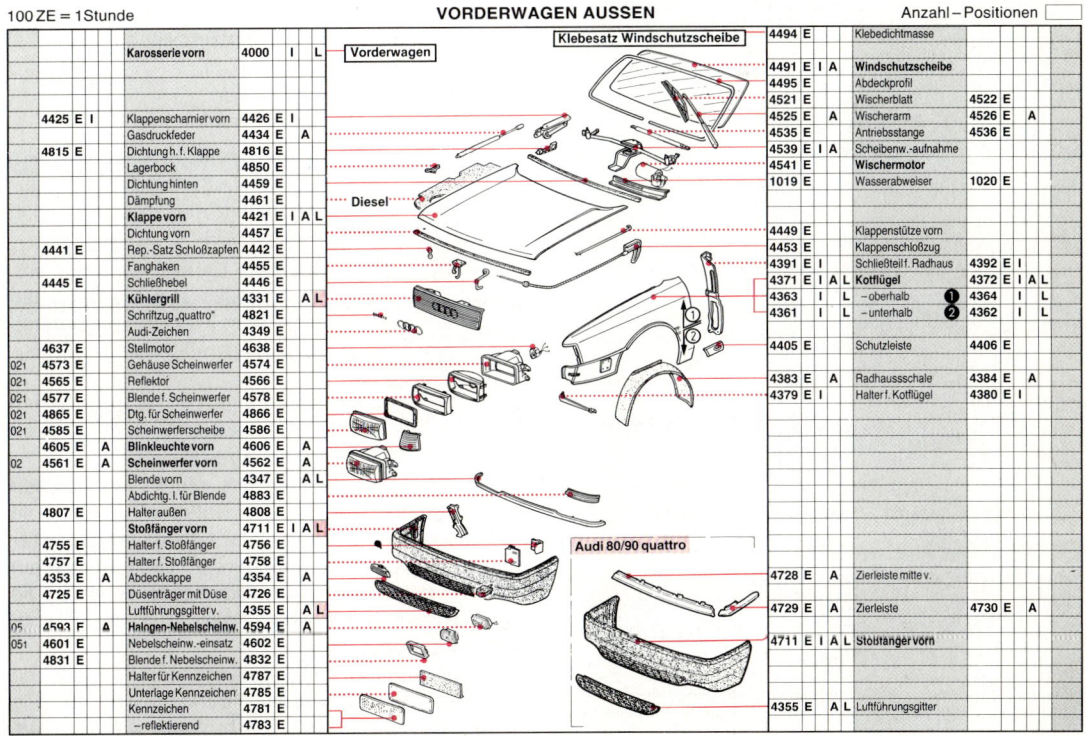

Abb. 5: EDV-Typenheft (Auszug)

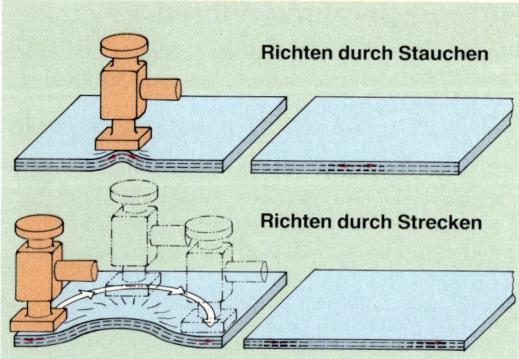

Abb. 1: Verformung durch Strecken oder Stauchen

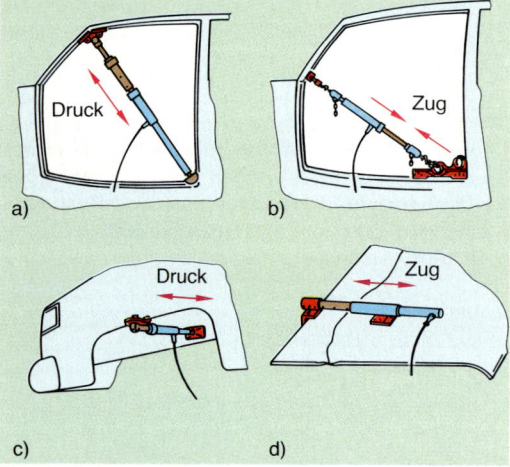

Abb. 2: Einsatz hydraulischer Werkzeuge

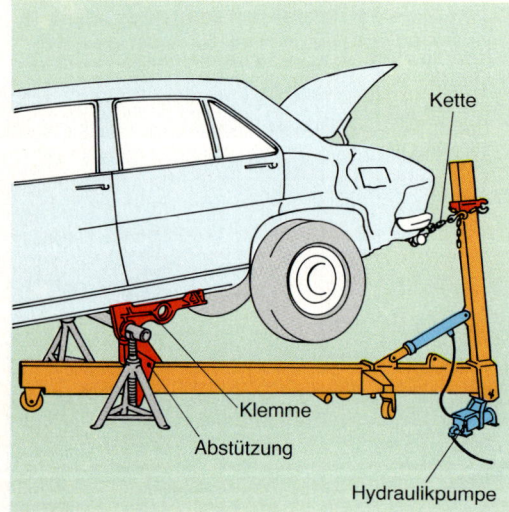

Abb. 3: Ziehbalken (Dozer)

Richten von Hand

Aufgrund von Verformungen ändert sich im Werkstoff die **Spannungsverteilung.** Im Bereich einer Beule erfolgt eine Dehnung. Dies bewirkt eine Kaltverfestigung des Werkstoffs. Die Rückverformung soll durch einen Stauchvorgang erfolgen. Ist bei zu hoher Kaltverfestigung (hohe Sprödigkeit) ein Stauchen des Werkstoffs nicht möglich, wird das Blech geglättet, indem der Werkstoff um die Beule herum gestreckt wird. Der »abfließende« Werkstoff spannt den gedehnten Bereich (Abb. 1).

Kleine Beulen lassen sich durch **Stauchen** wieder glätten. Dabei wird der gestreckte Werkstoff durch Hammerschläge wieder zurückgeschoben (gestaucht). Eine größere Beule muß unter Wärmezufuhr gerichtet werden.

Der Werkstoff im Bereich der Erwärmung dehnt sich aus. Der kalte Werkstoff behindert diese Ausdehnung. Im erwärmten Bereich entsteht eine Stauchung. Durch schnelle Abkühlung zieht sich der erwärmte und gestauchte Werkstoff zusammen.

Richten auf Richtbänken

Das Richten verformter Karosserien erfordert große Kräfte. Diese Kräfte werden hauptsächlich durch **hydraulische Richtsysteme** aufgebracht.

Es werden unterschieden:

● unabhängige hydraulische Werkzeuge,
● Richt- oder Ziehbalken,
● Richtrahmen und
● Richtsysteme mit Bodenverankerung.

Unabhängige hydraulische Werkzeuge werden eingesetzt, wenn Richtarbeiten am Kraftfahrzeug erforderlich sind und eine Abstützung der Druckkolben am Fahrzeug möglich ist (Abb. 2).

Der **Richt- oder Ziehbalken** (Dozer) wird mit entsprechenden Befestigungsteilen am Kraftfahrzeug abgestützt. Dafür sind die vom Kraftfahrzeughersteller vorgesehenen Befestigungsmöglichkeiten zu benutzen (Abb. 3).

Der Dozer ist universell einsetzbar und ermöglicht Zugkräfte bis 100 kN. Er benötigt im Gegensatz zu den Richtrahmen einen geringen Platz.

Der **Richtrahmen** besteht aus einem **sehr steifen Grundrahmen.** Auf diesem Rahmen werden die Fahrzeuge befestigt. Die Rahmen sind **fahrbar** oder als Einheit mit einer **Hebebühne** zusammengebaut (Abb. 4), bzw. im Boden eingelassen (Abb. 5). Die hydraulischen Zugeinrichtungen sind am Grundrahmen befestigt.

Eine Kombination von Hebebühne und Richtrahmen bietet die Möglichkeit, das Fahrzeug stets in eine günstige Arbeitsposition zu bringen. Die Montage mehrerer hydraulischer Werkzeuge ist aufwendig.

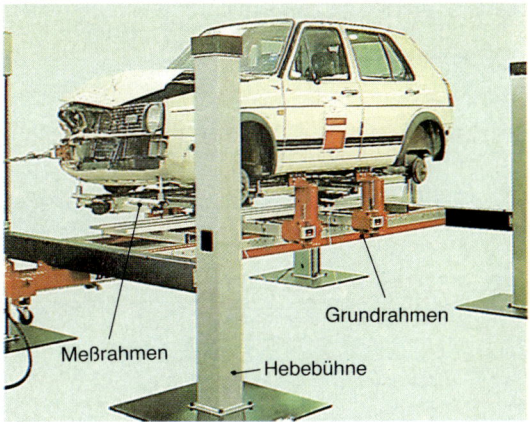

Abb. 4: Hebebühne mit Richtrahmen

Abb. 5: Rahmenverankerung im Boden

Richtrahmen mit **Bodenverankerung** (Abb. 5) haben den Vorteil einer einfachen Befestigung auch mehrerer Zugeinrichtungen. Sie können problemlos an jeder Stelle des Rahmens eingehängt werden. Bei entsprechender Größe des Rahmens kann an mehreren Fahrzeugen gleichzeitig gearbeitet werden.

Für **Richtsysteme mit Bodenanker** werden in den Werkstattboden eine Anzahl von Befestigungseinrichtungen (Bodenanker) eingebaut. Sowohl das Kraftfahrzeug als auch die hydraulischen Werkzeuge werden dort befestigt (Abb. 6). Dieses System ist gegenüber der Rahmenverankerung kostengünstiger, hat jedoch den Nachteil, daß für die Befestigung nur die Bodenanker zur Verfügung stehen.

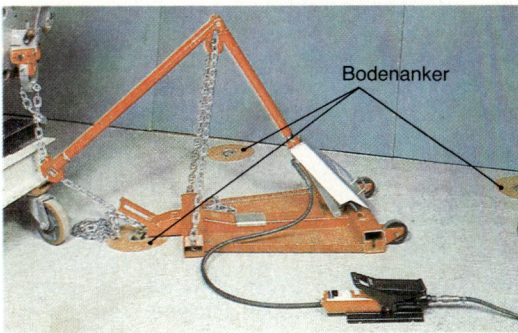

Abb. 6: Richtsystem mit Bodenanker

48.8.2 Verstärken

Verstärkungen werden erforderlich, wenn nach Hersteller-Richtlinien tragende Teile unter dem Einfluß von Wärme gerichtet oder wenn tragende Teile stumpf zusammengeschweißt wurden (Abb. 7).

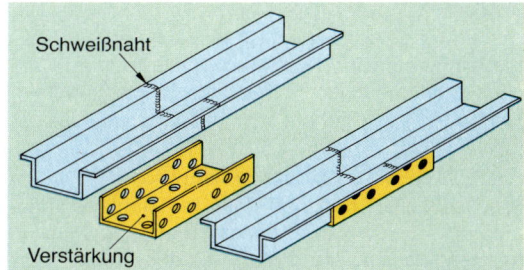

Abb. 7: Verstärkung eines Trägers

48.8.3 Teilersatz

Alle Hersteller erlauben für ihre Kraftfahrzeuge **Abschnittsreparaturen.** Dabei wird ein Bauteil nur **teilweise** erneuert. Für diese Reparaturen geben die Hersteller Richtlinien über die Lage der zulässigen **Trennlinien** und über das anzuwendende Schweißverfahren an.

Die Abb. 8 zeigt den Verlauf einiger Trennlinien an einem Radhaus, einem Längsträger und einem Frontblech. Die dargestellten Trennlinien sind nicht für alle Fahrzeuge zulässig (Herstellervorschriften beachten).

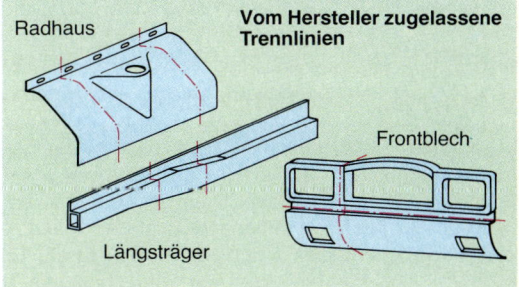

Abb. 8: Trennlinien bei Abschnittsreparaturen

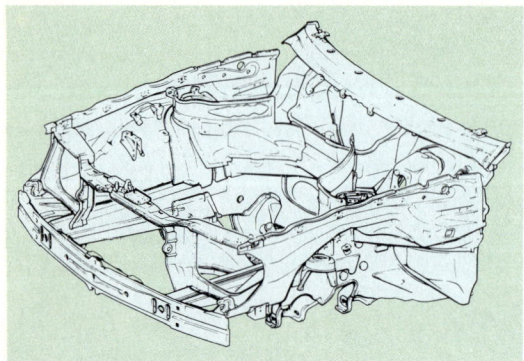

Abb. 1: Vorderwagen als Ersatzteil

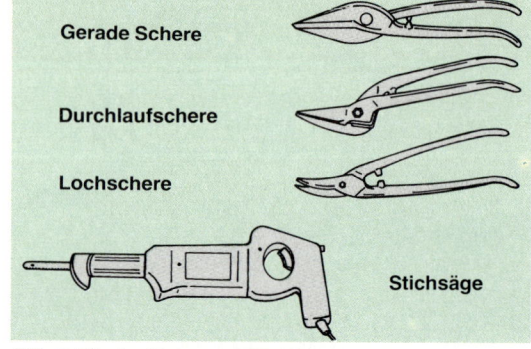

Gerade Schere

Durchlaufschere

Lochschere

Stichsäge

Abb. 2: Blechscheren und Stichsäge

48.8.4 Neuteileinbau

Die Verwendung von kompletten Neuteilen wird immer dann erforderlich, wenn eine Abschnitts-reparatur nicht möglich oder nicht wirtschaftlich ist. Verschiedene Hersteller bieten dafür entsprechende Baugruppen an (Abb. 1). Die vom Hersteller **vorge-schriebenen Reparatur-Richtlinien sind zu beachten.**

48.8.5 Oberflächenbearbeitung

Durch eine Blechbearbeitung entstandene Uneben-heiten werden durch Oberflächenbearbeitungsver-fahren beseitigt.

Aufzinnen

Auf die metallisch blanke Oberfläche wird eine Löt-paste aufgebracht. Unter dem Einfluß einer »wei-chen« Flamme löst sich das in der Lötpaste befind-liche Bindemittel. Es bildet sich ein **Zinnfilm** auf der Oberfläche.

Unter dem Einfluß von Wärme wird in einem zweiten Arbeitsgang **Schwemmzinn** auf den Zinnfilm aufge-bracht. Mit einem Holzspachtel kann das Zinn im teigigen Zustand modelliert werden. Nach dem Erkalten wird die Oberfläche mit Feile oder Schleif-maschine bearbeitet und abschließend gereinigt. Die Oberfläche ist fest und porenfrei.

Spachteln

Großflächige Unebenheiten lassen sich durch Spachteln ausgleichen. Die Spachtelmasse wird mit biegsamen Metall- oder Kunststoffspachteln aufge-tragen. Sie besteht aus einem **Zwei-Komponenten Spachtel** auf **Polyester-Basis.** Nach dem **Zusammen-mischen der beiden Komponenten** hat der Spachtel eine **Verarbeitungszeit** (Topfzeit) von ca. 5 min. Er härtet danach aus und kann mit Schleifmaschinen bearbeitet werden.

48.8.6 Trennverfahren

In der Karosserie-Instandsetzung werden folgende **Trennverfahren** angewandt:

- Meißeln,
- Sägen,
- Trennschleifen,
- Bohren und
- Plasmaschneiden.

Welches der Trennverfahren angewandt wird, ist abhängig von der:

- **Zugänglichkeit** der Trennstelle,
- **Form** des Blechteils (einfach, doppelwandig),
- **Blechdicke,**
- erforderlichen **Qualität** der Trennstellen und
- **Form** des Schnittes (gerade, gebogen).

Werden keine Anforderungen an die Form und das Aussehen der Trennfuge gestellt, können die Teile durch **Meißeln** getrennt werden. Es können Schnitte mit beliebiger Schnittführung erfolgen. Der Arbeits-vorgang kann von Hand oder mit dem Druckluft-meißel (Abb. 3) durchgeführt werden.

Für glatte, saubere Schnitte eignen sich **Scheren, Sägen** und **Trennschleifwerkzeuge.** Mit Blech-scheren und Stichsägen (Abb. 2) können sowohl gerade als auch gebogene Schnitte ausgeführt werden.

Abb. 3: Druckluftmeißel

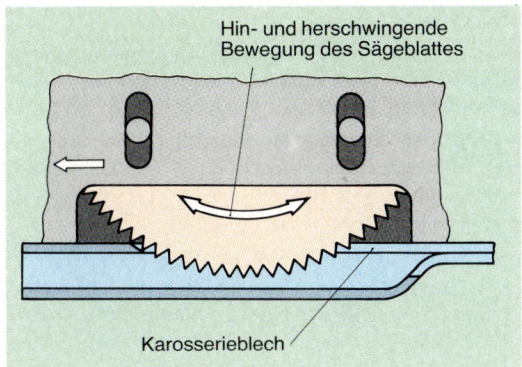

Abb. 4: Karosseriekreissäge

Abb. 5: Trennschleifer mit Trennscheibe

Mit der **Karosseriekreissäge** (Abb. 4) und dem **Trennschleifer** (Abb. 5) können auch doppelwandige Bauteile getrennt werden. Es ist nur eine geradlinige Schnittführung möglich. Die Schnittiefe kann bei Karosseriesägen genau eingestellt werden.

> Der Einsatz von Trennschleifern erfordert besondere **Vorsichts-** und **Unfallverhütungsmaßnahmen.** Die Gefährdung geht von der schnellaufenden Trennscheibe und vom Funkenflug aus.

Trennschleifgeräte ermöglichen ein sehr schnelles Trennen auch großer Blechdicken.

Ein **Trennen der Punktschweißverbindungen** von Karosserieteilen ist auch möglich durch:

● Ausbohren der Schweißpunkte
und
● Abreißen der Schweißpunkte.

Das **Ausbohren der Schweißpunkte** erfolgt mit einem **Schweißpunktbohrer** (Abb. 6). Es fallen keine Richtarbeiten an.

Sind die Schweißpunkte mit einem Schweißpunktbohrer nicht erreichbar, so können sie häufig mit einer Schleifmaschine angeschliffen werden. Dadurch werden die Schweißpunkte geschwächt. Mit einer Zange wird dann das abzutrennende Bauteil **abgerissen.**

Einen sehr sauberen Schnittspalt bei einer hohen Schneidgeschwindigkeit ermöglicht das **Plasmaschneiden** (Abb. 7). Ein Schneidgas wird durch einen Lichtbogen auf etwa 20000°C erwärmt und durch den Druck des Gases auf das Werkstück geblasen. Dadurch wird der verflüssigte Werkstoff aus der Trennfuge geschleudert. Als Schneidgase werden Argon und Stickstoff sowie Gemische aus Argon und Stickstoff oder Argon und Wasserstoff verwendet.

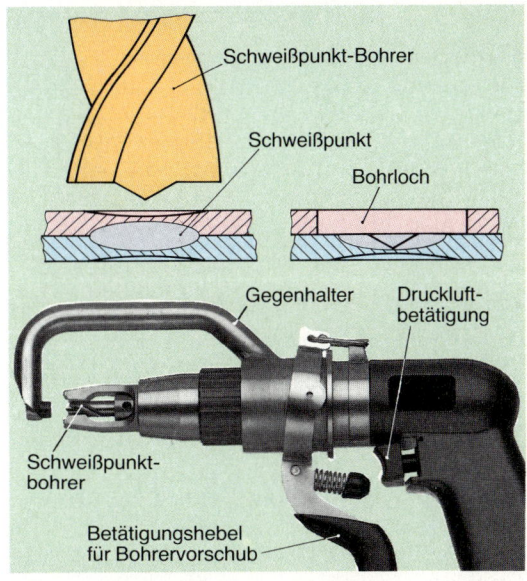

Abb. 6: Schweißpunktbohrer und -maschine

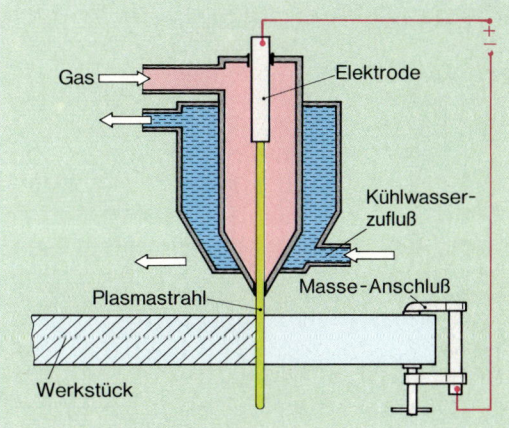

Abb. 7: Brennerkopf für Plasmaschneidbrenner

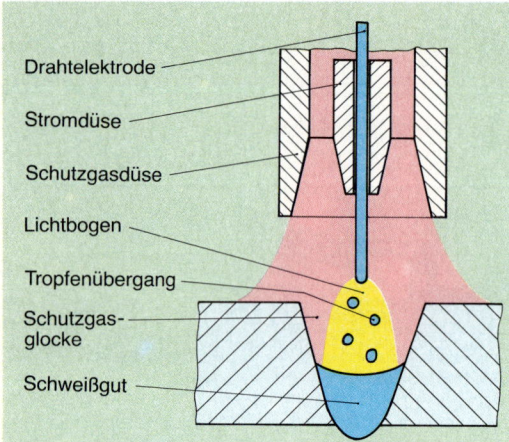

Drahtelektrode

Stromdüse

Schutzgasdüse

Lichtbogen

Tropfenübergang

Schutzgas-
glocke

Schweißgut

Abb. 1: Schutzgasglocke am Schweißbrenner

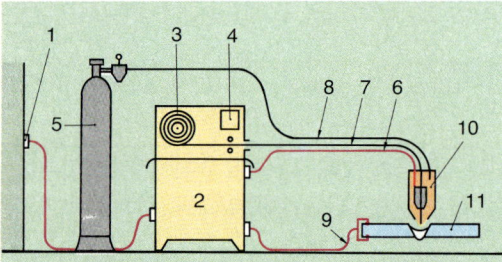

1 Netzanschluß
2 Schweißstromquelle
3 Drahtelektrodenspule
4 Drahtvorschubeinrichtung
5 Schutzgasflasche mit
   Druckminderer und
   Gasmengenmesser

6 Schweißstromleitung
   (Drahtelektrode)
7 Drahtelektrode
8 Schutzgasschlauch
9 Schweißstromleitung
   (Werkstück)
10 Schweißbrenner
11 Werkstück

Abb. 2: MIG/MAG Schutzgasschweißgerät

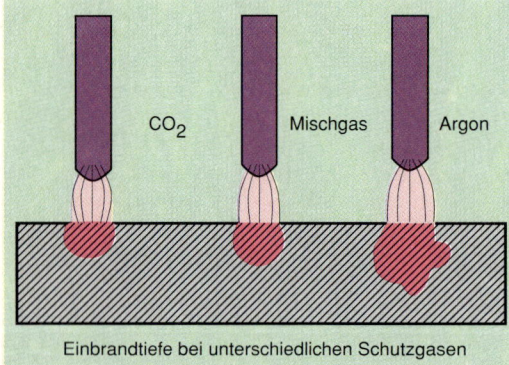

Einbrandtiefe bei unterschiedlichen Schutzgasen

Abb. 3: Einbrandtiefen

48.8.7 Fügen

Im Karosseriebau und in der Karosserieinstandsetzung kommen hauptsächlich folgende **Fügeverfahren** zum Einsatz:

- Schutzgasschweißen (s. Kap. 6.5),
- Widerstands-Punktschweißen,
- Hartlöten (s. Kap. 6.6) und
- Kleben (s. Kap. 6.7).

> Vor dem Beginn von Schweißarbeiten am Kraft-
> fahrzeug sind **Vorsichtsmaßnahmen** zum Schutz
> der **elektronischen Geräte** des Fahrzeugs zu
> treffen (Herstellerangaben beachten).

Schutzgasschweißen

Die Schutzgasschweißverfahren werden in zwei
Gruppen unterteilt:

- Schutzgasschweißverfahren mit **nicht abschmel-
  zender** Elektrode (**WIG**-Verfahren)
- Schutzgasschweißverfahren mit **abschmelzender**
  Elektrode (**MIG**- oder **MAG**-Verfahren)

Beim **WIG**-Verfahren (**W**olfram-**I**nert-**G**as) brennt der
Lichtbogen zwischen einer Wolframelektrode und
dem Werkstück. Als Schutzgase werden inerte Gase
verwendet. Der Zusatzwerkstoff wird meist mit der
Hand zugeführt.

Im Karosserie-Reparaturbereich hat sich das MAG-
Verfahren durchgesetzt.

Die Abkürzung **MAG** steht für **M**etall-**A**ktiv-**G**as.
Das Schweißbad wird von einer Schutzglocke aus
aktivem Gas umströmt. Die Schutzglocke hat die
Aufgabe, den Lichtbogen, den Zusatzwerkstoff und
das Schmelzbad vor den unerwünschten Einwirkungen der Luft (O_2 und N_2) zu schützen (Abb. 1).

Aktive Gase beteiligen sich am Schweißvorgang.
Als Schutzgase werde hauptsächlich Kohlendioxid
(CO_2), aber auch Mischgase aus Argon (Ar), Kohlendioxid (CO_2) und Sauerstoff (O_2) verwendet.

Inerte Gase (iners, lat.: untätig, träge) beteiligen sich
nicht am Schweißvorgang. Es werden die Edelgase
Argon (Ar) und Helium (He) verwendet. Mit diesen
Gasen ist es auch möglich, Aluminium und Kupfer
zu schweißen.

Den **Aufbau** eines MIG/MAG-Schutzgasschweiß-
gerätes zeigt die Abb. 2.

Der Schweißdraht wird von der **Drahtvorschubeinrichtung** durch das Schlauchpaket zum Schweißbrenner geschoben. Die Vorschubgeschwindigkeit
ist abhängig von der Dicke der zu schweißenden
Bleche und wird am Gerät eingestellt. Die Einbrandtiefe des Schweißbades wird durch die gewählte
Schweißspannung und das Schutzgas beeinflußt
(Abb. 3).

Widerstands-Punktschweißen

Widerstands-Punktschweißverfahren finden vorrangig bei der **Montage** von Rohkarosserien Anwendung. Schweißroboter setzen bis zu 5000 Schweißpunkte an eine Rohkarosserie. Aber auch für **Instandsetzungsarbeiten** kann dieses Schweißverfahren eingesetzt werden, wenn **beide Seiten** der Schweißstelle **zugänglich** sind.

Punktschweißverfahren haben folgende **Vorteile:**

- geringe Wärmeeinbringung, kaum Verzug,
- kurze Schweißzeiten,
- gute Qualität der Schweißverbindung,
- es können auch unterschiedliche Werkstoffe miteinander verbunden werden,
- es ist kein Zusatzwerkstoff erforderlich,
- hoher Automatisierungsgrad möglich und
- kaum Nacharbeiten erforderlich.

Für den **Schweißvorgang** ist eine **Kraft,** die beide Teile zusammenpreßt, und **elektrischer Strom** erforderlich, welcher die benötigte **Wärme** erzeugt (Abb. 4).

Die **Wärmeentwicklung** in einem elektrischen Leiter ist von der **Stromstärke** und vom **Widerstand** abhängig. Da der **Übergangswiderstand** zwischen den zu schweißenden Bauteilen sehr groß ist, entsteht dort auch die größte Wärme. Während des Schweißvorgangs fließt eine Stromstärke von etwa 8000 A, die Anpreßkraft der Elektroden beträgt etwa 2000 N.

Die **Güte** einer Punktschweißverbindung ist abhängig von:

- der Stromstärke,
- der Anpreßkraft,
- den Elektrodendurchmessern,
- der Schweißzeit,
- der Sauberkeit der Oberfläche und
- dem Abstand der Schweißpunkte.

Die Werkstoffoberflächen und die Elektrodenspitzen müssen **metallisch blank** sein. Die Schweißpunkte müssen gleichmäßig, jedoch nicht zu dicht nebeneinander gesetzt werden (Gefahr von Nebenschlüssen). Ein Abstand von 20 bis 25 mm sollte nicht unterschritten werden. Bei Nichteisenmetallen ist es erforderlich, vor dem Schweißen die **Oxidschicht zu entfernen** (z. B. durch Beizen). Die richtigen Einstellwerte sind durch Versuch zu ermitteln. Es wird eine **Probeschweißung** durchgeführt und durch einen Ausknöpfversuch die Festigkeit der Verbindung überprüft (Abb. 5). Die auf Zug und Biegung beanspruchte Schweißung darf nicht im Schweißpunkt reißen.

Durch Punktschweißung ist es möglich, auch **unterschiedliche Werkstoffe** miteinander zu verschweißen. Eine Aufstellung verschiedener Werkstoffkombinationen und deren Eigenschaften zeigt die Tab. 9.

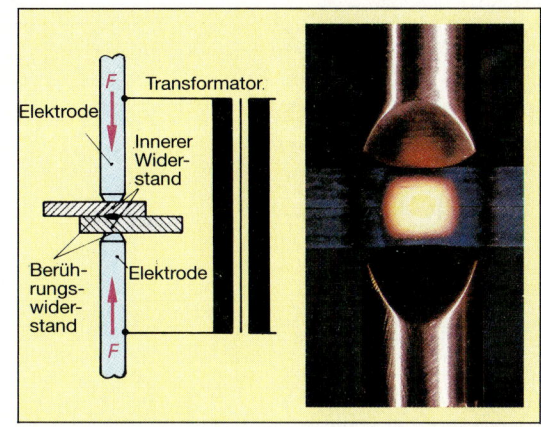

Abb. 4: Punktschweißen

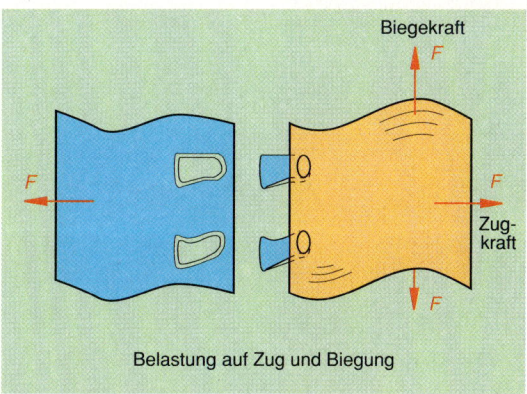

Belastung auf Zug und Biegung

Abb. 5: Ausknöpfversuch

Tab. 9: Schweißbarkeit verschiedener Metalle

Schweißbarkeit von → mit	unlegierter Baustahl	niedrigleg. Stahl	hochleg. Stahl	Kupfer	Zinn	Zink	Kupfer-Zinn-Legierung	Kupfer-Zink-Legierung	Aluminium
unlegierter Baustahl	++	++	++	++	– –	–	++	++	++
niedrigleg. Stahl	++	++	++	++	–	(– –)	++	++	++
hochleg. Stahl	++	++	++	++	(– –)	(– –)	++	++	++
Kupfer	++	++	++	++	++	+	++	++	+
Zinn	– –	– –	(– –)	++	++	–	++	++	(– –)
Zink	–	(– –)	(– –)	+	–	+	+	+	++
Kupfer-Zinn-Legierung	++	++	++	++	++	+	++	++	– –
Kupfer-Zink-Legierung	++	++	++	++	–	–	++	++	–
Aluminium	++	++	++	+	(– –)	++	– –	+	++

++ gut schweißbar – schlecht schweißbar
+ schweißbar, aber spröde – – nicht schweißbar
(– –) noch keine gesicherten Untersuchungen

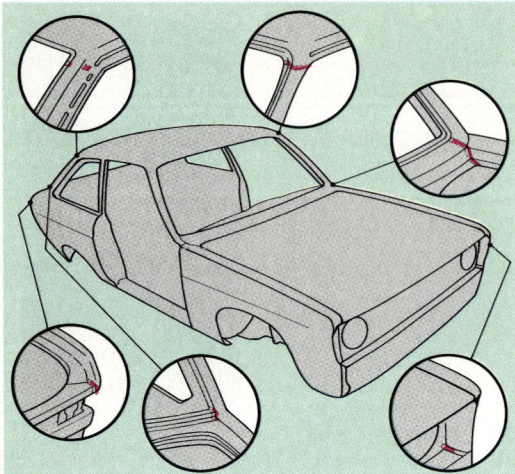

Abb. 1: Hartlötverbindungen am Kraftfahrzeug

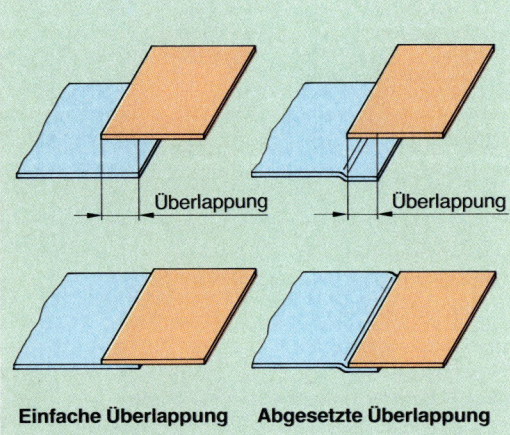

Einfache Überlappung **Abgesetzte Überlappung**

Abb. 2: Einfache und abgesetzte Überlappung

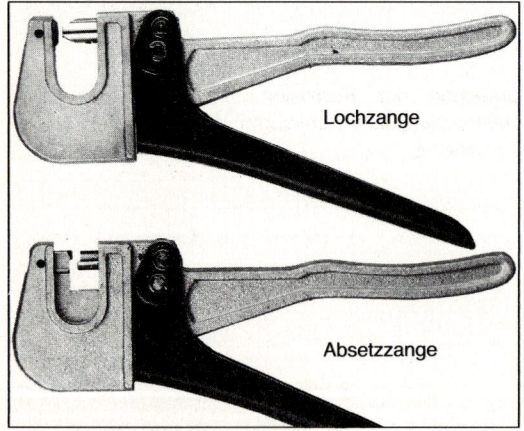

Lochzange

Absetzzange

Abb. 3: Absetzzange und Lochzange

Löten

Das **Hartlöten** (s. Kap. 6.6) wird im Karosseriebau zur Verbindung von **nichttragenden Teilen** eingesetzt (Abb. 1). Die Lötverbindung hat eine hohe Festigkeit, ist dicht und erfordert kaum Nacharbeiten. Die Position gehefteter Bauteile kann leicht korrigiert werden.

Als Hartlote eignen sich Kupfer- oder Silberlote.

Eine gute **Lötverbindung** wird erreicht, wenn:

- die Werkstücke **metallisch blank** und frei von Verunreinigungen sind,
- der **Lötspalt** klein ist,
- die richtige **Löttemperatur** erreicht ist und
- **Flußmittel** verwendet werden.

Die zum Hartlöten erforderliche Wärme wird durch die Flamme eines Schweißbrenners erzeugt. Nach dem Löten müssen die Flußmittelreste gründlich entfernt werden. An den gelöteten Verbindungsstellen darf nicht mehr elektrisch geschweißt werden.

Gestaltung der Fügeverbindung

Im Bereich der Karosserieinstandsetzung werden die Fügeverbindungen häufig durch **Überlappung** hergestellt. Es werden unterschieden:

- einfache Überlappung und
- abgesetzte Überlappung.

Die **einfache Überlappung** kann überall dort angewendet werden, wo keine hohen Ansprüche an die Formgenauigkeit der Oberfläche gestellt werden.

Die Bleche werden so zugeschnitten, daß sie sich etwa um 10 bis 20 mm überlappen (Abb. 2). Die Verbindung der Bleche erfolgt dann durch Kleben, Löten, Punktschweißen oder Schutzgasschweißen. Schreibt der Hersteller eine **Lochpunktschweißung** vor, werden mit einer Lochzange Löcher in den Rand eines der beiden Bleche gestanzt. Die Bleche werden angepaßt, aufeinander gedrückt und durch Schutzgasschweißen miteinander verbunden.

Wird eine glatte Oberfläche gefordert, werden die Bleche mittels einer **abgesetzten Überlappung** verbunden (Abb. 2). Die Absetzkante wird mit einer **Absetzzange** eingearbeitet. Mit einer **Lochzange** (Abb. 3) können die Bleche gelocht werden.

Geklebte Verbindungen werden meist als einfache Überlappungen ausgeführt. Abgesetzte Überlappungen erfordern mehr Arbeitsaufwand, ergeben aber eine glatte Oberfläche. Die Abb. 4 zeigt mögliche Klebeverbindungen.

Im Leichtbau werden Leichtmetall-Profilträger für Böden und Aufbauten zusammengefügt. Im Bereich der Profilverzahnung erfolgt der Zusammenhalt durch Kleben (Abb. 5). Als Verstärkungen werden Profilträger eingeschweißt.

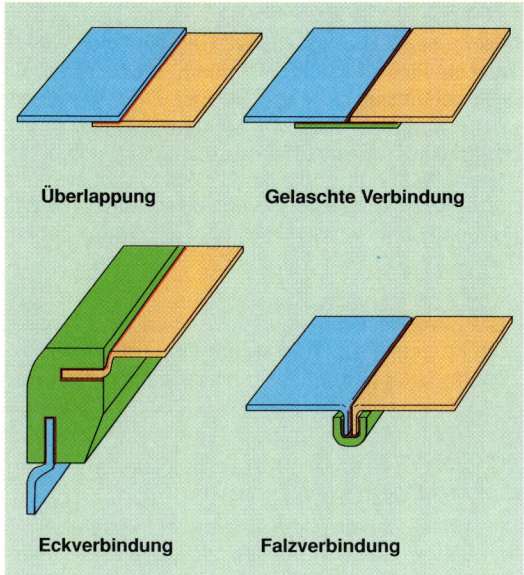

Abb. 4: Arten von Klebeverbindungen

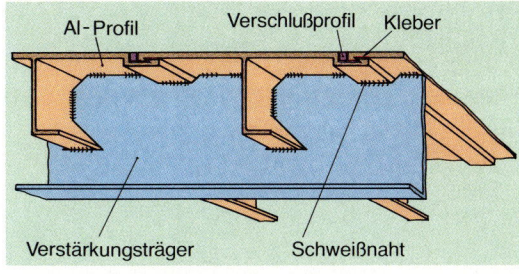

Abb. 5: Leichtbau-Bodenkonstruktion

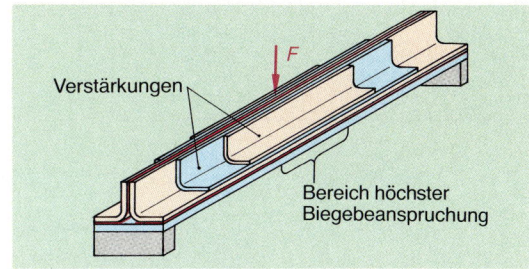

Abb. 6: Geklebter Profilträger

Durch Klebeverbindungen können die Bauteile dort verstärkt werden, wo die größten Beanspruchungen auftreten (Abb. 6).

Unfallverhütung

- **Zugklammern** durch Sicherungsseil sichern.
- **Vergütete Ketten** (Sicherheitsketten) benutzen. Nicht vergütete Ketten werden, wenn sie reißen, in den Raum geschleudert (Peitscheneffekt).
- Angriffsflächen für **Zugklammern** säubern.
- Bei Schleifarbeiten immer **Schutzbrille** tragen.
- Stets auf den **Funkenflug** achten, gefährdete Bereiche abdecken.
- **Schnittkanten** von Blechen entgraten.
- **Schutzhandschuhe** tragen.
- Nur **betriebssichere Geräte** benutzen.
- Mit **Schutzeinrichtungen** an den Geräten arbeiten.
- **Elektrische Geräte** immer am Schalter ausschalten und nicht nur den Stecker ziehen.
- **Stromleitungen** vor Beschädigungen schützen.
- Während der **Schweißarbeiten** geeignete Schutzkleidung tragen.
- Nicht ohne **Schutzbrille** schweißen.
- Alle gefährdeten, **brennbaren Teile** aus dem Kraftfahrzeug entfernen.
- **Feuerlöschgeräte** stets funktionsfähig und griffbereit halten.

48.9 Oberflächenschutz

Die Karosserie des Kraftfahrzeugs wird durch die folgenden Oberflächenschutzmaßnahmen vor Schäden durch **Korrosion** geschützt:
- Oberflächenbehandlung der Bleche,
- Fahrzeuglackierung,
- Hohlraumversiegelung und
- Unterbodenschutz.

48.9.1 Korrosion

Korrosion ist nach DIN 50900 die unbeabsichtigte Zerstörung eines Werkstücks durch chemische oder elektrochemische Vorgänge.

Ursachen der Korrosion sind chemische oder elektrochemische Reaktionen des Metalls mit seiner Umgebung.

Chemische Korrosion

Wirken Säuren, Laugen, Salzlösungen oder Gase auf Metalle ein, so werden diese an der **Oberfläche chemisch** verändert. Es bildet sich eine Korrosionsschicht. Ist die Korrosionsschicht porenfrei, gasundurchlässig und unlöslich, so verhindert sie die weitere Korrosion.
Eine solche Schicht bildet sich z.B. auf Aluminium als Aluminiumoxid. Chemische Korrosion wird durch Wärme beschleunigt.

Tab. 10: Elektrochemische Spannungsreihe

Elektrodenwerkstoff	Spannung in Volt		
Kalium	− 2,92		
Natrium	− 2,71		
Magnesium	− 2,37		
Aluminium	− 1,66		
Zink	− 0,76	edel	unedel
Eisen	− 0,44		
Nickel	− 0,25		
Zinn	− 0,14		
Blei	− 0,13		
Wasserstoff	0,00		
Kupfer	+ 0,34		
Silber	+ 0,80		
Quecksilber	+ 0,85		
Platin	+ 1,20		
Gold	+ 1,68		

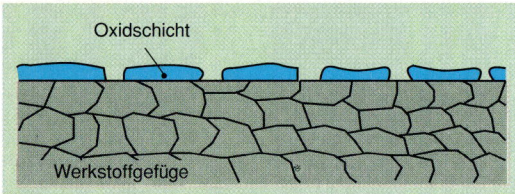

Abb. 1: Gleichmäßige Flächenkorrosion

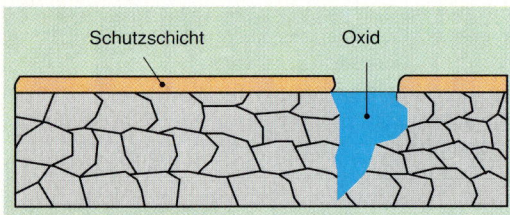

Abb. 2: Lochkorrosion

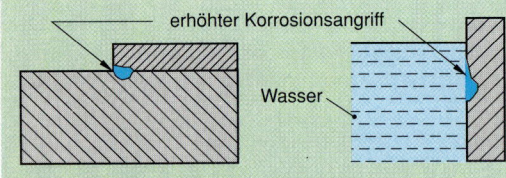

Abb. 3: Spalt- und Belüftungskorrosion

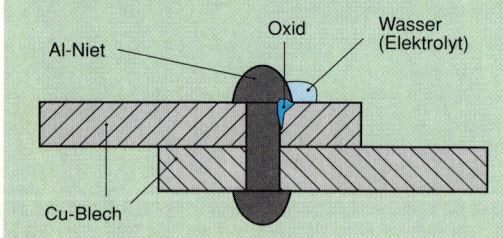

Abb. 4: Kontaktkorrosion

Elektrochemische Korrosion

Elektrochemische Korrosion tritt auf, wenn zwei verschiedene Metalle mit einem **Elektrolyten** ein elektrochemisches (galvanisches) Element bilden. Dabei wird das **unedlere Metall** abgetragen bzw. **beschädigt.** Ob ein Metall gegenüber einem anderen Metall edler oder unedler ist, ergibt sich aus der **elektrochemischen Spannungsreihe.** Diese gibt die Spannungswerte verschiedener Metalle gegenüber Wasserstoff an (Tab. 10).

> Die **elektrische Spannung** zwischen zwei Metallen ist umso höher, je weiter sie in der elektrochemischen Spannungsreihe auseinanderliegen.

Korrosionsarten

Gleichmäßige Flächenkorrosion

Sie ist eine chemische Korrosion durch den Einfluß von Säuren, Laugen oder Salzlösungen. Es kommt zu gleichmäßigen Metallabtragungen parallel zur Oberfläche des Bauteils (Abb. 1).

Lochkorrosion

Lochkorrosion ist eine meist durch elektrochemische Korrosion verursachte punktförmige Zerstörung des Werkstoffs. Das Auftreten der Korrosion ist im Anfangsstadium meist nicht erkennbar, das bedeutet z.B. für den Behälter- und Leitungsbau eine große Gefahr (Abb. 2).

Spalt- und Belüftungskorrosion

Diese Korrosionsart tritt bei Feuchtigkeit in engen Spalten oder Falzen sowie an Wandungen unterhalb von Wasseroberflächen auf. Durch unterschiedliche Sauerstoffkonzentration entstehen Potentialunterschiede, welche die Korrosion an wenig belüfteten Stellen fördern (Abb. 3).

Kontaktkorrosion

Verbindet ein Elektrolyt (z.B. Luftfeuchtigkeit) unterschiedliche Werkstoffe, entsteht ein galvanisches Element. Die Zerstörung des unedleren Metalls geht umso schneller vor sich, je weiter die Metalle in der elektrochemischen Spannungsreihe auseinander liegen (Abb. 4).

Interkristalline Korrosion

Die Korrosion tritt an den Korngrenzen (s. Kap. 7.12) auf (Abb. 5). Die Ursache für diese Korrosion ist die unterschiedliche Werkstoffzusammensetzung innerhalb des Gefügeaufbaus. In Verbindung mit einem Elektrolyten (z.B. Feuchtigkeit) bildet sich ein galvanisches Element.

Erfolgt die Zerstörung durch Korrosion nicht entlang der Korngrenzen, sondern durch die einzelnen Kristalle hindurch, wird dies als **transkristalline Korrosion** bezeichnet. Ursache dafür sind geringfügige Ungleichmäßigkeiten in der Werkstoffzusammensetzung und die Anwesenheit eines Elektrolyten.

Spannungsriß- und Schwingungsrißkorrosion

Unter dem Einfluß von mechanischen Belastungen wird die interkristalline und die transkristalline Korrosion verstärkt (Abb. 6). Die Korrosionserscheinungen sind häufig erst nach der Zerstörung des Bauteils erkennbar.

48.9.2 Korrosionsschutz

Es wird zwischen aktivem und passivem Korrosionsschutz unterschieden.

Aktive Korrosionsschutzmaßnahmen sind die Verwendung nichtrostenden Stahls (hoher Cr- und Ni-Gehalt) oder die Wahl anderer korrosionsbeständiger Werkstoffe (z.B. Aluminium, Kunststoffe).

Der **passive Korrosionsschutz** erfolgt durch das Aufbringen von Schutzschichten (z.B. Einölen, Lackieren, Versiegeln).

Im Kraftfahrzeugbau erfolgt der Korrosionsschutz überwiegend durch das Aufbringen von metallischen oder nichtmetallischen Schutzschichten auf die Metalloberfläche (z.B. Galvanisieren oder Lackieren).

48.9.3 Galvanisieren

> Durch **Galvanisieren** werden auf elektrochemischem Wege metallische Schutzschichten auf die Metalloberfläche gebracht.

Abb. 7 zeigt den Vorgang des galvanischen Verkupferns. Kupfersulfat ($CuSO_4$, Metallsalz) ist im Wasser gelöst (Elektrolyt). Durch Anlegen einer Gleichspannung an das Werkstück und an die Kupferplatte wird erreicht, daß sich am Werkstück Kupfer (Cu-Ionen) und an der Kupferplatte SO_4-Ionen aus dem Kupfersulfat ablagern. Diese bilden dort durch Verbindung mit dem Kupfer neues Kupfersulfat, welches in den Elektrolyten geht. Die Kupferplatte wird dabei verbraucht.

Ist die Schutzschicht gegenüber dem Grundmetall unedler, so besteht selbst bei einer Beschädigung der Schutzschicht eine Schutzwirkung für das Grundmetall, da zunächst die unedlere Schutzschicht zersetzt wird (Abb. 8).

Einige Fahrzeughersteller **verzinken** die besonders korrosionsgefährdeten Teile oder die gesamte

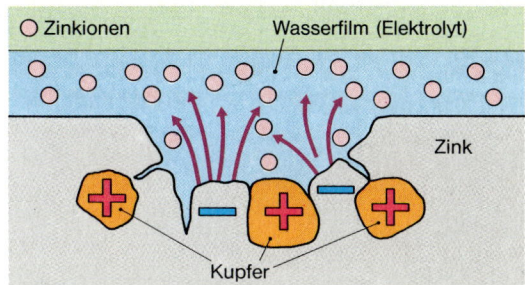

Abb. 5: Interkristalline Korrosion

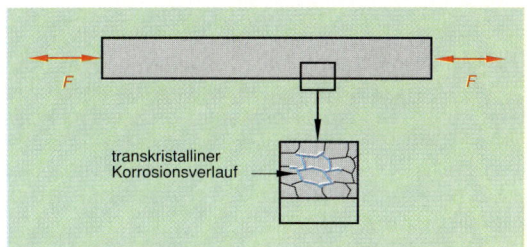

Abb. 6: Spannungsriß- und Schwingungsrißkorrosion

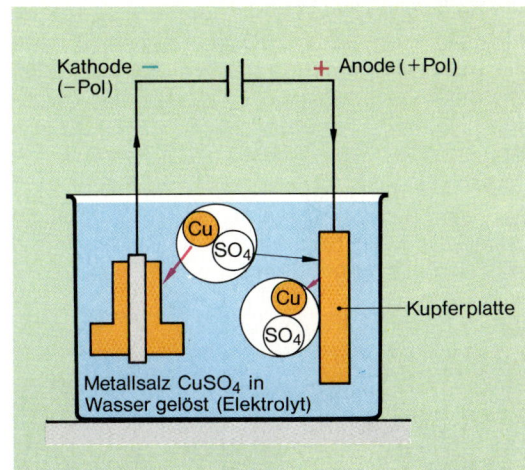

Abb. 7: Galvanisches Verkupfern

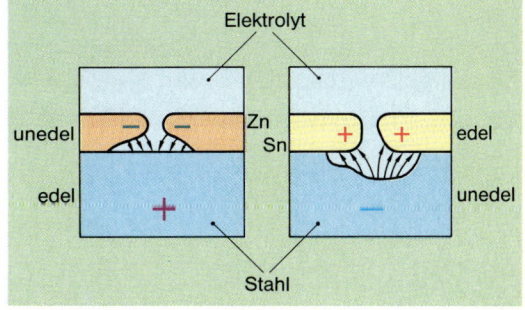

Abb. 8: Galvanische Schutzschicht

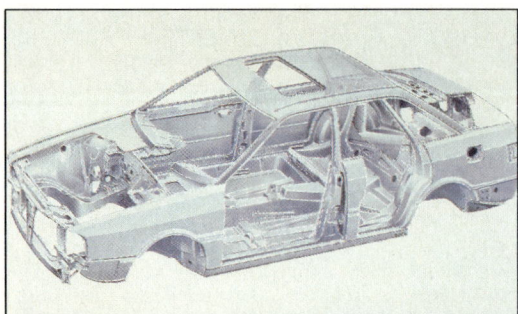

Abb. 1: Vollverzinkte Karosserie

48.9.4 Fahrzeuglackierung

Um eine gutaussehende, widerstandsfähige Lackierung und einen dauerhaften Korrosionsschutz zu erreichen, ist eine sorgfältige **Vorbehandlung** der Bleche erforderlich. Die zu verarbeitenden Bleche müssen frei von metallischen und chemischen Verunreinigungen sein. Auf die saubere Oberfläche werden mehrere Schutzschichten aufgetragen (Abb. 2). Eine Phosphatierung gibt dem Blech eine feste Deckschicht, die vor Korrosion schützt und gleichzeitig einen guten Haftgrund für die Grundierschicht bietet.

Fahrzeugkarosserie (Abb. 1). Für die später nicht sichtbaren Bauteile werden **feuerverzinkte** Bleche verwendet. Die im sichtbaren Bereich liegenden Bauteile werden **galvanisch verzinkt.** Dies ergibt eine feine Oberfläche, ohne die sonst üblichen »Zinkblumen«. Dadurch wird eine glatte Decklackierung ermöglicht.

Durch »Verzinken« ergibt sich eine besonders gute Korrosionsschutzwirkung, da das Zink »unedler« ist als das Stahlblech.

Für galvanische Schutzschichten werden z. B. auch die Werkstoffe Chrom (Cr), Silber (Ag) und Nickel (Ni) verwendet.

Durch **Inkromieren** wird eine Schutzschicht aus Chrom auf Bauteile aufgedampft (z. B. Scheinwerfer-Reflektoren).

Die elektrolytische Umwandlung der Aluminiumoberfläche in eine Schutzschicht aus Aluminiumoxid wird als **Eloxieren** bezeichnet.

Die **Lackierung** eines Kraftfahrzeugs besteht meist aus drei **Schichten** (Dreischichtaufbau):

- Grundierung,
- Füller

    und

- Decklack.

Wird die Grundierung mit dem Füller (Grundierfüller) in einem Arbeitsgang aufgebracht, wird dies als **Zweischichtaufbau** bezeichnet.

Während die Grundierschicht bei Reparaturlackierungen **gespritzt** wird, erfolgt die industrielle Grundierung in **Tauchbädern** mit wasserlöslichen Grundlacken (Abb. 3). Das Beschichten erfolgt nach einem galvanikähnlichem Prinzip unter dem Einfluß von Elektrizität.

Der **Füller** hat die Aufgabe, kleinere Unebenheiten, Schleiffriefen und Poren auszugleichen und einen gleichmäßig tragenden Unterbau für den Decklack zu bilden. Der Füller wird durch **elektrostatische Beschichtung** aufgebracht (Abb. 4).

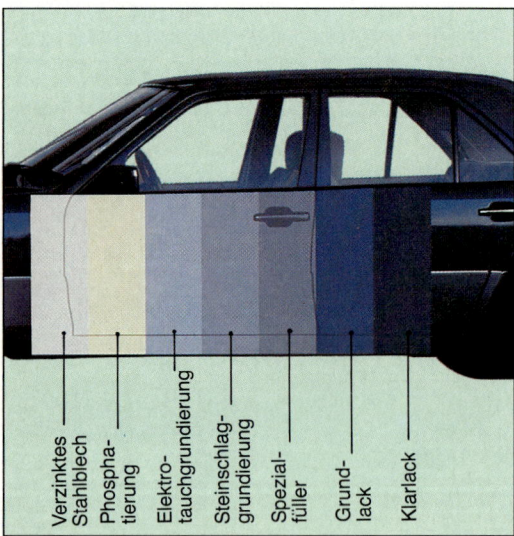

Verzinktes Stahlblech · Phosphatierung · Elektrotauchgrundierung · Steinschlaggrundierung · Spezialfüller · Grundlack · Klarlack

Abb. 2: Aufbau einer Lackierung

Abb. 3: Tauchgrundierung

Am Sprühkopf, aus dem der Füller austritt, liegt eine Gleichspannung von 30000 bis 150000 V (bei einer Stromstärke von 1 mA) an. Der Minuspol ist am Kraftfahrzeug befestigt. Zwischen dem Sprühkopf und dem Kraftfahrzeug entsteht ein elektrisches Feld. Die elektrisch geladenen Füllerteilchen bewegen sich auf den Feldlinien zum Kraftfahrzeug. Die Beschichtung erfolgt sehr gleichmäßig, es gibt kaum Füllerverlust. Dieses Beschichtungsverfahren kann maschinell oder von Hand erfolgen. Bei Reparaturlackierungen erfolgt der Füllerauftrag durch Spritzen von Hand.

Das Aufbringen der **Decklackierung** erfolgt im Werk weitgehend automatisch durch elektrostatische Verfahren. Den **Ablauf einer Lackierung** zeigt schematisch die Abb. 5.

Zwischen den Beschichtungsvorgängen sind weitere Arbeitsgänge wie z. B. Schleifen, Reinigen und Trocknen erforderlich.

Es werden **Kunstharzlacke** (Alkydharze), oder häufiger **Zweikomponenten-Acrylharzlacke** verwendet. Im Vergleich zu den Kunstharzlacken sind Acrylharzlacke chemikalienfester, kratzfester, witterungsbeständiger, lassen sich besser spritzen und härten schneller aus. Alle für die Lackierung verwendeten Werkstoffe müssen sorgfältig aufeinander abgestimmt sein.

Zum **Ausgleich von Unebenheiten,** insbesondere bei der Karosserieinstandsetzung, werden **Spachtelwerkstoffe** verwendet. Es werden unterschieden:

- Feinspachtel,
- Füll- und Ziehspachtel,
- Polyesterharz mit Glasmatten oder mit Faserwerkstoffen.

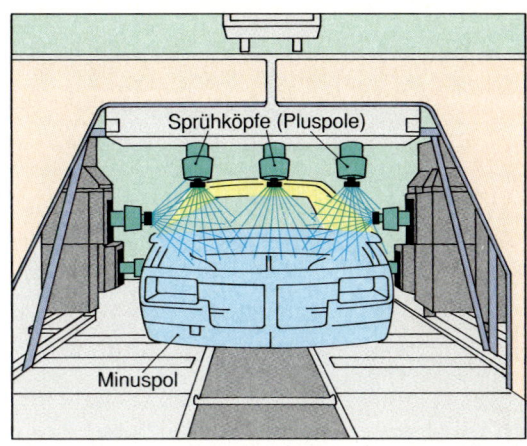

Abb. 4: Elektrostatisches Beschichten

Mit dem **Feinspachtel** lassen sich nur kleinste Unebenheiten ausgleichen. Er hat eine glatte, porenfreie Oberfläche und benötigt eine Trocknungszeit von 30 bis 40 Minuten.

Größere Unebenheiten werden mit dem Füll- und Ziehspachtel ausgeglichen. Meist wird ein **Zweikomponenten-Polyesterspachtel** verwendet. Das Polyesterharz ist mit Füllstoffen versetzt und wird mit einem **Härter** gemischt. Die Verarbeitungszeit der Spachtelmasse beträgt etwa 5 min. Nach etwa 20 min ist die Fläche schleifbar.

Mit **Polyesterharz** und **Glasmatten** oder **Polyesterfaserspachtel** können Löcher an **nichttragenden Bauteilen** beseitigt werden.

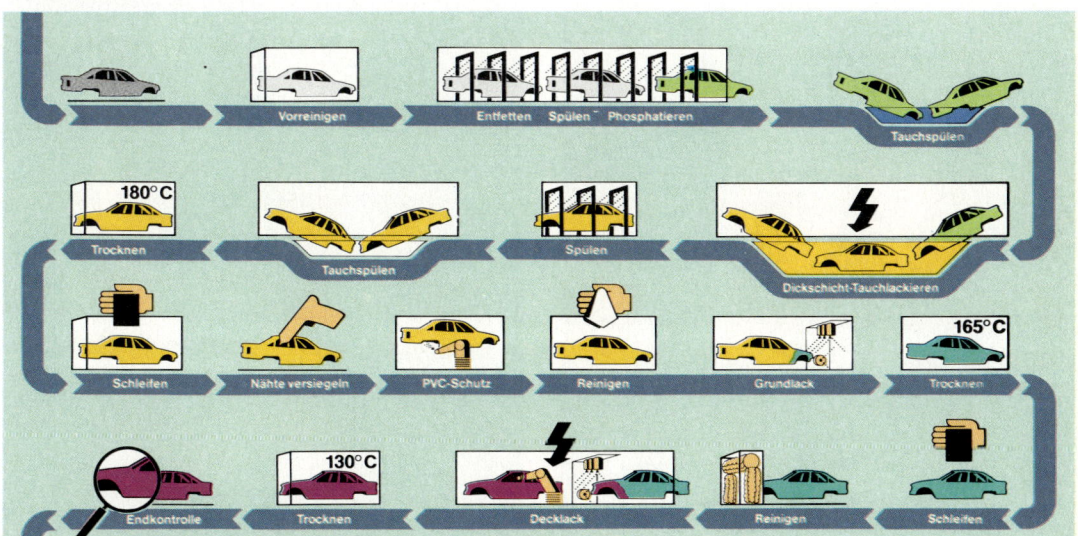

Abb. 5: Karosserie-Lackieranlage

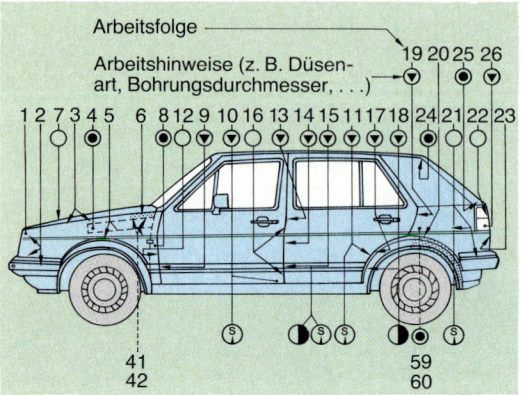

Abb. 1: Hohlraumversiegelung, Zeichnung für die Bohrungen (Dinol-Methode)

48.9.5 Hohlraumversiegelung

Die Hohlraumversiegelung schützt die Hohlräume der Karosserie vor Korrosion. Das **Konservierungsmittel** ist auf Wachsbasis aufgebaut, kriechfähig, trocknet leicht klebrig an, ist auch bei Kälte noch elastisch und hat Korrosionsschutzzusätze. Das Konservierungsmittel wird durch Sonden in die Hohlräume gespritzt. Zu diesem Zweck sind am Kraftfahrzeug schon Bohrungen vorhanden oder müssen nach einer entsprechenden **Zeichnung** (Abb. 1) gebohrt werden. Durch diese Bohrungen erfolgt auch die **Sichtprüfung** der Hohlräume (Abb. 2).

48.9.6 Unterbodenschutz

Die Unterseite der Kraftfahrzeuge wird durch den Unterbodenschutz vor Korrosion geschützt. Die Beschichtungen können auf der Basis von Wachs, Bitumen oder Kautschuk erfolgen. Diese Mittel sollen:

- Feuchtigkeit vom Unterboden fernhalten,
- unempfindlich gegen Steinschlag sein,
- elastisch bleiben und
- Eigenvibrationen der Bleche verhindern (Antidröhnwirkung).

Unfallverhütung

Die eingesetzten Arbeitsstoffe sind sehr gefährlich, deshalb müssen die geltenden Unfallverhütungsvorschriften besonders beachtet werden, z. B.

- die Kennzeichnung der Gefährlichkeit der Arbeitsstoffe,
- die Beachtung der **MAK**-Werte (**m**aximal zulässige **A**rbeitsplatz**k**onzentration),
- die Schutzkleidung,
- die Lagerung von brennbaren Arbeitsstoffen und
- den Brandschutz.

Nach der **Arbeitsstoffverordnung** müssen gefährliche Stoffe (z. B. Lösungsmittel, Lacke) vom Hersteller, Lieferanten oder Verwender deutlich **gekennzeichnet** sein (Abb. 3).

Abb. 2: Prüfung korrosionsgefährdeter Hohlräume

Trichlorethylen	Hinweis auf besondere Gefahren:

Trichlorethylen

Gesundheits-
schädlich

Hinweis auf besondere Gefahren:

Gesundheitsschädlich beim Einatmen
und Verschlucken

Sicherheitsratschläge:

Darf nicht in Hände von Kindern
gelangen!

Berührung mit den Augen vermeiden!

(Name und Anschrift des Herstellers, Einführers
oder Vertreibers)

Abb. 3: Kennzeichung gefährlicher Stoffe

Um langfristigen Korrosionsschutz zu gewährleisten,
müssen Unterbodenschutz und Hohlraumversiegelung in **regelmäßigen Abständen** kontrolliert und
gegebenenfalls ausgebessert werden.

> Die **Kennzeichnung** muß folgende Angaben ent-
> halten:
> - Stoffbezeichnung (genaue chemische Bezeich-
>   nung des Stoffs),
> - Name und Anschrift des Herstellers,
> - Gefahrensymbol,
> - Sicherheitsratschläge und
> - bei krebserregenden Stoffen den deutlichen
>   Hinweis: »KANN KREBS ERZEUGEN«.

Tab. 11: Gefahrensymbole

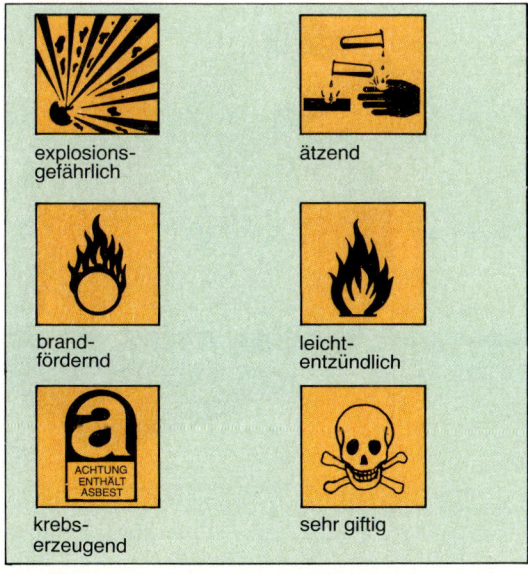

explosions-
gefährlich

ätzend

brand-
fördernd

leicht-
entzündlich

krebs-
erzeugend

sehr giftig

Aufgaben

1. Welche vorbereitenden Arbeiten sind erforderlich, um
   den Schadensumfang eines beschädigten Fahrzeugs
   genau zu ermitteln?
2. Nennen Sie die Kostenbereiche, die für eine Schadenskalkulation beachtet werden müssen.
3. Worin besteht der Unterschied zwischen einem
   Richtbank- und einem Richtrahmensystem?
4. Erklären Sie den Begriff »Abschnittsreparatur«?
5. Nennen und beschreiben Sie verschiedene Trennverfahren im Karosseriebau.
6. Worin besteht der Unterschied zwischen dem MIG-,
   dem MAG- und dem WIG-Schweißverfahren?
7. Beschreiben Sie das Widerstandspunktschweißver-
   fahren. Nennen Sie die Vorteile dieses Verfahrens gegenüber anderen Schweißverfahren.
8. Nennen Sie fünf Unfallverhütungsvorschriften, die für
   das Trennen im Karosseriebau beachtet werden
   müssen.
9. Nennen Sie die Ursachen für Korrosionsarten.
10. Worin besteht der Unterschied zwischen interkristalli-
    ner und transkristalliner Korrosion?
11. Beschreiben Sie eine Dreischichtlackierung im Her-
    stellerwerk.
12. Nennen Sie den Unterschied zwischen dem Zwei-
    schichtaufbau und dem Dreischichtaufbau einer Lak-
    kierung.
13. Erläutern Sie die Vorteile des elektrostatischen
    Beschichtungsverfahrens.
14. Beschreiben Sie die Vorteile des Acrylharzlacks
    gegenüber dem Kunstharzlack.
15. Welche Eigenschaften müssen die Korrosionsschutz-
    mittel haben, die für die Hohlraumversiegelung und
    für den Unterbodenschutz eingesetzt werden?
16. Nennen Sie Unfallverhütungsvorschriften für den
    Bereich der Fahrzeuglackierung.
17. Skizzieren Sie einige Gefahrensymbole und beschrei-
    ben Sie deren Bedeutung.
18. Welche Angaben muß die vollständige Bezeichnung
    eines gefährlichen Stoffes enthalten?

49 | **Krafträder**

Abb. 1: Kraftrad

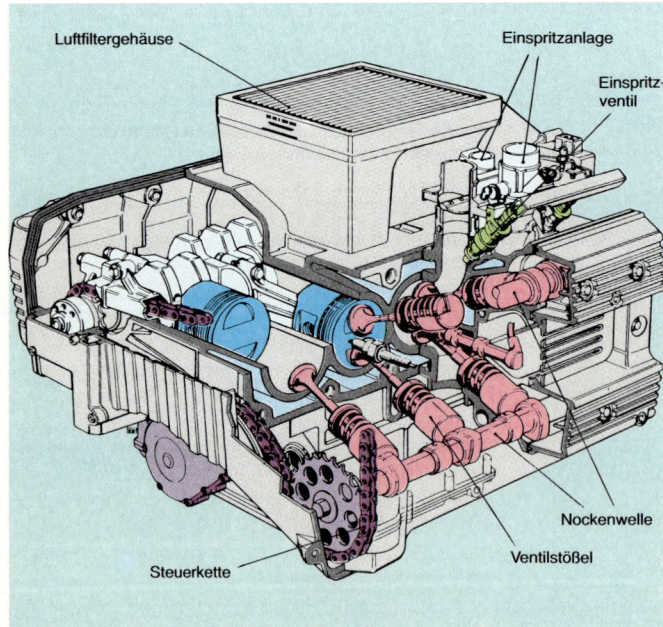

Luftfiltergehäuse

Einspritzanlage

Einspritzventil

Nockenwelle

Ventilstößel

Steuerkette

Abb. 2: Wassergekühlter Mehrzylinder-Viertakt-Ottomotor

Abb. 3: Wassergekühlter Vierzylinder-Zweitakt-Ottomotor

Krafträder sind **Einspur-Fahrzeuge.** Die Hauptbaugruppen eines Kraftrades (Abb. 1) sind:

- Motor,
- Kraftübertragung mit Primärantrieb, Kupplung, Getriebe und Sekundärantrieb,
- Fahrwerk mit Rahmen, Lenkung, Radaufhängung, Federung, Schwingungsdämpfung, Bremsen, Rädern und Reifen.

49.1 Motor

Im Kraftrad werden Zweitakt- und Viertakt-Ottomotoren (Abb. 2 und 3), V-, Boxer-, Reihen- oder Einzylindermotoren jeweils luft- oder wassergekühlt eingebaut. Die Literleistung reicht von 30 bis 300 kW/l. Für einen kleinen Hubraum wird überwiegend das **Zweitaktverfahren,** für großen das **Viertaktverfahren** eingesetzt. Der Zweitakt-Ottomotor ist durch ständige Verbesserung des Ladungswechsels (Drehschieber, Membransteuerung, Steuerwalze) immer leistungsstärker geworden. Wegen der hohen Schadstoffanteile im Abgas wird er aber immer mehr vom Viertakt-Ottomotor verdrängt.

49.1.1 Motorschmierung

Die Motorschmierung eines Zweitakt-Ottomotors ist eine **Mischungs- oder Frischölschmierung** (s. Kap. 28.2). Das Mischungsverhältnis hängt z. B. ab von:

- der Oberflächenbeschaffenheit des Zylinders,
- den gewählten Werkstoffen des Kurbeltriebs,
- den Passungen des Kurbeltriebs oder
- der Art der Motorkühlung.

Mischungsverhältnisse von 1:20 bis 1:50 sind gebräuchlich.
Im Viertakt-Ottomotor wird meist die Frischölschmierung verwendet. Das Schmieröl wird dabei aus einem Ölsumpf über ein Filter zu den einzelnen Schmierstellen gepumpt (Abb. 4). Häufig dient der Ölsumpf gleichzeitig der Schmierung des Getriebes. Öffnungen in der Zylinderwand oder Düsen im Getriebe sorgen für eine ausreichende Schmierung der Bauteile. Die Ölpumpe ist eine Zahnrad- oder Rotorpumpe (s. Kap. 28.3.1).

49.2 Kraftübertragung

49.2.1 Primärantrieb

> Der **Primärantrieb** verringert die Motordrehzahl, d. h. die Eingangsdrehzahl für das Schaltgetriebe.

Der Primärantrieb verbindet die Kurbelwelle des Motors über Keilriemen, Kette (Abb. 4) oder Zahnräder (Abb. 3) mit der Eingangswelle des Schaltgetriebes. Krafträder mit großer Hubraumleistung haben überwiegend einen **Ketten-Primärantrieb,** der bei Mehrzylindermotoren in der Kurbelwellenmitte angeordnet wird (Abb. 4). Es werden endlose einfache oder doppelte **Rollen- oder Hülsenketten** ohne zusätzliche Spannvorrichtung eingesetzt.

Das Innenglied einer **Rollenkette** (Abb. 5) hat zwei Innenlaschen, in die zwei Hülsen eingepreßt sind, auf denen sich jeweils Rollen drehen. Das Außenglied besteht aus zwei Außenlaschen und zwei durchgehenden Nietbolzen. Die Rollen drehen mit geringer Reibung an den Zahnflanken des Kettenrades. Da sie immer an einer anderen Stelle des Rollenumfangs tragen, ist der Verschleiß an den Rollen und dem Kettenrad gering.

Die **Hülsenkette** hat keine Rollen. Die Hülsen kämmen direkt mit dem Kettenrad. Dabei entsteht

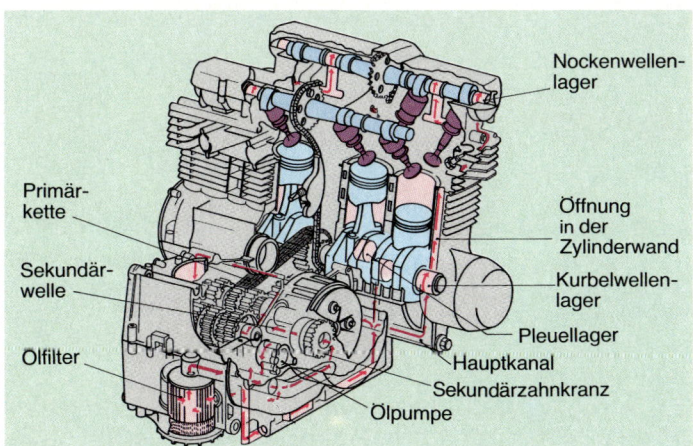

Abb. 4: Motorschmierung

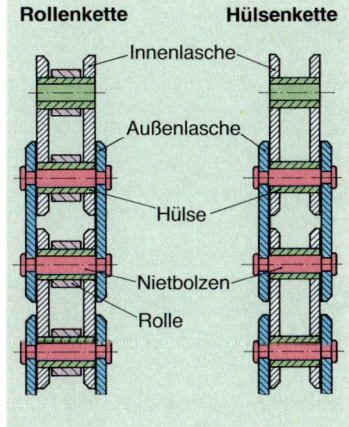

Abb. 5: Rollen- und Hülsenkette

Gleitreibung. Die Hülsen werden stets an der gleichen Reibfläche berührt, deshalb ist eine gute Schmierung (Ölbad, Ölnebel) erforderlich. Der wesentliche Vorteil der Hülsenkette sind die geringeren Massenkräfte bei hohen Motordrehzahlen.

49.2.2 Kupplung

> Durch eine **Mehrscheibenkupplung** (s. Kap. 36.1.6) wird zwischen Motor und Getriebe eine kraftschlüssige, lösbare Verbindung hergestellt (Abb. 1).

Für Kleinkrafträder (Mofa, Moped) haben sich automatische Kupplungen durchgesetzt. Es werden **Fliehkraftkupplungen mit Kugeln** oder Fliehgewichten eingebaut. Mit steigender Motordrehzahl werden bei einer **Fliehkraftkupplung mit Kugeln** (s. Kap. 36.3.1) die auf einer Kegelfläche laufenden Kugeln nach außen bewegt. Dadurch wird die Kupplungsscheibe gegen den Druck einer Feder an den Kupplungsbelag gedrückt. Der Kupplungsbelag ist fest mit der Kupplungsglocke verbunden. Bei der **Fliehkraftkupplung mit Fliehgewichten** wird der Kraftfluß durch einen Kupplungsbelag auf den Fliehgewichten (Kupplungsbacken) hergestellt. Durch die Fliehkraft wird der Kupplungsbelag gegen die Kupplungstrommel gedrückt.

49.2.3 Getriebe

Das Schaltgetriebe eines Kraftrads ist meist ein unsynchronisiertes **Ziehkeil- oder Schaltmuffengetriebe** (s. Kap. 37.4.2). Es wird häufig aus Platzgründen mit dem Motorgehäuse zu einem Block zusammengefaßt (Abb. 1). Aus Platz- oder Massegründen sind die Kraftradgetriebe meist nicht synchronisiert. Die 4 bis 6 Schaltstufen werden über Schaltgabeln oder Ziehkeile geschaltet.

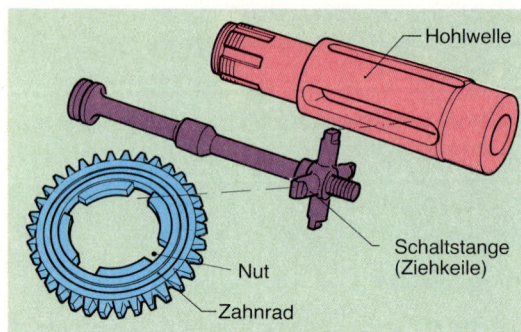

Abb. 2: Bauteile eines Ziehkeilgetriebes

Das **Ziehkeilgetriebe** hat eine Hohlwelle (Abb. 2), auf der die Zahnräder frei drehbar gelagert sind. Die Zahnräder der Nebenwelle sind fest mit dieser verbunden. Der Kraftfluß für das Zahnrad der gewählten Schaltstufe wird dadurch hergestellt, daß eine in der Hohlwelle verschiebbare Schaltstange (Abb. 2) Kugeln oder Stifte in die Nuten des Zahnrades drückt. Dadurch wird eine formschlüssige Verbindung zwischen Hohlwelle und Zahnrad erzeugt.

Die **Vorteile** eines Ziehkeilgetriebes sind der geringe Platzbedarf, ein geringer Verschleiß der zu schaltenden Bauteile und die sehr einfache Schaltmechanik. Der entscheidende Nachteil sind die langen Schaltwege, die das Beschleunigungsvermögen des Kraftrads verringern.

In Kleinkrafträdern werden überwiegend **automatische Getriebe** eingesetzt. Die Zweigang-Automatik (Abb. 3) besteht aus einem Planetengetriebe (s. Kap. 38.3.1) in einer Riemenscheibe. Die Riemenscheibe wird von der Kurbelwelle über einen Keilriemen angetrieben. Das innenverzahnte Hohlrad ist fest mit der Riemenscheibe, das Sonnenrad mit der Tretlagerwelle verbunden. Durch einen Freilauf auf der Tretlagerwelle ist nur eine Drehrichtung des Son-

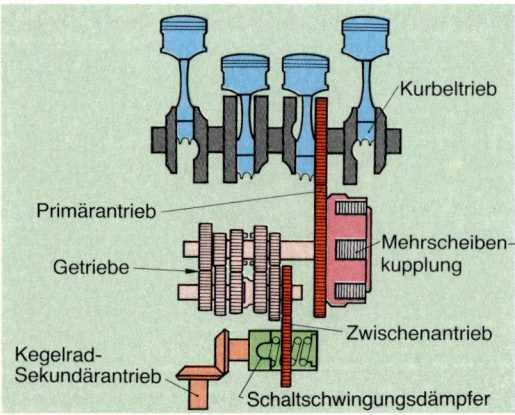

Abb. 1: Bauteile der Kraftübertragung

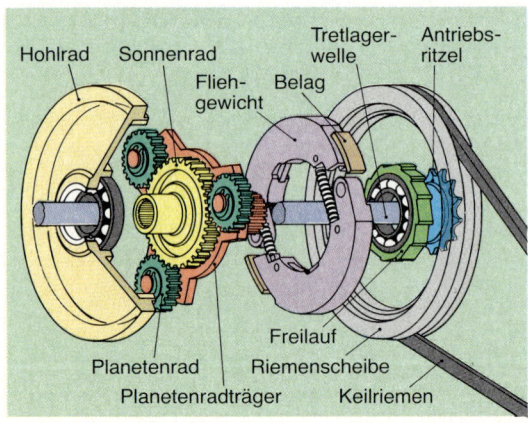

Abb. 3: Zweigang-Automatik

nenrades möglich. Die Planetenräder sind über den Planetenträger und eine Hohlwelle mit dem Antriebsritzel verbunden. Im ersten Gang werden die Planetenräder durch das Hohlrad angetrieben. Sie laufen auf dem Sonnenrad ab und nehmen den Planetenträger mit (1. Gang). Mit zunehmender Motordrehzahl drücken die Fliehgewichte gegen die Trommel der Riemenscheibe und nehmen diese mit. Das Sonnenrad und Hohlrad drehen mit gleicher Drehzahl (2. Gang). Beläge an den Fliehgewichten übertragen die Anpreßkraft. Das Planetengetriebe läuft in einem Ölbad.

Es werden auch **stufenlose Keilriemen-Getriebe** verwendet (s. Kap. 38.4). Sie arbeiten ohne Zugkraftunterbrechung.

49.2.4 Sekundärantrieb

> Der **Sekundärantrieb** überträgt die Antriebskraft vom Getriebe zum Hinterrad.

Die Kraftübertragung übernimmt in den meisten Fällen eine Rollenkette. Sie ist häufig aus Montagegründen geteilt und wird durch ein Steckglied mit Federlasche geschlossen. Aus Sicherheitsgründen haben Motorradräder mit hohen Raddrehzahlen eine endlose Sekundärkette. Motorräder mit großem Motorhubraum und großem Motordrehmoment haben einen **Kegelradantrieb** in Verbindung mit einer Kardanwelle. Diese technisch sehr aufwendige Bauweise (Abb. 3, S. 495), hat folgende **Vorteile:**

- Gute Schmierung und Abdichtung,
- hohe Betriebssicherheit,
- gleichbleibender Wirkungsgrad,
- wartungsfrei,
- große Federwege möglich und
- geräuscharmer Lauf.

49.3 Fahrwerk

49.3.1 Rahmen

Der Rahmen eines Kraftrads ist die tragende Verbindung zwischen dem Lenkkopf und der Aufnahme für die Hinterradlagerung.

Es werden **offene und geschlossene Rahmen** verwendet (Abb. 4). Der offene Rahmen ist gekennzeichnet durch den »Unterbau«, der durch den Motor-Getriebeblock gebildet wird.

Die wichtigsten **Rahmenbauarten** sind:

- Brückenrahmen,
- Gitterrohrrahmen,
- Ein- oder Doppelschleifenrohrrahmen.

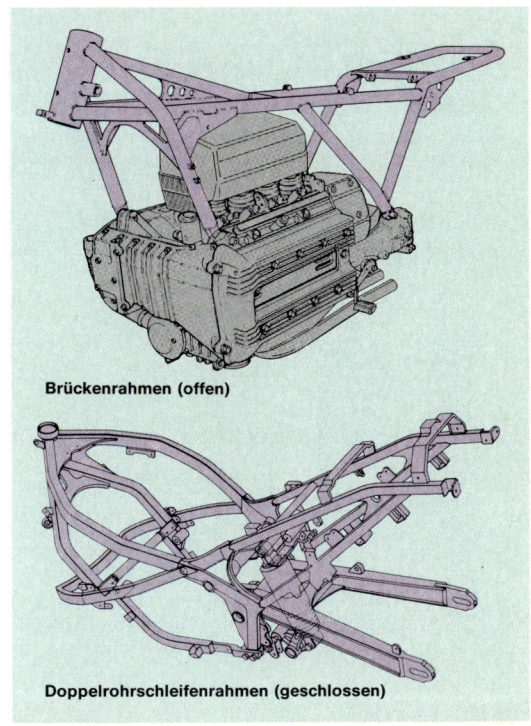

Brückenrahmen (offen)

Doppelrohrschleifenrahmen (geschlossen)

Abb. 4: Rahmen

Die **Anforderungen** an einen **Kraftradrahmen** sind:

- Ausreichende Festigkeit bei geringer Masse,
- Aufnahme aller Bauteile sowie der Sitze für Fahrer und Beifahrer,
- problemlose Zugänglichkeit zu den wichtigsten Bauteilen.

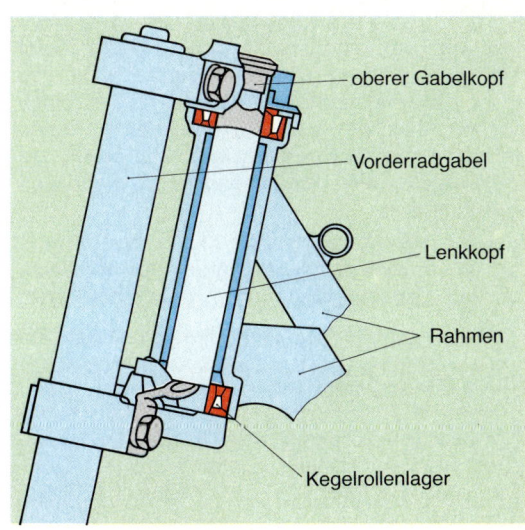

oberer Gabelkopf

Vorderradgabel

Lenkkopf

Rahmen

Kegelrollenlager

Abb. 5: Lenkkopflagerung

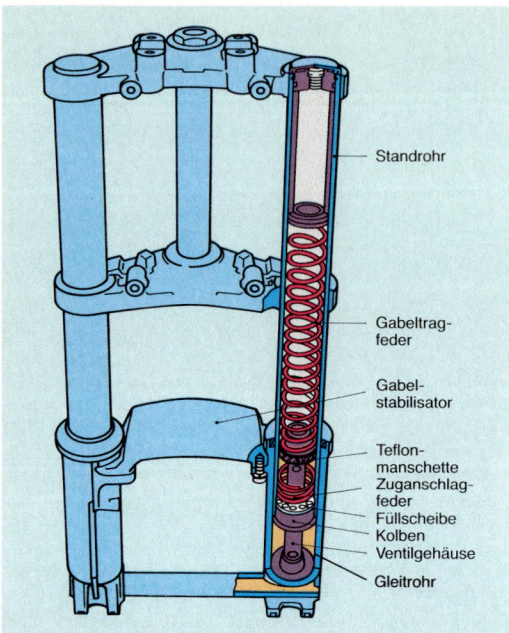

Abb. 1: Tauchgabel

49.3.2 Lenkung

Eine spielfreie Lagerung der Räder und eine leicht-
gängige **Lenkung** in allen Fahrzuständen sind
entscheidende Voraussetzungen, um ein richtungs-
stabiles Fahren eines Einspur-Fahrzeugs bei hohen
Geschwindigkeiten und Kurvenfahrt zu gewährleisten.

Die Lenkung (Vorderradgabel und Lenker) ist meist
in Kegelrollenlagern im **Lenkkopf** gelagert (Abb. 5,
S. 493). Ein falsches Lenkkopflagerspiel beeinflußt
wesentlich das Fahrverhalten. Ein zu großes Spiel
zeigt Auswirkungen auf den Geradeauslauf und
erzeugt Schwingungen. Eine zu »stramme« Einstellung verschlechtert das Fahrverhalten bei hohen
Geschwindigkeiten. Der **Nachlauf** (s. Kap. 40.3.6) des
Vorderrades bewirkt einen geringen Lenkwiderstand
bei Kurvenfahrt.

Eine **Achsschenkellenkung** für Motorräder mit großem Motorhubraum hat den Vorteil, daß der Nachlauf bei Federwegänderungen nahezu konstant
bleibt.

49.3.3 Radaufhängung

> Die wichtigste Forderung an eine **Radaufhängung**
> für Vorder- und Hinterrad ist das Einhalten einer
> vorgegebenen Radstellung (z.B. Nachlauf) in allen
> Fahrzuständen.

Vorderrad-Aufhängung

Als Vorderrad-Aufhängung hat sich überwiegend die
Tauchgabel durchgesetzt (Abb. 1). Zwei Rohre, das
Standrohr (inneres Rohr) und das **Gleitrohr** (äußeres
Rohr), werden gegen die Kraft einer innenliegenden
Feder, ähnlich wie ein Teleskoprohr, ineinander ver-
schoben. Mit zunehmender Belastung, z.B. während
des Bremsvorgangs, taucht das Standrohr in das
Gleitrohr. Die Tauchgabel übernimmt die Aufgaben
der Radführung, Lenkung, Federung und Dämpfung.
Ein langer Federweg (über 200 mm), sowie eine
geringe Wartung durch eine sichere Abdichtung der
geschmierten Gleitstellen sind die Vorteile dieser
Radaufhängung. Ein Nachteil der Tauchgabel ist
das Verkanten des Standrohres im Gleitrohr bei
Aufnahme großer Kräfte und langen Federwegen.
Bei der Upside-Down-Gabel (upside-down, engl.:
verkehrt herum) taucht das Gleitrohr in das Standrohr. Eine bessere Führung des tauchenden Gleit-
rohrs im Standrohr ist dadurch möglich. Ein Verkanten, auch bei extremer Belastung, wird verhindert.
Ein Nachteil beider Gabeln ist, daß nur die Stöße
ausreichend aufgenommen werden, die genau in
Achsrichtung der Gabel wirken.

Die **gezogene** oder **geschleppte Vorderradaufhän-
gung** findet überwiegend Anwendung für Motorroller. Diese Aufhängung bewirkt ein harmonisches
Abrollen des Rades über Bodenunebenheiten. Der
entscheidende Nachteil ist das starke Tauchen während des Bremsvorgangs. Ein hydraulischer Schwingungsdämpfer mit gekapselter Schraubenfeder greift
an der Radnabe an und vermindert so das Tauchen.

Hinterrad-Aufhängung

Für die Hinterradaufhängung wird meist eine **ein-**
oder **zweiarmige geschleppte** oder **gezogene Schwinge** oder eine **Winkelschwinge** verwendet (Abb. 3).

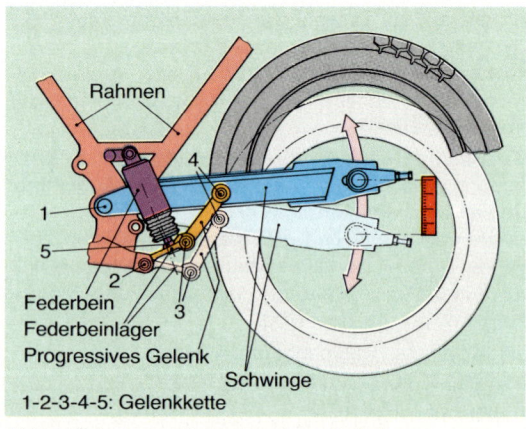

Abb. 2: Schwinge mit progressivem Gelenk

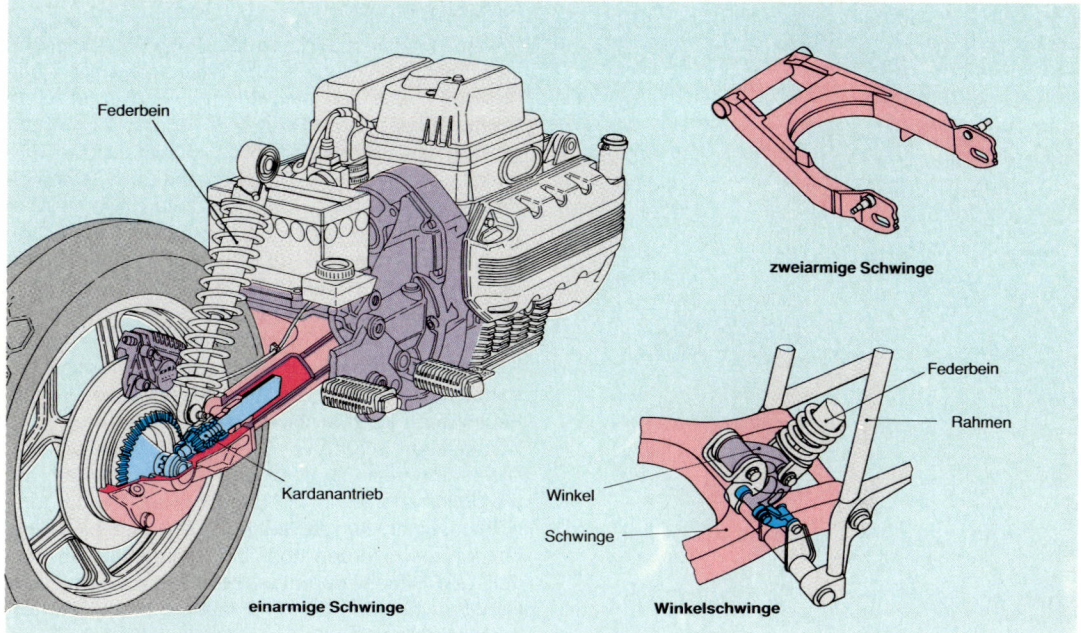

Abb. 3: Hinterradschwingen

Motorräder mit großen Federwegen haben zweiarmige Schwingen. Durch das »Pro-Link«-System (Abb. 2, pro-link, engl.: progressives Gelenk) wird z.B. über eine Gelenkkette (die Verbindung der Punkte 1-2-3-4-5) eine **progressive Federwegände-rung** erzeugt. Die Lager 1 und 2 sind mit dem Rahmen fest verbunden, die Punkte 3 und 4 sind beweglich. Während des Überrollens einer Fahrbahnunebenheit wird zunächst über die zweiarmige Schwinge und das progressive Gelenk (Abb. 2) ein kleiner Federweg auf das Federbeinlager (Punkt 5) übertragen. Wenn sich das **progressive Gelenk** im Punkt 3 streckt, nimmt die Auslenkung am Federbein progressiv zu. Die gleiche Auswirkung haben die Systeme »Unitrak« oder »mono-cross«.

Motorräder mit großem Hubraum bzw. großer Leistung haben zweiarmige, gezogene, breit gelagerte **Langarmschwingen** (Abb. 3), die das Hinterrad sehr genau führen. Der Drehpunkt des Kettenritzels bzw. des Kardangelenks liegt sehr nahe am Schwingendrehpunkt. Die Federung und Schwingungsdämpfung übernehmen zwei symmetrisch angeordnete Federbeine.

Die **Vorteile** der zweiarmigen geschleppten Hinterradschwinge **mit einem Federbein** sind:

- Eine geringe Masse und
- die Verwendung nur eines Federbeins. Eine unterschiedliche Wirkung von zwei Federbeinen wird dadurch vermieden.

Vorteile der zweiarmigen geschleppten Hinterradschwinge **mit zwei Federbeinen** sind:

- Geringe Änderung des Kettendurchhangs trotz großer Federwege,
- während des Bremsvorgangs werden auf den Rahmen nur geringe Kräfte übertragen.

Bei der **Winkelschwinge** (Abb. 3) wird ein Federbein nahezu waagerecht unter Sitz und Kraftstoffbehälter angebracht. Das Federbein ist über ein U-förmiges Gestänge mit der Schwinge verbunden. Am Drehpunkt des U-förmigen Gestänges besteht über ein weiteres Gestänge eine Verbindung zum Rahmen. Die ungefederte Masse des Hinterrads wird verkleinert und ausreichend Platz für die Auspufftöpfe geschaffen. Die dreiecksförmige Winkelschwinge ist sehr verdrehfest. Ihr entscheidender **Vorteil** ist eine progressive Federkennung (s. Kap. 41.3) durch entsprechende Gestaltung des Hebelsystems.

49.3.4 Federung und Schwingungsdämpfung

Zur Federung von Vorder- und Hinterrad werden ausschließlich **Schraubenfedern** eingesetzt. Eine Federung, die mit zunehmender Belastung »härter« wird, hat eine progressive Kennlinie. Um eine progressive Federkennlinie (s. Kap. 41.3) zu erreichen, werden Kegel- oder Tonnenfedern eingebaut. Für den letzten Teil des Federwegs verhindert häufig ein Gummiblock ein Durchschlagen.

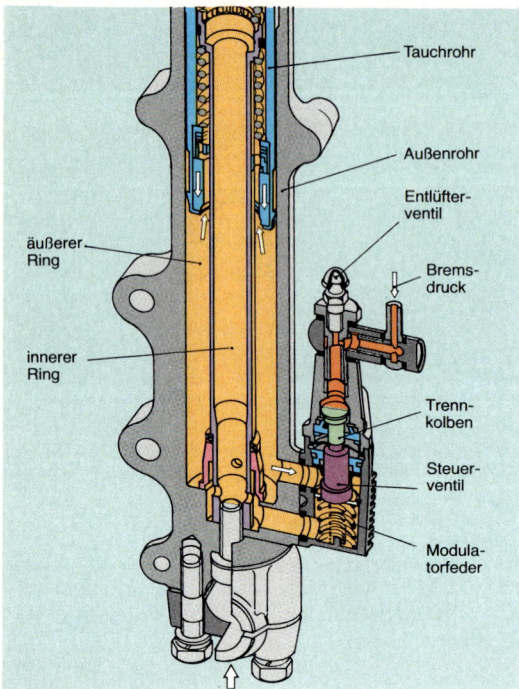

Abb. 1: Anti-Dive-Gabel

Bei der Verwendung einer geschleppten einarmigen Hinterradschwinge wird durch eine schräge Anlenkung der Feder (Abb. 3, S. 495) eine progressive Federkennlinie erzielt.

An Vorder- und Hinterrad werden **hydraulische Schwingungsdämpfer** eingesetzt. Es werden Ein- oder Zweirohrdämpfer verwendet (s. Kap. 42.2). An der Hinterradaufhängung werden überwiegend Federbeine eingebaut (Abb. 3, S. 495).

Ein starkes Eintauchen der Vorderrad-Gabel während des Bremsvorgangs wird durch die **Anti-Dive-Einrichtung** verhindert (Abb. 1, anti, lat.: gegen; dive, engl.: tauchen). Diese Einrichtung zwischen Schwingungsdämpfer und hydraulischer Bremse bewirkt, daß die Schwingungsdämpfer an der Vorderradgabel während des Bremsvorgangs »härter« werden. Der Bremsdruck wirkt gleichzeitig auf einen Trennkolben, der ein Steuerventil betätigt (Abb. 1). Der Durchfluß des Öls vom äußeren Ring des Tauchrohrs zum inneren wird gedrosselt. Der entscheidende Nachteil des Anti-Dive-Systems ist eine zu harte Dämpfung bei starkem Bremsen. Eine harte Schwingungsdämpfung bedeutet eine schlechtere Lenk- und Bremswirkung. Durch ein Federbein mit Niveauregulierung kann das Federbein-Dämpferelement auf höhere Belastungen, z.B. im Soziusbetrieb (sozius, lat.: Weggefährte), eingestellt werden.

49.3.5 Bremsen

Mofas, Mopeds und Motorroller haben überwiegend eine mechanisch betätigte **Trommelbremse.** Alle übrigen Krafträder sind mit einer **hydraulischen Bremsanlage** ausgerüstet. Am Vorderrad werden größtenteils **Scheibenbremsen** eingebaut. Am Hinterrad werden sowohl Scheiben- als auch Trommelbremsen verwendet. Als Trommelbremse werden Simplex-, Duplex- oder Servobremsen, als Scheibenbremse Festsattel- oder Schwimmrahmenbremsen eingesetzt (s. Kap. 45.3 und 45.4).

Die Nachteile der Scheibenbremse in einem Kraftrad sind ihre große Masse sowie eine verzögerte Reaktion durch Nässe und Schmutz. Löcher in den Bremsscheiben verkleinern die Masse, und die Feuchtigkeit kann schneller verdrängt werden. Eine Abkapselung schützt vor Schmutz und Feuchtigkeit.

Die Fußbremse (Bremspedal) wirkt meist nur auf die Hinterradbremse, die Handbremse (Handbremshebel) auf die Vorderradbremse. Durch eine Verbundbremse werden über die Fußbremse die Vorder- und Hinterradbremse gleichzeitig betätigt. Die Handbremse wirkt dann nur auf die rechte Vorderradbremsscheibe.

Eine entscheidende Anforderung an die Kraftradbremse ist eine sichere Stabilisierung des Kraftrads während des Bremsvorgangs. Dies gilt während einer Überbremsung (blockierende Räder) bei Kurvenfahrt. Ein kurzzeitiges Blockieren des Vorderrades führt unvermeidbar zum Sturz.

Bei einem **hydraulisch-elektronischen Anti-Blockier-System** (ABS) für Krafträder wirkt der Handbremshebel auf die Vorderradbremse, das Fußpedal auf die Hinterradbremse (Abb. 2).

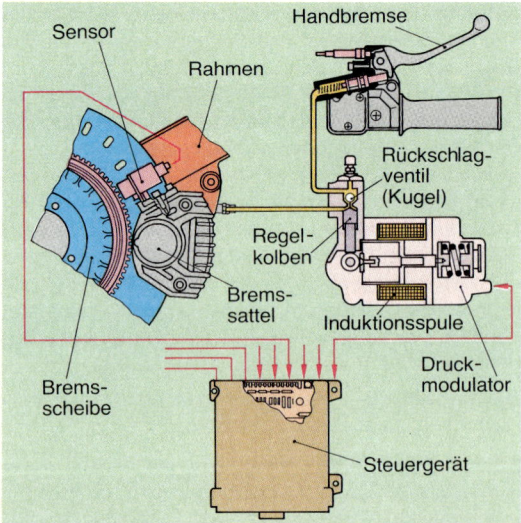

Abb. 2: ABS-Funktionsschema für ein Rad

Das ABS-System besteht aus zwei Druckmodulatoren, die jeweils auf die Radbremszylinder an dem Vorder- und Hinterrad wirken. **Sensoren** an den Rädern geben Drehzahlinformationen an ein elektronisches Steuergerät (Abb. 2). Die Sensoren sind Induktionsgeber ohne Permanentmagnet, um eine Störung durch Verschmutzen mit magnetischen Teilchen zu verhindern.

Neigt ein Rad zum Blockieren, so bewegt ein Elektromotor den federbelasteten Regelkolben im **Druckmodulator** (Abb. 2). Ein Teil der unter Druck stehenden Bremsflüssigkeit strömt in den Zylinder des Druckmodulators, so daß der Bremsdruck abnimmt. Durch die Verschiebung des Regelkolbens wird im Druckmodulator ein Rückschlagventil geschlossen und dadurch die Leitung zwischen Hauptbremszylinder und Radbremszylinder gesperrt. Eine gegenläufige Bewegung des Regelkolbens öffnet das Rückschlagventil und Bremsflüssigkeit wird in die Leitung zum Radbremszylinder gedrückt. Der Bremsdruck steigt wieder an. Durch mehrere solcher Regelvorgänge in der Sekunde wird ein schnelles Ansprechen der Bremse erreicht und ein Blockieren der Räder verhindert.

Alle Bauteile des Systems werden auch außerhalb eines Bremsvorgangs alle vier Sekunden auf Funktionsfähigkeit überprüft. Bei Störungen schaltet das System automatisch ab, die Funktionsfähigkeit der Bremse bleibt erhalten. Das Abschalten wird dem Fahrer über eine Kontrollampe angezeigt.

49.3.6 Räder und Reifen

Folgende **Anforderungen** werden an Kraftradräder gestellt:

- Unempfindlich gegen Stoßbeanspruchung,
- geringe Masse,
- geringe Seiten- und Höhenschläge,
- gute Seitenabstützung des Reifens.

Es werden folgende **Bauarten** eingesetzt:

- Drahtspeichenräder,
- Leichtmetall-Stern- und Speichenräder,
- Verbundräder.

Die **Drahtspeichenräder** haben eine geringe Masse und eine geringe Angriffsfläche gegen Seitenwind. Aufgrund der begrenzten Eigenfederung und geringen Festigkeit werden sie zunehmend durch gegossene oder gebaute Leichtmetallräder abgelöst.

Die **Leichtmetall-Stern- und Speichenräder** (Abb. 3) werden im Druckguß- oder Niederdruck-Kokillengußverfahren hergestellt. Bei den Sternrädern verbinden, anstelle von Speichen, sternförmige Rippen die Felge mit der Nabe. Die geringe Festigkeit von **Leichtmetall-Gußlegierungen** ergeben größere

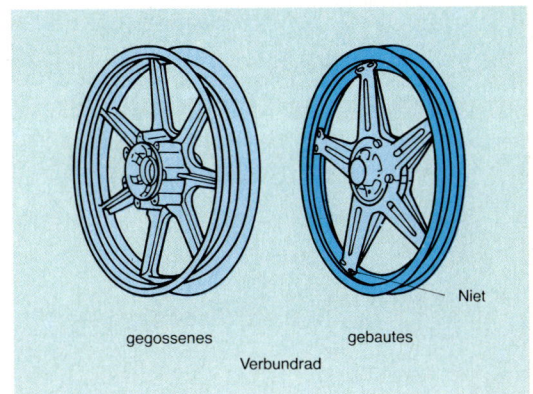

gegossenes Verbundrad / gebautes / Niet

Abb. 3: Kraftradräder

Wanddicken und damit wird die Masse gegenüber den Drahtspeichenrädern nicht geringer. Ihr entscheidender Vorteil ist eine sehr genaue höhen- und seitenschlagfreie Führung, sowie die Möglichkeit der Verwendung schlauchloser Reifen.

Die **Verbundräder** bestehen aus drei Bauteilen: Der Felge, den Speichen und der Nabe. Die Felgen, aus Al-Legierungen im Strangpreß-Verfahren hergestellt, sind sehr formsteif. Sie haben einen hohen Steg, um die Niet- oder Schraubverbindungen für die Speichen luftdicht aufnehmen zu können. Dadurch wird der Einsatz schlauchloser Reifen möglich. Die Speichen aus Leichtmetall oder Stahlblech werden mit der Nabe verschraubt. Je zwei Speichen bilden ein Dreieck. Durch Änderung der Speichenzahl, der Speichenabmessungen oder des Speichenwinkels kann die Laufeigenschaft, z.B. die Seitenabstützung, verändert werden. Der entscheidende Vorteil der Verbundräder liegt in der leichten Austauschbarkeit der Bauteile nach einer Beschädigung.

Gegenüber einem Pkw-Reifen hat der Kraftradreifen wesentlich höhere **Anforderungen** zu erfüllen, z.B.:

- Große Rundlaufgenauigkeit,
- guter Geradeauslauf,
- große Seitenstabilität und Seitenführung,
- geringer Einfluß der Profiltiefe auf die Fahreigenschaften.

Kraftradreifen werden überwiegend als **Niederquerschnittsreifen** in Diagonal- oder Radialbauweise (s. Kap. 44.4) hergestellt. Wegen der besseren Seitenstabilität und Seitenführung werden meist bei Motorrädern mit großer Motorleistung Radialreifen eingesetzt. Der Kraftradreifen hat einen runden Laufflächenquerschnitt. Durch eine zusätzliche Unterlage in der Seitenwand (Seitenkarkasse) oder durch ein weites Umschlagen des Karkassenunterbaus um die Wulst können große Seitenführungskräfte bei

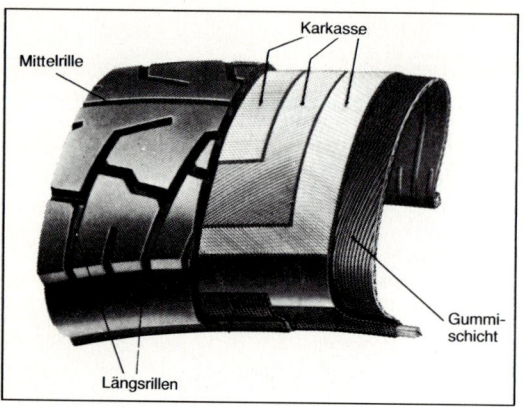

Abb. 1: Aufbau eines Vorderradreifens

extremer Schräglage während der Kurvenfahrt aufgenommen werden. Krafträder haben ungleiche Reifenabmessungen und eine unterschiedliche Profilierung der Vorder- und Hinterradreifen. Das Vorderrad hat überwiegend Lenk- und Seitenführungskräfte zu übertragen. Im Profil sind daher mehr **Längsrillen**. Eine durchgehende **Mittelrille** (Abb. 1) sorgt für einen sicheren Geradeauslauf. Das Vorderrad ist meist kleiner als das Hinterrad, um die Masse des Rades und damit die Lenkkräfte gering zu halten. Im Profil des größeren Hinterrades ist der Anteil von **Quer- und Längsrillen** gleich. Sie haben eine größere Aufstandsfläche und übertragen hauptsächlich Antriebs- und Bremskräfte, nehmen aber auch Seitenführungskräfte auf.
Die Forderung, bei plötzlichem Luftverlust des Reifens noch kontrolliert bremsen zu können, erfüllt der **Sicherheitsreifen**. Er hat verstärkte Seitenwülste, so daß bei völligem Druckverlust der Reifen nur gering eingedrückt wird. Zur Aufnahme des Sicherheitsreifens werden Felgen mit hohem Felgenhorn benötigt.

Beispiel für **Reifenabmessungen** eines Kraftrads:
Vorderradreifen: 100/90 - 19 57 H
Hinterradreifen: 130/90 - 16 67 H

100, 130	– Reifenbreite in mm
90	– Querschnittsverhältnis (Höhen-Breiten-Verhältnis in %)
19, 16	– Felgendurchmesser in inch
57, 67	– Tragfähigkeitskennzahl
H	– Geschwindigkeitssymbol

Der **Niederquerschnittsreifen** hat ein Querschnittsverhältnis kleiner als 100%. Sie werden auch als **Serienreifen** bezeichnet. Der Standardreifen für Krafträder ist der Serie-90-Reifen. Reifen mit kleineren Querschnittsverhältnissen, z.B. Serie-70-, -60- oder -55-Reifen, können größere Brems- und Beschleunigungskräfte übertragen, da die Reifenauf-

standsflächen größer werden. Entscheidender Nachteil ist die geringere Fahrstabilität bei Kurvenfahrt. Gelände- (Moto-Cross-) oder Trial-Krafträder (trial, engl.: Versuch) haben Reifen mit grobstolligem Profil mit großer Selbstreinigung.

Der Aufbau eines Radialreifens für Motorräder unterscheidet sich wesentlich von einem Pkw-Radialreifen durch einen Gürtel, der nur aus gekreuzten Lagen mit spitzem Winkel aufgebaut ist. Die Fäden verlaufen nicht wie bei einem Pkw-Radialreifen in Umfangsrichtung.

Aufgaben

1. Nennen Sie die Hauptbaugruppen eines Kraftrads.
2. Von welchen Bedingungen hängt das Mischungsverhältnis bei der Motorschmierung eines Zweitakt-Otto-motors ab?
3. Nennen Sie die entscheidende Aufgabe des Primärantriebs.
4. Skizzieren und beschreiben Sie den Aufbau einer einfachen Rollenkette.
5. Beschreiben Sie die Wirkungsweise einer Fliehkraftkupplung mit Kugeln.
6. Wie wird der Kraftfluß zwischen der Hauptwelle und den Zahnrädern der Hauptwelle bei einem Ziehkeilgetriebe hergestellt?
7. Nennen Sie vier Vorteile eines Kegelradantriebs bei Motorrädern.
8. Nennen Sie vier wesentliche Anforderungen, die an einen Kraftradrahmen gestellt werden.
9. Welche Einflüsse hat ein falsches Lenkkopfspiel auf das Fahrverhalten eines Kraftrads?
10. Beschreiben Sie die grundsätzliche Wirkungsweise einer Tauchgabel.
11. Nennen Sie die Auswirkungen einer »Pro-Link«-Hinterradaufhängung auf die Federung.
12. Welches sind die entscheidenden Vorteile einer zweiarmigen geschleppten Hinterradschwinge?
13. Welchen entscheidenden Vorteil hat das »Pro-Link-System«?
14. Beschreiben Sie den grundsätzlichen Aufbau einer Winkelschwinge.
15. Welche Auswirkungen hat eine Anti-Dive-Einrichtung?
16. Beschreiben Sie die Wirkungsweise eines Druckmodulators im ABS-System eines Kraftrads.
17. Beschreiben Sie den Aufbau von Verbundrädern.
18. Nennen Sie vier Anforderungen, die an einen Kraftradreifen gestellt werden.
19. Warum haben Kraftradräder ungleiche Radabmessungen und unterschiedliche Reifenprofile am Vorder- und Hinterrad?
20. Welche Vorteile haben Motorradreifen mit kleinen Querschnittsverhältnissen?

50 | Nutzkraftwagen

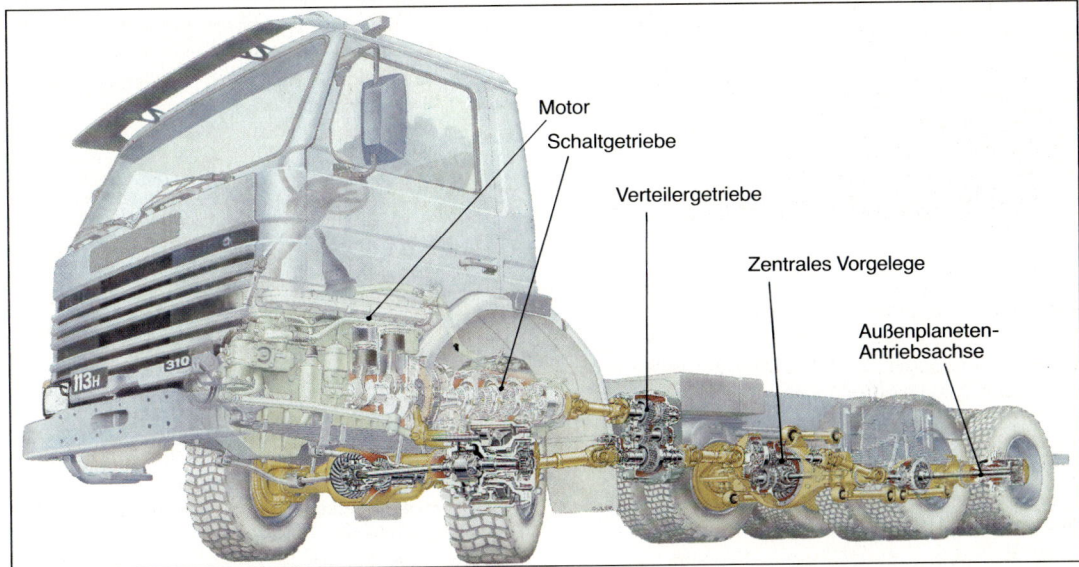

Abb. 1: Sattelzugmaschine

Labels in Abb. 1: Motor, Schaltgetriebe, Verteilergetriebe, Zentrales Vorgelege, Außenplaneten-Antriebsachse

Nutzkraftwagen (Nkw) sind Transportmittel (Kraftfahrzeuge) für Güter und Lasten, für eine größere Zahl von Menschen oder zum Ziehen von Anhängern (DIN 70 010).

Je nach **Verwendungszweck** werden unterschieden:

- Lastkraftwagen (Lkw),
- Kraftomnibusse (KOM) und
- Zugmaschinen (Abb. 1).

Die **Hauptbaugruppen** eines Nutzkraftwagens sind:

- Motor,
- Kraftübertragung mit Kupplung, Getriebe und Achsantrieb,
- Fahrwerk mit Rahmen, Achsen, Lenkung, Federn, Schwingungsdämpfer, Aufbauten und Anhänger.

50.1 Motor

In Nutzkraftwagen werden meist **Dieselmotoren** (Abb. 2) eingesetzt. In Europa haben Lastkraftwagen mit mehr als 5 t zulässigem Gesamtgewicht ausschließlich Dieselmotoren.
Es werden Viertakt-Reihen- oder Viertakt-V-Motoren eingebaut. Die überwiegend wassergekühlten Mo-

toren haben 4 bis 12 Zylinder und einen Gesamthubraum bis zu 14 l. Reihenmotoren können stehend, schrägstehend oder liegend (Unterflurmotor) angeordnet sein. Zweitaktdieselmotoren bzw. luftgekühlte Dieselmotoren finden nur geringe Anwendung im Nutzkraftwagenbau.

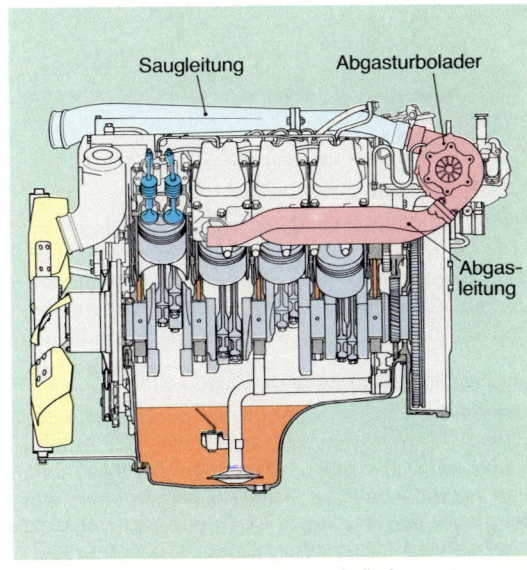

Labels in Abb. 2: Saugleitung, Abgasturbolader, Abgasleitung

Abb. 2: Dieselmotor mit Abgasturbo-Aufladung

Nach § 35 StVZO muß die Motorleistung von Lastkraftwagen und Kraftomnibussen zur Güter- und Personenbeförderung sowie von Lastkraftwagen- und Kraftomnibuszügen mindestens 4,4 kW je Tonne des zulässigen Gesamtgewichts des Fahrzeugs und der jeweiligen Anhängerlast betragen.

Die Forderung nach leistungsstarken, wirtschaftlichen und umweltfreundlichen Motoren erfüllen **Turbo-Dieselmotoren mit Direkteinspritzung und Ladeluftkühlung.** Ladeluftgekühlte Turbo-Dieselmotoren zeichnen sich durch einen hohen effektiven Wirkungsgrad ($\eta_{eff} > 40\%$) aus. Sie genügen höheren Anforderungen der Abgasgesetzgebung. Es gibt Turbo-Dieselmotoren, die Leistungen über 300 kW bei Motordrehzahlen bis 2400 1/min erreichen. Sie erzielen Motordrehmomente bis 2000 Nm bei 1400 1/min und einen spezifischen Vollast-Kraftstoffverbrauch von weniger als 200 g/kWh bei einer Hubraumleistung von mehr als 45 kW/l.

50.2 Kraftübertragung

Abb. 1 zeigt das Schema einer Kraftübertragung in einer allradgetriebenen Sattelzugmaschine.

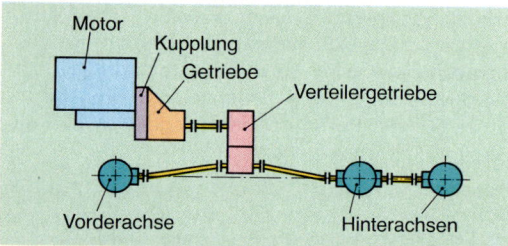

Abb. 1: Schema der Kraftübertragung in einer allradgetriebenen Sattelzugmaschine

50.2.1 Kupplung

Durch eine **Einscheiben-Trockenkupplung** mit Schraubenfedern oder Membranfeder und Schwingungsdämpfung wird zwischen einem drehmomentstarken Motor und dem Getriebe eine lösbare Verbindung hergestellt (s. Kap. Kupplung). Müssen sehr hohe Drehmomente übertragen werden, wird eine **Zweischeiben-Trockenkupplung** verwendet. Die Kupplungsbetätigung in Nutzkraftwagen wird pneumatisch oder hydraulisch unterstützt. Bei größter Schonung aller kraftübertragenden Bauteile kann eine **hydrodynamische Kupplung** Drehzahlen und Drehmomente übertragen. Aufgrund des begrenzt übertragbaren Drehmoments (max. 1000 Nm), werden sie überwiegend in Kraftomnibussen eingebaut.

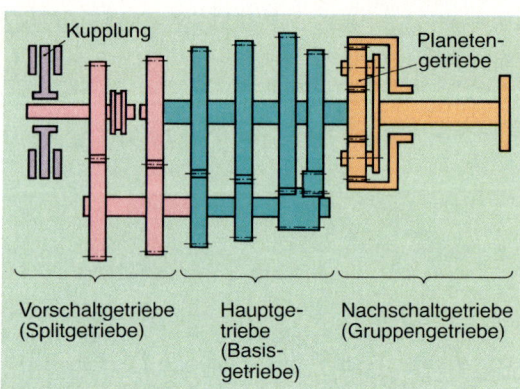

Abb. 2: Schematische Darstellung eines Schaltgetriebes

50.2.2 Getriebe

Je nach Verlauf der Motordrehmoment-Kennlinie werden synchronisierte 4- bis 8-Gang-**Getriebe** eingesetzt. Getriebe mit Vorschalt-Splitgetriebe und Naschalt-Splitgetriebe (Gruppengetriebe) haben bis zu 16 Schaltstufen und werden überwiegend in Lastkraftwagen für den Fernverkehr oder Spezialfahrzeugen eingesetzt (Abb. 2).

Ein **Hauptgetriebe** (Basisgetriebe) hat 5 bis 8 Schaltstufen. Es kann mit einem **Vorschalt-Splitgetriebe** und/oder **Nachschalt-Splitgetriebe** (Gruppengetriebe), häufig in Planetenbauart, erweitert werden. Die Schaltstufen im Hauptgetriebe werden mechanisch mit dem Schaltknüppel geschaltet, das vorgeschaltete Splitgetriebe mit einem Steuerventil pneumatisch, das am Schalthebel betätigt wird. Das Nachschalt-Splitgetriebe (Gruppengetriebe) wird mit einem zusätzlichen Schalthebel dazugeschaltet. Nach Durchfahren der Schaltstufen des Hauptgetriebes wird nach Betätigen des Zusatzhebels eine gleichgroße Gangzahl wie im Hauptgetriebe mit dem Schaltknüppel geschaltet (Verdoppelung der Schaltstufen). Dies führte häufig zum »Verschalten«. Eine **Doppel-H-Schaltung** (s. Kap. 37.6.1) ermöglicht eine eindeutige Zuordnung der Schaltstufen aus Hauptgetriebe und Nachschalt-Splitgetriebe.

Allrad-Nutzkraftwagen benötigen ein **Verteilergetriebe** (s. Kap. 37.6.3), um die Antriebskraft auf Vorder- und Hinterachse zu verteilen. Es kann die Übersetzung der Zugkraft durch das Hauptgetriebe um das 1,5fache erhöhen.

Technische Entwicklungen an Dieselmotoren, die zur Vergrößerung der effektiven Leistung und der Minderung des effektiven Kraftstoffverbrauchs führen, wären nutzlos ohne eine geregelte Fahrweise, d.h. ein Schalten in Abhängigkeit von der Motorcharakteristik. EPS-, CAG- oder SAMT-Systeme führten zum **automatisierten Schaltgetriebe:**

EPS – »**e**lektro**p**neumatische **S**chaltung«,

CAG – »**C**omputer **A**ided **G**earshifting«, computerunterstütztes Schalten,

SAMT – »**S**emi-**A**utomatic-**M**echanical-**T**ransmission«, halbautomatische mechanische Übertragung.

Bei allen automatisierten Schaltgetrieben werden dem Fahrer Empfehlungen über ein **Display** (engl.: Schaufenster, Abb. 3) gegeben. **Sensoren** liefern einem **Computer** Informationen über die augenblickliche Kraftstoffzufuhr (Lastzustand), die jeweilige Fahrgeschwindigkeit und die jeweils eingelegte Schaltstufe. Der Computer verarbeitet die Informationen der Sensoren und zeigt im Display den eingelegten und den vom Computer vorgewählten Gang an. Es besteht keine mechanische Verbindung zwischen Schalthebel und Getriebe. **Magnetventile,** vom Steuergerät gesteuert, regeln die Luftmenge für die Schaltzylinder.

Das **CAG-System** hat an Stelle des Schalthebels eine Konsole mit einem **Fingertipphebel** und einem **Drehschalter** (Abb. 3). Mit dem Schalter kann das System auf »Manuell« oder »Automatik« geschaltet werden.

Das **EPS-System** arbeitet wie das CAG-System im »Manuell-Betrieb«. Der Schalthebel ist »Geber«.

Das **SAMT-System** arbeitet wie das CAG-System im »Automatik«-Betrieb. Die Kupplung muß jedoch während des Anfahrens und Anhaltens betätigt werden. Die weitere Kupplungsbetätigung ist automatisiert.

Das Schaltgetriebe ist ein 4-Gang-Klauengetriebe mit zwei Vorgelegewellen und 3 Splitstufen.

In allen »automatisierten« Schaltgetrieben ist eine Synchronisation erforderlich. Synchron-Schaltgetriebe gibt es seit 1969 auch im Schwerlastwagenbau.

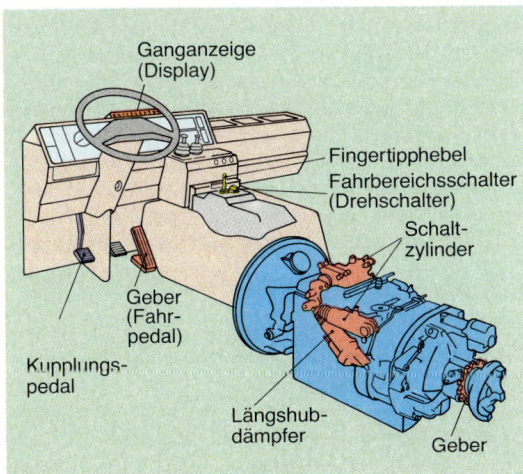

Abb. 3: Funktionsaufbau des CAG-Systems

Elektronisch oder hydraulisch gesteuerte Automatikgetriebe mit hydropneumatischem Wandler (s. Kap. 38.1) haben sich nur in Kraftomnibussen durchgesetzt. Der entscheidende Grund ist das begrenzt übertragbare Drehmoment des Wandlers. Je nach Einsatz (Linien- oder Überlandverkehr) werden zwei- bis viergängige Getriebe zum Teil mit integriertem Retarder (s. Kap. 47.7.2) eingebaut.

50.2.3 Achsgetriebe

Als Achsgetriebe hat sich das **Hypoidgetriebe** durchgesetzt (s. Kap. 39.1), das sehr hohe Drehmomente übertragen kann. Um die Zahnräder des Schaltgetriebes vor großem Verschleiß zu schützen, wird bei schweren Nutzkraftwagen das erforderliche große Drehmoment erst in der Nähe des Antriebsrades wirksam. Dies kann durch eine **Außenplaneten-Antriebsachse** (s. Kap. Radantrieb) oder ein **zentrales Vorgelege** erreicht werden.

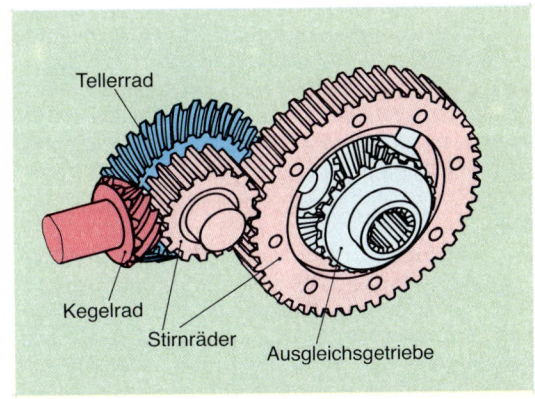

Abb. 4: Zentrales Vorgelege mit Drehzahluntersetzung

Das zentrale Vorgelege (Abb. 4) ist eine zusätzliche Drehmomentübersetzung, die im Achsgetriebe-Gehäuse der Hinterachse untergebracht ist. Die Außenplaneten-Antriebsachse hat den Vorteil, daß im Achsgetriebe-Gehäuse ein kleines Tellerrad mit geringer Drehmomentübersetzung eingebaut werden kann. Das Achsgetriebe-Gehäuse wird dadurch kleiner, die Bodenfreiheit größer.

Um größere Lasten transportieren zu können, werden Nutzkraftwagen mit **Doppel-Hinterachse** gebaut. Beide Achsen können mit Außenplaneten-Antriebsachsen und/oder zentralem Vorgelege sowie Ausgleichssperren (Querausgleich) ausgerüstet sein.

Durch Matsch, Schnee, Eis oder Nässe auf der Fahrbahn kommt es zu ungleichen Drehzahlen an den beiden angetriebenen Achsen. Sie werden daher häufig durch ein **Zwischenachs-Ausgleichgetriebe** (Längsausgleich) ergänzt. Es ist überwiegend im

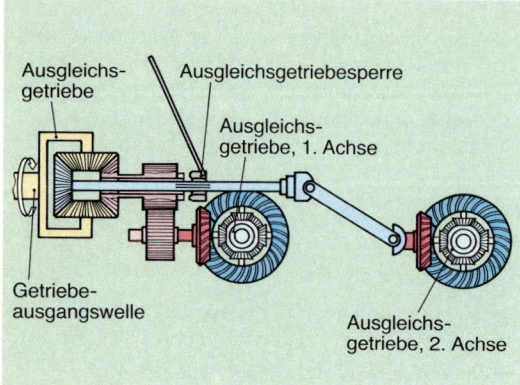

Abb. 1: Schema eines Zwischenachs-Ausgleichsgetriebes

Hinterachsgehäuse der 1. Achse untergebracht (Abb. 1). Von der Getriebeausgangswelle wird die Antriebskraft zum Zwischenachs-Ausgleichsgetriebe geleitet. Dessen Ausgleichsräder übertragen jeweils die Antriebskraft auf die Antriebsritzel des 2. Hinterachs-Ausgleichsgetriebes. Verlieren die Räder einer oder beider Achsen die Fahrbahnhaftung, werden Antriebswelle und Ausgleichsgehäuse formschlüssig verbunden (s. Kap. 39.2.4). Das Zwischenachs-Ausgleichsgetriebe ist dann ohne Wirkung. Das Schalten der Ausgleichssperren erfolgt überwiegend mechanisch mit pneumatischer Unterstützung.

Bei **Allradantrieb,** z.B. eine angetriebene Achse vorn und eine oder zwei hinten, wird zusätzlich ein Zwischenachs-Ausgleichsgetriebe zwischen Vorder- und Hinterachsantrieb eingebaut (Abb. 2). Das ist überwiegend im Verteilergetriebe untergebracht und gleicht unterschiedliche Drehzahlen zwischen dem Vorder- und Hinterachsantrieb aus. Der Längsausgleich kann auch formschlüssig durch Klauenkupplungen gesperrt werden.

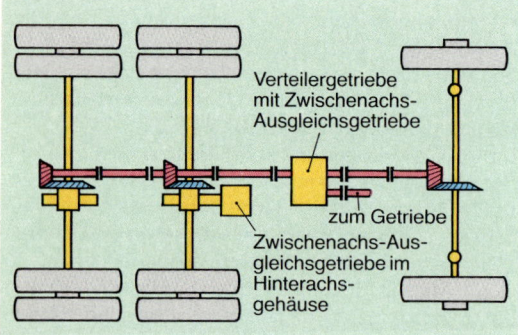

Abb. 2: Schematische Darstellung von drei angetriebenen Achsen mit Zwischenachs-Ausgleichsgetriebe

50.3 Fahrwerk

50.3.1 Rahmen

Der Rahmen eines Nutzkraftwagens muß folgende **Anforderungen** erfüllen:

- hohe Tragfähigkeit,
- Aufnahme aller Kräfte und Momente,
- Möglichkeit einer günstigen Anordnung aller Hauptbaugruppen und zusätzlicher Bauteile.

Der **Rahmen** ist durch die Nutzlast, das Eigengewicht des Nutzkraftwagens und durch dynamische Kräfte großen Biegekräften ausgesetzt.

Durch Fahrbahnunebenheiten, eine unsymmetrische Belastung oder bei Kurvenfahrt treten Torsionskräfte auf. Während des Brems- und Anfahrvorgangs müssen große Zug- und Druckkräfte aufgenommen werden.

Im Nutzkraftwagenbau werden folgende **Rahmenbauarten** (s. Kap. 48.1) verwendet:

- genietete Leiterrahmen in Fisch- oder Schwanenhalsbauweise,
- Leiterrahmen mit verschweißten Rohrquerträgern,
- geschweißte Kastenrahmen mit parallelen Längsträgern,
- gespreizte Rahmen (geschweißt) in Tulpenbauweise,
- X-Rahmen.

Der Standardrahmen ist der **genietete Leiterrahmen.** Er hat zwei kaltverformte U-Profil-Längsträger in **Fisch- oder Schwanenhalsbauweise** (Abb. 3). Die Längsträger haben die Form eines Fisches (Fischbauweise) oder sind im Bereich der Vorderachse gleich einem Schwanenhals geformt. Eine unterschiedlich große Zahl von Querträgern und deren Anschlüsse an die Längsträger beeinflussen wesentlich die Torsionssteifigkeit des Rahmens. Die Querträger sind überwiegend U-Profile, die an die Längsträger genietet, geschraubt oder geschweißt werden. An die Längsträger werden **Konsolen** und **Lagerböcke** genietet oder geschraubt, die u.a. die Befestigungspunkte für Fahrerhaus, Aufbau, Federn, Schwingungsdämpfer oder Bremsaggregate sind. Ein Leiterrahmen mit verschweißten Rohrquerträgern ist sehr biegesteif und verwindungselastisch und wird überwiegend für Bau- und Geländefahrzeuge eingesetzt.

Kastenrahmen und gespreizte Rahmen in Kastenprofil-Bauweise (Abb. 3) finden überwiegend Anwendung in kleinen Nutzkraftwagen mit geringem Eigengewicht. Die Querträger sind eingeschweißt.

Der **X-Rahmen** hat zwischen den Längsträgern diagonal verlaufende, genietete Streben, die

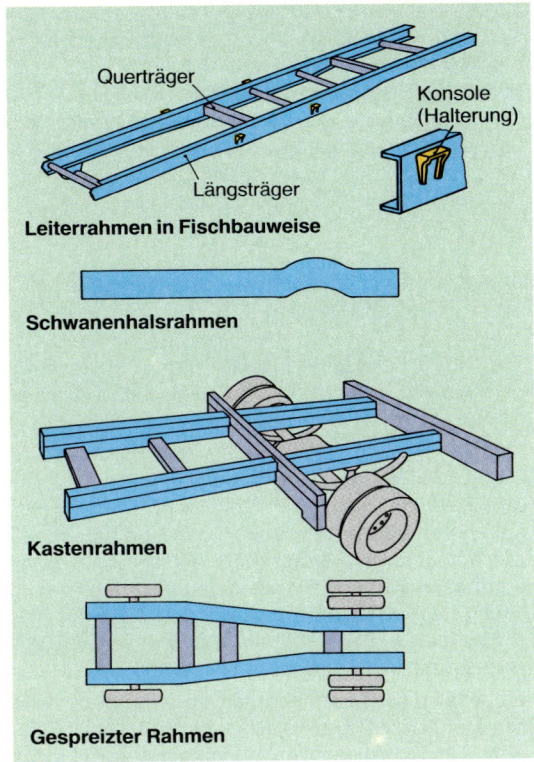

Leiterrahmen in Fischbauweise

Querträger

Konsole
(Halterung)

Längsträger

Schwanenhalsrahmen

Kastenrahmen

Gespreizter Rahmen

Abb. 3: Rahmenbauarten

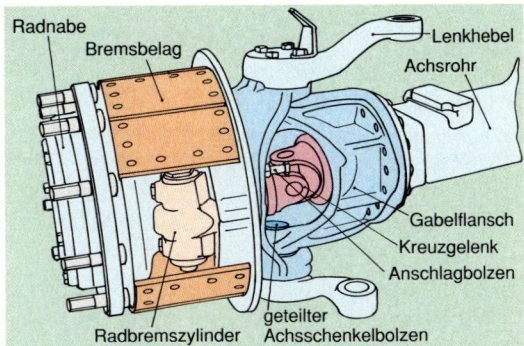

Radnabe

Bremsbelag

Lenkhebel

Achsrohr

Gabelflansch

Kreuzgelenk

Anschlagbolzen

Radbremszylinder

geteilter
Achsschenkelbolzen

Abb. 4: Angetriebene und gelenkte Vorderachse

über die **Achsschenkelbolzen** (die Drehachsen) mit dem Achskörper verbunden.

Die angetriebene, gelenkte Vorderachse eines allradgetriebenen Nutzkraftwagens ist überwiegend eine **Banjoachse.** Das im ungeteilten Achsgehäuse untergebrachte Achs- und Ausgleichsgetriebe gibt dieser Achse ein charakteristisches Aussehen, was zur Bezeichnung Banjoachse führte (Banjo, amerik. Musikinstrument). Radseitig hat der Achskörper einen gabelförmigen Flansch (Gabelachse) und dient der Aufnahme des meist nadelgelagerten Achsschenkels. Der Achsschenkelbolzen ist geteilt (Abb. 4). Der Antrieb der Radnabe erfolgt über Kegel- und Tellerrad, das Ausgleichsgetriebe und die Doppelgelenkwellen.

Seit 1985 gibt es durch die Gesetzgebung der EG (Europäische Gemeinschaft) die Möglichkeit, Nutzkraftwagen für den allgemeinen Straßen-Güterverkehr zu bauen, die ein zulässiges Gesamtgewicht bis zu 40 t haben. Dies führte zur Entwicklung vier- oder fünfachsiger Nutzkraftwagen mit zwei gelenkten Vorderachsen.

50.3.3 Lenkung

> Die Lenkung der Nutzkraftwagen ist eine **Achsschenkellenkung mit Lenktrapez.**

Eine einteilige Spurstange bildet mit dem Achskörper und den Spurstangenhebeln das Lenktrapez (s. Kap. 40.1.2). Die Lenkkräfte werden über die Lenkschubstangen auf die Lenkhebel übertragen. Das Lenkgetriebe ist überwiegend ein hydraulisch unterstütztes **Kugelumlaufgetriebe** (s. Kap. 40.4.2).

Eine **Doppelachslenkung** (Abb. 1, S. 504) ermöglicht ein schlupffreies Abrollen aller Räder um einen gemeinsamen Kurvenmittelpunkt. Um dies zu erreichen, ist ein kleinerer Lenkeinschlagwinkel der zweiten Achse bei Kurvenfahrt notwendig. Der

den Gesamtrahmen verstärken. Sie werden z. B. für Sattelzugmaschinen und Kippfahrzeugen eingesetzt, um dem Rahmenverzug bei ungleicher Belastung (z. B. Kippvorgang) entgegenzuwirken.

Als **Werkstoff** für alle Rahmenbauarten wird hochfester Sonderstahl verwendet.

Für Kraftomnibusse hat sich eine **selbsttragende Gitterkonstruktion** aus Vierkantstahlrohr durchgesetzt (s. Kap. 48.1).

50.3.2 Vorderachse

> Die Standard-Vorderachse der Nutzkraftwagen ist die dreigeteilte **Starrachse,** bestehend aus Achskörper und den beiden radseitig drehbar gelagerten **Achsschenkeln.**

Der Achskörper hat ein Doppel-T-Profil aus geschmiedetem Stahl und ist meist zur Fahrzeugmitte hin nach unten gekröpft, um für Motor und Federn Platz zu schaffen. Radseitig ist der Achskörper faust- oder gabelförmig zur Aufnahme der Achsschenkel ausgebildet. Die Achsschenkel sind jeweils

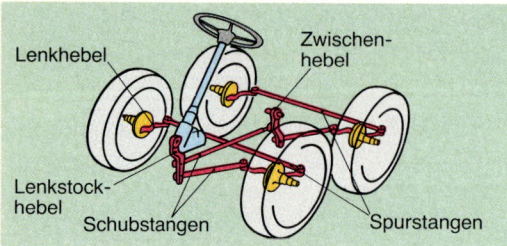

Abb. 1: Doppelachslenkung

Differenzwinkel hängt ab vom Radabstand der gelenkten Achsen. Die zweite Schubstange, ausgehend vom Lenkstockhebel, wirkt auf einen am Rahmen befestigten Umlenkhebel und betätigt das Lenktrapez der zweiten Achse. Der erforderliche Lenkdifferenzwinkel zwischen der ersten und der zweiten Achse wird durch ein entsprechendes Übersetzungsverhältnis zwischen den Schubstangen über den Lenkstock- und Umlenkhebel erzielt.

50.3.4 Hinterachse

Die Hinterachse der Nutzkraftwagen ist ausschließlich eine **Starrachse** mit hoher Tragfähigkeit, die über Kardanwellen angetrieben wird.

In einem ungeteilten (Abb. 6, S. 407) oder geteilten (Abb. 2) **Hinterachs-Getriebegehäuse** sind Achs- und Ausgleichsgetriebe eingebaut. Die Antriebswellen werden mittig durch den hohlen Achskörper geführt. Durch die Ausrüstung mit einer angetriebenen Doppelachse oder einer nichtangetriebenen Nachlaufachse kann das zulässige Gesamtgewicht, die Nutzlast, erhöht werden.

Es werden **selbstlenkende und zwangsgelenkte Nachlaufachsen** eingesetzt. Die selbstlenkende Nachlaufachse wird über den Nachlauf (s. Kap.

40.3.6) gelenkt. Bei Rückwärtsfahrt werden die Räder in Geradeausstellung gehalten. Die zwangsgelenkte Nachlaufachse wird durch die Fahrzeuglenkung über Gestänge und Zwischenhebel gelenkt. Die Nachlaufachse kann mechanisch (pneumatisch unterstützt) angehoben werden, wenn das Kraftfahrzeug unbelanden bzw. gering beladen ist. Der Reifenverschleiß wird dadurch vermindert.

50.3.5 Federn und Schwingungsdämpfer, Radaufhängung

Im Nutzkraftwagenbau haben sich überwiegend **Längsblattfedern** an der Vorder- und Hinterachse durchgesetzt.

Die Blattfedern sind meist aus vielen Blattfederlagen aufgebaut (s. Kap. 41.3.1). Sie können die zur Achsführung erforderlichen Längs- und Querkräfte sowie die Antriebs- und Bremskräfte aufnehmen. Infolge der großen Reibung zwischen den Federlagen kann häufig auf zusätzliche Schwingungsdämpfer verzichtet werden. Ein Parallelschalten von Zusatzfedern ergibt eine progressive Federkennlinie.

Um die ungefederten Massen zu verringern, wird die Herstellung von Blattfedern, z.B. aus Glasfaser-Verbundwerkstoffen, zunehmend erprobt. Die **Schraubenfeder** findet nur Anwendung im Kraftomnibusbau oder in geländegängigen Nutzkraftwagen.

Zum schonenden Transport empfindlicher Güter wird eine Kombination aus Blatt- und Luftfederung oder eine **Voll-Luftfederung** (s. Kap. 41.3.2) verwendet. Eine Luftfederung mit Rollbalg wird überwiegend aus Komfortgründen im Kraftomnibus, aber auch zunehmend in Schwerlastkraftwagen eingebaut, um Ladung und Fahrbahnbelag zu schonen. Die Radaufhängung angetriebener Doppel-Hinterachsen ist

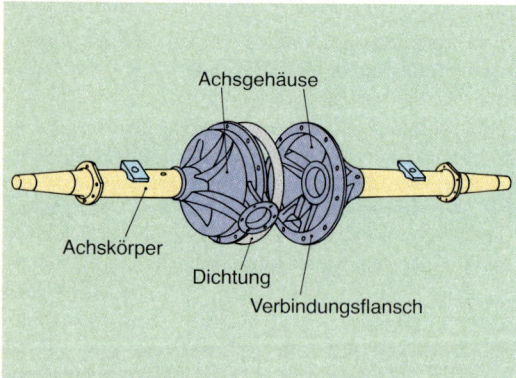

Abb. 2: Geteilte Hinterachse

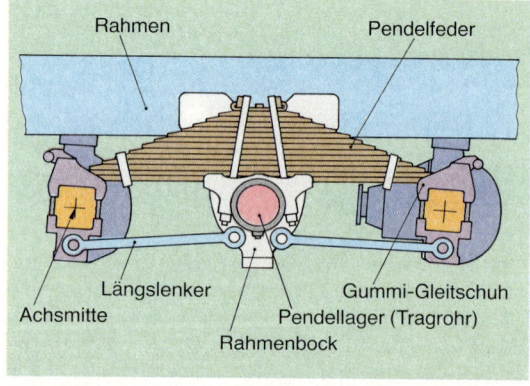

Abb. 3: Doppel-Hinterachsaufhängung mit Pendelfedern

z.B. eine Aufhängung mit **Pendelfedern** (Abb.3). Die Pendelfeder ist eine Trapezfeder ohne Achsführungsaufgaben. Eine Längslenker-Anordnung übernimmt die Führung der Achse. In beidseitigen Rahmenböcken ist ein **Pendellager** (Tragrohr) gelagert und dient der pendelnden Aufnahme der Federn auf beiden Seiten der Achse. Die Federenden werden über den Achsmittelpunkten in **Gummi-Gleitschuhen** geführt. Eine zusätzliche Luftfederung kann bei jedem Beladungszustand für eine unveränderte Ladeflächenhöhe und gleichbleibenden Federungskomfort sorgen. Aufgrund der hohen Eigenreibung der im Nutzkraftwagen üblichen Blattfedern werden nur die Vorderachsen mit **hydraulischen Schwingungsdämpfern** ausgerüstet. Sie dienen überwiegend dem Federungskomfort im Fahrerhaus. Mit zunehmendem Einsatz von Parabelfedern (Abb.5, S.391) oder Luftfederung werden hydraulische Zweirohrschwingungsdämpfer (s. Kap. 42.2.2) eingebaut.

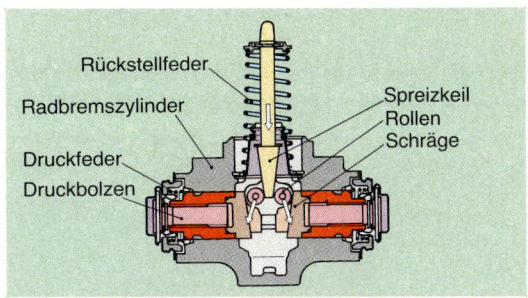

Abb. 4: Radbremszylinder mit Spreizkeil

50.3.6 Bremsen

> Die Standardbremse der Nutzkraftwagen ist die **druckluftbetätigte Trommelbremse** mit integrierter automatischer Nachstellung.

Folgende **Bauarten** der Trommelbremse (s. Kap. 45.3) werden überwiegend eingesetzt:

- Simplex-Bremse (schwere Lkw),
- Duo-Duplex-Bremse (mittelschwere und schwere Lkw),
- Duo-Servo-Bremse (mittelschwere Lkw).

Die Bremsbacken werden über **Nocken** (s. Kap. 45.3.2) oder **Spreizkeile** (Abb. 4) betätigt.

Die Druckluftbremse (s. Kap. Druckluftbremsanlage und Dauerbremsanlagen) wird überwiegend in schweren und mittelschweren Nutzkraftwagen eingebaut. In mittelschweren Nutzkraftwagen wird auch bevorzugt eine Druckluftbremsanlage mit hydraulischer Übertragungseinrichtung eingesetzt (s. Kap. 47.6). Kleine Nutzkraftwagen werden mit einer unterdruckverstärkten **hydraulischen Bremsanlage** (s. Kap. 46.2.3) ausgerüstet.

In kleinen Nutzkraftwagen (Kleinlastwagen) und Kraftomnibussen haben sich auch die **Vorderrad-Scheibenbremse** und die **Allrad-Scheibenbremse** (Kraftomnibusbau) durchgesetzt. Scheibenbremsen mit Faustsattel sowie Schwimmrahmenbauarten (s. Kap. 45.4.4) werden eingebaut.

Es werden überwiegend elektronisch gesteuerte **Anti-Blockier-Systeme** (ABS) mit **Antriebs-Schlupf-Regelung** (ASR) eingesetzt (s. Kap. 46.3 und 46.6).

Sie sorgen für eine fahrstabile Bremsverzögerung sowohl im Bremssystem der Zugmaschine als auch im Auflieger bzw. Anhänger. Eine Ausgleichssperre wird dabei überflüssig.

Als **dritte Bremse** wird vom Gesetzgeber ein Zusatzbremssystem, z.B. der Retarder (retardation, fr.: Verzögerung) gefordert. Ein Retarder hat die Aufgabe, die Betriebsbremse unter bestimmten Betriebsbedingungen zu entlasten oder zu ergänzen, z.B. bei starkem Straßengefälle. Die **Motorbremse** ist das älteste System einer dritten Bremse (s. Kap. 47.7).

Zunehmend werden Retarder eingebaut, die das Bremssystem bei Talfahrt und bei normalen Verzögerungsabläufen automatisch unterstützen, wenn die Betriebsbremse betätigt wird.

Es werden **elektromagnetische** oder **hydraulische Retarder** (s. Kap. 47.7) eingesetzt. Sie sind im Getriebe (Hydraulikgetriebe), im Hinterachsgehäuse, im Verteilergetriebe oder zwischen Getriebe und Achsantrieb angeordnet.

Der hydraulische Retarder ist im Prinzip wie eine hydrodynamische Kupplung aufgebaut (s. Kap. 36.3.2). Es wird kein Drehmoment übertragen, sondern Bewegungsenergie in Wärme umgewandelt. Die während des Bremsvorgangs erzeugte Wärmemenge wird über einen Wärmetauscher abgeführt. Der Wärmetauscher ist meist an das Motorkühlsystem angeschlossen.

50.3.7 Räder und Reifen

Große Radlasten, sowie höhere Fahrgeschwindigkeiten stellen immer höhere Anforderungen an die Räder der Nutzkraftwagen.

Folgende **Räder** werden verwendet:
- Monolexrad mit Steilschulterfelge, ein scheibenförmiges Rad aus einem Stück,
- Trilex-Rad, überwiegend mit Steilschulterfelge (dreiteilig, s. Kap. 44.3),
- Trilex-Rad (dreiteilig) mit Tublex-Felge, meist als Schrägschulterfelge für schlauchlose Reifen,

- Trilex-Zwillingsrad (dreiteilig) mit Schräg- oder Steilschulterfelge.

Die **Schrägschulterfelge** wird immer mehr von der **Steilschulterfelge** verdrängt. Entscheidende **Vorteile** der Steilschulterfelge sind:

- Eine größere Maulweite ergibt eine höhere Standfestigkeit des Reifens (Abb. 2).
- Das Luftvolumen des Reifens wird vergrößert und damit die Tragfähigkeit.
- Die Aufstandsfläche des Reifens wird gerade und dadurch verkleinert. Die Folge ist eine Verringerung des Profilverschleißes.
- Der Reifen hat einen festeren Sitz auf der Felge, da er sich durch den Luftdruck in der Felge festkeilt und dadurch einen größeren Kraftschluß zwischen Felgenschulter und Reifen herstellt.

Der schlauchlose **Niederquerschnitts-Stahlgürtelreifen** (Abb. 1) ist der Standardreifen der Nutzkraftwagen. Eine einlagige Stahlcord-Karkasse verhindert ein starkes »Aufheizen« des Reifens. Weitere **Vorteile** gegenüber einem Diagonalreifen sind:

- geringerer Rollwiderstand, deshalb Kraftstoffersparnis,
- besseres Eigenfederungsverhalten schafft erhöhten Fahrkomfort und
- geringerer Verschleiß, das bedeutet höhere Wirtschaftlichkeit.

Ein **zusätzlicher Vorteil** eines Nutzkraftwagenreifens gegenüber einem Pkw-Reifen, der die Wirtschaftlichkeit erhöht, ist die vom Hersteller garantierte Möglichkeit des Profilnachschneidens und der Runderneuerung.

Die Reifen für Lenk-, Antriebs- oder Anhängerachsen unterscheiden sich vor allem im Profil. Ein Reifen für Lenkachsen hat überwiegend längsorientiertes Profil, um besser Lenk- und Seitenführungskräfte übertragen zu können. Der Reifen einer angetriebenen Achse hat überwiegend quer-

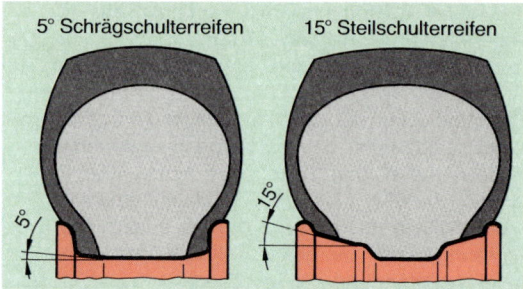

Abb. 2: Vergleich: Schräg- und Steilschulterfelge

orientiertes Profil, um besser Brems- und Antriebskräfte zu übertragen.

Die Entwicklung in der Reifenausrüstung geht dahin, den Lastzug mit Reifen gleicher Abmessungen und Profilausführung auszurüsten (Allrad-Ganzjahresreifen). Dieser **»Universalreifen«** hat ein Rippenprofil. Es muß nur ein Ersatzrad mitgeführt werden.

50.4 Fahrerhaus, Aufbauten

50.4.1 Fahrerhaus

Das Fahrerhaus eines Nutzkraftwagens entspricht heute nicht nur ergonomischen, sondern auch ästhetischen Anforderungen. Die Entwicklung zu einem **ergonomischen Arbeitsplatz** (s. Kap. 48.3) begann mit einer guten Federung und Dämpfung der Vorderachse. Aus Komfortgründen werden alle Vorderachsen mit **Schwingungsdämpfern** ausgerüstet. Eine zusätzliche **Vierpunkt-Federung** des Fahrerhauses ist auf die Fahrzeug- und Sitzfederung abgestimmt (Abb. 3). Als Fahrerhaus-Federung werden Gummielemente und Schrauben- oder Blattfedern mit Schwingungsdämpfern eingesetzt.

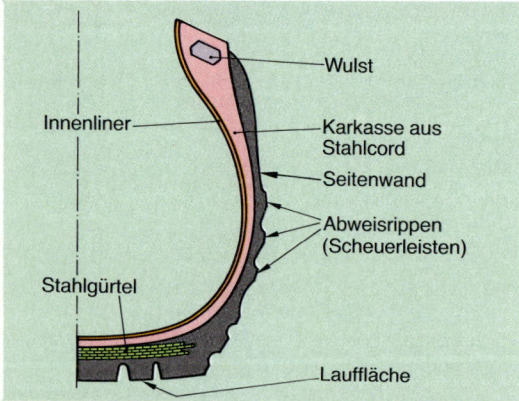

Abb. 1: Niederquerschnitts-Stahlgürtelreifen

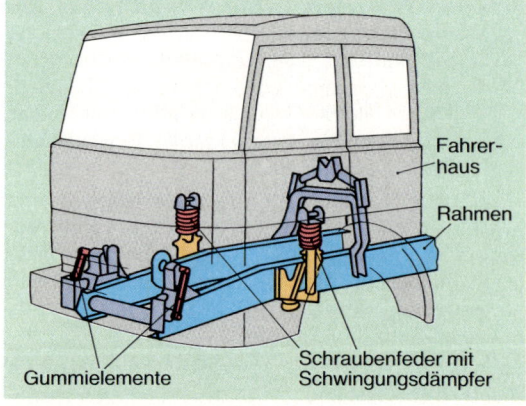

Abb. 3: Fahrerhaus-Federung

50.4.2 Aufbauten

Es werden folgende **Aufbauten** für Lastkraftwagen unterschieden:

- offener Aufbau (Ladepritsche mit klappbaren Bordwänden),
- geschlossener Aufbau (Kastenaufbau oder Koffer), z.B. für Trockenfracht, Frischdienst oder Kühlwagen,
- Tank- oder Siloaufbauten,
- Wechselaufbauten (nach DIN 70013/14, Pritschen oder Koffer mit genormten Größen, z.B. Container-Bauweise) und
- Großraumaufbauten.

Der **offene Aufbau** (Abb. 4) ist aus Holz oder Leichtmetallprofilen gefertigt. Holzaufbauten sind geräuscharm, rutschfest und bieten einen Kälte- und Wärmeschutz.

Vorteile der Leichtmetallbauweise:

- Korrosionsunempfindlichkeit und
- geringere Masse.

Die Ladung kann durch eine Plane abgedeckt werden, die von einem Gestell aus Holz oder Leichtmetall gestützt wird.

Der **geschlossene Aufbau** ist überwiegend aus Leichtmetall in Niet- oder Klemmbauweise gefertigt. Kühlwagen-Aufbauten haben einen Aluminium- oder Edelstahl-Aufbau mit Kunststoffausschäumung. Stahl hat den Vorteil der wesentlich geringeren Wärmedehnung.

Werkstoffe und Gestaltung von Tank- und Siloaufbauten hängen wesentlich von der Zusammensetzung, Aggressivität oder Entflammbarkeit der zu transportierenden Stoffe ab. **Tank- und Siloaufbauten** sind in mehrere Kammern unterteilt und werden aus Leichtmetall, Stahl oder Edelstahl hergestellt. Durch ihre äußere Gestalt, meist zylindrisch, erhalten sie

eine große Festigkeit. Eine Einzelabnahme mit Druck- und Röntgenprüfung ist nach der **Gefahrgutverordnung Straße** (GGVStr) gesetzlich vorgeschrieben.

Um die Verfügbarkeit der Lastkraftwagen und damit die Produktivität im Transportgeschäft zu erhöhen, werden **Wechselaufbauten** (Container) eingesetzt. Die Wechselaufbauten können offen oder geschlossen, als Silo- oder Tankaufbau ausgeführt sein.

Aufgaben

1. Nennen Sie die Hauptbaugruppen eines Nutzkraftwagens.
2. Welche Merkmale hat ein leistungsstarker, wirtschaftlicher und umweltfreundlicher Motor eines Nutzkraftwagens?
3. Nennen Sie die Bezeichnungen für automatisierte Schaltgetriebe.
4. Beschreiben Sie die grundsätzliche Wirkungsweise automatisierter Schaltgetriebe.
5. Welchen entscheidenden Vorteil haben Außenplaneten-Antriebsachsen gegenüber einem zentralen Vorgelege?
6. Nennen Sie die Aufgabe eines Zwischen-Ausgleichsgetriebes.
7. Welche Anforderungen müssen Nutzkraftwagenrahmen erfüllen?
8. Nennen Sie drei Rahmenbauarten für Nutzkraftwagen.
9. Skizzieren und beschreiben Sie den Aufbau eines Leiterrahmens.
10. Beschreiben Sie den Aufbau einer nichtangetriebenen starren Vorderachse.
11. Nennen Sie die Bauteile des Antriebs einer angetriebenen, gelenkten Vorderachse.
12. Beschreiben Sie den Aufbau einer Doppelachslenkung.
13. Nennen Sie die Möglichkeiten, eine Nachlaufachse zu lenken.
14. Welchen entscheidenden Vorteil ergeben parallelgeschaltete Zusatzfedern?
15. Beschreiben Sie den Aufbau einer Doppel-Hinterachsaufhängung mit Pendelfedern.
16. Nennen Sie Retarder-Bauarten und beschreiben Sie deren Unterschiede.
17. Nennen Sie mögliche Räderbauarten für Nutzkraftwagen.
18. Welche Vorteile hat eine Steilschulterfelge gegenüber einer Schrägschulterfelge?
19. Welchen entscheidenden Vorteil haben Nutzkraftwagenreifen gegenüber Pkw-Reifen?
20. Nennen Sie vier mögliche Aufbauten für Lastkraftwagen.
21. Beschreiben Sie den Aufbau einer Ladepritsche eines Nutzkraftwagens.

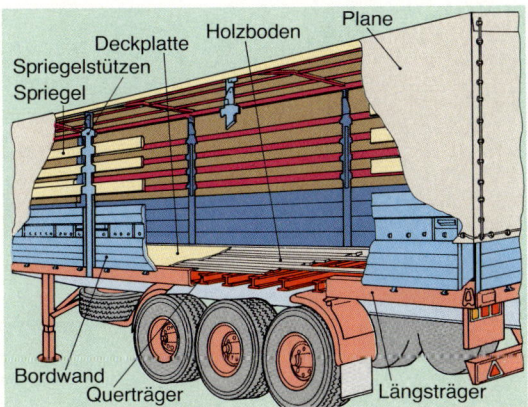

Abb. 4: Pritschenaufbau

51 | Grundlagen der Kraftfahrzeug-Elektrik

51.1 Magnetismus

51.1.1 Dauermagnetismus

> Als **Dauermagnete** oder **Permanentmagnete** (permanere, lat.: dauern) werden Magnete bezeichnet, die über einen längeren Zeitraum ihre **magnetische Wirkung** behalten.

Die magnetische Wirkung besteht darin, daß Magnete auf eisen-, nickel- und kobalthaltige Werkstoffe eine Anziehungskraft ausüben. Die Anziehungskraft durchdringt auch andere Werkstoffe (Abb. 1). Die magnetischen Werkstoffe werden auch **ferromagnetische** (ferrum, lat.: Eisen) Werkstoffe genannt.
Werden ferromagnetische Werkstoffe von einem Magneten angezogen, so werden sie magnetisiert. Ferromagnetische Werkstoffe, die nach dem Magnetisieren ihren Magnetismus lange behalten, werden als **hartmagnetisch** und die, die ihren Magnetismus schnell wieder verlieren als **weichmagnetisch** bezeichnet. Magnete haben einen **Nord-** und einen **Südpol** (Abb. 2).

> **Ungleichnamige** Magnetpole **ziehen sich an.**
> **Gleichnamige** Magnetpole **stoßen sich ab.**

Die magnetische Wirkung kann durch Eisenfeilspäne auf einer Glasplatte sichtbar gemacht werden. Die Eisenfeilspäne zeigen den Verlauf des magnetischen Feldes an (Abb. 3). Die **Feldlinien** sind räumlich um den Magneten angeordnet und setzen sich im Magneten fort. Die magnetischen Feldlinien sind in sich geschlossen. Die Richtung der Feldlinien ist festgelegt und verläuft außerhalb des Magneten vom Nord- zum Südpol und innerhalb vom Süd- zum Nordpol. Die **Dichte der Feldlinien,** und damit die magnetische Wirkung, ist an den Polen am größten.

51.1.2 Elektromagnetismus

> Als **Elektromagnete** werden Magnete bezeichnet, deren Magnetismus durch die Wirkung des elektrischen Stromes hervorgerufen wird.

Im Unterschied zum Dauermagneten ist der Elektromagnet nur solange magnetisch, wie der elektrische Strom fließt.
Fließt durch einen elektrischen Leiter ein Strom, so entsteht um den Leiter ein **Magnetfeld** (Abb. 4). Die

Abb. 1: Magnetische Wirkung durchdringt Glas

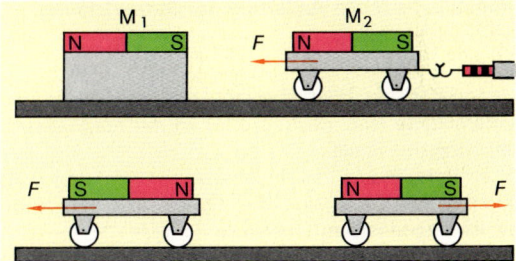
Abb. 2: Anziehung und Abstoßung bei Magneten

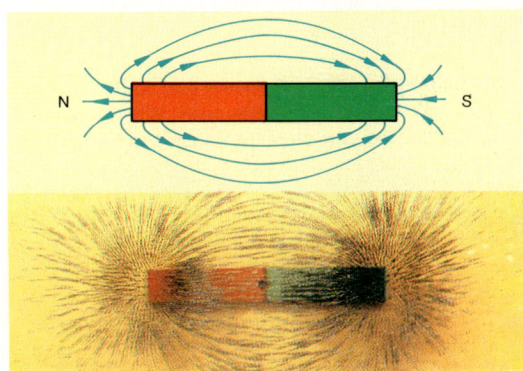
Abb. 3: Feldlinienverlauf eines Stabmagneten

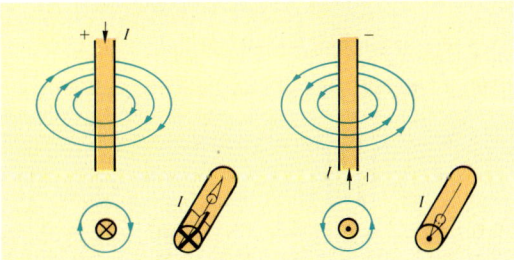
Abb. 4: Feldlinienbild eines stromdurchflossenen Leiters

magnetischen Feldlinien verlaufen kreisförmig um den Leiter. Die Richtung der Feldlinien ist dabei von der Stromrichtung abhängig. Die Stromrichtung wird bei der Darstellung in der Ebene durch einen Punkt oder durch ein Kreuz angegeben (Abb. 4, S. 509).
Wird der elektrische Leiter zu einer **Leiterschleife** ausgebildet, so entsteht das in der Abb. 1 dargestellte Feldlinienbild. Innerhalb der Leiterschleife haben die Feldlinien die gleiche Richtung.
Mehrere Leiterschleifen (Windungen) hintereinander geschaltet ergeben eine **Spule** bzw. eine **Wicklung** (Abb. 2). Die Felder der einzelnen Windungen setzen sich zu einem **Gesamtfeld** zusammen.

> Das **Umpolen** des Elektromagneten erfolgt durch Vertauschen der elektrischen Anschlüsse und damit durch **Änderung der Stromrichtung.**

Je größer die **Windungszahl** der Spule und die **Stromstärke** sind, desto größer ist die **magnetische Wirkung** der Spule.
Eine **Verstärkung** der magnetischen Wirkung wird auch durch einen von der Spule umschlossenen **weichmagnetischen Eisenkern** erreicht. Dieser wird durch die magnetische Wirkung der stromdurchflossenen Spule selbst zu einem Magneten und verstärkt somit das Magnetfeld der Spule.

> Die **Stärke des Magnetfeldes** einer Spule ist vom Werkstoff des Spulenkerns, der Windungszahl der Spule und von der Stromstärke abhängig.

Da der Spulenkern aus weichmagnetischem Werkstoff besteht, verliert er fast völlig seinen Magnetismus, wenn der elektrische Strom abgeschaltet wird. Zurück bleibt ein **Restmagnetismus,** der auch als magnetische **Remanenz** (remanere, lat.: zurückbleiben) bezeichnet wird.

51.2 Elektromagnetische Induktion

> Wird in einem elektrischen Leiter (Spule) eine **elektrische Spannung** durch Änderung der Stärke eines Magnetfeldes erzeugt, so wird dies als **elektromagnetische Induktion** bezeichnet **(Induktionsgesetz).**

Voraussetzung für die Spannungserzeugung ist, daß das Magnetfeld während der Änderung seiner Stärke die **Spule durchdringt.**

Die **Höhe** der erzeugten elektrischen Spannung ist abhängig von:
- der Windungszahl der Spule,
- der Stärke des Magnetfeldes und
- der Zeit, in der sich die Stärke des Magnetfeldes ändert.

Bei der **elektromagnetischen Induktion** (inducere, lat.: bewegen, einführen) werden unterschieden:
- Generatorprinzip und
- Transformatorprinzip.

51.2.1 Generatorprinzip

> Die Spannungserzeugung nach dem **Generatorprinzip** erfolgt durch **Bewegung** eines Magneten **oder** einer Spule zueinander. Dabei ändert sich die Stärke des Magnetfeldes, welches die Spule durchdringt.

Abb. 3 zeigt das Generatorprinzip. Wird der Magnet hin- und herbewegt, so entsteht in der Spule eine **Wechselspannung** (Abb. 4). Dasselbe ist zu beobachten, wenn die Spule die Bewegung ausführt und der Magnet stillsteht. In beiden Fällen ändert sich das Magnetfeld, welches die Spule durchdringt.
Wird die **Windungszahl** der Spule vergrößert, so vergrößert sich die erzeugte Spannung.

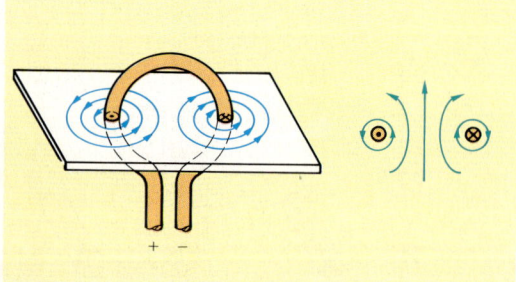

Abb. 1: Feldlinienbild einer Leiterschleife

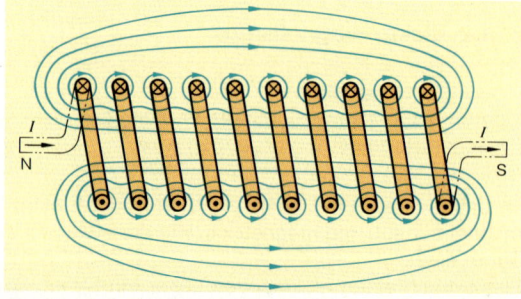

Abb. 2: Feldlinienverlauf einer Spule

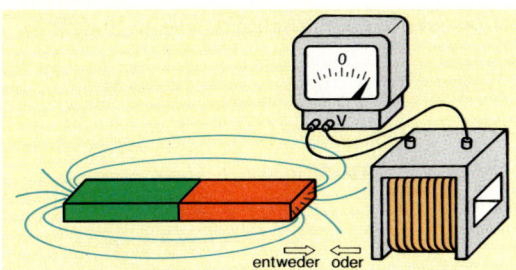

Abb. 3: Generatorprinzip

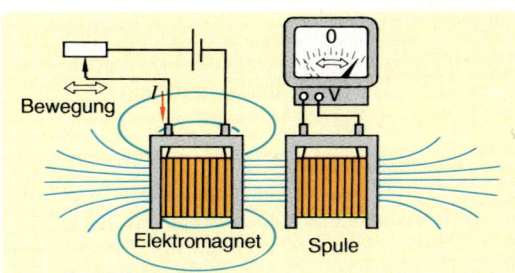

Abb. 5: Transformatorprinzip

Wird ein **stärkerer** Magnet verwendet, so ist auch die erzeugte Spannung höher.

Wird die **Geschwindigkeit** der Bewegung des Magneten oder der Spule erhöht, so erhöht sich ebenfalls die erzeugte Spannung.

Der in der Abb. 4 benutzte Stabmagnet kann durch einen Elektromagneten ersetzt werden. Wird die Spule oder der Elektromagnet bewegt, so wird ebenfalls in beiden Fällen eine Spannung in der Spule erzeugt.

51.2.2 Transformatorprinzip

> Die Spannungserzeugung nach dem **Transformatorprinzip** erfolgt durch **Veränderung** der Stromstärke in einem Elektromagneten. Dadurch ändert sich die Stärke des Magnetfeldes, welches die Spule durchdringt.

Abb. 5 zeigt das Transformatorprinzip. Durch einen **veränderbaren Widerstand** kann die Stromstärke und damit die Stärke des Magnetfeldes des Elektromagneten geändert werden. Wird die Stromstärke dauernd vergrößert und verkleinert, entsteht in der Spule eine **Wechselspannung.**

Im **Transformator** (transformare, lat.: verwandeln) sind die beiden Spulen auf einem gemeinsamen Eisenkern angeordnet (Abb. 6). Die erste Spule wird

Primärspule (primus, lat.: der erste) und die zweite Spule wird **Sekundärspule** (secundus, lat.: der zweite) genannt.

Wird an die Primärspule eine **Wechselspannung** ($\sim$) gelegt (Abb. 6), so fließt in dieser ein **Wechselstrom.** Das Magnetfeld der Primärspule, welches über den Kern die Sekundärspule durchdringt, ändert dadurch dauernd seine Stärke und Richtung. Daraus folgt:

> Wird an die **Primärspule** eines Transformators eine Wechselspannung gelegt, so wird in der **Sekundärspule** eine Wechselspannung erzeugt.

Durch Veränderung der **Primärspannung** und der **Windungszahlen** der beiden Spulen ergibt sich:

> Die **Spannungen** U am Transformator verhalten sich wie die **Windungszahlen** N (Transformatorgleichung):
> $$\frac{U_1}{U_2} = \frac{N_1}{N_2}$$

Daraus folgt für die Höhe der Sekundärspannung:

$$U_2 = U_1 \cdot \frac{N_2}{N_1}$$

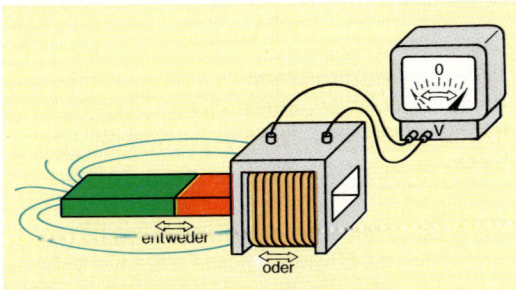

Abb. 4: Erzeugung einer Wechselspannung

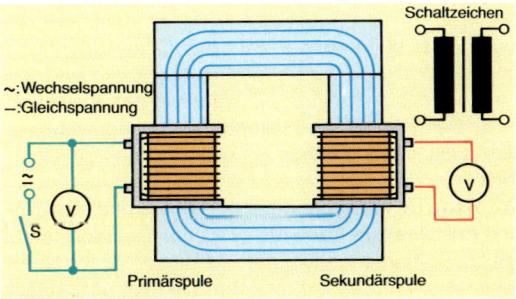

Abb. 6: Transformator

Je höher die **Windungszahl** der Sekundärspule im Verhältnis zur Windungszahl der Primärspule ist, desto höher ist die **Sekundärspannung.**

Eine **Gleichspannung** (−) an der Primärspule (Abb. 6, S. 511) bewirkt, daß nur während des **Ein-** und **Ausschaltens** des Gleichstromes in der Sekundärspule eine Spannung erzeugt wird. Dabei ist die Sekundärspannung während des Ausschaltens **größer** als während des Einschaltens. Außerdem ist zu beobachten, daß während des Ausschaltens an den Kontaktflächen des Schalters ein **Funke** überspringt.

51.2.3 Selbstinduktion

Durch die **Selbstinduktion** wird in der **Primärspule** des Transformators während des Ein- und Ausschaltens des Stromes eine Spannung (Selbstinduktionsspannung) erzeugt.

Wird der Gleichstrom **eingeschaltet,** wird in der Primärspule ein Magnetfeld aufgebaut. Da sich die Stärke des Magnetfeldes während des Aufbaus ändert, wird nicht nur in der Sekundärspule, sondern auch in der Primärspule eine Spannung erzeugt. Diese Selbstinduktionsspannung ist der angelegten Spannung **entgegengerichtet.** Dadurch wird der Aufbau des Magnetfeldes verzögert.
Wird der Gleichstrom **abgeschaltet,** so wird das Magnetfeld abgebaut. Die Folge ist wieder eine Selbstinduktionsspannung, die aber der angelegten Spannung **gleichgerichtet** ist.

Die **Selbstinduktionsspannung** ist stets so gerichtet, daß sie der **Ursache** ihrer Entstehung (Auf- und Abbau des Magnetfeldes) **entgegenwirkt.**

Dies wird auch als **Lenzsche Regel** (Heinrich Friedrich Emil Lenz, balt. Physiker, 1804 bis 1865) bezeichnet.
Durch die **Wirkung** der Selbstinduktionsspannung ändert sich die Stärke des Magnetfeldes während des Einschaltens langsamer als während des Ausschaltens. Deshalb ist die Sekundärspannung während des Ausschaltens **höher** als während des Einschaltens.
Die Höhe der Sekundärspannung während des Ein- und Ausschaltens kann nicht aus der Transformatorgleichung berechnet werden, da diese nur für einen Wechselstrom gilt, der langsam ansteigt und abfällt (Abb. 1).

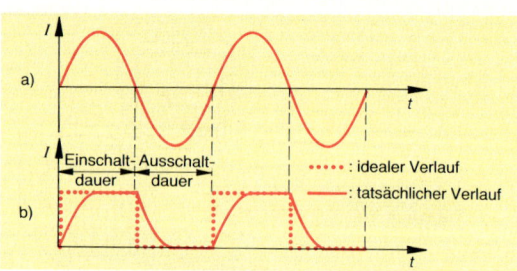

Abb. 1: Wechselstromverlauf (a) und Gleichstromverlauf (b) in der Primärspule

Der Gleichstrom fällt während des Ausschaltens sehr viel schneller ab als der Wechselstrom. Dadurch ändert sich die Stärke des Magnetfeldes schneller, d. h. in **kürzerer Zeit.** Die erzeugte Sekundärspannung ist deshalb viel höher, als die aus der Transformatorgleichung errechnete.

Je **schneller** sich die Stärke des Magnetfeldes ändert, desto **höher** ist die Sekundärspannung.

Die **Zündspule** (s. Kap. 54.2.1) im Kraftfahrzeug arbeitet nach dem Transformatorprinzip. Die Sekundärspule besitzt etwa 100mal so viele Windungen wie die Primärspule. Sekundärseitig ergibt sich bei einer 12V-Anlage nach der Transformatorgleichung eine Spannung von 12 V · 100 = 1200 V.
Erforderlich für einen sicheren Funkenüberschlag an der Zündkerze sind aber je nach Betriebsbedingungen des Motors 5000 bis 17000V (5 bis 17 kV). Diese hohe Spannung wird durch die schnelle Änderung der Stärke des Magnetfeldes während des Abschaltens des Gleichstromes erreicht.
Die hohe Selbstinduktionsspannung (etwa 400V) in der Primärspule hat an den Kontaktflächen des Schalters einen **Funken** (Kontaktfeuer) zur Folge. Der Funke ist das sichtbare Zeichen dafür, daß aufgrund der Selbstinduktionsspannung in der Primärspule ein **Selbstinduktionsstrom** fließt, der **dieselbe Richtung** wie der Gleichstrom hat.

Der **Selbstinduktionsstrom** (Funke) verhindert eine schnelle Änderung der Stärke des Magnetfeldes und **verringert** dadurch die **Sekundärspannung.**

In der Zündanlage verhindert ein **Kondensator** (Zündkondensator) die Entstehung des Funkens und damit die Verringerung der Sekundärspannung (s. Kap. 54.2.4).

51.2.4 Wirbelströme

Die in elektrischen Maschinen verwendeten Weicheisenkerne sind, wie die Spulen, ebenfalls der Änderung der Stärke des Magnetfeldes ausgesetzt. In ihnen wird deshalb eine Induktionsspannung wirksam, deren Folge sogenannte **Wirbelströme** sind.

Durch die Wirbelströme kommt es zu Energieverlusten und zur unnötigen Erwärmung des Eisenkerns. Durch die **Lamellierung** des Eisenkerns kann die Entstehung und die Wirkung der Wirbelströme vermindert werden.

Aufgaben

1. Was sind Dauermagnete?
2. Was unterscheidet hartmagnetische von weichmagnetischen Werkstoffen?
3. Welche Aussage kann über die Anziehungskraft von Magnetpolen untereinander gemacht werden?
4. Was ist ein Elektromagnet?
5. Nennen Sie das Grundprinzip des Elektromagnetismus.
6. Was ist eine Spule? Skizzieren Sie das Feldlinienbild einer Spule. Tragen Sie die Stromrichtung, die Feldlinienrichtung sowie Nord- und Südpol ein.
7. Wodurch kann ein Elektromagnet umgepolt werden?
8. Von welchen Größen hängt die Stärke des Magnetfeldes eines Elektromagneten ab?
9. Erklären Sie den Begriff »magnetische Remanenz«.
10. Was ist elektromagnetische Induktion?
11. Von welchen Größen ist die erzeugte (induzierte) Spannung abhängig?
12. Beschreiben Sie das Generator- und das Transformatorprinzip.
13. Welcher prinzipielle Unterschied besteht zwischen dem Generator- und dem Transformatorprinzip?
14. Was ist die Ursache für die Spannungserzeugung nach dem Generator- und Transformatorprinzip?
15. Skizzieren Sie den Aufbau eines Transformators. Beschreiben Sie dessen Wirkungsweise, wenn an die Primärspule eine Wechselspannung gelegt wird.
16. Wie groß ist die Sekundärspannung eines Transformators, wenn die Primärspannung 220 V beträgt, die Primärspule 300 und die Sekundärspule 60 Windungen haben?
17. Beschreiben Sie den Vorgang der Selbstinduktion.
18. Wie lautet die Lenzsche Regel?
19. Erklären Sie, warum die Sekundärspannung eines Transformators während des Ausschaltens größer ist als während des Einschaltens, wenn der Transformator mit Gleichstrom betrieben wird.
20. Von welchen Größen ist die Zündspannung einer Zündspule abhängig?
21. Was sind Wirbelströme und wodurch wird ihre Entstehung vermindert?

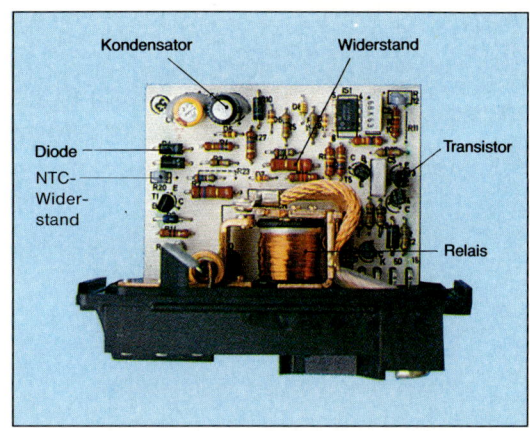

Abb. 2: Elektrische und elektronische Bauelemente in einem Glühzeitsteuergerät

51.3 Elektrische und elektronische Bauelemente

51.3.1 Relais

> **Relais** haben die **Aufgabe,** elektrische Verbraucher (z. B. Scheinwerfer) **ein-** und **auszuschalten.** Sie sind elektromagnetische Schalter.

Abb. 3 zeigt den **Aufbau** eines Relais.

Relais müssen zum Schalten veranlaßt werden. Durch einen Schalter (z. B. Lichtschalter) wird der Strom (Steuerstrom) durch die Relaisspule eingeschaltet. Der Klappanker wird aufgrund der Magnetkraft der Spule angezogen und schließt die Relaiskontakte. Über die Kontakte fließt dann der Arbeits-

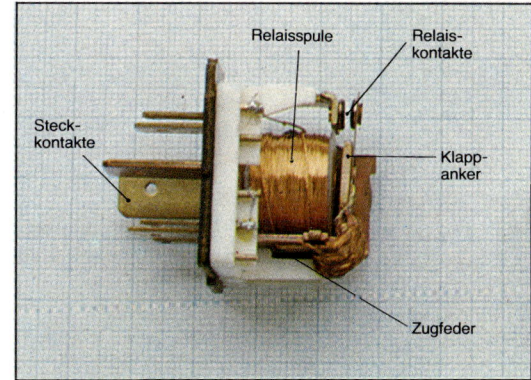

Abb. 3: Relaisaufbau

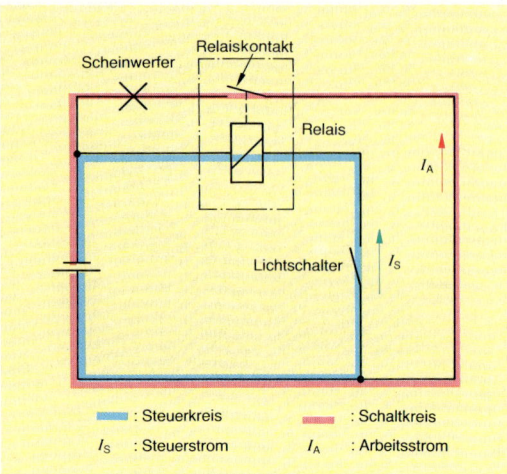

Abb. 1: Relaisschaltung

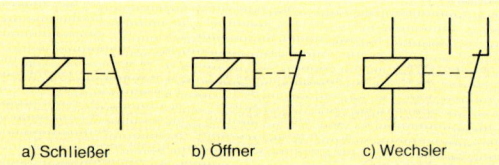

Abb. 2: Relaisarten (Schaltzeichen)

strom zum elektrischen Verbraucher (Abb. 1). Wird der Stromfluß zur Relaisspule unterbrochen, zieht die Zugfeder den Klappanker wieder in die Ausgangsstellung zurück. Die Kontakte werden getrennt, und der elektrische Verbraucher wird dadurch ausgeschaltet.
Die Relaisschaltung hat einen **Steuerkreis** und einen **Schaltkreis** (Abb. 1).
Die Stromstärke im Steuerkreis (Steuerstromstärke) eines Relais soll so klein wie möglich sein, um den Eigenverbrauch (Steuerleistung) des Relais gering zu halten.

Ein **Relais** schaltet mit einer geringen **Steuerstromstärke** (0,15 bis 0,2 A) einen großen **Arbeitsstrom** (z. B. 9 A in der Beleuchtungsanlage).

Relais werden verwendet, damit:
- an den elektrischen Verbrauchern die volle Betriebsspannung anliegt. Spannungsverluste durch Schalter und lange elektrische Leitungen (z. B. bei den Scheinwerfern) werden vermieden.
- keine großen Stromstärken über die Schalter (z. B. Lichtschalter) fließen, wodurch die Lebensdauer der Schalterkontakte verlängert wird.

Im Kraftfahrzeug werden hauptsächlich die folgenden **Relaisarten** verwendet:
- Relais mit **Arbeitskontakten** (Schließer, Abb. 2a). Die Kontakte sind im Ruhezustand geöffnet. Sie schalten z. B. Scheinwerfer und Fanfaren.
- Relais mit **Ruhekontakten** (Öffner, Abb. 2b). Die Kontakte sind im Ruhezustand geschlossen. Sie werden z. B. für das automatische Schalten (Abschalten) des Nebellichts verwendet, wenn das Fernlicht eingeschaltet wird.
- Relais mit **Wechselkontakten** (Wechsler, Abb. 2c). Es enthält »Öffner« und »Schließer« und wird z. B. als Umschaltrelais verwendet.

Sämtliche Relaisarten können für spezielle Anforderungen mit mehreren **Schließ-** und **Öffnerkontakten** ausgerüstet werden. Zusätzlich ist es möglich, daß unter Verwendung **elektronischer Schaltungen** das Ein- und Ausschalten der Relais verzögert erfolgt.

51.3.2 Widerstände

Widerstände haben die **Aufgabe,** die Stromstärke und/oder die Spannung in einem Stromkreis zu verändern.

Es gibt hauptsächlich folgende Widerstände:
- Festwiderstände,
- mechanisch veränderbare Widerstände und
- temperaturabhängige Widerstände.

Festwiderstände begrenzen z. B. als Vorwiderstände die Stromstärke in einem Bauteil, z. B. in der Zünd- und Glühanlage.

Mechanisch veränderbare Widerstände haben einen beweglichen Schleifer (Abb. 3). Durch Veränderung der Schleiferstellung wird die Länge des Widerstandsdrahtes oder der Widerstandsschicht und da-

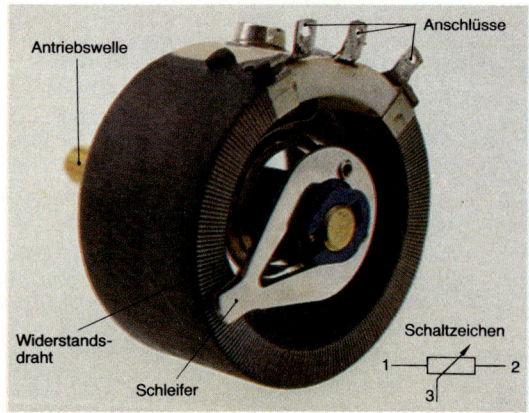

Abb. 3: Drehpotentiometer

mit der Widerstandswert geändert. Sie werden auch als **Potentiometer** bezeichnet. Mit ihnen kann z. B. die Helligkeit der Instrumentenbeleuchtung verändert werden.

Temperaturabhängige Widerstände (Thermistoren) werden in Kalt- und Heißleiter unterschieden.

Kaltleiter sind Widerstände, die im »kalten« Zustand den elektrischen Strom gut leiten, d. h., wenn sie erwärmt werden, steigt ihr Widerstandswert. Sie werden auch als **PTC**-Widerstände (**p**ositive **t**emperature **c**oefficient) bezeichnet.

Heißleiter sind Widerstände, die im »heißen« Zustand den elektrischen Strom gut leiten, d. h., wenn sie abgekühlt werden, steigt ihr Widerstandswert. Sie werden auch als **NTC**-Widerstände (**n**egative **t**emperature **c**oefficient) bezeichnet.

Beide Widerstandsarten werden z. B. zur Steuerung der Startautomatik sowie zur Messung der Wasser- und Öltemperatur verwendet.

51.3.3 Kondensatoren

> **Kondensatoren** haben die **Aufgabe,** elektrische Energie zu speichern und wieder abzugeben.

Der Kondensator besteht grundsätzlich aus zwei sich gegenüberstehenden **Platten,** die voneinander elektrisch isoliert sind.

Bauarten von Kondensatoren zeigt die Abb. 4a. Um Platz zu sparen, werden die Platten (Folien) aufgewickelt (Abb. 4b) und in einem Gehäuse untergebracht, das häufig den zweiten Anschluß darstellt, z. B. Zündkondensator.

Die **Wirkungsweise** des Kondensators kann mit dem Versuch in der Abb. 5 dargestellt werden.

Wird der **Ladestromkreis** geschlossen, so leuchtet die Glühlampe kurz auf. Durch die Wirkung des Spannungserzeugers fließt der **Ladestrom** I_L von der Minusplatte zur Plusplatte des Kondensators. Der Kondensator wird geladen.

> Im **geladenen Zustand** besteht zwischen den Platten des Kondensators eine **elektrische Spannung.** Diese ist so groß, wie die zum Laden des Kondensators benutzte Spannung des Spannungserzeugers.

Wird der **Entladestromkreis** geschlossen, so leuchtet die Glühlampe wiederum kurz auf. Es fließt der **Entladestrom** I_E von der Plusplatte zur Minusplatte des Kondensators. Der Kondensator wird entladen.

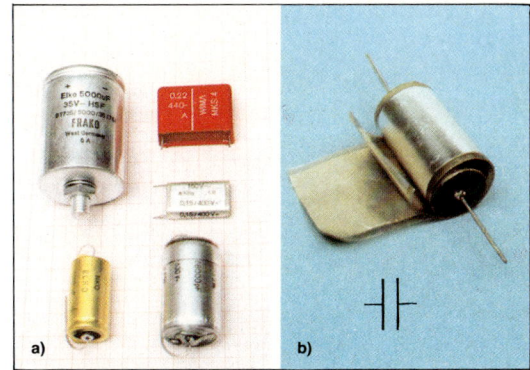

Abb. 4: Kondensatorarten (a) und Aufbau eines Kondensators mit Schaltzeichen (b)

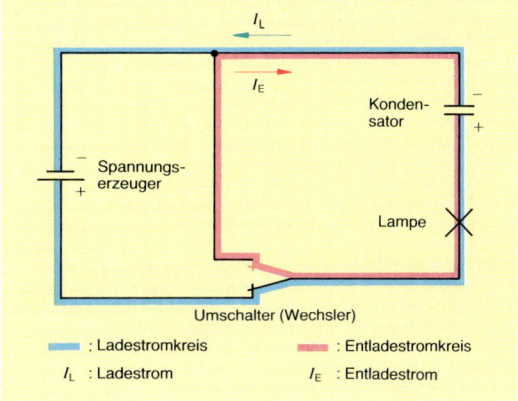

Abb. 5: Laden und Entladen des Kondensators

> Im **entladenen Zustand** besteht zwischen den Platten des Kondensators **keine Spannung.**

Durch einen Strommesser in der Schaltung läßt sich nachweisen, daß der Entladestrom dem Ladestrom **entgegengerichtet** ist.

Die verschiedenen Kondensatoren können unterschiedliche Mengen an **elektrischer Energie** speichern. Die Speicherfähigkeit ist von der Größe und der Bauform des Kondensators abhängig.

> Die **Speicherfähigkeit** eines Kondensators wird als **elektrische Kapazität** bezeichnet.

Die elektrische Kapazität wird in **Farad** gemessen (Michael Faraday, engl. Physiker, 1791 bis 1867).

Die Kapazität hat das Formelzeichen C und das Einheitenzeichen F.

Da die Einheit 1 Farad sehr groß ist, sind kleinere Einheiten gebräuchlich:

1 µF = 10^{-6} F (Mikrofarad)
1 nF = 10^{-9} F (Nanofarad)
1 pF = 10^{-12} F (Picofarad)

Zündkondensatoren haben etwa eine Kapazität von 0,3 µF und sind für eine Spannung bis zu 500 V ausgelegt.

Aufgaben

1. Welche Aufgaben haben Relais?
2. Beschreiben Sie die Wirkungsweise des Relais.
3. Warum werden Relais verwendet?
4. Zählen Sie die Relaisarten auf und nennen Sie für jede Art ein Anwendungsbeispiel.
5. Was ist ein Potentiometer?
6. Was sind PTC- und NTC-Widerstände?
7. Welche Aufgabe haben Kondensatoren?
8. Was wird unter der Kapazität des Kondensators verstanden?
9. Wie lauten Formel- und Einheitenzeichen für die Kapazität eines Kondensators?

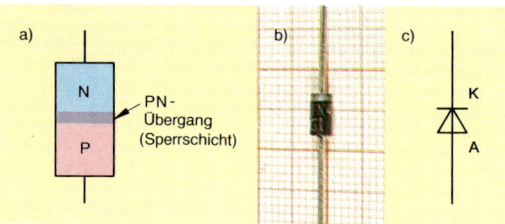

Abb. 1: Halbleiterdiode a) PN-Zonenfolge b) Bauform einer Diode c) Schaltzeichen (A: Anode, K: Katode)

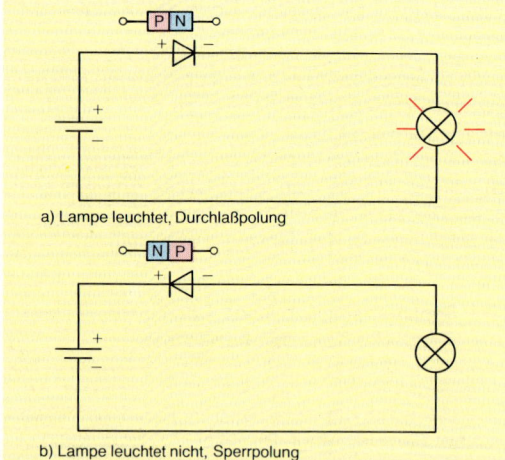

a) Lampe leuchtet, Durchlaßpolung

b) Lampe leuchtet nicht, Sperrpolung

Abb. 2: Wirkung der Diode im Gleichstromkreis

51.3.4 Dioden

> **Dioden** haben die **Aufgabe,** elektrische Spannungen und Ströme in einer Richtung durchzulassen und in der anderen Richtung zu sperren.

Dioden bestehen hauptsächlich aus den Halbleiterwerkstoffen **Silizium** oder **Germanium.**
Die reinen Halbleiterwerkstoffe sind für die Herstellung von Halbleiterbauteilen nicht geeignet. Sie werden deshalb gezielt mit anderen Werkstoffen vermischt. Die gezielte Vermischung der Halbleiterwerkstoffe mit anderen Werkstoffen, z.B. Arsen, Indium oder Aluminium, wird **Dotierung** genannt. Durch die Dotierung (dotare, lat.: ausstatten) werden **zwei Arten** von dotierten Halbleiterwerkstoffen hergestellt.

> Es werden **N-leitende** und **P-leitende** Halbleiterwerkstoffe unterschieden.

Wird ein P-Leiter, auch P-Zone genannt, mit einem N-Leiter (N-Zone) kombiniert, so entsteht eine **PN-Zonenfolge** mit einem **PN-Übergang** (Abb. 1).
Der PN-Übergang ist elektrisch **nichtleitend.** Er stellt für den elektrischen Strom eine Sperre dar, die als **Sperrschicht** bezeichnet wird.
Unter dem Einfluß einer Spannung kann die Sperrschicht **aufgehoben** oder **vergrößert** werden. Je nachdem, wie eine Diode in einem Gleichstromkreis gepolt wird (Abb. 2), läßt sie den Strom durch (Durchlaßpolung) oder sie sperrt den Strom (Sperrpolung).

> Eine **Diode** wird leitend, wenn der **Pluspol** eines Spannungserzeugers an der **P-Zone** und der **Minuspol** an der **N-Zone** liegt.

Die Diode kann von ihrer Wirkung her mit einem **Ventil** verglichen werden.
Zum **Abbau der Sperrschicht** in Durchlaßrichtung der Diode wird eine bestimmte Spannung benötigt. Diese beträgt bei **Siliziumdioden** etwa 0,6 V und bei **Germaniumdioden** etwa 0,3 V, d.h., daß bei einer Siliziumdiode der Strom erst ab einer angelegten Spannung von etwa 0,6 V anfängt zu fließen (Schwellenspannung, Abb. 3).

> Eine **Siliziumdiode** benötigt zur Überwindung der Sperrschicht eine Spannung von etwa 0,6 Volt.

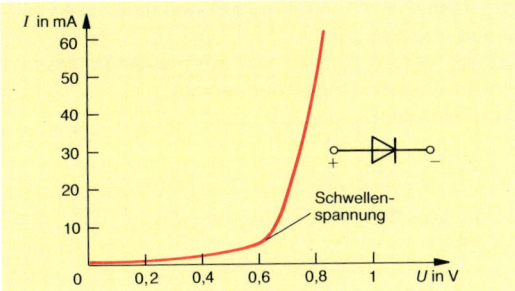

Abb. 3: Kennlinie einer Siliziumdiode

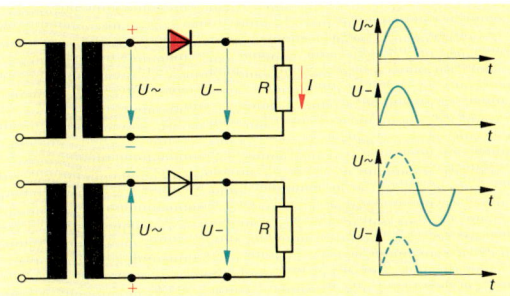

Abb. 4: Einweg-Gleichrichtung

Halbleiterdioden eignen sich besonders zur **Gleichrichtung von Wechselspannungen.** Die Wechselspannung aus dem öffentlichen Versorgungsnetz muß gleichgerichtet werden, weil z. B. das Batterieladegerät Gleichspannung abgeben muß, damit die Batterie geladen werden kann.

Einweg-Gleichrichtung

Die einfachste Gleichrichterschaltung und ihre Auswirkung auf eine angelegte Wechselspannung zeigt Abb. 4.
Liegt die positive Halbwelle der Wechselspannung am Plusanschluß der Diode, wird diese leitend und es fließt ein Strom durch den elektrischen Verbraucher R, z. B. während der Ladung der Batterie. Liegt die negative Halbwelle der Wechselspannung am Plusanschluß der Diode, so sperrt diese.

Mit der **Einweg-Gleichrichtung** wird nur **eine Halbwelle** der Wechselspannung ausgenutzt. Es entsteht eine stark pulsierende Gleichspannung.

Zweiweg-Gleichrichtung

Durch die Verwendung von mehreren Dioden können beide Halbwellen der Wechselspannung gleichgerichtet werden. Dies wird durch die Zweiweg-Gleichrichterschaltung erreicht. Die häufigste Zweiweg-Gleichrichterschaltung ist die **Brückenschaltung** mit vier Dioden (Abb. 5).
Bei der Brückenschaltung sind jeweils zwei Dioden abwechselnd in Durchlaß- und Sperrrichtung geschaltet. Dadurch fließt während beider Halbwellen der Wechselspannung ein Strom durch den Verbraucher.

Mit der **Zweiweg-Gleichrichtung** werden **beide Halbwellen** der Wechselspannung ausgenutzt. Es entsteht eine pulsierende Gleichspannung.

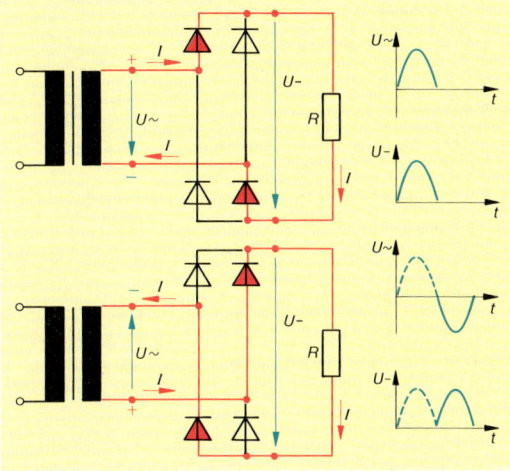

Abb. 5: Wirkungsweise der Zweiweg-Gleichrichtung

51.3.5 Transistoren

Transistoren haben die **Aufgabe,** Ströme und Spannungen zu schalten und/oder zu verstärken.

Aufbau des Transistors

Transistoren bestehen aus **drei Halbleiterzonen.** Nach der Anordnung dieser Zonen werden **PNP-** und **NPN-Transistoren** unterschieden (Abb. 1, S. 518).
Transistoren haben drei Anschlüsse, die als **Basis** (basis, gr.: Fundament), **Emitter** (emittere, lat.: aussenden) und **Kollektor** (colligere, lat.: einsammeln) bezeichnet werden. Der Pfeil in den Schaltzeichen gibt die technische Stromrichtung an.
Aufgrund der drei Zonen hat der Transistor zwei PN-Übergänge und damit zwei Sperrschichten. Voraussetzung für die Funktionsfähigkeit des Transistors ist eine im Verhältnis zu den beiden anderen Zonen sehr **dünne Basiszone** (etwa 0,01 mm). Deshalb können zwei Dioden keinen Transistor ergeben.

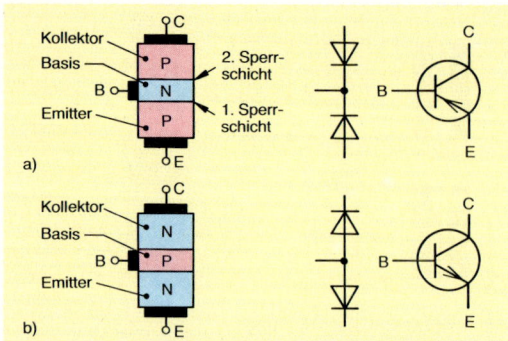

Abb. 1: Aufbau, Diodenmodell und Schaltzeichen von
a) PNP- und b) NPN-Transistor

Transistor als Schalter

Von der Wirkungsweise her kann der Transistor mit
einem **Relais** verglichen werden (s. Kap. 51.3.1).
Der **Basiskreis** entspricht dabei dem **Steuerkreis** und
der **Kollektorkreis** dem **Schaltkreis** (Abb. 2). Wie das
Relais, muß auch der Transistor zum Schalten **veranlaßt** werden.
Der Transistor **schaltet durch,** wenn die Sperrschicht
zwischen Basis und Emitter aufgehoben wird. Das ist
dann der Fall, wenn im Diodenmodell des Transistors
(Abb. 1) die Diode zwischen Basis und Emitter in
Durchlaßrichtung gepolt ist. Die zweite Sperrschicht
wird durch den dann fließenden **Basisstrom** I_B
(Steuerstrom) und die **Spannung** zwischen Kollektor
und Emitter (U_{CE}) aufgehoben.

> Der **Transistor** schaltet durch, wenn die **Basis-
> Emitter-Strecke** leitend wird **(Transistoreffekt).**

Der **NPN-Transistor** (Abb. 2) schaltet durch, wenn
über den Schalter die Basis **positiv** gegenüber dem
Emitter gepolt wird. Es fließt dann ein Strom im
Kollektorkreis (Schaltkreis), wenn auch der Kollektor

gegenüber dem Emitter **positiv** gepolt ist. Die Glüh-
lampe leuchtet auf.
Bei der Verwendung eines **PNP-Transistors** werden
die Anschlüsse umgekehrt gepolt.
Wird der Schalter geöffnet, sperrt der Transistor. Die
Glühlampe leuchtet nicht mehr.

> Das **Schalten des Transistors** erfolgt über die
> Basis.

Damit die Sperrschicht zwischen Basis und Emitter
aufgehoben wird, muß bei einem Silizium-Transistor
die Spannung U_{BE} etwa 0,6 V **(Schwellenspannung)**
betragen. Entsprechend gering ist auch der Basisstrom (Steuerstrom).
Werden die Ströme I_B, I_E und I_C gemessen und
miteinander verglichen, so ergibt sich:

$$I_E = I_C + I_B$$

Aus den Messungen ergibt sich ferner, daß der
Basisstrom **sehr viel kleiner** als der Kollektorstrom
ist (Abb. 2).

> Der **Transistor** steuert mit einem **kleinen** Basis-
> strom (Steuerstrom) einen **großen** Kollektorstrom
> (Arbeitsstrom). Er ist ein **kontaktloser Schalter.**

Die **Vorteile** des Transistors als Schalter sind:
- er kann im Vergleich zum Unterbrecherkontakt in
  der Zündanlage höhere Ströme schalten,
- er schaltet schneller,
- es gibt keine Funkenbildung, er arbeitet deshalb
  verschleißfrei, und
- er hat kleine Abmessungen.

Transistor als Verstärker

Das Verhältnis von Kollektorstrom zum Basisstrom
wird als **Stromverstärkung** bezeichnet. Mit den Werten aus der Abb. 2 ergibt sich eine Stromverstärkung
von 99, d. h., daß der Basisstrom durch den Transistor
um das 99fache verstärkt wurde.
Mit den Transistoren können aber nicht nur Gleich-
ströme sondern mit geeigneten Schaltungen auch
Gleichspannungen sowie Wechselspannungen und
Wechselströme verstärkt werden.

> Der Transistor kann **Ströme** und **Spannungen**
> verstärken. Er ist daher auch ein **Verstärker.**

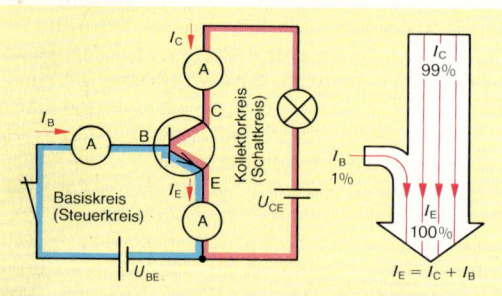

Abb. 2: Transistorschaltung

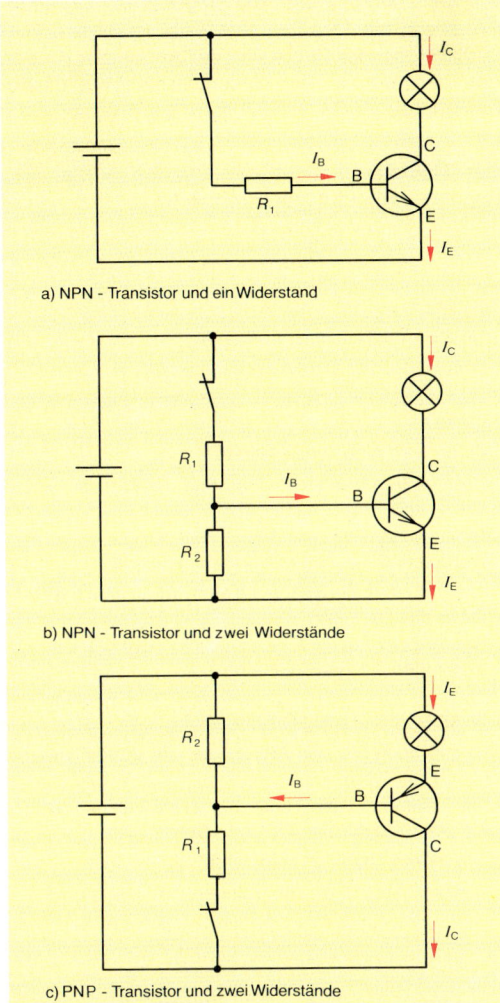

a) NPN - Transistor und ein Widerstand

b) NPN - Transistor und zwei Widerstände

c) PNP - Transistor und zwei Widerstände

Abb. 3: Transistorschaltungen

Grundschaltungen für die Transistorzündung

In der Abb. 3a ist eine Transistorschaltung abgebildet, die nur mit einer Batterie auskommt. Der Widerstand R1 begrenzt den Basisstrom. Über den Schalter wird die Basis gegenüber dem Emitter positiv gepolt. Der Transistor schaltet durch und die Glühlampe leuchtet auf.

Wird der Schalter geöffnet, so hat die Basis gegenüber dem Emitter keine positive Polung mehr. Der Transistor sperrt und die Glühlampe erlischt.

Eine Erweiterung der Schaltung zeigt Abb. 3b. Der Widerstand R1 ist mit einem weiteren Widerstand R2 in Reihe geschaltet. Die Wirkungsweise dieser Schaltung ist wie die in der Abb. 3a. Durch den Widerstand R2 wird erreicht, daß die Basis genauso gepolt wird

wie der Emitter, wenn der Schalter öffnet. Dadurch sperrt der Transistor schneller und der Strom durch die Glühlampe wird schneller unterbrochen.

In der Abb. 3c wird ein PNP-Transistor verwendet. Damit der Transistor durchschaltet, muß die Basis negativ gegenüber dem Emitter gepolt werden. Das wird dadurch erreicht, daß der Schalter mit dem Minuspol (Masse) der Batterie verbunden wird. Diese Schaltung ist für die Verwendung in **Zündanlagen** geeignet, da der Unterbrecherkontakt im Verteiler an **Masse** liegt.

Wird der Schalter geschlossen, so wird die Basis durch die Wirkung der Widerstände R2 und R1 negativ gegenüber dem Emitter gepolt. Der Transistor schaltet durch. Der Widerstand R1 begrenzt auch hier den Basisstrom.

Wird der Schalter geöffnet, so wird die Basis über den Widerstand R2 genauso positiv gepolt wie der Emitter. Der Transistor sperrt.

51.3.6 Thyristoren

> **Thyristoren** haben die **Aufgabe,** große Stromstärken und Spannungen und somit große elektrische Leistungen zu schalten.

Thyristoren sind **steuerbare** elektronische Schalter mit Gleichrichtereigenschaften. Im Kraftfahrzeug werden sie z. B. in der Thyristorzündung (Kondensatorzündung) und im elektronischen Blinkgeber verwendet.

Der Thyristor ist aus **vier** Zonen (Schichten, PNPN) aufgebaut (Abb. 4). Er wird deshalb auch als steuerbare **Vierschichtdiode** bezeichnet. Der Thyristor hat drei PN-Übergänge und damit drei Sperrschichten. Drei der Zonen haben elektrische Anschlüsse. Diese werden mit **Anode** (Pluspol), **Katode** (Minuspol) und **Gate** (engl.: Tor) bezeichnet.

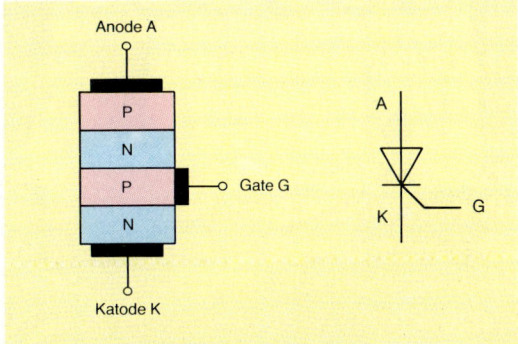

Abb. 4: Thyristoraufbau und Schaltzeichen

Wird der Thyristor in **Sperrichtung** betrieben, so fließt kein Strom, da lediglich die mittlere Sperrschicht aufgehoben wurde (Abb. 1a).

In **Durchlaßrichtung** gepolt, besteht nur noch die mittlere Sperrschicht (Abb. 1b).

Wird an den Gateanschluß eine Steuerspannung gelegt, so fließt ein Steuerstrom, welcher die mittlere Sperrschicht aufhebt. Der Thyristor schaltet durch. Es fließt ein Strom von der Anode zur Katode. Dieser Vorgang wird auch als »**Zünden**« des Thyristors bezeichnet.

> Der **Thyristor** wird durch **Steuerspannungen** und **Steuerströme** durchgeschaltet. Er wird gezündet.

Nach der Zündung kann die Steuerspannung abgeschaltet werden. Der Thyristor bleibt so lange durchgeschaltet, bis der Strom von der Anode zur Katode einen bestimmten Wert unterschritten hat (**Haltestromstärke**).

> Der **Thyristor** braucht zum **Zünden** nur einen Spannungs- und damit Stromstoß.

Aufgaben

1. Nennen Sie Halbleiterwerkstoffe.
2. Was wird unter Dotierung verstanden?
3. Was ist ein PN-Übergang und welche Eigenschaften hat er?
4. Wann wird eine Diode leitend?
5. Beschreiben Sie den Aufbau und die Wirkungsweise der Diode.
6. Mit welchem Bauteil kann eine Diode verglichen werden und was haben beide gemeinsam?
7. Wie groß muß die Spannung sein, damit eine Siliziumdiode leitend wird?
8. Beschreiben Sie die Einweg- und Zweiweg-Gleichrichtung einer Wechselspannung.
9. Welchen Vorteil hat die Zweiweg-Gleichrichtung gegenüber der Einweg-Gleichrichtung?
10. Beschreiben Sie den Aufbau und die Wirkungsweise des Transistors.
11. Mit welchem Bauteil kann der Transistor verglichen werden? Zeigen Sie die Ähnlichkeiten auf.
12. Wie ist ein Thyristor aufgebaut?
13. Wodurch kommt es zum Zünden des Thyristors?

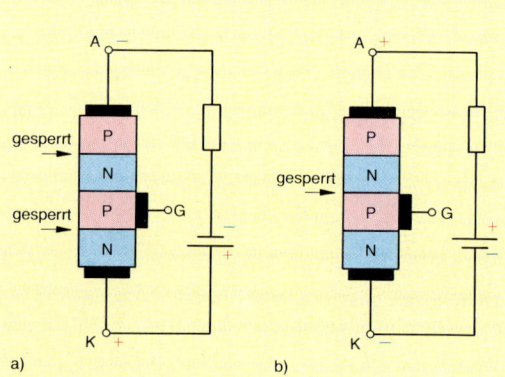

Abb. 1: Thyristorschaltung in Sperrichtung (a) und in Durchlaßrichtung (b)

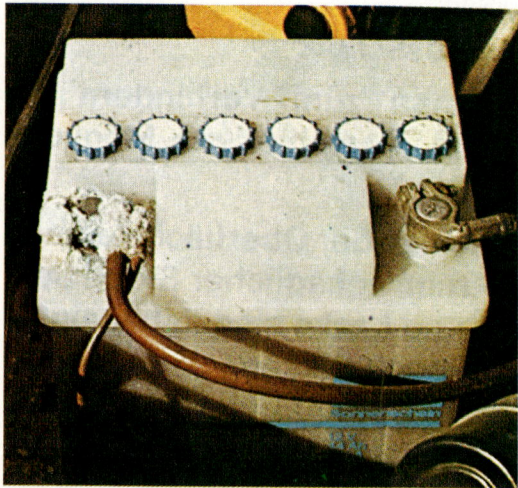

Abb. 2: Korrosion an einer Batterieklemme

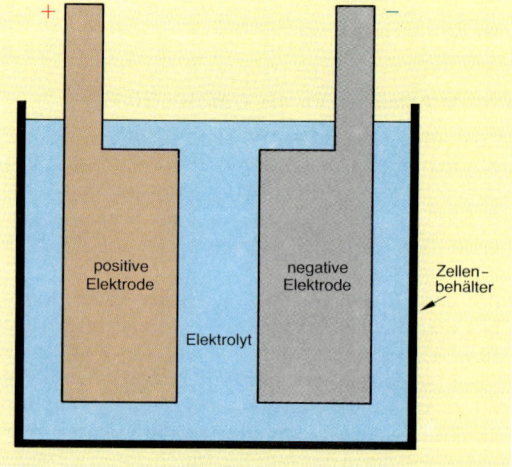

Abb. 3: Aufbau der Batteriezelle

52 | Kraftfahrzeugbatterie

Die im Kraftfahrzeug verwendeten Batterien (Starterbatterien) haben folgende **Aufgaben:**

- die für das Starten des Verbrennungsmotors notwendige elektrische Energie zu liefern,
- die eingeschalteten elektrischen Verbraucher bei Motorstillstand mit Energie zu versorgen,
- die vom Generator zur Ladung der Batterie abgegebene elektrische Energie zu speichern.

52.1 Aufbau der Batterie

Die Batterie besteht aus mehreren **Zellen.** Die Zelle ist der **Grundbaustein** der Batterie (Abb. 3).

Die Batteriezelle besteht aus:

- der positiven Elektrode (Pluspol, Plusplatte),
- der negativen Elektrode (Minuspol, Minusplatte),
- dem Elektrolyten (elektrisch leitende Flüssigkeit),
- dem Zellenbehälter.

Der Ausgangswerkstoff für die Elektroden (Platten) ist Blei (Pb). Als Elektrolyt wird Schwefelsäure (H_2SO_4) verwendet, die mit Wasser (H_2O) verdünnt ist.

52.2 Grundprinzip der Batterie

In der Batterie wird während des **Ladens** die vom Generator abgegebene elektrische Energie durch chemische Reaktionen **gespeichert.**

Während des **Entladens** werden in der Batterie die chemischen Reaktionen rückgängig gemacht, wobei die gespeicherte elektrische Energie **freigesetzt** wird.

52.2.1 Laden der Batteriezelle

Vor dem Laden der Batteriezelle (Abb. 4a) bestehen die beiden Platten aus weißem **Bleisulfat** ($PbSO_4$). Während des Ladens der Batteriezelle werden Elektronen durch die Wirkung der angelegten Gleichspannung von der Plusplatte abgesaugt und zur Minusplatte gedrückt. Es fließt der **Ladestrom** I_e (Abb. 4b). Dadurch wird das Bleisulfat an beiden Platten in seine Bestandteile **Blei** (Pb) und den **Säurerest** (SO_4) zerlegt. Der Säurerest geht in den Elektrolyten und spaltet dort ein Wassermolekül in seine Bestandteile **Wasserstoff** (H_2) und **Sauerstoff** (O). Der Säurerest verbindet sich mit dem Wasserstoff zur **Schwefelsäure** (H_2SO_4). Der Sauerstoff geht zur Plusplatte und verbindet sich dort mit dem Blei

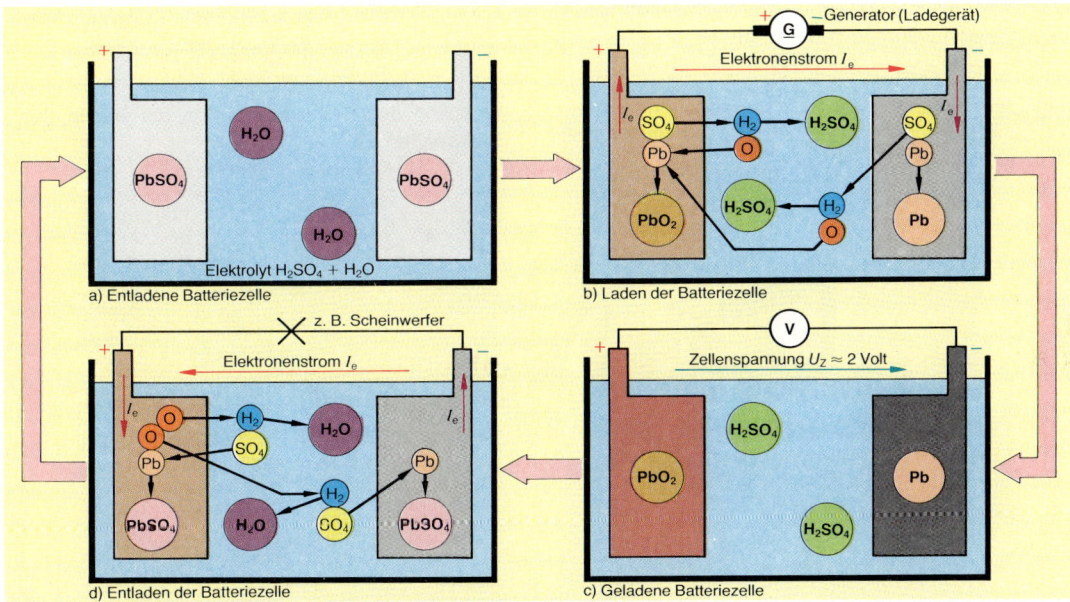

Abb. 4: Vorgänge in der Batteriezelle während des Ladens und Entladens

zu **Bleidioxid** (PbO_2). Das Blei der Minusplatte geht keine neue Verbindung ein (Abb. 4c, S. 521).

> Im **geladenen Zustand** besteht die **Plusplatte** aus dunkelbraunem **Bleidioxid** und die **Minusplatte** aus reinem grauen **Blei.**

Die **chemischen Reaktionen** während des **Ladens** der Batteriezelle sind in den folgenden chemischen Gleichungen wiedergegeben:

Plusplatte

$$PbSO_4 + H_2O + O + \frac{\text{elektrische}}{\text{Energie}} \rightarrow PbO_2 + H_2SO_4$$

Minusplatte

$$PbSO_4 + H_2O + \frac{\text{elektrische}}{\text{Energie}} \rightarrow Pb + H_2SO_4 + O$$

Die Gleichung für die **Gesamtreaktion** ist:

> $$2\,PbSO_4 + 2\,H_2O \xrightarrow{\text{Laden}} 2\,H_2SO_4 + Pb + PbO_2$$

Aus der Gleichung für die Gesamtreaktion ist zu entnehmen, daß während des Ladens der **Wasseranteil** des Elektrolyten **verringert** wird und der **Säureanteil zunimmt.**

> Da die Dichte der Schwefelsäure größer als die Dichte des Wassers ist, nimmt die **Dichte des Elektrolyten** während des **Ladens zu.**

Nach dem Laden besteht zwischen Plus- und Minuspol der Batteriezelle eine **Spannung** von etwa 2 Volt (Abb. 4c, S. 521).

52.2.2 Entladen der Batteriezelle

Das Entladen der Batteriezelle beginnt, wenn zwischen den beiden Polen der Stromkreis geschlossen wird (Abb. 4d, S. 521). Während des Entladens fließt ein **Elektronenstrom** (Entladestrom I_e) vom Minuspol über den elektrischen Verbraucher zum Pluspol. Dadurch wird das **Bleidioxid** der Plusplatte in seine Bestandteile **Blei** und **Sauerstoff** zerlegt. Der Sauerstoff geht in den Elektrolyten und verbindet sich mit dem **Wasserstoff** der Schwefelsäure wieder zu **Wasser.** Das **Blei** der Plus- und Minusplatte verbindet sich mit dem **Säurerest** wieder zu **Bleisulfat.**

> Im **entladenen Zustand** besteht die Plus- und die Minusplatte wieder aus weißem **Bleisulfat.**

Die **chemischen Reaktionen** während des **Entladens:**

Plusplatte

$$PbO_2 + H_2SO_4 + H_2 - \frac{\text{elektrische}}{\text{Energie}} \rightarrow PbSO_4 + 2\,H_2O$$

Minusplatte

$$Pb + SO_4 - \frac{\text{elektrische}}{\text{Energie}} \rightarrow PbSO_4$$

Die Gleichung für die **Gesamtreaktion** ist:

> $$Pb + PbO_2 + 2\,H_2SO_4 \xrightarrow{\text{Entladen}} 2\,PbSO_4 + 2\,H_2O$$

Aus der Gleichung ist zu entnehmen, daß während des Entladens der **Säureanteil** des Elektrolyten **verringert** wird und der **Wasseranteil zunimmt.**

> Während des **Entladens** nimmt die **Dichte des Elektrolyten ab.**

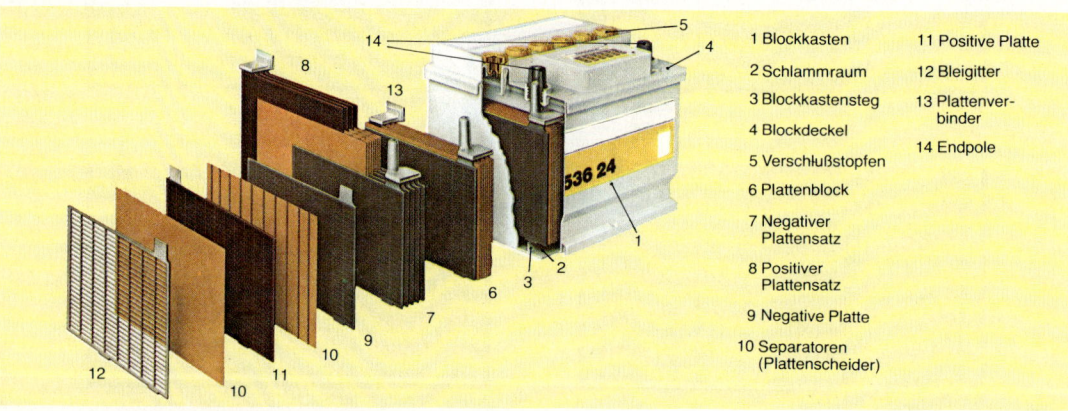

1 Blockkasten	11 Positive Platte
2 Schlammraum	12 Bleigitter
3 Blockkastensteg	13 Plattenverbinder
4 Blockdeckel	14 Endpole
5 Verschlußstopfen	
6 Plattenblock	
7 Negativer Plattensatz	
8 Positiver Plattensatz	
9 Negative Platte	
10 Separatoren (Plattenscheider)	

Abb. 1: Bauteile einer Kraftfahrzeugbatterie

52.3 Bauteile der Batterie

Eine »wartungsfrei nach DIN« Kraftfahrzeugbatterie (s. Kap. 52.6) besteht aus den in Abb. 1 dargestellten Teilen.

Der **Blockkasten** wird aus isolierendem, säurebeständigem Werkstoff (Hartgummi oder Kunststoff) hergestellt. Er ist durch Trennwände in Zellen unterteilt. Die Anzahl der Zellen richtet sich nach der Nennspannung der Batterie. So hat z.B. eine 12V-Batterie 6 Zellen. Die **Plattenblöcke** stehen auf den **Stegen** des Blockkastens. Zwischen den Stegen befindet sich der **Schlammraum**. Er dient zur Aufnahme der Bleiteilchen (Bleischlamm), die sich im Betrieb von den Platten ablösen (Abb. 2). Dadurch werden Kurzschlüsse zwischen den Plattensätzen vermieden.

Abb. 2: Neuwertige und verbrauchte Platte einer Bleibatterie

Der **Blockdeckel** verschließt den Blockkasten. Zum Einfüllen der Batteriesäure und zum Auffüllen des Säurestandes mit destilliertem Wasser hat jede Zelle eine Öffnung, die mit einem schraubbaren **Verschlußstopfen** versehen ist.

Der **Plattenblock** besteht aus je einem zusammengefügten **negativen** und **positiven Plattensatz** mit zwischengefügten **Separatoren** (Plattenscheider). Die Anzahl der Platten bestimmt die Kapazität der Batterie. Da die **positiven Platten** die Eigenschaft haben, sich bei Stromentnahme zu verformen, beginnt und endet der Plattenblock aus Stabilitätsgründen mit einer **negativen Platte**. Die Platten bestehen aus **Bleigittern**. In den Bleigittern befindet sich die sogenannte »**aktive Masse**«. Diese besteht aus gepreßtem Bleipulver, das mit verdünnter Schwefelsäure vermischt ist. Durch diese Mischung wird erreicht, daß möglichst viel Blei an den chemischen Reaktionen während der Ladung und Entladung beteiligt wird. Die Platten jedes Plattensatzes sind durch **Plattenverbinder** miteinander verbunden. Um ein Verwechseln der Anschlußklemmen zu vermeiden, hat der **positive Endpol** der Plattenblöcke einen **größeren** Durchmesser als die negative.

52.4 Typenbezeichnung der Batterie

Auf jeder Batterie steht die **Typenbezeichnung.**

Beispiel:

53624   12 V   36 Ah   175 A
                          └─ Kälteprüfstrom
                  └───── Nennkapazität
         └─────────── Nennspannung
  └──────────────────── Typnummer

Die **Typnummer** gibt Auskunft über die Form der Batterie und ihre Befestigung im Kraftfahrzeug.

> Die **Kapazität** einer Batterie gibt an, welche **Elektrizitätsmenge** der Batterie entnommen werden kann.

Die Kapazität hat das Formelzeichen K und das Einheitenzeichen Ah (Amperestunden). Sie wird nach der folgenden Gleichung berechnet:

$$K = I \cdot t$$

K Kapazität in Ah
I Stromstärke in A
t Zeit in h

Die **Nennkapazität** ist der Sollwert der Kapazität einer Starterbatterie. Die Kapazität einer Batterie ist abhängig von:

- der Entladestromstärke,
- der Temperatur und Dichte des Elektrolyten,
- dem Alter der Batterie.

Die Nennkapazität wird deshalb für eine 20stündige Entladung und für eine Säuretemperatur von 27°C angegeben.

Eine Nennkapazitätsangabe von 36 Ah besagt, daß eine 12V-Batterie 20 Stunden lang mit einem Strom von 1,8 A belastet werden kann, ohne daß die Klemmenspannung unter 10,5V absinkt.

Die **Nennspannung** einer Batterie ergibt sich aus der Anzahl der in Reihe geschalteten Zellen und der Nennspannung einer Zelle. Eine Batterie mit sechs Zellen hat demnach eine Nennspannung von $6 \cdot 2V = 12V$.

Der **Kälteprüfstrom** ist ein Maß für die Startfähigkeit der Batterie bei niedrigen Temperaturen. Die Angabe zum Kälteprüfstrom in der Typenbezeichnung nennt die Stromstärke, die die Batterie bei $-18°C$ mindestens 30 Sekunden lang liefern kann, ohne daß die Spannung je Zelle unter 1,5 Volt sinkt. Nach 150 Sekunden Entladezeit muß die Zellenspannung noch mindestens 1,0 Volt betragen.

52.5 Selbstentladung und Sulfatierung der Batterie

Die Bleigitter der Batterien bestehen wegen der erforderlichen Festigkeit aus einer **Blei-Antimon-Legierung.** Diese hat den Nachteil, daß sich die Batterie im Laufe der Zeit von selbst entlädt, ohne daß sie belastet wird. Während der Selbstentladung wird Wasser verbraucht. Die Selbstentladung beträgt bei Batterien – je nach Alter – täglich 0,2 bis 1% der Kapazität.

Befindet sich eine Batterie längere Zeit im entladenen Zustand, so wandelt sich das während des Entladens entstandene feinkristalline Bleisulfat in grobkristallines Bleisulfat um. Dieses grobkristalline Bleisulfat läßt sich nur noch schwer zurückbilden. Die Batterie wird dann als **sulfatiert** bezeichnet. Bei geringer Sulfatierung kann diese durch längeres Laden mit kleiner Stromstärke (etwa 0,2 A) wieder rückgängig gemacht werden.

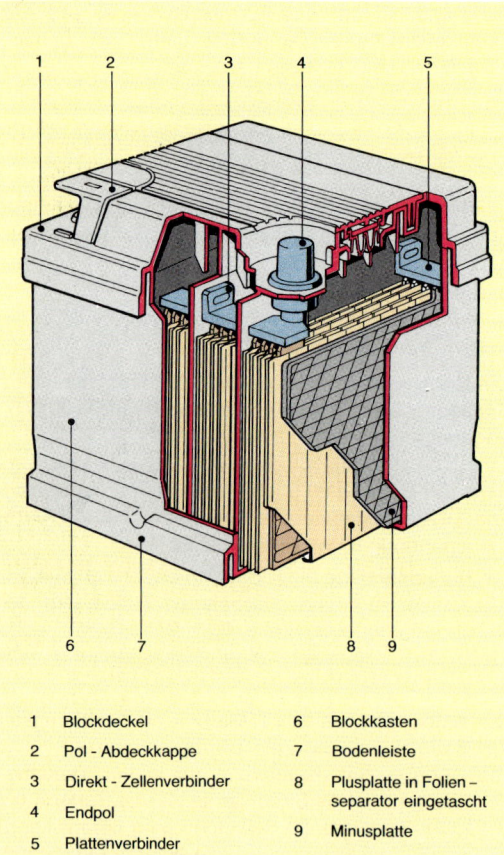

1	Blockdeckel	6	Blockkasten
2	Pol - Abdeckkappe	7	Bodenleiste
3	Direkt - Zellenverbinder	8	Plusplatte in Folien – separator eingetascht
4	Endpol	9	Minusplatte
5	Plattenverbinder		

Abb. 1: Aufbau der »absolut wartungsfreien« Batterie

52.6 Batteriearten

Es werden folgende **Batteriearten** unterschieden:

- die »wartungsfrei nach DIN« (s. Kap. 52.3),
- die »absolut wartungsfreie« und
- die »Kaltstart-Hochleistungs«-Batterie.

Die **absolut wartungsfreie** Batterie (Abb. 1) unterscheidet sich von der »wartungsfrei nach DIN« äußerlich dadurch, daß die Verschlußstopfen fehlen. Auf diese kann verzichtet werden, da die Bleigitter aus einer **Blei-Calzium-Legierung** statt einer Blei-Antimon-Legierung bestehen und dadurch die Selbstentladung und der Wasserverbrauch sehr gering sind. Statt der **Blattseparatoren** sind die Plusplatten von sogenannten Taschen- oder Folienseparatoren (Kunststoffhüllen) umschlossen. Dadurch kann durch herunterfallenden Bleischlamm kein Kurzschluß mehr zwischen den Plus- und Minusplatten entstehen. Auf den Schlammraum kann deswegen verzichtet werden. Die Platten können somit bei gleichen Abmessungen des Blockkastens größer ausgeführt werden. Die Batterien weisen deshalb eine größere Kapazität und Startleistung auf.

Die **»Kaltstart-Hochleistungsbatterie«** ist besonders für Kraftfahrzeuge mit Dieselmotoren geeignet, da diese eine höhere Startleistung benötigen. Bei diesen Batterien, die sowohl als »wartungsfrei nach DIN« als auch als »absolut wartungsfrei« ausgeführt werden, befinden sich die Plusplatten in Taschenseparatoren und weisen eine größere Fläche auf. Dadurch, daß die Minusplatten dünner ausgeführt sind, lassen sich mehr Platten auf gleichem Raum unterbringen. Bei gleichen Abmessungen ist die Kapazität um 10% und die Startleistung bis zu 50% höher.

Als **»trocken geladen«** oder besser **»ungefüllt und geladen«** werden Batterien bezeichnet, deren Batterieplatten sich im geladenen Zustand befinden. Die Batterie wird wegen der besseren Lagerfähigkeit **ohne Säure** geliefert. Vor Inbetriebnahme einer solchen Batterie muß in die Zellen verdünnte Schwefelsäure (Dichte 1,28 kg/l) eingefüllt werden. Nach einer Einwirkungszeit von 20 Minuten ist die Batterie gebrauchsfertig.

Die »wartungsfrei nach DIN« Batterie ist überwiegend »trocken geladen«. Die »absolut wartungsfreie« Batterie wird gefüllt geliefert.

Die folgenden Punkte beeinflussen die **Lebensdauer** einer Batterie:

- Batteriepflege,
- Betriebsverhältnisse,
- Größe der Selbstentladung,
- Beanspruchung der Plusplatten im Betrieb,
- Anzahl der Tiefentladungen und
- Überladungen.

52.7 Wartung und Diagnose

52.7.1 Prüfung des Ladezustandes der Batterie

Mit dem **Säureprüfer** kann die Säuredichte der verdünnten Schwefelsäure gemessen werden (Abb. 2).

Der Säureprüfer besteht aus einem Glasrohr mit Ansaugballon. Im Glasrohr befindet sich ein Schwimmkörper (Aräometer) mit einer geeichten Skale. Die Eintauchtiefe des Schwimmkörpers in der angesaugten Säure stellt ein Maß für deren Dichte dar. Von der Dichte kann auf den Ladezustand der Batterie geschlossen werden. So entspricht ein Ablesewert von **1,28 kg/l** einer **voll geladenen,** ein Wert von **1,20 kg/l** einer **halb geladenen** Batterie. Bei einem Wert von **1,12 kg/l** ist die Batterie **entladen.**

Um das **Startverhalten** einer Batterie zu ermitteln, ist die Batterie unter Belastung zu testen. Hierfür gibt es besondere Batterie-Testgeräte, welche die Batterie-Spannung bei entsprechender Belastung (Kälteprüfstrom) messen (Abb. 1, S. 526).

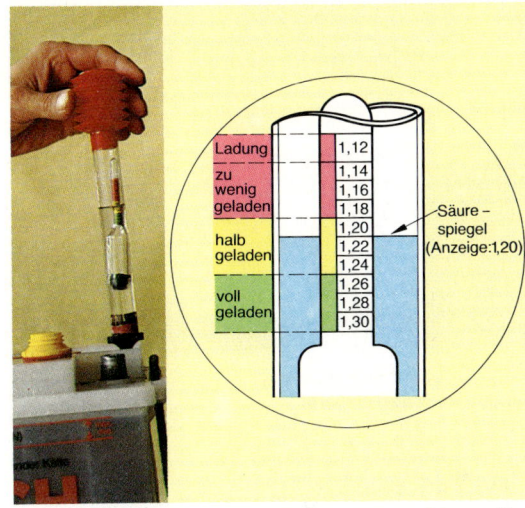

Abb. 2: Bestimmung der Säuredichte mit dem Säureprüfer

52.7.2 Laden der Batterie

Nach der Art des Ladens werden unterschieden:
- Normalladen und
- Schnelladen.

Das **Normalladen** erfolgt mit einem Ladestrom, der etwa 10% des Zahlenwertes der Batteriekapazität beträgt. Das **Schnelladen** wird mit dem 5- bis 8fachen Wert des Normalladestroms durchgeführt, wodurch eine wesentlich kürzere Ladezeit erzielt wird.

Das Schnelladen darf aber nur bis zur **Gasungsspannung** von 2,35 Volt je Zelle durchgeführt werden. Bei höherer Ladespannung wird das Wasser im Elektrolyten in seine Bestandteile Wasserstoff und Sauerstoff zerlegt. Diese entweichen als Gase und bilden außerhalb des Elektrolyten das **explosive Knallgas.** Wird weiter schnell geladen, so wird aufgrund der starken Gasentwicklung aktive Masse aus den Bleigittern herausgelöst. Diese füllt mit der Zeit den Schlammraum aus. Werden Minus- und Plusplatten durch den Bleischlamm verbunden, entsteht ein Plattenkurzschluß. Die Folge ist eine Verringerung der Lebensdauer der Batterie. Ladegeräte zum Schnelladen schalten deshalb bei Erreichen der Gasungsspannung selbsttätig auf Normalladung um (Automatikladegeräte, Abb. 2, S. 526).

> Eine **Schnelladung** darf nur bei neuwertigen, einwandfreien – keineswegs bei sulfatierten – Batterien vorgenommen werden (Explosionsgefahr!).

Arbeitshinweise zum Laden

- Alle Verschlußstopfen sind vor dem Laden der Batterie abzuschrauben.
- Die Batterie muß vor dem Laden vom elektrischen Leitungsnetz des Fahrzeugs getrennt werden.
- Um Kurzschlüsse zu vermeiden, ist das Massekabel zuerst zu entfernen und nach dem Laden zuletzt zu befestigen.
- Die Plusklemme des Ladegeräts wird an dem Pluspol (+) und die Minusklemme an dem Minuspol (−) der Batterie befestigt.
- Es ist so lange zu laden, bis die Säuredichte den erforderlichen Wert von 1,28 kg/l aufweist.
- Sulfatierte Batterien sind daran zu erkennen, daß die positiven und negativen Platten einen weißlichen Überzug aufweisen, die Batterien während des Ladens sofort anfangen stark zu gasen und sich schnell erwärmen.
- Nach beendeter Ladung ist der Säurestand zu prüfen und evtl. mit destilliertem bzw. entsalztem Wasser aufzufüllen.
- Niemals Batteriesäure zum Auffüllen des Säurestandes nehmen!
- Die Verschlußstopfen sind wieder aufzuschrauben.

> Da während des Ladens **Knallgas** ($H_2 + O_2$) entsteht, darf in der Nähe der Batterien wegen der **Explosionsgefahr** nicht mit **offener Flamme** hantiert werden. Das **Rauchen** ist verboten!

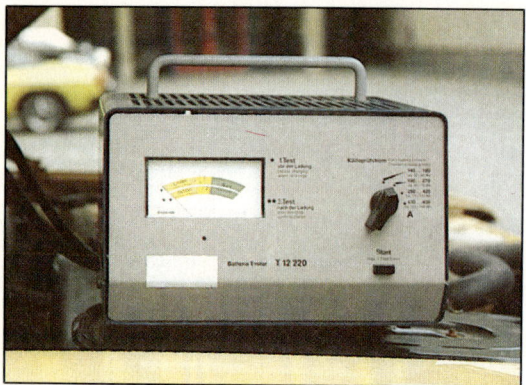

Abb. 1: Batterie-Testgerät

Abb. 2: Batterie-Ladegerät

Arbeitshinweise

- In regelmäßigen Abständen ist der Säurestand zu kontrollieren und evtl. aufzufüllen.

- Der Ladezustand ist mit dem Säureprüfer zu prüfen und evtl. die Batterie nachzuladen.

- Die Anschlußklemmen sind auf Sauberkeit und festen Sitz zu prüfen; evtl. zu reinigen und zum Schutz vor Korrosion mit Säureschutzfett einzufetten (Abb. 2, S. 520).

- Bei der »absolut wartungsfreien« Batterie ist der Wasserverbrauch sehr gering. Ist aber der Regler des Generators defekt, kann die Batterie überladen werden, und der Wasserverbrauch steigt stark an. Für solche Fälle lassen sich zum Zwecke des Wassernachfüllens die Batterien einiger Hersteller doch öffnen.

- Vor tiefen Temperaturen (Frost) sollten Batterien möglichst geschützt werden. Eine entladene Batterie gefriert bei etwa −11°C, eine geladene dagegen erst bei etwa −69°C. Ein guter Ladezustand ist deshalb der beste Frostschutz für die Batterie.

Bei der **Inbetriebnahme** der »trocken geladenen« Batterie sind die folgenden Punkte zu beachten:

- während des Füllens sollen Batterie und Säure eine Temperatur von mindestens 10°C haben;

- die Zellen sind bis zur Säurestandsmarke (etwa 15 mm über der Plattenoberkante) zu füllen;

- zum Einfüllen keine Metalltrichter verwenden;

- Batterie 20 Minuten stehen lassen, dann leicht schütteln und, falls erforderlich, Säure nachfüllen;

- Verschlußstopfen einschrauben und Batterie fest in das Fahrzeug einbauen.

Aufgaben

1. Welche Aufgaben hat eine Kraftfahrzeugbatterie?

2. Skizzieren und beschreiben Sie den Grundaufbau einer Batteriezelle.

3. Woraus bestehen die Plus- und Minusplatten einer ungeladenen und geladenen Batterie?

4. Wie verändert sich der Elektrolyt der Batterie während des Ladens und Entladens?

5. Beschreiben Sie die chemischen Reaktionen an den Plus- und Minusplatten während des Ladens und Entladens.

6. Beschreiben Sie den Aufbau einer Batterie.

7. Erklären Sie den Begriff der Batteriekapazität.

8. Was wird unter Typnummer, Nennspannung, Nennkapazität und Kälteprüfstrom verstanden?

9. Erklären Sie die folgende Typ-Aufschrift einer Batterie: 12 V 84 Ah 280 A.

10. Berechnen Sie die noch verbleibende Kapazität einer voll geladenen 12-V-Batterie mit 44 Ah, wenn das Standlicht (30 W) 8 Stunden eingeschaltet war.

11. Was wird unter den Vorgängen der Selbstentladung und des Sulfatierens einer Batterie verstanden?

12. Beschreiben Sie die Unterschiede zwischen der »wartungsfreien nach DIN«, der »absolut wartungsfreien« und der »Kaltstart-Hochleistungsbatterie«.

13. Was wird unter einer »trocken geladenen« Batterie verstanden?

14. Erklären Sie den Aufbau und die Wirkungsweise des Säureprüfers.

15. Welche Dichte hat etwa die Schwefelsäure bei einer geladenen, halb geladenen und entladenen Batterie?

16. Beschreiben Sie das Normalladen und das Schnellladen von Batterien.

17. Welche Arbeitshinweise sind zu beachten, wenn Batterien geladen werden sollen?

18. Was ist bei der Schnellladung von Batterien zu beachten?

19. Nennen Sie die wichtigsten Wartungsarbeiten an der Kraftfahrzeugbatterie.

53 | Generator

Der Generator hat folgende **Aufgaben:**

- die eingeschalteten Verbraucher bei laufendem Motor mit elektrischer Energie zu versorgen und
- die Batterie zu laden.

Um die elektrischen Verbraucher und die Batterie vor Schäden zu bewahren, muß die vom Generator erzeugte Spannung durch einen Generatorregler konstant gehalten werden (s. Kap. 53.4).

53.1 Grundaufbau und Wirkungsweise des Generators

Im Generator erfolgt die Spannungserzeugung durch **elektromagnetische Induktion** (Generatorprinzip).
Im Generator führt die **Leiterschleife** (Wicklung) bzw. das **Magnetfeld** eine drehende Bewegung aus. Dreht sich z.B. eine Leiterschleife in einem Magnetfeld, so pendelt der Zeiger eines angeschlossenen Spannungsmessers um seine Ruhelage (Abb. 3). Die erzeugte Spannung ändert im Verlauf der Drehbewegung jeweils nach 180° ihre Richtung (Polarität). Es wird eine **Wechselspannung** erzeugt. Das Magnetfeld wird bei den im Kraftfahrzeug verwendeten Generatoren durch **Elektromagnete** (Polschuhe mit Erregerwicklung) erzeugt.
Die elektronischen Schaltgeräte, die Batterie und die Zündanlage erfordern eine **Gleichspannung.** Deshalb muß die erzeugte Wechselspannung gleichgerichtet werden.

> Im Generator wird eine **Wechselspannung** erzeugt, die **gleichgerichtet** wird.

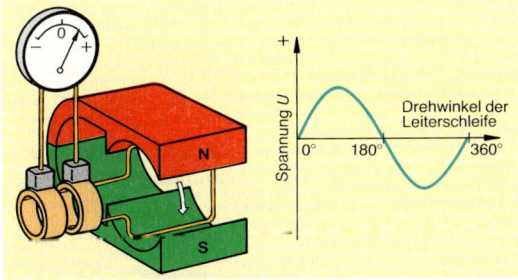

Abb. 3: Drehende Leiterschleife im Magnetfeld und Verlauf der erzeugten Wechselspannung

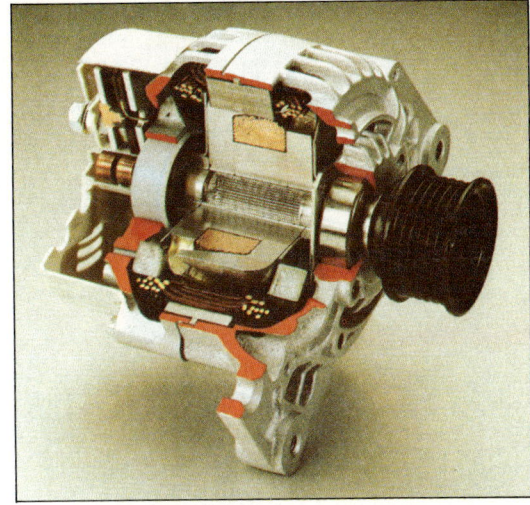

Abb. 4: Drehstromgenerator

53.2 Gleichstromgenerator

Der Gleichstromgenerator ist wegen seiner **Nachteile** gegenüber dem Drehstromgenerator nur noch selten in Kraftfahrzeugen eingebaut (s. Kap. 53.3.4).
Der **Aufbau** des Gleichstromgenerators ist in der Abb. 1, S. 528 dargestellt. Die Pole (Polschuhe) des Magnetfeldes befinden sich im Ständer. Zwischen den Polen dreht sich der Läufer mit der Läuferwicklung. Die Erregerwicklung ist parallel zur Läuferwicklung geschaltet.
Die **Spannung** im Gleichstromgenerator wird dadurch erzeugt, daß sich der Läufer mit der Läuferwicklung im feststehenden Magnetfeld der Polschuhe (Erregerwicklung) dreht. Der Antrieb des Läufers erfolgt vom Motor über einen Keilriemen.
Die **Selbsterregung** des Generators erfolgt durch den Restmagnetismus der Polschuhe (s. Kap. 51.1.2). Während der Drehung des Läufers verursacht die erzeugte Spannung einen Strom in der Erregerwicklung. Das Magnetfeld der Polschuhe wird dadurch verstärkt und die erzeugte Spannung größer. Dieser Vorgang wiederholt sich so lange, bis der Generator seine Betriebsspannung erreicht hat. Durch den **Kollektor** wird die erzeugte Wechselspannung gleichgerichtet. Es fließt ein Gleichstrom zu den Verbrauchern.

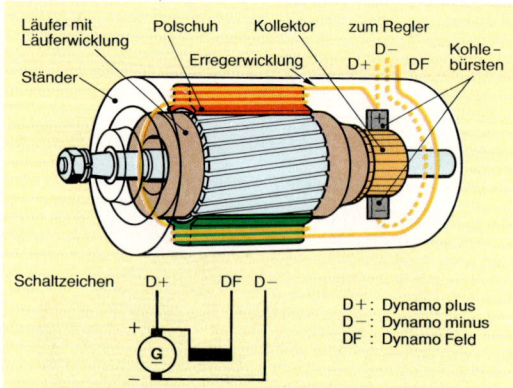

Abb. 1: Aufbau des Gleichstromgenerators

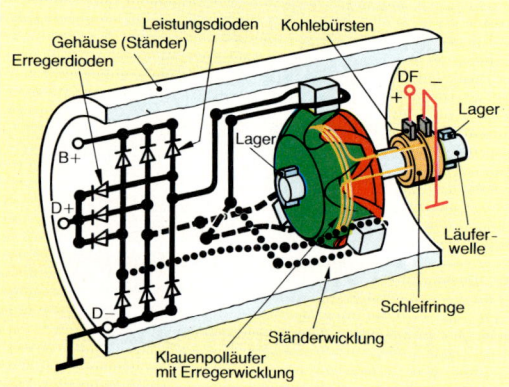

Abb. 2: Grundaufbau des Klauenpol-Drehstromgenerators

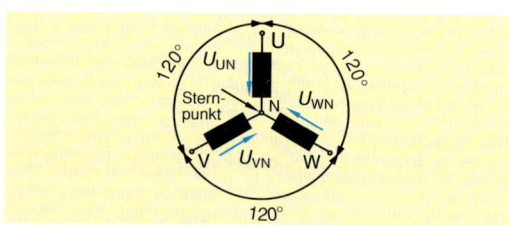

Abb. 3: Sternschaltung

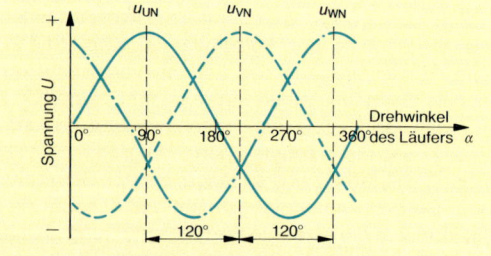

Abb. 4: Verlauf der drei Wechselspannungen

53.3 Drehstromgenerator

Am häufigsten wird in Kraftfahrzeugen der **Klauen-pol-Drehstromgenerator** eingebaut. Er hat seine Bezeichnung von der Gestaltung des Läufers (Abb. 2).

53.3.1 Aufbau und Wirkungsweise des Drehstromgenerators

Den grundsätzlichen Aufbau des Klauenpol-Dreh-stromgenerators zeigt Abb. 2.

Die wesentlichen **Bauteile** sind:

- das Gehäuse mit zwei Lagern zur Lagerung der Läuferwelle,
- ein Klauenpolläufer mit Erregerwicklung und Schleifringen,
- drei Wicklungen im Ständer,
- sechs Leistungs- und drei Erregerdioden und
- zwei gegen die Schleifringe drückende Kohlebürsten.

Die drei Wicklungen im Ständer sind um **120° versetzt** angeordnet und im »**Stern**« geschaltet (Stern-schaltung, Abb. 3). Die Wicklungsanfänge werden mit den Buchstaben U, V, W und der Sternpunkt mit N bezeichnet. Die Wicklungsanfänge sind mit der Gleichrichterschaltung verbunden (Abb. 2 und 6).
Wird der Läufer (Elektromagnet) gedreht, so wird in jeder dieser Ständerwicklungen eine **Wechselspannung** erzeugt. Werden die drei Wechselspannungen in ein Diagramm eingetragen (Abb. 4), so ergibt sich:

> Die drei im Drehstromgenerator erzeugten **Wechselspannungen** sind zueinander **versetzt**.

Bei einem zweipoligen Läufer (z. B. Stabmagnet) beträgt die Versetzung 120° (Abb. 4). Der zwölfpolige Klauenpolläufer bewirkt eine Versetzung von 20°.
Wird an die drei erzeugten Wechselspannungen ein **Elektromotor** (Drehstrommotor) angeschlossen, so fließen durch dessen drei Ständerwicklungen Wech-selströme. Die Wechselströme erzeugen in den Ständerwicklungen Magnetfelder, deren Stärke und Richtung sich fortwährend ändern. Die Wirkung dieser drei Magnetfelder zusammengenommen er-gibt ein magnetisches Drehfeld.

> Die Bezeichnung **Drehstrom** ist abgeleitet vom **magnetischen Drehfeld**.

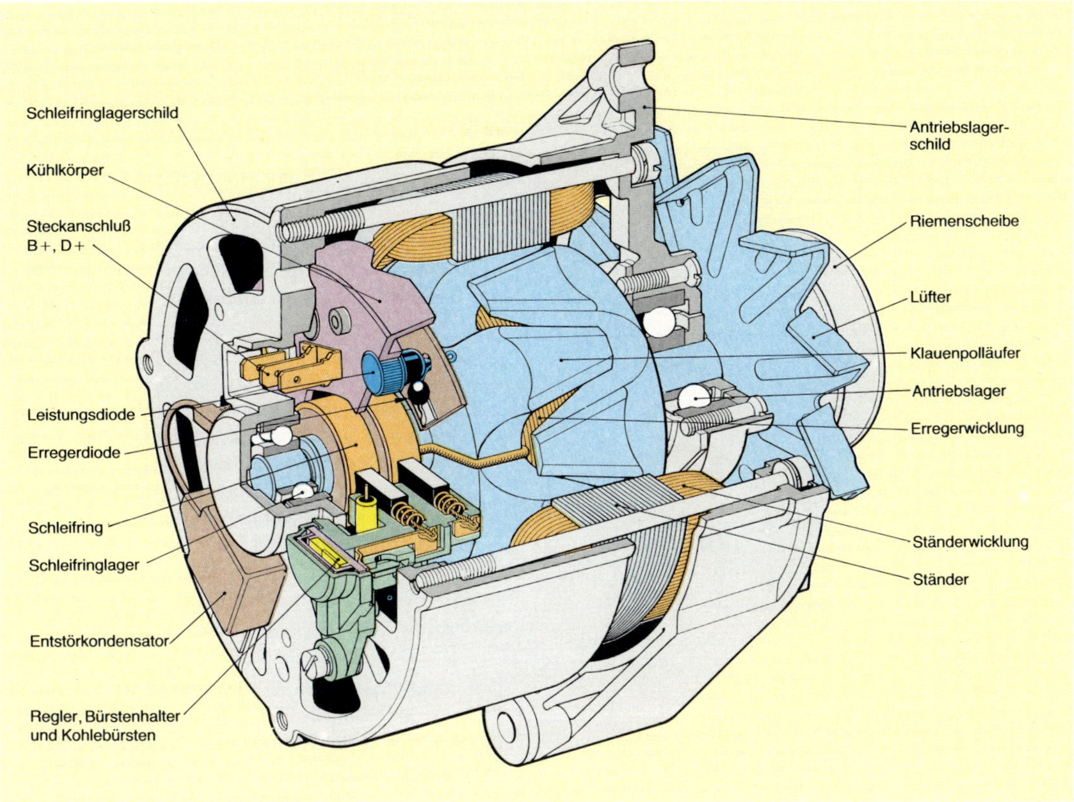

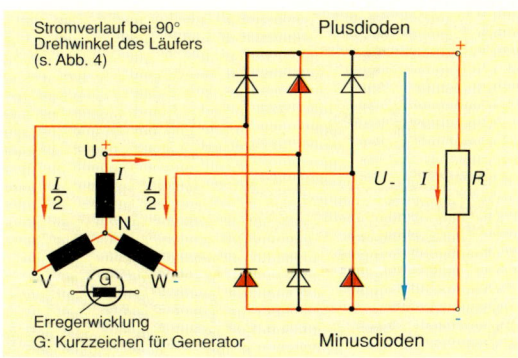

Abb. 5: Klauenpol-Drehstromgenerator

Die Abb. 4, S. 527 und Abb. 5 zeigen den **Aufbau** eines Klauenpol-Drehstromgenerators.

An der Stirnseite des Schleifringlagerschilds befinden sich der angebaute **Regler** und die Steckanschlüsse B+ und D+ für den Anschluß an das Bordnetz (Batterie, Verbraucher) bzw. an die Generatorkontrollampe.

An der anderen Stirnseite (Antriebslagerschild) befinden sich auf der Läuferwelle der **Lüfter** und die **Riemenscheibe** für den Antrieb des Generators. Der Klauenpol-Drehstromgenerator kann, wie alle Drehstromgeneratoren, in **beiden Drehrichtungen** betrieben werden. Die Drehrichtung ist nur abhängig von der Art des verwendeten Lüfters. Es gibt Lüfter für Linkslauf und Rechtslauf sowie für beide Drehrichtungen.

Der Klauenpol-Läufer besteht aus zwei Hälften, zwischen denen sich die Erregerwicklung befindet. Jede Hälfte hat **klauenartig** ausgebildete Pole, die wechselweise ineinandergreifen.

Die sechs Leistungsdioden und die drei Erregerdioden sitzen in **Kühlkörpern,** weil sich die Dioden während der Gleichrichtung erwärmen.

53.3.2 Gleichrichtung im Drehstromgenerator

Die Gleichrichtung der drei Wechselspannungen des Drehstromgenerators erfolgt durch die Zweiweg-Gleichrichtung in **Brückenschaltung** (s. Kap. 51.3.4). Bei dieser Schaltung erhält jeder Wicklungsanfang zwei Dioden (Abb. 6). Über die Dioden sind die

Abb. 6: Drehstrombrückenschaltung

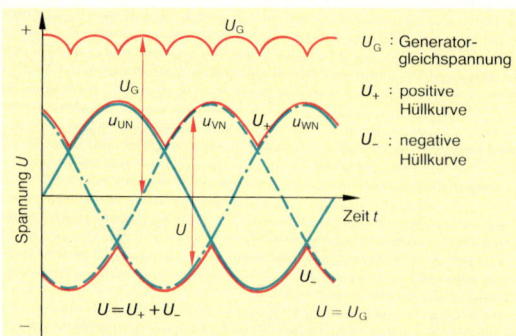

Abb. 1: Gleichrichtung der drei Wechselspannungen durch die Drehstrombrückenschaltung

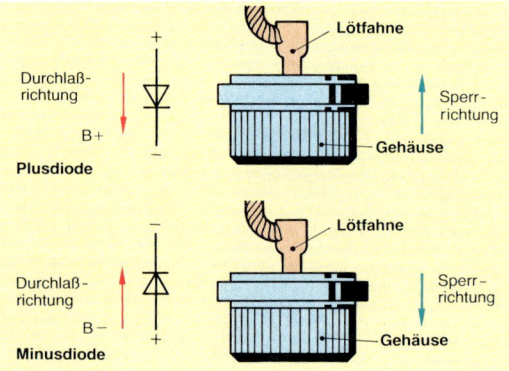

Abb. 2: Plus- und Minusdiode

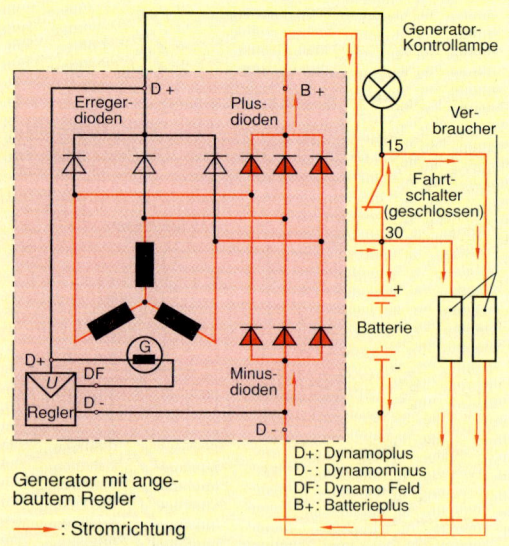

Generator mit angebautem Regler

→ : Stromrichtung

D+: Dynamoplus
D-: Dynamominus
DF: Dynamo Feld
B+: Batterieplus

Abb. 3: Hauptstromkreis (Generatorstromkreis)

Wicklungsanfänge miteinander verbunden. Drei Dioden bilden den Pluspol und drei den Minuspol.
Durch die Dioden werden von den positiven und negativen Halbwellen deren **Hüllkurven** gebildet. Die positive (U_+) und negative Hüllkurve (U_-) werden durch die Brückenschaltung zu einer leicht gewellten Gleichspannung (U_G) umgeformt (Abb. 1).

> Die **Gleichrichtung** der im Drehstromgenerator erzeugten drei Wechselspannungen erfolgt durch die **Drehstrombrückenschaltung.**

Die Dioden, die am Pluspol der Batterie anliegen, werden als »**Plusdioden**«, die am Minuspol als »**Minusdioden**« bezeichnet. Die Minusseite der Plusdiode liegt am Gehäuse und die der Minusdiode an der Lötfahne (Abb. 2). Das ist erforderlich, weil das Gehäuse dieser Dioden der zweite Anschluß ist und zur Kühlung in einem Kühlkörper befestigt wird. Die Kühlkörper haben die Aufgabe, die in den Dioden durch den Stromfluß erzeugte Wärme aufzunehmen und an die vom Lüfter durch den Drehstromgenerator gesaugte Luft wieder abzugeben.

> Der **Kühlkörper** für die Plusdioden ist mit dem Pluspol der Batterie (B+) und der für die Minusdioden mit dem Minuspol der Batterie (B−) verbunden.

53.3.3 Stromkreise des Drehstromgenerators

Im Drehstromgenerator werden die folgenden **Stromkreise** unterschieden:

● Hauptstromkreis (Generatorstromkreis),
● Erregerstromkreis,
● Vorerregerstromkreis.

> Im **Hauptstromkreis** fließt der Strom zum Laden der Batterie und zur Versorgung der anderen elektrischen Verbraucher.

Der **Hauptstrom** fließt aus den Ständerwicklungen (Sternschaltung) zu den Plusdioden und von diesen zu den elektrischen Verbrauchern (Abb. 3). Von den Verbrauchern fließt er dann über die Fahrzeugmasse zu den Minusdioden und in die Ständerwicklungen zurück.

> Im **Erregerstromkreis** fließt der Strom für den Aufbau des Magnetfeldes des Läufers.

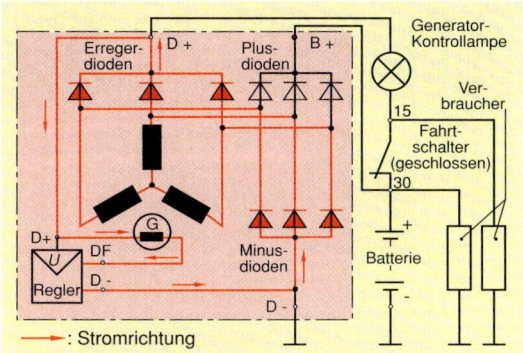

Abb. 4: Erregerstromkreis

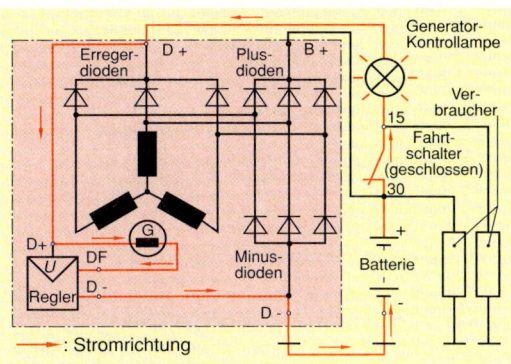

Abb. 5: Vorerregerstromkreis

Der **Erregerstrom** kommt von den Ständerwicklungen und wird durch drei **Erregerdioden** und die drei Minusdioden gleichgerichtet (Abb. 4). Er fließt über D+ zur Erregerwicklung des Läufers, durch den Regler und von dort über die Minusdioden zu den Ständerwicklungen zurück.

Der **Vorerregerstrom** fließt über den Fahrtschalter, die Generatorkontrollampe, die Erregerwicklung, den Regler und zurück zum Minuspol der Batterie (Abb. 5).

Die **Vorerregung** des Drehstromgenerators ist deshalb notwendig, weil der Restmagnetismus des Läufers nicht ausreicht, um bei niedrigen Drehzahlen in den Ständerwicklungen die zum Durchschalten der Dioden erforderliche Spannung zu erzeugen (Schwellenspannung, s. Kap. 51.3.4). Der Vorerregerstrom bewirkt schon bei niedrigen Drehzahlen des Läufers eine Verstärkung des Magnetfeldes der Erregerwicklung. Dadurch wird eine ausreichende Spannung zur Einleitung der Erregung des Generators erzeugt.

Im **Vorerregerstromkreis** fließt der Strom zur Erregung des Generators so lange, bis sich der Generator selbsterregen kann.

Der Vorerregerstrom wird unterbrochen, wenn die Generatorspannung gleich oder höher als die Batteriespannung ist. Zwischen den Klemmen D+ und B+ des Generators besteht dann kein Spannungsunterschied mehr. Die **Generatorkontrollampe** erlischt, weil durch sie kein Strom mehr fließt (Abb. 5).

Ist die **Generatorkontrollampe** defekt, kann der Drehstromgenerator **nicht** vorerregt werden.

53.3.4 Vergleich Gleichstromgenerator – Drehstromgenerator

Gegenüber dem Gleichstromgenerator hat der Drehstromgenerator folgende **Vorteile:**

- Leistungsabgabe schon bei Motorleerlauf,
- höhere Maximaldrehzahl möglich,
- Unabhängigkeit von der Drehrichtung,
- einfacherer Regleraufbau,
- kleines Gewicht im Verhältnis zur Leistung,
- verschleißarm und höhere Lebensdauer sowie
- geringere Wartung.

Aufgaben

1. Nennen Sie die Aufgaben des Generators.
2. Beschreiben Sie das Grundprinzip der Spannungserzeugung im Generator.
3. Von welchen Größen ist die Höhe der erzeugten Spannung im Generator abhängig?
4. Warum wird im Generator eine Wechselspannung erzeugt?
5. Warum muß die Wechselspannung gleichgerichtet werden?
6. Beschreiben Sie anhand einer Skizze den Aufbau und die Wirkungsweise des Gleichstromgenerators.
7. Nennen Sie das Prinzip des Drehstromgenerators.
8. Beschreiben Sie den Aufbau und die Wirkungsweise des Klauenpolgenerators.
9. Erläutern Sie anhand einer Skizze die Drehstrombrückenschaltung.
10. Skizzieren und beschreiben Sie die Stromkreise des Drehstromgenerators.
11. Warum muß der Drehstromgenerator vorerregt werden?
12. Welche Wirkung hat eine defekte Generatorkontrolllampe?
13. Welche Vorteile hat der Drehstromgenerator gegenüber dem Gleichstromgenerator?

53.4 Generatorregelung

Die **Generatorregelung** hat die **Aufgabe,** die Generatorspannung unabhängig von der Drehzahl und der Belastung konstant zu halten (Spannungsregelung).

53.4.1 Grundprinzip der Regelung

Die Regelung der Generatorspannung erfolgt über die Veränderung der **Erregerstromstärke.**
Solange die Generatorspannung unter der **Regelspannung** von z. B. 14 Volt bleibt, wird die Erregerstromstärke nicht verändert. Übersteigt die Generatorspannung die Regelspannung, so wird der Erregerstrom unterbrochen. Sinkt die Generatorspannung unter die Regelspannung, so wird der Erregerstrom wieder eingeschaltet, woraufhin der Vorgang sich wiederholt.

Die **Spannungsregelung** des Generators erfolgt durch das Ein- und Ausschalten des Erregerstromes und damit über die Veränderung des **Erregermagnetfeldes.**

Das Aus- und Einschalten des Erregerstromes kann **mechanisch** über ein Relais (Abb. 1a) oder **elektronisch** (Abb. 1b und 1c) erfolgen.

53.4.2 Kontaktregler

Die Spannungsregelung mit Relais (Kontaktregler, s. Kap. 51.3.1) zeigt Abb. 2.
Bei nicht voll erregter Relaisspule hält die Rückzugfeder den Kontakt geschlossen. Über den Kontakt fließt der **Erregerstrom** (Arbeitsstrom). Zum Öffnen des Kontaktes muß die Relaisspule voll erregt werden. Dazu ist eine bestimmte **Steuerstromstärke** erforderlich. Diese wird bei einer festgelegten Generatorspannung, z. B. 14 Volt, erreicht. Der Kontakt wird dann durch die Magnetkraft der Relaisspule geöffnet und der Erregerstrom unterbrochen. Die **Generatorspannung** wird dadurch geringer und würde bis auf Null absinken, wenn nicht der Kontakt bei einer festgelegten Generatorspannung, z. B. 13,8 Volt, wieder geschlossen wird. Das Schließen des Kontaktes erfolgt aufgrund der nachlassenden Magnetkraft der Relaisspule. Die Magnetkraft wird geringer, weil die Steuerstromstärke mit absinkender Generatorspannung kleiner wird.
Durch das Schließen des Kontaktes wird der Erregerstrom wieder eingeschaltet, wodurch sich der **Ablauf der Regelung** dauernd wiederholt. Die Generatorspannung U_G zwischen den Klemmen B+ und D−

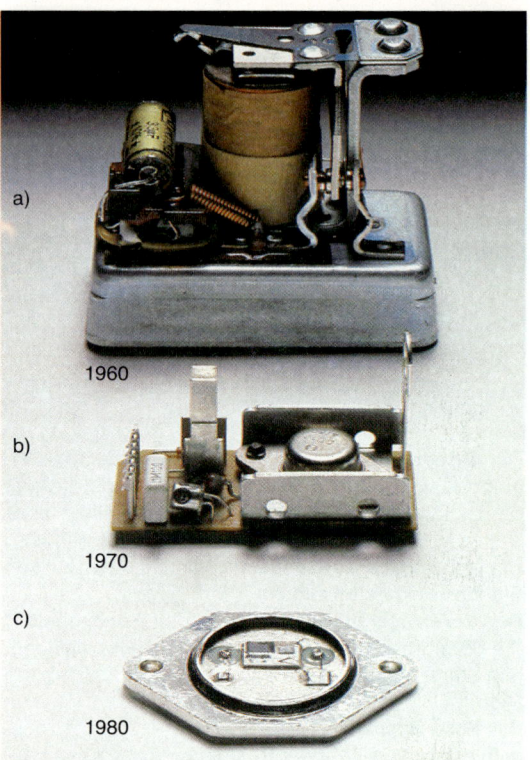

a)

1960

b)

1970

c)

1980

Abb. 1: Entwicklung der Baugröße des Drehstromgeneratorreglers

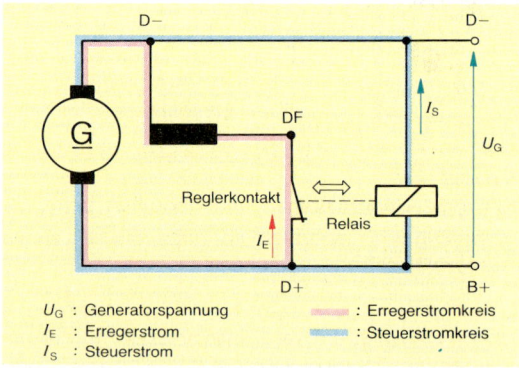

U_G : Generatorspannung
I_E : Erregerstrom
I_S : Steuerstrom

      : Erregerstromkreis
      : Steuerstromkreis

Abb. 2: Spannungsregelung mit Relais (Schaltplan)

(Abb. 2) nimmt dabei einen mittleren Wert an, der zwischen den festgelegten Spannungen von 13,8 V und 14 V liegt.

In Abhängigkeit von der **Drehzahl** und **Belastung** des Generators erfolgen die Schaltvorgänge im Kontaktregler 50- bis 200mal in der Sekunde.

53.4.3 Elektronische Regler

Elektronische Regler enthalten eine Transistorschaltung, weshalb sie auch als **Transistorregler** bezeichnet werden. Abb. 3 zeigt den Schaltplan eines einfachen Transistorreglers. Im einfachen Transistorregler schaltet der sogenannte **Leistungstransistor** (V2) den Erregerstrom. Ein **Steuertransistor** (V1) steuert den Leistungstransistor.

Das **Schalten** des Steuertransistors wird durch eine sogenannte **Z-Diode** veranlaßt. Die Z-Diode wird im Gegensatz zu einer normalen Diode in **Sperrichtung** betrieben. Sie hat die Eigenschaft, bei einer bestimmten Spannung in Sperrichtung leitend zu werden.

Die Regelung der Generatorspannung durch den Transistorregler erfolgt im Prinzip wie durch den Kontaktregler in der Abb. 2.

> Der **Transistorregler** regelt die Generatorspannung mit **zwei** Schaltstufen:
> - voller Erregerstrom und
> - abgeschalteter Erregerstrom.

Der **volle Erregerstrom fließt,** wenn der Leistungstransistor V2 **durchgeschaltet** ist. Das ist der Fall, wenn der Steuertransistor V1 **sperrt.** Zwischen Basis und Emitter von V2 besteht dann die zum Durchschalten von V2 notwendige Spannung von mindestens 0,6 Volt (s. Kap. 51.3.4).

V1 sperrt, weil die Z-Diode einen Basis-Emitter-Strom durch V1 verhindert.

Der **Erregerstrom wird abgeschaltet,** wenn die Generatorspannung die Regelspannung erreicht. Zwischen dem Punkt A und der Basis von V1 besteht dann eine Spannung, die so groß ist, daß die Z-Diode **öffnet.** Es fließt ein Basis-Emitter-Strom durch V1. V1 schaltet durch und V2 sperrt, weil die Spannung zwischen Basis und Emitter von V2 unter 0,6 Volt sinkt.

Sinkt die Generatorspannung daraufhin unter die Regelspannung, **sperrt** die Z-Diode, V1 sperrt und V2 schaltet den Erregerstrom wieder ein.

Diese **Vorgänge** wiederholen sich wie im Kontaktregler in schneller Folge, wodurch sich eine nur gering schwankende Generatorspannung zwischen den Klemmen B+ und D− des Generators einstellt. Die Widerstände R1 und R2 bestimmen die Spannung an der Z-Diode. R2 begrenzt den Basis-Emitter-Strom von V1. R3 begrenzt den Kollektor-Emitter-Strom von V1 und den Basis-Emitter-Strom von V2. Die zwischen DF und D+ geschaltete Diode V3 schützt die Transistoren vor den **Selbstinduktionsspannungen** (s. Kap. 51.2.3) der Erregerwicklung.

Die Selbstinduktionsspannung entsteht immer dann, wenn der Erregerstrom abgeschaltet wird. Die Diode wird dann leitend (Freilaufdiode).

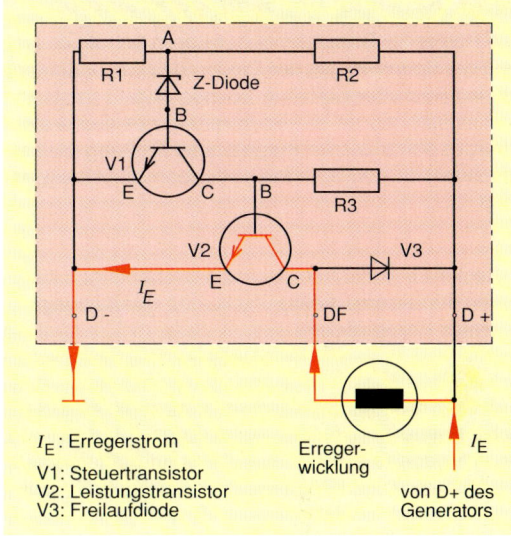

I_E: Erregerstrom
V1: Steuertransistor
V2: Leistungstransistor
V3: Freilaufdiode

Erreger-
wicklung

von D+ des
Generators

Abb. 3: Transistorregler (Schaltplan)

Die elektronischen Regler haben gegenüber den Kontaktreglern folgende **Vorteile:**
- kein Verschleiß und damit wartungsfrei,
- kürzere Schaltzeiten,
- können höhere Ströme schalten,
- unempfindlich gegen Stoß und Vibration,
- hohe Funktionssicherheit und
- kleine Baugröße.

53.4.4 Regler für Gleichstromgeneratoren

Regler für Gleichstromgeneratoren sind mechanisch aufgebaut (Kontaktregler). Sie besitzen neben dem Spannungsregler noch den **Ladeselbstschalter,** auch Rückstromschalter genannt, und den **Stromregler.**

Der **Ladeselbstschalter** hat die Aufgabe, die Verbindung zwischen Generator und Batterie bzw. den anderen elektrischen Verbrauchern herzustellen und wieder zu trennen. Er ist notwendig, weil sonst bei stillstehendem oder mit geringer Drehzahl laufendem Generator sich die Batterie über den Generator entladen würde und dieser wegen des hohen Entladestromes zerstört wird.

Je mehr Verbraucher am Gleichstromgenerator angeschlossen werden, desto größer wird der Generatorstrom, weil der Gesamtwiderstand aller angeschlossenen Verbraucher kleiner wird (Parallelschaltung, s. Kap. 13.8.2). Damit der zulässige Höchststrom nicht überschritten wird, ist im Regler ein **Überlastungsschutz** eingebaut, der als **Stromregler** bezeichnet wird.

53.4.5 Regler für Drehstromgeneratoren

Die Regler für Drehstromgeneratoren benötigen wegen der **Sperrwirkung** der Dioden des Gleichrichters keinen Rückstromschalter. Ebenso entfällt der Überlastungsschutz, da die Begrenzung des Generatorstromes durch dessen **magnetische Wirkung** (Selbstinduktion) in den Ständerwicklungen selbsttätig erfolgt.

Regler für Drehstromgeneratoren benötigen keinen **Rückstromschalter** und keinen **Überlastungsschutz** (Stromregler).

Für Drehstromgeneratoren werden meist **elektronische Regler** verwendet. Kontaktregler werden nur noch für den Austausch oder für Sonderfälle gebaut. Die elektronischen Regler sind überwiegend im oder am Generator befestigt.

53.5 Wartung und Diagnose

Gleichstromgenerator

Zur **Wartung** des Gleichstromgenerators gehört die Überprüfung der Keilriemenspannung, der Batterie- und Masseverbindungen, der Kohlebürsten sowie der Kollektoroberfläche. Die Kugellager haben eine Dauerfettfüllung, die erst bei einer Überholung des Generators zu erneuern ist. Der Generatorregler ist wartungsfrei. Veränderungen oder Reparaturen dürfen am Regler nicht vorgenommen werden.

Die **Funktion** von Generator und Regler kann durch Einschalten des Fernlichts überprüft werden. Bei einer Erhöhung der Motordrehzahl über die Leerlaufdrehzahl muß das Fernlicht merklich heller werden.

Bei **Störungen** am Generator kann mit Testgeräten die Fehlerquelle gefunden werden. Die dann vorzunehmenden Messungen umfassen die Messung des Generatorstromes während die Dauerverbraucher eingeschaltet sind, der Leerlauf- und Belastungsspannung sowie des Höchst- und Rückstromes.

Drehstromgenerator

Drehstromgeneratoren sind wartungsarm. Die Schleifkohlen und die Lagerschmierung reichen bis zur Grundüberholung des Motors bei etwa 100 000 bis 150 000 km. Der Regler ist wartungsfrei. Reparaturen oder eine Änderung der Reglereinstellung können nicht vorgenommen werden.

Die **Überprüfung** von Generator und Regler erfolgt meist im eingebauten Zustand. Eine schnelle Über-

prüfung des Reglers kann mit einem Spannungsmesser erfolgen, der an D+ und Masse angeschlossen wird. Die vom Generator abgegebene Spannung muß dabei konstant bleiben und je nach Reglertyp zwischen 13,4 und 14,5 V liegen.

Eine genauere Überprüfung (Leistungsprüfung) von Generator und Regler erfolgt bei Belastung und verschiedenen Drehzahlen. Zur Messung wird ein **Volt-Ampere-Tester** (Abb. 1) mit eingebautem oder separatem **Belastungswiderstand** sowie ein **Drehzahlmesser** verwendet. Um Schäden am Generator zu vermeiden, muß die Batterie angeschlossen bleiben. Die Prüfung ist nach Herstellerangabe vorzunehmen. Die gemessenen Testwerte sind mit den Sollwerten des Herstellers zu vergleichen. Stimmen die Testwerte nicht überein, so ist die Messung mit einem neuen Regler zu wiederholen. Dadurch kann schnell festgestellt werden, ob der Fehler am Regler oder am Generator liegt.

Liegt der Fehler am Generator, so kann mit einem speziellen Testgerät (Drehstromgenerator-Tester) der Zustand der Wicklungen und der Dioden geprüft werden (Abb. 2).

Abb. 1: Volt-Ampere-Tester

Abb. 2: Drehstromgenerator-Tester

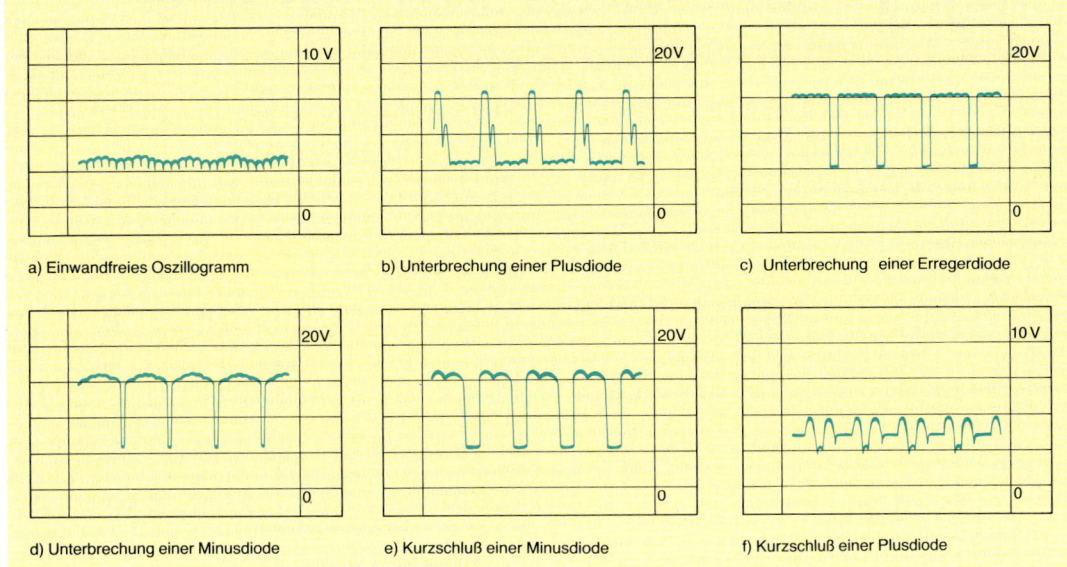

a) Einwandfreies Oszillogramm

b) Unterbrechung einer Plusdiode

c) Unterbrechung einer Erregerdiode

d) Unterbrechung einer Minusdiode

e) Kurzschluß einer Minusdiode

f) Kurzschluß einer Plusdiode

Abb. 3: Fehleroszillogramme des Drehstromgenerators

Zur Fehlersuche am Generator kann auch die **Generator-Kontrollampe** herangezogen werden. Im Fehlerfall erlischt die Generator-Kontrollampe nicht oder nur zum Teil. Die verbleibende Leuchtstärke läßt bei einiger Übung auf den Fehler im Generator schließen.

Eine genauere Fehlerermittlung ist mit dem **Zündoszilloskop** (oft auch Zündoszillograph genannt) möglich. Bestimmte Fehler des Drehstromgenerators führen dabei zu charakteristischen **Oszillogrammen** (Abb. 3).

Dioden lassen sich im ausgebauten Zustand mit einer Prüflampe oder genauer mit einem Widerstandsmeßgerät überprüfen.

Arbeitshinweise

- Drehstromgeneratoren dürfen nur zusammen mit Regler und Batterie betrieben werden.
- Batterien dürfen nicht mit falscher Polarität angeschlossen werden.
- Die Batterie darf während des Betriebes nicht abgeklemmt werden.
- Bei Starthilfe durch eine fremde Batterie muß die eigene Batterie angeschlossen bleiben.
- Während des Schnelladens der Batterie sowie bei Elektroschweißarbeiten am Fahrzeug sind Plus- und Minusleitung an der Batterie abzuklemmen.

Aufgaben

1. Warum muß die Generatorspannung geregelt werden?
2. Nennen Sie die Aufgabe der Generatorregelung.
3. Beschreiben Sie das Grundprinzip der Regelung.
4. Erklären Sie mit Hilfe einer Skizze die Wirkungsweise des Kontaktreglers.
5. Was ist eine Z-Diode?
6. Erklären Sie mit Hilfe einer Schaltungsskizze den Aufbau und die Wirkungsweise des Transistorreglers.
7. Warum entsteht in der Erregerwicklung des Generators während des Abschaltens des Erregerstromes eine Selbstinduktionsspannung?
8. Welche Aufgabe hat die »Freilaufdiode« im elektronischen Regler des Drehstromgenerators?
9. Welche Vorteile besitzen die elektronischen Regler gegenüber den Kontaktreglern?
10. Warum benötigt der Regler für Gleichstromgeneratoren einen Ladeselbstschalter?
11. Weshalb benötigt der Drehstromgenerator keinen Rückstromschalter und keinen Überlastungsschutz?
12. Nennen Sie Wartungsarbeiten am Gleichstromgenerator.
13. Welche Arbeitshinweise müssen in Hinblick auf den Drehstromgenerator beachtet werden?
14. Beschreiben Sie die Leistungsprüfung des Drehstromgenerators.
15. Welche Möglichkeiten gibt es, Fehler im Drehstromgenerator festzustellen?
16. Wie und womit kann eine Diode schnell überprüft werden?

54 | Konventionelle Batteriezündanlage

Die konventionelle Batteriezündanlage wird auch als konventionelle **Spulenzündung** (SZ) bezeichnet.

Die **Aufgaben** der Zündanlage sind:

- die Zündspannung zu liefern, die erforderlich ist, damit in allen Betriebszuständen des Motors der Zündfunke entstehen kann,
- die Zündspannung im richtigen Moment (Zündzeitpunkt) der Zündkerze zuzuführen und
- bei Mehrzylindermotoren die Zündspannung entsprechend der Zündfolge des Motors an die Zündkerzen zu leiten.

54.1 Aufbau und Wirkungsweise der Zündanlage

Den **Aufbau** der konventionellen Batteriezündanlage zeigen Abb. 1 und Abb. 2.

Wirkungsweise

Bei geschlossenem Zündschalter und Unterbrecherkontakt fließt ein Strom (Primärstrom) durch die Primärwicklung der Zündspule (Abb. 2). In der Primärwicklung wird ein Magnetfeld aufgebaut (s. Kap. 51.1.2).

Im **Zündzeitpunkt** wird der Unterbrecherkontakt geöffnet, was zu einer Unterbrechung des Primärstroms führt. Dadurch wird das Magnetfeld abgebaut und in der Sekundärwicklung der Zündspule nach dem Transformatorprinzip die **Zündspannung** erzeugt (s. Kap. 51.2.2).

> In der konventionellen Batteriezündanlage erfolgt die Unterbrechung des Primärstromes im Zündzeitpunkt durch den **Unterbrecherkontakt.**

Die Stromkreise für den **Primär-** und den **Sekundärstrom** sind in der Abb. 2 in unterschiedlichen Farben eingezeichnet.

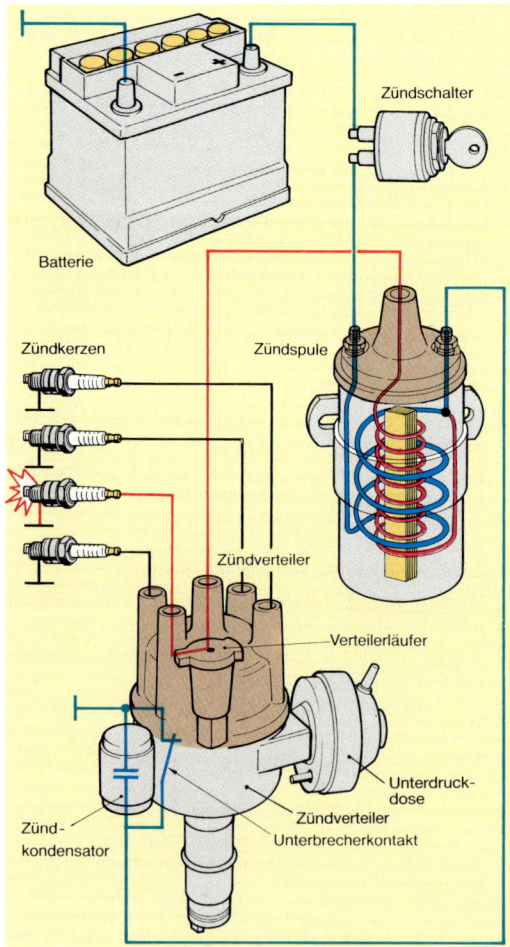

Abb. 1: Aufbau (Bauteile) der konventionellen Batteriezündanlage

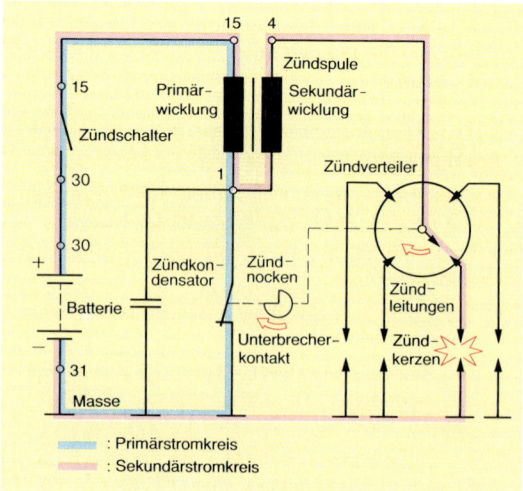

Abb. 2: Schaltplan und Klemmenbezeichnungen der konventionellen Batteriezündanlage

54.2 Bauteile der konventionellen Batteriezündanlage

54.2.1 Zündspule

> Die **Zündspule** hat die **Aufgabe,** die für den Funkenüberschlag notwendige Zündspannung zu erzeugen.

Abb. 3 zeigt den **Aufbau** der Zündspule.
Auf dem aus Blechen zusammengesetzten (lamellierten) Eisenkern befindet sich die **Sekundärwicklung** und darüber die **Primärwicklung.** Die Sekundärwicklung hat etwa 15000 bis 30000 Windungen. Je nach Ausführung der Zündspule hat die Primärwicklung den 150sten bis 60sten Teil der Windungszahl der Sekundärwicklung.
Primär- und Sekundärwicklung haben einen gemeinsamen Wicklungsanschluß, der die Klemme 1 der Zündspule bildet.

Nach den **Anforderungen,** die an eine Zündspule gestellt werden, gibt es:

● Standardzündspulen und
● Hochleistungszündspulen.

Hochleistungszündspulen können eine höhere Zündspannung und/oder mehr Zündfunken pro Zeiteinheit erzeugen als Standardzündspulen. Sie werden wegen der höheren thermischen Belastung meist mit einem oder zwei Vorwiderständen von etwa 1 bis 2 Ohm betrieben. Statt der Vorwiderstände werden von einigen Herstellern auch sogenannte Vorwiderstandsleitungen verwendet.

Vorwiderstände können durch den Zündschalter über ein Relais oder durch einen Schalter im Starter (Klemme 15a) während des Startens des Motors überbrückt werden. Dadurch wird das Absinken der Batteriespannung aufgrund des hohen Starterstromes (bis etwa 200 A bei Pkw) und damit die Verminderung der Betriebsspannung der Zündspule ausgeglichen. Dieser Vorgang wird als **»Startspannungsanhebung«** oder auch als **»Startanhebung«** bezeichnet.

54.2.2 Zündverteiler

Mehrzylindermotoren benötigen einen Zündverteiler, da sie meistens nur mit einer Zündspule ausgerüstet sind.

> Der **Zündverteiler** hat die **Aufgabe,** die Zündspannung entsprechend der Zündfolge des Motors an die Zündkerzen zu leiten.

Die **Zündfolge** eines Motors ist konstruktiv bedingt und darf (durch Umstecken der Zündleitungen) nicht verändert werden (s. Kap. 27.3.2).
Den **Aufbau** des Zündverteilers zeigt Abb. 1, S. 538.
Der Verteilerläufer, der Zündunterbrecher und der Zündversteller sind im Verteiler zu einer Baueinheit zusammengefaßt. Innen oder außen am Verteilergehäuse ist der Zündkondensator angebracht.
In der **Verteilerkappe** befinden sich die Fassungen für die Zündleitungen. Die mittlere Fassung nimmt die Leitung von der Zündspule (Klemme 4) auf. Die

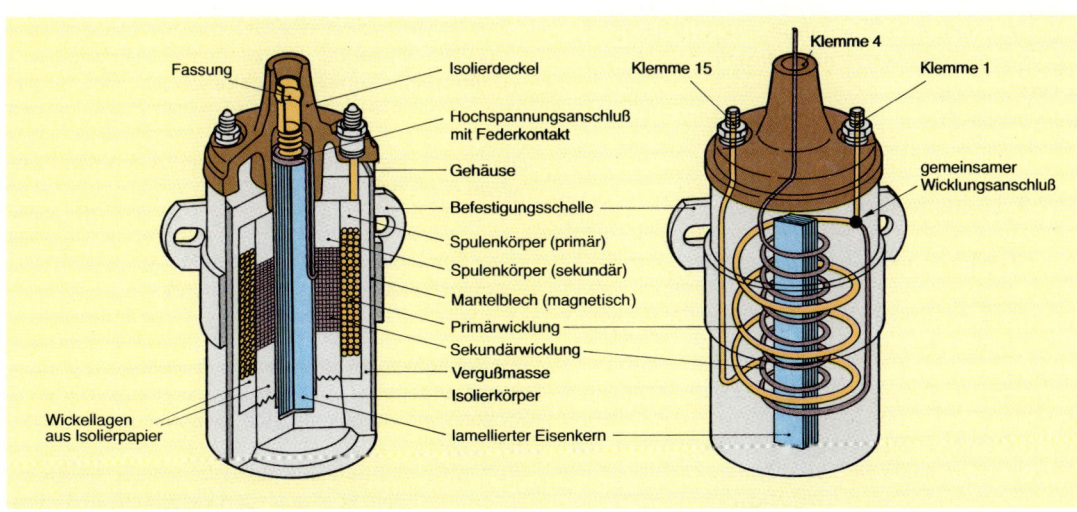

Abb. 3: Aufbau der Zündspule

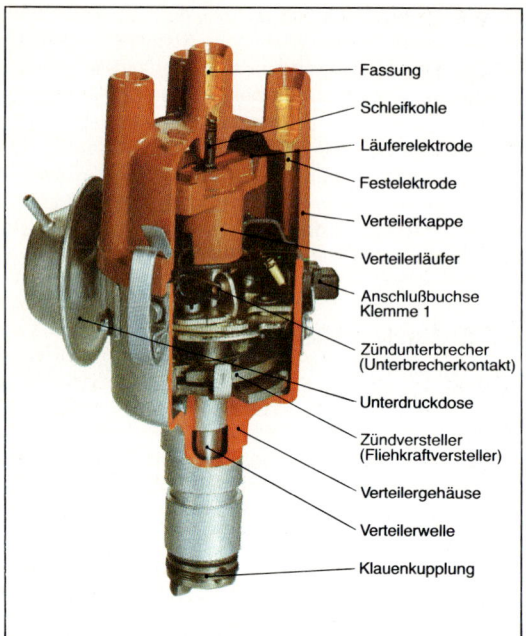

Abb. 1: Aufbau des Zündverteilers

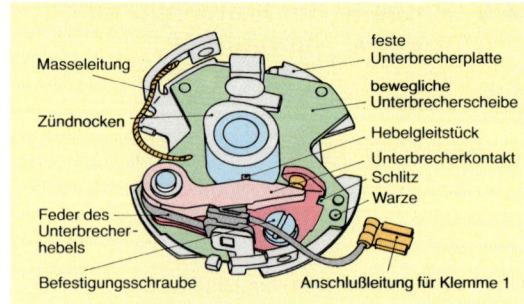

Abb. 2: Aufbau des Zündunterbrechers

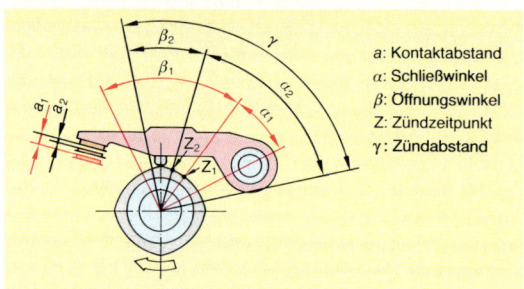

Abb. 3: Kontaktabstand und Schließwinkel

Zündspannung wird über eine gefederte Schleifkohle dem **Verteilerläufer** zugeleitet und über die Läuferelektrode auf die Festelektroden übertragen (Abb. 1). Von diesen gelangt die Zündspannung über die Zündleitungen zu den Zündkerzen (Abb. 1, S. 536).
Die **Verteilerwelle** wird über eine Klauenkupplung oder ein Antriebsritzel von der Kurbel- oder von der Nockenwelle angetrieben. Die Übersetzung zwischen der Kurbelwelle und der Verteilerwelle richtet sich nach dem Arbeitsverfahren des Motors.
Das **Übersetzungsverhältnis** beträgt:

- im Zweitaktmotor   1:1,
- im Viertaktmotor   2:1.

54.2.3 Zündunterbrecher

Der **Zündunterbrecher** hat die **Aufgabe,** den Primärstrom einzuschalten und im richtigen Zeitpunkt zu unterbrechen. Der Zeitpunkt der Primärstromunterbrechung ist gleichzeitig der **Zündzeitpunkt.**

Den **Aufbau** des Zündunterbrechers zeigt Abb. 2. Der **Unterbrecherkontakt** wird vom **Zündnocken** geöffnet und geschlossen. Dadurch wird der Primärstrom aus- und eingeschaltet. Die Anzahl der Zündnocken entspricht der Zylinderzahl des Motors.

Der **Zündabstand** γ wird in der Kfz-Elektrik in Winkelgraden einer Verteilerwellenumdrehung angegeben. Er ergibt sich aus dem Verhältnis von 360° zur Zylinderzahl des Motors und beträgt z. B. im Vierzylindermotor 360° : 4 = 90°. Der Zündabstand setzt sich aus dem **Schließ-** und dem **Öffnungswinkel** des Unterbrecherkontakts zusammen (Abb. 3).

Der **Schließwinkel** des Unterbrecherkontakts ist der Drehwinkel der Verteilerwelle, während der Unterbrecherkontakt geschlossen ist.

Die Größe des Schließwinkels wird durch den **Kontaktabstand** bestimmt (Abb. 3).

Der **Schließwinkel** ist um so größer, je kleiner der **Kontaktabstand** ist und umgekehrt.

Der **Schließwinkel** wird auch in **Prozent** des Zündabstands angegeben. Für die Umrechnung von Grad in Prozent und umgekehrt gibt es Schließwinkeltabellen.
Die Größe des Schließwinkels beeinflußt die **Zündspannungshöhe,** aber auch den **Verschleiß** am Unterbrecherkontakt in Abhängigkeit von der Drehzahl des Motors.

Bei großem Schließwinkel (kleiner Kontaktabstand) ist die Zündspannung hoch, aber der Kontaktverschleiß sehr groß und umgekehrt. Der einzustellende Schließwinkel ist deshalb ein Kompromiß im Hinblick auf möglichst hohe Zündspannung und geringen Kontaktverschleiß.

Die **Größe des Schließwinkels** ist auch abhängig von der Zylinderzahl des Motors und beträgt im:

- Vierzylindermotor etwa 50°,
- Sechszylindermotor etwa 38° und
- Achtzylindermotor etwa 33°.

Der **Unterbrecherkontakt** wird mechanisch und elektrisch stark beansprucht. Er schaltet bis zu 5 Ampere Primärstromstärke und 500 Volt Selbstinduktionsspannung der Zündspule (s. Kap. 51.2.3).

Durch den Unterbrecherfunken (Kontaktfeuer) entsteht ein **Kontaktverschleiß.** Kontaktwerkstoff (meist Wolfram) verdampft oder wandert von einem Kontaktpunkt zum anderen (Abb. 4). Dadurch bildet sich an der einen Kontaktfläche ein Krater und an der anderen ein Höcker. Auch das Gleitstück verschleißt. Da der Verschleiß des Gleitstücks größer ist als der Kontaktabbrand, verringert sich der Kontaktabstand.

> Durch den größeren **Verschleiß** am **Gleitstück** wird der Schließwinkel größer. Dadurch wird der Zündzeitpunkt in Richtung »spät« verstellt.

In der Abb. 3 ist die **Verstellung des Zündzeitpunkts** in Abhängigkeit vom Schließwinkel dargestellt. Daraus folgt für die Reihenfolge der Einstellung:

> Erst ist der **Schließwinkel** bzw. der **Kontaktabstand** einzustellen und dann der **Zündzeitpunkt.** Anderenfalls wird der Zündzeitpunkt verändert.

54.2.4 Zündkondensator

> Der **Zündkondensator** hat die **Aufgabe,** die schnelle Unterbrechung des Primärstromes zu unterstützen und das Kontaktfeuer am Unterbrecherkontakt weitgehend zu verhindern.

In der Zündanlage nimmt der **Kondensator** (s. Kap. 51.3.3) für einen kurzen Zeitraum während des Öffnens des Unterbrecherkontaktes den Primärstrom auf (s. Kap. 51.2.3). In dieser Zeit werden die Kontaktflächen vom Zündnocken auseinander gedrückt. Die erzeugte (induzierte) Selbstinduktionsspannung reicht zur Entstehung eines Funkens nicht aus oder es entsteht nur ein schwacher Funken.

Ist der **Kondensator geladen,** wird das Magnetfeld der Primärspule abgebaut. In der Sekundärwicklung der Zündspule wird die erforderliche **Zündspannung** von 5 bis über 25 kV erzeugt.

Defekte Zündkondensatoren bewirken eine Zunahme des Kontaktfeuers und damit einen erhöhten Verschleiß des Unterbrecherkontakts. Die Zündspannung sinkt stark ab.

54.2.5 Zündversteller

> Der **Zündversteller** hat die **Aufgabe,** den Zündzeitpunkt zu verstellen.

Die **Verstellung** des Zündzeitpunkts ist erforderlich, damit der Motor in jedem Betriebszustand die größte Leistung, den geringsten Kraftstoffverbrauch und einen geringen Schadstoffanteil im Abgas hat.

Da der **Betriebszustand** des Motors, gerade im Stadtverkehr, dauernd geändert wird, muß auch der Zündzeitpunkt ständig verstellt werden.

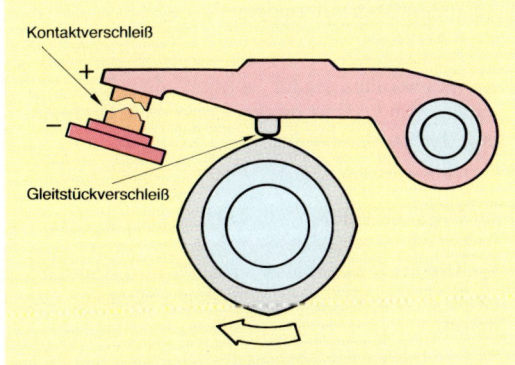

Abb. 4: Verschleiß am Unterbrecherkontakt

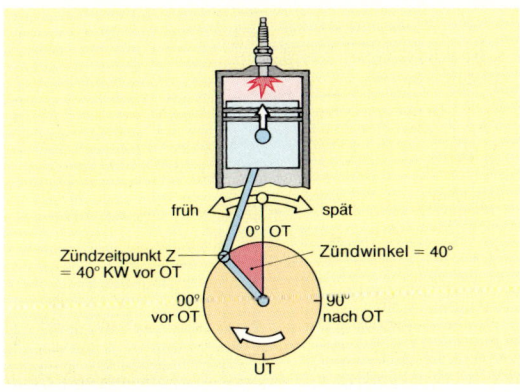

Abb. 5: Zündwinkel

Der **Zündzeitpunkt** (Z) wird in Kurbelwellenwinkelgraden (°KW) im Abstand zum oberen Totpunkt (OT) angegeben (Abb. 5, S. 539).

Der Winkel zwischen Zündzeitpunkt und oberem Totpunkt wird als **Zündwinkel** bezeichnet. Liegt der Zündzeitpunkt vor OT, so wird von **Frühzündung,** liegt er nach OT, so wird von **Spätzündung** gesprochen (Abb. 5, S. 539).

Maßgebend für die Verstellung des Zündzeitpunkts ist die Bedingung, daß der höchste Verbrennungsdruck immer dann erreicht werden soll, wenn der Kolben sich kurz nach OT befindet (Abb. 1a).

Die Zeit für die Verbrennung des Kraftstoff-Luft-Gemisches bei **Vollast** des Motors bleibt über den gesamten Drehzahlbereich etwa gleich (2 Millisekunden). Der Kolben legt in dieser Zeit mit steigender Drehzahl des Motors (höhere Kolbengeschwindigkeit) einen immer längeren Weg zurück. Ohne gleichzeitige Zündzeitpunktverstellung in Richtung »früh« würde der mögliche höchste Verbrennungsdruck erst erreicht werden, wenn der Kolben zu weit vom OT entfernt ist (Abb. 1c).

Im **Teillastbereich** wird die Zusammensetzung des Gemisches geändert. Es verbrennt langsamer. Deshalb muß im Teillastbereich der Zündzeitpunkt zusätzlich in Richtung »früh« verstellt werden.

> Die **Zündzeitpunktverstellung** erfolgt in Abhängigkeit von den Betriebszuständen **Vollast** und **Teillast** des Motors.

Eine zu große Zündzeitpunktverstellung in Richtung **»früh«** kann eine **klopfende** Verbrennung bewirken (Abb. 1b). Der höchste Verbrennungsdruck wird dann vor OT erreicht. Dies führt zu Schäden am Motor.

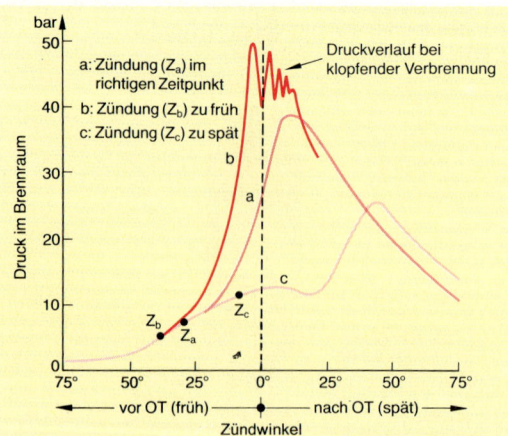

Abb. 1: Druckverlauf im Zylinder bei verschiedenen Zündzeitpunkten

Das drehzahl- und lastabhängige Verstellen des Zündzeitpunkts wird von **selbsttätigen Zündverstellern** übernommen. Meistens sind das ein **Fliehkraft-** und ein **Unterdruckversteller.** Einige Fahrzeuge sind aber aus Kostengründen nur mit einem Fliehkraft- oder Unterdruckversteller ausgerüstet.

Fliehkraftversteller

> Der **Fliehkraftversteller** verstellt den Zündzeitpunkt in Abhängigkeit von der **Drehzahl** des Motors.

Aufbau und **Wirkungsweise** des Fliehkraftverstellers zeigt Abb. 2.

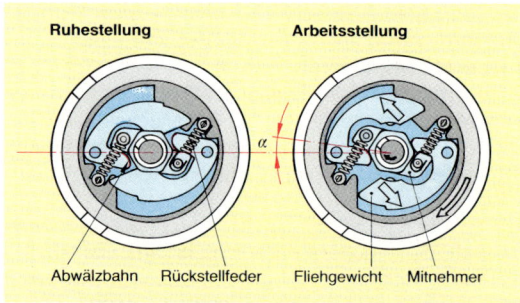

Abb. 2: Aufbau und Wirkungsweise des Fliehkraftverstellers

Der Zündnocken ist beweglich auf der Verteilerwelle angeordnet. Mit steigender Drehzahl bewegen sich die Fliehgewichte aufgrund der Fliehkraft nach außen und verstellen den Nocken gegen die Kraft der Rückstellfedern in Drehrichtung der Verteilerwelle. Dadurch wird der Unterbrecherkontakt früher geöffnet. Die Zündung erfolgt früher. Anschläge sorgen dafür, daß die Verstellung nur bis zu einem bestimmten Zündverstellwinkel erfolgt. Die Rückstellfedern sind so eingestellt, daß die Verdrehung erst bei einer bestimmten Drehzahl beginnt.

> Der **Fliehkraftversteller** verstellt den Zündzeitpunkt durch Verdrehen des Nockens **in Drehrichtung** der Verteilerwelle.

Unterdruckversteller

> Der **Unterdruckversteller** verstellt den Zündzeitpunkt in Abhängigkeit von der **Belastung** des Motors.

Abb. 3 zeigt den **Aufbau** des Unterdruckverstellers.

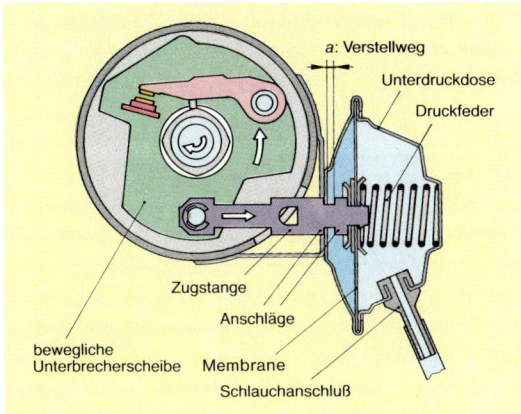

Abb. 3: Aufbau des Unterdruckverstellers

Der Unterbrecherkontakt ist auf der beweglichen Unterbrecherscheibe befestigt. Der Schlauchanschluß der Unterdruckdose ist mit dem Ansaugrohr **oberhalb** der **Drosselklappe** verbunden. Die Stellung der Membrane und damit der Unterbrecherscheibe richtet sich nach dem Druckunterschied zwischen dem Druck im Ansaugrohr (Unterdruck) und dem Atmosphärendruck. Der Verstellbeginn ist durch die Vorspannung der Druckfeder festgelegt. Anschläge an der Zugstange begrenzen den Verstellbereich.

> Der **Unterdruckversteller** verstellt den Zündzeitpunkt durch Verdrehen der Unterbrecherscheibe und damit des Unterbrecherkontaktes **gegen die Drehrichtung** der Verteilerwelle.

Eine Unterdruckverstellung wird auch zur Verbesserung der **Abgaswerte** herangezogen. Die Abgaswerte können durch ein Verstellen des Zündzeitpunkts im Leerlauf und im Schiebebetrieb in Richtung »spät« verbessert werden. Der Unterdruckdose für die Verstellung in Richtung »früh« (Frühdose) wird eine »Spätdose« hinzugefügt (Abb. 4). Diese verstellt die Unterbrecherscheibe **in Drehrichtung** der Verteilerwelle. Der Unterdruckanschluß für die Spätdose ist **unterhalb** der **Drosselklappe,** weil dort im Leerlauf und im Schiebebetrieb hoher Unterdruck herrscht.

> Der **Unterdruckversteller** arbeitet unabhängig vom Fliehkraftversteller. Die Unterdruckverstellung erfolgt **zusätzlich** zur Fliehkraftverstellung.

54.2.6 Zündkerze

> Die **Zündkerze** hat die **Aufgabe,** die von der Zündspule erzeugte Zündspannung in den Zylinder zu leiten. Die Zündspannung erzeugt zwischen den Elektroden der Zündkerze den **Zündfunken.**

Den **Aufbau** der Zündkerze zeigt Abb. 5.
Die Kriechstrombarriere hat die Aufgabe, bei Verschmutzung oder feuchtem Isolator die Entstehung von Kriechströmen zu verhindern. Kriechströme mindern die Zündspannung und führen zu Fehlzündungen.
Die elektrisch leitende **Glasschmelze** hat die Aufgabe, die Mittelelektrode mit dem Anschlußbolzen **gasdicht** zu verbinden.

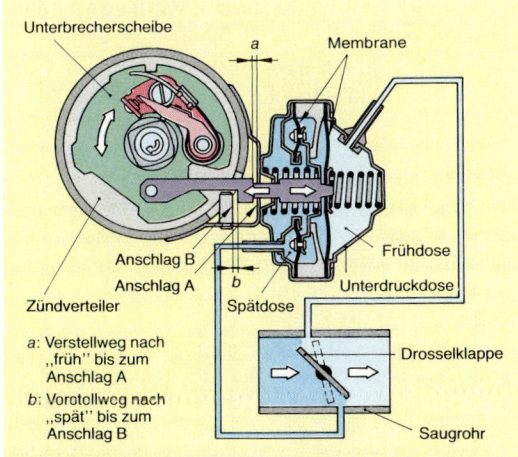

Abb. 4: Unterdruckversteller für Früh- und Spätzündung

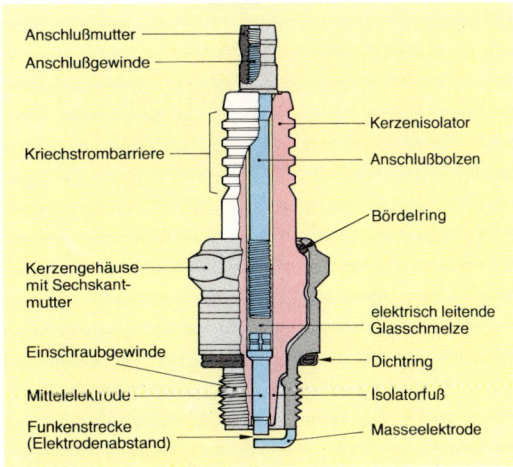

Abb. 5: Aufbau der Zündkerze

Das Gehäuse und der Anschlußbolzen bestehen aus Stahl, der Isolator aus einer Spezialkeramik.

Die **Masseelektrode** ist am Gehäuse angeschweißt und ist aus einer Nickel-Chrom-Legierung gefertigt. Die **Mittelelektrode** besteht, je nach verwendetem Kerzentyp, aus einer Nickel-Chrom-Legierung mit oder ohne Kupferkern sowie zum Teil aus Silber oder Platin.

Wichtig für die einwandfreie Wirkungsweise der Zündkerze sind der **Elektrodenabstand** und der **Wärmewert** der Zündkerze. Ein großer Elektrodenabstand ergibt zwar einen langen und kräftigen Zündfunken, erfordert aber eine hohe Zündspannung. Um bei Verschmutzung oder Abnutzung der Elektroden zur Vermeidung von Zündaussetzern eine gewisse **Zündspannungsreserve** zu haben (s. Kap. 54.3), wird deshalb der Elektrodenabstand möglichst klein gehalten (etwa 0,7 mm).

> Der **Wärmewert** einer Zündkerze ist ein Maß für ihre **thermische** Belastbarkeit.

Damit die Zündkerze sicher arbeitet, soll die Temperatur des Isolatorfußes zwischen der **Selbstreinigungstemperatur** (ca. 400 °C) und der **Glühzündungstemperatur** (über 900 °C, Abb. 1) liegen. Liegt die Temperatur unter der Selbstreinigungstemperatur, so kann sich die Zündkerze nicht selbst von den Verschmutzungen durch Wegbrennen reinigen. Dadurch kommt es zu Nebenschlüssen an der Zündkerze, die **Zündaussetzer** (Zündfunken entsteht nicht) zur Folge haben. Liegt die Temperatur **über** der Glühzündungstemperatur, besteht die Gefahr der **Glühzündung**. Die Wirkung der Glühzündung ist eine klopfende Verbrennung (s. Kap. 54.2.5).

Der Wärmewert einer Zündkerze wird durch eine **Wärmewert-Kennzahl** angegeben.

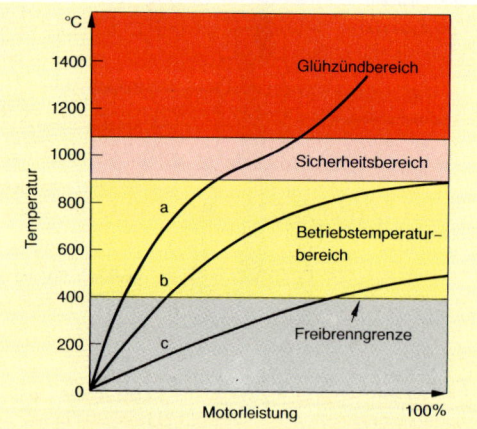

Abb. 1: Temperaturverhalten der Zündkerzen aus der Abb. 2 im selben Motor

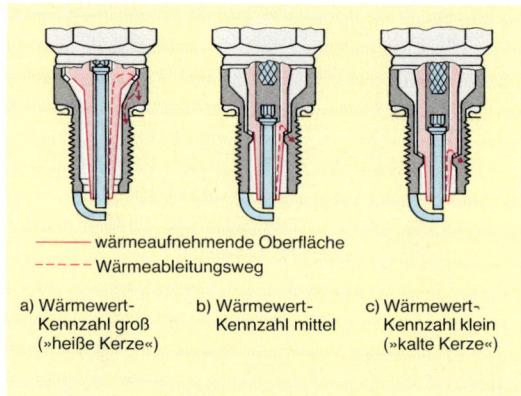

Abb. 2: Bauformen von Zündkerzen mit verschiedenen Wärmewert-Kennzahlen

> Je größer die **Wärmewert-Kennzahl** einer Zündkerze ist, desto schneller erreicht sie ihre **Betriebstemperatur** und um so weniger Wärmemenge wird von ihr je Zeiteinheit abgeleitet.

Die Wärmewert-Kennzahl einer Zündkerze ist um so höher, je größer die Isolatorfußfläche und damit der Wärmeableitungsweg ist (Abb. 2). Nur für einen bestimmten Motor hat die Zündkerze b die richtige Wärmewert-Kennzahl (Abb. 1).

> Je höher die **Wärmewert-Kennzahl** einer Zündkerze, desto wärmer wird diese im Vergleich zu Zündkerzen mit niedrigerer Kennzahl im selben Motor.

In der Tab. 1 sind die häufigsten Wärmewert-Kennzahlen aufgeführt.

Mehrbereichs-Zündkerzen decken bis zu zwei Wärmewert-Kennzahl-Bereiche ab. Durch diese Zündkerzen wird ein sicheres Betriebsverhalten sowohl im Teillastbereich (Stadtverkehr) als auch im Volllastbereich (Fernverkehr) gewährleistet.

Die **Zündkerzen-Bauarten** sind in ISO-Normen genormt (Gewindeabmessungen, Schlüsselweiten, Dichtsitz und Anziehdrehmomente), jedoch hat jeder Zündkerzenhersteller seine eigenen **Typenbezeichnungen.**

Vom **»Zündkerzengesicht«** (Abb. 3) kann auf das einwandfreie oder fehlerhafte Arbeiten der Zündkerze geschlossen werden. Darüber hinaus können Aussagen über die Gemischzusammensetzung und den Zustand des Motors (Ventile, Zylinder, Kolben und Kolbenringe) getroffen werden.

Abb. 3: Zündkerzengesichter

Tab. 1: Wärmewert-Kennzahlen

Wärmewert-Kennzahlen	2	3	4	5	6	7	8	9	10
Merkmal		kälter ←——— Kerze ———→ wärmer							

Bei **richtigem Wärmewert** der Zündkerze und fehlerfreiem Motor hat der Isolatorfuß ein graugelbes bis rehbraunes Aussehen (Abb. 3a).
Bei einem zu **niedrigen Wärmewert** der Kerze, zu großem Elektrodenabstand oder zu fettem Gemisch bildet sich ein samtartiger, stumpfschwarzer Rußbelag (Abb. 3b).
Ein Belag von feuchter Ölkohle und Ruß weist auf zuviel Öl im Verbrennungsraum hin (Abb. 3c). Die Ursache dafür kann Zylinder- oder Kolbenringverschleiß sein.
Angeschmolzene Elektroden, Schmelzperlen auf dem Isolatorfuß oder grauer Belag (Abb. 3d) deuten auf einen zu **hohen Wärmewert,** ein zu mageres Gemisch oder schlecht schließende Ventile hin.

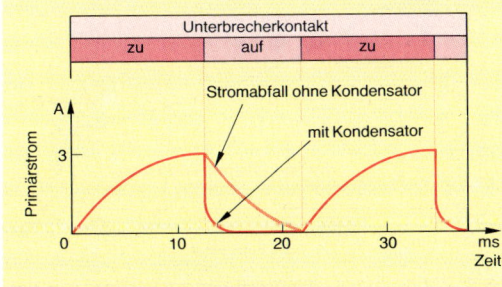

Abb. 4: Verlauf des Primärstromes

54.3 Spannungs- und Stromverlauf in der Zündanlage (Zündoszillogramm)

Schließt der Unterbrecherkontakt, so erreicht der Primärstrom aufgrund der Selbstinduktionsspannung in der Primärwicklung (s. Kap. 51.2.3) nur mit zeitlicher Verzögerung seinen Endwert von etwa 3 bis 5 Ampere (Abb. 4).
Öffnet der Unterbrecherkontakt, so wird der Primärstrom durch die Wirkung der dann entstehenden Selbstinduktionsspannung nicht sofort unterbrochen. Ohne Zündkondensator entsteht ein Öffnungsfunke (Kontaktfeuer). Mit dem Zündkondensator wird der Primärstrom schneller unterbrochen und das Kontaktfeuer vermieden (Abb. 4).

> Mit Hilfe des **Zündoszilloskops** kann der **primäre** und **sekundäre** Spannungsverlauf sichtbar gemacht werden. Die Zündoszilloskopbilder werden als **Zündoszillogramme** bezeichnet.

In der Abb. 1, S. 544 sind die Oszillogramme von Primärstrom, Primär- und Sekundärspannung dargestellt, wenn **kein Funkenüberschlag** erfolgt. Das ist z.B. dann der Fall, wenn die Zündspannung für einen Funkenüberschlag nicht ausreicht, der Kerzenstecker abgezogen ist oder die Zündleitung von Klemme 4 keinen Kontakt hat.
Charakteristisch für alle drei Oszillogramme sind die Schwingungen, die nach dem **Öffnen** des Unterbrecherkontakts auftreten. Die Wicklungen der Zündspule bilden mit dem Kondensator und den restlichen Kapazitäten des Zündkreises einen **elektrischen Schwingkreis,** in dem die Zündenergie in Form von gedämpften Schwingungen von Strom und Spannung ausschwingt.
Die Schwingungen der **Sekundärspannung** während des **Einschaltens** entstehen dadurch, daß auch während des Aufbaus des Magnetfeldes der Primärwicklung eine Spannung in der Sekundärwicklung erzeugt wird (Transformatorprinzip). Die Spannung ist aber gering, weil sich die Stärke des Magnetfeldes aufgrund der Selbstinduktionsspannung nur langsam ändert.
Abb. 2, S. 544 zeigt den Strom- und Spannungsverlauf, wenn der Zündfunke zustande kommt (Normaloszillogramme).

> Die erforderliche **Zündspannung** ist die Höhe der Sekundärspannung, die zur Entstehung des **Zündfunkens** (Zündfunkenüberschlag) nötig ist.

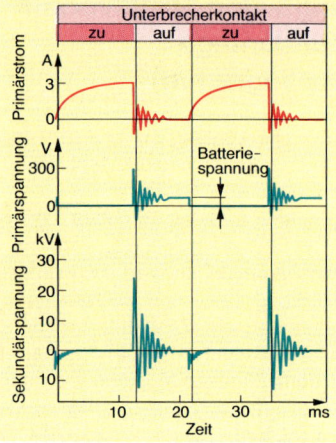

Abb. 1: Verlauf von Strom und Spannung ohne Funkenüberschlag

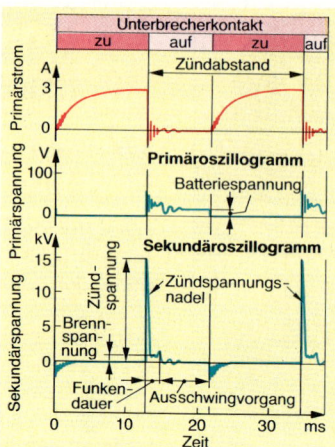

Abb. 2: Verlauf von Strom und Spannung mit Funkenüberschlag

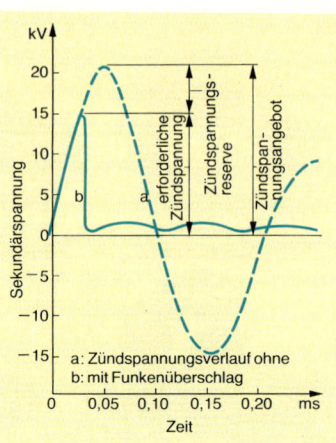

Abb. 3: Verlauf der Sekundärspannung ohne (a) und mit (b) Zündfunken

Charakteristisch im Verlauf der Sekundärspannung ist die sogenannte **Zündspannungsnadel**. Die Zündspannungsnadel gibt die Höhe der Zündspannung an, z. B. 15 kV (Abb. 2 und 3). Nach der Entstehung des Zündfunkens sinkt die Sekundärspannung auf die **Brennspannung** ab. Diese reicht aus, um den Zündfunken aufrechtzuerhalten.

Die **Funkendauer** richtet sich nach der in der Zündspule gespeicherten Energiemenge. Sobald diese einen bestimmten Wert unterschreitet, reißt der Zündfunke ab. Die noch vorhandene Restenergie schwingt in Form gedämpfter Schwingungen aus (Ausschwingvorgang, Abb. 2).

Die **Zündspannungsreserve** ist der Unterschied zwischen der maximalen Sekundärspannung (Zündspannungsangebot) und der momentan erforderlichen Zündspannung.

Die Höhe des Zündspannungsangebotes (Abb. 3) ist abhängig von der **Primärstromstärke**. Bei ausreichender Schließzeit des Unterbrechers kann der Primärstrom seinen höchsten Wert erreichen (Abb. 4a). Da die **Schließzeit** mit steigender Drehzahl abnimmt, erreicht der Primärstrom wegen seines verzögerten Anstiegs nicht mehr seinen höchsten Wert (Abb. 4b). Das hat zur Folge, daß die Sekundärspannung (Zündspannungsangebot) mit steigender Drehzahl abnimmt (Abb. 5). Bei kleinen Drehzahlen wird die Zündspannung durch den verstärkt auftretenden Öffnungsfunken an den Unterbrecherkontakten verringert (Abb. 5a). Das macht sich besonders während des Startens des kalten Motors bemerkbar (Startschwierigkeiten).

Bei hohen Drehzahlen tritt das sogenannte **Kontaktprellen** auf, das auch zu einer Verminderung des Zündspannungsangebotes führt (Abb. 5b). Diese Nachteile der konventionellen Batteriezündanlage haben zur Entwicklung **elektronischer Zündanlagen** geführt (s. Kap. 55).

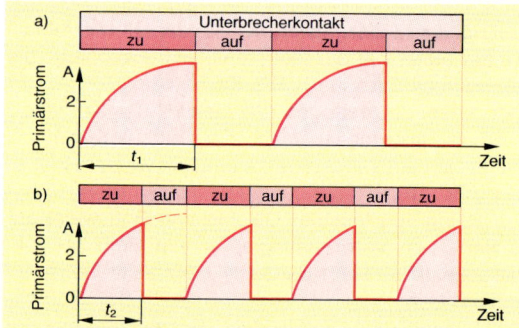

Abb. 4: Einfluß der Schließzeit auf die Primärstromstärke

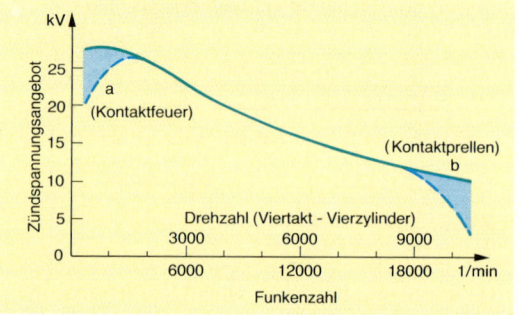

Abb. 5: Zündspannungsangebot der konventionellen Batteriezündanlage

54.4 Wartung und Diagnose

Bei der **Wartung** der Zündanlage ist folgendes zu beachten:

- Verteilerkappe, Zündspulendeckel und die Zündleitungen sind auf Sauberkeit zu überprüfen.

- Verteilerkappe ist auch von innen zu säubern. Dabei den Verteilerläufer auf Zustand und Sauberkeit überprüfen.

- Zündverteilerwellen mit Schmierfilz sind mit einigen Tropfen Öl vom Ölmeßstab zu versorgen.

- Gleitstück und Nocken des Unterbrechers sind mit einem zähen Spezialfett zu schmieren.

- Verschmutzte, oxidierte und abgenutzte Kontakte sind zu erneuern.

- Schließwinkel bzw. Kontaktabstand und der Zündzeitpunkt sind in regelmäßigen Abständen (Herstellerangabe beachten!) zu überprüfen bzw. nach jedem Kontaktwechsel neu einzustellen.

- Sämtliche Anschlüsse und Leitungen sind auf einwandfreien Zustand zu überprüfen.

- Die Überprüfung der Kerzen erstreckt sich auf eine Sichtprüfung des Kerzengesichts, des Elektrodenabbrandes und des Isolators auf Risse.

- Der Elektrodenabstand wird mit der Kerzenlehre gemessen und evtl. durch Nachbiegen der Masseelektrode auf das vorgeschriebene Maß gebracht.

- Zündkerzen sind möglichst von Hand einzuschrauben, um ein Verkanten des Gewindes zu vermeiden, und mit dem vorgeschriebenen Drehmoment festzuziehen.

54.4.1 Zündungseinstellung

Die Zündungseinstellung erfolgt mit:

- Schließwinkeltester,
- Zündlichtpistole und evtl. erforderlichem
- Drehzahlmesser.

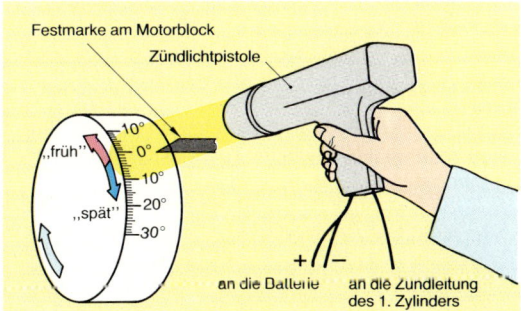

Abb. 6: Zündzeitpunkteinstellung mit der Zündlichtpistole

Arbeitshinweise

- Die **Schließwinkeleinstellung** erfolgt bei Starterdrehzahl. Dazu ist der Schließwinkeltester nach Herstellerangabe (meist zwischen Klemme 1 und 15 oder Klemme 1 und Masse) anzuschließen.

- Die Verteilerkappe und der Verteilerläufer sind abzunehmen. Die Befestigungsschraube des Unterbrecherkontakts ist nur leicht zu lösen.

- Mit dem Schraubendreher, der zwischen den Warzen und in den Schlitz eingreift (Abb. 2, S. 538), wird der Unterbrecherkontakt so verstellt, bis der einzustellende Schließwinkel vom Schließwinkeltester angezeigt wird.

- Befestigungsschraube anziehen, Verteilerläufer und Verteilerkappe befestigen.

- Zündlichtpistole nach Abb. 6 anschließen.

- Soll die **Zündzeitpunkteinstellung** bei **Starterdrehzahl** erfolgen (Herstellerangabe!), müssen die Kerzenstecker der übrigen Zylinder abgezogen werden, um ein Anspringen des Motors zu verhindern.

- Der Unterdruckschlauch an der Unterdruckverstelldose ist meistens abzuziehen.

- Klemmschraube am Verteiler lösen. Motor starten und Riemen- bzw. Schwungscheibe mit Zündlichtpistole anblitzen. Durch Drehung des Verteilers wird die umlaufende Sichtmarke oder Gradzahl mit der Festmarke zur Deckung gebracht.

- Soll die **Zündzeitpunkteinstellung** bei einer bestimmten **Leerlauf-** oder **Betriebsdrehzahl** erfolgen, ist ein Drehzahlmesser anzuschließen.

- Der Unterdruckschlauch ist meistens (Herstellerangabe beachten!) abzuziehen.

- Die vorgeschriebene Drehzahl des Motors ist einzustellen. Die Zündzeitpunkteinstellung ist wie beschrieben vorzunehmen.

- Nach erfolgter Zündzeitpunkteinstellung ist die Klemmschraube festzuziehen. Unterdruckschlauch wieder aufstecken.

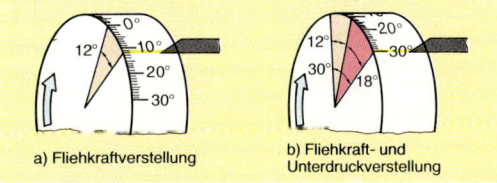

a) Fliehkraftverstellung   b) Fliehkraft- und Unterdruckverstellung

Abb. 7: Zündwinkelprüfung

54.4.2 Prüfen der Fliehkraft- und Unterdruckverstellung

Die Fliehkraft- und Unterdruckverstellung kann mit Hilfe der **Zündlichtpistole** und des **Drehzahlmessers** überprüft werden.

Arbeitshinweise

- Die **Fliehkraftverstellung** wird überprüft, indem bei abgezogenem Unterdruckschlauch die Markierungen angeblitzt werden und die Drehzahl des Motors langsam erhöht wird.
- Erfolgt die Fliehkraftverstellung, so muß sich die Gradteilung oder die Festmarke auf der Schwung- bzw. Riemenscheibe entgegen der Drehrichtung des Motors bewegen.
- Bei einer bestimmten Drehzahl, z.B. 3000/min, wird der Zündverstellwinkel abgelesen, z.B. 12° (Abb. 7a, S. 545).
- Die Prüfung der **Unterdruckverstellung** erfolgt bei angeschlossenem Unterdruckschlauch ebenfalls bei steigender Drehzahl des Motors.
- Erfolgt die Unterdruckverstellung, so muß die Verstellung der Skale bzw. Marke weiter gehen als bei der Fliehkraftverstellung, z.B. bei 3000/min 30° (Abb. 7b, S. 545).
- Da sich Fliehkraft- und Unterdruckverstellung addieren, ergibt sich z.B. für die Unterdruckverstellung ein Zündverstellwinkel von 18° bei einer Drehzahl von 3000/min.

Hat die Riemenscheibe oder Schwungscheibe keine Gradskale, so muß für die Messung eine Zündlichtpistole mit **Verstellwinkel-Meßeinrichtung** verwendet werden (Abb. 1). Mit dieser kann das Anblitzen über ein Verdrehen eines Rädchens verzögert werden und zwar so weit, daß die Marke für die Nullverstellung mit der Festmarke zur Deckung gebracht wird. Auf der Skale der Verstellwinkelmeßeinrichtung kann dann der Verstellwinkel abgelesen werden.

Bei genauerer Überprüfung der **Fliehkraftverstellung** wird der Zündverstellwinkel bei verschiedenen Drehzahlen gemessen.
Die Überprüfung der **Unterdruckverstellung** erfolgt mit Hilfe eines **Unterdrucktesters** (Bedienungsanleitung beachten!). Mit diesem können Beginn und Ende der Unterdruckverstellung gemessen werden. Die gemessenen Werte aus beiden Messungen werden mit den Herstellerwerten verglichen.

54.4.3 Fehlerbestimmung mit dem Zündoszilloskop

Voraussetzung für die Fehlerbestimmung an der Zündanlage mit dem Zündoszilloskop ist die Kenntnis der Oszillogramme des Primär- und Sekundärkreises bei **einwandfreier Wirkungsweise** der Zündanlage (Normaloszillogramme, s. Abb. 2, S. 544).
Das Zündoszilloskop bietet vier Möglichkeiten der Oszillogrammeinstellung (Abb. 2).
Die Oszillogrammeinstellungen gelten für den Primär- und Sekundärkreis der Zündanlage. Die Primär- und Sekundärspannungsverläufe aller Zylinder können miteinander verglichen und evtl. Abweichungen festgestellt werden.
Bei der Oszillogrammeinstellung aller Zylinder hintereinander erfolgt die Darstellung der einzelnen Zylinder in der **Zündfolge** des Motors.
Bei der Oszillogrammeinstellung aller Zylinder übereinander steht der 1. Zylinder oben. Entsprechend der Zündfolge stehen die anderen darunter. Auf einer oder mehreren Skalen des Bildschirms kann der **Schließwinkel in Prozent** und/oder **in Grad** abgelesen werden.
In der Abb. 3 sind einige fehlerhafte Oszillogramme dargestellt. In der Praxis können sich bei Vorliegen desselben Fehlers Abweichungen davon ergeben. Der charakteristische Verlauf des Oszillogramms bleibt jedoch erhalten. Die aus den abgebildeten Oszillogrammen zu entnehmenden Werte (z.B. für die Zündspannung) sind **keine Prüfwerte,** da jeder Fahrzeugtyp andere Werte aufweist (Herstellerangaben beachten!).

Arbeitshinweise

- Sind dieselben Abweichungen an den Oszillogrammen aller Zylinder zu sehen (Abb. 3a), so liegt der Fehler im Primär- oder Sekundärstromkreis bis zum Verteilereingang (einschließlich Verteilerläufer).
- Ist eine Abweichung vom Normaloszillogramm nur am Oszillogramm eines Zylinders zu erkennen (Abb. 3b), so liegt der Fehler im Sekundärstromkreis nach dem Verteilerläufer.

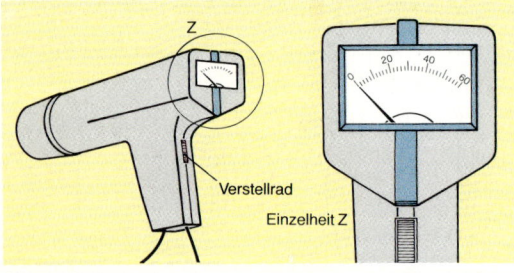

Abb. 1: Zündlichtpistole mit Verstellwinkel-Meßeinrichtung

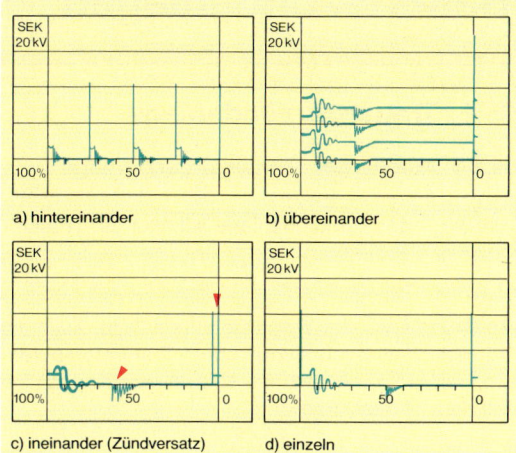

Abb. 2: Oszillogrammeinstellungen

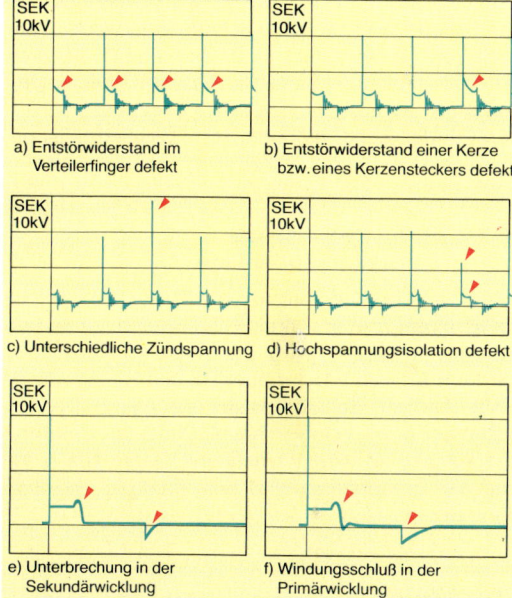

Abb. 3: Fehlerhafte Oszillogramme

- Die Fehler an der Zündanlage sind häufig im Sekundär-Oszillogramm am besten zu erkennen. Zusätzlich sollten aber immer auch die Primär-Oszillogramme zur Fehlererkennung herangezogen werden.
- Messungen nur bei warmem Motor vornehmen, da viele Fehler an der Zündanlage erst bei betriebswarmem Motor auftreten.

Aufgaben

1. Skizzieren Sie den Schaltplan einer konventionellen Batteriezündung für einen Vierzylindermotor.
2. Beschreiben Sie die Wirkungsweise der konventionellen Batteriezündung.
3. Nennen Sie die Aufgabe der Zündspule.
4. Beschreiben Sie den Aufbau und die Wirkungsweise der Zündspule.
5. Nennen Sie den Unterschied zwischen der Standard- und der Hochleistungszündspule.
6. Was wird unter »Startanhebung« verstanden?
7. Welche Aufgabe hat der Zündverteiler?
8. Beschreiben Sie den Aufbau und die Wirkungsweise des Zündverteilers.
9. Welche Aufgabe hat der Zündunterbrecher?
10. Erklären Sie die folgenden Begriffe: Zündabstand, Schließ- und Öffnungswinkel.
11. Welcher Zusammenhang besteht zwischen Schließwinkel und Kontaktabstand des Unterbrecherkontakts?
12. Nennen Sie die Aufgaben des Zündkondensators.
13. Warum muß der Zündzeitpunkt verstellt werden?
14. Erklären Sie die Begriffe »Früh- und Spätzündung« und ihren Einfluß auf die Motorleistung.
15. Erläutern Sie den Aufbau und die Wirkungsweise des Fliehkraft- und des Unterdruckverstellers.
16. Was sind die Selbstreinigungs- und die Glühzündungstemperatur einer Zündkerze?
17. Welchen Einfluß hat ein zu hoher bzw. niedriger Wärmewert auf die Wirkungsweise einer Zündkerze?
18. Beschreiben Sie die wichtigsten Zündkerzengesichter und deren Ursachen.
19. Skizzieren und beschreiben Sie den Verlauf von Strom und Spannung in der Zündanlage mit und ohne Funkenüberschlag.
20. Welche Nachteile hat die konventionelle Batteriezündung?
21. Nennen Sie die wichtigsten Wartungsarbeiten an der Zündanlage.
22. In welcher Reihenfolge müssen die Einstellarbeiten bei der Zündungseinstellung vorgenommen werden und warum?
23. Beschreiben Sie die Zündungseinstellung mit Schließwinkeltester, Zündlichtpistole und Drehzahlmesser.
24. Wie kann die Wirkungsweise der Fliehkraft- und Unterdruckverstellung schnell geprüft werden?
25. Erläutern Sie die Ermittlung der Verstellwerte für die Fliehkraft- und Unterdruckverstellung.
26. Welche Voraussetzung ist notwendig, damit die Fehlerbestimmung mit dem Zündoszilloskop sicher erfolgen kann?
27. Nennen Sie die Arbeitshinweise, die bei der Fehlerbestimmung mit dem Zündoszilloskop beachtet werden müssen.
28. Welche Fehler können im Sekundärstromkreis der Zündanlage auftreten?

55 | Elektronische Batteriezündanlagen

In den elektronischen Batteriezündanlagen wird der Primärstrom nicht mehr vom Unterbrecherkontakt, sondern von **elektronischen Bauelementen** (Transistor, Thyristor) geschaltet.
Unterschieden werden:

- Transistorzündanlage und
- Kondensatorzündanlage (Thyristorzündung).

Die elektronischen Bauelemente, die in den **Schaltgeräten** (Abb. 2) zusammengefaßt sind, müssen zum Schalten des Primärstromes veranlaßt werden. Dies erfolgt durch die **Zündauslöser**, die **elektrische Impulse** liefern und deshalb auch als **Impulsgeber** bezeichnet werden.
Es werden folgende Impulsgeber verwendet:

- Unterbrecherkontakt,
- Induktionsgeber,
- Hallgeber.

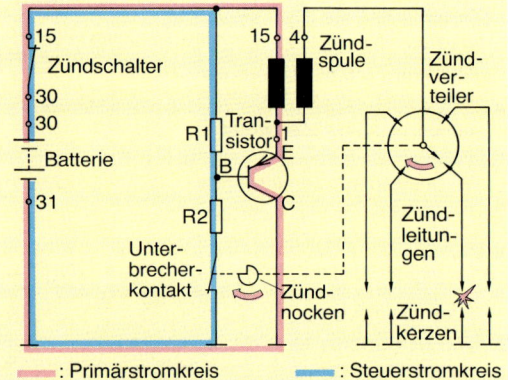

: Primärstromkreis   : Steuerstromkreis

Abb. 1: Grundschaltung der Transistorzündanlage

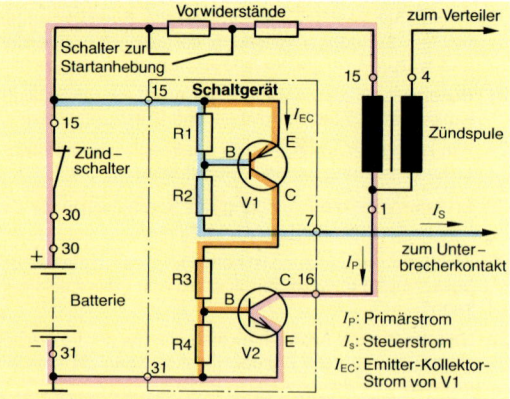

Abb. 2: Schaltplan einer kontaktgesteuerten Transistorzündung mit zwei Transistoren

55.1 Transistorzündanlage

55.1.1 Aufbau der Transistorzündanlage

> In der Transistorzündanlage schaltet ein **Transistor** den Primärstrom.

Die Grundlagen der Transistorzündanlage, auch als **Transistorbatteriezündung** oder **Transistorspulenzündung** (TSZ) bezeichnet, sind in den Kap. 51.3.5 und Kap. 54 beschrieben.

Abb. 1 zeigt die **Grundschaltung** einer Transistorzündanlage mit Unterbrecherkontakt (TSZ-k) als Impulsgeber. Die Wirkungsweise dieser einfachen Grundschaltung ist im Kap. 51.3.5 beschrieben. In der Abb. 2 enthält das **Schaltgerät** wegen der besseren Ansteuerung und des damit sicheren Durchschaltens des Schalttransistors V2 noch einen zweiten Transistor V1. Zusätzlich enthält das Schaltgerät in der Abb. 2 nicht dargestellte elektronische Bauelemente, die der Betriebssicherheit dienen.

55.1.2 Wirkungsweise der Transistorzündanlage

Ist der Unterbrecherkontakt geschlossen, so fließt der **Steuerstrom** I_s über R 1 und R 2, wodurch der **Steuertransistor** V1 leitend wird. Durch den Emitter-Kollektorstrom I_{EC} von V1, der über R3 und R4 zur Masse fließt, wird der **Schalttransistor** V2 leitend. Der Primärstrom I_P wird eingeschaltet. Öffnet der Unterbrecherkontakt, so wird V1 gesperrt. Damit sperrt V2, und der Primärstrom wird unterbrochen. Die Zündung erfolgt.

> Der **Unterbrecherkontakt** schaltet in der Transistorzündanlage nur noch den geringen Steuerstrom von etwa 0,3 Ampere.

Da der Unterbrecherkontakt nicht an der hohen Primär-Induktionsspannung anliegt, ist der Kontaktverschleiß aufgrund des fehlenden Kontaktfeuers sehr gering. Ein **Zündkondensator** wird in der Transistorzündanlage nicht benötigt.
Die Transistorzündanlage arbeitet mit einem höheren Primärstrom (bis etwa 9 A), wodurch eine höhere Sekundärspannung erzeugt und die Zündspannungsreserve erhöht wird (Abb. 3).

55.2 Kondensatorzündanlage

55.2.1 Aufbau der Kondensatorzündanlage

> In der Kondensatorzündanlage wird die Zünd-
> energie in einem **Kondensator** gespeichert. Die
> Entladung des Kondensators erfolgt über einen
> **Thyristor.**

Die Kondensatorzündanlage wird auch wegen des
als Schalter verwendeten Thyristors **Thyristorzündung** oder, wegen der im Primärstromkreis hohen
Spannung (etwa 400 Volt), **Hochspannungs-Konden-
satorzündung** (HKZ) genannt.
Die HKZ wurde für leistungsstarke Hubkolben-Moto-
ren in Sport- und Rennwagen sowie für Motorräder
und Kreiskolbenmotoren entwickelt.
Die HKZ besteht im wesentlichen aus dem **Kondensator,** dem **Ladeteil** für den Kondensator, dem **Zündtransformator** und dem **Thyristor** als Leistungsschalter (Abb. 4).

55.2.2 Wirkungsweise der Kondensatorzündanlage

Die Kondensatorzündanlage arbeitet nach einem
anderen **Prinzip** als die konventionelle Batterie- (SZ)
und Transistorzündung (TSZ). In der Abb. 4 sind die
Arbeitsprinzipien der TSZ und der HKZ gegenübergestellt. Die Wirkungsweise des Thyristors ist im Kap.
51.3.6 beschrieben. Er wird in der HKZ als **elektronischer Leistungsschalter** verwendet, weil er gegenüber dem Transistor höhere Ströme schalten kann
und unempfindlicher gegen höhere Spannungen ist.
Im Gegensatz zur Spulenzündung dient der Zündtransformator der HKZ nicht als Energiespeicher
sondern nur als **Transformator.** Als Energiespeicher
dient der **Kondensator,** der während der Sperrzeit
des Thyristors vom Ladeteil auf etwa 400 V aufgela-
den wird. Im Zündzeitpunkt öffnet der Thyristor, und
der Kondensator entlädt sich über die Primärwick-

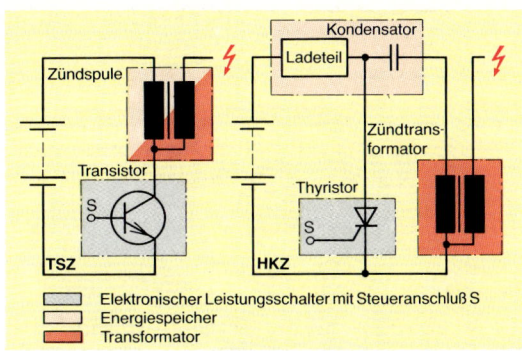

Abb. 4: Vergleich von Transistor- und Kondensatorzündung

lung des Zündtransformators. Über dessen Sekundärwicklung wird die Zündspannung abgegeben.
Die **Ansteuerung** des Thyristors kann über einen
Unterbrecherkontakt (HKZ-k) oder über einen Induktionsgeber (HKZ-i) erfolgen (s. Kap. 55.3).

Vorteile der HKZ sind:

● höhere Zündspannungsreserve,

● verbesserte Leistungsaufnahme und Abgabe im
gesamten Drehzahlbereich und

● weitgehende Unempfindlichkeit gegen Neben-
schlüsse im Sekundärstromkreis.

Die HKZ bietet über den gesamten Drehzahlbereich
ein höheres und konstanteres Zündspannungsangebot als die TSZ (Abb. 3).

Nachteilig ist bei der HKZ die kurze Brenndauer des
Zündfunkens. Um die Zündsicherheit zu gewährleisten, ist bei der Motorkonstruktion darauf besonders zu achten. Das ist auch der Grund, weshalb
sich die HKZ nicht für den nachträglichen Einbau
eignet.
Im Gegensatz zu den Zündspannungsoszillogram-
men der SZ und der TSZ, die sich sekundärseitig im
wesentlichen nicht unterscheiden (s. Kap. 54.3), hat
die HKZ einen anderen Zündspannungsverlauf
(Abb. 5).

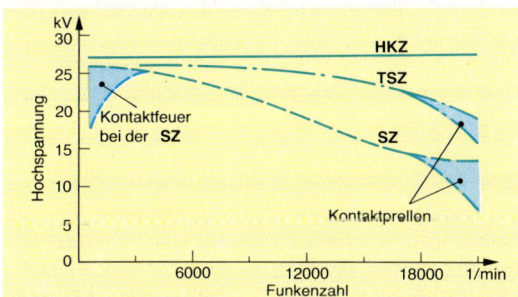

Abb. 3: Zündspannungsangebot der SZ, TSZ und HKZ

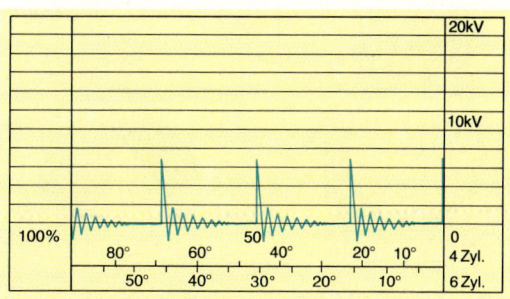

Abb. 5: Sekundäroszillogramm der HKZ

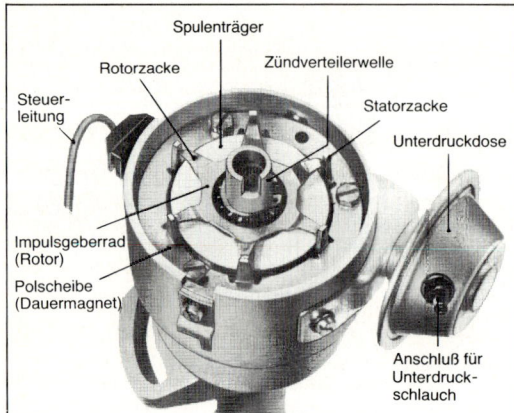

Abb. 1: Zündverteiler mit Induktionsgeber

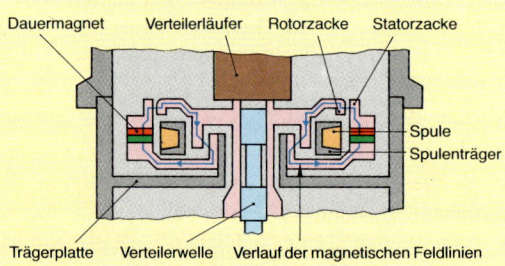

Abb. 2: Schnitt durch den Induktionsgeber

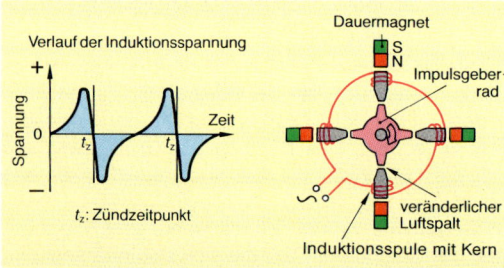

Abb. 3: Wirkungsschema des Induktionsgebers und Verlauf der Induktionsspannung

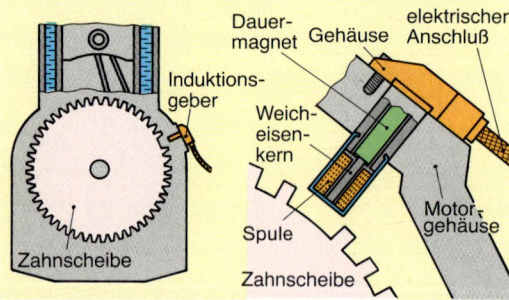

Abb. 4: Zahnscheibe und Induktionsgeber an der Kurbelwelle

55.3 Elektronische Zündauslösung (Impulsgeber)

55.3.1 Induktive Zündauslösung

> Die **induktive Zündauslösung** erfolgt mit der im Induktionsgeber erzeugten Spannung.

Die Spannungserzeugung erfolgt nach dem Generatorprinzip (s. Kap. 51.2.1). Die erzeugte Spannung wird vom Schaltgerät in einen **Steuerimpuls** für den Schalttransistor umgeformt.

Es werden folgende induktive Zündauslösungen angewandt:

● induktive Zündauslösung im Zündverteiler und
● induktive Zündauslösung an der Kurbelwelle.

Induktive Zündauslösung im Zündverteiler

Diese Art der Zündauslösung wird in Verbindung mit einer Transistorzündung als **Transistor-Spulenzündung mit Induktionsgeber** (TSZ-i) bezeichnet.

Den **Aufbau** eines Zündverteilers mit Induktionsgeber zeigt Abb. 1. Anstelle des Unterbrecherkontakts ist im Verteiler ein magnetischer **Impulsgeber** (Induktionsgeber) untergebracht. Statt der Nocken sitzt auf der Verteilerwelle das **Impulsgeberrad** (Rotor). Dieses weist so viele Zacken auf, wie der Motor Zylinder hat. Um die Verteilerwelle befindet sich fest angeordnet ein Dauermagnet, der mit der Spule (Induktionswicklung) und den Statorzacken · eine geschlossene Baueinheit bildet (Abb. 2 und 3).

Wirkungsweise des Induktionsgebers

Wird das Impulsgeberrad gedreht, so verändert sich der Abstand zwischen den Rotor- und Statorzacken. Der Luftspalt zwischen beiden wird größer. Da Luft der Ausbreitung des Magnetfeldes einen größeren Widerstand entgegensetzt, verändert sich die Stärke des Magnetfeldes durch die Spule. In der Spule wird eine Spannung erzeugt, die dem Verlauf nach eine Wechselspannung ist (Abb. 3).

Der Nulldurchgang der Wechselspannung von plus nach minus führt im Schaltgerät dazu, daß der Schalttransistor in diesem Augenblick gesperrt wird. Dadurch wird der Primärstrom unterbrochen und die Zündspannung erzeugt.

Induktive Zündauslösung an der Kurbelwelle

Sie erfolgt mit Hilfe des **Zahnkranzes** an der Schwungscheibe. Am Zahnkranz sind Markierungen (Stifte) befestigt. Sie kann auch mit Hilfe von extra auf der Kurbelwelle befestigten **Zahn-** oder **Segmentscheiben** vorgenommen werden.

In der Abb. 4 ist die Zündauslösung mit Hilfe eines Induktionsgebers und einer Zahnscheibe dargestellt. Der **Induktionsgeber** besteht aus einem **Dauermagneten** und einer **Spule.** Wird die Kurbelwelle und damit die Zahnscheibe gedreht, so verändert sich die Stärke des Magnetfeldes durch die Spule. In dieser wird daraufhin eine Spannung erzeugt. Fehlt in der Zahnscheibe ein Zahn, so wird an dieser Stelle eine höhere Spannung erzeugt, da die Änderung der Stärke des Magnetfeldes größer ist (Abb. 5). Die höhere Spannung wird vom Schaltgerät zur **Zündauslösung** benutzt. Diese Art der Zündauslösung ist genauer als die im Zündverteiler und wird z. B. in der Motronic angewandt (s. Kap. 59.4).

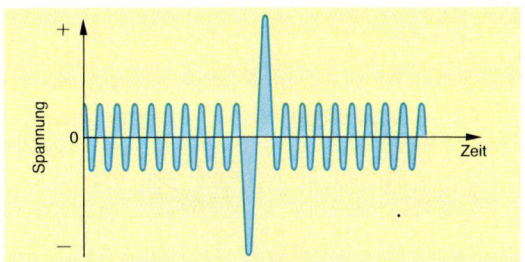

Abb. 5: Verlauf der Induktionsspannung

55.3.2 Zündauslösung durch Hallgeber

Die Zündauslösung durch **Hallgeber** erfolgt mit der im Hallgeber erzeugten Spannung.

Diese Art der Zündauslösung wird in Verbindung mit einer Transistorzündung als **Transistor-Spulenzündung mit Hallgeber** (TSZ-h) bezeichnet.
Den **Aufbau** eines Zündverteilers mit Hallgeber zeigt Abb. 6. Der **Hallgeber** (Abb. 7) ist anstelle des Unterbrecherkontakts im Verteiler eingebaut und wird durch einen **Blendenrotor,** der auch am Verteilerläufer befestigt sein kann, gesteuert.
Der **Hall-Generator** (Abb. 7) enthält den Halbleiter für die Erzeugung der **Hallspannung** sowie einen elektronischen Verstärker in integrierter Bauweise.
Mit dem Hallgeber wird der **Hall-Effekt** (Edwin Herbert Hall, amerik. Physiker, 1855 bis 1938) ausgenutzt.

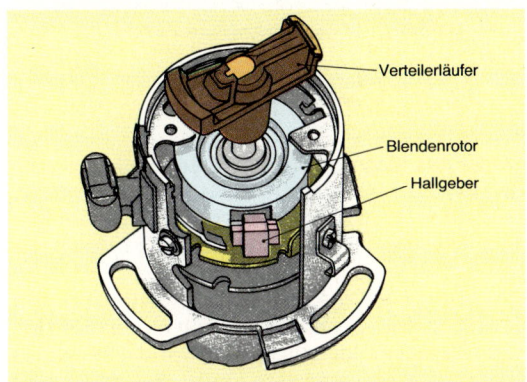

Abb. 6: Zündverteiler mit Hallgeber

Hall-Effekt

Wirkt auf einen Halbleiter, durch den ein elektrischer Strom fließt, ein Magnetfeld, so entsteht an seinen Stirnflächen eine elektrische Spannung (Hallspannung, Abb. 8). Bleibt die Stromstärke durch den Halbleiter konstant, so ist die Höhe der erzeugten Spannung nur noch von der Stärke des Magnetfeldes abhängig. Ändert sich die Stärke des Magnetfeldes, so ändert sich die »Hallspannung«.

Wirkungsweise des Hallgebers

Das vom Dauermagneten erzeugte Magnetfeld (Abb. 1a, S. 552) wird über Leitstücke und einen Luftspalt zum Hall-Generator (Halbleiter) geleitet. Es erzeugt in diesem die **Hallspannung.** Eine Änderung der Stärke des Magnetfeldes erfolgt durch den Blendenrotor. Wird in den Luftspalt eine Blende (Magnetschranke) des Blendenrotors hinein gedreht (Abb. 1b, S. 552), wird das Magnetfeld umgelenkt und damit die

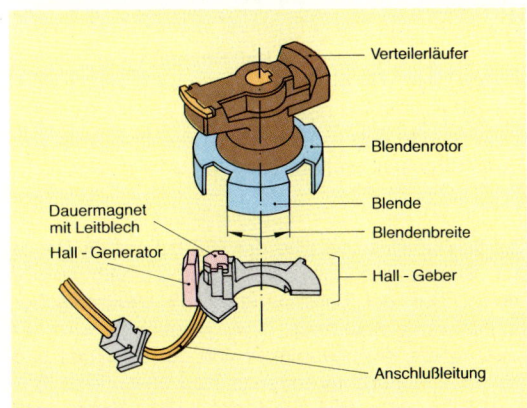

Abb. 7: Blendenrotor und Hallgeber

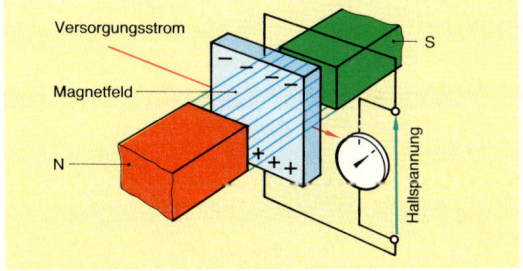

Abb. 8: Entstehung der Hallspannung

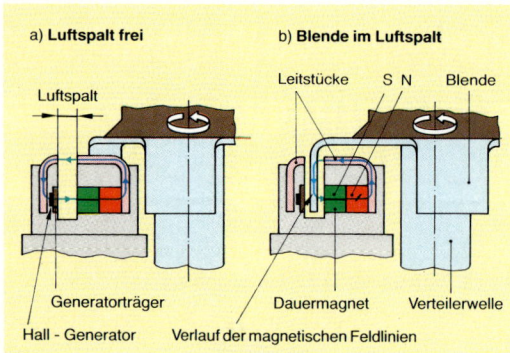

a) Luftspalt frei   **b) Blende im Luftspalt**

Luftspalt · Leitstücke · S N · Blende

Generatorträger · Dauermagnet · Verteilerwelle

Hall - Generator · Verlauf der magnetischen Feldlinien

Abb. 1: Wirkungsweise der Magnetschranke

Stärke des Magnetfeldes durch den Hall-Generator geändert. Die Hallspannung wird unterbrochen bzw. sehr klein. Dreht sich der Blendenrotor dauernd, so wird im Hall-Generator eine Spannung erzeugt, deren Verlauf in der Abb. 2 dargestellt ist.

Die erzeugte Hallspannung ist sehr gering. Sie wird deshalb im Hall-Generator verstärkt und dem Schaltgerät zugeführt. Im Schaltgerät wird die verstärkte Spannung in Steuerimpulse für den Schalttransistor umgeformt.

> Im Schaltgerät wird die **Hall-Spannung** so umgeformt, daß der **Primärstrom** eingeschaltet wird, wenn die Blende in den Luftspalt eintritt. Verläßt die Blende den Luftspalt, wird der Primärstrom unterbrochen, und die **Zündung** erfolgt.

Der **Schließwinkel** wird bei der TSZ-h durch die Breite der Blende bestimmt und bleibt deshalb immer gleich. Nur bei Schaltgeräten mit **elektronischer Schließwinkelsteuerung** bzw. -regelung wird er durch diese in Abhängigkeit von der Drehzahl und Batteriespannung verändert (s. Kap. 55.4 und 55.5). Die TSZ-h hat gegenüber der TSZ-i den **Vorteil,** daß sie bei vielen Kraftfahrzeugtypen nachträglich eingebaut werden kann, ohne daß der Verteiler ausgetauscht werden muß.

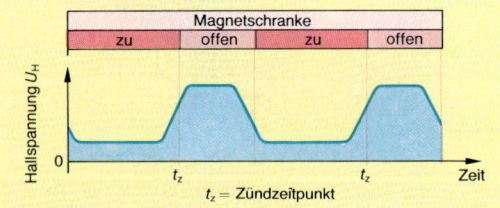

Abb. 2: Verlauf der Hallspannung

55.4 Elektronische Schließwinkelsteuerung

Die **Schließwinkelsteuerung** hat die folgenden **Aufgaben:** Sie soll

● das Schaltgerät und die Zündspule vor thermischer Überlastung schützen,

● für jeden Betriebszustand des Motors die notwendige Zündspannung für den Funkenüberschlag liefern und

● Zündaussetzer vermeiden helfen.

Damit das **Zündspannungsangebot** (s. Kap. 54.3) über den gesamten Drehzahlbereich des Motors gleich bleibt, muß die Primärstromstärke im Zündzeitpunkt ihren Sollwert erreicht haben.

Bei Zündanlagen mit gleichbleibendem Schließwinkel wird die Primärstromstärke ab einer bestimmten Drehzahl kleiner (s. Kap. 54.3 und Abb. 5). Dadurch erhöht sich die Möglichkeit von Zündaussetzern mit ihren negativen Auswirkungen auf den Katalysatorbetrieb (s. Kap. 30.3).

Damit die Primärstromstärke über den gesamten Drehzahlbereich ihren **Sollwert** erreicht, darf die **Schließzeit** einen bestimmten Wert nicht unterschreiten bzw. muß konstant bleiben.

> Durch die **Schließwinkelsteuerung** wird der **Schließwinkel** mit steigender Motordrehzahl vergrößert und damit die **Schließzeit** konstant gehalten.

Die Begriffe »**Schließwinkel**« und »**Schließzeit**« stammen von der kontaktgesteuerten Zündanlage und werden bei elektronischen Zündanlagen sinngemäß verwandt.

> Der **Schließwinkel** einer elektronischen Zündanlage eines 4-Takt-Motors ist der **halbe Drehwinkel,** den ein Punkt der Kurbelwelle durchläuft, während der Primärstrom eingeschaltet ist.

> Die **Schließzeit** einer elektronischen Zündanlage ist die **Zeitdauer,** die der Primärstrom eingeschaltet ist.

Da der **Anstieg** des Primärstromes (s. Kap. 54.3) außer von der Primärwindungszahl (Selbstinduktionsspannung, s. Kap. 51.2.3) der Zündspule auch von der Höhe der Batteriespannung abhängt (Abb. 3), erfolgt die Schließwinkelsteuerung in Abhängigkeit von der Drehzahl und der Batteriespannung (Abb. 4). Die Vergrößerung des Schließwinkels wird bis zu einem Maximalwert vorgenommen (Abb. 4). Dadurch soll während der Ausschaltzeit des Primärstromes sekundärseitig eine bestimmte **Mindestfunkendauer** (s. Kap. 54.3) von etwa 0,6 ms eingehalten werden. Die Mindestfunkendauer gewährleistet eine sichere Entflammung des Kraftstoff-Luftgemisches.

Die Schließwinkelsteuerung erfolgt so, daß lediglich der **Einschaltzeitpunkt** des Primärstromes verändert wird. Der **Zündzeitpunkt** bleibt unverändert. Erhöht sich z.B. die Motordrehzahl von n_1 auf n_2, so wird die Schließzeit **ohne** Schließwinkelsteuerung von t_1 auf t_2 und damit die Primärstromstärke von I_1 auf I_2 verkleinert (Abb. 5). Die Veränderung des Einschaltzeitpunktes von E_1 nach E_2 durch die Schließwinkelsteuerung hat zur Folge, daß die Schließzeit und damit die Primärstromstärke konstant gehalten werden ($t_3 = t_1$, $I_3 = I_1$, Abb. 5)

Die **thermische Überlastung** der Endtransistoren im Schaltgerät und der Zündspule wird durch einen kleinen Schließwinkel bei niedrigen Motordrehzahlen vermieden. Ein kleiner Schließwinkel hat eine kurze Einschaltdauer des Primärstromes zur Folge. Dadurch kann dieser in den Bauteilen der Zündanlage keine große Wärme erzeugen.

55.5 Elektronische Schließwinkel-regelung, Primärstrom-begrenzung und Ruhestromabschaltung

Die **elektronische Schließwinkelregelung** hat die gleichen **Aufgaben** wie die Schließwinkelsteuerung (s. Kap. 55.4). Im Gegensatz zur Schließwinkelsteuerung erfolgt die Schließwinkelregelung durch eine **Messung der Primärstromstärke** (Primärstromerfassung). Die Primärstromstärke stellt für die Schließwinkelregelung die **Führungsgröße** dar (s. Kap. 12.1).

Die Primärstromerfassung wird durch eine Spannungsmessung an einem im Schaltgerät enthaltenen niederohmigen Widerstand im Primärstromkreis der Zündanlage vorgenommen (Abb. 1, S. 554). Die gemessene Spannung verhält sich proportional zur Primärstromstärke. Sie wird deshalb mit einem in der elektronischen Schaltung der Schließwinkelregelung gespeicherten Spannungswert verglichen. Der Spannungswert ist ein Maß für den **Sollwert** der Primärstromstärke (Abb. 1, S. 554).

Ergibt der Vergleich, daß der eingestellte Schließwinkel für den Sollwert der Primärstromstärke ausreicht, wird er konstant gehalten (Abb. 2a, S. 554).

Durch eine zu kleine Primärstromstärke wird der Schließwinkel vergrößert, d.h., der Primärstrom wird früher eingeschaltet (Abb. 2b, S. 554).

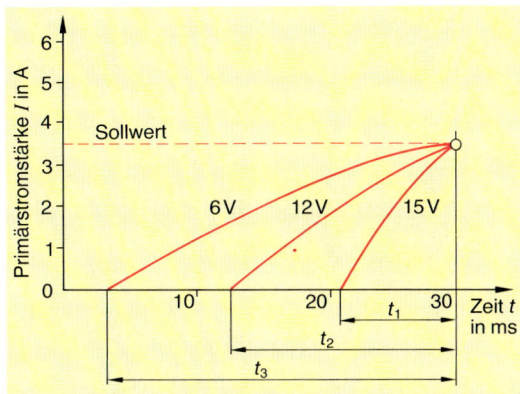

Abb. 3: Anstieg des Primärstromes bei verschiedenen Batteriespannungen

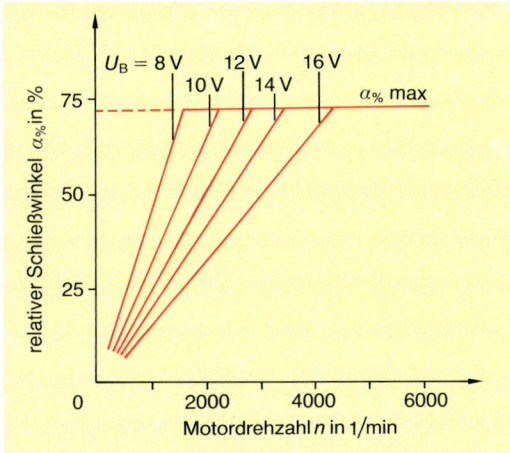

Abb. 4: Schließwinkelsteuerung in Abhängigkeit von Batteriespannung und Motordrehzahl

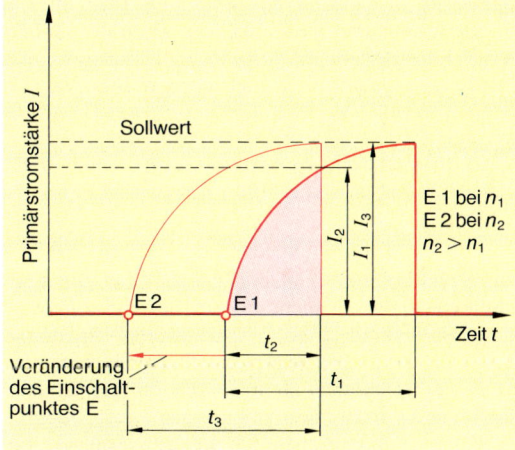

Abb. 5: Schließzeit und Primärstromstärke

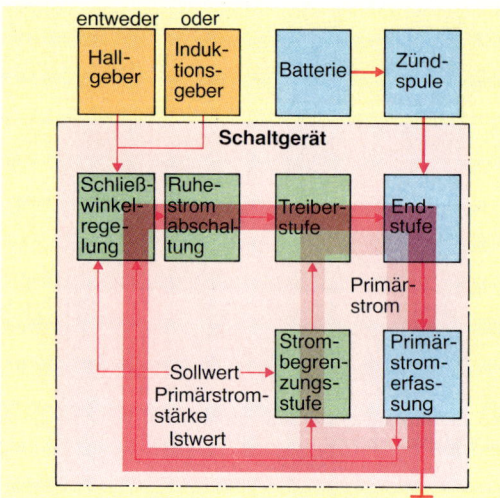

Abb. 1: Blockschaltplan der Schließwinkelregelung

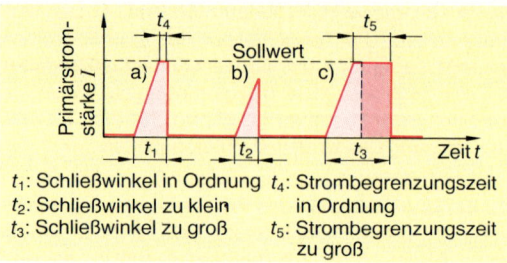

t_1: Schließwinkel in Ordnung t_4: Strombegrenzungszeit
t_2: Schließwinkel zu klein in Ordnung
t_3: Schließwinkel zu groß t_5: Strombegrenzungszeit
zu groß

Abb. 2: Schließwinkelregelung

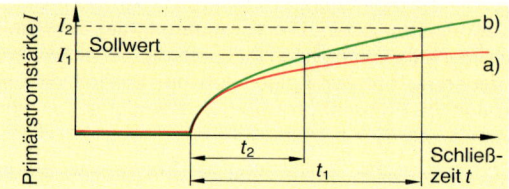

Abb. 3: Primärstromverlauf bei großem (a) und kleinem (b) Widerstand der Primärwicklung

Ist der Sollwert der Primärstromstärke zu lange eingeschaltet, wird der Schließwinkel verkleinert, d.h., der Primärstrom wird später eingeschaltet (Abb. 2c).

> Durch die **elektronische Schließwinkelregelung** erreicht die Primärstromstärke immer ihren Sollwert.

Um mit möglichst kleinen Schließwinkeln arbeiten zu können, wird die Windungszahl und damit der Widerstand der Primärwicklung der Zündspule klein ausgelegt (ca. 0,3 bis 0,6Ω). Dadurch kann die mögliche Primärstromstärke I_2 sehr viel größer sein als ihr Sollwert I_1, wenn der Schließwinkel und damit die Schließzeit zu groß sind (Abb. 3). Die Primärstromstärke muß deshalb wegen der Gefahr einer **thermischen Überlastung** von Zündspule und Endstufentransistor begrenzt werden (Abb. 2a und 2c).

> Die **Primärstrombegrenzung** sorgt dafür, daß die Primärstromstärke ihren Sollwert nicht übersteigt.

Die Primärstrombegrenzung erfolgt über den **Endstufentransistor.** Erreicht die am Primärstromerfassungswiderstand (Abb. 1) gemessene Spannung ihren Sollwert, wird durch die **Strombegrenzungsstufe** die **Treiberstufe** so beeinflußt, daß der Endstufentransistor nicht mehr voll durchschaltet. Dadurch wird die Primärstromstärke auf den Sollwert begrenzt (Abb. 1).

> Während der **Strombegrenzung** arbeitet der Endstufentransistor wie ein elektronisch geregelter Widerstand (elektronisches Potentiometer).

Durch die Schließwinkelregelung wird die **Strombegrenzungszeit** (Abb. 2a) möglichst klein gehalten, um die thermische Belastung des Endstufentransistors zu begrenzen. Um eine gewisse **Schließwinkel-** bzw. **Schließzeitreserve** für den Beschleunigungsvorgang zu haben, wird der Schließwinkel so geregelt, daß die Primärstromstärke ihren Sollwert etwas eher erreicht, bevor der Zündzeitpunkt ausgelöst wird (Abb. 2a).

> Die **Primärstrombegrenzung** wird im Zusammenhang mit der **Schließwinkelregelung** auch als **Primärstromregelung** bezeichnet.

Durch die Primärstrombegrenzung benötigt die Zündspule keinen **Vorwiderstand** mehr.

Eine thermische Überlastung der Zündanlage bei eingeschalteter Zündung und stehendem Motor wird durch die **Ruhestromabschaltung** verhindert (Abb. 1).

> Die **Ruhestromabschaltung** unterbricht den **Primärstrom,** wenn ca. 1s nach dem Einschalten der Zündung nicht gestartet wird.

Wird nach der Ruhestromabschaltung gestartet, so wird der Primärstrom automatisch wieder eingeschaltet.

55.6 Elektronische Zündverstellung

Die **mechanische Zündverstellung** erfolgt im Verteiler mit Induktionsgeber oder Hallgeber im Prinzip wie bei der konventionellen Zündanlage. Bei der **Fliehkraftverstellung** werden die Rotorzacken bzw. der Blendenrotor in Drehrichtung der Verteilerwelle verdreht. Bei der **Unterdruckverstellung** werden die Statorzacken bzw. der Hallgeber entgegen der Drehrichtung der Verteilerwelle verdreht.

Werden die Werte der mechanischen Zündverstellung (Zündverstellwinkelwerte bzw. **Zündwinkelwerte,** s. Kap. 54.2.5) in Abhängigkeit von der Drehzahl und von der Last (Unterdruck) in ein gemeinsames Diagramm eingetragen, so ergibt sich ein **Zündkennfeld** (Abb. 4).

> Ein **Zündkennfeld** zeigt die Verstellung des **Zündwinkels** in Abhängigkeit von der **Motordrehzahl** und der **Motorlast.**

Das **Zündkennfeld** eines **mechanischen Verstellsystems** erfüllt die Anforderungen, die an den Motor gestellt werden, wie z.B. Leistung, Startverhalten, Abgaszusammensetzung, Leerlaufverhalten und Kraftstoffverbrauch, unbefriedigend.

Mit Hilfe der **elektronischen Zündverstellung** ist es möglich, die oben genannten Anforderungen optimal zu erfüllen.

Die **elektronische Zündverstellung,** in Verbindung mit der Transistorzündung auch als **Kennfeldzündung** bezeichnet, ersetzt die Fliehkraft- und Unterdruckverstellung im Verteiler. Der Verteiler (Abb. 5) dient dann nur noch zur Verteilung der Zündspannung. Er wird deshalb als **»Hochspannungsverteiler«** bezeichnet.

> Bei der **Kennfeldzündung** erfolgt die Zündverstellung anhand eines elektronisch gespeicherten Zündkennfeldes.

Ein **Zündkennfeld** (Abb. 6) wird in Fahrversuchen und auf dem Prüfstand in Abhängigkeit von der Last und der Drehzahl sowie unter Berücksichtigung von Kraftstoffart, Abgaszusammensetzung, Verbrauch und Klopfneigung ermittelt und **elektronisch gespeichert.**

Die **Anpassung des Motors** an die gestellten Anforderungen sorgt dafür, daß das elektronische Zündkennfeld gegenüber dem mechanischen sehr zerklüftet erscheint (Abb. 6). Je nach Anforderung und Anpassungsgrad sind im elektronischen Kennfeld ca. 1000 bis 4000 abrufbare **Zündwinkel** gespeichert.

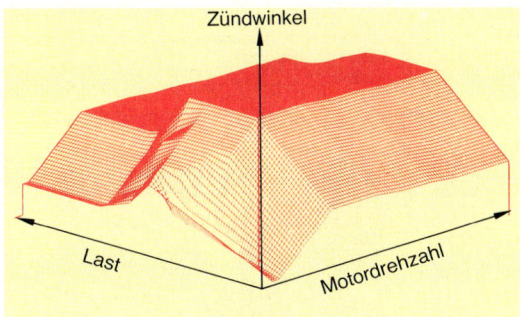

Abb. 4: Zündkennfeld eines mechanischen Verstellsystems

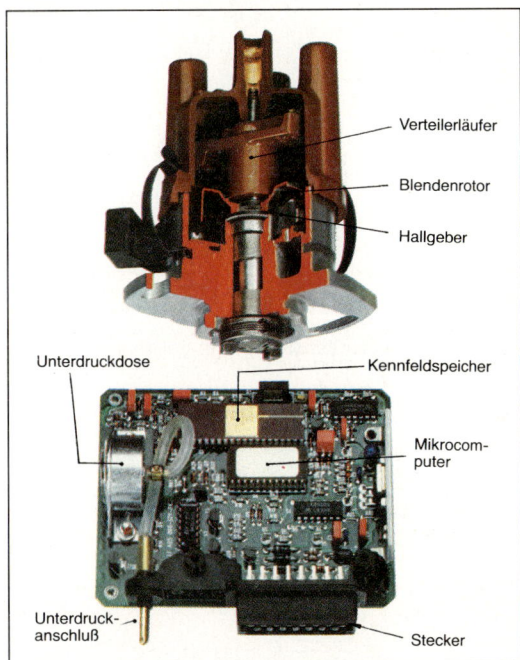

Abb. 5: Hochspannungsverteiler mit Hallgeber und Steuergerät für die Kennfeldzündung

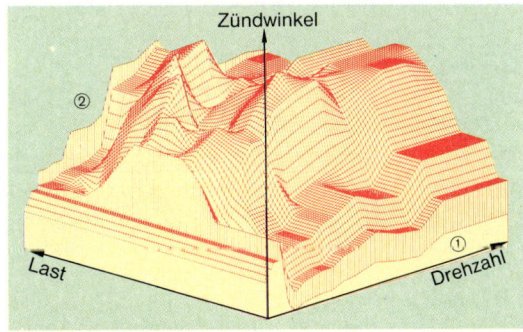

Abb. 6: Zündkennfeld

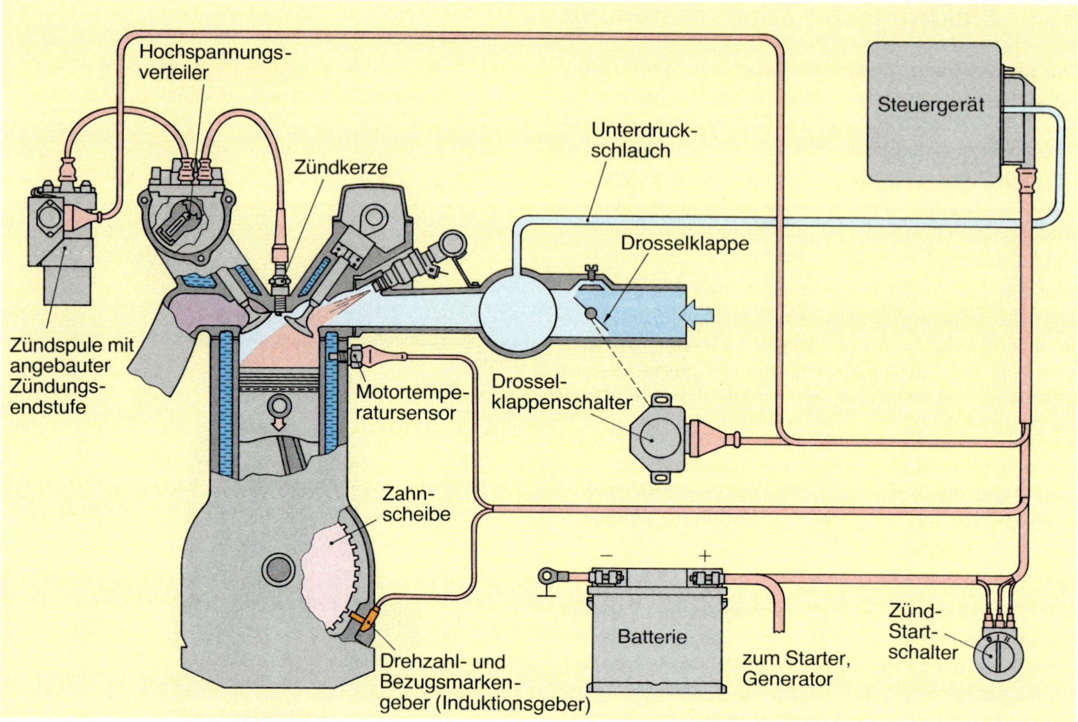

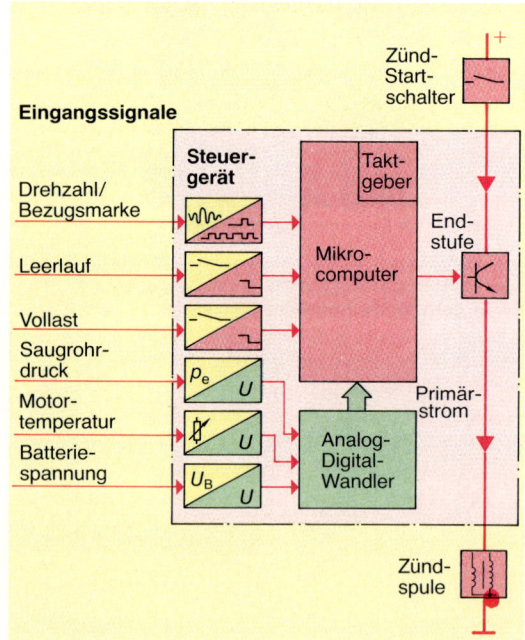

Abb. 1: Aufbau einer Zündanlage mit elektronischer Zündverstellung (Kennfeldzündung)

Abb. 2: Blockschaltplan der Signalverarbeitung der Kennfeldzündung

Durch die **elektronische Zündverstellung** wird jedem **Betriebszustand** des Motors der günstigste **Zündzeitpunkt** zugeordnet.

Den **Aufbau** einer Kennfeldzündung zeigt die Abb. 1. Das Steuergerät erhält von einem Hallgeber im Verteiler (Abb. 5, S. 555) oder von einem Induktionsgeber über eine Zahnscheibe auf der Kurbelwelle (Abb. 1) Signale über die **Drehzahl** und die **Kurbelwellenstellung.** Das **Lastsignal** (Saugrohrdruck) wird dem Steuergerät durch einen Schlauch direkt vom Ansaugrohr zugeführt (Abb. 1).

Bei Motoren mit elektronischer Benzineinspritzung wird das für die Gemischaufbereitung verwendete Lastsignal (Luftmenge bzw. Luftmasse) auch für die Zündung verwandt. Der Drosselklappenschalter liefert das **Leerlauf-** bzw. **Vollastsignal.** Die **Motortemperatur** und evtl auch die **Ansauglufttemperatur** werden von entsprechenden Temperatursensoren als elektrische Signale geliefert. Die **Batteriespannung** wird vom Steuergerät direkt erfaßt.

In der Abb. 2 ist die **Signalverarbeitung** in Form eines Blockschaltplanes dargestellt. Der **Analog-Digital-Wandler** (s. Kap. 12.1.2) digitalisiert die analogen Druck-, Temperatur- und Batteriespannungssignale. Da die Signale über die Drehzahl, Kurbelwellen- und Drosselklappenstellung digitale Größen sind, werden sie dem Mikrocomputer direkt zugeführt.

Der **Mikrocomputer** enthält den **Mikroprozessor** mit dem Schwingquarz zur Takterzeugung und den programmierbaren **Festwertspeicher** mit Zwischenspeicher für schnelle Datenänderungen (s. Kap. 12.3.1).

> Die **Signalverarbeitung** im Mikrocomputer erfolgt derart, daß bis zu 9300mal in der Minute neue Werte für die **Zündverstellung** und die **Schließzeit** berechnet werden.

Zur Berechnung und Bestimmung der jeweiligen Schließzeit bzw. des Schließwinkels wird ein im Mikrocomputer gespeichertes **Schließwinkelkennfeld** (Abb. 3) eingesetzt. Dadurch wird, wie bei der Schließwinkelsteuerung und -regelung (s. Kap. 55.4 und 55.5), das **Zündspannungsangebot** unabhängig von der Motordrehzahl und der Batteriespannung nahezu konstant gehalten.

Ist die Drosselklappe fast geschlossen, arbeitet der Motor im Leerlauf- bzw. im Schubbetrieb. In diesem Betriebszustand kommt nur die sog. **Leerlauf/Schubkennlinie** des Zündkennfeldes zur Anwendung (Abb. 6, ①, S. 555).

Im Vollastbetrieb wird die Zündverstellung anhand der **Vollastkennlinie** vorgenommen (Abb. 6, ②, S. 555). Die Verstellung des Zündwinkels soll hierbei die maximale Leistung des Motors bringen.

Um den Startvorgang zu beschleunigen, ist ein vom Zündkennfeld getrenntes **Startkennfeld** programmiert. Der Zündwinkel ist dabei von der Drehzahl

und der Motortemperatur abhängig. Die Beschleunigung des Startvorgangs wird durch einen größeren Zündwinkel erreicht. Dadurch wird das Motordrehmoment während des Startens erhöht.

Es gibt Kennfeldzündungen, die zwei Kennfelder gespeichert haben. Das eine Kennfeld ist für den Betrieb des Motors mit **Ottokraftstoff Normal »N«** und das andere für **Ottokraftstoff Super »S«** bestimmt. Durch einen **Abgleichstecker** (Oktanzahl-Stecker) oder einen **Kennfeldschalter** kann das jeweilige Kennfeld »N« oder »S« gewählt werden.

Durch die Wahl des Kennfeldes **»N«** wird der **Zündwinkel** verkleinert, d. h., der Zündzeitpunkt wird um ca. 4 bis 6° in Richtung **»spät«** verstellt. Die Zündung erfolgt später. Im oberen Lastbereich erfolgt eine noch spätere Zündung, um das **Hochleistungsklopfen** zu verhindern.

Bei Kennfeldzündungen mit **Klopfregelung** (s. Kap. 55.7) besteht die Möglichkeit, daß das entsprechende Kennfeld vom Steuergerät selbsttätig ausgewählt wird.

> Die **Kennfeldzündung** ermöglicht den Betrieb eines Motors mit Ottokraftstoff **Normal,** der für Ottokraftstoff **Super** vorgesehen ist.

Die **Zündungsendstufe,** d. h., das Teil, welches den Primärstrom schaltet, kann im Steuergerät oder getrennt vom Steuergerät untergebracht sein, z. B. am Verteiler oder an der Zündspule (Abb. 4).

> **Zündungsendstufen,** die getrennt vom Steuergerät sind, werden auch als **Schaltgeräte** bezeichnet.

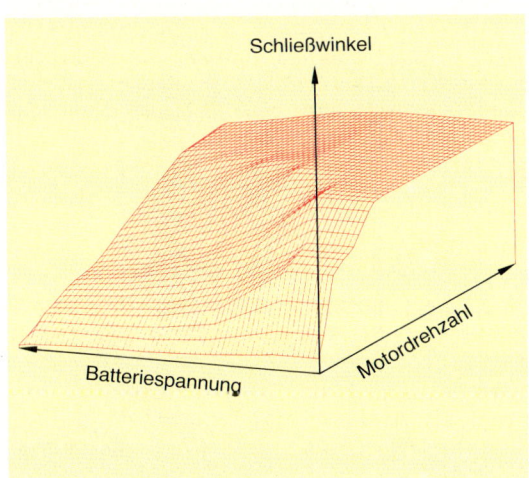

Abb. 3: Schließwinkelkennfeld

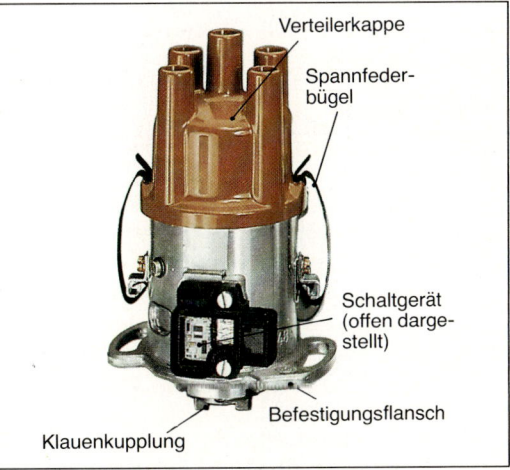

Abb. 4: Zündverteiler mit Schaltgerät

55.7 Elektronische Klopfregelung

Die **elektronische Klopfregelung,** auch als **Anti-Klopfregelung** bezeichnet, hat die **Aufgabe,** eine klopfende Verbrennung im Motor zu verhindern.

Der **Aufbau** einer Zündanlage mit Klopfregelung ist in der Abb. 1 dargestellt. Die Zündanlage besteht aus einer Kennfeldzündung mit **Klopfsensor.** Im Steuergerät der Kennfeldzündung ist die **Klopfregelungsschaltung** mit enthalten.

Der Klopfsensor ist am Motorblock befestigt (Abb. 2). Bei Motoren mit sechs und mehr Zylindern werden wegen der besseren Klopferkennung zwei Klopfsensoren benutzt, die jeweils die halbe Zylinderzahl überwachen. Der Klopfsensor enthält eine in Vergußmasse gebettete **piezokeramische** Scheibe (Abb. 3). Durch die Druckschwingungen während der Verbrennungsvorgänge wird in der piezokeramischen Scheibe eine **Wechselspannung** erzeugt. Diese wird über den elektrischen Anschluß dem Steuergerät zugeführt.

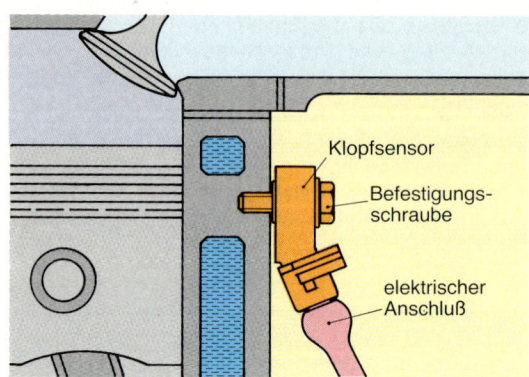

Abb. 2: Klopfsensor

Der **Klopfsensor** hat die **Aufgabe,** dem Steuergerät eine klopfende Verbrennung im Motor anzuzeigen.

Die Bauteile der Klopfregelung bilden einen **Regelkreis** (Abb. 4, s. Kap. 12.1). Die **Wirkungsweise** der Klopfregelung ist wie folgt: Das im Klopfsensor erzeugte elektrische Signal wird durch eine auftretende klopfende Verbrennung, z. B. im 1. Zylinder, verändert. Diese Signalveränderung wird durch die Auswerteschaltung im Steuergerät verarbeitet. Durch

die Regelungsschaltung erfolgt dann eine Verstellung des **Zündzeitpunkts** vom 1. Zylinder nach **»spät«** (Abb. 5). Die Verstellung beträgt ca. 3°KW von dem im Kennfeld gespeicherten Zündwinkel.
Durch die Verstellung nach »spät« wird der Druckanstieg im Zylinder verringert und dadurch der **Klopfneigung** des Motors entgegengewirkt.

Durch die **Klopfregelung** erfolgt eine Verstellung des Zündzeitpunkts nach »spät«. Der **Zündwinkel** wird verkleinert.

Erfolgt nur **eine** klopfende Verbrennung, so wird der Zündwinkel nach kurzer Zeit wieder an den im Zündkennfeld gespeicherten Zündwinkel schrittweise herangeführt (Abb. 5).

Tritt **mehrmaliges** Klopfen auf (Abb. 5), erfolgt eine Zurücknahme des Zündzeitpunkts, z. B. bis zu insgesamt 15°KW, solange, bis vom Klopfsensor keine

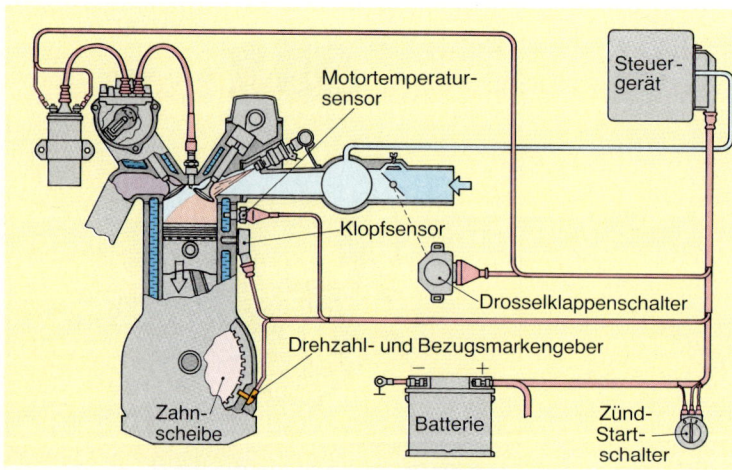

Abb. 1: Aufbau einer Zündanlage mit Klopfregelung

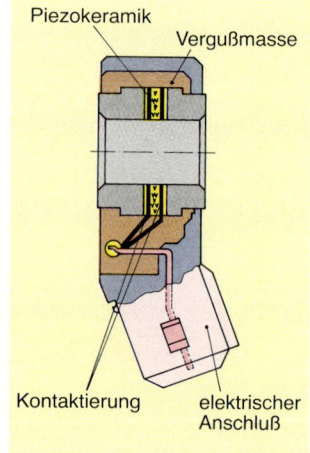

Abb. 3: Aufbau des Klopfsensors

Klopfsignale mehr gemeldet werden. Danach wird der Zündzeitpunkt dem im Zündkennfeld gespeicherten Wert wieder schrittweise angenähert (Abb. 5).

> Die **Klopfregelung** erfolgt für **jeden Zylinder einzeln,** d.h., nur der **Zündzeitpunkt** und damit der **Zündwinkel** des betreffenden Zylinders wird durch die Klopfregelung verändert.

Die Klopfregelung für jeden Zylinder wird auch **selektive Klopfregelung** (selektiv, lat.: auswählend) genannt.

Durch die Klopfregelung ist es möglich, daß die im Zündkennfeld gespeicherten Zündwinkel bis an die **Klopfgrenze** herangeführt werden. Auf einen **Sicherheitsabstand** zwischen Zündwinkel und Klopfgrenze kann dabei verzichtet werden. Dadurch ergeben sich folgende **Vorteile:**

● optimale Anpassung des Zündzeitpunkts an den Betriebszustand des Motors,
● besserer Motorwirkungsgrad und
● minimaler Kraftstoffverbrauch.

> Um den Motor bei einem **Ausfall der Klopfregelung** vor Schäden zu schützen, wird der **Zündzeitpunkt** automatisch nach »**spät**« verstellt (Notlaufprogramm). Die **Warn-Anzeige** leuchtet dann.

55.8 Vollelektronische Zündung

> Die **vollelektronische Zündung** ist eine Kennfeldzündung **ohne rotierende Zündspannungsverteilung** durch einen Verteiler.

Die sogenannte **ruhende Zündspannungsverteilung** hat folgende **Vorteile:**
● keine rotierenden Teile,
● geringere Geräusche,
● kein mechanischer Verschleiß,
● geringere Zahl von Zündspannungsanschlüssen und
● keine bzw. kürzere Zündspannungsleitungen.

Die **Zündspannungsverteilung** erfolgt bei der vollelektronischen Zündung durch:
● Einzelfunken-Zündspulen oder
● Zweifunken-Zündspulen.

Für die Zündspannungsverteilung durch **Einzelfunken-Zündspulen** werden soviel Zündspulen und Endstufen benötigt, wie Zylinder vorhanden sind. Die Zündspannungsleitungen entfallen, wenn die Zündspulen mit den Endstufen als kompakte Einheit (Zündeinheit) auf dem bzw. im Zylinderkopf angeordnet werden (Abb. 4, S. 560). Die jeweilige Zündkerze ist dabei direkt mit dem Zündspannungsausgang der Zündspule verbunden.

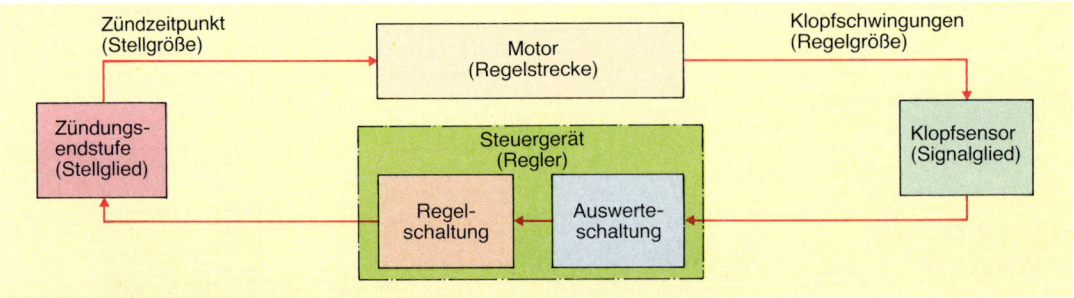

Abb. 4: Regelkreis der Klopfregelung

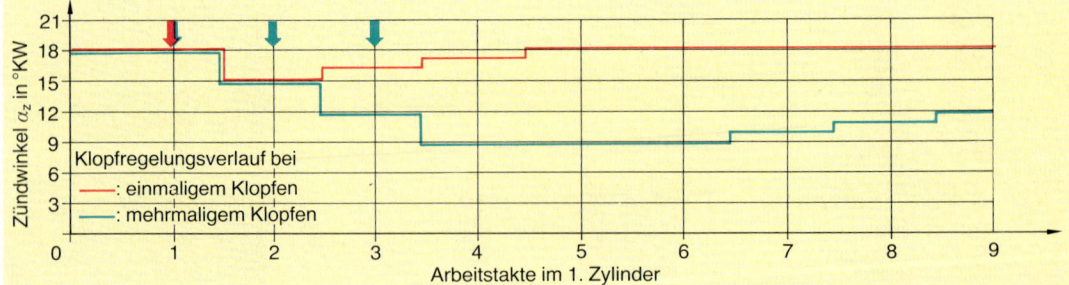

Abb. 5: Klopfregelungsverlauf

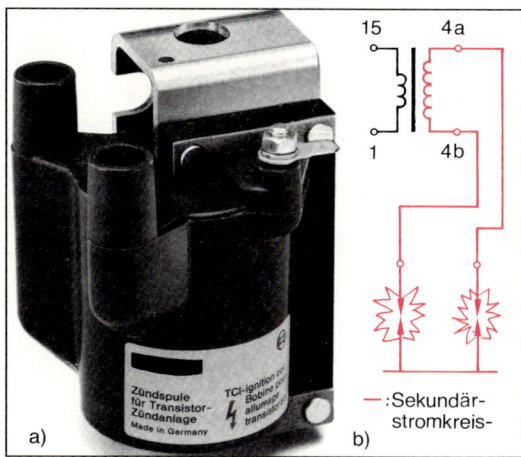

Abb. 1: Zweifunken-Zündspule (a) und Schaltung der Zweifunken-Zündspule (b)

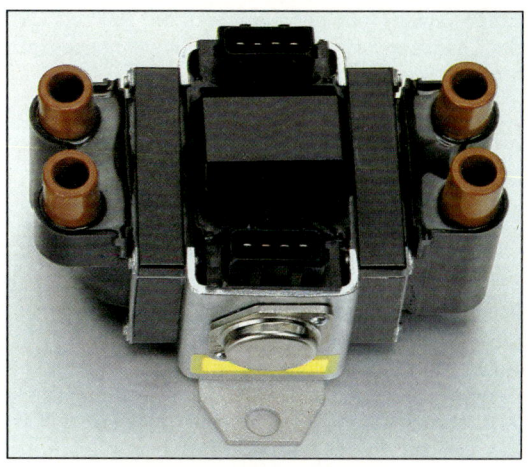

Abb. 3: 2-Zweifunken-Zündspulen mit Zündungsendstufen

Das Ein- und Ausschalten des Primärstromes durch die jeweilige Zündungsendstufe wird von einem **Leistungsmodul** mit **Verteilerlogik** im Steuergerät gesteuert.

Zweifunken-Zündspulen erzeugen zwei Zündfunken gleichzeitig. Bei ihnen ist die Primärwicklung elektrisch von der Sekundärwicklung getrennt. Die Zündspulen haben **zwei Hochspannungsausgänge,** die jeweils mit einer Zündkerze verbunden sind (Abb. 1). Dadurch sind beide Zündkerzen mit der Sekundärwicklung elektrisch in Reihe geschaltet.

Für einen **4-Zylinder-Motor** werden zwei Zweifunken-Zündspulen benötigt, die je eine eigene **Zündungsendstufe** haben. Die beiden Zündspulen

können zusammen mit den Zündungsendstufen zu einer kompakten Einheit zusammen gefaßt werden (Abb. 3).

Den **Aufbau** einer Zündanlage mit Zweifunken-Zündspulen zeigt die Abb. 2.

Die **Zündleitungen** sind so mit den Zündkerzen der Zylinder zu verbinden, daß die erste Zündkerze zu Beginn des **Arbeitstaktes** eines Zylinders zündet, während die zweite Zündkerze in den **Ausstoßtakt** eines anderen Zylinders zündet (Abb. 5).

Eine Kurbelwellenumdrehung später erfolgen die Zündungen genau umgekehrt. Für die beiden anderen Zylinder erfolgen die Zündungen genauso, aber um eine halbe Kurbelwellenumdrehung versetzt.

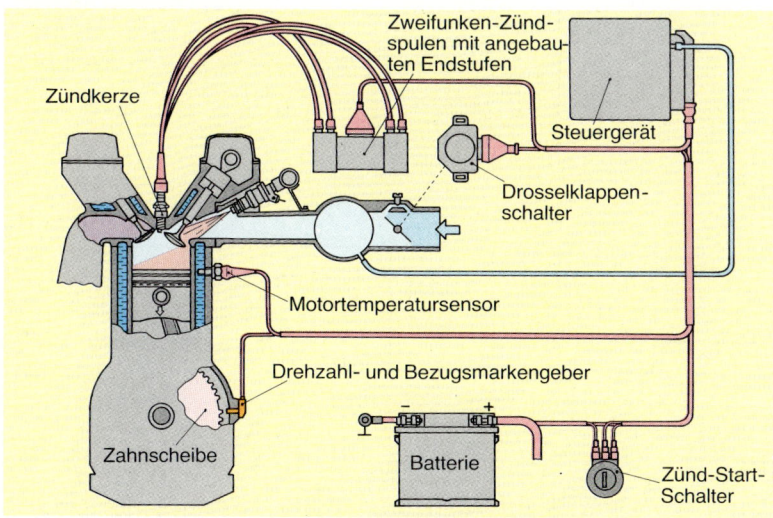

Abb. 2: Vollelektronische Zündanlage mit Zweifunken-Zündspulen

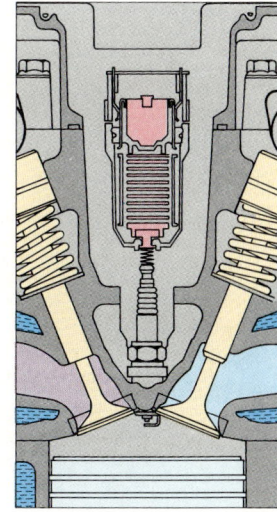

Abb. 4: Zündeinheit

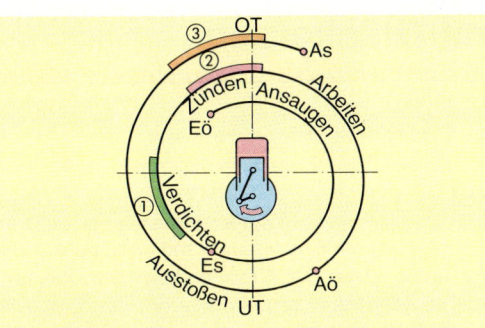

① : Einschaltbereich (Beginn)
des Primärstroms
② : Zündbereich des ersten
Zündfunkens
③ : Zündbereich des zweiten
Zündfunkens

OT: Oberer Totpunkt
UT: Unterer Totpunkt
Eö : Einlaßventil öffnet
Es : Einlaßventil schließt
Aö : Auslaßventil öffnet
As : Auslaßventil schließt

Abb. 5: Zündfunkenfolge einer Zweifunken-Zündspule

Unfallverhütung

Elektronische Zündanlagen haben eine höhere Zündleistung als herkömmliche Zündanlagen. Sie befinden sich in einem Leistungsbereich, der **Lebensgefahr** bedeutet.

Das gilt sowohl für den **Primär-** als auch für den **Sekundärstromkreis** der Zündanlagen.

Es ist zu beachten, daß die **gefährlichen Spannungen** nicht nur an den Bauteilen der Zündanlage, sondern auch am Kabelbaum, z.B. am Diagnosestecker, an Steckverbindungen, an den Prüf- und Testgeräten auftreten.

Vor dem Arbeiten an der Zündanlage ist grundsätzlich die Zündung auszuschalten oder die Batterie abzuklemmen. Das gilt für das Auswechseln von Bauteilen **und** das Anschließen von Motortestgeräten.

Elektronische Zündanlagen stellen im Sinne der VDE-Richtlinie 0104/7.67 **gefährliche Anlagen** dar.

Achtung! Caution! Attention! Attenzione! Varning!

Leistungsgesteigertes Zündsystem.
Gefährliche Hoch- und Niederspannung.

High-energy ignition system.
Dangerous primary and secondary voltages.

Système d'allumage haute puissance.
Tensions primaire et secondaire dangereuses.

Sistema d'accensione a potenza
maggiorata alta e bassa tensione.
Pericolosa!

Tändsystem med högt tändeffekt —
farlig spänning i låg — och högspänningskrets!

Aufgaben

1. Worin besteht der Hauptunterschied zwischen der konventionellen und einer elektronischen Zündanlage?
2. Skizzieren Sie den Aufbau der TSZ-k.
3. Beschreiben Sie die Wirkungsweise der TSZ-k.
4. Welche Aufgabe hat der Unterbrecherkontakt in der TSZ-k?
5. Welcher wesentliche Unterschied besteht zwischen den Spulenzündungen und der HKZ?
6. Beschreiben Sie anhand einer Skizze den Aufbau und die Wirkungsweise der HKZ.
7. Vergleichen Sie das Zündspannungsangebot der SZ, TSZ und HKZ in Abhängigkeit von der Funkenzahl.
8. Was ist das Grundprinzip der induktiven Zündauslösung?
9. Beschreiben Sie den Aufbau und die Wirkungsweise des Induktionsgebers in der TSZ-i.
10. Wie erfolgt die induktive Zündauslösung an der Kurbelwelle?
11. Was ist der Hall-Effekt?
12. Beschreiben Sie den Aufbau und die Wirkungsweise des Hall-Gebers.
13. Welchen Vorteil hat die TSZ-h gegenüber der TSZ-i?
14. Nennen Sie die Aufgaben der Schließwinkelsteuerung.
15. Beschreiben Sie den Unterschied zwischen der Schließwinkelsteuerung und der Schließwinkelregelung.
16. Erläutern Sie die Wirkungsweise der Primärstrombegrenzung.
17. Begründen Sie die Notwendigkeit der Ruhestromabschaltung bei Zündanlagen ohne Vorwiderstand.
18. Was ist ein Zündkennfeld?
19. Nennen Sie die Vorteile der Kennfeldzündung.
20. Beschreiben Sie den Aufbau und die Wirkungsweise der elektronischen Zündverstellung.
21. Erläutern Sie die Signalverarbeitung im Steuergerät der Kennfeldzündung.
22. Nennen Sie die Aufgabe und die Vorteile der Klopfregelung.
23. Skizzieren Sie den Regelkreis der Klopfregelung und beschreiben Sie deren Wirkungsweise.
24. Weshalb wird durch eine Verstellung des Zündzeitpunkts nach »spät« Klopfen verhindert?
25. Was wird unter der »selektiven« Klopfregelung verstanden?
26. Erklären Sie den Begriff »vollelektronische Zündung«.
27. Skizzieren Sie die Schaltung einer Zweifunken-Zündspule.
28. Beschreiben Sie die Wirkungsweise einer Zweifunken-Zündspule im Hinblick auf das Arbeitsspiel eines Viertakt-Ottomotors.
29. Nennen Sie Unfallgefahren an elektronischen Zündanlagen.

56 | Magnetzündanlagen und Vorglühanlage mit Glühkerzen

56.1 Magnetzündanlagen

> **Magnetzündanlagen** haben die **Aufgabe,** die notwendige Zündspannung unabhängig von einer Batterie oder einem Generator zu erzeugen und diese der Zündkerze im richtigen Zündzeitpunkt zuzuführen.

Magnetzündanlagen (Magnetzünder) finden dort Verwendung, wo kompakte und leichte Baueinheiten erforderlich sind, z. B. in Kleinkrafträdern, Bootsmotoren und stationären Motoren.
Magnetzündanlagen werden meist mit einem **Magnetgenerator** ausgerüstet. Sie werden dann als **Magnetzünder-Generator** bezeichnet. Der Magnetgenerator hat die Aufgabe, die Beleuchtungs- und Signalanlage mit elektrischer Energie zu versorgen.

> In den **Magnetzündanlagen** und **Magnetgeneratoren** wird die elektrische Energie durch drehende **Magnete** erzeugt (Generatorprinzip).

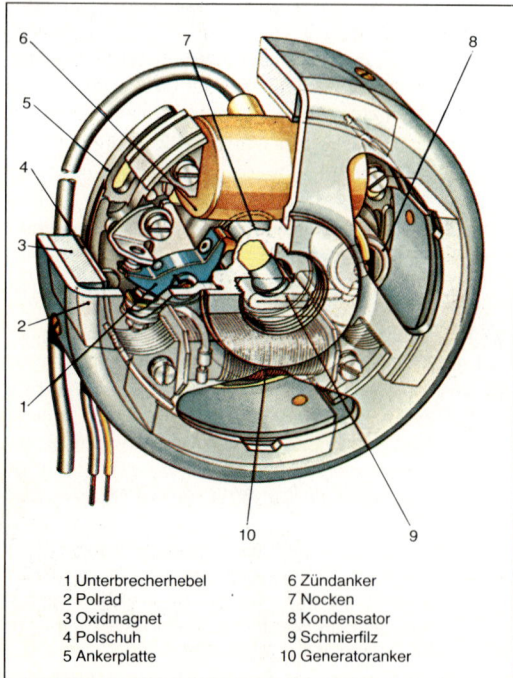

1 Unterbrecherhebel	6 Zündanker
2 Polrad	7 Nocken
3 Oxidmagnet	8 Kondensator
4 Polschuh	9 Schmierfilz
5 Ankerplatte	10 Generatoranker

Abb. 1: Aufbau des Magnetzünder-Generators

56.1.1 Magnetzünder-Generator

Den **Aufbau** des Magnetzünder-Generators zeigt Abb. 1.
Das Polrad ist meist auf der Kurbelwelle befestigt. Es dreht sich um die feststehende Ankerplatte. Auf der Ankerplatte sitzen der Zünd- und der Generatoranker. Der **Zündanker** besteht, wie die Zündspule (s. Kap. 54.2.1), aus einem Eisenkern, um den die Primär- und Sekundärwicklung angeordnet sind (Abb. 2a). Der **Generatoranker** besteht aus einem Eisenkern mit einer oder mehreren Wicklungen. Der Unterbrecherkontakt wird durch den Nocken an der Polradnabe betätigt.

Wirkungsweise des Zündankers

Während der Drehung des Polrades verändert sich die Stärke und durch die abwechselnd angeordneten Nord- und Südpole (Abb. 2a) auch die Richtung des Magnetfeldes, das den Zündanker durchdringt. Nach dem Induktionsgesetz (s. Kap. 51.2) wird in der Primärwicklung eine Spannung erzeugt, wodurch bei geschlossenem Unterbrecherkontakt ein Primärstrom fließt (Abb. 2b). Der Unterbrecherkontakt wird geöffnet, wenn der Primärstrom seinen höchsten Wert erreicht hat. Dadurch werden die Stärke und die Richtung des Magnetfeldes **sprunghaft** geändert und in der Sekundärwicklung wird die Zündspannung erzeugt (Abb. 2c).
Der zum Unterbrecher parallel geschaltete **Kondensator** verhindert das Kontaktfeuer und beschleunigt

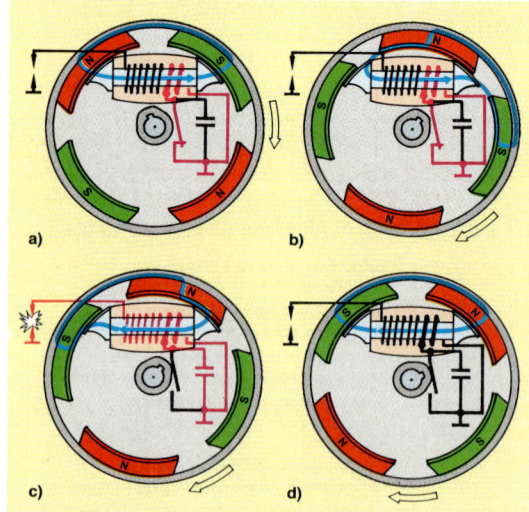

Abb. 2: Wirkungsweise des Zündankers

damit die sprunghafte Änderung der Stärke und der Richtung des Magnetfeldes. Dadurch wird die Zündspannung erhöht.

Um den **Zündzeitpunkt** den jeweiligen Betriebsbedingungen anzupassen, kann der Magnetzünder-Generator mit einem Fliehkraftversteller ausgerüstet sein. Dieser verstellt den auf der Polradnabe drehbar angeordneten Nocken in Drehrichtung und damit die Zündung in Richtung »früh«.

Bei einem **Einzylindermotor** hat das Polrad die Drehzahl der Kurbelwelle. Deshalb wird während jeder Kurbelwellenumdrehung ein Zündfunke erzeugt. Das entspricht dem Zündabstand des Zweitakt-Motors. Bei einem Viertakt-Motor muß aber nur bei jeder zweiten Kurbelwellenumdrehung gezündet werden. Eine Zündung erfolgt deshalb auch immer während des Ausstoßens.

Magnetzünder-Generatoren für Mehrzylindermotoren sind mit einem Verteiler ausgerüstet und haben je nach Arbeitsverfahren und Zylinderzahl eine bestimmte Übersetzung zwischen Polrad und Kurbelwelle.

Wirkungsweise des Generatorankers

Während der Drehung des Polrades ändert sich auch im Generatoranker die Stärke und die Richtung des Magnetfeldes. Im Generatoranker werden deshalb in Abhängigkeit von der Wicklungsanzahl eine oder mehrere **Wechselspannungen** erzeugt (Abb. 3). Die erzeugten Wechselspannungen werden zur Versorgung der Beleuchtungsanlage und zur Ladung einer evtl. vorhandenen Batterie genutzt. Zur Ladung der Batterie wird eine Wechselspannung durch eine Einweg-Gleichrichtung (s. Kap. 51.3.4) gleichgerich-

tet. Dabei wird nur eine Halbwelle der Wechselspannung ausgenutzt (Abb. 3b und 3d). Die Batterie versorgt die Signalanlage, z. B. die Blinkanlage oder das Signalhorn, mit Gleichstrom.

Ein Regler zur Spannungsbegrenzung ist meistens nicht notwendig. Bei Belastung des Generatorankers stellt sich die Spannung auf einen bestimmten Wert ein. Das erfolgt durch die Wechselwirkung zwischen der erzeugten Spannung und der bei Stromfluß in der Wicklung selbstinduzierten Spannung. Da die Größe der Wechselwirkung abhängig ist von der Stromstärke, dürfen die angeschlossenen Verbraucher nur den vorgeschriebenen **Anschlußwert** (Wattzahl) haben. Ist das nicht der Fall, so können zu hohe Spannungen entstehen und dadurch die Verbraucher zerstört werden.

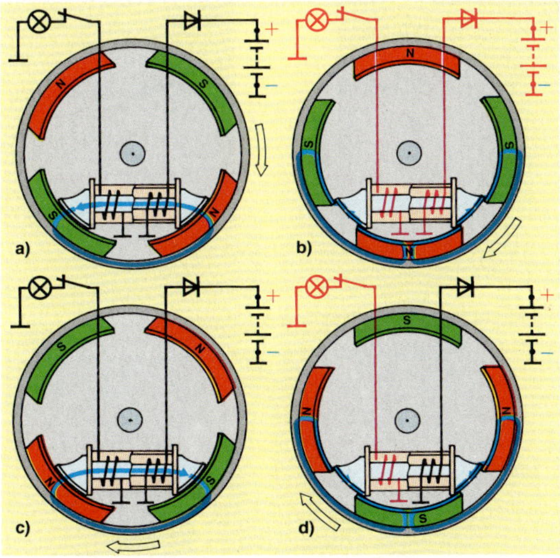

56.1.2 Kontaktlos gesteuerte (elektronische) Magnetzündanlagen

Magnet-Hochspannungs-Kondensatorzündung

Die Magnet-Hochspannungs-Kondensatorzündung (MHKZ) ist im Prinzip aufgebaut wie der Magnetzünder-Generator (Abb. 4). Der Unterbrecherkontakt ist durch einen **Induktionsgeber** ersetzt. Anstelle des Zündankers befindet sich auf der Ankerplatte der **Ladeanker,** der den Speicherkondensator auflädt. Die **elektronische Schaltung** entspricht der Schaltung der HKZ (s. Kap. 55.2). Das Polrad enthält statt des Nockens ein **Leitstück** zur Steuerung des Induktionsgebers. Im Schaltgerät sind der Thyristor und die übrigen elektronischen Bauteile untergebracht. In neueren Zündanlagen sind Schaltgerät und Zündtransformator eine Baueinheit. Der Zündtransforma-

Abb. 3: Wirkungsweise des Generatorankers

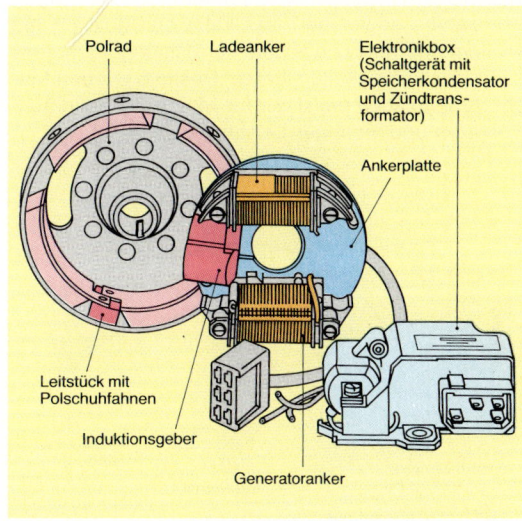

Abb. 4: Aufbau der Magnet-Hochspannungs-Kondensatorzündung

tor hat wegen der besseren magnetischen Wirkung einen geschlossenen Eisenkern.

Wirkungsweise der MHKZ: Die im Ladeanker erzeugte Wechselspannung wird gleichgerichtet und lädt den Speicherkondensator auf. Im Zündzeitpunkt wird im Induktionsgeber durch das vorüberlaufende Leitstück ein Spannungsimpuls erzeugt. Dieser wird vom Schaltgerät umgeformt und als Steuerimpuls an den Thyristor weitergegeben. Der Thyristor schaltet durch, und der Speicherkondensator entlädt sich über die Primärwicklung des Zündtransformators. In der Sekundärwicklung entsteht die Zündspannung.

Magnet-Transistorzündung

Bei der Magnet-Transistorzündung (MTZ) wird der Primärstrom durch die Primärwicklung des Zündankers von einem Transistor gesteuert (s. Kap. 55.1). Die Ansteuerung des Transistors erfolgt über einen Zündimpulsgeber oder durch sog. **Eigensteuerung.** Bei der Eigensteuerung wird die in der Primärwicklung erzeugte Wechselspannung zur Ansteuerung des Transistors genutzt.

56.1.3 Vergleich der kontaktgesteuerten Magnet- und Batteriezündanlage

Abb. 1 zeigt den Verlauf der Zündspannung bei der kontaktgesteuerten Magnet- und Batteriezündanlage in Abhängigkeit von der Drehzahl des Motors. Die Zündspannung nimmt bei der Batteriezündung mit steigender Drehzahl ab (s. Kap. 54.3). Bei der Magnetzündung nimmt sie zu. Mit steigender Drehzahl verändert sich die Stärke des Magnetfeldes schneller, deshalb wird die Zündspannung höher. Dem steht aber eine geringere Zündspannung bei niedrigen Drehzahlen gegenüber. Das kann bei Motoren mit großem Hubraum und hohem Verdichtungsverhältnis zu Startschwierigkeiten führen. Deshalb werden Magnetzündanlagen meist nur für Motoren mit kleinem Hubraum und niedriger Leistung verwendet.

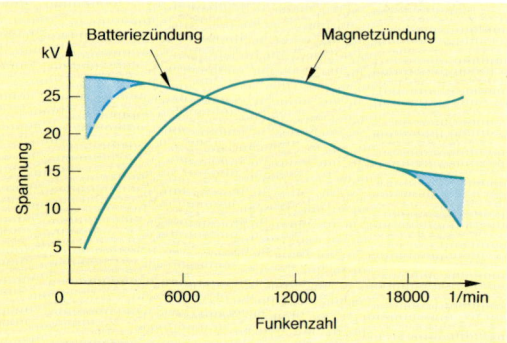

Abb. 1: Zündspannungsverlauf bei der Magnet- und Batteriezündanlage

56.2 Vorglühanlage mit Glühkerzen

> Die **Vorglühanlage** mit Glühkerzen hat die **Aufgabe,** vor dem Kaltstart die verdichtete Luft in Dieselmotoren zu erwärmen.

Vorglühanlagen mit Glühkerzen sind **Kaltstarthilfen** für den Dieselmotor (s. Kap. 22.5) und werden meist bei Dieselmotoren mit **geteilten Brennräumen** (Vorkammer- und Wirbelkammerverfahren) verwendet (s. Kap. 22.4). Sie sind notwendig, weil durch die große Oberfläche der Vor- oder Wirbelkammer die während der Verdichtung erzeugte Wärme zum größten Teil wieder abgeleitet wird. Dadurch wird die zur Entflammung benötigte Selbstentzündungstemperatur nicht erreicht. Durch die Vorglühanlage wird die Temperatur der Luft erhöht, so daß ein Anspringen des Motors möglich wird.

> Die **Vorglühanlage** ist nur kurze Zeit **vor** dem Starten (Vorglühen) und **während** des Startens eingeschaltet.

Nach dem Anspringen des Motors erfolgt bei elektronisch gesteuerter Vorglühanlage noch ein **Nachglühen.** Dadurch wird erreicht, daß die sogenannte **Blaurauchbildung** und die Anzahl möglicher **Zünd-**

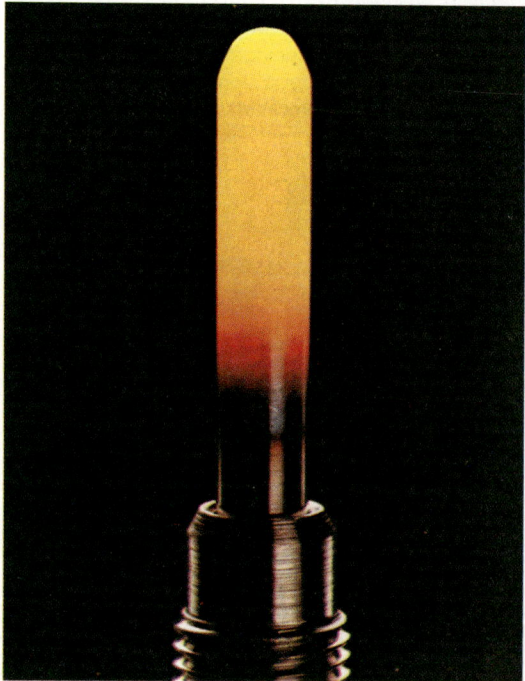

Abb. 2: Glühende Stabglühkerze

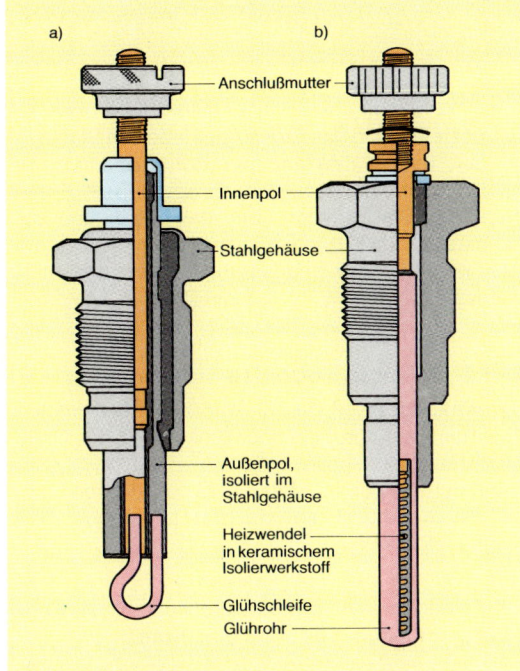

Abb. 3: Aufbau der Draht- (a) und Stabglühkerze (b)

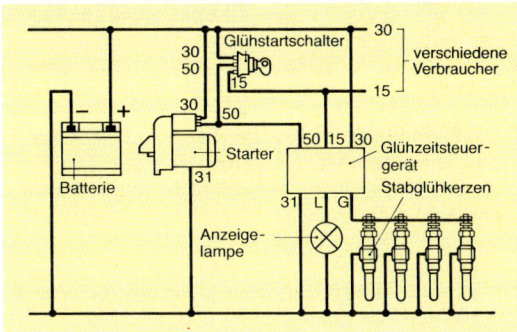

Abb. 4: Vorglühanlage mit Stabglühkerzen

Abb. 4 zeigt die Schaltung einer Vorglühanlage mit Stabglühkerzen und elektronischer Steuerung. Die elektronische Steuerung der Vorglühanlage erfolgt durch ein Glühzeitsteuergerät.

Das **Glühzeitsteuergerät** ermöglicht, daß:

- die Vor- und Nachglühzeit so kurz wie möglich sind,
- ein Vorglühen bei warmem Motor nicht erfolgt,
- die Glühanlage abgeschaltet wird, wenn kein Startvorgang erfolgt (Sicherheitsabschaltung) und
- bei Kurzschluß in der Anlage oder bei zu hohen Spannungen an den Eingangsklemmen die Glühanlage abgeschaltet wird (Kurzschlußabschaltung).

aussetzer während der Warmlaufphase des Motors verringert werden.

In der Vorglühanlage werden als Glühkörper Drahtglühkerzen oder Stabglühkerzen verwendet (Abb. 2 und Abb. 3). Die früher verwendete Drahtglühkerze wurde überwiegend durch die Stabglühkerze (Glühstiftkerze) ersetzt. In schnellaufenden Dieselmotoren finden nur noch Stabglühkerzen Verwendung.

Stabglühkerzen sind überwiegend einpolig ausgeführt. Das heißt, daß der zweite elektrische Anschluß der Glühkerzenkörper ist und mit ihm der Kontakt zur Masse hergestellt wird. Daraus folgt, daß Stabglühkerzen **parallel** (s. Kap. 13.8.2) geschaltet sind. Das hat gegenüber der **Reihenschaltung** (s. Kap. 13.8.1) der **Drahtglühkerzen** den Vorteil, daß trotz Ausfalls einer Glühkerze der Motor während des Startens anspringen kann.

Stabglühkerzen haben gegenüber den Drahtglühkerzen noch weitere **Vorteile:**

- höhere Wärmeleistung und damit schnellere Aufheizung (4 bis 10 s gegenüber 40 bis 60 s),
- größere mechanische Festigkeit durch den Glühstab,
- selbsttätige Begrenzung der Glühtemperatur durch die Regelwendel (PTC-Widerstand) im Glühstab und dadurch
- längere Lebensdauer.

Aufgaben

1. Welcher grundsätzliche Unterschied besteht zwischen der Batterie- und Magnetzündanlage?
2. Beschreiben Sie den Aufbau des Magnetzünder-Generators.
3. Erläutern Sie die Wirkungsweise des Zünd- und Generatorankers.
4. Beschreiben Sie den Aufbau und die Wirkungsweise der MHKZ.
5. Was wird unter Eigensteuerung der MTZ verstanden?
6. Warum ist die Zündspannung der Magnetzündanlage bei niedriger Drehzahl des Motors geringer als bei höherer Drehzahl?
7. Warum benötigen einige Dieselmotoren eine Vorglühanlage?
8. Welche Glühkerzen werden in Reihe und welche parallel geschaltet?
9. Welchen Vorteil hat die Parallelschaltung von Glühkerzen?
10. Nennen Sie die Vorteile der Stabglühkerzen.
11. Welche Aufgaben hat das Glühzeitsteuergerät?
12. Warum erfolgt ein Nachglühen?

57 | Startanlage

Die **Startanlage** des Kraftfahrzeugs hat die **Aufgabe,** die Kurbelwelle des Verbrennungsmotors mit der zum Anspringen notwendigen **Mindeststartdrehzahl** zu drehen.

Die Mindeststartdrehzahl beträgt bei Ottomotoren 60 bis 100/min, bei Dieselmotoren 80 bis 200/min (je nach Verbrennungsverfahren, mit oder ohne Starthilfe).

57.1 Aufbau und Wirkungsweise der Startanlage

Abb. 1 zeigt den **Aufbau** (Bauteile) der Startanlage. Die Relais (z. B. Startsperrelais, Startwiederholrelais) werden bei Startanlagen mit großer Leistung verwendet. Zusätzlich haben Dieselmotoren evtl. noch Starthilfen.

Das **Prinzip** des Startens eines Verbrennungsmotors besteht darin, daß ein **kleines Zahnrad** (Ritzel) in den **Zahnkranz der Schwungscheibe** eingreift. Wegen der großen Übersetzung zwischen Ritzel und Zahnkranz (10 : 1 bis 20 : 1) benötigt der Starter nur ein kleines Drehmoment bei großer Drehzahl. Dadurch ergeben sich für den Starter kleine Abmessungen und eine geringe Masse.

Das **Hauptbauteil** der Startanlage ist der elektrische Starter (Abb. 2) mit den folgenden Baugruppen:

- Gleichstrom-Startermotor,
- Einrückrelais,
- Einspurgetriebe.

Durch Betätigung des Startschalters wird über das Einrückrelais und das Einspurgetriebe das Starterritzel mit dem Zahnkranz der Schwungscheibe in Eingriff gebracht. Nach dem **Einspuren** des Ritzels dreht der Startermotor über das Ritzel und den Zahnkranz die Kurbelwelle des Verbrennungsmotors. Ist der Motor angesprungen, wird das Ritzel ausgespurt.

57.1.1 Wirkungsweise des Startermotors

Die Wirkungsweise des elektrischen Startermotors (Elektromotor) beruht auf der Umkehrung des Generatorprinzips (s. Kap. 51.2.1).

Fließt durch einen im Magnetfeld befindlichen Leiter ein Strom (Abb. 3), so wird der Leiter quer zum Magnetfeld bewegt.

Auf einen vom elektrischen Strom durchflossenen **Leiter im Magnetfeld** wirkt eine **Kraft.**

Die Kraftwirkung auf den Leiter wird als **Motorprinzip** bezeichnet.

Die **Größe der Kraft** ist abhängig von:

- der Stärke des Magnetfeldes,
- der Stromstärke im Leiter und
- der Länge des Leiters im Magnetfeld.

Durch Verwendung einer **Leiterschleife** wird eine Drehbewegung erzeugt (Abb. 4). Die Drehbewegung der Leiterschleife kommt dadurch zustande, daß die Stromrichtung in ihrem oberen und im unteren Teil entgegengesetzt ist und damit auch die Kraftrichtungen entgegengesetzt sind.

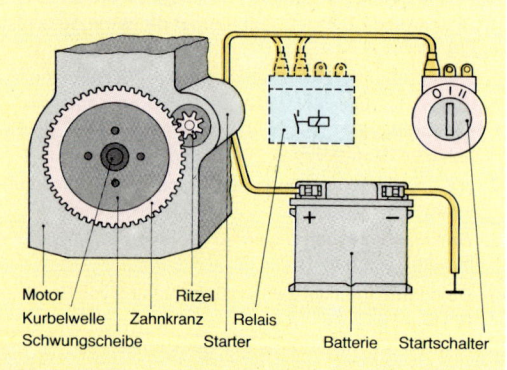

Abb. 1: Bauteile der Startanlage

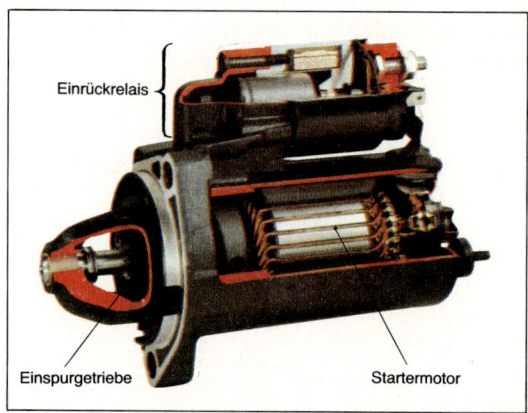

Abb. 2: Aufbau des Starters

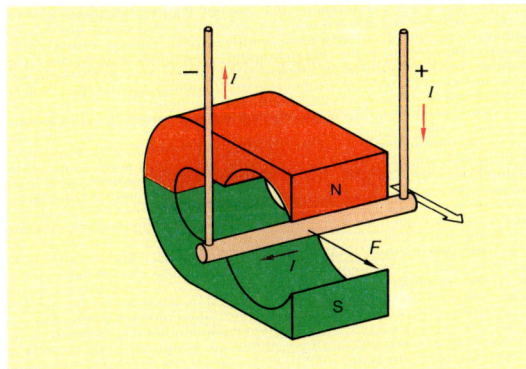

Abb. 3: Kraftwirkung auf einen stromdurchflossenen Leiter im Magnetfeld

---

Die **Kräfte** an der Leiterschleife bewirken ein **Drehmoment** und damit eine **Drehbewegung** der Leiterschleife.

Das **Drehmoment** an der Leiterschleife ist am größten, wenn die Leiterschleife **längs** zur Richtung des Magnetfeldes steht. Das Drehmoment ist Null, wenn die Leiterschleife **quer** zur Richtung des Magnetfeldes steht. Die Drehbewegung hört auf. Soll sie fortgesetzt werden, muß in diesem Zeitpunkt die **Stromrichtung** in und damit die Kraftrichtungen an der Leiterschleife geändert werden. Das erfolgt durch den **Stromwender** (Kommutator oder Kollektor). Durch die **Trägheit** der Leiterschleife (des Läufers) wird der Stillstand verhindert und nach der Stromwendung die Drehbewegung fortgesetzt.

Durch die Verwendung von mehreren Leiterschleifen wird ein gleichmäßiges und hohes Gesamtdrehmoment und damit eine gleichförmigere Drehbewegung erzeugt.

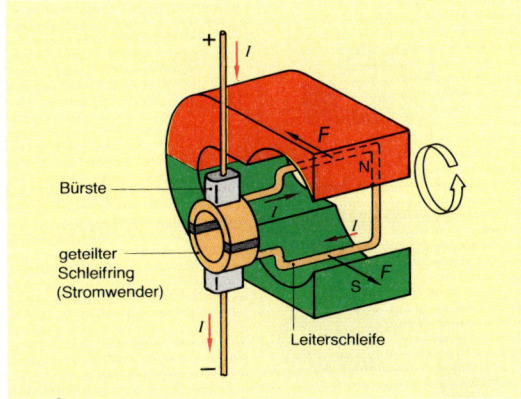

Abb. 4: Strom- und Kraftrichtung an der Leiterschleife

57.1.2 Aufbau und Schaltung des Startermotors

Die Hauptbauteile des Startermotors zeigt Abb. 5. In einem **Gehäuse** (Polgehäuse) sind die **Polschuhe** mit den Erregerwicklungen (Elektromagnete) oder die Dauermagnete (Permanentmagnete, s. Kap. 51.1) befestigt.

Der **Läufer** (auch als Anker bezeichnet) ist im Polgehäuse gelagert. Auf ihm befinden sich die Leiterschleifen (Läuferwicklung). Der Läufer besteht aus einer durchgehenden Läuferwelle. Auf dieser sind das Läuferpaket (Blechlamellen) und der Stromwender befestigt. Der **Stromwender** ist auf dem Läufer angeordnet. Mit den Lamellen des Stromwenders sind die Wicklungsanfänge und -enden verbunden.

Die **Kohlebürsten,** die im Bürstenhalter federnd gelagert sind, schleifen auf dem Stromwender. Über die Kohlebürsten fließt der Strom zur Läuferwicklung und wieder zurück. Die Anzahl der Kohlebürsten entspricht meistens der Anzahl der Polschuhe im Gehäuse.

Startermotoren werden nach der **Schaltung** der Läufer- und Erregerwicklung in Reihen- oder Hauptschluß- und Doppelschlußmotoren unterschieden (Abb. 6).

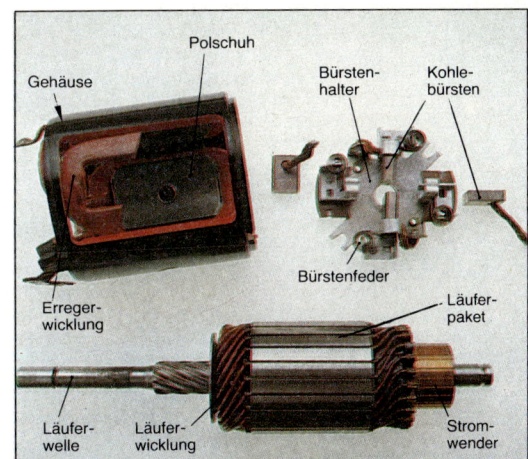

Abb. 5: Hauptbauteile des Startermotors

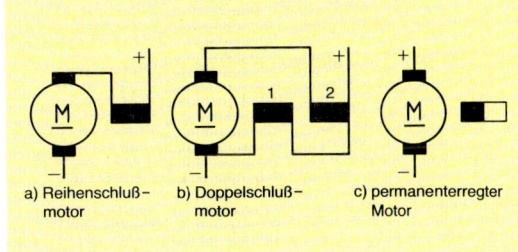

a) Reihenschluß-motor b) Doppelschluß-motor c) permanenterregter Motor

Abb. 6: Schaltzeichen von Startermotoren

In **Reihenschlußmotoren** (Hauptschlußmotoren) sind Erreger- und Läuferwicklung in Reihe (hintereinander) geschaltet (Abb.6a, S.567) und werden deshalb vom selben Strom durchflossen. Dadurch ergibt sich während des Startbeginns ein hohes Drehmoment, welches verstärkt durch die Übersetzung von Ritzel und Zahnkranz der Schwungscheibe die Kurbelwelle des Verbrennungsmotors in Drehung versetzt.

Für Starter mit großer Leistung wird die **Doppelschlußschaltung** angewandt (Abb.6b, S.567). Diese hat zwei Erregerwicklungen, die im Nebenschluß (parallel) und im Reihenschluß geschaltet sind.

Durch das Einschalten der Nebenschlußwicklung (1) ergibt sich ein langsames Einspuren und ein geringes Anfangsdrehmoment. Nach dem Einspuren wird die Reihenschlußwicklung (2) dazugeschaltet, wodurch sich das erforderliche hohe Drehmoment ergibt.

Permanenterregte Startermotoren (Abb.6c, S.567) zeigen einen ähnlichen Drehmomentverlauf wie Reihenschlußmotoren. Durch die Verwendung von Dauermagneten ist der Aufbau einfacher und die Baugröße geringer.

Tab.1: Starterarten

Starterart	Wirkungsweise	Schematischer Aufbau Einspurgetriebe (E), Motor (M), Relais (R)	Schaltung, Anwendung und Leistung
Schraubtrieb	Schraubenförmiger Ritzelvorschub aufgrund der Trägheit des Ritzels während des Anlaufens des Starters. Sofort voller Starterstrom, Ausspuren des Ritzels erfolgt durch die Wirkung des Steilgewindes auf der Läuferwelle. Starter hat keinen Freilauf.		Reihenschlußmotor oder permanenterregter Motor; für Motorräder mit 12V; 0,1 bis 0,3 kW
Schub-Schraubtrieb	Vorschub des Ritzels durch das Einrückrelais mit gleichzeitiger Schraubbewegung durch das Steilgewinde auf der Läuferwelle. Hat das Relais vollständig angezogen, wird der Starterstrom eingeschaltet. Schäden am Starter werden durch einen Rollenfreilauf verhindert.		Reihenschlußmotor oder permanenterregter Motor mit oder ohne Vorgelege; für Motorräder, Pkw und kleine Lkw mit 12 oder 24V; 0,3 bis 4,8 kW
Schubanker	Das Ritzel wird mit dem gesamten Läufer (Anker; deshalb Schubanker) durch die Wirkung der Einzugs- und Haltewicklung langsam drehend gegen den Zahnkranz geschoben. Nach dem Einspuren wird der volle Starterstrom eingeschaltet. Das Ausspuren erfolgt durch eine Rückzugfeder. Der Freilauf wird durch eine Lamellenkupplung gewährleistet, die gleichzeitig als Überlastungsschutz dient.		Reihenschlußmotor mit Einzugs- und Haltewicklung; für Lkw, Busse und Schlepper mit 12 oder 24V; 1,8 bis 4,4 kW
Schubtrieb	Mit **mechanischer** Ritzelverdrehung: Vorschub des Ritzels durch das Einrückrelais. Einspurerleichterung durch den zweistufigen mechanischen Einspurtrieb. Der Starterstrom wird erst nach dem vollständigen Einspuren geschaltet. Durch einen Stirnzahnfreilauf wird die Mitnahme des Läufers verhindert.		Reihenschlußmotor; für Lkw, Busse und Schlepper mit 12 oder 24V; 5,5 bis 7,5 kW
	Mit **elektromotorischer** Ritzelverdrehung: Vorschub des Ritzels über die in der hohlen Läuferwelle gelagerte Einrückstange durch den Einrückmagnet. Gleichzeitig langsamer Motoranlauf zur Einspurerleichterung (elektrische Vorstufe). Kurz vor dem vollständigen Einspuren erfolgt das Einschalten des vollen Starterstromes (Hauptstufe). Eine Lamellenkupplung dient als Freilauf und Überlastungsschutz.		Doppelschlußmotor mit oder ohne Vorgelege; für Lkw, Busse, Schlepper, Bahnen, Schiffe und Sonderfahrzeuge mit 12, 24 und bis zu 110V für Sonderfälle; 4 bis 21 kW

57.2 Starterarten

Die Starterarten unterscheiden sich durch das Verfahren, mit dem das Ritzel zum **Einspuren** gebracht wird. Die Anwendung des jeweiligen Verfahrens richtet sich nach der vom Starter geforderten Leistung und der Sicherheit des Ein- und Ausspurens.
In der Tab. 1 sind die **Starterarten** nach ihrer Wirkungsweise und Anwendung gegenübergestellt.
Pkw-Startanlagen sind fast nur mit Schub-Schraubtrieb-Startern ausgerüstet.

Startschalter
50
30
15a
E
H
Einrückrelais
M
Reihenschlußwicklung
+
−
E : Einzugswicklung
H : Haltewicklung
15 a : Startanhebung

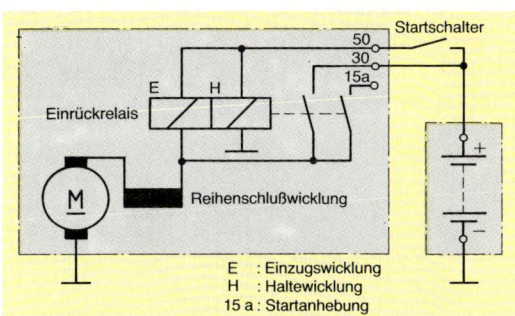

Abb. 2: Schaltung des Schub-Schraubtrieb-Starters

57.2.1 Schub-Schraubtrieb-Starter

Schub-Schraubtrieb-Starter werden mit oder ohne **Vorgelege** als Reihenschlußmotoren oder permanenterregte (Abb. 2, S. 566) Motoren gebaut.

Schub-Schraubtrieb-Starter ohne Vorgelege

In der Abb. 1 ist der **Aufbau** des Schub-Schraubtrieb-Starters ohne Vorgelege mit Reihenschlußmotor dargestellt. Die elektrische Schaltung zeigt Abb. 2.
Das Ritzel ist mit dem Rollenfreilauf und dem Mitnehmer axial verschiebbar auf dem Steilgewinde der Läuferwelle angeordnet. Auf dem Mitnehmer sitzen ein verschiebbarer Führungsring und die Einspurfeder. In den Führungsring greift das gabelförmige Ende des Einrückhebels, der über das Einrückrelais betätigt wird.

Das **Einrückrelais** bewirkt das sichere Ein- und Ausspuren des Ritzels.

Der **Einspurvorgang** setzt sich aus zwei Teilbewegungen des Ritzels zusammen, der **Schub-** und der **Schraubbewegung.** Nach dem Schließen des Startschalters wird der Einrückanker im Einrückrelais und

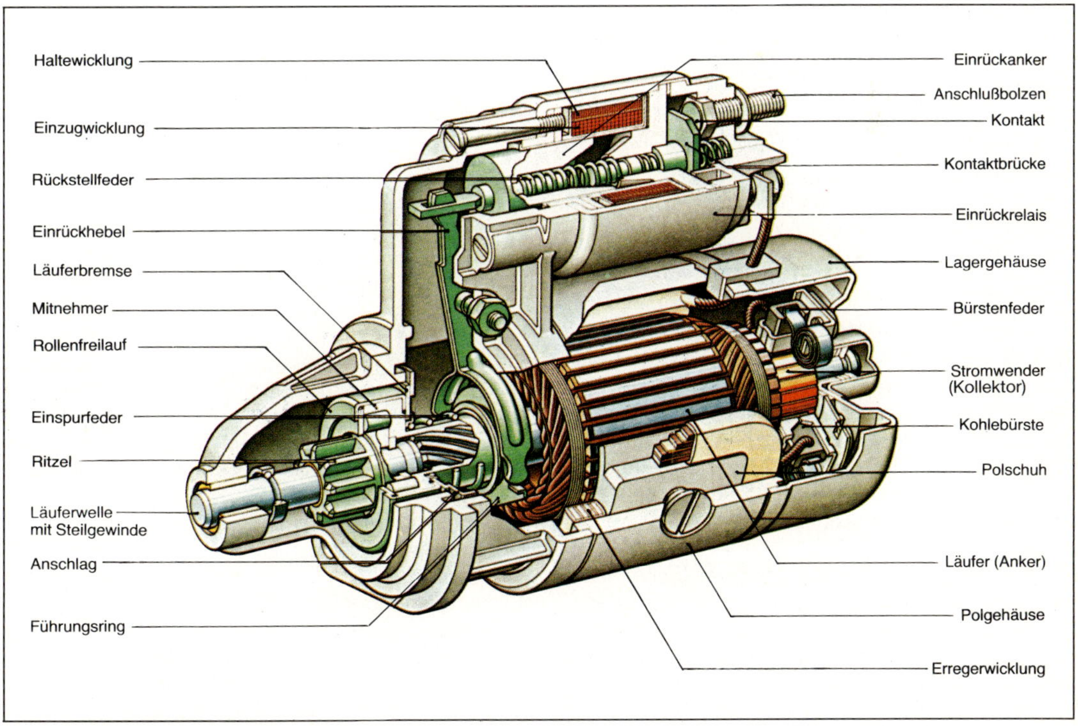

Haltewicklung
Einzugwicklung
Rückstellfeder
Einrückhebel
Läuferbremse
Mitnehmer
Rollenfreilauf
Einspurfeder
Ritzel
Läuferwelle mit Steilgewinde
Anschlag
Führungsring
Einrückanker
Anschlußbolzen
Kontakt
Kontaktbrücke
Einrückrelais
Lagergehäuse
Bürstenfeder
Stromwender (Kollektor)
Kohlebürste
Polschuh
Läufer (Anker)
Polgehäuse
Erregerwicklung

Abb. 1: Aufbau des Schub-Schraubtrieb-Starters ohne Vorgelege

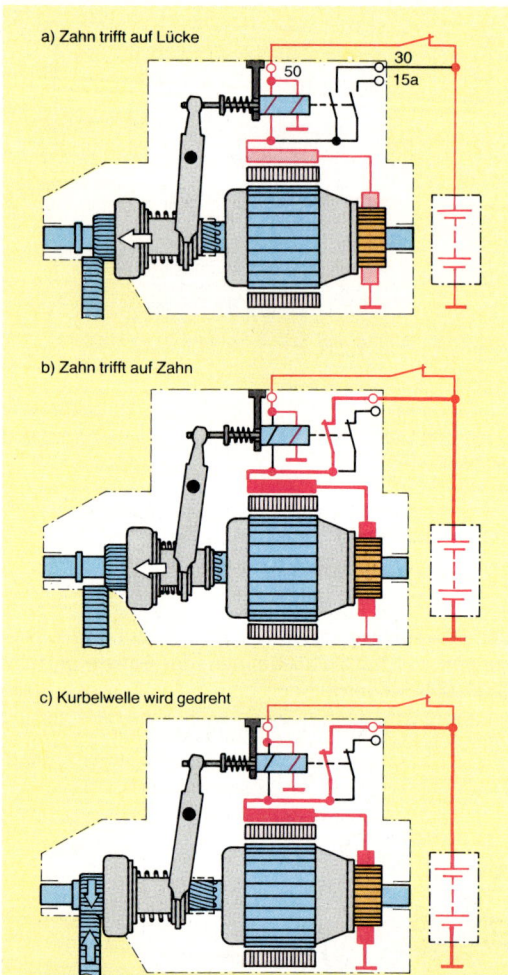

a) Zahn trifft auf Lücke

b) Zahn trifft auf Zahn

c) Kurbelwelle wird gedreht

Abb. 1: Wirkungsweise des Schub-Schraubtrieb-Starters

Kontaktbrücke schaltet. Der **Läufer,** und damit das **Ritzel,** drehen sich. Durch diese Drehung kommt ein **Ritzelzahn** vor eine **Zahnkranzlücke** und spurt durch den Druck der gespannten Einspurfeder ein. Der Starter dreht über das Ritzel und den Zahnkranz der Schwungscheibe die Kurbelwelle (Abb. 1c). Ist der Motor angesprungen, so wird das Ritzel vom Motor angetrieben.

Der **Rollenfreilauf** verhindert die Mitnahme des Läufers, weil er die Verbindung zwischen Ritzel und Läuferwelle löst.

Durch den Rollenfreilauf wird die Läuferwicklung und der Kollektor vor **Schäden** durch zu hohe Drehzahlen (Fliehkräfte) geschützt. Das Ritzel bleibt jedoch so lange im Eingriff, bis der Startschalter geöffnet und dadurch das Einrückrelais stromlos wird.

Das **Ausspuren des Ritzels** erfolgt durch die gespannte Rückstellfeder des Einrückankers im Einrückrelais.

Schub-Schraubtrieb-Starter mit Vorgelege

Abb. 2 zeigt den **Aufbau** des Vorgelegestarters mit Permanentmagneten. Er ist, abgesehen vom **Vorgelege** und den Permanentmagneten, genauso aufgebaut wie der Starter ohne Vorgelege und hat dieselbe Wirkungsweise.

Durch die **Verwendung des Vorgeleges** und der **Permanentmagnete** ergeben sich gegenüber dem Starter ohne Vorgelege kleinere Abmessungen und eine Masseneinsparung von bis zu 40% bei gleicher Starterleistung.

damit der Einrückhebel entgegen der Federkraft der Rückstellfeder bewegt. Die **Erreger-** und **Läuferwicklung** des Starters sind noch stromlos (Abb. 1a). Durch die Bewegung des Einrückhebels werden der Mitnehmer und das Ritzel mit dem Rollenfreilauf gegen den **Zahnkranz** der Schwungscheibe des Motors **geschoben** und gleichzeitig durch das Steilgewinde **gedreht.** Die Drehbewegung erleichtert das Einspuren des Ritzels.

Kann das Ritzel ungehindert einspuren, schaltet die **Kontaktbrücke** den Strom in der Erreger- und Läuferwicklung ein. Der Starter dreht (Abb. 1c).

Stößt nach Einleitung des Startvorgangs ein **Ritzelzahn** auf einen Zahn des Zahnkranzes (Abb. 1b), so bewegt sich der Einrückhebel mit dem Führungsring entgegen der Kraft der Einspurfeder weiter, bis die

Das **Vorgelege** besteht aus einem **Planetengetriebe** (s. Kap. Automatisches Getriebe), das zwischen dem Läufer und der Läuferwelle (Planetenträgerwelle) angeordnet ist. Das **Sonnenrad** ist fest mit dem Läufer verbunden. Das **Hohlrad** ist im Polgehäuse verankert. Auf der **Planetenträgerwelle** sitzt das Ritzel mit dem Rollenfreilauf (Abb. 3).

Der **Kraftfluß** erfolgt vom Läufer über das Sonnenrad, die Planetenräder, die Planetenträgerwelle und das Einspurgetriebe auf das Ritzel (Abb. 3).

Der **Läufer** des Vorgelegestarters hat eine höhere Drehzahl und ein kleineres Drehmoment als der ohne Vorgelege. Die Drehzahl wird durch das Planetengetriebe verringert und damit gleichzeitig das Drehmoment erhöht.

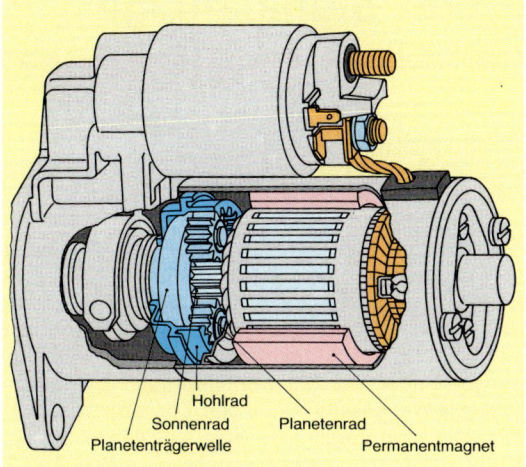

Abb. 2: Aufbau des Vorgelegestarters

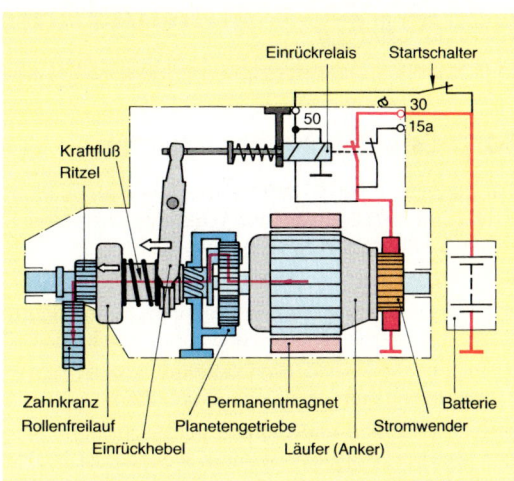

Abb. 3: Prinzipdarstellung des Vorgelegestarters

57.3 Wartung und Diagnose

Zur **Wartung** der Startanlage gehören die Überprüfung der Leitungen und ihrer Anschlüsse im Haupt- und Steuerstromkreis sowie die Prüfung des einwandfreien Zustandes der Kohlebürsten und deren Halterungen. Diese müssen frei von Öl, Fett und Staub sein. Der Kollektor soll eine gleichmäßige glatte Oberfläche haben und darf nicht verölt oder verschmutzt sein. Riefige und unrund gewordene Kollektoren müssen nachgedreht werden. Dabei darf der Mindestdurchmesser des Kollektors nicht unterschritten werden.

Die Kollektorisolierung muß anschließend ausgesägt werden. Der Kollektor wird danach feinstgedreht. Eine Schmierung der Lager erübrigt sich.

Zur Erhöhung der **Lebensdauer** von Ritzel und Zahnkranz sind diese von Zeit zu Zeit zu fetten.

Die **elektrische Überprüfung** des Starters im **eingebauten Zustand** beschränkt sich auf die Spannungs- und Strommessung des Starters im **Kurzschlußbetrieb**. Dieser liegt dann vor, wenn der Starter eingeschaltet wird, das Ritzel sich aber nicht drehen kann. Um das zu erreichen, wird der höchste Gang eingelegt, die Hand- und Betriebsbremse betätigt und der Starter bis zu max. 3 s eingeschaltet.

Auf einem **Volt-Ampere-Tester,** der die Spannung zwischen Klemme 30 und Masse und den Strom im Hauptstromkreis mißt, wird der Spannungs- und Stromwert abgelesen. Stimmen die Meßwerte nicht mit den Herstellerangaben überein, muß der Starter ausgebaut werden.

Im **ausgebauten Zustand** kann der Starter auf einem **Starterprüfstand** genauer überprüft werden. Diese

Überprüfung umfaßt die:
- Leerlaufprüfung,
- Kurzschlußprüfung und
- Belastungsprüfung.

Die gemessenen Werte sind mit den Herstellerangaben zu vergleichen. Bei nicht mehr zulässigen Abweichungen muß der Starter ausgetauscht oder repariert werden.

Aufgaben

1. Warum benötigt ein Verbrennungsmotor eine Startanlage?
2. Aus welchen Baugruppen besteht der Starter?
3. Wodurch entsteht die Drehbewegung des Läufers im Starter?
4. Von welchen Größen ist das Drehmoment des Läufers abhängig?
5. Beschreiben Sie den Aufbau des Startermotors.
6. Welche Starterarten werden unterschieden und wodurch wird ihre Anwendung bestimmt?
7. Erläutern Sie den Aufbau des Schub-Schraubtrieb-Starters ohne Vorgelege.
8. Beschreiben Sie den Ein- und Ausspurvorgang im Schub-Schraubtrieb-Starter.
9. Welche Aufgabe hat der Rollenfreilauf?
10. Welche Unterschiede bestehen im Aufbau und in der Wirkungsweise zwischen den Schub-Schraubtrieb-Startern mit und ohne Vorgelege?
11. Welche Aufgabe hat das Planetengetriebe im Schub-Schraubtrieb-Starter mit Vorgelege?
12. Nennen Sie die Wartungsarbeiten an der Startanlage.
13. Beschreiben Sie die elektrische Überprüfung des Starters im eingebauten Zustand.

58 | Beleuchtungs- und Signalanlage

58.1 Gesetzliche Vorschriften

Für die Beleuchtungs- und Signalanlage eines Fahrzeugs hat der Gesetzgeber umfangreiche Bestimmungen erlassen. Diese regeln:

- Art und Anzahl der Leuchten und Signale,
- Mindestabstände der Leuchten vom Fahrzeugumriß, zu anderen Leuchten und zur Fahrbahn und
- Beleuchtungs- und Signalstärken sowie Signalfrequenzen und Schaltungsvorschriften.

Welche Leuchten und Signale vorgeschrieben sind und welche zusätzlich gestattet werden, ist in den §§ 49a bis 55 und § 60 der StVZO festgelegt. Über die Benutzung der Beleuchtungs- und Signalanlage geben die §§ 9, 10, 15, 15a, 16 und 17 der StVO Auskunft.

Die §§ 22 und 22a der StVZO regeln die Betriebserlaubnis und Bauartgenehmigungspflicht für Fahrzeugteile und somit auch für die Bauteile der Beleuchtungs- und Signalanlage.

Abb. 1 zeigt die vorgeschriebenen und die erlaubten Leuchten am Kraftfahrzeug.

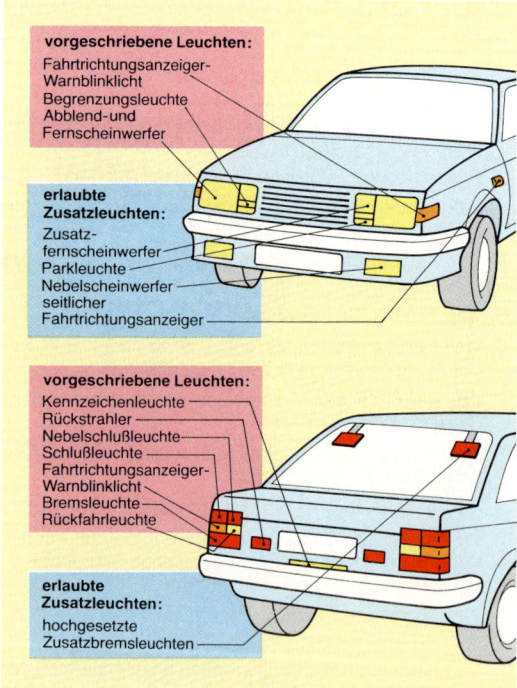

vorgeschriebene Leuchten:
Fahrtrichtungsanzeiger-
Warnblinklicht
Begrenzungsleuchte
Abblend- und
Fernscheinwerfer

**erlaubte
Zusatzleuchten:**
Zusatz-
fernscheinwerfer
Parkleuchte
Nebelscheinwerfer
seitlicher
Fahrtrichtungsanzeiger

vorgeschriebene Leuchten:
Kennzeichenleuchte
Rückstrahler
Nebelschlußleuchte
Schlußleuchte
Fahrtrichtungsanzeiger-
Warnblinklicht
Bremsleuchte
Rückfahrleuchte

**erlaubte
Zusatzleuchten:**
hochgesetzte
Zusatzbremsleuchten

Abb. 1: Leuchten am Kraftfahrzeug

58.2 Beleuchtungsanlage

58.2.1 Scheinwerfer für Fern- und Abblendlicht

Mehrspurige Kraftfahrzeuge müssen mit zwei nach vorn wirkenden Scheinwerfern ausgerüstet sein (§ 50 StVZO). Diese sollen einstellbar und so befestigt sein, daß eine unbeabsichtigte Verstellung nicht erfolgen kann. Für das Fern- und Abblendlicht ist meist nur ein gemeinsamer Scheinwerfer mit einer Zweifadenlampe je Wagenseite vorhanden. Das eingeschaltete Fernlicht muß durch eine blau leuchtende Signallampe am Armaturenbrett angezeigt werden. Abb. 2 zeigt die Beleuchtungsweiten bei **symmetrischem** (gleichmäßigem) und **asymmetrischem** (ungleichmäßigem) Abblendlicht. Das asymmetrische Abblendlicht hat auf der rechten Fahrbahnseite eine größere Leuchtweite, ohne daß der entgegenkommende Verkehr geblendet wird.

Glühlampen für Abblend- und Fernlicht haben zwei Glühfäden. Deshalb werden sie als **Zweifadenlampen** oder **Bilux-Lampen** bezeichnet (Abb. 3). Ein Abdeckschirm verdeckt den Abblendlichtfaden nach unten, wodurch das Abblendlicht nur aus der oberen Hälfte des Scheinwerfers austreten kann (Abb. 4).

> Der **Scheinwerfer** ist bei eingeschaltetem Abblendlicht in der oberen Hälfte **hell** und in der unteren Hälfte **dunkel.**

Abb. 5 zeigt den Aufbau eines Halogen-Scheinwerfers für Abblend- und Fernlicht mit einer Zweifaden-Halogenlampe. Die Zweifaden-Halogenlampe (Abb. 3) hat die Bezeichnung H4. Das H ist das Kurzzeichen für die Halogenlampe, die 4 kennzeichnet deren Bauart.

Halogenlampen (Abb. 3) haben eine größere Leuchtstärke als die Normallampen bei gleicher elektrischer Leistungsaufnahme. Durch die Verwendung der Halogene (Brom, Jod) in der Edelgasfüllung (Neon, Krypton) des Lampenkolbens oder von Bromwasserstoff als Gasfüllung, wie bei der H4-Lampe, wird das Verdampfen des Glühfadens (Wolfram) bei hohen Temperaturen verhindert. Dadurch wird eine Schwärzung des Glaskolbens vermieden und die Lebensdauer der Lampe verlängert. Wegen der großen Leuchtstärke der Halogenlampen und der damit verbundenen Blendgefahr hat der Scheinwerfer eine vor der Lampe angebrachte Strahlenblende (Abb. 5).

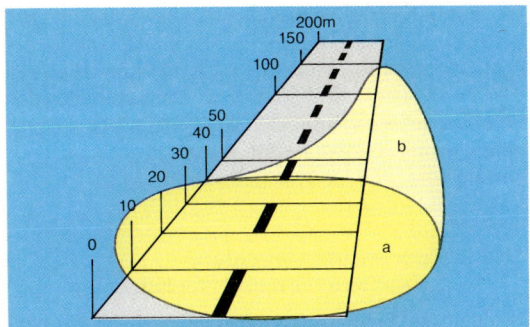

Abb. 2: Symmetrisches (a) und asymmetrisches (b) Abblendlicht

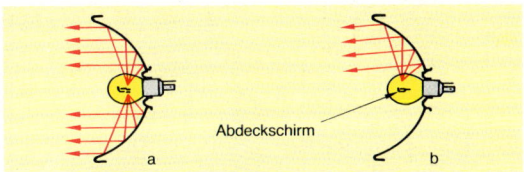

Abb. 4: Fern- (a) und Abblendlicht (b)

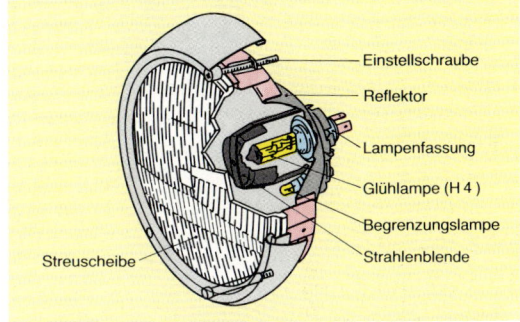

Abb. 5: Halogen-Scheinwerfer

Neue Scheinwerfersysteme arbeiten nach dem Prinzip des **Diaprojektors** (Abb. 6). Eine Sammellinse von ca. 60 mm Durchmesser übernimmt die Lichtverteilung für die Ausleuchtung der Fahrbahn. Eine Streuscheibe wird deshalb nicht mehr benötigt. Die zwischen Lampe und Linse angeordnete Blende erzeugt die für das Abblendlicht notwendige Hell-Dunkel-Grenze auf der Fahrbahn. Der Scheinwerfer ist mit einer Einfaden-Halogenlampe mit der Bezeichnung H1 (Abb. 3) bestückt. Die Halogenlampe wird von einem eiförmigen Reflektor umfaßt, in dessen Brennpunkt sich ihr Glühfaden befindet (Abb. 7).

Da die Reflektorform aus Teilstücken von Ellipsen zusammengesetzt ist, wird diese als **Ellipsoid** (gr.-nlat.: ellipsenähnlich) bezeichnet.

Ellipsoid-Abblendscheinwerfer haben gegenüber den herkömmlichen Scheinwerfern folgende **Vorteile:**
- geringere Baugröße,
- größere Leuchtweite,
- bessere Lichtverteilung und
- größeren Scheinwerfer-Wirkungsgrad.

Abb. 6: Ellipsoid-Scheinwerfer

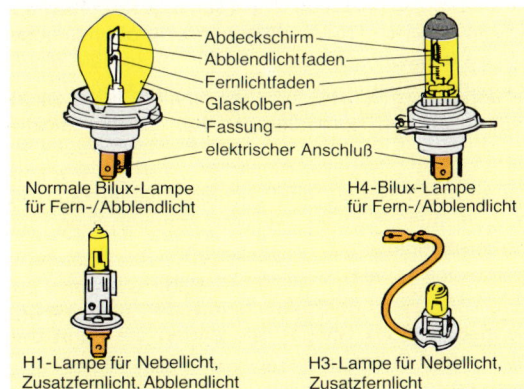

Abb. 3: Kraftfahrzeug-Scheinwerferlampen

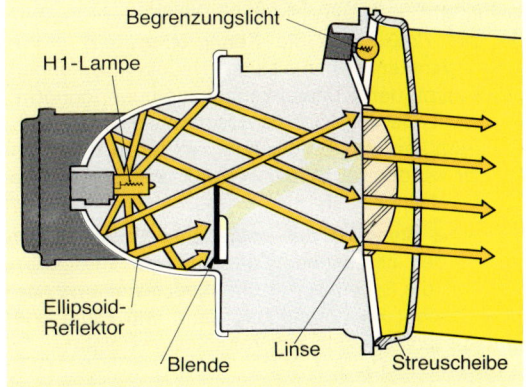

Abb. 7: Strahlengang im Ellipsoid-Abblendscheinwerfer mit Begrenzungslicht und Streuscheibe

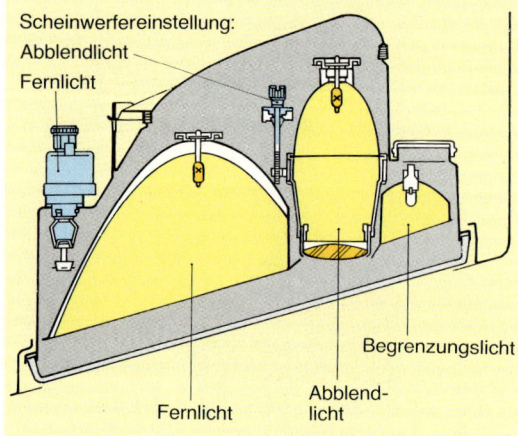

Scheinwerfereinstellung:
Abblendlicht
Fernlicht

Begrenzungslicht
Abblend-
licht
Fernlicht

Abb. 1: Hauptscheinwerfer-Kombination

> Ellipsoid-Abblendscheinwerfer haben keine **Hell-Dunkel-Grenze** auf der Linse.

Der Ellipsoid-Scheinwerfer wird auch als **kombinierter Fern- und Abblendscheinwerfer** gebaut. Wird das Fernlicht eingeschaltet, wird die Blende (Abb. 6, S. 573) elektromotorisch weggeklappt. Da Ellipsoid-Scheinwerfer gegenüber herkömmlichen Fernscheinwerfern Nachteile haben, werden sie mit diesen kombiniert. Die Abb. 1 zeigt eine Kombination aus herkömmlichem Rechteck-Fernscheinwerfer, Ellipsoid-Abblendscheinwerfer und Begrenzungslicht, die lediglich eine Bauhöhe von 80 mm hat. Das Begrenzungslicht kann auch im Ellipsoid-Scheinwerfer oberhalb der Linse untergebracht sein. Dann sitzt vor der Linse eine Streuscheibe (Abb. 7, S. 573), welche die Lichtverteilung noch verbessert.

Nach dem Ellipsoid-System werden auch **Nebelscheinwerfer** (s. Kap. 58.2.3) hergestellt.

In DIN 72601 sind die **Kenngrößen** (z. B. Form, Nennspannung, Nennleistung, Hauptabmessungen, Sockeltyp) der Kraftfahrzeugglühlampen genormt. Die vom Gesetzgeber vorgeschriebenen Beleuchtungsstärken und Beleuchtungsweiten der Scheinwerfer werden mit **Scheinwerfer-Einstellgeräten** geprüft und eingestellt.

Um eine **Blendung** des entgegenkommenden Verkehrs bei beladenem Fahrzeug zu verhindern, müssen die Scheinwerfer eine **Leuchtweitenverstellung** haben. Die Verstellung kann von Hand oder automatisch erfolgen. Die Verstellung erfolgt:

- elektromotorisch,
- pneumatisch oder
- hydraulisch.

Die **automatische Verstellung** hat den Vorteil, daß die Scheinwerfer in Abhängigkeit vom Beladungszustand immer die richtige Leuchtweite haben (Leuchtweitenregelung). Kraftfahrzeuge mit **automatischer Niveauregulierung** (s. Kap. 42.3.2) benötigen keine Leuchtweitenverstellung, da durch die Niveauregulierung eine Blendung ausgeschlossen wird.

58.2.2 Begrenzungsleuchten, Schlußleuchten und Rückstrahler

Kraftfahrzeuge müssen nach vorn mit **Begrenzungsleuchten** ausgerüstet sein (§51 StVZO). Sind die Scheinwerfer nicht mehr als 400 mm vom Fahrzeugumriß entfernt, so genügen die in den Scheinwerfern eingebauten Begrenzungslampen (Abb. 5, S. 573).

Die Begrenzungslampen müssen auch bei eingeschaltetem Fern- und Abblendlicht ständig leuchten.

Kraftfahrzeuge müssen nach hinten mit zwei **Schlußleuchten** für rotes Licht ausgerüstet sein (§53 StVZO). Sind die Schlußleuchten elektrisch abgesichert, so muß jede Schlußleuchte eine eigene Sicherung haben. Zusätzlich zu den Schlußleuchten müssen zwei **rote Rückstrahler** (Katzenaugen) vorhanden sein (§53 StVZO). Dreieckige Rückstrahler sind nicht zulässig. Anhänger **müssen** mit dreieckigen Rückstrahlern ausgerüstet sein.

58.2.3 Nebelscheinwerfer, Nebelschlußlicht und Rückfahrscheinwerfer

Kraftfahrzeuge dürfen mit zwei **Nebelscheinwerfern** für weißes oder hellgelbes Licht ausgerüstet sein (§52 StVZO). Wenn Nebelscheinwerfer weiter als 400 mm vom Fahrzeugumriß entfernt angebracht sind, dann müssen sie so geschaltet werden, daß sie nur mit dem Abblendlicht zusammen leuchten.

Kraftfahrzeuge **müssen** eine oder zwei **Nebelschlußleuchten** haben (§53d). Wegen ihrer großen Leuchtstärke (Leistungsaufnahme 21 W) müssen sie einen Abstand > 100 mm von den Bremsleuchten aufweisen. Nebelschlußleuchten dürfen nur zusammen mit dem Fern-, Abblend- oder Nebellicht eingeschaltet sein. Sind Nebelscheinwerfer vorhanden, so müssen die Nebelschlußleuchten unabhängig von diesen ausgeschaltet werden können. Sind die Nebelschlußleuchten eingeschaltet, so muß dies durch eine gelbe Kontrolleuchte angezeigt werden.

Ein oder zwei **Rückfahrscheinwerfer** sind **vorgeschrieben** (§52a StVZO). Sie dürfen die Fahrbahn hinter dem Fahrzeug höchstens 10 m weit beleuchten und müssen so geschaltet sein, daß sie weder bei Vorwärtsfahrt noch nach Abziehen des Zündschlüssels leuchten können.

58.3 Signalanlage

> Die **Signalanlage** hat die **Aufgaben,** andere Verkehrsteilnehmer zu warnen, Fahrtrichtungsänderungen anzuzeigen und das Abbremsen des Fahrzeugs erkennbar zu machen.

58.3.1 Bremsleuchten

Kraftfahrzeuge müssen mit **Bremsleuchten** für rotes Licht ausgerüstet sein, die nach rückwärts die Betätigung der Betriebsbremse anzeigen (§53 StVZO). Sie müssen auch bei Tage deutlich aufleuchten. Sind die Bremsleuchten in der Nähe der Schlußleuchten angebracht, so müssen sie heller als diese leuchten. Mehrspurige Fahrzeuge benötigen zwei Bremsleuchten und können mit zwei **zusätzlichen** Bremsleuchten ausgerüstet werden. Das Einschalten der Bremsleuchten erfolgt mit der Betätigung des Bremspedals über den Bremslichtschalter. Der Bremslichtschalter wird entweder mechanisch oder hydraulisch betätigt.

58.3.2 Fahrtrichtungsanzeiger

Kraftfahrzeuge müssen mit **Fahrtrichtungsanzeigern** ausgerüstet sein, die gelb aufleuchten (§54 StVZO). Diese müssen in der Minute 90 ± 30mal blinken. Die einwandfreie Wirkungsweise der Fahrtrichtungsanzeiger muß dem Fahrzeugführer »sinnfällig« angezeigt werden. Dies erfolgt **optisch** und/oder **akustisch.** Die optische Anzeige erfolgt durch eine Kontrollampe, deren Farbe nicht vorgeschrieben ist.

Die Impulse für die Fahrtrichtungsanzeige erzeugt der **Blinkgeber.** Der **thermomagnetische Blinkgeber** findet heute kaum noch Verwendung, da seine Blinkfrequenz stark spannungs- und belastungsabhängig ist. Diese Nachteile hat der **elektronische Blinkgeber** nicht.

Die **Grundschaltung** (Abb. 2) des elektronischen Blinkgebers besteht aus einer **astabilen Kippstufe,** die auch als **astabiler Multivibrator** (astabil, gr.-lat.: nicht beständig; Multivibrator, lat.: Vielschwinger) bezeichnet wird. Wird der Schalter S1 (Abb. 2) geschlossen, so werden die beiden Transistoren V1 und V2 durch die Wirkung der Kondensatoren C1 und C2 in Verbindung mit den Widerständen R1 und R2 gegenseitig ein- und ausgeschaltet. Die Lampen H1 und H2 leuchten deshalb abwechselnd auf. Die Blinkfrequenz der Schaltung ist abhängig von der Größe der Widerstände R1 und R2 sowie der Kapazitäten der Kondensatoren C1 und C2. Kleine Widerstände und geringe Kapazitäten ergeben eine hohe Blinkfrequenz und umgekehrt.

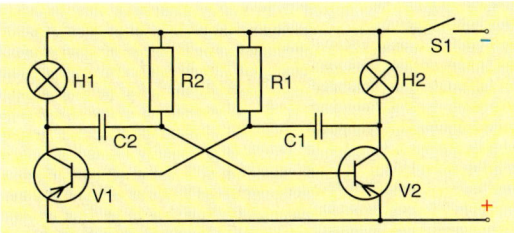

Abb. 2: Astabile Kippstufe

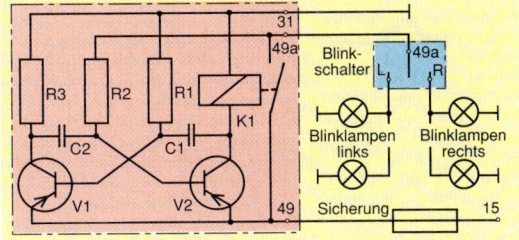

Abb. 3: Schaltung eines Blinkgebers und der Blinkanlage

Da die verwendeten Transistoren nur kleine Stromstärken schalten können, in der Blinkanlage aber Stromstärken von 3 bis 10A fließen, wird die astabile Kippstufe nur zum Ansteuern eines **Relais** (Abb. 3) oder bei anderen Ausführungen eines **Leistungstransistors** bzw. **Thyristors** benutzt.

In der Abb. 3 ist die Lampe H1 durch den Widerstand R3 und die Lampe H2 durch das Relais K1 ersetzt. Über den Blinkschalter und R2 wird der Blinkgeber eingeschaltet. Die astabile Kippstufe steuert das Blinkrelais. Der Strom für die Blinklampen wird vom Blinkrelais geschaltet.

Fällt eine Blinklampe aus, so muß dies dem Fahrzeugführer angezeigt werden. Da die Kippstufe belastungsunabhängig arbeitet, muß durch eine besondere Schaltung die Blinkfrequenz erhöht werden. Die Erhöhung der Blinkfrequenz kann durch einen Transistor oder ein Relais erfolgen.

In der Abb. 1, S. 576 fließt der Blinklampenstrom durch die Wicklung des **Stromrelais** K2. Die Wicklung von K2 besteht nur aus wenigen Windungen mit großem Drahtdurchmesser und hat deshalb nur einen geringen Widerstand. Durch den geringen Widerstand wird die Blinklampenstromstärke nur wenig verändert. Der Kontakt von K2 wird immer dann geöffnet, wenn die Blinklampenstromstärke ihren vollen Wert hat. Fällt eine Blinklampe aus, bleibt der Kontakt geschlossen. Der Widerstand R4 wird dadurch parallel zu R2 geschaltet. Das hat zur Folge, daß der wirksame Widerstand in der Basisleitung von V2 verkleinert und damit die Blinkfrequenz erhöht wird.

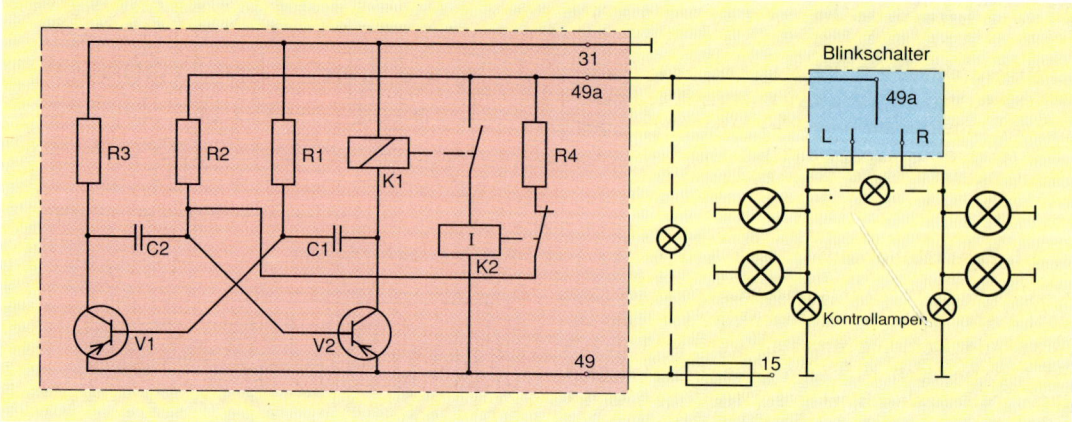

Abb. 1: Vollständige Schaltung eines elektronischen Blinkgebers und der Blinkanlage

Durch die Erhöhung der **Blinkfrequenz** des Blinkgebers wird der Ausfall von Blinklampen angezeigt.

In der Abb. 1 sind auch die **Schaltungsarten** der
Kontrollampen dargestellt. Ist nur eine Kontrolllampe vorgesehen, so wird diese zwischen den
Klemmen 49 und 49a bzw. R und L des Blinker-
schalters geschaltet. Bei zwei Kontrollampen wird
jeweils eine mit den Blinklampen parallel geschaltet.
Die zwischen den Klemmen 49 und 49a geschaltete
Kontrollampe leuchtet im Wechsel mit den Blinklampen auf, während die anderen Kontrollampen
mit den Blinklampen aufleuchten. Blinkgeber werden auch mit Kontrollampenanschlüssen, z. B. C und
C2, gebaut (Abb. 2). Der Anschluß C2 ist für die
Kontrollampe des Anhängers.

58.3.3 Warnblinkanlage

Mehrspurige Fahrzeuge, für die eine Blinkanlage vorgeschrieben ist, müssen zusätzlich eine **Warnblinkanlage** haben (§ 53a). Diese muß unabhängig von
der Blinkanlage ein- und ausschaltbar sein. Ist die
Warnblinkanlage eingeschaltet (rote Kontrollampe),
müssen alle am Fahrzeug vorhandenen Blinklampen
gleichzeitig blinken. Als Blinkgeber für die Warnblinkanlage wird der Blinkgeber für die Fahrtrichtungsanzeige mit verwendet. Abb. 2 zeigt die kombinierte Schaltung einer Warnblink- und Blinkanlage.

58.3.4 Signalhornanlage

Kraftfahrzeuge müssen eine Signalhornanlage haben (§ 55 StVZO). Zugelassen sind auch mehrere
Anlagen. Diese müssen aber so geschaltet sein, daß
nur jeweils eine Anlage betrieben werden kann.

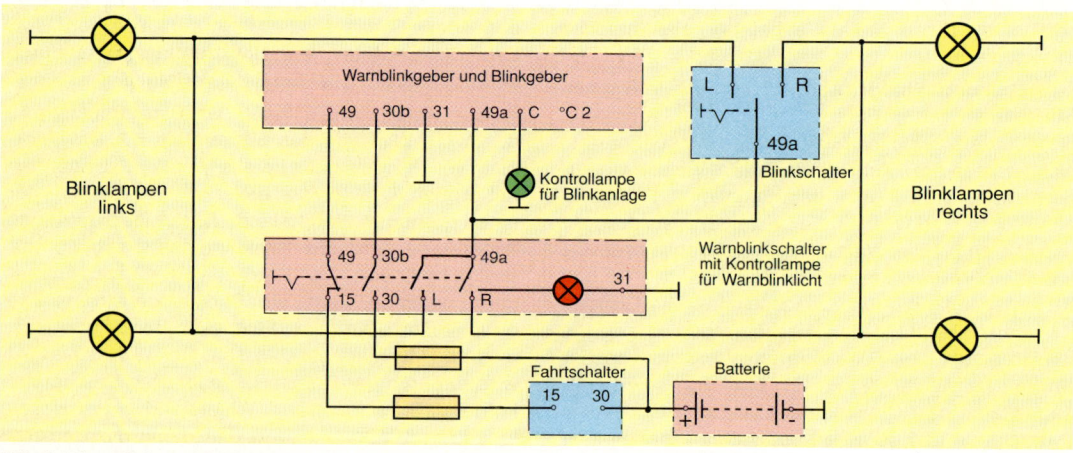

Abb. 2: Warnblink- und Blinkanlage

Verwendet werden **Hörner** (Hupen), die einen gleichbleibenden Ton oder einen harmonischen Mehrklang erzeugen. Tonfolgegeräte sind nicht erlaubt (§ 16 StVO).

Den **Aufbau** eines **Aufschlaghorns** (Normalhorns) zeigt Abb. 3. Die **Wirkungsweise** besteht darin, daß die Ankerplatte während des Betätigens des Hupentasters vom Elektromagneten angezogen wird, auf den Magnetkern aufschlägt und dabei den Unterbrecher öffnet. Dadurch wird der Stromkreis unterbrochen, und die Ankerplatte schwingt in die Ausgangsstellung zurück. Der Unterbrecher schließt, und der Vorgang beginnt von neuem.

Durch die mit der Ankerplatte mitschwingende Membrane wird die Luft in Schwingungen versetzt, und dadurch der Ton erzeugt.

Das **Starktonhorn** arbeitet nach demselben Prinzip, aber mit größerer Leistung. Da es nur außerhalb geschlossener Ortschaften benutzt werden darf, muß die Signalhornanlage auch ein Normalhorn haben. Die Schaltung einer solchen Signalhornanlage zeigt Abb. 4.

Statt des Starktonhorns kann auch ein **Fanfarenhorn** (Abb. 5) verwendet werden. Auch bei diesem wird eine Membrane elektromagnetisch in Schwingungen versetzt. Dadurch wird im Schneckentrichter der charakteristische volle, melodische Fanfarenklang erzeugt. Im Gegensatz zum Aufschlaghorn schlägt aber der Anker nicht auf den Magnetkern auf.

Mit der **Lichthupe** (Lichtsignalanlage) werden Leuchtzeichen durch kurzes Aufleuchten des Fernlichtes gegeben. Die Betätigung erfolgt über ein Relais.

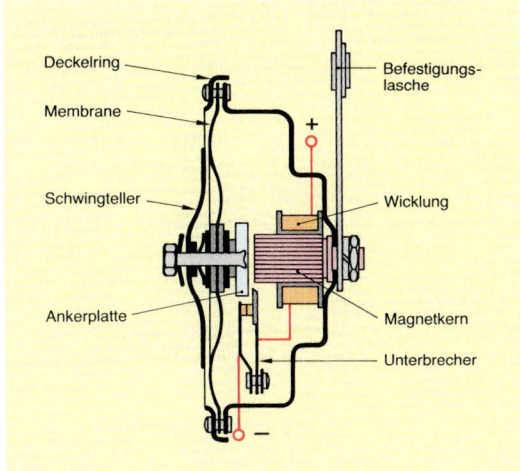

Abb. 3: Aufbau des Aufschlaghorns

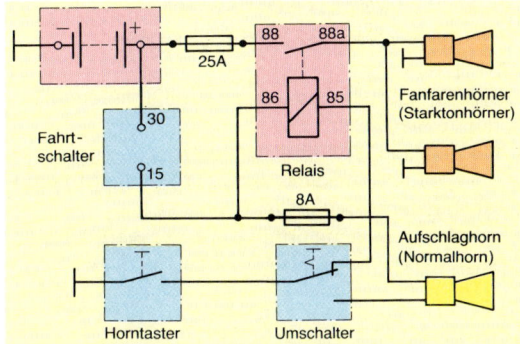

Abb. 4: Schaltplan einer Starktonanlage

Aufgaben

1. Beschreiben Sie den Unterschied zwischen symmetrischem und asymmetrischem Abblendlicht.

2. Was ist eine Bilux-Lampe?

3. Welche Vorteile haben Halogenlampen?

4. Beschreiben Sie den Aufbau und die Wirkungsweise eines Halogen-Scheinwerfers für Abblend- und Fernlicht.

5. Erläutern Sie den Aufbau und den Strahlengang eines Ellipsoid-Scheinwerfers für Abblendlicht.

6. Weshalb müssen Scheinwerfer eine Leuchtweitenverstelleinrichtung haben?

7. Welche Anbau- und Schaltungsvorschriften gelten für Nebelscheinwerfer und Nebelschlußleuchten?

8. Welche Aufgaben hat die Signalanlage?

9. Beschreiben Sie den Aufbau und die Wirkungsweise des elektronischen Blinkgebers.

10. Welche Vorteile haben elektronische Blinkgeber?

11. Beschreiben Sie die Wirkungsweise des Normalhorns.

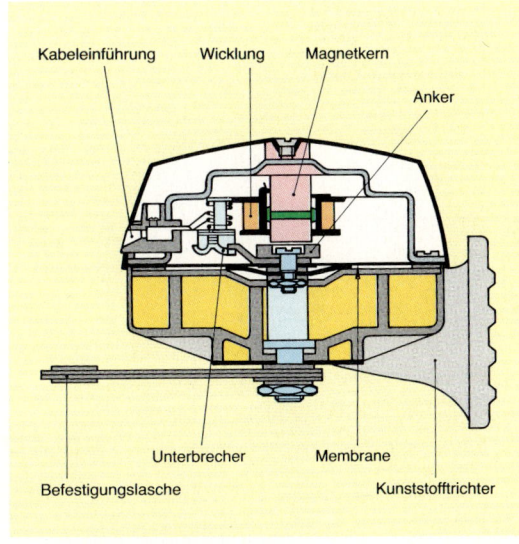

Abb. 5: Aufbau des Fanfarenhorns

59 | Elektronische Steuerungs- und Regelungssysteme

Elektronische Steuerungs- und Regelungssysteme verarbeiten **Informationen** über **physikalische Größen.** Die Informationen werden den Systemen meist in Form elektrischer Signale zugeführt.

Die Aufgabe der Systeme (Systemaufgabe) besteht darin, durch Verarbeitung der Informationen elektrische **Ausgangssignale** zu erzeugen. Durch die Wirkung dieser Ausgangssignale werden andere Bauteile oder Baugruppen des Systems gezielt beeinflußt.

59.1 Aufgaben und Arten elektronischer Systeme

Die elektronischen Systeme im Kraftfahrzeug haben folgende **Aufgaben:**

- die Leistung, den Kraftstoffverbrauch und die Abgaszusammensetzung des Verbrennungsmotors zu optimieren (Motorsysteme),
- die Drehmomentübertragung bzw. -verteilung zu steuern oder zu regeln (Antriebsstrangsysteme),
- die Fahrsicherheit zu erhöhen (Sicherheitssysteme),
- den Fahrer von Tätigkeiten zu entlasten, die ihn vom Straßenverkehr ablenken (Komfortsysteme),
- die Funktionsfähigkeit des Kraftfahrzeugs bzw. von Baugruppen des Kraftfahrzeugs zu kontrollieren (Kontrollsysteme) und
- den Fahrer mit Informationen z.B. über den Betriebszustand des Fahrzeugs oder die aktuelle Verkehrslage zu versorgen (Kommunikationssysteme).

In der Abb. 1 sind die **Arten** elektronischer Systeme im Kraftfahrzeug und einige Beispiele dazu aufgeführt.

Die **Grundlagen** zu den elektronischen Steuerungs- und Regelungssystemen sind in den Kapiteln Maschinen- und Gerätetechnik sowie Steuerungs-, Regelungs- und Informationstechnik beschrieben.

> **Elektronische Systeme** umfassen Baugruppen und/oder Bauteile eines Kraftfahrzeugs, deren Zusammenwirken durch **elektronische Steuerungs- oder Regelungsvorgänge** beeinflußt werden.

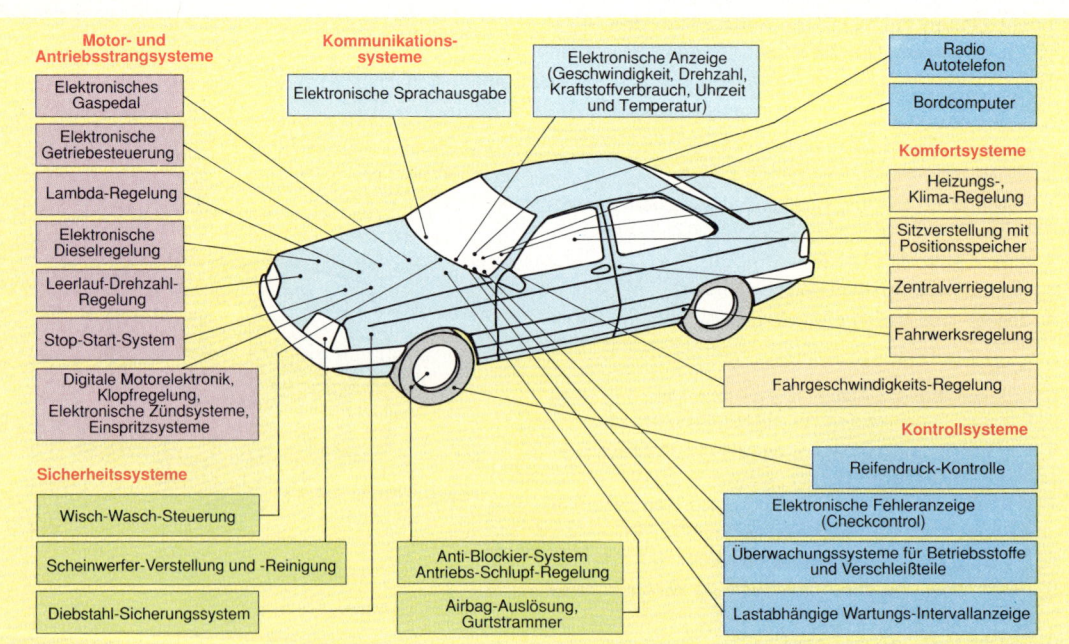

Abb. 1: Elektronische Steuerungs- und Regelungssysteme im Kraftfahrzeug

59.2 Aufbau und Wirkungsweise von elektronischen Steuerungssystemen

Elektronische Steuerungssysteme bilden **Steuerketten** (s. Kap. 12.1). Das **Steuergerät** ist das Hauptbauteil der Steuerkette (Abb. 2). Es erhält die zu verarbeitenden Informationen von den **Sensoren.** Die von den Sensoren erzeugten Eingangssignale können häufig vom Steuergerät nicht direkt verarbeitet werden. Sie müssen deshalb umgewandelt werden (Signalumwandlung). Sind im Steuergerät **Sollwerte** gespeichert, so erfolgt ein Vergleich der Eingangssignale mit den Sollwerten (Signalvergleich). Aus dem Vergleich ergeben sich durch die **Steuergröße** Ausgangssignale, die oftmals verstärkt werden müssen (Signalverstärkung). Die verstärkten Signale veranlassen die **Aktoren** zum Arbeiten (Abb. 2).

Elektronische Steuerungssysteme sind z. B.:

- KE- und L-Jetronic-Einspritzanlagen ohne Lambda-Sonde (s. Kap. 21.2.2 und 21.3.1),
- Schubabschaltung (s. Kap. 31.1.5),
- Getriebesteuerung (s. Kap. 38.3.6),
- Airbag und Gurtstrammer (s. Kap. 48.3.2),
- Schließwinkelsteuerung (s. Kap. 55.4),
- Blinkgeber (s. Kap. 58.3).

Stellvertretend für die Gesamtheit der elektronischen Steuerungssysteme, besonders im Hinblick auf die Wirkungsweise der elektronischen Vorgänge im Steuergerät, wird die **L-Jetronic** beschrieben.

59.2.1 Steuerungssystem L-Jetronic

Die **Hauptaufgabe** der Steuerung der L-Jetronic besteht darin, der angesaugten Luftmenge soviel Kraftstoff zuzuführen, daß möglichst der **Lambda-Wert 1** erreicht wird. Da der Kraftstoff nicht, wie

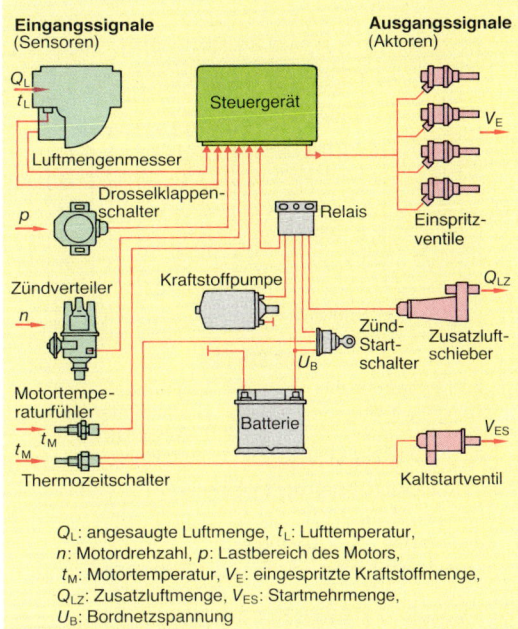

Q_L: angesaugte Luftmenge, t_L: Lufttemperatur,
n: Motordrehzahl, p: Lastbereich des Motors,
t_M: Motortemperatur, V_E: eingespritzte Kraftstoffmenge,
Q_{LZ}: Zusatzluftmenge, V_{ES}: Startmehrmenge,
U_B: Bordnetzspannung

Abb. 3: Eingangs- und Ausgangssignale der L-Jetronic

bei der K-Jetronic (s. Kap. 21.2.1), dauernd der Luftmenge zugeführt wird, sondern je Kurbelwellenumdrehung **einmal** eingespritzt wird, muß die Motordrehzahl für die Kraftstoffzumessung berücksichtigt werden (s. Kap. 21.3.1).

Die **Einspritzmenge je Kurbelwellenumdrehung** ist im Normalbetrieb des Motors (Teillast, Betriebstemperatur) abhängig von

- der angesaugten Luftmenge und
- der Motordrehzahl.

Die Signale für die **Kraftstoffzumessung** im **Normalbetrieb** erhält das Steuergerät vom Luftmengenmesser (Mengensignal) und von der Zündanlage (Drehzahlsignal, Abb. 3).

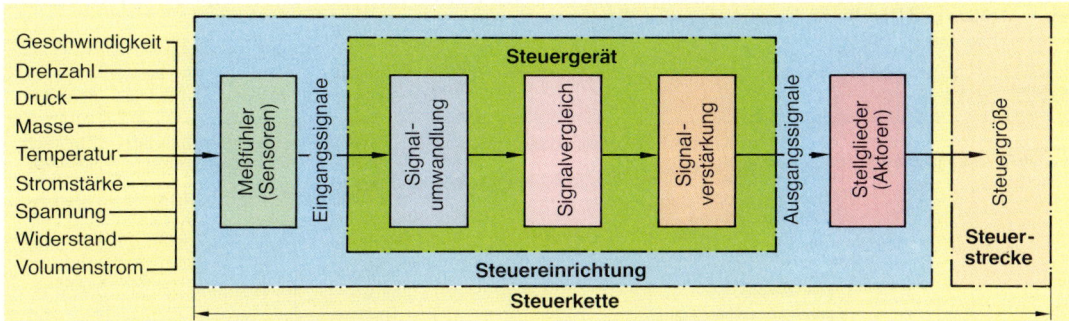

Abb. 2: Signalübertragung in Steuerungssystemen

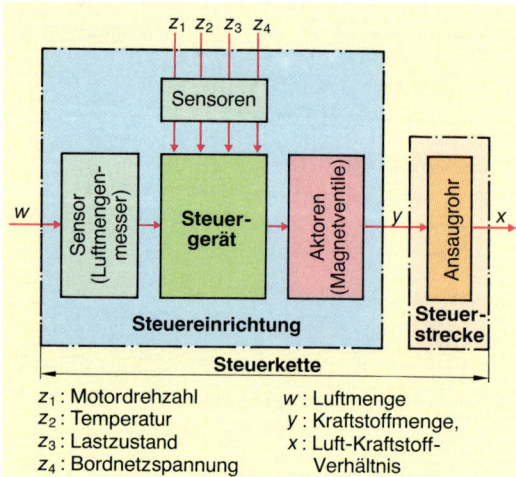

z_1 : Motordrehzahl w : Luftmenge
z_2 : Temperatur y : Kraftstoffmenge,
z_3 : Lastzustand x : Luft-Kraftstoff-
z_4 : Bordnetzspannung   Verhältnis

Abb. 1: Blockschaltplan der L-Jetronic

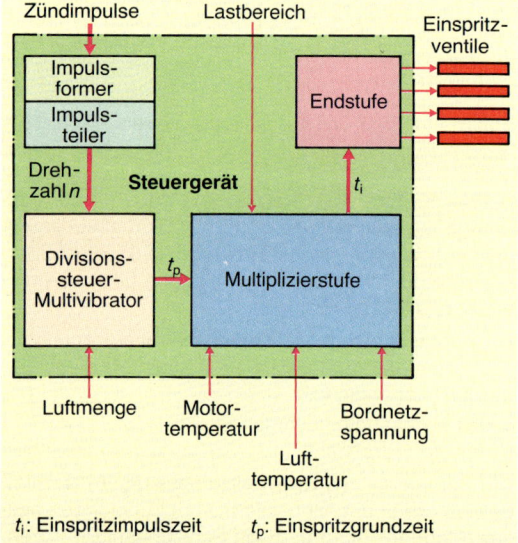

t_i : Einspritzimpulszeit t_p : Einspritzgrundzeit

Abb. 2: Blockschaltplan des Steuergerätes der L-Jetronic

Da der Motor nicht nur im Normalbetrieb läuft, muß die Kraftstoffzumessung den anderen Betriebsarten, z. B. Vollast und Leerlauf, angepaßt werden. Zusätzlich wird die Einspritzmenge in Abhängigkeit von der Luft- und Motortemperatur (Kaltstart, Warmlauf) verändert (Abb. 3, S. 579).

Abb. 1 zeigt den **Blockschaltplan** der Steuerkette der L-Jetronic.

Die **Luftmenge** Q_L ist die **Führungsgröße** w für die Steuerung, da ihre Veränderung die Steuerung auslöst bzw. die Steuerung führt (Tab. 1).

> Eine Veränderung der **Luftmenge** führt zu einer Veränderung der **Einspritzmenge.**

Die **Motordrehzahl** n ist die **Hauptstörgröße** z_1, die auf die Steuerung einwirkt, da bei gleichbleibender Motordrehzahl im Normalbetrieb die Einspritzmenge nur von der Luftmenge abhängig ist (Tab. 1).

> Eine Veränderung der **Motordrehzahl** hat eine Veränderung der **Einspritzmenge je Kurbelwellenumdrehung** zur Folge.

Da die Einspritzmenge je Kurbelwellenumdrehung im Normalbetrieb des Motors von der angesaugten **Luftmenge** und der **Motordrehzahl** abhängt, werden beide Größen auch als **Hauptmeßgrößen** bezeichnet.

Signalverarbeitung im Steuergerät

Das Steuergerät hat die **Aufgabe,** die von den Sensoren gelieferten Signale über den Betriebszustand des Motors auszuwerten. Die Auswertung ergibt **Steuerimpulse** für die Einspritzventile. Die Impulsdauer bestimmt die **Öffnungszeit** der Einspritzventile. Die einzuspritzende **Kraftstoffmenge** wird über die Öffnungszeit der Einspritzventile bestimmt.

Den Blockschaltplan des Steuergeräts zeigt Abb. 2.

Tab. 1: Größen und Begriffe im Steuerungssystem L-Jetronic

Steuer-system	Größen					Steuereinrichtung			Steuer-strecke
	Aufgabengröße (x)	Störgröße (z)		Führungsgröße (w)	Stellgröße (y)	Meßfühler (Sensoren)	Steuer-gerät	Stellglieder (Aktoren)	
L-Jetronic-Kraftstoffeinspritzung	Luft-Kraftstoffverhältnis (λ)	Motordrehzahl (Last) Motortemperatur Lufttemperatur Luftdruck Bordnetzspannung (Je nach Komplexität des L-Jetronic-Steuersystems werden mehr oder wenige Störgrößen berücksichtigt.)		Drosselklappenstellung (Ansaugluftmasse)	Einspritzmenge (Einspritzzeit)	Luftmengenmesser, Drosselklappenschalter, Zündverteiler, Motortemperaturfühler, Thermozeitschalter	L-Jetronic-Steuergerät	Einspritzventile, Zusatzluftschieber, Kaltstartventil	Gemischbildungsbereich (Saugrohr)

Die **elektronischen Schaltungen** im Steuergerät sind so programmiert, daß im **Normalbetrieb** des Motors bei jeder Luftmenge und Motordrehzahl möglichst der **Lambda-Wert 1** erreicht wird.

Das Steuergerät bildet aus den Signalen für die Luftmenge und Motordrehzahl die sogenannte **Einspritzgrundzeit.** Die Zündimpulse von der Zündanlage werden dabei als Auslöseimpulse für den Impulsformer genutzt. Das **Ausgangssignal** des Impulsformers besteht aus Spannungsimpulsen in Rechteckform (Rechteckimpulse, Abb. 3).

Der **Impulsformer** wandelt die Impulse von der Zündanlage in Rechteckimpulse um.

Die Einspritzventile öffnen nur **einmal** je Kurbelwellenumdrehung. Daher werden die vom Impulsformer erzeugten Rechteckimpulse vom **Impuls-** bzw. **Frequenzteiler** so geteilt, daß nur ein Signal je Kurbelwellenumdrehung an den nächsten Block des Steuergerätes weiter gegeben wird (Abb. 3).

Der **Impulsteiler** teilt die Impulse des Impulsformers so, daß je Kurbelwellenumdrehung nur ein Impuls erzeugt wird.

Das **Ausgangssignal** des Impulsteilers ist ebenfalls ein Rechteckimpuls (Abb. 3). Die Dauer der Rechteckimpulse wird von der Impulsfolge des Impulsformers bestimmt.

Die **Impulsfrequenz** des Impulsteilers ist genauso groß wie die **Drehfrequenz des Motors** (Motordrehzahl).

Die Impulse des Impulsteilers, die das Signal für die Motordrehzahl darstellen, werden dem **Divisionssteuermultivibrator** (DSM) zugeführt (Abb. 2). In den DSM geht auch das Signal vom Luftmengenmesser für die **Luftmenge** ein. Das **Ausgangssignal** des DSM besteht ebenfalls aus Rechteckimpulsen (Abb. 3), da die Einspritzventile zum Öffnen Steuerimpulse bzw. die Transistorendstufe zum Durchschalten rechteckige Steuerimpulse benötigen.

Die **Impulsdauer** des Ausgangssignals vom DSM ist die **Einspritzgrundzeit** t_p. Die Einspritzgrundzeit bestimmt die **Einspritzgrundmenge** je Kurbelwellenumdrehung.

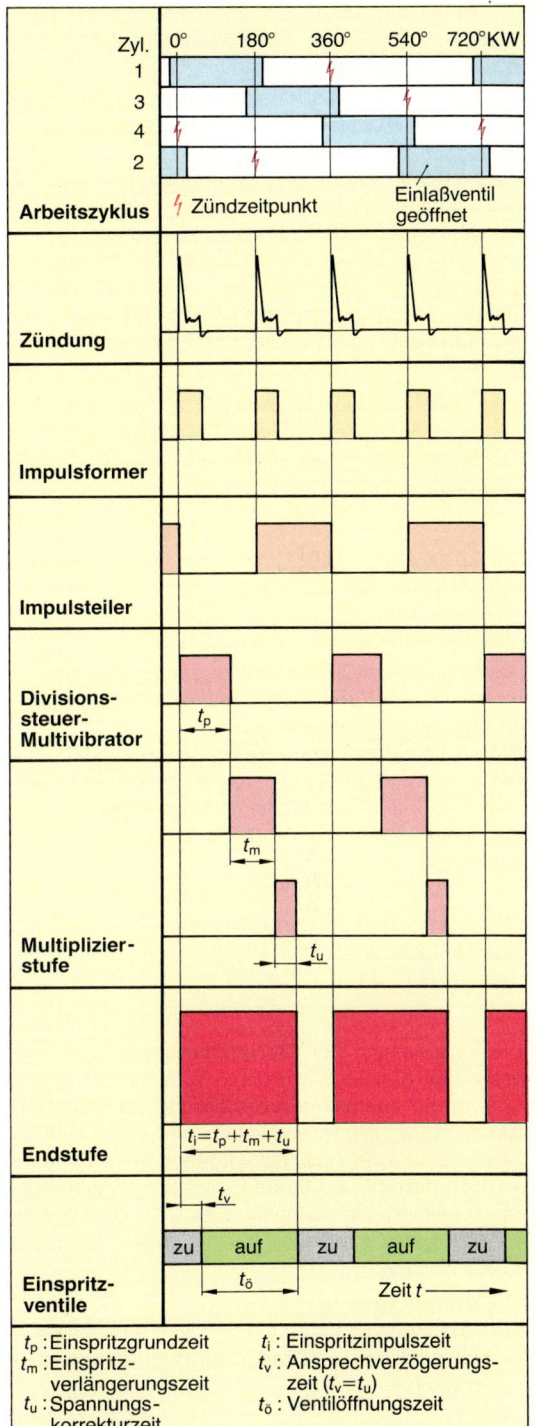

Abb. 3: Impulsschema der L-Jetronic für 4-Zylinder-Motoren

Die Ermittlung der Einspritzgrundzeit erfolgt ohne Berücksichtigung von **Störgrößen,** wie z.B. Motortemperatur, Lastzustand usw.

Die **Impulsdauer** des Ausgangssignals vom DSM wird vom **Drehzahlsignal** und vom **Luftmengensignal** bestimmt. Die Impulsdauer ist der angesaugten Luftmenge je Kurbelwellenumdrehung proportional. Daraus folgt, daß bei zunehmender Luftmenge und gleichbleibender Drehzahl die Impulsdauer größer werden muß. Bei gleichbleibender Luftmenge und steigender Drehzahl muß dagegen die Impulsdauer kleiner werden. Vom Verhältnis **Luftmenge** zur **Motordrehzahl** leitet sich der Name für den DSM ab.

> Der **Divisionssteuermultivibrator** ermittelt die Einspritzgrundzeit, indem er elektronisch die angesaugte Luftmenge durch die Motordrehzahl **dividiert.**

Die Einspritzgrundzeit t_p wird der **Multiplizierstufe** als Eingangsgröße zugeführt. Gleichzeitig gehen in die Multiplizierstufe noch die Signale der anderen Störgrößen ein (Abb. 2, S. 580).

Die Multiplizierstufe verarbeitet die Signale und errechnet einen **Korrekturfaktor** k, mit dem die Einspritzgrundzeit t_p **multipliziert** wird. Der Korrekturfaktor k ist aus schaltungstechnischen Gründen mindestens **2 oder größer** ($k \geq 2$). Bei einem Korrekturfaktor $k = 2$ läuft der Motor im **Normalbetrieb** (Teillast, Betriebstemperatur) und es treten keine Störgrößen auf.

> Läuft der Motor im **Normalbetrieb,** so ist die Einspritzimpulszeit t_i das doppelte der Einspritzgrundzeit t_p, d.h. $t_i = 2 \cdot t_p$.

Die Verarbeitung der **Störgrößensignale,** z.B. aufgrund von Kaltstart, Warmlauf, Vollastanreicherung usw., erfolgt durch eine **Vergrößerung** des Korrekturfaktors ($k > 2$). Die Multiplikation wird dabei elektronisch durch eine Addition vorgenommen. Zur Einspritzgrundzeit t_p wird eine Einspritzverlängerungszeit t_m addiert, die mindestens so groß wie die Einspritzgrundzeit t_p bzw. größer als diese ist ($t_m \geq t_p$, Abb. 3, S. 581).

> Die **Einspritzimpulszeit** t_i ergibt sich aus der Einspritzgrundzeit t_p und der Einspritzverlängerungszeit t_m, d.h. $t_i = t_p + t_m$.

Befindet sich der Motor z.B. in der **Warmlaufphase,** so muß eine **Kraftstoffanreicherung** erfolgen, die mit

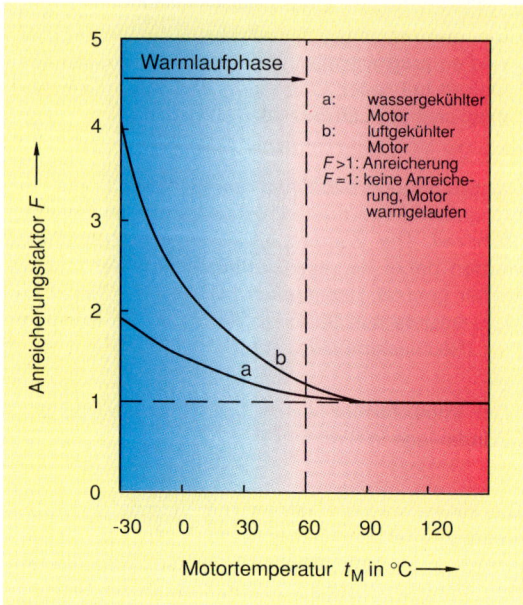

Abb. 1: Kraftstoffanreicherung während der Warmlaufphase

wärmer werdendem Motor immer kleiner wird (Abb. 1). Das Signal vom **Temperaturfühler** hat eine Vergrößerung des Korrekturfaktors und damit der Einspritzverlängerungszeit t_m zur Folge. Mit wärmer werdendem Motor wird die Einspritzverlängerungszeit immer kleiner. Hat der Motor seine Betriebstemperatur erreicht, so ist die Einspritzverlängerungszeit genauso groß wie die Einspritzgrundzeit.

Bei **Vollast** z.B. erhält die Multiplizierstufe vom Drosselklappenschalter ein bestimmtes Spannungssignal. Dieses bewirkt eine Vergrößerung der Einspritzverlängerungszeit. Die Vergrößerung wird solange beibehalten, wie der Motor in Vollast betrieben wird.

> Die **Signale der Sensoren** (Störgrößensignale) verlängern die verdoppelte Einspritzgrundzeit entsprechend dem **Betriebszustand** des Motors.

In der Multiplizierstufe ist noch eine elektronische Schaltung zur **Spannungskorrektur** (Spannungskompensationsschaltung) untergebracht. **Aufgabe** dieser Schaltung ist es, die Auswirkung von unterschiedlichen **Bordnetzspannungen** auf die Einspritzdauer zu korrigieren.

Magneteinspritzventile öffnen durch die in ihnen erzeugten Selbstinduktionsspannungen verzögert (s. Kap. 51.2.3). Diese sogenannte **Ansprechverzögerung** ist stark abhängig von der Bordnetzspannung.

Sie führt zu einer Verringerung der **Einspritzdauer** und damit der **Einspritzmenge.** Durch die Spannungskorrektur wird dieser Einfluß so ausgeglichen, daß die Impulssteuerzeit t_i der Multiplizierstufe mit abnehmender Bordnetzspannung verlängert wird. Das hat zur Folge, daß der Ventilsteuerstrom der Endstufe länger eingeschaltet bleibt (Abb. 2).

Die von der Multiplizierstufe gelieferten **Einspritzimpulse** haben eine Stromstärke von ca. 10 mA. Um ein Einspritzventil (Magnetventil) zu öffnen, ist eine Stromstärke von 1,5 A, also für einen 4-Zylinder-Motor von 6 A erforderlich. Deshalb werden die Einspritzimpulse von der Endstufe **verstärkt** und als **Steuerstromimpulse** den Magnetventilen zugeführt (Abb. 3, S. 581).

> Die **Endstufe im Steuergerät** ist ein elektronischer **Verstärker** und **Schalter.**

In der Endstufe befindet sich eine Verstärkerschaltung in Form einer **Darlingtonschaltung,** wie sie auch in den Zündendstufen von Zündschaltgeräten Verwendung findet (Abb. 3).

Die von der Multiplizierstufe gebildeten **Einspritzimpulse** steuern die Endstufe. Die Impulse veranlassen den Transistor V1 zum Durchschalten. Dadurch wird auch der Transistor V2 zum Durchschalten veranlaßt. Es fließt ein Strom für die Dauer des Einspritzimpulses durch die Magnetventile (Abb. 3). Durch den Stromimpuls gesteuert, öffnen und schließen alle Magnetventile gleichzeitig.

> Durch das **Öffnen der Magnetventile** (Stellglieder) wird **Kraftstoff** in der erforderlichen Menge der angesaugten Luft zugeführt.

59.3 Aufbau und Wirkungsweise von elektronischen Regelungssystemen

Elektronische Regelungssysteme bilden Regelkreise (s. Kap. 12.1). In elektronischen Regelkreisen ist das **Regelgerät** bzw. der **Regler** das Hauptbauteil (Abb. 1, S. 584). Im Gegensatz zur Steuerung muß für eine Regelung die **Regelgröße** laufend gemessen werden. Die Messung erfolgt durch einen **Sensor.** Das Sensorsignal ist ein Maß für den **Istwert** der Regelgröße und wird dem Regelgerät zugeführt. Im Regelgerät erfolgt ein Vergleich des Istwertes mit dem **Sollwert.** Aus dem Vergleich ergeben sich im Zusammenhang mit den Signalen der anderen Sensoren die Ausgangssignale für die **Aktoren** (z.B. Einspritzventile, Zündkerzen). Durch die Aktoren wird die Regelgröße beibehalten oder verändert (Abb. 1, S. 584).

In elektronischen Regelungssystemen ist der Regler bzw. das Regelgerät im **Steuergerät** des Systems enthalten. **Steuergeräte** von elektronischen Regelungssystemen haben neben der Regelungsaufgabe noch Steuerungsaufgaben zu erfüllen.

Elektronische Regelungssysteme sind z.B.:

- KE- und L-Jetronic-Einspritzanlagen mit Lambda-Sonde (Lambda-Regelung, s. Kap. 59.2.1),
- Leerlauffüllungsregelung (s. Kap. 59.2.2),
- Heizungsregelung (s. Kap. 59.2.3),
- Anti-Blockier-System (s. Kap. 46.3),
- Anti-Schlupf-Regelung (s. Kap. 46.4),
- Fahrgeschwindigkeitsregelung (s. Kap. 12.1),
- Schließwinkelregelung (s. Kap. 55.5),
- Klopfregelung (s. Kap. 55.7),
- Generatorregelung (s. Kap. 53.4),
- Dieselregelung (s. Kap. 23.1.5).

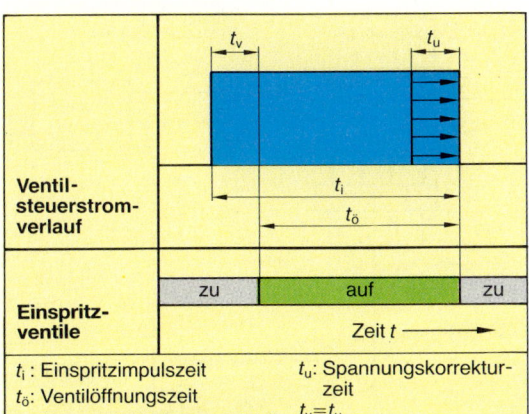

Abb. 2: Spannungskorrektur

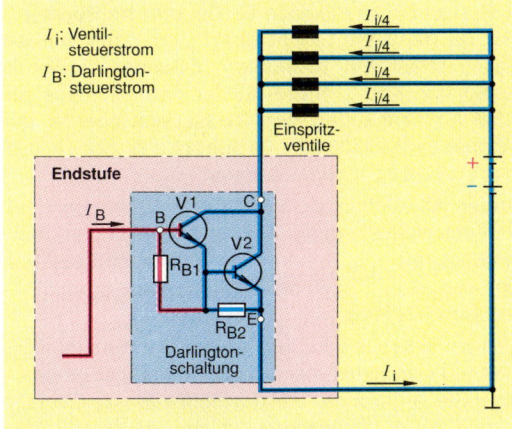

Abb. 3: Darlington-Endstufe

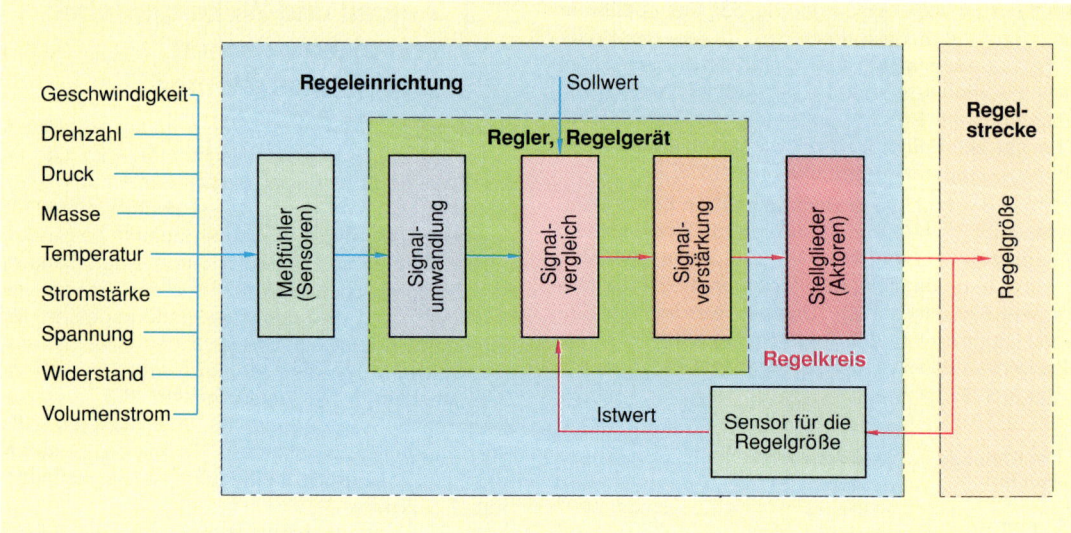

Abb. 1: Signalübertragung in Regelungssystemen

59.3.1 Lambda-Regelung

> **Aufgabe** der *λ*-**Regelung** ist es, der angesaugten Luftmasse so viel Kraftstoff zuzumessen, daß der *λ*-**Wert** zwischen 0,99 und 1,00 gehalten wird.

Die genaue Einhaltung des **Luftverhältnisses** λ (lambda, gr. kleiner Buchstabe) zwischen 0,99 und 1,00 sorgt für eine vollständige Verbrennung des Kraftstoff-Luft-Gemisches (s. Kap. 20.2.2). Die vollständige Verbrennung ist für einen hohen Wirkungsgrad der **Abgasentgiftung** durch einen Katalysator notwendig (s. Kap. 30.3).

Abb. 2 zeigt den **Regelkreis** der *λ*-Regelung. Der *λ*-Wert ist die zu regelnde Größe, d.h. die **Regelgröße.** Da der *λ*-Wert nicht direkt gemessen werden kann, erfaßt ein Meßfühler (*λ*-**Sonde,** s. Abb. 7, S. 293 und Abb. 1, S. 294) in der Auspuffanlage als Maß für den *λ*-Wert den **Restsauerstoffgehalt** der Abgase (s. Kap. 30.3.2). Er beträgt z.B. bei $\lambda = 0{,}95$ noch 0,2 bis 0,3 Volumenprozent.

Treten Abweichungen des *λ*-Wertes bzw. des Restsauerstoffgehalts durch äußere Einwirkungen (Störgrößen), wie z.B. Änderung der Luftfeuchtigkeit auf, so sorgt die *λ*-Regelung für die Einhaltung des geforderten *λ*-Wertes.

Von der *λ*-**Sonde** wird laufend der Restsauerstoffgehalt in Form eines elektrischen **Eingangssignals** U_λ zum Steuergerät der elektronischen Einspritzanlage gegeben. Im Steuergerät ist der **Regler** für den *λ*-Wert enthalten. Im Regler wird das Eingangssignal

U_λ (Istwert der Regelgröße) mit dem **Sollwert** U_s der Regelgröße (Führungsgröße $\lambda = 1$) verglichen (Abb. 2).

Ergibt der Vergleich eine **Abweichung** des Istwertes vom Sollwert der Regelgröße, verändert der Regler das elektrische **Ausgangssignal** U_v für die elektromagnetischen Einspritzventile (Stellglieder). Das Ausgangssignal bestimmt die Öffnungsdauer der Einspritzventile und damit die Einspritzmenge des Kraftstoffs. Durch die veränderte Einspritzmenge (Stellgröße) wird die **Regelstrecke** (Motor) beeinflußt und damit die Regelgröße korrigiert. Dieser Regelvorgang wiederholt sich ständig.

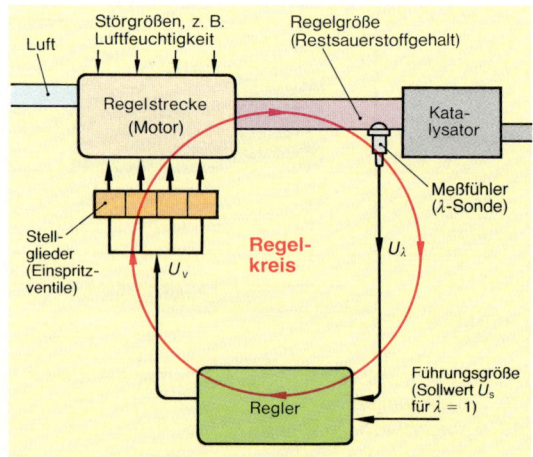

Abb. 2: Regelkreis der *λ*-Regelung

59.3.2 Leerlauf-Füllungs-Regelung

Die **Leerlauf-Füllungs-Regelung** hat die **Aufgabe,** die Leerlaufdrehzahl des Motors den jeweiligen Betriebsbedingungen anzupassen.

Die Leerlauf-Füllungs-Regelung (Abb. 3) wird auch als **Leerlauf-Drehzahl-Regelung** bezeichnet.

Die **Vorteile** der Leerlauf-Füllungs-Regelung sind:

- konstantes, emissions- und verbrauchsgünstigstes Leerlaufverhalten für alle Betriebsbedingungen,
- eine Absenkung der Leerlaufdrehzahl durch Belastungsänderungen, z. B. durch die Lenkhilfe, Einlegen der Fahrstufe in Automatikgetrieben und Klimaanlagen, wird vermieden und
- eine notwendige Erhöhung oder Absenkung der Leerlaufdrehzahl, z. B. bei eingeschalteter Klimaanlage, Automatikgetrieben oder der Warmlaufphase des Motors wird ermöglicht.

Die Leerlauf-Füllungs-Regelung hat folgende **Bauteile** (Abb. 3):

- Leerlaufsteller,
- Drosselklappenschalter,
- Temperaturfühler,
- Sollwertschalter und
- Regelgerät.

Der **Leerlaufsteller** ist in die Bypaß-Leitung parallel zur Drosselklappe eingebaut. Sein Öffnungsquerschnitt bestimmt die Leerlaufdrehzahl.

Der **Drosselklappenschalter** signalisiert dem Regelgerät, daß der Motor im Leerlauf bzw. nicht im Leerlauf betrieben wird. Wird der Motor nicht im Leerlauf betrieben, wird die Regelung ausgesetzt. Der Öffnungsquerschnitt des Leerlaufstellers wird dadurch auf einen Übergangswert eingestellt.

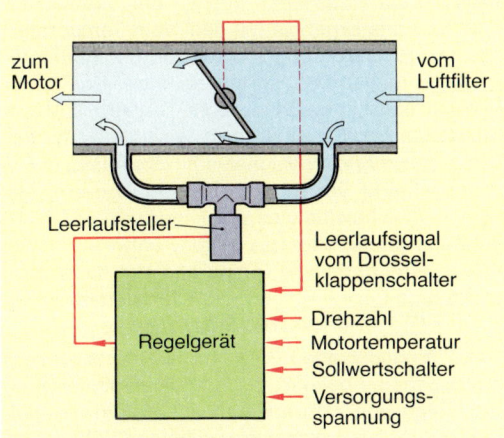

Abb. 3: Leerlauf-Füllungs-Regelung

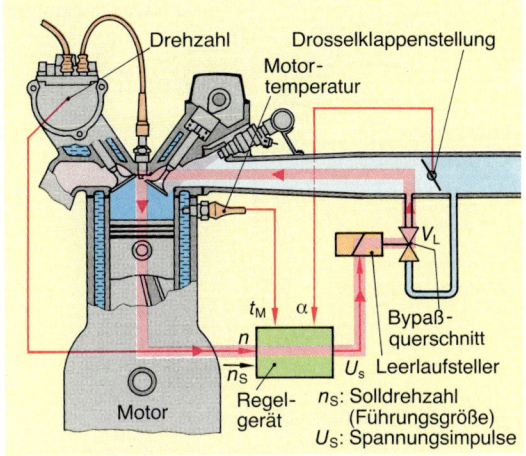

Abb. 4: Regelkreis der Leerlauf-Füllungs-Regelung

Der **Temperaturfühler** sorgt in Verbindung mit dem Regelgerät für eine Leerlaufanhebung während der Warmlaufphase des Motors. Mit zunehmender Motortemperatur wird die Leerlaufdrehzahl vermindert.

Durch den **Sollwertschalter** werden dem Regelgerät verschiedene Sollwerte für die Leerlaufdrehzahl eingegeben. Ist z. B. die Klimaanlage eingeschaltet, wird die Leerlaufdrehzahl erhöht, um die erforderliche Kühlleistung zu gewährleisten.

Das **Regelgerät** gleicht den Istwert dem Sollwert der Leerlaufdrehzahl an.

Abb. 4 zeigt den **Regelkreis** der Leerlauf-Füllungs-Regelung.

Das Regelgerät erhält vom Zündverteiler das **Drehzahlsignal** (Istwert der Regelgröße). Der Istwert wird mit dem vom Sollwertschalter in das Regelgerät eingegebenem **Sollwert** der Leerlaufdrehzahl verglichen. Ergibt der Vergleich eine Abweichung vom Sollwert, erhält der Leerlaufsteller (Stellglied) vom Regelgerät die Spannungsimpulse U_s. Die Spannungsimpulse bewirken eine Verstellung des Öffnungsquerschnittes (Bypaß-Querschnitt) durch den Leerlaufsteller (Stellgröße). Dadurch gelangt mehr oder weniger Leerlaufluftvolumen V_L zum Motor (Regelstrecke), wodurch die Leerlaufdrehzahl (Regelgröße) dem Sollwert angeglichen wird.

59.2.3 Heizungsregelung

Die Heizungsregelung übernimmt die sonst von Hand vorgenommene Regulierung der Innenraumheizung. Die Regulierung ist notwendig, da die Innenraumtemperatur durch unterschiedliche **Außentemperaturen** und **Fahrgeschwindigkeiten** Schwankungen unterworfen ist.

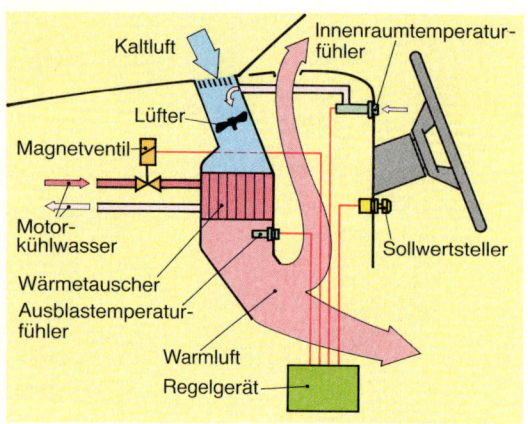

Abb. 1: Aufbau der Heizungsregelung

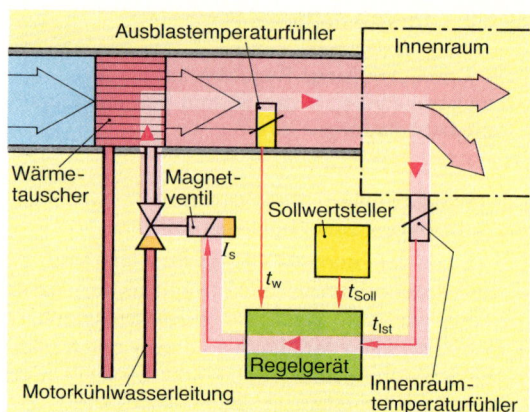

Abb. 2: Regelkreis der Heizungsregelung

Aufgabe der **Heizungsregelung** ist es, eine gewünschte und eingestellte Innenraumtemperatur eines Kraftfahrzeugs während der kalten Jahreszeit **konstant** zu halten.

Die Abb. 1 zeigt den **Aufbau** der Heizungsregelung. Die **Anlage** enthält folgende Bauteile:

- Wärmetauscher,
- Lüfter,
- Temperatureinsteller,
- Innenraumtemperaturfühler,
- Ausblaslufttemperaturfühler,
- Magnetventil
  und
- Regelgerät.

Der **Wärmetauscher** gibt die Wärme des Kühlwassers an die vorbeiströmende Kaltluft ab.

Der **Lüfter** bestimmt die Luftmenge, die durch den Wärmetauscher und damit in den Fahrzeuginnenraum strömt.

Über den **Temperatureinsteller** (Sollwertgeber) wird die gewünschte Innenraumtemperatur eingestellt.

Der **Innenraumtemperaturfühler** mißt die Innenraumtemperatur. Damit Temperaturänderungen schnell erfaßt werden, wird durch einen Anschluß, z.B. an das Saugrohr (Abb. 1), ständig Luft über den Fühler angesaugt.

Der **Ausblastemperaturfühler** mißt die Temperatur der vom Wärmetauscher kommenden Warmluft.

Das **Magnetventil** bestimmt die Durchflußmenge des Motor-Kühlwassers durch den Wärmetauscher und damit die Temperatur der Ausblasluft.

Das **Regelgerät** gleicht den Istwert der Innenraumtemperatur dem Sollwert an. Es steuert das Magnet-

ventil und regelt dadurch die Temperatur der Ausblasluft. Die Steuerung des Magnetventils erfolgt durch Stromimpulse vom Regelgerät. Im stromlosen Zustand (Ruhezustand) ist das Magnetventil geöffnet. Die Änderung der Durchflußmenge des Kühlwassers wird durch wechselndes Öffnen und Schließen des Magnetventils erreicht. Ein Öffnungs- und Schließvorgang dauert ca. 4 Sekunden (Taktdauer). Soll z.B. die Durchflußmenge und damit die Innenraumtemperatur erhöht werden, so wird die Öffnungsdauer des Magnetventils verlängert. Dementsprechend kürzer sind die Stromimpulse vom Regelgerät zum Schließen des Magnetventils.

Der **Regelkreis** der Heizungsregelung ist in der Abb. 2 dargestellt.

Das Regelgerät erhält von den beiden Temperaturfühlern die Signale über die Innenraum- (Istwert der Regelgröße t_{Ist}) und Ausblaslufttemperatur (Istwert der Hilfsregelgröße t_w). Nach einem im Regelgerät gespeicherten Programm werden die Signale bewertet und das Ergebnis mit dem vom Temperatureinsteller gelieferten Signal (Sollwert der Regelgröße = Führungsgröße t_{Soll}) verglichen. Ergibt der Vergleich eine Abweichung vom Sollwert, z.B. Innenraumtemperatur ist zu hoch, wird die Dauer der Stromimpulse I_S zum Magnetventil (Stellglied) durch das Regelgerät verlängert. Die Verlängerung der Stromimpulse bewirkt eine Verkleinerung der Durchflußmenge (Stellgröße) des Motor-Kühlwassers. Die Folge ist eine geringere Temperatur der Ausblasluft und dadurch auch eine geringere Temperatur im Innenraum (Regelstrecke) des Fahrzeugs.

In den **Endstellungen** des Temperatureinstellers werden Schalter betätigt, die zum einen die Heizung ausschalten und zum anderen auf maximales Heizen (Dauerheizen) einstellen. In beiden Fällen wird die Heizungsregelung ausgeschaltet.

59.4 Kombinierte Zünd- und Gemischbildungssysteme

Die kombinierten Zünd- und Gemischbildungssysteme haben die **Aufgabe**, den **Zündzeitpunkt** und die **Kraftstoffzumessung** so zu steuern, daß

- der Kraftstoffverbrauch gering,
- die Motorleistung hoch und
- der Anteil der Schadstoffe im Abgas gering ist.

Das Hauptbauteil kombinierter Zünd- und Gemischbildungssysteme ist das für beide Teilsysteme **gemeinsame elektronische Steuergerät** mit dem digital arbeitenden **Mikrocomputer** (s. Kap. 12.3).

> Wegen der **digitalen Verarbeitung** der Motordaten, werden kombinierte Zünd- und Gemischbildungssysteme auch als **digitale Motorelektronik** (DME) bzw. **digitales Motormanagement** bezeichnet.

Das Steuergerät verarbeitet für beide Teilsysteme die Motordaten (z.B. Motordrehzahl), die von den Sensoren (Meßfühler) an das Steuergerät geliefert werden.

> Durch die **gemeinsame Steuerung** beider Teilsysteme werden **Zündung** und **Kraftstoffzumessung** optimiert.

Die **Arten** der kombinierten Zünd- und Gemischbildungssysteme unterscheiden sich hauptsächlich in der Ausführung des Teilsystems Gemischbildung. Unterschieden werden Systeme (s. Kap. 21.1) mit:

- Zentraleinspritzung,
  z.B. Mono-Motronic, Multec
  und
- Mehrpunkteinspritzung.

Bei der Mehrpunkteinspritzung wird unterschieden in:

- mechanisch-elektronische, z.B. KE-Motronic, und
- elektronische, z.B. L-Motronic, auch als Digifant bezeichnet, LH-Motronic.

Das Zündsystem besteht für alle Anlagen aus einer Kennfeldzündung mit Schließwinkelkennfeld (s. Kap. 55.6), die evtl. mit einer Klopfregelung ergänzt ist (s. Kap. 55.7). Die Verteilung der Zündspannung erfolgt dabei durch einen Hochspannungsverteiler oder verteilerlos (s. Kap. 55.8).

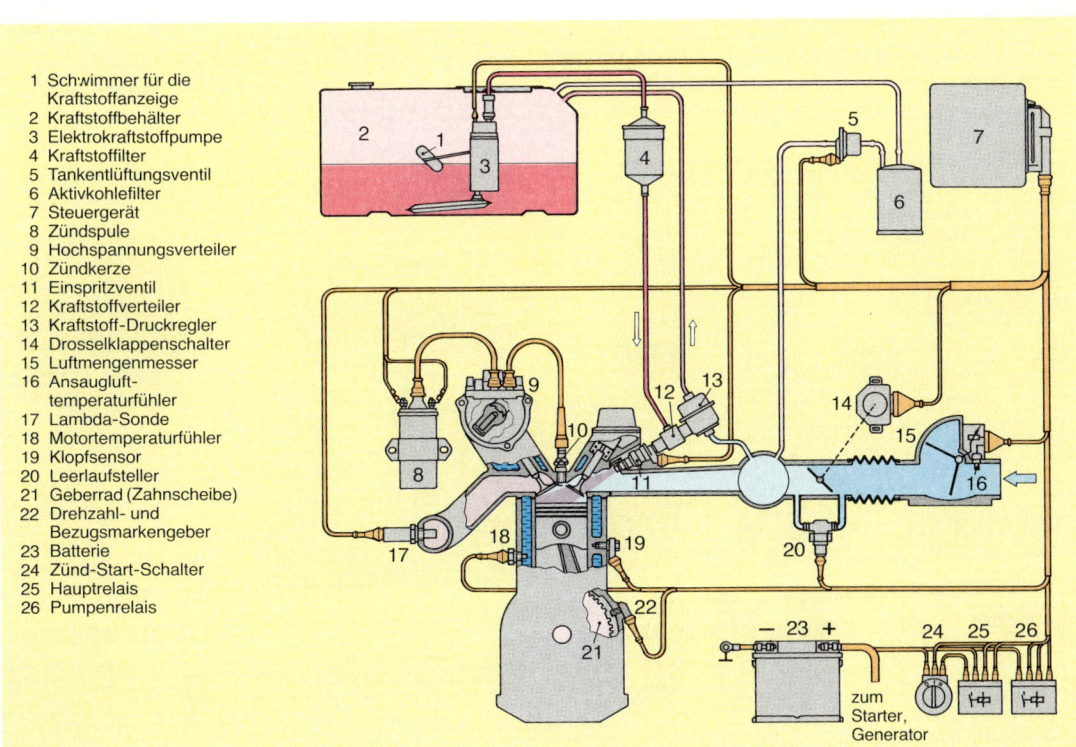

1 Schwimmer für die Kraftstoffanzeige
2 Kraftstoffbehälter
3 Elektrokraftstoffpumpe
4 Kraftstofffilter
5 Tankentlüftungsventil
6 Aktivkohlefilter
7 Steuergerät
8 Zündspule
9 Hochspannungsverteiler
10 Zündkerze
11 Einspritzventil
12 Kraftstoffverteiler
13 Kraftstoff-Druckregler
14 Drosselklappenschalter
15 Luftmengenmesser
16 Ansauglufttemperaturfühler
17 Lambda-Sonde
18 Motortemperaturfühler
19 Klopfsensor
20 Leerlaufsteller
21 Geberrad (Zahnscheibe)
22 Drehzahl- und Bezugsmarkengeber
23 Batterie
24 Zünd-Start-Schalter
25 Hauptrelais
26 Pumpenrelais

zum Starter, Generator

Abb. 3: L-Motronic

59.4.1 L-Motronic

Am Beispiel der **L-Motronic** wird der Aufbau und die Wirkungsweise der Teilsysteme Zündung und Gemischbildung sowie des Steuergerätes beschrieben.

Den **Aufbau** der L-Motronic zeigt die Abb. 3, S. 587. Die wichtigsten **Bauteile** sind in der Abb. 1 dargestellt.

Gegenüber der **analogen** Verarbeitung der Signale älterer L-Jetronic-Systeme (s. Kap. 21.3.1 und 59.1.1) erfolgt die Signalverarbeitung für die L-Motronic grundsätzlich **digital.**

Zusätzlich ist durch die L-Motronic ein größerer Aufgabenumfang möglich, wie z. B.:

- Leerlauf-Füllungs-Regelung,
- Stop-Start-Betrieb,
- Drehzahlbegrenzung,
- Ladedrucksteuerung und
- Getriebesteuerung.

Teilsystem Zündung

> Das Teilsystem Zündung besteht aus einer **Kennfeldzündung** mit oder ohne **Klopfregelung.**

Frühere Ausführungen haben keine Klopfregelung. Gegenüber älteren Ausführungen gibt es nur noch **einen** Induktionsgeber an der Zahnscheibe, der die

Funktionen des **Drehzahl- und Bezugsmarkengebers** in sich **vereint.** Statt des Stiftes auf der Zahnscheibe fehlt im Zahnkranz ein Zahn. Die Zahnkranzlücke hat die gleiche Signalwirkung wie der Stift (s. Abb. 4, S. 550).

Durch das gemeinsame Steuergerät werden die Signale vom Motor- und Ansauglufttemperaturfühler sowie vom Drosselklappenschalter zur **Zündwinkelverstellung** mit herangezogen.

Bei neueren Ausführungen ist die Zündung vollelektronisch (s. Kap. 55.8). Die Zündspannungsverteilung erfolgt durch **Einzelfunken-** bzw. **Zweifunkenzündspulen.** Der Hochspannungsverteiler ist dann nicht mehr notwendig.

Teilsystem Gemischbildung

> Das Teilsystem Gemischbildung besteht aus der **L-Jetronic** mit **Lambda-Regelung.**

In neueren Ausführungen ist die Kraftstoffpumpe im Kraftstoffbehälter untergebracht. Das Kaltstartventil und der Thermozeitschalter fehlen (s. Abb. 3, S. 587 und Abb. 1, S. 191). Die Kaltstartanreicherung erfolgt über die Einspritzventile.

Die Kraftstoffversorgung, Luftmengenmessung, Kraftstoffzumessung und die Anpassung an verschiedene Betriebszustände, wie z. B. Kaltstart, Warmlauf, Leerlauf, Beschleunigen und Vollast, werden wie bei der L-Jetronic durchgeführt (s. Kap. 21.3.1).

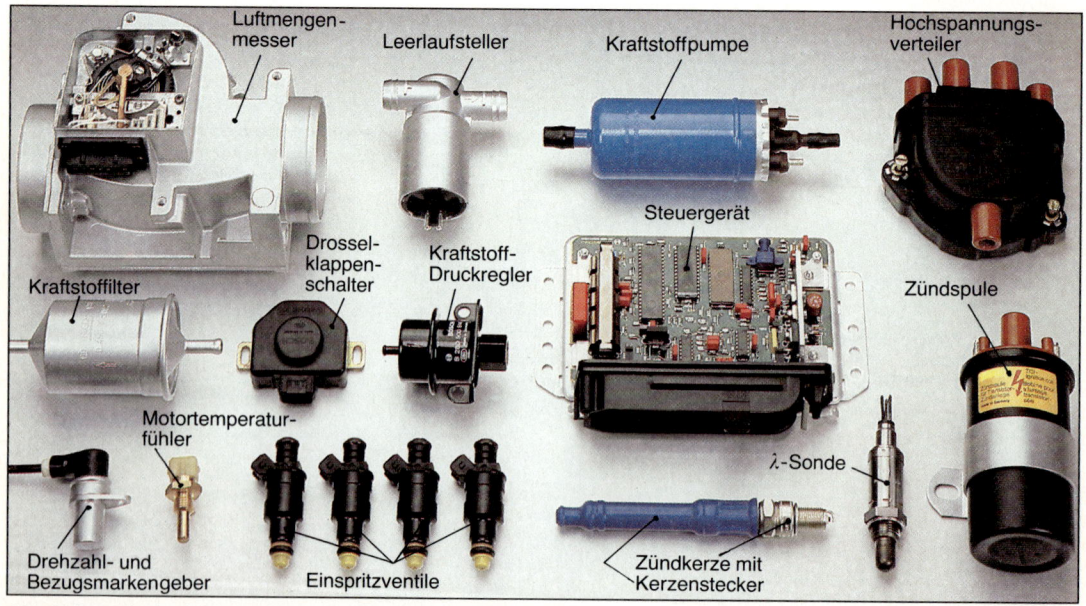

Abb. 1: Bauteile der L-Motronic

Steuergerät

Das Steuergerät hat die **Aufgabe,** die von den Sensoren gelieferten Signale (Daten) mit Hilfe von gespeicherten **Kennfeldern** so zu verarbeiten, daß die Steuerimpulse für die Einspritzventile und die Zündungsendstufe im Hinblick auf den Betriebszustand des Motors optimal sind.

Der **Aufbau** des Steuergerätes ist in der Abb. 1 dargestellt.

Das Steuergerät ist in **Leiterplattentechnik** ausgeführt und enthält ca. 200 elektronische Bauteile. Der digitale Teil, bestehend aus den integrierten Schaltkreisen (ICs), ist im wesentlichen im mittleren Teil der Platine untergebracht.

Die **Leistungsendstufen** für die Einspritzung, Zündung und Kraftstoffpumpensteuerung befinden sich am Rande der Platine. Kühlwinkel sorgen für die notwendige Wärmeableitung an den Endstufen.

Die Verbindung des Steuergerätes mit der Batterie, den Sensoren und Aktoren erfolgt über einen 35poligen Stecker.

> Elektronische **Sicherheitsschaltungen** sorgen dafür, daß das Steuergerät **verpol- und kurzschlußsicher** ist.

Im Steuergerät ist das **Mikrocomputersystem** enthalten. Das Mikrocomputersystem ist das Rechenzentrum der Motronic. Hier werden die Eingabe-

signale von den Sensoren verarbeitet. Mit Hilfe der Eingabesignale werden die Einspritzzeit sowie der Schließ- und Zündwinkel berechnet. Abb. 2 zeigt den **Blockschaltplan** des Steuergerätes mit der Eingabe- und Ausgabe-Peripherie (s. Kap. 12.3).

Die **Sensoren** bilden die **Eingabe-Peripherie.** Je nach Umfang der Motronic besteht diese aus:
- Drehzahl- und Bezugsmarkengeber,
- Luftmengenmesser,
- Motor- und Lufttemperaturfühler,
- Lastbereichssensor (Drosselklappenschalter),
- Klopfsensor,
- Lambda-Sonde usw.

Das **Mikrocomputersystem** (Abb. 2 und Kap. 12.3) besteht aus:
- Ein- und Ausgabeeinheit,
- Taktgeber,
- Bus,
- Mikroprozessor (CPU),
- Festwertspeicher (ROM) und
- Betriebsdatenspeicher (RAM).

Die **Aktoren** (Ausgabe-Peripherie) sind:
- Kraftstoffpumpe,
- Zündspule,
- Einspritzventile und
  je nach Aufgabenumfang der Motronic noch weitere Aktoren (Stellglieder). Z. B. Ladedruckventil bei Turbomotoren, Leerlaufsteller für Leerlauf-Füllungs-Regelung usw.

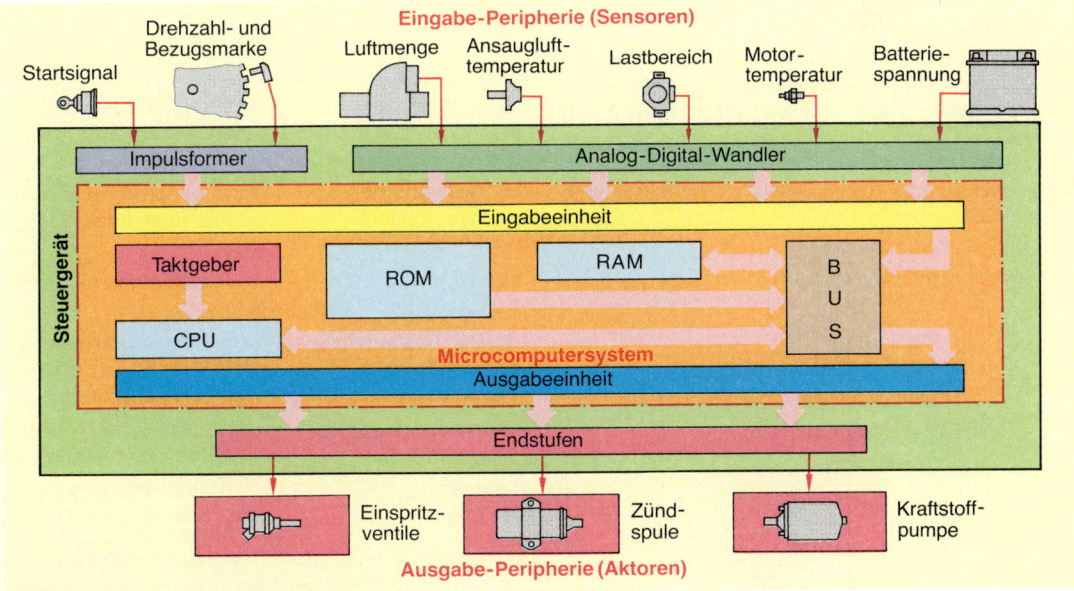

Abb. 2: Blockschaltplan des Steuergerätes

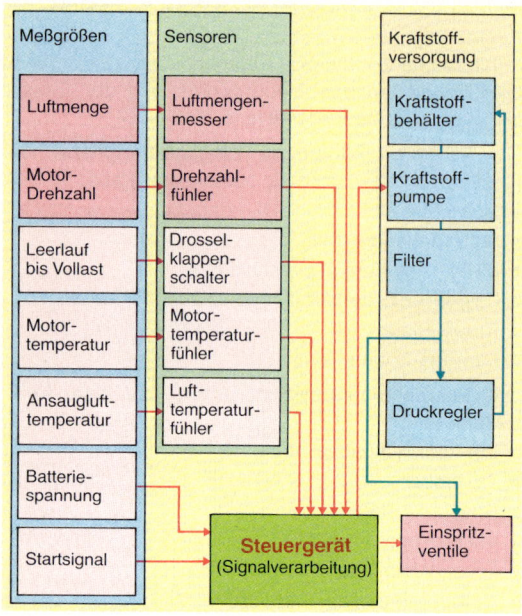

Abb. 1: Systembild der Kraftstoffzumessung

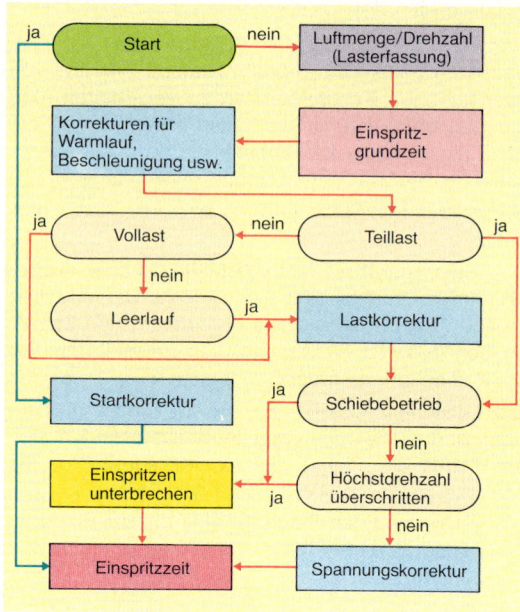

Abb. 3: Flußdiagramm zur Berechnung der Einspritzzeit

Berechnung der Einspritzzeit

Die Berechnung der **Einspritzzeit** erfolgt in erster Linie in Abhängigkeit von der angesaugten Luftmenge und der Motordrehzahl (Abb. 1). Aus dem Luftmengensignal und dem Drehzahlsignal wird die Luftmenge pro Hub bestimmt. Diese ist ein Maß für die Motorlast und bestimmt die **Einspritzgrundzeit.**

Zur Berechnung der Einspritzgrundzeit ist im Steuergerät ein **Lambda(λ)-Kennfeld** gespeichert (Abb. 2 und Kap. 20.2.2). Das λ-Kennfeld wird für den betreffenden Motor auf dem Motorprüfstand ermittelt und anschließend durch Fahrversuche verbessert. Die Festlegung des λ-Kennfeldes erfolgt dabei nach folgenden Kriterien:

- geringe Schadstoffwerte,
- niedriger Kraftstoffverbrauch,

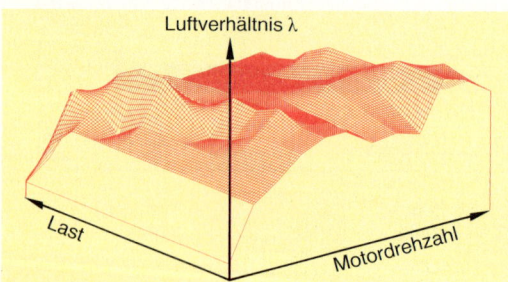

Abb. 2: Lambda-Kennfeld

- möglichst große Motorleistung und
- ruhiger Motorlauf.

> Mit Hilfe des λ-**Kennfeldes** wird die **Einspritzzeit** und damit die einzuspritzende **Kraftstoffmenge** dem Betriebszustand des Motors optimal angepaßt.

Im **Vollastbetrieb** ist das Kennfeld so ausgelegt, daß der Motor über den gesamten Drehzahlbereich möglichst die größte Leistung abgibt. Der λ-Wert beträgt dann ca. 0,85 bis 0,95.

Im **Teillastbetrieb** sind λ-Werte gespeichert, die für geringe Schadstoffwerte und niedrigen Kraftstoffverbrauch sorgen.

Im **Leerlaufbetrieb** ist der λ-Wert an einen möglichst ruhigen Motorlauf angepaßt.

Bei der **Abgasentgiftung** mit Dreiwegekatalysator (s. Kap. 30.3) und λ-Regelung (s. Kap. 59.2.1) wird im **Teillastbetrieb** auf einen λ-Wert = 1 geregelt.

> Die λ-**Regelung** überlagert im Teillastbetrieb des Motors die λ-**Steuerung** des Kennfeldes.

Dadurch wird sichergestellt, daß das Luftverhältnis in dem engen Bereich gehalten wird, in dem der Dreiwegekatalysator am besten arbeitet (s. Kap. 30.3).

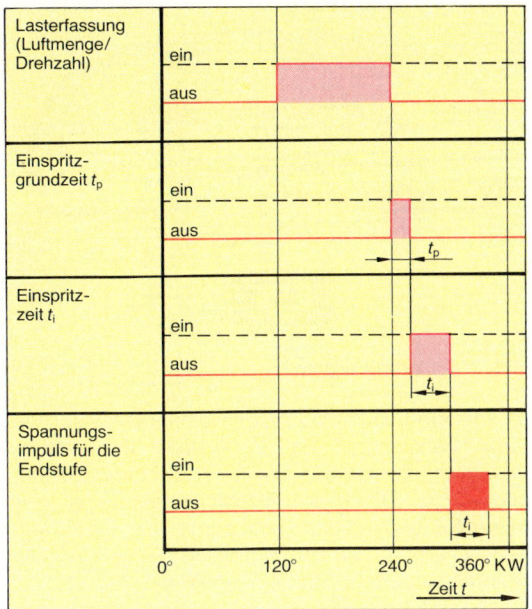

Abb. 4: Bildung des Einspritzzeitimpulses

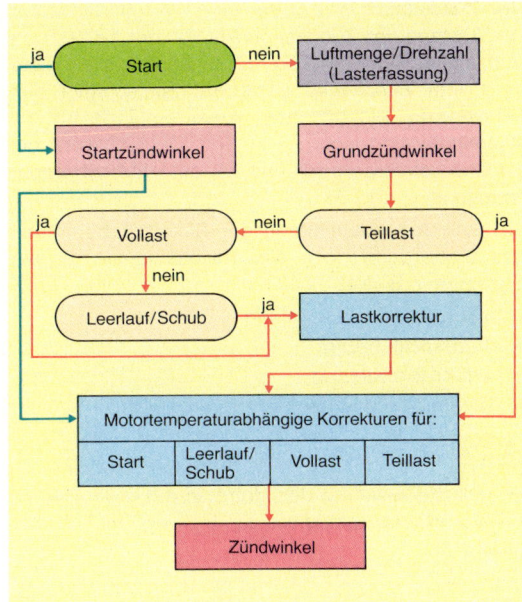

Abb. 5: Flußdiagramm zur Berechnung des Zündwinkels

> Das λ-**Kennfeld** sorgt für die bestmögliche Zusammensetzung des Kraftstoff-Luft-Gemisches in den Betriebsbereichen des Motors, in denen die λ-**Regelung** noch nicht oder nicht optimal arbeitet, z. B. Leerlauf, Warmlauf, Vollastbetrieb.

Das **Flußdiagramm** (Abb. 3) zeigt die zur Berechnung der Einspritzzeit vom Steuergerät vorzunehmenden Schritte.

In der Abb. 4 ist die Bildung des Einspritzzeitimpulses dargestellt. Die Lasterfassung erfolgt zwischen 120 und 240° Kurbelwellenwinkel (KW) durch das Steuergerät. Aus dem Ergebnis der Lasterfassung berechnet das Steuergerät mit Hilfe des λ-Kennfeldes die **Einspritzgrundzeit**. Dann werden die **Korrekturfaktoren** für den Betriebszustand des Motors berechnet (Abb. 3). Unter Berücksichtigung der Korrekturfaktoren wird anschließend die **Einspritzzeit** errechnet und in Form eines Spannungsimpulses an die Endstufe für die Kraftstoffeinspritzung gegeben.

Berechnung des Zünd- und Schließwinkels

Die Berechnung des **Zündwinkels bzw. Zündzeitpunktes** und des **Schließwinkels** erfolgt in Abhängigkeit von den Signalen der Sensoren für Last, Drehzahl, Temperatur und Drosselklappenstellung. Durch die im Steuergerät gespeicherten Kennfelder für den Zünd- und Schließwinkel (s. Kap. 55.6) wer-

den für jeden Betriebszustand des Motors die günstigsten Werte bestimmt. Die Abb. 5 zeigt das **Flußdiagramm** zur Berechnung des **Zündwinkels.**

> Im **Zündkennfeld** sind die **Grundzündwinkel** des betriebswarmen Motors bei Teillast gespeichert.

Der **Grundzündwinkel** muß deshalb für andere Betriebszustände des Motors verändert werden. Die Abb. 1, S. 592 zeigt die Bildung des Schließ- und Zündwinkels in Form von Spannungssignalen für einen 6-Zylinder-Motor. Das Steuergerät enthält einen **Winkelzähler.** Dieser zählt die vom Drehzahlgeber kommenden Impulse und bildet daraus eine »Sägezahnspannung«. Parallel dazu werden die vom Mikroprozessor errechneten Werte für den **Zünd-**und **Schließwinkel** aus dem Zwischenspeicher in Form eines Spannungssignals abgerufen. Die beiden Signale werden elektronisch zur Deckung gebracht, wobei bei Gleichheit der Spannungswerte beider Signale das **Zündsignal** ein- bzw. ausgeschaltet wird (Abb. 1, S. 592).

Der Beginn des Zündsignals ist der Einschaltzeitpunkt und das Ende ist der Ausschaltzeitpunkt für den Primärstrom und damit der **Zündzeitpunkt.**

> Die **Länge des Zündsignals** bestimmt die **Schließzeit** und damit den **Schließwinkel.**

Der **Zündwinkel** ist z.B. für einen 6-Zylinder-Motor der Abstand des Zündzeitpunkts von der 120°-, 240°- und 360°-KW-Marke (Abb. 1). Die **Zündungsendstufe** wird vom **Zündsignal** gesteuert. Sie schaltet den Primärstrom ein und aus. Vorwiderstände für die Zündspule sind nicht vorhanden. Deshalb wird die Endstufe **stromgeregelt** und hat eine **Ruhestromabschaltung** (s. Kap. 55.5).

Je nach **Aufgabenumfang** der Motronic berechnet das Steuergerät noch die Auslösesignale für die Endstufen z.B. der:

- Leerlauf-Füllungsregelung,
- Abgasrückführung,
- Ladedruckregelung,
- Zylinderabschaltung.

Plausibilitäts-Prüfung und Varianten-Codierung

Es gibt Steuergeräte der Motronic mit einer **Plausibilitäts-Prüfung** (plausibel, lat.-fr.: verständlich, begreiflich).

> Durch die **Plausibilitäts-Prüfung** werden die von den Sensoren gelieferten Signale auf ihre »**Glaubhaftigkeit**« kontrolliert.

Wird ein Signal durch die Plausibilitäts-Prüfung als **nicht glaubhaft** angesehen, schaltet das Steuergerät ein **Notlaufprogramm** ein. Das Notlaufprogramm enthält Ersatzwerte, die den **normalen** Betriebsbedingungen entsprechen.

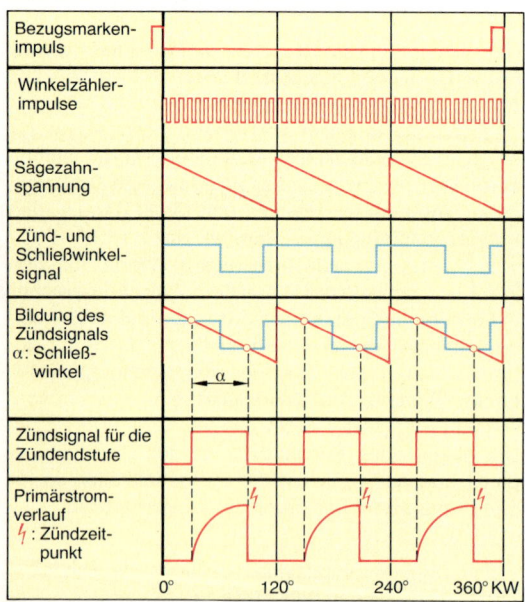

Abb. 1: Bildung des Schließ- und Zündwinkels

Abb. 2: Motorkontrollampe

Ist z.B. die Leitung zum Motortemperaturfühler unterbrochen, so ist der Widerstand der Leitung unendlich. Dies entspricht einer Motortemperatur von −31°C. Durch die Plausibilitäts-Prüfung wird diese Störung erkannt und durch den Ersatzwert + 80°C ersetzt. Gleichzeitig blinkt die am Armaturenbrett befindliche **Motorkontrollampe** (Abb. 2).

> **Aufgabe** der **Plausibilitäts-Prüfung** ist es, den Motor vor Schäden zu bewahren und durch die Bereitstellung eines **Notlaufprogramms** die Fahrt bis zur nächsten Werkstatt zu gewährleisten.

Aufgrund der unterschiedlichen Fahrzeug- und Motortypen sowie der gesetzlichen Bestimmungen in den Ländern, wurden sehr viele Ausführungen der Steuergeräte gefertigt. Um diese Vielfalt zu verringern, werden nur einige Steuergerätearten hergestellt, die elektronisch umfangreicher ausgerüstet sind. So decken z.B. bei einem Fahrzeughersteller 6 Grundtypen von Steuergeräten 150 ehemalige Ausführungsformen (Varianten) ab.

In den Grundtypen sind alle Kennfelder gespeichert, die für mehrere Fahrzeugtypen notwendig sind. Durch die sogenannte **Varianten-Codierung** am Ende der Fahrzeugfertigung bzw. durch Austausch eines Steuergerätes während einer Reparatur, werden nur die Kennfelder aktiviert, die für den betreffenden Fahrzeugtyp benötigt werden.

> Durch **Varianten-Codierung** kann ein Steuergerät für mehrere Fahrzeugtypen verwendet werden.

Die Varianten-Codierung erfolgt durch **Einschreiben** codierter **Steuerwörter** über einen Computer. Die Codierung des Steuergerätes für einen Fahrzeugtyp kann jederzeit durch eine erneute Varianten-Codierung, z.B. für einen anderen Fahrzeugtyp, geändert werden.

59.4.2 Wartung und Diagnose

Die Motronic ist wartungsfrei. Sind Reparaturarbeiten durchzuführen, so sind die in den Kap. 21.5 und 55.8 genannten **Sauberkeitsregeln** und **Unfallverhütungsvorschriften** zu beachten.

Die Motronic verfügt über eine **Eigendiagnose** (s. Kap. 21.5). Die Eigendiagnose ist möglich, weil die Signale der Sensoren während des Motorbetriebs laufend überwacht werden.

> Mit Hilfe der **Eigendiagnose** werden im Betrieb auftretende Fehler erkannt und in einem **Fehlerspeicher** abgelegt.

Tritt ein Fehler auf, so wird dies durch Blinken der **Motorkontrollampe** angezeigt (Abb. 2). Das Blinken zeigt an, daß ein Fehler vorhanden ist. Welcher Fehler vorliegt, kann durch Auslesen des Fehlerspeichers bestimmt werden. Das Auslesen des Fehlerspeichers wird mit Hilfe der Motorkontrollampe (Blinkcode) oder durch spezielle Testgeräte vorgenommen (s. Kap. 21.5).

> Durch die **Eigendiagnose** wird die **Fehlersuche** mit gezielten Hinweisen auf Fehlerart und Fehlerort erleichtert.

Aufgaben

1. Welche Aufgaben haben elektronische Steuerungs- und Regelungssysteme im Kraftfahrzeug?
2. Nennen Sie Beispiele für elektronische Systeme im Kraftfahrzeug und deren Aufgaben.
3. Skizzieren Sie den allgemeinen Aufbau der Steuerkette eines elektronischen Steuerungssystems.
4. Beschreiben Sie anhand der Skizze aus der Aufgabe 3 die Signalübertragung in der Steuerkette.
5. Nennen Sie mindestens vier elektronische Steuerungssysteme im Kraftfahrzeug.
6. Welche Aufgabe hat das Steuerungssystem der L-Jetronic?
7. Zeichnen Sie den Blockschaltplan der L-Jetronic.
8. Erläutern Sie die Wirkungsweise des Steuerungssystems der L-Jetronic.
9. Beschreiben Sie anhand des Blockschaltplans des Steuergerätes (Abb. 2, S. 589) der L-Jetronic die Signalverarbeitung im Steuergerät.
10. Skizzieren Sie die Darlingtonschaltung und erklären Sie deren Wirkungsweise.
11. Zeichnen Sie den allgemeinen Aufbau des Regelkreises eines elektronischen Regelungssystems.
12. Erläutern Sie anhand der Zeichnung aus der Aufgabe 10 die Signalübertragung im Regelkreis.

13. Welcher grundsätzliche Unterschied besteht zwischen einem elektronischen Steuerungssystem und einem elektronischen Regelungssystem?
14. Nennen Sie mindestens sechs elektronische Regelungssysteme im Kraftfahrzeug.
15. Welche Aufgabe und Vorteile hat die Lambda-Regelung?
16. Erklären Sie die Wirkungsweise der Lambda-Regelung anhand einer Skizze ihres Regelkreises.
17. Nennen Sie die Aufgaben und die Vorteile der Leerlauf-Füllungs-Regelung.
18. Skizzieren Sie den Regelkreis der Leerlauf-Füllungs-Regelung.
19. Beschreiben Sie die Wirkungsweise der Leerlauf-Füllungs-Regelung.
20. Welche Aufgabe hat die Heizungsregelung?
21. Warum ist die Heizungsregelung keine Klimaanlage?
22. Erläutern Sie die Wirkungsweise der Heizungsregelung anhand ihres Regelkreises.
23. Was sind kombinierte Zünd- und Gemischbildungssysteme?
24. Nennen Sie die Aufgaben von kombinierten Zünd- und Gemischbildungssystemen.
25. Welche Arten von kombinierten Zünd- und Gemischbildungssystemen gibt es?
26. Welche zusätzlichen Aufgaben kann die L-Motronic übernehmen?
27. Beschreiben Sie das Teilsystem Zündung der L-Motronic?
28. Woraus besteht das Teilsystem Gemischbildung der L-Motronic?
29. Skizzieren Sie den Blockschaltplan des Steuergerätes der L-Motronic mit der Eingabe- und Ausgabe-Peripherie.
30. Erläutern Sie anhand des Flußdiagramms (Abb. 3, S. 590) die Berechnung der Einspritzzeit.
31. Was ist ein Lambda-Kennfeld?
32. Beschreiben Sie die Berechnung des Zünd- und Schließwinkels mit Hilfe der Abb. 5, S. 591.
33. Erklären Sie die Plausibilitäts-Prüfung und Varianten-Codierung.
34. Erläutern Sie den Begriff und die Vorteile der Eigendiagnose von elektronischen Systemen.

Sachwortverzeichnis

Bildquellenverzeichnis

Hinweis: Ziffern vor dem Punkt = Seitenzahl; Ziffern nach dem Punkt = Bild-Nr.

Rockwell International, Troy/Michigan
Saab-Scania, Södertälje/Schweden (499.1)
SAMEFA, Kungsör/Schweden
Carl Schenck AG, Darmstadt
August Schmid GmbH, Donzdorf (292.4)
SMAT-Fahrzeugtechnik GmbH, Grebenau
Stahlwerke Brüninghaus GmbH, Werdohl/Westfalen
Karl Storz GmbH, Tuttlingen (488.2)
Süd & Star, Balingen
Südrad, Eberspach
Suzuki Motor HandelsGmbH, Heppenheim
SWF, Bietigheim
Telma Retarder Deutschland GmbH, Ludwigsburg-Oßweil
Teroson GmbH, Heidelberg
TRW Ehrenreich GmbH & Co KG, Düsseldorf-Oberkassel
TRW Thompson GmbH, Barsinghausen (98.2)
TÜV Bayern, München (84.1)
VARTA Batterie AG, Hannover (522.1)
VDO Adolf Schindling AG, Schwalbach/Ts.
J. M. Voith GmbH & Co KG, Heidenheim
Volkswagen AG, Wolfsburg (Vorsatz: Bild 3, 5, 8, 9; 10, 176.3, 198.2,
    198.3, 198.4, 228.1, 316.2, 377.5, 405,5, 406.1)

Volvo Deutschland GmbH, Dietzenbach
Wabco Westinghouse Fahrzeugbremsen GmbH, Hannover
Weiler-Werkzeugmaschinen, Herzogenaurach (45.2)
Westermann-Archiv, Braunschweig (16.1, 89.1, 109.3b, 509.1, 515.4,
    523.2)
Wieländer + Schill, Marketing und Vertriebs GmbH,
    Villingen-Schwenningen (479.6 unten, 482.3)
J. Wizemann GmbH (Weco), Stuttgart
Wolf Stahlbau, Geisenfeld
Zahnradfabrik Friedrichshafen AG/Geschäftsbereich Schwäbisch
    Gmünd, Schwäbisch Gmünd (365.5, 379.4, 380.1, 380.2)

Wir danken Herrn Claus Kopf, Tornesch, für die Bearbeitung
diverser Zeichnungen.

Zeichnungen:

Technisch-Grafische Abteilung Westermann, Braunschweig
Arnold Bälder, Rittergut Martinsbüttel/Meine
Eleonore Schmidtchen, Technisches Zeichenbüro, Berlin

Herstellung: Herbert Heinemann

Themen der ganzseitigen Abbildungen:

Einband: Testmotor mit Lambda-Sonden

Seite   10: Messen mit der Bügelmeßschraube an der Nockenwelle

Seite   52: Punktschweißen einer Karosserie durch Roboter

Seite 137: Niederrad von Gottlieb Daimler (oben),
            Motorwagen von Karl Benz (unten)

Seite 143: Querschnitt durch einen Viertakt-Ottomotor

Seite 183: Hitzdrahtelement der LH-Jetronic

Seite 320: Computerbild »Kräfte am Rad«

Seite 372: Teile des Fahrwerks

Seite 508: Schaltgerät für die Kennfeldzündung mit Klopfregelung

Geräteliste nach DIN 40719 Teil 2

Kenn-zeichen	Gerät	Ab-schnitt	Kenn-zeichen	Gerät	Ab-schnitt
A1	Zündschaltgerät	3	H5	Blinkleuchten R	4
B1	Signalhorn	4	H6	Bremsleuchten	4
B2	Starktonhörner, Fanfaren	4	H7	Kontrolleuchte für Fernlicht	5b
E1	Zündverteiler	3	H8	Kontrolleuchte f. Nebelschluß.	5c
E2	Zündkerzen	3	K1	Entlastungsrelais f. Klemme 15	2
E3	Rückfahrleuchten	5a	K2	Hornrelais	4
E4	Innenleuchte	5a	K3	Blink- und Warnblinkgeber	4
E5	Instrumentenbeleuchtung	5a	K4	Relais für Nebelscheinwerfer	5c
E6	Kennzeichenleuchte	5a	M1	Starter	2
E7	Begrenzungsleuchte L	5a	R1	Zündspulen-Vorwiderstand	3
E8	Schlußleuchte L	5a	R2	Potentiometer f. Instrum.-Bel.	5a
E9	Begrenzungsleuchte R	5a	S1	Zünd-Start-Schalter	1
E10	Schlußleuchte R	5a	S2	Hornumschalter	4
E11	Fern-Abblendscheinwerfer L	5b	S3	Horntaster	4
E12	Fern-Abblendscheinwerfer R	5b	S4	Warnblinkschalter	4
E13	Nebelscheinwerfer L	5c	S5	Blinkerschalter	4
E14	Nebelscheinwerfer R	5c	S6	Bremslichtschalter	4
E15	Nebelschlußleuchte L	5c	S7	Rückfahrlichtschalter	5a
E16	Nebelschlußleuchte R	5c	S8	Schalter für Innenleuchte	5a
F1–16	Sicherungen	1–5c	S9	Türkontaktschalter	5a
G1	Generator mit Regler	1	S10	Lichtschalter	5a
G2	Batterie	1	S11	Parklichtschalter	5a
H1	Generatorkontrolleuchte	1	S12	Abblendschalter	5b
H2	Kontrolleuchte für Blinklicht	4	S13	Lichthupentaster	5b
H3	Kontrolleuchte f. Warnblinklicht	4	S14	Nebellichtschalter	5c
H4	Blinkleuchten L	4	T1	Zündspule	3

Klemmenbezeichnungen nach DIN 72552 (Auszug)

Klemme	Bedeutung	Klemme	Bedeutung
1	Zündspule, Zündverteiler (Niederspannung)	56d	Lichthupenkontakt
		57a	Parklicht
4	Zündspule, Zündverteiler (Hochspannung)	57L	Parklicht links
		57R	Parklicht rechts
7	Plus am Impulsgeber	58	Begrenzung-, Schluß-, Kennzeichen- und Instrumentenleuchten
15	Geschaltetes Plus		
15a	Ausgang am Vorwiderstand zur Zündspule und zum Starter	58L	Begrenzungs- und Schlußlicht links
		58R	Begrenzungs- und Schlußlicht rechts
15x	Geschaltetes 15 am Zünd-Start-Schalter	83	Eingang Nebellichtschalter
16	Eingang Zündschaltgerät von Klemme 1	83a	1. Ausgang für Nebelscheinwerfer
30	Batterie Plus (direkt)	83b	2. Ausgang für Nebelschlußleuchten
30b	Geschaltetes Plus am Warnblinkschalter	85	Ausgang für Relaiswicklung (Minus oder Masse)
31	Rückleitung zur Batterie Minus oder Masse (direkt)	86	Eingang Relaiswicklung
31d	Minus am Impulsgeber	88	Eingang Relaiskontakt bei Schließer
49	Blinkgeber-Eingang	88a	Ausgang Relaiskontakt bei Schließer
49a	Blinkgeber-Ausgang	B+	Batterie-Plus am Generator
50	Startersteuerung (direkt)	B−	Batterie-Minus am Generator
55	Nebelscheinwerfer	D+	Dynamo-Plus (Generator, Regler)
56	Scheinwerferlicht, Fahrlicht	D−	Dynamo-Minus (Generator, Regler)
56a	Fernlicht und Fernlichtkontrolle	DF	Dynamo-Feld (Generator, Regler)
56b	Abblendlicht		

Schaltpläne

In der Kraftfahrzeug-Elektrik werden **Schaltpläne** überwiegend in der Form von **Stromlaufplänen** dargestellt. Der Stromlaufplan zeigt die Wirkungsweise einer Schaltung in übersichtlicher Darstellung. Schaltungen kleineren Umfangs werden oft als Stromlaufpläne in **zusammenhängender Darstellung** gezeichnet (s. Abb.). Dabei werden die Geräte mit oder ohne Innenschaltung dargestellt. Die räumliche Anordnung der Schaltzeichen entspricht dabei der Anordnung der Geräte im Kraftfahrzeug. Bei der **aufgelösten Darstellung** von Stromlaufplänen wird auf den örtlichen und oft auch mechanischen Zusammenhang der Geräte zum Vorteil der Übersichtlichkeit des Schaltplanes verzichtet (s. Abb. übernächste Seite). Die **Stromkreise** werden dabei einzelnen **Abschnitten** zugeordnet. Die **Stromwege** werden vorzugsweise von links nach rechts oder von oben nach unten angeordnet. Die Geräte werden durch **genormte Kurzzeichen** benannt und in einer **Geräteliste** aufgeführt. In beiden Stromlaufplanarten werden **genormte Klemmenbezeichnungen** verwendet. Diese sollen ein möglichst fehlerfreies Anschließen der Leitungen an den Geräten ermöglichen.

Beleuchtungsanlage mit Park- und Bremslicht (Zusammenhängende Darstellung)

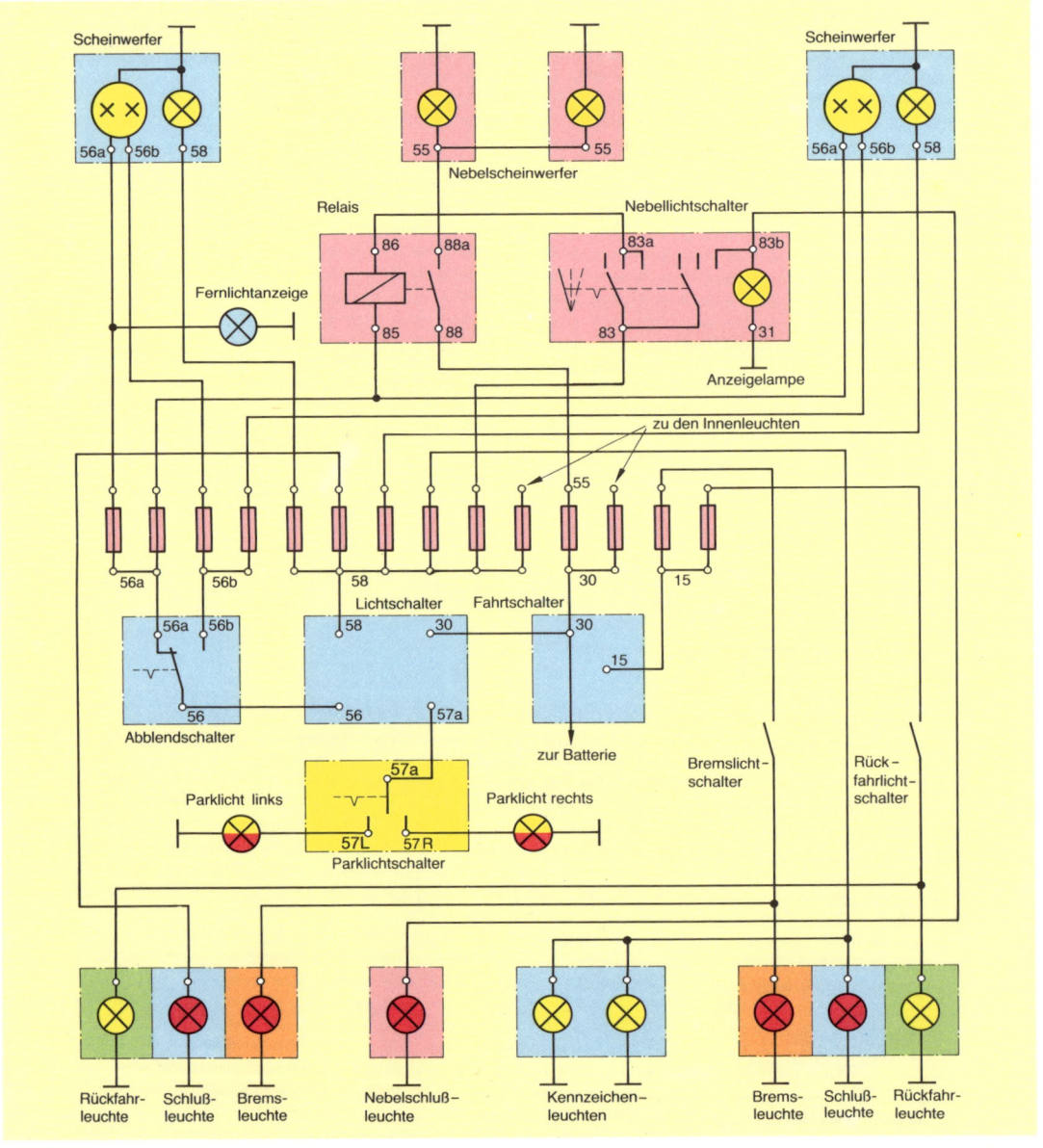